中国科学院科学出版基金资助出版

农业重大科学研究成果专著

小麦主要性状的遗传解析及分子标记辅助育种

田纪春 等 著

科学出版社
北京

内 容 简 介

本书围绕生物技术育种与传统育种紧密结合的主题，系统总结了作者16年来开展小麦分子遗传图构建、数量性状遗传解析(QTL分析)和分子标记辅助育种工作的成果。全书内容共分9章，第一章和第二章分别简单介绍了数量性状的概念和研究方法，是阐明后几章主题内容的必要铺垫；第三章介绍了用SSR、DarT和SNP等标记构建的6张分子遗传图的特点和利用价值。第四至第七章分别为小麦主要产量、品质、生理和抗逆性状的QTL定位和效应分析。为了使读者全面了解有关研究的最新进展，每个性状都有国内外同类研究的结果汇总和比较。第八章为解析QTL动态表达及关联性状间基因关系的“条件QTL”。第九章为利用QTL定位和效应分析结果进行的分子育种元件创制和分子标记辅助选择工作，在产量、品质、生理和抗逆性状的分子标记辅助选择方面均有应用实例。

本书不是以介绍方法和技术为主的生物技术类著作，而是从分子遗传图构建到QTL分析再到分子标记辅助育种的完整研究体系的科技专著。主要内容既是方兴未艾的小麦分子标记育种的工作总结，也是今后开展“分子设计育种”的必要前提。

本书具有内容新颖丰富、应用面广、实用性强的突出特点，可供从事作物遗传育种的工作者使用，也可供高校教师和研究生参考。

图书在版编目(CIP)数据

小麦主要性状的遗传解析及分子标记辅助育种 / 田纪春等著. —北京：科学出版社，2015. 6

(农业重大科学研究成果专著)

ISBN 978-7-03-044501-8

Ⅰ. ①小… Ⅱ. ①田… Ⅲ. ①小麦–遗传育种–研究 Ⅳ. ①S512. 103. 2

中国版本图书馆CIP数据核字(2015)第117668号

责任编辑：岳漫宇 / 责任校对：张怡君 张小霞

责任印制：徐晓晨 / 封面设计：北京铭轩堂广告设计有限公司

科学出版社 出版

北京东黄城根北街16号

邮政编码：100717

http://www.sciencep.com

北京凌奇印刷有限责任公司 印刷

科学出版社发行 各地新华书店经销

*

2015年6月第 一 版 开本：787×1092 1/16

2015年6月第一次印刷 印张：36 7/8

字数：842 000

POD定价： 198.00元

(如有印装质量问题，我社负责调换)

解析小麦农艺

性状推动分子

育种实施

甲午年

李振声

著者简介

田纪春，男，1954年生，博士，教授(技术二级)，博士生导师，山东农业大学“1512”人才工程第一层次人才。现任山东省农业良种工程小麦首席专家，农业部谷物品质监督检验测试中心(泰安)常务副主任，山东省小麦工程技术研究中心副主任；曾任国家农作物品种审定委员会第一、二届小麦专业委员会委员，山东省农作物品种审定委员会第三、四、五届常委会委员。先后被评为山东省优秀教师、山东省优秀知识分子标兵、山东省专业技术拔尖人才，享受国务院定期发放的政府特殊津贴(1994年开始)。

科研简介：长期从事作物遗传育种、产量品质形成生理和谷物品质检测分析领域的研究工作。先后主持国家重点基础研究计划(973计划)课题1项，国家自然科学基金5项，国家科技攻关和科技成果转化项目3项，国家发改委优质小麦重大基地项目2项，农业部跨跃计划和科技成果转化等项目5项，山东省科技厅“超级小麦育种”等重大科研课题10多项。参加国家高技术研究发展计划(863计划)项目2项，国家转基因重大专项子课题2项。主持选育国家审定小麦新品种4个，山东省审定新品种4个。获国家发明二等奖(高蛋白优质面包专用小麦新品种PH82-2-2)和国家教育科技进步一等奖各1项，农业部和山东省科技厅、教育厅科技进步或发明奖6项。主编或副主编包括华夏英才基金资助的《谷物品质测试理论与方法》、《优质小麦》、《超级小麦遗传育种研究》、《冬小麦亩产1200斤关键技术》等科技专著8部。发表学术论文260多篇，其中30多篇发表在*Plant Breeding*、*Genetica*、*Cereal Chemistry*、*Australian Journal of Agricultural Research*等SCI刊物上，150多篇发表在《中国农业科学》、《遗传学报》、《分子植物育种》等国内核心刊物上。培养博士后、博士生和硕士生70多名。

《小麦主要性状的遗传解析及分子标记辅助育种》

编辑委员会

主　编　田纪春

副主编　邓志英

编　委　（按姓氏笔画排序）

于海霞　王永瑞　王延训　田　宾　刘　宾　刘　振
师翠兰　朱占玲　关西贞　李　春　李继发　李卓坤
李文福　吴　澎　陈建省　陈广凤　陈　芳　张　晗
张坤普　张卫东　张新业　郑菲菲　赵　亮　赵　勇
赵世杰　姜小苓　胡淑娜　桑　云　袁倩倩　崔　勇
梁　燕　董肖昌　董　杰　韩淑晓　薛院晓

序

现代生物技术的发展日新月异，已渗透到作物育种的方方面面。1985 年美国 Kary Mullis 开发的 PCR(聚合酶链反应)技术，使人们能够从单基因水平上对作物的数量性状基因(QTL)进行遗传解析。据统计，至 2012 年底，利用不同的分子标记已构建各种作物遗传图 4200 多张，其中多数为 SSR 图谱，并进行了形态、产量、品质和抗性等性状的 QTL 定位和效应分析。QTL 定位开发的分子标记已开始应用于分子标记辅助选择，提高了主效和 QTL 的跟踪和利用效率，加快了种质创新和品种选育进程。在此基础上，2003 年比利时科学院 Peleman 和 Van der Voort 又提出了“分子设计育种”(breeding by design)的新方法，极大地提高了作物的育种水平，将成为未来作物遗传改良的主流技术。但是，小麦是异源六倍体，其基因组远远大于水稻、玉米等其他作物，且基因组测序尚未完成。因此，小麦的“分子育种”和“分子设计育种”目前基本处于概念阶段，其原因是由于小麦产量、品质等大多数性状都是多个基因 / QTL 控制的数量性状，分子标记辅助选择本身确实有些问题没有解决，例如，用单个或少数几个 QTL 的分子标记在杂种后代进行粒重选择，特别是在遗传背景不同的选择群体内选择时，含有大粒基因/QTL 的株系，粒重不一定高，这给分子标记辅助育种带来了不少令人困惑的问题。

令人欣慰的是，该书作者在多年常规育种的基础上开展分子标记辅助育种工作，具有既熟悉常规育种又了解分子育种的技术优势，便于常规育种与分子育种的紧密结合。与目前国内外以介绍基本概念、研究方法和实验技术为主的分子生物学著作不同，该书是作者及其研究团队开展的分子遗传图构建、QTL 分析及分子标记应用方面的具体工作总结，获得的许多产量、品质生理和抗性的主效 QTL 及其分子标记可为分子标记辅助育种奠定好的基础；创制的“选择含有优势基因/QTL 的育种元件配制组合，将基因/QTL 聚合程度和杂种优势强弱作为 F_1 保留依据，在 F_2~F_6 系谱选择中通过分子标记进行基因/QTL 跟踪”的分子标记技术路线及其实际应用结果，不仅为小麦而且为其他作物的分子标记辅助育种工作提供了方法和技术。因此，我乐意为该书写序，以示对作者及其研究团队工作的肯定和支持。

刘旭

2014 年 7 月 16 日于北京

前　言

首先告诉大家出版这本书的原因。众所周知，出版一本书，特别是一本科学研究方面的专业书，不仅需要一个团队十几年的工作积累，而且单单成书就需要作者数月甚至数年的伏案笔耕。在生活节奏(含科学研究节奏)加快，职称评定、评优报奖、升职加薪等急功近利的社会大环境下，加上出书难、花费大、读者面窄、销路少，现在出书肯定是事倍功半的"苦差事"，但为什么还要出版这本书呢？第一，突破性新品种培育的需要。据预测，到 2020 年我国小麦的需求量至少增加 28%以上(黎裕等，2012)，在耕地不断减少的情况下，只能靠培育更好的小麦新品种来保障。大家知道，新中国成立以来常规育种技术对我国的小麦增产做出了很大贡献，至今仍有不可替代的田间选育环节，但同时也存在单靠表型选择盲目性大、效率低和品种难以再有突破的诸多限制因素，例如，'济麦 22'、'矮抗 58'、'周麦 18'、'山农 20'等目前我国主推的小麦品种在产量结构、植株形态和抗逆广适方面都已近乎完美，要实现品种整体水平上的再突破，即培育在大多数性状上都聚合有利等位基因的超级品种(superior variety)，离不开分子标记对基因的鉴定和跟踪，需要多学科知识的综合和提升(Peleman，2003)。第二，分子育种与常规育种有机结合的需要。自 20 世纪 80 年代以 PCR 为代表的现代分子生物技术诞生以来，在植物遗传多样性分析、基因的鉴定和克隆等领域都取得了突飞猛进的发展，海量的基因组、蛋白质组、代谢组和表型组等方面的数据及专利达到了令人眼花缭乱的程度。但作者认为"分子育种"和"分子设计育种"基本上还是处于概念和申报课题的阶段，究其原因是分子育种与传统育种有机结合的问题没有根本解决。目前科技体系导致了分子育种和常规育种仍然是"两张皮"，分子育种研究队伍零散分布在国家研究机构和大专院校里，不完全了解和无暇顾及常规育种的需要。而常规育种队伍多为地方研究单位、企业甚至农民育种家，没能力做也不太相信计算机上的"设计育种"；再者，针对小麦庞大的基因组和数量性状的复杂性，在背景和环境均不同的群体里仅靠一个或几个分子标记对性状选择，其效果并不理想。例如，含有大粒基因/QTL 的株系，粒重不一定高；含有抗病基因/QTL 的株系，田间可能感病。面对这些问题，作者借助在山东农业大学工作的条件，利用既熟悉常规育种又了解分子育种的优势，实施了分子育种与传统育种的有机结合。出版本书的目的就是总结十几年的研究结果和工作体会，"抛砖引玉"，寻求指正。第三，感恩于国家的科技政策和科研课题的支持，近十年，获得了国家科技部的"高产小麦品种的分子改良和超高产小麦分子育种元件创制(编号 2009CB118301)" 973 课题、4 个国家自然科学基金课题(编号 30471082、30671270、30971764、31171554)、2 个国家转基因课题、2 个 863 子课题及山东省良种工程重大项目"超级小麦新品种培育及产业化" 10 多年的连续支持，本书中的研究成果都是在上述科研课题的资助下完成的，正是由于这些课题的支持，保证了作者及其团队成员(含研究生)能够"面壁 10 年"潜心研究。现将研究结果总结出版，以此感恩国家和省科研课题的支持，感谢各级领导和全国同行指导帮助。

以迅速发展的分子生物学和生物信息学为基础，比利时科学家提出了先进的“分子设计育种”(breeding by design)的思路和技术体系，主要包括“定位相关农艺性状的 QTL、评价这些位点的等位性变异、开展分子设计育种”三个方面的主要内容(Peleman et al., 2003)。十多年来，课题组根据分子育种和分子设计育种的思路开展了有关基础研究工作，并将基础研究成果(创制的分子育种元件及其分子标记)用于传统育种的组合配制和系谱选育，取得了一定的进展。本书就是课题组开展小麦主要性状的遗传解析(QTL 分析)和分子标记辅助育种工作的总结。全书内容共分 9 章、五大部分：第一部分“数量性状的概念及研究进展(第一章)”和“小麦数量性状遗传分析方法(第二章)”，是阐明后续内容的必要铺垫；第二部分“小麦分子遗传图的构建(第三章)”，介绍了本课题组 6 张分子遗传图的特点和用途，为后续的数量性状遗传解析(QTL 定位)奠定了基础；第三部分包括第四至第七章，分别为小麦主要产量、品质、生理和抗逆性状的遗传解析(QTL)，进行了几十个主要性状的遗传定位及其效应分析，获得了 120 多个主效 QTL 及其分子标记。每个主要性状的 QTL 定位及效应分析都是以阐述课题组研究结果为主，并有当前国内外的研究结果汇总及与本课题研究结果的分析比较；第四部分“条件 QTL 分析及其在作物育种和栽培种的应用(第八章)”，是在传统 QTL 定位的基础上，解析小麦不同发育阶段 QTL 动态表达及有关联性状或物质间的基因/QTL 关系；第五部分“小麦分子标记辅助育种(第九章)”，在简介小麦分子标记辅助育种概念和进展的基础上(第一节)，介绍了课题组结合小麦新品种选育建立的分子标记辅助育种技术路线(第二节)，然后分别介绍小麦产量、品质、生理和抗逆性状的分子标记及其应用(第三至第六节)。每节都按照“QTL 定位获得的分子标记、目前国内外使用较好的分子标记和分子标记在育种上的应用”的顺序编写。从篇幅分析，概念和方法介绍部分约占 8%，90%以上的内容是本课题组的工作总结，说明本书不是以介绍方法和技术为主的生物技术类著作，而是从分子遗传图构建到 QTL 分析再到分子标记辅助育种，层层递进，渐成完整研究体系的科技专著；既是方兴未艾的小麦分子标记育种的工作总结，也是实施最新提出的“分子设计”育种工作的必要前提。

本书由山东农业大学作物生物学国家重点实验室小麦品质育种课题组编写，课题组几代人多年从事小麦常规育种工作，早在 20 世纪 80 年代就选育出获国家发明二等奖的“高蛋白优质面包专用小麦新品种 PH82-2-2”，近十多年来又先后育成‘山农优麦 2 号’(2001 年省审，2009 年国审)、‘山农优麦 3 号’(2003 年省审)、‘山农 11’(2004 年省审)、‘山农 12’(2005 年省审)、‘山农 19’(2010 年国审)、‘山农 20’(2010 年、2011 年国审)和‘山农 26’(2014 年国审)等高产优质小麦新品种，有对常规育种程序和优缺点的全面了解。在著者 36 年的教学科研生涯中，各有一半的时间分别从事植物生理生化和遗传育种教学及科研工作，两大学科的基础知识使课题组的研究及时与现代分子生物学相融合。早在 1998 年，课题组就开始了各种遗传群体(RIL、DH、CIL 和 NL)的构建工作，为后来的 QTL 定位和分子标记辅助育种奠定了基础，并把基础研究结果与田间系谱选育结合起来使用，实现了分子育种与常规育种的有效结合。例如，本课题组利用的遗传群体都是为了解决常规育种的问题构建的；进行的 QTL 分析也集中于产量、品质和抗逆等与生产有关的性状。常规育种中则是根据目标基因/QTL 的多少选择亲本，配制杂交组合；根据基因/QT 的聚合情况确定 F_1 的弃留和下年度种植群体大小；根据基因/QTL 的追踪结果进行分离世代的系谱选择。采用分子育种与常规育种有机结合，课题组选出品种的组合与杂交组合的比例由常规育种的千分之一提高至五百分之一，选出品种的株系由常规育种的百万分之一提高至万分之一左右，而育种试验田比 10 年前减少了近二分之一，大大节约了育种成本，提高了育种效率。

本书著者有近 36 年小麦育种的经历，作为首席专家既主持过多项省部级小麦育种重大专项，又主持过分子育种等多个基础研究方面的国家课题；参编人员既有年青教师和已毕业分赴全国各地的博士、硕士，也有在读研究生和田间育种人员，大家都想尽责尽力把这本书编好，但由于分子生物学日新月异的发展及分子标记辅助育种技术不尽完善的现实，加上编者的经验不足、业务水平有限，书中的错漏之处在所难免，敬请读者批评指正。

田纪春

2014 年元月于山东泰安

目　录

第一章　数量性状的概念及研究进展

第一节　分子数量遗传学的研究简史

远古时代人类祖先建立了作物栽培和动物驯养方法，实质上就是萌芽状态的对遗传和变异规律的认识及应用。自此以后，人们对遗传和变异的本质提出过种种假说。奥地利科学家孟德尔(Mendel，1822—1884)以豌豆为材料进行研究，1864 年提出了遗传因子的分离定律和自由组合定律。35 年后，荷兰的德弗里斯(de Vires，1848—1935)、德国的柯伦斯(Correns，1864—1933)、奥地利的柴马克(Eschermak，1871—1962)，分别以月见草、玉米和豌豆为材料，再次证实了孟德尔定律。这三人的论文刊登在 1900 年出版的《德国植物学会杂志》，标志着遗传学的诞生。在细胞遗传学时期(1900~1952)，遗传学研究的主要特征是从个体水平进展到细胞水平，并开始从细胞水平迈向分子水平，在各个领域都获得了突破性进展。1953 年沃森(Watson)和克里克(Crick)提出了 DNA 双螺旋结构模型，标志着遗传学及整个生物学进入分子水平的新时代，即现代分子遗传学时代(1953~现在)。21 世纪初人类基因组计划提前完成，遗传学进入了“基因组后研究”时代，面临新的挑战和使命。

在遗传学的发展历程中，质量性状的描述和解析是遗传发展的主要内容。然而，作物的许多重要性状，如产量、品质和抗逆性等性状大多数是数量性状。在遗传学发展的起始阶段，人们就力图阐明这些数量性状的遗传规律，并应用于生产实践。19 世纪末，孟德尔遗传学与数学相结合形成了群体遗传学。20 世纪 20 年代，Fisher 将群体遗传学与生物统计学相结合，开创了数量遗传学(quantitative genetics)(Fisher，1918)。数量遗传学是以数量性状(quantitative trait)为研究对象的遗传学分支学科，它作为育种的理论基础已经发展了近百年(孙祎振，2006)。

1980 年 Bostein 首次提出利用 DNA 限制性片段长度多态性(restriction fragment length polymorphism，RFLP)作为遗传标记，这种分子水平的标记具有多态性高、数量多、基因组覆盖面大、限制因素少、检测方便等优点，是形态学标记、细胞学标记和生化标记无法比拟的。分子标记是研究生物性状，尤其是数量性状遗传变异的很好工具，因而引起了广大遗传育种工作者的极大兴趣，不断发掘出新的分子遗传标记，如 RAPD、AFLP、SSCP、SNP 等，用这些分子标记解析数量性状基因(QTL)，带来了极大的方便，并具有实用性。因此，分子遗传学和数量遗传学相结合，开创了分子数量遗传学。分子数量遗传学将是 21 世纪数量遗传学的主要研究方向，对 QTL 检测与定位、标记辅助选择、标记辅助导入等研究和培育突破性作物新育种(superior variety)都会带来革命性的变化。最典型的例子是 QTL 定位开发的分子标记，已开始应用于分子标记辅助选择育种，有效地提高了主效数量遗传位点的跟踪和利用效率，加快了种质创新和品种选育的进程。在分子标记辅助选择育种的基础上，2003 年比利时科学家 Peleman 和 Van der Voort 又提出了分子设计育种(breeding by design)的概念及方法，可以极大地提高育种水平，将成为未来作物遗传改良的主流技术。

第二节　数量性状的概念和遗传特点

数量性状(quantitative character)是指在一个群体内的各个个体间表现为连续变异的性状，如动植物的高度或长度等。数量性状易受环境的影响，在一个群体内各个个体的差异一般呈连续的正态分布，不像质量性状一样在个体间明确地分组。

数量性状有特殊的遗传特点。1909年，瑞典学者H·尼尔松·埃勒提出“多基因学说”以解释数量性状的遗传，认为根据质量性状研究的结果得来的孟德尔定律同样可以用来解释数量性状的遗传，同一数量性状由若干对基因所控制；各个基因对于性状的效应都很微小，而且大致相等。1941年，英国数量遗传学家K·马瑟把这类控制数量性状的基因称为微效基因，相应地把效应显著而数量较少的控制质量性状的基因称为主效基因；认为控制同一数量性状的微效基因的作用一般是累加性的；控制数量性状的等位基因间一般没有明显的显隐性关系。这就是描述数量性状遗传控制的多基因假说，其要点是：①数量性状受许多彼此独立的基因作用，每个基因作用微小，但仍符合孟德尔遗传定律；②各基因的效应相等；③各个等位基因表现为不完全显性或无显性，或增效和减效作用；④各基因的作用是累加性的。

现代遗传学对多基因假说有了进一步的发展，认为数量性状可以由少数效应较大的主基因控制，也可由数目较多、效应较小的微效多基因所控制；各个微效基因的遗传效应值不尽相等，效应的类型包括等位基因的加性效应、显性效应，以及非等位基因间的上位性效应，还包括这些基因主效应与环境的互作效应。

数量性状基因座(quantitative trait locus，QTL)是控制数量性状的基因在基因组中的位置，包括基因座对数量性状的作用方式和效应值。QTL与连续变化的数量性状表型有密切关系，目前常利用DNA分子标记技术对这些区域进行有效的定位和效应估算。

第三节　数量性状基因研究的工具

分子标记是以个体间遗传物质内核苷酸序列变异为基础的遗传标记，是DNA水平遗传多态性的直接反映。随着分子生物学技术的发展，现在DNA分子标记技术已有数十种，广泛应用于遗传育种、基因组作图、基因定位、物种亲缘关系鉴别、基因库构建、基因克隆等方面(Aneja et al.，2012)。

分子标记的概念有广义和狭义之分。广义的分子标记是指可遗传的并可检测的DNA序列或同工酶蛋白等生化标记；狭义的分子标记是指能反映生物个体或种群间基因组中某种差异的特异性DNA片段。

一、分子标记的种类

分子标记主要包括基于分子杂交的分子标记、基于PCR的分子标记、基于限制酶酶切和PCR的DNA标记，以及基于DNA芯片的分子标记，其中目前种类较多、应用广泛的是基于PCR的分子标记技术。

(1)基于分子杂交的分子标记，是利用限制性内切核酸酶酶解及凝胶电泳分离不同的生物DNA分子，然后用经标记的特异DNA探针与之进行杂交，通过放射自显影或非同位素显色技术来揭示DNA的多态性，包括限制性片段长度多态性(restriction fragment length polymorphism，RFLP)和数目可变串联重复多态性(variable number of tandem repeat，VNTR)。

(2)基于PCR技术的分子标记目前应用较多。其中，随机引物的PCR标记，所用引物的核苷酸序列是随机的，其扩增的DNA区域事先未知。它包括随机扩增多态性DNA(random amplified polymorphism DNA，RAPD)、任意引物PCR(arbitrarily primed polymerase chain reaction，AP-PCR)和DNA扩增指纹印记(DNA amplification fingerprinting，DAF)。

此外还有特异引物的PCR标记，指PCR标记所用引物是针对已知序列的DNA区段而设计的，具有特定核苷酸序列(通常为18~24bp)，可在常规PCR复性温度下进行扩增，对基因组DNA的特定区域进行多态性分析。它包括序列标志位点(sequence tagged site，STS)、简单重复序列(simple sequence repeat，SSR)、序列特异性扩增区(sequence-characterized amplified region，SCAR)、单引物扩增反应(single primer amplificatipn reaction，SPAR)、DNA单链构象多态性(single strand conformation polymorphism，SSCP)和双脱氧化指纹法(dideoxy fingerprint，ddF)等。

(3)基于限制酶酶切和PCR技术的DNA标记，包括扩增片段长度多态性(amplified fragment length polymorphism，AFLP)、酶切扩增多态性序列(cleaved amplified polymorphism aequences，CAPS)等。

(4)基于DNA芯片技术的分子标记技术。单核苷酸多态性(single nucleotide polymorphism，SNP)标记是指同一位点的不同等位基因之间仅有个别核苷酸的差异或只有小的插入、缺失等，SNP标记可区分两个个体遗传物质的差异，被称为第三代DNA分子标记技术。随着DNA芯片技术的发展，SNP标记有望成为最重要、最有效的分子标记技术。

二、分子标记应用领域

分子标记可以应用于诸多领域，基因组作图和基因定位研究是其重要应用领域之一。

(一)遗传多样性分析及种质资源鉴定

遗传多样性反映了不同种群之间或不同个体间的遗传变异。遗传多样性分析为研究物种起源、品种分类、亲本选配和品种保护等提供科学依据，是收集、保护和有效利用种质资源的技术基础，有利于培育出更优良的品种。分子标记广泛存在于基因组，通过对随机分布于整个基因组的分子标记的多态性进行比较，能够全面评估研究对象的多样性，并揭示其遗传本质。利用遗传多样性的结果可以对物种进行聚类分析，进而了解其系统发育与亲缘关系。分子标记的发展为研究物种亲缘关系和系统分类提供了有力的手段。此外，分子标记技术因其具有较高的多态性，可以更好地应用于种质资源鉴定，是种质资源材料鉴定、种质资源保护的重要手段。

(二)遗传图构建和基因定位研究

遗传图是通过遗传重组交换结果进行连锁分析所得到的基因在染色体上相对位置的排列图，是植物遗传育种及分子克隆等应用研究的理论依据和基础。长期以来，各种生物的遗传图几乎都是根据诸如形态、生理和生化等常规标记来构建的，图谱分辨率低，图距大，饱和度低，应用价值有限。分子标记种类多、数量大，遗传图上的新标记将不断增加，密度也将越来越高，完全可以建立起达到预期目标的高密度分子图谱。在高密度图谱下，简单有效的分子标记系统可在基因标记及基因克隆研究中应用。众多实践说明分子标记技术是一个高速、可靠、有效的基因定位方法。

(三)基于图谱克隆基因

图位克隆(map-based cloning)又称定位克隆(positional cloning)，1986 年首先由英国的 Coulson(1986)提出，用该方法分离基因是根据目的基因在染色体上的位置进行的，无需预先知道基因的 DNA 顺序，也无需预先知道其表达产物的有关信息，但应有与目标基因紧密连锁的分子标记和用遗传作图将目标基因定位在染色体的特定位置。图位克隆是最为通用的基因识别途径，至少在理论上适用于一切基因。基因组研究提供的高密度遗传图、大尺寸物理图、大片段基因组文库和基因组全序列，已为图位克隆的广泛应用奠定了基础。

(四)分子标记辅助育种

传统的育种主要依赖于植株的表现型选择。环境条件、基因间互作、基因型与环境互作等多种因素会影响表型选择效率。分子标记辅助育种(MAS 育种)既可以通过与目标基因紧密连锁的分子标记在早世代对目的性状进行选择，也可以利用分子标记对轮回亲本的背景进行选择。获得与重要性状基因链锁的标记，有利于植物分子标记辅助育种的进行，可进一步提高植物改良育种的选择效率，提高新品种的选育速度。其中，目标基因的标记筛选是进行 MAS 育种的基础。

第四节　数量性状基因(QTL)定位研究进展和展望

一、QTL 分析方法

经典的数量遗传学建立在多基因假说基础上，把控制数量性状的基因作为一个整体，重点研究各种遗传效应与遗传方差的分解和估计。分子标记连锁图的出现，可以像研究质量性状基因一样研究数量性状基因，也可以把单个数量性状基因(QTL)定位在染色体上，并估计其遗传效应，这一过程称为 QTL 作图。

控制数量性状的基因在基因组中的位置称为数量性状基因座(QTL)。利用分子标记进行遗传连锁分析，可以检测出 QTL，即 QTL 定位(QTL mapping)。QTL 的定位必须使用遗传标记，人们通过寻找遗传标记和数量性状之间的联系，将一个或多个 QTL 定位到位于同一染色体的遗传标记旁，即标记和 QTL 是连锁的。

QTL 定位就是采用类似单基因定位的方法将 QTL 定位在遗传图上，确定 QTL 与遗传标记间的距离(以重组率表示)。根据标记数目的不同，可分为单标记、双标记和多标记几种方法。根据统计分析方法的不同，可分为方差与均值分析法、回归及相关分析法、矩估计及最大似然法等。根据标记区间数可分为零区间作图、单区间作图和多区间作图。此外，还有将不同方法结合起来的综合分析方法，如 QTL 复合区间作图(CIM)、多区间作图(MIM)、多 QTL 作图、多性状作图(MTM)等。

二、QTL 定位研究进展

分子标记已在玉米、大豆、鸡、猪等动植物育种和生产中有许多应用研究，主要集中在基因定位、辅助育种、疾病治疗等方面的应用研究工作，取得了一些应用成果。当前植物 QTL 研究的发展主要体现在以下几个方面。

(一)作物 QTL 定位概况

分子数量遗传学的发展为作物育种赋予了新的活力。数量性状可剖分为若干离散的孟德尔因子所决定的组分，确定其在染色体上的位置及与其他基因的关系。近年来作物 QTL 定位获得了较大进展。据不完全统计，截止到 2012 年底，利用不同分子标记构建的作物遗传图达 4200 多张(多数为 SSR 图谱)，涉及形态、产量、品质、抗性等性状。QTL 定位涉及的作物包括：粮食作物(水稻、玉米、豆类、小麦等)；经济作物(油菜、大麻、向日葵等)；蔬菜作物(番茄、萝卜、黄瓜、白菜、菊芋、刀豆、芫荽、莴笋、黄花、辣椒等)；果类(苹果、桃、杏、核桃、李子、樱桃、草莓等，野生果类如酸梨、野杏、山樱桃等)；还有一些饲料作物(如紫云英等)。其中，粮食作物的 QTL 定位占到 60%以上。目前小麦的遗传图约 180 张，多为 SSR 图谱，涉及形态、产量、品质、抗性等性状(Besnier et al.，2010；Wurschum，2012)。

(二)QTL 定位的分子标记发展

近 30 年来，分子标记技术得到了快速发展，目前 DNA 分子标记已达四大类几十种，而新的分子标记方法不断出现，除过去和现在常用的 RFLP(Devos et al.，1993)、RAPD(Williams，1990)、AFLP(Vos et al.，1995)和 SSR(Torada et al.，2006)标记外，近几年应用的相关序列扩增多态性(sequence-related amplified polymorphism，SRAP)以其多态性高、非等位检测、样品信息量大、操作简便、重复稳定、可靠性高和费用低等优点，广泛应用于作物的数量遗传学研究(Li and Quiros，2001；Aneja et al.，2012)。Jaccoud 等 2001 年开发了一种新的分子标记技术，即多样性微阵列技术(diversity arrays technology，DArT)，该技术具有高通量、不需已知序列、自动化程度高等特点，已经被广泛应用于小麦遗传图的构建和基因定位研究。Brookes(1999)和 Rafalski(2002)提出的单核苷酸多态性(SNP)是任何生物基因组中最多和最普遍的多态性形式，在构建高密度遗传图、精细定位目标基因和基因克隆等方面，SNP 比微卫星标记(SSR)和其他重复序列更有价值。SNP 检测与分析技术的飞速发展，特别是与 DNA 微阵列和芯片技术相结合，使其迅速成为继 RFLP 和 SSR 之后最有前途的第三代分子标记。此外，多种技术结合起来，可得到更全面、更丰富的差异片段，从而在植物基因差异表达、新基因发现、抗逆性分子机理研究等方面发挥更大的作用。

(三)QTL 定位方法的发展

用于 QTL 定位的遗传群体多种多样，用于分子标记的遗传作图群体一般分为两类，一类为暂时性分离群体，包括 F_2 群体、BC 等；另一类为加倍单倍体(doubled haploid，DH)和重组自交系(recombinant inbred line，RIL)等永久性分离群体，这类群体的遗传背景复杂，一般认为定位的精确度有限，在 10~30cM 的区间(Kearsey and Farquhar，1998)。在作物改良中，育种家需要利用最优的等位基因来培育优良品种，而上述群体只能对来源两亲本的不同等位基因进行评价。近年来提出的基于连锁不平衡(linkage disequilibrium , LD)原理的关联分析法(association analysis)，把自然群体或自交系品种用于 QTL 定位研究，也可找到控制重要农艺性状的基因，并发现优异等位变异。连锁不平衡指的是不同遗传标记间存在着的非随机组合现象。座位间的遗传是使连锁不平衡在群体中得以长期保持的主要机制，通过测定标记位点与潜在的 QTL 之间的连锁不平衡程度即可断定 QTL 所在的位置，因此有着更高的作图精度，其优点还在于不需建立分离群体，相对节省时间(Gupta et al.，2005)。

(四)植物 QTL 的动态研究

数量性状过去一般集中于在DNA层次的研究，最近将数量性状定位(quantitative trait loci，QTL)和基因表达分析联合运用，基因的表达水平也被作为一种数量性状而用于QTL定位，产生了遗传基因组学或基因表达数量性状定位(expression QTL，eQTL)。eQTL不是对 QTL 研究领域的简单扩展，而是着重于控制复杂性状的基因间互作、基因调控网络和代谢途径的研究，为研究复杂数量性状的分子机理和构建调控网络提供了全新的手段。采用这种策略有利于选择最佳的候选基因用于构建遗传调控网络，目前遗传基因组学的应用领域已扩展到玉米、拟南芥等植物之中(Sun，2012)。

目前，进行 QTL 定位的性状诸如数量、质量性状等都是该性状个体发育的最终表现，QTL 的解析只能了解性状的累积效应，而不同发育时期 QTL 的表达情况、作用模式及效应则不易了解。作物性状的表达是连续的，在性状的发育过程中不同的 QTL 有着不同的表达特征，因此必须从动态的角度定位 QTL。QTL 动态分析揭示了不同发育阶段可能有不同的 QTL 起作用，将性状的发育和分子数量遗传学进行了有机的结合(Zheng et al.，2012)。

三、QTL 定位的应用展望

近年来作物 QTL 的研究发展很快，但是 QTL 定位方法在作物有效新基因源的挖掘、农作物遗传育种应用等方面还有待于发挥更大的作用。只有在 QTL 定位的应用和基础理论方面，加强深入、细致的研究，才能够全面认识和利用植物数量性状基因，服务于育种实践，加快育种进程。

(一)应用 QTL 鉴定及克隆目的基因

尽管人们对作物数量性状的研究已有很长一段时间，近年来有关 QTL 的报道也相当多，但大部分研究都只停留在 QTL 初级定位水平上，人们对于数量性状的分子基础仍缺乏了解。QTL 的克隆被认为是 21 世纪生命科学的一大挑战，目前已克隆或精细定位的 QTL 均为主效或效应较大的 QTL，这是因为图位克隆周期长，工作量大，效应大的 QTL 往往优先被深入研究，而且数量性状受环境影响较大，微效 QTL 的遗传效应易被环境效应所掩盖，导致基因型和表型不能准确对应，影响定位的准确性。随着技术的发展，如高通量 SNP 分析技术的利用，将有更多的重要作物主效 QTL 和微效 QTL 被精细定位或克隆。对于没有进行基因组测序或序列资源很少的作物来说，可以通过 QTL 比较作图的方法，利用与模式植物中的 QTL 同源区域的序列信息确定候选基因。

(二)应用 QTL 研究互作及基因调控网络

数量性状是由一系列基因组成的基因调控网络来控制的。研究的深入目标是识别控制复杂性状的基因和代谢途径，阐明生物系统的发育和功能。动态 QTL 分析及突变体策略的应用增加了能检验的 QTL 数量。此外，数量性状的复杂性不仅在于其受多基因控制，还包括基因间的互作，即上位性效应。目前对 QTL 互作的系统检测主要依赖于相关分析软件的统计分析，其真实性还有赖于通过建立近等基因系等手段进一步检验，eQTL 分析技术则为上位性检测及基因调控网络的建立开辟了新的途径。

(三)应用 QTL 提高育种效率

植物 QTL 研究的重要目标是运用分子标记辅助选择来提高育种效率。利用分子标记辅助选择将更为高效，育种目标更明确。分子标记辅助选择未能大规模运用的原因一方面在于植物数量性状的遗传基础并未充分理解，另一方面是利用分子标记技术同时聚合多个基因工作量巨大，限制了该技术的应用。因此，研究设计高效的 QTL 定位方法势在必行，只有这样，才能够全面认识和利用植物数量性状基因。随着植物功能基因组学及分子生物学技术的发展，新标记、新方法的利用，将使得 QTL 服务于育种实践，加快育种进程。

(四)应用 QTL 提高育种水平

现代作物育种对农业和国民经济的发展有很大促进作用，据统计，新中国成立 60 多年来，我国作物品种更换了 5~6 次，平均单产增长了 7 倍，育种对粮食增产的贡献率占 35 %~40 %。但是，近十年来世界范围的粮食供应由相对过剩变为相对紧张，我国的粮食供应则由相对平衡变为结构性不足。因此，提高育种水平，培育更高产的作物新品种是保障世界粮油安全和经济社会高效发展的重大需求。面对常规育种主要依赖表型选择，而育种效率低、分子标记辅助选择育种很难直接用于数量性状辅助选择、转基因育种对于由多基因控制的大多数重要农艺性状尚无法发挥其优势的困境，2003 年比利时科学家 Peleman 和 van der Voort 提出了分子设计育种(breeding by design)的概念，即以生物信息学为平台，以基因组学和蛋白质组学的数据库为基础，综合作物育种学流程中的作物遗传、生理生化和生物统计等学科的有用信息，根据具体作物的育种目标和生长环境，先设计最佳方案，然后开展作物育种试验的分子育种方法。分子设计育种的内容包括筛选多态性标记、构建标记连锁图、评价数量性状的表现型和QTL分析、获得含有特定性状QTL的育种元件、育种元件的组装及田间选育等过程。与其他育种方法相比，作物分子设计育种首先在计算机上模拟实施，考虑的因素更多、更周全，因而所选用的亲本组合、选择途径等更有效，更能满足育种的需要，可以极大地提高育种效率，培育产量更高、品质更好、抗性更强的超级作物新品种。

参 考 文 献

孙祎振. 2006. 数量遗传学. 北京: 中国农业科学技术出版社: 1-8.

Aneja B, Yadav N R, Chawla V, et al. 2012. Sequence-related amplified polymorphism (SRAP) molecular marker system and its applications in crop improvement. Molecular Breeding, 30 (4): 1635-1648.

Besnier F, Le Rouzic A, Alvarez-Castro J M. 2010. Applying QTL analysis to conservation genetics. Conservation Genetics, 11 (2): 399-408.

Botstein D, White R, Skolnick M, et al. 1980. Construction of a genetic linkage map in man using restriction fragment length polymorphisms. American Journal of Human Genetics, 32 (3): 314-331.

Brookes A J. 1999. The essence of SNP. Gene, 234: 177-186.

Coulson A, Sulstion J, Sydney B. 1986. Toward a physical map of the genome of the nematode *C. elegans*. Proc Natl Acad Sci USA, 83: 7821-7825.

Devos K M, Millan T, Gale M D. 1993. Comparative RFLP maps of homoeologous group 2 chromosomes of wheat, rye, and barley. Theor Appl Genet, 85: 784-792.

Fisher R A. 1918. The correlation between relatives on the supposition of Mendelian inheritance. Transactions of the Royal Society of Edinburgh, 52: 399-433.

Gupta P K, Rustgi S, Kulwal P L. 2005. Linkage disequilibrium and association studies in higher plants: Present status and future prospects. Plant Mol Biol, 57: 461-485.

Jaccoud D, Peng K, Feinstein D, et al. 2001. Diversity Arrays: a solid state technology for sequence information independent genotyping. Nucleic Acids Res, 29 (4): 25-31.

Kearsey M J, Farquhar A G. 1998. QTL analysis in plants; where are we now? Heredity, 80 (2): 137-142

Li G, Quiros C F. 2001. Sequence-related amplified polymorphism (SRAP), a new marker system based on a simple PCR reaction: its application to mapping and gene tagging in Brassica. Theoretical and Applied Genetics, 103 (2): 455-461.

Rafalski J A. 2002. Application of single nucleotide polymorphisms in crop genetics. Current Opinion in Plant Biology, 5: 94-100.

Sun W. 2012. A statistical framework for eQTL mapping using RNA-seq data. Biometrics, 68 (1): 1-11.

Torada A, Koike M, Mochida K, et al. 2006. SSR-based linkage map with new markers using an intraspecific population of common wheat. Theor Appl Genet, 112: 1042-1051.

Vos P, Hogers R, Bleeker M, et al. 1995. AFLP: a new technique for DNA fingerprinting. Nucleic Acid Res, 23: 4407-4414.

Williams J G K, Kubelik A R, Livak K J, et al. 1990. DNA polymorphisms amplified by arbitrary primers are useful as genetic markers. Nucleic Acids Res, 18: 6531-6535.

Wurschum T. 2012. Mapping QTL for agronomic traits in breeding populations. Theoretical and Applied Genetics, 125 (2): 201-210.

Zheng L N, Zhai H Q, Zhang W W. 2012. Dynamic QTL analysis of rice protein content and protein index using recombinant inbred lines. Journal of Plant Biology, 54 (5): 321-328.

第二章　小麦数量性状遗传分析方法

小麦数量性状的遗传分析包括建立适宜的作图遗传群体、选择适合作图的 DNA 标记、绘制遗传图和 QTL 定位等基本步骤。俗话说“常规育种靠经验，分子育种靠材料”，这里的“材料”指的是研究数量性状的遗传群体，所以本章先讨论遗传群体的类型及群体质量，然后简单介绍数量性状遗传分析方法。

第一节　遗传群体类型及群体质量

一、遗传群体类型

狭义的遗传群体指由两个纯合的亲本杂交产生的 F_1 衍生而成、包含双亲全部基因型的家系群。这样的群体理论上含有全部纯合或杂合的座位，在亲本中有明确的等位基因。遗传群体培育的基本原则是，不进行任何人为的选择和干预，但实际上由于生殖障碍导致不育、环境胁迫导致死亡和人为因素导致丢失等原因，往往不能得到全部基因型。目前用于图谱构建的遗传群体主要有两类：暂时性群体(temporary population)和永久性群体(permanent population)。暂时性群体包括 F_2 群体及其衍生的 F_3、F_4 家系和回交(backcross，BC)群体；永久性群体包括加倍单倍体(double haploid，DH)群体、重组自交系(recombinant inbred line，RIL)群体、永久 F_2 群体(immortalized F_2 population，IF_2 群体)和近等基因系(near-isogenic line，NIL)等。近几年，基于连锁不平衡(linkage disequilibrium，LD)开展的关联作图(association mapping 或 association analysis)可以选用具有遗传多样性自然群体(natural population)，自然群体可以包括生产上的推广品种、新育成品系或种质，显然，自然群体也属于永久性群体的类型。

按照 QTL 作图精度来分，作图群体又可划分为 QTL 初级作图遗传群体(primary mapping population)和 QTL 精细作图遗传群体(secondary mapping population)两类。初级作图群体包括单交组合产生的 F_2 及其衍生的 F_3 和 F_4 家系、BC_1 群体、BC_2F_X 群体、DH 群体、RIL 群体、由 DH 或 RIL 创造的永久 F_2 群体等；由于遗传背景的干扰，这些群体定位的 QTL 置信区间一般都在 10cM 以上。QTL 精细作图群体按照其来源可以分为两类：一类是从初级定位群体进一步选择衍生出来的群体，包括近等基因系、残留异质系(residual heterozygou，RHL)和 QTL 近等基因系(QTL isogenic recombinant，QIR)；另一类是与数量性状初级定位没有关系的代换群体，包括导入系(introgressive line，IL)、单片段代换系(single segment substitution line，SSSL)和染色体片段代换系(chromosome segment substitute line，CSSL)。QTL 精细作图群体能够去除遗传背景的干扰，实现 QTL 的精细定位。

下面简单介绍一些常用的作图遗传群体的特点和构建注意事项。

(一) F_2 群体及其衍生的 F_3 家系

F_2 群体即杂种二代群体，来自 F_1 杂种自交产生的株系群。由于雄配子和雌配子易于重组分离的减数分裂，F_2 群体几乎可产生所有可能基因型，能提供最丰富的遗传信息，且具有构建快、技术简单等特点。但 F_2 群体应用方面有很大的局限性：第一，表型鉴定以单株为基础，对于遗传力低的农艺性状的 QTL 检测有较大的影响；第二，是一种暂时性群体，不易长期保存，有性繁殖一代后，群体的遗传结构就会发生变化，难以进行多年多点的重复实验；第三，存在杂合基因型，对于显性标记，将无法识别显性纯合基因型和杂合基因型，会降低作图的精度。所以应用 F_2 群体，只有效应较大和表达较稳定的 QTL 才能检测到。补救的办法是利用 F_2 衍生的 F_3 家系，即所谓的“混合 F_3”方法。具体做法是，从每个 F_2 自交产生的 F_3 个体中混合提取 DNA，分析各个 F_2 植株的基因型。如果分析每个 F_3 家系中的单个植株，也可构建一张遗传图。对于一个基因座，它的分离比例不再是 1∶2∶1，而是 3∶2∶3(因为在 F_2 中一个杂合座位只有一次机会在 F_3 固定为 2 个)，但这样做也会增加工作量并容易造成抽样误差。

(二) BC_1 群体

BC_1(backcross，BC_1)也是一种常用的作图群体，由 F_1 与亲本之一回交获得。BC_1 群体中每一分离的基因座只有两种基因型，它直接反映了 F_1 代配子的分离比例，因而 BC_1 群体的作图效率最高，这是它优于 F_2 群体的地方。但它也与 F_2 群体一样，存在不能长期保存的问题，即只能使用一代，且信息量少。因此，BC_1 群体直接应用于 QTL 作图较少。但在研究某些特殊问题(如杂交不亲和)时就需要利用回交群体。在这些研究中，也可以采用 BC_1 群体内各株系连续自交来产生“永久”的 BC_1F_X 群体。

(三) DH 群体

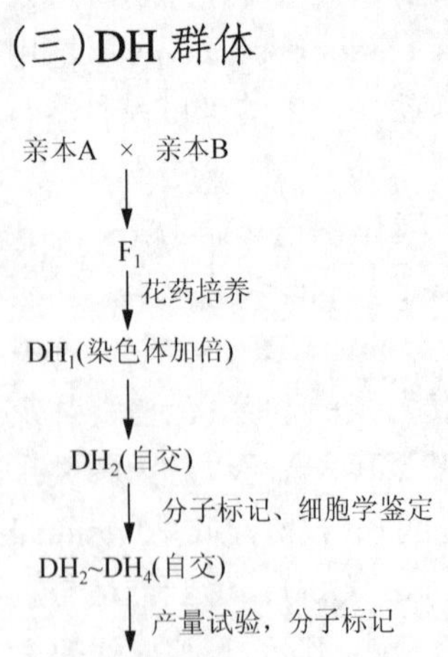

图 2-1　DH 群体构建示意图

Fig. 2-1　Schematic depicting of DH construction

DH 群体即加倍单倍体，由花药离体培养产生的单倍体植株，经染色体加倍形成(图 2-1)。因此，品系内个体是完全同质的，而且个体的基因型是完全纯合的。DH 群体属于“永久性”群体，可以进行重复试验以减少性状鉴定的试验误差，可以种植于不同环境和不同年份，研究基因型和环境的互作效应，是研究基因型和环境互作的理想材料。DH 群体的遗传结构直接反映了 F_1 配子中基因的分离和重组，且基因型是纯合的，因此有利于 QTL 的精细定位(李维明等，1996)。但是 DH 群体也存在不足之处，即产生 DH 植株有赖于花培技术，且花培过程可能对不同基因型的花粉产生选择效应，从而破坏群体的遗传结构，造成较严重的偏分离现象。此外，DH 群体重组只来自形成花粉时的一次减数分裂，故重组信息量相对较少，缺少杂合体，只能分析 QTL 的加性效应，不能分析显性效应，这些都会不同程度地影响作图的准确性(李俊周等，2005)。

(四)重组自交系群体

重组自交系(RIL)群体是由两亲本杂交后产生的 F_1，通过单粒传法(每一代选择一个单株进行自交)连续多代自交产生的永久群体。RIL 群体家系内个体基因型均纯合稳定，而家系间基因型各不相同。与 DH 群体一样，RIL 也可以进行多年多点的重复试验。由于多代自交使染色体的重组概率大大增加，RIL 群体中连锁基因之间的交换得到最充分的表现，因此，应用 RIL 群体有利于将处于同一染色体区段的不同 QTL 分解开，是 QTL 定位和基因型与环境互作研究的理想材料(Burr，1988；Lin et al.，2008)。RIL 群体的局限性在于构建群体需要时间长，而且连续自交过程中容易丢失一些株系，导致偏分离。

(五)近等基因系群体

近等基因系(NIL)群体是通过两亲本杂交后产生的 F_1 与轮回亲本多次回交获得的一组遗传背景相同或相近，只在个别染色体区段上存在差异的株系，称为近等基因系。近等基因系群体是一类特殊群体，定位目标基因所需分子标记少于其他群体，实际上近等基因系是在相同的遗传背景下，将影响某一性状的多个 QTL 分解成单个孟德尔因子，将数量性状转化为质量性状，消除了遗传背景的干扰，并能消除主效 QTL 对微效 QTL 的掩盖作用，从而可以进行基因的精细定位和目标基因的图位克隆(Yano et al.，1997)。

(六)DNA 小片段导入系群体

DNA 小片段导入系也称 DNA 小片段渗入系(chromosome segment introgression line，CSIL)，是由 F_1 杂种与其亲本之一不断回交，将一个品种的染色体小片段渗入到另一个品种的背景中形成的群体。根据育种和研究目的的不同，可采取不同的回交次数。用于育种的 DNA 小片段导入系一般回交 2~3 代，即供体亲本(donor)的 DNA 占受体亲本(vector)的 12.5%~6.25%的群体易选育出品种。用于 QTL 分析研究的 DNA 小片段导入系可多回交几代，以便获得不同大小的 DNA 小片段导入系群体。

(七)永久 F_2 群体

永久 F_2 群体(IF_2 群体)是 Hua 等(2003)提出的将普通的 F_2 分离群体和 RIL 等永久群体两者优势结合起来的特殊群体。IF_2 群体由永久群体中的每个纯合株系按一定组配方案两两杂交获得，既有 F_2 群体信息量大、可以估计显性效应和上位性效应的优点，又具有 RIL 或 DH 等永久群体可以组配出足量的种子满足多年多点试验需要，以取得准确的表型观测值，有利于鉴别紧密连锁的 QTL 标记的特点。

利用永久 F_2 群体可以在多年多点条件下进行作物性状杂种优势的 QTL 分析，这是

单独使用 F_2 分离群体和 RIL 等永久群体做不到的。但 IF_2 群体在实施上也有以下困难：①杂交组合配制工作量大，难度高，很多组合难于得到足够的种子，造成数据缺失；②不同 RIL 或 DH 系的抽穗期很不一致，对于大量配组来说，很难做到完全随机。这些因素会导致构建的永久 F_2 群体往往偏离正常的理论比，从而导致 QTL 位置、效应的估计出现偏差。

(八)精细定位作图群体

精细定位作图群体主要包括近等基因系(NIL)、残留异质系(RHL)、QTL 近等基因系(QIR)、DNA 小片段导入系(CSIL)、单片段代换系(SSSL)和染色体片段代换系(CSSL)。

其中近等基因系和 DNA 小片段导入系前面已有介绍，现主要介绍其余 4 种作图群体。

1. 残留异质系

残留异质系(RHL)是在 F_2 连续自交过程中获得的某个或某几个性状保留一个亲本特征，而其他一些位点上保留了另一亲本的特征，并在所研究的性状位点上始终存在分离的一套特殊群体。残留异质系也具有较为一致的遗传背景，可以用于标记辅助选择，但不能估算上位性效应。

2. QTL 等基因系

QTL 等基因系(QIR)是首先利用小群体采用初级定位方法完成 QTL 定位，然后利用大群体进行精细定位。大群体中的每个个体在 QTL 位点均发生了一次重组，但在其他区域均一致。尽管 QTL 等基因系容易构建，并可以获得低于 1cM 的分子标记，但 QTL 等基因系存在背景的干扰，而且不能检测上位性效应。

3. 单片段代换系

单片段代换系(SSSL)类似于近等基因系，也是通过多代回交获得的(图 2-2)。一个理想的单片段代换系应该是，除了目标 QTL 所在的染色体片段完整地来自供体亲本以外，基因组的其他部分与受体亲本完全相同，因此，单片段代换系可用于单个 QTL 的精细定位。但在回交过程中，需要通过初级定位的 QTL 对目标性状进行跟踪辅助选择，工作量较大且较繁琐。

4. 染色体片段代换系

染色体片段代换系(CSSL)与单片段代换系不同，染色体片段代换系是采用多个供体亲本对受体亲本进行连续回交，建立一套覆盖全基因组的、相互重叠的染色体片段代换系，有的也称之为代换系重叠群。

片段的渗入主要是通过遗传重组来实现。通过回交即可选育出几乎来自供体亲本任意基因组区域的近等基因渗入系。在回交过程中所采用的选择方式可以是多种多样的，选择的最终目标是出现供体亲本单一的纯合的染色体片段，而遗传背景完全是受体亲本的基因型。

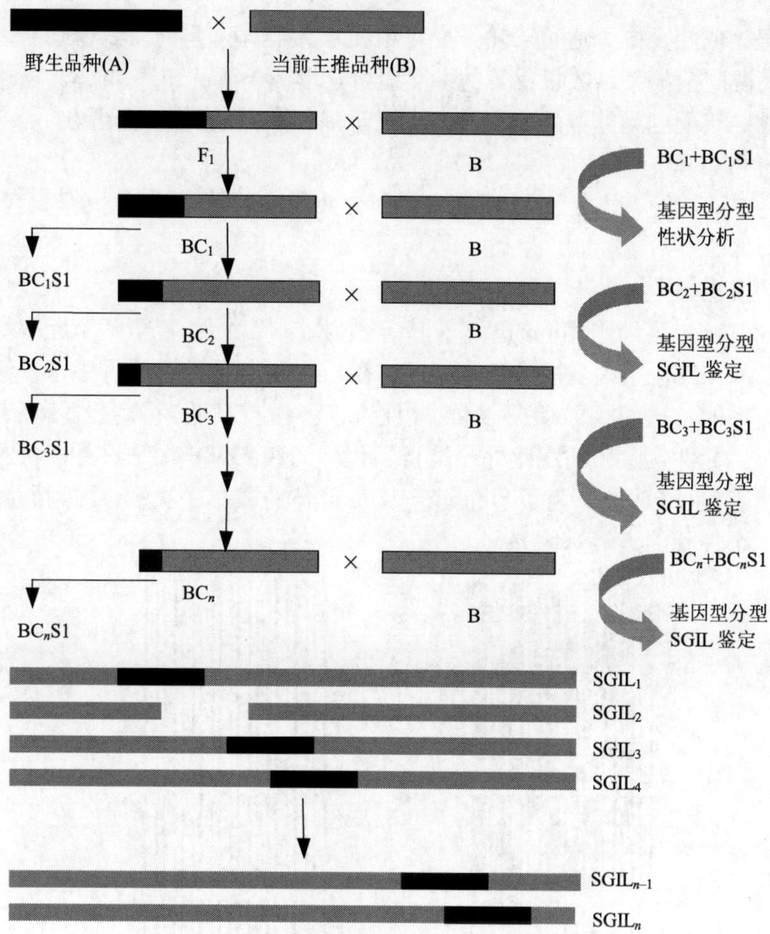

图 2-2　单片段代换系构建示意图(张丽霞等，2004)

Fig. 2-2　Schematic depicting of SSSL construction

二、遗传群体构建方法及注意事项

(一)构建方法

不同的遗传群体构建方法不同，但也有许多共同步骤，大多数群体都必须经过两亲本杂交产生 F_1。

1. F_2 群体构建

由 F_1 自交产生，其技术要点是根据研究的性状选择差异大的材料作为亲本，根据所需 F_2 群体的大小决定杂交穗子的数目。F_1 种子种下去收获的每个单株即是 F_2 群体的一个基因型。

2. IF_2 群体构建

将 DH 群体或 RIL 群体的所有家系随机分成两组，每组包含一定数量的家系，从两组家系中各随机选择一个家系组配成一个杂交组合，然后再从剩余的家系中各选出一个家系进行组配，依此类推。通过一轮杂交可组配永久群体家系的 1/2 个杂交组合，经两轮杂交，可获得同全部家系数量相等的杂交组合，形成一套“IF_2”群体。每年重复配制相同组合，或一年配制足够量的杂交种，可用于多年多点的 QTL 分析。

3. BC_1 群体构建

杂交产生 F_1，用两亲本之一与 F_1 回交，回交数量一般数十穗至百穗以上，以形成足够大的研究群体。

4. NIL 群体构建

在 BC_1 的基础上连续用相同的亲本回交至少达 F_5 代以上，直至两个近等基因系除目标基因(性状)外，其他基因(性状)基本相同。在 NIL 群体的培育过程中，各代都要根据构建近等基因系的目标性状(如穗子大小、植株高矮、粒重高低、抗病强弱和品质优劣等)选株回交，对目标性状除田间观察外，结合生化标记和 DNA 标记进行性状的鉴定可加快群体的构建进程(图 2-3)。为了节约构建 NIL 群体的成本，我们一般用同一群体分别定向培育 3~4 个性状的近等基因系。

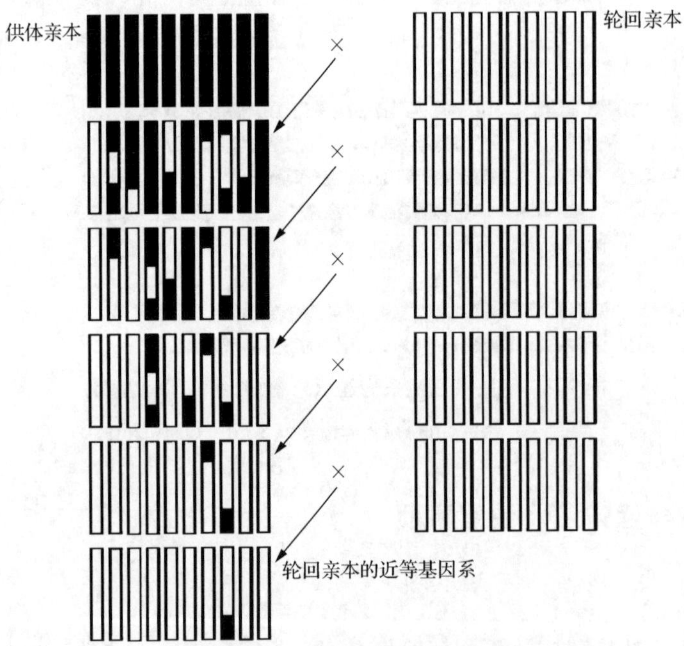

图 2-3　近等基因系(NIL)构建示意图(方宣钧等，2009)

Fig. 2-3　Schematic depicting of NIL construction

5. RIL 群体构建

构建步骤是 F_1 自交产生 F_2，自 F_2 分离世代随机选择表型差异大的 300 个左右的单株(根据需要可增加)，分别编号后种植获得自交 F_3、F_4 等，至少到 F_6 代各株系基本稳定后方可用于数量性状基因定位(图 2-4)。值得注意的是，RIL 群体的构建虽然称为“单粒传”法，但每代选单粒播种形成 1 个单株，往往会因种植条件不好丢失某些基因型，甚至使群体的株系数低于 QTL 定位的需求。我们的做法是自 F_2 代起每代选 1 个穗子，种植穗行，后代在穗行中再随机选 1 个穗子，直至 F_6 代后穗行完全稳定方可用于遗传研究。

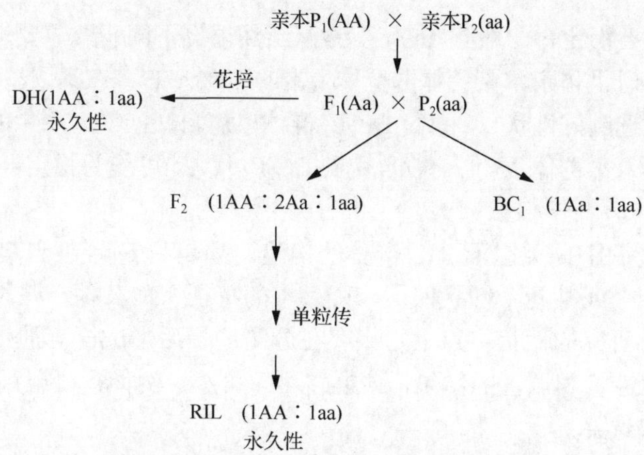

图 2-4　几种主要遗传群体构建关系示意图

Fig. 2-4　Schematic depicting of several genetic population construction

6. DH 群体构建

来源于杂交 F_1 花药培养形成的单倍体，通过染色体加倍而成。外植体材料常采用大田杂交 F_1 代植株抽穗前的幼穗的花药。取材时期，北方冬麦区一般在幼穗长度达到叶鞘 2/3 处比较合适，黄淮南片麦区幼穗长度要达到近叶耳 1cm 处或幼穗顶端与叶耳齐较为合适。花药长度达到总长度的 2/3 以上，花药呈绿色不透明状，此期正值花粉发育的单核中、晚期。取材时将穗子连倒二叶一起剪下后注意保湿，取回实验室用塑料膜包裹，放入冰箱待用。

在无菌操作室内，将选出的穗子剥去倒二叶，剪去旗叶，带叶鞘在 70%的乙醇中表面消毒 10s，在超净台上去掉叶鞘，用尖镊子剥去穗子的外颖、内颖，夹出花药，放在培养基表面，入无菌培养室内进行脱分化培养(诱导愈伤组织)。暗培养，温度控制在 28~30℃。

花药脱分化培养 30 天后，待愈伤组织长到约小米粒大小时(直径 1~1.5mm)，将其转入绿苗分化培养基中，7~15 天后可诱导分化出绿苗。此期培养温度为 23~25℃，光照时数为每天 10h；待分化出的花粉绿苗长到 2~3cm 高时，将其转入壮苗培养基中。绿苗转入壮苗培养基，并放入培养室 1 周后移入冷藏箱越夏(冷藏箱门要透光)，温度 6~10℃。在冷藏箱内储存至 10 月下旬，将试管苗取出冰箱，放在室外炼苗 1 周，然后洗去根部培养基，移栽到田间，用弓棚塑料膜覆盖 10 天左右，等试管苗成活后揭去膜露地越冬。

常用的人工加倍的方法有阳畦自然加倍法、秋水仙碱浸泡分蘖节及根部法、混合浸根法、半浸根加倍法等。浸根法和混合浸根法是将植株从田里挖出洗净泥土，在室内将分蘖节及根部浸入 0.04%秋水仙碱加 1.5%二甲基亚砜溶液中，在 9~10℃条件下处理 8~24h，然后用水清洗、移栽田间，正常生长抽穗结实后即形成双单倍体群体(见图 2-4)。

7. DNA 小片段导入系群体构建

该群体构建同样是由 F_1 杂种发展而来，具体做法是选其亲本之一与 F_1 回交，回交穗子数目每个 F_1 单株上最好选 1 穗回交(F_1 单株较少时每株也可选 2~3 穗回交)，获得 100 个以上的 BC_1F_1 穗，第二年在 BC_1F_1 穗行中随机选 2~3 穗回交形成 BC_2F_1 群体。回交代数根据研究或育种需要而定，一般到 BC_2F_1 为好（当然根据不同研究需要也可做到 BC_3F_1 或 BC_4F_1）。到 BC_2F_1 时供体亲本染色体占受体亲本的10%左右，在基因型鉴定中重组率高，在表型选择中也能选到好性状（品种）。BC_2F_1 群体单穗自交一次，产生的 BC_2F_2 即为含有供体亲本基因的导入系群体。群体一般自交到 BC_2F_4 代，即可作为稳定群体进行有关研究。

8. 精细定位作图群体构建

(1) 残留异质系 RHL 类似于 RIL 群体的构建，都是由 F_2 连续自交产生的，RHL 群体在选择时可在某个或某几个性状保留一个亲本的特征，而其他一些位点上保留另一亲本的特征，并在所研究的性状位点上始终存在分离，最后形成一套遗传背景一致的特殊群体。根据所选的性状和调查的结果，该群体可大可小。例如，根据目标，可在 F_3、F_4、F_5 代就开始调查和选择。

(2) QIR 群体是在 QTL 初级定位的基础上，根据定位出性状的主效 QTL 及其两侧的标记，结合性状，通过和亲本之一回交，并通过不同的分子标记进行前景选择和背景选择，最后形成 QIR 群体。例如，本课题根据定位出的抽穗期主效 QTL 两侧标记 *Xbarc320* 和 *Xwmc215* 对每代回交群体进行检测，同时用 200 个分子标记进行遗传背景选择，现已选出 QTL 杂合体。值得注意的是，在背景选择中，每一条染色体臂至少使用一个标记。

(3) SSSL 群体建立类似于 QIR 群体的建立，也需要通过初级定位的 QTL 对目标性状进行跟踪辅助选择，最后形成除了目标 QTL 所在的染色体片段完整地来自供体亲本以外，基因组的其他部分与受体亲本完全相同的群体。

(4) CSSL 群体是根据研究目标，选择多个供体亲本和受体亲本进行杂交，然后连续回交，建立一套覆盖全基因组的、相互重叠的染色体片段代换系。

(二) 遗传群体构建的注意事项

用于不同研究目的遗传群体的构建方法不同，其构建的注意事项也有差异。本文从共性方面谈以下几点。

(1) 形成 F_1 的两亲本选择时一定要与研究目的相符。在此前提下，供体亲本(DP)一般用核心种质或不能直接利用的特异材料；受体亲本(RP)则一般选用当地最好的品种(系)。

(2) 形成 F_1 的两亲本一定要保证高纯度，在杂交当代选留杂交株上其他穗子的种子低温保存，以备群体建成后繁育使用。轮回亲本每世代都要用套袋自交的种子，切勿出现假杂交种。

(3) 除 F_2 群体构建需要做大量的 F_1 杂交穗外，其他群体的初始杂交一般做 1~2 个穗子，一定要选典型单株去雄，去雄彻底，严防自花授粉，出现假杂种。回交 F_1 一般随机做 3~6 个单穗（分别取自不同单株，下同）；BC_1F_1 一般随机做 20 个单穗（株）；BC_2F_1 自交产生的 BC_2F_2 的种子量应达 1kg 以上。

(4) 各代做表型鉴定时，F_2(BC_2F_2) 和 F_6 代一定用好地，其他世代可用一般地。温室或异地加代一定种植好，收获好，防止株系丢失，特别注意防止因气候或条件不好导致群体大部分损失或全军覆没。

(5) 构建近等基因系、回交群体和 DNA 小片段渗透系等群体时，最好结合 SSR 标记或生化标记，鉴定来自供体亲本的特异基因，根据表现型调查和基因型鉴定，加快群体构建过程，提高群体质量。

三、遗传群体质量

对 QTL 作图来说，遗传群体的质量包括群体适用范围、群体的大小、群体的纯合度和群体遗传多样性等方面。

(一)群体的亲本选择

亲本的选择直接与遗传群体的适用范围有关，比如进行粒重的 QTL 定位时，其遗传群体两亲本的籽粒大小一定要有显著差异；进行抗赤霉病 QTL 分析时一定选抗病性有差异的两个亲本杂交；进行品质性状的 QTL 定位最好选用一个强筋品种和一个弱筋品种，性状差异大的亲本构建的群体才能有较大的遗传多样性，适用于相关性状的 QTL 分析。当然，两个亲本间可能在几个性状上有差异，构建的群体可用于相应性状的遗传分析。亲本的选配一般应从三个方面考虑：①亲本间的遗传差异。亲本间的遗传差异既不能过大又不能太小。若差异过大就会抑制杂种染色体之间的配对和重组，导致连锁座位之间的重组率偏低，偏分离现象严重，群体的可信度降低，严重的可导致杂交不育，影响群体的构建；若差异过小，亲本间 DNA 多态性就会比较低，具有多态性的分子标记偏少，定位精度降低。②亲本的纯度。亲本选配时可通过自交纯化保证亲本的纯度。③亲本及其杂种 F_1 进行细胞学鉴定，如果存在相互易位、单体、染色体缺失等异常问题，不宜用其构建分离群体。

(二)群体大小

作图群体大小直接影响到用于该群体进行遗传分析及 QTL 检测的准确性和有效性，特别是对于 QTL 检测的数目、QTL 效应值的估测及 QTL 检测的灵敏度均有很大的影响(Buckler et al.，2009；Schön et al.，2004；Zou et al.，2005)。徐云碧(1994)指出，LOD 估计值随作图群体样本容量的增加而增加，重组率估值的偏倚随样本容量的增加而减少，QTL 基因型均值和方差估计值偏倚的程度随群体样本容量的增加而减少。Beavis(1998)研究表明，即便是用含有高达 200 个株系的群体进行 QTL 检测，也容易导致假阳性 QTL 的出现。由于构建遗传连锁图及进行相关分离性状的遗传分析和 QTL 检测工作量巨大，构建较大遗传分离群体有一定难度。因此在研究过程中，群体大小最终还是视研究目的而定，用于初级 QTL 作图分析的群体最好不低于 200 个株系，而用于精细 QTL 作图分析的群体则应尽可能大。总之，群体越大，则作图精度越高。但群体太大，不仅增大实验工作量，而且增加费用。因此，确定合适的群体大小是十分必要的。作图群体大小还取决于所用群体的类型，为了保证每种基因型都有可能出现，F_2 就必须有较大的群体，其次为 RIL 群体。总的说来，在分子标记连锁图的构建方面，为了达到彼此相当的作图精度，所需的群体大小的顺序为 F_2>RIL>BC_1 和 DH 群体。

(三)群体的纯合度和群体遗传多样性

如前面所述，保证群体的纯合度首先两亲本要高度纯合，配制组合时要防止假杂种出现；其次是对需多代自交的群体来说，自交代数一定要达到群体内各株系高度纯合后方可使用。群体的遗传多样性与亲本的选择有关，详见前面有关论述。

第二节 遗传标记类型及其应用

有了遗传群体就可以利用分子标记鉴定群体的基因型，构建分子遗传连锁图。利用分子标记建立遗传图的优点在于：直接以 DNA 的形式表现；分布于基因组的标记数量较多；一些标记的多态性较高；有些标记具有共显性，遗传信息完整。因此，分子标记在遗传作图中有很重要的地位和应用价值。

基因/QTL 在染色体上的位置可以用遗传标记来确定。遗传标记主要有 4 种，即形态标记、细胞学标记、生化标记和 DNA 分子标记。

一、形态标记

形态标记就是能够直观表述的植物的外部特征，是基因在特定时期内或特定的环境条件下表达所产生的表型性状，目前已被广泛应用于水稻、玉米、大豆、小麦等多种农作物。其中，对小麦的研究，遗传学家常用非整倍体(如单体、缺体、三体、四体、端体等)分析定位和遗传连锁交换定位，可以将目的基因定位于某个染色体或染色体臂上。但由于植物的形态标记数目及多态性非常有限，且有些标记易受基因表达、调控、个体发育等遗传与环境条件的限制或影响，因此，表型上的差异往往不能如实反映基因型的差异，而且分析时间较长，存在很大的局限性。

二、细胞学标记

细胞学标记主要是指染色体核型(如染色体数目、大小、着丝点位置等)和带型，已应用于外源基因的定位。遗传学家为了改良小麦的一些农艺性状，通过远缘杂交、染色体工程等方法将许多优良基因导入到小麦中，然后通过核型和带型分析(C 带型、N 带型等)确定外源染色体及其基因的位置。但标记材料产生困难，某些染色体结构和数目变异的耐受性差，致死率较高，而且标记数量较少，鉴定困难，因而该标记的应用受到限制。

三、生化标记

生化标记是指以基因的表达产物(如酶和蛋白质)为主的一类标记，包括同工酶及储藏蛋白。目前，大约有 180 多个生化标记已被定位于小麦的染色体上，在外源基因的鉴定和定位上有很好的应用，小麦的高分子质量谷蛋白亚基的带型鉴定就是生化标记的具体应用。

四、DNA 分子标记

随着分子生物学技术的快速发展，利用 DNA 分子中核苷酸序列的变异作为遗传标记成为可能。DNA 分子标记就是以 DNA 的多态性与性状间的连锁关系为基础，能够真实反映性状基因遗传变异的分子标记。Botstein 等 1980 年首次提出了限制性片段长度多态性(RFLP)标记，被视为 DNA 分子标记研究的开端。随着聚合酶链反应(PCR)技术的发展，出现了随机扩增多态性 DNA(RAPD)、扩增片段长度多态性(AFLP)、微卫星标记(SSR)及序列特异性扩增区(SCAR)等标记，这些标记被称为第二代分子标记。后来出现的单核苷酸多态性(SNP)、表达序列标签(EST)等标记是发展的第三代分子标记。近年来，SSR、AFLP、EST、SNP 等标记已广泛应用于遗传图的构建、数量性状基因定位、遗传多样性分析和分子标记辅助育种等领域。

(一)RFLP 标记

该标记技术是利用限制性内切核酸酶酶切基因组 DNA 分子，然后经琼脂糖凝胶电泳分析，用放射性同位素或非同位素标记的探针与之杂交，通过放射自显影或非同位素显色技术揭示 DNA 的等位变异。该标记具有数量丰富、共显性、信息完整、重复性和稳定性好的特点，但是该技术基于 Southern 杂交技术，只能分析基因富含区，而且实验操作过程复杂、检测周期长、费用高，在小麦样品检测中多态性较低。

(二)RAPD 标记

RAPD 标记是采用短的随机核苷酸序列为引物，通过 PCR 反应对基因组随机扩增产生的多态性来进行鉴别(Williams et al.，1990)。该标记具有 DNA 用量少、操作简单的特点，而且一套引物可用于不同生物的基因组分析，检测的多态性高于 RFLP，因此可快速检测大量的遗传多态性。但是该标记为显性标记，不能区分纯合和杂合基因型，提供的信息不完整，稳定性和重复性也较差。因此，不易用这类标记构建小麦的连锁遗传图，但可以用于基因定位、外源染色体片段检测及品种间的多样性等研究。

(三)AFLP 标记

AFLP 标记是由荷兰科学家 Zabeau 和 Vos 等发展起来的分子标记，结合了 RFLP 和 RAPD 两种分子标记的优点。其基本原理是：用两种不同的内切核酸酶切割基因组 DNA，形成黏性末端，然后将人工合成的双链接头连接到末端上，再用互补的特异引物进行 PCR 扩增，由于不同材料的 DNA 酶切片段存在差异，因此通过聚丙烯酰胺凝胶电泳可产生扩增产物的多态性。该标记具有简单快速、多态性高、稳定性好等优点，可用于种质资源遗传多样性、遗传图构建及基因定位等研究。该标记也是一种显性标记，显示的是 DNA 片段长度多态性，但不能区分 DNA 长度相同而序列不同的片段，因此限制了 AFLP 标记的广泛应用。

(四)SSR 标记

SSR 标记又称为微卫星标记，是以 1~6 个碱基为基本单元的串联重复序列。同一类微卫星 DNA 可分布在基因组的不同位置上。由于基本单元重复次数的变异，形成 SSR

座位的多态性。由于小麦是异源六倍体，基因组较大，其中约 80%为重复序列，因此，使用 SSR 标记检测更有效，已用于遗传图的构建、QTL 定位、发掘重要 QTL 位点及其基因等研究。该标记为共显性标记，能够区分杂合和纯合体，能提供较完整的遗传信息，而且具有重复性与稳定性好、操作简单等优点，普遍用于禾谷类作物的研究。

（五）EST-SSR 标记

EST 即表达序列标签，是长 300~500bp 的基因表达序列片段。该技术是将 mRNA 反转录成 cDNA 并克隆到载体构建 cDNA 文库，然后随机挑选 cDNA 克隆，再对 5′端或 3′端进行测序，所获序列与已知的序列比较，从而获得对生物遗传发育、变异、衰老、死亡等一系列过程认识的技术，可代表生物体某种组织某一个时间的一个表达基因。该标记最大的特点就是能够直接标记功能基因，在小麦、水稻、玉米等研究中已有报道。

（六）ISSR 标记

ISSR（inter simple sequence repeat）标记技术的基本原理就是在 SSR 的 5′端或 3′端加锚 1~4 个嘌呤或嘧啶碱基，然后以此为引物，对两侧具有反向排列 SSR 的一段 DNA 序列进行扩增，经电泳分析谱带的有无及其位置，以此分析不同样品间的多态性。该标记技术操作简单、检测方便、稳定性好，因此已在基因定位、生物多样性、系统发育等研究方面广泛应用。

（七）SCAR 标记

SCAR 标记是 Paran 于 1993 年在 RAPD 技术基础上提出的。其原理是：目标 DNA 经 RAPD 分析以后，可将其从凝胶上回收并克隆，对克隆片段两端测序，设计一对 18~24 个碱基的特定引物，对基因组 DNA 再进行 PCR 扩增分析；或是根据 RAPD 标记片段的末端序列在原引物的碱基上增加 14 个左右的碱基，成为与原 RAPD 片段末端互补的特异引物。SCAR 标记是由 RAPD 标记转化而来的，引物较长，因此稳定性和重复性比 RAPD 好。

（八）序列标志位点（STS）

STS 引物的获得主要来自 RFLP 单拷贝的探针序列、微卫星序列。根据已知 RFLP 探针两端序列，设计合适引物，进行 PCR 扩增寻找多态性。它的扩增产物是一段长几百 bp 的特异核苷酸序列，此序列在基因组中往往只出现一次，因此能够界定基因组的特异位点（Olson et al.，1989）。与 RFLP 相比，STS 标记最大的优势是不需要保存探针克隆等活体物质，只需从数据库中调出相关信息，而且标记表现为共显性遗传，很容易在不同组合的遗传图间进行标记的转移，是沟通植物遗传图和物理图的中介，其实用价值很具吸引力。虽然 STS 标记的开发成本较高，但其信息量大，多态性好，是共显性标记，仍旧是一种应用前景非常好的新型分子标记。

(九)多样性微阵列技术(DArT)

DArT是由Jaccoud等(2001)开发的一种依赖于基因芯片杂交基础之上的新型分子标记技术。DArT 技术检测的是基因组 DNA 经限制性内切核酸酶酶切后形成的特异DNA片段具有的多态性。其基本原理是将待检测的不同样本的基因组DNA等量混合后经相关限制性内切核酸酶处理，根据电泳结果选择回收不同大小DNA片段及一系列DNA操作而达到基因组复杂性减少(complexity reduction)的目的，该部分DNA即为基因组代表(genomic representation)，并通过相关过程将该部分DNA固定到玻片上形成点阵列的芯片。每个点代表不同样本基因组的DNA片段，同时也存在仅个别样本中具备的特异性片段。为了检测不同样本之间的遗传差别，DArT技术需要以不同样本单独经同样内切核酸酶处理所获的基因组代表为探针，并组成相应的探针组合对芯片进行杂交，由于不同样本的基因组DNA序列有差异，因而与芯片上同一点序列杂交的效率不一致，芯片上只有与探针DNA互补的点才具有杂交信号，通过扫描仪可识辨不同颜色杂交信号的强弱或有无来确定待检测样本的遗传差别。在多样性分析中 DArT 表现不同杂交信号强度或有无的点就是一个DArT标记(DArT marker)，即为基因组代表中的一个多态性片段，可作为新的DNA标记用于其他的研究(Jaccoud et al.，2001；洪义欢等，2009)。

DArT技术的步骤包括：使用特定的基因组复杂性降低方法产生基因组代表性片段，构建DArT文库，芯片制备，待测样品的制备，待测样品与芯片杂交，信号扫描及数据处理。该技术无需预知研究对象的DNA序列信息，标记质量高，自动化程度高，高通量且结果稳定，虽然对DNA的纯度要求较高，但其多种优点使得DArT技术在遗传连锁图、QTL定位、种质资源鉴定、进化分析等方面得到应用(Wenzl et al.，2004；Wittenberg et al.，2005；Xia et al.，2005；Akabari et al.，2006)。

(十)SNP标记

SNP被称为第三代遗传标记，是由基因组序列单个核苷酸差异引起的遗传多态性，包括单个碱基的转换、缺失、颠换、插入等变化。一般可通过DNA测序或对已知DNA序列比对分析鉴定SNP的差异。最直接的鉴定方法可通过设计某个特定区域的特异引物进行PCR扩增，通过对其产物测序和遗传特征的比较来鉴定SNP，也可借助DNA芯片技术进行大量的SNP鉴定。

第三节　数量性状统计和定位方法

小麦许多重要的农艺性状和品质性状(如产量、生育期、抗性、面粉品质等)都是多基因控制的数量性状(Michelmore，1988)。传统的数量遗传学无法确定控制性状的QTL(数量性状基因位点)的数目，无法确定单个QTL的遗传效应及它们在染色体上的位置，只能将控制数量性状的多基因看成是一个整体，检测其整体遗传效应和环境效应。尽管在1923年Sax就提出了用遗传标记检测数量性状位点QTL的概念，但20世纪80

年代以前，由于可供使用的遗传标记数目太少，数量性状基因位点(QTL)方面的研究几乎没有什么发展。90年代以来，由于分子生物学和计算机技术的飞速发展，数量性状遗传研究有了新的方法和统计分析工具，使得人们有能力阐明数量性状遗传的本质、确定其在染色体上的位置及与其他基因的关系(Paterson，1988；Lander，1989；Dudley，1996；DarVasi，1994)，有能力分析单个QTL的增效、减效、多效和修饰作用，有能力解析多个QTL及QTL间的互作效应，包括加性效应和上位性效应等。

一、数量性状定位原理

QTL定位就是进行数量性状标记基因型和观察表型值之间的连锁分析，通过一定的统计方法，将QTL逐一定位到连锁群的相应位置，同时进行遗传效应的估计。当标记和特定性状连锁时，不同标记基因型个体的表型值存在显著差异，而QTL分析就是以这些连锁为基础，以此来确定各个数量性状位点在染色体上的位置、效应，以及不同QTL间的相关关系。因此，QTL定位是基于特定假设的遗传模型，是统计学上的一个概念，与数量性状基因本身有本质区别。首先是以标记基因型为依据把作图群体分成两组，然后比较两组间目标性状的差异显著性，由此推断该性状位点与标记位点间的连锁关系。一般步骤为：构建作图群体；构建连锁图；群体数量性状调查和标记基因型的检测；分析标记基因型和数量性状值之间的关系，明确QTL在染色体上的相对位置以及估计其效应值大小。其定位的必要条件为：①高密度的连锁图(标记间平均距离小于10cM)和相应的统计分析方法；②目标性状在群体中分离明显，呈现连续性变异，要求在选择亲本时尽可能地选择性状表现差异大和亲缘关系较远的材料。

二、数量性状定位方法

分子标记的发展，使数量性状的研究进入了QTL定位时代。依赖QTL作图的统计模型和方法，可进行QTL定位及其效应值的估计。截止到目前，QTL定位的方法主要有：零区间作图法、单区间作图法、复合区间作图法、基于混合线性模型的复合区间作图、完备区间作图、Bayesian分析法等。

(一)零区间作图(单标记)

单标记作图是基于加显模型，通过方差分析、回归分析或似然比检验法逐一检测各个分子标记与表型之间的关系，比较不同标记基因型数量性状均值的差异。如果存在显著性差异，说明控制某个数量性状的QTL与标记连锁。由于单标记分析法不需要构建完整的分子标记连锁图，因此，早期的QTL定位多用这种方法。但该方法存在一些缺点：不能明确标记与单个QTL还是多个QTL连锁；QTL位点的可能位置没法估计；降低了QTL位点的遗传效应值；易出现假阳性；所需群体较大，且检测效率较低。因此，需要新的统计模型和方法来满足QTL定位研究。

(二)单区间作图

针对单标记分析法存在的问题，一些学者提出了基于两个相邻标记的区间作图法。初期的Jensen模型方法适用于分析DH群体，可以估计异常分离，但该模型只考虑了一对标记的情况；于是，Knapp等于1990年提出了适用于不同群体类型的模型，但这些模型也仅考虑了一对标记位点。Lander和Botstein(1989)以正态混合分布的最大似然函数和简单回归模型，借助于完整的分子标记连锁图，计算基因组的任一相邻标记之间的任一位置上存在或不存在的QTL的似然函数比值的对数(LOD值)，根据整个染色体上各点处的LOD值可以描绘出一个QTL在该染色体上存在与否的似然图谱。当LOD值超过某一给定的临界值时，QTL的可能位置可用LOD支持区间表示出来。该方法不仅可以从支持区间内判断QTL的可能位置，而且能使QTL检测所需群体个数减少。1992年Haley和Knott及Martinez和Curnow提出了区间作图的简单回归分析方法。在机误独立且服从正态分布的情况下，回归分析法和最大似然比检验存在以下关系：似然比检验统计量=pMSR / MSE=pFregression。线性回归法可以获得与最大似然法近似的结果，而计算量却大大减少，因而简单回归法由于其简便易用而被广泛接受。

但该标记在实际运用时也存在一些缺点：定位的QTL区间太宽，当一个性状在同一条染色体上存在多个QTL时，即QTL连锁时常影响检测结果甚至出现错误，使QTL的位置或效应值估计出现较大偏差，而且每次检测仅用2个标记，其他标记的信息未能充分利用，影响最终的定位结果。

(三)复合区间作图

为了使QTL定位更加准确以克服区间作图存在的缺陷，Zeng等提出将多元回归分析与区间作图结合起来，实现可利用多个分子标记信息对多个区间进行QTL定位检测，即复合区间作图。复合区间作图与单区间作图的主要不同就是在极大似然分析中应用了多元回归模型，使一个被检标记区间内任一点上的检测在统计上都不受该区间外的QTL的影响。该法的要点是利用类似区间作图法获得各个参数的最大似然比，绘制似然图谱，从而得到QTL的可能位置和标记区间，从而增加了QTL作图的精度。

该方法有以下几个主要优点：①采用QTL似然图来显示QTL的可能位置及显著程度，保留了区间作图法的优点；②一次只检验一个区间；③假如不存在上位性和QTL与环境互作，QTL的位置和效应的估计是渐近无偏的；④充分利用了整个基因组的标记信息；⑤以所选择的多个标记为条件，在较大程度上控制了背景遗传效应，提高了作图的精度和效率(Zeng et al.，1994)。

但该方法也存在一些缺陷：不能分析上位性及QTL与环境互作等复杂的遗传学问题；复合区间作图法的另一个问题是运算速度慢，尤其是在用迭代法来选择阈值时更慢。吴为人等(1997)给出了基于最小二乘估计的复合区间作图法，该方法在计算上比基于最大似然估计的方法简单和快速。

(四) 混合线性模型的复合区间作图

鉴于复合区间作图法存在的不足，朱军等将加性效应、显性效应、上位性效应及其与环境互作的效应都考虑在模型中，提出了混合线性模型复合区间作图法。该方法的遗传假设是数量性状受多基因控制，它将群体平均值、QTL 的各项遗传主效应(包括加性效应、显性效应和上位性效应)作为固定效应，而把环境效应、QTL 与环境互作效应、分子标记效应及其与环境的互作效应以及残差作为随机效应，将效应估计和定位分析结合起来，进行多环境下的联合 QTL 定位分析，提高了作图的精度和效率。用混合线性模型方法进行 QTL 定位，能无偏地分析 QTL 与环境的互作效应，具有很大的灵活性，模型扩展非常方便。基于混合线性模型的复合区间作图方法，可以扩展到分析具有加×加、加×显、显×显上位性的各项遗传主效应及其与环境互作效应的 QTL。利用这些效应估计值，可预测基于 QTL 主效应的普通杂种优势和基于 QTL 与环境互作效应的互作杂种优势，并可直接估算个体的育种值，依据育种值的高低选择优良个体，提高遗传改良效率。因而，基于混合线性模型的复合区间作图方法应用前景较好。目前，利用该方法已定位了许多有关产量和品质性状的主要 QTL 位点。

(五) 完备区间作图

复合区间作图是近 10 多年来广泛应用的一种 QTL 定位方法，但它在算法上有一些缺陷，致使 QTL 效应可能会被侧链标记区间之外的标记变量吸收，同时不同的背景标记选择方法对作图结果的影响较大，并且难以推广到上位性互作 QTL 的定位。针对这些问题，王建康等(2009)提出了完备区间作图法(inclusive composite interval mapping，ICIM)。

该方法包含两个步骤：首先利用所有标记的信息，通过逐步回归选择重要的标记变量并估计其效应，其次利用逐步回归得到的线性模型校正表型数据，最后利用校正后的数据进行全基因组的一维和二维扫描。该作图策略简化了复合区间作图中控制背景遗传变异的过程。此法抽样误差较低，作图效率较高；当有 QTL 位点存在时，其 LOD 值较高，反之，则 LOD 值接近于 0，而且还可以分析上位性作图中加性效应 QTL 之间的互作。

完备区间作图法主要优点有：①较低的抽样误差；②较高的作图效率，有 QTL 的区域会有显著高的 LOD 值，没有 QTL 的区域的 LOD 值接近于 0；③对作图参数有着很好的稳健性；④容易进行上位性作图，在上位性作图时，不仅可以检测到有加性效应 QTL 间的互作，而且还可以检测到没有明显加性效应的 QTL 之间的互作，但也存在定位出上位性位点过多、难以进行选择的缺点。

第四节　数量性状基因定位分析新进展

如前节所述，20 世纪 80 年代以来发展的分子标记技术，使数量性状与 DNA 序列信息能够联系起来，结合遗传作图统计方法，可以在全基因组水平上定位复杂性状的 QTL，为人们认识复杂性状的遗传基础、分离克隆基因和辅助选择育种均提供了很大帮助。但是到目前为止，用普通的 QTL 定位方法不能解析植物生长发育过程中基因的动态变化，同时也忽略了基因表达水平的差异对性状的影响。近几年一些数量性状基因分析新方法及其分析软件不断出现(图 2-5)，本节选择应用较多的几种新方法进行有关介绍。

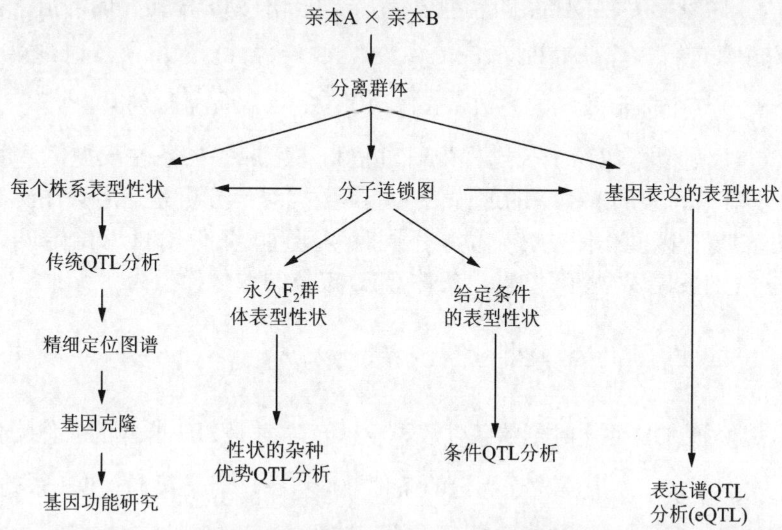

图 2-5 几种 QTL 分析方法关系图

Fig. 2-5 Schematic depicting of several QTL analysis methods

一、条件 QTL 定位及其研究内容

(一)条件 QTL 的提出和概念

条件 QTL 是随着生物技术的发展，特别是分子生物信息技术发展而出现的。1996 年朱军在 *Genetics* 发表 *Analysis of conditional genetic effects and variance componention developmentcl genetics* 的文章，最早提出了条件 QTL/基因效应的分析方法。同时吴为人等也提出了动态 QTL(dynamic mapping)定位方法，并开发了用 *t*-1 至 *t* 时间段内的遗传净效应鉴定 QTL 表达或沉默的分析软件。此后，Atchley 等(1997)在小鼠、Shi(2001)等在水稻、Ye 等(2003)在棉花、Guo(2005)在水稻等作物上应用这些分析软件，进行了多个性状的条件 QTL 分析，但是条件 QTL 的概念及与非条件 QTL 的区别前人并没有详细论述。那么什么是条件 QTL？条件 QTL 是根据作物生长发育过程中某阶段、某农艺措施或某个组合等给定条件下的净效应值，定位和解析不同条件下数量性状基因的时序表达和互作效应的遗传分析方法，是对作物一生(或某性状)生长发育过程中多个数量性状基因综合表达的遗传信息的分解和解析。显然，非条件 QTL 和条件 QTL 都是分子遗传图结合表型数据进行的数量性状基因表达的遗传分析(见图 2-5)，两者的最大区别是，非条件 QTL 定位用作物一生(或某性状)生长发育终端的表型数据，获得的是作物一生(或某个性状)形成过程中多个数量性状基因综合表达的累加效应，其数据统计分析是基于 *t* 时刻的表型值($y_{(t)}$，二次重复求平均)，用复合区间作图法进行非条件 QTL 定位：

$$y_{j(t)} = \beta_{0(t)} + \beta^{*}_{(t)} X^{*}_{j} + \sum_{i} \beta_{i(i)} X_{ij} + \in_{j(t)}$$

式中，$y_{j(t)}$ 是 t 时刻第 j 个 DH 系的表型值；$\beta_{0(t)}$ 是 t 时刻 DH 群体的均值；$\beta^{*}_{(t)}$ 是 t 时刻累积的 QTL 效应；X^{*}_{j} 是 QTL 效应的系数，$X^{*}_{j}=\{0, 1\}$；$\beta_{i(t)}$ 是 t 时刻第 i 个标记的累积效应；X_{ij} 第 i 个标记效应的系数，$X^{*}_{j}=\{0, 1\}$；$\in_{j(t)}$ 是 t 时刻第 j 个 DH 系的机误。

而条件 QTL 则根据作物生长过程中对时空和环境应答的条件表型值，解析不同时段、不同农艺措施等给定条件下的遗传信息。其数据统计分析是运用条件变量分析方法和条件 QTL 的复合区间作图法，定位了不同时期穗重的条件 QTL。给定(t-1)时刻表型值 $y_{(t|t-1)}$ 的 t 时刻条件表型值 $y_{(t|t-1)}$，条件 QTL 定位的遗传模型为

$$y_{j(t|t-1)} = \beta_{0(t|t-1)} + \beta^{*}_{(t|t-1)} X^{*}_{j} + \sum_{i} \beta_{i(t|t-1)} X_{ij} + \in_{j(t|t-1)}$$

式中，$y_{j(t|t-1)}$ 是 j 个 DH 系 t 时刻的条件表型值；$\beta_{0(t|t-1)}$ 是 DH 群体的条件均值；$\beta^{*}_{(t|t-1)}$ 是条件 QTL 效应；$\beta_{i(t|t-1)}$ 是第 i 个标记的条件效应；$\in_{j(t|t-1)}$ 是第 j 个 DH 系的条件机误。X^{*}_{j}、X_{ij} 同上。

总之，非条件 QTL 度量了从发育初始时刻至 t 时刻的基因表达累积加性效应。而条件 QTL 则可度量 t-1 至 t 特定时段内基因表达的净加性效应。可鉴定非条件 QTL 分析方法不能鉴定对累加效应起作用但已结束表达的 QTL/基因，也可鉴定出更多的在非条件 QTL 中效应较小不能检测到的新 QTL/基因。因此，条件 QTL 分析更有利于在作物分子育种和分子栽培中应用。

(二)条件 QTL 的主要研究内容

根据条件 QTL 的概念，条件 QTL 可分为性状发育动态的条件 QTL、农艺措施应答的条件 QTL 和因果关系条件 QTL 三个方面的内容。

1. 性状发育动态的条件 QTL

性状发育动态 QTL 定位(dynamic mapping，DM)又称与时间有关的 QTL，是吴为人等提出的概念，相对于某性状某一时间点(多为该性状的终端值)的 QTL 定位(即静态 QTL 定位，statica mapping，SM)，动态 QTL 研究植物整体(或某个器官)在生长发育过程中(如 t-1 至 t 时)QTL 的时序性表达表型数据，用的是 t-1 至 t 时的净表达量或净效应值。该方法可以有效利用性状发育过程中的遗传信息，揭示不同时间段 QTL 的表达动态，提高 QTL 定位的灵敏度和准确性，丰富 QTL 定位的内容和扩大 QTL 定位的应用范围。

2. 农艺措施应答的条件 QTL

农艺措施应答的条件 QTL(condition QTL on agronomy trait)，也可称环境因素的条件 QTL。与一般的静态 QTL 定位需要多年多点环境对比和验证不同，农艺措施应答的条件 QTL 指的是施肥、浇水和中耕等农艺措施诱导和调控相关 QTL/基因动态表达的遗传分析。例如，利用条件 QTL 方法可从单个 QTL/基因表达水平上研究，施用硝态氮后短时间内出现硝酸还原酶活性，早春浇水会显著促进小麦春季分蘖；追施孕穗肥会明显

提高籽粒蛋白质含量的遗传基础。朱军等开发了复合区间作图(MCIM)软件，为农艺措施应答的条件 QTL 分析提供了有力的工具。

3. 因果关系性状互作的条件 QTL

解析作物互有联系的性状间遗传基础的 QTL 定位方法称为因果关系性状互作的条件 QTL(cause-effect QTL)，也称因变量与自变量互作的条件 QTL。例如，小麦、玉米、水稻等谷类作物的籽粒蛋白质含量与淀粉含量一般是负相关；小麦的单位面积穗数、每穗粒数和千粒重都与单位面积产量呈显著正相关，而单位面积穗数、每穗粒数和千粒重间又互为极其显著的负相关。这些性状间或因变量与自变量间的关系对作物的高产优质至关重要。因此，许多遗传育种学家一直在探讨多性状间存在正或负相关的基因基础，以及这些性状的 QTL/基因的互作方式。许多生物信息学家，也致力于能阐明因果关系性状互作条件 QTL 定位的统计软件。

二、表达谱 QTL(eQTL)定位方法

2001 年 Jansen 和 Nap 提出了表达谱 QTL(expression QTL，eQTL)作图方法，即利用表型观测值、分子标记和表达谱数据鉴定数量性状基因的方法。每一基因的表达谱作为一个性状，分析分离群体所有个体的表达谱，然后检测分离群体中标记与表达谱性状间的连锁。将表达谱作为数量性状所定位得到的 QTL 称为 eQTL(Jansen and Nap, 2001)。当 eQTL 的遗传连锁与该基因的位置一致时，便可确定与数量性状有关的基因。定位得到的差异显著 eQTL 可以分为顺式 eQTL(*cis*-acting eQTL)和反式 eQTL(*trans*-acting eQTL)两种。顺式 eQTL 指的是某个基因的 eQTL 定位到该基因所在的基因组区域，表明可能是该基因本身的多态性引起的表达水平的差异；反式 eQTL 指 eQTL 座位的某一基因的多态性导致与该 eQTL 座位不在同一基因组区域的基因表达水平的差异。顺式 eQTL 能直接提供候选基因的信息，而反式 eQTL 的信息不仅能与其他方法结合获得调控网络，还有利于减少网络的候选节点(Rosa et al.，2006)。目前，用于 eQTL 的研究主要方法有 cDNA-AFLP(Vuylsteke et al.，2006)、qRT-PCR 和基因芯片技术(Potokina et al.，2008)。其中基因芯片技术以其高通量、高灵敏度的优点，成为 eQTL 研究的主要方法。应用的主要模型有：①转录物为基础的作图方法，即独立地分析每一个表达性状(e-trait)，最后获得全部表达性状的 eQTL；②标记为基础的作图方法，即先对每个标记基因型进行分组，然后检测该标记的不同基因型间表达量的差异，判断它与 eQTL 是否连锁，最后完成对全基因组标记的扫描。

eQTL 研究不仅有助于我们估计基因表达水平的遗传率、挖掘候选基因和构建基因调控网络，而且为我们正确理解基因与基因及基因与环境间的互作提供了条件，从而使我们能更深入认识生物复杂性状的分子机理和遗传基础。eQTL 也存在一些缺点：①成本比较高；②如果选择部分个体进行研究时，可能会导致偏分离，不利于 QTL 定位结果的分析；③目前 QTL 作图方法一定程度上限制了 eQTL 研究(刘刚等，2008)。

三、种质资源新基因发掘的 QTL 定位方法

作物 QTL 定位群体一般是两纯合近交系的杂交后代，往往要求两近交系间差异较

大。但是，若两者携带相同等位基因，即使其效应较大，也不能被检测到。因而，Rao和Xu(1998)等提出了增加亲本数目的四向杂交甚至八向杂交。但是，其亲本数目也十分有限，而且新基因蕴藏在种质资源中，因此利用统计方法从大量种质资源中寻找新基因是统计遗传学家的一大任务。目前种质资源新基因发掘的QTL统计方法主要包括基于选择牵连效应的关联分析方法和基于IBD的混合模型方法(章元明，2006)。关联分析是利用不同基因座等位变异间的连锁不平衡关系，进行标记与性状的相关性分析，鉴定控制相关性状的基因。选择牵连效应的关联分析方法的基本思路为：进行群体全基因组扫描，搜寻存在“选择信号”的基因组区段(或基因座)，并对之进行进一步的精细扫描定位。寻找和鉴定重要基因组区段和优异等位变异(基因)的群体(游光霞和张学勇，2007)。基于IBD的混合模型方法的主要思想是利用品种的系谱关系计算品种间的后裔同样值，并将IBD值嵌入方差组分模型以确定QTL的位置与效应；然后，用最优线性无偏预测法预测各品种的QTL效应值。根据每一品种各QTL效应预测值，进行新品种的亲本选配和分子设计育种，也可研究基因在品种中的传递规律(Zhang et al.，2005)。我国有丰富的品种资源，只要获得更多的相关信息，就可发掘出大量的有利基因并预测其遗传效应，进行分子设计育种，提高育种效率(章元明，2006)。

近年来对作物QTL的研究发展很快，QTL定位方法在作物新基因源的挖掘、农作物遗传育种等方面发挥了很大作用。研究设计高效的QTL定位方法势在必行，包括建立新的作图群体、新的统计分析方法，以及分子标记方法辅助的QTL精细定位、选择和克隆等。只有这样，才能够全面认识和利用植物数量性状基因，明确基因组中全部基因的功能，揭示植物生长发育、环境应答互作的分子网络，从而全面阐释植物的生物学基础，服务于育种实践，加快育种进程(蒋锋等，2009)。

参考文献

洪义欢，肖宁，张超，等. 2009. DArT技术的原理及其在植物遗传研究中的应用. HEREDITAS(Beijing)，31(4)：359-364.

蒋锋，刘鹏飞，杜世州，等. 2009. 作物QTL定位方法研究进展. 安徽农业科学，37(26)：12496-12497.

李俊周，刘艳阳，何宁，等. 2005. 小麦DH群体数量性状的遗传分析. 麦类作物学报，25(3)：16-19.

李维明，吴为人，卢浩然，等. 1996. 小麦7D染色体数量性状基因定位和效应估计的研究. 作物学报，22(6)：641-645.

刘刚，彭惠茹，倪中福，等. 2008. 遗传与基因表达数据的整合——eQTL的方法及应用. 遗传，30(9)：1228-1236.

王建康. 2009. 数量性状基因的完备区间作图方法. 作物学报，35(2)：239-245.

吴为人，李维明，卢浩然. 1997. 数量性状基因座的动态定位策略. 生物数学学报，12(5)：490-498.

徐云碧. 1994. QTL作图效率胡影响因素——群体大小. 浙江农业大学学报，20(6)：573-578.

游光霞，张学勇. 2007. 基于选择牵连效应的标记/性状关联分析方法简介. 遗传，29(7)：881-888.

张丽霞，刘丕庆，刘学义. 2004. 染色体单片段代换系的构建及应用于QTL精细定位. 分子植物育种，2(3)：743-746.

章元明. 2006. 作物QTL定位方法研究进展. 科学通报，51(19)：2223-2231.

Akbari M, Wenzl P, Caig V, et al. 2006. Diversity arrays technology (DArT) for high-throughput profiling of the hexaploid wheat genome. Theor Appl Genet, 113: 1409-1420.

Atchley W R, Zhu J. 1997. Developmental quantitative genetics, conditional epigenetic variability and growth in mice. Genetics, 147: 765-776.

Beavis W B. 1998. QTL analyses: power, precision, and accuracy. In: Patterson A H. Molecular Dissection of Complex Traits, Boca Raton: CRC Press.

Bostein D, White R L, Skolnik M, et al. 1980. Construction of a genetic linkage map in man using length polymorphism. Am J Hum Genet, 32(3): 314-331.

Buckler E S, Holland J B, Acharya C B. 2009. The genetic architecture of maize flowering time. Science, 325: 714-718.

Burr B, Burr E A, Thompson K H, et al. 1988. Gene mapping with recombinant inbreds in maize. Genetics, 118: 519-526.

Darvasi A, Solier M. 1994. Optimum spacing of genetic markers for determining linkage between marker loci and quantitative trait Ioci. Theor Appl Genet, 89: 351-368.

Dudley J W, Lamkey K R, Geadelmann J L. 1996. Evaluation of populations for their potential to improve three maize hybrids. Crop Sci, 36: 1553-1559.

Fang X J, Wu W R, Tang J L. 2001. DNA makers assisted breeding in Crops. Science Press.

Guo L B, Xing Y Z, Mei H W, et al. 2005. Dissection of component QTL expression in yield formation in rice. Plant Breed, 124: 127-132.

Haley C S, Knott S A. 1992. A simple regression method for mapping quantitative trait loci in line crosses using flanking markers Heredity, 69: 315-324.

Hua J P, Xing Y Z, Wu W R, et al. 2003. Single-locus heterotic effects and dominance by dominance interaction can adequately explain the genetic basis of heterosis in an elite hybrid. Proc Natl Acad Sci USA, 100, 2574-2579.

Jaccoud D, Peng K, Feinstein D, et al. 2001. Diversity Arrays: a solid state technology for sequence information independent genotyping. Nucleic Acids Res, 29(4): e25.

Jansen R C, Nap J P. 2001. Genetical genomics: the added value from segregation. Trends Genet, 17(7): 388-391.

Knapp S J, Bridges W C, Birkes D. 1990. Mapping quantitative trait loci using molecular marker linkage maps. Theor Appl Genet, 79: 583-592.

Lander E S, Botstein S. 1989. Mapping Mendelian factors underlying quantitative traits using RFLP linkage maps. Genetics, 121: 185-199.

Lin F, Xue S L, Tian D G, et al. 2008. Mapping chromosomal regions affecting flowering time in a spring wheat RIL population. Euphytica, 164: 769-777.

Martinez O, Curnow R N. 1992. Estimating the locations and the sizes of the effects of quantitative trait loci using flanking markers. Theor Appl Genet, 85: 480-488.

Michelmore R W, Shaw D V. 1988. Quantitative genetics: Character dissection. Nature, 335: 672-673.

Olson M, Flood L, Cantor D, et al. 1989. A common language for physical mapping of the human genome. Science, 245: 1434-1435.

Paterson A H. 1988. Resolution of quantitative traits into Mendelian factors by using a complete linkage map of restriction fragment Length polymorphysiums. Nature, 335: 721-726.

Potokina E, Druka A, Luo Z W, et al. 2008. Gene expression quantitative trait locus analysis of 16000 barley genes reveals a complex pattern of genome-wide transcriptional regulation. Plant J, 53(1): 90-101.

Rao S Q, Xu S. 1998. Mapping quantitative trait loci for ordered categorical traits in four-way crosses. Heredity, 81: 214-224.

Rosa G J M, Leon N, Rosa A J M. 2006. Review of microarray experimental design strategies for genetical genomics studies. Physiol Genomics, 28(1): 15-23.

Sax K. 1923. The association of size differences with seed-coat pattern and pigmentation in phaseolus vulgaris. Genetics, 8: 552-560.

Schön C C, Utz H F, Groh S, et al. 2004. Quantitative trait locus mapping based on resampling in a vast maize testcross experiment and its relevance to quantitative genetics for complex traits. Genetics, 167: 485-498.

Shi C H, Wu J G, Fan L J, et al. 2001. Developmental genetic analysis of brown rice weight under different environmental conditions in indica rice. Acta Botanica Sinica, 43: 603-609.

Vuylsteke M, Daele H V D, Vercauteren A, et al. 2006. Genetic dissection of transcriptional regulation by cDNA-AFLP. Plant J, 45(3): 439-446.

Wenzl P, Carling J, Kudrna D, et al. 2004. Diversity arrays technology (DArT) for whole-genome profiling of barley. PNAS, 101: 9915-9920.

Williams J, Kubelik A, Livak K, et al. 1990. DNA polymorphisms amplified by arbitrary primers is useful as genetic markers. Nucl Acid Res, 18: 6531-6535.

Wittenberg A H J, van der Lee T, Cayla C, et al. 2005. Validation of the high-throughput marker technology DArT using themodel plant a rabidops is thaliana. Molecular Genetics and Genomics, 274: 30-39.

Xia L, Peng K, Yang S Y, et al. 2005. DArT for high-throughput genotyping of Cassava (*Manihot esculenta*) and its wild relatives. Theoretical and Applied Genetics, 110: 1092-1098.

Yano M, Harushima Y, Nagamura Y, et al. 1997. Identification of quantitative trait loci controlling heading date in rice using a high-density linkage map. Theoretical and Applied Genetics, 95: 1025-1032.

Ye Z H, Lu Z Z, Zhu J. 2003. Genetic analysis for developmental behavior of some seed quality traits in upland cotton (*Gossypum hirsutum* L.). Euphytica, 129: 183-191.

Zeng Z B. 1994. Precision mapping of quantitative trait loci. Genetics, 136: 1457-1468.

Zhang Y M, Mao Y C, Xie C Q, et al. 2005. Mapping QTL using naturally occurring genetic variance among commercial inbred lines of maize (*Zea mays* L.). Genetics, 169 (4): 2267-2275.

Zou F, Gelfond J A L, Airey D C, et al. 2005. Quantitative trait locus analysis using ecombinant inbred intercross (RIX): theoretical and empirical onsiderations. Genetics, 170: 1299-1310.

第三章　小麦分子遗传图的构建

小麦分子遗传图是 QTL 定位、分子标记辅助选择、基因精细定位等分子遗传研究的基础。普通小麦为异源六倍体，基因组巨大，包含 A、B、D 三个染色体组，由于三个染色体组之间具有部分同源性，各类标记在不同材料之间的多态性较低，所以小麦遗传图的构建和应用相对慢于水稻、玉米等其他作物。Chao 等（1989）、Liu 和 Tsunewaki（1991）最早发表了利用 RFLP 分子标记构建的小麦分子遗传图。Liu 和 Tsunewaki 发表的小麦遗传图，由 266 位点组成，D 染色体上的位点较少，其中 2D、4D 和 5D 染色体上没有标记。1998 年 Röder 等用国际小麦簇作图计划（ITIM）的‘Opata85’×‘W7984’作图群体构建了小麦的第一张含有 230 个 SSR 标记的遗传图。1998 年 Penner 通过 Garnet×Saunders 的 DH 群体，构建了 620 个 AFLP 标记及 42 个 SSR 标记的遗传连锁图。2003 年 Bernard 等利用‘Courtot’×‘Chinese Spring’的 DH 群体，构建了 AFLP 分子标记的遗传连锁图。2004 年 Somers 等利用 3 个 DH 群体和 1 个 RIL 群体，构建了含有 1235 个 SSR 标记、覆盖小麦基因组 2565cM（迄今为止标记数最多、密度最高）的一张 SSR 标记遗传图。2006 年 Torada 等也利用两个普通小麦‘Kitamoe’和‘Münstertaler’的 DH 群体（96 个株系）构建了含有 464 个位点的小麦遗传图。

遗传图的实效性随图谱密度的增加而提高，为加快高密度遗传图的构建，Jaccoud 等 2001 年开发了一种新的分子标记技术，即多样性微阵列技术（diversity arrays technology，DArT），该技术具有高通量、不需已知序列、自动化程度高等特点，已经被广泛应用于小麦遗传图的构建和基因定位研究（Mona，2006；Huynh et al.，2008）。单核苷酸多态性（single nucleotide polymorphisms，SNP）是生物基因组中最多和最普遍的多态性形式（Brookes，1999；Rafalski，2002）。在构建高密度遗传图、精细定位目标基因和基因克隆等方面，SNP 比微卫星标记（SSR）和其他的重复序列更有价值。SNP 检测与分析技术的快速发展，特别是与 DNA 微阵列和芯片技术相结合，使其迅速成为继 RFLP 和 SSR 之后最有前途的第三代分子标记,自从 Lander（1996）第一次正式提出 SNP 为新一代分子标记后，Wang 等（1998）用 SNP 标记构建了密度为 2cM 的人类基因图谱，随后，Sachidanandam 等（2001）构建了含 142 万个 SNP、密度为 1SNP/1.9kb 的人类遗传图。近十几年来，动植物 SNP 研究和开发受到广泛关注。

我国小麦遗传图构建发展较晚。2003 年郭小建等以‘早选 10 号’×‘鲁麦 14’的 DH 群体，利用 SSR 和 AFLP 标记构建了包含 346 个位点、覆盖小麦基因组 2536.3cM 的分子连锁图。2005 年李俊周用‘郑州 8761’×‘川育 35050’组合 133 个株系的 DH 群体，构建了 SSR 标记分子连锁图，获得 124 个多态性标记位点，图谱总长度为 2517.6cM，相邻两标记间的平均距离为 18.69cM。2005 年许盛宝以普通小麦‘3338’和斯卑尔脱小麦‘Altgold’为亲本杂交后的 188 个重组近交系，构建了一张包含 231 个 SSR 标记的小麦遗传连锁图，覆盖小麦基因组的 4137.8cM，标记间的平均间距为 17.9cM。2007 年 Li

等利用‘Chuan 35050’和‘Shannong 483’的 131 个株系的 RIL 群体，构建了 381 个位点的小麦遗传图，全长 3636.7cM，标记间的平均距离是 9.29cM。近几年随着基于 PCR 技术及芯片技术的多种分子标记的诞生，RFLP、RAPD、SSR、LP、STS、EST-SSR、SRAP、TRAP、ISSR、SNP、DArT 等多种标记越来越多地用于小麦遗传连锁图的构建，且群体类型和群体的数量增大，覆盖全基因组的长度也有所增加。目前，发表的小麦分子遗传图已达 50 多个，几乎涵盖了已知的所有分子标记类型，但与国外遗传图研究相比，国内构建的小麦遗传图存在着标记数偏少、区段标记间距离偏大等问题。

自 2000 年起，本课题组紧密结合育种需求，先后构建了多个各种类型的遗传群体，分别用 SSR、DarT 和 SNP 等标记构建了 1 个双单倍体系群体、2 个 RIL 群体和 2 个自然群体的分子遗传图。这些作图群体的亲本和各株系间在产量、品质、抗性和农艺性状方面都有很大差异，且标记间的平均距离适宜，可用于数量性状基因(QTL)定位及效应分析。

第一节　遗传图及其构建方法

一、遗传图的概念

遗传图是指以染色体重组交换率为长度单位的基因组图谱，是对基因组进行系统研究的基础，分为经典遗传图和分子遗传图。

经典遗传图是根据连锁交换规律和遗传交换学说构建的基因位点连锁图。由于受遗传标记的限制，经典遗传图标记数量较少，因此难以建立较饱和的遗传图，并且不同遗传图的整合十分困难。另外，由于受上位性效应和基因互作的影响，标记性状不能充分表现，而且常常不能在同一个群体中检测。较低的作图效率和应用价值，使经典遗传图在近半个多世纪里进展缓慢，应用受到很大限制。

分子遗传图是利用 DNA 标记构建的遗传连锁图，是数量性状基因定位、基因图位克隆、比较基因组学研究及分子标记辅助育种等工作的基础。20 世纪 80 年代以来，DNA 分子标记的发现为分子遗传图的构建提供了技术支撑，分子遗传图的构建及以此为基础的 QTL 定位和效应分析成为当前遗传育种领域的热点课题。

二、遗传图构建方法

遗传连锁图构建的理论基础是染色体的交换与重组。在细胞减数分裂时，非同源染色体上的基因相互独立、自由组合；而同源染色体上的连锁基因产生交换与重组，且基因间交换频率的高低与基因间的距离有一定的对应关系，因此可利用重组率揭示基因间的遗传距离。

图谱的构建过程主要包括：①亲本遗传差异分析；②建立合适的作图分离群体；③筛选亲本间有差异的遗传标记，扫描分离群体；④构建连锁群；⑤确定基因排序与遗传距离。

常用的遗传图作图软件主要有 MAPMAKER/EXP 3.0、JoinMAP 4.0，IciMapping 3.0、CRI-MAP、Mapchart2.1 等。在整合多个遗传图时，通常用 JoinMAP 4.0。

第二节　遗传图的构建及图谱的特点

为了对小麦的产量、品质和抗性等数量性状进行基因调控方面的深入研究，本课题组自 2000 年起就锁定某些关键性状，开始构建了多个 RIL、DH 和 IL 等遗传群体，并利用遗传群体构建了多张分子遗传图。现将主要遗传图逐一介绍。

一、'花培 3 号'×'豫麦 57'DH 群体的遗传图

(一)试验材料

供试材料为'花培 3 号'和'豫麦 57'杂交 F_1 通过花药培养产生的单倍体，经染色体加倍获得 168 个 DH 系。'花培 3 号'和'豫麦 57'都是我国优良的栽培小麦品种，分别于 2006 年和 2004 年通过河南省农作物品种审定委员会(海燕等，2007)和国家审定(郭春强等，2004)，二者在黄淮麦区推广面积很大，在农艺性状和品质性状方面有较大差异(海燕等，2007；郭春强等，2004)。

本遗传图的群体(含两亲本和各株系)在熟期、株高、产量和品质等方面差异较大，主要用于株高、熟期、穗粒数、单株成穗等性状的 QTL 定位。

(二)试验方法

1. 基因组 DNA 的提取

在 Ellis 等(2005)改进的 SDS 方法的基础上，稍作改动。

(1)取 0.3g 左右新鲜小麦叶片在液氮低温下磨碎，研细后迅速置于 2ml 离心管，快速加入 800μl 预热到 65℃的 SDS 提取缓冲液[100mmol/L Tris-HCl(pH 8.5)，100mmol/L NaCl，50mmol EDTA(pH 8.0)，2% SDS]，65℃水浴 1h。水浴过程中小心轻摇数次，充分混匀。

(2)加入等体积的酚 : 氯仿(*V*/*V*=1∶1)，混匀后 10 000r/min 离心 10min，上清液移入另一离心管中加入等体积的氯仿∶异戊醇(24∶1)，混匀后 12 000r/min 离心 10min。

(3)取上清液，加等体积氯仿∶异戊醇(24∶1)再抽提一次，12 000r/min 离心 10min。

(4)取上清液，加入 1/10 体积 3mol/L 乙酸钠(pH 5.2)，再加 2 倍体积的冷无水乙醇；轻轻混匀，–20℃静置至少 30min。

(5)挑出 DNA 沉淀，用 70%的乙醇将 DNA 清洗 2~3 次后干燥。

(6)将干燥后的 DNA 溶于 600μl 1×TE，分别加入 10μl RNase(10mg/ml)，37℃水浴 1h。

(7)加入等体积的酚∶氯仿，混匀后 12 000r/min 离心 10min，上清液移入另一离心管中，加入等体积的氯仿∶异戊醇(24∶1)，混匀后 12 000r/min 离心 10min。

(8)取上清液加入 1/10 体积的 3mol/L 的乙酸钠(pH 5.2)，再加 2 倍体积的冷无水乙醇，混匀后，–20℃静置至少 30min。

(9)12 000r/min 离心 10min；沉淀用 70%乙醇浸泡 2~3 次，待 DNA 干燥后加入适量 1×TE 溶解。

2. DNA 浓度及纯度的检测

取 3μl DNA 样液稀释至 30 倍，在 Genequant AP800 核酸浓度仪上测定 DNA 样品在 260nm、280nm、230nm 波长处的吸收值和浓度，并根据 260nm/230nm 和 260nm/280nm 的比值判断 DNA 样品的纯度。

取 3μl 提取纯化后的的基因组总 DNA，用 0.8%琼脂糖（含 EB，终浓度 0.5μg/ml）进行电泳，检测其浓度及纯度。电泳仪为北京市六一仪器厂生产的 DYY-8 型，电泳槽为 DYC-3B 型。在 ChemiImager™-4400 型凝胶成像仪上观察并照相，以检测小麦基因组 DNA 的纯度及有无降解情况。基因组总 DNA 的浓度主要根据所检测样品带型的亮度、点到点样孔里面的 DNA 量、点样孔的亮度和平时的经验积累来加以判断，而纯度可以根据带型是否弥散等进行判断。

3. 分子标记扩增

选用不同来源的微卫星引物 2002 对，包括 1623 对 SSR 引物和 379 对 EST-SSR 引物，筛选两亲本的 DNA 多态性。260 对 *Xgwm* 和 82 对 *Xgdm* SSR 引物来源于 Röder 等（1998）和 Pestsova 等（2000）开发的引物，621 对 *Xwmc* 和 480 对 *Xbarc* 引物分别来源于 Graingenes 网（http://www.wheat.pw.usda.gov/ggpages/SSR/WMC/）和 US 小麦与大麦网（http://www.scabusa.org/pdfs/BARC_SSRs_011101.html），30 对 *BE* 引物来源于陈军方等（2005）开发的 EST-SSR 引物，50 对 *Xcfa*、130 对 *Xcfd*、48 对 *Xcwem* 和 301 对 *Xcfe* 引物由中国农科院作物所夏先春博士惠赠。以上引物均由上海生物工程有限公司合成。

PCR 扩增参照 Brian 等（1997）提供的方法进行，并略有改动。

（1）PCR 反应体系：

组分	用量
ddH_2O	11.0μl
10×PCR 缓冲液	2.0μl
dNTP	1.2μl
Mg^{2+}	1.5μl
引物	0.5μl
Taq	0.2μl
DNA（20ng/L）	3.6μl
总量	20μl

（2）PCR 反应程序（退火温度随所用引物而异，以退火温度 55℃为例）：

步骤	条件	时间
步骤 1	95℃	5min
步骤 2	95℃	1min
步骤 3	55℃	40s
步骤 4	72℃	1min
步骤 5	回到步骤 2	36 个循环
步骤 6	72℃	10min
步骤 7	保持在 4℃	

在扩增产物中加入 6μl 上样缓冲液，95℃变性 5min 后立即置于冰水混合物中冷却待用。

4. 电泳分析

用 Karakousis 等（2003）的银染方法对 PCR 选择性扩增产物进行电泳分析。

凝胶电泳所用的主要药品和试剂如下：尿素(urea)、丙烯酰胺(acrylamide)、甲叉双丙烯酰胺(bis-acrylamide)、Tris 等购自 Sigma 公司；去离子甲酰胺(formamide)、剥离硅烷(repel silance)、亲和硅烷(binding silance)等购自北京鼎国生物技术有限公司；无水碳酸钠、过硫酸胺(AP)、四甲基乙二胺(TEMED)、硫代硫酸钠($Na_2S_2O_3$)、结晶乙酸钠($Na_2CHCOOH$)等其他试剂均购自国内相关厂家的分析纯产品。

本试验使用的电泳仪为北京六一仪器厂 DYY-12 型，电泳槽为同一厂家的 DYC-20C 型。

1) 玻璃板的清洗

玻璃板用自来水反复擦洗干净。注意在洗刷的过程中主要是清洗平板。电泳结束后，如未出现粘板的情况下，凹板一般用自来水简单冲洗一下即可。玻璃板清洗完后，置室温下晾干。

2) 灌胶

玻璃板分别用 95%乙醇擦洗两次，稍干后，在凹板上涂上剥离硅烷原液 200μl，用吸水纸快速擦匀。平板均匀涂上 2ml 亲和硅烷(0.5%)。待两块玻璃板充分干燥后，再进行玻璃板组装，以防止互相污染。最后，将组装好的玻璃板板放平。取 60ml 的 6%变性聚丙烯酰胺凝胶，加入 10%过硫酸胺 120μl、TEMED 60μl。充分混匀后，用 50ml 注射器将胶沿底部的灌胶口灌入，灌时轻轻敲打玻璃板，防止出现气泡。为防止在灌胶的过程中胶凝固，最好将灌胶时间控制在 50s 左右。待胶流动到底部时，轻轻倒插入梳子，注意梳子插入的深度要适当，而且要平。让其聚合至少 2h(若让胶过夜，用湿滤纸、保湿膜封口以防胶干)。

3) 电泳

(1) 将胶板安装在电泳槽内，向电极槽的正负极加入电极缓冲液，上槽液为 0.3×TBE，下槽液为 0.5×TBE。

(2) 75W 恒功率电泳，预电泳约 20min。

(3) 清除胶面沉积的尿素和气泡，插入样品梳子。

(4) 加变性的扩增样品 DNA 4~6ml，电泳约 1h。

(5) 电泳结束后，小心分开两块玻璃板，胶会紧贴涂有亲和硅烷的玻璃板。

4) 显色银染参照 Karakousis 等(2003)的方法，稍作改进。

(1) 固定：电泳结束后，将玻璃板放入 10%的冰醋酸固定液中固定 30min。

(2) 水洗：把固定液中的玻璃板取出，放入蒸馏水中，水洗 10min。

(3) 银染：把水洗后的玻璃板放入银染液中染色 30min(银染液：1000ml 蒸馏水含 1.2g $AgNO_3$，37%的甲醛 2.0ml)。

(4) 水洗：把玻璃板从银染液中取出，放入蒸馏水中，水洗 5~8s。

(5) 显影：把玻璃板从水洗槽中迅速取出，放入显影液中至 DNA 条带显出(显影液：1000ml 蒸馏水中含无水碳酸钠 30g、37%的甲醛 1ml、1%的硫代硫酸钠 200μl)。

(6) 定影：用 10%的冰醋酸终止反应约 5min。

(7) 凝胶洗涤：用去离子水洗涤凝胶 1min。

(8) 胶的干燥：室温下自然干燥。

(9) 实验结果记录：胶版干燥后及时记录，与‘花培 3 号’相同的位点记为 1，与‘豫麦 57’相同的位点记为 2，缺失或模糊的位点记为“—”，并用数码相机拍照。

5) 主要试剂配制

(1) 2% SDS 提取液：2% (*m*/*V*) SDS，1.4mol/L NaCl，100mmol/L Tris.Cl (pH 8.0)，20mmol/L EDTA (pH 8.0)，2%的 PVP-40 (*m*/*V*) (研磨时加入)。

(2) Tris 饱和酚。

(3) 氯仿：异戊醇 (24：1) (*V*/*V*)。

(4) 3mol/L 乙酸钠 (pH 5.2)。

(5) 100%乙醇和 70%乙醇。

(6) 1×TE: 10mmol/L Tris-HCl，1mmol/L EDTA，pH 8.0。

(7) 酚：氯仿 (1：1) (*V*/*V*)。

(8) RNA 酶 (10mg/ml)

(9) 2ml 和 1.5ml 离心管、移液器、水浴锅、Sigma3K18 离心机和冰箱等。

(10) 6%聚丙烯酰胺变性胶的配制 (1000ml)

试剂	用量
丙烯酰胺	57g
甲叉双丙烯酰胺	3g
尿素	420.4g
10×TBE	50ml

先溶解尿素，如加热不要超过 45℃，防止尿素分解。再溶解其他成分。用去离子水定容到 1000ml 体积，放到棕色瓶内室温保存。

10×TBE 的配制 (1000ml)

试剂	用量
Tris base	108g
硼酸	55g
0.5mol/L EDTA (pH 8.0)	37.25ml

溶解后，用去离子水定容到 1000ml，室温下保存。

5. 遗传图的构建

用 MAPMAKER/EXP3.0b 软件 (Lincoln et al.，1993) 构建分子标记的连锁图，根据已定位的 SSR 标记信息构建每条染色体的框架图，参照 Somers 等 (2004) 发表的小麦微卫星遗传图及小麦复合图谱 (http//wheat.pw.usda.gov) 微卫星标记的位置，用 sequence 和 map 命令确定已定位的 SSR 标记在本连锁图上的位置，用 try 和 compare 命令将其他标记加到图上，用 ripple 命令检验。采用 Kosambi 函数，将重组率转换成图距单位 cM。根据标记间的距离和标记顺序，用 Mapchart 2.1 (Voorrips，2002) 软件作图。

(三) 结果与分析

1. SSR 和 EST-SSR 标记在作图群体中的分离

利用亲本从 2002 对不同来源的 SSR 和 EST-SSR 引物 (1623 对 SSR 引物和 379 对 EST-SSR 引物) 中筛选多态引物。具多态性的 270 对 SSR 引物和 17 对 EST-SSR 引物在群体中扩增清晰，并有差异的标记位点，大多数位点在群体中的分布符合 1∶1 的分离比例，且为纯合位点(图 3-1~图 3-3)，结果表明，该群体可用于小麦数量性状的作图研究。每对引物的多态性位点数位 1~3 个，其中 250 对 SSR 和 12 对 EST-SSR 引物扩增出 1 个多态性位点，17 对 SSR 和 5 对 EST-SSR 引物扩增出 2 个位点，3 对 SSR 引物扩增出 3 个位点。扩增出的总位点数是 315 个。

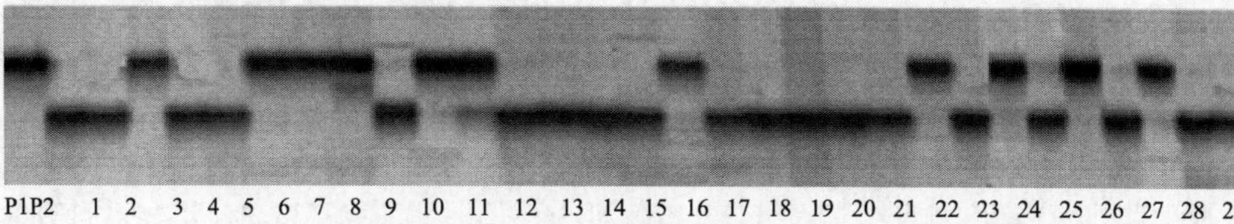

图 3-1　引物组合 *Xgwm186* 在 DH 群体部分家系的扩增结果

Fig. 3-1　SSR amplified profile of primer *Xgwm186* in the DH population

P1: 花培 3 号; P2: 豫麦 57

P1: Huapei 3; P2: Yumai 57

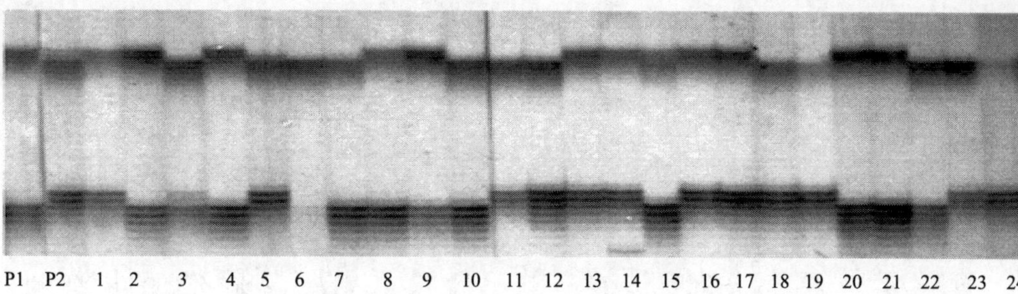

图 3-2　引物组合 *Xgwm133* 在 DH 群体部分家系的扩增结果

Fig. 3-2　SSR amplified profile of primer *Xgwm133* in the DH population

P1: 花培 3 号; P2: 豫麦 57

P1: Huapei 3; P2: Yumai 57

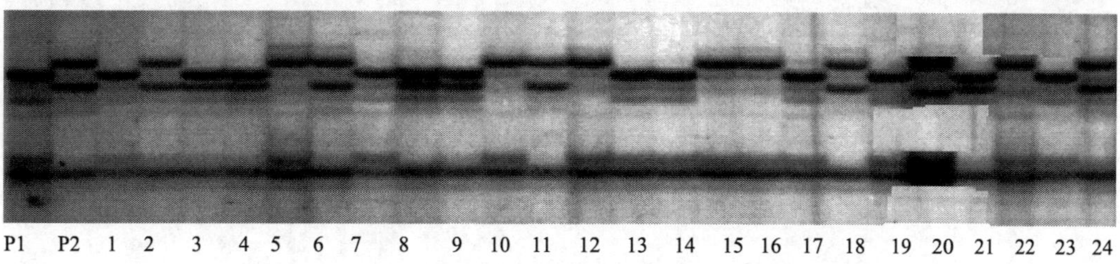

图 3-3　引物组合 *Xcwem32* 在 DH 群体部分家系的扩增结果

Fig. 3-3　SSR amplified profile of primer *Xcwem32* in the DH population

P1: 花培 3 号; P2: 豫麦 57

P1: Huapei 3; P2: Yumai 57

2. 遗传图的特点

用 MAPMAKER/EXP3.0b 软件(Lincoln et al.，1993)分析计算 315 个 SSR 标记的连锁关系，将 305 个标记(包括 283 个 SSR 标记和 22 个 EST-SSR 标记)位点定位在小麦的 21 条染色上(图 3-4)，其中 10 个 SSR 标记没连接上。图谱全长 2141.7cM，平均两个标记间的遗传距离为 7.02cM，形成 24 个连锁群，定位在小麦的 21 条染色体上(表 3-1，图 3-4)。A 基因组有 102 位点，全长 666.2cM；B 基因组有 116 个位点，全长 551.7cM；D 基因组有 87 个位点，全长 923.7cM。单个连锁群平均长度是 89.23cM，2D 连锁群最长为 167.8cM，5A-2 连锁群最短为 13.6cM。每个连锁群包括 3(5A-2)~24(3B)个位点，平均每个连锁群为 12.71 个位点(表 3-1)。D 基因组的位点数最少(28.6%)，其次是 A 基因组(33.4%)，B 基因组位点最多(38.0%)。标记间的平均遗传距离是 7.02cM，其中 A 基因组 6.53cM，B 基因组 4.76cM，D 基因组 10.62cM。在 3 个染色体 5A、5B 和 7B 上有 3 个间隙(图 3-4)。有的染色体如 1D 标记位点较少，同先前的报道(Torada et al.，2006)一致。在一些染色体上发现了标记位点富集区，如 1A、1B、2A、2B、3A 和 3B(图 3-4)。

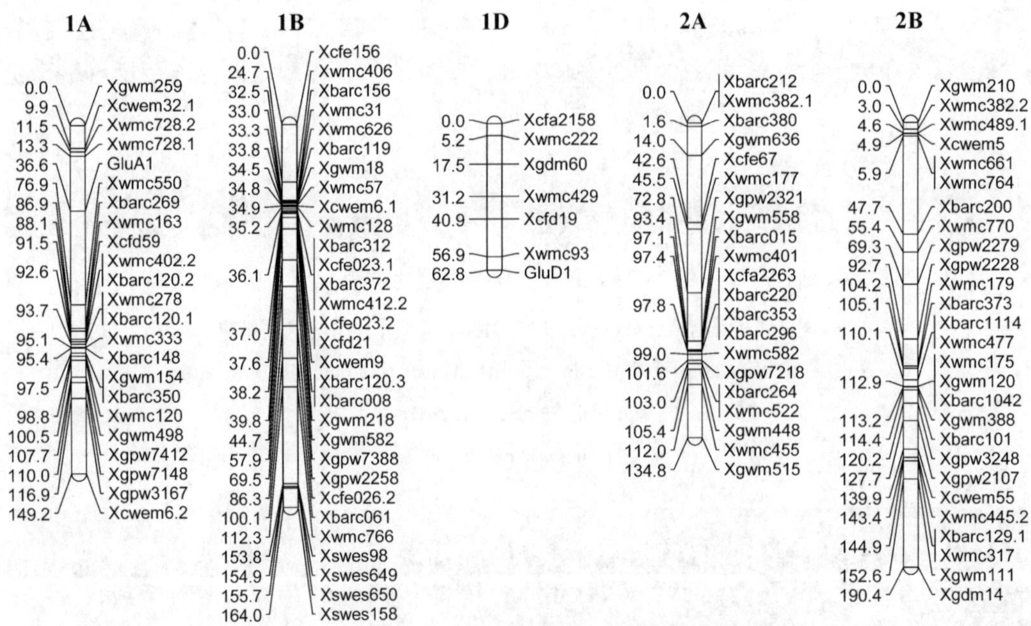

图 3-4　‘花培 3 号’×‘豫麦 57’的 DH 群体加密遗传图

Fig. 3-4　Genetic map developed by using DH population

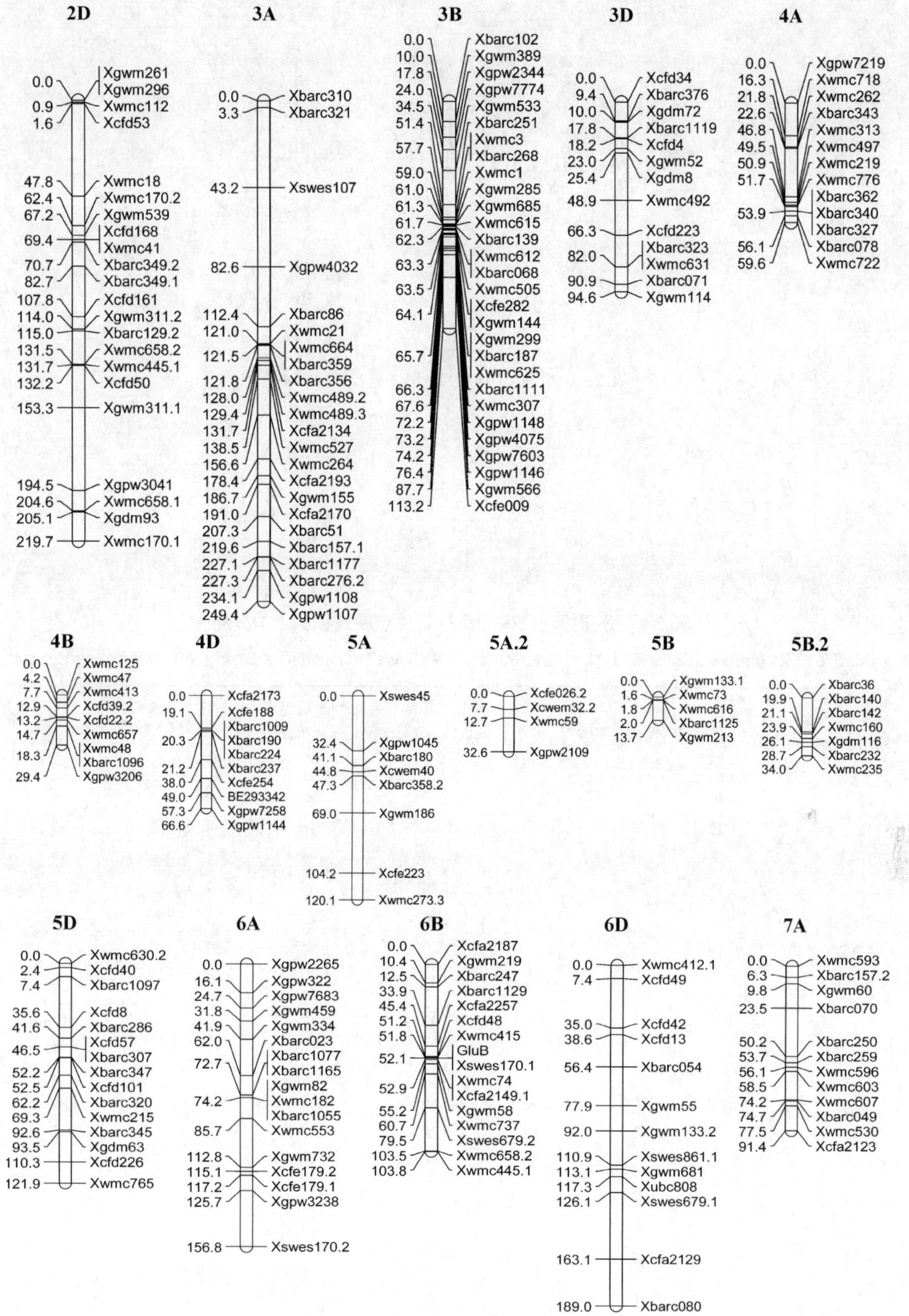

图 3-4 （续）

Fig. 3-4 （Continued）

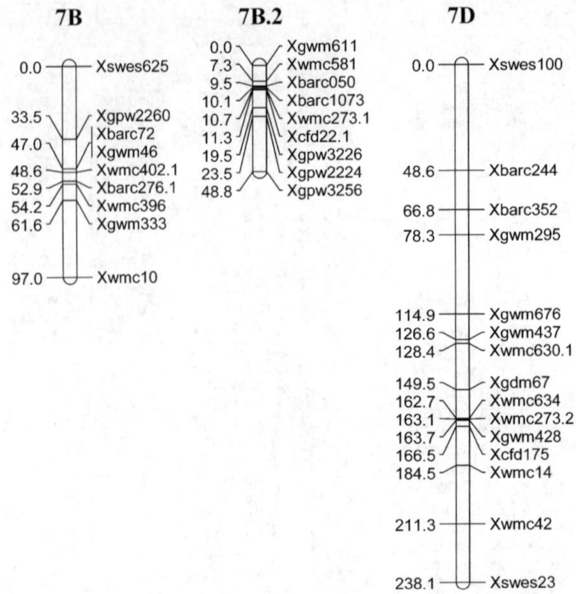

图 3-4 （续）

Fig. 3-4 （Continued）

表 3-1　分子标记及偏分离标记位点在连锁群上的分布

Table 3-1　Genetic distance and marker distribution as well as distorted locus among different linkage groups

染色体 Chromosome	标记数目 Number of markers			连锁群长度 Length of LG /cM	平均遗传距离 Average distance /cM	偏分离位点 Distorted locus		
	SSR	EST-SSR	总数 Total			SSR	EST-SSR	总数 Total
1A	17	2	19	75.00	3.95	4	1	5
1B	18	6	24	83.00	3.46	8	4	12
1D	6	0	6	57.50	9.58	1	0	1
2A	18	1	19	105.40	5.55	2	0	2
2B	20	2	22	106.30	4.83	1	0	1
2D	18	0	18	167.80	9.32	3	0	3
3A	19	0	19	160.40	8.44	2	0	2
3B	22	2	24	131.70	5.49	19	2	21
3D	13	0	13	94.40	7.26	2	0	2
4A	12	0	12	43.50	3.63	2	0	2
4B	8	0	8	18.40	2.30	0	0	0
4D	9	3	12	155.20	12.93	0	0	0
5A1	4	2	6	79.90	13.32	1	0	1
5A2	1	2	3	13.60	4.53	0	0	0
5B1	5	0	5	13.70	4.03	1	0	1
5B2	7	0	7	28.20	2.74	0	0	0
5D	15	0	15	122.00	8.13	0	0	0
6A	10	2	12	87.40	7.28	0	0	0
6B	13	0	13	107.50	8.27	13	0	13
6D	10	0	10	161.80	16.18	4	0	4

续表

染色体 Chromosome	标记数目 Number of markers			连锁群长度 Length of LG /cM	平均遗传距离 Average distance /cM	偏分离位点 Distorted locus		
	SSR	EST-SSR	总数 Total			SSR	EST-SSR	总数 Total
7A	12	0	12	101.00	8.42	0	0	0
7B1	7	0	7	49.90	7.13	4	0	4
7B2	6	0	6	13.00	1.19	0	0	0
7D	13	0	13	165.00	13.75	3	0	3
总数 Total	283	22	305	2141.70	NA	70	7	77
平均值 Average	11.79	0.92	12.71	89.23	7.02	2.91	0.29	3.21

NA, 不适用

NA, not applicable

本研究定位的标记在染色体上的位置和排列顺序与先前报道的微卫星标记小麦遗传图(Somers et al.，2004)基本一致，但有 20 个位点(19 个 SSR 位点和 1 个 EST-SSR 位点)(表 3-2)在染色体上的位置与先前报道的不一致(Röder et al.，1998；Elouafi and Nachit，2004；Somers et al.，2004)。例如，本研究中，*Xgwm154* 位点定位在 1A 染色体上，但以前的报道则认为定位在 5A、7A 和 3B 染色体上(Röder et al.，1998；Elouafi and Nachit，2004)，这些差异可能是 SSR 多等位位点或作图群体的不同，也可能是核酸缺失或染色体结构的变化(如重复、倒置和易位)，影响了 SSR 标记在染色体上的位置和顺序。上述不同的研究结果，为了解不同普通小麦基因组的变化提供了有益信息。更为重要的是，本研究新确定了 22 个 SSR 位点在染色体上的位置(表 3-3)，分布在 14 个连锁群上(表 3-3，图 3-4)。

表 3-2 标记在不同作图群体研究中的染色体位置

Table 3-2 Loci (markers) that showed different map positions between our study and those published previously

已定位的染色体位置 Previous map position	本研究位置 Map position found by this study	标记数目 Number of markers
Xgwm259 (1B)[a], *Xgwm154* (5A/7A/3B), *Xwmc728* (1B/2A/5B)	1A	3
Xcfd21 (7D/1D/1A), *Xgwm218* (3A)	1B	2
Xcfa2158 (1A/1B)	1D	1
Xgwm111 (7D/7B/4A/6D)	2B	1
Xbarc187 (1B)	3B	1
Xbarc376 (3B)	3D	1
Xbarc340 (5B/7B)	4A	1
BE293342 (4A), *Xbarc190* (4A), *Xbarc224* (4A/5B)	4D	3
Xbarc1077 (3B)	6A	1
Xwmc415 (5A/5B), *Xcfd48* (1B/1D), *Xbarc1129* (1B)	6B	3
Xcfa2129 (1A/1D/1B), *Xbarc080* (1B), *Xgwm681* (6B/7A)	6D	3
总数 Total		20

a. 标记在先前研究所定位的染色体位置

a. The wheat chromosomes in which the listed markers have been mapped onto by previous studies are in the parentheses

表 3-3　新定位的 SSR 位点

Table 3-3　New loci that were mapped on the linkage groups in the DH population

染色体 Chromosome	标记位点 Locus
1A	*Xbarc269*, *Xbarc350*
1B	*Xbarc312*, *Xbarc372*
2A	*Xbarc380*, *Xbarc264*
2B	*Xbarc373*
3A	*Xbarc276*, *Xbarc359*
3B	*Xbarc251*
4A	*Xbarc362*
4D	*Xbarc237*, *Xbarc1009*
5B	*Xbarc36*, *Xbarc1125*
5D	*Xbarc307*, *Xgdm63*
6A	*Xgwm732*
6B	*Xbarc247*
7A	*Xbarc259*, *Xbarc250*
7D	*Xbarc244*

3. 偏分离标记位点的分布

卡方检验显示，在 315 个标记中，77 个(24.4%)标记在 0.05 的显著水平上偏离 1∶1 的理论分离比例，其中 44 个(57.1%)位点偏向母本‘花培 3 号’，33 个(42.9%)位点偏向父本‘豫麦 57’。偏分离标记位点在 A、B 和 D 基因组上的分布也不均衡(表 3-1，图 3-4)，分别为 12、51 和 14 个位点，其在染色体上的分布存在明显的聚集现象，主要分布在染色体 1A(5)、1B(12)、3B(21)和 6B(13)上。例如，6B 染色体上的 13 个位点均发生了偏分离，均偏向‘花培 3 号’等位基因；3B 染色体上的有 21 个偏分离标记位点，均偏向‘豫麦 57’等位基因，在染色体 4B、4D、5D、6A 和 7A 上没有偏分离标记位点的分布(表 3-1，图 3-4)。

4. 遗传图的加密

该分子遗传图经过 2 次加密，2009 年加密到 323 个位点，包括 284 个 SSR 位点、37 个 EST-SSR 位点、1 个 ISSR 位点和 1 个 HMW-GS 位点，有 13 个位点没有连接到图谱上。图谱总长度为 2485.7 cM，标记间的平均距离为 7.67cM。

2011 年加密到 357 个位点，平均图谱全长 2780.9cM，平均两个标记间的遗传距离是 7.79cM，形成 24 个连锁群，分布在小麦的 21 条染色体上。平均每个连锁群为 14.9 个位点(图 3-4)。

(四)DH 群体遗传图与其他图谱的比较

与先前报道的小麦种间遗传图相比，本小麦分子遗传图具有以下优点：第一，两个亲本是我国冬小麦主要生产区大面积种植的综合性状优良的小麦品种，二者在产量构成、农艺性状和品质性状方面差异较大，并已作为小麦骨干亲本在杂交育种中广泛应用，因此，利用该遗传图进行籽粒产量和农艺性状及品质性状的 QTL 分析，可发现一些控制重要性状的新基因，为小麦分子标记辅助育种和分子聚合育种提供依据；第二，作图群体较大(168 个株系的 DH 群体)，并且遗传稳定，可进行多年多点的 QTL 研究；第三，本小麦遗传图标记间的平均距离是 7.02cM，小于适宜 QTL 定位的遗传图平均遗传距离 10cM 的推荐标准(Doerge，2002)，适合进行较精确 QTL 定位研究；第四，本图谱有很少的染色体间隙，可进行相关性状的 QTL 定位研究。

二、'糯麦 1 号'×'藁城 8901'RIL 群体的遗传图

(一)试验材料

供试验材料是以'糯麦 1 号'和'藁城 8901'为亲本杂交，通过单粒传法获得的含有 256 个家系的 F_{10} RIL 群体。母本'糯麦 1 号'(审定编号：京审麦 2005015)是中国农业大学以'江苏白火麦'×'关东 107'育成的全糯小麦品种，即三种糯蛋白全部缺失。父本'藁城 8901'(审定编号：冀审麦 98007 号)是由藁城市农业科学研究所以'77546-2'×'临漳'育成的优质强筋小麦品种。'糯麦 1 号'较 '藁城 8901'表现为早熟，植株较高，抗倒伏性弱；有较高的糊化温度和抗回生能力，但峰值黏度较小；'糯麦 1 号'的高分子质量谷蛋白亚基分别是 Null、7+8、2.2+12；'藁城 8901'的高分子质量谷蛋白亚基分别是 1、7+8、5+10。除产量性状外，两亲本在淀粉品质和蛋白质品质方面存在显著差异。

本遗传图的构建主要用于小麦淀粉、蛋白质及加工品质等性状的 QTL 定位。

(二)试验方法

1. DNA 提取方法

同本章第二节 DH 遗传图构建的 DNA 提取方法。

2. 标记类型及来源

澳大利亚 Triticarte Pty. Ltd(https://www.triticarte.com.au/cgi-bin/order/ login.pl)提供了所需的 912 对 DArT 标记。

SSR 标记总共 213 对，包括：104 对 GPW 系列引物，来源于 Grain Genes 2.0 (http://wheat.pw.usda.gov/GG2/index.shtml)；33 对 GWM 系列引物，来源于 Röder 等(1998)和 Pestsova 等(2000)开发的引物；76 对 CFD 系列引物，由中国农科院作物所夏先春博士惠赠。以上引物均由上海生物工程有限公司合成。

(三)结果与分析

1. 分子标记在染色体上的分布

从 912 对 DArT 标记中筛选出在群体中表现多态性良好的标记共有 479 对。图谱构建后发现，4D 染色体上的标记数目较少，5D、6D 上没有标记，因此从 GrainGene2.0 (http://wheat.pw.usda.gov/GG2/index.shtml)中选择标记在 4D、5D、6D 上的 SSR 引物 213 对进行筛选，最后用于定位的引物有 14 对，定位于 1B、3A、3B、3D、4D、5D、6A、6B 和 6D 染色体上。2 个 HMW-GS 标记分别定位在 1A 和 1D 染色体上，3 个 Wx 蛋白亚基标记定位在 7A、4A 和 7D 染色体上。总体来说，标记在染色体上的分布不均，1A、

2A、3B 和 6A 染色体上定位的标记位点数较多，而 4D、5A、5D 和 6D 染色体上的标记数量较少(表 3-4，图 3-5)。

表 3-4　分子标记在遗传图上的分布和分子标记偏分离情况

Table 3-4　Marker distribution as well as distorted locus among different linkage groups

染色体 Chromosome	标记数目 Number of markers				连锁群长度 Length of linkage group/cM	平均遗传距离 Average distance/cM	偏分离标记 Distorted locus			
	DArT	SSR	HMW-GS/ Wx loci	总数 Total			DArT	SSR	HMW-GS/ Wx loci	总数 Total
1A1	23	0	Glu-A1	24	155.9	7.80	2	0	0	2
1A2	33	0	0	33	262.3	11.40	15	0	0	15
1B	18	0	0	18	234.8	16.77	6	0	0	6
1D	20	1	Glu-D1	22	240.5	13.36	3	0	0	3
2A	28	0	0	28	316.5	12.17	20	0	0	20
2B	15	0	0	15	90.3	6.45	11	0	0	11
2D	30	0	0	30	221.3	8.85	7	0	0	7
3A	18	1	0	19	195.9	10.88	5	0	0	5
3B	41	1	0	42	411.2	10.54	14	0	0	14
3D	18	2	0	20	169.9	12.13	5	0	0	5
4A	35	0	Wx-B1	36	156.6	4.89	1	0	0	1
4B	11	0	0	11	121.8	12.18	3	0	0	3
4D	5	1	0	6	88.5	14.75	4	0	0	4
5A	5	0	0	5	70.1	17.52	5	0	0	5
5B	24	0	0	24	239.6	10.41	15	0	0	15
5D	2	1	0	3	34.4	11.47	0	0	0	0
6A1	35	1	0	36	137.3	4.29	5	0	0	5
6A2	17	2	0	19	160.3	9.42	1	0	0	1
6B	34	2	0	36	339.1	10.60	19	0	0	19
6D	1	2	0	3	35.0	11.67	1	1	0	1
7A	10	0	Wx-A1	11	162.0	16.20	3	0	0	3
7B	20	0	0	20	245.4	12.91	2	0	0	2
7D1	20	0	0	20	97.8	6.11	4	0	0	4
7D2	16	0	Wx-D1	17	42.8	2.85	16	0	1Wx	17
总数 Total	479	14	5	498	4229.7		166	1	1	168
平均值 Average		20.75			176.2	9.77			7	

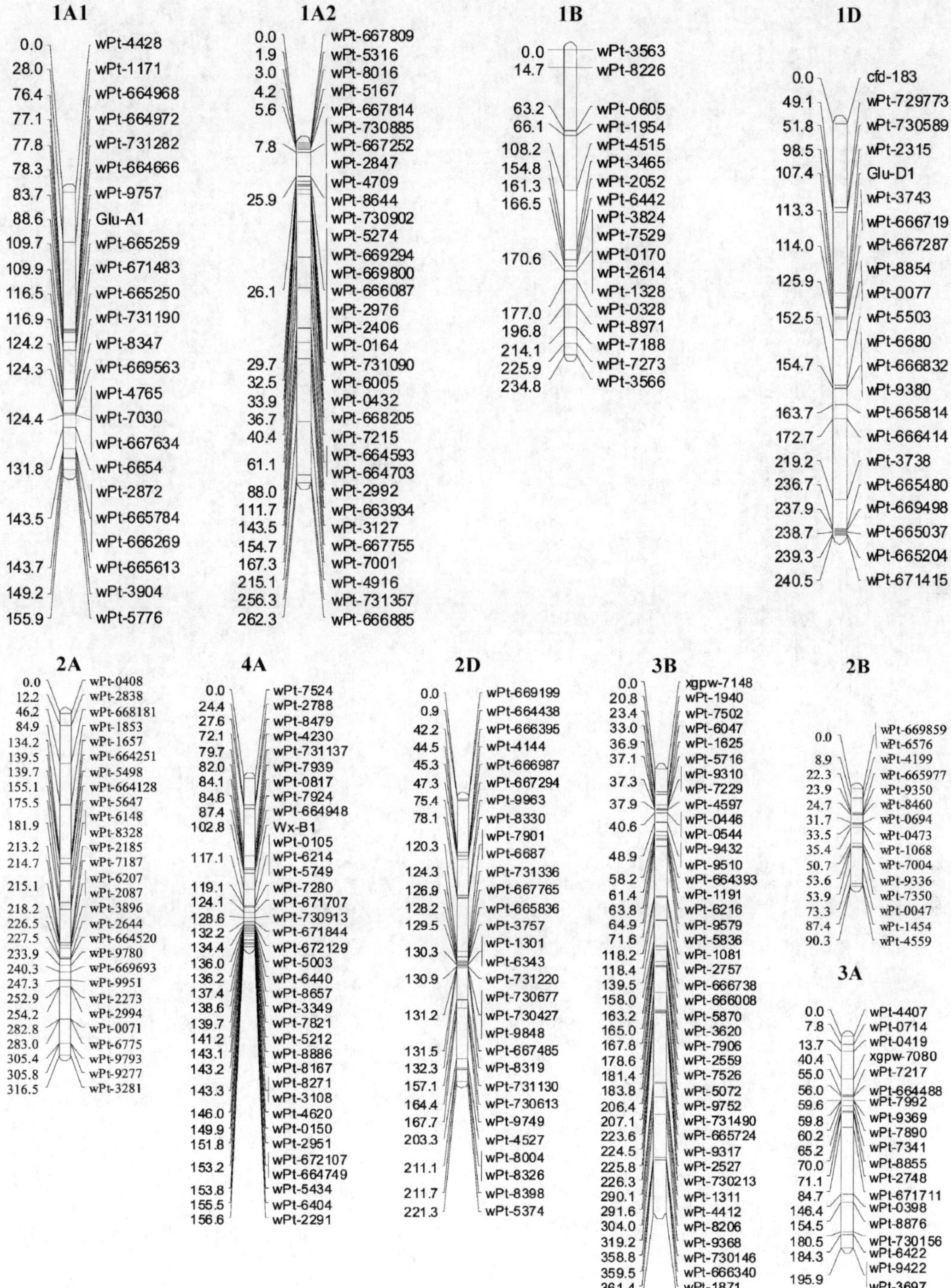

图 3-5 ‘糯麦 1 号’×‘藁城 8901’RIL 群体的遗传图

Fig. 3-5 Genetic likeage map of the wheat by using DH population

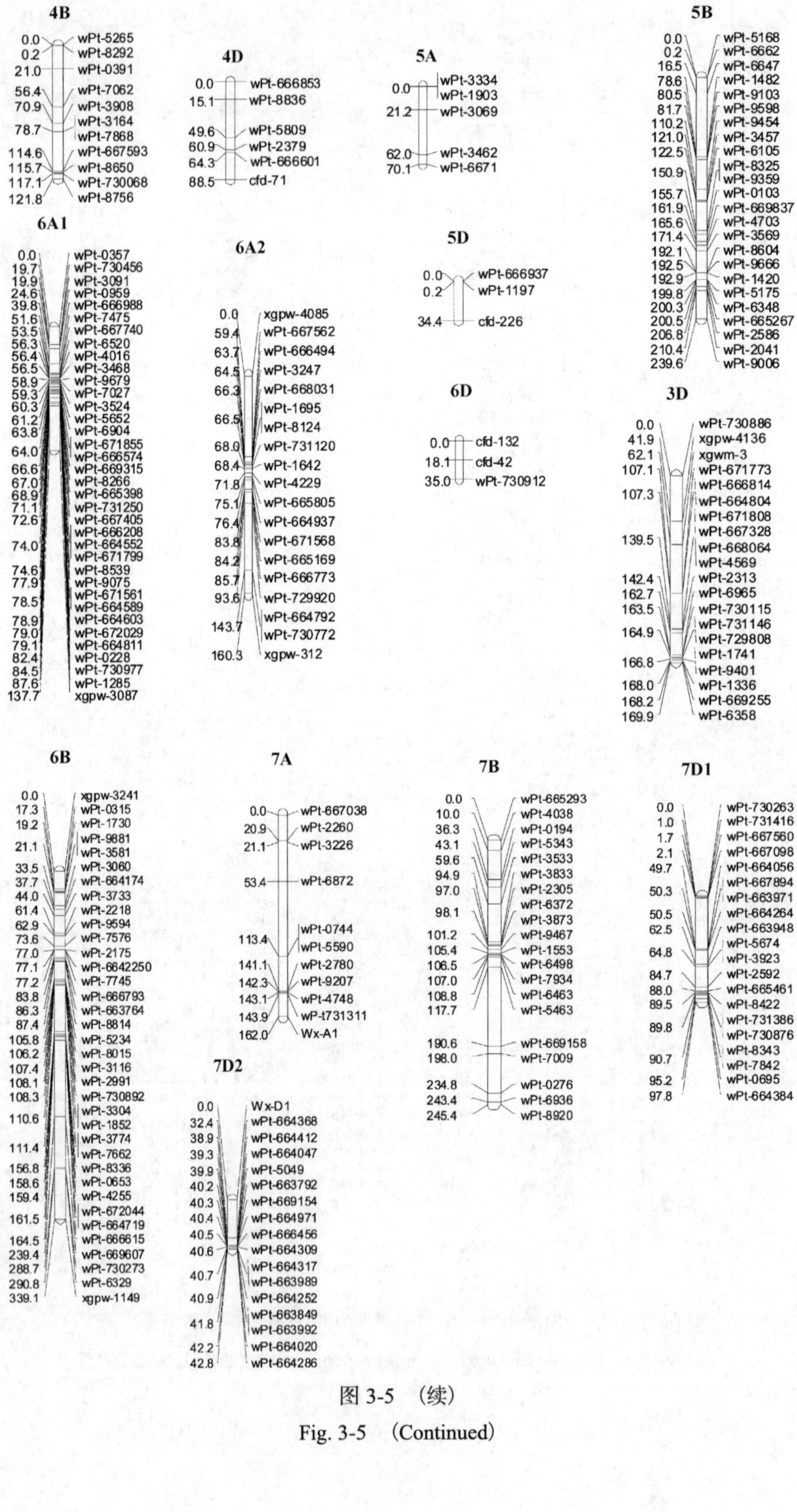

图 3-5 （续）

Fig. 3-5 (Continued)

2. 遗传图的特点

本遗传连锁图含 498 个标记，包括 479 个 DArT 标记、14 个 SSR 标记、2 个 HMW-GS 标记和 3 个 Wx 蛋白亚基标记，形成 24 个连锁群，总长度为 4229.7cM，除去 65 个同一位点上重叠的标记，平均两个标记间的遗传距离为 9.77cM。A 基因组标记数量最多，共有 211 个（含 29 个重叠位点）标记，全长 1617.3cM，每个连锁群平均长度 179.7cM，标记间的平均遗传距离 8.89cM；B 基因组含有 166 个（含 15 个重叠位点）位点，全长 1682.2cM，每个连锁群平均长度 240.3cM，标记间的平均遗传距离 11.14cM；D 染色体组的标记数量最少，共有 121 个（含 21 个重叠位点）位点，全长 930.2cM，每个连锁群平均长度 116.3cM，标记间的平均遗传距离 9.30cM。由此可以看出，A 基因组标记最多，标记间的遗传距离最小；B 基因组标记覆盖长度最大，标记间遗传距离最大；D 基因组标记覆盖距离最短，标记也最少。平均每个连锁群的长度 176.2cM，3B 连锁群最长，长度为 411.2cM，5D 连锁群长度最短，为 34.4cM。平均每个连锁群上的位点数为 20.75 个，5D、6D 连锁群上位点最少为 3 个，3B 连锁群上位点最多为 42 个。在 1A、6A、7D 染色体上因间隙较大，各形成 2 个连锁群。

本研究中大部分标记与前人定位的相同，此外有 55 个标记是新定位的标记位点（表 3-5），分布在除 2A、2B、3A、4B 和 5B 外其他染色体上，A 基因组上有 10 个标记，B 基因组上有 13 个标记，D 基因组上有 32 个标记。

表 3-5　新定位标记在图谱上的分布

Table 3-5　Distrubution of new loci that were mapped on the linkage groups

染色体 Chromosome	标记名称 Marker	标记数目 Number of markers
1A1	*wPt-665250, wPt-731190*	2
1A2	*wPt-731357, wPt-666885*	2
1D	*wPt-729773, wPt-730589, wPt-666414, wPt-665480, wPt-669498, wPt-665037, wPt-665204, wPt-671415*	8
1D	*wPt-729773, wPt-730589, wPt-666414, wPt-665480, wPt-669498, wPt-665037, wPt-665204, wPt-671415*	8
2D	*wPt-669199, wPt-664438, wPt-666395, wPt-666987, wPt-667294, wPt-730613, wPt-666008*	7
3B	*wPt-664393, wPt-731490, wPt-730146, wPt-666340, wPt-1871*	5
3D	*wPt-730146, wPt-666340, wPt-1871, wPt-730115, wPt-731146, wPt-729808, wPt-669255*	7
4A	*wPt-664948*	1
4D	*wPt-666853, wPt-666601*	2
5A	*wPt-3069*	1
5D	*wPt-666937*	1
6A2	*wPt-664937, wPt-729920*	2
6B	*wPt-0315, wPt-664174, wPt-672044, wPt-664719, wPt-666615, wPt730273*	6
6D	*wPt-730912*	1
7A	*wPt-667038, wPt-731311*	2
7B	*wPt-669158, wPt-7009*	2
7D1	*wPt-730263, wPt-731416, wPt-667560, wPt-667098, wPt-664056*	5
7D2	*wPt-664252*	1

3. 分子标记偏分离统计

498 个标记位点经卡方检测显示，有 168 个标记在 0.05 的显著水平上偏离 1∶1 的理论分离比例，偏分离标记占 33.7%。其中偏向母本‘糯麦 1 号’的有 62 个 DArT 标记和 1 个 SSR 标记(37.5%)，偏向父本‘藁城 8901’的有 104 个 DArT 标记和 1 个 Wx 蛋白亚基标记(62.5%)。偏分离标记在基因组中的分布如表 3-4 所示，A 基因组上的偏分离标记有 57 个，B 基因组上的偏分离标记最多有 70 个，D 基因组上的偏分离标记较少，有 41 个。2A、2B、4D、5B 染色体上偏分离的位点较多，5A、7D2 染色体上的所有标记均出现偏分离情况，且都偏向父本‘藁城 8901’。只有 5D 染色体上的位点没有出现偏分离的现象(见表 3-4)。

(四) ‘糯麦 1 号’×‘藁城 8901’遗传图与其他图谱的比较

利用‘糯麦 1 号’×‘藁城 8901’RIL 群体构建的遗传图，与国内报道的小麦遗传图相比，有以下几个方面的优点。第一，群体两亲本性状差异大，尤其是在品质性状方面，各有特色。与以前的遗传图比较，国外利用品质性状上有差异的两亲本构建群体进行定位的报道较多，如 Campbell 等(2011)利用了软质小麦和硬质小麦杂交构建群体；Mccartney 等(2006)利用在蛋白质含量和筋力强度上有差异的亲本构建了 DH 群体；Patil 等(2009)选择在高分子质量谷蛋白亚基上有差异的小麦品种作为亲本。而国内研究者多是以在农艺性状或抗性上有差异的亲本进行图谱构建和 QTL 定位(周淼平等，2003；王竹林等，2006a，b；姚琴等，2010)。本遗传图构建的主要目的是用于淀粉和蛋白质品质的遗传解析。母本‘糯麦 1 号’为 3 个 Wx 蛋白基因全部缺失型，即糯质小麦品种。而父本‘藁城 8901’含有 5＋10 高分子质量谷蛋白亚基，为中国著名的强筋小麦品种。因此，两亲本在淀粉和蛋白质含量、糊化特性和面团流变特性方面有很大差异。第二，RIL 群体家系在主要农艺性状和品质性状上分离较大，而且各株系之间的 Wx 蛋白亚基缺失类型和 HMW-GS 亚基类型不同，消除了遗传背景，更利于研究 Wx 基因突变和 HMW-GS 对小麦品质性状的影响。第三，该 RIL 群体数量较大，利用了新型的 DArT 标记，使标记数目增多，并且还加入了 HMW-GS 标记和 Wx 蛋白亚基标记，更利于小麦各性状尤其是品质性状的 QTL 定位和遗传分析。

三、‘山农 01-35’×‘藁城 9411’RIL 群体的遗传图

(一) 试验材料

供试材料以普通小麦品种‘山农 01-35’(39-1/核生 2 号)和‘藁城 9411’(77546/临漳麦)为亲本进行杂交，通过一粒传法获得的包含 182 个家系的 RIL(F_8)群体。母本‘山农 01-35’为中筋品种，成穗率低，亩穗数常年在 25 万左右，大穗大粒，常年千粒重 60g 以上；父本‘藁城 9411’为强筋品种，成穗率高，亩穗数常年在 50 万左右，小穗多粒，常年千粒重 38g 左右，两亲本亲缘关系较远，且主要农艺、产量和品质性状差异较大。

本遗传图的构建主要用于小麦粒重、单株成穗率及品质等性状的 QTL 定位和遗传效应分析。

(二) 试验方法

标记类型及来源同本章第二节‘糯麦 1 号’×‘藁城 8901’遗传图的构建；DNA 提取等方法同本章第二节 DH 遗传图构建。

(三)结果与分析

1. 分子标记在染色体上的分布

本研究共筛选出 502 个多态性标记(表 3-6)，包括 442 个 DArT、59 个 SSR 和 1 个粒重相关的 *TaGW2*-CAPS 标记。在 442 个 DArT 标记中，398 个定位在小麦 21 条染色体上，其中 1B 染色体上标记数目最多，为 37 个；4D 染色体上只有 1 个标记；其余 44 个 DArT 标记没有位置信息。在 59 个 SSR 标记中，49 个标记定位在除 2B、1D、2D 外的 18 条染色体上。

表 3-6　分子标记和偏分离位点在连锁群上的分布

Table 3-6　Markers and Distorted locus distribution among different linkage groups

染色体 Chromo-some	标记数目 No. of markers			连锁群长度 Length of LG /cM	平均遗传距离 Average distance /cM	偏分离位点 Distorted loci			偏向‘山农 01-35’ Favorable to Shannong 01-35	偏向‘藁城 9411’ Favorable to Gaocheng 9411
	DArT	SSR	Total			DArT	SSR	Total		
1A.1	20	0	20	81.1	4.1	12	0	12	12	0
1A.2	29	3	32	143.9	4.5	1	0	1	0	1
1B.1	45	3	48	113.5	2.4	45	3	48	0	48
1B.2	6	1	7	44.8	6.4	0	0	0	0	0
1D	16	0	16	108.9	6.8	1	0	1	1	0
2A	11	6	17	328.1	19.3	4	0	4	4	0
2B	16	1	17	210.7	12.4	10	0	10	0	10
2D	30	2	32	184.3	5.8	6	2	8	4	4
3A	32	6	38	232.6	6.1	14	0	14	14	0
3B.1	27	1	28	289.8	10.4	6	0	6	4	2
3B.2	5	0	5	2.0	0.4	5	0	5	5	0
3D	8	6	14	285.1	20.4	2	2	4	0	4
4A	17	2	19	173.3	9.1	4	1	5	4	1
4B.1	6	2	8	99.2	12.4	3	0	3	0	3
4B.2	4	1	5	36.8	7.4	1	1	2	2	0
4D	1	2	3	80.6	26.9	0	0	0	0	0
5A	5	2	7	184.9	26.4	0	1	1	1	0
5B.1	17	4	21	126.8	6.0	5	1	6	5	1
5B.2	18	0	18	159.6	8.9	3	0	3	3	0
5D	6	4	10	210.9	21.1	2	0	2	2	0
6A.1	29	3	33*	152.6	4.6	3	0	4*	0	4
6A.2	3	0	3	0.9	0.3	0	0	0	0	0
6B.1	6	0	6	30.3	5.1	1	0	1	0	1
6B.2	5	0	5	62.5	12.5	2	0	2	0	2
6B.3	3	1	4	34.3	8.6	2	1	3	3	0
6D	8	3	11	178.3	16.2	1	1	2	1	1
7A	26	4	30	258.3	8.6	2	0	2	0	2
7B	23	2	25	217.8	8.7	3	0	3	2	1
7D	20	0	20	52.6	2.6	16	0	16	16	0
总数 Total	442	59	502*	4084.5	8.1	154	13	168*	83	85

* 包含 1 个 *TaGW2*-CAPS 标记

* Including one *TaGW2*-CAPS marker

2. 遗传图的特点

502 个标记形成 29 个连锁群(表 3-6，图 3-6)，包括 442 个 DArT 标记、59 个 SSR 标记和 1 个 *TaGW2*-CAPS，总覆盖长度为 4084.5cM，标记间平均距离为 8.13cM。29 个

连锁群涉及小麦 21 条染色体，A、B 染色体组标记数量相当，分别为 199 个和 197 个，覆盖长度分别为 1555.7cM 和 1428.1cM；D 染色体组标记只有 106 个，全长 1100.7cM。*TaGW2*-CAPS 被定位在 6A 染色体上。发现了 54 个新标记位点，包括 44 个 DArT 和 10 个 SSR 标记(表 3-7)，分别位于除 4D、6B、7B 外的其他 18 条染色体上。

表 3-7　新定位的分子标记位点

Table 3-7　New loci that were mapped on the linkage groups in the RIL population

染色体 Chromosome	标记数目 Number of marker	标记名称 Marker name
1A.1	2	*wPt-730172, Pt-669681*
1B.1	6	*wPt-666095, wPt-731490, wPt-667092, wPt-665375, CFE063, CFE026*
1D	7	*wPt-666986, wPt-665037, wPt-664989, wPt-671415, wPt-665204, wPt-665480, wPt-730758*
2A	5	*wPt-730146, wPt-664438, wPt-666340, wPt-1871, wPt-669199*
2B	2	*wPt-666395, CFE052*
2D	2	*wPt-667294, wPt-666987*
3A	7	*wPt-729826, wPt-730115, wPt-731146, wPt-729808, wPt-666414, wPt-666853, wPt-669255*
3B	3	*wPt-667328, wPt-668064, wPt-671808*
3D	2	*wPt-668266, wPt-668308*
4A	1	*wPt-664948*
4B.2	1	*CFE149*
5A	1	*CFE019*
5B.1	1	*CFE186*
5D	3	*CFE291, wPt-666937, wPt-671956*
6A	3	*wPt-731153, CFE043, CFE041*
6D	5	*wPt-668152, wPt-666615, wPt-666008, wPt-664719, wPt-672044*
7A	2	*CFE223, wPt-667038*
7D	1	*wPt-664056*

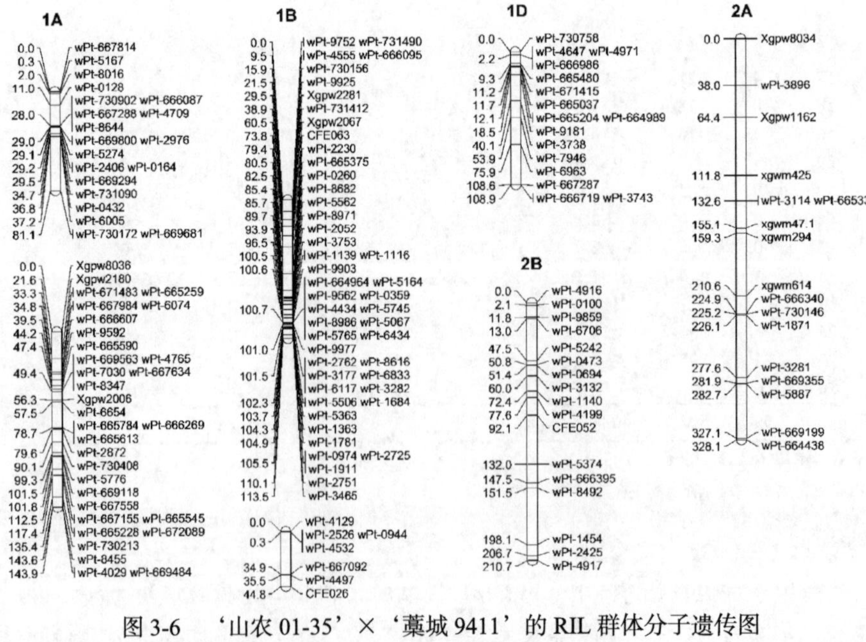

图 3-6　‘山农 01-35’×‘藁城 9411’的 RIL 群体分子遗传图

Fig. 3-6　Genetic map constructed with a RIL population derived from Shannong 01-35 × Gaocheng 9411

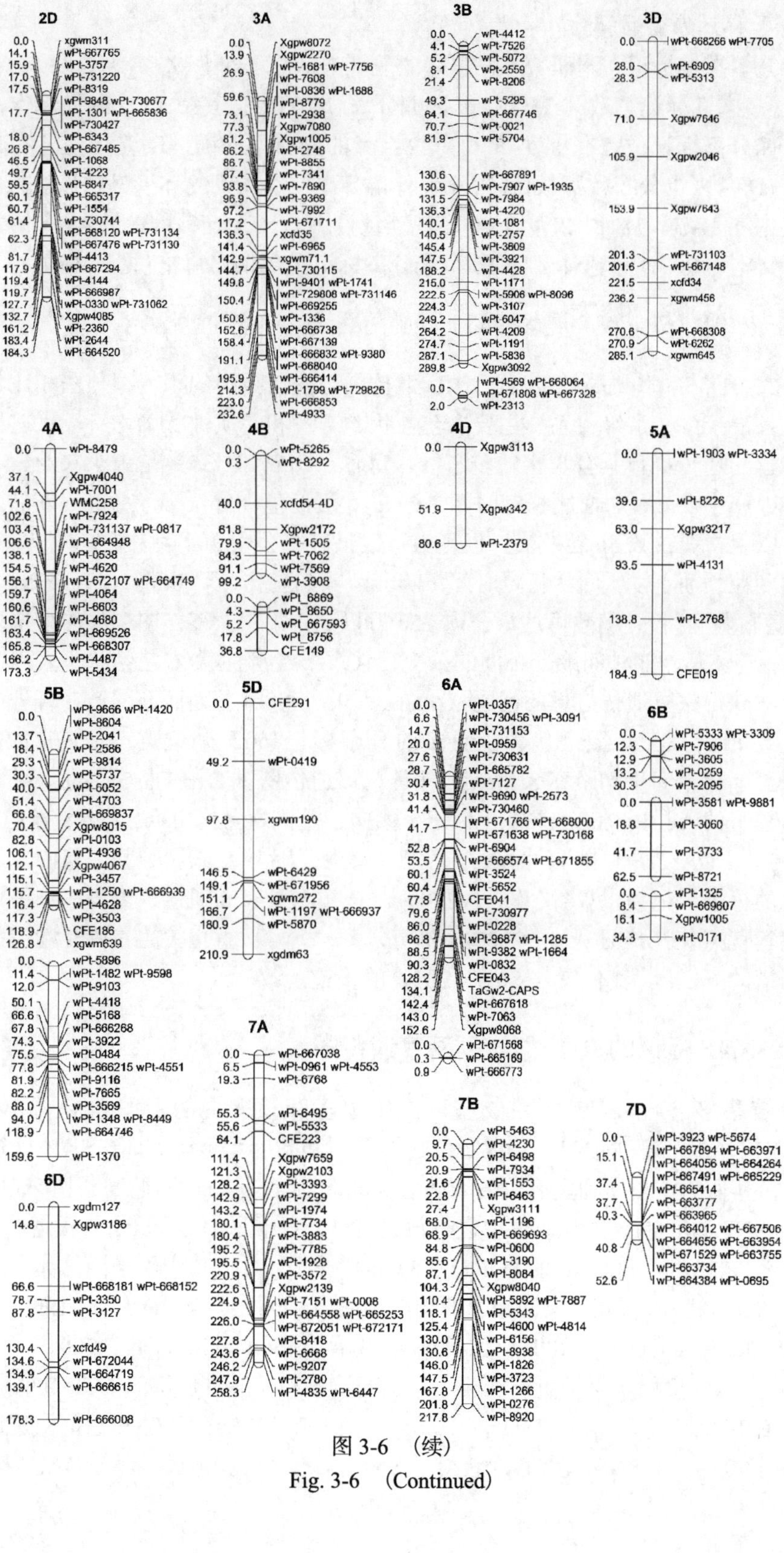

图 3-6 (续)

Fig. 3-6 (Continued)

3. 分子标记偏分离统计

大部分多态性标记在本研究作图群体中呈 1∶1 的分离比($\chi^2<\chi^2_{0.05,1}$=3.84)；有 168 个标记(占多态性标记总数的 33.5%)呈现偏分离(P<0.01)，其中 83 个偏向母本，85 个偏向父本。偏分离标记位点在小麦 3 个基因组上的分布不均衡，B 基因组分布频率最高(55.4%)，D 基因组分布频率最低(19.6%)。偏分离位点在染色体上呈明显的聚集分布，近 60%集中在 1A.1、1B.1、2B、3A 和 7D 连锁群上。1B.1 连锁群中的 48 个偏分离位点全部偏向父本，而 7D 染色体上的 16 个偏分离标记全部偏向母本(见表 3-6)。

(四)'山农 01-35'×'藁城 9411'遗传图与其他图谱比较

'山农 01-35'×'藁城 9411' RIL 遗传图与先前报道的小麦遗传图相比具有以下特点。第一，亲本在亲缘关系、主要农艺性状、产量和品质性状上均有较大差异，利用该亲本构建的遗传群体具有丰富的多态性。母本'山农 01-35'是山东农业大学育成的大粒高产中筋小麦品系，面团稳定时间 1.9 min，沉淀值 30ml，株高 90cm 左右，千粒重常年 60g 以上，穗粒数 36 粒左右，但穗数一般只有每公顷 300 万左右；'藁城 9411'是一个多穗多粒强筋小麦，面团稳定时间 14.4min，沉淀值大于 40ml，株高 75cm，千粒重约 35g，穗粒数 49 粒，穗数可达每公顷 750 万以上。第二，该作图群体的亲本均为栽培小麦品种，避免了因亚种间或变种间的杂交后代重要经济性状/农艺性状不表现或表现不充分而无法获得完整遗传信息的问题(Torada et al.，2006)，因而该图谱在育种中具有更高的利用价值。第三，图谱包含了更多的分子标记(502 个位点)，且标记覆盖度广(4084.5cM)，标记间平均距离 8.13cM；第四，该遗传图以 DArT 标记为主，而 DArT 标记较连锁图上的 AFLP、RFLP 或 SSR 标记更倾向于基因富集区分布，远离着丝粒(Semagn et al.，2006)。DArT 是以限制性酶切为基础，依赖芯片杂交来区分基因组中座位多态性差异的新的分子标记技术(洪义欢等，2009)。该技术具有高通量、无需序列信息、自动化程度高等优点(Griffiths et al.，2009)。第五，将一个与粒重相关的 CAPS 标记(*TaGW2*)定位在图谱的 6A 上，其位置与 Su 等(2011)的报道一致。

四、整合 SNP 标记的 RIL 群体高密度遗传图

单核苷酸多态性(SNP)是生物基因组中最多和最普遍的多态性形式(Brookes，1999)。在构建高密度遗传图、精细定位目标基因和基因克隆等方面，SNP 比微卫星标记(SSR)和其他的重复序列更有价值。随着高通量测序技术的发展，近几年国内外研究者在小麦 SNP 标记的开发和研究中取得很大进展。Edwards 等 2006 年报道了 Illumina 技术平台开发的含有 9K SNP 的 GoldenGate 芯片技术，并成功应用于四倍体和六倍体小麦多态性检测。随后，研究者又开发了基于 BeadExpress 技术(Wang et al.，1998)、KASPar 技术(Sachidanandam et al.，2001)及 Infinium 基因芯片(Hoskins et al.，2001)，并应用于小麦 SNP 多态性检测。为了更精确地进行小麦粒重和品质等性状的 QTL 定位，本研究利用'山农 01-35'×'藁城 9411' RIL 群体，在利用 DArT 和 SSR 标记构建遗传图基础上，利用 90K 小麦 SNP 基因芯片获得了 SNP 标记，并将 SNP 标记与 DArT 和 SSR 标

记整合了高密度遗传图。

(一)试验材料

同本章第二节‘山农 01-35’×‘藁城 9411’RIL 群体的遗传图。

(二)试验方法

1. DNA 提取等方法

同本章第二节‘花培 3 号’×‘豫麦 57’DH 群体的遗传图构建 DNA 提取等方法。

2. 分子标记的检测

(1)DArT 标记的检测及序列信息由澳大利亚 Triticarte Pty. Ltd(http://www.triticarte.com.au)完成。

(2)SNP 标记由美国加利弗尼亚大学戴维斯分校植物科学系生物技术检测中心利用 Illumina SNP Genotyping 技术测试平台，使用微珠芯片技术(BeadArray)进行检测，使用 Genomestudio 软件进行多态性分析。

(3)利用两亲本进行 SSR 标记多态性筛选，将多态性引物用于 RIL 群体的检测，SSR 引物的序列等信息通过参考文献和 GrainGene2.0(http://wheat.pw.usda.gov/GG2/index. shtml)获得。

3. 数据分析

用 MAPMAKER/EXP3.0b 软件和 Mapchart 2.1 构建分子标记的连锁图，LOD 值：2.0。用 IciMAPING 进行位点偏分离分析；用 IBM SPSS statistics 对表型数据进行统计分析。

(三)结果与分析

1. 分子标记在染色体上的分布

利用两亲本(‘藁城 9411’和‘山农 01-35’)筛选出多态性标记共计 9576 个，其中，SNP 标记 9072 个、SSR 标记 59 个、DArT 标记 442 个、谷蛋白标记 2 个、*TaGW2*-CAPS 标记 1 个。

2. 遗传图的特点

根据 Kansas 大学小麦基因组和 Triticarte Pty. Ltd 提供的分子标记的信息，经过连锁分析，构建了含有 61 个连锁群的高密度遗传图(省略)，包含 6241 个具有多态性的标记(其他 3335 个两亲本的多态性标记不在 61 个连锁群内)，定位于小麦除 4D 外的 20 条染色体上，其中 SNP 标记 6000 个(含 *TaGW2*-CAPS 标记 1 个)，DArT 标记 216 个，SSR 标记 25 个。染色体总长度为 4825.29cM，两标记间平均距离为 0.77cM。

A 染色体组有 2390 个(占总标记数的 38.3%)标记，全长 1913.4cM，标记间平均距离 0.801cM；B 染色体组多态性标记最多，包括 3386 个多态性标记，占标记总数的 54.3%，B 组染色遗传距离最长(2540.95cM)，标记间距最小(0.75cM)；D 染色体组标记数目最少，有 465 个(7.5%)标记，染色体覆盖长度最短，全长仅 370.94cM，标记间平均距离 0.798cM。染色体组内分析，A 染色体组中 6A 和 7A 染色体包含的标记最多，分别有 551 个和 510 个标记；染色体覆盖最长，分别为 319.72cM 和 494.05cM；标记间距离最小的是 6A 染色体，平均距离为 0.58cM。B 组染色体中的 3B 和 5B 染色体上标记数目最多，分别含 633 个和 881 个标记，标记间平均距离分别为 0.919cM 和 0.579cM；在 B 组染色体中，6B 染色体标记间距离最小(0.336cM)；2D 是所有染色体中标记间距离最小的染色体(0.3cM)；4D 染色体上没有建立起连锁群。

3. 分子标记的偏分离位点

卡方检验显示上述 6241 个多态性标记中，大部分标记在群体中分布符合 1∶1 的分离，有 1307 个标记(占多态性标记总数的 20.9%)表现在 0.01 显著水平的偏分离，其中 412 个(34.5%)偏向母本‘山农 01-35’，895 个(65.5%)偏向父本‘藁城 9411’。

偏分离标记位点在小麦 3 个基因组上的分布不均衡(表3-8)。其中，偏分离位点在 B 染色体组上的偏分离最大，有 934 个偏分离位点，占总偏离位点的 71.5%。偏分离标记在 A 和 D 基因组上的分别为 337 个(25.8%)和 36 个(2.7%)。偏分离位点在染色体上的分布存在明显的聚集现象，其中 1B、2B、6A、6B 染色体表现明显的亲母本偏离，而 1A、5B 则表现为亲父本偏离。

表 3-8 分子标记和偏分离位点在连锁群上的分布

Table 3-8 Markers and Distorted locus distribution among different linkage groups

染色体 Chromosome	标记数目 Number of markers				连锁群长度 Length of LG/cM	连锁群个数 No.of linkage	平均遗传距离 Average distance /cM	标记数目 Number of markers		偏分离位点 Distorted locus	偏向亲本 Distorted to parent	
	SNP	DArT	SSR	总数 Total				SNP	DArT		01-35	9411
1A	497	40	2	539	605.36	5	1.123	52	0	66	62	4
1B	355	9	0	364	280.62	8	0.771	27	1	139	0	139
1D	27	11	0	38	60.82	3	1.601	4	2	5	5	0
2A	155	7	2	164	230.63	6	1.406	19	2	34	12	22
2B	441	15	0	456	541.60	8	1.188	114	1	213	0	213
2D	166	21	0	187	55.98	3	0.299	12	2	3	0	3
3A	429	7	5	441	323.13	5	0.733	55	0	72	28	44
3B	664	21	1	686	655.11	8	0.955	113	0	86	52	34
3D	71	8	3	82	90.79	2	1.107	5	5	12	11	1
4A	348	15	1	364	357.98	6	0.983	33	1	39	16	23
4B	330	19	1	350	390.68	8	1.116	53	0	59	5	54
4D												
5A	229	5	1	235	302.32	10	1.286	66	0	56	7	49
5B	987	31	3	1021	628.14	11	0.615	74		143	141	2
5D	71	4	1	76	42.89	2	0.564	24	3	10	10	0
6A	528	20	3	551	319.72	3	0.580	83	0	110	5	105
6B	875	13	1	889	423.31	8	0.476	35	1	341	96	245
6D	69	5	1	75	82.91	3	1.105	3	1	4	3	1
7A	647	24	2	673	697.78	13	1.037	53	1	58	44	14
7B	462	20	2	484	457.61	7	0.945	56	0	5	4	1
7D	5	2	0	7	37.55	1	5.364	2	2	2	2	0
A	2833	118	16	2967	2836.92	15	0.956	361	4	435	174	261
B	4114	128	8	4250	3377.07	15	0.795	472	3	986	298	688
D	409	51	5	465	370.94	12	0.798	50	15	36	31	5
总数 Total	6000*	216	25	6241	4825.29	61	0.773	883	22	1307	412	895

* 包含 1 个 *TaGW2*-CAPS 标记

* Including one *TaGW2*-CAPS

偏分离现象在自然界中普遍存在，该图谱多态性位点多符合 1∶1 分离，偏分离位点占多态性标记总数的 20.9%，与目前报道小麦种间标记的偏分离比例差异不大。

(四)整合 SNP 标记的‘山农 01-35’×‘藁城 9411’RIL 群体高密度遗传图与其他图谱比较

1. 精密度高

本图谱由单独或综合使用 SSR、EST、DArT 分子标记发展到整合使用 SNP、SSR 和 DArT 标记。整合图谱具有分子标记数目多(6241 个位点)、覆盖的遗传距离长(4825.29cM)、标记间平均距离小(0.77cM)等突出特点，显著比同群体仅用 SSR、DArT 分子标记构建的图谱(总共 502 个位点，覆盖 4084.5cM，标记间平均距离 8.13cM)优越。因此本图谱是当前利用 RIL 群体整合 SSR、DArT 和 SNP 多种类型标记的高密度图谱之一。

2. 新定位一些标记位点

通过与已知标记位点的连锁关系，新定位了 905 个标记位点，其中 SNP 位点 883 个，DArT 标记 22 个，分别位于除 4D 外的 20 条染色体上。*TaGW2*-CAPS 被定位在 6A 染色体上。

3. 不足和缺陷

D 染色体组上标记数目较少，特别是 4D 染色体组上虽然检测到有几十个多态性标记，但由于遗传距离太远，没有建立起连锁群，主要原因为：①小麦 D 染色体组相对其他染色体组具有较高的保守性，前人构建的小麦遗传图也有类似的报道；②遗传图构建使用的群体是利用两个现代品种(系)构建的，两个亲本经过多年的人工选择和自然进化后，遗传位点差异有限。

五、小麦自然群体的 SNP 标记高密度遗传图

近十几年来，随着基因组学的发展和生物统计软件的完善，利用遗传多样性丰富的自然群体进行关联分析、发掘植物数量性状基因已成为目前国际植物基因组学研究的热点之一。相比于由双亲本构建的群体，自然群体有更为广泛的遗传基础，可同时包含同一基因座的多个等位基因，因此可以增加分子标记在群体的多态性(Holland，2007; Meuwissen and Goddard，2000)。近年来，国内外研究者利用自然群体与其他遗传作图群体共享的标记，构建了自然群体的复合遗传图。Zhang 等(2013)构建了包括 433 个 SSR 标记和 738 个 DArT 标记的复合遗传图。Zanke 等(2014)利用 358 个欧洲冬麦品种组成的自然群体，构建了包括 732 个 SSR 标和 7934 个 SNP 标记的复合遗传图。Wang 等(2014)利用由 726 个美国地方品种组成的自然群体，构建了包含 40 267 个 SNP 标记的复合遗传图。

本研究以黄淮麦区小麦品种(系)为材料，利用近来开发的 90K 基因芯片，进行群体全基因组扫描和“高通量”基因分型，获得 SNP 标记分型数据，并参考前人发表的 6 个 DH 群体的 SNP 标记在染色体上的位置信息，构建了该群体 SNP 高密度复合遗传图，旨在明确群体内小麦材料的亲缘关系，了解黄淮麦区不同省份间育种选择倾向性，为今后育种亲本选配和后代选择提供参考。同时，利用该群体进行小麦性状与基因间的关联分

析，为鉴定和挖掘优异等位变异、开发分子标记和分子标记辅助育种提供理论依据。

(一)试验材料

黄淮麦区 20 世纪 80 年代以来推广的育成品种、骨干亲本和高代品系共计 205 份。其中，132 个小麦品种，包括山东品种 65 个、河南品种 24 个、河北品种 14 个、安徽品种 8 个、江苏 6 个、北京品种 5 个、陕西品种 4 个、甘肃品种 2 个、贵州品种 1 个、宁夏 1 个及国外品种 2 个；73 份育种品系全部来自山东(表 3-9)。该自然群体的粒重等农艺性状和面团稳定时间等品质性状都差异显著。

表 3-9 供试小麦材料

Table 3-9 Wheat varieties used in this study

No.	品种名称 Varieties name	产地 Place of origin	No.	品种名称 Varieties name	产地 Place of origin
1	山 15 Shan15	山东 Shandong	26	济麦 19 Jimai19	山东 Shandong
2	山农 17 Shannong17	山东 Shandong	27	济麦 21 Jimai21	山东 Shandong
3	山农 19 Shannong19	山东 Shandong	28	济麦 22 Jimai22	山东 Shandong
4	山农 20 Shannong20	山东 Shandong	29	济南 17 Jinan17	山东 Shandong
5	山农 10-2 Shannong10-2	山东 Shandong	30	烟农 21 Yannong21	山东 Shandong
6	山农 11 Shannong11	山东 Shandong	31	烟农 19 Yannong19	山东 Shandong
7	山农 12 号 Shannong12	山东 Shandong	32	烟农 999 Yannong999	山东 Shandong
8	山农 06-278 Shannong06-278	山东 Shandong	33	烟 99102 Yan99102	山东 Shandong
9	山农优麦 3 号 Shannongyoumai3	山东 Shandong	34	潍阴 84137 Weiyin84137	山东 Shandong
10	山农 0919 Shannong0919	山东 Shandong	35	潍 60182 Wei60182	山东 Shandong
11	山农 55843 Shannong55843	山东 Shandong	36	潍麦 8 号 Weimai8	山东 Shandong
12	山农 22 Shangnong22	山东 Shandong	37	淄麦 12 Zimai12	山东 Shandong
13	山农 23 Shannong23	山东 Shandong	38	莱农 8621 Lainong8621	山东 Shandong
14	山农 055849 Shannong055849	山东 Shandong	39	齐丰 2 号 Qifeng2	山东 Shandong
15	新山农 11 Xinshangong11	山东 Shandong	40	汶航 1 号 Wenhang1	山东 Shandong
16	泰山 21 Taishan21	山东 Shandong	41	汶农 17 Wennong17	山东 Shandong
17	泰农 18 Tainong18	山东 Shandong	42	博 8 Bo8	山东 Shandong
18	泰农 9236 Tainong9236	山东 Shandong	43	博农 6 号 Bonong6	山东 Shandong
19	泰农 19 Tainong19	山东 Shandong	44	良星 99 Liangxing00	山东 Shandong
20	鲁麦 14 Lumai14	山东 Shandong	45	新麦 18 Xinmai18	山东 Shandong
21	鲁麦 23 号 Lumai23	山东 Shandong	46	宁麦资 22 Ningmaizi22	山东 Shandong
22	鲁原 502 Luyuan502	山东 Shandong	47	宁麦资 28 Ningmaizi28	山东 Shandong
23	鲁原 205 Luyuan205	山东 Shandong	48	菏麦 13 Hemai13	山东 Shandong
24	济宁 16 Jinin16	山东 Shandong	49	菏麦 17 Hemai17	山东 Shandong
25	济宁 6058 Jining6058	山东 Shandong	50	菏 9946 He9946	山东 Shandong

续表

No.	品种名称 Varieties name	产地 Place of origin	No.	品种名称 Varieties name	产地 Place of origin
51	莱州 9361 Laizhou9361	山东 Shandong	87	周麦 24 Zhoumai24	河南 Henan
52	临 4 Lin4	山东 Shandong	88	周麦 26 Zhoumai26	河南 Henan
53	临麦 2 号 Linmai2	山东 Shandong	89	周麦 18 Zhoumai18	河南 Henan
54	连麦 2 号 Lianmai2	江苏 Jiangsu	90	漯 86036 Luo86036	河南 Henan
55	科农 199 Kenong199	北京 Beijing	91	漯 88079 Luo88079	河南 Henan
56	科农 2009 Kenong2009	北京 Beijing	92	西农 157 Xinong157	陕西 Shanxi
57	科农 3106 Kenong3106	北京 Beijing	93	西农 979 Xinong979	陕西 Shanxi
58	中育 01089 Zhongyu01089	北京 Beijing	94	连 0809 Lian0808	江苏 Jiangsu
59	中育 01095 Zhongyu01095	北京 Beijing	95	连 0756 Lian0756	江苏 Jiangsu
60	京核 91-P39 Jinghe91-P39	安徽 Anhui	96	联丰 85 Lianfeng85	河南 Henan
61	皖 38 Wan38	安徽 Anhui	97	丰优 04 Fengyou04	贵州 Guizhou
62	皖 50 Wan50	安徽 Anhui	98	Ci-5	墨西哥 Mexico
63	皖麦 52 Wanmai52	安徽 Anhui	99	华成 3366 Huacheng3366	安徽 Anhui
64	皖麦 53 Wanmai53	安徽 Anhui	100	鑫麦 296 Xinmai296	山东 Shandong
65	阜 84111 Bu 84111	安徽 Anhui	101	陕农 33 Shannong33	陕西 Shanxi
66	石 B07-4056 ShiB07-4056	河北 Hebei	102	师栾 02 Shiluan02	河北 Hebei
67	石 08-534 Shi08-534	河北 Hebei	103	驻 0263-541 Zhu0263-541	河南 Henan
68	邯 5092 Gan5092	河北 Hebei	104	泛 7030 Fan7030	河南 Henan
69	邯 05-093 Gan05-093	河北 Hebei	105	洛 22 Luo22	河南 Henan
70	衡 5229 Heng5229	河北 Hebei	106	苑金 97-28 Yuanjin97-28	山东 Shandong
71	衡 5364 Heng 5346	河北 Hebei	107	DH 群体-1 DH-1	山东 Shandong
72	衡 4371 Heng4371	河北 Hebei	108	宁冬 11 号 Ningdong11	宁夏 Ningxia
73	衡观 76 Hengguan76	河北 Hebei	109	邢麦 11 Xingmai11	河北 Hebei
74	衡观 35 Hengguan35	河北 Hebei	110	镇 8906 Zhen8906	江苏 Jiangsu
75	鹤 0927 He0927	河南 Henan	111	涡 85 Wo85	安徽 Anhui
76	冀辐 8512 Jifu8512	河北 Hebei	112	轮早 3 号 Lunzao3	山东 Shandong
77	徐州 24 Xuzhou24	江苏 Jiangsu	113	小偃 22 Xiaoyan22	陕西 Shanxi
78	豫麦 34 号 Yumai34	河南 Henan	114	矮丰 3 号 Aifeng3	甘肃 Gansu
79	豫农 416 Yunong416	河南 Henan	115	孟县 201 Mengxian201	河南 Henan
80	豫农 949 Yunong949	河南 Henan	116	藁城 8901 Gaocheng8901	河北 Hebei
81	豫 70-36 Yu70-36	河南 Henan	117	西植 8222 Xizhi8222	山东 Shandong
82	郑麦 7698 Zhengmai7698	河南 Henan	118	跃进 5 号 Yuejin5	山东 Shandong
83	郑麦 0856 Zhengmai0856	河南 Henan	119	碧玛 6 号 Bima6	甘肃 Gansu
84	郑资 8780-2 Zhengzi8780-2	河南 Henan	120	矮抗 58 Aikang58	河南 Henan
85	周麦 16 Zhoumai16	河南 Henan	121	镇麦 18 Zhenmai18	江苏 Jiangsu
86	周麦 22 Zhoumai22	河南 Henan	122	泛麦 5 Fanmai5	河南 Henan

续表

No.	品种名称 Varieties name	产地 Place of origin	No.	品种名称 Varieties name	产地 Place of origin
123	法 0356 Fa0356	法国 France	129	D180	山东 Shandong
124	花培 3 号 Huapei3	河南 Henan	130	D45	山东 Shandong
125	豫麦 57 Yumai57	河南 Henan	131	荷麦 0302 Hemai0302	山东 Shandong
126	山农优麦 2 号 Shannongyoumai2	山东 Shandong	132	石 4185 Shi4185	河北 Hebei
127	D209	山东 Shandong	133~205	高代育种品系 Advanced breeding lines	山东 Shandong
128	D131	山东 Shandong			

(二)试验方法

1. DNA 提取等方法

参照 Triticarte Pty. Ltd(http://www.triticarte.com.au)的方法提取群体各株系 DNA(略有改动)。用 0.8%琼脂糖电泳检测 DNA 质量和浓度。

2. 分子标记的检测

群体 SNP 标记委托美国加利福尼亚大学戴维斯分校植物科学系生物技术检测中心使用美国 Illumina 公司和美国堪萨斯州立大学共同开发的小麦 90K 基因芯片进行全基因组扫描分析。基因芯片包括 81 577 个 SNP 位点，覆盖小麦整个基因组。对所检出的 SNP 位点分型数据，根据基因型检出率大于 80%和低频基因频率小于 3%为标准进行质控。

3. 群体遗传多样性分析

应用 PowerMarker V3.25 软件计算每个 SNP 位点的等位变异数、等位基因频率、多态性信息含量(PIC)。

$$\mathrm{PIC}=1-\sum_{j=1}^{i}P_{ij}^{2}$$

式中，P 表示位点 i 的第 j 个等位变异出现的频率。

4. 基于遗传距离的聚类分析

用 PowerMarker V3.25 软件计算 205 份小麦品种(系)的 Rogers(1972)遗传距离进行聚类分析，使用 MEGA 4.0 软件(http://www.megasoftware.net/)构建 NJ 聚类图。

5. 群体结构分析

选择在小麦的 21 条染色体长臂和短臂上均匀分布的 3297 个 SNP 标记，运用 Structure 2.3.1 软件将 205 份小麦材料划分到不同的亚群中，并确定不同材料的遗传组成，类群参数值 K 设定为 2~10，迭代参数为 100 000，burn-in period 为 100 000，每个 K 值均独立运行 3 次。根据综合群体结构的分析结果和已有株系的系谱信息确定该研究材料的合适亚群数。

6. 数据分析和 SNP 标记高密度遗传图构建

利用 Wang 等(2014)对 6 个 DH 遗传群体(①BT-Schomburgk×AUS33384，②Young×

AUS33414，③Chara×Glenlea，④W7984×Opata M85，⑤Sundor×AUS30604，⑥Westonia×Kauz）进行图谱整合的位点信息，获得本研究群体 SNP 位点遗传信息，整合复合遗传图（省略）。

（三）结果与分析

1. SNP 基因分型与质控

利用 90K 基因芯片（包含的 81 587 个 SNP 位点）技术，在本群体中共检出具有多态性的 38 381 个 SNP 位点，其中 8086 个 SNP 位点没有相应染色体位置，2838 个 SNP 位点基因型检出率小于 80%，3102 个 SNP 位点最小基因频率小于 3%。除去以上不适宜的 SNP 位点后，剩余 24 355 个 SNP 位点用于遗传作图和基因-性状间的关联分析。

2. 群体遗传多样性分析

利用 24 355 个分子标记，在群体材料中共检测到 48 710 个等位变异，每个标记均检测到 2 个等位变异。24 355 个 SNP 标记中，大约 59.9%（14 597/24 355）的 SNP 其低频等位基因频率大于 0.20，9.60%（2337/24 355）的 SNP 其低频等位基因频率接近 0.5。多样性指数 PIC 值变幅是 0.05~0.38，平均值为 0.27，主要分布于 0.35~0.38（图 3-7）。

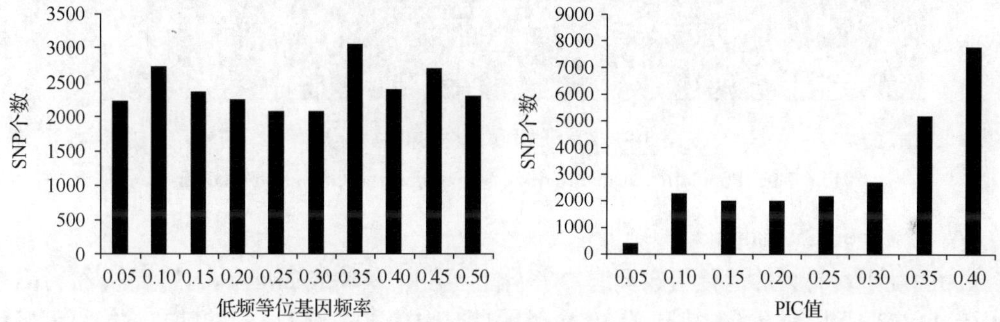

图 3-7　24 355 个 SNP 标记在 205 份小麦材料中等位基因频率及多态性信息含量（PIC）分布

Fig. 3-7　Frequency distribution of minor allele and polymorphic information content (PIC) in the panel of 205 elite wheat line based on 24 355 SNP

3. 群体遗传结构分析

根据 Evanno 等（2005）的方法分析小麦品种（系）的遗传结构，确定供试材料的亚群数目。当 K=4 时，ΔK 出现明显峰值（图 3-8）。因此，供试材料应分为 4 个亚群（图 3-9）。第 1 亚群共 43 份材料，以河南品种为主，包括北京、安徽品种及 5 个育种品系；第 2 亚群共 32 个材料，以河北品种为主，包括山西、安徽品种及 13 个育种品系。第 3 亚群共 105 份材料，以山东品种为主，包括江苏、甘肃、2 个外国品种及 53 个育种品系；第 4 亚群共 25 份材料，包括山西、江苏、宁夏地域及 2 个育种品系。

图 3-8　似然对数的变化率(ΔK)

Fig. 3-8　Rate of change in the log probability of data between successive K values (ΔK)

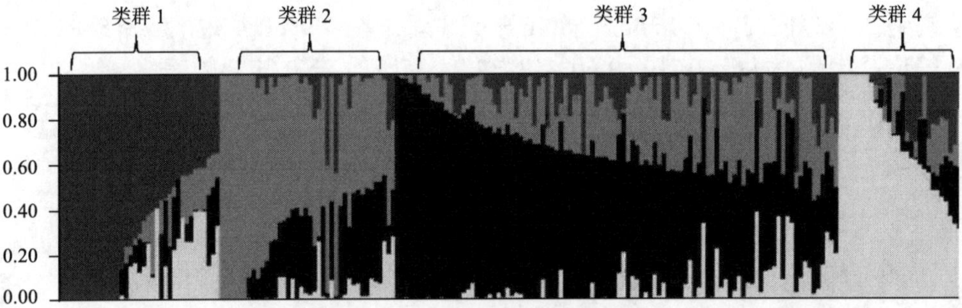

图 3-9　205 份小麦材料的群体结构

Fig. 3-9　Population structure of 205 accessions based on SNP markers

4. 群体 neighbor-joint 聚类分析

为明确小麦材料的遗传组成及遗传多态性，利用 Powermarker V3.25 计算材料间的 Rogers (1972) 遗传距离，并构建了 NJ 聚类图(图 3-10)。205 份小麦材料的遗传距离变幅为 0~0.35。根据材料已知系谱和聚类结果将所有材料分为 4 个类群，其划分结果与 Structure 聚类结果基本一致。第 1 类群主要包括河北、北京和安徽地域及 9 个育种品系在内的共 22 份材料；第 2 类群主要包括陕西、江苏地域及 7 个育种品系在内的共 23 份材料；第 3 类群以山东省品种为主，还有部分安徽、江苏、2 个国外品种及 45 个育种品系在内的共 109 份材料；第 4 类群以河南省品种为主，还有部分安徽、贵州地域及 12 个育种品系在内的共 51 份材料。具有相似亲缘关系的品种被聚为一类，如以‘鲁麦 23 号’为亲本的‘临 4 (A53)’和‘鲁麦 23 (A22)’被聚为一类，以‘陕 82-29’同为父本的‘烟农 19 (A32)’和‘烟农 21 (A31)’被聚为一类；73 份小麦高代育种品系分别被聚于 4 个不同的类群中。结果表明，黄淮冬麦区小麦材料的遗传信息在地域间存在交流，可能是相邻地区育种目标相似，资源材料交流较多，导致某些地域间遗传资源相似程度较高；山东省高代育种品系被分散于各类群中，说明这些高代育种品系血统多样化，包含遗传资源丰富。

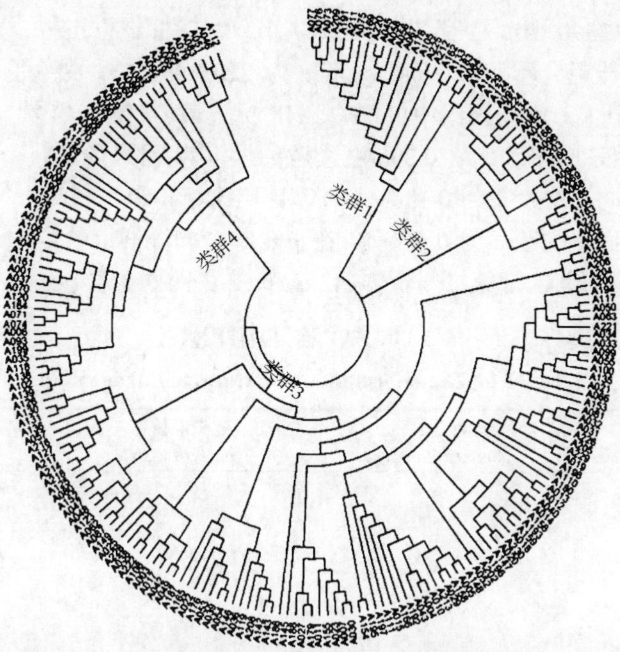

图 3-10　基于 SNP 标记的 205 份小麦材料的 NJ 聚类图

Fig. 3-10　Neighbor-joining (NJ) tree for the 205 wheat lines based on SNP analysis data

5. 类群间遗传距离

以上两种群体遗传结构分析方法均把本试验供试材料聚为分别以山东、河南、河北及陕西等品种为主的 4 个类群，与材料的已知系谱均基本一致。类群间遗传距离依据 NJ 聚类分群，计算 4 个类群间的遗传距离(表 3-10)，可以看出，类群 1(河北品种为主)和类群 3(山东品种为主)的遗传距离最大，为 0.1318，类群 3(山东品种为主)和类群 4(河南品种为主)的遗传距离最小为 0.1131。这说明，河北、北京地域的品种和山东省小麦遗传差异较大；而河南的小麦品种和山东部分小麦遗传差异小，育种资源材料交流较多。

表 3-10　不同类群间的遗传距离

Table 3-10　Genetic distances between different germplasm groups

类群 Group	类群 1 Group1	类群 2 Group2	类群 3 Group3
类群 1 Group1	0		
类群 2 Group2	0.1316	0	
类群 3 Group3	0.1318	0.1214	0
类群 4 Group4	0.1290	0.1200	0.1131

6. SNP 标记高密度遗传图构建

参考 6 个已知 DH 遗传图信息，本研究构建了包含 24 355 个 SNP 标记位点的复合遗传图。共覆盖小麦全基因组 3674.16cM，单个染色体长度为 118.91~241.38cM，标记间平均遗传距离为 0.15cM。24 355 个标记位点遗传图信息见表 3-11。小麦 21 条染色体中，

1B 标记数目最多(2390 个)，其次为 5B(2187 个)，4D 标记位点较少，仅 78 个。1B 和 6B 标记间平均遗传距离最小(0.07cM)，其次为 2B(0.09cM)，最大为 4D(2.07cM)。小麦的 3 个染色体组中，B 基因组中包含的 SNP 标记最多(12 321 个，50.60%)，其全长 1150.47cM，标记间平均距离为 0.09cM；其次是 A 基因组(9523 个，39.10%)，全长 1252.51cM，标记间平均距离为 0.13cM；D 基因组含标记最少(2511 个，10.31%)，全长 1271.18cM，标记间平均距离为 0.51cM。在小麦 7 个同源群上的分布，第一同源群包含标记最多(4525 个)，其次是第二同源群(4208 个)，第四同源群包含标记最少(2105 个)。

表 3-11　SNP 标记遗传图信息

Table 3-11　The information of integrated linkage maps

染色体 Chr.	标记数目 Number of marker	连锁群长度 Length of LG/cM	平均遗传距离 Average distance/cM
Chr1 (1A)	1 506	161.35	0.11
Chr2 (1B)	2 390	174.10	0.07
Chr3 (1D)	629	196.97	0.31
Chr4 (2A)	1 462	185.46	0.17
Chr5 (2B)	1 977	180.33	0.09
Chr6 (2D)	769	151.92	0.20
Chr7 (3A)	1 154	184.56	0.16
Chr8 (3B)	1 628	150.97	0.09
Chr9 (3D)	331	156.06	0.47
Chr10 (4A)	1 145	164.12	0.14
Chr11 (4B)	882	118.91	0.13
Chr12 (4D)	78	161.10	2.07
Chr13 (5A)	1 243	144.15	0.12
Chr14 (5B)	2 187	219.77	0.10
Chr15 (5D)	240	207.32	0.86
Chr16 (6A)	1 463	180.74	0.12
Chr17 (6B)	1 786	127.54	0.07
Chr18 (6D)	234	156.53	0.67
Chr19 (7A)	1 550	232.13	0.15
Chr20 (7B)	1 471	178.85	0.12
Chr21 (7D)	230	241.28	1.05
基因组 A Genome A	9 523	1 252.51	0.13
基因组 B Genome B	12 321	1 150.47	0.09
基因组 D Genome D	2 511	1 271.18	0.51
类群 1 Group1	4 525	532.48	0.12
类群 2 Group2	4 208	517.71	0.12
类群 3 Group3	3 113	491.59	0.16
类群 4 Group4	2 105	444.13	0.21
类群 5 Group5	3 670	571.24	0.16
类群 6 Group6	3 483	464.81	0.13
类群 7 Group7	3 251	652.26	0.20
总数 Total	24 355	3 674.16	0.15

(四)小麦自然群体的SNP标记高密度遗传图与其他遗传图比较

1. 使用了自然群体

利用遗传多样性丰富的自然群体发掘植物数量性状基因已成为目前国际植物基因组学研究的热点之一。与基于双亲本构建的其他遗传群体相比，自然群体有更为广泛的遗传基础，可同时包含同一基因座的多个等位基因，因此可以增加分子标记在群体的多态性。本研究以黄淮麦区小麦品种(系)为材料，利用近来开发的90K基因芯片，进行群体全基因组扫描和“高通量”基因分型，获得SNP标记分型数据，并参考前人发表的6个DH群体的SNP标记在染色体的位置信息，构建了该群体SNP高密度复合遗传图，旨在进行小麦性状与基因间的关联分析，为鉴定和挖掘优异等位变异、开发分子标记和分子标记辅助育种提供理论依据。

2. 使用了SNP标记

本研究利用24 355个SNP分子标记，在205份小麦材料中共检测到48 710个等位变异，每个标记均检测到两个等位变异，与前人(Lu et al.，2009)利用SSR标记分析一般都会检测到2个以上的等位变异不同。这是由于SNP标记一般只由2种等位型的碱基组成，具有“二态性”。因此，与SSR标记相比，SNP标记在基因组中突变频率较低，遗传稳定性相对较高。

本研究SNP标记的PIC为0.27，和前人利用SNP标记的研究相比，稍高于美国品种(PIC值为0.23)，低于欧洲冬麦品种(PIC值为0.33)(Würschum et al.，2013)，这说明，我国小麦品种的遗传多样性稍高于或接近于美国品种，低于欧洲品种，同时也说明本研究自然群体的遗传多样性比较丰富。

3. 遗传图密度高

本研究参考1个自然群体和6个DH群体的分子标记染色体位置信息，构建了小麦高密度遗传图，与Zhang等(2013)、Wang等(2014)整合构建图谱的方法相同。

与前人构建小麦遗传图所用ALFP、SSR等传统分子标记相比，本研究所用SNP标记具有在基因组中遗传稳定、数量多、分布广且在基因分型过程中不需要根据片段大小将DNA分带即可实现“高通量”自动化的基因分型等特点，更适合于数量庞大的检测分析，是目前构建高密度连锁图最好的DNA标记。本研究所整合遗传图包含24 355个SNP标记位点，标记间平均遗传距离为0.15cM。遗传图标记密度比Somers等(2004)(2.2cM)、Zhang等(2008)(3.4cM)有了较大提高，是目前最精密的小麦遗传图之一。

4. 有很好的利用价值

本研究构建的基于SNP标记的高密度遗传图，可以通过不同的方式加以利用。育种家能够通过比较不同分离群体检测到的QTL位点和通过自然群体检测的标记性状的关联位点，确定最可能影响目标农艺性状的染色体区域，开发小麦主要农艺及品质性状的Caps分子标记用于分子标记辅助育种。此外，本图谱利用SNP标记构建，SNP标记是在转录组序列(基因间或基因内序列)开发出来的分子标记，标记位点对于表型性状差异的解释更加有效，因此，育种家可以针对效应值较大的关联位点区域同时进行候选基因预测和基因功能分析，进行相关基因的有效发掘。

六、骨干亲本“矮孟牛”衍生系群体的遗传图

(一)试验材料

供试材料为获国家发明一等奖的小麦重要种质“矮孟牛”的3个直接亲本、7个姊妹系及其衍生品种(系)共109份材料(表3-12)。“矮孟牛”种质的3个亲本及7个姊妹系由国家小麦改良中心泰安分中心提供，育成品种(系)由中国农业科学院作物科学研究所国家种质资源库提供。材料间主要农艺、产量和品质性状差异较大。

表3-12 小麦骨干亲本“矮孟牛”杂交后代衍生品种(系)

Table 3-12 Core parental cross Aifeng3//Mengxian201/Neuzucht and its derivatives

品种(系) Line	名称 Name	品种(系) Line	名称 Name	品种(系) Line	名称 Name	品种(系) Line	名称 Name
1	山农60182 Shannong60182	17	山农560281 Shannong560281	33	山农114427 Shannong114427	49	埠84111 Bu84111
2	鲁麦23 Lumai23	18	山农513250 Shannong513250	34	山农215953 Shannong215953	50	涡85 Wo85
3	鲁麦11 Lumai11	19	山农560244 Shannong560244	35	山农311334 Shannong311334	51	京核91-P39 Jinghe91-P39
4	山农742006 Shannong742006	20	山农560648 Shannong560648	36	山农435001 Shannong435001	52	京核91-7086 Jinghe91-7086
5	山农3373 Shannong3373	21	山农664 Shannong664	37	山农521248 Shannong521248	53	冀辐8503 Jifu8503
6	山农1881 Shannong1881	22	山农1135 Shannong1135	38	山农721511 Shannong721511	54	冀辐8506 Jifu8506
7	豫麦34 Yumai34	23	山农3295 Shannong3295	39	山农722063 Shannong722063	55	冀辐射85012 Jifushe85012
8	山农414680 Shannong414680	24	宁麦资22 Ningmaizi22	40	山农722309 Shannong722309	56	泰836214 Tai836214
9	山农411843 Shannong411843	25	宁麦资27 Ningmaizi27	41	山农863410 Shannong863410	57	泰918933 Tai918933
10	山农514095 Shannong514095	26	宁麦资28 Ningmaizi28	42	山农113367 Shannong113367	58	泰918954 Tai918954
11	山农560472 Shannong560472	27	郑资8778-0-2 Zhengzi8778-0-2	43	镇8903 Zhen8903	59	泰910989 Tai910989
12	山农514038 Shannong514038	28	郑资8778-0-3 Zhengzi8778-0-3	44	镇8906 Zhen8906	60	轮早1号 Lunzao1
13	山农513714 Shannong513714	29	郑资8778-1-1 Zhengzi8778-1-1	45	潍阴84137 Weiyin84137	61	轮早3号 Lunzao3
14	山农561149 Shannong561149	30	山农114653 Shannong114653	46	潍60182 Wei60182	62	济宁844437 Jining844437
15	山农560193 Shannong560193	31	山农114753 Shannong114753	47	潍60366 Wei60366	63	济宁864872 Jining864872
16	山农512946 Shannong512946	32	山农113047 Shannog113047	48	周麦9号 Zhoumai9	64	济宁87 Jining87

续表

品种(系) Line	名称 Name	品种(系) Line	名称 Name	品种(系) Line	名称 Name	品种(系) Line	名称 Name
65	济宁 876046 Jining876046	77	泰山 23 Taishan23	89	矮孟牛Ⅲ型 AimengniuⅢ	101	跃进 5 号 Yuejin5
66	济宁 844433 Jining844433	78	济南 02 Jinan02	90	矮孟牛Ⅳ型 AimengniuⅣ	102	碧玛 6 号 Bima6
67	鲁农 85(5)135 Lunong85(5)135	79	周麦 13 Zhoumai13	91	矮孟牛Ⅴ型 AimengniuⅤ	103	Fife
68	鲁农 85(5)066 Lunong85(5)066	80	菏麦 13 Hemai13	92	矮孟牛Ⅶ型 AimengniuⅦ	104	Frassineto
69	鲁农 54368 Lunong54368	81	徐州 24 Xuzhou24	93	周麦 18 Zhoumai18	105	Gentil rosso
70	鲁农 54369 Lunong54369	82	金铎 1 号 Jinduo1	94	萧农 8506-1 Xiaonong8506-1	106	Marquis
71	莱农 8621 Lainong8621	83	小偃 22 Xiaoyan22	95	郑资 8780-2-5 Zhengzi8780-2-5	107	Biyumai
72	鲁源 90 品系 4 Luyuan90pinxi4	84	矮丰 3 号 Aifeng3	96	萧农 4248 Xiaonong4248	108	Wilhelmina
73	驻 84053 Zhu84053	85	孟县 201 Mengxian201	97	临远 84-6013 Linyuan84-6013	109	Squarehead Extra
74	泰 834497 Tai834497	86	牛朱特 Neuzucht	98	临远 84-50240 Linyuan86-50240		
75	山农优麦 2 号 Shannongyoumai2	87	矮孟牛Ⅰ型 AimengniuⅠ	99	西植 8222-2-82 Xizhi8222-2-82		
76	山农优麦 3 号 Shannongyoumai3	88	矮孟牛Ⅱ型 AimengniuⅡ	100	济源小佛手 Jiyuanxiaofoshou		

“矮孟牛”种质融合了国内外几十个材料的抗病、丰产和优质基因，育成后被全国十几个单位引用，先后培育出了几十个国家和省审定品种，其中‘鲁麦 1’、‘鲁麦 15’、‘鲁 215953’、‘豫麦 57’、‘临麦 2 号’、‘中育 9 号’、‘周麦 18 号’都是年推广面积超过 1000 万亩，获省和国家奖励的高产品种。这说明“矮孟牛”种质中含有高产性状基因，而且在反复杂交利用过程中，通过新育种材料的加入，重组和利用了更多、更有利用价值的等位变异基因，是利用关联分析方法定位和挖掘高产基因的理想群体。

本遗传图主要用于小麦粒重、穗部和品质等性状的 QTL 定位，利用关联分析方法，解析“矮孟牛”及其衍生品种(系)在创造和应用过程中长期积累的基因信息，鉴定株高、成穗率、穗粒数和千粒重等重要的产量性状基因座上的有利变异基因，解析小麦骨干亲本易出品种的基因组学基础。

（二）实验方法

1. 标记类型及来源

标记类型及来源同本章第二节‘糯麦 1 号’×‘藁城 8901’遗传图的构建；DNA 提取等方法同本章第二节 DH 遗传图构建。

2. 遗传图的构建和绘制

利用 Mapchart 2.1（Voorrips，2002）软件构建小麦 DArT 标记遗传图（省略），已知图谱信息包括：①Cranbrook×Halberd，339DArT（Wenzl et al.，2006）；②Arina×NK93604，189DArT（Semagn et al.，2006）；③Avocet×Saar，112DArT（Lillemo et al.，2008）；④Colosseo×Lloyd，392DArT（Mantovani et al.，2008）；⑤779DArT（Wenzl et al.，2006）；⑥3B physics map（Paux et al.，2008），⑦由 Triticarte Pty. Ltd.（http://www.triticarte.com.au/）公司整合在 9 个遗传群体上的信息。

3. 遗传多样性分析

DArT 数据应用 PowerMarker 3.25 统计软件（Liu and Muse，2005；http://statgen.ncsu.edu/powermarker）计算每个位点的 PIC（polymorphism information content，多态性信息含量）值和经典 Fst（F-statistics，F 统计量）值。

基于 Ner's（1983）遗传距离的邻位相连（neighbor-joining，NJ）聚类图，采用 Powermarker 3.25 软件构建。使用 MEGA 4.0 软件（http://www.megasoftware.net/；Tamura et al.，2007）观察聚类图。

4. 群体结构和聚类分析

在小麦的 21 条染色体长臂和短臂上分别选取 1 个标记，即 42 个 DArT 标记，运用 STRUCTURE 2.2（Pritchard et al.，2003）软件对群体进行基于数学模型的亚群划分（modle-based cluster analysis），并计算材料相应的 Q 值（第 i 材料其基因组变异源于第 k 群体的概率）。采用 admixed model，K 值设为 2~12，参数 iterations 设为 100 000，Burnin-period 设为 100 000。每个 K 值重复运行 5 次。以设定的 K 所对应的最大似然值为目标来选择合适的 K 值作为亚群数目。

5. 连锁不平衡分析

使用 TASSEL 2.0.1（http://www.maizegenetics.net）计算已定位 DArT 标记间的连锁不平衡（r^2），排除稀有等位基因（$f < 0.10$）后进行 1000 次排列计算。分别计算相同染色体位点间和不同染色体不连锁位点间的连锁不平衡。从 DArT 位点对应的 r^2 值及位点间遗传距离，绘制 LD 衰减散点图用于观测 LD 与遗传距离的关系。

（三）结果与分析

1. 分子标记在染色体上的分布

基因组扫描共产生 971 个多态性 DArT 标记，其遗传多样性指数 PIC 值范围 0.054~0.5，平均值为 0.408。但是，由于一些标记位点图谱信息未知及排除稀有等位基因后，仅有 446 个 DArT 标记用于构建遗传图。这些 DArT 标记分布于小麦的 21 条染色体上（图 3-11），其多样性指数 PIC 值范围是 0.088~0.5，平均值为 0.411。

从图 3-11 可以看出，B 基因组中包含最多的 DArT 标记(187 个)，其次是 A 基因组(175 个)，D 基因组含标记最少(84 个)。第 1 同源群含标记最多(92 个)，其次是第 6 同源群(87 个)，第 5 同源群含标记最少(31 个)。

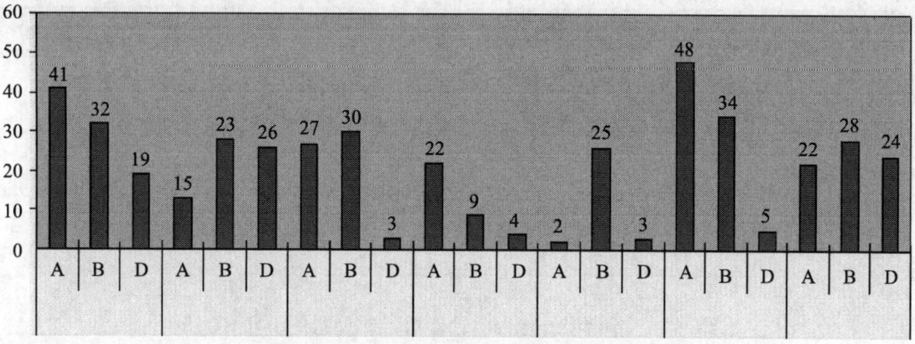

图 3-11　小麦 21 条染色体上 DArT 标记的数目

Fig. 3-11　The number of DArT markers on 21 chromosomes of wheat

2. *群体结构*

在小麦 21 条染色体的长臂和短臂上，各选择 1 个 DArT 标记，共计 42 个 DArT 标记，利用 Structure 软件(Evanno et al.，2005)对 109 份材料进行群体结构检测，结果表明，供试材料存在群体结构。当 *K*=4 时，Δ*K* 值最高(图 3-12)。本研究供试材料分为 4 个亚群(图 3-13)，将这 4 个亚群分别命名为 POP1、POP2、POP3 和 POP4。成员概率(membership probabilities)≥0.5 的家系划分到相应的亚群中，成员概率<0.5 的家系划分为混合亚群(POP5)。各亚群含有的材料数依次为 30、13、13、30 和 23。

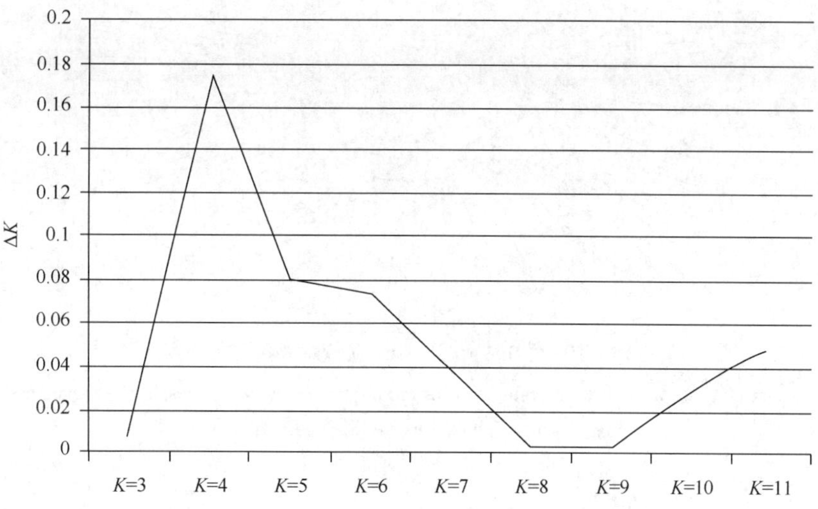

图 3-12　利用 Δ*K* 参数对群体结构的检测分析

Fig. 3-12　The analysis of population structure based on Δ*K* parameter

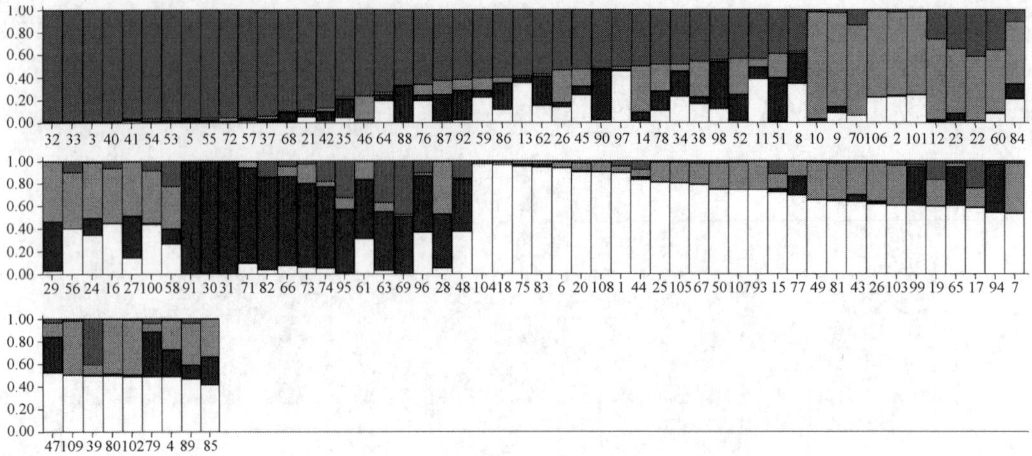

图 3-13 利用 Structure 软件对供试材料的分组信息

Fig. 3-13 The information of membership based on Structure software

对 109 份小麦品种基于 Nei's(1983)遗传距离构建邻位相连(neighbor-joint，NJ)聚类图(图 3-14)，材料序号与品种名称的对应关系见表 3-12。由于许多实验材料的系谱不明确，所以就无法与系谱和分子标记的结果相比较。又因为一些材料的血统比较复杂，导致集簇结果不稳定。但这也证明材料具有广泛的遗传变异。

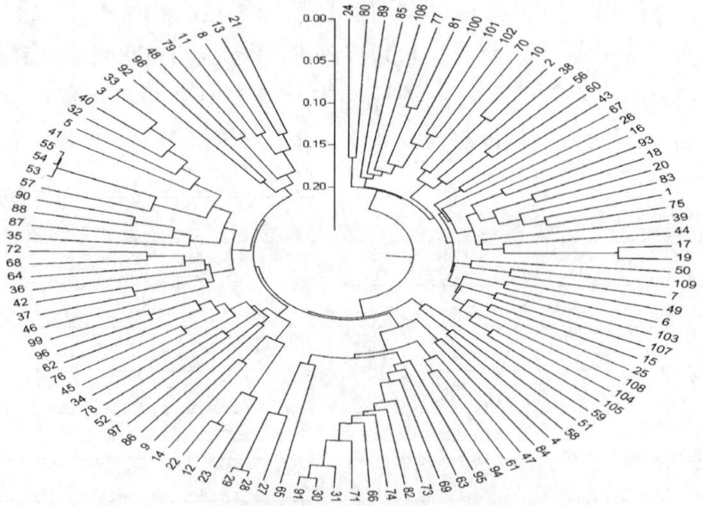

图 3-14 109 份小麦基于 Nei's 遗传距离构建的聚类图

Fig. 3-14 Dendrogram representing the relationships among the 109 wheat accessions as revealed by UPGMA cluster analysis based on Nei's genetic distance.

3. 各亚群之间的遗传关系

基于 Fst 值的成对(pairwise)比较能够解释两个亚群之间的标准群体距离。从表 3-13 可以看出，本研究中的 Fst 值范围是 0.0753(POP4 和 POP5)到 0.609(POP2 和 POP5)，平均值为 0.2356，亚群之间存在中等差异。遗传距离(Nei's genetic distance)的变化与 Fst 类似。POP4 与 POP5 的遗传距离最小，与 POP3 的遗传距离最大。结果表明，材料中等结构化。

表 3-13 各亚群成对 Fst 和 Nei's 遗传距离

Table 3-13 Pairwise estimate of Fst and Nei's genetic distance based on DArT markers among the model-based subpopulations.

亚群 Cluster	POP1	POP2	POP3	POP4	POP5
POP1		0.0856	0.0901	0.0928	0.0504
POP2	0.1961		0.1210	0.0562	0.0401
POP3	0.2393	0.3142		0.1257	0.0698
POP4	0.2284	0.1193	0.3088		0.0336
POP5	0.1142	0.6090	0.1517	0.0753	

注：群体间遗传距离在斜对角线的上方，成对 Fst 位于下方，全部 Fst 差异显著 (P<0.0001)

Note: Genetic distance estimates appear above the diagonal and pairwise Fst appears below the diagonal. All Fst values are significant (P<0.001)

4. 连锁不平衡分析

基因间的连锁不平衡(LD)是关联分析的基础，分析散布于小麦基因组 DArT 位点间的 LD 有助于了解小麦基因组 LD 状况。446 个 DArT 位点的组合中(表 3-14)，不论是共线性的组合(同一染色体)，还是非共线性组合(非连锁的，不在同一染色体上)，都有一定程度 LD 存在。

表 3-14 DArT 位点间 LD 情况统计(P<0.01)

Table 3-14 Percentage of DArT loci pairs in significant (P<0.01) linkage disequilibrium (LD)

	全体材料 All	POP1	POP2	POP3	POP4	POP5
染色体内 Intra-chromosomal						
显著的 LD 比例 % Significant pairs in LD (P<0.01)	24.700	13.630	1.040	5.130	6.540	8.740
r^2 平均值 Mean r^2	0.111	0.144	0.125	0.239	0.107	0.135
染色体间 Inter-chromosomal						
显著的 LD 比例 % Significant pairs in LD (P<0.01)	5.540	1.920	0.286	0.178	0.113	0.550
r^2 平均值 Mean r^2	0.020	0.0548	0.108	0.109	0.043	0.050
衰减距离 Mean distance at r^2>critical/cM	23.600	11.700	6.000	6.700	15.000	13.300
总体 Total 显著的 LD 比例 % Significant pairs in LD (P<0.01)	7.030	2.640	0.578	0.501	1.140	1.200

在全部材料中，基于 r^2 统计概率(P<0.01)支持的不平衡成对位点为 7.03%，这个比

例在不同亚群中降低，亚群 POP1 具有最大的 LD 成对位点比例(2.64%)，亚群 POP3 具有最小的 LD 成对位点比例(0.501%)，这表明各亚群 LD 成对位点比例可以用群体大小来解释。

对于全部材料，同一染色体上不平衡成对位点比例(24.7%)，要显著高于不同染色体上标记间的 LD 比例(5.54%)。不连锁标记间的 r^2 平均值为 0.02，不连锁标记 r^2 值 95% 处的评估值为 0.0736。据此推测，如果两位点 LD 的 $r^2 > 0.0736$，则它们很有可能是遗传连锁(Breseghello and Sorrells，2006)。LD(r^2)随遗传距离衰减散点图(图 3-15)表明 LD 与标记距离之间不是简单的关系，LD 的衰减距离为 23.6cM。

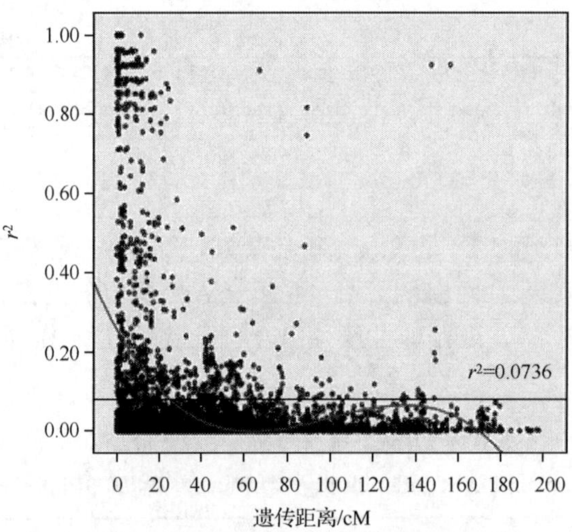

图 3-15　LD(r^2)值随遗传距离衰减散点图

Fig. 3-15　Scatterplot of LD (r^2) of marker pairs versus genetic distance in cM

水平直线是非连锁 DArT 间 r^2 值 95%的水平

A horizontal line indicates the 95% from the distribution of unlinked DArT data set

对于各亚群，非连锁标记间的 r^2 值范围是 0.043(POP4)～0.109(POP3)，非连锁标记间 r^2 值的 95%的背景 LD 范围是 0.156(POP4)~0.409(POP3)。各亚群非连锁标记间的 LD(r^2)值随遗传距离衰减散点图(图 3-16)，表明各亚群的衰减程度不同(6~15cM)。

同样在染色体上发现了很多 LD 块(P=0，r^2=1)。大多数的 LD 块<10cM，1B、1D 和 3B 上存在较长距离的 LD 块，最长的 LD 块(≈20cM)存在于 1D 上。整合 21 条染色体上成对的 r^2 表明 LD 衰减距离为 6~15cM。

(四)“矮孟牛”衍生系关联群体遗传图与其他图谱比较

与先前报道的小麦遗传图相比，骨干亲本“矮孟牛”衍生系关联群体遗传图具有以下优点：

(1) 该作图群体为小麦骨干亲本衍生的品种(系)，“矮孟牛”本身是通过聚合杂交创制的核心种质，其组合为‘矮丰 3 号’ × ‘孟县 201/牛朱特’。亲本‘矮丰 3 号’含有‘矮源水源 86’(含 Rht1 和 Rht2)、‘赤小麦’(含 Rht8 和 Rht9)、‘丰抗源中农 28’、‘碧玉麦’、

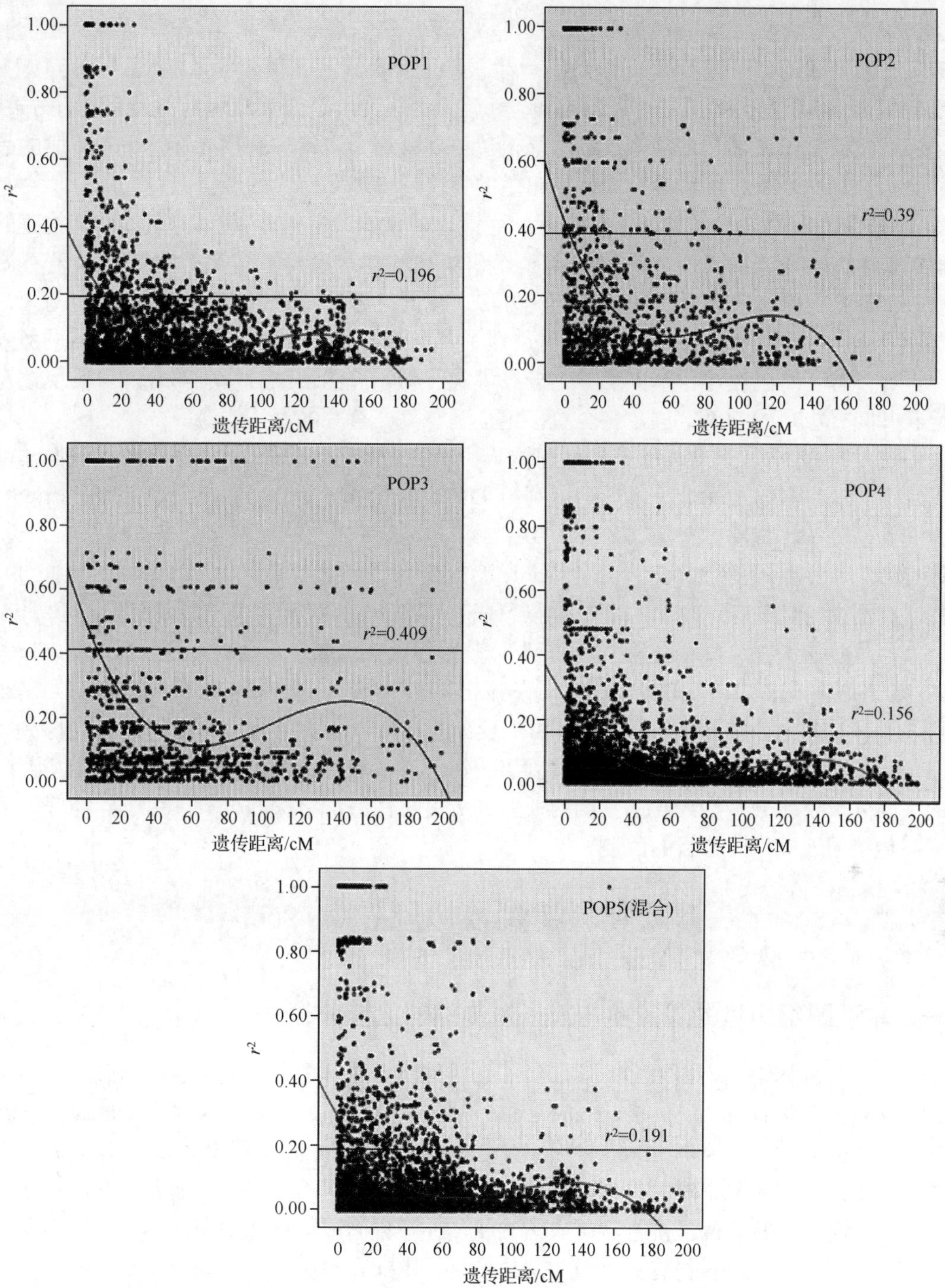

图 3-16　各亚群非连锁 DArT 之间 LD(r^2)值随遗传距离衰减散点图

Fig. 3-16　Scatterplot of linkage disequilibrium (LD, r^2) between DArT pairs versus genetic distance in cM for each of the five subpopulations

水平直线是非连锁 DArT 间 95% r^2 值

A horizontal line indicates the 95% from the distribution of unlinked DArT data set

‘丹麦1号’、‘蚂蚱麦’、‘关中老麦’、‘小佛手’等的血缘；‘孟县201’含有‘丰抗源阿勃’和日本的‘茨城1号’的基因；‘牛朱特’含有来源于黑麦的‘Petkus’，其1R上携带抗病(Yr9, Pm8)和丰产基因。可见，“矮孟牛”种质是四大洲优良基因重组的结果，是不同抗病基因、丰产基因融合的结晶，遗传基础极为丰富。利用“矮孟牛”育成的品种无论在高产还是在优质等方面都有出色的表现，创造了巨大的经济效益。

(2)前人利用RIL等遗传群体进行的连锁分析(QTL 定位)，是以两亲本杂交构建的群体为材料，鉴定的只是一个基因座涉及的两个等位基因，且解析率低，精度不高(10~30cM)。而本研究采取关联分析新方法，可同时考虑一个基因座的多个等位基因，解析“矮孟牛”种质创造和反复利用过程中多次选择所产生的基因组的连锁不平衡效应，并了解各基因座等位基因变异的分布模式。与先前的连锁分析相结合，可实现数量性状基因(位点)的精确定位，甚至直接定位到与高产有关的基因本身。

(3)关联分析利用的群体是自然群体，不需人工构建，省时省力，并有较多的群体可供利用(张学勇等，2006)。本遗传图利用 DArT 标记构建，DArT 标记在关联分析研究中同其他分子标记同样有效。另外，DArT 标记在染色体上一般成簇分布，这与 Semagn 等(2006)、Akbari 等(2006)、Mantovani 等(2008)、Peleg 等(2008)和 Francki 等(2009)的研究结果一致。DArT 标记富集区是否代表基因富集区有待于进一步研究。

(4)在进行关联分析前获知所研究群体基因组 LD 状态是必要的。在全部材料中，大约 7.03%的标记间存在 LD(P<0.01)，在各亚群中这个比例范围是 0.501%~2.64%。在亚群中显著 LD 的比例下降主要可能是由于较少的材料降低了检测 LD 的力度。本研究中，LD 衰退距离为 23.6cM，说明采用基因组扫描的方式进行关联分析是可行的。全基因组的关联分析要比分析特定候选基因的关联分析更有优势。将关联分析应用于植物育种可克服传统的连锁作图分析的限制。

第三节　遗传图构建的研究进展

一、本课题组构建的遗传图与前人遗传图的比较分析

由于各种标记在小麦中多态性较低，先前的小麦遗传图主要是通过种间或远缘杂交材料构建的(Gale et al.，1995；Röder et al.，1998；Messmer et al.，1999；Pestsova et al.，2000；Gupta et al.，1994；Somers et al.，2004)。但是 Torada 等(2006)研究表明，对于真正应用于育种实践来说，选用品种间杂交组合构建群体不但必要，而且更贴近育种目标。特别是有些重要的经济性状或农艺性状，在亚种间或变种间的杂交后代中，不表现或表现不充分，难以获得有关完整的遗传信息。本课题组构建的6张分子遗传图的材料都是当前生产上的主推品种，各有特色。其中 DH 群体遗传图所利用标记以 SSR 标记为主，另外包括 EST-SSR、HMW-GS 等位点。‘糯麦1号’×‘藁城 8901’RIL 群体的遗传图利用了新型的 DArT 标记，并且加入了 HMW-GS 标记和 Wx 蛋白亚基标记。‘山农01-35’×‘藁城 9411’RIL 遗传群体在构建以 DArT 标记为主的遗传图基础上，又整合构建了利用 90K 芯片技术获得的 SNP 和 DarT 等标记的高密度遗传图，旨在用于开发粒

重等产量性状和面筋强度等品质性状的分子标记及基因精细定位。小麦骨干亲本“矮孟牛”衍生系自然群体(关联群体)的遗传图是用 DArT 标记构建的，旨在用于主要产量性状和品质性状基因在骨干亲本和衍生品种(系)之间的传递研究。我国黄淮麦区生产上主推的 205 个品种(系)自然群体的遗传图，则用 90K 芯片技术获得的 SNP 标记构建，是目前国内密度最高遗传图之一。

总之，本课题构建的各个遗传群体，亲本选配各有特色，群体内各株系农艺性状、产量性状和品质性状变异较为丰富，图谱的标记技术不断改进，标记密度不断增加。利用上述分子遗传图，已开展主要农艺性状、产量性状和品质性状的 QTL 分析，并取得了较好的结果(见第四至八章)，一些主效的 QTL 已用于分子标记辅助育种。

二、已发表的主要小麦分子遗传图汇总

目前已发表的主要小麦分子遗传图大约 50 多张(表 3-15)绝大多数的遗传图所用标记都含有 SSR 标记。大多数的遗传图利用单个群体(如 DH 群体、RIL 群体、F_2 群体等)做材料，也有用 2 个或多个群体进行整合构建遗传图，例如，Somers 等(2004)利用 4 个遗传群体的标记整合了一个高密度的 SSR 标记的遗传图，其中包括 1 个国际小麦簇 SSR 小麦遗传图，含有 1235 个微卫星标记，图谱全长 2569cM，标记间的平均距离是 2.2cM。另外，群体数量和标记数目在不同的遗传图很大差异，其中单个遗传图中标记位点最高的达 1015 个，而整合遗传图标记数目最多达 1235 个；遗传图长度最长为 4229.7cM。表 3-15 为已发表的主要小麦分子遗传图(包括硬粒小麦)的作图群体、标记数量、标记类型及有关参考资料。

表 3-15　小麦分子遗传图部分结果汇总

Table 3-15　Summary of wheat genetic linkage maps

作图群体 Type of population	父母本 Parents	标记数量 No.of marker	标记类型 Type of marker	遗传图长度 Length of maps/cM	参考文献 Reference
F_2		204	RFLP	1800	Liu et al. (1991)
F_2		1015	RFLP	2828	Gale et al. (1995)
RIL		935	RFLP	3551	Marino et al. (1996)
F_2		335	RFLP	1079	Dubcovsky et al. (1996)
DH		266	RFLP	1772	Cadalen et al. (1997)
RIL	Chinese Spring	279	SSR	—	Röder et al. (1998)
F_2, DH		53	SSR	—	Stephenson et al. (1998)
DH		620	AFLP、SSR	—	Penner et al. (1998)
RIL		306	RFLP、SSR、AFLP、SSP	3598	Nachit et al. (2001)
RIL	Arina/Forno,	401	SSR、AFLP	3086	Paillard et al. (2003)
DH	Courtot (Ct)/Spring (CS)	659	SSR	3685	Sourdille et al. (2003)
RIL	宁 894037/Alendra；望水白/Alendra；苏麦 3 号/Alendra	216	RAPD、SSR、AFLP	1241.4	周淼平等(2003)
ITMI RIL	W7984/Opata 85	876	eSSR	—	Peng et al. (2004a)
ITMI RIL	W7984/Opata 85	638		—	Röder et al. (2004)

续表

作图群体 Type of population	父母本 Parents	标记数量 No.of marker	标记类型 Type of marker	遗传图长度 Length of maps/cM	参考文献 Reference
DH, RIL	Synthetic/Opata (RIL)；RL4452/AC Domain (DH) Wuhan/Maringa (DH) Superb/BW278 (DH)	1235 (整合)	SSR	2569	Somers et al. (2004)
RIL	W7984/Opata 85，	591 (整合)	SSR	—	Yu et al. (2004)
RIL	3338/Altgold	231	SSR	4137.8	许盛宝(2005)
DH	Chinese Spring/SQ1	567	RFLP、AFLP、SSR 等	3522	Quarrie et al. (2005)
DH	Fukuho-komugi/Oligoculm	900	RAPD、SSR、AFLP	3948	Suenaga et al. (2005a)
RIL	Grandin/BR34	352	SSR、TRAP	3045	Liu et al. (2005)
RIL	百农 64/京双 1	158	SSR、AFLP	3114	王竹林等(2006)
DH	Kitamoe/Munstertaler	464	SSR	3441	Torada et al. (2006)
DH/RIL	旱选 10 号/鲁麦 14；温麦 6 号/山红麦	356/152	SSR	2536.3/3148	宋彦霞等(2006)
DH	Arina/NK93604,	624	SSR、DArT、AFLP	2595.5	Semagn et al. (2006)
DH	Cranbrook/Halberd	749	SSR、DArT、STM、RFLP、AFLP	2937	Akbari et al. (2006)
DH	O734 (corn) /F1054	38	RGA、AFLP	624	Fayyaz et al. (2007)
RIL	99G44/京 771	180	SSR	1532.38	石培春等(2007)
RIL	Chuan35050/Shannong483	381	SSR、EST-SSR、ISSR、SRAP、TRAP、STS	3636.7	Li et al. (2007)
RIL	京 771/Pm97034	129	SSR	2106.2	李卫华等(2007)
DH	花培 3/豫麦 57	305	SSR、EST-SSR	2141.7	Zhang et al. (2008)
RIL	Colosseo/Lloyd	554	SSR、DArT	2022	Mantovani et al. (2008)
RIL	Nanda2419 and Wangshuibai,	887	SSR、EST、SCAR、eSTS	4223.1	Xue et al. (2008)
RIL	Langdon/G18-16	690	SSR、DArT		Peleg et al. (2008)
RIL, DH	农大 015/复壮 3 (RIL)	217 (整合)	SSR、EST-SSR 和 SCAR	956.2	李艳秋等(2009)
RIL	京花 1 号/白冬麦 (DH)	255	SSR	3324	Li et al. (2009)
RIL 或 DH	P92201D5-2-2/P91193D1 (RIL)；Ajana/WAWHT2074；Cadoux/Reeves；EGA Blanco/Millewa	385/575/275/468	SSR、DArT	3013/2825/2198/3058	Francki et al. (2009)
RIL	偃展 1/早穗 30	481	SSR、DArT、ISBP、功能标记		姚琴等(2010)
RIL	Marius/Cajeme71	263	SSR	1113.3	Kerfal et al. (2010)
2 个 RIL	潍麦 8/济麦 20；潍麦 8/烟农 19	629/681	G-SSR、EST-SSR、STS、ISSR、SRAP、RAPD、DArT	2777.54/3004.62	崔法(2011)
RIL	潍麦 8/济麦 20；潍麦 8/烟农 19；潍麦 8/洛旱 2	1113 (整合)	G-SSR、EST-SSR、STS、ISSR、SRAP、RAPD、DArT	2946.98	崔法(2011)
RIL	Chuan35050/Shannong483	719	DArT、SSR、EST-SSR	4008.4	Wang et al. (2011)

参考文献

郭春强, 柏志安, 廖平安, 等. 2004. 优质高产小麦新品种豫麦 57. 中国种业, 4: 54.

郭小建. 2003. 小麦分子连锁图的构建. 山西农业大学硕士论文.

海燕, 康明辉. 2007. 高产早熟小麦新品种花培 3 号的选育. 河南农业科学, 5: 36-37.

洪义欢, 肖宁, 张超. 2009. DArT 技术的原理及其在植物遗传研究中的应用. 遗传, 31(4): 359-364.

李俊周. 2005. 小麦穗部相关性状的遗传与 QTL 分析. 郑州: 河南农业大学硕士论文.

王竹林, 刘曙东, 刘惠远, 等. 2006. ‘百农 64’×‘京双 16’小麦遗传连锁图构建. 西北植物学报, 26(5): 886-892.

姚琴, 周荣华, 潘昱名, 等. 2010. 小麦品种偃展 1 号与品系早穗 30 重组自交系群体遗传连锁图构建及重要农艺性状的 QTL 分析. 中国农业科学, 43(20): 4130-4139.

张学勇, 童依平, 游光霞, 等. 2006. 选择牵连效应分析: 发掘重要基因的新思路. 中国农业科学, 39(8): 1526-1535.

周淼平, 张旭, 任丽娟, 等. 2003. 用 JoinMap3.0 初步构建小麦遗传连锁图. 江苏农业学报, 19(3): 133-138.

Akbari M, Wenzl P, Caig V, et al. 2006. Diversity arrays technology (DArT) for high-throughput profiling of the hexaploid wheat genome. Theoretical and Applied Genetics, 113: 1409-1420.

Bernard S, Bernard M. 2003. An update of the Courtot×Chinese Spring intervarietal molecular marker linkage map for the QTL detection of agronomic traits in wheat. Theor Appl Genet, 106: 530-538.

Breseghello F, Sorrells M E. 2006. Association mapping of kernel size and milling quality in wheat (*Triticum aestivum* L.) cultivars. Genetics, 172(2): 1165-1177.

Brookes A J. 1999. The essence of SNP. Gene, 234: 177-186.

Campbell K G, Finney P L, Bergamn C J, et al. 2011. Quantitative Trait Loci Associated with Milling and Baking Quality in a Soft×Hard Wheat Cross. Crop Sci, 41: 1275-1285.

Chao S, Sharp P J, Worland A J, et al. 1989. RFLP-based genetic maps of homoeologous group 7 chromosomes. Theor Appl Genet, 78: 495-504.

Doerge R W. 2002. Mapping and analysis of quantitative trait loci in experimental populations. Nature Reviews, 3: 43-52.

Ellis M H, Rebetzke G J, Azanza F, et al. 2005. Molecular mapping of gibberellin-responsive dwarfing genes in bread Wheat. Theor Appl Gene, 111:423-430.

Elouafi I, Nachit M M. 2004. A genetic linkage map of the Durum × Triticum dicoccoides backcross population based on SSRs and AFLP markers, and QTL analysis for milling traits. Theoretical and Applied Genetics, 108(3): 401-413.

Evanno G, Regnaut S, Goudet J. 2005. Detecting the number of clusters of individuals using the software STRUCTURE: a simulation study. Molecular Ecology, 14(8): 2611-2620.

Francki M G, Walker E, Crawford A C, et al. 2009. Comparison of genetic and cytogenetic maps of hexaploid wheat (*Triticum aestivum* L.) using SSR and DArT markers. Mol Genet Genomics, 281: 181-191.

Gale M D, Atkinson M D, Chinoy C N, et al. 1995. Genetic maps of hexaploid wheat. In: Li Z S, Xin Z Y. Proc 8th Int Wheat Genet Symp. Beijing: Agric Scientech Press: 29-40.

Griffiths S, Simmonds J, Leverington M, et al. 2009. Meta-QTL analysis of the genetic control of ear emergence in elite European winter wheat germplasm. Theor Appl Genet, 119: 383-395.

Gupta M, Chyi Y S, Romero S J, et al. 1994. Amplification of DNA markers from evolutionarily diverse genomes using single primers of simple sequence repeats. Theor Appl Genet, 89: 998-1006.

Holland J B. 2007. Genetic architecture of complex traits in plants. Curr Opin Plant Biol, 10: 156-161.

Hoskins R A, Phan A, Naeemuddin M, et al. 2001. Single nucleotide polymorphism markers for genetic mapping in *Drosophila melanogaster*. Genome Research, 11: 1100-1113.

Huynh B L, Wallwork H, Stangoulis J C R, et al. 2008. Quantitative trait loci for grain fructan concentration in wheat (*Triticum aestivum* L.). Theor Appl Genet, 117: 701-709.

Jaccoud D, Peng K, Feinstein D, et al. 2001. Diversity arrays: a solid state technology for sequence information independent genotyping. Nucleic Acids Res, 29(4): 25-31.

Lander E S. 1996. The new genomics: global views of biology. Science, 274 : 536-539.

Lillemo M, Joshi A K, Prasad R, et al. 2008. QTL for spot blotch resistance in bread wheat line Saar co-locate to the biotrophic disease resistance loci Lr34 and Lr46. Theoretical and Applied Genetics, 126(3): 711-719.

Lincoln S E, Daly M J, Lander E S. 1993. Mapping genes controlling quantitative traits using MAPMAKER/QTL version 1. 1: a tutorial and reference manual. Whitehead Institute for Biometrical Research, Cambridge, Mass.

Liu Z H, Anderson J A, Hu J, et al. 2005. A wheat intervarietal genetic linkage map based on microsatellite and target region amplified polymorphism markers and its utility for detecting quantitative trait loci. Theor Appl Genet, 111: 782-794.

Lu Y L, Yan J B, Claudia T, et al. 2009. Molecular characterization of global maize breeding germplasm based on genome-wide single nucleotide polymorphisms. Theor Appl Genet, 120: 93-115.

Mantovani P, Maccaferri M, Sanguineti M C, et al. 2008. An integrated DArT-SSR linkage map of durum wheat. Mol Breeding, 22: 629-648.

Mccartney C A, Somers D J, Lukow O, et al. 2006. QTL analysis of quality in traits in the spring wheat wheat cross RL4452×AC Domain. Plant Breeding, 125: 565-575.

Messmer M M, Keller M, Zanetti S, et al. 1999. Genetic linkage map of a wheat-spelt cross. Theor Appl Genet, 98: 1163-1170.

Meuwissen T H E, Goddard M E. 2000. Fine mapping of quantitative trait loci using linkage disequilibria with closely linked marker loci. Genetics, 155: 421-430.

Mona A, Peter W, Vanessa C, et al. 2006. Diversity arrays technology (DArT) for high-throughput, profiling of the hexaploid wheat genome. Theor Appl Genet, 113: 1409-1420.

Patil R M, Oak M D, Tamhankar S A, et al. 2009. Molecular mapping of QTLs for gluten strength as measured by sedimentation volume and mixogragh in durum wheat. Journal of Cereal Science, 49: 378-386.

Paux E, Sourdille P, Salse J, et al. 2008. A physical map of the 1-gigabase bread wheat chromosome 3B. Science, 322(5898): 101-104.

Peleg Z, Saranga Y, Suprunova T, et al. 2008. High-density genetic map of durum wheat × wild emmer wheat based on SSR and DArT markers. Theor Appl Genet, 117: 103-115.

Penner G A. 1998. An AFLP based genome map of wheat (*Triticum aestivum*). US Department of Agriculture. Plant and Animal Genome VI Conference. San Diego CA January: 163.

Pestsova E, Ganal M W, Röder M S. 2000. Isolation and mapping of microsatellite markers specific for the D genome of bread wheat. Genome, 43: 689-697.

Pritchard J K, Wen W, Falush D. 2003. Documentation for STRUCTURE software: version 2.

Rafalski J A. 2002. Application of single nucleotide polymorphisms in crop genetics. Current Opinion in Plant Biology, 5: 94-100.

Röder M S, Huang X Q, Ganal M W. 2004. Wheat microsatellites: Potential and implications. In: Lörz H, Wenzel G. Biotechnology in agriculture and forestry, Vol 55. Molecular marker systems. New York: Springer, Berlin Heidelberg: 255-266.

Röder M S, Korzun V, Wendehake K, et al. 1998. A microsatellite map of wheat. Genetics, 149: 2007-2023.

Rogers J S. 1972. Measures of genetic similarity and genetic distance. In: Studies in Geneties Vll. University of Texas Publieation 7213, Austin.

Sachidanandam R, Weissman D, Schmidt S C, et al. 2001. A map of human genome sequence variation containing 1. 42 million single nucleotide polymorphism. Nature, 409: 928-933.

Semagn K, Bjornstad A, Skimes H, et al. 2006. Distribution of DArT, AFLP, and SSR markers in a genetic linkage map of a doubled-haploid hexaploid wheat population. Genome, 49 (5): 545-555.

Somers D J, Isaac P, Edwards K. 2004. A high-density microsatellite consensus map for bread wheat (*Triticum aestivum* L.). Theor Appl Genet, 109: 1105-1114.

Tamura K, Dudley J, Nei M, et al. 2007. MEGA4: molecular evolutionary genetics analysis (MEGA) software version 4. 0. Molecular biology and evolution, 24(8): 1596-1599.

Torada A, Koike M, Mochida K, et al. 2006. SSR-based linkage map with new markers using an intraspecific population of common wheat. Theor Appl Genet, 112: 1042-1051.

Voorrips R E. 2002. MapChart: software for the graphical presentation of linkage maps and QTLs. Journal of Heredity, 93 (1) : 77-78.

Wang D G, Fan J B, Siao C J, et al. 1998. Large scale identification, mapping, and genotyping of single2nucleotide polymorphism in the human genome. Science, 280: 1077-1082.

Wang S C, Wong D, Forrest K, et al. 2014. Characterization of polyploid wheat genomic diversity using a high-density 90000 single nucleotide polymorphism array. Plant Biotechnology Journal, 12: 787-796.

Wenzl P, Li H, Carling J, et al. 2006. A high-density consensus map of barley linking DArT markers to SSR, RFLP and STS loci and agricultural traits. Bmc Genomics, 7 (1) : 206.

Würschum T, Langer S M, Longin C F H, et al. 2013. Population structure, genetic diversity and linkage disequilibrium in elite winter wheat assessed with SNP and SSR markers. Theor Appl Genet, 126: 1477-1486.

Zanke C, Ling J, Plieske J, et al. 2014. Genetic architecture of main effect QTL for heading date in European winter wheat. Frontiers in Plant Science, 5: 217.

Zhang K P, Wang J J, Zhang L Y, et al. 2013. Association analysis of genomic loci important for grain weight control in elite common wheat varieties cultivated with variable water and fertiliser supply. PLOS ONE, 8: e57853.

Zhang K P, Zhao L, Tian J C, et al. 2008. A genetic map constructed using a doubled haploid population derived from two elite Chinese common Wheat varieties. Journai of Integrative Plant Biology, 50 (8) : 941-950.

第四章　小麦主要产量性状的遗传解析

提高单位面积产量是小麦育种最基本的目标。小麦品种的产量取决于单位面积穗数、每穗粒数和千粒重三要素的乘积，这三个要素是最重要的产量性状。另外，穗部性状与籽粒产量有重要关系，因此研究产量构成因素和穗部相关性状的遗传机理对提高小麦籽粒产量具有重要的意义。籽粒产量及穗部相关性状是由多基因控制的数量性状，遗传基础复杂，并且易受环境影响，本课题组利用 5 个不同的遗传群体对小麦籽粒产量和穗部相关性状进行 QTL 定位分析，可从单个基因/QTL 水平解析小麦产量形成的遗传基础，获得的研究结果可为小麦产量性状的分子辅助选择和培育突破性小麦新品种提供技术支撑。

第一节　主要产量性状遗传解析的材料与方法

一、产量性状遗传解析的群体和种植

(一) 群体材料

本课题组创制的 5 个遗传群体(包括 1 个 DH 群体、2 个 RIL 群体和 2 个自然群体)。

群体 1 为‘花培 3 号’和‘豫麦 57’杂交，经花药培养和染色体加倍获得含有 168 个家系的 DH 群体；

群体 2 为‘糯米 1 号’和‘藁城 8901’杂交，通过单粒传法获得含有 256 个家系的 RIL 群体；

群体 3 为‘山农 01-35’和‘藁城 9411’杂交，通过单粒传法获得含有 182 个家系的 RIL 群体；

群体 4 为中国小麦重要种质“矮孟牛”的 3 个直接亲本、7 个姊妹系及其含该种质血缘的育成品种共 109 份材料。

群体 5 为中国黄淮麦区主推品种和新育成品系共 212 份材料。

5 个群体的亲本间在农艺性状和品质性状方面均有较大差异。

(二) 田间种植

群体 1 及其亲本于 2005~2006 年度种植在山东农业大学试验农场、2006~2007 年度种植在山东农业大学试验农场和安徽宿州市农科所，完全随机区组设计，2 次重复。2005 年 3 行区种植，行长 2m，行距 0.25m。2006 年 4 行区种植，行长 2m，行距 0.25m。

群体 2 及其亲本于 2007~2008 年度和 2010~2011 年度种植于山东农业大学试验农场，2010~2011 年度种植于安徽宿州市紫芦湖农场。泰安点试验地为棕壤，宿州点试验

地为黑姜沙土。各试验点均采取完全随机区组设计，2 次重复，4 行区种植，行长 2m，行距 0.26m。

群体 3 及其亲本于 2008 年 10 月至 2011 年 6 月连续 3 个生长季种植于山东农业大学试验站，2010~2011 年种植于安徽宿州。泰安点试验地为棕壤，宿州点试验地为黑姜沙土。各试验点均采取随机区组设计，小区行长 2m，行距 0.21m，2 次重复，2008~2009 年泰安点为 3 行区，其余各环境均为 4 行区。

群体 4 于 2006 年 10 月至 2010 年 6 月连续 5 个生长季种植于山东农业大学试验站，2010~2011 年种植于安徽宿州。各试验点均采取随机区组设计，小区行长 2m，行距 0.21m，2 次重复，2008~2009 年泰安点为 3 行区，其余各环境均为 4 行区。故环境 1(E1)：泰安，2006；环境 2(E2)：泰安，2007；环境 3(E3)：泰安，2008；环境 4(E4)：泰安，2009；环境 5(E5)：泰安，2010；环境 6(E6)：宿州，2010。

群体 5 于 2011~2014 年度种植在山东农业大学试验农场及山东德州市农科院。2 个生长季节均为完全随机区组设计，3 行区种植，行长 2m，行距 0.25m，每亩基本苗 10 万，2 次重复。

5 个群体在不同环境中均按当地正常栽培方法进行田间管理，生长期内没有发生严重病虫害和倒伏。成熟时各株系按小区收获。

二、产量性状调查和数据处理

(一)产量性状调查方法

1. 籽粒产量和产量构成因素的测定

单位面积(亩)穗数：根据试验田面积大小选取数个生长均匀的 1/500 亩的面积作为调查点，每个调查点的穗数乘 500，即为亩穗数。

每穗粒数：选取大小均匀相对一致的穗子 20 穗，查取穗粒数，计算平均值。

千粒重：从收获籽粒中数取大小相对一致的籽粒 1000 粒，称其重量，3 次重复，取其平均值。

各株系每个小区的籽粒混收，晒干称重，按小区面积折算其亩产量。

2. 穗部相关性状的调查

收获前，每个株系随机选 10 株，考查穗长、穗粒数、总小穗数、可育小穗数、不育小穗数、小穗着生密度(总小穗数/穗长)×100，选取 10 个主茎穗脱粒后测定单穗粒重，各性状取平均值，用于数据分析。

(二)数据处理

采用 Network 2.0 软件进行 QTL 定位，QTL 命名方法是以各性状的英文缩写加上对应的染色体序号作为其 QTL 名称，如果在一条染色体上同时定位出相同参数 2 个以上的 QTL，则在染色体序号后加连续的阿拉伯数字并用点的符号隔开。

群体 2 和群体 3 采用 ICIMapping 软件进行 QTL 定位，QTL 命名方法与群体 1 相同。

第二节　基于‘花培 3 号’×‘豫麦 57’DH 群体的产量性状 QTL 定位和效应分析

一、籽粒产量和穗部性状的表型变异及相关性分析

(一)表型变异

两亲本及DH群体在3个环境中的籽粒产量和穗部相关性状的变异见表4-1和图4-1。父本‘豫麦 57’在籽粒产量、穗粒数、总小穗数、小穗着生密度和可育小穗数上为高值亲本，而母本‘花培 3 号’在穗长、千粒重和粒径上为高值亲本。DH 群体在所研究的 8 个性状上变异幅度大，呈现连续分布，并存在明显的双向超亲分离现象，表明为多基因控制的数量性状，适合进行 QTL 定位分析(Cao et al.，2001)。

表 4-1　籽粒产量和穗部相关性状的变异

Table 4-1　Phenotypic performance of grain yield and spike related traits

性状 Trait	亲本 Parents		DH 群体 DH population					
	花培 3 号 Huapei 3	豫麦 57 Yumai57	平均值 Mean	最大值 Maximum	最小值 Minimum	标准差 (SD)	偏度 Skewness	峰度 Kurtosis
籽粒产量 Grain yield /(g/m^2)	821.1	954.0	773.4	1028.9	513.74	93.9	0.18	–0.05
穗粒数 Grains per spike/个	33.6	44.8	40.4	54.0	27.00	4.9	0.24	0.06
穗长 Spike length/cm	9.8	8.2	8.6	10.9	6.70	0.9	0.08	–0.51
总小穗数 Spikelets per spike/个	16.4	21.1	19.1	22.0	16.00	1.3	–0.04	0.08
小穗着生密度 Compactness/(个/cm)	17.3	25.7	21.5	28.6	14.30	2.6	0.19	–0.05
可育小穗数 Fertile spikelets per spike/个	16.4	18.1	19.2	23.0	16.00	1.5	0.01	–0.20
千粒重 Thousand grain weight/g	56.7	40.7	43.9	66.0	30.20	5.2	0.53	1.76
粒径 Grain diameter/mm	2.9	2.4	2.5	3.2	1.90	0.3	–0.22	–0.81

(二)相关性分析

籽粒产量及穗部相关性状在 3 个环境中平均数值的相关性见表 4-2。穗粒数和小穗着生密度正相关性最高，相关系数为 0.895**；其次是籽粒产量和穗粒数呈正相关，相关系数是 0.885**。穗长和小穗着生密度为高度负相关，相关系数为–0.803**；籽粒产量与千粒重的为负相关，但相关不显著，相关系数是–0.037。

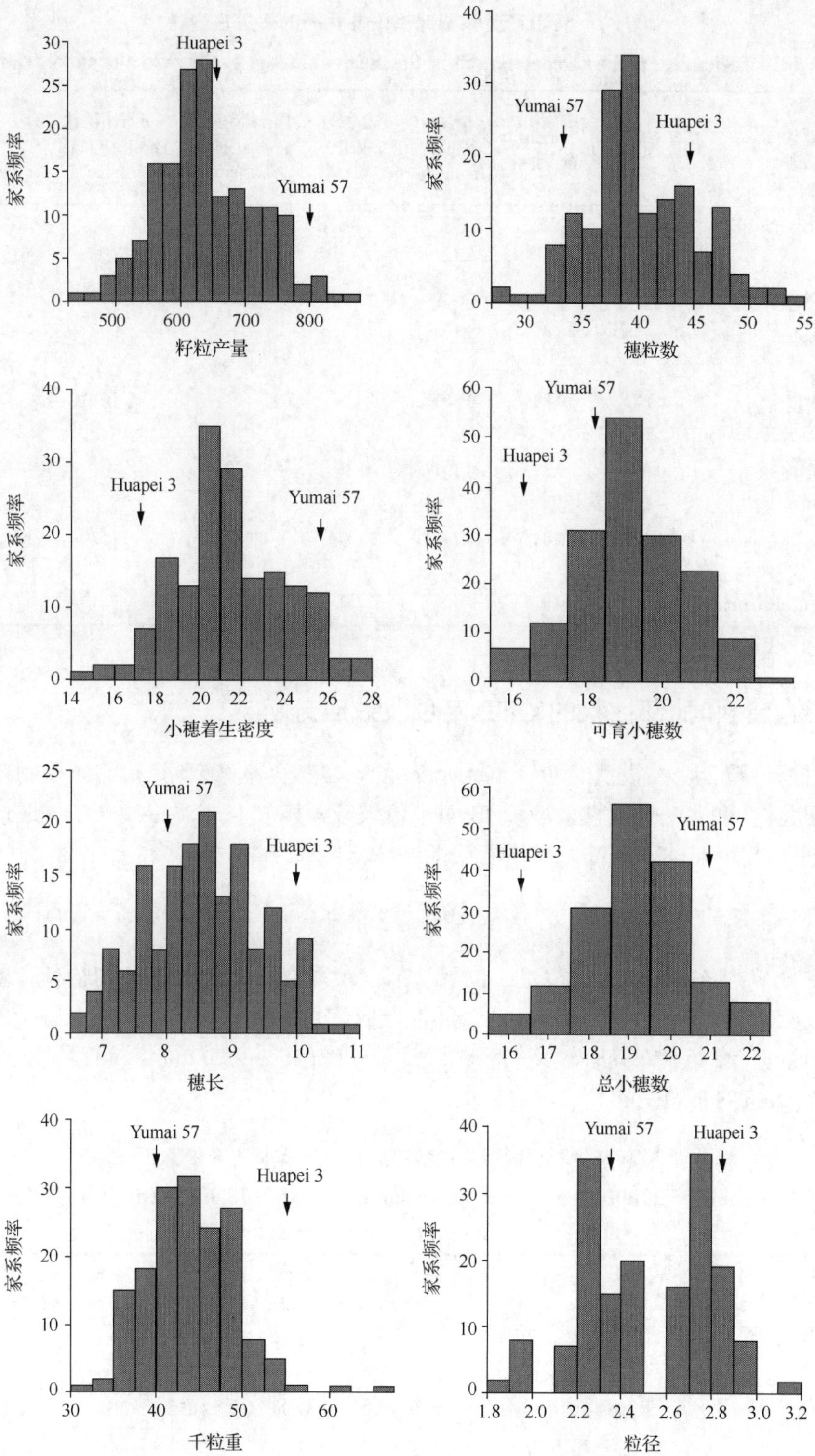

图 4-1　3 个环境中的籽粒产量及穗部相关性状的变异分布

Fig. 4-1　Frequency distribution of grain yield and spike related traits evaluated at 3 environments

表 4-2 籽粒产量和穗部相关性状间的相关性分析

Table 4-2 Coefficients of pairwise correlations of the mean values of grain yield and spike related traits

性状 Trait	籽粒产量 Grain yield /(g/m²)	穗粒数 Grains per spike /个	穗长 Spike length/cm	总小穗数 Spikelets per spike/个	小穗着生密度 Compactness /(个/cm)	可育小穗数 Fertile spikelets per spike/个	千粒重 Thousand grain weight/g
穗粒数 Grains per spike /个	0.885**						
穗长 Spike length/cm	–0.803**	–0.795**					
总小穗数 Spikelets per spike/个	0.478**	0.481**	0.100				
小穗着生密度 Compactness/(个/cm)	0.872**	0.895**	–0.803**	0.478**			
可育小穗数 Fertile spikelets per spike/个	0.377**	0.372**	0.131	0.833**	0.377**		
千粒重 Thousand grain weight/g	–0.037	–0.052	–0.290	–0.137	–0.037	–0.212**	
粒径 Grain diameter/mm	–0.030	–0.018	–0.153*	–0.257**	0.001	–0.351**	0.747**

二、籽粒产量和穗部性状的 QTL 定位及效应分析

利用基于混合线性模型的 QTL Network 软件，在 $P<0.005$ 时，检测到控制籽粒产量和穗部相关性状的 27 个加性效应和 13 对上位效应，其中 11 个为主效 QTL(遗传贡献率大于 10%)，8 个加性效应位点与环境互作(表 4-3，表 4-4)。

(一)籽粒产量的 QTL 定位及效应分析

控制籽粒产量的 3 个加性 QTL 位于 2D、4A 和 5D 染色体，分别解释产量变异的 14.07%、4.52%和 10.32%(表 4-3)，3 个加性效应位点的增效等位基因均来源于父本‘豫麦 57’，这与‘豫麦 57’具有较高的籽粒产量是一致的。*qGY5D* 位点具有环境互作效应，可解释 11.28%的表型变异。

表 4-3 籽粒产量和穗部相关性状的加性效应及加性与环境互作效应

Table 4-3 Estimated additive (A) and additive×environment (AE) interactions of QTL for grain yield and spike related traits

性状 Trait	QTL	标记区间 Flanking markers	位置 Site/cM	*F* 值 *F*-value	加性效应 (A)	贡献率 (H^2)/%	加性×环境(A×E) 贡献率 H^2(AE)/%
籽粒产量 Grain yield/(g/m²)	*qGY2Da*	*Xcfd53-Xwmc18*	2.8	31.32	–43.96	14.07	
	qGY4A	*Xwmc718-Xwmc262*	0.0	10.99	–24.90	4.52	
	qGY5D	*Xwmc215-Xgdm63*	68.2	32.90	–37.65	10.32	31.49
穗粒数 Grains per spike/个	*qSgn2D*	*Xgwm261-Xgwm296*	0.0	41.13	–2.12	12.24	1.24
	qSgn4D	*Xcfa2173-Xcfe188*	107.8	10.95	1.37	5.06	
	qSgn5D	*Xwmc215-Xgdm63*	74.4	25.38	–2.07	11.67	10.25

续表

性状 Trait	QTL	标记区间 Flanking markers	位置 Site/cM	F值 F-value	加性效应 (A)	贡献率 (H^2)/%	加性×环境(A×E)贡献率 H^2(AE)/%
穗长 Spike length /cm	*qSl2B*	*Xwmc770-Xwmc179*	55.6	7.32	0.18	2.68	6.28
	qSl2D	*Xcfd53-Xwmc18*	1.7	36.89	0.43	15.63	
	qSl4D	*Xcfa2173-Xcfe188*	108.8	15.65	–0.33	8.90	
	qSl5D	*Xbarc1097-Xcfd8*	16.4	7.80	0.21	3.74	
	qSl6B	*Xcfa2187-Xgwm219*	0.0	10.12	0.28	6.51	
总小穗数 Spikelets per spike/个	*qSps1B*	*Xbarc120.3-Xbarc008*	38.6	5.26	0.23	1.48	0.53
	qSps4A	*Xwmc718-Xwmc262*	3.0	6.69	–0.40	4.37	
	qSps5D	*Xwmc215-Xgdm63*	74.3	34.81	–0.71	13.83	23.07
	qSps7A	*Xwmc607-Xcfa2123*	100.6	5.06	0.21	1.22	
小穗着生密度 Compactness /(个/cm)	*qSc2D*	*Xgwm261-Xgwm296*	0.0	37.86	–1.01	11.41	
	qSc4D	*Xcfa2173-Xcfe188*	108.8	11.30	0.74	5.22	
	qSc5D	*Xwmc215-Xgdm63*	74.4	27.68	–1.13	12.26	13.18
可育小穗数 Fertile spikelets per spike/个	*qFsn4A*	*Xwmc718-Xwmc262*	1.0	9.12	–0.42	5.02	
	qFsn5D	*Xbarc320 -Xwmc215*	68.3	32.70	–0.61	10.22	16.22
千粒重 Thousand grain weight/g	*qTgw3B*	*Xgwm533-Xbarc251*	29.0	7.50	1.14	3.36	
	qTgw4B	*Xwmc413-Xcfd39.2*	7.7	10.72	1.30	4.39	
	qTgw6Ab	*Xbarc1055-Xwmc553*	49.0	24.41	2.37	14.64	
粒径 Grain diameter/mm	*qGd3A*	*Xwmc264-Xcfa2193*	143.9	9.28	0.04	1.72	
	*qGd3*B	*Xgwm389-Xgwm533*	17.6	13.33	0.08	6.34	
	qGd6A	*Xbarc1055-Xwmc553*	43.0	21.67	0.12	13.80	
	qGd7Db	*Xgwm437-Xwmc630.1*	127.6	15.93	0.08	6.35	

控制籽粒产量 3 对上位 QTL 分别位于染色体 2A-4D、2D-3B 和 6A-6B(表 4-4)，分别解释 2.25%、4.03%和 6.51%的表型变异。没有检测到上位与环境的互作效应。

表 4-4 籽粒产量和穗部相关性状的上位效应

Table 4-4 Estimated epistasis (AA) of QTL for grain yield and spike related traits

性状 Trait	QTL	标记区间 Flanking marker	位置 Site/cM	QTL	标记区间 Flanking marker	位置 Site/cM	上位效应 (AA)	贡献率 (H^2)/%
籽粒产量 Grain yield /(g/m²)	*Qgy2A*	*Xwmc401-Xbarc353*	70.8	*qGY4D*	*Xgwm34-Xbarc376*	1.0	17.59	2.25
	Qgy2Db	*Xgwm311.2-Xcfd50*	145.1	*qGY3B*	*Xgwm194-Xcfa2173*	67.0	23.52	4.03
	Qgy6A	*Xwmc553-Xgwm732*	58.3	*qGY6B*	*Xcfa2187-Xgwm219*	1.0	29.91	6.51
穗粒数 Grains per spike/个	*qSgn2A*	*Xbarc296-Xwmc582*	69.7	*qSgn3A*	*Xcfd40-Xbarc1097*	2.4	1.13	3.47
总小穗数 Spikelets per spike/个	*QSps2A*	*Xbarc296-Xwmc582*	69.4	*qSps2B*	*Xbarc373-Xwmc477*	76.6	0.43	4.99

续表

性状 Trait	QTL	标记区间 Flanking marker	位置 Site/cM	QTL	标记区间 Flanking marker	位置 Site/cM	上位效应 (AA)	贡献率 (H^2)/%
小穗着生密度 Compactness /(个/cm)	*QSc2A*	*Xbarc296-Xwmc582*	69.7	*qSc3A*	*Xcfd40-Xbarc1097*	2.4	0.59	3.33
可育小穗数 Fertile spikelets per spike/个	*qFsn1B*	*Xwmc406-Xbarc156*	24.7	*qFsn1D*	*Xcfd19-Xwmc93*	49.9	–0.45	5.75
	qFsn2B	*Xwmc770-Xwmc179*	58.6	*qFsn6D*	*Xbarc054-Xgwm55*	77.4	–0.37	3.77
千粒重 Thousand grain weight/g	*QTgw2D*	*Xbarc129.2-Xcfd50*	127.4	*qTgw5D*	*Xwmc630.2-Xcfd40*	2.0	1.43	5.37
	QTgw6Aa	*Xbarc023-Xbarc1077*	34.5	*qTgw7A*	*Xbarc049-Xwmc530*	75.7	–1.69	7.42
粒径 Grain diameter/mm	*QGd2D*	*Xwmc18-Xwmc170.2*	60.9	*qGd 7Db*	*Xgwm437-Xwmc630.1*	127.6	–0.07	4.10
	QGd6B	*Xcfa2187-Xgwm219*	4.0	*qGd 7A*	*Xbarc259-Xwmc596*	54.7	0.08	5.43
	qGd6D	*Xgwm55-Xgwm133.2*	82.9	*qGd 7Da*	*Xbarc244-Xbarc352*	56.6	1.44	5.37

(二)穗粒数的 QTL 定位及效应分析

控制穗粒数的 3 个加性 QTL 分别位于 2D、4D 和 5D 染色体，分别解释穗粒数变异的 12.24%、5.06%和 11.67%(表 4-3)。*qSgn2D* 的遗传贡献率最大，解释 12.24%的表型变异。*qSgn4D* 位点的增效等位基因来源于‘花培 3 号’，其他 2 个加性效应位点的增效等位基因来源于‘豫麦 57’。*qSgn5D* 位点与环境互作，贡献率为 10.25%。

控制穗粒数的 1 对上位 QTL 位于染色体 2A-3A(表 4-4)，解释 3.47%的表型变异，没有检测到上位与环境的互作效应。

(三)穗长的 QTL 定位及效应分析

控制穗长的 5 个加性 QTL 位于 2B、2D、4D、5D 和 6B 染色体，单个 QTL 解释穗长变异的 2.68%~15.63%(表 4-3)，*qSl2D* 的遗传效应值最大，解释 15.63%的表型变异，仅 *qSl4D* 位点的增效等位基因来源于‘豫麦 57’，其余 4 个位点的增效等位基因来源于‘花培 3 号’。*qSl2B* 位点与环境互作，效应值为 6.28%。

没有检测到控制穗长的上位 QTL。

(四)总小穗数的 QTL 定位及效应分析

控制总小穗数的 4 个加性 QTL 分别位于 1B、4A、5D 和 7A 染色体，分别解释总小穗数变异的 1.48%、4.37%、13.83%和 1.22%(见表 4-3)。其中 *qSps5D* 的遗传贡献率最大,解释 13.83%的表型变异。2 个位点 *qSps1B* 和 *qSps5D* 与环境互作，互作效应为 23.60%。

1 对控制总小穗数的上位 QTL 位于染色体 2A-2B(见表 4-4)，解释 4.99%的表型变异，没有检测到上位与环境的互作效应。

(五)小穗着生密度的QTL定位及效应分析

控制小穗着生密度的3个加性QTL分别位于2D、4D和5D染色体，分别解释小穗粒数变异的11.41%、5.22%和12.26%(见表4-3)。其中*qSc5D*的遗传贡献率最大，解释12.26%的表型变异。*qSc4D*位点的增效等位基因来源于‘花培3号’，其他2个位点的等位基因来源于‘豫麦57’。*qSc5D*位点与环境互作，解释13.18%的表型变异。

1对控制小穗着生密度的上位QTL位于染色体2A-3A(见表4-4)，解释3.33%的表型变异，没有检测到上位与环境的互作效应。

(六)结实小穗数的QTL定位及效应分析

控制结实小穗数的2个加性QTL位于4A和5D染色体，分别解释结实小穗数变异的5.02%和10.22%(见表4-3)，2个位点的增效等位基因均来源于‘豫麦57’。*qFsn5D*位点与环境互作，互作效应为16.22%。

控制结实小穗数的2对上位QTL位于染色体1B-1D和2B-6D(见表4-4)，分别解释5.75%和3.77%的表型变异，没有检测到上位与环境的互作效应。

(七)粒径的QTL定位及效应分析

控制粒径的4个加性QTL分别位于3A、3B、6A和7D染色体，分别解释粒径变异的1.72%、6.34%、13.80%和6.35%(见表4-3)，其中*qGd6A*的遗传贡献率最大，解释13.80%的表型变异。4个位点的增效等位基因均来源于‘花培3号’，这与‘花培3号’具有较大的粒径是相对应的。没有检测到加性与环境的互作效应。

控制粒径的3对上位QTL位于染色体2D-7D、6B-7A和6D-7D(见表4-4)，分别解释4.10%、5.43%和5.37%的表型变异，没有检测到上位与环境的互作效应。上位效应总的贡献率是15.90%。

(八)千粒重的QTL定位及效应分析

控制千粒重的3个加性QTL位于3B、4B和6A染色体，分别解释千粒重变异的3.36%、4.39%和14.64%(见表4-3)，其中*qTgw6Ab*的遗传贡献率最大，解释14.64%的表型变异。3个位点的增效等位基因均来源于‘花培3号’，与‘花培3号’具有较大的千粒重相对应的。没有检测到加性与环境的互作效应。

控制千粒重的2对上位QTL位于染色体2D-5D和6A-7A(见表4-4)，分别解释5.37%和7.42%的表型变异。没有检测到上位与环境的互作效应。上位效应总的贡献率是12.79%。

第三节　基于‘糯麦 1 号’×‘藁城 8901’RIL 群体产量性状的 QTL 定位和效应分析

一、穗部性状的表型变异及相关性分析

(一) 表型变异

穗长、总小穗数、小穗着生密度、可育小穗数、穗粒数等 5 个农艺性状在亲本及 RIL 群体中的表型数据见表 4-5。结果表明，母本‘糯麦 1 号’的株高和穗长的数值大于父本‘藁城 8901’，其余的 4 个性状父本‘藁城 8901’表现为高值亲本。5 个农艺性状在 3 个环境中均表现连续变异，且偏度系数和峰度系数的绝对值均小于 1.0，基本呈正态分布，表现为数量性状遗传。5 个性状在 3 个环境中均表现双向超亲分离，表明控制产量性状的优势等位基因随机分布于双亲的染色体上。

表 4-5　三个不同环境下小麦穗部性状在亲本及 RIL 群体中的表型数据

Table 4-5　Phenotypic values for agronomic traits of 2 parents and the RIL population in three environments in wheat

性状 Trait	环境 Environment	亲本 Parents		RIL 群体 RIL population			
		糯麦 1 号 Nuomai 1	藁城 8901 Gaocheng8901	范围 Range	平均值 Mean±SD	偏度 Skewness	峰度 Kurtosis
穗长 Spike length /cm	泰安，2008	9.60	8.35	5.80~12.30	9.60±1.14	–0.05	–0.14
	泰安，2011	9.50	8.27	6.23~12.47	8.97±1.16	0.14	–0.10
	安徽，2011	9.33	8.10	6.27~14.00	9.16±1.12	0.51	0.98
小穗着生密度 Compactness /(个/cm)	泰安，2008	1.82	2.93	1.13~3.29	2.17±0.32	0.53	0.80
	泰安，2011	1.83	2.29	1.49~3.30	2.14±0.30	0.77	0.99
	安徽，2011	2.07	2.42	1.38~3.32	2.30±0.17	0.35	0.78
总小穗数 Spikelets per spike/个	泰安，2008	18.00	22.67	13.33~25.67	19.46±2.30	–0.25	–0.13
	泰安，2011	17.40	19.00	15.00~23.00	18.93±1.44	0.09	0.23
	安徽，2011	19.33	20.33	16.67~25.67	20.81±1.64	–0.09	–0.01
可育小穗数 Fertile spikelets/个	泰安，2008	18.00	20.33	11.50~24.00	18.47±2.26	–0.13	–0.18
	泰安，2011	16.40	17.00	14.33~22.00	17.86±1.66	–0.20	–0.21
	安徽，2011	17.00	18.67	14.67~23.00	18.64±1.72	–0.01	–0.15
穗粒数 Grains per spike/个	泰安，2008	42.00	58.30	22.30~68.40	48.29±8.60	–0.10	–0.06
	泰安，2011	42.00	48.00	21.00~70.00	53.15±10.39	–0.34	0.10
	安徽，2011	50.00	53.00	27.30~69.67	48.47±7.00	0.12	0.37

SD：标准差

SD: standard deviation

(二)相关分析

5个农艺性状在3个环境中的平均值的相关性见表4-6。除抽穗期与穗长和穗粒数、株高与小穗数和可育小穗数、小穗着生密度与穗粒数外，其余性状间均呈极显著相关性。其中总小穗数和可育小穗数正相关性最高，相关系数为0.873**；其次是总小穗数和小穗着生密度，相关系数为0.428**；穗长和小穗着生密度为高度负相关，相关系数为–0.686**。

表4-6　农艺性状间的相关性分析

Table 4-6　Coefficients of pairwise correlations of the mean values of agronomic traits

	穗长 Spike length/cm	总小穗数 Spikelets per spike/个	小穗着生密度 Compactness/(个/cm)	可育小穗数 Fertile spikelets/个
总小穗数 Spikelets per spike/个	0.333**			
小穗着生密度 Compactness/(个/cm)	–0.686**	0.428**		
可育小穗数 Fertile spikelets/个	0.335**	0.873**	0.343**	
穗粒数 Grains per spike /个	0.257**	0.293**	–0.004	0.402**

**相关系数在P<0.01水平显著

**Correlation is significant at when P<0.01 level

二、穗部性状的QTL定位及效应分析

控制小麦穗长的18个加性QTL分布于1A、1B、2A、2B、2D、3D、4A、4B、6A和6B染色体上(表4-7)，其中*Qsl-1B*在3个不同环境和平均值*P*中重复检测到4次，其增效等位基因变异来自于母本‘糯麦1号’，可以解释 3.59%~5.59%的表型变异；*Qsl-6B.5*在E2、E3和平均值P中均被检测到3次，其增效等位基因变异来源于父本‘藁城8901’，贡献率分别是20.00%、11.51%和18.77%，属于环境间稳定表达的主效QTL。*Qsl-1A.1*和*Qsl-2B*在E1和平均值P中被检测到，加性效应方向相反；*Qsl-4A.2*和*Qsl-6A.2*在E3和平均值*P*中被检测到，且*Qsl-4A.2*在E3中的贡献率为13.14%，为环境间特异表达的主效QTL；*Qsl-6B.2*在E2和平均值P中被检测到，增效等位基因变异来自母本‘糯麦1号’，在E2环境下可解释20.55%的表型变异，也是环境间特异表达的主效QTL；其余的位点只在单一环境下被检测到。

表4-7　不同环境下检测到的控制穗部相关性状的加性QTL

Table 4-7　QTL with significant additive effects for spike related traits in different environments

性状 Trait	环境 Environ-ment	QTL	染色体 Chromo-some	位置 Site/cM	区段 Interval markers	加性效应 (A)	LOD	贡献率 (PVE)/%
穗长 Spike length/cm	E1	*Qsl-1A.1*	1A	76	*wPt-1171—wPt-664968*	–0.25	3.73	4.82
		Qsl-1B	1B	0	*wPt-3563—wPt-8226*	0.27	4.43	5.59

续表

性状 Trait	环境 Environment	QTL	染色体 Chromosome	位置 Site/cM	区段 Interval markers	加性效应（A）	LOD	贡献率（PVE）/%
穗长 Spike length/cm		*Qsl-2B*	2B	7	*wPt-6576—wPt-4199*	0.28	3.70	5.30
		Qsl-6B.4	6B	289	*wPt-730273—wPt-6329*	–0.42	10.06	13.59
	E2	*Qsl-1B*	1B	0	*wPt-3563—wPt-8226*	0.26	5.43	4.92
		Qsl-2A	2A	213	*wPt-8328—wPt-2185*	–0.33	3.07	2.85
		Qsl-2D	2D	8	*wPt-664438—wPt-666395*	–0.28	3.97	5.96
		Qsl-4A.1	4A	0	*wPt-7524—wPt-2788*	0.19	2.89	2.56
		Qsl-6A.1	6A	86	*wPt-730977—wPt-1285*	–0.26	5.22	5.06
		Qsl-6B.1	6B	111	*wPt-1852—wPt-3774*	–0.19	2.87	2.57
		Qsl-6B.2	6B	229	*wPt-666615—wPt-669607*	0.53	9.90	20.55
		Qsl-6B.5	6B	291	*wPt-6329—xgpw-1149*	–0.52	19.16	20.00
	E3	*Qsl-1A.2*	1A	120	*wPt-731190—wPt-8347*	–0.22	2.99	3.70
		Qsl-1B	1B	0	*wPt-3563—wPt-8226*	0.21	3.22	3.59
		Qsl-4A.2	4A	137	*wPt-6440—wPt-8657*	0.41	10.58	13.14
		Qsl-4A.3	4A	146	*wPt-4620—wPt-0150*	–0.25	4.52	5.09
		Qsl-6A.2	6A	82	*wPt-664811—wPt-0228*	–0.26	4.74	5.50
		Qsl-6B.3	6B	248	*wPt-669607—wPt-730273*	0.38	5.01	11.51
		Qsl-6B.5	6B	291	*wPt-6329—xgpw-1149*	–0.38	9.63	11.51
	PD	*Qsl-1A.1*	1A	69	*wPt-1171—wPt-664968*	–0.22	3.13	5.02
		Qsl-1B	1B	0	*wPt-3563—wPt-8226*	0.23	5.85	5.59
		Qsl-2B	2B	0	*wPt-6576—wPt-4199*	0.20	4.05	3.80
		Qsl-3D	3D	11	*wPt-730886—xgpw-4136*	0.23	2.67	5.58
		Qsl-4A.2	4A	137	*wPt-6440—wPt-8657*	0.16	2.78	2.66
		Qsl-4B	4B	71	*wPt-3908—wPt-3164*	0.16	2.64	2.47
		Qsl-6A.2	6A	82	*wPt-664811—wPt-0228*	–0.21	4.66	4.56
		Qsl-6B.2	6B	235	*wPt-666615—wPt-669607*	0.30	6.57	9.31
		Qsl-6B.5	6B	291	*wPt-6329—xgpw-1149*	–0.42	17.40	18.77
穗密度 Compactness /(个/cm)	E1	*Qsc-1B.1*	1B	0	*wPt-3563—wPt-8226*	–0.10	6.40	8.90
		Qsc-6B.1	6B	239	*wPt-666615—wPt-669607*	–0.08	4.16	5.82
		Qsc-6B.2	6B	289	*wPt-730273—wPt-6329*	0.10	7.09	10.07
	E2	*Qsc-1A.1*	1A	149	*wPt-665613—wPt-3904*	0.05	2.57	2.68
		Qsc-1B.1	1B	0	*wPt-3563—wPt-8226*	–0.08	5.65	6.00
		Qsc-1B.2	1B	185	*wPt-0328—wPt-8971*	–0.06	2.92	4.40
		Qsc-3B	3B	167	*wPt-3620—wPt-7906*	0.13	3.19	3.81
		Qsc-6A	6A	88	*wPt-1285—xgpw-3087*	0.05	2.54	2.70
		Qsc-6B.1	6B	233	*wPt-666615—wPt-669607*	–0.09	4.60	8.25
		Qsc-6B.2	6B	290	*wPt-730273—wPt-6329*	0.14	17.20	20.70
	E3	*Qsc-1A.2*	1A	116	*wPt-671483—wPt-665250*	0.05	2.71	3.16
		Qsc-1B.1	1B	2	*wPt-3563—wPt-8226*	–0.08	6.47	9.11
		Qsc-6B.1	6B	236	*wPt-666615—wPt-669607*	–0.07	4.27	6.53
		Qsc-6B.3	6B	291	*wPt-6329—xgpw-1149*	0.09	9.64	11.78
		Qsc-7B	7B	35	*wPt-4038—wPt-0194*	–0.05	3.01	3.95

续表

性状 Trait	环境 Environ-ment	QTL	染色体 Chromo-some	位置 Site/cM	区段 Interval markers	加性效应 (A)	LOD	贡献率 (PVE)/%
穗密度 Compactness /(个/cm)	PD	*Qsc-1A.1*	1A	145	*wPt-665613—wPt-3904*	0.05	3.28	3.74
		Qsc-1B.1	1B	1	*wPt-3563—wPt-8226*	–0.09	11.48	13.66
		Qsc-1B.2	1B	183	*wPt-0328—wPt-8971*	–0.05	2.81	3.91
		Qsc-2D	2D	71	*wPt-667294—wPt-9963*	0.05	2.94	4.35
		Qsc-6B.4	6B	32	*wPt-3581—wPt-3060*	–0.05	3.51	4.14
		Qsc-6B.1	6B	239	*wPt-666615—wPt-669607*	–0.07	7.39	7.96
		Qsc-6B.2	6B	289	*wPt-730273—wPt-6329*	0.11	16.16	18.12
总小穗数 Spikelets per spike/个	E1	*Qsps-2D*	2D	168	*wPt-9749—wPt-4527*	0.44	2.67	3.71
	E3	*Qsps-6A.1*	6A	20	*wPt-3091—wPt-0959*	–0.44	2.80	3.87
		Qsps-6A.2	6A	84	*wPt-0228—wPt-730977*	–0.33	2.95	4.16
可育小穗数 Fertile Spikelets/个	E1	*Qsfs-5B*	5B	239	*wPt-2041—wPt-9006*	0.56	3.61	6.12
		Qsfs-6A.1	6A	20	*wPt-3091—wPt-0959*	–0.51	3.20	5.20
	E3	*Qsfs-3B*	3B	169	*wPt-7906—wPt-2559*	0.94	4.37	9.06
		Qsfs-6A.2	6A	85	*wPt-730977—wPt-1285*	–0.38	3.36	5.19
		Qsfs-6A.3	6A	130	*wPt-729920—wPt-664792*	–0.57	2.85	11.35
穗粒数 Grains per spike/个	E1	*Qgps-5B*	5B	239	*wPt-2041—wPt-9006*	2.24	4.30	6.86
	E2	*Qgps-2A*	2A	155	*wPt-5498—wPt-664128*	–2.07	2.74	4.01
		Qgps-2D.1	2D	155	*wPt-8319—wPt-731130*	3.53	6.66	11.65
	E3	*Qgps-1A.1*	1A	2	*wPt-5316—wPt-8016*	–1.48	2.84	4.63
		Qgps-6A.1	6A	57	*wPt-3468—wPt-9679*	2.26	6.24	10.87
		Qgps-6A.2	6A	84	*wPt-0228—wPt-730977*	–3.63	15.03	27.84
	PD	*Qgps-1A.2*	1A	6	*wPt-667814—wPt-730885*	–1.47	4.56	5.81
		Qgps-2B	2B	0	*wPt-6576—wPt-4199*	1.60	5.09	6.41
		Qgps-2D.2	2D	159	*wPt-731130—wPt-730613*	1.63	5.14	7.15
		Qgps-3B.1	3B	61	*wPt-664393—wPt-1191*	–2.60	13.12	18.21
		Qgps-3B.2	3B	64	*wPt-6216—wPt-9579*	3.49	21.91	32.75
		Qgps-6A.3	6A	20	*wPt-3091—wPt-0959*	–1.10	2.60	3.22
		Qgps-6B	6B	2	*xgpw-3241—wPt-0315*	–1.29	3.00	4.49

E1：2008 年泰安点；E2：2011 年泰安点；E3：2011 年安徽点；PD：各环境的平均值；加性效应正值表示增效基因来自‘糯麦 1 号’的等位基因，负值说明增效基因来自‘藁城 8901’的等位基因

E1: Taian, 2008; E2: Taian, 2011; E3: Suzhou, 2011; PD: Pool data; Positive values indicate that Nuomai 1 alleles increase corresponding trait value; Negative values indicate that Gaocheng 8901 alleles increase corresponding trait value

控制小麦小穗着生密度的 12 个加性 QTL 分布在 1A、1B、2D、3B、6A、6B 和 7B 染色体上(见表 4-7)，其中 *Qsc-1B.1* 和 *Qsl-6B.1* 在 3 个不同环境中能够稳定表达，且在平均值 *P* 中也被检测到，它们的增效等位基因变异来源于父本‘藁城 8901’，解释 6.00%~13.66%和 5.82%~8.25%的表型变异；*Qsl-6B.2* 在 E1、E2 和平均值 PD 中被检测到，其增效等位基因变异来自母本‘糯麦 1 号’，解释 10.07%~20.70%的表型变异，为环境间可以稳定表达的主效 QTL；*Qsl-1A.1* 和 *Qsl-1B.2* 在 E2 和平均值 PD 中被检测到，加性效应方向相反；其余的位点均是环境间特异表达的 QTL。

控制小麦总小穗数的 3 个加性 QTL 定位在 2D 和 6A 染色体上，在 E1 和 E3 两个环境中检测到，但在 E2 和平均值 PD 中没有检测到相应位点(见表 4-7)，解释 3.71%~4.16%

的遗传表型变异；3 个位点全部是环境间特异表达的 QTL。

控制可育小穗数的 5 个加性效应 QTL 定位在 3B、5B 和 6A 染色体上(见表 4-7)，都只在 E1 和 E3 两个环境中检测到的，除了 *Qsfs-5B* 外，其余位点的增效等位基因变异来自于‘藁城 8901’，解释 5.19%~11.35%的遗传表型变异，没有检测到环境间稳定表达的 QTL；其中 *Qsfs-6A.3* 的贡献率为 11.35%，为环境间特异表达的主效 QTL。控制小麦穗粒数的 13 个加性 QTL 分布在 1A、2A、2B、2D、3B、5B、6A 和 6B 染色体上(见表 4-7)，全部只在单一环境下被检测到，其中 *Qgps-2D.1*、*Qgps-6A.1* 和 *Qgps-6A.2* 在 E2 和 E3 中分别解释 11.65%、10.87%和 27.84%的表型变异，是环境间特异表达的主效 QTL。

第四节　基于‘山农 01-35’×‘藁城 9411’RIL 群体产量性状的 QTL 定位和效应分析

一、穗部性状的表型变异和 QTL 定位分析

(一)穗部性状表型变异分析

在 4 个环境中，穗长、穗粒数、可育小穗数、不育小穗数、总小穗数、小穗着生密度、穗粒重 7 个性状在亲本和群体中的表现如表 4-8 所示。‘山农 01-35’的穗长和穗粒重明显高于‘藁城 9411’，穗粒数、可育小穗数、总小穗数和小穗着生密度低于‘藁城 9411’，不育小穗数在两亲本中的差异不明显，并且在不同环境下表现不一致，受环境影响较大。7 个性状在群体中表现连续变异，并且出现超亲分离，其中穗长、穗粒数、不育小穗数、小穗着生密度和穗粒重在群体中的变异系数均大于 10%，除在个别环境下外，7 个性状在群体中偏度和峰度绝对值小于 1，基本上呈正态分布。

表 4-8　RIL 群体及其亲本穗部性状在不同环境下的表现

Table 4-8　Phenotypic values for spike related traits of the RIL population and the parents in different environments

性状 Trait	环境 Environment	亲本 Parents		RIL 群体 RIL population						
		山农 01-35 Shannong 01-35	藁城 9411 Gaocheng 9411	平均值 Mean	标准差 (SD)	最小值 Minimum	最大值 Maximum	变异系数 (CV)/%	偏度 Skewness	峰度 Kurtosis
穗长 Spike length/cm	E1	10.43	8.25	9.31	1.32	6.77	13.15	14.14	0.22	–0.33
	E2	10.35	8.22	9.72	1.45	6.63	13.56	14.90	0.49	–0.15
	E3	10.03	8.15	9.14	1.43	6.00	14.13	15.62	0.49	0.70
	E4	10.33	8.67	9.50	1.48	6.00	14.00	15.55	0.58	0.73
穗粒数 Grains per spike/个	E1	46.50	59.00	43.19	8.13	25.00	65.67	18.83	0.41	–0.32
	E2	52.67	75.00	54.42	9.16	25.00	78.00	16.84	–0.07	0.15
	E3	39.00	53.60	41.89	6.32	27.60	67.50	15.10	0.61	0.53
	E4	40.67	45.33	43.40	7.52	28.00	67.67	17.33	0.44	0.18

续表

性状 Trait	环境 Environment	亲本 Parents 山农01-35 Shannong 01-35	亲本 Parents 藁城9411 Gaocheng 9411	RIL群体 RIL population 平均值 Mean	标准差 (SD)	最小值 Minimum	最大值 Maximum	变异系数 (CV)/%	偏度 Skewness	峰度 Kurtosis
可育小穗数 Fertile spikelets per spike /个	E1	17.67	18.67	16.53	1.52	13.00	20.00	9.20	−0.17	−0.36
	E2	17.00	19.00	16.80	1.45	11.33	20.33	8.63	−0.23	0.34
	E3	15.60	17.20	16.39	1.24	12.00	19.67	7.59	−0.14	0.62
	E4	17.33	18.00	17.26	1.83	10.33	22.33	10.61	−0.17	0.51
不育小穗数 Steril spikelets per spike /个	E1	1.00	1.67	2.00	0.68	0.00	4.33	34.09	0.21	0.69
	E2	0.00	0.00	0.92	0.68	0.00	4.33	73.76	1.03	2.85
	E3	1.80	1.80	2.08	0.59	0.60	3.75	28.16	0.21	0.30
	E4	2.33	2.00	2.48	0.74	0.33	5.00	30.07	0.36	0.79
总小穗数 Spikelets per spike /个	E1	18.67	20.33	18.53	1.36	14.50	22.00	7.35	−0.12	−0.18
	E2	17.00	19.00	17.72	1.39	11.33	22.00	7.83	−0.43	2.06
	E3	17.40	19.00	18.47	1.21	14.00	21.33	6.54	−0.27	0.29
	E4	19.67	20.00	19.74	1.72	13.33	24.33	8.73	−0.17	0.36
小穗着生密度 Compactness /(个/cm)	E1	178.91	246.46	202.43	29.01	129.28	312.80	14.33	0.66	0.69
	E2	164.20	231.05	185.76	27.29	98.00	260.06	14.69	0.03	0.06
	E3	173.57	233.13	205.88	32.04	78.47	339.17	15.56	0.22	2.19
	E4	190.32	230.94	211.50	29.59	133.33	333.33	14.00	0.56	1.05
穗粒重 Kernel weight per spike/g	E1	1.48	1.08	1.05	0.31	0.09	1.97	29.36	0.20	0.34
	E2	2.16	1.54	1.61	0.43	0.86	3.01	26.65	0.42	−0.41
	E3	2.04	1.78	1.42	0.32	0.54	2.22	22.42	0.18	−0.49
	E4	2.10	1.50	1.69	0.35	1.05	2.62	20.90	0.24	−0.86

E1：2009，泰安点；E2：2010，泰安点；E3：2011，泰安点；E4：2011，宿州

E1: 2009, Taian site; E2: 2010 , Taian site; E3: 2011, Taian site; E4: 2011, Suzhou site

(二)穗部性状 QTL 定位分析

利用 4 个环境的上述 7 个性状的表型值及其平均值进行 QTL 定位，共检测到 104 个与穗部相关的加性 QTL，分布在除 1A、5D、7D 外其他 18 条染色体上，其中 31 个 QTL 表型贡献率超过 10%，为主效 QTL(表 4-9)。

表 4-9　不同环境下穗部性状 QTL 定位结果(仅列出贡献率 8%以上的主效 QTL)

Table 4-9　Additive QTL for spike related traits in different environments(PVE is only above 8%)

性状 Trait	环境 Environment	QTL	左侧标记 Left Marker	右侧标记 Right Marker	加性效应 (A)	LOD	贡献率 (PVE)/%
穗长 Spike length/cm	E1	*QSl2A-192*	*xgwm294*	*xgwm614*	0.53	2.59	16.10
		QSl6B.3-10	*wPt-669607*	*Xgpw1005*	0.54	7.45	15.15
	E2	*QSl1B.1-100*	*wPt-3753*	*wPt-1139*	−1.08	24.23	39.52
		QSl1B.1-113	*wPt-2751*	*wPt-3465*	0.86	19.35	29.49
		QSl2D-21	*wPt-6343*	*wPt-667485*	−0.43	5.98	8.28

续表

性状 Trait	环境 Environment	QTL	左侧标记 Left Marker	右侧标记 Right Marker	加性效应（A）	LOD	贡献率（PVE）/%
穗长 Spike length/cm		*QSl3A-72*	*wPt-8779*	*wPt-2938*	0.50	8.43	11.71
		QSl3A-78	*Xgpw7080*	*Xgpw1005*	–0.55	10.54	14.36
		QSl6B.3-2	*wPt-1325*	*wPt-669607*	0.44	6.48	8.86
	E3	*QSl7B-179*	*wPt-1266*	*wPt-0276*	–0.54	2.63	10.10
	E4	*QSl7A-49*	*wPt-6768*	*wPt-6495*	0.53	4.89	12.81
	PD	*QSl1B.1-104*	*wPt-5363*	*wPt-1363*	0.99	22.54	40.43
		QSl1B.1-113	*wPt-2751*	*wPt-3465*	0.73	15.53	25.69
		QSl2A-204	*xgwm294*	*xgwm614*	0.41	4.18	9.70
		QSl2D-20	*wPt-6343*	*wPt-667485*	–0.32	3.75	
		QSl6B.3-6	*wPt-1325*	*wPt-669607*	0.48	7.87	12.29
穗粒数 Grains per spike/个	E1	*QKnps4B.1-99*	*wPt-7569*	*wPt-3908*	2.60	4.34	9.88
	E2	*QKnps4D-12*	*Xgpw3113*	*Xgpw342*	–3.58	3.67	15.48
	E3	*QKnps5B.2-12*	*wPt-9103*	*wPt-4418*	–2.39	3.83	8.00
	E4	*QKnps1B.1-81*	*wPt-665375*	*wPt-0260*	–5.80	18.49	44.10
		QKnps1B.1-104	*wPt-5363*	*wPt-1363*	5.54	16.38	38.44
		QKnps3D-99	*Xgpw7646*	*Xgpw2046*	–2.22	2.83	8.67
	PD	*QKnps2A-132*	*xgwm425*	*wPt-3114*	–1.79	4.58	8.81
		QKnps4B.1-98	*wPt-7569*	*wPt-3908*	1.86	4.57	9.04
	E1	*QFsn7B-109*	*Xgpw8040*	*wPt-5892*	–0.48	4.41	10.00
	E2	*QFsn4B.1-99*	*wPt-7569*	*wPt-3908*	0.38	3.19	
	E3	*QFsn2D-119*	*wPt-667294*	*wPt-4144*	–0.29	2.63	
		QFsn4B.2-30	*wPt-8756*	*CFE149*	0.43	3.50	11.33
	E4	*QFsn4A-158*	*wPt-664749*	*wPt-4064*	–0.46	2.85	
	PD	*QFsn4B.1-97*	*wPt-7569*	*wPt-3908*	0.43	5.99	13.20
		QFsn6A.1-14	*wPt-3091*	*wPt-731153*	–0.54	9.99	21.14
		QFsn6A.1-22	*wPt-0959*	*wPt-730631*	0.63	13.08	30.02
不育小穗数 Steril spikelets per spike/个	E1	*QSsn1B.1-61*	*Xgpw2067*	*CFE063*	0.19	2.96	
	E2	*QSsn4B.1-98*	*wPt-7569*	*wPt-3908*	–0.20	3.33	8.44
	E3	*QSsn3A-115*	*wPt-7992*	*wPt-671711*	0.17	2.52	
	E4	*QSsn5B.2-18*	*wPt-9103*	*wPt-4418*	–0.22	2.71	8.49
	PD	*QSsn3B.1-215*	*wPt-1171*	*wPt-5906*	–0.16	6.95	12.07
		QSsn4D-11	*Xgpw3113*	*Xgpw342*	0.15	2.53	10.58
总小穗数 Spikelets per spike/个	E1	*QSnps2B-76*	*wPt-1140*	*wPt-4199*	0.41	3.93	8.47
		QSnps2B-94	*CFE052*	*wPt-5374*	–0.64	9.21	21.87
	E2	*QSnps5B.2-74*	*wPt-666268*	*wPt-3922*	0.42	4.66	8.97
		QSnps5B.2-83	*wPt-7665*	*wPt-3569*	–0.59	8.49	17.79

续表

性状 Trait	环境 Environment	QTL	左侧标记 Left Marker	右侧标记 Right Marker	加性效应 (A)	LOD	贡献率 (PVE)/%
总小穗数 Spikelets per spike/个	E3	*QSnps4B.1-99*	*wPt-7569*	*wPt-3908*	0.31	2.62	
	E4	*QSnps1B.1-20*	*wPt-730156*	*wPt-9925*	–0.56	2.53	8.47
	PD	*QSnps6D-132*	*xcfd49*	*wPt-672044*	–0.25	3.07	
小穗着生密度 Compactness /(个/cm)	E1	*QSc4D-12*	*Xgpw3113*	*Xgpw342*	10.00	2.65	12.50
		QSc6B.3-9	*wPt-669607*	*Xgpw1005*	–10.00	5.19	11.45
	E2	*QSc1B.1-8*	*wPt-731490*	*wPt-4555*	–13.00	5.20	13.05
		QSc6B.3-5	*wPt-1325*	*wPt-669607*	–9.00	4.34	10.01
	E3	*QSc5A-49*	*wPt-8226*	*Xgpw3217*	10.00	3.39	9.15
	E4	*QSc2D-18*	*wPt-6343*	*wPt-667485*	28.00	31.38	69.50
		QSc7B-165	*wPt-3723*	*wPt-1266*	10.00	4.10	8.11
	PD	*QSc1B.1-8*	*wPt-731490*	*wPt-4555*	–13.00	7.38	13.53
		QSc2A-203	*xgwm294*	*xgwm614*	–9.00	4.14	11.27
		QSc6B.3-8	*wPt-1325*	*wPt-669607*	–8.00	5.99	9.00
		QSc7B-165	*wPt-3723*	*wPt-1266*	10.00	7.74	14.28
穗粒重 Kernel weight per spike/g	E1	*QKwps2B-96*	*CFE052*	*wPt-5374*	–0.09	3.11	8.72
	E2	*QKwps4D-5*	*Xgpw3113*	*Xgpw342*	–0.15	5.24	12.49
	E3	*QKwps4B.1-99*	*wPt-7569*	*wPt-3908*	0.13	9.37	16.00
	E4	*QKwps2D-40*	*wPt-667485*	*wPt-1068*	–0.12	3.91	10.47
		QKwps4B.1-99	*wPt-7569*	*wPt-3908*	0.11	5.80	10.53
		QKwps6B.2-0	*wPt-9881*	*wPt-3060*	–0.10	4.73	8.32
		QKwps7B-170	*wPt-1266*	*wPt-0276*	–0.11	3.99	8.51
	PD	*QKwps4B.1-99*	*wPt-7569*	*wPt-3908*	0.13	9.72	16.68
		QKwps4D-11	*Xgpw3113*	*Xgpw342*	–0.12	4.72	15.80

E1：2009，泰安点；E2：2010，泰安点；E3：2011，泰安点；E4：2011，宿州点；PD：各环境的平均值。加性效应的正值表示增效等位变异来自‘山农 01-35’，负值表示增效等位变异来自‘藁城 9411’

E1: 2009, Taian site; E2: 2010, Taian site; E3: 2011, Taian site; E4: 2011, Suzhou site; PD: Pool data. Positive and negative values of additive effect (EstAdd) indicate that alleles are inherited from Shannong 01-35 and Gaocheng 9411, respectively

共检测到 23 个控制穗长的加性 QTL，分布在 1B、1D、2A、2D、3A、5A、6B、7A 和 7B 染色体上，解释 4.04%~40.43%的表型变异。其中有 9 个 QTL 的贡献率超过 10%，为主效 QTL；*QSl1B.1-113*、*QSl2A-204* 只在 E2 和平均值中检测到，*QSl6B.3-2* 只在 E2 和 E4 中检测到，另外在平均值中检测到的 *QSl6B.3-6* 与 *QSl6B.3-2* 在同一标记区间；*QSl1B.1-113* 的贡献率均超过 20%，为稳定遗传的主效 QTL。

控制穗粒数的 12 个 QTL 分布在 1B、2A、3D、4B、4D 和 5B 染色体上，解释 5.38%~44.10%的表型变异。*QKnps2A-132* 在 E2 和平均值中检测到，*QKnps4B.1-99* 在 E1 和 E3 检测到，*QKnps4B.1-97*(E2)、*QKnps4B.1-98*(PD)与 *QKnps4B.1-99* 在同一标记区间。共检测到控制穗粒数的 3 个主效 QTL，贡献率为 15.48%~44.10%，均表现环境特

异性表达。

共检测到 13 个控制可育小穗数的加性 QTL，解释 5.54%~30.02%的表型变异，分布在 2D、4A、4B、6A、7B 这 5 条染色体上。其中 *QFsn4B.1-99* 在 E1 和 E2 重复检测到，分别解释 5.88%和 6.58%的可育小穗数的表型变异。有 5 个 QTL 的贡献率大于 10%，为主效 QTL，其中在平均值中检测到的 *QFsn6A.1-22* 贡献率最大为 30.02%；*QFsn4B.1-97*(PD，13.20%)与 *QFsn4B.1-99*(E1、E2)在同一个标记区间。

控制不育小穗数的 8 个加性 QTL 分布于 1B、3A、3B、4B、4D、5B 和 6B 染色体上，解释 4.84%~12.07%的表型变异。在平均值中检测到 2 个主效 QTL，*QSsn3B.1-215* 和 *QSsn4D-11* 分别解释 12.07%和 10.58%的表型变异，加性效应分别来自‘藁城 9411’和‘山农 01-35’。*QSsn4B.1-98* 与 *QSsn6B.1-30* 均可在 E2 和平均值中重复检测到。

共检测到 13 个控制小麦总小穗数的加性 QTL，分布在染色体 1B、1D、2B、2D、3A、4B、5B、6A、6D 和 7B 上，解释 5.43%~21.87%的表型变异。其中 Q*Snps2B-94*((E1)和 *QSnps5B.2-83*(E2) 2 个 QTL 的表型贡献率大于 10%，为主效 QTL，其加性效应均来自于‘藁城 9411’。

控制小穗着生密度的 16 个加性 QTL 分布在染色体 1B、2A、2D、3A、4D、5A、6B 和 7B 上，解释 3.85%~69.50%的表型变异。其中 8 个为控制小穗着生密度的主效 QTL，在 E4 检测到的 *QSc2D-18* 贡献率最大为 69.50%，而在平均值检测到的该 QTL 的贡献率却小于 10%；*QSc1B.1-8* 在 E2 和平均值中检测到，贡献率分别为 13.05%和 13.53%；*QSc6B.3-9* 在 E1 和 E3 两个环境中重复检测到，贡献率分别为 11.45%和 5.62%。*QSc1B.1-9* 在 E3 和 E4 重复检测到，贡献率分别为 7.02%和 6.69%，该 QTL 与主效 *QTL QSc1B.1-8* 在同一标记区间；*QSc6B.3-11*(E4，7.25%)与主效 QTL *QSc6B.3-9* 在同一标记区间；*QSc7B-165* 在 E4 和平均值中检测到。

共检测到控制粒重的 18 个加性 QTL，分布在 2A、2B、2D、3D、4B、4D、6A、6B 和 7B 染色体上，解释 4.44%~16.68%的表型变异。共检测到 4 个主效 QTL，其中 *QKwps4D-5*(E2)、*QKwps2D-40*(E4)和 *QKwps4D-11*(PD)加性效应来自于‘藁城 9411’，*QKwps4B.1-99* 加性效应来自于‘山农 01-35’；*QKwps4D-5*(E2)和 *QKwps4D-11*(PD)在同一个标记区间；*QKwps4B.1-99* 可在 4 个单环境和平均值中重复检测到，在 E3、E4 和平均值中的贡献率均超过 10%，其中在平均值中贡献率最大为 16.68%，*QKwps4B.1-99* 是稳定遗传的主效 QTL。

二、籽粒性状的表型变异和 QTL 定位分析

(一)籽粒性状表现型分析

亲本及 RIL 群体的粒重和粒径的表型数据如表 4-10 所示，在 4 个环境中‘山农 01-35’的粒重和粒径显著大于‘藁城 9411’，粒重差异大于 20mg，粒径差异达到 0.7mm。在群体中，粒重和粒径均表现连续变异，且超亲分离，偏度和峰度绝对值均小于 1，基本符合正态分布，说明 2 个籽粒相关性状为多基因控制的数量性状。

表 4-10　RIL 群体及其亲本籽粒性状在不同环境下的表现

Table 4-10　Phenotypic values for kernel related traits of the RIL population and the parents in different environments

性状 Trait	环境 Environment	亲本 Parents		RIL 群体 RIL population						
		山农 01-35 Shannong 01-35	藁城 9411 Gaocheng 9411	平均值 Mean	标准差 (SD)	最小值 Minimum	最大值 Maximum	变异系数 (CV)/%	偏度 Skewness	峰度 Kurtosis
粒重 Grain weight/g	E1	54.67	32.43	41.64	5.75	22.86	59.64	13.80	–0.05	0.52
	E2	62.63	33.59	42.74	5.83	29.06	63.52	13.63	0.40	0.51
	E3	62.07	36.85	45.85	5.55	24.93	62.77	12.10	–0.21	1.40
	E4	57.39	34.98	42.30	5.30	26.90	58.13	12.53	0.17	0.00
粒径 Kernel diameter /mm	E1	3.35	2.73	3.03	0.19	2.38	3.71	6.35	–0.07	0.97
	E2	3.49	2.78	3.04	0.19	2.62	3.65	6.14	0.29	0.01
	E3	3.51	2.89	3.15	0.18	2.49	3.72	5.76	–0.28	1.10
	E4	3.40	2.78	3.00	0.18	2.47	3.57	5.87	0.13	0.13

E1：2009，泰安点；E2：2010，泰安点；E3：2011，泰安点；E4：2011，宿州点

E1: 2009,Taian site; E2: 2010,Taian site; E3: 2011, Taian site; E4: 2011,Suzhou site

(二) 籽粒性状 QTL 定位分析

利用 4 个环境下粒重和粒径的表型值及其平均值 PD 进行 QTL 定位，共检测到 34 个加性 QTL，位于除 1A、2A、2B、3D、4A、5D 和 7D 之外的 14 条染色体上(表 4-11)。

表 4-11　同环境下籽粒性状 QTL 定位结果

Table 4-11　Additive QTLs for kernel related traits in different environments

性状 Trait	QTL	左侧标记 Left Marker	右侧标记 Right Marker	环境 Environment	加性效应 (A)	LOD	贡献率 (PVE)/%
粒重 Grain weight/g	*QGw1B.1-112*	*wPt-2751*	*wPt-3465*	E2	1.57	4.53	7.16
	QGw1B.1-113	*wPt-2751*	*wPt-3465*	E1/E3/E4/PD	1.59/1.44/ 1.71/1.50	3.77/3.44/6.01/ 4.89	7.04/6.48/9.82/ 8.06
	QGw2D-120	*wPt-666987*	*wPt-0330*	E4	1.02	2.66	4.14
	QGw3B.1-70	*wPt-667746*	*wPt-0021*	E2	–1.09	2.56	3.96
	QGw3B.1-265	*wPt-4209*	*wPt-1191*	E2	1.17	3.00	4.65
	QGw4B.1-61	*xcfd54-4D*	*Xgpw2172*	E3	1.26	2.98	5.75
	QGw4B.1-99	*wPt-7569*	*wPt-3908*	E2/E4	1.34/1.07	3.94/2.81	5.93/4.37
	QGw4B.2-36	*wPt-8756*	*CFE149*	E3	1.20	2.58	4.94
	QGw4D-12	*Xgpw3113*	*Xgpw342*	E4	–1.51	2.75	9.10
	QGw5B.1-118	*wPt-3503*	*CFE186*	PD	1.17	3.64	5.82
	QGw5B.1-121	*CFE186*	*xgwm639*	E1	1.54	3.96	7.82
	QGw6A.1-132	*CFE043*	*TaGw2-CAPS*	E4	1.18	3.14	5.26
	QGw6A.1-134	*CFE043*	*TaGw2-CAPS*	E1/E2/PD	1.64/2.19/1.52	4.43/9.60/5.55	8.17/15.41/9.01
	QGw6A.1-136	*TaGw2-CAPS*	*wPt-667618*	E3	1.67	4.68	9.61
	QGw6D-178	*wPt-666615*	*wPt-666008*	E1/E3/PD	1.43/1.16/1.09	3.47/2.57/3.04	6.42/4.72/4.86
粒径 Kernel diameter /mm	*QGd1B.1-28*	*wPt-9925*	*Xgpw2281*	E1	–0.08	3.81	7.96
	QGd1B.1-27	*wPt-9925*	*Xgpw2281*	E4	–0.08	5.29	9.38
	QGd1B.1-29	*wPt-9925*	*Xgpw2281*	E2/E3/PD	–0.08/–0.08/–0.06	6.93/5.46/5.52	9.32/10.23/7.62

续表

性状 Trait	QTL	左侧标记 Left Marker	右侧标记 Right Marker	环境 Environment	加性效应（A）	LOD	贡献率（PVE）/%
粒径 Kernel diameter /mm	*QGd1D-41*	*wPt-3738*	*wPt-7946*	E2	–0.05	6.25	8.45
	QGd3A-191	*wPt-667139*	*wPt-666832*	E1/E4/PD	–0.06/–0.04/–0.06	3.59/3.05/5.39	5.73/4.06/8.25
	QGd3B.1-266	*wPt-4209*	*wPt-1191*	E2/E4	0.04/0.04	3.07/3.34	4.18/5.07
	QGd4B.1-99	*wPt-7569*	*wPt-3908*	E1/E2/E3/E4/PD	0.04/0.06/0.06/0.07/0.06	2.89/9.21/6.13/10.99/9.50	4.57/12.16/10.75/16.24/13.37
	QGd4D-9	*Xgpw3113*	*Xgpw342*	E4	–0.06	4.04	10.75
	QGd5A-142	*wPt-2768*	*CFE019*	E2	–0.04	3.03	4.81
	QGd5B.1-11	*wPt-8604*	*wPt-2041*	PD	–0.05	3.89	6.67
	QGd5B.1-126	*CFE186*	*xgwm639*	E1/E4/PD	0.04/0.04/0.04	3.16/3.82/3.40	5.19/5.35/4.57
	QGd6A.1-132	*CFE043*	*TaGw2-CAPS*	E1	0.04	3.17	5.38
	QGd6A.1-133	*CFE043*	*TaGw2-CAPS*	PD	0.03	2.61	3.49
	QGd6A.1-135	*TaGw2-CAPS*	*wPt-667618*	E2	0.04	3.63	4.76

E1：2009，泰安点；E2：2010，泰安点；E3：2011，泰安点；E4：2011，宿州点。加性效应的正值表示增效等位变异来自‘山农 01-35’，负值表示增效等位变异来自‘藁城 9411’

E1: 2009, Taian site; E2: 2010, Taian site; E3: 2011, Taian site; E4: 2011, Suzhou site. Positive and negative values of additive effect（EstAdd）indicate that alleles are inherited from Shannong01-35 and Gaocheng9411, respectively

控制粒重的 15 个加性 QTL 分别位于 1B、2D、3B、4B、4D、5B、6A 和 6D 染色体上，加性效应均来自于母本‘山农 01-35’，其中 4 个 QTL，即 *QGw1B.1-113*、*QGw6A.1-134*、*QGw6D-178* 和 *QGw4B.1-9*，在 2 个及以上个环境中检测到，表型贡献率范围为 4.72%~15.41%。另外，QTL *QGw1B.1-112*（E2）和 *QGw1B.1-113* 出现在同一标记区间，*QGw6A.1-132*（E4）与 *QGw6A.1-134*（E1、E2、PD）出现在同一标记区间，而 *QGw6A.1-136*（E3）与 *QGw6A.1-134* 仅相距 2cM。在 E2 环境下检测到的 *QGw6A.1-134* 贡献率最大为 15.41，是检测到控制粒重唯一的主效 QTL。

共检测到 19 个控制粒径的加性 QTL，分布在 13 条染色体上，解释 4.00%~29.36% 的表型变异范围，其中 9 个 QTL 的加性效应来自‘山农 01-35’，10 个 QTL 加性效应来自‘藁城 9411’。其中 *QGd4B.1-99* 和 *QGd6D-178* 在 4 个环境及平均值中均能检测到，是稳定性较好的 QTL。*QGd1B.1-29*、*QGd3A-191*、*QGd7A-226*、*QGd4B.1-99*、*QGd5B.1-126*、*QGd6D-178* 和 *QGd3B.1-266* 这 7 个 QTL 可在 2 个或以上环境下重复检测到。共检测到 5 个控制粒径的主效 QTL，其中 *QGd4B.1-99* 在 4 个环境及平均值中的贡献率均超过 10%。

第五节　三个群体产量性状 QTL 定位结果汇总与比较

利用 1 个 DH 群体和 2 个 RIL 作图群体对穗部性状进行 QTL 定位分析，共检测到 175 个控制籽粒产量和穗部性状的 QTL，分布在除 4D 染色体外小麦其他 20 条染色体上（表 4-12）。其中，在染色体 2D 和染色体 6B 上均检测到控制穗长的 QTL；在染色体 2D 上均检测到控制小穗着生密度的 QTL。群体 2 中 *QSl6B.2* 和 *QSc6B.1* 与群体 3 中 *QSl6B.3-10* 和 *QSc6B.3-9 (-10)* 均与分子标记 *wPt669607* 紧密连锁，是一个既控制穗长又控制小穗着生密度的 QTL 位点。另外，在染色体 6A 上 *wPt0959* 附近的控制小穗数的

QTL 位点在群体 2 和群体 3 中均能够检测到。

表 4-12　三个群体穗部性状 QTL 在染色体上的分布

Table 4-12　The distribution of QTLs for spike related traits detected in the three populations

染色体 Chromosome	QTL 数目 No. of QTL							
	穗粒数 Grains per spike/个	穗长 Spike length /cm	总小穗数 Spikelets per spike/个	小穗着生密度 Compactness /(个/cm)	可育小穗数 Fertile spikelets per spike /个	不育小穗数 Steril spikelets per spike/个	穗粒重 Kernel weight per spike/g	籽粒产量 Grain yield /(g/m²)
1A	–/2/–	–/2/–		–/2/–				
1B	–/–/1	–/1/5	1/–/1	–/2/2		–/–/1		
1D		–/–/1	–/–/1					
2A	–/1/1	–/1/2		–/–/2			–/–/2	
2B	–/1/–	1/1/–	–/–/2				–/–/1	
2D	1/2/–	1/1/2	–/1/1	1/1/1	–/–/2		–/–/1	1/–/–
3A		–/–/2	–/–/1	–/–/2		–/–/1		
3B	–/2/–			–/1/–	–/1/–	–/–/2		
3D	–/–/2	–/1–					–/–/2	
4A		–/3/1	1/–/1		–/–/2			1/–/–
4B	–/–/4	–/1/1	–/–/1		1/–/4	–/–/1	–/–/1	
4D	1/–/1	1/–/–		1/–/1		–/–/1	–/–/2	
5A		–/–/2		–/–/2				
5B	–/1/2		–/–/2		–/1/–	–/–/1		
5D	1/–/–	1/–/–	1/–/–	1/–/–	1/–/–			1/–/–
6A	–/3/–	–/2/–	–/2/1	–/4/4	–/3/3		–/–/5	
6B	–/1/–	1/5/3				–/–/1	–/–/1	
6D			–/–/1					
7A		–/–/3	1/–/–	–/1/2				
7B		–/–/2	–/–/1		–/–/1		–/–/1	
7D								

注：*/*/* 3 个数字分别表示群体 1、群体 2 和群体 3 中检测到的 QTL 数目

Note: For each entry, the three figure s refer to population 1, population 2 and population 3 respectively

在检测到控制籽粒产量和穗部性状的175个QTL中，有54个QTL的表型贡献率超过10%，为主效 QTL(表 4-13)，有 4 个 QTL 可在所有环境及其平均值中重复检测到，为稳定表达的 QTL，分别为 *Qsl-1B*(群体 2)、*Qsc-1B.1*(群体 2)、*QSc-6B.1* 和 *QKwps4B.1-99*(群体 3)。

表 4-13　三个群体穗部性状 QTL 总汇

Table 4-13　The number of QTLs for spike related traits detected in the three populations

性状 Trait	QTL 数目 No. of QTL												
	R^2/%[a]			环境编号 No. of environments[b]				环境编号+P No.of environments+ P[c]					总数 Total
	<5%	5%~10%	>10%	1	2	3	4	0+P	1+P	2+P	3+P	4+P	
籽粒产量 Grain yield /(g/m²)	1/–/–	0/–/–	2/–/–	–/–/–	–/–/–	–/–/–	–/–/–	–/–/–	–/–/–	–/–/–	–/–/–	–/–/–	3/–/–

续表

性状 Trait	QTL 数目 No. of QTL												总数 Total
	R^2/%[a]			环境编号 No. of environments[b]				环境编号+P No.of environments+ P[c]					
	<5%	5%~10%	>10%	1	2	3	4	0+P	1+P	2+P	3+P	4+P	
穗粒数 Grains per spike/个	0/4/0	1/4/9	2/5/3	–/6/10	–/0/1	–/0/0	–/–/0	–/7/1	–/0/1	–/0/0	–/0/0	–/–/0	3/13/12
穗长 Spike length/cm	2/5/2	2/8/11	1/5/10	–/14/17	–/1/1	–/1/0	–/–/0	–/2/4	–/5/2	–/1/0	–/1/0	–/–/0	5/18/23
总小穗数 Spikelets per spike/个	3/3/0	0/0/11	1/0/2	–/3/12	–/0/0	–/0/0	–/–/0	–/0/1	–/0/0	–/0/0	–/0/0	–/–/0	4/3/13
小穗着生密度 Compactness /(个/cm)	0/8/0	1/1/9	2/3/7	–/7/9	–/1/2	–/2/9	–/–/0	–/2/5	–/2/3	–/1/0	–/2/0	–/–/0	3/12/16
可育小穗数 Fertile spikelets per spike/个	0/0/0	1/4/6	1/1/5	–/5/7	–/0/1	–/0/0	–/–/0	–/0/3	–/0/0	–/0/0	–/0/0	–/–/0	2/5/11
不育小穗数 Steril spikelets per spike/个	–/–/0	–/–/6	–/–/2	–/–/5	–/–/0	–/–/0	–/–/0	–/–/3	–/–/2	–/–/0	–/–/0	–/–/0	–/–/8
穗粒重 Kernel weight per spike/g	–/–/5	–/–/7	–/–/4	–/–/10	–/–/0	–/–/0	–/–/1	–/–/5	–/–/0	–/–/0	–/–/0	–/–/1	–/–/16

a. 表型贡献率分别为 5%、5%~10%和>10%的 QTL 数目。b. 可在 1、2、3 和 4 个环境中检测到的 QTL 数目。c. 可在 PD 中和在不同环境下检测到的 QTL 数目。*/*/* 3 个数字分别表示群体 1、群体 2 和群体 3 中检测到的 QTL 数目

a. The number of QTL that accounted for 5%, 5%~10% or>10% of the phenotypic variance. b. The number of QTL that showed significance in 1, 2, 3 or 4 different environments. c. The number of QTL that have been detected in 0, 1, 2, 3 or 4 different environments and in pooled data. For each entry, the three figure s refer to population 1, population 2 and population 3 respectively

第六节　基于 DH 群体和 IF_2 群体穗部性状 QTL 及杂种优势位点(HL)分析

杂种优势是一种普遍的生物学现象，是指两个遗传组成不同的亲本杂交产生的 F_1 在生活力、生长势、抗逆性、适应性，以及产量、品质等方面超过双亲的现象。杂种优势的利用是提高农作物产量的一条主要途径，在农业生产中发挥着重要作用。“永久 F_2”群体在分析作物杂种优势的基因作用位点、研究杂种优势的遗传成因等方面具有特殊价值。本课题组利用“永久 F_2”群体对小麦穗粒数和粒重进行了 QTL 和 HL 分析，为我国小麦分子标记、分子聚合育种提供参考，为组配出具有强杂种优势的杂交小麦组合提供策略和方法。

一、穗部性状 QTL 及杂种优势位点(HL)分析材料与方法

(一)实验材料

DH 群体：‘花培 3 号’和‘豫麦 57’杂交 F_1 通过花药培养，经染色体加倍获得 168 个双单倍体(doubled-haploid，DH)群体。

IF_2群体：据 Hua 等(2003)提出的“永久 F_2”组配方案，将 168 个 DH 系随机分成两组，每组包含 84 个 DH 系，从两组 DH 系中各随机选择 1 个 DH 系组配成一个杂交组合，然后再从剩余的 DH 系中各选出 1 个 DH 系进行组配，依此类推。通过一轮杂交可组配 84 个杂交组合，经两轮杂交获得包含 168 个杂交组合的一套“IF_2”群体。

(二)实验设计

田间试验于 2009 年和 2010 分别在山东农业大学教学基地(山东泰安)和河南济源市农科所(河南济源)进行，共 4 个环境。采用完全随机区组设计，3 行区，2 次重复，行长 2m，行距 0.25m，株距 10cm。按当地小麦产量比较试验方案进行田间管理，生长期间没有发生倒伏和其他严重病害。收获前，每个株系随机选 10 株，考查穗粒数和穗粒重，各性状取平均值，用于数据分析。

(三)数据分析

采用 ICIMapping 软件进行 QTL 定位。

利用 Heterosis 软件(Hua et al., 2003)对杂种优势位点(heterotic locus, HL)进行定位。

二、穗粒数 QTL 定位及杂种优势分析

(一)穗粒数的表型分析

亲本‘豫麦 57’和‘花培 3 号’之间的差异在 3 个环境中的表现基本一致，每穗相差 2 粒左右(表 4-14)，在各环境中稳定表达，适合构建遗传群体进行穗粒数的遗传分析。杂交 F_1 的中亲优势值介于 15.03% 和 16.4%之间，说明杂交 F_1 的穗粒数有较强的杂种优势。

表 4-14 2009 年、2010 年 DH 和 IF_2 群体穗粒数的表型分析

Table 4-14 Phenotypic performance of grain number per spike in DH and Immortalized F_2 populations at three environments in 2009 and 2010 years

环境 Environment	亲本 Parents		F_1		DH 群体 DH population		IF_2 群体 IF_2 population				中亲优势值 (Ht)	
	P1	P2	均值 Mean	中亲优势值 (Ht)/%	均值 Mean	范围 Range	均值 Mean	范围 Range	偏度 Skewness	峰度 Kurtosis	均值 Mean/%	范围 Range/%
E1	41.75	44.14	49.40	15.03	42.07	29.50~56.00	45.90	32.33~59.00	–0.058	–0.512	6.87	–24.72~37.39
E2	41.00	42.33	48.50	16.40	42.74	30.00~57.20	43.93	28.00~58.00	0.088	0.365	5.20	–18.40~30.81
E3	39.05	41.22	46.33	15.44	40.85	29.00~56.60	42.00	28.40~52.80	–0.219	–0.487	5.19	–21.76~31.56

P1：花培 3 号；P2：豫麦 57。E1：2009 年济源；E2：2010 年济源；E3：2010 年泰安

P1: Huapei 3; P2: Yumai 57. E1: Jiyuan site in 2009; E2: Jiyuan site in 2010; E3: Taian site in 2010

DH 群体和 IF_2 群体的穗粒数变异幅度大，呈现连续正态分布，如图 4-2 所示，并存在明显的双向超亲分离现象，偏度和峰度较小，表明为多基因控制的数量性状，适合进行 QTL 定位。杂种 F_1 和 IF_2 的较强的杂种优势，适于进行 HL 定位分析。

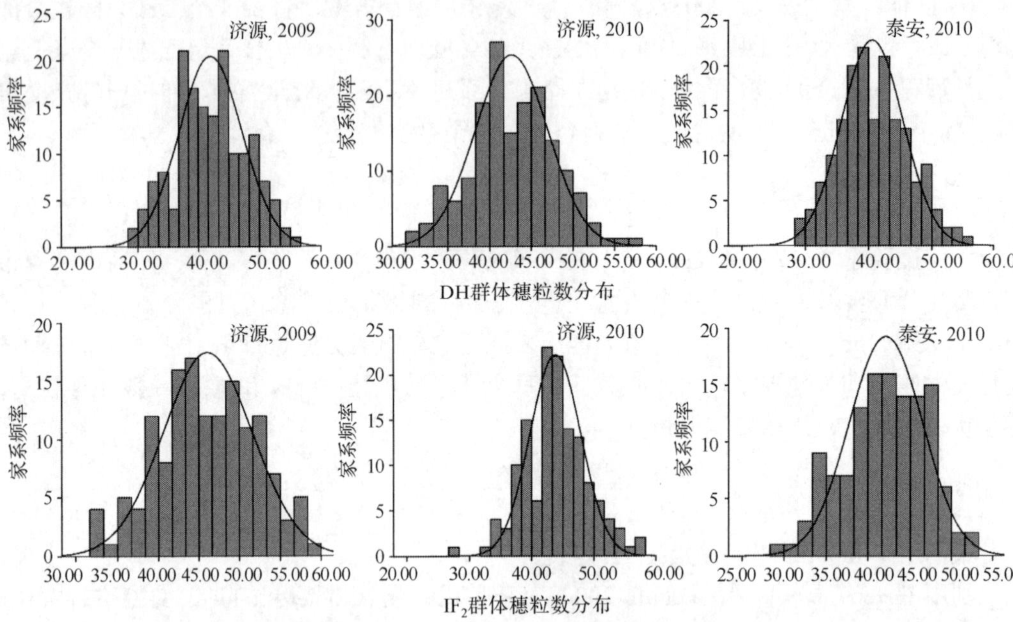

图 4-2　2009 年、2010 年 DH 和 IF_2 群体穗粒数的正态分布

Fig. 4-2　Frequency distribution of grain number per spike in DH and IF_2 populations at three environments in 2009 and 2010 years

(二)穗粒数 QTL 分析

在 3 种环境下，利用 DH 和 IF_2 群体. 共检测到控制穗粒数的 17 个 QTL(表 4-15，表 4-16，图 4-3)。DH 群体中，检测到 9 个加性效应位点，分别位于 1A、2B、2D、3B、6A 和 $7B_1$ 染色体上，解释 4.94%~31.25%的表型变异。IF_2 群体中检测到了 8 个加性效应位点，分别位于 1A、2B、3B 和 6A 染色体，解释穗粒数表型变异的 4.78%~46.75%。

1. DH 群体穗粒数的 QTL

在环境 1 中，检测到 3 个控制穗粒数的 QTL，位于 1A、2B 和 7B1 染色体，分别解释表型变异的 31.25%、11.67%和 10.77%(表 4-15，图 4-3)。*QGns1A-1* 位点的遗传贡献率最大，解释 31.25%的表型变异，其增效基因来自‘花培 3 号’。在环境 2 中，检测到 2 个 QTL 加性效应位点，位于 1A 和 2B 染色体上，分别解释表型变异的 8.58%和 7.11%。*QGns1A-2* 与环境 1 中检测到的 *QGns1A-1* 位于同一染色体上，并且位置相近，其增效基因来自于‘花培 3 号’，可增加穗粒数 1.41 粒。在环境 3 中，检测到 4 个 QTL 位点，位于 1A、2D、3B 和 6A 染色体，对表型的贡献率范围为 4.94%~11.58%。在 4 个 QTL 中，*QGns2D*，*QGns3B* 位点的增效基因均来自于‘豫麦 57’，其他的 QTL 来源于‘花培 3 号’。

表 4-15　DH 群体在不同环境下穗粒数的 QTL

Table 4-15　QTL for number of grains per spike in DH population at three environments

环境 Environment	QTL	位置 Site/cM	标记区间 Maker interval	加性效应 (A)	LOD	贡献率 (PVE)/%
E1	*QGns1A-1*	60.0	*Xbarc350- Xwmc120*	3.56	12.74	31.25
	QGns2B-1	75.0	*Xwmc175- Xgwm388*	–2.15	5.01	11.67
	QGns7B₁	34.0	*Xwmc396- Xgwm333*	2.11	4.78	10.77
E2	*QGns1A-2*	64.0	*Xwmc120-Xgwm498*	1.41	3.66	8.58
	QGns2B	68.0	*Xbarc373-Xbarc1114*	–1.28	3.07	7.11
E3	*QGns1A-3*	0.0	*Xgwm259-Xcwem32.1*	–1.29	2.65	4.94
	QGns2D	114.0	*Xcfd161- Xgwm311.2*	1.92	5.82	11.58
	QGns3B	47.0	*Xwmc3-Xwmc1*	1.93	5.44	10.69
	QGns6A-1	41.0	*Xbarc023-Xbarc1077*	–1.29	2.77	5.25

E1：2009 年济源；E2：2010 年济源；E3：2010 年泰安

E1: Jiyuan site in 2009; E2: Jiyuan site in 2010; E3: Taian site in 2010

表 4-16　IF_2 群体在不同环境下穗粒数的 QTL

Table 4-16　QTL for number of grains in immortalized F_2 population at three environments

环境 Environment	QTL	位置 Site/cM	标记区间 Maker interval	加性效应 (A)	显性效应 Dominance	LOD	贡献率 (PVE)/%	基因型效应 Gene action
E1	*QGns1A-4*	7.0	*Xgwm259-Xcwem32.1*	–0.30	–3.08	2.86	6.01	OD
	QGns2B-2	78.0	*Xbarc101-Xcwem55*	–5.69	0.60	21.30	46.75	PD
	QGns6A-1	41.0	*Xbarc023-Xbarc1077*	–0.21	4.17	7.05	12.29	OD
	QGns6A	45.0	*Xbarc1055-Xwmc553*	–0.13	–5.06	7.61	17.58	OD
E2	*QGns2B*	48.0	*Xbarc200-Xwmc770*	–2.15	–0.81	2.75	6.77	PD
E3	*QGns1A-5*	77.0	*Xgwm498-Xcwem6.2*	0.07	–4.09	4.15	15.68	OD
	QGns3B	54.0	*Xgwm144-Xgwm299*	–0.54	3.39	5.16	9.09	OD
	QGns6A	11.0	*Xgwm334-Xbarc023*	1.71	0.04	2.86	4.78	PD

E1：2009 年济源；E2：2010 年济源；E3：2010 年泰安

E1: Jiyuan site in 2009; E2: Jiyuan site in 2010; E3: Taian site in 2010

2. IF_2 群体穗粒数的 QTL

在 3 个环境中，分别检测到了 4 个、1 个和 3 个控制群体穗粒数的加性效应位点(表 4-16，图 4-3)。其中环境 1 中检测到的 Q*Gns2B-2* 位点对表型的贡献率最大，解释表型变异的 46.75%，其增效基因来源于‘豫麦 57’。环境 2 检测到的 *QGns2B* 位点解释表型变异的 6.77%。环境 3 检测到的 *QGns3B* 解释表型变异的 9.09%。环境 1 和环境 3 分别检测到的其他 3 个和 2 个加性效应位点，都位于 6A 染色体上，解释穗粒数表型变异的 2.86%~17.58%。这 8 个 QTL 中，只有在环境 2 中检测到的 *QGns1A* 和 *QGns6A* 增效等位基因来源于‘花培 3 号’。

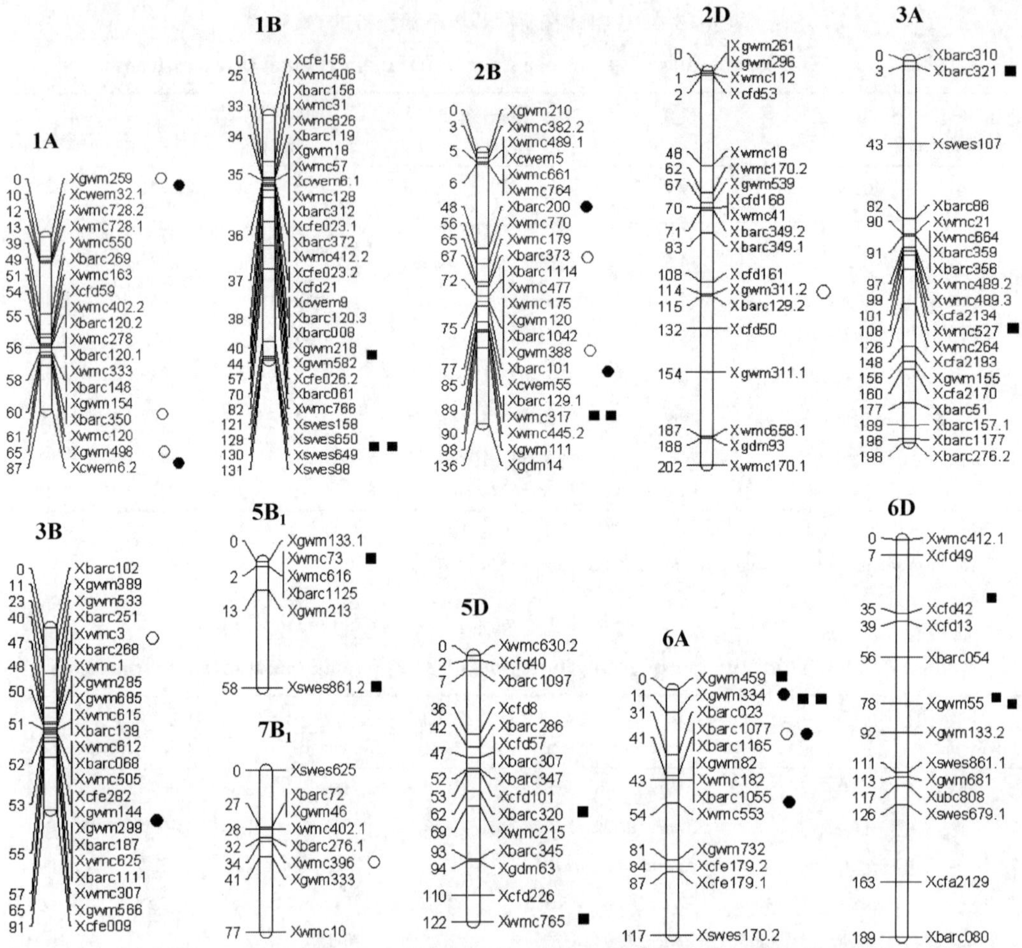

图 4-3　小麦 DH 和 IF_2 群体穗粒数的 HL 和 QTL 位点在染色体上的位置

Fig. 4-3　Chromosomal location of heterotic loci (HL) and QTL for grain number per spike

○ DH 群体穗粒数的 QTL，QTL for GNS in DH；● IF_2 群体穗粒数的 QTL，QTL for GNS in IF_2；

■ IF_2 群体穗粒数的杂种优势，QTL HL for GNS in IF_2

(三)穗粒数杂种优势 QTL(HL)分析

利用复合区间作图法，在 3 个环境中共检测到 17 个控制穗粒数的杂种优势 QTL(HL)，分别位于 1B、2B、3A、6D、6A 和 6D 染色体上，解释 2.78%~12.18%的杂种优势表型变异(表 4-17，图 4-3)。其中 *QHgns1B-2* 在环境 1 和环境 2 中均被检测出，位于 1B 染色体的 *Xswes650-Xswes649* 区间，分别解释杂种优势表型变异的 4.18%和 5.6%。*QHgns3A-1* 的遗传贡献率最大，解释 12.18%的杂种优势表型变异，可增加穗粒数 4.46 粒。在 6A 染色体的 *Xgwm459-Xbarc023* 区间检测到 3 个 HL，分别解释小麦穗粒数杂种优势表型变异的 10.83%、3.72%和 4.64%。在这 3 个 HL 中，*QHgns6A-2* 同时在环境 1 和环境 2 中被检测出，分别减少穗粒数的 2.91 粒和 2.59 粒。*QHgns6D-2* 和 *QHgns6D-3* 均在染色体区间 *Xbarc054-Xgwm55* 中检测出，分别解释小麦穗粒数杂种优势表型变异的

3.1%和 9.82%。*QHgns6D-1* 和 *QHgns6D-2* 分别减少穗粒数的 3.18 粒和 2.86 粒；而 *QHgns6D-3* 可增加穗粒数的 3.21 粒。*QHgns2B* 在环境 2 和环境 3 中同时被检测到，分别解释穗粒数杂种优势表型变异的 2.78%和 11.6%。3 个环境下对小麦穗粒数杂种优势表型变异总的贡献率分别是 52.62%、30.73%和 29.41%。

表 4-17 IF_2 群体穗粒数 HL 位点

Table 4-17 Heterotic loci for grain number per spike in the immortalized F_2 population

环境 Environment	杂种优势位点 Heterotic loci	位置 Site/cM	标记区间 Maker interval	LOD	显性效应 Dominance	贡献率 (PVE) /%
E1	*QHgns1B-1*	42.0	*Xgwm218-Xgwm582*	7.73	4.49	9.36
	QHgns1B-2	129.0	*Xswes650-Xswes649*	5.73	2.56	4.18
	QHgns3A-1	3.3	*Xbarc310-Xbarc321*	6.28	4.46	12.18
	QHgns5D	61.0	*Xcfd101-Xbarc320*	5.57	2.35	3.51
	QHgns6A-1	0.0	*Xgwm459-Xgwm334*	9.55	4.16	10.83
	QHgns6A-2	15.0	*Xgwm334-Xbarc023*	5.59	–2.91	3.72
	QHgns6D-1	33.0	*Xcfd49-Xcfd42*	6.60	–3.18	5.74
	Qhgns6D-2	73.0	*Xbarc054-Xgwm55*	3.98	–2.86	3.10
E2	*QHgns1B-2*	129.0	*Xswes650-Xswes649*	3.67	–2.49	5.60
	QHgns2B	89.0	*Xwmc317-Xwmc445.2*	3.54	1.78	2.78
	QHgns3A-2	107.0	*Xcfa2134-Xwmc527*	5.34	2.34	4.43
	QHgns5B$_1$	1.6	*Xgwm133.1-Xwmc73*	4.25	2.95	8.13
	QHgns5B$_1$	58.2	*Xgwm213-Xswes861.2*	3.98	–3.39	9.79
E3	*QHgns2B*	89.0	*Xwmc317-Xwmc445.2*	6.44	–3.57	11.60
	QHgns5D	121.9	*Xcfd226-Xwmc765*	4.01	1.90	3.35
	QHgns6A-2	15.0	*Xgwm334-Xbarc023*	6.47	–2.59	4.64
	QHgns6D-3	77.0	*Xbarc054-Xgwm55*	7.80	3.21	9.82

E1：2009 年济源；E2：2010 年济源；E3：2010 年泰安

E1: Jiyuan site in 2009; E2: Jiyuan site in 2010; E3: Taian site in 2010

三、穗粒重 QTL 定位及杂种优势分析

(一)单穗粒重表型分析

在 3 个环境中，亲本‘豫麦 57’的穗粒重较高(表 4-18)，在各环境中稳定表达，适合构建遗传群体进行单穗粒重的遗传分析。DH 群体和 IF_2 群体的单穗粒重变异幅度大，呈现连续正态分布，并存在明显的双向超亲分离现象，偏度和峰度较小，表明为多基因控制的数量性状，适合进行 QTL 定位。IF_2 有较强的杂种优势，适于进行 HL 定位分析(图 4-4)。

表 4-18 DH 和 IF_2 群体穗粒重的表型分析

Table 4-18 Phenotypic performance of grain weight per spike in DH and Immortalized F_2 populations at three environments

环境 Environment	亲本 Parents		DH 群体 DH population		IF_2 群体 IF_2 population				中亲优势值 Heterosis over mid-parent	
	P1	P2	均值 Mean	范围 Range	均值 Mean	范围 Range	偏度 Skewness	峰度 Kurtosis	均值 Mean/%	范围 Range/%
E1	2.57	2.95	2.45	1.49~3.65	2.63	1.31~3.35	0.36	0.83	11.90	–37.45~67.00
E2	2.51	2.83	2.10	1.03~3.14	2.43	1.37~3.35	–0.32	–0.20	15.64	–21.34~58.27
E3	2.57	2.59	2.33	1.38~3.25	2.36	1.42~3.13	–0.32	–0.28	6.40	–27.24~45.63

P1：花培 3 号，P2：豫麦 57。E1：2010 年泰安，E2：2010 年济源，E3：2011 年泰安

P1: Huapei 3, P2: Yumai 57, Ht:. E1: Taian site in 2010; E2: Jiyuan site in 2010; E3: Taian site in 2011

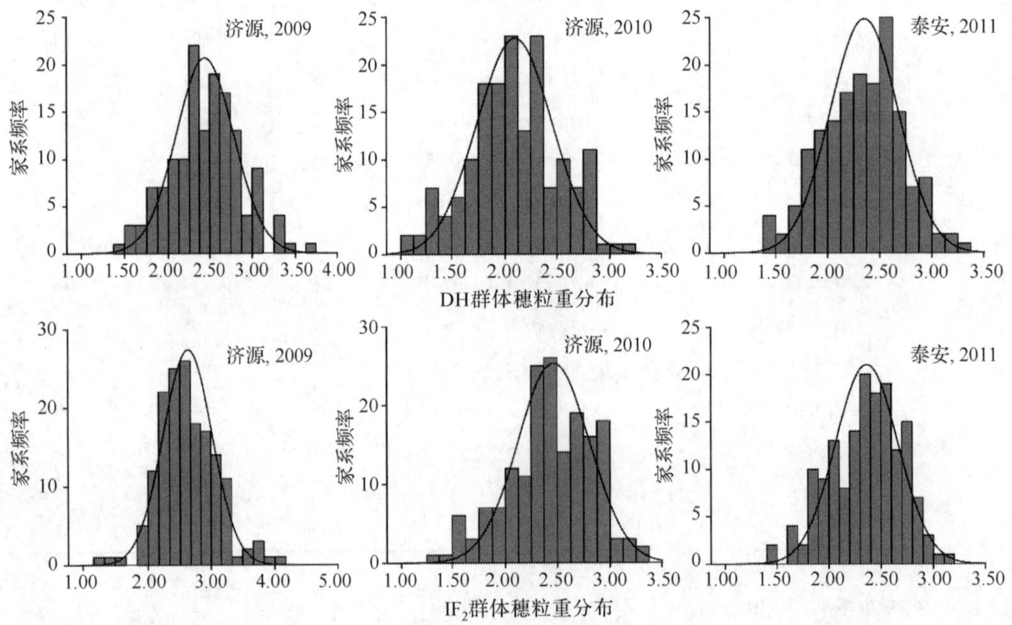

图 4-4 IF_2 群体单穗粒重的正态分布

Fig. 4-4 Frequency distribution of grain weight per spike in DH and IF_2 populations at three environments

(二) 穗粒重 QTL 分析

控制穗粒重的 10 个加性 QTL 位点，分别位于 1B、2B、2D 和 $7B_1$ 染色体上，其单个 QTL 解释表型变异的 3.49%~58.58%(表 4-19，表 4-20，图 4-5)。其中位点 *QGws1B-2* 的遗传贡献率最大，解释 58.58%的表型变异；位于同一染色体上的位点 *QGws1B-1* 与 *QGws1B-2* 位置相近，遗传贡献也较高，可解释表型变异的 35.74%，这两个 QTL 的增效基因均来源于‘豫麦 57’。*QGws2D* 位点在 DH 中的 3 个不同的环境下均被检测出，但是在 IF_2 中并未发现。位于 2B 染色体上的两个加性效应位点，分别解释表型变异的 18.23%和 3.49%。

表 4-19　DH 群体单穗粒重的加性 QTL 位置、效应及贡献率

Table 4-19　Intervals, effects, and contributions of additive QTL for grain weight per spike in the DH population

环境 Environment	QTL	位置 Site/cM	标记区间 Maker interval	加性效应 (A)	LOD	贡献率 (PVE) /%
E1	*QGws2D*	68	*Xgwm539-Xcfd168*	0.12	3.88	9.09
E2	*QGws2B*	76	*Xgwm388-Xbarc101*	–0.19	9.75	18.23
	QGws2D	69	*Xgwm539-Xcfd168*	0.12	4.72	7.77
	QGws7B₁	34	*Xwmc396- Xgwm333*	0.24	14.50	27.86
E3	*QGws2D*	68	*Xgwm539-Xcfd168*	0.09	2.50	5.81

E1：2010 年泰安，E2：2010 年济源，E3：2011 年泰安

E1: Taian site in 2010; E2: Jiyuan site in 2010; E3: Taian site in 2011

两群体中均检出的一个控制穗粒重的 *QGws7B₁* 位于 $7B_1$ 染色体的 *Xwmc396-Xgwm333* 区间，在 DH 群体和 IF_2 群体中分别解释穗粒重表型变异的 27.86%和 21.01%。

表 4-20　IF_2 群体单穗粒重的加性 QTL 位置、效应及贡献率

Table 4-20　Intervals, effects, and contributions of additive QTL for grain weight per spike in the IF_2 population

环境 Environ-ment	QTL	位置 Site/cM	标记区间 Maker interval	加性效应 (A)	显性效应 Dominance	LOD	贡献率 (PVE) /%	基因型效应 (D/A)
E1	*QGws1B-1*	33	*Xwmc31-Xwmc626*	–0.43	–0.007	32.17	35.74	OD
	QGws1B-2	36	*Xwmc128-Xbarc312*	0.56	–0.010	39.96	58.58	OD
	QGws2B	78	*Xbarc101-Xcwem55*	–0.15	–0.020	4.34	3.49	PD
E2	*QGws1B*	35	*Xcwem6.1-Xwmc128*	–0.14	0.050	4.52	6.72	OD
	QGws7B₁	34	*Xwmc396-Xgwm333*	0.01	0.400	12.83	21.01	OD

E1：2010 年泰安，E2：2010 年济源

E1: Taian site in 2010; E2: Jiyuan site in 2010

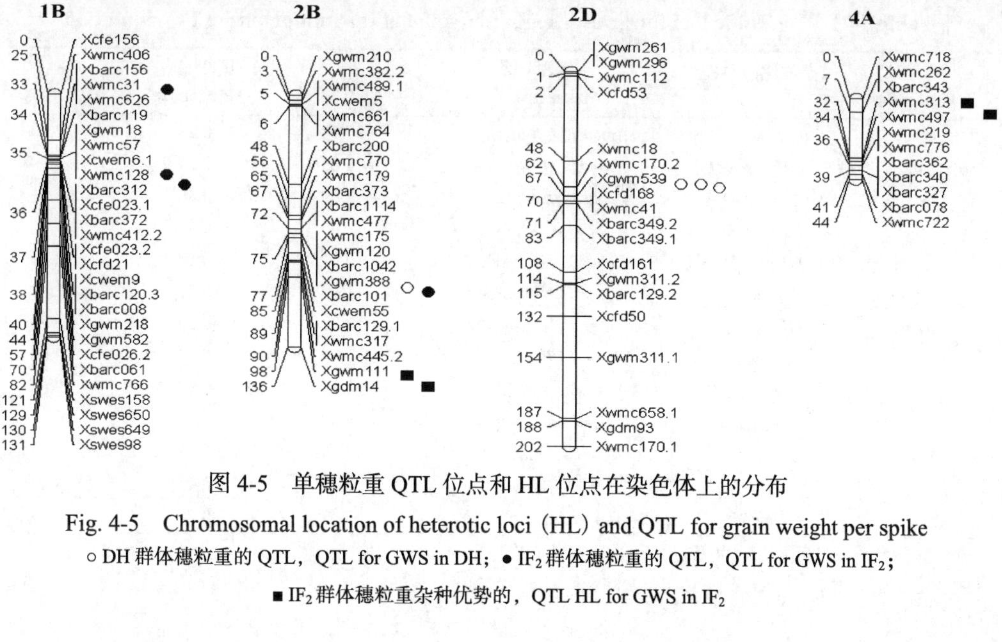

图 4-5　单穗粒重 QTL 位点和 HL 位点在染色体上的分布

Fig. 4-5　Chromosomal location of heterotic loci（HL）and QTL for grain weight per spike

○ DH 群体穗粒重的 QTL，QTL for GWS in DH；● IF_2 群体穗粒重的 QTL，QTL for GWS in IF_2；

■ IF_2 群体穗粒重杂种优势的，QTL HL for GWS in IF_2

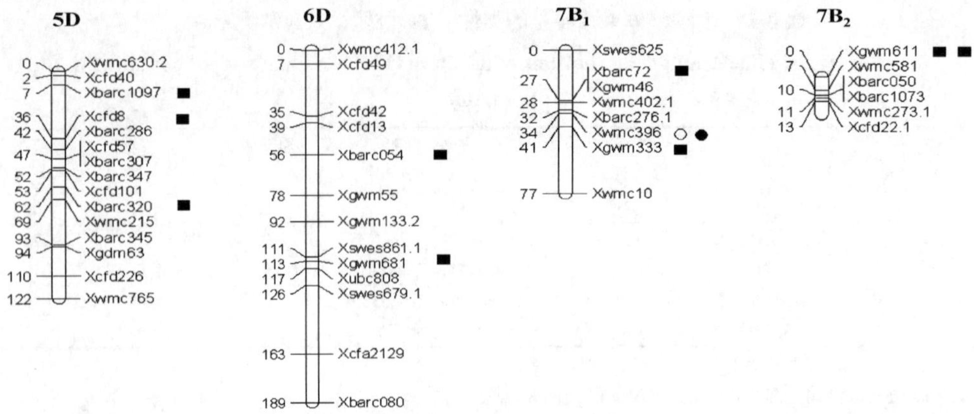

图 4-5 （续）

Fig. 4-5 (Continued)

(三) 单穗粒重杂种优势分析

利用复合区间作图法，在 3 个环境中共检测到 13 个穗粒重 HL，分别于 2B、4A、5D、6D、$7B_1$ 和 $7B_2$ 染色体上，解释 2.4%~26.0%的穗粒重变异(表 4-21)。5D 染色体上存在 3 个杂种优势位点，其中 *QHgws5D-1* 贡献率最高，解释小麦单穗粒重杂种优势表型变异的 26.0%，增加单穗粒重的 0.42g。*QHgws2B* 和 *QHgws7B₁* 在环境 1 和环境 3 中同时被检测到，其中 *QHgws2B* 分别解释杂种优势表型变异的 2.9%和 10.8%，在两个环境中作用方向相同，分别降低粒重的 0.24g 和 0.34g。*QHgws7B₁* 分别解释杂种优势变异的 2.49%和 4.49%，但在两个环境中作用方向相反。在环境 1 和环境 3 中同时检测到 *QHgws7B₂*，位于 $7B_2$ 染色体标记 *Xgwm611-Xwmc581* 之间，解释小麦单穗粒重杂种优势表型变异的 2.4%和 7.49%。

表 4-21　IF_2 群体穗粒重 HL 位点

Table 4-21　Heterotic loci for grain weight per spike in the immortalized F_2 population

环境 Environment	杂种优势 QTL Heterotic loci	标记区间 Maker interval	LOD	显性效应 Dominance	贡献率 (PVE)/%
E1	*QHgws2B*	*Xgwm111-Xgdm14*	17.78	–0.24	2.90
	QHgws4A	*Xwmc313-Xwmc497*	4.63	0.25	2.90
	QHgws6D	*Xcfd13-Xbarc054*	3.79	0.30	4.41
	QHgws6D	*Xswes861.1-Xgwm681*	19.96	0.51	6.11
	QHgws7B₁	*Xbarc72-Xwmc402.1*	9.81	–0.28	2.49
	QHgws7B₂	*Xgwm611-Xwmc581*	13.76	–0.22	2.40
E2	*QHgws4A*	*Xwmc313-Xwmc497*	3.92	–0.22	5.79
	QHgws5D-1	*Xcfd40-Xbarc1097*	7.34	0.42	26.00
	QHgws5D	*Xcfd8-Xbarc286*	4.19	–0.34	9.55
	QHgws2B	*Xgwm111- Xgdm14*	4.32	–0.34	10.80
E3	*QHgws5D*	*Xcfd101-Xbarc320*	3.45	0.17	6.03
	QHgws7B₁	*Xgwm333-Xwmc10*	3.43	0.15	4.49
	QHgws7B₂	*Xgwm611-Xwmc581*	5.67	–0.20	7.49

E1：2010 年泰安，E2：2010 年济源，E3：2011 年泰安

E1: Taian in 2010; E2: Jiyuan site in 2010; E3: Taian site in 2011

第七节 基于 SNP 高密度遗传图的千粒重的 QTL 分析

利用高密度图谱进行粒重基因的精确定位，有助于解决当前报道的控制粒重的 QTL 较多但实用性较差的现实问题。本研究选用含有 173 个家系的‘山农 01-35’×‘藁城 9411’RIL 遗传群体为材料，利用 Illumina 技术平台开发的含有 90K SNP 的基因芯片和 DArt 芯片技术进行了全基因组扫描，构建含有 DArt 标记、SSR 和全基因组 SNP 的高密度遗传图，并进行了 4 个环境下小麦粒重基因的 QTL 定位，以期为小麦粒重等数量性状的基因定位、分子标记开发，以及功能基因的精细定位提供基础和参考。

一、基于 SNP 高密度遗传图的千粒重的 QTL 分析材料与方法

(一)材料田间种植和粒重测定

1. 材料田间种植：RIL 群体及其两亲本于 2008~2010 年种植于山东泰安山东农业大学试验站，2010 年种植于安徽宿州。各试验点均采取随机区组设计，每个家系种成一个小区，小区行长 2m，行距 0.21m，2008 年泰安为 3 行区，其余均为 4 行区，2 次重复。田间管理按当地正常栽培方法进行，生长期间没有发生严重病虫害和倒伏。

2. 粒重测定：参照 GB5519—88《粮食和油料千粒重的测定方法》(自然水分千粒重法)，数取 500 粒小麦籽粒，每个样品重复 2 次，换算成千粒重，取其平均值为该株系千粒重。双试验结果允许误差不超过 6%；若超出允许误差则重新测定。

(二)数据分析

用 MAPMAKER/EXP3.0b 软件和 Mapchart 2.1 构建分子标记的连锁图。LOD 值：2.0。

用 IciMAPING 进行位点偏分离分析；IBM SPSS statistics 对表型数据进行统计分析。

用基于混合线性模型的 QTL network2.0 软件对 2008~2010 年泰安点(分别用 E1、E2、E3 表示)和 2010 年宿州点(E4 表示)4 个环境下粒重的表型值分别单独进行 QTL 定位，并利用 4 个环境下粒重表型值的平均值(AE 表示)进行多环境(ME 表示)的 QTL 分析。QTL 的命名参考 McIntosh 等的方法命名，以粒重英文简写(GW)和所对应的染色体序号及在染色体上的位置命名 QTL，例如，*QGW6A-17* 表示位于 6A 染色体上第 17 个标记区间的控制粒重的 QTL。

二、SNP 分子标记和遗传图

利用两亲本(‘藁城 9411’和‘山农 01-35’)筛选出多态性标记共计 9576 个，其中 SNP 标记 9072 个、SSR 标记 59 个、Dart 标记 442 个、谷蛋白标记 2 个、TaGW2-CAPS 标记 1 个。

根据 Kansas 大学小麦基因组和 Triticarte Pty. Ltd 提供的分子标记的信息，经过连锁分析，构建了含有 61 个连锁群的高密度遗传图，包含了 6241 个具有多态性的标记(其他

3335 个两亲本的多态性标记不在 61 个连锁群内)，定位于小麦除 4D 外的 20 条染色体上，其中 SNP 标记 6000 个(含 TaGW2-CAPS 标记 1 个)，DArT 标记 216 个，SSR 标记 25 个。染色体总长度为 4825.29cM，两标记间平均距离为 0.77cM。

三、千粒重的 QTL 定位

1. 千粒重表型变异分析

该 RIL 群体的籽粒千粒重在 4 个环境下‘山农 01-35’的千粒重平均 61.45g 左右，明显大于‘藁城 9411’的平均值 36.1g，4 个环境千粒重平均差异达 25.3g。4 个环境群体千粒重的极差分别为 51.09、35.24、34.38、27.04，变异系数分别为 13.57%、13.91%、10.82%、11.15%(表 4-22)。群体千粒重呈现正态分布连续变异，且出现超双亲分离现象(图 4-6)。

表 4-22　RIL 群体及其亲本粒重在不同环境下的表现

Table 4-22　Phenotypic values for thousands grain weight of the RIL population and the parents in different environments

环境 Environment	亲本 Parents		RIL 群体 RIL population				
	山农 01-35 Shannong01-35	藁城 9411 Gaocheng 9411	平均值±标准差 Mean±SD	变幅 Range	变异系数 Variance coefficient/%	偏度 Skewess	峰度 Kurtosis
2008 年泰安 2008，Taian	60.3	34.9	44.5±6.0	22.9~66.0	13.57	–0.09	0.71
2009 年泰安 2009，Taian	64.1	38.0	43.1±6.0	25.5~60.8	13.91	0.07	–0.35
2010 年泰安 2010，Taian	62.6	37.0	45.0±4.9	31.1~65.4	10.82	–0.49	1.51
2010 年宿州 2010，Suzhou	58.8	34.9	43.7±4.9	32.5~59.6	11.15	0.05	1.65
平均值 Average	61.5	36.2	44.1±5.5	26.0~62.9	12.36	–0.12	0.88

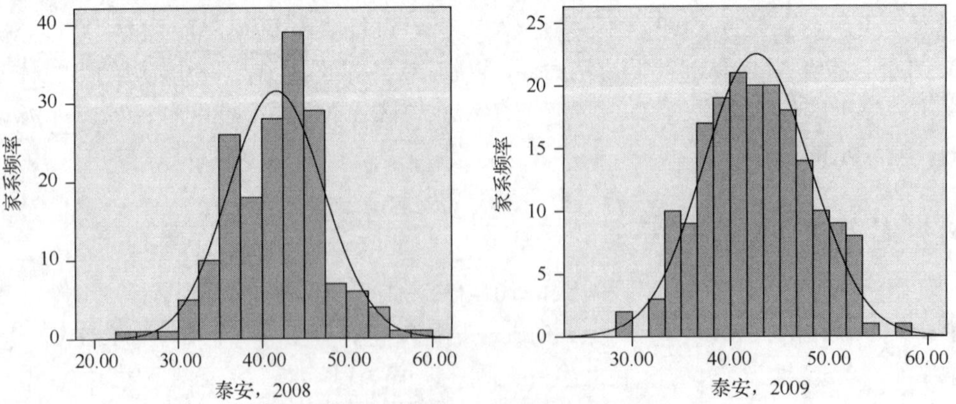

图 4-6　群体粒重 4 个环境下频率分布

Fig. 4-6　Frequency of thousand grain weight in RIL population

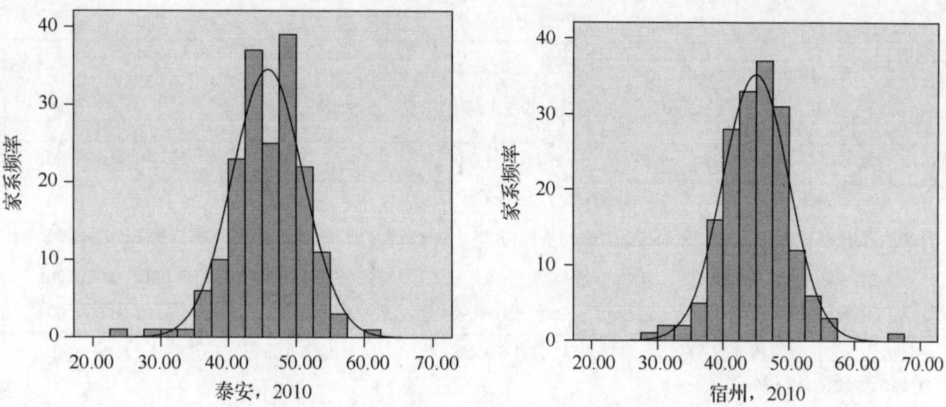

图 4-6 （续）

Fig. 4-6 (Continued)

2. 千粒重 QTL 定位

利用 QTL network 2.0 对 4 个环境粒重和 4 年平均值分别进行 QTL 分析，并同时利用 4 个环境进行了环境与基因型互作效应检测，共检测到 9 个控制粒重的加性 QTL，位于 1B、4B、5B、6A 染色体上(表 4-23)。9 个 QTL 的加性效应均来自母本'山农 01-35'，单个 QTL 可增加千粒重 1.09~2.97g。其中 *QGW4B-17*(E3，E4，AE，ME)、*QGW4B-5*(E1)、*QGW4B-2*(E2)、*QGW6A-344*(E3)、*QGW6A-137*(E4)5 个 QTL 贡献率大于 10%，为主效 QTL。*QGW4B-17* 在 E3、E4 和 AE 和 ME 下都检测到，其遗传效应值都超过 16%，其中在 2010 年宿州环境下检测到贡献率最大，解释表型变异的 33.3%；*QGW4B-5*(E1)、*QGW4B-2*(E2)、*QGW6A-344*(E3)、*QGW6A-137*(E4)分别解释表型变异的 12.2%和 12.5%、12.5%、10.1%。

表 4-23　千粒重加性 QTL 定位结果

Table 4-23　QTL analysis of grain weight

环境 Environment	位点 QTL	染色体 Chromosome	区间 Interval	位置 Site/cM	范围 Range	加性效应[a] (A)	P 值 P-Value	贡献率[b] (PVE) /%
2008 年泰安 (E1)	*QGW4B-5*	4B	*WSNP_KU-TDURUM_CONTIG*	18.6	14.7~35.3	1.6518	0.000027	12.2
	QGW6A-232	6A	*RFL_CONTIG-TAGW2-CAPS*	100.6	97.8~115.6	1.8996	0.000002	9.6
2009 年泰安 (E2)	*QGW4B-2*	4B	*EXCALIBUR_C-CAP*	2.3	0.0~12.0	1.9835	0.000001	12.5
2010 年泰安 (E3)	*QGW4B-17*	4B	*EX_C101685-RAC875_C*	33.3	25.0~36.3	2.5307	0.000000	24.1
	QGW6A-344	6A	*IAAV622-WSNP_EX_C*	165.7	159.0~176.1	1.6754	0.000001	12.5
2010 年宿州 (E4)	*QGW1B-26*	1B	*WPT-8682-TDURUM_CONTIG*	39.2	33.2~42.0	1.0935	0.000083	2.5
	QGW4B-17	4B	*EX_C101685-RAC875*	34.3	31.3~36.3	2.9718	0.000000	33.3
	QGW5B-449	5B	*JD_C-WSNP_EX_C47152*	100.9	96.1~105.6	1.2714	0.000005	5.4
	QGW6A-137	6A	*IAAV1346-WSNP_EX_REP_C*	94.2	90.5~94.9	1.5677	0.000000	10.1

续表

环境 Environment	位点 QTL	染色体 Chromosome	区间 Interval	位置 Site/cM	范围 Range	加性效应[a] (A)	P值 P-Value	贡献率[b] (PVE) /%
平均(AE)	*QGW4B-17*	4B	*EX_C101685-RAC875_C*	34.3	23.0~36.3	2.2046	0.000000	24.0
	QGW6A-136	6A	*TA004558-IAAV1346*	93.7	89.6~94.9	1.4503	0.000001	9.5
多环境(ME)	*QGW4B-17*	4B	*EX_C101685-RAC875-c*	35.3	32.3~36.3	2.3022	0.000000	16.5
	QGW5B-471	5B	*WSNP_KU-WPT-0103*	130.9	126.1~133.9	1.1883	0.000000	3.6
	QGW6A-168	6A	*BS00012351-BS00089169*	98.5	97.1~101.6	1.6282	0.000000	6.9

a. 加性效应，正值表示增加粒重的等位变异来自‘山农 01-35’，负值表示增加粒重的等位变异来自‘藁城 9411’；b. 贡献率表示 QTL 对性状的解释率

a. Additive effects, positive value indicates that allele from 01-35, negative value indicates that allele from 9411; b. Contribution explained by putative main-effect QTL

四、关于小麦粒重 QTL 分析的讨论

小麦粒重的 QTL 定位已成为当前研究的热点，在 21 条染色体上几乎都检测到控制粒重 QTL。但是，小麦是异源六倍体，与粒重有关的基因鉴定较少，也缺乏分子标记辅助选择的有效标记。目前，小麦粒重分子标记辅助选择的瓶颈效应主要表现在：①绝大多数粒重 QTL 不是功能性标记，且多数发表的粒重 QTL 位点都没有经过育种过程或品种进行有效性验证。②QTL 实用性差：单一遗传群体定位的基因位点，准确度差，而且由于置信区间大，QTL 过多或存在假阳性 QTL，降低了分子辅助选择的实际效率。利用高密度图谱进行粒重基因的精确定位，有助于解决当前报道的 QTL 位点很多但实用性较差的现实问题。

王瑞霞等(2009)利用 RIL 群体检测到 1B 染色体上控制粒重的 QTL。Huang(2004)利用加拿大小麦在 4B 染色体上检测到粒重相关的 QTL。丁安明(2011)利用两个 RIL 群体检测到位于 4B、5B 和 6A 染色体与粒重有关的 QTL。本研究共检测到 9 个控制粒重的加性 QTL，分别位于 1B、4B、5B、6A 染色体上，与前人定位的粒重 QTL 所在染色体基本一致。

本研究利用高密度遗传图，检测到与粒重紧密连锁的 *QGW6A-232* 基因位点，该位点右侧标记就是 Su 等(2011)根据水稻粒重基因最新开发的位于 6A 染色体上与粒重相关的 TaGW2-CAPS 标记。定位结果说明，该遗传图具有较高的可靠性和标记之间的高密度性，在一定意义上已经接近了粒重基因精细定位的程度。

第八节　基于小麦骨干亲本“矮孟牛”群体的穗部性状的关联分析

关联分析(association mapping 或 association analysis)是利用不同基因座等位变异基因间的连锁不平衡关系，进行标记与性状的相关性分析。相比于 QTL 定位的连锁分析，关联分析具有如下优势：①不需构建作图群体，即利用自然品种(系)，不需再构建群体，省时省力，并有较多的群体可供利用(张学勇等，2006)；②作图定位更精确，即利用自然群体在长期进化中所积累的重组信息，具有较高的解析率，可实现数量性状基因(位点)的精细定位，甚至直接定位到基因本身；③可同时考察一个基因座的多个等位基因，即

实现对其作图群体(自然群体)一个基因座上所有等位基因的鉴别。近年来，随着基因组学的发展和生物统计软件的完善，利用自然群体进行关联分析技术发掘植物数量性状基因已成为国际植物基因组学研究的热点之一。

一、骨干亲本“矮孟牛”群体穗部性状的关联分析材料与方法

(一)群体材料

小麦骨干亲本“矮孟牛”衍生系群体，共109个家系。家系之间在农艺和品质性状方面均有着较大差异。该群体主要用于小麦产量和穗部性状的关联分析。

(二)田间种植

见本章第一节材料与方法。

(三)性状调查

见本章第一节材料与方法。

(四)数据处理

利用SPSS 13.0软件对上述农艺性状指标进行统计分析。应用TASSEL2.1软件中的混合线性模型(mixed linear model)进行性状与标记之间的关联分析，Kinship由TASSEL 2.1计算。当标记的P值小于0.001时，认为标记与性状存在关联。

二、穗部性状——标记间的关联分析

(一)穗部性状表型变异

在6个环境中穗长、总小穗数、可育小穗数、不育小穗数、小穗着生密度、穗粒数、穗粒重和千粒重等8个性状表型变化如表4-24所示。表型性状在不同个体材料间差异显著，变异丰富，不同年份、地点间差异不大。群体结构解释的表型变异比例平均值为2.79%~11.49%，广义遗传力为55.88%~98.05%，性状遗传稳定。

表4-24　关联群体穗部性状在不同环境下的表现

Table 4-24　Phenotypic values for spike related traits of the association population in different environments

性状 Trait	环境 Environment	最小值 Minimum	最大值 Maximum	平均值 Mean	标准差 (SD)	表型变异解释率[a] (R^2)/%	广义遗传力[b] (H^2)/%
穗长 Spike length /cm	E1: 泰安, 2006	6.20	16.00	9.70	1.61	11.46	98.05
	E2: 泰安, 2007	6.73	14.87	9.60	1.75	13.37	
	E3: 泰安, 2008	6.63	16.00	9.67	1.66	15.36	
	E4: 泰安, 2009	6.45	16.17	9.73	1.52	9.63	
	E5: 泰安, 2010	6.60	14.00	9.02	1.39	9.50	
	E6: 宿州, 2010	6.50	14.93	9.43	1.60	9.62	

续表

性状 Trait	环境 Environment	最小值 Minimum	最大值 Maximum	平均值 Mean	标准差 (SD)	表型变异解释率[a] (R^2) /%	广义遗传力[b] (H^2) /%
总小穗数 Spikelets per spike/个	E2: 泰安, 2007	15.30	22.00	18.67	1.86	3.44	96.55
	E3: 泰安, 2008	15.33	24.00	19.24	1.64	1.95	
	E4: 泰安, 2009	15.00	25.33	18.44	1.77	3.68	
	E5: 泰安, 2010	16.00	25.67	19.26	1.95	4.69	
	E6: 宿州, 2010	16.33	28.33	20.86	2.04	3.92	
可育小穗数 Fertile spikelets per spike /个	E2: 泰安, 2007	11.67	20.33	15.97	1.54	4.85	93.77
	E3: 泰安, 2008	9.33	23.00	19.91	1.87	4.90	
	E4: 泰安, 2009	15.00	24.67	18.19	1.71	4.91	
	E5: 泰安, 2010	12.33	25.67	18.77	1.86	4.73	
	E6: 宿州, 2010	14.00	23.67	18.17	1.89	4.68	
不育小穗数 Steril spikelets per spike /个	E2: 泰安, 2007	0.00	4.00	1.84	0.77	2.43	55.88
	E3: 泰安, 2008	0.33	5.67	2.19	1.11	4.05	
	E4: 泰安, 2009	0.00	1.33	0.26	0.37	0.62	
	E5: 泰安, 2010	0.00	4.00	1.58	0.82	2.62	
	E6: 宿州 2010	0.00	3.67	1.79	1.02	4.22	
小穗着生密度 Compactness /(个/cm)	E2: 泰安, 2007	126.28	263.54	191.33	29.23	6.65	92.02
	E3: 泰安, 2008	133.31	236.76	212.64	30.89	9.0	
	E4: 泰安, 2009	138.10	266.10	235.18	30.97	4.63	
	E5: 泰安, 2010	100.00	258.06	206.25	26.72	6.31	
	E6: 宿州, 2010	158.68	367.44	227.64	39.63	5.82	
穗粒数 Grains per spike/个	E1: 泰安, 2006	35.00	61.00	47.29	5.88	5.36	96.58
	E2: 泰安, 2007	18.33	67.67	43.49	9.50	6.75	
	E3: 泰安, 2008	11.67	68.67	41.29	8.83	10.00	
	E4: 泰安, 2009	31.67	68.67	48.35	8.61	1.89	
	E5: 泰安, 2010	27.67	66.33	42.87	7.61	4.19	
	E6: 宿州, 2010	26.00	66.67	43.86	8.93	3.79	
穗粒重 Kernel weight per spike/g	E4: 泰安, 2009	1.07	2.68	1.73	0.36	4.29	87.95
	E5: 泰安, 2010	1.16	2.84	1.80	0.32	0.62	
	E6: 宿州, 2010	1.01	2.72	1.64	0.33	3.79	
千粒重 Thousand grain weight/g	E1: 泰安, 2006	21.90	55.90	41.22	6.45	5.59	91.68
	E2: 泰安, 2007	24.70	56.00	43.27	6.44	4.81	
	E3: 泰安, 2008	23.10	60.80	45.35	6.74	6.33	
	E4: 泰安, 2009	24.60	59.40	47.53	6.34	2.96	
	E5: 泰安, 2010	35.42	61.77	50.58	5.58	7.49	
	E6: 宿州, 2010	23.67	57.53	44.40	6.22	10.15	

a. 群体结构能解释的表型变异比例; a. Percentage of phenotypic variation explained by population structure

b. 广义遗传力(下同); b. Broad-sense heritability (The same below)

(二)穗部性状的相关分析

8 个穗部性状在 6 个环境中的平均值的相关性见表 4-25。绝大多数性状间呈显著相关性。其中总小穗数和可育小穗数正相关性最高，相关系数为 0.895**；其次是穗长和小穗着生密度，相关系数为 0.795**。

表 4-25　穗部性状间的相关性分析

Table 4-25　Coefficients of pairwise correlations of the mean values of agronomic traits

	千粒重 Thousand grain weight	可育小穗数 Fertile spikelets per spike	穗粒数 Grains per spike	穗长 Spike length	小穗着生密度 Compactness	不育小穗数 Steril spikelets per spike	总小穗数 Spikelets per spike	穗粒重 Kernel weight per spike
千粒重 Thousand grain weight								
可育小穗数 Fertile spikelets per spike	–0.287**							
穗粒数 Grains per spike	–0.104	0.194*						
穗长 Spike length	–0.060	0.455**	0.024					
小穗着生密度 Compactness	0.066	–0.130	0.142	0.795**				
不育小穗数 Steril spikelets per spike	0.247**	–0.170	–0.050	0.177	–0.888			
总小穗数 Spikelets per spike	–0.140	0.895**	0.172	0.524**	–0.156	0.274**		
穗粒重 Kernel weight per spike	0.344**	0.383**	0.197*	0.369**	–0.209*	–0.030	0.377**	

**相关系数在 P<0.01 水平显著；*相关系数在 P<0.05 水平显著

**Correlation is significant at when P<0.01 level; *Correlation is significant at when P<0.05 level

(三)穗部性状的关联分析

利用 6 个环境中上述 8 个性状的表型值与 DNA 标记进行关联分析，在 P<0.001 水平，共检测到 132 个与穗部相关的标记/性状关联，分布在除 4D 外其他 20 条染色体上，其中 72 个关联的表型变异比例超过 10%(表 4-26)。

表 4-26　与穗部性状显著关联的标记位点及其对表型变异的解释

Table 4-26　The marker loci associated with spike related traits and corresponding explained phenotypic variation

性状 Trait	染色体 Chromosome	标记 Marker	位置 Site/cM	表型变异解释率 (R^2)/%					
				E1	E2	E3	E4	E5	E6
穗长	1D	*wPt-9380*	49.2						7.36*
Spike length	2A	*wPt-7024*	84.6		8.98*				
		wPt-6711	—		8.84*				

续表

性状 Trait	染色体 Chromosome	标记 Marker	位置 Site/cM	表型变异解释率 (R^2) /%					
				E1	E2	E3	E4	E5	E6
穗长 Spike length	2A	*wPt-0568*	—		7.58*				
		wPt-8132	—						13.71**
	2D	*wPt-9749*	4.9		11.94**				
		wPt-6847	59.5		8.33*				
		wPt-6704	—		9.10*				
		wPt-6850	—		8.27*				
	5B	*wPt-9666*	41.1						8.19*
		wPt-9814	69.7		7.30*				17.95**
		wPt-5737	69.9						15.67**
	5D	*wPt-2256*	—		8.63*				
	6A	*wPt-666494*	63.7	16.61*					
		wPt-668031	66.3	9.24*					
		wPt-4145	—	17.46					
	7A	*wPt-3425*	—		8.82*				
	7B	*wPt-5737*	56.6						15.67**
		wPt-9814	56.7		7.30*				17.95**
		wPt-2878	—					11.59*	8.30*
	7D	*wPt-663992*	9.4		8.44*				
		wPt-663849	9.4		8.36*				
		wPt-664384	52.6	13.76*					
		wPt-2592	84.7	17.32*					
		wPt-4315	—	9.57*					
总小穗数 Spikelets per spike	1A	*wPt-5160*	—						10.23*
		wPt-7147	—						10.27*
		wPt-6005	83.3						9.95*
	5D	*wPt-2256*	—						9.97*
	6B	*wPt-4858*	66.1					11.1*	
		wPt-7576	73.6				10.13*	13.35**	14.37**
		tPt-3506	—				10.01*	13.41**	13.51**
		tPt-4887	—				9.58*	12.31*	12.93**
	7A	*wPt-4617*	—			4.10**			
可育小穗数 Fertile spikelets per spike	5A	*wPt-9094*	—					10.04*	
	5B	*wPt-5346*	62.5						9.62*
		wPt-665267	200.5						10.40*
	6B	*wPt-7576*	73.6				9.57*	11.07*	
		tPt-3506	—				10.24*	11.26*	
		tPt-4887	—				9.81*	9.95*	
	7A	*wPt-6417*	—		9.62*				
不育小穗数 Steril spikelets per spike	2D	*wPt-6574*	8.7		12.30*				
		wPt-3728	9.5					11.16*	
		wPt-6847	59.5		9.15*				
		wPt-7466	—					10.31*	
	3A	*wPt-734141*	87.4				10.45*		

续表

性状 Trait	染色体 Chromosome	标记 Marker	位置 Site/cM	表型变异解释率 (R^2)/%					
				E1	E2	E3	E4	E5	E6
不育小穗数 Steril spikelets per spike	3B	*wPt-7961*	—				12.40*		
	4B	*wPt-6149*	—						10.78*
	5B	*wPt-5346*	62.5				11.25*		
		wPt-665267	200.5				7.81*		
	6A	*wPt-9474*	136.1		11.72*				
	7D	*wPt-667894*	15.1						13.49*
		wPt-663971	15.1						13.45*
小穗着生密度 Compactness	1D	*wPt-3738*	36.8		9.79*				
		wPt-669498	230.7				13.33*		
	2A	*wPt-6711*	—		8.89*				
	2D	*wPt-6704*	—		9.13*			9.60*	
		wPt-9749	4.9		12.69**				
	3A	*wPt-0398*	146.4					13.10*	
		wPt-666832	191.1		8.88*				
		wPt-9160	—					11.89*	
	3D	*wPt-4569*	139.5					9.58*	
	5B	*wPt-9814*	69.7						11.12*
		wPt-5737	69.9						10.86*
	6A	*wPt-8266*	67		8.76*				
		wPt-0139	—				11.29*		
	7B	*wPt-5737*	56.6						10.86*
		wPt-9814	56.7						11.12*
	7D	*wPt-3268*	—		13.42**				
穗粒数 Grains per spike	1B	*wPt-8240*				10.20*			
	2D	*wPt-4527*	203.3	18.51*					
	4B	*wPt-1708*	93.8			11.74*			
		wPt-5265	0.0			1.10**			
	6B	*wPt-1089*	39.0			9.50*			
	6D	*wPt-9863*	—				9.83*		
	7A	*wPt-6417*	—			10.49*		10.32*	
	7B	*wPt-0547*	—			9.09*			
		wPt-9515	—			8.04*			
穗粒重 Kernel weight per spike	3A	*wPt-0398*	146.4				12.13*		
		wPt-9160	—				13.35*		
	4A	*wPt-6900*	—						10.15*
	6B	*wPt-4893*	—						9.23*
	7D	*wPt-2565*	1.3						12.59*
千粒重 Thousand grain weight	1A	*wPt-4134*	—						9.26*
		wPt-7241	—						9.26*
		wPt-8455	27.1				10.74*		
		wPt-669484	143.9				8.09*		
	1B	*wPt-2526*	76.3					9.67*	
	2A	*wPt-9277*	53.0				9.10*		
		wPt-6775	283.0				9.69*		

续表

性状 Trait	染色体 Chromosome	标记 Marker	位置 Site/cM	表型变异解释率 (R^2) /%					
				E1	E2	E3	E4	E5	E6
千粒重 Thousand grain weight		*wPt-1142*	—		13.44*				
	2B	*wPt-2425*	206.7				11.22*		
		wPt-4368	—				10.38*		
		wPt-5736	—				11.26*		
	4A	*wPt-6867*	—				11.12*		
	5B	*wPt-1302*	16.3		8.48*			15.53**	
		wPt-9613	94.4						9.26*
		wPt-7237	—				10.72*		
		wPt-1548	—						8.74*
	6A	*wPt-9679*	26.1			7.78*			
		wPt-1695	66.5			9.71*			
		wPt-7840	—			8.61*			
	6B	*wPt-4858*	66.1						10.60*
		wPt-7576	73.6		10.62*				12.27*
		tPt-4887	—		11.87*				11.92*
		tPt-3506	—		11.11*				11.26*
	6D	*wPt-672044*	134.6			8.91*			
		wPt-664719	134.9			9.37*			
		wPt-2864	—				8.78*		
	7B	*wPt-8598*	142.4						9.26*
		wPt-8981	—			12.34*			
		wPt-9665	—			8.05*			
		wPt-7471	—						9.26*
		wPt-9904	—						9.26*

**相关系数在 P<0.01 水平显著；*相关系数在 P<0.05 水平显著

**Correlation is significant at when P<0.01 level; *Correlation is significant at when P<0.05 level

确定了穗长的 28 个标记/性状关联(MTA)，包括分布于 1D、2A、2D、5B、5D、6A、7A、7B 和 7D 染色体上的 25 个 DArT 标记，R^2 值(表型变异解释率)范围是 7.3%~17.95%，标记 *wPt-9814*(5B，69.7cM)、*wPt-9814*(7B，56.7cM)都在两个环境中检测到，且同时具有最大的 R^2 值(17.95%，P<0.0001)。第三个和第四个环境下未检测到显著关联的标记。

确定了总小穗数的 15 个 MTA，包括 9 个 DArT 标记，分布于 1A、5D、6B 和 7A 染色体上，R^2 值范围是 4.1%~14.37%。标记 *wPt-7576*(6B，73.6cM)在 3 个环境中重复检测到，且对性状的解释最大(14.37%，P<0.0001)，3 个环境中都超过 10%。标记 *wPt-tPt-3506* 和 *tPt-4887* 都与其完全连锁不平衡，且都在 3 个环境下检测到。与总小穗数关联的未定位的标记 *wPt-5160* 和 *wPt-7147* 都与 *wPt-6005*(1A，83.3cM)存在完全的连锁不平衡(r^2=1)，可视为同一位点。

确定了有效小穗数的 10 个 MTA，包括 7 个 DArT 标记，分布于 5A、5B、6B 和 7A 染色体上，R^2 值范围是 9.57%~11.26%。标记 *wPt-7576*(6B，73.6cM)在两个环境中检测到，且对性状的解释也较大(9.57%，11.07%)。标记 *tPt-3506* 和 *tPt-4887* 都与其完全连

锁不平衡，且都在两个环境下重复检测到。

确定了不育小穗数的12个MTA，包括12个DArT标记分布于2D、3A、3B、4B、5B、6A和7D染色体上，R^2值范围是7.81%~13.49%。标记*wPt-667894*和*wPt-663971*(7D，15.1cM)对性状的解释较大(13.49%，13.45%)。未定位的标记*wPt-7466*和*wPt-3728*(2D，9.5cM)完全连锁不平衡，可视为同一位点。

确定了小穗密度的17MTA，包括17个DArT标记，分布于1D、2A、2D、3A、3D、5B、6A、7B和7D染色体上，R^2值范围是8.76%~13.42%，标记*wPt-3268*(7D)对性状的解释最大(P<0.0001)。未定位的标记*wPt-6704*可在两个环境下检测到，对性状的解释分别为9.13%和9.6%(P<0.001)，其与*wPt-667476*(2D，62.3cM)完全连锁不平衡，可视为在同一位点。

确定了穗粒数的10个标记/性状关联(MTA)，包括9个DArT标记，分布于1B、2D、4B、6B、6D、7A和7B染色体上，R^2值范围是8.04%~18.51%。其中，第三个环境下检测到的关联最多。标记 *wPt-4527*(7D，203.3cM)对性状的解释最大。未定位的标记*wPt-6417*可在两个环境下检测到，对性状的解释分别为10.49%和10.32%，未发现其与定位标记间存在较强的连锁不平衡。

确定了穗粒重的5个MTA，包括5个DArT标记分布于3A、4A、6B和7D染色体上，R^2值范围是9.23%~13.35%。标记*wPt-9160*对性状的解释最大(13.35%)，与定位的标记*wPt-0398*(3A，146.4cM)存在较强的连锁不平衡(r^2=0.94)，可认为在其位点附近。

确定了千粒重的35个MTA，包括31个DArT标记，分布于1A、1B、2A、2B、4A、5B、6A、6B、6D和7B染色体上，R^2值范围是7.78%~15.53%。在5个环境下检测到显著的关联。标记*wPt-1305*(5B，16.3cM)和*wPt-7576*(6B，73.6cM)都在两个环境中重复检测到，且对性状的解释较高。未定位的标记*tPt-3506*、*tPt-4887*和*wPt-7471*、*wPt-9904*分别与定位的标记*wPt-7576*(6B，73.6cM)、*wPt-8598*(7B，142.4cM)存在完全的连锁不平衡(r^2=1)，可认为在同一位点。标记*wPt-4368*与*wPt-2425*(2B，206.7cM)、*wPt-7840*与*wPt-731250*(6A，71.1cM)存在较强的连锁不平衡(r^2>0.9)，可视为在位点附近。

第九节　产量性状QTL定位与前人结果的对比分析

一、小麦产量性状QTL研究进展概述

小麦产量是由单位面积穗数、穗粒数和千粒重构成的，在一定环境条件下三者的协调发展是保证产量提高的决定性因素。但前人研究表明穗粒数与单位面积穗数之间呈显著性负相关，即穗粒数的增加是建立在穗数减少的基础之上。而千粒重的增加则是相对独立的，在一定群体条件下增加单穗粒重是提高产量潜力的关键。小麦产量性状属于数量性状，遗传机理比较复杂，传统遗传学分析方法很难剖析控制产量及其产量因素的基因数目、位置、贡献率及其基因间的互作。利用高密度遗传图则可解析复杂的数量性状，计算单个QTL的贡献率及其之间的相互作用。目前，对小麦产量及其相关性状的QTL研究主要集中在以下几个方面。

(一)小麦穗部相关性状的 QTL 定位

穗部性状包括穗部形态、穗长、穗粒数、小穗数、不育小穗数、可育小穗数、穗粒重和穗密度等性状。前人研究发现控制穗部形态的重要 QTL 位点主要在 5A、2D 和 3D 染色体上(表 4-27)。Miura 等(1992，1994)在 5B 染色体着丝点附近定位出控制每穗小穗数和穗粒数的 QTL。其他人在 1BS、4A、7D 和 5A 染色体上也都鉴定出控制小穗数和单穗粒重有关的 QTL(Schlegel and Meinel，1994；Araki et al.，1999；Kato et al.，2000)。

Borner 等(2002)利用 RIL 群体(114 个系)在 11 个环境中进行产量性状 QTL 检测，其中在 1BS、4AS、4AL 和 5AL 上检测到 4 个控制穗长的主效 QTL；在 2DS 和 4AL 上检测到 2 个控制穗粒数的主效 QTL；在 2DS、4AL 和 5AL 上检测到控制单穗粒重的 3 个主效 QTL。Huang 等(2004)利用 BC_2F_1 群体在 1D、2A、3D、6A、7A 和 7D 染色体检测到 8 个控制穗粒数的 QTL。

周淼平等(2006)利用‘望水白’与墨西哥小麦品种‘Alondra’杂交构建的重组自交系群体(104 个家系)，在 3 个环境下检测到与主茎穗粒数相关的 8 个 QTL(位于 1B、1D、3B、4A、5D、6B 染色体上)，检测到单穗粒数的 11 个 QTL(位于 lB、1D、2A、2B、3B、4A、5D、6B 和 7A 染色体上)；Ma 等(2007)利用 RIL 群体和永久 F_2 群体检测到控制穗长、总小穗数、可育小穗数、不育小穗数和小穗着生密度的 61 个 QTL；Li 等(2007b)年利用 RIL 群体检测到 7 个穗粒数的 QTL，分布于 1D、2A、3B、6A 和 6B 染色体上，检测到控制不育小穗数的 QTL 5 个(分布于 1A、4A、6B、7A 和 7D 染色体上)，检测到控制可育小穗数的 QTL 5 个(主要位于 2A、5D、6B 和 7D 染色体上)，而总小穗数的 QTL 仅检测到 1 个(在 5D 染色体上)。Chu 等(2008)利用 DH 群体检测到 3 个控制穗长的 QTL，主要位于 3DS、4AL 和 5AL 上，1 个控制小穗数的 QTL 位于 4DL 上，2 个控制穗密度的 QTL 在 5AL 和 5BL 上；Wang 等(2010)在 4AL、5AL 和 7BL 染色体上同时检测到控制穗长、小穗数和穗粒数的 QTL 位点，而在 6AL 上同时检测到控制穗长和小穗数的 QTL。

(二)小麦籽粒相关性状的 QTL 定位

小麦籽粒性状也是典型的多基因控制的数量性状，既受基因型又受环境条件的影响，主要包括千粒重、容重、籽粒长、籽粒宽、籽粒厚度等与粒重和籽粒大小相关的性状。目前，国内外学者利用不同的作图群体对千粒重和籽粒大小等性状进行了大量的 QTL 分析研究(表 4-27)。

表 4-27 已发表穗部性状 QTL 定位结果汇总(仅列出贡献率 10%以上的主效 QTL)

Table 4-27 The summary of QTL for spike related traits published previously(PVE is only above 10%)

性状 Trait	QTL	染色体 Chromo-some	标记 Marker	贡献率 (PVE)/%	作图群体 Mapping population	参考文献 Reference
穗长 Spike length	*QSpl.nau-1A*	1A	*Xzmh161-Xbarc28.2*	10.60	Wangshuibai/Nanda2419 RIL	Ma et al. (2007)
	QSpl.nau-1A	1A	*Xzmh161-Xbarc28.2e*	11.30	Wangshuibai/Nanda2419 IF2	Ma et al. (2007)
	QEl	1BS	*Xbcd338*	15.00	ITMI RIL	Jantasuriyarat et al. (2004)

续表

性状 Trait	QTL	染色体 Chromosome	标记 Marker	贡献率 (PVE) /%	作图群体 Mapping population	参考文献 Reference
穗长 Spike length	*QEl*	1BS	*Xbcd12*	18.00	ITMI RIL	Jantasuriyarat et al. (2004)
	QSl.ccsu-2B.5	2BL	*Xwmc272-Xwmc474*	17.01	WL711/PH132 RIL	Kumar et al. (2007)
	QSps.ccsu-2B.2	2BS	*Xgwm1128-Xgwm682*	15.81	WL711/PH132 RIL	Kumar et al. (2007)
	QSpl.nau-2D	2D	*Xgwm261-XRPP5*	20.00	Wangshuibai/Nanda2419 IF_2	Ma et al. (2007)
	QSl.wa -2DS.e1	2D	*Xwmc112-Xwmc503*	13.61	3228/Jing 4839 $F_{2:3}$	Wang et al. (2010)
	QSl.ccsu-2D.5	2DL	*Xgwm349-Xgwm382*	11.36	WL711/PH132 RIL	Kumar et al. (2007)
	QSpl.nau-4A	4A	*Xcfd2-Xmag1353d*	11.80	Wangshuibai/Nanda2419 RIL	Ma et al. (2007)
	QSl.wa -4AL.e1	4A	*Xbarc170-Xwmc707*	2.13	3228/Jing 4839 $F_{2:3}$	Wang et al. (2010)
	QSl.wa -4AL.e3	4A	*Xbarc1047-Xwmc718*	11.89	3228/Jing 4839 $F_{2:3}$	Wang et al. (2010)
	QEl	4AL	*Xfbb154*	22.00	ITMI RIL	Jantasuriyarat et al. (2004)
	QEl	4AL	*Xcdo545*	11.00	ITMI RIL	Jantasuriyarat et al. (2004)
	QSps.ccsu-4A.5	4AL	*Xgwm959-Xgwm832*	12.21	WL711/PH132 RIL	Kumar et al. (2007)
	QEl.fcu-4A	4AL	*Xbarc26-Xbarc236*	11.14	TA4152-60/ND495 DH	Chu et al. (2008)
	QEl	4DL	*Xbcd1117*	11.00	ITMI RIL	Jantasuriyarat et al. (2004)
	QSpl.nau-5A	5A	*Xwmc96-Xgwm304*	13.40	Wangshuibai/Nanda2419 IF2	Ma et al. (2007)
	QEl.fcu-5A	5AL	*Xwmc96-Xgwm410.1*	19.00	TA4152-60/ND495 DH	Chu et al. (2008)
	QSpl.nau-5B	5B	*Xmag959-Xwmc421.3*	10.20	Wangshuibai/Nanda2419 RIL	Ma et al. (2007)
	QSps.ccsu-6A.3	6AL	*Xgwm570-Xgwm1040*	12.46	WL711/PH132 RIL	Kumar et al. (2007)
	QSl.wa -6BL.e2	6B	*Xbarc24-Xbarc361*	11.09	3228/Jing 4839 $F_{2:3}$	Wang et al. (2010)
	QEl	7AS	*Xabc158*	18.00	ITMI RIL	Jantasuriyarat et al. (2004)
	QSpl.nau-7D	7D	*Xcfd46-Xwmc702*	29.70	Wangshuibai/Nanda2419 RIL	Ma et al. (2007)
	QSpl.nau-7D	7D	*Xcfd46-Xwmc702*	31.40	Wangshuibai/Nanda2419 IF2	Ma et al. (2007)
小穗着生密度 Compactness	*QCpt.nau-2D*	2D	*Xgwm261-XRPP5*	11.70	Wangshuibai/Nanda2419 RIL	Ma et al. (2007)
	QCpt.nau-2D	2D	*Xgwm261- XRPP5c*	23.20	Wangshuibai/Nanda2419 IF_2	Ma et al. (2007)
	QCpt.nau-4A	4A	*Xcfd2-Xmag1353*	15.90	Wangshuibai/Nanda2419 RIL	Ma et al. (2007)
	QCpt.nau-4A	4A	*Xcfd2-Xmag1353*	18.10	Wangshuibai/Nanda2419 RIL	Ma et al. (2007)
	QCpt	4AL	*Xfbb114*	17.00	ITMI RIL	Jantasuriyarat et al. (2004)
	QCpt.nau-5A2	5A	*Xmag1281-Xwmc96*	14.90	Wangshuibai/Nanda2419 IF_2	Ma et al. et al. (2007)
	QCpt	5AL	*Xrz395*	14.00	ITMI RIL	Jantasuriyarat et al. (2004)
	QCpt.nau-5B1	5B	*Xmag959-Xwmc421.3*	10.50	Wangshuibai/Nanda2419 RIL	Ma et al. (2007)
	QCpt.nau-5B2	5B	*Xwmc28-Xbarc59*	10.80	Wangshuibai/Nanda2419 RIL	Ma et al. (2007)
	QCpt.nau-5B2	5B	*Xwmc28-Xbarc59*	15.50	Wangshuibai/Nanda2419 IF_2	Ma et al. (2007)
	QEc.fcu-5B	5BL	*Xfcp593-Xbarc142*	13.00	TA4152-60/ND495 DH	Chu et al. (2008)

续表

性状 Trait	QTL	染色体 Chromosome	标记 Marker	贡献率 (PVE)/%	作图群体 Mapping population	参考文献 Reference
小穗着生密度 Compactness	*QCpt*	6AS	*Xcdo1428*	25.00	ITMI RIL	Jantasuriyarat et al. (2004)
	QCpt	6AS	*Xgwm494*	34.00	ITMI RIL	Jantasuriyarat et al. (2004)
	QCpt.nau-7D	7D	*Xcfd46-Xwmc702c*	11.30	Wangshuibai/Nanda2419 RIL	Ma et al. (2007)
	QCpt.nau-7D	7D	*Xcfd46-Xwmc702c*	15.50	Wangshuibai/Nanda2419 RIL	Ma et al. (2007)
	QCpt.nau-7D	7D	*Xcfd46-Xwmc702e*	13.50	Wangshuibai/Nanda2419 IF_2	Ma et al. (2007)
总小穗数 Spikelets per spike	*QSpn.nau-2D*	2D	*Xaf12-Xcfd239*	20.80	Wangshuibai/Nanda2419 RIL	Ma et al. (2007)
	QSpn.nau-2D	2D	*Xwmc181.1-Xaf12d*	15.10	Wangshuibai/Nanda2419 IF_2	Ma et al. (2007)
	QSps.ccsu-2D.2	2DS	*Xgwm261-Xcdo1379*	13.46	Opata/W7984 RIL	Kumar et al. (2007)
	QSpn	3AS	*XATPase*	11.00	ITMI RIL	Jantasuriyarat et al. (2004)
	QSpn.nau-3B	3B	*Xmag980-Xwmc510*	13.80	Wangshuibai/Nanda2419 RIL	Ma et al. (2007)
	QSpn	3DL	*Xfbb269*	16.00	ITMI RIL	Jantasuriyarat et al. (2004)
	QSpn	4AL	*Xbcd1670*	12.00	ITMI RIL	Jantasuriyarat et al. (2004)
	QSps.ccsu-4A.1	4AL	*Xgwm637-Xmwg549*	11.22	Opata/W7984 RIL	Kumar et al. (2007)
	QSps.ccsu-4D.1	4DS	*Xmwg634-Xbcd265*	16.56	Opata/W7984 RIL	Kumar et al. (2007)
	QSpn.nau-5A	5A	*Xzmh1368-Xcfa2163*	14.60	Wangshuibai/Nanda2419 RIL	Ma et al. (2007)
	QSpn.nau-5A	5A	*Xcfa2163-Xcfa2185.2d*	12.00	Wangshuibai/Nanda2419 RIL	Ma et al. (2007)
	QSpn.nau-5A	5A	*Xcfa2185.2-Xmag1494e*	12.70	Wangshuibai/Nanda2419 IF_2	Ma et al. (2007)
	QSpn.nau-5B	5B	*Xwmc723.1-Xmag2152*	15.40	Wangshuibai/Nanda2419 RIL	Ma et al. (2007)
	QTss.sdau-5D.e3	5D	*Xswes197-Xgwm272*	51.79	Chuan35050/Shannong483 RIL	Li et al. (2007b)
	QSpn.nau-7A	7A	*Xwmc83-Xwmc17*	12.20	Wangshuibai/Nanda2419 IF_2	Ma et al. (2007)
	QSpn	7AL	*Xfba69*	18.00	ITMI RIL	Jantasuriyarat et al. (2004)
	QSpn	7AL	*Xfbb18*	18.00	ITMI RIL	Jantasuriyarat et al. (2004)
	QSpn.nau-7D	7D	*Xcfd46-Xwmc702c*	12.50	Wangshuibai/Nanda2419 RIL	Ma et al. (2007)
	QSpn.nau-7D	7D	*Xwmc702-Xcfd14c*	26.40	Wangshuibai/Nanda2419 RIL	Ma et al. (2007)
	QSpn.nau-7D	7D	*Xwmc702-Xcfd14c*	21.10	Wangshuibai/Nanda2419 IF_2	Ma et al. (2007)
可育小穗数 Fertile spikelets	*QFspn.nau-1A*	1A	*Xcfd25-Xgwm33*	14.30	Wangshuibai/Nanda2419 IF_2	Ma et al. (2007)
	QFspn.nau-2D	2D	*Xaf12-Xcfd239d*	13.00	Wangshuibai/Nanda2419 RIL	Ma et al. (2007)
	QFspn.nau-2D	2D	*Xwmc181.1-Xaf12e*	11.30	Wangshuibai/Nanda2419 IF_2	Ma et al. (2007)
	QFspn.nau-3B1	3B	*Xmag980-Xwmc510*	13.00	Wangshuibai/Nanda2419 RIL	Ma et al. (2007)
	QFss.sdau-5D.e3	5D	*Xswes197-Xgwm272*	70.25	Chuan35050/Shannong483 RIL	Li et al. (2007b)
	QFss.sdau-6B.e4	6B	*Xwmc487-Xwmc737*	10.99	Chuan35050/Shannong483 RIL	Li et al. (2007b)
	QFspn.nau-7A	7A	*Xwmc525-Xmag1759.2*	11.30	Wangshuibai/Nanda2419 RIL	Ma et al. (2007)

续表

性状 Trait	QTL	染色体 Chromosome	标记 Marker	贡献率 (PVE) /%	作图群体 Mapping population	参考文献 Reference
可育小穗数 Fertile spikelets	*QFspn.nau-7D*	7D	*Xwmc702-Xcfd14c*	23.50	Wangshuibai/Nanda2419 RIL	Ma et al. (2007)
	QFspn.nau-7D	7D	*Xwmc702-Xcfd14c*	17.40	Wangshuibai/Nanda2419 IF_2	Ma et al. (2007)
	QFss.sdau-7D.e1	7D	*Xgdm67-Xwmc31*	44.32	Chuan35050/Shannong483 RIL	Li et al. (2007b)
	QFss.sdau-7D.e2	7D	*Xgwm428-Xgdm67*	67.63	Chuan35050/Shannong483 RIL	Li et al. (2007b)
不育小穗数 Steril spikelets per spike	*QSspn.nau-1B*	1B	*Xcfa2292-Xbarc80*	10.40	Wangshuibai/Nanda2419 RIL	Ma et al. (2007)
	QSspn.nau-4A	4A	*Xwmc161-Xzmh991*	21.80	Wangshuibai/Nanda2419 RIL	Ma et al. (2007)
	QSspn.nau-4A	4A	*Xwmc161-Xzmh991*	12.50	Wangshuibai/Nanda2419 RIL	Ma et al. (2007)
	QSspn.nau-5A	5A	*Xzmh1368-Xcfa2163*	11.20	Wangshuibai/Nanda2419 RIL	Ma et al. (2007)
	QSspn.nau-5A	5A	*Xzmh1368-Xcfa2163*	12.00	Wangshuibai/Nanda2419 RIL	Ma et al. (2007)
	QSss.sdau-6B.e2	6B	*Xgwm132b-Xwmc487*	11.72	Chuan35050/Shannong483 RIL	Li et al. (2007b)
	QSss.sdau-7A.e4	7A	*Xswes430b-Xubc840a*	16.17	Chuan35050/Shannong483 RIL	Li et al. (2007b)
	QSss.sdau-7D.e2	7D	*Xgdm67-Xwmc31*	43.66	Chuan35050/Shannong483 RIL	Li et al. (2007b)
	QSss.sdau-7D.e3	7D	*Xgdm67-Xwmc31*	27.53	Chuan35050/Shannong483 RIL	Li et al. (2007b)
穗粒数 Grains per spike	*QKns.sdau-2A.e1*	2A	*Xubc873a-Xwmc63*	20.68	Chuan35050/Shannong483 RIL	Li et al. (2007b)
	QKns.sdau-2A.e2	2A	*Xgwm71b-Xgwm71c*	11.26	Chuan35050/Shannong483 RIL	Li et al. (2007b)
	QKns.sdau-2A.e3	2A	*Xwmc296-Xgwm339*	15.61	Chuan35050/Shannong483 RIL	Li et al. (2007b)
	QGps.ccsu-2A.3	2AS	*Xgwm1115-Xgwm1052*	10.87	WL711/PH132 RIL	Kumar et al. (2007)
	QGps.ccsu-2B.1	2BS	*Xrz444-Xgwm410*	11.59	Opata/W7984 RIL	Kumar et al. (2007)
	QGps.ccsu-2D.3	2DL	*Xcdo1008-Xcdo36*	14.01	Opata/W7984 RIL	Kumar et al. (2007)
	QGps.ccsu-2D.2	2DS	*Xgwm296-Xgwm261*	12.55	Opata/W7984 RIL	Kumar et al. (2007)
	QKns.sdau-3B.e1	3B	*Xswes240-Xubc815a*	17.14	Chuan35050/Shannong483 RIL	Li et al. (2007b)
	QGps.ccsu-3B.2	3BL	*Xgwm-376-Xgwm285*	19.82	Opata/W7984 RIL	Kumar et al. (2007)
	Qker.ksu-3D	3D	*Xgwm161*	11.00	Karl92 / TA4152-4 $B_C2F_{2:4}$	Narasimhamoorthy et al. (2006)
	QGps.ccsu-3D.1	3DL	*Xabc176-XgbxG305*	14.42	Opata/W7984 RIL	Kumar et al. (2007)
	QGps.ccsu-3D.2	3DL	*Xksud19-Xksuh15*	11.70	Opata/W7984 RIL	Kumar et al. (2007)
	QGns.wa-4BL.e1	4B	*Xbarc20-Xwmc238*	18.21	3228/Jing 4839 $F_{2:3}$	Wang et al. (2010)
	QGps.ccsu-4B.4	4BS	*Xwmc42-Xgwm898*	14.28	WL711/PH132 RIL	Kumar et al. (2007)
	QSpn.fcu-4D	4D	*Xbarc48-Xgwm19*	29.00	TA4152-60/ND495 DH	Chu et al. (2008)
	QKns.sdau-6A.e4	6A	*Xswes96-Xubc810a*	18.48	Chuan35050/Shannong483 RIL	Li et al. (2007b)
	QKns.sdau-6B.e4	6B	*Xwmc398-Xtrap5*	11.89	Chuan35050/Shannong483 RIL	Li et al. (2007b)
	QGps.ccsu-7A.1	7AL	*Xgwm276-XksuH9*	23.80	Opata/W7984 RIL	Kumar et al. (2007)
	QGps.ccsu-7A.2	7AS	*Xgwm1171-Xwmc9*	17.61/8.92	WL711/PH132 RIL	Kumar et al. (2007)

Sun 等(2009)利用‘Chuan 35050’和‘Shannong 483’构建的含 131 个家系的 RIL 群体，分别定位到控制粒长、粒宽、粒重和容重的 6 个、3 个、4 个和 7 个 QTL，单个

QTL 解释表型变异的 5.9%~26.4%。Ramya 等(2010)利用‘RyeSelection 111’和‘Chinese Spring’杂交获得的含 185 个家系的 RIL 群体，检测到 10 个控制粒重的 QTL，分布在 1A、1D、2B、2D、4B、5B 和 6B 上，单个 QTL 解释表型变异的 4.15%~15.53%，并在 1A、2B、2D、5A、5B 和 5D 上检测到 6 个控制粒长的 QTL，单个 QTL 解释表型变异的 4.36%~10.6%。检测到 9 个控制粒宽的 QTL，分布在 1D、2B、2D、4B、5B 和 5D 上，单个 QTL 解释表型变异的 4.42%~11.54%。同时还发现，2B、2D 和 5B 同时控制着 3 个性状，并且在 5B 上检测到同时控制千粒重、粒长和粒宽的重叠区域。王瑞霞等(2009)利用‘和尚麦’和‘豫 8679’衍生的 RIL 群体在 4 个不同环境中，分别定位到 17 个、16 个、18 个、21 个和 21 个与粒长、宽度、厚度、体积和千粒重相关的 QTL。Li 等(2007b)用一个 RIL 群体定位到 9 个与粒重相关的位点，在 7D 染色体上还发现了一个“QTL 簇”，其中包含 8 个与千粒重、穗数、不育小穗数、可育小穗数相关的 QTL。Ma 等(2012)利用一个 RIL 群体在 4B 上检测一个控制千粒重的 QTL，贡献率为 5.15%，增效等位基因来自亲本‘CSCR6’。Wang 等(2009)利用构建的 RIL 群体在 4 个环境中共检测到 21 个控制千粒重的 QTL，分别位于 1B、2A、2D、3B、4A、4D、5A、6D 和 7D。Kumar 等(2006)利用‘RyeSelection 111’(高粒重)和‘Chinese Spring’(低粒重)构建的一套包含 100 个家系的 RIL 群体，检测到 12 个与粒重相关的标记，每个位点可解释表型变异的 6.57%~10.76%。Dholakia 等(2003)在一个含有 106 个家系的 RIL 群体中(F_7)分别检测到 9 个、2 个、7 个与粒长、粒宽和粒重相关的标记。Huang 等(2003)利用高代回交 QTL 分析方法(AB-QTL)，在 BC_2F_2 群体中检测到 8 个控制粒重的 QTL，分布在 2A、2D、4D、5B、7A、7B 和 7D 上。

以上内容可知，不同的研究者利用不同的作图群体进行小麦籽粒相关性状的 QTL 定位时，结果不尽相同，即使对同一个性状，其定位结果也有较大差异。总体而言，籽粒相关性状的 QTL 定位几乎涵盖了小麦 21 条染色体，每条染色体上都有控制籽粒有关性状的重要基因或区段；其中 2A、2B、2D、4B、5A、5B、5D、6A、6B、7A 等染色体上存在同时控制籽粒的多个相关性状，即一因多效；在 1A、2D、3A、5A、5B、6A 和 7D 染色体上有控制籽粒相关性状的主效 QTL 位点。

(三)小麦单株穗数的 QTL 定位

单株穗数是产量重要的相关性状。Kato 等(2000)利用 5A 单染色体重组自交系群体检测到 4 个单株穗数的 QTL。Huang 等(2003)利用 BC_2F_2 群体在 1B、2A、2D、3B、4D、5D、6D 和 7A 染色体检测到 8 个单株穗数相关的 QTL。Huang 等(2004)利用 BC_2F_1 群体在 1B 和 7A 染色体检测到 2 个单株穗数相关的 QTL。周淼平等(2006)利用江苏地方品种望水白与墨西哥小麦品种 Alondra 杂交构建的重组自交系群体(104 个家系)，在 3 个试验环境下进行产量相关性状 QTL 检测，其中在 5A 染色体上检测到 1 个 QTL 与单株穗数相关，解释 10.3%~18.8%的表型变异。Marza 等(2006)利用‘Ning7840’×‘Clark’构建的 RIL 群体在 3BS 染色体上检测到 1 个单株穗数的 QTL，解释 12%的表型变异。Kumar 等(2007)利用两个 RIL 群体进行产量相关性状 QTL 检测，分别在 3AL、7AL、7BL 和 1AL、1BS、3BL、3DL、4AL、6DL 检测到控制单株穗数的 QTL。廖祥政等(2008)

利用人工合成小麦 Am3 为供体亲本，普通小麦莱州 953 为轮回亲本，经 5 次回交然后自交，培育出含 85 个株系的 $F_{2:3}$ 群体，利用该群体在 4B 和 7B 染色体区段检测到 2 个单株穗数的 QTL，其中位于 4B 染色体的 QTL 在 3 个环境被重复验证。Wang 等(2010)利用 237 个 $F_{2:3}$ 家系在 1AL、1BL、3BL、3DL、4DL、5BL 和 6AL 上检测到 7 个单株穗数的 QTL，但所有 QTL 均仅在 1 个环境内被检测到(表 4-28)。

表 4-28　已发表单株穗数 QTL 定位结果汇总(仅列出贡献率 10%以上的主效 QTL)

Table 4-28　The summary of QTL for kernel related traits published previously(PVE is only above 10%)

性状 Trait	QTL	染色体 Chromosome	标记 Marker	贡献率 (PVE)/%	作图群体 Mapping population	参考文献 Reference
粒长 Kernel length	*QKl.sdau-1A*	1A	*Xsrap21-Xwmc44*	10.80	Chuan35050/Shannong483 RIL	Sun et al. (2009)
	QKl.sdau-1B.1	1B	*Xswes15-Xubc811b*	10.60	Chuan35050/Shannong483 RIL	Sun et al. (2009)
	QGl.nfcri-2A.2	2A	*Xbarc1165-Xbarc124*	16.53	Yu8679/Heshangmai RIL	Wang et al. (2009)
	QKl.sdau-2B	2B	*Xsrap1a-Xgwm120*	26.40	Chuan35050/Shannong483 RIL	Sun et al. (2009)
	QKl.ncl-2D.1	2D	*Xgwm349-Xcfd161*	10.60	Rye Selection111/Chinese Spring RIL	Ramya et al. (2010)
	QGl.nfcri-2D	2D	*Xbarc228-Xcfd168*	19.02	Yu8679/Heshangmai RIL	Wang et al. (2009)
	QKl.sdau-4A	4A	*Xswes24a-Xswes24c*	14.60	Chuan35050/Shannong483 RIL	Sun et al. (2009)
	QKl.sdau-4B	4B	*Xgwm495-Xwmc238*	18.40	Chuan35050/Shannong483 RIL	Sun et al. (2009)
	QGl.nfcri-5D	5D	*Xcfd3-Xbarc93*	10.58	Yu8679/Heshangmai RIL	Wang et al. (2009)
粒宽 Kernel width	*QGw.nfcri-1B.2*	1B	*Xwmc269-Xgwm33*	10.91	Yu8679/Heshangmai RIL	Wang et al. (2009)
	QKw.sdau-2A	2A	*Xwmc179a-Xw181a*	19.40	Chuan35050/Shannong483 RIL	Sun et al. (2009)
	QGw.nfcri-2A.3	2A	*Xbarc1165-Xbarc124*	29.87	Yu8679/Heshangmai RIL	Wang et al. (2009)
	QKw.ncl-2B.1	2B	*Xbarc183-Xbarc13*	11.54	Rye Selection111/Chinese Spring RIL	Ramya et al. (2010)
	QGw.nfcri-5A	5A	*Xbarc165-Xbarc186*	10.82	Yu8679/Heshangmai RIL	Wang et al. (2009)
	QKw.sdau-5D	5D	*Xswes342a-Xswes342b*	12.10	Chuan35050/Shannong483 RIL	Sun et al. (2009)
	QGw.nfcri-5D	5D	*Xbarc93-Xgdm63*	11.03	Yu8679/Heshangmai RIL	Wang et al. (2009)
	QKw.sdau-6A	6A	*Xswes123b-Xswes332a*	20.00	Chuan35050/Shannong483 RIL	Sun et al. (2009)
千粒重 Thousand kernel weight	*QTgw.nfcri-1B.1*	1B	*Xwmc156-Xwmc269*	13.96	Yu8679/Heshangmai RIL	Wang et al. (2009)
	QTgw.nfcri-1B.2	1B	*Xwmc419-Xbarc181*	13.96	Yu8679/Heshangmai RIL	Wang et al. (2009)
	QTkw.sdau-1D	1D	*Xwmc222-Xwmc432a*	13.10	Chuan35050/Shannong483 RIL	Sun et al. (2009)
	QTkw.sdau-1D.e3	1D	*Xwmc222-Xwmc432a*	16.88	Chuan35050/Shannong483 RIL	Li et al. (2007b)
	QTkw.sdau-1D.e4	1D	*Xwmc432a-Xwmc336c*	12.76	Chuan35050/Shannong483 RIL	Li et al. (2007b)
	QTkw.sdau-2A	2A	*Xwmc181a-Xubc840c*	20.10	Chuan35050/Shannong483 RIL	Sun et al. (2009)
	QTgw.nfcri-2A.1	2A	*Xbarc1165-Xbarc124*	16.80	Yu8679/Heshangmai RIL	Wang et al. (2009)
	QTkw.ncl-2B.1	2B	*Xbarc183-Xbarc7*	15.53	Rye Selection111/Chinese Spring RIL	Ramya et al. (2010)
	QTkw.sdau-3B.e1	3B	*Xubc880c-Xubc880b*	11.02	Chuan35050/Shannong483 RIL	Li et al. (2007b)
	QTkw.sdau-5D.e3	5D	*Xswes340a-Xswes342a*	15.98	Chuan35050/Shannong483 RIL	Li et al. (2007b)
	QTkw.sdau-6A	6A	*Xswes332a-Xgwm617*	13.20	Chuan35050/Shannong483 RIL	Sun et al. (2009)
	QTkw.sdau-6A.e2	6A	*Xswes332a-Xgwm617*	16.82	Chuan35050/Shannong483 RIL	Li et al. (2007b)
	QTkw.sdau-6A.e2	6A	*Xswes96-Xubc810a*	18.48	Chuan35050/Shannong483 RIL	Li et al. (2007b)
	QTgw.nfcri-6D	6D	*Xbarc196*	10.90	Yu8679/Heshangmai RIL	Wang et al. (2009)
	QTkw.sdau-7D.e1	7D	*Xgdm67-Xwmc31*	44.15	Chuan35050/Shannong483 RIL	Li et al. (2007b)

二、本课题组研究结果与前人研究的比较分析

本课题组利用5个不同的作图群体对小麦籽粒产量和穗部性状进行了QTL定位分析(部分结果未在本章出现)，通过与之前报道对比分析，发现本课题组定位的QTL与前人报道的相应性状的QTL大多数位置相近或相同或在同一条染色体上；同时本课题组也定位到一些新的QTL位点。

利用群体1检测到位于2D染色体上的*qGY2Da*对籽粒产量的遗传贡献率最大，并在3个环境中稳定表达，该位点与Narasimhamoorthy等(2006)检测到的*QHd.ksu-2D*(遗传贡献率为12.2%)和Huang等(2003)检测到的*QYld.ipk-2D.1*(遗传贡献率为11.5%)位置相近，且遗传效应值较大，它们可能是2D染色体控制籽粒产量的同一个QTL位点。Ma等(2007)在2DS位置定位了穗长和小穗着生密度的QTL，Kumar等(2007)在2DS位置检测到控制籽粒产量、收获指数、穗长、总小穗数和穗粒数的QTL。Rebetzke等(1999)研究报道，位于2DS的*Rht8*基因有增加穗粒数、提高产量的作用。本研究利用不同的作图群体在2D染色体上也检测到控制穗长、穗粒数、总小穗数、小穗着生密度、可育小穗数和穗粒重的QTL或MTA；其中控制小麦穗长和小穗着生密度的QTL或MTA在5个群体中均可检测到。Börner等(2002)对小麦的穗长、穗粒数、穗粒重和千粒重进行了定位研究，发现位于2D染色体上的产量构成因子的QTL之间彼此相近或相同，推测2D上控制产量构成因子的QTL可能是光周期Ppd-D的一因多效。

Ma等在4A染色体定位了穗长和可育小穗数的QTL，Kumar等(2007)在相近的位置检测到控制穗长和总小穗数的QTL，本研究也在4A染色体定位到控制穗长、总小穗数、可育小穗数和籽粒产量的QTL或MTA。Kumar等(2007)检测到4B染色体上存在着控制小麦穗粒数和籽粒产量的QTL；我们在4B染色体标记*wPt7569-wPt3908*区间也检测到控制穗粒数、总小穗数、可育小穗数、不育小穗数和穗粒重的QTL位点。另外，5D染色体区段*Xwmc215-Xgdm63*上的*qGY5D*位点，可解释籽粒产量变异的10.32%，该区段同时检测到控制穗粒数、总小穗数、小穗着生密度和可育小穗数的QTL，遗传效应值分别为11.67%、13.83%、12.26%和10.22%，为主效QTL位点，并且遗传效应方向相同，增效等位基因来源于‘豫麦57’，可用于分子标记辅助选择。利用“矮孟牛”群体，本研究也在5D染色体上确定存在穗长和总小穗数的MTA。

Kumar(2007)等在6A染色体上定位到一个控制总小穗数的QTL *QSps.ccsu-6A.1*，可在多个环境下重复检测到。我们在群体2和群体3中同时也检测到6A染色体相近位置上控制小麦总小穗数的QTL位点。

Cui(2011)利用两个RIL群体对穗部性状进行QTL分析，发现在6B染色体上存在控制小麦穗长的QTL。我们在3个RIL群体中均检测到位于6B染色体控制穗长的QTL，在分子标记*wPt669607*附近存在1个同时控制穗长和小穗着生密度的QTL。另外，利用自然群体也在6B染色体上检测到总小穗数、可育小穗数、穗粒数和粒重的MTA，但未发现穗长的MTA。

控制小麦穗粒重的QTL分布在2A、2B、2D、3A、4D染色体上，崔法(2011)利用另

一个 RIL 群体也在这几条染色体上发现有控制穗粒重的 QTL 分布。另外，前人没有关于 4B 染色体上存在控制穗粒重 QTL 的报道，但本研究在 E1、E2、E3、E4 4 个环境和平均值中均检测到控制穗粒重的 *QKwps4B.1-99* 位点，且该 QTL 在 E3、E4 和环境平均值中对穗粒重的贡献率均超过 10%，为稳定表达的主效 QTL；该位点为发现的新位点，且与标记 *wPt-3908* 紧密连锁，遗传距离仅为 0.2cM，是穗粒重分子标记辅助选择中的首选标记。

参考文献

崔法. 2011. 高密度小麦遗传连锁图谱构建及产量相关性状 QTL 定位. 泰安: 山东农业大学硕士学位论文.

丁安明, 李君, 崔法, 等. 2011. 利用小麦关联 RIL 群体定位产量相关性状 QTL. 作物学报, 37(9): 1511-1524.

廖祥政, 王瑾, 周荣华, 等. 2008. 发掘人工合成小麦中千粒重 QTL 的有利等位基因. 作物学报, 34(11): 1877-1884.

王瑞霞, 张秀英, 伍玲, 等. 2009. 不同生态环境下冬小麦籽粒大小相关性状的 QTL 分析. 中国农业科学, 42(2): 398-407.

张学勇, 童依平, 游光霞, 等. 2006. 选择牵连效应分析: 发掘重要基因的新思路. 中国农业科学, 39(8): 1526-1535.

周淼平, 任丽娟, 张旭, 等. 2006. 小麦产量性状的 QTL 分析. 麦类作物学报, 26(4): 35-40.

Börner A, Schumann E, Fürste A, et al. 2002. Mapping of quantitative trait loci determining agronomic important characters in hexaploid wheat (*Triticum aestivum* L.). Theor Appl Genet, 105: 921-936.

Cao G, Zhu J, He C, et al. 2001. Impact of epistasis and QTL×environment interaction on the developmental behavior of plant height in rice (*Oryza sativa* L.). Theor Appl Genet, 103: 153-160.

Chu C G, Xu S S, Friesen T L, et al. 2008. Whole genome mapping in a wheat doubled haploid population using SSRs and TRAPs and the identification of QTL for agronomic traits. Mol Breeding, 22: 251-266.

Cui F, Ding A M, Li J, et al. 2011. QTL detection of seven spike-related traits and their genetic correlations in wheat using two related RIL populations. Euphytica. Pubished online: 19 October.

Dholakia B B, Ammiraju J S S, Singh H, et al. 2003. Molecular marker analysis of kernel size and shape in bread wheat. Plant Breeding, 122: 392-395.

Hua J, Xing Y, Wu W, et al. 2003. Single-locus heterotic effects and dominance by dominance interactions can adequately explain the genetic basis of heterosis in an elite rice hybrid. Proc Natl Acad Sci USA, 100: 2574-2579.

Huang X Q, Coster H, Ganal M W, et al. 2003. Advanced backcross QTL analysis for the identification of quantitative trait loci alleles from wild relatives of wheat (*Triticum aestivum* L.). Theor Appl Genet, 106: 1379-1389.

Huang X Q, Kempf H, Ganal M W, et al. 2004. Advanced backcross QTL analysis in progenies derived from a cross between a German elite winter wheat variety and a synthetic wheat (*Triticum aestivum* L.). Theor Appl Genet, 109: 933-943.

Kato K, Miura H, Sawada S. 2000. Mapping QTL controlling grain yield and its components on chromosome 5A of wheat. Theor Appl Genet, 101: 1114-1121.

Kumar N, Kulwal P L, Balyan H S, et al. 2007. QTL mapping for yield and yield contributing traits in two mapping populations of bread wheat. Mol Breed, 19: 167-177.

Kumar N, Pawan L K, Anupama G, et al. 2006. QTL analysis for grain weight in common wheat. Euphytica. 151(2): 135-144.

Li H H, Ye G, Wang J. 2007a. A modified algorithm for the improvement of composite interval mapping. Genetics, 175: 361-374.

Li S S, Jia J Z, Wei X Y, et al. 2007b. A intervarietal genetic map and QTL analysis for yield traits in wheat. Mol Breed, 20: 167-178.

Ma J, Yan G J, Liu C J. 2012. Development of near-isogenic lines for a major QTL on 3BL conferring *Fusarium* crown rot resistance in hexaploid wheat. Euphytica, 183(2): 147-152.

Marza F, Bai G H, Carver B F, et al. 2006. Quantitative trait locus for yield and related traits in the wheat population Ning7840 × Clark. Theor Appl Genet, 112: 688-698.

Miura H, Parker B B, Snape J W. 1992. The location of major genes and associated quantitative trait loci on chromosome arm 5BL of wheat. Theor Appl Genet, 85: 197-204.

Miura H, Worland A J. 1994. Genetic control of vernalization, day length response and earlinessper se by homoeologous group-3 chromosomes in wheat. Plant Breed, 113: 160-169.

Narasimhamoorthy B, Gill B S, Fritz A K, et al. 2006. Guedira Advanced backcross QTL analysis of a hard winter wheat synthetic wheat population. Theor Appl Genet, 112: 787-796.

Price A L, Patterson N J, Plenge R M, et al. 2006. Principal components analysis corrects for stratification in genome-wide association studies. Nature Genetics, 38: 904-909.

Ramya P, Chaubal A, Kulkarni K, et al. 2010. QTL mapping of 1000-kernel weight, kernel length, and kernel width inbread wheat (*Triticum aestivum* L.). J Appl Genet, 51 (4) : 421-429.

Rebetzke G J, Richards R A, Fischer V M, et al. 1999. Breeding long coleoptile, reduced height wheats. Euphytica, 106 (2): 159-168.

Schlegel R, Meinel A. 1994. A quantitative trait locus (QTL) on chromosome arm 1RS of rye and its effect on yield performance of hexaploid wheat. Cereal Res Commun, 22: 7-13.

Su Z Q, Hao C Y, Wang L F, et al. 2011. Identification and development of a functional marker of TaGW2 associated with grain weight in bread wheat (*Triticum aestivum* L.). Theor Appl Genet, 122: 211-223.

Wang J S, Liu W H, Wang H, et al. 2010. QTL mapping of yield-related traits in the wheat germplasm 3228. Euphytica, 177: 277-292.

Wang R X, Hai L, Zhang X Y, et al. 2009. QTL mapping for grain filling rate and yield-related traits in RILs of the Chinese winter wheat population Heshangmai × Yu8679. Theoretical and Applied Genetics, 118 (2): 313-325.

Yang J, Zhu J. 2005. Methods for predicting superior genotypes under multiple environments based on QTL effects. Theoretical and Applied Genetics, 110 (7): 1268-1274.

第五章　小麦主要品质性状的遗传解析

小麦的许多重要品质性状大多数为数量性状，呈连续性变异，对环境因子的反应也比较敏感。传统的数量遗传学只能将控制数量性状的多基因看成是一个整体，检测其整体遗传效应和环境效应，无法确定控制数量性状的 QTL 数目及单个 QTL 的遗传效应。尽管在 1923 年 Sax 就提出了用遗传标记检测数量性状位点 QTL 的概念，但 20 世纪 80 年代以前，由于可供使用的遗传标记数目太少，这方面的研究几乎没有进展。90 年代以来，随着分子生物学和计算机技术的飞速发展，数量性状遗传研究有了新的鉴定方法和统计分析工具，在研究数量性状遗传的本质、确定其在染色体上的位置及基因间的互作关系方面取得了很大进展。

到目前为止，有关小麦品质性状 QTL 定位的研究已取得一些进展，但由于影响品质的基因位点很多，而且各位点存在大量的等位变异，因此用不同遗传材料进行 QTL 分析的结论存在较大差异。各个位点对性状的贡献率大小没有定论，一些影响品质和产量性状的基因位点尚未发现。此外，大多数品质性状受基因型、环境，以及基因型和环境互作的影响较大，各个位点受环境影响的程度也不清楚。本研究选用 3 个遗传群体对小麦主要品质性状进行了 QTL 分析，以揭示我国特殊小麦资源中优异品质性状的基因基础，为我国优质小麦的分子标记辅助育种、分子聚合育种奠定基础，为优良种质资源的高效利用、培育高产优质的小麦新品种提供新的策略和方法。

第一节　籽粒品质 QTL 的定位及效应分析

千粒重、粒型及籽粒硬度等籽粒特性都是小麦产量和品质的影响因素，并且都是多基因控制的数量遗传性状。其中千粒重是产量“三要素”之一；粒型及均一度不但影响小麦的产量，而且影响小麦的磨粉和加工品质。一般来说，粒大、皮薄、粒型接近圆形的籽粒出粉率高。籽粒硬度同样影响小麦磨粉和加工品质，是决定小麦分级、品质优劣、贸易价格和最终用途的重要指标之一。通过对粒重、粒型及籽粒硬度的分子水平的研究，揭示影响小麦品质和产量的分子遗传机理，对增加小麦的产量和改善小麦品质具有重要意义。

一、籽粒品质性状的 QTL 分析

小麦的籽粒品质主要包括粒重、粒长、粒径和硬度等指标。

(一) 试验材料

1. DH 群体：高产、多抗的‘花培 3 号’与综合性状优良的‘豫麦 57’杂交 F_1 通过花药培养和染色体加倍获得的 168 个双单倍体(DH)系。

2. IF_2群体：IF_2群体是根据 Hua 等的组配方案，将 DH 群体的 168 个家系随机分成两组，每组 84 个家系，从两组中随机各选择 1 个家系杂交配成 1 个杂交组合，再从两组剩余的家系中各选出 1 个进行杂交组配，通过一轮杂交共组配 84 个杂交组合，再通过一轮随机组配，共获得 168 个杂交组合。在 IF_2 群体组配过程中，保证每个 DH 系在每轮组配过程中只出现一次。为了获得用于 QTL 显性效应定位所需的足够量的杂交种，每个组合至少做 20 个杂交株，约 400 粒种子。2 个（或多个）试验年度间的杂交组合完全相同。

（二）试验方法

2008~2009 年田间试验在山东农业大学农学试验站（山东泰安，36°57′N，116°36′E）进行，试验设 3 个环境处理（1~3）：环境 1（2008 年）为正常肥水管理条件，即于越冬期、拔节期、开花期、灌浆期各浇一次水，拔节期、开花期分别追施 225kg/hm^2 和 112.5kg/hm^2 尿素；环境 2（2008 年）为只施肥不浇水管理（雨养田农业），即只于拔节期、开花期分别追施 225kg/hm^2 和 112.5kg/hm^2 尿素；环境 3（2008 年）为只浇水不施肥管理，即于越冬期、拔节期、开花期、灌浆期各浇一次水，无追肥。试验为随机区组设计，小区面积 2.5m^2（2.5m×1.0m），4 行区，2 个重复，基本苗每公顷 2 250 000 棵。

2009~2010 年田间试验在山东农业大学农学试验站和河南省济源市农业科学研究所（河南济源，35°05′N，112°36′E）进行，实验均采用完全随机区组设计，3 行区，2 次重复，行长 2m，行距 0.26m，株距 5cm，田间正常肥水管理。将 2009 年泰安点设为环境 4，2009 年济源点设为环境 5。

成熟时以株系为单位，各重复分别混收，利用 SKCS 4100 型单粒谷物测定仪测定籽粒的千粒重、粒径（grain diameter，GD）和籽粒硬度（hardness，HD），两次重复取平均值，用于数据分析。

（三）结果与分析

1. 性状表型分析

亲本‘花培 3 号’和‘豫麦 57’在千粒重、粒长、粒径和硬度上差别明显（表 5-1），后代 DH 群体和 IF_2 群体在 3 个性状上均表现为连续变异，并且变异幅度较大，存在明显的双向超亲分离现象，符合 QTL 作图需要。在环境 4 和环境 5 条件下，IF_2 群体的性状表现明显高于 DH 群体，表现出杂种优势。

表 5-1 不同环境条件下小麦亲本、DH 群体及 IF_2 群体的千粒重、粒径和硬度的表型值

Table 5-1 Phenotypic value of 1000-kernel weight, grain size and hardness for parents, DH population and IF_2 population in different environment

群体 Population	环境 Environment	千粒重 Thousand grain weight /g	粒长 Grain length /mm	粒径 Grain diameter /mm	硬度 Hardness (HI)
花培 3 号 (HP 3)	1[a]	57.06	4.82	3.38	62.50
	2[b]	54.34	4.79	3.35	61.45
	3[c]	50.42	4.60	3.22	61.05
	4[d]	52.47	4.70	3.29	48.14
	5[e]	59.20	4.95	3.46	41.70

续表

群体 Population	环境 Environment	千粒重 Thousand grain weight /g	粒长 Grain length /mm	粒径 Grain diameter /mm	硬度 Hardness (HI)
豫麦 57 (YM 57)	1	45.00	4.60	3.22	27.06
	2	43.32	4.52	3.16	23.61
	3	47.14	4.66	3.26	25.25
	4	47.71	4.66	3.26	29.18
	5	51.90	4.90	3.43	23.94
DH 群体 DH population	1	45.60±6.70[f]	4.44±0.33	3.10±0.23	48.51±20.96
		30.47~59.28[g]	3.73~5.19	2.62~3.64	7.99~83.08
	2	43.81±6.02	4.34±0.30	3.04±0.21	45.69±20.12
		29.40~58.26	3.68~4.98	2.59~3.48	3.24~76.66
	3	46.29±6.01	4.47±0.30	3.13±0.21	48.18±20.60
		31.27~59.88	3.67~5.15	2.58~3.61	8.44~80.86
	4	45.07±6.35	4.42±0.30	3.09±0.21	47.61±21.15
		28.94~57.27	3.72~5.10	2.61~3.57	7.11~81.49
	5	51.56±7.08	4.72±0.34	3.31±0.24	39.4±18.41
		28.70~63.38	3.79~5.26	2.66~3.68	3.02~68.86
IF_2 群体 IF_2 population	4	46.89±5.59	4.49±0.26	3.14±0.18	46.18±15.21
		31.76~57.60	3.86~5.14	2.71~3.60	12.06~74.93
	5	53.48±5.53	4.79±0.26	3.35±0.18	39.34±13.66
		34.09~62.92	3.97~5.30	2.78~3.72	5.24~68.63

a. 2008 年泰安正常水肥处理；b. 2008 年泰安雨养农业处理；c. 2008 年泰安不追施氮肥处理；d. 2009 年济源正常处理；e. 2009 年泰安正常处理；f. 均值±标准差；g. 变异范围

a. Natural irrigation and N fertilization in 2008, Taian; b. No natural irrigation but N fertilization in 2008, Taian; c. Natural irrigation but no N fertilization in 2008, Taian; d. Natural irrigation and N fertilization in 2009, Jiyuan; e. Natural irrigation and N fertilization in 2009, Taian; f. mean value ± standard deviation; g. range

2. 千粒重、粒长和硬度的 QTL 分析

通过对 DH 群体 5 个环境下的数据及 IF_2 群体 2 个环境下的数据进行综合分析，共检测到控制千粒重、粒长、粒径和硬度的 32 个加性效应 QTL 和 18 对上位效应 QTL。其中，位于 6A 染色体上控制千粒重的加性效应位点兼具显性效应，而且在两群体中同时被检测到；控制粒长和粒径的 QTL 紧密连锁。

1) 利用 DH 群体的千粒重、粒长和硬度 QTL 分析

控制千粒重的 7 个加性效应位点分别位于 2D、3A、3B、6A、7B 和 7D 染色体上（表 5-2，图 5-1），共解释 34.72%的表型变异。其中，位于 6A 染色体上的 *Qtkw6A* 具有最大的遗传贡献率，解释 9.39%的表型变异；位于 7B.2 上的加性位点 *Qtkw7B.2* 解释 4.22%的表型变异，其增效的等位基因来自父本‘豫麦 57’；其他加性位点的增效基因均来自于母本‘花培 3 号’。检测到控制千粒重的 3 对上位性 QTL，分别位于染色体 2D-7D、3A-7B.2 和 6A-7B.2 上，分别解释 1.05%、1.13%和 1.14%的表型变异。控制粒长的 8 个加性效应位点分别位于 1B、2D、3A、3B、6A、7B.2 和 7D 染色体上，单个 QTL 解释变异的 1.01%~14.96%。其中，位于 6A 染色体上的 *Qgl6A* 位点具有最大的遗传贡献率，解释 14.96%的表型变异，其增效基因来自于母本‘花培 3 号’。检测到控制粒长的 5 对上位 QTL 位点，分别位于染色体 1B-2D、2D-7D、3A-6A、3B-7B.2 和 6A-7B.2 上，分别解释 1.51%、1.16%、0.22%、0.56%和 0.86%的表型变异（表 5-2）。控制粒径的 8 个加

性效应位点分别位于 1B、2D、3A、3B、6A、7B.2 和 7D 染色体上(表 5-2，图 5-1)，单

表 5-2 基于 DH 群体定位千粒重、粒长和籽粒硬度的 QTL

Table 5-2 QTL for 1000- kernel weight, grain size and hardness in DH population

性状 Trait	QTL	标记区间 Flanking marker	位置 Position	加性效应[a] (A)	贡献率[b] (H^2)/%
千粒重 Thousand grain weight (tgw)	*Qtkw2D*[a]	*XCFD53-XWMC18*	3.6	0.9536	2.82
	Qtkw2D[b]	*XGWM539-XCFD168*	67.2	0.7995	5.40
	Qtkw3A	*XWMC264-XCFA2193*	175.6	1.8215	3.73
	Qtkw3B	*XGPW7774-XGWM533*	34.0	1.3332	3.61
	Qtkw6A	*XGWM82-XWMC182*	74.2	1.7513	9.39
	Qtkw7B.2	*XGPW2224-XGPW3256*	28.5	–1.6969	4.22
	Qtkw7D	*XGWM676-XGWM437*	121.9	1.6504	5.55
粒长 Grain length (gl)	*Qgl1B*	*XGWM582-XGPW7388*	57.7	–6.7065	5.23
	Qgl2D	*XWMC112-XCFD53*	0.9	2.6348	1.01
	Qgl3A[a]	*XWMC264-XCFA2193*	169.6	7.4054	2.85
	Qgl3A[b]	*XGPW1108-XGPW1107*	249.1	–3.1339	3.30
	Qgl3B	*XGWM389-XGPW2344*	14.0	8.2874	5.10
	Qgl6A	*XBARC1055-XWMC553*	75.2	8.6047	14.96
	Qgl7B.2	*XGPW3226-XGPW2224*	21.5	–6.4065	5.45
	Qgl7D	*XGWM676-XGWM437*	121.9	6.9417	6.98
粒径 Grain diameter (gd)	*Qgd1B*	*XGWM582-XGPW7388*	57.7	–0.0448	5.21
	Qgd2D	*XWMC112-XCFD53*	0.9	0.0174	1.00
	Qgd3A[a]	*XWMC264-XCFA2193*	170.6	0.0480	2.88
	Qgd3A[b]	*XGPW1108-XGPW1107*	249.1	–0.0190	3.29
	Qgd3B	*XGWM389-XGPW2344*	14.0	0.0561	5.05
	Qgd6A	*XBARC1055-XWMC553*	75.2	0.0679	15.02
	Qgd7B.2	*XGPW3226-XGPW2224*	21.5	–0.0435	5.40
	Qgd7D	*XGWM676-XGWM437*	122.9	0.0457	6.91
硬度 Hardness (hd)	*Qhd1B*[a]	*XGWM582-XGPW7388*	50.7	–7.5933	7.51
	Qhd1B[b]	*XWMC766-XSWES98*	129.3	4.4118	0.33
	Qhd4B	*XWMC48-XBARC1096*	18.3	–4.4475	6.43
	Qhd5A	*XBARC358.2-XGWM186*	47.3	4.0207	4.34
	Qhd6A	*XGWM459-XGWM334*	38.8	3.4650	2.36

a. 加性效应，正值表示增加性状值的等位基因来自‘花培 3 号’，负值表示增加性状值的等位基因来自‘豫麦 57’；

b. 加性 QTL 所能解释的表型变异率

a. Additive effects; positive additive effects indicate that the Huapei 3 allele increases the value of the trait, negative additive effects indicate that the Yumai 57 allele increases the value of the trait; b. Percentage of phenotypic variation explained by QTL with additive effect

个 QTL 解释变异的 1.00%~15.02%。其中，位于 6A 染色体上的 *Qgd6A* 位点具有最大的遗传贡献率，解释 15.02%的表型变异。其增效基因来自于母本‘花培 3 号’。控制粒径的 6 对上位 QTL 位点分别位于染色体 1B-2D、2D-7D、3A-6A、3B-7B.2、6A-7B.2 和 6A-7D 上，解释表型变异范围为 0.19%~1.55%。

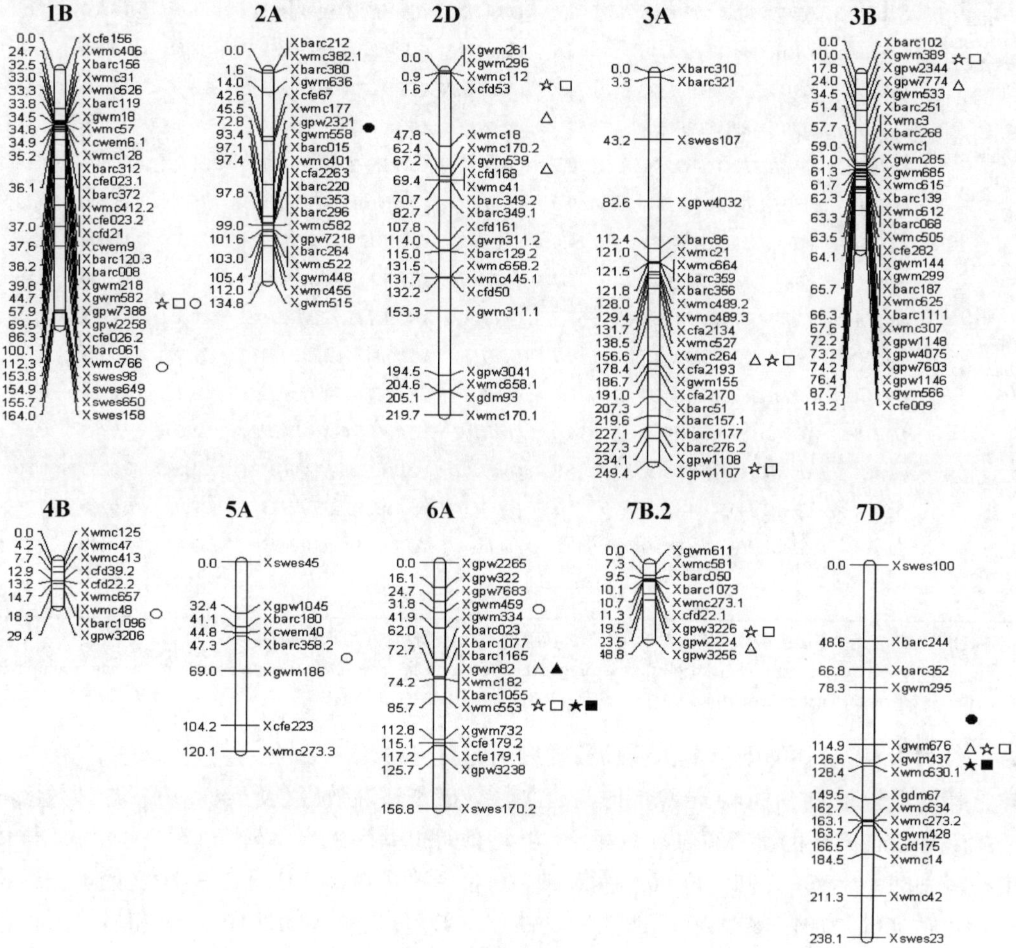

图 5-1　利用 DH 和 IF_2 两个群体检测到的千粒重、粒型和硬度的 QTL

Fig. 5-1　QTL for TKW, GL, GD and HD in DH and IF_2 population

△、☆、□、○分别表示利用 DH 群体检测到的千粒重、粒长、粒径和籽粒硬度的 QTL；△，☆，□，○：QTL for TKW, GL, GD and HD in DH population; ▲、★、■、●分别表示利用 IF_2 群体检测到的千粒重、粒长、粒径和籽粒硬度的 QTL。▲，★，■，●：QTL for TKW, GL, GD and HD in IF_2 population

控制硬度的 5 个加性效应位点，分别位于 1B、4B、5A 和 6A 染色体上，单个 QTL 解释变异的 0.33%~7.51%(见表 5-2)。其中位于 1B 染色体上的 $Qhd1B^a$ 具有最大的遗传贡献率，解释 7.51%的表型变异，其增效基因来自于‘豫麦 57’。检测到控制硬度的 1 对上位性位点，位于染色体 5A-6A 上，解释 1.77%的表型变异(表 5-3)。

表 5-3 基于 DH 群体定位千粒重、粒长和籽粒硬度的上位性效应

Table 5-3 Estimated epistasis for 1000- kernel weight, grain size and hardness in DH population

性状 Trait	QTL	标记区间 Flanking marker	位置 Position	QTL	标记区间 Flanking marker	位置 Position	上位效应[a] (AA)	贡献率 (H^2)/%
千粒重 Thousand grain weight (tgw)	*Qtkw2D*[a]	*XCFD53-XWMC18*	3.6	*Qtkw7D*	*XGWM676-XGWM437*	121.9	–0.8600	1.05
	Qtkw3A	*XWMC264-XCFA2193*	175.6	*Qtkw7B.2*	*XGPW2224-XGPW3256*	28.5	–0.7700	1.13
	Qtkw6A	*XGWM82-XWMC182*	74.2	*Qtkw7B.2*	*XGPW2224-XGPW3256*	28.5	0.8000	1.14
粒长 Grain length (gl)	*Qgl1B*	*XGWM582-XGPW7388*	57.7	*Qgl2D*	*XWMC112-XCFD53*	0.9	4.7700	1.51
	Qgl2D	*XWMC112-XCFD53*	0.9	*Qgl7D*	*XGWM676-XGWM437*	121.9	–5.2300	1.16
	Qgl3A[a]	*XWMC264-XCFA2193*	169.6	*Qgl6A*	*XBARC1055-XWMC553*	75.2	3.9800	0.22
	Qgl3B	*XGWM389-XGPW2344*	14.0	*Qgl7B.2*	*XGPW3226-XGPW2224*	21.5	4.0600	0.56
	Qgl6A	*XBARC1055-XWMC553*	75.2	*Qgl7B.2*	*XGPW3226-XGPW2224*	21.5	3.3700	0.86
粒径 Grain diameter (gd)	*Qgd1B*	*XGWM582-XGPW7388*	57.7	*Qgd2D*	*XWMC112-XCFD53*	0.9	0.0352	1.55
	Qgd2D	*XWMC112-XCFD53*	0.9	*Qgd7D*	*XGWM676-XGWM437*	122.9	–0.0381	1.26
	Qgd3A[a]	*XWMC264-XCFA2193*	170.6	*Qgd6A*	*XBARC1055-XWMC553*	75.2	0.0301	0.19
	Qgd3B	*XGWM389-XGPW2344*	14.0	*Qgd7B.2*	*XGPW3226-XGPW2224*	21.5	0.0303	0.54
	Qgd6A	*XBARC1055-XWMC553*	75.2	*Qgd7B.2*	*XGPW3226-XGPW2224*	21.5	0.0255	0.86
	Qgd6A	*XBARC1055-XWMC553*	75.2	*Qgd7D*	*XGWM676-XGWM437*	122.9	0.0248	0.20
硬度 Hardness (hd)	*Qhd5A*	*XBARC358.2-XGWM186*	47.3	*Qhd6A*	*XGWM459-XGWM334*	38.8	–3.0100	1.77

a. 上位性效应正值表示亲本型性状值大于重组值，负值表示重组型性状值大于亲本型

a. positive value represents parent type effect is bigger than recombinant type effect, negative value represents recombinant type effect is bigger than parent type effect

2) 利用 IF_2 群体的千粒重、粒长和硬度的 QTL 分析

控制千粒重的 *Qtkw6A* 位点同时具有加性效应和显性效应(表 5-4)，解释加性效应的 11.75%和显性效应的 1.37%的表型变异，其增效等位基因来自‘花培 3 号’，与 DH 群体中检测到的 *Qtkw6A* 为同一位点。检测到 2 对位于染色体 2A-4B 和 2B-7B.2 的上位性位点，包括加性×加性(A×A)、加性×显性(A×D)、显性×加性(D×A)和显性×显性(D ×D) 4 种双位点的上位性效应(表 5-5)。控制粒长的 2 个加性效应位点，分别位于 6A 和 7D 染色体上，共解释 23.34%的表型变异，其增效等位基因来自‘花培 3 号’，其中，*Qgl6A* 位点具有最大的遗传贡献率，解释 15.10%的表型变异，与 DH 群体中检测到的 *Qgl6A* 是同一位点。检测到的位于染色体 1A-6B 的 1 对上位性位点，也包括加性×加性(A×A)、加性×显性(A×D)、显性×加性(D×A)和显性×显性(D×D) 4 种双位点的上位性效应，分别解释 0.37%、0.34%、0.14%和 1.58%的表型变异(表 5-5)。控制粒径的 2 个加性效应位点，分别位于 6A 和 7D 染色体上，共解释 23.29%的表型变异。其增效等位基因来自‘花培 3 号’，其中 *Qgd6A* 具有单位点的加性效应，具有最大的遗传贡献率，解释 15.10%的表型变异，与 DH 群体中检测到的 *Qgd6A* 是同一位点。控制硬度的 2 个加性效应位点分别位于 2A 和 7D 染色体上，*Qhd2A* 和 *Qhd7D* 均具有单位点的加性效应，分别解释 3.77%和 7.90%的表型变异。其增效等位基因分别来自‘豫麦 57’和‘花培 3 号’。

表 5-4　基于 IF_2 群体定位千粒重、粒长和籽粒硬度的 QTL

Table 5-4　Putative QTL for 1000- kernel weight, grain size and hardness in IF_2 population

性状 Trait	QTL	标记区间 Flanking marker	位置 Position	加性效应 (A)	贡献率 H^2(A)/%	显性效应[a] (D)	贡献率[b] H^2(D)/%
千粒重 Thousand grain weight (tgw)	*qtkw6A*	*XGWM82-XWMC182*	74.2	2.9409	11.75	1.5154	1.37
粒长 Grain length (gl)	*qgl6A*	*XBARC1055-XWMC553*	75.2	16.8400	15.10		
	qgl7D	*XGWM437-XWMC630.1*	126.6	9.6997	8.24		
粒径 Grain diameter (gd)	*qgd6A*	*XBARC1055-XWMC553*	75.2	0.1123	15.03		
	qgd7D	*XGWM437-XWMC630.1*	126.6	0.0673	8.26		
硬度 Hardness (hd)	*qhd2A*	*XGPW2321-XGWM558*	78.8	–5.3829	3.77		
	qhd7D	*XGWM295-XGWM676*	97.3	8.4948	7.90		

a. 显性效应，正值表示杂合体的性状值大于纯合体，负值表示纯合体的性状值大于杂合体；b. 加性 QTL 所能解释的表型变异率

a. Dominant effect, positive dominant effect indicate that the heterozygote higher than the homozygote, negative dominant effect indicate that the homozygote higher than the heterozygote; b. Percentage of phenotypic variation explained by QTL with additive effect

表 5-5　基于 IF_2 群体定位千粒重和粒长的上位性效应

Table 5-5　Estimated epistasis for 1000-kernel weight and grain length in IF_2 population

性状 Trait	QTL	标记区间 Flanking marker	位置 Position	QTL	标记区间 Flanking marker	位置 Position	AA[a] (H^2)/%	AD (H^2)/%	DA (H^2)/%	DD (H^2)/%
千粒重 Thousa-nd grain weight (tgw)	*qtkw2A*	*XWMC455-XGWM515*	112.0	*qtkw4B*	*XWMC47-XWMC413*	4.2	–3.02 6.42		1.98 1.73	
	qtkw2B	*XGPW2279-XGPW2228*	82.3	*qtkw7B.2*	*XGPW2224-XGPW3256*	30.5		5.05 1.74		
粒长 Grain length (gl)	*qgl1A*	*XGWM498-XGPW7412*	102.5	*qgl6B*	*XCFA2257-XCFD48*	50.4	19.70 0.37	46.86 0.34	–35.15 0.14	–66.94 1.58

a. 上位性包括加加互作(AA)、加显互作(AD)、显加互作(DA)和显显互作(DD)

a. Epistasis includes interactions of additive by additive (AA), additive by dominance (AD), dominance by additive (DA), and dominance by dominance (DD)

二、籽粒特性 QTL 研究进展与本研究的比较分析

(一)小麦籽粒特性 QTL 研究进展

籽粒特性一般包括千粒重、粒型、粒色、籽粒硬度等指标。籽粒硬度是最重要的小麦品质性状之一，是市场分级和定价的重要依据。随着硬度测试方法的日趋完善，其分子遗传基础的研究逐步加快。硬度主要受位于 5D 染色体短臂上一个主效基因(Ha)和多个微效基因控制，主效基因呈显性遗传(Campbell et al.，1999；Law et al.，1978；陈锋等，2005)，*Pina* 和 *Pinb* 是形成小麦籽粒硬度的基础。Sourdille 等(1996)指出，籽粒硬度由多基因控制，其中 1 个主效基因(*Ha*)位于 5DS，4 个微效基因分别位于 2A、2D、5B 和 6D，另外 3 个微效基因分别位于 5A、6D 和 7A。李文福等(2012)等利用 DH 和 IF_2

两个群体进行小麦粒重、粒型和硬度的QTL分析，共检测到控制千粒重、粒长、粒径和硬度的35个加性效应及18对上位效应QTL，包括控制千粒重的8个加性效应位点及5对上位性位点，控制粒长的10个加性效应位点及6对上位性位点，控制粒径的10个加性效应位点及6对上位性位点，控制硬度的7个加性效应位点及1对上位性位点。其中，控制粒重的*Qtkw6A*在DH和IF_2群体中都能检测到，而且既有加性效应又有显性效应，加性效应的贡献率在2个群体内分别为9.39%和11.75%，显性效应的贡献率为1.37%。控制粒径的*Qgd6A*也在DH和IF_2群体中检测到，加性效应贡献率分别为15.02%和15.03%，而且与控制粒长的*Qgl6A*为同一基因位点，在DH和IF_2群体中对粒长的加性效应贡献率分别为14.96%和15.10%。

（二）本研究结果与前人研究结果的比较分析

前人研究在1A、1B、1D、2A、2B、2D、3A、3B、3D、4B、5A、5B、5D、6A、6D、7A和7D染色体上都曾鉴定出控制小麦粒重的QTL（Huang et al.，2004；Campbell et al.，2003；王瑞霞等，2009；严俊等，2011）。本研究利用两个群体均检测到的控制千粒重和粒型的多个加性及上位性位点，说明小麦千粒重和粒型是复杂的数量性状。利用DH群体鉴定到7B.2上的*Qtkw7B.2*位点，其遗传贡献率为5.55%，并与*Qtkw3A*和*Qtkw6A*均有上位性作用，总贡献率为2.27%，是本研究新发现的一个影响千粒重的QTL。控制千粒重*qtkw6A*同时具有加性效应和显性效应，可解释加性效应的11.75%和显性效应的1.37%的表型变异，与用DH群体检测到的*Qtkw6A*为同一位点。在该QTL位点附近区域，Huang等（2004）定位了*QTgw.ipk-6A.2*，Groos等（2003）在相同的位置也检测到控制千粒重的QTL位点；Su等（2011）根据水稻GW2同源克隆了影响小麦粒重和粒宽的重要基因*TaGW2*，并且利用中国春的缺四体系列，将该基因定位到6A染色体*barc1165*-*barc1055*两个SSR标记区间范围内，与本试验检测到的*Qtkw6A*位于同一标记区间，因此，*Qtkw6A*是可用于分子标记辅助选择育种和杂交育种的重要QTL。

本课题组利用2个群体定位的控制籽粒硬度的QTL分别位于1B、2A、4B、5A、6A和7D染色体上，均为微效位点。其中利用IF_2群体定位的加性效应位点*Qhd7D*，具有最大的遗传贡献率7.90%。参考Sourdille等（1996）研究结果，进一步说明籽粒硬度是数量遗传性状，不仅受到来自5DS上的主效基因（*Ha*）控制，还受到来自其他染色体上的微效基因影响。

第二节　营养品质性状的QTL定位及效应分析

小麦作为世界第二大粮食作物，含有大量人体必需的营养成分，其中包括60%~80%碳水化合物、8%~15%蛋白质、1.5%~2%脂肪、2%~2.5%维生素和矿物质，以及其他微量物质。小麦的营养品质包括上述营养成分的含量和质量，例如，籽粒蛋白质含量及其质量，氨基酸含量及其质量（尤其是赖氨酸、苏氨酸等限制氨基酸），糖类、脂肪、矿质等的含量及其组分。营养品质决定着小麦的营养价值，直接关系人们生活水平的提高和身体健康。因此，人们很早以前就进行了小麦籽粒营养成分的分析，并进行了籽粒蛋白质、氨基酸和淀粉等营养成分遗传育种方面的研究。但小麦营养品质诸多性状的QTL分析只是在20世纪 80 年代以后，随着科学技术的发展才得以实现。本课题组利用多年从事小麦品质育种的良好基础和技术优势，在国内率先开展了小麦营养品质性状的 QTL 分析工作。

一、籽粒和面粉蛋白质含量的 QTL 分析

(一)引言

蛋白质含量(GPC)和质量是影响小麦加工品质性状的重要因素之一。小麦籽粒蛋白质含量与湿面筋含量、面团流变学特性和食品加工品质都具有很高的相关性；不同用途小麦面粉对其蛋白质含量要求不同，馒头粉蛋白质含量一般要求(12.5±l)%为宜，中国黄碱面条(YAN)适宜的蛋白质含量为 12%~13%左右。遗传分析表明，蛋白质含量的遗传符合加性-显性模型，控制蛋白质含量的基因作用方式为超显性，显性效应大于加性效应；环境对蛋白质含量的表达有强烈影响，因此，籽粒蛋白含量是一个受多基因控制的性状。1A、2A、3A、5A、7A、2B、3B、4B、6B、7B、4D、5D 和 7D 染色体对籽粒蛋白质含量均有不同程度的影响。本研究以 DH 群体为材料，进行了籽粒和面粉蛋白质含量在不同环境下的 QTL 定位分析。

(二)GPC 测定方法

籽粒蛋白质含量采用瑞士波通公司 DA7200 型近红外仪按 AACC 39-11(2004)方法测定；面粉蛋白质含量采用瑞士波通公司 DA7200 型近红外仪按 AACC 39-25(2004)方法测定。

DA7200 近红外仪测定样本小麦面粉蛋白质和籽粒蛋白质含量操作步骤如下。

1. 屏幕校正

在初次运行 DA7200 时进行触摸屏校准。双击桌面上 Microtouch Touchware 光标，然后在 Microtouch Touchware Properties 窗口中选择 Calibrate 并点击，遵照校准软件说明校准。当发现触摸功能的准确性有所下降时，可随时进行校准。

2. 分析

(1)启动 Simplicity 软件后，进入 Select Product 窗口。选择一个产品/项目(Product/Project)以激活光源灯。室温条件下，灯的预热时间为 30min，当第一次点击产品/项目后，内置的陶瓷参考板会自动弹出，并停止在样品杯的上方进行基线测量(约 40s)。使用仪器之前要留出足够的预热时间，并确保参考板能顺利弹出。

(2)确保样品具有代表性，并充分混匀。将样品装入样品杯，用直边的工具如尺子等将多余部分刮去，使样品杯加满并保持平整的平面。使用 75mm 小样品杯时，应将样品托架推至靠里的挡位。

(3)点击 Next Sample 框，键入样品 ID，可以使用屏幕虚拟键盘或使用外接的键盘。点击 Analyze 按钮进行分析，仪器自动扫描样品，给出分析结果。此时可以选择进行下一个样品的分析或重新分析当前样品，如果点击 R-collect 会对当前样品进行重新扫描分析，第一次扫描的结果丢弃，可对样品进行多次重复分析，重装样品并将其放回原位，点击 OK 开始分析。

(4)点击 Products 按钮返回产品选择界面。

(三)蛋白质含量的 QTL 定位结果

1. 基于 DH 群体的蛋白质遗传分析

1)DH 群体性状的表型变异

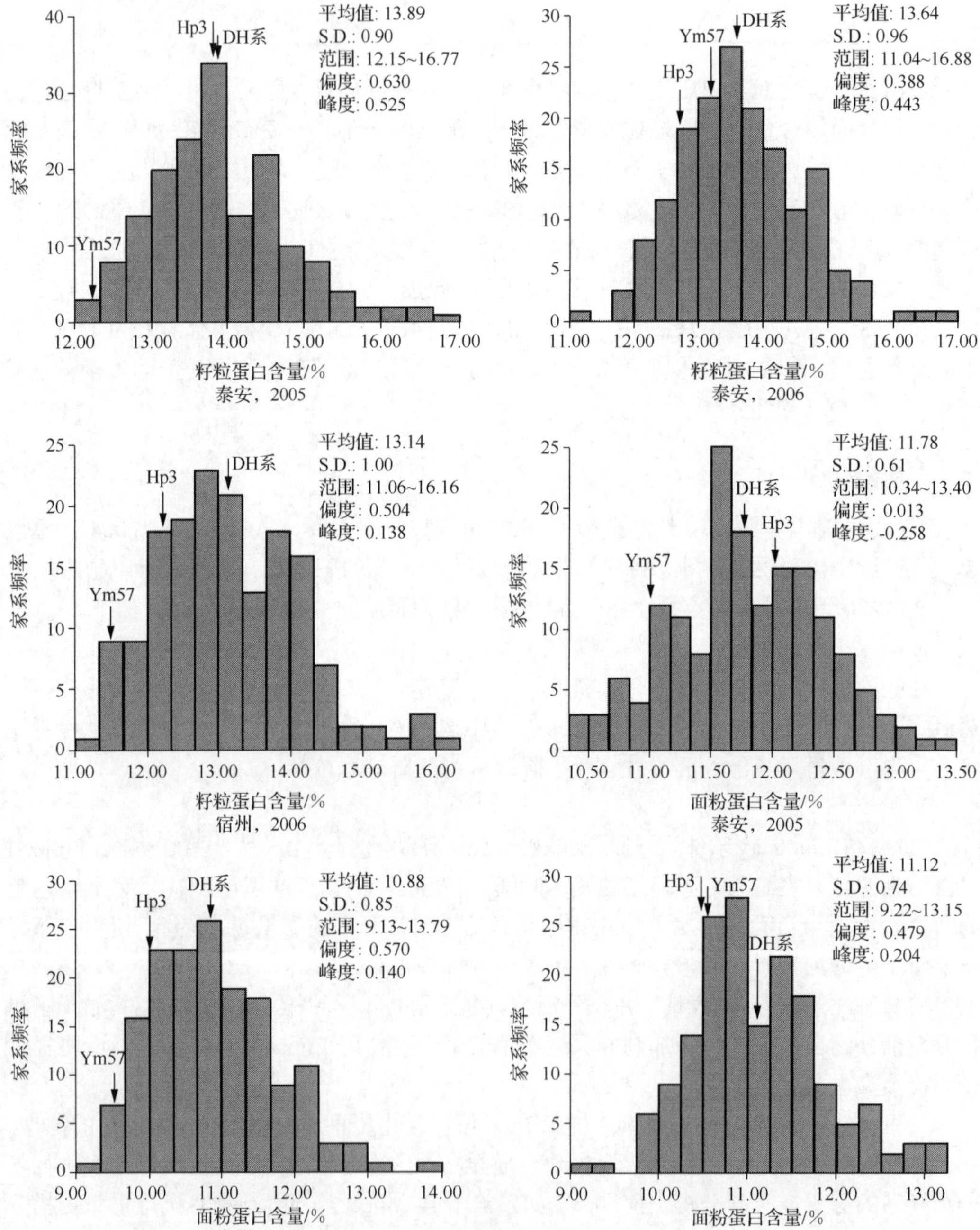

图 5-2　籽粒蛋白质和面粉蛋白质的变异分布

Fig. 5-2　Frequency distribution of grain protein content and flour protein content

大多数年份和地点 DH 群体的某些株系的籽粒蛋白质含量的平均值都高于亲本‘花培 3 号’和‘豫麦 57’(图 5-2)；面粉蛋白质含量(除了 2005 年的泰安点外)也有类似规律。DH 群体籽粒蛋白质含量和面粉蛋白质含量的变异幅度大，都呈连续分布，并存在明显的双向超亲分离现象。正态检测结果偏度(skewness)和峰度(kurtosis)的绝对值都小于 1.0，表明为多基因控制的数量性状，适合进行 QTL 定位分析(Cao et al.，2001)。籽粒蛋白质和面粉蛋白质为高度正相关，相关系数为 0.896(P<0.01)。

2) 加性 QTL 及加性 QTL 与环境互作

4 个影响籽粒蛋白质含量的加性 QTL 分别定位在 3A、3B、5D 和 6D 染色体上(表 5-6，图 5-3)。解释的表型变异的范围是 3.09%~8.40%，其中 *QGpc3A* 的遗传贡献率最大，解释 8.40%的表型变异。*QGpc6D* 位点的增效等位基因来源于‘花培 3 号’，其他 3 个加性效应位点的增效等位基因来源于‘豫麦 57’，说明了增效等位基因分布在两个亲本中。4 个加性 QTL 可以解释 18.25%的表型变异。

表 5-6 籽粒蛋白质和面粉蛋白质的加性效应及加性与环境互作效应

Table 5-6 Estimated additive (A) and additive×environment (AE) interactions of QTL for grain protein content and flour protein content

性状 Trait	QTL	标记区间 Flanking marker	位置 Site /cM	加性效应 (A)	贡献率 H^2(A)/%	环境 1 的加性效应 (AE1)	环境 1 的贡献率 H^2(AE1)/%	环境 2 的加性效应 (AE2)	环境 2 的贡献率 H^2(AE2)/%
籽粒蛋白质含量 Grain protein content	*QGpc3A*	*Xbarc86-Xwmc21*	8.2	-0.29^{**}	8.40				
	QGpc3B	*Xgwm685-Xwmc615*	1.3	-0.18^{**}	3.31				
	QGpc5D	*Xbarc320-Xwmc215*	9.7	-0.18^{**}	3.09	0.24^{**}	5.63	-0.19^{*}	3.64
	QGpc6D	*Xcfd42-Xcfd13*	9.6	0.19^{**}	3.45				
面粉蛋白质含量 Flour protein content	*QFpc3A*	*Xbarc86-Xwmc21*	7.2	-0.29^{**}	15.11				
	QFpc5D	*Xbarc320X-wmc215*	11.7	-0.21^{**}	7.51	0.16	4.70		
	QFpc6D	*Xcfd42X-cfd13*	7.6	0.20^{**}	6.81				
	QFpc7D	*Xwmc634-Xwmc273.2*	4.6	-0.09^{**}	1.55				

环境 1：泰安，2005；环境 2：泰安，2006

E1: Taian, 2005; E2: Taian, 2006

QGpc5D 位点在环境 1 和环境 2 中具有加性 QTL 与环境的互作(表 5-6，图 5-3)，分别解释 5.63%和 3.64%的表型变异。

4 个影响面粉蛋白质含量的加性 QTL 分别定位在 3A、5D、6D 和 7D 染色体上，解释的表型变异范围是 1.55%~15.11%，其中 *QFpc3A* 的遗传贡献率最大，解释 15.11%的表型变异，增效等位基因来源于‘豫麦 57’。*QFpc5D*、*QFpc6D* 和 *QFpc7D* 的增效等位基因来源于‘花培 3 号’。4 个加性 QTL 可以解释 30.98%的表型变异。

QFpc5D 位点在环境 1 中具有加性 QTL 与环境的互作，解释 4.70%的表型变异。

3) 上位性 QTL 和上位性 QTL 与环境的互作

检测到 2 对影响籽粒蛋白质含量的上位性 QTL(表 5-7，图 5-3)，共解释 24.00%的表型变异，其中 *QGpc2B*/*QGpc4A* 的遗传贡献率最大，解释 14.12%的表型变异。

检测到 5 对影响面粉蛋白质含量的上位性 QTL(表 5-7，图 5-3)，共解释的表型变异为 10.12%，解释的表型变异范围是 1.51%~5.07%。

没有检测到籽粒蛋白质含量和面粉蛋白质含量的上位性 QTL 与环境的互作。

表 5-7　籽粒蛋白质含量和面粉蛋白质含量的上位效应

Table 5-7　Estimated epistasis (AA) of QTL for grain protein content and flour protein content

性状 Trait	QTL	标记区间 Flanking marker	位置 Site/cM	QTL	标记区间 Flanking marker	位置 Site/cM	上位性 效应(AA)	贡献率 H^2(AA)/%
籽粒蛋白质含量 Grain protein content	*QGpc2B*	*Xwmc764-Xbarc200*	12.0	*QGpc4A*	*Xbarc343-Xwmc313*	6.8	0.38^{***}	14.12
	QGpc2D	*Xbarc349.2-Xbarc349.1*	9.0	*QGpc5A*	*Xcfe026.1-Xcwem32.2*	5.0	0.31^{***}	9.88
面粉蛋白质含量 Flour protein content	*QFpc2B-1*	*Xwmc317-Xwmc445.2*	4.0	*QFpc3D*	*Xwmc631-Xbarc071*	6.9	0.14^{***}	3.30
	QFpc2B-2	*Xgwm111-Xgwm14*	22.0	*QFpc3D*	*Xwmc631-Xbarc071*	6.9	0.10^{*}	1.61
	QFpc2D-1	*Xgwm539-Xcfd168*	4.9	*QFpc5A-2*	*Xcfe026.1-Xcwem32.2*	4.0	0.09^{***}	1.51
	QFpc2D-2	*Xbarc349.2-Xbarc349.1*	9.0	*QFpc5A-2*	*Xcfe026.1-Xcwem32.2*	4.0	0.10^{***}	1.93
	QFpc5A-1	*Xbarc180-Xcwem40*	8.6	*QFpc5B*	*Xbarc36-Xbarc140*	6.0	0.17^{***}	5.07

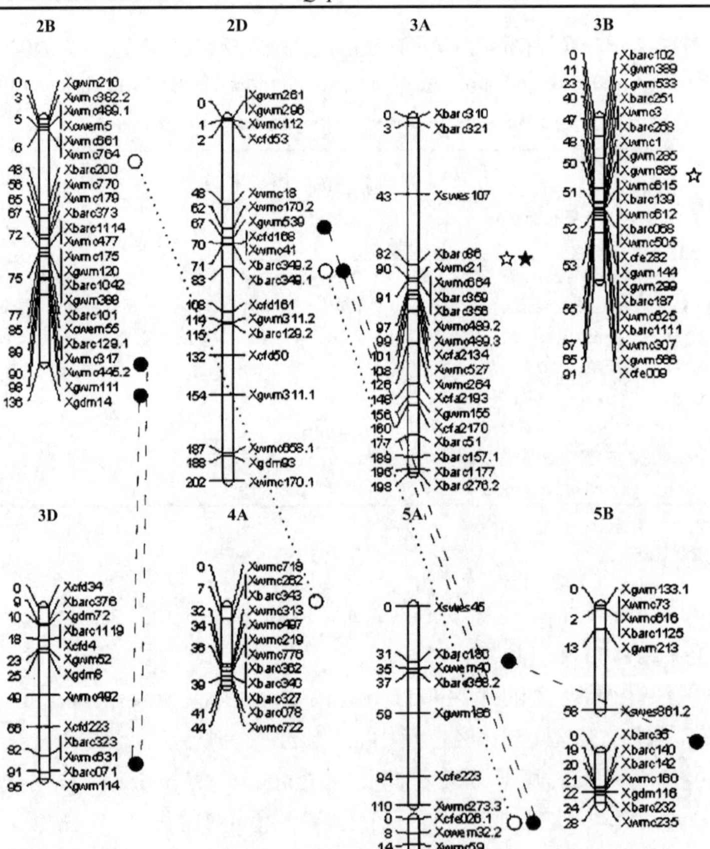

图 5-3　小麦籽粒蛋白质含量 QTL 和面粉蛋白质含量 QTL 在染色体上的分布情况

Fig. 5-3　A genetic linkage map of wheat showing mapping QTL for grain protein content and flour protein content

籽粒蛋白含量 For grain protein content: ☆加性效应位置 locus involved in additive effects；△互作效应位置 locus involved in AE；○……○ locus involved in epistasis 上位效应位置

面粉蛋白含量 For flour protein content：★加性效应位置 locus involved in additive effects；▲互作效应位 locus involved in AE；●----●上位效应位置 locus involved in epistasis

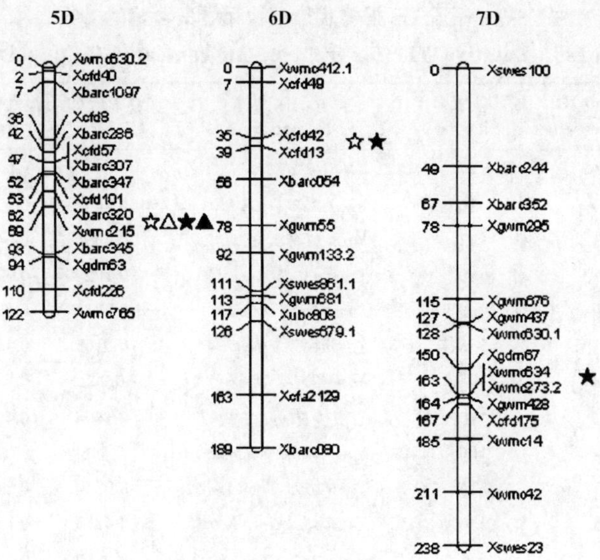

图 5-3 （续）

Fig. 5-3 (Continued)

2. 基于 DH 和 IF_2 群体的蛋白质遗传分析

1) 籽粒粗蛋白含量的表型分析

亲本‘花培 3 号’和‘豫麦 57’在不同年份和不同地点的籽粒粗蛋白基本保持稳定，并且‘花培 3 号’的籽粒粗蛋白含量略高于‘豫麦 57’（表 5-8），后代 DH 群体和 IF_2 群体均表现为连续变异，并且变异幅度较大，存在明显的双向超亲分离现象，符合 QTL 作图需要。

表 5-8　不同环境条件下小麦亲本、DH 群体及 IF_2 群体籽粒蛋白的表型值

Table 5-8　Phenotypic value of grain protein content for parents, DH and IF_2 population in different environment

环境 Environment	花培 3 号 HP3	豫麦 57 YM57	DH 群体 DH population	IF_2 群体 IF_2 population
2009，济源, Jiyuan	14.80	13.44	14.76±1.02 [a]	14.23±0.84
			12.53~18.09 [b]	12.03~16.20
2010，泰安 Taian	14.94	13.94	13.36±1.30	12.59±1.06
			9.67~16.66	10.32~14.93
2010，济源 Jiyuan	14.02	13.63	12.38±1.43	12.56±1.40
			9.04~16.88	9.40~17.42

a. 平均值 mean value ± standard deviation;

b. 变异范围, range of variation

2) 基于 IF2 群体定位籽粒粗蛋白含量的 QTL

利用 ICIM 软件对 IF_2 群体的籽粒粗蛋白含量进行了遗传分析。3 个环境条件下进行单独定位，共检测到 9 个位于不同染色体上的 QTL 位点，其中位于 3B 染色体上的 *Qgpc3B* 在 3 个环境下稳定表达，贡献率为 5.32%~6.21%，其增效等位基因来自父本‘豫麦 57’。在环境 5 中检测到的 *Qgpc5A.2* 具有最大的遗传贡献率（8.49%），增效等位基因来自于母本‘花培 3 号’（表 5-9）。

表 5-9 基于 IF_2 群体定位籽粒粗蛋白含量的 QTL

Table 5-9 Putative QTL for grain protein content in IF_2 population

环境 Environment	染色体 Chromosome	位置 Site/cM	标记区间 Flanking marker	加性效应[a] (A)	显性效应[b] (D)	贡献率[c] (H^2)/%
2009，济源, Jiyuan	1B	37	*Xcfd21-Xcwem9*	–0.2496	0.0539	5.5989
	1D	16	*Xwmc222-Xgdm60*	0.2846	–0.0791	7.6019
	3B	73	*Xgpw1148-Xgpw4075*	–0.3354	0.0455	5.3240
	5A.2	9	*Xcwem32.2-Xwmc59*	0.1024	–0.4262	8.4905
	5D	0	*Xwmc630.2-Xcfd40*	–0.0312	–0.4110	6.0890
	6A	38	*Xgwm459-Xgwm334*	–0.0161	0.4673	8.3388
2010，泰安 Taian	1B	108	*Xbarc061-Xwmc766*	–0.002	–0.5104	6.2866
	1D	50	*Xcfd19-Xwmc93*	0.1494	0.4472	5.5284
	2A	106	*Xgwm448-Xwmc455*	0.346	0.0005	5.9051
	3B	75	*Xgpw7603-Xgpw1146*	–0.0354	0.5267	6.2097
2010，济源 Jiyuan	2A	130	*Xwmc455-Xgwm515*	–0.4533	–0.1359	6.1607
	2B	1	*Xgwm210-Xwmc382.2*	0.4807	–0.2352	6.0404
	2D	24	*Xcfd53-Xwmc18*	–0.4133	–0.5612	8.4124
	3B	73	*Xgpw1148-Xgpw4075*	–0.636	0.1942	6.1737

a. 加性效应，正值表示增加性状值的等位基因来自‘花培 3 号’，负值表示增加性状值的等位基因来自‘豫麦 57’；b. 显性效应(D)正值表示杂合体株高大于纯合体；c. QTL 所能解释的表型变异率

a. Additive effects; positive additive effects indicate that the Huapei 3 allele increases the value of the trait, negative additive effects indicate that the Yumai 57 allele increases the value of the trait; b. A positive value of dominant effect D denotes the heterozygote higher than the homozygote; c. Percentage of phenotypic variation explained by QTL with additive effect

3. 基于‘藁城 8901’×‘糯麦 1 号’RIL 群体的蛋白质遗传分析

1)面粉蛋白质含量的表型变异分析

小麦面粉蛋白质含量在亲本及 RIL 群体中的表型数据(表 5-10，图 5-4)。

结果显示，母本‘糯麦 1 号’的面粉蛋白质含量略高于父本‘藁城 8901’，RIL 群体后代株系面粉蛋白质含量表现为双向超亲分离，且偏度系数和峰度系数的绝对值均小于 1.0，基本呈正态分布，表明小麦面粉蛋白质含量为多基因控制的数量性状。

2)面粉蛋白质含量的 QTL 检测

检测到控制小麦面粉蛋白质含量的 12 个加性 QTL，分别定位于 1A、1B、3B、4A、6B、

表 5-10 三个不同环境下小麦面粉蛋白质含量在亲本及 RIL 群体中的表型数据

Table 5-10 Phenotypic values for wheat flour protein content of two parents and the RIL population in three environments

环境 Environment	亲本 Parents		RIL 群体 RIL population			
	糯麦 1 号 Nuomai 1/%	藁城 8901 Gaocheng8901/%	范围 Range/%	平均值 Mean±SD	偏度 Skewness	峰度 Kurtosis
泰安, Taian, 2008	14.65	14.28	11.79~18.17	14.78±1.12	0.082	0.253
泰安, Taian, 2009	13.71	13.64	11.59~15.96	13.73±0.69	0.132	0.107
宿州, Suzhou, 2011	13.62	13.30	11.38~15.33	13.49±0.65	0.092	0.792

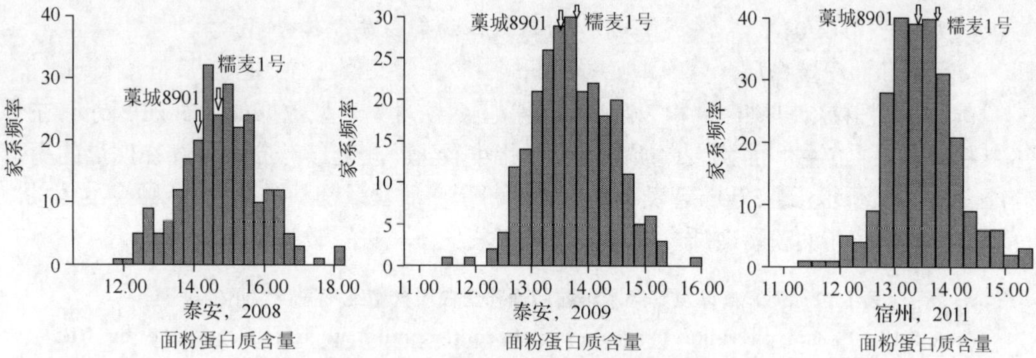

图 5-4　面粉蛋白质含量的变异分布

Fig. 5-4　Frequency distribution of wheat flour protein content

7A 和 7B 染色体上(表 5-11)。其中 *QFPr-4A* 在 E1、E2、E3 和平均值 P 中均检测到，其增效等位基因变异来自于母本'糯麦 1 号'，解释 4.90%~10.38%的遗传表型变异，该位点与 *Wx-1B* 标记紧密连锁；*QFPr-1A.1* 在 E1 和平均值 P 中被检测到，增效等位基因变异来自父本'藁城 8901'，贡献率分别是 6.40%和 5.20%；其余的 QTL 只能在单一环境中被检测到。

表 5-11　不同环境下检测到的控制面粉蛋白质含量的加性 QTL

Table 5-11　QTL with significant additive effects for flour protein content detected in different environments

性状 Trait	环境 Environment	QTL	位置 Site/cM	标记区段 Interval marker	加性效应 (A)	解释变异率 Phenotypic variance explained/%
面粉蛋白质含量 flour protein content	E1	*QFPr-1A.1*	133	*wPt-6654—wPt-2872*	–0.28	6.40
		QFPr-1A.2	2	*wPt-5316—wPt-8016*	0.20	3.06
		QFPr-1B	234	*wPt-7273—wPt-3566*	0.21	3.40
		QFPr-4A	101	*wPt-664948—Wx-B1*	0.26	5.23
		QFPr-6B.1	21	*wPt-1730—wPt-9881*	–0.29	6.70
		QFPr-6B.2	84	*wPt-666793—wPt-663764*	0.22	3.80
		QFPr-7A.1	141	*wPt-5590—wPt-2780*	0.31	7.73
	E2'	*QFPr-4A*	98	*wPt-664948—Wx-B1*	0.17	6.57
	E3	*QFPr-4A*	101	*wPt-664948—Wx-B1*	0.14	4.90
		QFPr-7A.2	157	*wPt-731311—Wx-A1*	0.15	5.81
		QFPr-7B	193	*wPt-669158—wPt-7009*	–0.14	5.12
	PD	*QFPr-1A.1*	135	*wPt-6654—wPt-2872*	–0.16	5.20
		QFPr-3B.1	164	*wPt-5870—wPt-3620*	0.58	7.06
		QFPr-3B.2	166	*wPt-3620—wPt-7906*	0.59	7.82
		QFPr-4A	101	*wPt-664948—Wx-B1*	0.23	10.38
		QFPr-7A.3	142	*wPt-2780—wPt-9207*	0.18	6.29

E1：2008 年，泰安点；E2'：2009 年泰安点；E3：2011 年宿州点；PD：各环境的平均值；加性效应正值表示增效基因来自'糯麦 1 号'的等位基因，负值说明增效基因来自'藁城 8901'的等位基因

E1: Taian, 2008; E2': Taian, 2009; E3: Suzhou, 2011; PD: Pool data; Positive values indicate that Nuomai 1 alleles increase corresponding trait value; Negative values indicate that Gaocheng 8901 alleles increase corresponding trait value

4. 基于‘山农 01-35’×‘藁城 9411’群体的蛋白质遗传分析

1) 籽粒和面粉蛋白质含量表型变异分析

3 个环境籽粒蛋白质含量和 2 个环境面粉蛋白质含量表型数据如表 5-12 所示，在群体中籽粒蛋白质含量和面粉蛋白质含量变异幅度较大，呈连续分布，并存在明显的超亲分离，变异系数均超过 5.00%，表明籽粒和面粉蛋白质含量都是多基因控制的数量性状。籽粒蛋白质含量与面粉蛋白质含量呈极显著正相关，相关系数为 0.905。

表 5-12 RIL 群体及其亲本籽粒和面粉蛋白质含量在不同环境下的表现

Table 5-12 Phenotypic values for grain protein content and flour protein content of the RIL population and the parents in different environments

性状 Trait	环境 Environment	亲本 Parents		RIL 群体 RIL population						
		山农 01-35	藁城 9411	平均值 Mean	标准差 (SD)	最小值 Minimum	最大值 Maximum	变异系数 (CV)/%	偏度 Skewness	峰度 Kurtosis
籽粒蛋白含量 Grain protein content	E1	13.48	13.32	14.17	1.08	11.82	18.69	7.65	0.58	1.23
	E2	14.70	13.44	13.72	0.70	12.27	15.76	5.10	0.47	–0.27
	E3	14.77	14.84	14.39	1.01	11.77	17.29	7.00	0.07	–0.16
面粉蛋白含量 Flour protein conten	E1	13.33	14.04	14.09	0.99	11.56	16.43	7.03	0.14	–0.18
	E2	14.36	13.36	13.64	0.70	12.15	15.67	5.13	0.39	–0.24

E1：2009，泰安点；E2：2010，泰安点；E3：2011，宿州点

E1: 2009, Taian, E2: 2010, Taian, E3: 2011, Suzhou

2) 籽粒和面粉蛋白质含量的 QTL 定位

利用 3 个环境(E1、E2 和 E3)的籽粒蛋白质含量的表型值及其平均值(PD)进行 QTL 分析，共检测到 12 个控制籽粒蛋白质含量的加性 QTL 位点，分布在 2B、2D、4B、5B、5D、6D、7B 染色体上(表 5-13)。其中 *QGpc2D-108*(E1)、*QGpc6D-171*(E2)和 *QGpc4B.1-62*(PD) 3 个 QTL 的加性效应均来自于母本‘山农 01-35’，分别解释 11.81%、14.58%和 10.35%的表型变异，是环境特异表达的主效 QTL；*QGpc4B.1-62*(PD，10.355)与 *QGpc4B.1-67*(E2，7.91%)在同一标记区间。*QGpc5B.2-12*(E1、PD)、*QGpc2D-183*(E2、PD)和 *QGpc5D-0*(E2、E3、PD) 3 个 QTL 可在单环境和平均值中重复检测到。

表 5-13 不同环境下籽粒和面粉蛋白质含量 QTL 定位结果

Table 5-13 Additive QTLs for grain protein content and flour protein content in different environment

性状 Trait	环境 Environment	QTL	标记区间 Flanking marker	加性效应 (A)	贡献率 (PVE)/%
籽粒蛋白含量 Grain protein content	E1	*QGpc2D-108*	*wPt-4413-wPt-667294*	0.37	11.81
		QGpc5B.2-12	*wPt-9103-wPt-4418*	0.31	7.81
		QGpc5B.2-51	*wPt-4418-wPt-5168*	–0.24	4.91
		QGpc7B-0	*wPt-5463-wPt-4230*	–0.33	9.42

续表

性状 Trait	环境 Environment	QTL	标记区间 Flanking marker	加性效应 (A)	贡献率 (PVE)/%
	E2	*QGpc2B-70*	*wPt-3132-wPt-1140*	–0.22	8.79
		QGpc2D-183	*wPt-2360-wPt-2644*	0.13	3.63
		QGpc4B.1-67	*Xgpw2172-wPt-1505*	0.20	7.91
		QGpc5B.1-117	*wPt-4628-wPt-3503*	0.19	7.27
		QGpc5D-0	*CFE291-wPt-0419*	0.19	7.23
		QGpc6D-171	*wPt-666615-wPt-666008*	0.27	14.58
	E3	*QGpc2D-117*	*wPt-665545-wPt-665228*	–0.28	7.79
		QGpc5D-0	*CFE291-wPt-0419*	0.23	5.15
	PD	*QGpc2D-183*	*wPt-2360-wPt-2644*	0.16	4.54
		QGpc4B.1-62	*Xgpw2172-wPt-1505*	0.24	10.35
		QGpc5B.2-12	*wPt-9103-wPt-4418*	0.18	5.87
		QGpc5D-0	*CFE291-wPt-0419*	0.21	8.19
面粉蛋白含量 Flour protein content	E1	*QFpc2A-283*	*wPt-5887-wPt-669199*	–0.30	9.18
		QFpc2B-75	*wPt-1140-wPt-4199*	–0.21	4.48
		QFpc2B-203	*wPt-1454-wPt-2425*	0.55	32.66
		QFpc2D-117	*wPt-4413-wPt-667294*	0.27	7.83
		QFpc2D-180	*wPt-2360-wPt-2644*	0.32	10.43
		QFpc3A-14	*Xgpw2270-wPt-1681*	–0.22	5.29
		QFpc3B.1-215	*wPt-1171-wPt-5906*	0.37	14.31
		QFpc4A-38	*Xgpw4040-wPt-7001*	–0.26	7.23
		QFpc5B.2-12	*wPt-9103-wPt-4418*	0.66	45.61
		QFpc5B.2-51	*wPt-4418-wPt-5168*	–0.24	5.92
		QFpc7A-223	*Xgpw2139-wPt-7151*	–0.31	10.02
		QFpc7B-202	*wPt-0276-wPt-8920*	–0.26	7.00
	E2	*QFpc1B.1-80*	*wPt-2230-wPt-665375*	0.50	38.42
		QFpc1B.1-104	*wPt-5363-wPt-1363*	–0.38	21.04
		QFpc2D-98	*wPt-4413-wPt-667294*	0.28	15.62
		QFpc5B.1-118	*wPt-3503-CFE186*	0.18	6.45
		QFpc5B.2-12	*wPt-9103-wPt-4418*	0.16	5.04
		QFpc5B.2-52	*wPt-4418-wPt-5168*	–0.18	6.49
		QFpc5D-0	*CFE291-wPt-0419*	0.16	5.31
	PD	*QFpc2A-277*	*wPt-1871-wPt-3281*	–0.25	9.85
		QFpc2B-74	*wPt-1140-wPt-4199*	–0.22	6.61
		QFpc2D-127	*wPt-666987-wPt-0330*	0.19	5.48
		QFpc2D-183	*wPt-2360-wPt-2644*	0.21	6.59
		QFpc3A-25	*Xgpw2270-wPt-1681*	–0.19	5.53
		QFpc5B.2-12	*wPt-9103-wPt-4418*	0.18	5.00
		QFpc5B.2-52	*wPt-4418-wPt-5168*	–0.17	4.79
		QFpc7A-222	*wPt-3572-Xgpw2139*	–0.18	4.92
		QFpc7B-202	*wPt-0276-wPt-8920*	–0.26	10.20

E1：2009，泰安点；E2：2010，泰安点；E3：2011，宿州点。加性效应的正值表示增加粒重的等位变异来自‘山农 01-35’，负值表示增加粒重的等位变异来自‘藁城 9411’

E1: 2009 , Taian, E2: 2010 Taian, E3: 2011, Suzhou. Positive and negative values of additive effect (EstAdd) indicate that alleles to increase thousand-grain weight are inherited from Shannong 01-35 and Gaocheng9411, respectively

利用 2 个环境表型值及其平均值对面粉蛋白质含量进行 QTL 定位，共检测到 24 个与面粉蛋白质含量有关的加性 QTL，分布在 1B、2A、2B、2D、3A、3B、4A、5B、5D、7A 和 7B 染色体上，解释 4.48%~45.61%的表型变异。其中 9 个主效 QTL 分别位于染色体 1B、2B、2D、3B、5B、7A、7B 上，解释 10.20%~45.61%的表型变异。在 E1 中检测到的 *QFpc5B.2-12* 贡献率最大为 45.61%，该 QTL 在 E2 和平均值中也都检测到，贡献率分别为 5.04%和 5.00%；*QFpc7B-202* 在 E1 和平均值中检测到贡献率分别为 7.00%和 10.20%。另外，*QFpc5B.2-52* 在 E2 和平均值中检测到，与 E1 中检测到的 *QFpc5B.2-51* 与 *QFpc5B.2-52* 在同一标记区间。

(四) 小麦蛋白质 QTL 研究进展及其与前人研究结果的比较分析

1. 小麦蛋白质 QTL 研究进展

籽粒蛋白质是一个影响着硬质小麦和面包小麦最终应用的主要品质性状。在面包小麦中，蛋白质含量和面包体积存在着线性关系(Finney and Barrimore，1948)；同时，在硬质小麦中也证实了高的蛋白质含量影响着意大利面食的食用品质(D'Egidio et al.，1990；Marchylo et al.，2001)。由于环境因素和其他因素的影响，通过传统育种方法提高蛋白质含量的目标受到了阻碍，但是利用非整倍体(Snape et al.，1995)和分子标记工具可以继续改良这个性状。在野生四倍体小麦起源种(*T. turgidum* ssp. *dicoccoides*)中发现的基因可以提高普通小麦 13%~89%的蛋白质含量(Avivi，1978；Grama et al.，1984)。特别是 Avivi(1978)把来自(*T. turgidum* ssp. *Dicoccoides*)中的 FA15-3 基因导入到硬质小麦和面包小麦中大幅度提高了蛋白质含量。

近十几年小麦蛋白质的数量性状基因解析工作取得了很大进展。Nelson 等(2006)对小麦一系列的品质性状进行的 QTL 定位，包括蛋白质组分和质量、面粉的强度和揉混特性，发现多个品质性状在所有的环境中定位到相似的 QTL，从基因控制水平上说明品质指标之间具有一定的相关性。到目前为止，国内外科技工作者用 RIL 和 DH 等遗传群体，进行了不同环境条件下的籽粒蛋白质含量和面粉蛋白质含量性状 QTL 的定位，获得 QTL 64 个，其中效应值大于 10%的 QTL 14 个，效应值最高达 32.40%(表 5-14)；其 QTL 位点涉及到 19 条染色体，其中 6B 和 7B 染色体上存在的 QTL 位点最多，各达 6 个，其次是 2A(5 个 QTL)和 6A(5 个 QTL)。由此可知，6B 和 7B 染色体对小麦蛋白质性状是十分重要的。

表 5-14　小麦蛋白质含量 QTL 定位部分结果汇总(PVE>10%)

Table 5-14　Summary of QTL results of wheat protein content(PVE>10%)

QTL	标记区间 Flanking marker	贡献率 (PVE)/%	群体 Population	参考文献 Reference
QGpc.ccsu-2B.1	*Xgwm1249-2B*	13.40	RIL	Prasad et al. (2003)
QGpc.ccsu-2D.1	*Xgwm1264-2D*	14.00		
QGpc.ccsu-3D.1	*Xgwm456-3D*	16.30		
QGpc.ccsu-3D.2	*Xgwm892-3D*	14.00		
QGpc.ccsu-7A.1	*Xgwm1171-7A*	32.40		

续表

QTL	标记区间 Flanking marker	贡献率 (PVE)/%	群体 Population	参考文献 Reference
QGpc.ndsu-5B.1	*Xgwm604-5B*	—	RSL	Gonzalez et al. (2004)
QGpc.ndsu-5B.2	*Xbarc310-5B*	—		
QGpc.ndsu-5B.3	*Xwg909-5B*	—		
Gpc-B1b	*Xucw79-6B-Xucw71-6B*	—	—	Distelfeld et al. (2004)
Gpc-6B1	*Xucw79-6B-Xucw71-8B*	—		
Gpc-B1	*Xuhw89-6B*	—	—	Uauy et al. (2006)
Gpc-B1a, QGpc.ndsu.6Ba		—		
Gpc-B1b.	a NAC transcription factor	—		
QGpc.ink.7B	*Ppd-B2*	—	—	Khlestkina et al. (2009)
3AS	*Xwmc749-3AS-Xgwm 369-3AS*	11.00	RIL	Sun et al. (2010)
4B	*Xgwm368-4B-Xwmc617*	11.00		
QFpc.agt-6A	*Xgdm141-Xgwm325*	13.00	DH	Kuchel et al. (2006)
	Xcfd31-Xgwm44	13.00		
QGpc.sdau-3B	*Xwmc418-Xubc834a*	13.34	RIL	Sun et al. (2008)
QGpc.sdau-5A	*Xsrap27-Xwmc524*	21.23		
QGpc.caas-1A	*wms136*	—	IL	Li et al. (2012)
QGpc.caas-6A	*wms334*	11.50		
6A	*XE38M60200*	17.10	DH	Perretant et al. (2000)
QGpc.caas-3B	*wmc3-wmc418*	14.50	RIL	Li et al. (2009)
QGpc.caas-4D.1	*cfd71a-wmc457*	14.10		
QGpc.caas-2B.2	*cwm13-wms71b*	12.00		
QGpc.crc-4D	*Xwmc617-Xwmc48*	29.80	DH	McCartney et al. (2006)
QFpc.crc-4D	*Xwmc617-Xwmc48*	28.70		
QFpc.crc-2B	*Xgwm210-Xwmc25*	16.70		

2. 本研究结果与前人籽粒蛋白质含量定位结果的比较分析

DH 群体、IF_2 群体和 RIL 群体的籽粒蛋白质含量定位结果表明，控制籽粒蛋白质含量的 QTL 共涉及 14 条染色体(1B、1D、2A、2B、2D、3A、3B、4B、5A、5B、5D、6A、6D、7B)，其中，3B、2D、2B、6D 染色体在 2 个群体中都检测到了 QTL，而 5D 染色体在 3 个群体中都检测到了控制籽粒蛋白质含量的 QTL，说明 5D 染色体上有影响控制籽粒蛋白质含量的重要 QTL/基因。

利用 DH 群体和 2 个 RIL 群体，在 15 条染色体(1A、1B、2A、2B、2D、3A、3B、4A、5B、5D、6B、6D、7A、7B、7D)上，都检测到控制面粉蛋白质含量的 QTL，其中在 DH 群体和‘山农 01-35’×‘藁城 9411’RIL 群体中，3A 和 5D 染色体上都检测到了控制面粉蛋白质含量 QTL，而 1B、4A、7A、7B、3B 染色体上只在 2 个 RIL 群体中都检测到了该性状的 QTL。

关于籽粒蛋白质含量的 QTL 分析，Blanco 等(2006)对硬粒小麦的蛋白质含量 QTL 进行定位，发现了 3 个 QTL 对谷物蛋白质含量有主要的影响，分别被定位在 2AS、6AS 和 7BL 上。Charmet 等(2005)对小麦籽粒中的干物质、氮素积累和蛋白质组分进行了 QTL 定位，总共定位了 7 个 QTL，其中 5 个与干物质、氮素积累相关，5 个中有 2 个影响蛋白质组分，另外 2 个 QTL 只和蛋白质组分有关。Kuchel 等(2006)将面粉蛋白质含量和出粉率定位在 6A 染色体上。Huang 等(2006)将控制小麦籽粒和面粉蛋白质含量的 5 个 QTL 分别定位在 2D、4D 和 7B 上。Zhao 等(2009)将籽粒蛋白和面粉蛋白质含量定位在 3A、3B、5D、6D 和 7D 染色体。前人研究表明，QTL 定位涉及的染色体较多(1A、1B、2A、2B、2D、3A、3B、4A、5B、5D、6B、6D、7A、7B、7D)。本研究在 DH 群体中鉴定到 4 个既影响籽粒蛋白质含量又影响面粉蛋白质含量的“稳定”QTL，其中 *QGpc3A*(*QFpc3A*)是 4 个 QTL 中最重要的，解释籽粒蛋白质含量表型变异的 8.4%(面粉蛋白质含量的 15.11%)；*QGpc5D*(*QFpc3A*)存在着一个加性作用和一个加性与环境的互作效应。4 个 QTL 的上位性效应解释了 9.88%的籽粒蛋白质含量变异。其中 *QGpc6D*/*QFpc6D* 解释了 3.45%的籽粒蛋白质含量变异、6.81%的面粉蛋白质含量变异。以前的研究者大多数分别分析籽粒蛋白质含量或面粉蛋白质含量的 QTL(Snape et al., 1995；Blanco et al., 1996，2002；Prasad et al., 1999；Zanetti et al., 1999；Groos et al., 2003；Kulwal et al., 2005)，而本研究报道了既影响籽粒蛋白质含量又影响面粉蛋白质含量的“稳定”QTL。

在‘糯麦 1 号’和‘藁城 8901’群体中，检测到控制面粉蛋白质含量的 *QFPr-4A* 位点在 3 个环境中都稳定表达，且位点在 *wPt-664948-Wx-B1* 区间内，说明 Wx 亚基的缺失，尤其是 *Wx-B1* 对蛋白质含量有一定的影响。

二、有益矿质元素的 QTL 分析

(一)引言

培育富含有益矿质元素作物是丰富人类食物营养的有效途径。像其他主要粮食作物一样，小麦中所含有的 Fe、Zn 等有益元素无法满足人体的需要，因此研究小麦中矿质元素的遗传机制具有重要意义。目前，我国小麦籽粒矿质营养元素的研究仅仅局限于含量的测定，对于小麦遗传机理的研究较少。最近发展起来的分子标记技术和高密度分子标记连锁图为鉴定控制矿质元素的 QTL 提供了有效方法。本试验以‘花培 3 号’和‘豫麦 57’为亲本建立 DH 群体，对小麦籽粒中的 Fe、Zn、Cu、Mn 含量进行了 QTL 定位，定位到了与矿质元素含量连锁的分子标记，为小麦矿质元素含量的分子标记辅助选择奠定了基础。

(二)小麦籽粒矿质元素的测定

1. 水分的测定

依据 GB/T 5009.3—2003 的方法。

2. 小麦籽粒 Fe、Zn、Cu、Mn 含量的测定

籽粒利用 Perten 3100 型旋风磨磨粉并过 80 目聚氨酯筛网，分别置于封口袋保存。准确称取 1g 样品于 250ml 的烧杯中(盖有培养皿)，加入 25ml 的消化液(硝酸∶高氯酸＝4∶1)，在电热板上消化直至溶液清亮，转移至 100ml 容量瓶中，定容并摇匀。同时进行空白样品的操作。

利用日立 Z-2000 型原子吸收分光光度计，采用火焰分光光度法测定 Fe、Zn、Cu 和 Mn 含量。

(三)结果与分析

1. 亲本及 DH 群体籽粒中 Fe、Zn、Cu、Mn 的含量

由双亲和 DH 群体籽粒的 Fe、Zn、Cu、Mn 含量(表 5-15)可以看出，Fe、Zn、Cu、Mn 的含量在 DH 群体中都有较大变幅，其中 Fe 含量的变幅为 28.64~66.39μg/g，平均值为 47.68μg/g；Zn 含量的变幅为 20.51~47.95μg/g，平均值为 32.94μg/g；Cu 含量的变幅为 4.35~7.77μg/g，平均值为 5.87μg/g；Mn 含量的变幅为 25.01~52.47μg/g，平均值为 34.59μg/g。这说明 Fe、Zn、Cu、Mn 含量在 DH 群体中均存在明显的超亲分离，控制小麦籽粒中 Fe、Zn、Cu、Mn 含量的增效基因和减效基因在两个亲本基因组中呈分散分布，通过基因重组产生了正、负两个方向的超亲基因型。

表 5-15　DH 群体及其亲本的 Fe、Zn、Cu、Mn 含量　(单位：μg/g)

Table 5-15　Performance of characters of flour color from parents and DH population
(Unit: μg/g)

性状 Trait	亲本 Parents		DH 群体 DH population				
	花培 3 号 Huapei 3	豫麦 57 Yumai 57	平均值 Mean	变幅 Variation range	标准差 (SD)	偏度 Skewness	峰度 Kurtosis
铁 Fe	48.57	36.45	47.68	28.64~66.39	6.17	0.2538	0.7849
锌 Zn	37.82	28.33	32.94	20.51~47.95	5.44	0.2847	0.0986
铜 Cu	4.71	5.96	5.87	4.35~7.77	0.60	0.3024	0.1726
锰 Mn	36.75	33.54	34.59	25.01~52.47	4.75	0.6301*	0.7416

反映的 Fe、Zn、Cu、Mn 含量在 DH 群体中的分布频率见图 5-5。从图中可以看出，Fe、Zn、Cu、Mn 的含量在 DH 群体中基本呈连续分布，呈数量性状表现，表明其在遗传上是受多基因控制的数量性状，可以对其进行数量性状座位(QTL)定位。

2. Fe、Zn、Cu、Mn 含量的遗传力

DH 群体分析 Fe、Zn、Cu、Mn 含量的遗传力见表 5-16，其中，籽粒中 Fe 含量的遗传力最高，为 38.68%；其次是 Zn，遗传力为 30.26%；Cu 和 Mn 含量的遗传力最小，分别为 12.95%和 11.01%。这说明小麦籽粒 Fe、Zn、Cu、Mn 的含量受遗传影响较小，受环境及其基因和环境互作的影响较大。

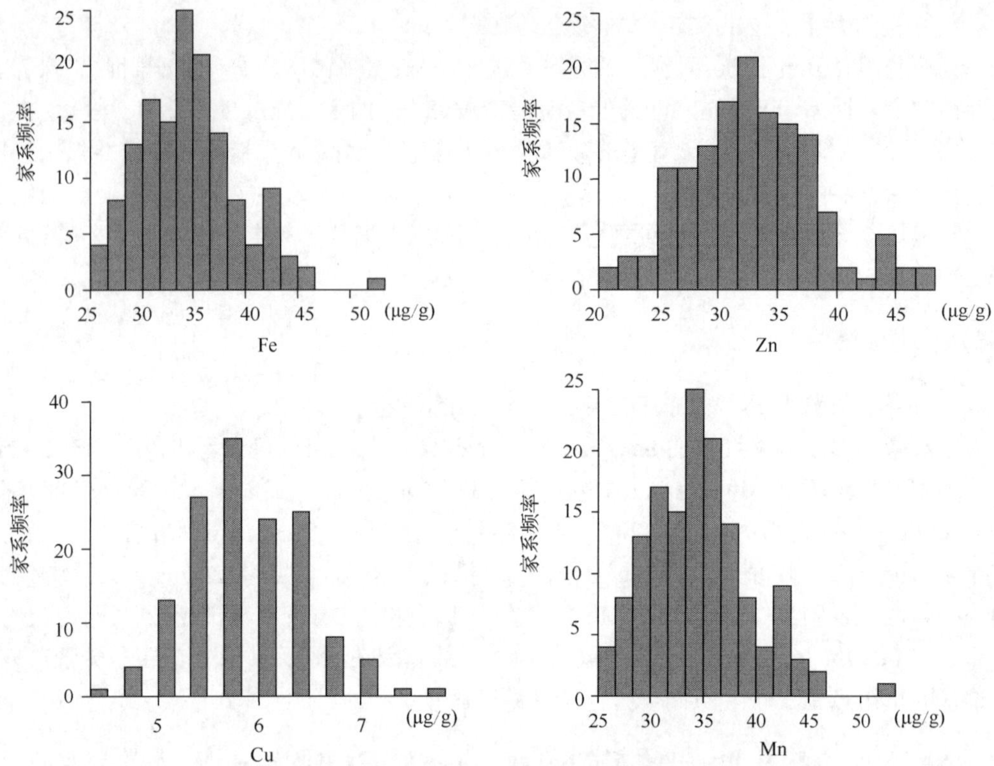

图 5-5 小麦籽粒 Fe、Zn、Cu、Mn 含量在 DH 群体中的变异分布

Fig. 5-5 Distribution of Fe、Zn、Cu、Mn contents of wheat grain in the DH population

表 5-16 矿质元素遗传力的估算

Table 5-16 Heritability of genetic factors involved in the traits

性状 Trait	铁 Fe	锌 Zn	铜 Cu	锰 Mn
遗传力 h^2/%	38.68	30.26	12.95	11.01

3. 小麦籽粒 Fe、Zn、Cu、Mn 含量的加性 QTL 分析

利用 DH 群体对三个不同环境小麦籽粒中的 Fe、Zn、Cu、Mn 含量进行了 QTL 定位(表 5-17，图 5-6)，检测到 3 个控制籽粒 Fe 含量的 QTL 位点，分别位于染色体 1B、2A 和 5D 上，共解释表型变异的 11.12%，单个 QTL 贡献率为 1.90%~5.26%，加性效应为 0.69~1.87。其中位于 2A 染色体上的 *QFE2A* 效应值最大，解释表型变异的 5.26%，加性效应为 1.19，其增加籽粒 Fe 含量的等位基因来源于父本'豫麦 57'；*QFE1B* 的加性效应值 1.87，表明增加籽粒 Fe 含量的等位基因同样来源于父本'豫麦 57'；*QFE5D* 的效应值最小，可解释表型变异的 1.90%，加性效应值为-0.69，其增加籽粒 Fe 含量的等位基因来源于母本'花培 3 号'。可以看出，增效等位基因来源于两亲本，解释了小麦 DH 群体中籽粒 Fe 含量的超亲分离现象。

表 5-17　小麦籽粒 Fe、Zn、Cu、Mn 含量 QTL 分析

Table 5-17　Summary of QTLs detection on Fe、Zn、Cu、Mn contents in wheat grain

元素 Element	QTL	标记区段 Flanking marker	位置 Site/cM	置信区间 Bel.int.	加性效应 (A)	贡献率 (PVE)/%	等位基因来源 Resouource of allele
铁 Fe	*qFE1B*	*Xbarc061-Xwmc766*	74.20	67.80~81.20	1.87	3.96	豫麦 57
	qFE2A	*Xwmc582-Xbarc264*	69.30	69.30~71.30	1.19	5.26	豫麦 57
	qFE5D	*Xwmc630.2-Xcfd40*	0.00	0.00~3.40	−0.69	1.90	花培 3 号
锌 Zn	*qZN3D*	*Xgdm8-Xwmc492*	27.70	23.00~27.70	−0.64	2.81	花培 3 号
	qZN5A	*Xcewm40-Xbarc358.2*	34.70	30.60~38.10	−0.74	2.49	花培 3 号
	qZN5B	*Xbarc232-Xwmc235*	36.40	29.40~44.40	−1.55	5.45	花培 3 号
铜 Cu	*qCU1D*	*Xwmc93-Glud*	72.00	58.90~61.90	−0.14	2.77	豫麦 57
	qCU2B	*Xwmc477-Xwmc175*	61.90	64.50~74.00	−0.05	0.40	豫麦 57
	qCU4D	*Xcfe254-Be293342*	194.20	169.40~194.20	−0.08	2.06	豫麦 57
锰 Mn	*qMN3A*	*Xwmc527-Xwmc264*	116.70	96.00~129.80	0.57	1.95	豫麦 57

检测到 3 个控制籽粒 Zn 含量的 QTL 位点，分别位于染色体 3D、5A 和 5B 上，共解释表型变异的 10.75%，单个 QTL 贡献率为 2.49%~5.45%，加性效应为 0.64~0.74。位于 5B 染色体上的 *QZN5B* 效应值最大，可解释表型变异的 5.45%，加性效应值为–1.55，其余两个位点相对贡献率较小，加性效应值均为负值，表明其增加籽粒 Zn 含量的等位基因都来源于母本‘花培 3 号’。

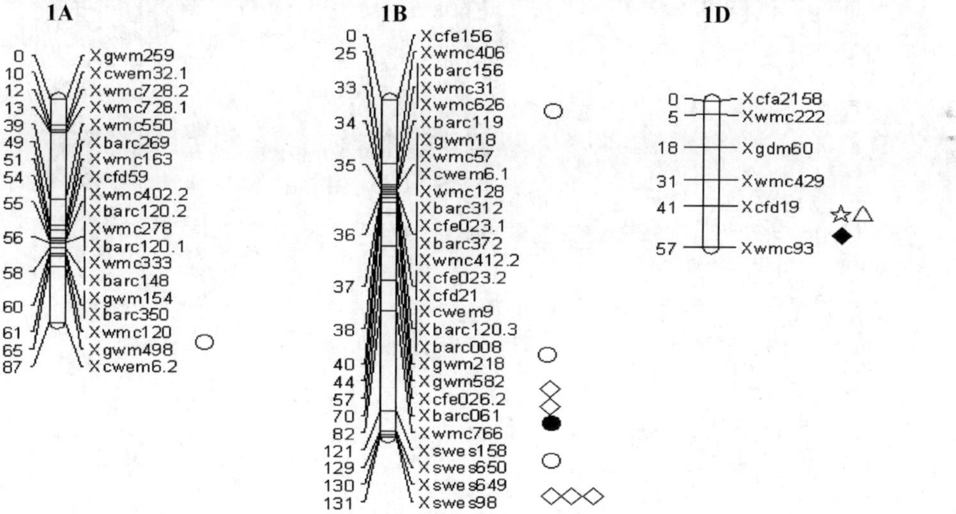

图 5-6　小麦籽粒 Fe、Zn、Cu、Mn 加性和上位性 QTL 位点在所建图谱上的位置

Fig. 5-6　A genetic linkage map of wheat showing maping QTLs of Fe, Zn, Cu, Mn with additive, epistatic effects

● Fe 的加性效应 Fe additive effect；○ Fe 的上位效应 Fe epistatic effect；★ Zn 的加性效应 Zn additive effect；☆ Zn 的上位效应 Zn epistatic effect；◆ Cu 的加性效应 Cuadditive effect；◇ Cu 的上位效应 Cu epistatic effect；▲ Mn 的加性效应 Mn additive effect；△ Mn 的上位效应 Mn epistatic effect

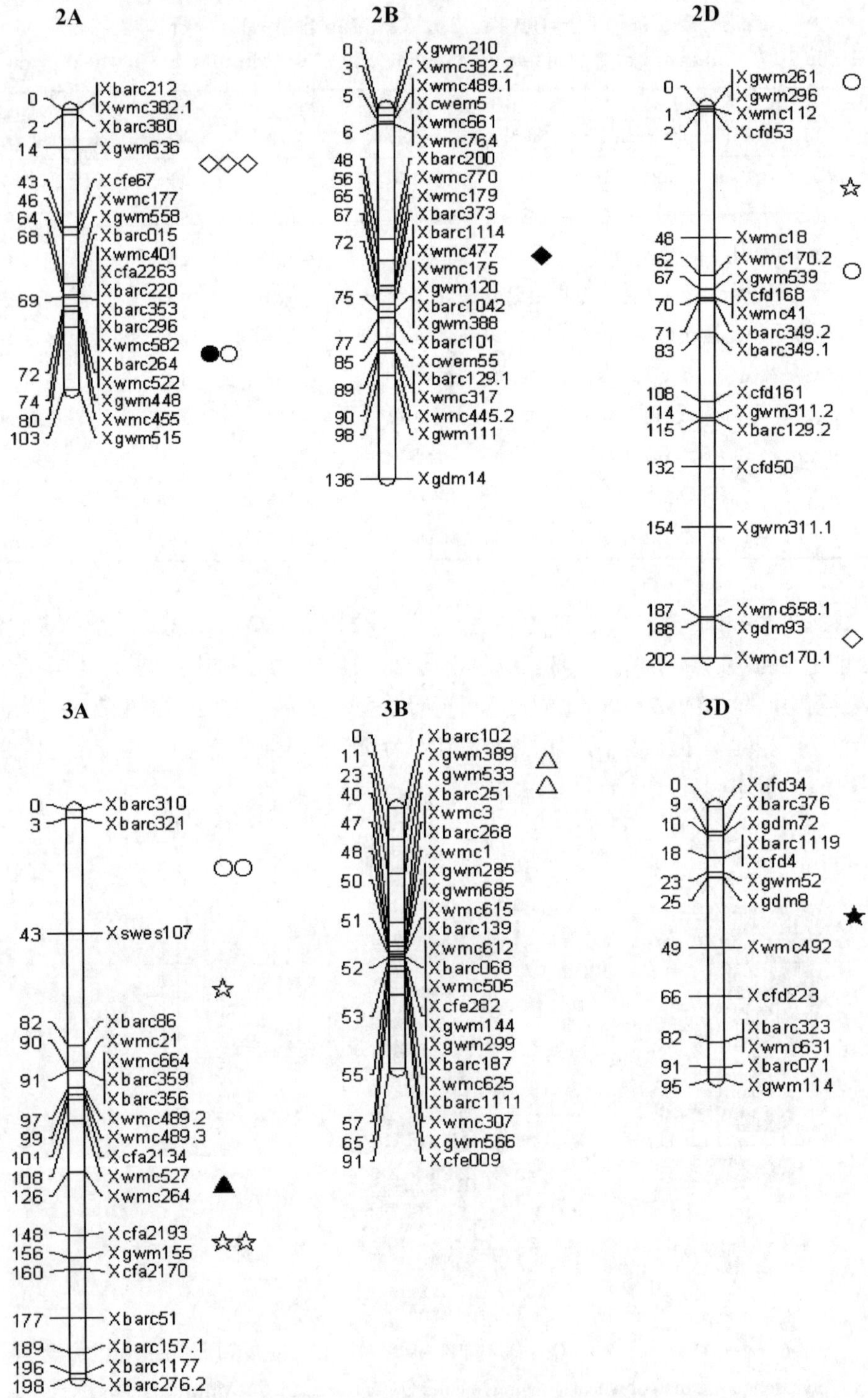

图 5-6 （续）

Fig. 5-6 （Continued）

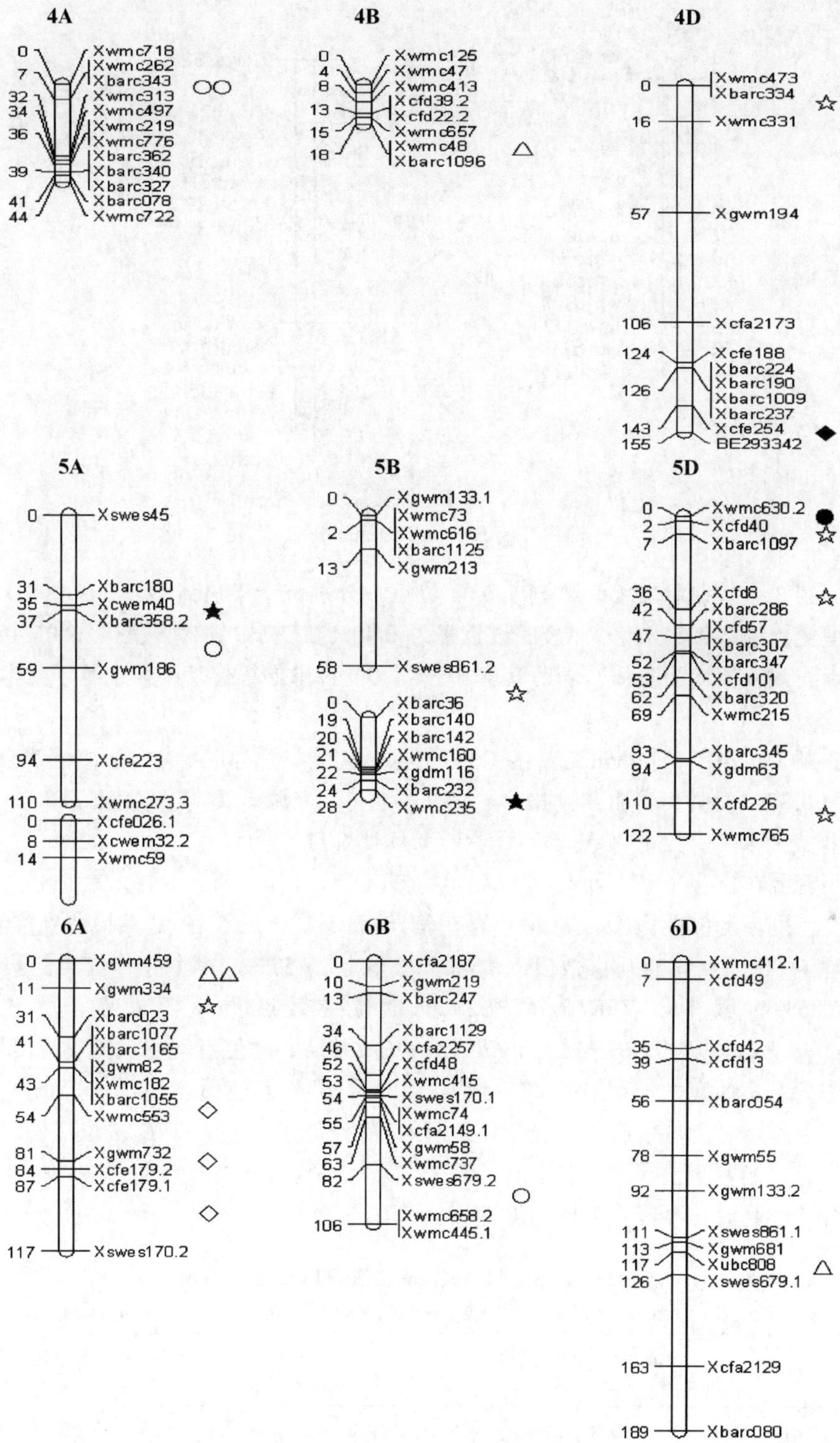

图 5-6 （续）

Fig. 5-6 （Continued）

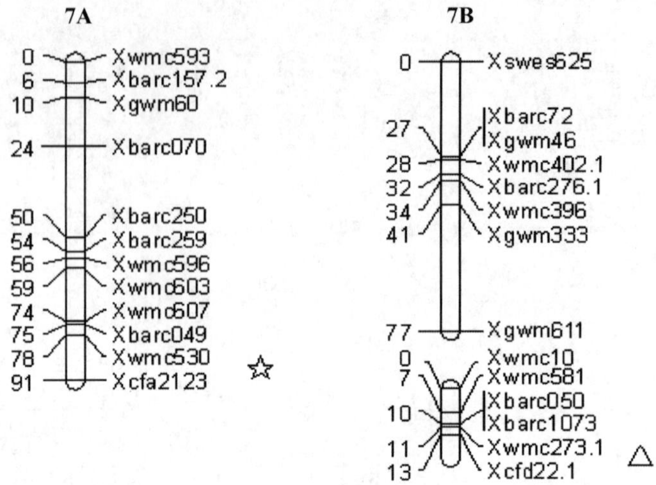

图 5-6 （续）

Fig. 5-6 （Continued）

检测到 3 个控制籽粒 Cu 含量的 QTL 位点，分别位于染色体 1D、2B 和 4D 上，共解释表型变异的 5.23%，单个 QTL 贡献率为 0.40%~2.77%，加性效应为 0.05~0.14。这三个位点的效应值均为负值，表明其增加籽粒 Cu 含量的等位基因都来源于父本‘豫麦 57’。

检测到 1 个控制籽粒 Mn 含量的 QTL 位点，位于染色体 3A 上，其加性效应为正，效应值为 0.57，表明其增加籽粒 Mn 含量的等位基因来源于父本‘豫麦 57’。

4. 小麦籽粒 Fe、Zn、Cu、Mn 含量的上位性 QTL 分析

对小麦籽粒进行了 Fe、Zn、Cu、Mn 含量的 QTL 互作分析。不同元素的上位性 QTL 数目存在差别，上位性 QTL 的效应也存在差异(表 5-18，表 5-19)。共检测到控制 Fe 含量的 7 对 QTL 位点间的互作效应，贡献率总和为 27.57%，单个互作位点的贡献率为 0.42%~6.85%。其中，*QFE1B-3*/*QFE2A* 的上位性效应贡献值最高，为 6.85%。*QFE1B-3*/*QFE2A*、*QFE2D*/*QFE4A* 和 *QFE4A*/*QFE6B* 这 3 对位点间的互作效应值为正值，表明亲本型上位效应大于重组型上位效应。其他 4 对位点之间均为负值，表明重组型上位效应大于亲本型上位效应。上位互作效应的 7 个位点中，仅 *QFE2A* 位点同时也是加性效应位点，当两个位点单独存在时，每个位点均不对任一性状发生影响；但当这两个位点组合在一起时，会产生不同的加性和加性互作效应。

表 5-18 小麦籽粒 Fe、Zn 含量 QTL 上位性分析

Table 5-18 Estimated epistasis（AA）of QTLs on Fe、Zn contents in wheat grain

元素 Element	QTL	区间 Flanking marker	位置 Site/cM	QTL	区间 Flanking marker	位置 Site/cM	上位效应（AA）	贡献率 H^2(AA)/%
铁 Fe	*qFE1A*	*Xwmc120-Xgwm498*	63.20	*qFE2D*	*Xwmc170.2-Xgwm539*	62.40	–1.67	4.72
	qFE1B-1	*Xwmc626-Xbarc119*	33.30	*qFE3A*	*Xbarc321-Xswes107*	3.30	–0.07	1.16
	qFE1B-2	*Xbarc008-Xgwm218*	38.20	*qFE3A*	*Xbarc321-Xswes107*	3.30	–0.92	0.42

续表

元素 Element	QTL	区间 Flanking marker	位置 Site/cM	QTL	区间 Flanking marker	位置 Site/cM	上位效应（AA）	贡献率 H^2(AA)/%
	qFE1B-3	*Xswes158-Xswes650*	124.10	*qFE2A*	*Xwmc382.1-Xbarc380*	1.00	1.96	6.85
	qFE2A	*Xwmc582-Xbarc264*	69.30	*qFE5A*	*Xbarc358.2-Xgwm186*	42.10	–1.77	5.48
	qFE2D	*Xgwm261-Xgwm296*	0.00	*qFE4A*	*Xbarc343-Xwmc313*	7.30	1.58	6.49
	qFE4A	*Xbarc343-Xwmc313*	7.30	*qFE6B*	*Xswes679.2-Xwmc658.2*	94.50	1.30	2.45
锌 Zn	*qZN1D*	*Xcfd19-Xwmc93*	40.90	*qZN5D*	*Xcfd226-Xwmc765*	121.30	0.66	1.73
	qZN2D	*Xcfd53-Xwmc18*	1.60	*qZN5B*	*Xbarc36-Xbarc140*	10.00	–1.38	5.02
	qZN3A-1	*Xswes107-Xbarc86*	43.10	*qZN7A*	*Xwmc530-Xcfa2123*	90.50	0.95	2.72
	qZN3A-2	*Xcfa2193-Xgwm155*	154.60	*qZN5D-1*	*Xcfd8-Xbarc286*	40.60	0.61	1.44
	qZN3A-2	*Xcfa2193-Xgwm155*	154.60	*qZN5D-2*	*Xcfd40-Xbarc1097*	3.40	–0.52	0.81
	qZN4D	*Xbarc334-Xwmc331*	10.00	*qZN6A*	*Xgwm334-Xbarc023*	20.50	1.97	7.78

注：上位互作效应值为正，表明亲本型大于重组型；上位互作效应值为负，表明重组型大于亲本型

Note：Positive value represents parent type effect is bigger than recombinant type effect, negative value represents recombinant type effect is bigger than parent type effect

表 5-19　小麦籽粒 Cu、Mn 含量 QTL 上位性分析

Table 5-19　Estimated epistasis（AA）of QTLs on Cu、Mn contents in wheat grain

元素 Element	QTL	区间 Flanking marker	位置 Site/cM	QTL	区间 Flanking marker	位置 Site/cM	上位效应（AA）	贡献率 H^2(AA)/%
铜 Cu	*qCU1B-1*	*Xgwm582-Xcfe026.2*	44.10	*qCU1B*	*Xswes649-Xswes98*	130.60	0.63	0.10
	qCU1B-2	*Xcfe026.2-Xbarc061*	56.80	*qCU1B*	*Xswes649-Xswes98*	130.60	–0.11	1.54
	qCU1B-3	*Xswes649-Xswes98*	130.60	*qCU2D*	*Xgmd93-Xwmc170.1*	187.60	–0.98	1.78
	qCU2A	*Xgwm636-Xcfe67*	16.00	*qCU6A-1*	*Xbarc1055-Xwmc553*	52.70	0.85	0.37
	qCU2A	*Xgwm636-Xcfe67*	16.00	*qCU6A-2*	*Xcfe179.1-Xswes170.2*	116.70	–0.13	3.48
	qCU2A	*Xgwm636-Xcfe67*	42.00	*qCU6A-3*	*Xgwm732-Xcfe179.2*	82.40	–0.07	0.53
锰 Mn	*qMN1D*	*Xcfd19-Xwmc93*	40.90	*qMN7B*	*Xwmc273.1-Xcfd22.1*	12.70	–0.66	1.52
	qMN3B-1	*Xgwm389-Xgwm533*	10.60	*qMN6A*	*Xgwm459-Xgwm334*	0.00	–1.27	2.65
	qMN3B-2	*Xgwm533-Xbarc251*	23.00	*qMN6A*	*Xgwm459-Xgwm334*	0.00	0.90	2.37
	qMN4B	*Xwmc48-Xbarc1096*	18.40	*qMN6D*	*Xubc808-Xswes679.1*	117.30	0.83	2.51

注：上位互作效应值为正，表明亲本型大于重组型；上位互作效应值为负，表明重组型大于亲本型

Note：Positive value represents parent type effect is bigger than recombinant type effect, negative value represents recombinant type effect is bigger than parent type effect

检测到控制 Zn 含量的 6 对 QTL 间的互作位点，对 Zn 含量的贡献率总和为 19.50%，单个互作位点的贡献率为 0.81%~7.78%。其中，*QZN4D*/*QZN6A* 的上位性效应贡献值最高为 7.78%。*QZN2D*/*QZN5B* 和 *QZN3A-2*/*QZN5D-2* 这两对位点间的互作效应值为负值，分别为–1.38 和–0.52，表明重组型上位效应大于亲本型上位效应。其余的 4 对位点之间为正值，表明亲本型上位效应大于重组型上位效应。

检测到控制 Cu 含量的 6 对 QTL 间的互作位点，对 Cu 含量的贡献率总和为 7.80%，单个互作位点的贡献率为 0.10%~3.48%。

检测到控制 Mn 含量的 4 对 QTL 间的互作位点，对 Mn 含量的贡献率总和为 9.05%，单个互作位点的贡献率为 1.52%~2.65%。

（四）小麦籽粒矿质元素含量 QTL 研究进展及其与前人研究结果的比较分析

1. 小麦籽粒矿质元素含量 QTL 研究进展

目前对小麦籽粒矿质元素含量的 QTL 研究较少，赵永亮等（2005）发现 3 个与小麦籽粒中 Mn 含量相关的加性 QTL 分别位于 1B、5D 和 6A 染色体上，对表型变异的解释率分别为 11.75%、9.18%和 6.98%。影响小麦籽粒中 Mn 含量的 2 对上位 QTL 分别位于 2BL 与 3D、7AS 与 7BL 上，分别解释 14.31%和 9.91%的表型变异。控制 Zn 含量的 1 个加性 QTL 被定位于 3BS 上，解释 10.94%的表型变异。控制 Cu 含量的 1 对上位 QTL，解释 12.95%的表型变异，涉及的染色体为 3BL 和 5BL。检测到控制 Fe 含量的 1 对加性上位 QTL，涉及的染色体区段是 6AS 和 7DS，解释 3.36%的表型变异。

2. 本研究结果与前人研究结果的比较分析

小麦籽粒 Fe 含量的 QTL，加性效应总贡献率为 11.12%，上位性的总贡献率为 27.57%；小麦籽粒 Zn 含量的 QTL，加性效应的总贡献率为 10.75%，上位性的总贡献率为 19.50%；小麦籽粒 Cu 含量的定位中，加性效应的总贡献率为 5.23%，上位性效应的总贡献率为 7.80%；小麦籽粒 Mn 含量的 QTL，加性效应总贡献率为 1.95%，上位性效应的总贡献率为 9.05%。这 4 种元素上位性效应的贡献率都超过了加性效应的贡献率，表明加性和上位性对性状的表现都有重要的作用。在加性和上位性效应中，除了 *QFE2A* 位点是加性效应位点也是上位效应位点外，其他互作的上位效应位点本身并没有检测到加性效应，但其与其他非等位基因互作时，对小麦籽粒 Fe、Zn、Cu、Mn 含量具有较大的遗传效应，因此在小麦籽粒矿质营养的遗传育种中不仅注重加性效应，而且要注重上位性效应。

三、籽粒氨基酸含量及组分的 QTL 分析

（一）引言

小麦是重要的粮食作物之一，也是植物蛋白质最主要的来源。然而，由于小麦籽粒蛋白质中存在着必需氨基酸不平衡的问题，影响了籽粒蛋白的完全利用。小麦籽粒蛋白质中最缺乏的是赖氨酸和苏氨酸，平均含量分别为 3.0%和 1.4%，远低于国际粮农组织和世界卫生组织（FAO/WHO）公布的氨基酸理想含量（赖氨酸 5.5%、苏氨酸 4.0%）。因此，提高小麦籽粒氨基酸特别是赖氨酸的含量，对进一步提高小麦的营养品质具有重要的意义。

小麦籽粒氨基酸含量是由多基因控制的数量性状，遗传基础复杂，其表现型和基因型之间没有明显的对应关系，并且检测程序复杂且成本高。因此，利用常规育种手段根据表型选择对其进行改良有很大困难。随着数量遗传学和分子标记技术的发展，可以利用分子标记辅助选择方法对氨基酸含量和组分进行改良。本研究的主要目的就是通过 QTL 定位方法，鉴定到控制氨基酸含量及组分的主效 QTL 及其分子标记，为籽粒氨基酸含量和组分的分子改良提供技术支撑。

(二)氨基酸含量的测定方法

1. 样品预处理方法

盐酸水解法，参照 GB7649—87(1987)。

2. 氨基酸分析仪

英国安玛西亚 Biochrom 30 型氨基酸自动分析仪。

3. 主要操作步骤

(1)样品粉碎后过 80 目筛，以保证取样均匀和水解效果。

(2)用 1/10 000 天平称取 50mg 左右样品。称量样品时注意用特制的小勺子取样，然后将样品送入水解管底部，并做好记录。

(3)向装有样品的水解管中加入 10ml 的 6mol/L HCl，注意先加入 2.0ml 左右浸湿样品。

(4)抽真空减压后用丁烷喷灯灼烧封口。

(5)(110±1)℃烘箱中水解 24h。

(6)摇匀水解管中液体，用 9cm×9cm 的滤纸将其过滤于 25ml 容量瓶中并用蒸馏水定容至 25ml。注意一定要润洗水解管三次以上，并保证滤纸上的水已过滤至容量瓶后再加下一次水过滤，以保证水解管及滤纸上无氨基酸残留。

(7)摇匀后取 1ml 于 1.5ml 塑料离心管中，在 Christ RVC 2-18 真空离心浓缩仪上浓缩至近干燥状态。

(8)加 1ml pH 2.2 的柠檬酸缓冲液于离心管中振荡均匀。

(9)用孔径 25mm 的微孔滤膜过滤后，将滤液吸入氨基酸测定仪样品瓶，上机测定，每个样品测定 2 次。

(10)按照标样换算样品中每种氨基酸的含量。

谷氨酸和天冬氨酸含量分别包含了来自于谷氨酰胺和天冬酰胺降解的部分。由于色氨酸(一种必需氨基酸)在盐酸水解时被破坏，所以必需氨基酸总量为其他 7 种必需氨基酸之和。这些必需氨基酸是赖氨酸、苏氨酸、异亮氨酸、亮氨酸、缬氨酸、甲硫氨酸和丙氨酸；所有氨基酸总量为 17 种氨基酸含量之和。

(三)赖氨酸含量

1. 测定方法

采用茚三酮显色法，参照何照范和张迪清方法(1998)。

2. 仪器

UV-4802 型紫外可见光分光光度计、水浴锅等。

3. 试剂

(1)缓冲液：称取 30g 甲酸钠，溶于 60ml 蒸馏水中，加入 10ml 88%的甲酸，最后用蒸馏水定容至 100ml。

(2)茚三酮试剂：称取 1g 茚三酮和 2g 氯化镉放入棕色瓶中，加 25ml 上述缓冲液和 75ml 乙二醇，室温下放置一天后使用。

(3)4%和 2%碳酸钠溶液。

(4) 标准亮氨酸溶液：准确称取 25mg 亮氨酸，加数滴稀盐酸待溶解后，用蒸馏水定容至 50ml，浓度为 500μg/ml；分别吸取 2ml、4ml、6ml、8ml、10ml、12ml 上述母液，于 25ml 容量瓶中，加蒸馏水至刻度。

赖氨酸标准曲线的绘制：

准确吸取已配好的标准亮氨酸溶液各 0.5ml，分别放入 6 支试管中，另取 1 支试管加入 0.5ml 蒸馏水作为空白。每支试管各加入 0.5ml 4% Na_2CO_3 及 2ml 茚三酮试剂，混匀，在 80℃水浴中保温 30min，然后每支试管各加 15ml 1∶1 的 95%乙醇，摇匀，在 515nm 下进行比色。以空白作对照，读取光密度值，绘制标准曲线，见图 5-7。

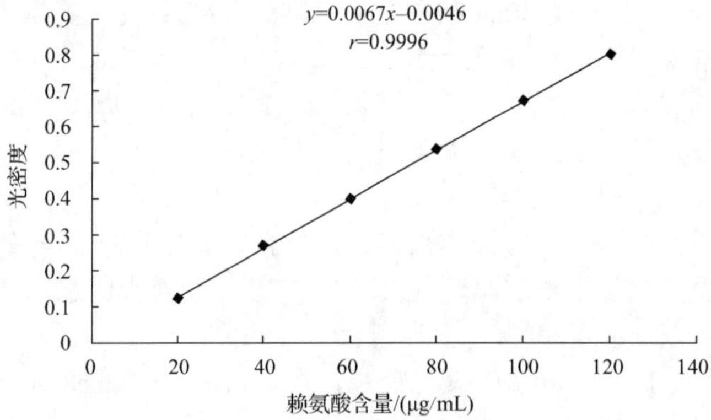

图 5-7　赖氨酸的标准曲线

Fig. 5-7　Calibration curves for lysine

(四) 结果与分析

1. 亲本和群体籽粒氨基酸含量的变异

多种氨基酸含量在两亲本间存在较大差异；17 种氨基酸含量及氨基酸总量在 DH 群体后代中存在较大差异，并表现为连续分布，同时有一定数量的超亲类型存在，表明这些性状均为多基因控制的数量性状，符合 QTL 作图的要求，各性状在 2008 年和 2009 年的平均表现列于表 5-20。

表 5-20　群体及其亲本籽粒氨基酸含量在 2008 年和 2009 年中的平均表现　(单位：mg/g)

Table 5-20　Wheat grain amino acid content of DH population in 2008 and 2009（Unit: mg/g）

氨基酸 (AA)	2008 年				2009 年			
	亲本 Parents		DH 群体 DH population		亲本 Parents		DH 群体 DH population	
	花培 3 号 Huapei 3	豫麦 57 Yumai 57	平均值 Mean	变幅 Variation range	花培 3 号 Huapei 3	豫麦 57 Yumai 57	平均值 Mean	变幅 Variation range
赖氨酸 (Lys)	2.66	2.67	2.80	1.86~3.66	2.59	2.38	2.53	1.58~3.12
苏氨酸 (Thr)	3.04	3.00	3.20	2.15~3.90	3.06	2.82	2.92	1.77~3.78

续表

氨基酸 (AA)	2008 年				2009 年			
	亲本 Parents		DH 群体 DH population		亲本 Parents		DH 群体 DH population	
	花培 3 号 Huapei 3	豫麦 57 Yumai 57	平均值 Mean	变幅 Variation range	花培 3 号 Huapei 3	豫麦 57 Yumai 57	平均值 Mean	变幅 Variation range
异亮氨酸 (Ile)	6.72	6.28	6.68	3.69~7.99	6.68	6.14	6.20	3.04~9.46
苯丙氨酸 (Phe)	4.47	4.12	4.93	3.36~6.27	4.80	4.27	4.61	2.52~8.69
缬氨酸 (Val)	8.02	7.55	7.86	4.66~9.27	7.61	6.79	6.86	2.42~9.95
甲硫氨酸 (Met)	7.42	6.70	6.59	2.16~8.11	6.67	5.87	6.45	2.21~11.81
亮氨酸 (Leu)	10.65	10.80	10.28	6.28~12.26	10.38	9.01	9.76	6.53~12.99
谷氨酸 (Glu)	29.28	30.28	32.23	22.72~40.03	28.72	26.27	28.40	17.85~36.39
脯氨酸 (Pro)	10.88	9.68	10.58	6.98~15.10	10.48	11.17	8.40	4.23~12.55
半胱氨酸 (Cys)	7.15	6.74	6.85	3.20~8.90	5.44	5.24	5.99	2.87~10.62
天冬氨酸 (Asp)	5.85	5.98	6.28	4.24~7.40	5.53	5.23	5.73	3.31~6.99
丝氨酸 (Ser)	4.42	4.44	4.67	3.05~6.13	4.47	4.08	4.56	2.63~5.97
甘氨酸 (Gly)	4.16	4.36	4.34	2.81~5.08	4.28	4.17	4.19	2.43~5.15
丙氨酸 (Ala)	4.46	4.28	4.43	2.82~5.53	4.68	4.36	4.60	2.62~5.83
酪氨酸 (Tyr)	3.66	3.53	3.60	2.34~4.43	2.70	2.47	3.41	1.71~5.66
组氨酸 (His)	2.54	2.43	2.73	1.80~4.96	2.46	2.22	2.21	1.36~3.15
精氨酸 (Arg)	5.25	4.81	5.48	3.38~6.64	4.71	4.91	4.61	2.68~6.23
氨基酸总量 (TAA)	120.63	117.66	123.52	83.39~146.29	115.25	107.40	111.40	70.34~147.37

2. 氨基酸含量的 QTL 及其与环境互作

利用 DH 群体对 2008 年和 2009 年两个环境的小麦籽粒中 17 种氨基酸含量及氨基酸总量进行分析，在 $P<0.005$ 时，检测到控制氨基酸含量的 QTL 较少，仅在天冬氨酸、苏氨酸、丝氨酸、谷氨酸、脯氨酸、甘氨酸、异亮氨酸、亮氨酸和苯丙氨酸含量检测到加性 QTL，这些 QTL 与环境互作效应均不显著(表 5-21，图 5-8)。

表 5-21　利用 QTLNetwork 2.0 软件检测到的控制小麦籽粒氨基酸含量的 QTL

Table 5-21　QTL for wheat grain amino acid content based on QTLNetwork 2.0

性状 Trait	QTL	染色体 Chromosome	标记区间 Flanking marker	位置 Site/cM	加性效应 (A)	贡献率 H^2/%
苏氨酸(Thr)	*QThr3A*	3A	*Xwmc664-Xbarc359*	90.7	0.08	6.75
异亮氨酸(Ile)	*QIle4B*	4B	*Xwmc413-Xcfd39.2*	9.7	0.17	2.77
苯丙氨酸(Phe)	*QPhe6A*	6A	*Xwmc553-Xgwm732*	65.2	–0.14	2.52
亮氨酸(Leu)	*QLeu7D*	7D	*Xgdm67-Xwmc634*	160.5	–0.25	3.99
谷氨酸(Glu)	*QGlu3A*	3A	*Xbarc86-Xwmc21*	86.5	–0.87	10.10
	QGlu7D	7D	*Xwmc634-Xwmc273.2*	162.7	–0.56	5.06
脯氨酸(Pro)	*QPro3A*	3A	*Xbarc356-Xwmc489.2*	91.0	–0.35	6.61
天冬氨酸(Asp)	*QAsp3A*	3A	*Xbarc356-Xwmc489.2*	94.0	–0.13	8.43
	QAsp4A	4A	*Xwmc313-Xwmc497*	31.5	0.09	6.02
丝氨酸(Ser)	*QSer3A*	3A	*Xbarc86-Xwmc21*	85.5	–0.16	12.40
甘氨酸(Gly)	*QGly3A*	3A	*Xbarc356-Xwmc489.2*	94.0	–0.11	6.91
	QGly7D	7D	*Xgdm67-Xwmc634*	159.5	–0.10	5.31

检测到 1 个影响苏氨酸含量的加性效应位点，位于 3A 染色体上 *Xwmc664-Xbarc359* 标记区间，解释表型变异的 6.75%，该位点的增效等位基因来源于‘花培 3 号’。在 4B 染色体 *Xwmc413-Xcfd39.2* 区间检测到 1 个影响异亮氨酸的加性 QTL 位点，解释表型变异的 2.77%，增效等位基因来源于‘花培 3 号’。在 6A 染色体 *Xwmc553-Xgwm732* 标记区间检测到 1 个影响苯丙氨酸的 QTL，解释表型变异的 2.52%，增效等位基因来源于‘豫麦 57’。

在 3A 染色体 *Xbarc86-Xwmc21* 标记区间均检测到影响谷氨酸和丝氨酸的 1 个主效 QTL，分别解释表型变异的 10.1%和 12.4%，其增效等位基因均来源于‘豫麦 57’。在 7D 染色体 *Xwmc634-Xwmc273.2* 区间还检测到 1 个影响谷氨酸的 QTL，解释表型变异的 5.06%，增效等位基因也来源于‘豫麦 57’。

在 3A 染色体 *Xbarc356-Xwmc489.2* 标记区间均检测到影响脯氨酸、天冬氨酸和甘氨酸的加性效应位点，分别解释表型变异的 6.61%、8.43%和 6.91%，增效等位基因均来源于‘豫麦 57’。另外，在 4A 染色体 *Xwmc313-Xwmc497* 区间检测到 1 个影响天冬氨酸 QTL，解释表型变异的 6.02%，增效等位基因来源于‘花培 3 号’。在 7D 染色体 *Xgdm67-Xwmc634* 区间检测到 1 个影响甘氨酸 QTL，表型贡献率为 5.31%，其增效等位基因来源于‘豫麦 57’；同时该标记区间还存在 1 个控制亮氨酸含量的 QTL。

3. 籽粒氨基酸含量的上位性 QTL

共检测到影响籽粒氨基酸的 6 对上位性 QTL(表 5-22，图 5-8)，其中 2 对影响苏氨酸含量的加性×加性上位性互作位点，分别为 *QThr1B*(1B 染色体 *Xgwm18-Xwmc57* 区间)和 *QThr2B*(2B 染色体 *Xwmc770-Xwmc179* 区间)、*QThr3A*(3A 染色体 *Xwmc664-Xbarc359* 区间)和 *QThr6B*(6B 染色体 *Xswes170.1-Xwmc74* 区间)互作，互作的加性效应分别为–0.05 和–0.15，分别解释表型变异的 4.26%和 1.63%，重组基因型对表型有正效应。

表 5-22　控制小麦籽粒氨基酸含量 QTL 的上位性效应及上位与环境互作效应

Table 5-22　Estimated epistasis（AA）and epistasis×environment（AAE）interactions of QTLs for wheat grain amino acid content

性状 Trait	QTL	染色体 Chromosome	区间 Flanking marker	位置 Site/cM	QTL	染色体 Chromosome	区间 Flanking marker	位置 Site/cM	上位效应（AA）	贡献率 $(H)^2$/%
苏氨酸（Thr）	*QThr1B*	1B	*Xgwm18-Xwmc57*	34.5	*QThr2B*	2B	*Xwmc770-Xwmc179*	55.5	–0.05	4.26
	QThr3A	3A	*Xwmc664-Xbarc359*	90.7	*QThr6B*	6B	*Xswes170.1-Xwmc74*	54.1	–0.15	1.63
缬氨酸（Val）	*QVal3D*	3D	*Xgdm72-Xbarc1119*	17.0	*QVal5B*	5B	*Xbarc36-Xbarc140*	0.0	0.28	5.57
异亮氨酸（Ile）	*QIle3D*	3D	*Xbarc1119-Xcfd4*	17.8	*QIle5B*	5B	*Xbarc36-Xbarc140*	0.0	0.26	5.16
	QIle5B	5B	*Xgwm213-Xswes861.2*	58.1	*QIle5D*	5D	*Xcfd226-Xwmc765*	121.3	0.30	4.69
苯丙氨酸（Phe）	*QPhe4D*	4D	*Xcfe254-BE293342*	183.2	*QPhe5B*	5B	*Xgwm133.1-Xwmc73*	0.0	0.19	3.18

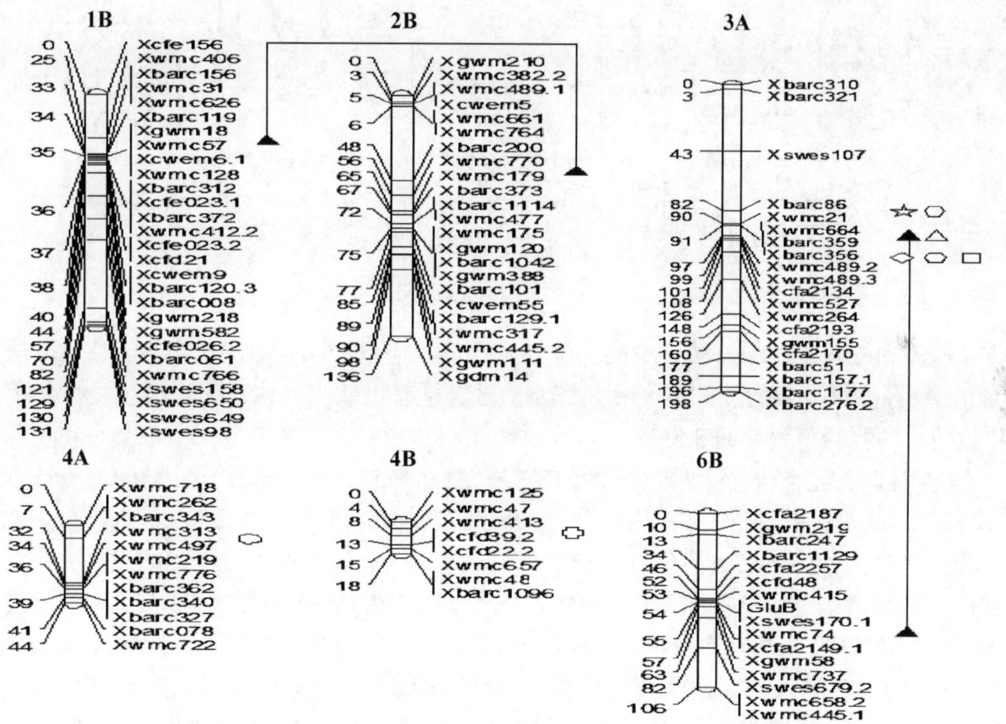

图 5-8　控制小麦籽粒氨基酸含量的加性 QTL 和上位性 QTL

Fig. 5-8　Additive QTL and epistatic QTL for wheat grain amino acid

△苏氨酸加性 QTL Additive QTL for Thr；⬠苯丙氨酸加性 QTL Additive QTL for Phe；⯐异亮氨酸加性 QTL Additive QTL for Ile；✧亮氨酸加性 QTL Additive QTL for Leu；☆谷氨酸加性 QTL Additive QTL for Glu；◇脯氨酸加性 QTLAdditive QTL for Pro；○天冬氨酸加性 QTL Additive QTL for Asp；⬡苏氨酸加性 QTL Additive QTL for Ser；□苏氨酸加性 QTL Additive QTL for Gly；▲苏氨酸上位性 QTL Epistatic QTL for Thr；▼缬氨酸上位性 QTL Epistatic QTL for Val；✚甘氨酸上位性 QTL Epistatic QTL for Ile；⬟苯丙氨酸上位性 QTL Epistatic QTL for Phe

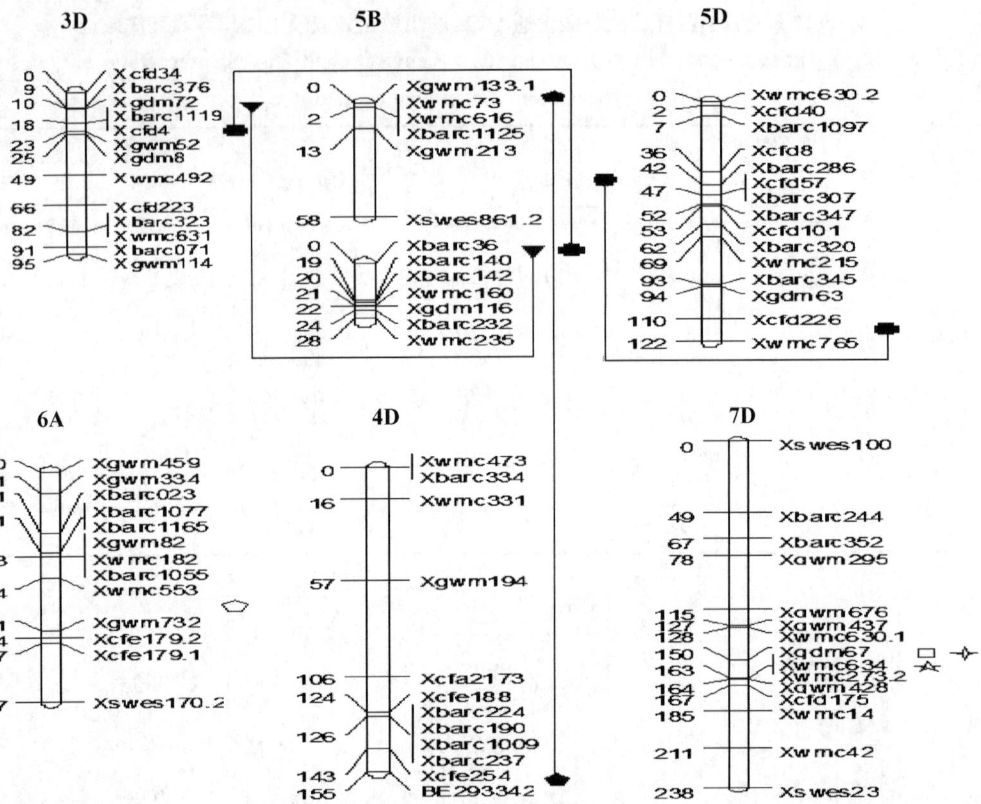

图 5-8 （续）

Fig. 5-8 (Continued)

检测到 1 对影响缬氨酸含量的上位性互作位点，位于 3D-5B，互作的加性效应值为 0.28，解释表型变异的 5.57%，亲本基因型对表型有正效应。该互作对与环境有显著互作效应，解释表型变异的 3.89%。

检测到 2 对影响异亮氨酸含量的上位性互作位点，分别为 *QIle3D*(3D 染色体 *Xbarc1119-Xcfd4*) 和 *QIle5B*(5B 染色体 *Xbarc36-Xbarc140*)、*QIle5B*(5B 染色体 *Xgwm213-Xswes861.2*) 和 *QIle5D*(5D 染色体 *Xcfd226-Xwmc765*) 互作，互作的加性效应分别为 0.26 和 0.30，分别解释表型变异的 5.16%和 4.69%，互作结果为亲本型上位性效应大于重组型上位性效应。这两对互作对位点均与环境有显著互作效应，分别解释表型变异的 3.40%和 4.51%。

检测到 1 对影响苯丙氨酸含量的上位性互作位点，为 *QPhe4D*(*Xcfe254-BE293342*) 和 *QPhe5B*(*Xgwm133.1-Xwmc73*) 互作，互作的加性效应为 0.19，解释表型变异的 3.18%，亲本基因型对表型有正效应。该互作对与环境有显著互作效应，解释表型变异的 2.69%。

(五) 氨基酸含量 QTL 研究进展及其与前人研究结果的比较分析

1. 氨基酸含量 QTL 研究进展

氨基酸含量是由多基因控制的数量性状(王绍中，2001；Johnson，1973)，遗传基础复杂，其表现型和基因型之间没有明显的对应关系，并在分离群体中表现为连续的表型变异。前人进行了许多小麦籽粒氨基酸含量的遗传研究。朱睦元等(1983)研究表明，赖氨酸主要受加性基因效应控制，部分为显性效应。张怀刚(1994)研究表明，16种氨基酸含量中以谷氨酸、甘氨酸和脯氨酸的遗传力较高，苏氨酸、缬氨酸和异亮氨酸的遗传力较低，其他氨基酸为中等偏下。董洪平等(1993)指出，17种氨基酸中除组氨酸外，其他氨基酸都符合加性-显性模型。控制赖氨酸的隐性基因多于显性基因且其频率相差不大。然而郑元明(1989)研究指出，除谷氨酸、亮氨酸、苯丙氨酸外，其余氨基酸的上位性效应均达极显著水平，且谷氨酸、亮氨酸和苯丙氨酸的变异主要受加性、显性效应的制约。上述分析方法大都是基于简单的二倍体数量遗传模型(如加性-显性模型、加性-显性-上位性模型)。小麦籽粒氨基酸含量是的遗传效应可分为种子直接基因效应、母体效应和细胞质效应。目前已有研究表明稻米赖氨酸含量(石春海等，1999)、大麦籽粒(徐绍英，1996；闫新甫等，1997)和油菜籽的氨基酸含量(任玉玲，2004)的遗传受多套遗传体系的控制。

氨基酸含量的测定程序复杂、成本较高，在QTL定位基础上进行分子标记辅助选择更有意义。目前已有水稻(郑希等，2008；Wang et al.，2008；唐绍清，2007)和大豆(Panthee et al.，2006a；Panthee et al.，2006b)氨基酸含量的QTL定位的报道，然而未见小麦籽粒氨基酸含量的QTL分析。

2. 本研究结果与前人研究结果的比较分析

本研究利用QTL Network 2.0软件分别对2008年和2009年DH群体的氨基酸含量进行定位，发现只有苏氨酸、苯丙氨酸、天冬氨酸、丝氨酸和甘氨酸含量两年在相同或相近的位置检测到QTL，其他氨基酸含量在两年中没有检测到相同的QTL位点。可能由于氨基酸是受环境条件影响较大的性状，同一群体在不同环境中的检测结果差异较大(唐绍清，2007)。

利用QTL Network 2.0软件对两年数据进行联合分析，检测到了影响苏氨酸、异亮氨酸、苯丙氨酸、亮氨酸、谷氨酸、脯氨酸、天冬氨酸、丝氨酸和甘氨酸的加性效应QTL。其中检测到控制谷氨酸和丝氨酸含量的主效QTL均位于3A染色体*Xbarc86-Xwmc21*标记区间，表型贡献率分别为10.1%和12.4%，其增效等位基因均来源于‘豫麦57’。因此，3A染色体*Xbarc86-Xwmc21*区间可能有控制多种氨基酸的基因位点，应该给予重视。

研究结果表明，加性效应(主效QTL和微效QTL)、上位效应和环境互作效应是小麦数量性状的遗传基础。由于本研究仅利用两年一个地点的数据，没有很好地检测到控制氨基酸含量QTL位点与环境之间的互作效应，今后应该利用多个种植环境和年份的数据对其进行QTL分析，进一步探讨控制小麦籽粒氨基酸含量的加性QTL、上位性互作QTL及其与环境的互作。

四、类胡萝卜素和其他色素的QTL定位

(一)类胡萝卜素的QTL定位

1. 材料与方法

1)试验材料

供试材料为普通小麦品种‘山农01-35’(39-1/核生2号)和‘藁城9411’(77546/

临漳麦）”为亲本进行杂交，通过一粒传法获得了包含 182 个家系的 RIL 群体。

2）田间试验

2011 年、2012 年连续两年分别在山东农业大学试验农场（泰安）和山东农科院（济南）种植的 RIL 群体及其亲本，3 行区种植，行长 2 m，行距 0.25m，完全随机区组设计。按当地小麦产量比较试验进行田间管理。

3）面粉类胡萝卜素测定方法

群体各株系样品粉碎后过 60 目筛。称取 2.000g 面粉，置于具塞试管中，加入 10ml 水饱和正丁醇，将内容物振荡 1min，随后静置 30min，其间每隔 5min 摇荡一次。再振荡，4500r/min 离心 15min，将上清夜由 Whatman No.1 滤纸过滤。以水饱和正丁醇作对照，测定滤液在 440nm 波长处的吸光值。根据样品溶液的吸光值，在标准曲线上查出样品的类胡萝卜素含量。按下列公式计算类胡萝卜素含量：

$$\text{类胡萝卜素含量(\%)} = \frac{C \times 10}{W \times 10^6} \times 100$$

式中，C——由标准曲线查得的胡萝卜素含量（μg/ml）；

W——样品质量（g）；

10——提取液体积（ml）；

10^6——g 与μg 换算倍数。

4）数据统计和 QTL 分析

利用 SPSS17.0 统计分析软件对面粉类胡萝卜素含量的表型数据进行正态性检验。利用构建的小麦遗传图，应用完备区间作图软件 Icimapping3.2 进行 QTL 定位分析。QTL 命名参照 MeCoueh 等的方法。例如，*qCC1B*：q 代表 QTL，CC 代表面粉类胡萝卜素含量，1B 指该 QTL 定位在 2B 染色体上。

2. 结果与分析

1）小麦面粉类胡萝卜素含量表型变异分析

两亲本性状上差异较大（表 5-23），父本‘藁城 9411’为类胡萝卜素高值亲本。RIL 群体性状变异范围大，呈现连续正态分布，并存在明显的双向超亲分离现象，并且 4 个环境下的偏度值和峰度值的绝对值均小于 1.0，表明为多基因控制的数量性状，适合进行 QTL 定位分析。

表 5-23　面粉类胡萝卜素含量的表型变异

Table 5-23　Phenotypic performance of the flour carotenoid content

环境 Environment		亲本 Parents		RIL 群体 RIL population					
		山农 01-35 Shannong 01-35	藁城 9411 Gaocheng 9411	平均值 Mean	最大值 Max.	最小值 Min.	标准差 Stdev	偏度 Skewness	峰度 Kurtosis
2011	E1	1.06	1.80	1.32	2.23	0.83	0.29	0.69	0.27
	E2	1.11	1.78	1.30	2.25	0.81	0.27	0.66	0.30
2012	E1	1.14	1.40	1.34	2.57	0.61	0.34	0.44	0.40
	E2	1.06	1.44	1.36	2.58	0.58	0.39	0.36	0.46

E1：2011 年泰安点；E2：2011 年济南点；E3：2012 年泰安点；E4：2012 年济南点

E1: 2011, Taian; E2: 2013, Jinan; E3: 2012, Taian; E4: 2012, Jinan

2) 小麦面粉类胡萝卜素含量的 QTL 定位及效应分析

在 2 年 4 个环境下，共检测到控制小麦面粉类胡萝卜素含量的 14 个加性 QTL 和 13 对上位性 QTL，主要分布在 1B、3A、3D、4A、5A 和 7B 等染色体上(表 5-24)，单个 QTL 可解释 2.74%~17.03%的遗传变异。

表 5- 24　小麦面粉类胡萝卜素含量的加性 QTL 位置、效应及贡献率

Table 5-24　Positions, effects and contribution rates of additive QTLs for the flour carotenoid content under the four environments

环境 Environment		QTL	位置 Position/cM	标记区间 Flanking marker	加性效应 (A)	LOD	贡献率 (H^2)/%
2011	E1	*qCC1B*	104.0	*wPt-5363—wPt-1363*	–0.10	2.80	6.57
		qCC3D	48.0	*Xgpw2046—Xgpw7643*	–0.13	2.08	15.08
		qCC7A	20.0	*wPt-6768—wPt-6495*	0.07	2.07	4.64
	E2	*qCC3A*	224.0	*wPt-666853—wPt-4933*	0.24	1.61	8.06
		qCC7A	20.0	*wPt-6768—wPt-6495*	0.07	1.73	4.16
		qCC7B	70.0	*wPt-669693—wPt-0600*	–0.10	3.17	8.65
2012	E1	*qCC1B*	105.0	*wPt-1781—wPt-0974*	–0.13	7.01	13.81
		qCC5A	139.0	*wPt-2768—CFE019*	–0.05	1.56	2.74
		qCC5B.1	19.0	*wPt-2586—wPt-9814*	–0.05	1.73	3.13
		qCC5B.2	117.0	*wPt-4628—wPt-3503*	0.09	5.32	10.04
		qCC7B	69.0	*wPt-669693—wPt-0600*	–0.08	4.35	8.14
	E2	*qCC1B*	105.0	*wPt-1781—wPt-0974*	–0.12	6.00	13.28
		qCC3B	136.0	*wPt-7984—wPt-4220*	0.06	2.54	4.72
		qCC4A	22.0	*wPt-8479—Xgpw4040*	–0.08	1.89	7.01
		qCC4D	20.0	*Xgpw3113—Xgpw342*	–0.11	1.54	17.03
		qCC5B.2	117.0	*wPt-4628—wPt-3503*	0.08	4.74	8.96
		qCC6B	62.0	*wPt-3733—wPt-8721*	–0.06	2.16	3.85
		qCC7B	69.0	*wPt-669693—wPt-0600*	–0.08	3.94	7.42

E1：2011 年泰安点；E2：2011 年济南点；E3：2012 年泰安点；E4：2012 年济南点

E1: 2011, Taian; E2: 2013, Jinan; E3: 2012, Taian; E4: 2012, Jinan

(1) 小麦面粉类胡萝卜素含量的加性效应分析

2 年 4 个环境下，共检测到 14 个影响小麦面粉类胡萝卜素含量的加性 QTL(表 5-24)，对表型变异的贡献率为 2.74%~17.03%。其中，2011 年的 E1 环境检测到 3 个 QTL，分布在 1B、3D 和 7A 染色体上，对表型变异的贡献率分别为 6.57%、15.08%和 4.64%；E2 环境检测到 3 个 QTL，分布在 3A、7A 和 7B 染色体上，贡献率分别为 8.06%、4.16%和 8.65%；*qCC7A* 在两个环境下均被检测到，为稳定表达的 QTL，其增效等位基因来自母本'山农 01-35'。2012 年的 E1 环境检测到 5 个 QTL，分布在 1B、5A、5B 和 7B 染色体上，对表型变异的贡献率变幅为 2.74%~13.81%；E2 环境检测到 8 个 QTL，分布在 1B、3B、4A 和 7B 等 7 条染色体上，贡献率变幅为 3.85%~17.03%。*qCC1B*、*qCC5B.2* 和 *qCC7B* 在两个环境均被检测到，是稳定表达的QTL，且 *qCC1B* 和 *qCC5B.2* 效应值较大，为主效 QTL，*qCC1B*

增效等位基因来自父本‘藁城 9411’，而 *qCC5B.2* 增效等位基因来自母本‘山农 01-35’。

(2) 小麦面粉类胡萝卜素含量的上位性效应分析

2 年 4 个环境下，共检测到 13 对影响小麦面粉类胡萝卜素含量的上位效应位点（表 5-25），解释 2.74%~17.03%的表型变异。其中，2011 年的 E1 环境检测到 3 对上位效应位点，位于染色体 1A-6D、1A-1A 和 4A-6B 上，分别解释 21.80%、14.35%和 9.53%的表型变异，2 对具有正向效应，1 对具有负向效应；E2 环境检测到 4 对上位效应位点，位于染色体 1B-2B、3D-6A、 2A-5B 和 2B-6D 上，分别解释 20.93%、17.86%、10.19%和 9.44%的表型变异，2 对具有正向效应，2 对具有负向效应。2012 年的 E1 环境检测到 2 对上位效应位点，位于染色体 1A-1B 和 2A-3A 上，分别解释 19.13%和 17.43%的表型变异，1 对具有正向效应，1 对具有负向效应；E2 环境检测到 4 对上位效应位点，位于染色体 1D-6B、1B-6D、1A-5B 和 1B-4A 上，分别解释 10.92%、15.72%、11.03%和 17.34%的表型变异，3 对具有正向效应，1 对具有负向效应。以上结果说明，小麦面粉类胡萝卜素的含量除受加性 QTL 影响外，其上位性效应也起重要作用。

表 5-25　小麦面粉类胡萝卜素含量的上位效应

Table 5-25　Estimated epistasis (AA) of QTLs for the flour carotenoid content under the four environments

环境 Environment		QTL	位置 Position /cM	标记区间 Flanking marker	QTL	位置 Position /cM	标记区间 Flanking marker	上位效应 (AA)	贡献率 (H^2)/%
2011	E1	*qCC1A*	60	*wPt-6654—wPt-665784*	*qCC6D*	45	*Xgpw3186—wPt-668181*	−0.01	21.80
		qCC1A	75	*wPt-6654—wPt-665784*	*qCC1A*	90	*wPt-2872—wPt-730408*	0.06	14.35
		qCC4A	165	*wPt-669526—wPt-668307*	*qCC6B*	10	*wPt-669607—Xgpw1005*	0.03	9.53
	E2	*qCC1B*	90	*wPt-8971—wPt-2052*	*qCC2B*	110	*CFE052—wPt-5374*	−0.07	20.93
		qCC3D	0	*wPt-7705—wPt-6909*	*qCC6A*	95	*wPt-0832—M181CFE043*	0.06	17.06
		qCC2A	130	*wPt-0832—M181CFE043*	*qCC5B*	85	*wPt-7665—wPt-3569*	−0.05	10.19
		qCC2B	150	*wPt-666395—wPt-8492*	*qCC6D*	75	*wPt-668152—wPt-3350*	0.02	9.44
2012	E1	*qCC1A*	50	*wPt-6005—wPt-730172*	*qCC1B*	95	*wPt-2052—wPt-3753*	0.09	19.13
		qCC2A	285	*wPt-5887—wPt-669199*	*qCC3A*	45	*wPt-7608—wPt-0836*	−0.03	17.43
	E2	*qCC1D*	10	*wPt-665480—wPt-671415*	*qCC6B*	25	*wPt-3060—wPt-3733*	0.04	10.92
		qCC1B	80	*wPt-2230—wPt-665375*	*qCC6D*	45	*Xgpw3186—wPt-668181*	0.01	15.72
		qCC1A	105	*wPt-667558—wPt-667155*	*qCC5B*	60	*wPt-4418—wPt-5168*	0.01	11.03
		qCC1B	95	*wPt-2052—wPt-3753*	*qCC4A*	25	*wPt-8479—Xgpw4040*	−0.01	17.34

E1： 2011 年泰安点；E2：2011 年济南点；E3：2012 年泰安点；E4：2012 年济南点

E1: 2011, Taian; E2: 2013, Jinan; E3: 2012, Taian; E4: 2012, Jinan

(二) 面粉黄色素含量的 QTL 分析

许多研究报道小麦籽粒黄色素含量与面制品颜色高度相关。黄色素的主要成分是叶黄素、酯类、胡萝卜素，以及含量极微的花色素类色素和黄酮类化合物。近年来对于影响小麦黄色素含量基因的定位取得了很大进展，许多研究结果显示第 7 同源群特别是 7A 和 7B 染色体上的基因对籽粒黄色素含量的作用较大。Mares 和 Campbell (2001) 用二倍体小麦 3 个杂交组合的后代将黄色素含量定位在染色体 3B 和 7A。张立平等 (2006) 利用‘中优 9507’/‘CA9632’的 DH 群体研究发现籽粒黄色素含量的 QTL 位于染色体 2DL、3DL、4A、5A 和 7AL，贡献率为 12.1%~33.9%。面粉黄色度 b^*值的 QTL 位于染色体 1DS、2DL、3A、4D、5D、6AL、6D 和 7AL 上，贡献率为 12.9%~37.6%，其中 7AL 的 QTL 效应最大。Francki 等 (2004) 认为，控制小麦面粉颜色的基因在 3BS。Patil 等 (2008) 将籽粒黄色素含量定位在 1A、3B、5B、7A 和 7B，贡献最大的是 7AL，解释变异的 55.22%。Zhang 等 (2009) 研究表明黄色素含量基因在染色体 1A 和 4A 上。Zhang 等 (2009) 利用 168 个双单倍体群体对面粉颜色做了 QTL 分析，检测出 18 个加性 QTL 和 24 对上位 QTL，分布于小麦 21 条染色体的第 19 条染色体上。Poznia 等 (2007) 利用 155 个双单倍体群体将胚乳颜色基因定位在染色体 2A、4B、6B 和 7B。Crawford 等 (2008) 将八氢番茄红素脱氢酶 (Pd) 定位在 4AS、4BL、4DL，将 ζ-胡萝卜素脱氢酶 (Zd) 基因定位在 2A、2B 染色体上。

Parker 等 (1998) 在 Schomburgk/Yarralinka 的 150 个 SSD 系中定位了位于 7A 和 3A 染色体上的主效 QTL，分别解释黄色素含量表型变异的 60%和 13%。Mares 和 Campbell (2001) 对‘Sunco’/‘Tasman’的 DH 群体进行研究，发现了位于 7A 和 3B 染色体上的主效 QTL，分别解释 27%和 20%的表型变异。

Marais (1992) 在 7DL 上也发现了面粉黄色素基因。Knott 等 (1984) 发现高黄色素含量与 Lr19 连锁，Lr19 虽对抗叶锈和产量有较大正向贡献，但其高黄色素含量往往对面粉颜色不利，应在育种中注意选择。Parker 等 (1998) 将面粉黄色度 b^*的主效 QTL 定位于 7AL 上，并由 AFLP 标记转化为 SCAR 标记。

Kuchel 等 (2006) 利用两个澳大利亚小麦品种‘Trident’和‘Molineux’的 DH 后代分析控制面粉 b^*的基因位点，表明位于 7B 染色体上的 QTL 在不同年度可解释 48%~61% 的表型变异。Elouafi (2001) 在硬粒小麦中定位了 3 个黄色素 QTL，其中 7BL 位点可解释 53%的表型变异，7AL 上的 2 个 QTL 的贡献率分别为 13%和 6%。Pozniak 等 (2007) 在硬粒小麦中定位了 4 个 QTL，分别位于 2A、4B、6B、7B 上。此外，在第一同源群 4A、5A 以及 2D、4D 等染色体上也定位了一些 QTL。可见，黄色素含量受多个基因位点的调控，但位于第 7 同源群上的 QTL 效应最大。

第三节　面粉品质性状的 QTL 定位及效应分析

面粉品质包括出粉率、面粉灰分、面粉白度、面筋值、沉降值和降落值等指标，这些指标既与小麦的籽粒性状、硬度等物理品质有关，也与磨粉过程和精度有关，更是烘烤或蒸煮食品品质的综合影响因素。因此，面粉品质性状的遗传改良具有重要意义。同样，面粉品质的检测分析和育种研究较多，而控制面粉品质性状的 QTL 分析则由于测试样本多、花费大，很少有人研究。本课题组利用多个遗传群体进行了面粉品质主要性状的 QTL 分析，其结果可用于相关面粉品质性状的分子标记辅助选择。

一、面筋含量和面筋指数的 QTL 分析

(一)引言

面筋只存在于小麦粉中，是一种由麦醇溶蛋白和麦谷蛋白组成的复杂的蛋白质复合体，具有黏性和弹性。面筋指数是湿面筋在离心作用下保留在网筛上的面筋数量占总面筋数量的百分数，代表面筋的强度和质量，因而面筋是小麦制作花样繁多的各类食品的物质基础。

面筋由麦醇溶蛋白和麦谷蛋白组成，麦醇溶蛋白的含量和面团的延伸性正相关，而麦谷蛋白含量决定了面团的弹性，正是由于麦醇溶蛋白和麦谷蛋白的共同存在才能形成面筋。只有麦醇溶蛋白加水揉和形成的面团只是一种没有塑性和弹性的黏稠物质；而只有麦谷蛋白同样不能形成面筋，只是一团没有黏性和韧性的物质。麦醇溶蛋白赋予面筋延展性，而麦谷蛋白赋予面筋弹性，面筋的特性如何，取决于这两种蛋白质的组合。面筋与小麦品质，尤其是二次加工品质关系密切，小麦面筋含量与面团吸水率、面团形成时间、稳定时间、面包体积、纹理结构等密切相关。面筋的弹性和延展性使面包、馒头、蛋糕等食品保持较大的体积，形状完整，有弹性，食品的这些特性和面筋质量的优劣呈正相关，因此小麦的湿面筋含量，特别是面筋指数是鉴定小麦粉品质优劣的重要指标之一。

小麦湿面筋含量和面筋指数是由多基因控制的数量性状，不仅受加性和显性效应影响，还存在非等位基因间互作。开展面筋有关性状的 QTL 定位，寻找面筋含量，特别是面筋指数相关的分子标记，对面筋的分子标记辅助育种具有重要的意义。

(二)测定方法

采用 2200 型面筋仪和 2015 型面筋离心机，按照 AACC38-11 标准测定小麦面粉样品的湿面筋含量和面筋指数。

(三)QTL 定位结果

1. 面筋含量和面筋指数的表型分析

两亲本及 DH 群体面筋性状见表 5-26 和图 5-9，两亲本在面筋含量和面筋指数上都差异较大，‘花培 3 号’为高湿面筋亲本，‘豫麦 57’为高面筋指数亲本。DH 群体在 2 个品质性状上变异幅度大，呈现连续分布，并存在明显的双向超亲分离现象，表明面筋和面筋指数为多基因控制的数量性状。

表 5-26　DH 群体及其亲本的湿面筋和面筋指数

Table 5-26　Performance of characters of Wet gluten and Gluten index from parents and DH population

性状 Trait	亲本 Parents		DH 群体 DH population					
	花培 3 号 Huapei 3	豫麦 57 Yumai 57	平均值 Mean	最大值 Maximum	最小值 Minimum	标准差 (SD)	偏度值 Skewness	峰度值 Kurtosis
湿面筋 Wet gluten /%	37.90	30.40	36.71	44.00	30.10	2.35	0.32	0.19
面筋指数 Gluten index/%	47.50	83.60	65.16	87.00	43.00	8.00	0.23	–0.16

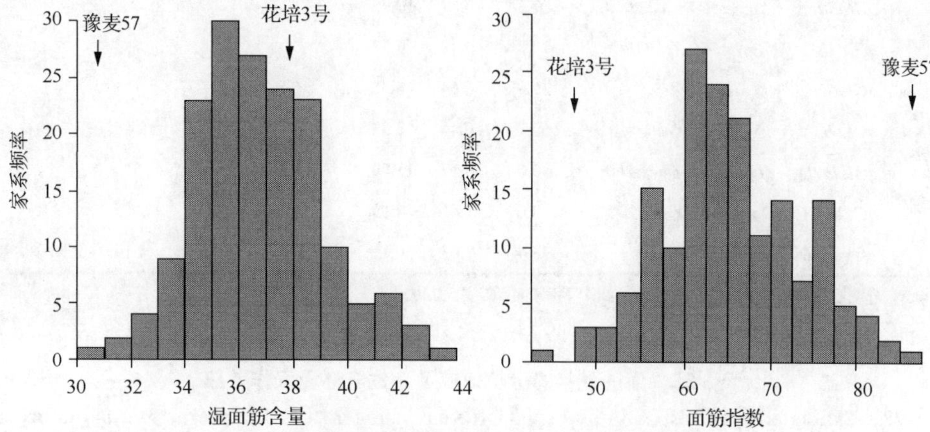

图 5-9　湿面筋和面筋指数在 DH 群体中的变异分布

Fig. 5-9　Distribution of Wet gluten and Gluten index in the DH population

面筋指数与湿面筋含量的相关系数是 0.167，为 *P*=0.05 水平的显著性正相关，是评价小麦面筋质和量的两个不同的概念。

2. *湿面筋含量的 QTL 定位及效应分析*

检测到影响湿面筋含量的 6 个加性 QTL，分别位于 1D、2B、3A、3B、6D 和 7D 染色体，单个 QTL 解释湿面筋含量变异的 1.36%~10.25%(表 5-27)，其中 *QGlu3A* 的遗传贡献率最大，解释 10.25%的表型变异。*QGlu1D*、*QGlu2Ba* 和 *QGlu6D* 的增效等位基因来源于‘花培 3 号’，其他 3 个加性效应位点的增效等位基因来源于‘豫麦 57’。*QGlu1D* 位点与环境互作贡献率为 6.28%。

检测到湿面筋含量的 3 对上位 QTL，位于染色体 1B-2D 和 2B-3D(2) (表 5-28)，分别解释 4.90%、3.52%和 1.24%的表型变异，没有检测到上位与环境的互作效应。上位效应总的贡献率是 9.66%。

3. *面筋指数的 QTL 定位及效应分析*

检测到面筋指数的 3 个加性 QTL，分别位于 2D、4A 和 5D 染色体，分别解释面筋指数变异的 11.07%、2.19%和 10.11%(表 5-27)，3 个位点的增效等位基因来源于‘豫麦 57’，这与‘豫麦 57’具有较高的面筋指数含量相对应的。*QGluin5D* 位点与环境互作，贡献率为 13.27%。

表 5-27　面筋性状的加性效应及加性与环境互作效应

Table 5-27　Estimated additive（A）and additive×environment（AE）interactions of QTLs for wheat quality traits

性状 Trait	QTL	标记区间 Flanking marker	位置 site/cM	加性效应 (A)	贡献率 (H^2)/%	加性×环境 1（A×E1）		加性×环境 2（A×E2）		加性×环境 3（A×E3）	
						效应 AE1	贡献率 H^2/%	效应 AE2	贡献率 H^2/%	效应 AE3	贡献率 H^2/%
湿面筋 Wet gluten	*qGlu1D*	*Xcfd19-Xwmc93*	60.9	0.52	3.75						
	qGlu2Ba	*Xwmc477-Xwmc175*	72.2	0.32	1.36						
	qGlu3A	*Xbarc86-Xwmc21*	87.5	–0.87	10.25						
	qGlu3B	*Xgwm566-Xcfe009*	74.8	–0.49	3.33						
	qGlu6D	*Xcfd42-Xcfd13*	35.0	0.64	5.58						
	qGlu7D	*Xwmc634-Xwmc273.2*	162.7	–0.46	2.87						
面筋指数 Gluten index	*qGluin2D*	*Xgwm261-Xgwm296*	0.0	–3.17	11.07						
	qGluin4A	*Xwmc718-Xwmc262*	0.0	–1.41	2.19						
	qGluin5D	*Xwmc215-Xgdm63*	73.4	–3.03	10.11			–1.94	4.14	2.88	9.13

环境 1：宿州，2006；环境 2：泰安，2006；环境 3：泰安，2005

E1: Suzhou, 2006; E2: Taian, 2006; E3: Taian, 2005

表 5-28　面筋性状的上位效应及上位与环境互作效应

Table 5-28　Estimated epistasis（AA）and epistasis×environment（AAE）interactions of quality traits

性状 Trait	QTL	标记区间 Flanking marker	位置 Site/cM	QTL	标记区间 Flanking marker	位置 Site /cM	上位效应 (AA)	贡献率 AA (H^2)/%	贡献率 AAE (H^2)/%
湿面筋 Wet gluten	*qGlu1B*	*Xcfe02.2-Xcfd021*	37.3	*qGlu2D*	*Xwmc170.2-Xgwm539*	62.5	0.60	4.90	
	qGlu2Bb	*Xcwem55-Xbarc129.1*	88.0	*qGlu3D*	*Xbarc071-Xgwm114*	92.0	0.51	3.52	
	qGlu2Bc	*Xgwm111-Xgdm14*	114.4	*qGlu3D*	*Xbarc071-Xgwm114*	92.0	0.30	1.24	
面筋指数 Gluten index	*qGluin6A*	*Xwmc553-Xgwm732*	54.5	*qGluin7D*	*Xgdm-Xwmc634*	155.5	–2.60	7.43	

检测到影响面筋指数的 1 对上位 QTL，位于染色体 6A-7D(见表 5-28)，解释 7.43%的表型变异，没有检测到上位与环境的互作效应。

(四) 面筋含量 QTL 研究进展及其与前人研究结果的比较分析

1. 面筋含量 QTL 研究进展

涉及小麦面筋含量和指数的遗传研究报道较少，唐建卫等(2011)利用 7 个面筋品质不同的小麦品种(系)，按 Griffing 双列杂交法 II 配制 21 个杂交组合，对小麦湿面筋含量和面筋指数进行了遗传分析。小麦湿面筋含量和面筋指数是由多基因控制的数量性状，不仅受加性和显性效应影响，还存在非等位基因间互作。湿面筋含量的高值受显性基因控制，早代即可表达，容易选择；而面筋指数的高值却受隐性基因控制，早代不宜选择。湿面筋含量狭义遗传力相对较低，而面筋指数狭义遗传力较高，且二者间相关性不强。目前，前人利用 DH、RIL 等群体将面筋含量相关性状的 QTL 定位在 14 条染色体上，其中贡献率最高的达 16.43%(表 5-29)。

表 5-29　小麦面筋性状的 QTL 部分结果汇总(PVE>5%)

Table 5-29　Summary of QTL results of wheat gluten characteristics (PVE>5%)

QTL	标记区间 Flanking marker	贡献率 (PVE)/%	群体 Mapping population	参考文献 Reference
QGlc.ipk-5B	*Xtam72*	—	ITMI population	Pshenichnikova et al. (2008)
QGlc.ipk-7A	*Xcdo475b*	—	ITMI population	Pshenichnikova et al. (2008)
QWgc.sdau-6D	*Xswes426b-Xubc807d*	16.43	RIL	Sun et al. (2008)
QDgc.sdau-6D	*Xswes426b-Xubc807d*	15.55	RIL	Sun et al. (2008)
QDgc.sdau-2D	*Xissr23a-Xwmc181b*	7.99	RIL	Sun et al. (2008)
QWgc.caas-2B.1	*barc55-wmc175*	5.00	RIL	Li et al. (2009)
QWgc.caas-2B.2	*wms120-barc1042*	8.80	RIL	Li et al. (2009)
QWgc.caas-3A	*wmc388b-wmc343*	8.50/3.80	RIL	Li et al. (2009)
QWgc.caas-4D.1	*cfd71a-wmc457*	4.10/7.60	RIL	Li et al. (2009)
QWgc.caas-7B	*wmc276-barc50/wmc311-wmc276*	5.60/4.80	RIL	Li et al. (2009)
QWgc.caas-7D	*wmc506-cfd66*	10.30	RIL	Li et al. (2009)
QWgc.caas-4D.2	*gwp93025-wmc331*	5.10	RIL	Li et al. (2009)
QWgc.caas-5B.1	*wms67-wms371*	7.70	RIL	Li et al. (2009)
QWgc.caas-5B.2	*wms408-wmc235*	5.30	RIL	Li et al. (2009)
QWgc.caas-5D	*wmc215-vrnD*	7.20	RIL	Li et al. (2009)
QWgc.caas-2A	*pm4-wms356*	6.00	RIL	Li et al. (2009)
QWgc.caas-2B.3	*wms257-cwm13*	11.30	RIL	Li et al. (2009)

2. 本研究结果与前人研究结果的比较分析

面筋的含量和质量是影响加工品质重要的因素之一，既受基因型的影响又受环境条件的影响。不同研究者在利用不同的群体进行面筋含量的 QTL 分析时，得出的结论不尽一致。前人研究发现(表 5-29)，多条染色体上都有控制影响面筋含量的基因位点，其中 5B 和 6D 染色体上在不同的研究中都检测到面筋含量的 QTL 位点，本研究也在 6D 染色体上检测到了湿面筋含量 QTL 位点，说明 6D 染色体上存在有控制湿面筋含量的一些重要基因位点；前人在 2D 和 6D 染色体检测到控制干面筋含量的位点，而本研究也在 2D 染色体上定位了面筋指数的 QTL 位点，且贡献率超过了 10%。因此，2D 和 6D 染色体是影响面筋含量和质量非常重要的染色体。

二、面粉白度、色泽、PPO 活性的 QTL 分析

(一)引言

我国的馒头、面条、水饺和蒸包等传统食品对外观色泽要求较高，大多数人认为面粉及食品越白越好，因此白度是色泽中最重要的因素。小麦面粉的白度、颜色与色泽是几个不同的概念，从包含关系来看，色泽包含颜色。面粉的颜色有淡黄色、灰白色、白色、白中带有光泽等多种类型。色泽与感官刺激有关，常用色度表示，多以色彩色差计来测量面粉色泽，其测定结果以不同的色空间表示，$L^*a^*b^*$色空间(也称 CIELAB)是当前国际上最通用的面粉色泽表示方法，因此小麦面粉色泽也有 L^*值(亮度)、a^*值(红度)和 b^*值(黄度)三个指标。国内面粉行业常用 WSB-IV 型智能白度测定仪测定面粉白度，其测定值 R457 白度是与标准白度板比较的一个相对值，我国小麦的 R457 白度值大多数都达不到食品要求的白度(80 以上)。

小麦面粉色度与其他品质性状一样，既受遗传控制，又受环境条件的影响，即小麦面粉色度的表现是基因型(品种)与气候条件(光照、温度和降水等)、土壤条件及栽培等共同作用的结果。年份、地点和品种对面粉色度均有显著的影响作用，但品种的作用最为重要，即品种是影响面粉色度最重要的因素，通过遗传改良可以显著提高小麦品种色度。本研究进行的面粉白度、色泽、PPO 活性的 QTL 定位及效应分析，可为面粉色泽相关性状的分子标记辅助选择提供依据。

(二)测定方法

1. 面粉白度(R457)

WSB-IV 型智能白度仪测定。

2. 面粉色泽(L^* a^* b^*值)

日本美能达 CR-300 型色彩色差计测定；以 L^* a^* b^*色空间表示。L^*为亮度，$L^*=0$ 表示黑色，$L^*=100$ 表示白色，中间共有 100 等级。a^*、b^*表示不同的色彩方向：a^*表示红-绿方向，$+a^*$表示偏红，$-a^*$表示偏绿；b^*表示黄-蓝方向，$+b^*$表示偏黄，$-b^*$表示偏蓝。

3. 多酚氧化酶活性的测定

根据 McCaig(1999)方法，作了部分修改。

称取 0.25g 样品，加入 3ml pH 6.5 的 50mmol/L MOPS 缓冲溶液，振荡浸提 30min，然后加入 1ml 120mmol/L 邻苯二酚 37℃振荡反应 20min，然后 10 000r/min 离心 10min，以缓冲溶液加邻苯二酚作参比对照，取上清液读取 415nm 处的吸光值 A_{415}。

(三)基于 DH 群体的面粉白度、色泽和 PPO 活性定位

1. 表型变异分析

两亲本及 DH 群体面粉白度、色泽和其他品质性状见表 5-30 和图 5-10，两亲本在 5 个性状上差异较大，‘花培 3 号’为在 b^*值高值亲本，而‘豫麦 57’在其他 4 个性状上为高值亲本。DH 群体在 5 个品质性状上变异幅度大，呈现连续分布，并存在明显的双向

超亲分离现象，表明为多基因控制的数量性状，适合进行 QTL 定位分析。

表 5-30　面粉白度和色泽性状的变异

Table 5-30　Phenotypic performance of quality traits

性状 Trait	亲本 Parents		DH 群体 DH population					
	花培 3 号 Huapei 3	豫麦 57 Yumai 57	平均值 Mean	最大值 Maximum	最小值 Minimum	标准差（SD）	偏度值 Skewness	峰度值 Kurtosis
面粉白度 Flour whiteness	74.60	80.10	77.70	81.70	74.40	1.89	0.03	–0.99
a^* 值 a^* value	–1.24	–1.06	–1.17	–0.63	–1.49	0.16	–0.05	–0.32
b^* 值 b^* value	9.38	7.28	8.33	10.34	6.23	0.89	0.04	–0.58
L^* 值 L^* value	90.42	91.42	90.75	93.03	90.33	0.57	–0.48	–0.05
多酚氧化酶 polyphenol oxidase	0.07	0.09	0.08	0.11	0.07	0.00	0.08	–0.51

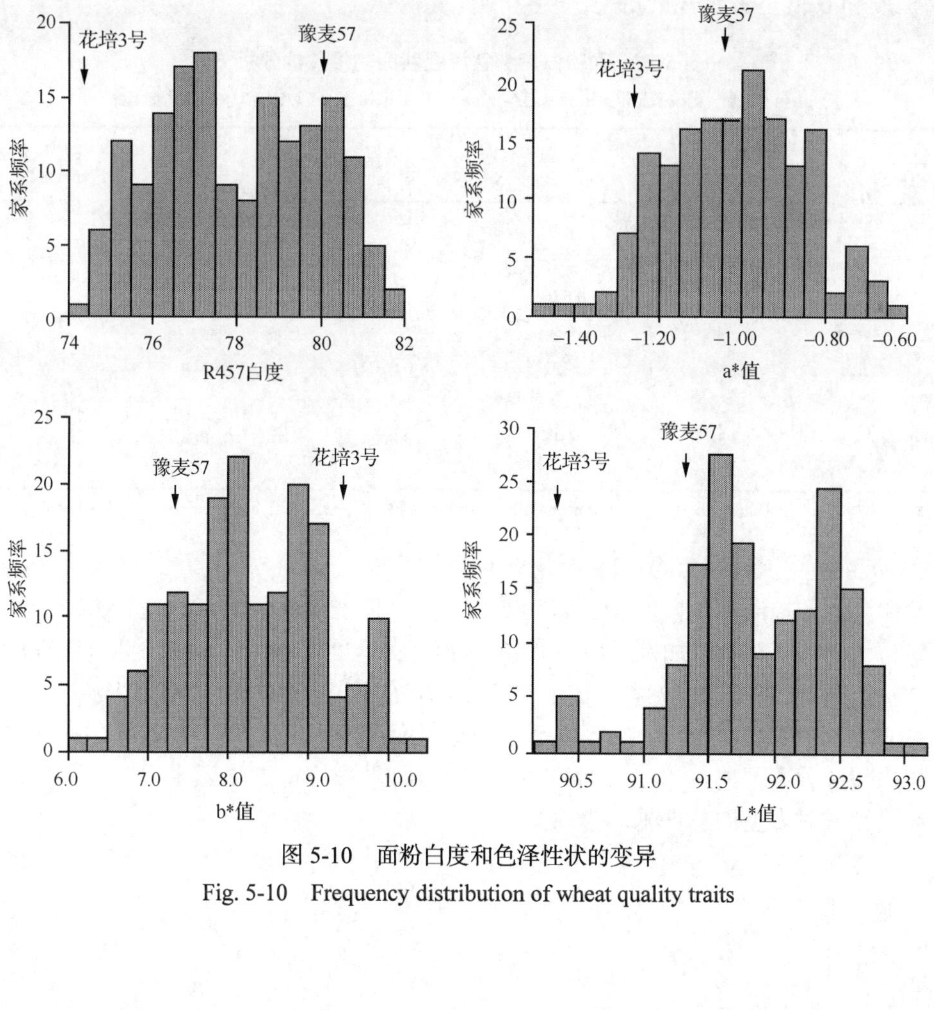

图 5-10　面粉白度和色泽性状的变异

Fig. 5-10　Frequency distribution of wheat quality traits

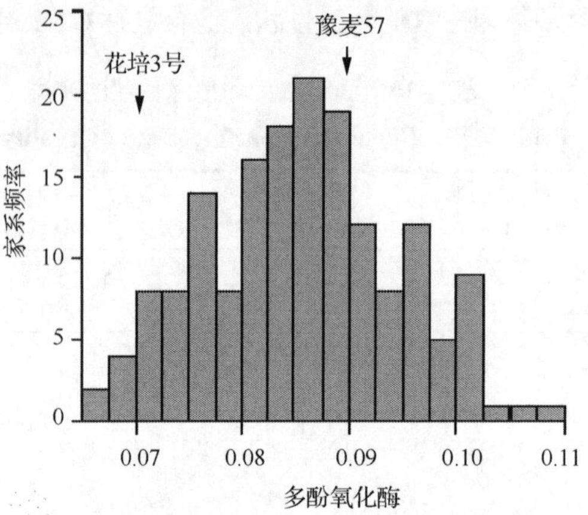

图 5-10 （续）

Fig. 5-10 （Continued）

2. 性状间的相关性分析

由表 5-31 可以看出，R457 白度和 L*值呈极显著正相关，相关系数最大，r=0.832**；R457 白度和 b*值呈极显著负相关，r= –0.904**。

表 5-31 面粉白度和色泽性状间的相关性分析

Table 5-31 Coefficients of pair-wise correlations of wheat quality traits

性状 Trait	面粉白度 Flour whiteness	a*值 a* value	b*值 b* value	L*值 L* value	多酚氧化酶 Polyphenol oxidase
a*值 a* value	0.201**				
b*值 b* value	–0.904**	–0.526**			
L*值 L* value	0.832**	–0.182*	–0.570**		
多酚氧化酶 Polyphenol oxidase	0.041	0.019	0.002	0.106	

0.05 相关水平 Significance at 0.05 level of probability；**0.01 相关水平**Significant at 0.01 probability level

3. 面粉白度(R157)的 QTL 定位及效应分析

检测到 4 个控制面粉白度(R157)的 QTL，分别位于染色体 1B、2D 和 4D，单个 QTL 贡献率为 1.00%~5.37%，加性效应为 0.60~1.40（表 5-32）。其中 *QWH1B* 和 *QWH4Db* 增效等位基因来源于‘豫麦 57’，另 2 个位点 *QWH2D* 和 *QWH4D* 等位基因来源于‘花培 3 号’。由此看出，增加面粉白度的等位基因来源于两亲本，可以解释 DH 群体中面粉 R457 白度值的超亲分离现象。*QWH1B* 和 *QWH4Da* 两加性效应位点与环境互作，加性效应位点与环境互作对表型的总贡献率为 6.52%。

表 5-32 面粉白度和色泽的加性效应及加性与环境互作效应

Table 5-32 Estimated additive (A) and additive×environment (AE) interactions of QTLs for wheat quality traits

性状 Trait	QTL	标记区间 Flanking marker	位置 Site/cM	加性效应 (A)	贡献率 (H^2)/%	加性×环境 1 (A×E1)		加性×环境 2 (A×E2)		加性×环境 3 (A×E3)	
						效应 (AE1)	贡献率 (H^2)/%	效应 (AE2)	贡献率 (H^2)/%	效应 (AE3)	贡献率 (H^2)/%
面粉白度 Flour whiteness	*qWH1B*	*Xbarc061-Xwmc766*	7.0	–0.600	1.00	–1.18	3.85	0.78	1.66	0.43	0.50
	qWH2D	*Xwmc18-Xwmc170.2*	48.6	1.210	4.04						
	qWH4Da	*Xwmc331-Xgwm194*	19.0	0.970	2.56	0.43	0.51				
	qWH4Db	*Xcfa2173-Xcfe188*	148.8	–1.400	5.37						
a^*值 a^* value	*qa1B*	*Xbarc372-Xwmc412.2*	36.3	–0.100	25.64						
	qa3B	*Xbarc102-Xgwm389*	3.0	0.040	3.94						
	qa5D	*Xwmc215-Xgdm63*	80.3	–0.030	2.24	0.02	1.68	–0.02	1.22		
	qa6A	*Xgwm459-Xgwm334*	4.0	0.030	2.49						
	qa6D	*Xcfa2129-X barc080*	164.0	–0.040	3.97						
	qa7D	*Xgwm295-Xgwm676*	80.3	0.040	3.01						
b^*值 b^* value	*qb2Ba*	*Xwmc764-Xwmc382.2*	1.7	0.070	0.51						
	qb3Db	*Xwmc631-Xbarc323*	81.5	0.170	2.95						
	qb4Da	*Xcfa2173-Xcfe188*	127.8	0.170	3.45						
	qb5A	*Xbarc358.2-Xgwm186*	37.1	0.190	4.30						
L^*值 L^* value	*ql1Ba*	*Xbarc119-Xgwm18*	33.8	0.120	3.48	0.07	1.19				
	ql2Bb	*Xwmc179-Xbarc373*	73.5	–0.110	2.67						
	ql3D	*Xwmc631-Xbarc323*	81.5	–0.120	3.49	–0.09	1.82				
	ql4B	*Xwmc48-Xbarc1096*	18.4	0.060	0.82						
	ql4Db	*Xcfa2173-Xcfe188*	148.8	–0.160	6.14						
	ql5Db	*Xcfd226-Xwmc765*	118.5	–0.070	0.98						
	ql7B	*Xgwm333-Xwmc10*	49.6	0.110	2.83						
	ql7D	*Xgwm295-Xgwm676*	84.3	–0.090	1.87						
多酚氧化酶 Polyphenol oxidase	*qPpo2B*	*Xwmc770-Xwmc179*	55.6	0.002	2.68						
	qPpo2D	*Xcfd53-Xwmc18*	1.7	0.004	15.64						
	qPpo4D	*Xcfa2173-Xcfe188*	158.8	–0.003	8.89						
	qPpo5D	*Xbarc1097-Xcfd8*	16.4	0.002	3.74						
	qPpo6B	*Xcfa2187-Xgwm219*	0.0	0.003	6.51						

环境 1：宿州，2006；环境 2：泰安，2006；环境 3：泰安，2005

E1: Suzhou, 2006; E2: Taian, 2006; E3: Taian, 2005

检测到 2 对控制面粉 R457 白度的上位 QTL(表 5-33)，位于染色体 1D-6A 和 1B-2D。两对上位互作效应位点均具有环境互作效应，其加性效应值分别为 0.97、–0.92、0.72、–0.58，贡献率分别为 2.57%、2.32%、1.41%、0.84%。上位效应与环境互作对表型的总贡献率为 7.14%。

表 5-33　面粉白度和色泽的上位效应及上位与环境互作效应

Table 5-33　Estimated epistasis（AA）and epistasis×environment（AAE）interactions of quality traits

性状 Trait	QTL	标记区间 Flanking marker	位置 Site/cM	QTL	标记区间 Flanking marker	位置 Site/cM	上位效应（AA）	贡献率（AA）H^2/%	贡献率（AAE）H^2/%
面粉白度 Flour whiteness	*qWH1B*	*Xbarc061-Xwmc766*	77.0	*qWH2D*	*Xwmc18-Xwmc170.2*	61	–0.20	0.11	4.89
	qWH1D	*Xgdm60-Xwmc429*	25.0	*qWH6A*	*Xgwm182-Xbarc1055*	43.1	1.09	3.23	0.72
a^* 值 a^* value	*qa2A*	*Xgwm448-Xwmc455*	75.5	*qa4B*	*Xwmc125-Xwmc 47*	0.0	–0.03	2.35	
	qa4D	*Xbarc190-Xbarc224*	126.3	*qa6A*	*Xcfe179.-Xcfe179.1*	86.0	0.03	2.03	
	qa5B	*Xbarc140-Xbarc142*	1.4	*qa7B*	*Xwmc273.1-Xcfd22.1*	12.0	–0.02	0.60	
b^* 值 b^* value	*qb3Db*	*Xbarc323-Xwmc631*	82.3	*qb5B*	*Xbarc36-X barc140*	0.0	–0.07	0.60	
	qb1Aa	*Xgwm259-Xcwem32.1*	4.0	*qb1Ba*	*Xcwem6.1-Xwmc128*	35.4	0.11	1.54	
	qb1Ab	*Xwmc728.1-Xwmc550*	20.0	*qb1Bb*	*Xcfe023.2-Xbcfd21*	37.9	0.11	1.37	
	qb1Ab	*Xwmc728.1-Xwmc550*	23.0	*qb1Bc*	*Xgwm582-Xcfe 026.2*	49.0	0.12	1.85	
	qb2A	*Xbarc264-Xgwm448*	70.2	*qb3Db*	*Xbarc323-Xwmc631*	82.2	0.17	3.48	
	qb2A	*Xbarc264-Xgwm448*	70.2	*qb3Da*	*Xbarc376 -Xgwm72*	9.4	0.18	3.74	
	qb2Bb	*Xwmc445.2-Xwmc317*	91.5	*qb7A*	*Xgwm60-Xbarc070*	15.0	0.18	3.96	
	qb3A	*Xcfa2193-Xgwm155*	105.0	*qb5B*	*Xbarc36-Xbarc140*	0.0	–0.23	6.15	
	qb3Db	*Xbarc323-Xwmc631*	5.2	*qb4Db*	*Xcfe188-Xbarc224*	125.6	0.18	3.94	
	qb6B	*Xbarc1129-Xwmc658.2*	43.0	*qb7D*	*Xbarc244-Xbarc352*	49.0	–0.21	5.25	
L^* 值 L^* value	*ql2Bb*	*Xwmc179-Xbarc373*	66.9	*ql7B*	*Xgwm333-Xwmc10*	52.0	0.09	1.82	
	ql3D	*Xbarc323-Xwmc631*	82.2	*ql7D*	*Xgwm295-Xgwm676*	91.0	–0.11	2.82	
	ql1Bb	*Xcfe023.1-Xbarc372*	36.1	*ql2Ba*	*Xwmc382.2-Xgwm210*	2.9	–0.07	1.01	
	ql1Bb	*Xcfe023.1-Xbarc372*	36.1	*ql6A*	*Xwmc553-Xgwm732*	60.2	–0.07	1.25	
	ql1Bc	*Xcfe026.2-Xbarc061*	37.0	*ql2Ba*	*Xwmc382.2-Xgwm210*	4.9	–0.09	1.89	
	ql2Aa	*Xgwm558-Xbarc015*	65.9	*ql3D*	*Xbarc323- Xwmc631*	82.2	–0.09	1.78	
	ql2Aa	*Xgwm558-Xbarc015*	65.9	*ql6D*	*Xwmc412.1-Xcfd49*	4.0	0.06	0.80	
	ql2Ab	*Xbarc264-Xwmc552*	73.2	*ql3D*	*Xbarc323- Xwmc631*	82.2	–0.08	1.45	0.92
	ql2D	*Xgwm311.2-Xcfd50*	11.6	*ql5Da*	*Xbarc347-Xcfd101*	52.6	0.10	2.20	
	ql4Da	*Xwmc331-Xgwm194*	28.8	*ql5A*	*Xbarc358.2-Xgwm186*	46.0	–0.17	6.34	2.96

4. 面粉色泽 a^*值的 QTL 定位及效应分析

检测到 6 个控制面粉色泽 a^*值的加性 QTL，分别位于染色体 1B、3B、5D、6A、6D 和 7D，共解释表型变异的 41.29%（见表 5-32）。单个 QTL 贡献率为 2.24%~25.64%。位于 1B 染色体上的 *Qa1B* 的效应值最大，解释表型变异的 25.64%，加性效应值为–0.10，其增加红度的等位基因来源于‘豫麦 57’；位于 5D 和 6D 染色体上的 QTL 位点的加性效应值为负值，分别为–0.03 和–0.04，表明增强面粉色泽 a^*值的正效应加性效应值为–0.10，其增加红度的等位基因来源于‘豫麦 57’；位于 5D 和 6D 染色体上的 QTL 位点的加性效应值为负值，分别为–0.03 和–0.04，表明增强面粉色泽 a^*值的正效应来自父本‘豫麦 57’；其他 3 个位点的 QTL 值均为正值，表明增强面粉色泽 a^*值的等位基因来自‘花培 3 号’。*Qa5D* 和 *Qa7D* 两个加性位点与环境具有互作效应，对表型的总贡献率为 3.45%。

检测到 4 对控制面粉色泽 a^*值的上位效应 QTL，分别位于染色体 1A-7B、2A-4B、

4D-6A 和 5B-7B（见表 5-33）。单个互作位点的贡献率为 0.60%~2.35%。其中 *Qa4D*/*Qa6A* 的互作效应值 0.03 为正值，表明亲本型大于重组型。其他 3 对之间均为负值，表明重组型效应大于亲本型效应。这 4 对基因互作均发生在两个不同的染色体之间。没有检测到上位与环境互作效应。

5. 面粉色泽 b^*值的 QTL 定位及效应分析

检测到 4 个控制面粉色泽 b^*值的 QTL，分别位于染色体 2B、3D、4D 和 5A（见表 5-32）。单个 QTL 贡献率为 0.51%~4.30%，加性效应为 0.07~0.19。4 个位点的加性效应值均为正值，表明其增加黄度的等位基因都来源于'花培 3 号'。没有检测到加性与环境的互作效应。

检测到 10 对控制面粉色泽 b^*值的上位 QTL，分别位于染色体 3D-5B、1A-1B（3）、2A-3D（2）、2B-7A、3A-5B、3D-4D 和 6B-7D（见表 5-33）。这 10 对基因互作对小麦面粉色泽黄度 b^*值的贡献率总和为 31.88%。*Qb3D*/*Qb5B*、*Qb3A*/*Qb5B* 和 *Qb6B*/*Qb7D* 这 3 对互作的效应值为负值，表明重组型效应大于亲本型效应。其他 7 对上位效应为正值，表明亲本型效应大于重组型效应。没检测到上位与环境的互作效应。

6. 面粉色泽 L^*值的 QTL 定位及效应分析

检测到 8 个控制面粉色泽 L^*值的加性 QTL，分别位于染色体 1B、2B、3D、4B、4D、5D、7B 和 7D（见表 5-32），共解释表型变异的 22.28%，单个 QTL 贡献率为 0.82%~6.14%，加性效应为 0.06~0.16。位于 4D 染色体上的 *QL4D* 的效应值最大，解释表型变异的 6.14%。*Ql1Ba*、*Ql4B* 和 *Ql7B* 这 3 个位点加性效应值为正值，其增加亮度的等位基因来源于'花培 3 号'，其他 7 个位点的加性效应值为负值，表明其增加面粉亮度的等位基因来源于'豫麦 57'。*Ql1Ba* 和 *Ql3D* 与环境具有互作效应，总贡献率为 3.01%。

检测到 10 对控制面粉色泽 L^*值的互作效应 QTL，分别位于染色体 2B-7B、3D-7D、1B-2B（2）、1B-6A、2A-3D（2）、2A-6D、2D-5D 和 4D-5A（见表 5-33）。这 10 对互作 QTL 对面粉色泽亮度 L^*值的贡献率总和为 21.36%，单个互作位点的贡献率为 0.80%~6.34%，加性效应值为 0.06~0.17。其中染色体 *Ql2B*/*Ql7B*、*Ql2A*/*Ql6D* 和 *Ql2D*/*Ql4D* 这 3 对互作间的效应值为正值，表明亲本型上位效应大于重组型上位效应。其他 7 对 QTL 互作效应为负值，表明重组型上位效应大于亲本型上位效应。10 对基因互作均发生在两个不同的染色体之间。2 对 QTL（*Ql2A*/*Ql3D* 和 *Ql4D*/*Ql5A*）存在与环境的互作效应，总贡献率为 3.88%。

7. 多酚氧化酶活性的 QTL 定位及效应分析

检测到控制面粉多酚氧化酶活性的 5 个加性 QTL，分别位于 2B、2D、4D、5D 和 6B 染色体上，单个 QTL 解释多酚氧化酶活性变异的 2.68%~15.64%（见表 5-32）；*QPpo2D* 的遗传贡献率最大，解释 15.64%的表型变异。*QPpo4D* 的增效等位基因来源于'豫麦 57'，其他 4 个加性效应位点的增效等位基因来源于'花培 3 号'。本试验没有检测到控制面粉多酚氧化酶活性的上位效应及环境互作效应。

（四）基于'糯麦 1 号'×'藁城 8901'RIL 群体面粉白度的 QTL 定位结果

1. 面粉白度的表型变异分析

如图 5-11 和表 5-34 所示，母本'糯麦 1 号'的面粉白度显著高于'藁城 8901'的白度，后代面粉白度表现为连续变异，除泰安 2009 年和安徽 2011 年两点的峰度系数绝对值略大于 1.0 外，其余的偏度系数和峰度系数绝对值都小于 1.0。

表 5-34　三个环境下小麦面粉白度在亲本及 RIL 群体中的表型数据

Table 5-34　Phenotypic values for wheat flour whiteness of two parents and the RIL population in three environments

环境 Environment	亲本 Parents		RIL 群体 RIL population			
	糯麦 1 号 Nuomai 1	藁城 8901 Gaocheng8901	范围 Range	平均值 Mean±SD	偏度 Skewness	峰度 Kurtosis
泰安，2008	82.6	78.4	71.0~84.0	78.95±2.97	–0.296	0.819
泰安，2009	82.2	77.4	71.1~84.9	78.63±3.38	0.017	–1.286
泰安，2011	80.4	75.3	71.0~83.5	77.01±3.42	0.042	–1.380

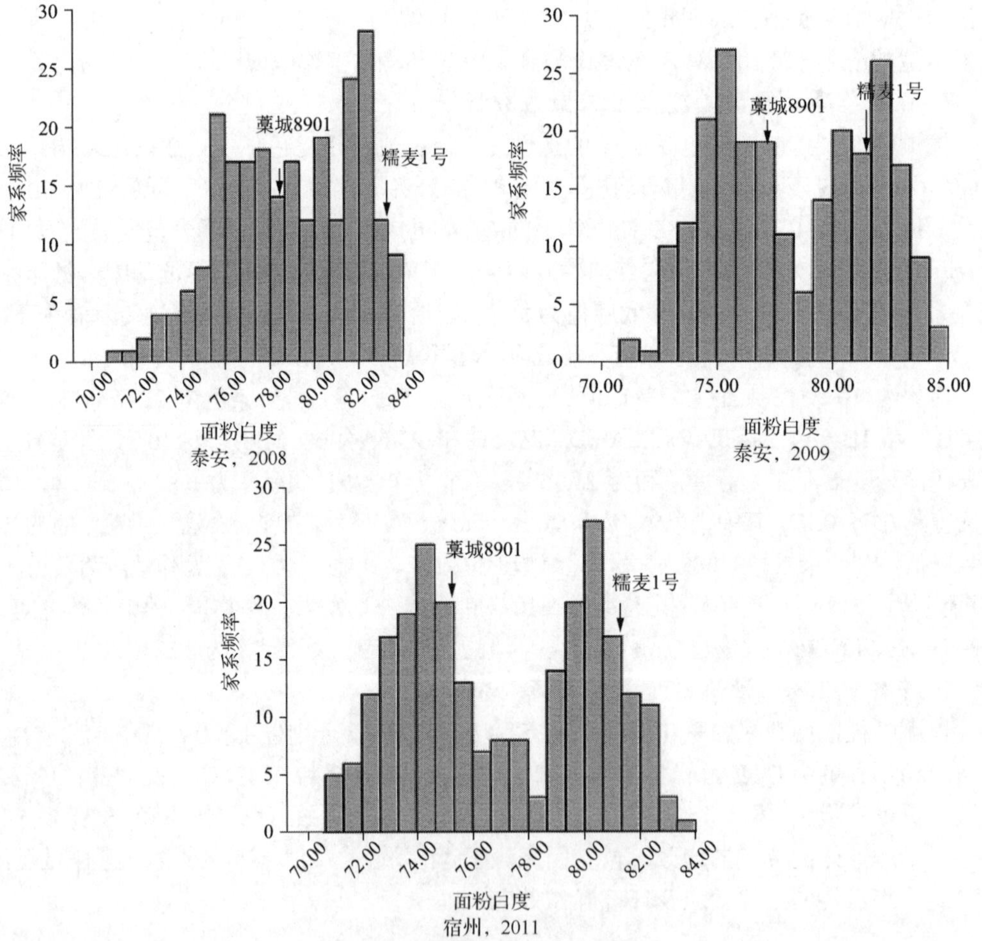

图 5-11　面粉白度含量的变异分布

Fig. 5-11　Frequency distribution of wheat flour whiteness

2. 面粉白度的 QTL 检测

控制小麦面粉白度的 3 个加性 QTL 分布在 1D、4A 和 7B 染色体上，所有位点的增效等位基因变异来自于母本‘糯麦 1 号’。其中 *Qfwh-1D* 在 E1、E2′、E3 和平均值 P 中被重复检测到 4 次，解释表型变异的 43.08%~51.97%，是环境间稳定表达的主效 QTL；*Qfwh-4A* 和 *Qfwh-7B* 只在单一环境下被检测到(表 5-35)。

表 5-35　不同环境下检测到的控制面粉白度的 QTL

Table 5-35　QTL with significant additive effects for flour whiteness detected in different environments

性状 Trait	环境 Environment	QTL	染色体 Chromosome	位置 Site/cM	区段 Interval markers	加性效应 (A)	解释变异率 Phenotypic variance explained/%
面粉白度	E1	*Qfwh-1D*	1D	8	*cfd-183—wPt-729773*	2.04	43.08
flour		*Qfwh-7B*	7B	245	*wPt-6936—wPt-8920*	0.55	3.56
whiteness	E2′	*Qfwh-1D*	1D	6	*cfd-183—wPt-729773*	2.53	51.97
	E3	*Qfwh-1D*	1D	9	*cfd-183—wPt-729773*	2.71	45.07
		Qfwh-4A	4A	119	*wPt-5749—wPt-7280*	0.60	3.16
	PD	*Qfwh-1D*	1D	8	*cfd-183—wPt-729773*	2.56	44.22

E1：2008 年泰安点；E2′：2009 年泰安点；E3：2011 年安徽点；PD：各环境的平均值；加性效应正值表示增效基因来自‘糯麦 1 号’的等位基因，负值说明增效基因来自‘藁城 8901’的等位基因

E1:Taian, 2008; E2′: Taian, 2009; E3: Suzhou, 2011; PD: Pool data; Positive values indicate that Nuomai 1 alleles increase corresponding trait value; Negative values indicate that Gaocheng 8901 alleles increase corresponding trait value

(五)面粉白度、色泽和 PPO 活性 QTL 研究进展及其与前人研究结果的比较分析

1. 面粉白度和色泽、PPO 活性的 QTL 研究进展

Parke 等(1998)用 RFLP 分子标记技术，在染色体 3A 上定位了一个与面粉色泽有关的 QTL (*Xbcd828*，遗传贡献为 13%)，在染色体 7A 上定位了控制面粉色泽的 9 个 QTL，遗传贡献率为 60%，并估算了其遗传力为 0.67。Mares 等(2001)用 163 个 DH 系，将控制叶黄素的 QTL 定位于 3B 和 7A 染色体上，将影响面条色泽稳定性的 QTL 定位在 2D 和 2A 染色体上。Demeke 等(2001)用 3 个重组自交系(RIL)对 PPO 活性进行了 QTL 定位，结果表明，控制 PPO 活性的主效基因位于 2D 染色体上，2A、2B、3B、3D 和 6B 染色体上有一些微效基因。张立平(2006)研究表明，控制面粉色泽亮度(L^*值)的主效 QTL 位于 4D、4A 和 5D 染色体，控制面粉黄色度 b^*值的主效 QTL 位于 7AL 和 4D 染色体，其他 QTL 位于 1BS、1DS、2DL 和 3A 染色体。控制籽粒黄色素含量的 QTL 有 3 个，分别位于 7AL、3DL 和 2DL，其中主效 QTL 位于 7AL，贡献率为 25.7%~33.9%。控制 PPO 活性的 QTL 位于 2AL 和 2DL，贡献率分别为 37.9%~50.0%和 25.0%~29.0%。He 等(2007)将 1 个控制 PPO 的 QTL 定位在 2DL，在 3 个环境中贡献率范围为 9.6%~24.4%。Li 等(2007)在相似的位置检测到控制面粉色泽 a^*和 L^*的 QTL，在邻近的位置检测到控制 b^*值的上位效应位点。面粉色泽亮度 L^*值的 QTL 被定位在 4D 和 5D 染色体。目前，前人将面粉色泽相关性状的 QTL 位点定在 1A、1B、2A、2B、2D、3A、3B、3D、4A、4D、5A、5D、6B、7A、7B 等 15 条染色体，其中在 7A 上定位的 QTL 最多(表 5-36)，其次是 1B，其中贡献率最高达 35.9%。

表 5-36　小麦面粉色泽性状的 QTL 部分结果汇总（PVE>10%）

Table 5-36　Summary of QTL results of wheat flour color characteristics（PVE>10%）

QTL	标记区间 Flanking marker	贡献率 (PVE) /%	群体 Mapping population	参考文献 Reference
QFa-1B	*Sec1-HVM23*	26.1	RIL	Zhang et al. (2009)
QFa-7A	*Xwmc809-YP7A*	35.9	RIL	Zhang et al. (2009)
QFb-7A	*Xwmc809-YP7A*	12.6	RIL	Zhang et al. (2009)
QYpc-1B	*Sec1-HVM23*	31.9	RIL	Zhang et al. (2009)
QYpc-7A	*Xwmc809-YP7A*	33.9	RIL	Zhang et al. (2009)
QKj-1B	*Sec1-HVM23*	17.2	RIL	Zhang et al. (2009)
QKj-7A	*Xwmc809-YP7A*	19.3	RIL	Zhang et al. (2009)
QNb-1B	*Sec1-HVM23*	13.7	RIL	Zhang et al. (2009)
QNb-7A	*Xwmc809-YP7A*	22.0	RIL	Zhang et al. (2009)
QFb.cerz-4AL.2	*wmc219–psr573.2*	6.7~10.6	RIL	Roncallo et al. (2012)
QFb.cerz-5AS	*wmc350–gwm47*	12.9~16.2	RIL	Roncallo et al. (2012)
QFb.cerz-5BL.1	*barc74–gwm371*	12.2	RIL	Roncallo et al. (2012)
QFb.cerz-6AL.1	*barc146–gwm132*	16.1~21.4	RIL	Roncallo et al. (2012)
QFb.cerz-6AL.2	*barc113–wmc553*	17.1~28.3	RIL	Roncallo et al. (2012)
QFb.cerz-6AL.3	*barc353–gwm169*	12.4	RIL	Roncallo et al. (2012)
QFb.cerz-6AL.3	*gwm169–BE483091_472*	10.4	RIL	Roncallo et al. (2012)
QFb.cerz-7AS	*wmc168–barc219*	12.6	RIL	Roncallo et al. (2012)
QFb.cerz-7AS	*BQ170462_176–barc174*	11.7	RIL	Roncallo et al. (2012)
QFb.cerz-7AL	*wmc116–cfd6*	9.8~22.5	RIL	Roncallo et al. (2012)
QFb.cerz-7BS.2	*barc72–gwm297*	12.8	RIL	Roncallo et al. (2012)
QFb.cerz-7BL.1	*Psy-B1–cfa2257*	12.1	RIL	Roncallo et al. (2012)
QFb.cerz-7BL.2	*cfa2040–barc1073*	9.5~14.0	RIL	Roncallo et al. (2012)

2. 本研究结果与前人研究结果的比较分析

本课题鉴定出位于 2D 染色体上控制 PPO 活性的 *QPpo2D*，遗传贡献率为 15.64%，其位置与 Demeke 等（2001）（*Xfba314*）和张立平（2003）（*Xwmc41*）所得的结果接近；位于 2B 染色体上的标记区间为 *Xwmc770-Xwmc179* 的 *QPpo2B*，加性效应 2.68%，与张立平（2003）等检测到的（*Xgwm410*）位置相近；位于 6B 染色体的 *QPpo6B* 与 Demeke 等（2001）的结果相同。Knott（1984）研究表明，在小麦 Agatha 中面粉色泽 b^*值与 *Lr19* 紧密连锁，并在 7D 染色体上发现了与其紧密连锁的 SSR 和 SRAP 标记 *wms44* 和 *M73*，遗传距离分别为 0.9cM 和 2.6cM，在相似的位置检测到控制面粉色泽 a^*值和 L^*值的 QTL，在邻近的位置检测到控制 b^*值的上位效应位点。本课题组利用两个群体都进行了面粉白度的 QTL 定位，加性效应分析时没有发现共同的染色体，涉及的染色体主要有 1B、1D、2D、4D、7B 和 4A 染色体。在相关研究中，a^*值在 1B 和 3B 染色体上都检测到了 QTL 位点，说明这两条染色体对 a^*值比较重要，其他涉及的染色体有 1A、4A、7A、5D、6A、6D 和 7D；b^*值涉及的染色体有 1B、3D、4A、4D、5A、5B、6A、7A 和 7B，其中 5A 在普通小麦和硬粒小麦中都检测到了 QTL 位点；本研究中，检测到 L 值 QTL 的染色体涉及 1B、2B、3D、4B、4D、5D、7B 和 7D。综合分析表明 1B、3B、4A、4D、5D、7A、7B 和 7D 染色体上有重要的影响面粉白度和色泽的基因位点。

三、沉淀值的 QTL 分析

（一）引言

小麦面粉在特定条件下和弱酸介质中会吸水膨胀，形成絮状物并缓慢沉淀，在规定时间内的沉降体积称为沉降值。沉淀值(sedimentation value)，又名沉降值，是评价小麦品质的一个重要指标，最初由泽轮尼(Zeleny)于 1947 年根据沉降试验(sedimentation test)提出，是反映面粉中蛋白质含量和质量的综合指标。

国内外大量研究结果表明，沉淀值与小麦粉食品加工(烘烤、蒸煮等)品质呈显著或极显著关系。用标准法测定的沉淀值可以将小麦品质分为以下几个等级：高筋面粉大于 50ml，强筋面粉 49~35ml，中筋面粉 33~40ml，低筋面粉小于 20ml。不同沉降值的面粉用途不同，沉降值 50ml 以上的面粉可以制作优质面包，20ml 以下的适于制作饼干、糕点，35ml 左右的适于做馒头和面条。

本研究用 3 个遗传群体进行面粉沉淀值的 QTL 定位及效应分析，其主效 QTL 可为沉淀值的分子标记辅助选择提供依据。

（二）测定方法

1. *Zeleny 沉淀值测定方法*

按 AACC 56-61A 方法，采用中国农业大学研制的沉淀值测定仪测定(BAU-A 型)。

2. *Zeleny 沉淀值测定步骤*

(1) 水分测定：用 105℃恒重法，测定样品的含水量。

(2) 称取 3.2g 面粉样品(15%含水量)两份，分别放入 100ml 量筒中，加 50ml 溴酚蓝溶液。

(3) 调好计时器，同时将加上塞子的量筒在两手中放平，5s 内向左右摇摆 12 次，摆幅约 18cm，使面粉均匀的悬浮在溶液中，然后放量筒在摇床上，准确摆动 5min(包括手工摇动的时间)。

(4) 将量筒从摇床上取下，加 25ml 乳酸-异丙醇溶液，再将量筒放在摇床上准确摇动 5min。

(5) 从摇床上取下量筒，准确静置 5min。

(6) 当静置至 5min 时，读取沉淀物的体积，估计到 0.1ml，该体积读数即为沉降值。

（三）基于 DH 群体沉淀值的 QTL 定位

1. *沉淀值的表型变异*

在三个环境中，DH 群体各株系的沉淀值的平均值都位于‘花培 3 号’和‘豫麦 57’

小麦沉淀值的中间(图 5-12)，而‘豫麦 57’的小麦沉淀值都比‘花培 3 号’的小麦沉淀值高，说明 DH 群体在沉淀值性状上变异幅度大，呈现连续分布，并存在明显的双向超亲分离现象，并且正态检测结果偏度(skewness)和峰度(kurtosis)的绝对值都小于 1.0，表明为多基因控制的数量性状，适合进行 QTL 定位分析(Cao et al.，2001)。

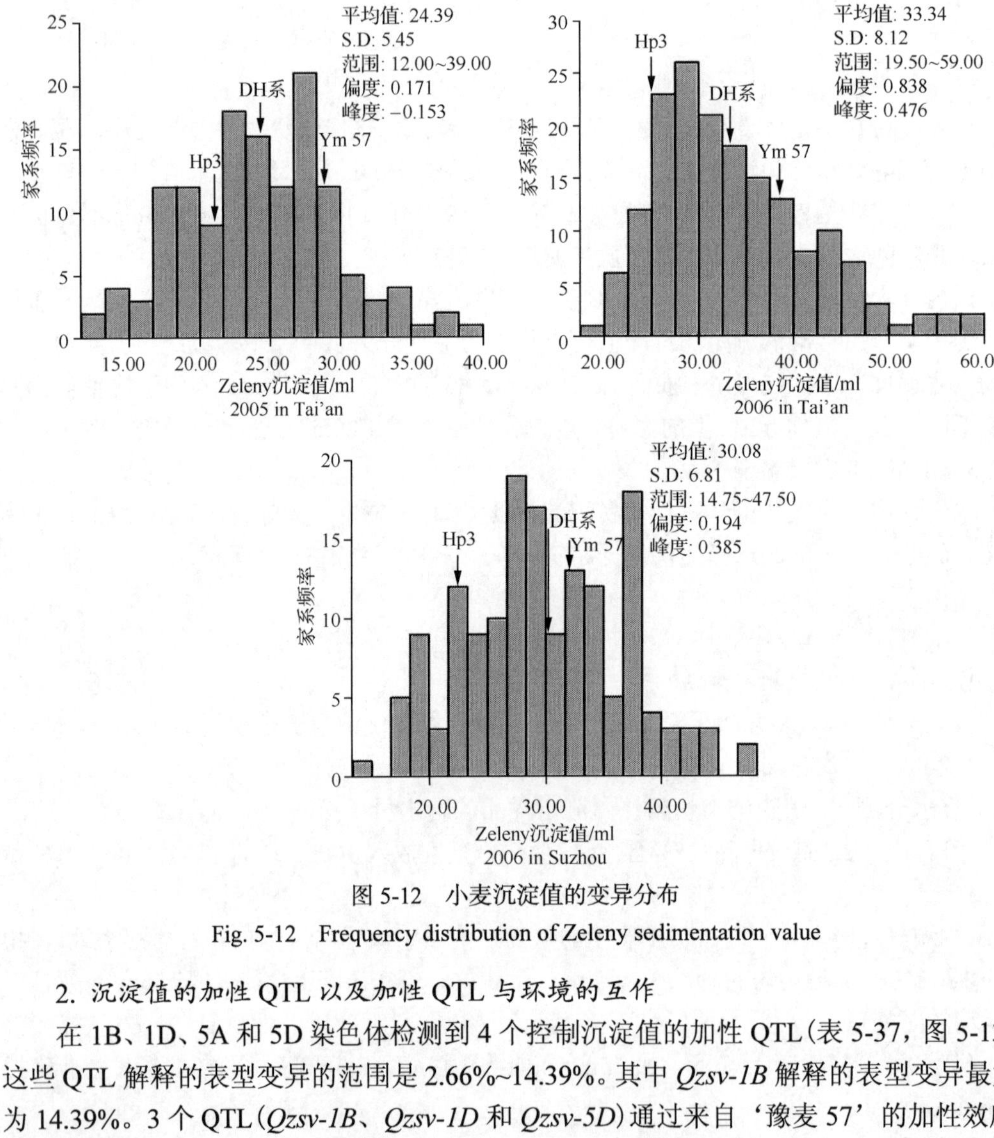

图 5-12　小麦沉淀值的变异分布

Fig. 5-12　Frequency distribution of Zeleny sedimentation value

2. 沉淀值的加性 QTL 以及加性 QTL 与环境的互作

在 1B、1D、5A 和 5D 染色体检测到 4 个控制沉淀值的加性 QTL(表 5-37，图 5-13)，这些 QTL 解释的表型变异的范围是 2.66%~14.39%。其中 *Qzsv-1B* 解释的表型变异最大，为 14.39%。3 个 QTL(*Qzsv-1B*、*Qzsv-1D* 和 *Qzsv-5D*)通过来自‘豫麦 57’的加性效应，分别增加沉淀值 2.52ml、1.98ml 和 1.20ml。*Qzsv-5A* 通过来自‘花培 3 号’的加性效应增加的沉淀值为 1.08ml，解释的表型变异为 2.66%。结果说明增加小麦沉淀值的等位基因分布在父母本中，导致了 DH 群体的明显的双向超亲分离现象。加性 QTL 解释的沉淀值的变异总计为 29.23%。

表 5-37　沉淀值的加性效应及加性与环境互作效应

Table 5-37　Estimated additive（A）and additive×environment（AE）interactions of QTL for ZSV

QTL	标记区间 Flanking marker	位置 Site/cM	加性效应（A）	贡献率（A）H^2/%	加性×环境 2 效应（AE2）	加性×环境 2 贡献率（AE2）H^2/%
Qzsv-1B	*Xwmc412.2-Xcfe023.2*	36.4	−2.52	14.39		
Qzsv-1D	*Xwmc93-GluD1*	61.9	−1.98	8.93		
Qzsv-5A	*Xbarc358.2-Xgwm186*	38.1	1.08	2.66		
Qzsv-5D	*Xcfd101-Xbarc320*	60.6	−1.20	3.25	−1.04	2.44

环境 1：泰安，2005；环境 2：泰安，2006；环境 3：宿州，2006

E1: Taian, 2005; E2: Taian, 2006; E3: Suzhou, 2006

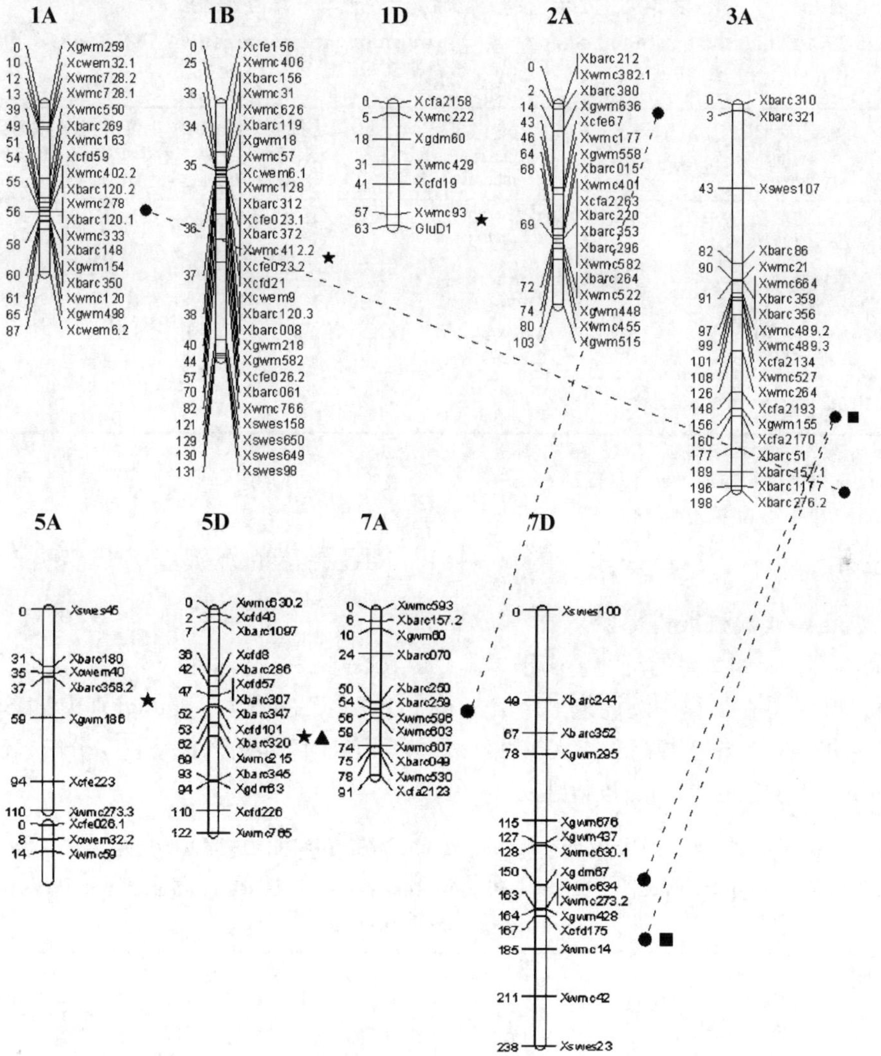

图 5-13　沉淀值 QTL 在染色体上的分布

Fig. 5-13　A genetic linkage map of wheat showing mapping QTL for ZSV

★加性效应位点 locus involved in additive effects；▲加性-环境互作位点 locus involved in AE；●- - - -●上位效应位点 locus involved in epistasis；■加性-加性环境互作位点 locus involved in AAE

检测到 1 个与环境互作的加性 QTL(*Qzsv-5D*)，加性效应来自‘豫麦 57’，解释沉淀值变异的 2.44%，可增加 1.04ml 的沉淀值；*Qzsv-2A*/*Qzsv-7A* 解释沉淀值变异最大，为 6.79%。

3. 沉淀值的上位性 QTL 以及上位性 QTL 与环境的互作

在 1A、2A、3A、7A 和 7D 染色体上检测到 4 对影响沉淀值的上位性 QTL，解释表型变异的 0.64%~6.79%，共解释沉淀值变异的总和为 12.11%。其中 *Qzsv-2A*/*Qzsv-7A* 解释的沉淀值变异最大，为 6.79%(表 5-38)。

检测到 1 对与环境的互作上位性 QTL(*Qzsv3A.2*/*Qzsv7D.1*)，解释表型变异的 2.33%，增加 1.01ml 的沉淀值(表 5-38)。

表 5-38 沉淀值的上位性及上位性与环境互作效应

Table 5-38 Estimated epistatic and epistasis × environment interaction (AAE) effects of QTL for ZSV

QTL	标记区间 Flanking marker	位置 Site/cM	QTL	标记区间 Flanking marker	位置 Site/cM	上位性效应 (AA)	贡献率 (AA) H^2/%	上位性×环境 1 效应 (AAE1)	上位性×环境 1 贡献率(AAE1) H^2/%
Qzsv-1A	*Xwmc278-Xbarc120.1*	56.3	*Qzsv-3A.1*	*Xbarc1177-Xbarc276.2*	196.3	0.94	1.99		
Qzsv-2A	*Xgwm636-Xcfe67*	29.1	*Qzsv-7A*	*Xbarc259-Xwmc596*	53.7	1.73	6.79		
Qzsv-3A.2	*Xcfa2193-Xgwm155*	152.7	*Qzsv-7D.1*	*Xcfd175-Xwmc14*	181.5	1.09	2.69	1.01	2.33
Qzsv-3A.2	*Xcfa2193-Xgwm155*	152.7	*Qzsv-7D.2*	*Xgdm67-Xwmc634*	161.5	0.53	0.64		

环境 1：泰安，2005；环境 2：泰安，2006；环境 3：宿州，2006

E1: Taian, 2005; E2: Taian, 2006; E3: Suzhou, 2006

(四)基于‘山农 01-35’×‘藁城 9411’RIL 群体的沉淀值 QTL 定位

1. Zeleny 沉淀值表型变异分析

父本‘藁城 9411’的沉淀值高于母本‘山农 01-35’，群体各株系沉淀值的平均值位于两亲本中间。在群体中沉淀值呈连续变异，且变异范围较大，变幅分别为 21.51~54.28 和 22.43~43.98，变异系数高于 10.0%，偏度和峰度绝对值均小于 1，呈正态分布(表 5-39)，因此沉淀值是多基因控制的数量性状。

表 5-39 RIL 群体及其亲本 Zeleny 沉淀值在不同环境下的表现

Table 5-39 Phenotypic values for Zeleny sedimentation value of the RIL population and the parents in different environments

性状 Trait	环境 Environment	亲本 Parents		RIL 群体 RIL population						
		山农 01-35	藁城 9411	平均值 Mean	标准差 (SD)	最小值 Minimum	最大值 Maximum	变异系数 (CV)/%	偏度 Skewness	峰度 Kurtosis
沉淀值 ZSV	E1	30.17	40.65	37.66	5.36	21.51	54.28	14.22	0.10	0.78
	E2	27.32	36.77	33.73	3.56	22.43	43.98	10.54	–0.12	0.56

E1：2009 泰安点；E2：2010 泰安点

E1: 2009 Taian; E2: 2010 Taian

2. Zeleny 沉淀值 QTL 定位分析

利用 E1 和 E2 两个环境沉淀值的表型数据及其平均值进行 QTL 定位，共检测到控制面粉沉淀值的 16 个加性 QTL，分布在 11 条染色体上(1B、1D、2A、3A、3B、3D、4A、4D、6A、7A、7B)，分别解释 3.51%~58.64%的表型变异(表 5-40)，其中 5 个主效 QTL，分别解释 11.67%~58.64%的表型变异，*QZsv1B.1-109* 加性效应来自‘山农 01-35’，增加沉淀值 2.00ml，其他 4 个主效 QTL 加性效应来自高值亲本‘藁城 9411’，分别增加沉淀值 1.21~3.70ml。在平均值中检测到的 *QZsv1B.1-104* 贡献率最高，为 58.64%，来自‘藁城 9411’；该 QTL 在 E2 中重复检测到，贡献率为 19.71%，可增加沉淀值 1.85ml。*QZsv1D-108* 在 E1、E2 和平均值中均可检测到，在 E2 中表型贡献率为 11.67%，加性效应来自‘藁城 9411’，可增加沉淀值 1.11~1.44ml。

表 5-40　不同环境下 Zeleny 沉淀值 QTL 定位结果

Table 5-40　Additive QTLs for Zeleny sedimentation value in different environments

性状 Trait	环境 Environment	QTL	左侧标记 Left marker	右侧标记 Right marker	加性效应 (A)	贡献率 (PVE)/%
沉淀值(ZSV)	E1	*QZsv1B.1-80*	*wPt-2230*	*wPt-665375*	–2.11	12.52
		QZsv1D-108	*wPt-6963*	*wPt-667287*	–1.44	7.58
		QZsv3A-22	*Xgpw2270*	*wPt-1681*	–1.38	7.01
		QZsv4A-43	*Xgpw4040*	*wPt-7001*	–1.03	3.91
		QZsv7A-30	*wPt-6768*	*wPt-6495*	–1.35	6.70
	E2	*QZsv1B.1-104*	*wPt-5363*	*wPt-1363*	–1.85	19.71
		QZsv1D-108	*wPt-6963*	*wPt-667287*	–1.21	11.67
		QZsv3B.1-62	*wPt-5295*	*wPt-667746*	–1.52	18.17
		QZsv3B.1-71	*wPt-0021*	*wPt-5704*	1.02	7.93
		QZsv4A-138	*wPt-664948*	*wPt-0538*	–0.86	5.91
		QZsv4D-80	*Xgpw342*	*wPt-2379*	–0.66	3.51
		QZsv6A.1-140	*TaGw2-CAPS*	*wPt-667618*	–0.88	5.97
		QZsv6D-116	*wPt-3127*	*xcfd49*	–1.01	8.15
		QZsv7B-2	*wPt-5463*	*wPt-4230*	–0.78	4.82
	PD	*QZsv1B.1-104*	*wPt-5363*	*wPt-1363*	–3.70	58.64
		QZsv1B.1-109	*wPt-1911*	*wPt-2751*	2.00	19.26
		QZsv1D-108	*wPt-6963*	*wPt-667287*	–1.11	7.43
		QZsv2A-327	*wPt-5887*	*wPt-669199*	0.93	4.85
		QZsv3D-269	*xgwm456*	*wPt-668308*	0.88	4.63

E1：22009 泰安点；E2：2010 泰安点。加性效应的正值表示增加粒重的等位变异来自‘山农 01-35’，负值表示增加粒重的等位变异来自‘藁城 9411’

E1: 2009, at Taian site; E2: 2010, at Taian site. Positive and negative values of additive effect (EstAdd) indicate that alleles to increase thousand-grain weight are inherited from Shannong 01-35 and Gaocheng9411, respectively

(五)沉淀值 QTL 研究进展及其与前人研究结果的比较分析

1. 沉淀值 QTL 研究进展

沉淀值是衡量小麦面筋数量和质量的综合间接指标，与高分子质量谷蛋白有重要的关系(Zhang et al., 2004; Zhang et al., 2005; Witkowski et al., 2008)。前人研究发现在染色体 1B 和 1D 上存在控制小麦沉淀值的 QTL(Rousset et al., 2001; Kunert et al., 2007; 吴云鹏 et al., 2008; Zhao et al., 2009b)。本研究在 DH 群体中鉴定到 1 个影响面粉沉淀值的 QTL(*Qzsv-1D*)，定位在 *1D* 染色体的 *Xwmc93* 和 *GluD1* 标记区间，距离为 5.9cM，*Qzsv-1D* 解释 8.93%的表型变异，增加 1.98ml 面粉沉淀值。Rousset 等(2001)在 1DL 也检测到沉淀值的一个主效 QTL，距离 *Glu-D1* 位点很近。Kunert 等(2007)同样在 1DL 上检测到淀粉沉淀值的一个主效 QTL，被 SSR 引物 *Xgwm642* 标记，离 *Glu-D1* 位点也很近。Knežević 等(1993)发现 *Glu-1* 评分和沉淀值显著相关($r = 0.553$)，并且沉淀值分别与 *Glu-lAa*、*Glu-1Ac*、*Glu-Ba* 和 *Glu-1Bc* 位点显著相关。Witkowski 等(2008)用统计方法发现沉淀值与 *Glu-A1* 位点显著相关。目前，前人将沉淀值的 QTL 定位在 1A、1B、1D、2A、2B、2D、3B、3D、4A、4B、5A、5B 和 6A 等 13 条染色体上，其中 1B 和 1D 染色上定位出的 QTL 位点相对较多，贡献率最高达 31.5%(表 5-41)。

表 5-41 沉淀值性状 QTL 部分结果汇总(PVE>5%)

Table 5-41 Summary of QTL results of wheat flour sedimentation volume characteristics (PVE>5%)

QTL	标记区间 Flanking marker	贡献率 (PVE)/%	群体 Mapping population	参考文献 Reference
QZsv.sdau-1D.1	*Xwmc432a-Xwmc336c*	16.48	RIL	Sun et al. (2008)
QZsv.sdau-1D.2	*Glu-D1-Xsrap19*	15.48	RIL	Sun et al. (2008)
QZsv.sdau-3B	*Xwmc418-Xubc834a*	10.3	RIL	Sun et al. (2008)
QSsd.caas-1A	*barc148*	8.9~9.1	IL	Li et al. (2012)
QSsd.caas-1B	*wmc128*	2.0~15.2	IL	Li et al. (2012)
QSsd.caas-1D	*wmc222*	6.8	IL	Li et al. (2012)
QSsd.caas-2B	*wms374*	9.4~10.9	IL	Li et al. (2012)
QSsd.caas-2D	*barc159*	11.2~11.5	IL	Li et al. (2012)
QSsd.caas-4B	*wms495/wms513*	11.5~21.9	IL	Li et al. (2012)
QSsd.caas-5A	*wms186*	9.3~14.8	IL	Li et al. (2012)
QSsd.caas-5B	*Barc4*	1.8~9.2	IL	Li et al. (2012)
QSsd.caas-6A	*wms334*	2.9~11.1	IL	Li et al. (2012)
QSsd.caas-xa	*barc1031*	1.9~8.3	IL	Li et al. (2012)
QSsd.caas-1B.1	*barc1057-barc187*	13.2~31.5	RIL	Li et al. (2009)
QSsd.caas-1A	*glu-A1-wmc93*	12.1~15.3	RIL	Li et al. (2009)
QSsd.caas-1D	*glu-D1-cfd48b*	9.0~19.3	RIL	Li et al. (2009)
QSsd.caas-6A.1	*cfd1-wms518a*	7.3~10.1	RIL	Li et al. (2009)
QSsd.caas-6A.2	*wms169-wms617*	3.7	RIL	Li et al. (2009)

续表

QTL	标记区间 Flanking marker	贡献率 (PVE)/%	群体 Mapping population	参考文献 Reference
QSsd.caas-3D	*wms191c-wmc533*	6.2	RIL	Li et al.(2009)
QSsd.caas-2B	*psp3035-wms148*	4.4~6.1	RIL	Li et al.(2009)
QSsd.caas-2D	*wms157-cfd62a1*	2.7~7.5	RIL	Li et al.(2009)
QSsd.caas-2A	*wmc177-wms71a*	2.2	RIL	Li et al.(2009)
QSsd.caas-1B.2	*wmc134-wms191b*	5.8	RIL	Li et al.(2009)
QSsd.caas-4A	*wms160-wmc497*	8.1	RIL	Li et al.(2009)
QSsd.crc-1B	*Xgwm131-Glu-B1*	20.6	DH	Mccartney et al.(2006)
QSsd.crc-2A	*Xgwm296*	3.3	DH	Mccartney et al.(2006)
QSsd.crc-6A	*Xbarc23-Xwmc398*	5.6	DH	Mccartney et al.(2006)

2. 本研究结果与前人研究结果的比较分析

本研究利用 DH 群体在 3 个环境中共检测到 4 个影响沉淀值的加性 QTL、4 个上位性 QTL 和 2 个 QTL 与环境的互作。其中 *Qzsv-1B* 为主效 QTL，离 *GluD1* 位点的遗传距离为 0.9cM，解释 14.39%的表型变异，因此，*Qzsv-1B* 可用于分子标记辅助育种。利用‘山农 01-35’×‘藁城 9411’RIL 群体，定位于 1B 和 1D 染色体上的 *QZsv1B.1-80*、*QZsv1B.1-104*、*QZsv1B.1-109* 和 *QZsv1D-108* 位点为主效 QTL，可能与高分子质量谷蛋白亚基 *GluD1* 有关；其中 *QZsv1B.1-104* 和 *QZsv1D-108* 2 个 QTL 可在单环境和平均值中重复检测到。

从表 5-41 可知，不同研究者利用不同群体进行沉淀值的 QTL 分析时，都在 1B 和 1D 染色体上检测到了控制沉淀值的 QTL 位点，而且标记区间都与谷蛋白亚基 *Glu-1D* 和 *Glu-1B* 有关，因此，从分子水平上进一步说明了高分子质量谷蛋白亚基是影响沉淀值的一个很重要的因素。

四、淀粉糊化特性(RVA)的 QTL 分析

(一)引言

淀粉对面粉制品的品质有很大影响，淀粉糊化和凝胶特性是反映淀粉品质的主要指标之一，对食品品质及加工过程中工艺和设备参数的确定具有重要指导意义。淀粉或面粉的黏度参数可用快速黏度仪(rapid viscosity analyser，RVA)测定。RVA 参数包括峰值黏度(peak viscocity)、低谷黏度(trough viscocity)、稀懈值(breakdown)、最终黏度(final viscocity)、反弹值(setback)、峰值时间(peak time)和糊化温度(pasting temperature)，各特征值见图 5-14。

利用混合线性模型(Wang et al.，1999)及完备区间作图，对 3 个群体的 RVA 参数进行了定位分析，所检测出的主效 QTL 可用于分子标记辅助选择，或进行多性状的聚合育种，同时为精细定位和克隆相关基因奠定基础。

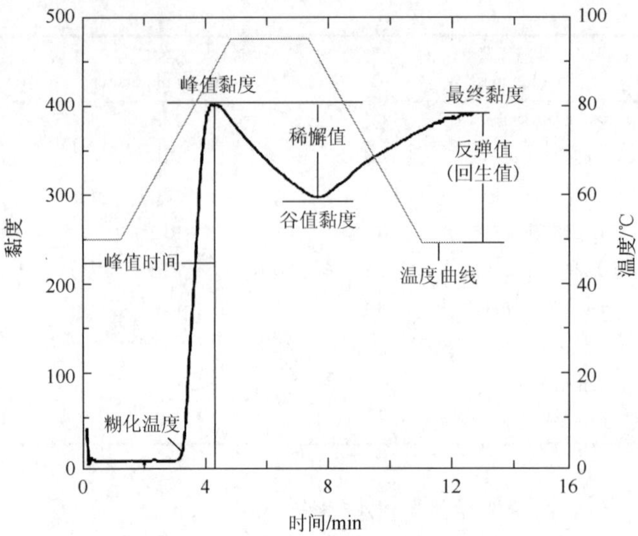

图 5-14　RVA 糊化参数示意图

Fig. 5-14　Parameters commonly used in a pasting curver

(二) 测定方法

糊化特性由澳大利亚 Newport Scientific 公司生产的 3-D 型快速黏度分析仪按 AACC 76-21 标准方法 1 测定，2 次重复。用 TCW (Thermal Cycle for Windows) 配套软件进行分析，面粉糊化特性用 RVU 单位表示。

(三) 基于 DH 群体 RVA 定位结果

1. RVA 参数的表型变异和参数之间的相关性

如表 5-40 所示，除了稀懈值(2006 年宿州点)外，'豫麦 57' 的 RVA 参数都高于 '花培 3 号'；RVA 参数的平均值都在父母本 RVA 参数的数值之间。DH 群体在糊化特性的 6 个参数上变异幅度大(表 5-42)，呈现连续分布，并存在明显的双向超亲分离现象，适合进行 QTL 定位分析(Cao et al.，2001)。RVA 参数两两之间极显著相关(表 5-43)。

表 5-42　RVA 参数的表型变异

Table 5-42　Phenotypic performance for RVA profile parameters

性状 Trait	环境 Environment	亲本 Parents		DH 群体 DH population					
		花培 3 号 Huapei 3	豫麦 57 Yumai 57	平均值 Mean	最小值 Minimum	最大值 Maximum	标准差 (SD)	偏度 Skewness	峰度 Kurtosis
峰值黏度 Peak viscosity (RVU)	泰安，2005	123.58	231.75	189.35	64.25	276.42	48.57	–0.818	0.056
	泰安，2006	138.00	217.08	168.32	70.75	272.17	39.52	–0.209	–0.150
	宿州，2006	223.75	241.58	236.24	95.08	302.33	37.74	–1.113	1.676
低谷黏度 Trough viscosity (RVU)	泰安，2005	39.17	136.42	102.45	0.00	170.58	39.16	–0.962	0.086
	泰安，2006	50.58	122.50	82.93	5.67	201.25	32.72	–0.108	0.096
	宿州，2006	116.92	148.00	140.09	17.58	199.92	31.32	–1.378	2.256

续表

性状 Trait	环境 Environment	亲本 Parents		DH 群体 DH population					
		花培 3 号 Huapei 3	豫麦 57 Yumai 57	平均值 Mean	最小值 Minimum	最大值 Maximum	标准差 (SD)	偏度 Skewness	峰度 Kurtosis
稀懈值 Breakdown (RVU)	泰安，2005	84.42	95.33	86.90	54.00	132.08	18.65	0.382	–0.740
	泰安，2006	87.42	94.58	85.39	55.33	123.33	14.82	0.316	–0.448
	宿州，2006	106.83	93.58	96.15	58.75	138.58	18.33	0.249	–0.576
最终黏度 Final viscosity (RVU)	泰安，2005	96.67	258.67	200.12	14.58	317.25	63.47	–1.186	0.862
	泰安，2006	113.00	234.75	166.65	23.67	389.83	54.03	–0.124	0.989
	宿州，2006	199.33	265.00	242.26	50.17	335.25	45.44	–1.227	2.284
反弹值 Setback (RVU)	泰安，2005	57.50	122.25	97.67	15.00	146.67	25.49	–1.409	1.989
	泰安，2006	62.42	112.25	83.73	18.00	188.58	22.09	–0.014	2.656
	宿州，2006	82.42	117.00	102.18	32.58	138.92	16.36	–0.555	1.109
糊化温度/℃ Pasting temperature	泰安，2005	61.75	67.15	64.22	55.10	73.45	3.23	0.549	0.256
	泰安，2006	62.80	74.35	67.61	59.15	75.90	3.51	0.577	–0.697
	宿州，2006	63.55	68.65	67.71	62.65	77.55	3.73	0.739	–0.517

表 5-43　RVA 参数之间的相关性分析

Table 5-43　Pairwise correlation coefficients for RVA profile parameters

	峰值黏度(PV)	低谷黏度(TV)	稀懈值(BD)	最终黏度(FV)	反弹值(SB)	糊化温度(PT)
峰值黏度(PV)	1.000					
低谷黏度(TV)	0.943**	1.000				
稀懈值(BD)	0.646**	0.355**	1.000			
最终黏度(FV)	0.905**	0.983**	0.288**	1.000		
反弹值(SB)	0.759**	0.868**	0.141**	0.944**	1.000	
糊化温度(PT)	0.288**	0.212**	0.323**	0.189**	0.130**	1.000

注：表中各个指标缩写及英文同表 5-39

Note : The English symbol acronym as sham as table 5-39

2. RVA 参数的 QTL 定位结果

共检测到 6 个 RVA 参数的 35 个 QTL，单个 QTL 解释表型变异的范围是 0.91%~21.34%(表 5-44)。35 个 QTL 分布在 15 个染色体上(图 5-15)。QTL 解释每个 RVA 参数的总变异都超过 30%，变异范围为 31.30%~52.00%。

表 5-44　RVA 参数的加性效应及加性与环境互作效应

Table 5-44　Estimated additive (A) and additive×environment (AE) interactions of QTL for RVA profile parameters

性状 Trait	QTL	标记区间 Flanking marker	位置 Site/cM	加性效应 (A)	贡献(A) H^2/%	加性×环境 1 效应 (AE1)	加性×环境 1 贡献率(AE1) H^2/%
PV	*QPv-1B*	*Xswes158-Xswes650*	121.6	8.15	3.54		
	QPv-2A	*Xgwm448-Xwmc455*	76.2	–5.94	1.88	–5.26	1.48
	QPv-6A	*Xgwm82-Xwmc182*	42.8	–11.01	6.46		

续表

性状 Trait	QTL	标记区间 Flanking marker	位置 Site/cM	加性效应 (A)	贡献(A) H^2/%	加性×环境1效应 (AE1)	加性×环境1贡献率(AE1) H^2/%
TV	*QTv-2A*	*Xwmc582-Xbarc264*	71.8	–5.70	2.64		
	QTv-4A	*Xwmc262-Xbarc343*	6.5	–6.51	3.45		
	QTv-6A	*Xbarc1055-Xwmc553*	46.0	–10.17	8.41		
	QBd-4A	*Xwmc718-Xwmc262*	5.0	8.77	21.34		
	QBd-7A	*Xwmc596-Xwmc603*	57.1	–5.16	7.39		
FV	*QFv-2A*	*Xwmc582-Xbarc264*	71.8	–7.54	1.88		
	QFv-4A	*Xwmc262-Xbarc343*	6.5	–16.95	9.52		
	QFv-5D	*Xbarc345-Xgdm63*	92.7	6.10	1.23		
	QFv-6A	*Xbarc1055-Xwmc553*	46.0	–18.68	11.56		
SB	*QSb-2A*	*Xwmc582-Xbarc264*	70.8	–3.21	2.23		
	QSb-4A	*Xwmc262-Xbarc343*	6.5	–8.49	15.52		
	QSb-6A	*Xbarc023-Xbarc1077*	39.5	–6.16	8.17		
	QSb-7D	*Xgwm676-Xgwm437*	120.9	–5.84	7.35		
PT	*QPt-1B*	*Xbarc312-Xcfe023.1*	36.1	0.69	3.86		

环境 1：泰安，2005；环境 2：泰安，2006；环境 3：宿州，2006

E1: Taian, 2005; E2: Taian, 2006; E3: Suzhou, 2006

注：英文符号缩写同表 5-39、表 5-41。Note: The The English symbol acronym as sham as table 5-39，table 5-41

表 5-45 RVA 参数的上位性及上位性与环境互作效应

Table 5-45 Estimated epistatic and epistasis×environment interaction（AAE）effects of QTL for RVA profile parameters

性状 Trait	QTL	标记区间 Flanking marker	位置 Site/cM	QTL	标记区间 Flanking marker	位置 Site/cM	上位性效应 (AA)	贡献率(AA) H^2/%
PV	*QPv-1A*	*Xcfd59-Xwmc402.2*	55.0	*QPv-6D.1*	*Xcfd49-Xcfd42*	25.4	–9.35	4.66
	QPv-1D	*Xgdm60-Xwmc429*	19.5	*QPv-6D.1*	*Xcfd49-Xcfd42*	7.4	5.34	1.52
	QPv-1D	*Xgdm60-Xwmc429*	19.5	*QPv-6D.2*	*Xbarc054-Xgwm55*	57.4	–14.85	11.76
TV	*QTv-1D*	*Xgdm60-Xwmc429*	18.5	*QTv-6D*	*Xbarc054-Xgwm55*	61.4	–13.37	14.55
	QTv-2B	*Xbarc101-Xcwem55*	77.4	*QTv-6B*	*Xcfa2187-Xgwm219*	0.0	7.46	4.52
BD	*QBd-2A.1*	*Xgwm558-Xbarc015*	64.5	*QBd-4A.1*	*Xbarc343-Xwmc313*	21.3	–2.32	1.49
	QBd-2A.2	*Xgwm448-Xwmc455*	74.2	*QBd-4A.2*	*Xwmc718-Xwmc262*	5.0	–1.81	0.91
	QBd-5D.1	*Xbarc286-Xcfd57*	41.6	*QBd-6D.1*	*Xcfd49-Xcfd42*	34.4	–4.62	5.92
	QBd-5D.2	*Xgdm63-Xcfd226*	93.6	*QBd-6D.2*	*Xcfa2129-Xbarc080*	173.1	–7.34	14.95
FV	*QFv-1A*	*Xbarc148-Xgwm154*	58.1	*QFv-6D*	*Xcfd49-Xcfd42*	34.4	–12.86	5.47
	QFv-3A	*Xgwm155-Xcfa2170*	156.0	*QFv-7A*	*Xwmc596-Xwmc603*	56.1	–10.35	3.55
SB	*QSb-1A.1*	*Xbarc148-Xgwm154*	58.1	*QSb-6D*	*Xcfd42-Xcfd13*	35.0	–3.66	2.88
	QSb-1A.2	*Xgwm498-Xcwem6.2*	71.1	*QSb-6D*	*Xcfd42-Xcfd13*	35.0	–3.34	2.41
	QSb-3A	*Xgwm155-Xcfa2170*	158.0	*QSb-7A*	*Xwmc596-Xwmc603*	58.1	–4.31	3.99
PT	*QPt-2A*	*Xbarc264-Xwmc522*	72.2	*QPt-3D*	*Xwmc631-Xbarc071*	82.1	–0.88	6.32
	QPt-3A	*Xwmc527-Xwmc264*	119.8	*QPt-7D*	*Xgwm676-Xgwm437*	114.9	–1.16	10.99
	QPt-5B	*Xgwm213-Xswem861.2*	13.1	*QPt-7D*	*Xgdm67-Xwmc634*	149.5	–0.70	3.95
	QPt-7A	*Xbarc157.2-Xgwm60*	7.3	*QPt-7D*	*Xcfd175-Xwmc14*	166.5	0.90	6.60

注：英文符号缩写同表 5-39、表 5-41。Note: The English symbol acronym as sham as table 5-39，table 5-41

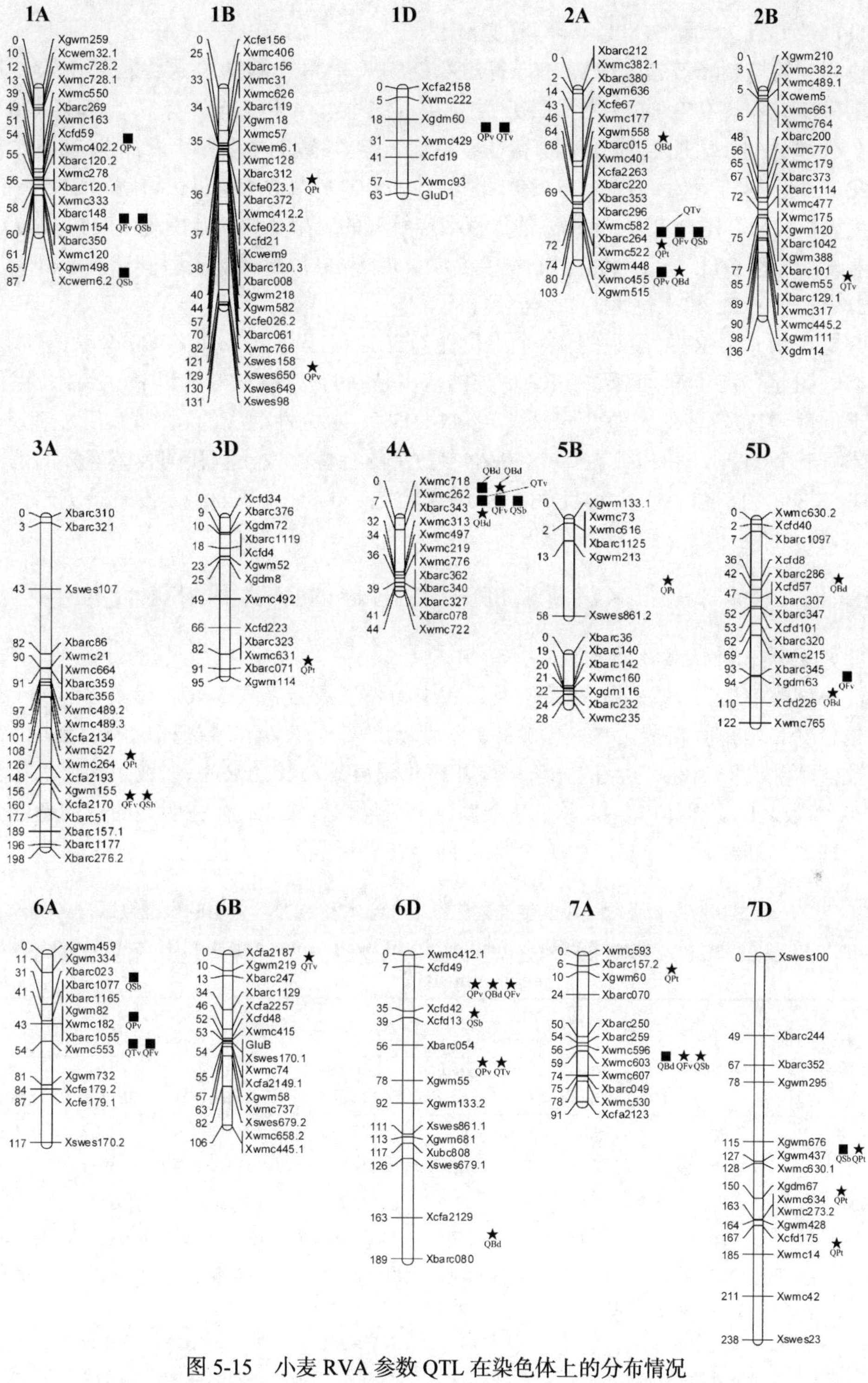

图 5-15　小麦 RVA 参数 QTL 在染色体上的分布情况

Fig. 5-15　A genetic linkage map of wheat showing mapping QTL for RVA profile parameters

■ 加性效应位点 locus involved in additive effects; ★ 上位效应位点 locus involved in epistasis effects

1) 加性 QTL 和加性 QTL 与环境的互作

检测到的控制峰值黏度(PV)、低谷黏度(TV)、稀懈值(BD)、最终黏度(FV)、反弹值(SB)和糊化温度(PT)的 QTL 数目分别为 3、3、2、4、4 和 1 个。有 13 个 QTL(76.5%)定位在 A 基因组，表明 A 基因组中存在着控制 RVA 参数的主要基因。加性 QTL 大部分来自父本‘豫麦 57’(13QTL，76.5%)，其中 *QBd-4A* 加性效应值最大，解释 21.34%的低谷黏度表型变异。每个 RVA 参数总的加性效应解释的表型变异的范围是 3.86%~33.27%，存在着一个加性 QTL 与环境的互作(见表 5-44，图 5-15)，解释的表型变异为 1.48%。

2) 上位性 QTL 和上位性 QTL 与环境的互作

共检测到 6 个 RVA 参数的 18 个上位性 QTL，这些 QTL 分布在 13 个染色体上(见表 5-45，图 5-15)。QTL 解释的表型变异的范围是 0.91%~14.95%。其中，控制稀懈值的一个上位性 QTL 解释的表型变异最大，为 14.95%。上位性效应的互作 QTL 大部分来自父母本(15 个 QTL，83.3%)。每个 RVA 参数总的上位性效应解释的表型变异的范围是 9.02%~83.3%。16 个上位性 QTL(88.9%)被定位在 A 和 D 基因组。没有检测出上位性 QTL 与环境的互作。

(四) 基于‘糯麦 1 号’×‘藁城 8901’RIL 群体 RVA 的 QTL 定位

1. 淀粉糊化特性参数的表型变异和相关性

淀粉糊化特性的 7 个参数在亲本及后代中的表型数据见表 5-46。母本‘糯麦 1 号’的糊化温度和稀懈值高于父本‘藁城 8901’，其余的 5 个 RVA 参数值都小于‘藁城 8901’的参数值。除泰安 2009 年点的峰值黏度和糊化温度外，其余 RVA 参数平均值都在父母本 RVA 参数之间。群体内各株系在 7 个参数上变异幅度较大，存在明显的双向超亲分离现象，基本呈连续正态分布。RVA 参数之间存在着极强的相关性(表 5-47)。

表 5-46　两个环境下小麦淀粉糊化参数在亲本及 RIL 群体中的表型数据

Table 5-46　Phenotypic values for RVA parameters of two parents and the RIL population in two environments in wheat

性状 Trait	环境 Environment	亲本 Parents		RIL 群体 RIL population			
		糯麦 1 号 Nuomai 1	藁城 8901 Gaocheng 8901	范围 Range	平均值 Mean±SD	偏度 Skewnees	峰度 Kurtosis
峰值黏度 Peak viscosity	泰安，2009	219.83	228.58	120.22~329.08	252.23±41.05	–0.89	0.89
	安徽，2011	202.25	207.08	60.50~297.83	206.80±42.48	–0.74	0.30
低谷黏度 Trough viscosity	泰安，2009	86.50	152.58	57.84~251.33	141.53±33.45	–0.16	0.69
	安徽，2011	52.83	139.17	33.25~198.25	126.47±35.48	–0.59	–0.21
稀懈值 Breakdown	泰安，2009	133.30	76.00	50.25~181.67	110.70±24.21	–0.14	–0.00
	安徽，2011	150.42	67.92	27.25~140.08	80.33±18.13	0.21	0.67
最终黏度 Final viscosity	泰安，2009	127.50	274.00	80.00~361.00	243.15±55.72	–0.89	0.58
	安徽，2011	69.50	222.17	49.50~291.50	189.39±49.49	–0.87	0.16
反弹值 Setback	泰安，2009	41.00	121.42	22.16~194.67	101.52±29.15	–0.28	0.11
	安徽，2011	17.67	83.00	14.17~101.83	62.92±16.15	–0.92	0.83

续表

性状 Trait	环境 Environment	亲本 Parents		RIL 群体 RIL population			
		糯麦 1 号 Nuomai 1	藁城 8901 Gaocheng 8901	范围 Range	平均值 Mean±SD	偏度 Skewnees	峰度 Kurtosis
糊化时间 Pasting time	泰安，2009	3.46	6.40	3.40~7.00	6.04±0.88	–2.22	3.40
	安徽，2011	3.80	6.53	3.67~6.93	6.18±0.88	–2.18	3.15
糊化温度 Pasting temperature	泰安，2009	63.60	62.90	60.75~82.35	67.01±5.37	1.33	0.74
	安徽，2011	67.00	65.20	55.05~83.10	66.96±3.72	1.78	1.69

表 5-47　淀粉糊化参数之间的相关性分析

Table 5-47　Coefficients of pairwise correlations of the mean values of RVA parameters

	峰值黏度 Peak viscosity	低谷黏度 Trough viscosity	稀懈值 Breakdown	最终黏度 Final viscosity	反弹值 Setback	糊化时间 Pasting time
低谷黏度 Trough viscosity	0.839**					
稀懈值 Breakdown	0.683**	0.176**				
最终黏度 Final viscosity	0.854**	0.915**	0.317**			
反弹值 Setback	0.687**	0.622**	0.409**	0.885**		
糊化时间 Pasting time	0.461**	0.713**	–0.122**	0.685**	0.509**	
糊化温度 Pasting Temperature	–0.200	–0.006	–0.028	0.069	0.142**	0.219**

**相关系数在 P<0.01 水平显著；*相关系数在 P<0.05 水平显著

**Correlation is significant at when P<0.01 level; *Correlation is significant at when P<0.05 level

2. 淀粉糊化特性的 QTL 和效应分析

用 2 年的小麦淀粉糊化特性的表型数据及 2 年平均值进行 QTL 定位，在 LOD>2.5 时，总共检测到控制 7 个糊化参数的 47 个加性 QTL(表 5-48)，其中有 15 个 QTL 在 2 个环境中均可检测到，有 7 个 QTL 在各个环境中的贡献率都大于 10%，为主效 QTL。

表 5-48　不同环境下检测到的控制淀粉糊化特性的 QTL

Table 5-48　QTL with significant additive effects for RVA parameters detected in different environments

性状 Trait	环境 Environment	QTL	染色体 Chromosome	位置 Site/cM	区段 Interval markers	加性效应 (A)	解释变异率 Phenotypic variance explained/%
峰值黏度 Peak iscosity	E1	*QPv-6A*	6A	133	*wPt-729920—wPt-664792*	–13.15	10.85
		QPv-7D	7D	0	*Wx-D1—wPt-664368*	–8.68	4.73
	E2	*QPv-2A*	2A	0	*wPt-0408—wPt-2838*	–7.81	3.61
		QPv-2D.1	2D	167	*wPt-730613—wPt-9749*	8.33	4.03
		QPv-7A	7A	162	*wPt-731311—Wx-A1*	–8.17	4.00
		QPv-7D	7D	0	*Wx-D1—wPt-664368*	–10.75	6.92
	PD	*QPv-2D.2*	2D	124	*wPt-6687—wPt-731336*	15.23	19.73
		QPv-2D.3	2D	130	*wPt-3757—wPt-1301*	–11.29	10.85
		QPv-7D	7D	0	*Wx-D1—wPt-664368*	–10.10	8.72

续表

性状 Trait	环境 Environment	QTL	染色体 Chromosome	位置 Site/cM	区段 Interval markers	加性效应(A)	解释变异率 Phenotypic variance explained/%
低谷黏度 Trough viscosity	E1	*QTrv-1A*	1A	88	*wPt-2992—wPt-663934*	−8.07	3.11
		QTrv-4A.1	4A	85	*wPt-7924—wPt-664948*	−8.66	7.09
		QTrv-7A	7A	162	*wPt-731311—Wx-A1*	−8.02	6.08
		QTrv-7D.1	7D	0	*Wx-D1—wPt-664368*	−12.19	14.04
	E2	*QTrv-2A*	2A	0	*wPt-0408—wPt-2838*	−6.62	3.71
		QTrv-2D	2D	152	*wPt-8319—wPt-731130*	8.06	5.57
		QTrv-4A.2	4A	116	*Wx-B1—wPt-0105*	−8.20	5.71
		QTrv-7A	7A	162	*wPt-731311—Wx-A1*	−10.35	9.20
		QTrv-7D.1	7D	0	*Wx-D1—wPt-664368*	−11.58	11.49
	PD	*QTrv-4A.1*	4A	85	*wPt-7924—wPt-664948*	−8.02	7.64
		QTrv-7A	7A	162	*wPt-731311—Wx-A1*	−7.31	6.35
		QTrv-7D.2	7D	84	*wPt-3923—wPt-2592*	5.52	3.56
		QTrv-7D.1	7D	0	*Wx-D1—wPt-664368*	−11.22	14.95
稀懈值 Breakdown	E1	*QBd-1B*	1B	168	*wPt-6442—wPt-3824*	6.73	8.13
		QBd-2A	2A	283	*wPt-6775—wPt-9793*	−4.81	3.23
		QBd-2D.1	2D	124	*wPt-6687—wPt-731336*	12.93	30.02
		QBd-2D.2	2D	129	*wPt-665836—wPt-3757*	−8.95	14.39
		QBd-3A	3A	0	*wPt-4407—wPt-0714*	−4.56	3.74
		QBd-4A.1	4A	105	*Wx-B1—wPt-0105*	6.14	6.80
		QBd-6A	6A	122	*wPt-729920—wPt-664792*	−12.50	28.14
	E2	*QBd-2D.1*	2D	124	*wPt-6687—wPt-731336*	10.54	36.33
		QBd-2D.4	2D	131	*wPt-731220—wPt-730677*	−7.88	20.38
		QBd-3B	3B	119	*wPt-2757—wPt-666738*	3.82	4.78
	PD	*QBd-2D.1*	2D	124	*wPt-6687—wPt-731336*	11.30	45.24
		QBd-2D.3	2D	130	*wPt-3757—wPt-1301*	−8.88	27.91
		QBd-4A.2	4A	98	*wPt-664948—Wx-B1*	3.80	5.11
		QBd-6A	6A	129	*wPt-729920—wPt-664792*	−6.61	15.56
最终黏度 Final viscosity	E1	*QFv-4A*	4A	105	*Wx-B1—wPt-0105*	−15.60	8.29
		QFv-7A	7A	162	*wPt-731311—Wx-A1*	−14.41	7.08
		QFv-7D	7D	0	*Wx-D1—wPt-664368*	−22.64	17.45
	E2	*QFv-2A*	2A	0	*wPt-0408—wPt-2838*	−8.57	3.20
		QFv-2D	2D	154	*wPt-8319—wPt-731130*	10.99	5.33
		QFv-4A	4A	114	*Wx-B1—wPt-0105*	−15.42	10.42
		QFv-7A	7A	161	*wPt-731311—Wx-A1*	−16.06	11.38
		QFv-7D	7D	0	*Wx-D1—wPt-664368*	−19.11	16.10
	PD	*QFv-3A*	3A	0	*wPt-4407—wPt-0714*	−7.60	2.80
		QFv-4A	4A	108	*Wx-B1—wPt-0105*	−19.21	17.92
		QFv-7A	7A	162	*wPt-731311—Wx-A1*	−14.86	10.72
		QFv-7D	7D	0	*Wx-D1—wPt-664368*	−20.58	20.56

续表

性状 Trait	环境 Environment	QTL	染色体 Chromosome	位置 Site/cM	区段 Interval markers	加性效应 (A)	解释变异率 Phenotypic variance explained/%
反弹值 Setback	E1	*QSd-4A*	4A	103	*Wx-B1—wPt-0105*	–11.93	17.68
		QSd-7A	7A	162	*wPt-731311—Wx-A1*	–8.00	7.97
		QSd-7D	7D	0	*Wx-D1—wPt-664368*	–11.00	15.04
	E2	*QSd-4A*	4A	108	*Wx-B1—wPt-0105*	–7.36	22.44
		QSd-7A	7A	162	*wPt-731311—Wx-A1*	–4.08	6.89
		QSd-7D	7D	1	*Wx-D1—wPt-664368*	–7.90	25.87
	PD	*QSd-4A*	4A	103	*Wx-B1—wPt-0105*	–8.70	19.51
		QSd-7A	7A	162	*wPt-731311—Wx-A1*	–6.32	10.32
		QSd-7D	7D	2	*Wx-D1—wPt-664368*	–9.97	25.62
糊化时间 Pasting time	E1	*QPt-4A.1*	4A	86	*wPt-7924—wPt-664948*	–0.17	4.18
		QPt-4A.2	4A	103	*Wx-B1—wPt-0105*	–0.22	6.61
		QPt-7A	7A	162	*wPt-731311—Wx-A1*	–0.22	6.87
		QPt-7D.1	7D	79	*wPt-3923—wPt-2592*	0.17	4.03
		QPt-7D.2	7D	0	*Wx-D1—wPt-664368*	–0.32	14.46
	E2	*QPt-1A*	1A	155	*wPt-3904—wPt-5776*	–0.14	2.76
		QPt-1D.1	1D	165	*wPt-665814—wPt-666414*	0.20	5.62
		QPt-4A.1	4A	85	*wPt-7924—wPt-664948*	–0.28	10.87
		QPt-7A	7A	162	*wPt-731311—Wx-A1*	–0.27	10.06
		QPt-7D.1	7D	84	*wPt-3923—wPt-2592*	0.14	2.90
		QPt-7D.2	7D	0	*Wx-D1—wPt-664368*	–0.30	13.00
	PD	*QPt-1D.2*	1D	162	*wPt-9380—wPt-665814*	0.15	3.19
		QPt-4A.1	4A	85	*wPt-7924—wPt-664948*	–0.18	5.25
		QPt-4A.2	4A	103	*Wx-B1—wPt-0105*	–0.17	4.69
		QPt-7A	7A	162	*wPt-731311—Wx-A1*	–0.24	8.68
		QPt-7D.1	7D	83	*wPt-3923—wPt-2592*	0.16	4.06
		QPt-7D.2	7D	0	*Wx-D1—wPt-664368*	–0.32	15.64
糊化温度 Pasting Temperature	E1	*Qptem-1D*	1D	0	*cfd-183—wPt-729773*	1.89	13.04
		Qptem-2A	2A	84	*wPt-668181—wPt-1853*	–1.43	6.74
	E2	*Qptem-1D*	1D	0	*cfd-183—wPt-729773*	1.13	9.95
	PD	*Qptem-1A*	1A	77	*wPt-664968—wPt-664972*	0.73	3.84
		Qptem-1D	1D	0	*cfd-183—wPt-729773*	1.43	14.66
		Qptem-7A	7A	158	*wPt-731311—Wx-A1*	–0.81	4.68

E1：2008 年泰安点；E2′：2009 年泰安点；E3：2011 年安徽点；PD：各环境的平均值；加性效应正值表示增效基因来自‘糯麦 1 号’的等位基因，负值说明增效基因来自‘藁城 8901’的等位基因

E1:Taian, 2008; E2′: Taian, 2009; E3: Suzhou, 2011; PD: Pool data; Positive values indicate that Nuomai 1 alleles increase corresponding trait value; Negative values indicate that Gaocheng 8901 alleles increase corresponding trait value

控制峰值黏度的 7 个加性 QTL 分布在 2A、2D、6A、7A 和 7D 染色体上。其中 *QPv-7D* 在 2 个环境和平均值 P 中被重复检测到 3 次，其增效等位基因变异来源于父本‘藁城 8901’，分别解释 4.73%、6.92%和 8.72%的表型变异，该位点与 *Wx-D1* 标记紧密连锁；*QPv-6A* 在 E1 环境中的贡献率大于 10%，是环境间特异表达的主效 QTL。

控制低谷黏度的 8 个加性 QTL 被定位于 1A、2A、4A、7A 和 7D 染色体上。其中，*QTrv-7A* 和 *QTrv-7D.1* 在 2 个环境和混合环境 P 中均能被检测到，增效等位基因变异来自于父本‘藁城 8901’，贡献率分别是 6.08%~9.20%和 11.49%~14.95%，这 2 个 QTL 与 *Wx-A1* 和 *Wx-D1* 标记遗传距离最近。*QTrv-7D.1* 在两个不同环境下的贡献率都大于 10%，是环境间稳定表达的主效 QTL；其余位点只在单个环境中被检测到。

控制稀懈值的 11 个加性 QTL 分布在 1B、2A、2D、3A、3B、4A 和 6A 染色体上。只有位于 2D 染色体 *wPt-6687/wPt-731336* 区段上的位点在 2 个环境和平均值 P 中被检测到，增效等位基因变异来自母本‘糯麦 1 号’，分别解释 30.02%、36.33%和 45.24%的表型变异；虽然定位到的 QTL 较多，但在环境间能稳定表达的位点数量较少。

控制最终黏度的 6 个加性 QTL 分布在 2A、2D、3A、4A、7A 和 7D 染色体上，其中 *QFv-4A*、*QFv-7A* 和 *QFv-7D* 是环境间稳定表达的 QTL，能够在 2 个环境和平均值 P 中被重复检测到 3 次，增效等位基因变异均来自父本‘藁城 8901’；这 3 个 QTL 与 *Wx-B1*、*Wx-A1* 和 *Wx-D1* 标记的遗传距离最近；*QFv-7D* 在各环境中的贡献率均大于 10%，是主效 QTL。

控制反弹值的 *QSb-4A*、*QSb-7A* 和 *QSb-7D* 均可用 2 个环境和平均值重复检测到，且 *QSb-4A* 和 *QSb-7D* 在各环境下都能解释大于 10%的表型变异，是主效 QTL。

控制糊化时间的 8 个加性 QTL 定位在 1A、1D、4A、7A 和 7D 染色体上。*QPt-4A.1*、*QPt-7A*(*wPt-731311/Wx-A1*)、*QPt-7D.1* 和 *QPt-7D.2* 在 2 个环境和平均值重复检测，除 *QPt-7D.1* 外，其余 3 个位点的增效等位基因变异来源于‘藁城 8901’；*QPt-7D.2*(*Wx-D1/wPt-664368*)属于主效 QTL，贡献率分别是 14.46%、13.00%和 15.64%。

控制糊化温度的 4 个加性 QTL 定位于 1A、1D、2A 和 7A 染色体上，其中 *QPtem-1D*(*cfd-183/wPt-729773*)重复检测到 3 次，且是环境间稳定表达的主效 QTL。

(五)基于‘山农 01-35’×‘藁城 9411’RIL 群体 RVA 参数的 QTL 定位

1. RVA 参数表型变异分析

亲本‘藁城 9411’RVA 参数的数值均比亲本‘山农 01-35’高(表 5-49)；RIL 群体各株系 RVA 参数的平均值介于父母本之间。RVA 7 个参数在群体中呈现连续分布，且变幅较大，并存在明显的双向超亲分离现象，部分偏度和峰度的绝对值较大。

表 5-49 RIL 群体及其亲本 RVA 参数在不同环境下的表现

Table 5-49 Phenotypic values for RVA profile parameters of the RIL population and the parents in different environments

性状 Trait	环境 Environment	亲本 Parents		RIL 群体 RIL population						
		山农 01-35	藁城 9411	平均值 Mean	标准差 (SD)	最小值 Minimum	最大值 Maximum	变异系数 (CV)/%	偏度 Skewness	峰度 Kurtosis
峰值黏度	E1	139.92	156.33	152.93	28.83	74.42	355.50	18.85	1.62	13.14
PV/RVU	E2	92.75	195.00	186.83	36.03	64.75	367.00	19.28	–0.33	4.14
低谷黏度	E1	106.92	115.42	109.01	24.52	27.33	194.42	22.50	–0.25	0.77
TV/RVU	E2	32.75	132.58	123.18	34.09	3.42	202.08	27.67	–1.06	1.58

续表

性状 Trait	环境 Environment	亲本 Parents 山农 01-35	藁城 9411	RIL 群体 RIL population 平均值 Mean	标准差（SD）	最小值 Minimum	最大值 Maximum	变异系数（CV）/%	偏度 Skewness	峰度 Kurtosis
最终黏度	E1	177.58	192.58	189.06	32.87	74.42	350.00	17.39	0.16	3.14
FV/RVU	E2	84.75	228.92	209.89	46.52	28.92	360.92	22.16	−1.15	2.87
稀懈值	E1	33.00	40.92	43.93	11.81	24.17	161.08	26.88	5.73	54.91
BD/RVU	E2	60.00	62.42	63.65	10.85	45.58	164.92	17.05	4.81	41.56
反弹值	E1	70.67	77.17	80.05	10.43	47.08	155.58	13.02	1.95	15.10
SB/RVU	E2	52.00	96.33	86.71	13.74	25.33	158.83	15.84	−0.72	8.18
峰值时间	E1	6.40	6.47	6.32	0.22	5.40	6.80	3.51	−0.86	1.80
PET/min	E2	5.33	6.40	6.32	0.33	4.47	6.87	5.18	−2.43	8.25
糊化温度	E1	64.45	65.40	64.76	1.72	59.00	74.25	2.66	1.90	8.74
(PAT)/°C	E2	63.55	64.45	64.15	1.48	55.20	71.85	2.31	0.02	13.63

E1：2009，泰安点；E2：2010，泰安点

E1: 2009 at Taian site; E2: 2010，at Taian site

2. RVA 参数 QTL 定位分析

控制峰值黏度的 13 个加性 QTL 分布在 1D、3A、3B、4B、5D、6D 和 7A 染色体上，分别解释 4.42%~19.22%的表型变异（表 5-50）。其中，*QPv3A-221*（E1）和 *QPv6D-140*（E2）2 个 QTL 分别解释 15.95%和 19.22%的表型变异，为主效 QTL；其加性效应分别来自‘藁城 9411’和‘山农 01-35’，可分别增加峰值黏度 36.16RVU 和 15.68RVU。*QPv3A-223*、*QPv4B.1-99* 和 *QPv6D-135* 在 E2 和平均值中检测到，在 E1 环境下检测到的 *QPv3A-221* 与 *QPv3A-223* 相距 2cM；*QPv7A-224* 可在 E1 和平均值中检测到。

表 5-50　不同环境下 RVA 参数 QTL 定位结果

Table 5-50　Additive QTLs for RVA profile parameters in different environments

性状 Trait	环境 Environment	QTL	左侧标记 Left marker	右侧标记 Right marker	加性效应 (A)	贡献率 (PVE) /%
PV	E1	*QPv3A-221*	*wPt-729826*	*wPt-666853*	−36.16	15.95
		QPv7A-224	*Xgpw2139*	*wPt-7151*	7.28	6.61
	E2	*QPv3A-191*	*wPt-667139*	*wPt-666832*	12.78	7.99
		QPv3A-223	*wPt-666853*	*wPt-4933*	−25.38	5.51
		QPv3B.1-64	*wPt-5295*	*wPt-667746*	7.58	4.42
		QPv4B.1-99	*wPt-7569*	*wPt-3908*	−11.34	9.85
		QPv6D-135	*wPt-664719*	*wPt-666615*	−7.75	4.74
		QPv6D-140	*wPt-666615*	*wPt-666008*	15.68	19.22
	PD	*QPv1D-38*	*wPt-9181*	*wPt-3738*	6.20	4.79
		QPv1D-105	*wPt-6963*	*wPt-667287*	−8.65	9.27
		QPv3A-190	*wPt-667139*	*wPt-666832*	9.24	6.74
		QPv3A-223	*wPt-666853*	*wPt-4933*	−18.84	4.74
		QPv4B.1-99	*wPt-7569*	*wPt-3908*	−8.48	8.59
		QPv5D-92	*wPt-0419*	*xgwm190*	−8.27	8.48
		QPv5D-149	*wPt-6429*	*wPt-671956*	8.09	7.95
		QPv6D-135	*wPt-664719*	*wPt-666615*	−7.11	6.22
		QPv7A-224	*Xgpw2139*	*wPt-7151*	6.53	5.31

续表

性状 Trait	环境 Environment	QTL	左侧标记 Left marker	右侧标记 Right marker	加性效应 (A)	贡献率 (PVE)/%
TV	E1	*QTv3A-223*	*wPt-666853*	*wPt-4933*	–25.33	11.85
		QTv4B.1-99	*wPt-7569*	*wPt-3908*	–5.78	5.29
	E2	*QTv3A-190*	*wPt-667139*	*wPt-666832*	10.47	5.86
		QTv3A-223	*wPt-666853*	*wPt-4933*	–28.89	7.43
		QTv4B.1-99	*wPt-7569*	*wPt-3908*	–13.14	13.70
		QTv6D-135	*wPt-664719*	*wPt-666615*	–10.23	8.60
		QTv6D-142	*wPt-666615*	*wPt-666008*	16.10	21.23
	PD	*QTv3A-189*	*wPt-667139*	*wPt-666832*	7.70	5.59
		QTv3A-223	*wPt-666853*	*wPt-4933*	–31.36	14.83
		QTv4B.1-99	*wPt-7569*	*wPt-3908*	–9.13	11.24
		QTv6D-134	*xcfd49*	*wPt-672044*	–16.05	35.64
		QTv6D-144	*wPt-666615*	*wPt-666008*	14.67	29.94
FV	E1	*QFv3A-222*	*wPt-729826*	*wPt-666853*	–36.10	19.49
		QFv4B.1-99	*wPt-7569*	*wPt-3908*	–8.29	6.33
	E2	*QFv1D-40*	*wPt-9181*	*wPt-3738*	10.10	4.40
		QFv3A-189	*wPt-667139*	*wPt-666832*	14.39	5.99
		QFv3A-223	*wPt-666853*	*wPt-4933*	–37.92	6.63
		QFv4B.1-99	*wPt-7569*	*wPt-3908*	–17.94	13.23
		QFv6D-135	*wPt-664719*	*wPt-666615*	–14.53	8.98
		QFv6D-142	*wPt-666615*	*wPt-666008*	26.22	29.26
	PD	*QFv1D-11*	*wPt-665480*	*wPt-671415*	7.54	4.37
		QFv3A-191	*wPt-667139*	*wPt-666832*	9.49	4.24
		QFv3A-223	*wPt-666853*	*wPt-4933*	–42.71	15.05
		QFv4B.1-99	*wPt-7569*	*wPt-3908*	–13.13	12.70
		QFv6D-134	*xcfd49*	*wPt-672044*	–24.19	44.34
		QFv6D-143	*wPt-666615*	*wPt-666008*	21.65	35.67
BD	E1	*QBd3A-222*	*wPt-729826*	*wPt-666853*	–36.10	19.49
		QBd4B.1-99	*wPt-7569*	*wPt-3908*	–8.29	6.33
	E2	*QBd1B.1-9*	*wPt-731490*	*wPt-4555*	5.18	11.22
	PD	*QBd1A.2-33*	*Xgpw2180*	*wPt-671483*	2.18	5.79
		QBd5B.1-30	*wPt-9814*	*wPt-5737*	–2.67	8.90
		QBd5B.1-80	*Xgpw8015*	*wPt-0103*	2.29	6.21
SB	E1	*QSb3A-222*	*wPt-729826*	*wPt-666853*	–21.00	27.23
		QSb4B.1-99	*wPt-7569*	*wPt-3908*	–3.02	8.38
	E2	*QSb1D-40*	*wPt-9181*	*wPt-3738*	3.68	6.05
		QSb4B.1-99	*wPt-7569*	*wPt-3908*	–5.18	11.50
		QSb6D-135	*wPt-664719*	*wPt-666615*	–4.83	10.31
		QSb6D-141	*wPt-666615*	*wPt-666008*	7.94	27.75
	PD	*QSb4B.1-99*	*wPt-7569*	*wPt-3908*	–3.52	10.74

续表

性状 Trait	环境 Environment	QTL	左侧标记 Left marker	右侧标记 Right marker	加性效应 (A)	贡献率 (PVE)/%
PET	E1	*QPet3A-223*	*wPt-666853*	*wPt-4933*	–0.16	5.54
	E2	*QPet2D-118*	*wPt-667294*	*wPt-4144*	–0.11	8.51
		QPet4B.1-99	*wPt-7569*	*wPt-3908*	–0.11	9.10
		QPet6D-135	*wPt-664719*	*wPt-666615*	–0.10	7.33
	PD	*QPet1A.2-33*	*Xgpw2180*	*wPt-671483*	–0.07	6.67
		QPet2B-73	*wPt-1140*	*wPt-4199*	0.07	6.97
		QPet3A-188	*wPt-667139*	*wPt-666832*	0.11	13.67
		QPet5D-146	*xgwm190*	*wPt-6429*	0.08	9.09
		QPet7B-173	*wPt-1266*	*wPt-0276*	0.10	14.88
PAT	E1	*QPat2D -159*	*Xgpw4085*	*wPt-2360*	–0.66	11.17
		QPat3A-222	*wPt-729826*	*wPt-666853*	–1.75	14.83
		QPat4A-160	*wPt-4064*	*wPt-6603*	–0.64	14.21
		QPat4A-164	*wPt-669526*	*wPt-668307*	0.88	27.05
		QPat4B.2-35	*wPt-8756*	*CFE149*	0.40	5.30
		QPat5D-164	*xgwm272*	*wPt-1197*	–0.36	4.65
		QPat6D-144	*wPt-666615*	*wPt-666008*	0.45	7.05
	E2	*QPat3A-223*	*wPt-666853*	*wPt-4933*	–1.78	15.41
		QPat3B.1-82	*wPt-5704*	*wPt-667891*	0.43	7.51
	PD	*QPat3A-222*	*wPt-729826*	*wPt-666853*	–2.11	31.82
		QPat3B.1-82	*wPt-5704*	*wPt-667891*	0.33	5.53
		QPat5B.2-68	*wPt-666268*	*wPt-3922*	0.31	5.28
		QPat5B.2-94	*wPt-8449*	*wPt-664746*	–0.41	9.54

E1：2009，泰安点；E2：2010，泰安点。加性效应的正值表示增加粒重的等位变异来自‘山农 01-35’，负值表示增加粒重的等位变异来自‘藁城 9411’

E1: 2009 at Taian site; E2: 2010 at Taian site. Positive and negative values of additive effect (EstAdd) indicate that alleles to increase thousand-grain weight are inherited from Shannong 01-35 and Gaocheng 9411, respectively

控制低谷黏度的 8 个加性 QTL 分布在 3A、4B 和 6D 这 3 条染色体上。其中，5 个 QTL 的贡献率大于 10%，为主效 QTL。在平均值中检测到的 *QTv6D-134* 表型贡献率最大，为 35.64%。*QTv3A-223* 在 E1、E2 和平均值中检测到，在 E1 和平均值贡献率分别为 11.85%和 14.83%；*QTv4B.1-99* 在 E1、E2 和平均值中均可检测到，在 E2 和平均值分别可解释 13.70%和 11.24%的表型变异，因此 *QTv3A-223* 和 *QTv4B.1-99* 为稳定遗传的主效 QTL，加性效应均来自于‘藁城 9411’。*QTv3A-18*(PD)和 *QTv3A-190*(E2)在同一个标记区间，表型贡献率分别为 5.59%和 5.86%；*QTv6D-142*(E2)和 *QTv6D-144*(PD)在同一标记区间，表型贡献率分别为 21.23%和 29.94%。

共检测到 11 个控制最终黏度的加性 QTL，分别位于 1D、3A、4B 和 6D 染色体上，解释 4.24%~44.34%的表型变异。其中 5 个主效 QTL 解释 12.70%~44.34%的表型变异。*QFv6D-143*(PD，35.67%)加性效应来自‘山农 01-35’，其他 4 个主效 QTL 加性效应来自于‘藁城 9411’；*QFv6D-134* 贡献率最大为 44.34%；*QFv3A-223* 在 E2 和 P 平均值中检测到，在平均值中其表型贡献率为 15.05%，*QFv3A-222*(E1，19.49)与其相距 1cM，可认为是同一位点；*QFv4B.1-99* 在 E1、E2 和平均值中均可检测到，在 E2 和平均值中期贡献率分别为 13.23%和 12.70%，为稳定遗传的主效 QTL。

共检测到 6 个控制稀懈值的加性 QTL，分布在 1A、1B、3A、4B 和 5B 染色体上，解释 5.79%~19.49%的表型变异。6 个加性 QTL 均环境特异性表达，其中 *QFv3A-222*(E1)和 *QFv1B.1-9*(E2)的表型贡献率超过 10%，分别为 19.49 和 11.22，加性效应分别来自‘藁城 9411’和‘山农 01-35’，可提高稀懈值 36.10RVU 和 5.18RVU。

控制反弹值的 5 个加性 QTL 分布在染色体 1D、3A、4B 和 6D 上，解释 6.05%~27.75%的表型变异。其中，*QSb3A-222*、*QSb4B.1-99*、*QSb6D-135* 和 *QSb6D-141* 的表型贡献率大于 10%，为主效 QTL。*QSb6D-141*(E2)的贡献率最高为 27.75%，来自母本‘山农 01-35’的加性效应可提高反弹值 7.94RVU；其次 *QSb3A-222*(E1)的表型贡献率为 27.75%，来自‘藁城 9411’的加性效应可提高反弹值 21.00RVU；*QSb4B.1-99* 在 E1、E2 和平均值中均可检测到，表型贡献率分别为 8.38%、11.50%和 10.74%，为稳定遗传的主效 QTL，其加性效应来自‘藁城 9411’，在不同环境下可提高反弹值 3.02~5.18RVU。

检测到 9 个控制峰值时间的加性 QTL，分布在染色体 1A、2B、2D、3A、4B、5D、6D 和 7B 上，解释 5.54%~14.88%的表型变异。其中 *QPet7B-173*(PD)表型贡献率最高，为 14.88%，其加性效应来自‘山农 01-35’。

控制糊化温度的 11 个加性 QTL，分布在染色体 2D、3A、3B、4A、4B、5B、5D 和 6D 上，解释 4.65%~31.82%的表型变异。检测到的 5 个主效 QTL，可解释 11.17%~31.82%的表型变异。其中 *QPat3A-222* 亦可在 E1 中检测到，贡献率为 14.83%，而 *QPat3A-223*(E2，15.41%)与 *QPat3A-222* 之间的距离仅 1cM。

(六)RVA 参数 QTL 研究进展及其与前人研究结果的比较分析

1. RVA 参数 QTL 研究进展

吴云鹏等(2008)采用‘PH82-2’/‘内乡 188’杂交后代 240 个 RIL 个体，检测出 4 个控制峰值粘度的 QTL，分布在 1A、1B、3A 和 7B 染色体上；检测出 5 个控制稀懈值的 QTL，位于 1B、4A、5B、6B 和 7A 染色体上。其中，在 1B 染色体上存在同时控制 Zeleny 沉降值、和面时间、8 分钟带宽、峰值黏度和稀懈值的 QTL；1D 染色体上存在同时控制 Zeleny 沉降值、和面时间和 8 分钟带宽的 QTL。此外，Sun(2008)等、Mccartney(2006)等也进行了 RVA 参数的 QTL 定位(表 5-51)。目前，RVA 参数 QTL 定位涉及的染色体主要有 1A、1B、1D、2A、2D、3A、3B、3D、4A、4B、4D、5B、6A、6B、7A、7B、7D 等 17 条染色体，单个 QTL 贡献率最高达 31.36%。

表 5-51 小麦面粉糊化特性 QTL 部分结果汇总(PVE>5%)

Table 5-51 Summary of QTL results of wheat flour RVA characteristics(PVE>5%)

性状 Trait	QTL	标记区间 Flanking marker	贡献率 (PVE)/%	群体 Mapping population	参考文献 Reference
峰值黏度 Peak viscosity	*QPv.sdau-3D*	*Xwmc529-Xsrap8*	27.27	RIL	Sun et al. (2008)
	QPv.sdau-6B	*Xgwm644-Xgwm193*	15.83	RIL	Sun et al. (2008)
	QPv.sdau-7B	*Xubc857c-Xswes94*	9.54	RIL	Sun et al. (2008)
	QRpv.crc-4A	*Xgwm162*	12.5	DH	McCartney et al. (2006)
低谷黏度 Tough viscosity	*QTv.sdau-3D*	*Xwmc529-Xsrap8*	31.36	RIL	Sun et al. (2008)
	QTv.sdau-6B	*Xgwm193-Xgwm608b*	18.94	RIL	Sun et al. (2008)

续表

性状 Trait	QTL	标记区间 Flanking marker	贡献率 (PVE)/%	群体 Mapping population	参考文献 Reference
最终黏度 Final viscosity	*QFv.sdau-1D*	*Xwmc432a-Xwmc336c*	8.31	RIL	Sun et al. (2008)
	QFv.sdau-3D	*Xwmc529-Xsrap8*	24.48	RIL	Sun et al. (2008)
	QFv.sdau-6B	*Xgwm644-Xgwm193*	16.88	RIL	Sun et al. (2008)
	QRfv.crc-4B	*Xwmc826*	6.3	DH	McCartney et al. (2006)
	QRfv.crc-4D	*Xwmc617-Xwmc48*	7.4	DH	McCartney et al. (2006)
	QRfv.crc-7A	*Xwmc422*	5.5	DH	McCartney et al. (2006)
稀懈值 Setback	*QBd.sdau-1D*	*Xswes652-Xgwm458*	12.63	RIL	Sun et al. (2008)
	QBd.sdau-2D	*Xubc859a-Xswes624e*	19.62	RIL	Sun et al. (2008)
	QBd.sdau-3B	*Xubc823a-Xissr25a*	19.76	RIL	Sun et al. (2008)
	QRsb.crc-2A	*Xgwm294-Xwmc658*	5.5	DH	McCartney et al. (2006)
	QRsb.crc-4A	*Xwmc232*	10.4	DH	McCartney et al. (2006)
	QRsb.crc-4D	*Xwmc617-Xwmc48*	21.2	DH	McCartney et al. (2006)
糊化温度 Pasting temperature	*QPet.sdau-3D*	*Xwmc529-Xsrap8*	24.02	RIL	Sun et al. (2008)
	QPet.sdau-6B	*Xgwm644-Xgwm193*	19.63	RIL	Sun et al. (2008)
	QPet.sdau-7B	*Xubc857c-Xswes94*	9.22	RIL	Sun et al. (2008)
糊化时间 Pasting time	*QPat.sdau-6A*	*Xwmc163-Xswes119b*	29.92	RIL	Sun et al. (2008)
	QRpt.crc-7D	*Xgwm130*	11.2	DH	McCartney et al. (2006)
	QRfp.crc-7D	*Xwmc702*	14.1	DH	McCartney et al. (2006)

2. 本研究结果与前人研究结果的比较分析

首先，利用 3 个群体 RVA 参数定位发现，3 个群体中在 4A 和 7A 染色体上都检测到控制 RVA 参数的位点；其次，DH 群体和糯麦 RIL 群体在 2A、6A、7D、2D 染色体上也检测到控制 RVA 参数的位点，‘山农 01-35’和‘藁城 9411’RIL 群体中仅在 3A、3B、4B、5B 和 6D 染色体检测到控制 RVA 参数的位点；因为控制直链淀粉合成的关键性酶(GBSS)的基因在 4A、7A 和 7D 上，所以不同群体中在 4A 染色体上都能检测到与淀粉糊化有关的 QTL 位点。

本研究中所检测的控制 RVA 参数的 QTL 位点多数在 A 和 D 基因组，有些 QTL 位点与前人的研究在相同或相近的标记区间(表 5-51)，说明这两个基因组存在控制淀粉糊化特性的主要基因；并在染色体 2A、4A、7A、7D 及 3A、4B 和 6D 染色体上检测到了淀粉糊化参数的 QTL 簇，其中在 2A、2D、3B、6D 染色体上检测到了新的 QTL 位点。

由此可知，除了控制 GBSS 酶的基因外，还有一些重要的染色体区段/基因影响淀粉的糊化特性。因此，本研究定位的影响 RVA 参数的 QTL/基因簇在小麦淀粉糊化特性的改良及专用小麦品质育种中有重要的参考价值。

五、降落值的 QTL 分析

(一) 引言

小麦粉或其他谷物粉的悬浮液在沸水浴中能迅速糊化，并因其中 α-淀粉酶活性的不同而使糊化物中的淀粉不同程度地被降解，导致不同淀粉黏度有差异，因此搅拌器在糊化物中的下降速度也不同。降落数值仪(falling number)是根据这一原理设计的专门仪器。

试验时将一定量的小麦粉或其他谷物粉与水的混合物置于特定黏度管内并浸入沸水浴中，然后搅拌混合物，并使搅拌器在糊化物中从一定高度下降到底部全过程所需要的时间(s)即为降落值。由此可知，降落数值的高低反映了相应的α-淀粉酶活性的差异，其值越高，表明α-淀粉酶的活性越低，反之表明α-淀粉酶活性越高。

(二)测定方法

降落值使用FN1500真菌型降落仪，按GB/T10361方法测定。

(三)QTL定位结果

1. 性状的表型变异

在三个环境中，‘花培3号’的降落值都比豫麦57的降落值低(图5-16)。DH群体各株系的降落值变异幅度大，呈现连续分布，并存在明显的双向超亲分离现象，并且正态检测结果偏度(skewness)和峰度(kurtosis)的绝对值都小于1.0，表明该性状为多基因控制的数量性状，适合进行QTL定位分析(Cao et al.，2001)。

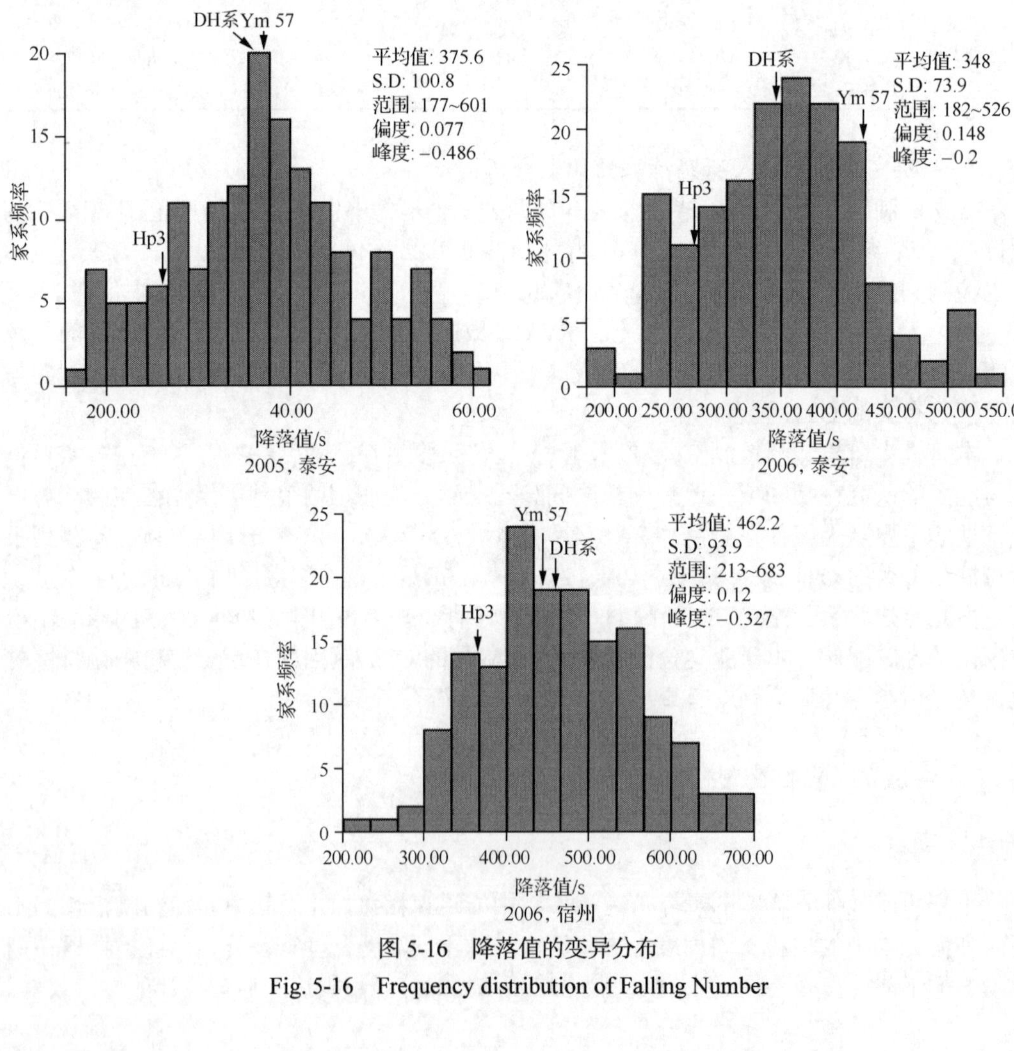

图5-16　降落值的变异分布

Fig. 5-16　Frequency distribution of Falling Number

2. 加性 QTL 和加性 QTL 与环境的互作

检测到影响降落值的 2 个加性 QTL(表 5-52，图 5-17)，分别解释表型变异的 9.05% 和 10.65%。加性效应都来自于父本‘豫麦 57’。其中位于 *Xbarc1055-Xwmc553* 区间的 *Qfn-6A* 解释的表型变异最大，为 10.65%，影响降落值 30.07s，为主效 QTL，可用于分子标记辅助育种。没有检测出加性 QTL 与环境的互作。

表 5-52　降落值的加性效应及加性与环境互作效应

Table 5-52　Estimated additive (A) and additive×environment (AE) interactions of QTL for falling number

QTL	标记区间 Flanking marker	位置 Site/cM	加性效应 (A)	贡献率(A) (H^2)/%
Qfn-4A	*Xwmc262-Xbarc343*	6.5	–27.72	9.05
Qfn-6A	*Xbarc1055-Xwmc553*	47.0	–30.07	10.65

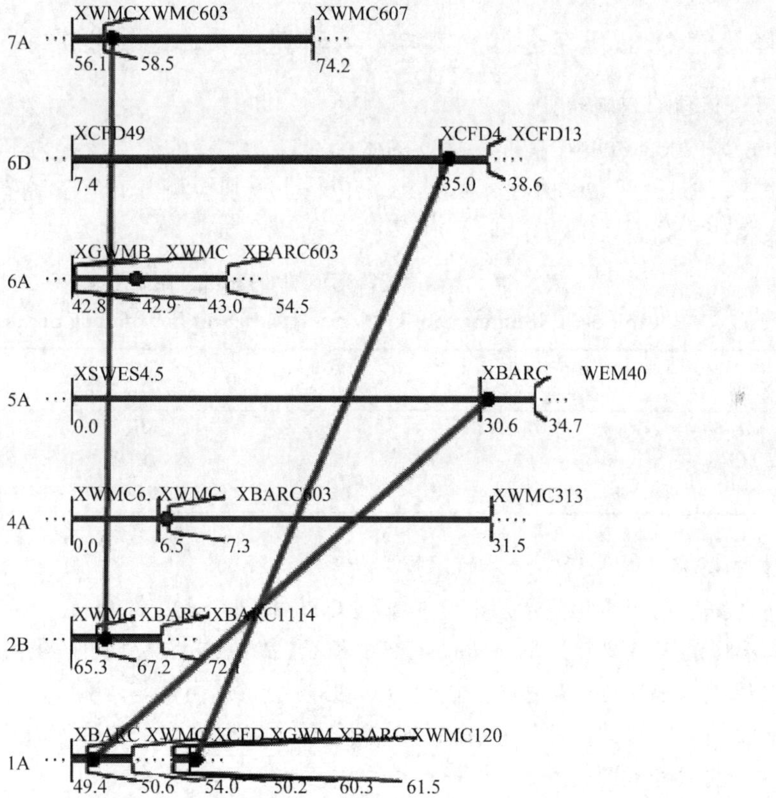

图 5-17　降落值 QTL 的染色体遗传结构图

Fig. 5-17　Graphic presentation of the genetic architecture QTL with additive effects, epistatic effects, and QTL-by-environment interactions for FN

------ I+IE　上位和上位效应与环境互作 epistatic and epistasis × environment interaction　effects;

…… IE　上位与环境互作效应 epistasis × environment interaction　effects;

—— I　上位效应 epistasis effects

3. 上位性 QTL 和上位性 QTL 与环境的互作

检测出的 3 个影响降落值的上位性 QTL(表 5-53，图 5-17)，解释的表型变异分别为 4.82%、6.29%和 2.83%。位于 *Xbarc350-Xwmc120*/*Xcfd42-Xcfd13* 区间的 *Qfn-1A.2*/*Qfn-6D* 解释的表型变异最大，为 6.29%。总的上位性效应解释的表型变异为 13.94%。没有检测到上位性 QTL 与环境的互作。

表 5-53 降落值的上位性及上位性与环境互作效应

Table 5-53 Estimated epistatic and epistasis×environment interaction (AAE) effects of QTL for falling number

QTL	标记区间 Flanking-marker	位置 Site /cM	QTL	标记区间 Flanking marker	位置 Site/cM	上位性效应 (AA)	效应值 (AA) H^2/%
Qfn-1A.1	*Xbarc269-Xwmc163*	50.4	*Qfn-5A*	*Xbarc180-Xcwem40*	30.6	20.22	4.82
Qfn-1A.2	*Xbarc350-Xwmc120*	61.3	*Qfn-6D*	*Xcfd42-Xcfd13*	35.0	23.11	6.29
Qfn-2B	*Xbarc373-Xbarc1114*	67.2	*Qfn-7A*	*Xwmc603-Xwmc607*	58.5	5.50	2.83

(四)降落值 QTL 研究进展及其与前人研究结果的比较分析

1. 降落值 QTL 研究进展

Sun 等(2008)检测出控制降落值的 1 个 QTL，解释的表型变异为 17.9%，定位在 6B 染色体上。Rasul 等(2009)在 4A 和 4B 染色体上分别检测出 1 个控制降落值的 QTL，解释的表型变异分别为 13.7%和 14.9%(表 5-54)。

表 5-54 小麦面粉降落值的 QTL 部分结果汇总

Table 5-54 Summary of QTL results of wheat flour falling number

QTL	标记区间 Flanking marker	贡献率 (PVE)%	群体 Mapping population	参考文献 Reference
QFn.sdau-6B	*Xgwm132b–Xwmc487*	17.9	RIL	Sun et al. (2008)
QFN-4A.1	*Xwmc48*	13.7	DH	Rasul et al. (2009)
QFN-4B	*Xwmc349*	14.9	DH	Rasul et al. (2009)

2. 本研究与前人研究结果的比较分析

本研究检测出影响降落值的 2 个加性 QTL 和 3 个上位性 QTL。其中 *Qfn-6A* 为主效 QTL，解释的表型变异为 10.65%。在 4A 和 6A 染色体上检测到了两个 QTL 位点，与前人结果相比，都在 4A 染色体上找到了 QTL 位点，这可能与 4A 染色体上有与淀粉合成的关键酶的基因有关；其次在 4B 和 6B 染色体上也检测到了与降落值有关的 QTL 位点，与穗发芽性状有密切关系。

六、淀粉含量及组分的 QTL 分析

(一)引言

淀粉是多糖聚合物，与其他植物多糖(如纤维素和果胶质)不同，淀粉在植物中没有结构功能。淀粉溶液经过加工处理后会发生增稠和凝胶，因此，淀粉在食品加工中广泛

用作增稠剂和胶凝剂。淀粉的流变性质变化范围很宽，可从简单的黏性流体扩展到高弹性的凝胶，这种多样性使淀粉具有广泛的工艺用途。

淀粉分子具有不对称碳原子，具有旋光性，旋光度的大小与淀粉浓度成正比，据此可以求出淀粉含量。旋光法测定总淀粉含量，操作简便、快速，但也受样品中其他具有旋光活性物质的干扰，致使结果偏高，称之为“粗淀粉(crude starch)”含量。前人对淀粉含量及组分的 QTL 分析工作较少，本研究结果可为淀粉含量及组分的分子标记辅助育种提供参考。

(二)测定方法

采用旋光仪(WZZ-2B)按 GB5006—85 方法测定。

(三)定位结果

1. 粗淀粉含量的表型变异

三个环境中，‘豫麦 57’的粗淀粉含量的平均值都显著低于‘花培 3 号’(图 5-18)。DH 群体各株系粗淀粉含量变异幅度大，呈现连续分布，并存在明显的双向超亲分离现象，并且正态检测结果偏度(skewness)和峰度(kurtosis)的绝对值都小于 1.0，适合进行 QTL 定位分析。

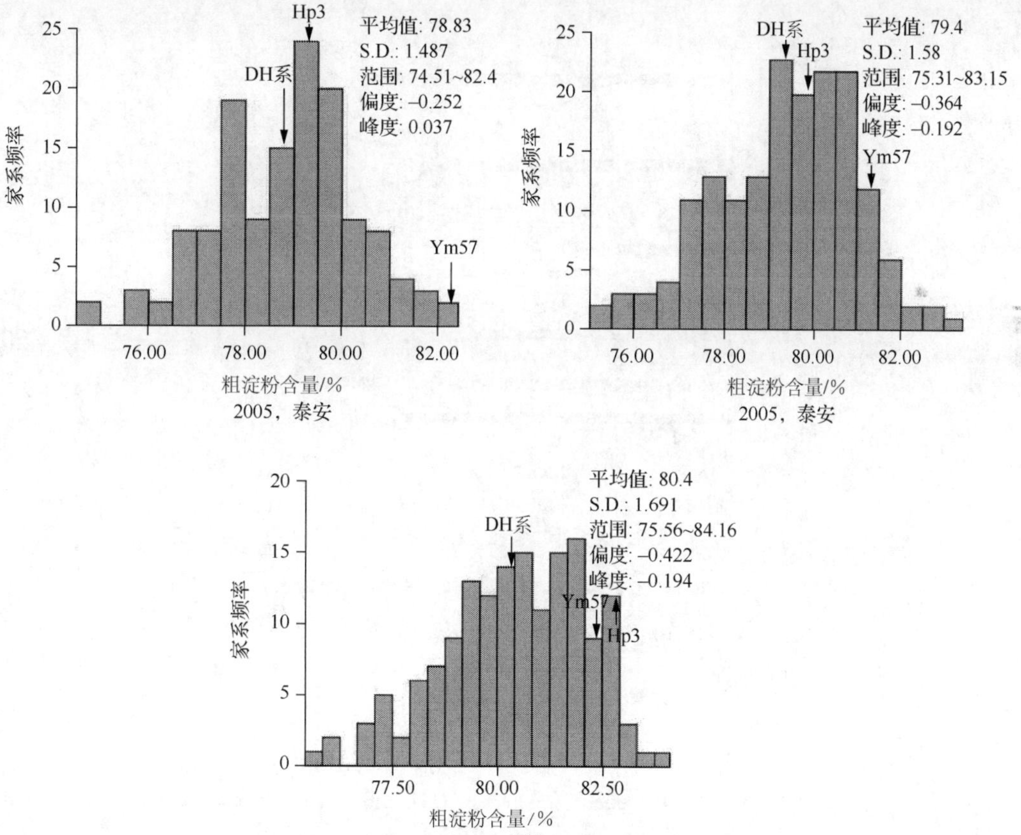

图 5-18　粗淀粉的变异分布

Fig. 5-18　Frequency distribution of crude starch

2. 粗淀粉加性 QTL 和加性 QTL 与环境的互作

检测出影响粗淀粉含量的 3 个加性 QTL(表 5-55，图 5-19)，解释表型变异分别为 3.04%、3.21%和 2.25%。其中一个 QTL 来自母本花培 3 号，两个来自于父本‘豫麦 57’，说明淀粉含量的增效基因分布在父母本中。位于 *Xbarc358.2*/*Xgwm186* 区间的 *Qcs-5A* 解释的表型变异最大，为 3.21%，增加粗淀粉含量 0.284%。总的加性效应解释的表型变异为 8.5%。没有检测出加性 QTL 与环境的互作。

表 5-55　粗淀粉的加性效应及加性与环境互作效应

Table 5-55　Estimated additive (A) and additive×environment (AE) interactions of QTL for crude starch

QTL	标记区间 Flanking marker	位置 Site/cM	加性效应 (A)	贡献率(A) H^2/%
Qcs-3A	*Xbarc356-Xwmc489.2*	91.1	0.279	3.04
Qcs-5A	*Xbarc358.2-Xgwm186*	37.1	–0.287	3.21
Qcs-6D	*Xcfd42-Xcfd13*	35.0	–0.240	2.25

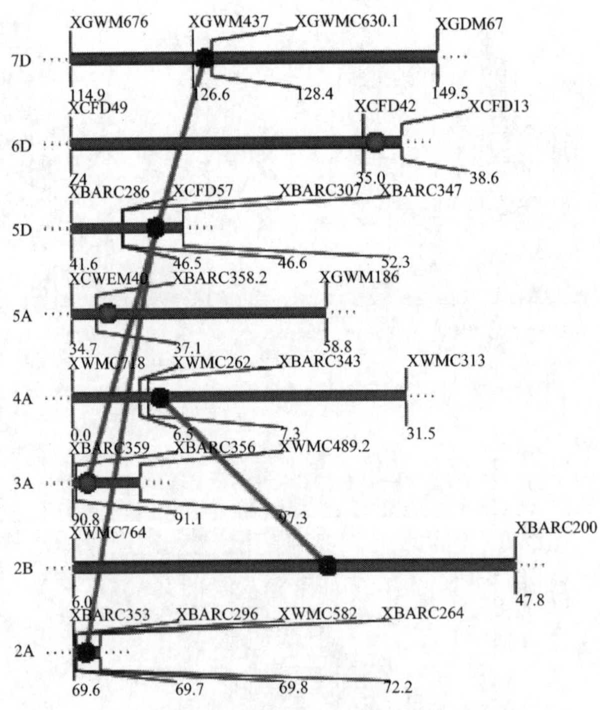

图 5-19　粗淀粉 QTL 的染色体遗传结构图

Fig. 5-19　Graphic presentation of the genetic architecture QTL with additive effects, epistatic effects, and QTL-by-environment interactions for crude starch

------ I+IE 上位和上位效应与环境互作 epistatic and epistasis × environment interaction　effects;

...... IE　上位与环境互作效应 epistasis × environment interaction　effects;

—— I　上位效应 epistasis effects

3. 粗淀粉上位性 QTL 和上位性 QTL 与环境的互作

检测出影响粗淀粉含量的 3 个上位性 QTL(表 5-56，图 5-19)，解释表型变异分别为 6.37%、16.12%和 4.31%。位于 *Xwmc764-Xbrac200*/*Xbarc343-Xwmc313* 区间的 *Qcs-2B*/*Qcs-4A* 解释的表型变异最大，为 16.12%，此 QTL 为主效 QTL，可用于分子标记辅助育种。总的上位性效应解释的表型变异为 26.8%。没有检测到上位性 QTL 与环境的互作。

表 5-56 粗淀粉的上位性及上位性与环境互作效应

Table 5-56 Estimated epistatic and epistasis×environment interaction (AAE) effects of QTL for crude starch

QTL	标记区间 Flanking marker	位置 Site/cM	QTL	标记区间 Flanking marker	位置 Site/cM	上位性效应 (AA)	贡献率 (AA) H^2/%
Qcs-2A	*Xbarc296-Xwmc582*	69.7	*Qcs-5D*	*Xbarc307-Xbarc347*	48.6	–0.40	6.37
Qcs-2B	*Xwmc764-Xbrac200*	29.0	*Qcs-4A*	*Xbarc343-Xwmc313*	7.3	–0.64	16.12
Qcs-3A	*Xbarc356-Xwmc489.2*	91.1	*Qcs-7D*	*Xgwm437-Xwmc630.1*	58.5	–0.33	4.31

(四)粗淀粉含量 QTL 研究进展及其与前人研究结果的比较分析

1. 粗淀粉含量 QTL 研究进展

Sun 等(2008)检测出控制粗淀粉含量的 3 个 QTL，解释的表型变异分别为 21.95%、12.57%、13.2%，分别定位在 7B、2A、2D 染色体上。McCartney 等(2006)在 1A、1D、7A、7D 染色体上分别检测出 5 个控制粗淀粉含量的 QTL，解释的表型变异为 4.1%~21.7%，5 个 QTL 共解释的表型变异为 59.1，并且都分布在 A 和 D 染色体组上。

2. 本研究结果与前人研究结果的比较分析

从表 5-57 可知，前人将粗淀粉含量主要定位在了 1A、1D、2A、2D、7A、7B 和 7D 上，说明这些染色体上存在淀粉酶合成的关键位点，而本研究中只在 3A、5A 和 6D 染色体上检测到了加性位点，在 2A、2B、3A、4A、5D 和 7D 染色体上存在上位性位点，可知 2A 染色体也是控制粗淀粉含量的一个重要染色体，另外 7D 染色体也是与粗淀粉含量密切相关的重要染色体。

表 5-57 小麦淀粉相关性状的 QTL 部分结果汇总

Table 5-57 Summary of QTL results of wheat starch characteristics

性状 Trait	QTL	标记区间 Flanking marker	贡献率 (PVE)/%	群体 Mapping population	参考文献 Reference
总淀粉含量 Starch content	*QSp.sdau-7B*	*Xubc857c-Xswes94*	21.95	RIL	Sun et al. (2008)
	QTst.crc-1A	*Xwmc59-Xbarc158*	8.70	DH	McCartney et al. (2006)
	QTst.crc-1D	*Xbarc169-Xgdm126*	17.70	DH	McCartney et al. (2006)
直连淀粉含量 Amylose content	*QAlc.sdau-2A*	*Xubc840c-Xsrap29a*	12.57	RIL	Sun et al. (2008)
	QAlc.sdau-2D	*Xissr23a-Xwmc181b*	13.20	RIL	Sun et al. (2008)
破碎淀粉含量 Starch damage	*QStd.crc-1D*	*Xgdm33*	4.10	DH	McCartney et al. (2006)
	QStd.crc-7A	*Xwmc139*	6.90	DH	McCartney et al. (2006)
	QStd.crc-7D	*Xgwm130-Xwmc405*	21.70	DH	McCartney et al. (2006)

第四节　面团品质性状的 QTL 定位及效应分析

面团品质主要体现在面团的流变学特性方面，面团的流变学特性在很大程度上反映了面粉和面团的内在品质，对面粉尤其是专用粉的生产有着极为重要的意义。国际上通常使用的面团流变学特性检测仪器主要有粉质仪(farinograph)、拉伸仪(extensograph)、揉混仪(mixograph)和吹泡仪(alveograph)，本研究对这些重要品质性状进行了 QTL 分析。

一、粉质仪参数的 QTL 分析

(一)引言

粉质仪是评价面粉品质的一种常用设备。从面团的粉质曲线能够得到面粉的吸水率、面团形成时间、面团稳定时间、面团公差指数、面粉粉质质量指数等信息。通过这些信息可对面粉的品质及应用范围做出判断。

目前，粉质仪参数是育种和面粉及食品加工中判别小麦筋力的最重要指标，不仅广泛用于测定和评价小麦及面粉品质和功能，而且还广泛用于测定不同组分对面团流变学特性的作用及预测对最终产品的影响。控制粉质仪参数的基因都是数量性状基因，对粉质仪参数进行 QTL 定位分析，有利于从单个基因水平阐明其遗传机理，为粉质仪参数的分子标记辅助育种提供参考。

(二)测定方法

使用德国 Brabender 公司粉质仪，按 AACC 54-21 方法测定，采用 50g 试样恒定面粉重量法，粉质参数包括吸水率(flour water absorption，FWA)、面团形成时间(dough development time，DDT)、面团稳定时间(dough stability，DST)、面团断裂时间(breakdown time，BDT)、公差指数(mixing tolerance index，MTI)、粉质质量指数(farinograph quality number，FQN)。粉质曲线及其参数示意图见图 5-20。

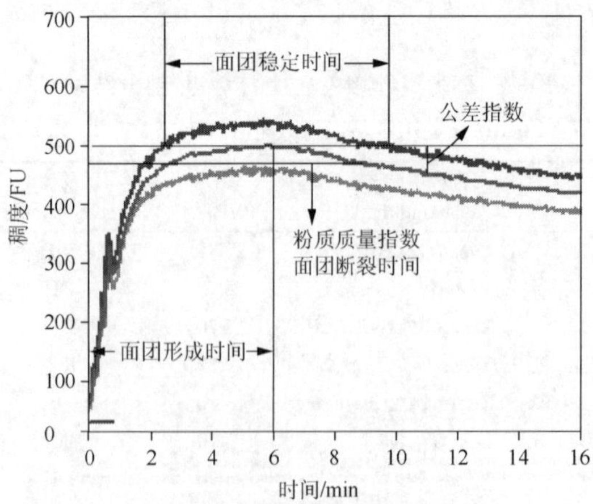

图 5-20　粉质参数示意图

Fig. 5-20　Parameters commonly used in a farinogram

(三)QTL 定位结果

1. 粉质参数的表型变异

除 DDT 外的多数粉质参数(表 5-58)，群体各株系的平均值都介于‘花培 3 号’和‘豫麦 57’的对应值之间；从粉质参数(DST、MTI 和 BDT)代表的意义来说，‘豫麦 57’的面粉品质比‘花培 3 号’的面粉品质要好，说明 DH 群体在粉质参数上变异幅度大，呈现连续分布，并存在明显的双向超亲分离现象，且正态检测结果偏度(skewness)和峰度(kurtosis)的绝对值除 DST 外都小于 1.0，表明为多基因控制的数量性状。

表 5-58　粉质参数的表型变异

Table 5-58　Phenotypic performance for Farinograph parameters

性状 Trait	环境 Environment	亲本 Parents		DH 群体 DH population					
		花培 3 号 Huapei 3	豫麦 57 Yumai 57	平均值 Mean	最小值 Minimum	最大值 Maximum	标准差 (SD)	偏度 Skewness	峰度 Kurtosis
吸水率 Flour water absorption/%	泰安，2005	62.4	56.6	60.79	53.2	70.9	3.44	0.108	–0.166
	泰安，2006	67.0	57.3	62.42	55.4	69.1	3.15	–0.044	–0.960
	宿州，2006	66.3	57.1	62.56	54.2	71.1	3.62	–0.075	–0.640
面团形成时间 Dough development time/min	泰安，2005	1.7	1.9	2.48	1.2	5.2	0.71	1.006	1.269
	泰安，2006	2.0	2.0	2.69	1.4	4.9	0.75	0.736	0.132
	宿州，2006	2.3	1.8	2.93	0.9	5.8	0.81	0.501	0.743
面团稳定时间 Dough stability time/min	泰安，2005	0.8	4.3	1.83	0.6	5.1	0.88	1.319	1.625
	泰安，2006	1.1	6.5	2.37	0.8	6.5	1.00	1.352	2.439
	宿州，2006	1.2	7.6	2.95	0.9	8.1	1.37	1.287	1.674
公差指数 Mixing tolerance index (F.U.)	泰安，2005	193.0	52.0	132.05	52.0	235.0	37.55	0.129	–0.310
	泰安，2006	156.0	31.0	107.51	31.0	198.0	31.53	0.198	–0.047
	宿州，2006	139.0	29.0	93.20	8.9	164.0	30.86	–0.066	–0.327
断裂时间 Breakdown time/min	泰安，2005	2.2	5.4	3.48	1.6	7.7	1.12	1.026	1.086
	泰安，2006	2.7	7.0	3.96	2.1	8.2	1.19	1.000	1.015
	宿州，2006	2.9	8.1	4.66	2.1	9.7	1.46	0.832	0.553

2. 粉质参数的 QTL 分析

共检测到影响粉质参数的 41 个 QTL 和与环境互作的 4 个 QTL，分布在 19 个染色体上(图 5-21)。QTL 解释的表型变异的范围是 1.00%~26.56%(表 5-59，表 5-60)。控制每个粉质参数的所有 QTL 解释相应表型变异的范围是 36.44%~57.14%。加性 QTL 大部分来自父本‘豫麦 57’(17QTL，68%)，其他来自母本‘花培 3 号’，说明粉质参数的增效基因分布在父母本中，解释了存在明显的双向超亲分离现象的原因。

1)加性 QTL 和加性 QTL 与环境的互作

检测出控制 FWA、DDT、DST、MTI 和 BDT 的 QTL 的数目分别是 4 个、4 个、6 个、5 个和 6 个(表 5-59，图 5-21)。其中控制 FWA 的基因位点主要位于 1A、2B、3B、4B 染色体上，贡献率 4.21%~12.36%，位于 4B 染色体位点解释表型变异 12.36%，可增加吸水率 1.25ml。控制面团稳定时间的基因位点主要位于 1B、1D、5A、5D 染色体。贡献率 1.94%~9.89%，增加效应值为 0.11~0.24min。其中 1D 染色体基因位点 *QDdt-1D* 贡献率最高，其右侧标记为 GluD1，该基因位点的效应可能来自公认的 GluD1 基因。控制面团稳定时间的基因位点主要位于 1B、1D、2A、4D、5D 和 6D 染色体，其中贡献率和效应值最大的基因位点是 *QDst-1D*(*Xwmc93-GluD1*)，解释的表型变异的 26.56%，这个 QTL 通过加性效应可以增加面团稳定时间 0.53min。该位点与控制面团形成时间、面团公差指数及断裂时间是同一个位点，说明该基因位点是“一因多效”基因位点。检测到 5 个控制面团公差指数的基因位点，分别位于 1B、1D、2A、4D 和 7D 染色体上，贡献率为 1.11%~15.66%，效应值为 3.66~13.74min。检测到 6 个控制断裂时间的 QTL，分别位于 1B、1D、2A、4D、5A 和 5D，贡献率变异范围 2.65%~19.63%，增加断裂时间净效应为 0.2~0.55min。综上所述，1B、1D 染色上具有是控制粉质仪参数重要的基因位点。

表 5-59 粉质参数的加性效应及加性与环境互作效应

Table 5-59 Estimated additive (A) and additive×environment (AE) interactions of QTL for Farinograph parameters

性状 Trait	QTL	标记区间 Flanking marker	位置 Site/cM	加性效应 (A)	加性×环境贡献率 (A) H^2/%	加性×环境 1 效应 (AE1)	加性×环境 1 贡献率 (AE1) H^2/%	加性×环境 3 效应 (AE3)	加性×环境 3 贡献率 (AE3) H^2/%
FWA	*QFwa-1A*	*Xgwm498-Xcwem6.2*	86.1	–0.73	4.21				
	QFwa-2B.1	*Xbarc373-Xbarc1114*	67.2	0.68	3.63				
	QFwa-3B	*Xgwm685-Xwmc615*	50.3	–0.94	7.11				
	QFwa-4B	*Xwmc48-Xbarc1096*	18.4	–1.25	12.36				
DDT	*QDdt-1B*	*Xbarc312-Xcfe023.1*	36.1	–0.22	8.87				
	QDdt-1D	*Xwmc93-GluD1*	61.9	–0.24	9.89				
	QDdt-5A.1	*Xbarc358.2-Xgwm186*	38.1	0.11	1.94				
	QDdt-5D	*Xbarc320-Xwmc215*	62.3	–0.14	3.44				
DST	*QDst-1B*	*Xwmc412.2-Xcfe023.2*	36.4	–0.27	7.01			–0.16	2.33
	QDst-1D	*Xwmc93-GluD1*	61.9	–0.53	26.56			–0.13	1.73
	QDst-2A.1	*Xcfa2263-Xbarc220*	69.4	–0.13	1.49				
	QDst-4D	*Xbarc334-Xwmc331*	0.1	–0.14	1.87				
	QDst-5D	*Xbarc320-Xwmc215*	62.3	–0.18	3.24				
	QDst-6D	*Xcfd42-Xcfd13*	35.0	–0.14	1.95				
MTI	*QMti-1B*	*Xbarc312-Xcfe023.1*	36.1	13.74	15.66				
	QMti-1D	*Xwmc93-GluD1*	61.9	13.23	14.52				
	QMti-2A	*Xbarc264-Xwmc522*	72.2	10.07	8.41	4.25	1.50		
	QMti-4D	*Xbarc334-Xwmc331*	0.1	3.66	1.11				
	QMti-7D	*Xwmc630.1-Xgdm67*	134.4	7.31	4.43				
BDT	*QBdt-1B*	*Xwmc412.2-Xcfe023.2*	36.4	–0.37	8.66				
	QBdt-1D	*Xwmc93-GluD1*	61.9	–0.55	19.63				
	QBdt-2A	*Xwmc522-Xgwm448*	72.3	–0.21	2.93				
	QBdt-4D	*Xbarc334-Xwmc331*	4.1	–0.22	3.02				
	QBdt-5A	*Xbarc358.2-Xgwm186*	37.1	0.20	2.65				
	QBdt-5D	*Xbarc320-Xwmc215*	62.3	–0.23	3.26				

环境 1：泰安，2005；环境 2：泰安，2006；环境 3：宿州，2006

E1: Taian, 2005; E2: Taian, 2006; E3: Suzhou, 2006

注：英文符号缩写见表 5-58。Note: The English symbol acronym as sham as table 5-58

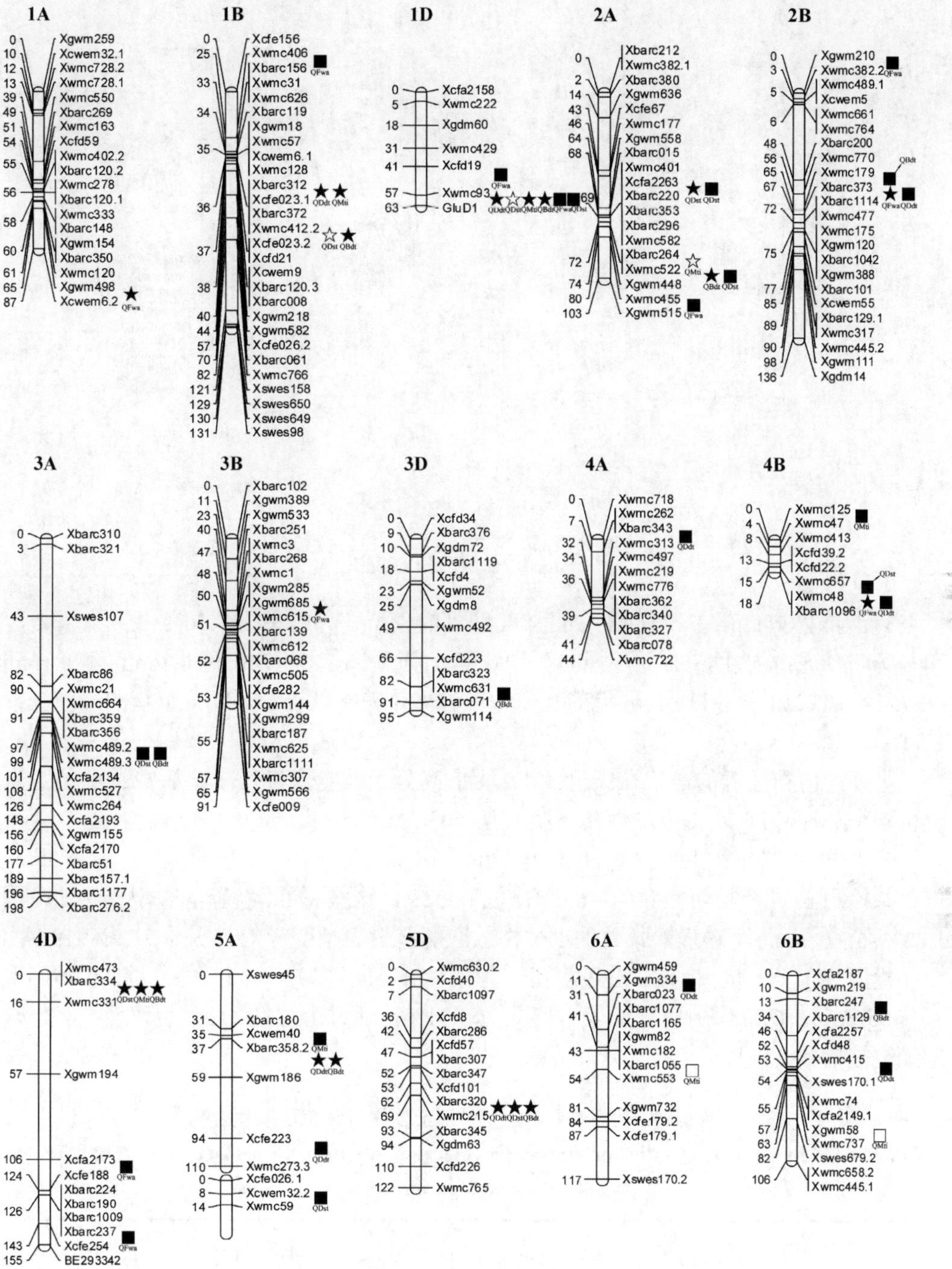

图 5-21 小麦粉质参数 QTL 在染色体上的分布情况

Fig. 5-21 A genetic linkage map of wheat showing mapping QTL for Farinograph parameters

★加性效应位点 locus involved in additive effects；☆加性和加性-环境互作位点 locus involved in additive effects and AE interaction；■上位效应位点 locus involved in epistasis effects；□上位效应及加性-加性与环境互作位点 locus involved in epistasis effects and AAE interactions

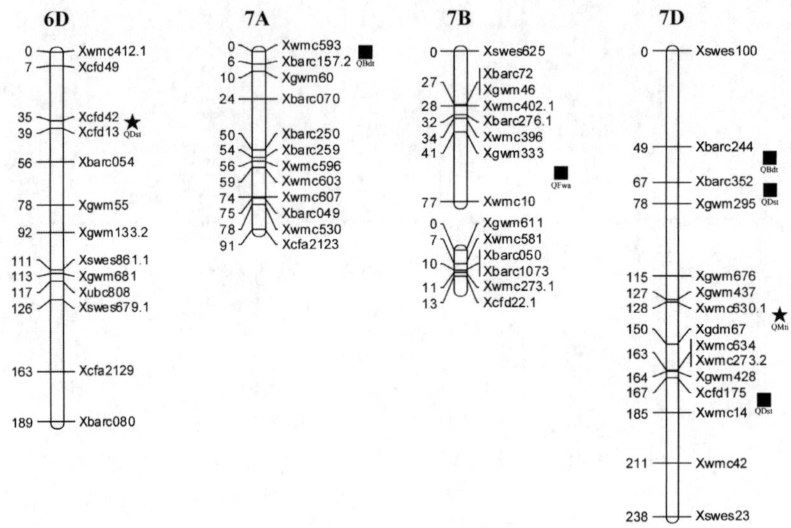

图 5-21 （续）

Fig. 5-21 (Continued)

3 个加性 QTL 存在着与环境的互作，解释的表型变异范围为 1.50%~2.33%。*QDst-1B* 和 *QDst-1D* 通过加性 QTL 与环境的互作效应分别减少面团稳定时间 0.16min 和 0.13min。*QMti-2A* 通过加性 QTL 与环境的互作效应增加公差指数 5.26F.U.，解释的表型变异为 1.50%。

另外，值得注意的是，在染色体 1D 上的高分子质量麦谷蛋白亚基 *GluD1* 位点上定位了 4 个加性 QTL 及 1 个加性与环境的互作 QTL。

2) 上位性 QTL 和上位性 QTL 与环境的互作

共检测出 5 个粉质参数的 16 个上位性 QTL，这些 QTL 解释的表型变异的范围是 1.00%~6.97%。每个粉质参数总的上位性效应解释的表型变异的范围为 5.19%~19.04%。

检测到 1 个上位性 QTL 与环境互作（表 5-60，图 5-21），这个上位性 QTL 与环境的互作（*QMti-6A*/*QMti-6B*）解释的表型变异为 1.31%，通过上位性 QTL 与环境的互作效应增加公差指数 3.96F.U.。

表 5-60 粉质参数的上位性及上位性与环境互作效应

Table 5-60 Estimated epistatic and epistasis×environment interaction (AAE) effects of QTL for Farinograph parameters

性状 Trait	QTL	标记区间 Flanking marker	位置 Site/cM	QTL	标记区间 Flanking marker	位置 Site/cM	上位性效应 (AA)	贡献率 (AA) H^2/%	上位性×环境 3 效应 (AAE3)	上位性×环境 3 贡献率 (AAE3) H^2/%
FWA	*QFwa-1B*	*Xwmc406-Xbarc156*	27.7	*QFwa-2B.2*	*Xgwm210-Xwmc382.2*	1.0	0.88	6.15		
	QFwa-1D.1	*Xcfd19-Xwmc93*	49.9	*QFwa-4D.1*	*Xcfa2173-Xcfe188*	157.8	0.35	1.00		
	QFwa-1D.2	*Xwmc93-GluD1*	59.9	*QFwa-4D.2*	*Xbarc237-Xcfe254*	174.7	0.88	6.19		

续表

性状 Trait	QTL	标记区间 Flanking marker	位置 Site/cM	QTL	标记区间 Flanking marker	位置 Site/cM	上位性效应 (AA)	贡献率 (AA) H^2/%	上位性×环境3效应 (AAE3)	上位性×环境3贡献率 (AAE3) H^2/%
	QFwa-2A	*Xwmc455-Xgwm515*	80.7	*QFwa-7B*	*Xgwm333-Xwmc10*	41.2	0.85	5.70		
DDT	*QDdt-2B*	*Xbarc373-Xbarc1114*	67.2	*QDdt-4A*	*Xbarc343-Xwmc313*	18.3	–0.15	4.21		
	QDdt-4B	*Xwmc48-Xbarc1096*	18.4	*QDdt-6B*	*Xwmc415-Xswes170.1*	53.2	–0.12	2.58		
	QDdt-5A.2	*Xcfe223-Xwmc273.3*	103.0	*QDdt-6A*	*Xgwm334-Xbarc023*	10.5	0.18	5.51		
DST	*QDst-1D*	*Xwmc93-GluD1*	61.9	*QDst-2A.1*	*Xcfa2263-Xbarc220*	69.4	0.17	2.65		
	QDst-2A.2	*Xwmc522-Xgwm448*	72.3	*QDst-3A*	*Xwmc489.2-Xwmc489.3*	98.3	–0.17	2.89		
	QDst-4B	*Xwmc657-Xwmc48*	16.7	*QDst-7D.1*	*Xcfd175-Xwmc14*	166.5	–0.19	3.30		
	QDst-5A	*Xcwem32.2-Xwmc59*	12.6	*QDst-7D.2*	*Xbarc352-Xgwm295*	68.8	0.15	2.12		
MTI	*QMti-4B*	*Xwmc125-Xwmc47*	0.0	*QMti-5A*	*Xcwem40-Xbarc358.2*	34.7	–5.00	2.08		
	QMti-6A	*Xbarc1055-Xwmc553*	48.0	*QMti-6B*	*Xgwm58-Xwmc737*	59.3	6.13	3.11	–3.96	1.31
BDT	*QBdt-2B*	*Xwmc179-Xbarc373*	65.3	*QBdt-6B*	*Xbarc247-Xbarc1129*	21.5	0.33	6.97		
	QBdt-3A	*Xwmc489.2 Xwmc489.3*	98.3	*QBdt-3D*	*Xwmc631-Xbarc071*	82.1	–0.24	3.70		
	QBdt-7A	*Xwmc593-Xbarc157.2*	5.0	*QBdt-7D*	*Xbarc244-Xbarc352*	58.6	–0.29	5.48		

环境 1：泰安，2005；环境 2：泰安，2006；环境 3：宿州，2006

E1: Taian, 2005; E2: Taian, 2006; E3: Suzhou, 2006

注：符号缩写见表 5-58。Note: The symbol acronym as sham as table 5-58

另外，值得注意的是，在染色体 1D 上的高分子质量麦谷蛋白亚基 GluD1 位点上定位了 2 个上位性 QTL 与环境的互作。

(四)粉质仪参数 QTL 研究进展及其与前人研究结果的比较分析

1. 粉质仪参数 QTL 研究进展

前人的研究表明在染色体 1A、1B 和 1D 的麦谷蛋白位点控制着面团流变学性状的变化。Perretant 等(2000)、Groos 等(2004)、Kuchel 等(2006)和 Sun 等(2008)检测出在麦谷蛋白位点的 QTL 与面团延伸性和面团韧性有关。另外，高分子质量麦谷蛋白对最终品质的影响已经被证实(MacRitchie，1999)，*Glu-A3* 和 *Glu-B3* 位点对面团延伸性的影响也被证实(Appels et al.，2001)。Zhang 等(2009)检测出控制 5 个粉质仪参数和评价值的 9 个 QTL，解释的表型变异为 5.81%~16.91%，9 个 QTL 定位在 A 和 B 染色体组上。Li 等(2009)检测出控制面粉吸水率的 10 个 QTL，解释的表型变异为 3.1%~38.7%，分布在 A、B、D 染色体组上。因此，有关面团粉质参数定位的 QTL 涉及的染色体主要有 1B、

2A、2B、2D、3D、4B、5A、5B、5D、6A、7D 等染色体上(表 5-61)，其中 1B 染色体上存在控制多个粉质参数的 QTL，其贡献率最高达 38.7%。

表 5-61　小麦面团粉质参数 QTL 部分结果汇总(PVE>5%)

Table 5-61　Summary of QTL results of wheat dough farinograph parameters (PVE>5%)

性状 Trait	QTL	标记区间 Flanking marker	贡献率 (PVE)/%	群体 Mapping population	参考文献 Reference
吸水率 Absorption	*Qwa-2A*	*WPT-1480-WPT-9797*	8.03	RIL	Zhang et al.(2011)
	Qwa-5A	*WPT-8226-WPT-5467*	15.86	RIL	Zhang et al.(2011)
	QAbs.caas-4B	*wms6-wmc413*	5.70	RIL	Li et al. (2009)
	QAbs.caas-5D.1	*cfd18-cfd189*	31.30/38.70	RIL	Li et al. (2009)
	QAbs.caas-6A	*wms617-wms427*	8.80/7.30	RIL	Li et al. (2009)
	QAbs.caas-2D	*wms210-wmc111*	8.10	RIL	Li et al. (2009)
	QAbs.caas-5B	*vrnB-wmc75*	5.90	RIL	Li et al. (2009)
面团稳定时间 Stabillity time	*Qst-4B*	*WPT-7569-GWM0495*	6.74	RIL	Zhang et al. (2011)
	Qst-1B	*WPT-8832-WPT-1675*	16.91	RIL	Zhang et al. (2011)
面团断裂时间 Breakdown time	*Qbt-1B*	*WPT-8832-WPT-1675*	14.84	RIL	Zhang et al. (2011)
面团形成时间 Development time	*Qda-1B*	*WPT-8832-WPT-1675*	12.23	RIL	Zhang et al. (2011)
面团幅宽 Band width	*Qbw-2B*	*WPT-6519-WPT-8760*	5.81	RIL	Zhang et al. (2011)
	Qbw-2B	*WPT-4559-WPT-7322*	8.62	RIL	Zhang et al. (2011)
评价值 Evaluation	*Qev-1B*	*WPT-8832-WPT-1675*	10.41	RIL	Zhang et al. (2011)

2. 本研究结果与前人研究结果的比较分析

前人研究将吸水率定位在 2A、2B、2D、3D、4B、5A、5B、5D、6A、7D 染色体上，本研究将吸水率定位在了 1A、2B、3B 和 4B 染色体，比较之后发现 2B 和 4B 染色体上可能存在重要的基因位点；前人将面团形成时间的 QTL 定位在 4B 和 1B 染色体上，本研究将面团形成时间的 QTL 定位在 1B、1D、5A 和 5D 上，可知 1B 染色体存在控制面团形成时间的重要基因位点，这可能与 1B 染色体上有控制 HMW-GS 亚基的基因有关；前人将面团稳定时间的 QTL 定位在 1B 染色体上，而本研究中定位在了 1B、1D、2A、4D、5D 和 6D 染色体上；前人将面团断裂时间的 QTL 定位在 1B 染色体上，而本研究定位在了 1B、1D、2A、4D、3A 和 3D 染色体上。总之，1B 和 1D 染色体对面团粉质参数的贡献较大，其他染色体上的位点对粉质参数的影响较小。

二、揉混仪参数的 QTL 分析

(一)引言

揉混仪是测定小麦粉面团搅拌过程中流变学特性变化的一种仪器，测定并记录面团的抗揉性阻力、最佳揉和时间、搅拌耐力和烘焙估计吸水值，但关于揉混特性 QTL 定位的报道并不是很多。吴云鹏等(2008)利用‘PH82-2’×‘内乡188’的240个RIL群体对揉混特性进行QTL定位，在1B、1D上检测到了控制和面时间和8分钟带宽的位点；张业伦等把控制和面时间、峰值宽度、8分钟尾宽的QTL定位在1A、1B、1D上。Huang等(2004)对含有185个株系的DH群体的揉混参数进行QTL定位，在1B、1D、3B、4D和5D染色体上检测到了相关位点。Tsilo等(2011)利用139个株系的RIL群体，在1A、1B、1D、2A、6D和7D染色体上定位到控制和面时间、峰值高度、峰值宽度和曲线下面积的位点。Nelson等(2006)利用114个重组自交系研究认为，影响揉混参数的基因位于1AS、1BS和6DS染色体上控制醇溶蛋白和低分子质量谷蛋白基因附近。Elangovan等(2008)在1B、2A、2B、3A、5B、5D、6B和6D染色体上检测到控制9个揉混参数的QTL。

前人有关揉混参数的QTL分析，鉴定出的基因位点及在染色体上的位置均有较大差异，可能与使用的遗传群体和遗传图不同有关。本研究用多种分子标记构建了适宜进行小麦品质性状遗传研究的分子图谱，并利用该图谱进行了面团揉混参数的QTL分析，该研究结果为小麦营养品质、面团品质和加工品质等数量性状的遗传研究分析奠定了基础。其揉混参数的主效QTL可用于分子标记辅助选择育种。

(二)测定方法

揉混指标用美国National公司生产的10g揉混仪系统，按AACC 54-40方法测定，包括5个参数：和面时间(mixing peak time，MPT)、中线峰值高度(mixing peak value，MPV)、中线峰值宽度(mixing peak width，MPW)、曲线下面积(mixing peak integral，MPI)和8分钟尾宽(mixing 8min width，MTxW)。结果由计算机软件自动处理获得。

(三)揉混参数的QTL定位结果

1. 揉混参数之间的相关性分析

揉混参数之间的相关性如表5-62所示，峰值时间(MPT)与峰值高度(MPV)、峰值宽度(MPW)呈极显著负相关性，与曲线下面积(MPI)呈极显著正相关性，且相关系数最大，r=0.966**；峰值高度(MPV)与峰值宽度(MPW)之间呈极显著正相关性，r=0.613**；其他参数之间存在相关性，但并不显著。

表5-62　面团揉混参数之间的相关性分析

Table 5-62　Coefficients of pairwise correlations of the mean values of mixgraph parameters

	峰值时间(MPT)	峰值高度(MPV)	峰值宽度(MPW)	曲线下面积(MPI)
峰值高度(MPV)	−0.189**			
峰值宽度(MPW)	−0.160**	0.613**		
曲线下面积(MPI)	0.966**	0.003	−0.048	
8分钟尾宽(MTxW)	−0.030	0.018	0.037	−0.027

**相关系数在P<0.01水平显著

**Correlation is significant at when P<0.01 level

2. 揉混参数表型变异分析

由表 5-63 中的表型数据可以看出，在 5 个揉混参数中，父本‘藁城 8901’除了峰值高度(MPV)小于母本‘糯麦 1 号’外，在其余 4 个参数峰值时间(MPT)、峰值宽度(MPW)、曲线下面积(MPI)和 8 分钟尾宽(MTxW)上均大于母本‘糯麦 1 号’。RIL 群体各株系的 5 个参数变异幅度大，呈现连续分布，并存在明显的双向超亲分离现象，揉混参数的平均值都在父母本揉混参数的数值之间。正态检测结果显示，除了 8 分钟尾宽(MTxW)的偏度系数和峰度系数绝对值大于 1.0 外，其余参数的偏度系数和峰度系数绝对值均小于 1.0，表现为多基因控制的数量性状。

表 5-63　三个环境下小麦揉混参数在亲本及 RIL 群体中的表型数据

Table 5-63　Phenotypic values for mixgraph parameters of two parents and the RIL population in three environments in wheat

环境 Environment	性状 Trait	亲本 Parents		RIL 群体 RIL population			
		糯麦 1 号 Nuomai 1	藁城 8901 Gaocheng 8901	范围 Range	平均值 Mean±SD	偏度 Skewness	峰度 Kurtosis
泰安	峰值时间(MPT)	1.82	4.87	1.50~5.53	2.91±0.05	0.428	–0.059
2008	峰值高度(MPV)	67.24	58.64	48.50~77.92	61.90±0.32	0.155	0.093
Taian	峰值宽度(MPW)	22.74	23.92	11.43~32.81	23.55±0.21	–0.103	0.405
	曲线下面积(MPI)	102.91	238.30	68.14~300.94	146.32±2.57	0.526	0.255
	8 分钟尾宽(MTxW)	4.86	13.9	2.64~20.72	6.06±0.19	2.378	6.292
泰安	峰值时间(MPT)	3.00	4.51	1.50~9.01	3.90±0.09	0.790	0.713
2009	峰值高度(MPV)	62.48	57.63	47.26~73.89	60.87±0.34	0.038	–0.580
Taian	峰值宽度(MPW)	22.90	25.88	12.95~37.99	23.19±0.31	0.368	0.246
	曲线下面积(MPI)	160.67	221.46	74.68~426.63	192.38±4.20	0.709	0.571
	8 分钟尾宽(MTxW)	7.65	13.55	3.43~43.98	9.27±0.33	2.972	12.604
安徽	峰值时间(MPT)	2.04	3.92	1.50~5.15	2.66±0.04	0.717	0.527
2011	峰值高度(MPV)	69.72	61.64	46.98~86.97	63.63±0.38	0.588	0.885
Anhui	峰值宽度(MPW)	29.73	32.53	11.22~43.40	25.75±0.30	0.526	0.899
	曲线下面积(MPI)	120.02	192.78	56.90~283.84	135.38±2.49	0.779	0.910
	8 分钟尾宽(MTxW)	7.37	16.61	4.21~33.64	9.85±0.31	1.595	3.031

3. 面团揉混参数的 QTL 检测

对 3 年的小麦揉混特性表型数据及对应的平均值进行 QTL 定位，在 LOD>2.5 时，共检测 45 个控制 5 个揉混参数的加性 QTL(表 5-64)，其中 17 个被重复检测到 2 次或 2 次以上。

表 5-64　不同环境下检测到的控制面团揉混特性的 QTL

Table 5-64　QTL with significant additive effects for Mixograph parameters detected in different environments

性状 Trait	环境 Environment	QTL	染色体 Chromosome	位置 Site/cM	区段 Interval markers	加性效应(A)	解释变异率 Phenotypic variance explained/%
峰值时间	E1	*QMPT-1A.1*	1A	87	*wPt-9757—Glu-A1*	–0.14	3.21
(MPT)		*QMPT-1A.2*	1A	37	*wPt-668205—wPt-7215*	–0.13	2.90
		QMPT-1B	1B	169	*wPt-6442—wPt-3824*	0.15	3.67
		QMPT-1D.2	1D	112	*Glu-D1—wPt-3743*	–0.46	34.10
		QMPT-6A	6A	143	*wPt-729920—wPt-664792*	–0.16	4.38
	E2′	*QMPT-1B*	1B	169	*wPt-6442—wPt-3824*	0.33	5.80
		QMPT-1D.2	1D	113	*Glu-D1—wPt-3743*	–0.66	22.91
		QMPT-6A	6A	143	*wPt-729920—wPt-664792*	–0.33	5.67
	E3	*QMPT-1A.1*	1A	87	*wPt-9757—Glu-A1*	–0.16	5.52
		QMPT-1B	1B	169	*wPt-6442—wPt-3824*	0.12	3.19
		QMPT-1D.1	1D	0	*cfd-183—wPt-729773*	–0.12	3.31
		QMPT-1D.2	1D	113	*Glu-D1—wPt-3743*	–0.40	35.08
		QMPT-6A	6A	133	*wPt-729920—wPt-664792*	–0.18	7.24
		QMPT-7B	7B	243	*wPt-0276—wPt-6936*	0.10	2.13
		QMPT-7D	7D	88	*wPt-665461—wPt-8422*	0.11	2.87
	PD	*QMPT-1A.1*	1A	84	*wPt-9757—Glu-A1*	–0.18	4.65
		QMPT-1B	1B	170	*wPt-6442—wPt-3824*	0.21	6.45
		QMPT-1D.2	1D	113	*Glu-D1—wPt-3743*	–0.52	37.36
		QMPT-6A	6A	142	*wPt-729920—wPt-664792*	–0.22	6.88
峰值高度	E1	*QMPV-1A.1*	1A	85	*wPt-9757—Glu-A1*	–1.48	8.79
(MPV)		*QMPV-1B*	1B	177	*wPt-0328—wPt-8971*	0.90	3.18
		QMPV-1D.1	1D	0	*cfd-183—wPt-729773*	–1.97	15.59
		QMPV-1D.2	1D	108	*Glu-D1—wPt-3743*	1.17	5.41
		QMPV-3B	3B	164	*wPt-5870—wPt-3620*	4.17	5.64
		QMPV-4A	4A	102	*wPt-664948—Wx-B1*	1.10	4.85
		QMPV-7D	7D	0	*Wx-D1—wPt-664368*	1.23	6.10
	E2′	*QMPV-1A.1*	1A	86	*wPt-9757—Glu-A1*	–1.17	5.28
		QMPV-1D.1	1D	0	*cfd-183—wPt-729773*	–1.65	10.39
		QMPV-4A	4A	101	*wPt-664948—Wx-B1*	1.18	5.33
		QMPV-7A	7A	160	*wPt-731311—Wx-A1*	1.22	5.74
	E3	*QMPV-1A.2*	1A	82	*wPt-664666—wPt-9757*	–1.51	6.60
		QMPV-1D.1	1D	5	*cfd-183—wPt-729773*	–1.94	10.98
		QMPV-4A	4A	101	*wPt-664948—Wx-B1*	1.30	4.88
		QMPV-4B	4B	42	*wPt-0391—wPt-7062*	–1.61	7.51
		QMPV-7A	7A	162	*wPt-731311—Wx-A1*	1.14	3.81

续表

性状 Trait	环境 Environment	QTL	染色体 Chromosome	位置 Site/cM	区段 Interval markers	加性效应（A）	解释变异率 Phenotypic variance explained/%
		QMPV-7D	7D	6	*Wx-D1—wPt-664368*	1.80	9.37
	PD	*QMPV-1A.2*	1A	82	*wPt-664666—wPt-9757*	–1.53	11.05
		QMPV-1D.1	1D	3	*cfd-183—wPt-729773*	–1.95	17.96
		QMPV-4A	4A	102	*wPt-664948—Wx-B1*	1.11	5.75
		QMPV-7A	7A	159	*wPt-731311—Wx-A1*	1.16	6.35
		QMPV-7D	7D	0	*Wx-D1—wPt-664368*	1.07	5.42
峰值宽度	E1	*QMPW-1B.1*	1B	63	*wPt-8226—wPt-0605*	–0.68	4.27
（MPW）		*QMPW-1B.2*	1B	177	*wPt-0328—wPt-8971*	0.68	4.14
		QMPW-1D	1D	0	*cfd-183—wPt-729773*	–0.64	3.81
		QMPW-4B	4B	117	*wPt-8650—wPt-730068*	0.82	6.22
		QMPW-6A.1	6A	59	*wPt-9679—wPt-7027*	1.30	15.43
		QMPW-6A.2	6A	69	*wPt-665398—wPt-731250*	–1.85	31.05
	E2′	*QMPW-4A.1*	4A	109	*Wx-B1—wPt-0105*	1.37	8.49
	PD	*QMPW-1A*	1A	86	*wPt-9757—Glu-A1*	–0.61	4.03
		QMPW-1D	1D	8	*cfd-183—wPt-729773*	–0.78	6.58
		QMPW-3B	3B	164	*wPt-5870—wPt-3620*	2.16	5.08
		QMPW-4A.2	4A	96	*wPt-664948—Wx-B1*	0.80	6.80
		QMPW-7D	7D	3	*Wx-D1—wPt-664368*	0.68	4.98
曲线下面积	E1	*QMPI-1A*	1A	87	*wPt-9757—Glu-A1*	–10.68	7.14
（MPI）		*QMPI-1B*	1B	169	*wPt-6442—wPt-3824*	8.50	4.52
		QMPI-1D.2	1D	112	*Glu-D1—wPt-3743*	–22.97	32.83
		QMPI-6A	6A	143	*wPt-729920—wPt-664792*	–7.77	3.79
	E2′	*QMPI-1B*	1B	167	*wPt-6442—wPt-3824*	17.30	7.22
		QMPI-1D.2	1D	113	*Glu-D1—wPt-3743*	–28.91	20.43
		QMPI-2A	2A	253	*wPt-2273—wPt-2994*	–21.08	4.55
		QMPI-6A	6A	143	*wPt-729920—wPt-664792*	–14.67	5.28
	E3	*QMPI-1A*	1A	85	*wPt-9757—Glu-A1*	–8.58	5.14
		QMPI-1D.1	1D	0	*cfd-183—wPt-729773*	–8.48	5.02
		QMPI-1D.2	1D	113	*Glu-D1—wPt-3743*	–19.78	27.22
		QMPI-3A	3A	83	*wPt-2748—wPt-671711*	8.81	4.41
		QMPI-4D	4D	60	*wPt-5809—wPt-2379*	–8.02	4.35
		QMPI-6A	6A	140	*wPt-729920—wPt-664792*	–6.76	3.19
	PD	*QMPI-1A*	1A	84	*wPt-9757—Glu-A1*	–11.02	7.04
		QMPI-1B	1B	170	*wPt-6442—wPt-3824*	10.56	6.47
		QMPI-1D.2	1D	113	*Glu-D1—wPt-3743*	–23.80	32.67
		QMPI-6A	6A	143	*wPt-729920—wPt-664792*	–10.23	6.06
8 分钟尾宽	E1	*QMTxW-1D.1*	1D	3	*cfd-183—wPt-729773*	–0.74	6.20
（MTxW）		*QMTxW-1D.2*	1D	109	*Glu-D1—wPt-3743*	–0.83	7.69

续表

性状 Trait	环境 Environment	QTL	染色体 Chromosome	位置 Site/cM	区段 Interval markers	加性效应(A)	解释变异率 Phenotypic variance explained/%
		QMTxW-6A	6A	143	*wPt-729920—wPt-664792*	−0.84	8.03
	E2′	*QMTxW-1B.1*	1B	170	*wPt-6442—wPt-3824*	1.57	9.83
		QMTxW-1B.2	1B	197	*wPt-8971—wPt-7188*	−1.18	5.38
		QMTxW-1D.2	1D	112	*Glu-D1—wPt-3743*	−1.53	9.19
		QMTxW-2A.1	2A	221	*wPt-3896—wPt-2644*	5.02	17.96
		QMTxW-2A.2	2A	246	*wPt-669693—wPt-9951*	2.42	8.57
		QMTxW-6A	6A	141	*wPt-729920—wPt-664792*	−1.33	6.97
		QMTxW-6B	6B	21	*wPt-1730—wPt-9881*	1.24	5.87

E1：2008 年泰安点；E2′：2009 年泰安点；E3：2011 年安徽点；PD：各环境的平均值；加性效应正值表示增效基因来自‘糯麦 1 号’的等位基因，负值说明增效基因来自‘藁城 8901’的等位基因

E1:Taian, 2008; E2’: Taian, 2009; E3: Suzhou, 2011; PD: Pool data; Positive values indicate that Nuomai 1 alleles increase corresponding trait value; Negative values indicate that Gaocheng 8901 alleles increase corresponding trait value

控制峰值时间(MPT)的 8 个加性 QTL 分布在 1A、1B、1D、6A、7B 和 7D 染色体上，其中 *QMPT-1B*、*QMPT-1D.2* 和 *QMPT-6A* 可以在 E1、E2′、E3 和平均值 P 中被重复检测到 4 次，*QMPT-1B* 的增效等位基因变异来自于母本‘糯麦 1 号’，解释 3.19%~6.45%的表型变异；*QMPT-1D.2* 和 *QMPT-6A* 的增效等位基因变异来自于父本‘藁城 8901’，*QMPT-1D.2* 在标记 *Glu-D1*/*wPt-3743* 之间，表型贡献率为 22.91%~37.36%，是环境间稳定表达的主效 QTL；*QMPT-1A.1* 在 E1、E3 和平均值 P 中被重复检测到 3 次，其增效等位基因来自父本‘藁城 8901’，该位点与 *Glu-A1* 标记紧密连锁，解释 3.21%~5.52%的表型变异，其余 QTL 只在单一环境中被检测到。

检测到控制峰值高度(MPV)的 10 个加性 QTL，分别定位在 1A、1B、1D、3B、4A、4B、7A 和 7D 染色体上。其中 *QMPV-1D.1* 和 *QMPV-4A* 在 E1、E2′、E3 和平均值 P 中均能被检测到，加性效应方向相反，分别解释 10.39%~17.96%和 4.85%~5.75%的表型变异，*QMPV-1D.1* 为环境间稳定表达的主效 QTL；*QMPV-7A* 和 *QMPV-7D* 分别在 E2′、E3、平均值 P 中和 E1、E3、平均值 P 中被重复检测到 3 次，增效等位基因变异来自于母本‘糯麦 1 号’，贡献率分别是 3.81%~6.35%和 5.42%~9.37%；*QMPV-1A.1* 和 *QMPV-1A.2* 分别在 E1、E2′和 E3、平均值 P 中被重复检测到 2 次，它们的增效等位基因变异均来自父本‘藁城 8901’；*QMPV-4A*、*QMPV-7A* 和 *QMPV-7D* 分别与 *Wx-B1*、*Wx-A1* 和 *Wx-D1* 标记紧密连锁；其余位点只能在单一环境中检测到。

检测到控制峰值宽度(MPW)的 11 个加性 QTL，分布在 1A、1B、1D、3B、4A、4B、6A 和 7D 染色体上。其中只有 *QMPW-1D* 在 E1 和混合环境 P 中被重复检测到 2 次，其余位点只在一个环境中被检测到；*QMPW-6A.1* 和 *QMPW-6A.2* 在 E1 中的贡献率均大于 10%，为环境间特异表达的主效 QTL。

检测到控制曲线下面积(MPI)的 8 个加性 QTL，分别定位在 1A、1B、1D、2A、3A、4D 和 6A 染色体上。其中，*QMPI-1D.2*(*Glu-D1*/*wPt-3743*)和 *QMPI-6A* 在 3 个不同环境和平均值 P 中被重复检测到 4 次，增效等位基因变异均来自于父本‘藁城 8901’，分别

解释 20.43%~32.83%和 3.19%~6.06%的表型变异，*QMPI-1D.2* 是环境间稳定表达的主效 QTL；*QMPI-1A*(*wPt-9757*/*Glu-A1*)和 *QMPI-1B* 分别在 E1、E3、平均值 P 和 E1、E2、平均值 P 中被重复检测到 3 次，加性效应方向相反，贡献率分别是 5.28%~7.14%和 4.52%~7.22%；其余位点属于环境间特异表达的 QTL。

检测到控制 8 分钟尾宽(MTxW)的 8 个加性 QTL，分别在 1B、1D、2A、6A 和 6B 染色体上。其中，*QMTxW-1D.2*(*Glu-D1*/*wPt-3743*)和 *QMTxW-6A* 在两个环境中被检测到，增效等位基因变异来自于父本'藁城 8901'，*QMTxW-1D.2* 分别解释 7.69%和 9.19%的表型变异，*QMTxW-6A* 分别解释 8.03%和 6.97%的表型变异；其余 QTL 只在一个环境中被检测到。

(四)揉混参数 QTL 研究进展及其与前人研究结果的比较分析

1. 揉混参数 QTL 研究进展

Ma 等(1999)对面团最大抗延阻力的 QTL 分析表明，在 2A、5A、1B、1D 上有影响面团最大抗延阻力 QTL，而且还对 QTL 进行了加性和上位性分析，以及基因型与环境互作对 QTL 的影响，并建议在标记辅助育种时，考虑单个 QTL 的同时还要考虑它们之间的相互作用。

Rousset 等(2001)将影响 SDS 沉淀值、和面时间和面包体积的 QTL 定位在 *Glu-A1* 和 *Gli-B1*/*Glu-B3* 位点，和面时间和面包体积在 lAL 的远端也有一个 QTL，一个影响高蛋白质含量的 QTL 和一个高和面时间的 QTL 分别被定位在 CS(中国春)的 1BL 上，同时他还认为 *Glu-1* 位点并非是决定面包烘烤品质的首要决定因素，而仅仅是控制该性状的一个遗传因子。Gras 等(2001)证明和面仪参数的主效 QTL 是 *Glu-B1*。张立平等(2003)将和面仪参数 6 个 QTL 分别定位在 1D、1BS、2B、5A、2D 和 7AS，贡献率分别为 20.3%~63.8%、14.6%~49.0%、9.8%~46.5%和 12.7%~34.1%。吴云鹏等(2008)利用'PH82-2'/'内乡 188'杂交后代 240 个 RIL 个体，发现 3 个控制和面时间的 QTL，分布在 1B 和 1D 染色体上，在 3 个地点均能检测到，贡献率为 7.9%~55.3%；检测出 5 个控制 8 分钟带宽的 QTL，其中 1B 和 1D 染色体上的 QTL 在 3 种环境下均能检测到，贡献率为 11.7%~33.9%。1B 染色体上存在同时控制 Zeleny 沉降值、和面时间、8 分钟带宽、峰值粘度(黏)和稀懈值的 QTL；1D 染色体上存在同时控制 Zeleny 沉降值、和面时间和 8 分钟带宽的 QTL。

Nelson 等(2006)研究表明，影响和面仪参数的基因位于 1AS、1BS 和 6DS 上，在控制醇溶蛋白和低分子质量谷蛋白基因的附近。Huang 等(2006)以 DH 群体为材料，利用 SSR 标记把和面时间 QTL 定位在 1B、1D 和 3B 染色体上。Gras 等(2001)在 Glu2B1 上检测到控制和面仪参数的主效 QTL。Ma 等(1999)对面团最大抗延阻性 QTL 进行了分析，结果表明，其 QTL 位于 2A、5A、1B、1D 上。Rousset 等(2001)在 *Glu-A1* 和 *Gli-B1*/*Glu-B3* 位点上检测到有影响和面时间和面包体积的 QTL，并且在 1AL 的远端也有 1 个 QTL。

总之，前人将控制揉混参数的 QTL 主要定位在 1A、1B、1D、2B、2D、3A、4A、4B、4D、5A、5D、6A、7D 和 7B 染色体上(表 5-65)，其中 1A、1B、1D、2D、2B、4B、4A、5A、6A、4D 染色体上存在同时控制多个揉混参数的 QTL 位点，贡献率最高达 48.9%。

表 5-65　小麦面团揉混参数的 QTL 部分结果汇总(PVE>10%)

Table 5-65　Summary of QTL results of wheat dough mixograph parameters (PVE>10%)

性状 Trait	QTL	标记区间 Flanking marker	贡献率 (PVE)/%	群体 Mapping population	参考文献 Reference
耐揉强度(MT)	*QMt.caas-1B*	*wmc128*	19.2	IL	Li et al. (2012)
	QMt.caas-2D	*barc159*	13.7	IL	Li et al. (2012)
	QMt.caas-4B	*wms495*	18.2	IL	Li et al. (2012)
	QMt.caas-4A	*barc1047*	32.6	IL	Li et al. (2012)
	QMt.caas-5A	*wms293*	13.1	IL	Li et al. (2012)
	QMt.caas-6A	*barc104*	22.7	IL	Li et al. (2012)
斜率(WS)	*QWs.caas-4A*	*barc1047*	–14.5	IL	Li et al. (2012)
	QWs.caas-6A	*barc104*	–14.2	IL	Li et al. (2012)
8 分钟带宽(MTxW)	*QMtxw.caas-1B*	*wmc128*	35.0	IL	Li et al. (2012)
	QMtxw.caas-1D	*wmc222*	26.5	IL	Li et al. (2012)
	QMtxw.caas-2D	*barc159*	21.9	IL	Li et al. (2012)
	QMtxw.caas-4B	*wms495*	27.3	IL	Li et al. (2012)
	QMtxw.caas-5D	*wms272*	17.6	IL	Li et al. (2012)
	QMtxw.caas-3A	*wms155*	28.2	IL	Li et al. (2012)
	QMtxw.caas-4A	*barc1047*	48.6	IL	Li et al. (2012)
	QMtxw.caas-5A	*wms293*	22.1	IL	Li et al. (2012)
中线峰宽(MPW)	*QMpw.caas-1A.1*	*barc148*	35.3	IL	Li et al. (2012)
	QMpw.caas-1A.2	*wms136*	9.6	IL	Li et al. (2012)
	QMpw.caas-1B	*wmc128*	18.9	IL	Li et al. (2012)
	QMpw.caas-3A	*wms155*	10.7	IL	Li et al. (2012)
	QMpw.caas-5A	*wms304*	13.9	IL	Li et al. (2012)
中线峰值时间(MPTi)	*QMpt.caas-4A*	*barc1047*	11.5	IL	Li et al. (2012)
8 分钟峰高(MTxV)	*QMtxv.caas-1A.1*	*wms136*	17.5	IL	Li et al. (2012)
	QMtxv.caas-1B	*wmc128*	12.5	IL	Li et al. (2012)
	QMtxv.caas-1D	*wmc222*	10.7	IL	Li et al. (2012)
峰值高度(MPV)	*QMpkh.crc-4D*	*Xwmc617-Xwmc48*	34.9	DH	McCartney et al. (2006)
峰值形成时间(MPT)	*QMmdt.crc-1B*	*Xgwm403-Xgwm274*	14.7	DH	McCartney et al. (2006)
	QMmdt.crc-4D	*Xwmc617-Xwmc48*	26.0	DH	McCartney et al. (2006)
峰值能量(PA)	*QMetp.crc-1B*	*Xgwm131-Glu-B1*	16.4	DH	McCartney et al. (2006)
	QMetp.crc-4D	*Xwmc617-Xwmc48*	19.4	DH	McCartney et al. (2006)
峰值宽度(MPW)	*QMpbw.crc-4D*	*Xwmc617-Xwmc48*	21.4	DH	McCartney et al. (2006)
	QMpbw.crc-7D	*Xgwm130-Xwmc405*	17.8	DH	McCartney et al. (2006)
总能量(A)	*QMteg.crc-2B*	*Xgwm210-Xwmc25*	10.3	DH	McCartney et al. (2006)
	QMteg.crc-4D	*Xgwm608*	15.0	DH	McCartney et al. (2006)
峰后斜率(WS)	*QMsap.crc-4D*	*Xwmc617-Xwmc48*	19.7	DH	McCartney et al. (2006)

2. 本研究结果与前人研究结果的比较分析

本研究中揉混参数的 QTL 主要定位在 1A、1B、1D、6A、2A、3B、4A、6B、6A、7A 和 7D 染色体上，其中 1A、1B、1D、6A 染色体上存在控制多个揉混参数的 QTL 位点，为控制揉混参数的主要染色体区段，这可能是因为在 1A、1B 和 1D 染色体上有控制 *HMW-GS* 亚基的 *Glu-A1*、*Glu-B1* 和 *Glu-D1* 位点。所定位的位点与 *HMW-GS* 位点的关系，有待进一步的分析验证。

三、面团吹泡仪参数的 QTL 分析

(一)引言

吹泡仪是在面粉试验中再现发酵和烘烤阶段面团形变情况的仪器，在饼干专用粉生产中有很好的应用。目前吹泡仪测定方法已被国际标准化组织(ISO)、美国谷物化学协会(AACC)、国际谷物化学协会(ICC)和法国标准协会(AFNORV)等国际组织确认为标准方法。

不同烘焙食品对面筋的工艺性能有不同的要求(Wieser et al.，2001；康志钰等，2003)。面包要求弹性和延伸性好的面粉，宜选择 *P/L* 为 0.8~1.4、*W* 为 0.175~0.21mJ/g 最好，过强的面筋会延长发酵时间，难以控制。大多数糕点和饼干要求弹性、韧性和延伸性都不高且可塑性良好的面粉，饼干、糕点则宜选择湿面筋含量 22%~25%、*P/L* 为 0.15~0.7，*W* 在 0.084mJ/g 左右的面粉，筋力过强，易造成饼干僵硬、变形。控制面团吹泡仪参数的 QTL 前人几乎没有研究，本研究获得的主效 QTL 可用于分子标记辅助选择育种。

(二)面团吹泡仪参数的测定方法

吹泡示功仪指标用法国 Chopin 公司生产的吹泡仪按 AACC 方法测定，试验方法如下。

(1)和面：称取(250±0.5)g 的面粉放入揉面钵中，启动马达并倒入所需氯化钠溶液，9min 后揉面结束。

(2)提取试样：先在取样槽口去掉 2~3cm 面团头，然后提取 5 个相同的标准试样放置保温箱中，静置 28 min 后(醒发)开始做吹泡试验。

(3)吹泡试验：从保温箱中取出标准试样放入膨松仪中，试样压平后开始充气。在空气作用下试样由抵抗到膨胀成气泡，直至气泡破裂，即刻关闭气源，可得到一条完整的吹泡示功曲线(图 5-22)。

测定反映面团吹泡特性的 6 个品质指标，包括：面团的韧性 *P*(dough tenacity，mm)；面团的延展性 *L*(dough extensibility，mm)；由曲线面积换算的能量值 *W*(dough strength，J)，反映面团强度和烘焙能力；曲线的形状 *P/L*(configuration ratio of the curve)，反映韧性和延展性的相互关系；弹性指数 *Ie*(elasticity index，%)；膨胀系数 *G*(swelling index)。

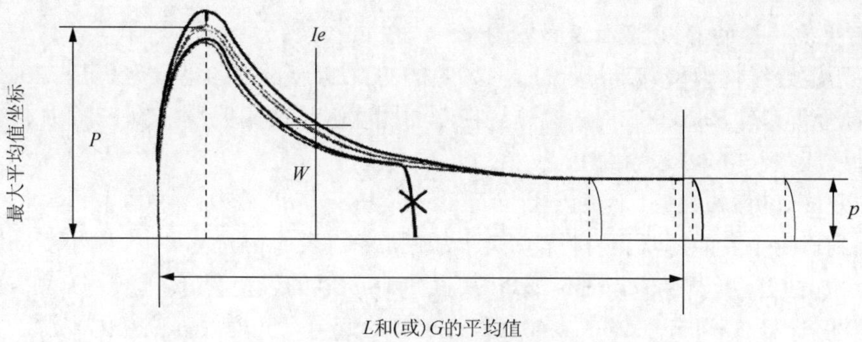

图 5-22　吹泡测试参数及曲线图

Fig. 5-22　Parameters and graphs of alveogram characters

（三）面团吹泡仪参数的 QTL 定位及效应分析

1. 面团吹泡仪参数的表型变异

3 个环境的亲本和 DH 群体吹泡性状的表型值列于表 5-66，两亲本的吹泡性状表型值差异较大，3 个环境下父本‘豫麦 57’在各个吹泡性状上均高于母本‘花培 3 号’。DH 群体在所研究的 5 个性状上变异幅度大，除 *P/L*(吹泡的外形比率)外，其余性状均呈现连续正态分布，所有性状均存在不同程度的超亲现象，表现为多基因控制的数量性状，适合进行 QTL 定位分析(Cao et al.，2001)。

表 5-66　DH 群体面团吹泡品质相关性状的表型分析

Table 5-66　Phenotypic analysis of alveogram characters in the DH population

环境 Environment	性状 Trait	亲本 Parents		DH 群体 DH population					
		花培 3 号 Huapei3	豫麦 57 Yumai57	平均值 Mean	最大值 Maximum	最小值 Minimum	标准差 (SD)	偏度 Skewness	峰度 Kurtosis
环境 1	*P*/mm	44.0	51.0	53.27	112.0	26.00	17.72	0.990	0.820
(E1)	*L*/mm	79.0	92.0	90.04	159.0	40.00	23.47	0.390	0.250
	G	19.8	21.4	20.95	28.1	14.10	2.77	0.002	–0.020
	W/J	71.0	174.0	112.53	263.0	40.00	47.89	0.890	0.350
	Ie	23.2	61.8	33.03	61.8	8.63	9.40	–0.080	–0.010
环境 2	*P*/mm	58.0	59.0	69.43	135.0	33.00	20.24	0.960	0.660
(E2)	*L*/mm	53.0	135.0	78.04	192.0	31.00	25.54	0.730	1.370
	G	16.2	25.9	19.41	30.8	12.40	3.19	0.220	0.080
	W/J	83.0	231.0	136.08	295.0	52.00	48.96	0.900	0.230
	Ie	21.3	55.0	32.80	55.0	10.90	8.89	–0.130	–0.320
环境 3	*P*/mm	38.0	50.0	69.28	197.0	38.00	20.71	1.880	1.580
(E3)	*L*/mm	77.0	88.0	78.19	152.0	40.00	23.69	0.500	0.004
	G	19.5	20.9	19.46	27.4	14.10	2.97	0.140	0.370
	W/J	65.0	136	126.36	308.0	54.00	47.42	1.120	1.130
	Ie	15.6	35.3	28.16	43.8	4.42	8.02	–0.290	–0.200

注：*P*，面团韧性；*L*，面团的延展性；*G*，膨胀系数；*W*，面团强度；*Ie*，弹性指数

Note: *P*，Dough tenacity; *L*，Dough extensibility; *G*，Swelling index; *W*，Dough strength; *Ie*，Elasticity index

2. 面团吹泡特性的 QTL 定位及效应分析

利用基于混合线性模型(Wang et al., 1999)的 QTLNetwork 2.0(Yang et al., 2005)软件进行 QTL 分析，在 $P<0.005$ 时，检测到控制面团吹泡品质相关性状的 17 个加性效应和 7 对上位效应(表 5-67，表 5-68)。

1)加性效应分析

共检测到影响小麦面团吹泡特性的 17 个加性 QTL(表 5-64)，其中控制小麦面团韧性(*P*)的 4 个加性位点(表 5-67，图 5-23)，共解释 16.36%的表型变异，位于 1B 和 4B 染色体上的加性效应位点可分别解释 6.40%和 1.64%的变异，其增效等位基因来源于父本'豫麦 57'；而另外 2 个位于 2B 和 7D 染色体，增效等位基因来自于'花培 3 号'，分别解释表型变异的 4.5%和 3.82%。

表 5-67　三个环境下 DH 群体面团吹泡性状的加性效应

Table 5-67　Additive effects for Alveogram Characters of DH population in the three environments

性状 Trait	QTL	标记区间 Flanking marker	位置 Site/cM	加性效应 (A)[a]	贡献率 H^2/%[b]
P	*QDten1B*	*Xwmc626-Xbarc119*	33.3	−4.91	6.40
	QDten2B	*Xbarc373-Xbarc1114*	68.2	4.12	4.50
	QDten4B	*Xwmc48-Xbarc1096*	18.4	−2.49	1.64
	QDten7D	*Xgwm676-Xgwm437*	121.9	3.79	3.82
L	*QDext1B*	*Xbarc061-Xwmc766*	77.7	−9.25	13.82
	QDext3B	*Xgwm389-Xgwm533*	17.6	5.28	4.50
	QDext4B	*Xwmc48-Xbarc1096*	18.4	5.89	5.61
G	*QSin1B*	*Xbarc061-Xwmc766*	77.7	−1.04	11.66
	QSin1D	*Xwmc93-GluD1*	61.9	−0.54	3.19
	QSin3B	*Xgwm389-Xgwm533*	17.6	0.71	5.38
	QSin4B	*Xwmc48-Xbarc1096*	18.4	0.75	6.06
W	*QDstren1B*	*Xwmc626-Xbarc119*	33.3	−17.68	14.13
	QDstren1D	*Xwmc93-GluD1*	61.9	−19.81	17.74
	QDstren5A	*Xbarc358.2-Xgwm186*	37.1	8.46	3.23
Ie	*QEin1B*	*Xbarc312-Xcfe023.1*	36.1	−2.49	7.40
	QEin1D	*Xwmc93-GluD1*	61.9	−4.86	28.28
	QEin7D	*Xwmc630.1-Xgdm67*	136.4	−2.05	5.05

注：*P*，面团韧性；*L*，面团的延展性；*G*，膨胀系数；*W*，面团强度；*Ie*，弹性指数

Note: *P*, Dough tenacity; *L*, Dough extensibility; *G*, Swelling index; *W*, Dough strength; *Ie*, Elasticity index

a. 加性效应，正值表示增强面团吹泡特性的等位变异来自'花培 3 号'，负值表示增强面团吹泡特性的等位变异来自'豫麦 57'；b. 加性 QTL 所能解释的表型变异率

a. Additive effects, positive value indicates that allele from Huapei 3 enhances the dough alveogram characters, negative value indicates that allele from Yumai 57 enhances the dough alveogram characters; b. Percentage of phenotypic variation explained by QTL with additive effect

检测到控制小麦面团延展性(*L*)的 3 个加性位点，分别位于 1B、3B 和 4B 染色体，共解释 23.93%的表型变异(见表 5-67，图 5-23)。来自父本'豫麦 57'的 *QDext1B* 遗传贡献率最大，解释 13.82%的表型变异，增加延展性 9.25，为主效基因位点。*QDext3B* 和 *QDext4B* 位点的增效等位基因来源于'花培 3 号'，分别解释 4.50%和 5.61%的表型变异。

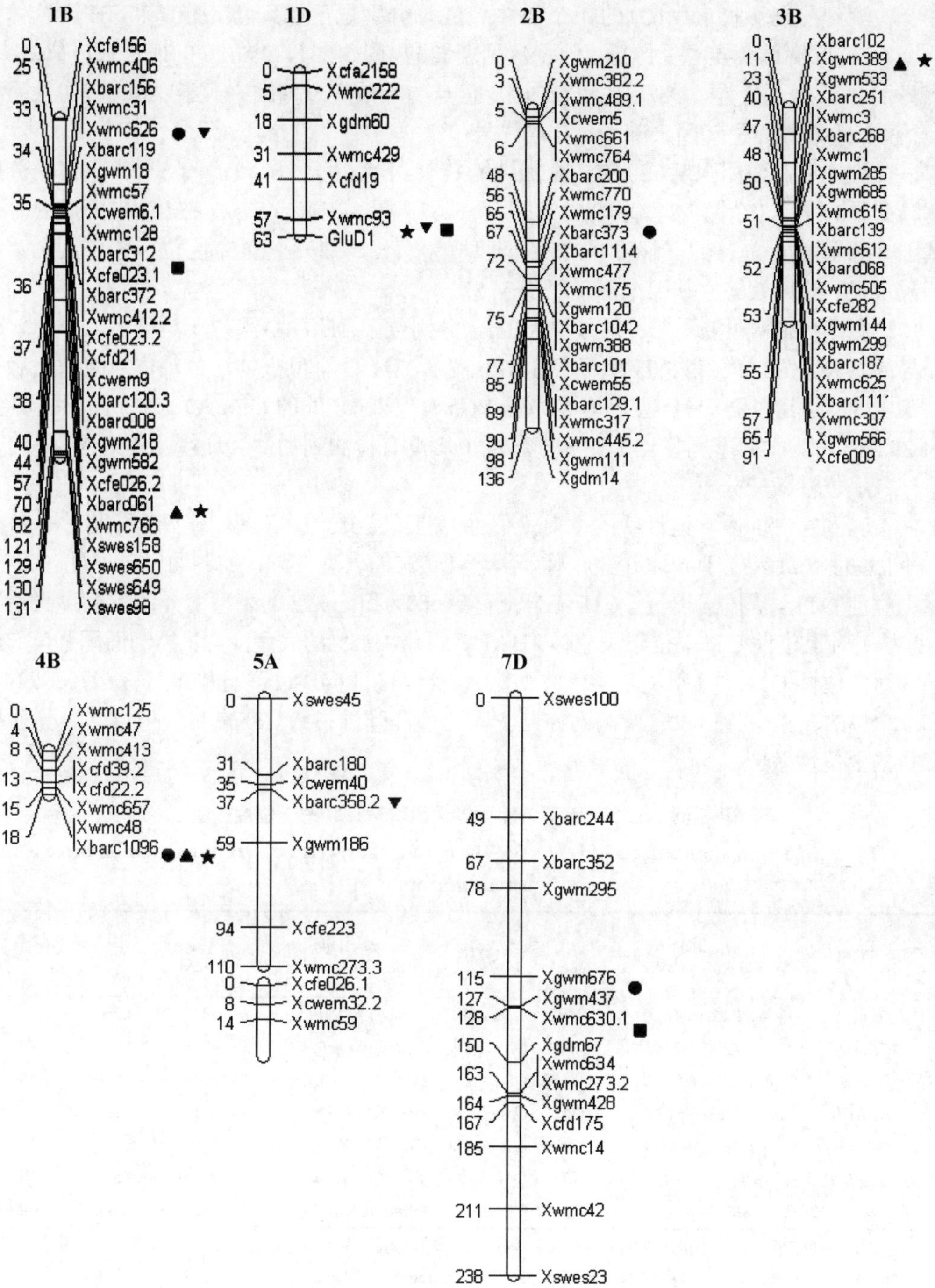

图 5-23　DH 群体面团吹泡性状的加性 QTL 位点在染色体上的位置

Fig. 5-23　Positions of additive QTLs conferring alveogram characters in the DH population

●面团韧性(*P*)的 QTL(QTL for dough tenacity)；▲面团延展性(*L*)的 QTL(QTL for dough extensibility)；▼面团强度(*W*)的 QTL(QTL for dough strength)；★膨胀系数(*G*)的 QTL(QTL for swelling index)；■弹性指数(*Ie*)的 QTL(QTL for elasticity index)

检测到控制膨胀系数(*G*)的 4 个加性 QTL，分别位于 1B、1D、3B 和 4B 染色体，单个 QTL 可解释变异的 3.19%~11.66%(见表 5-67，图 5-23)，*QSin1B* 的遗传效应值最大，解释 11.66%表型变异，*QSin1B* 和 *QSin1D* 位点的增效等位基因来源于‘豫麦 57’，另外 2 个位点的增效等位基因来源于‘花培 3 号’。

检测到控制面团强度(*W*)的 3 个加性 QTL，分别位于 1B、1D 和 5A 染色体，分别解释变异的 14.13%、17.74%和 3.23%(见表 5-67，图 5-23)，*QDstren5A* 位点的增效等位基因来源于‘花培 3 号’，解释 3.23%的表型变异，其余 2 个主效基因位点 *QDstren1B* 和 *QDstren1D* 的增效等位基因来源于‘豫麦 57’。

检测到控制弹性指数(*Ie*)的 3 个 QTL，分别位于 1B、1D 和 7D 染色体，分别解释变异的 7.4%、28.28%和 5.05%(见表 5-67，图 5-23)，3 个位点的增效等位基因均来源于‘豫麦 57’，其中位于 1D 染色体 *Xwmc93*/*GluD1* 标记之间的 *QEin1D* 遗传贡献率最大，为 28.28%，为主效基因位点。在 3 个环境中均没有检测到加性×环境互作效应。

2) 上位性效应分析

检测到控制面团吹泡性状的 7 对上位性 QTL(表 5-68)。其中，控制面团韧性(*P*)的 1 对上位性 QTL，位于 4B-6B 染色体，解释 4.82%的表型变异；控制面团延展性(*L*)的 2 对上位性 QTL，均位于染色体 1B-1D，解释 2.80%和 1.43%的表型变异；控制膨胀系数(*G*)的 1 对上位性 QTL，位于染色体 1B-1D，解释 1.15%的表型变异；控制面团强度(*W*)的 3 对上位性 QTL，分别位于染色体 1B-3A、2A-4A 和 4B-6B，分别解释 3.62%、4.14%和 2.64%的表型变异；没有检测到控制 *P*/*L* 比值和弹性指数(*Ie*)的上位性 QTL，无环境互作的上位性效应。

表 5-68 三个环境下 DH 群体面团吹泡性状的上位性效应

Table 5-68 Epistatic effects of QTLs for alveogram characters of DH population in three environments

性状 Trait	QTL	标记区间 Flanking marker	位置 Site/cM	QTL	标记区间 Flanking marker	位置 Site/cM	上位效应[a] (AA)	贡献率[b] (AA) H^2/%
P	*QDten4B*	*Xwmc47-Xwmc413*	5.2	*QDten6B*	*Xwmc415-GluB*	53.2	−4.26	4.82
L	*QDext1B*	*Xwmc412.2-Xcfe023.2*	36.4	*QDext1D*	*Xcfd19-Xwmc93*	47.9	−4.16	2.80
	QDext1B	*Xgwm582-Xcfe026.2*	55.6	*QDext1D*	*Xwmc93-GluD1*	60.9	−2.97	1.43
G	*QSin1B*	*Xbarc312-Xcfe023.1*	36.1	*QSin1D*	*Xwmc93-GluD1*	61.9	−0.33	1.15
W	*QDstren1B*	*Xswes158-Xswes650*	121.6	*QDstren3A*	*Xbarc356-Xwmc489.2*	96.1	−8.96	3.62
	QDstren2A	*Xgwm448-Xwmc455*	77.2	*QDstren4A*	*Xwmc219-Xwmc776*	35.6	−9.57	4.14
	QDstren4B	*Xwmc48-Xbarc1096*	18.4	*QDstren6B*	*Xwmc415-GluB*	53.2	−7.64	2.64

注：*P*，面团韧性；*L*，面团的延展性；*G*，膨胀系数；*W*，面团强度；*Ie*，弹性指数

Note: *P*, Dough tenacity; *L*, Dough extensibility; *G*, Swelling index; *W*, Dough strength; *Ie*, Elasticity index

a. 上位性效应，正值表示亲本型效应大于重组型效应，负值表示重组型效应大于亲本型效应；b. 上位性 QTL 所能解释的表型变异率

a. Epistatic effects, positive value represents parent type effect is bigger than recombinant type effect, negative value represents the opposite; b. Percentage of variation explained by epistatic QTL

(四)吹泡仪参数 QTL 研究进展及其与前人研究结果的比较分析

国内学者(肖灿仙等，2003；张起昌等，2006)利用吹泡仪测定不同品种的小麦面粉，通过分析所测参数及其与烘烤品质的关系，比较全面、直观地了解小麦面粉的强度、弹性和延伸性，从而推测和确定小麦品种的应用范围，在小麦品质育种中具有很高的参考价值。王恕等(1998)应用吹泡示功仪测定并绘制了 12 种小麦样品或面粉的吹泡示功图(包括中国小麦品种和法国小麦品种)，通过分析所测参数及其与烘烤品质的关系，表明使用吹泡示功仪测定和分析小麦品质是一种较好的科学方法，它可以全面且直观地测定小麦面粉的强度、弹性和延伸性，从而可以推测和确定小麦品种的应用范围，对科学、准确和全面评价小麦面粉品质具有一定的实用价值。康志钰等(2005)对拉面面条各项评分指标与面团吹泡特性间的关系进行了研究。结果表明，3 个面团吹泡特性中，面团最大张力对拉面评分指标的作用最小，而面团变形功对拉面评分指标有重要作用，面团延展性主要通过面团变形功间接影响拉面品质。因此，在选择拉面专用粉时主要针对面团延展性和变形功进行选择，尤其是后者。但是，目前国内外对控制吹泡仪参数的 QTL 研究还未见报道。

第五节　加工品质性状的 QTL 定位及效应分析

小麦的加工品质包括一次加工品质、二次加工品质和食用品质。一次加工品质指磨粉过程中对小麦构成及物化特性要求；二次加工品质指烘烤或蒸煮食品对面粉生化特性的要求。食用品质指小麦面粉加工各类面食品的适应性。本章选择面条、馒头等中国蒸煮食品的品质性状进行 QTL 定位及其效应分析，可为这些多基因控制的复杂性状的遗传解析和分子标记辅助选择奠定基础。

一、面条加工品质性状的 QTL 分析

(一)引言

面条是我国人民的传统食品，至今已有两千多年的悠久历史，根据面条颜色和制作过程中所加成分的不同，可将东方面条分为白水面条(white water noodle，WWN)、白盐面条(white salted noodle，WSN)和黄碱面条(yellow alkaline noodle，YAN)三大类，它们之间的最大差别就是加碱面条因为有碱盐成分的存在而呈黄色(Morris and Rose，1996；Nagao，1996)，另外鲜湿面条(fresh wet noodle，FWN)、方便面(instant noodle)和纯淀粉制做的各类粉条也占一定比例(魏益民，2002)。

多年来无论国内还是国外，评价面条品质一直采用感官品尝鉴定方法，但感官评价方法在信息交流、定量表达、科学再现性等方面不能满足食品工业化生产的要求。用仪器测定面条品质的方法弥补了感官评价方法的不足，因此感官评价与仪器测定相结合已成为面条食用品质的重要表达方法(任军胜等，2007)。本章选择面条品质的部分指标进行了 QTL 定位及其效应分析。

(二)测试方法

1. 面条制作

参考 SB/T10137-93 附录 A 的方法，略有改动。面粉用量为 100g(14%湿基)，加水量为吸水率的 50%。采用美国 KitchenAid 和面仪一档边加水边搅拌 30s，加水后 1 挡搅拌 30s，然后 4 挡搅拌 2min，最后 2 挡搅拌 2min。室温(25℃)熟化 30min，采用 JMTZ-14 型面条机压辊间距 2mm 处轧面，再三折合片两次、两折合片各一次，然后将面片逐渐压薄至 1.0mm(压距分别为 3.5mm、3.0mm、2.5mm、2mm、1.5mm、1mm 各一次)。面片切成 2.0mm 宽的细长面条，将切出的面条一部分挂在圆木棍上，放入恒温(约 40℃)恒湿(75%)箱内，干燥 10h，然后再室温干燥 10h，另一部分置于塑料封袋口中备用。

2. 面条品尝评分的测试

量取 500ml 自来水于电饭锅中，煮沸，加入 50g 面条样品，煮至面条芯的白色生粉刚刚消失，立即将面条捞出，以流动的自来水冲淋约 10s，分放在碗中品尝。

面条的品尝由 4 位事先经过训练对品尝有经验的人员组成，按农业部谷物及制品质量监督检验测试中心(哈尔滨)的《面条评分标准》(表 5-69)进行评分。

表 5-69 面条的评分标准

Table 5-69 Standard of sensory testing for cooked noodles

项目 Project	分值 Score	评分标准 Standard of sensory testing score
色泽 Color	20	面条的颜色和亮度，面条白、乳白、奶黄色，光亮为 18.5~20 分；亮度一般为 16~18.4 分；色发暗发灰，亮度差为 10~16 分，结合色差计评定。
表现状态 Appearence	10	面条表面光滑和膨胀程度，表面结构细密、光滑为 8.5~10 分；中间为 6.0~8.4 分；表面粗糙、膨胀、变形严重为 1~6 分。
适口性(软硬) Firmness	20	用牙咬断一根面条所需力的大小。力适中得分 17~20 分；稍偏硬或软 12~17 分；太硬或太软 1~12 分。
黏弹性 Stickiness	30	面条在咀嚼时，咬劲和弹性的大小，有咬劲，富有弹性为 25~30 分；一般为 20~25 分；咬劲差弹性不足为 1~20 分。
光滑性 Smoothness	15	指在品尝时口感的光滑程度，光滑为 10~15 分；中间为 7~10 分；光滑程度差为 1~7 分。
食味 Taste	5	指在品尝时的味道，具有清香味 4.3~5 分；基本无异味 3~4.3 分；有异味为 1~3 分。
总分 Total score	100	

注：判定规则为小于 70 分判定为差；70~79 分为一般；80~89 分为良好；大于或等于 90 分为优

(三)控制面条品质的 QTL 定位

1. 面条品质参数的表型变异

7 个面条品质参数在 DH 群体中变异幅度大，呈现连续分布，并存在明显的双向超亲分离现象(表 5-70)，正态检测结果偏度(skewness)和峰度(kurtosis)的绝对值大部分都小于 1.0，表明 7 个面条品质参数都为多基因控制的数量性状，适合进行 QTL 定位分析

(Cao et al.，2001)。

表 5-70 面条评分参数的表型变异

Table 5-70 Phenotypic performance for White Water Noodle score parameters

性状 Trait	环境 Environment	亲本 Parents		DH 群体 DH population					
		花培 3 号 Huapei 3	豫麦 57 Yumai 57	平均值 Mean	最小值 Minimum	最大值 Maximum	标准差 (SD)	偏度 Skewness	峰度 Kurtosis
色泽 Color	泰安，2007	17.75	17.50	16.82	12.50	19.25	1.26	–0.971	1.110
	泰安，2006	18.00	12.75	15.59	12.25	18.25	1.37	–0.279	–0.343
	宿州，2006	17.75	16.50	16.46	12.75	18.00	0.81	–1.138	3.121
表现状态 Appearence	泰安，2007	16.00	16.00	16.24	14.00	18.00	0.95	–0.519	–0.297
	泰安，2006	14.75	14.25	15.85	13.50	17.00	0.67	–0.553	0.158
	宿州，2006	17.00	16.50	16.68	15.00	17.75	0.49	–0.442	0.395
硬度 Firmness	泰安，2007	6.50	8.00	7.33	5.75	8.50	0.57	–0.142	–0.276
	泰安，2006	7.75	7.25	7.21	5.25	8.25	0.61	–1.092	1.028
	宿州，2006	7.75	7.25	7.59	6.25	8.50	0.85	–0.392	–0.287
黏弹性 Stickiness	泰安，2007	24.75	27.25	24.86	22.25	27.25	1.06	–0.123	–0.407
	泰安，2006	26.00	23.00	24.69	20.00	27.00	1.43	–1.031	1.065
	宿州，2006	26.25	25.50	25.71	23.75	27.00	0.79	–0.572	–0.196
光滑性 Smoothness	泰安，2007	7.75	8.25	7.96	6.75	9.00	0.44	–0.126	–0.209
	泰安，2006	8.00	7.25	7.87	6.75	8.75	0.39	–0.133	–0.313
	宿州，2006	8.50	8.25	8.15	6.50	9.00	0.42	–0.892	1.975
食味 Taste	泰安，2007	7.50	9.25	7.94	5.50	9.50	0.80	–0.473	0.160
	泰安，2006	9.25	6.25	7.70	5.50	9.25	0.74	–0.518	0.249
	宿州，2006	8.75	8.00	7.87	6.00	8.75	0.43	–1.120	2.758
品尝打分 Total score	泰安，2007	79.75	86.25	81.15	72.50	87.75	3.54	–0.168	–0.479
	泰安，2006	83.75	70.75	78.91	67.50	86.75	4.13	–0.588	–0.065
	宿州，2006	86.00	82.00	82.46	73.00	87.25	2.66	–0.786	0.958

2. 面条品质参数的加性 QTL 和加性 QTL 与环境的互作

分别在染色体 5D 和 7A 上检测出 1 个影响面条色泽的加性 QTL(表 5-71)，加性效应分别来自于母本和父本，说明面条参数的增效基因分布在父母本中。

表 5-71 面条品尝参数的加性效应及加性与环境互作效应

Table 5-71 Estimated additive (A) and additive×environment (AE) interactions of QTL for White Water Noodle score parameters

性状 Trait	QTL	标记区间 Flanking marker	位置 Site/cM	加性效应 (A)	贡献率(A) H^2/%	加性×环境效应 (AE3)	加性×环境贡献率 (AE3) H^2/%
色泽 Color	*Qco-5D*	*Xwm215-Xbarc345*	87.4	0.15	1.47	0.32	7.2
表现状态 Appearence	*Qap-1D*	*Xwmc93-GluD1*	61.9	–0.06	2.45		

检测到与环境互作的 1 个加性 QTL（*Qco-5D*）（见表 5-71），解释面条色泽表型变异的 7.2%。通过加性 QTL 与环境的互作效应增加色泽评分 0.32。

另外，值得注意的是，在染色体 1D 上的高分子质量麦谷蛋白亚基 *GluD1* 位点上定位了 1 个影响面条色泽的加性 QTL。

3. 面条品尝品质参数的上位性 QTL 和上位性 QTL 与环境的互作

共检测出控制面条品尝 7 个参数的 5 个上位性 QTL（表 5-72），这些 QTL 解释表型变异的范围是 1.44%~16.39%。其中 *Qse-3A*/*Qse-5D* 解释的表型变异最大，为 16.39%（表 5-72，图 5-24），通过上位性效应增加品尝评分 1.49。没有检测到上位性 QTL 与环境的互作。

表 5-72　面条品尝参数的上位性及上位性与环境互作效应

Table 5-72　Estimated epistatic and epistasis×environment interaction（AAE）effects of QTL for White Water Noodle score parameters

性状 Trait	QTL	标记区间 Flanking marker	位置 Site/cM	QTL	标记区间 Flanking marker	位置 Site/cM	加性效应（AA）	贡献率（AA） H^2/%
色泽 Color	*Qco-3A*	*Xbarc157.1-Xbarc1177*	192.8	*Qco-5D.1*	*Xwmc630.2-Xcfd40*	2.0	0.14	1.44
	Qco-3A	*Xbarc157.1-Xbarc1177*	192.8	*Qco-5D.2*	*Xbarc1097-Xcfd8*	23.4	0.33	7.70
表现状态 Appearence	*Qap-1B*	*Xbarc061-XWMC766*	72.7	*Qap-4A*	*Xwmc313-Xwmc497*	31.5	–0.16	4.91
黏弹性 Stickiness	*Qst-3A*	*Xbarc157.1-Xbarc1177*	191.8	*Qst-5D*	*Xbarc1097-Xcfd8*	19.4	0.41	12.02
品尝打分 Total score	*Qse-3A*	*Xbarc157.1-Xbarc1177*	191.8	*Qse-5D*	*Xbarc1097-Xcfd8*	19.4	1.49	16.39

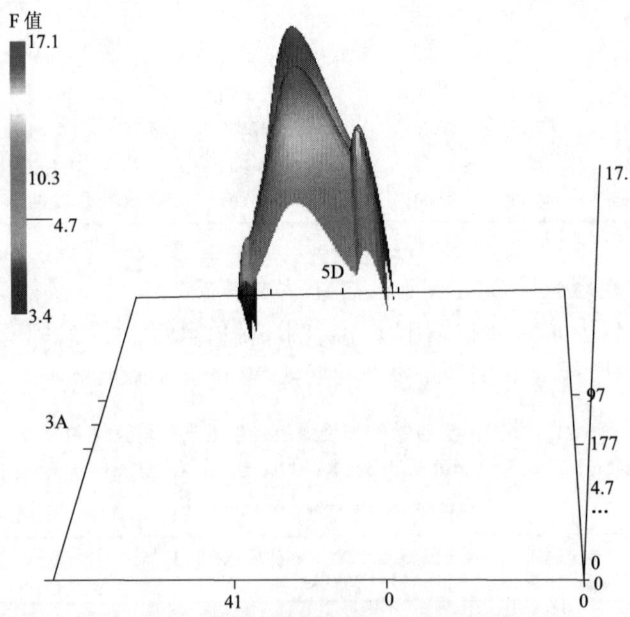

图 5-24　3D 空间品尝评分的上位性 QTL

Fig. 5-24　3D visualization for the test statistics of genome scan for epistatic QTL associated with sensory evaluation（F value is taken as height）

(四)面条评分参数QTL研究进展及其与前人研究结果的比较分析

1. 面条评分参数QTL研究进展

前人的研究表明，在染色体1A、1B和1D的麦谷蛋白位点控制着面团流变学性状的变化。Perretant等(2000)、Groos等(2004)、Kuchel等(2006)和Sun等(2008)检测出在麦谷蛋白位点的QTL与面团延伸性和面团韧性有关。另外，已证实高分子质量麦谷蛋白对最终品质的影响(MacRitchie 1999)，*Glu-A3*和*Glu-B3*位点对面团延伸性也有很大影响(Appels et al.，2001)。

2. 本研究结果与前人研究结果的比较分析

面条品尝的7个品质参数是反映面条品质的主要指标之一，对食品品质及加工过程中工艺和设备参数的确定具有重要的指导意义。前人对面条评分参数QTL及其效应分析研究的很少，本研究中，一个加性QTL被定位在*GluD1*位点，这个QTL可以用在分子标记辅助育种工作中。本研究在遗传水平上证明了麦谷蛋白亚基与面条品尝测试之间的关系。

本研究检测到面条品尝参数2个加性QTL、4个上位性QTL和1个与环境的互作QTL，其中2个为主效QTL。检测和确定的与面条品尝测试参数紧密连锁的位点可以为通过分子标记辅助育种技术改善小麦的面条品质奠定基础。

二、面条质构分析(TPA)参数的QTL分析

(一)引言

质构分析(texture profile analysis)是仪器模拟人的咀嚼动作，记录并绘出力与时间的关系，从中找出与人感官评定对应的面条硬度、脆性、黏着性、弹性、黏聚性、胶着性、咀嚼性和回复性的一种方法(图5-25)。其中硬度(hardness，Har)是指凝胶达到一定变性时所必需的力，即第一次压缩凝胶时的最大峰力。黏附性(adhesiveness，Adh)表示第一次压缩过程中探头离开样品时克服两者表面吸引力所做的功(面积3)，用两次压缩间的负峰面积表示。弹性(springiness，Spr)指变性凝胶在去除压力后恢复到变形前的高度比率，用第二次压缩的测量高度与第一次测量高度的比值表示(长度2/长度1)。黏聚性(cohesiveness，Coh)用来模拟表示样品内部的黏合力，即将样品拉在一起的内聚力。胶着性(gumminess，Gum)用来模拟表示将半固体样品破裂成吞咽时的稳定状态所需的能量，用硬度与凝聚性的乘积表示。回复性(resilience，Res)表示变形凝胶在同样的速度、压力条件下恢复的程度(面积5/面积4)。

(二)面条TPA参数的测试

面条TPA测定采用英国TA.XT.plus质构仪按质构仪测试标准测定。

取10g面条，放入盛有500ml的沸水(蒸馏水)中，煮5min，立即将面条捞出，置于漏水网丝容器中，自来水冲淋60s。取5根面条并排放在测试平台上，用HDP/PFS底座、A/LKB-F型切刀剪切面条，TPA模式测定面条质地，测试前速度1mm/s，测试速度

0.8mm/s，测试后速度 0.8mm/s；测试距离为 70%样品厚度；时间间隔 1s；感应力 Auto-5g；记录硬度、黏着性等参数，重复 3 次。图 5-26 显示了一个典型的力—距离的质构仪曲线图谱。

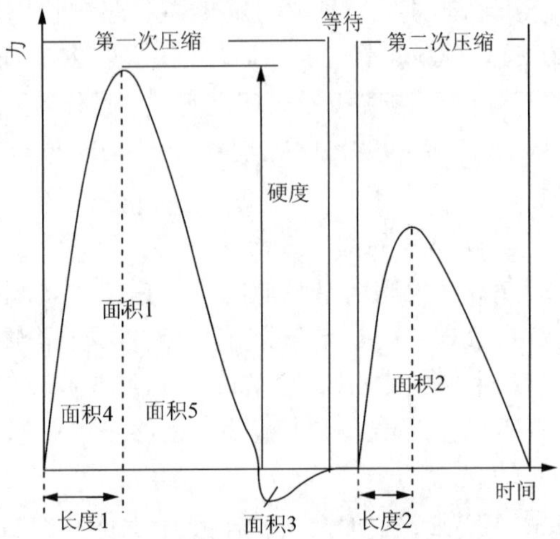

图 5-25　TPA 测试曲线示意图

Fig. 5-25　Typical instrumental texture profile analysis curve

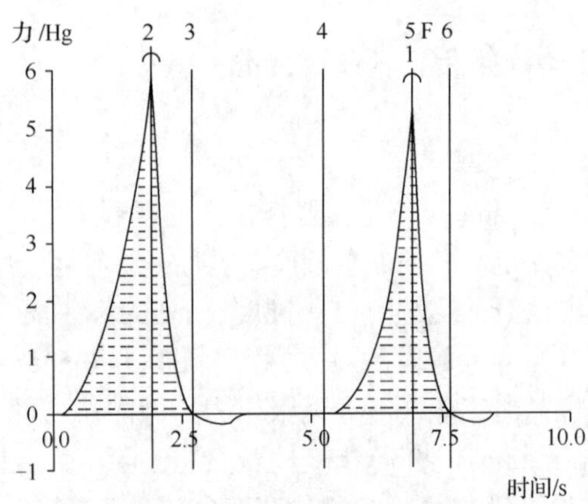

图 5-26　质构仪测定面条的 TPA 模式

Fig. 5-26　Texture profile analysis of cooked noodles using the TA.XT plus

(三) 面条质构参数的 QTL 定位及效应分析

1. 面条质构参数的表型变异

DH 群体各株系的面条质构参数变异幅度大(表 5-73)，呈现连续分布，并存在明显的双向超亲分离现象，正态检测 2006 年宿州和 2007 年泰安数据的偏度(skewness)和峰度(kurtosis)的绝对值都小于 1.0，表明为多基因控制的数量性状(Cao et al.，2001)。但是 2006 年泰安的数据的偏度和峰度的绝对值存在着大于 1.0 的情况。

表 5-73　面条 TPA 参数的表型变异

Table 5-73　Phenotypic performance for TPA parameters

性状 Trait	环境 Environment	亲本 Parents		DH 群体 DH population					
		花培 3 号 Huapei 3	豫麦 57 Yumai 57	平均值 Mean	最小值 Minimum	最大值 Maximum	标准差（SD）	偏度 Skewness	峰度 Kurtosis
硬度 Hardness	泰安，2007	238.59	400.41	340.20	152.76	460.36	53.14	–0.192	0.162
	泰安，2006	332.75	477.53	421.86	267.50	889.10	92.54	2.331	8.111
	宿州，2006	419.77	398.67	420.51	266.80	682.53	84.29	0.739	0.588
黏着性 Adhesiveness	泰安，2007	2.71	3.55	4.88	1.82	9.99	1.53	0.458	0.104
	泰安，2006	4.00	7.06	6.82	3.05	13.64	2.12	1.034	1.124
	宿州，2006	8.52	5.47	7.70	2.96	13.15	1.94	0.246	0.049
弹性 Springiness	泰安，2007	0.92	0.94	0.89	0.74	0.97	0.04	–1.209	1.719
	泰安，2006	0.94	0.89	0.87	0.65	0.94	0.05	–2.031	5.725
	宿州，2006	0.76	0.88	0.83	0.67	0.95	0.06	–0.270	–0.873
黏聚性 Cohesiveness	泰安，2007	0.57	0.62	0.57	0.45	0.63	0.03	–1.065	1.412
	泰安，2006	0.60	0.56	0.57	0.40	0.63	0.03	–1.711	6.805
	宿州，2006	0.54	0.56	0.55	0.45	0.65	0.03	–0.275	0.493
胶着性 Gumminess	泰安，2007	135.15	246.81	194.00	89.46	268.29	29.79	–0.257	0.391
	泰安，2006	198.11	265.47	239.85	152.22	437.80	42.48	1.331	3.744
	宿州，2006	227.91	224.58	237.72	136.00	374.80	43.46	0.542	0.264
咀嚼性 Chewiness	泰安，2007	124.76	230.62	172.60	82.42	241.55	27.28	–0.250	0.369
	泰安，2006	186.05	234.99	207.96	135.76	313.30	29.28	0.355	0.447
	宿州，2006	173.07	197.59	190.37	110.26	279.10	30.83	0.142	–0.235
回复性 Resilience	泰安，2007	0.27	0.31	0.26	0.18	0.33	0.03	–0.115	–0.022
	泰安，2006	0.31	0.24	0.26	0.16	0.33	0.03	–0.426	2.273
	宿州，2006	0.24	0.27	0.25	0.18	0.36	0.03	0.462	1.260

2. 加性 QTL 和加性 QTL 与环境的互作

检测出控制黏着性、弹性、黏聚性、胶着性、咀嚼性和回复性的 QTL 的数目分别是 1、1、2、1、2 和 3 个(表 5-74)。加性效应大部分来自父本‘豫麦 57’（6QTL，60%），说明 TPA 参数的增效基因分布在父母本中，解释了存在明显的双向超亲分离现象的原因。咀嚼性的一个加性 QTL 存在最强的加性效应，位于 *Xwmc412.2*/*Xcfe023.2* 区间，解释的表型变异为 11.61%。没有检测到加性 QTL 与环境的互作。

另外，值得注意的是，在染色体 1D 上的高分子质量麦谷蛋白亚基 *GluD1* 位点上定位了 1 个影响面条质构参数的加性 QTL。

表 5-74 面条 TPA 参数的加性效应及加性与环境互作效应

Table 5-74 Estimated additive（A）and additive×environment（AE）interactions of QTL for TPA parameters

性状 Trait	QTL	标记区间 Flanking markera	位置 Site/cM	加性效应（A）	贡献率（A） H^2/%
黏着性 Adhesiveness	*Qadh-1B*	*Xcfe023.1-Xbarc372*	36.2	0.4200	5.03
弹性 Springiness	*Qspr-1B*	*Xbarc372-Xwmc412.2*	36.3	–0.0100	5.55
黏聚性 Cohesiveness	*Qcoh-1B*	*XbarcC372-Xwmc412.2*	36.3	–0.0100	9.48
	Qcoh-4A	*Xwmc262-Xbarc343*	6.5	0.0100	4.45
胶着性 Gumminess	*Qgum-1B*	*Xwmc412.2-Xcfe023.2*	36.4	–11.5600	8.39
咀嚼性 Chewiness	*Qche-1B*	*Xwmc412.2-Xcfe023.2*	36.4	–10.2600	11.61
	Qche-1D	*Xwmc93-GluD1*	61.9	–9.6500	10.28
回复性 Resilience	*Qres-1B*	*Xcfe023.1-Xbarc372*	36.2	–0.0058	4.29
	Qres-4A	*Xwmc718-Xwmc262*	5.0	0.0077	7.46
	Qres-5D	*Xwmc215-Xbarc345*	84.4	0.0057	4.13

3. 上位性 QTL 和上位性 QTL 与环境的互作

检测出控制 7 个 TPA 参数的 3 个上位性 QTL（表 5-75，图 5-27，图 5-28），解释的表型变异的范围是 6.17%~8.43%。

表 5-75 面条 TPA 参数的上位性及上位性与环境互作效应

Table 5-75 Estimated epistatic and epistasis×environment interaction（AAE）effects of QTL for White Water Noodle score parameters

性状 Trait	QTL	标记区间 Flanking marker	位置 Site/cM	QTL	标记区间 Flanking marker	位置 Site/cM	上位性效应（AA）	贡献率（AA） H^2/%	上位性×环境效应（AAE2）	上位性×环境贡献率（AAE2） H^2/%
胶着性 Gumminess	*Qgum-1A*	*Xcfd59-Xwmc402.2*	54.0	*Qgum-3D*	*Xgwm52-Xgdm8*	24.0	–10.21	6.54	–5.83	2.13
咀嚼性 Chewiness	*Qche-1A*	*Xgwm259-Xcwem32.1*	1.0	*Qche-6B*	*Xcfa2187-Xgwm219*	10.0	–0.15	8.43		
	Qche-1A	*Xcfd59-Xwmc402.2*	54.0	*Qche-3D*	*Xgwm52-Xgdm8*	25.0	–0.12	6.17		

检测到一个上位性 QTL（*Qgum-1A/Qgum-3D*）与环境的互作（见表 5-75），解释胶着性表型变异的 2.13%，通过上位性 QTL 与环境的互作效应增加胶着性 5.83。

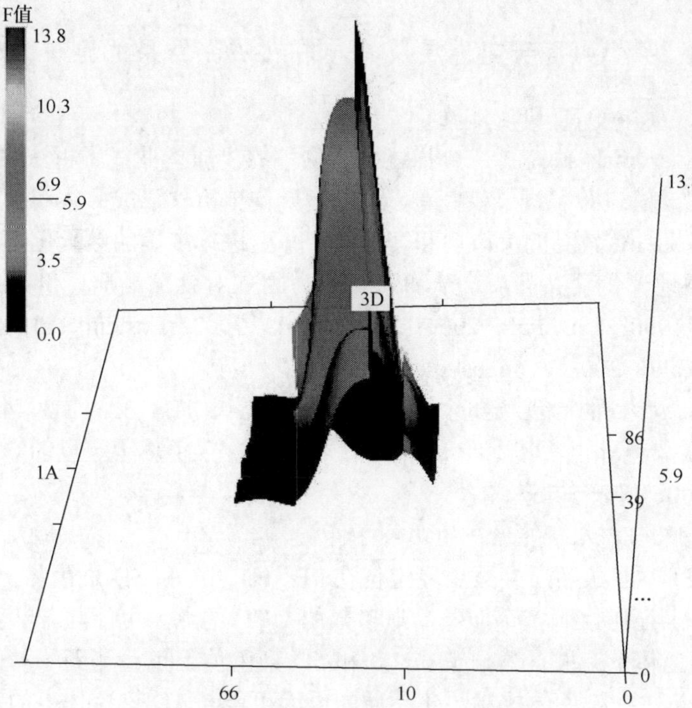

图 5-27　3D 空间胶着性的上位性 QTL

Fig. 5-27　3D visualization for the test statistics of genome scan for epistatic QTL associated with Gumminess（F value is taken as height）

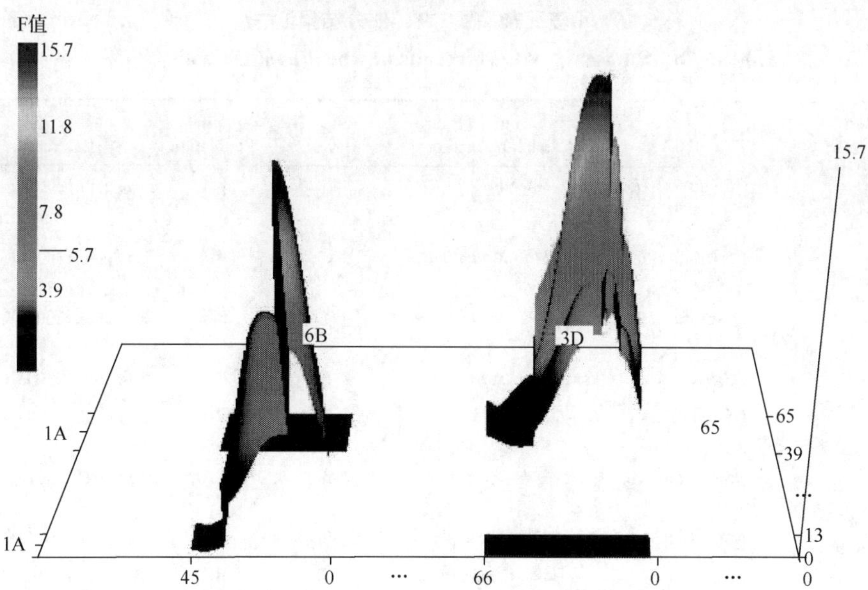

图 5-28　3D 空间咀嚼性的上位性 QTL

Fig. 5-28　3D visualization for the test statistics of genome scan for epistatic QTL associated with Chewiness（F value is taken as height）

(四)面条 TPA 参数 QTL 研究进展及其与前人研究结果的比较分析

1. 面条 TPA 参数 QTL 研究进展

1963 年，Szczeniak 确定了综合描述食品物性的“质构曲线解析法(TPA)”。1978 年，Bourne 又对该法进行了进一步完善。目前，质构分析仪已成为客观评价食品品质的主要仪器，其结果具有较高的灵敏性和客观性，并可进行准确的数量化处理，以量化的指标来客观全面地评价食品品质，从而避免人为因素对食品品质评价结果的主观影响(Edwards et al.，1998；Lau et al.，2000；Zaidul et al.，2002；Epstein et al.，2002；Baxtera et al.，2004；Kealy，2006；Otegbayo et al.，2007)。

有关面条品质参数的 QTL 定位，目前主要涉及 1A、1D、3A、3D、4A、4D、5B、6A、6D 和 7A 等染色体上，其中在 1B、1D、4A 和 5D 染色体上定位的 QTL 数目较多，其贡献率最高达 36%(表 5-76)。

2. 本研究结果与前人研究结果的比较分析

前人研究发现，面条品质参数主要定位在 1B、1D、4A 和 5D 染色体上(见表 5-76)，其中 4A 染色体上存在控制多个面条品质参数的 QTL 位点，可能与 Wx 蛋白亚基基因位点也在 4A 染色体上有关。本研究在 1D 和 5D 染色体上也检测到了与面条品质有关的主效 QTL 位点，1D 染色体控制面条品质的原因可能与 1D 染色体上的高分子质量谷蛋白亚基基因有关，从分子水平上证实了面条品质既受谷蛋白亚基又受 Wx 蛋白亚基的影响。

表 5-76　小麦面条品质 QTL 部分结果汇总

Table 5-76　Summary of QTL results of wheat noodle quality

性状 Trait	QTL	标记区间 Flanking marker	贡献率 (PVE)/%	作图群体 Population	参考文献 Reference
感官品质 Sensory quality Palate	*QSpal.sdau-1D*	*Glu-D1-Xsrap19*	3.28	RIL	Zhao et al.(2009a)
弹性 Elasticity	*QSela.sdau-6D*	*Xswes426b-Xubc807d*	3.47	RIL	Zhao et al.(2009a)
黏性 Stickiness	*QSsti.sdau-1D*	*Glu-D1-Xsrap19*	4.57	RIL	Zhao et al.(2009a)
	QSsti.sdau-4A	*Xswes620-Xswes615*	6.78	RIL	Zhao et al.(2009a)
爽滑度 Smoothness	*QSsmo.sdau-1D*	*Glu-D1-Xsrap19*	3.66	RIL	Zhao et al.(2009a)
适口性 Taste	*QStas.sdau-4A.1*	*Xswes624c-Xissr25b*	3.07	RIL	Zhao et al.(2009a)
	QStas.sdau-4A.2	*Xubc827d-Xissr22a*	2.75	RIL	Zhao et al.(2009a)
品尝总分 Total score	*QSts.sdau-4A*	*Xswes620-Xswes615*	2.98	RIL	Zhao et al.(2009a)
质构 Textural property					
弹性 Springiness	*QTspr.sdau-1A*	*Xwmc93d-Xgwm135*	3.55	RIL	Zhao et al.(2009a)

续表

性状 Trait	QTL	标记区间 Flanking marker	贡献率 (PVE)/%	作图群体 Population	参考文献 Reference
硬度 Hardness	*QThd.sdau-3D*	*Xwmc529-Xsrap8*	2.58	RIL	Zhao et al. (2009a)
色泽 Noodle colour	*QY0a.crc-1A*	*Xwmc826-Xwmc11*	8.7	DH	McCartney et al. (2006)
	QY0a.crc-6A	*Xgwm334-Xbarc23*	13.3	DH	McCartney et al. (2006)
	QY0b.crc-1A	*Xbarc119-Xwmc611*	7.7	DH	McCartney et al. (2006)
	QY0b.crc-4D	*Xwmc617-Xwmc48*	13.8	DH	McCartney et al. (2006)
	QY0b.crc-7A	*Xwmc809*	36.0	DH	McCartney et al. (2006)
	QY24l.crc-5B	*Xgwm443-Xwmc740*	12.7	DH	McCartney et al. (2006)
	QY24b.crc-4D	*Xwmc617-Xwmc48*	11.0	DH	McCartney et al. (2006)
	QY24b.crc-7A	*Xwmc633-Xwmc809*	28.5	DH	McCartney et al. (2006)
	QYdl.crc-5D	*Xgwm16*	9.4	DH	McCartney et al. (2006)
	QYdb.crc-1D	*Xgwm337*	8.2	DH	McCartney et al. (2006)
	QYdb.crc-3A	*Xwmc264*	8.0	DH	McCartney et al. (2006)

三、馒头品质的 QTL 分析

馒头是以小麦面粉为主要原料的中国传统面食。中国幅员辽阔，民族众多，由此发展出了各式各样的馒头。根据风味、口感不同可分为以下几种：①北方硬面馒头，是山东、山西、河北等北方的一些地区百姓喜爱的日常主食；②软性北方馒头，在中国中原地带，如河南、陕西、安徽、江苏等地百姓以此类馒头为日常主食；③南方软面馒头，是中国南方人习惯的馒头类型。馒头体积、质地结构、比容和色泽都是馒头品质的重要指标，本实验对馒头主要品质性状进行 QTL 定位及效应分析，可为利用分子标记辅助方法选育优质馒头小麦品种提供技术支持。

(一) 测定方法

1. 馒头蒸制方法

按中华人民共和国商业行业标准(SB/T 10139-93)进行馒头的蒸制，具体方法：称取 100g 小麦粉，加入含有 1g 干酵母的温水(38℃)约 48ml(按粉质仪吸水率的 75%计算加水量)，用玻璃棒混合成面团后，手工和面 3min，置于恒温箱中(38℃，85% RH)发酵 60min。取出，手工和面 3min，成型。室温醒发 15min 后，放入已煮沸并垫有纱布的蒸车上蒸 20min，取出，盖上干纱布，冷却 40min 后，用电子天平称重，并进行有关品质指标的测定。

2. 质构性状的检测

将制作好的馒头从竖直方向切成厚度为 25mm 的均匀薄片，用质构仪(TA-XT plus，Stable Micro System Ltd，UK)P/35 压盘式探头运行 TPA 压缩模式测定。测前速度为

2.0mm/s；测试速度为 1.0mm/s；测后速度为 1.0mm/s；测试距离为 15mm（样品厚度的 60%）；触发力为 5g；两次压缩间隔时间为 5s；数据采集速率为 200point/s。测定指标包括硬度（hardness，H）、黏着性（adhesiveness，AD）、弹性（springiness，SP）、黏聚性（cohesiveness，COH）、咀嚼性（chewiness，CH）、回复性（resilience，RE）、胶着性（gumminess，GU）。

3. 比容测定

用电子天平称重，用油菜籽替代法测体积，测量馒头高度，计算比容。

4. 色泽测定

馒头的表面和馒头芯色差用 Minolta CR-400 型色彩色差计测定，以 L^*、a^*、b^*色空间表示，L^*称为亮度，$L^* = 0$ 表示黑色，$L^* = 100$ 表示白色，中间共有 100 等级。a^*和 b^*表示不同的色彩方向。a^*表示红—绿方向，b^*表示黄—蓝方向，$+a^*$表示偏红，$-a^*$表示偏绿；$+b^*$表示偏黄，$-b^*$表示偏蓝。其中外皮 L^*、a^*、b^*表示馒头表皮色泽值，内芯 L^*、a^*、b^*表示馒头馒头芯色差值。

（二）馒头质构性状的 QTL 分析

1. 馒头质构性状的表型变异

两亲本馒头质构性状差异较大，三个环境下 DH 群体各株系质构性状的平均值见表 5-77。硬度、胶着性和咀嚼性的平均值均高于父母本，存在着明显的超亲分离现象。母本‘花培 3 号’在所有质构性状上均为高值亲本，但是 DH 群体各株系在 7 个性状上变异幅度大，呈现连续正态分布，并存在明显的双向超亲分离现象，表明为多基因控制的数量性状。

表 5-77　三个环境中馒头质构性状的变异

Table 5-77　Phenotypic performance of wheat steamed bread's textural properties under three environments

性状 Trait	亲本 Parents		DH 群体家系 DH population lines						
	花培 3 号 Huapei3	豫麦 57 Yumai57	平均值 Mean	标准误 (SE)	最大值 Maximum	最小值 Minimum	标准差 (SD)	偏度 Skewness	峰度 Kurtosis
硬度 Hardness	6644.74	6539.41	6935.01	103.40	11474.71	4146.6	1342.63	0.96	1.37
黏着性 Adhesiveness	–18.34	–232.33	–40.28	5.21	–2.19	–577.20	67.49	–4.86	36.79
弹性 Springiness	0.87	0.83	0.86	0.00	0.91	0.76	0.03	–0.86	0.81
黏聚性 Cohesiveness	0.72	0.67	0.71	0.00	0.80	0.58	0.05	–0.29	–0.54
胶着性 Gumminess	4558.74	4297.45	4816.06	54.39	7543.61	3067.87	811.26	0.77	1.00
咀嚼性 Chewiness	3931.48	3510.53	4095.10	58.32	6614.77	2714.43	705.09	0.67	0.93
咀嚼性 Resilience	0.33	0.27	0.31	0.00	0.40	0.18	0.05	–0.15	–0.78

2. 质构性状的相关性分析

由表 5-78 可见，咀嚼性和胶着性呈显著正相关性，相关系数(r)为 0.99(P<0.01)；其次是回复性和黏聚性，相关系数为 0.95(P<0.01)。弹性与黏着性为负相关(r=–0.33)，回复性与硬度为负相关(r=–0.31)，但未达到显著水平。表 5-78 三个环境中馒头质构性状间的相关性分析。

表 5-78　三个环境中馒头质构性状间的相关性分析

Table 5-78　Coefficients of pair-wise correlations of the mean values among steamed bread's textural properties traits in the three environments

性状 Trait	硬度 Hardness	黏着性 Adhesiveness	弹性 Springiness	黏聚性 Cohesiveness	胶着性 Gumminess	咀嚼性 Chewiness
硬度 Hardness	–0.07					
黏着性 Adhesiveness	0.02	0.33**				
弹性 Springiness	–0.25**	0.42**	0.83**			
黏聚性 Cohesiveness	0.94**	0.09	0.18*	0.02		
胶着性 Gumminess/g	0.89**	0.16*	0.29**	0.13	0.99**	
咀嚼性 Chewiness/g	–0.31**	0.40**	0.70**	0.95**	–0.03	0.09

*和**分别表示显著性大于 0.005 和 0.001

* and ** indicate P<0.005 and P<0.001, respectively

3. 馒头质构性状的 QTL 定位及效应分析

利用基于混合线性模型(Wang，1999)的 IciMapping v2.2 软件进行 QTL 分析，在 P<0.005 时，检测到控制馒头质构相关性状的 39 个加性效应和 8 对上位效应，其中 8 个加性效应位点都具有环境互作效应。

1)硬度 QTL 分析

控制馒头硬度的 4 个加性 QTL 位点，分别位于 2B、6B 和 7B2 染色体，解释 6.36%~35.17%的硬度变异(表 5-79，图 5-29)。其中，Qha7B2 的遗传贡献率最大，解释 35.17%的表型变异，增效等位基因来源于‘花培 3 号’，其他 3 个加性效应位点的增效等位基因来源于‘豫麦 57’，分别解释 6.36%、18.09%和 35.17%的表型变异。控制馒头硬度 QTL 加性效应总的贡献率为 78.81%。

表 5-79　三个环境下馒头质构性状的加性效应及加性与环境互作效应

Table 5-79　Estimated additive and additive × environment interaction of QTLs for steamed bread's textural properties based on averaged pHenotypic data from 3 environments

性状 Trait	QTL	位置 Site/cM	标记区间 Flanking marker	加性效应 [a] (A)	贡献率 [b] (PVE)/%
硬度 Hardness1	*Qha6B*	53	*Xcfd48-Xwmc415*	–1616.7400	18.0850
	Qha7B2	8	*Xwmc581-Xbarc050*	–1361.0200	35.1694

续表

性状 Trait	QTL	位置 Site/cM	标记区间 Flanking marker	加性效应[a] (A)	贡献率[b] (PVE)/%
	Qha7B2	12	*Xwmc273.1-Xcfd22.1*	1001.6730	19.1932
	Qha2B	136	*Xgwm111-Xgdm14-6D*	–615.7810	6.3582
黏着性 Adhesiveness1	*Qad6B*	56	*Xwmc74-Xgwm58*	28.8054	13.3475
黏着性 Adhesiveness2	*Qad3B*	23	*Xgwm533-Xbarc251*	60.4118	7.7940
	Qad4A	44	*Xbarc078-Xwmc722*	–116.6250	29.3490
黏着性 Adhesiveness3	*Qad1B*	33	*Xwmc31-Xwmc626*	11.1388	7.3432
	Qad1B	70	*Xcfe026.2-Xbarc061*	–20.7657	26.0446
	Qad2A	73	*Xbarc264-Xgwm448*	–17.2204	18.0936
弹性 Springiness1	*QSp2B*	2	*Xgwm210-Xwmc382.2*	–0.0125	8.7296
	QSp2B	77	*Xbarc101-Xcwem55*	0.0095	4.9431
	QSp3A	159	*Xgwm155-Xcfa2170*	0.0111	7.0213
	QSp6D	77	*Xbarc054-Xgwm55*	0.0108	6.3975
	Qco3A	167	*Xcfa2170-Xbarc51*	0.0270	8.8641
	Qco3B	53	*Xcfe282-Xgwm299*	–0.0263	7.0290
	Qco3B	58	*Xwmc307-Xgwm566*	0.0414	19.0557
	Qco6D	78	*Xgwm55-Xgwm133.2*	0.0193	4.3580
黏聚性 Cohesiveness3	*Qco1A*	53	*Xwmc163-Xcfd59*	–0.0086	4.8898
	Qco3B	52	*Xbarc139-Xwmc612*	0.0106	6.3585
	Qco4A	37	*Xwmc776-Xbarc362*	–0.0091	5.5342
	Qco7D	185	*Xwmc14-Xwmc42*	–0.0092	4.5719
胶着性 Gumminess1	*Qgu6A*	0	*Xgwm459-Xgwm334*	335.3752	5.6133
胶着性 Gumminess2	*Qgu5D*	0	*Xwmc630.2-Xcfd40*	–284.6430	5.7021
胶着性 Gumminess3	*Qgu2B*	136	*Xgwm111-Xgdm14-6D*	–351.2510	6.4099
咀嚼性 Chewiness1	*QCh6A*	0	*Xgwm459-Xgwm334*	318.1299	6.2364
咀嚼性 Chewiness2	*QCh5D*	0	*Xwmc630.2-Xcfd40*	–245.2380	5.8545
	QCh6D	7	*Xwmc412.1-Xcfd49*	257.9171	6.4590
咀嚼性 Chewiness3	*QCh2B*	135	*Xgwm111-Xgdm14-6D*	–295.9830	6.8447
回复性 Resilience1	*Qre2B*	2	*Xgwm210-Xwmc382.2*	–0.0336	11.8366
	Qre3A	163	*Xcfa2170-Xbarc51*	0.0293	9.1653
	Qre3B	53	*Xcfe282-Xgwm299*	–0.0258	5.9698
	Qre3B	58	*Xwmc307-Xgwm566*	0.0451	19.9542
	QRe5B2	19	*Xbarc36-Xbarc140*	0.0191	3.9106
	Qre6D	78	*Xgwm55-Xgwm133.2*	0.0211	4.5736
回复性 Resilience3	*Qre3B*	52	*Xbarc139-Xwmc612*	0.0125	7.6372
	Qre4A	34	*Xwmc313-Xwmc497*	–0.0114	7.5644
	Qre7D	188	*Xwmc14-Xwmc42*	–0.0116	6.1283

a. 加性效应为正值表示增效等位基因来自于‘花培 3 号’，加性效应为负值表示增效等位基因来自于‘豫麦 57’。a. Additive effects, a positive value indicates that the Huapei 3 allele has a positive effect on the adhesiveness, a negative value indicates that allele from Ym57 has a negative effect on the adhesiveness

b. 贡献率表示 QTL 对性状的解释率。b. Contribution explained by putative main-effect QTL

1,2,3 分别代表 2008 泰安试点，2007 泰安试点和 2007 年宿州试点 1. 2008 in Tai'an; 2. 2007 in Tai'an; 3. 2007 in Suzhou

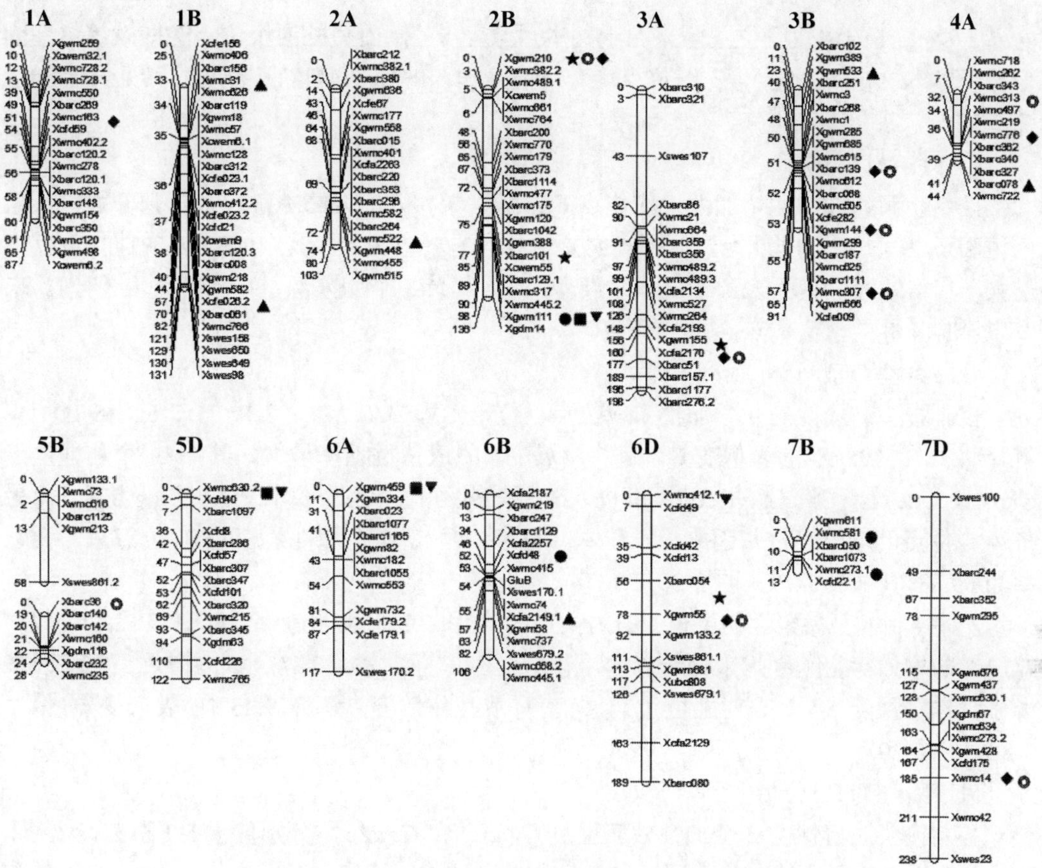

图 5-29　馒头质构性状的加性 QTL 位点在染色体上的位置

Fig. 5-29　A genetic linkage map of wheat showing mapping QTLs with additive effects for steamed bread's textural properties

●硬度加性 QTL　Additive QTL for hardness；▲黏着性加性 QTL Additive QTL for adhesiveness；★弹性加性 QTL　Additive QTL for springiness；◆黏聚性加性 QTL　Additive QTL for cohesiveness；■胶着性加性 QTL Additive QTL for gumminess；▼咀嚼性加性 QTL Additive QTL for chewiness；◎回复性加性 QTL Additive QTL for resilience

1 对位于染色体 3D 和 6B 上的控制馒头硬度的上位 QTL（*Qha3D*/*Qha6B*），解释 8.3% 的表型变异，并在 3 个环境中都检测到上位与环境的互作效应，效应值为 33.61%（表 5-80，图 5-29）。

2）黏着性 QTL 分析

控制馒头黏着性的 6 个加性效应位点，分别位于 5 条染色体 1B、2A、4A、3B 和 6B，解释 7.79%~29.34%的表型变异。其中，*Qad4A* 的遗传贡献率最大，解释 29.34%的表型变异。3 个 QTL（*Qad1B*、*Qad2A* 和 *Qad4A*）的加性效应增效等位基因均来源于父本‘豫麦 57’，另外 3 个位点（*Qad6B*、*Qad3B* 和 *Qad1B*）的增效等位基因来源于‘花培 3 号’，这说明黏着性的增效等位基因分散于父母亲本之间。6 个加性效应 QTL 总的贡献率为 83.88%（见表 5-77，图 5-29）。

3 对控制馒头黏着性的上位 QTL，分别位于染色体 1B-2A、1B-3B 和 2A-3B。其中

Qad1B/*Qad2A* 的增效等位基因来源于父本‘豫麦 57’，而另外两个位点的增效等位基因来源于母本‘花培 3 号’。3 对位点均有环境互作，解释 5.74%的表型变异(见表 5-80，图 5-29)。

3) 弹性 QTL 分析

控制馒头弹性的 4 个加性效应位点 *QSp2B*、*QSp2B*、*QSp3A* 和 *QSp6D*，分别位于染色体 2B、2B、3A 和 6D 上，解释 4.94%~8.73%的表型变异，其中 *QSp2B* 的遗传贡献率最大，其增效等位基因来源于父本‘豫麦 57’，其余 3 个均来源于母本‘花培 3 号’。未发现影响弹性的上位位点。

4) 黏聚性 QTL 分析

控制馒头黏聚性的 9 个加性效应位点，位于 1A、3A、4A、2B、3B、6D 和 7D 上，解释 4.36%~19.06%的表型变异，其中 *Qco3B* 的遗传贡献率最大。其中 5 个加性位点 *Qco4A*、*Qco7D*、*Qco1A*、*Qco3B* 和 *Qco2B* 的增效等位基因来源于父本‘豫麦 57’，而另外 4 个位点的增效等位基因来源于母本‘花培 3 号’。9 个加性效应 QTL 位点总的贡献率为 69.63%(见表 5-79，图 5-29)。

2 对控制馒头黏聚性的上位 QTL 各有 0.07%和 0.27%的贡献率。其中 1B-3A *Qco1B-1*/*3A-1* 的增效等位基因均来源于母本‘花培 3 号’，而 *Qco1B-2*/*3A-2* 的增效等位基因来源于父本‘豫麦 57’。2 对上位 QTL 均有环境互作效应，解释 9.45%的表型变异(见表 5-80，图 5-29)。

5) 胶着性 QTL 分析

控制馒头胶着性的 2 个加性效应位点 *Qgu5D* 和 *Qgu2B*，分别位于 5D 和 2B 染色体上。2 个位点解释 12.1%的表型变异，且均来自父本‘豫麦 57’，这与‘豫麦 57’具有较大的胶着性数值是一致的。

6) 咀嚼性 QTL 分析

控制馒头咀嚼性的 4 个加性效应位点(*QCh6A*、*QCh5D*、*QCh6D* 和 *QCh2B*)，分别位于 6A、5D、6D 和 2B 染色体上，解释 5.85%~6.84%的表型变异，其中 *QCh2B* 的遗传贡献率最大，*QCh2B* 与 *QCh5D* 的等位基因来源于父本‘豫麦 57’，*QCh6A* 和 *QCh6D* 的增效等位基因均来源于母本‘花培 3 号’。4 个加性效应 QTL 位点总的贡献率为 25.39%(见表 5-79，图 5-29)。

7) 回复性 QTL 分析

控制馒头回复性的 8 个加性效应位点，解释 3.91%~19.95%的表型变异，总贡献率为 76.74%。其中 *Qre2B*、*Qre3B*、*Qre4A* 和 *Qre7D* 的增效等位基因均来源于母本‘花培 3 号’，而其余 4 个位点的增效等位基因来源于父本‘豫麦 57’。

2 对控制馒头回复性的上位 QTL 各有 0.06%和 0.25%的贡献率。*Qre1B-1*/*Qre3A-1* 的增效等位基因均来源于母本‘花培 3 号’，而 *Qre1B-2*/*Qre3A-2* 的增效等位基因来源于父本‘豫麦 57’。2 对位点均有环境互作效应，解释了 5.34%的表型变异(见表 5-80，图 5-29)。

表 5-80　三个环境下馒头质构性状的上位效应及上位与环境互作效应

Table 5-80　Estimated epistasis (AA) and epistasis × environment interactions of QTLs for steamed bread's textural properties based on averaged pHenotypic data from 3 environments

性状 Trait	QTL	标记区间 Flanking marker	位置 Position /cM	QTL_j	性状 Trait	标记区间 Flanking marker	位置 Position /cM	AA[a]	H^2(AA)[b] /%	AAE1	H^2(AAE1) /%	AAE2	H^2(AAE2) /%	AAE3	H^2(AAE3) /%
黏着性 Adhesiveness	*Qad1B*	*XCFE156-XWMC406*	0	*Qad2A*	4-3	*XBARC380-XGWM636*	1.6	−13.1290**	1.33			−20.0400*	2.32		
	Qad1B	*XCFE156-XWMC406*	0	*Qad3B*	8-3	*XGWM533-XBARC251*	23.0	9.7860*	0.91			19.8673*	2.30		
	Qad2A	*XBARC380-XGWM636*	1.6	*Qad3B*	8-3	*XGWM533-XBARC251*	23.0	10.5699*	0.59			16.2597*	1.12		
黏聚性 Cohesiveness	*Qco1B-1*	*XCFE023.1-XBARC372*	36.1	*Qco3A-1*	7-16	*XCFA2170-XBARC51*	176.2	0.0121**	0.07	0.0144**	4.510				
	Qco1B-2	*XGWM582-XCFE026.2*	53.1	*Qco3A-2*	7-17	*XBARC51-XBARC157.1*	176.5	−0.0151**	0.27			−0.0167**	4.94		
回复性 Resilience	*Qre1B-1*	*XCFE023.1-XBARC372*	36.1	*Qre3A-1*	7-16	*XCFA2170-XBARC51*	175.2	0.0131**	0.06	0.0164**	5.310				
	Qre1B-2	*XGWM582-XCFE026.2*	52.1	*Qre3A-2*	7-17	*XCFA2170-XBARC51*	176.2	−0.0163**	0.25			−0.0197**	5.34		
硬度 hardness	*Qha3D*	*XGDM72-XBARC1119*	10.0	*Qha6B*	19-11	*XGWM58-XWMC737*	61.9	−147.3078**	8.3	−539.7731	11.974	124.1640**	14.20	415.6196	7.437

a.上位性效应，上位性效应正值表示亲本型性状值大于重组值，负值表示重组型性状值大于亲本型。b.上位性 QTL 的贡献率。 E1,E2,E3 分别表示 2008 泰安，2007 泰安和 2007 宿州。*表示达 $P<0.005$ 显著水平，**表示 $P<0.001$ 显著水平

a. Epistatic effects, a positive value indicates that the parental two-locus genotypes have a positive effect and that the recombinants have a negative effect. b. Contribution explained by epistatic QTL. E1: 2008 in Taian; E2: 2007 in Taian; E3: 2007 in Suzhou. * $P<0.005$ and ** $P<0.001$, respectively

(三)馒头比容的 QTL 分析

1. 馒头比容的表型变异

在 2 年 3 个环境中，馒头比容差异较大(表 5-79，图 5-30)，父本‘豫麦 57’为馒头高比容(2.09)值亲本，与母本‘花培 3 号’(1.89)有差异。DH 群体在所研究的馒头比容性状上变异幅度大，平均值 1.98，变幅 1.66~2.28，呈现连续正态分布，并存在明显的双向超亲分离现象，表明为多基因控制的数量性状。

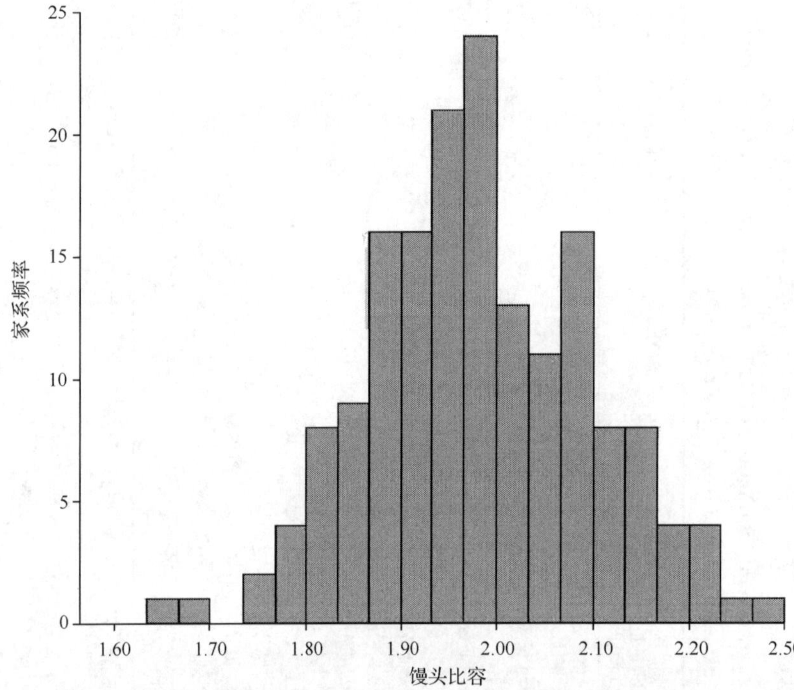

图 5-30　在 2 年 3 个环境中(花培 3 号)×(豫麦 57)DH 群体 168 个株系的小麦粉馒头比容的变异分布

Fig. 5-30　Frequency distribution of steamed bread specific volume in 168 doubled haploid lines derived from the cross of Huapei 3×Yumai 57 evaluated at 3 environments

2. 馒头比容的 QTL 定位及效应分析

利用 3 年数据检测到控制馒头比容性状的 5 个加性效应和 14 对上位效应(表 5-81，表 5-82)。

5 个影响馒头比容的 QTL，合计贡献率为 38.454%，但贡献率都在 5%以上。5 个加性 QTL 位点，位于 6A、7B2、7D、1A 和 3D 染色体，分别解释比容变异的 9.37%、7.38%、6.84%、5.11%和 9.75%(图 5-31)，5 个加性效应位点的增效等位基因均来源于父本‘豫麦 57’，这与其具有较高的比容是一致的。

14 对控制比容的上位 QTL，位于染色体 1B-3A、2D-3A、3A-5B1、6D-7A、1A-3A、1B-6D、2D-4D、4A-6B、6A-6B、1A-5A、1B-6D、3A-7D、3D-7A 和 5B2-7A，可分别解释 13.88%、20.39%、18.88%、8.58%、7.83%、12.31%、18.78%、11.98%、8.54%、7.37%、4.83%、17.05%、5.14%、9.39%的表型变异(图 5-32)。上位效应总的贡献率是 164.95%。

14 对上位效应位点(*Qsv-1B*/*Qsv-3A*、*Qsv-2D*/*Qsv-3A*、*Qsv-3A*/*Qsv-5B1*、*Qsv-1B*/*Qsv-6D*、*Qsv-2D*/*Qsv-4D*、*Qsv-3A*/*Qsv-7D* 和 *Qsv-5B2*/*Qsv-7A*)解释的表型变异分别为 13.88%、20.39%、18.88%、12.31%、18.78%、11.98%、17.05%。这 7 个 QTL 均为主效 QTL，可以运用到分子标记辅助育种中。

在环境 1 和环境 3 中都检测到 *Qsv-1B* 这个上位性位点，分别解释了 13.88%和 4.83% 的表型变异。

表 5-81　三个环境下馒头比容的加性效应

Table 5-80　Estimated additive (A) of QTLs for steamed bread specific volume in the three environments

性状 Trait	QTL	位置 Site/cM	左标记 Leftmarker	右标记 Rightmarker	加性效应 Additive effect	Lod 值	贡献率 Contributions/%
比容	*Qsv-6A*	68	*Xwmc553*	*Xgwm732*	–0.06	2.310	9.37
Specific	*Qsv-7B2*	13	*Xwmc273.1*	*Xcfd22.1*	–0.06	3.120	7.38
volume	*Qsv-7D*	75	*Xbarc352*	*Xgwm295*	–0.05	2.461	6.84
	Qsv-1A	54	*Xcfd59*	*Xwmc402.2*	–0.04	2.191	5.11
	Qsv-3D	94	*Xbarc071*	*Xgwm114*	–0.06	3.711	9.75

表 5-82　三个环境下馒头比容的上位效应

Table5-82　Estimated epistasis (AA) of QTLs for steamed bread specific volume in the three environments

性状 Trait	QTL1	位置 1 Site 1 /cM	标记区间 Maker interval	QTL2	位置 2 Site 2 /cM	标记区间 Maker interval	上位效应 Additive effects	Lod 值	贡献率 Contributions /%
比容	*Qsv-1B*	34	*Xbarc119-Xgwm18*	*Qsv-3A*	26	*Xbarc321-Xswes107*	0.07	3.13	13.88
Specific volume	*Qsv-2D*	26	*Xcfd53-Xwmc18*	*Qsv-3A*	16	*Xbarc321-Xswes107*	0.08	4.08	20.39
	Qsv-3A	140	*Xwmc264-Xcfa2193*	*Qsv-5B1*	42	*Xgwm213-Xswes861.2*	–0.08	3.58	18.88
	Qsv-6D	0	*Xwmc412.1-Xcfd49*	*Qsv-7A*	86	*Xwmc530-Xcfa2123*	0.05	3.39	8.58
	Qsv-1A	48	*Xwmc550-Xbarc269*	*Qsv-3A*	174	*Xcfa2170-Xbarc51*	0.06	3.41	7.83
	Qsv-1B	76	*Xbarc061-Xwmc766*	*Qsv-6D*	144	*Xswes679.1-Xcfa2129*	0.08	3.14	12.31
	Qsv-2D	130	*Xbarc129.2-Xcfd50*	*Qsv-4D*	28	*Xwmc331-Xgwm194*	0.10	3.15	18.78
	Qsv-4A	2	*Xwmc718-Xwmc262*	*Qsv-6B*	26	*Xbarc247-Xbarc1129*	–0.09	3.03	11.98
	Qsv-6A	84	*Xcfe179.2-Xcfe179.1*	*Qsv-6B*	8	*Xcfa2187-Xgwm219*	–0.07	3.84	8.54
	Qsv-1A	86	*Xgwm498-Xcwem6.2*	*Qsv-5A*	30	*Xswes45-Xbarc180*	–0.05	7.48	7.37
	Qsv-1B	38	*Xcwem9-Xbarc120.3*	*Qsv-6D*	108	*Xgwm133.2-Xswes861.1*	0.07	3.42	4.83
	Qsv-3A	0	*Xbarc310-Xbarc321*	*Qsv-7D*	78	*Xbarc352-Xgwm295*	–0.08	15.89	17.05
	Qsv-3D	0	*Xcfd34-Xbarc376*	*Qsv-7A*	90	*Xwmc530-Xcfa2123*	–0.04	5.18	5.14
	Qsv-5B2	2	*Xbarc36-Xbarc140*	*Qsv-7A*	22	*Xgwm60-Xbarc070*	–0.05	7.56	9.39

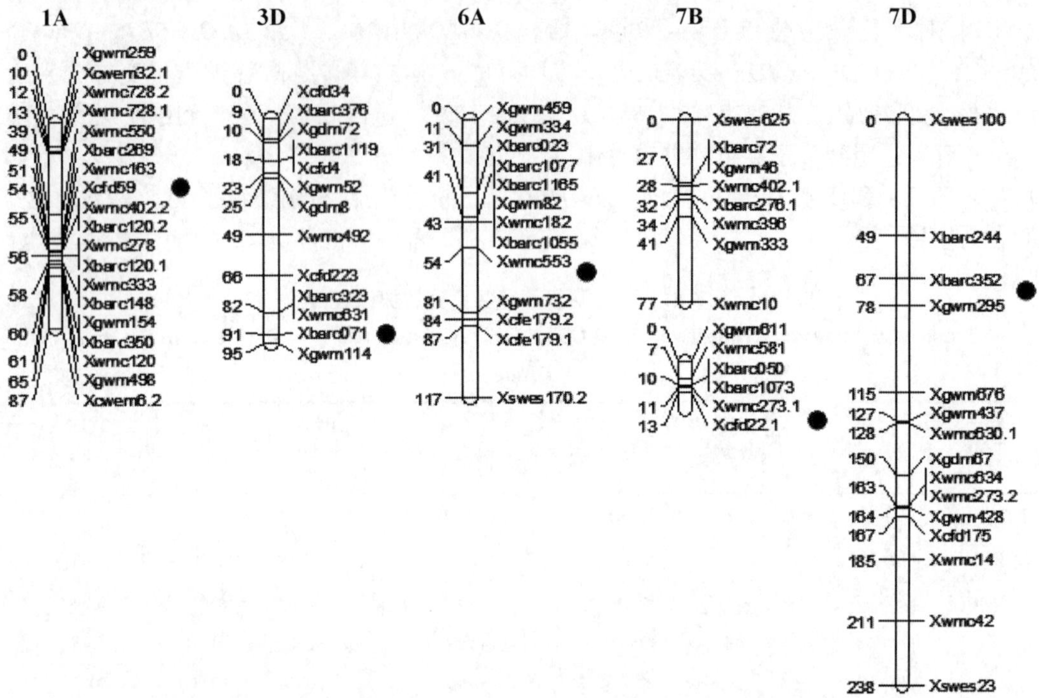

图 5-31　馒头比容的加性 QTL 位点在染色体上的位置

Fig. 5-31　Positions of additive QTLs conferring steamed bread specific volume in 168 doubled haploid lines derived from the cross of Huapei 3×Yumai 57 evaluated in the three environments

(四)馒头色泽的 QTL 分析

1. 馒头色差性状的表型变异

两亲本性状上差异较大(表 5-83)，馒头芯色差、表皮色差的平均值均小于父母亲本，说明群体在所研究的 6 个性状上变异幅度大，呈现连续正态分布，并存在明显的双向超亲分离现象。

表 5-83　三个环境下馒头色泽性状的变异分布

Table 5-83　PHenotypic performance of wheat CNSB color under three environments

性状 Trait	亲本 Parents		群体 DH population						
	花培 3 号 huapei3	豫麦 57 yumai57	平均值 Mean	标准误 (SE)	最大值 Max.	最小值 Min.	标准差 (SD)	偏度 Skew.	峰度 Kurt.
表皮色差 L^*值 Surface Colour L^*	85.16333	86.43000	84.1704	0.20	86.93	55.28	2.57	−0.582	0.568
a^*	−1.62000	−2.03000	−1.4541	0.04	0.00	−2.95	0.47	−0.317	0.685
b^*	16.42667	15.62667	16.3352	0.08	19.67	11.14	1.07	−0.171	0.184
馒头芯色差 L^*值 Inside Colour L^*	81.14000	81.22667	78.9790	0.19	81.78	52.12	2.43	−0.213	0.140
a^*	−1.37333	−1.87333	−1.2454	0.04	0.60	−2.62	0.48	0.354	0.310
b^*	15.88333	15.86000	15.3665	0.13	34.59	10.31	1.76	0.610	0.513

2. 色差之间的相关性

表皮色差 L*值与表皮色差 a*值、b*值间的相关系数分别为 0.35、0.37，均达极显著正相关水平(表 5-84)，这与胡瑞波(2006)等人对面粉色泽的研究结果一致。表皮色差 L*值与馒头芯色差 L*、a*值间的相关系数分别为 0.30、0.32，达极显著正相关水平，并且表皮色差 L*值与评分间为极显著正相关关系，说明了馒头亮度越大，色彩方向越偏向绿色、蓝色，馒头的感官评分越高，尤其是亮度对评分的影响最大。馒头芯色差 a*值与馒头芯色差 L*值间的相关系数为-0.23，为极显著负相关水平，说明馒头表皮颜色越偏向红色，馒头芯的亮度越低。表皮色差 a*值与馒头芯色差 a*值间的相关系数为 0.89，为极显著正相关水平，说明馒头表皮与馒头芯色彩方向在红-绿方向上一致。但表皮色差 a*值与评分间为极显著负相关关系，说明馒头表皮的色彩越偏向红色，其评分越低，这与人眼的感觉系统有关。表皮色差 b*值与馒头芯色差 b*值也达极显著正相关水平，但对评分的影响却出现了不同，表皮色差 b *值与评分的相关系数为–0.31，达极显著负相关水平，而馒头芯色差 b*值与评分间的相关系数为–0.19，为显著负相关水平，可能是由于感官评价仅以表皮为依据。馒头芯色差 a*、b*与评分间的相关系数分别为–0.20、–0.19，均为显著负相关水平，说明馒头芯色彩方向越偏向红色、黄色，馒头得分越低。

表 5-84 三个环境中馒头色差性状的相关性分析

Table5-84 Coefficients of pair-wise correlations of the mean values among steamed bread's color traits in the three environments

	表皮色差 L*值 Surface Colour L*	表皮色差 a*值 Surface Colour a*	表皮色差 b*值 Surface Colour b*	馒头芯色差 L*值 Inside Colour L*	馒头芯色差 a*值 Inside Colour a*	馒头芯色差 b*值 Inside Colour b*
表皮色差 a*值 Surface Colour a*	0.35**					
表皮色差 b*值 Surface Colour b*	0.37**	0.03				
馒头芯色差 L*值 Inside Colour L*	0.30**	–0.23**	0.09			
馒头芯色差 a*值 Inside Colour a*	0.32**	0.89**	0.03	–0.23**		
馒头芯色差 b*值 Inside Colour b*	0.03	–0.06	0.62**	0.07	–0.06	
评分 Scores	0.40**	–0.24**	–0.31**	0.1	–0.2*	–0.19*

*和**分别表示显著性大于 0.005 和 0.001；*indicate P<0.005 and ** P<0.001, respectively

3. 馒头色差 QTL 分析

1) 表皮色差 L*值的 QTL 分析

馒头表皮色差 L*值的 1 个加性 QTL(QsL)位于 3A 染色体，解释色差 L*值变异的 6.2614%(表 5-85)，增效等位基因均来源于‘花培 3 号’，没有检测到上位效应。

2) 表皮色差 a*值的 QTL 分析

馒头表皮色差 a*值的 4 个加性 QTL，位于 4A、6A、7B1 和 2B 染色体，单个 QTL 解释色差 a*值变异的 5.0139%~8.8887% (表 5-85，图 5-34)，*Qsa7B1* 的遗传效应值最大，解释 8.8887%的表型变异。*Qsa7B1* 和 *Qsa2B* 位点的增效等位基因均来源于‘豫麦 57’，其余 2 个位点 *Qsa4A* 和 *Qsa6A* 的增效等位基因来源于‘花培 3 号’。

表 5-85 三个环境下馒头色泽性状的加性效应 QTL 及加性与环境互作效应

Table 5-85 Estimated additive and additive × environment interaction of QTLs for steamed bread's textural properties based on averaged phenotypic data from 3 environments

性状 Trait	环境 Enviroment	染色体 Chrom	左标记 Leftmarker	右标记 Rightmarker	加性效应 Additive effects	LOD 值	贡献率 Contributions/%
表皮色差 SurfaceColour							
L^*	3	3A	*Xgwm155*	*Xcfa2170*	0.6860	2.6489	6.2614
a^*	2	4A	*Xbarc362*	*Xbarc078*	0.0814	2.0462	5.0139
a^*	2	6A	*Xgwm82*	*Xwmc553*	0.1035	2.8874	8.3724
a^*	2	7B1	*Xgwm333*	*Xwmc10*	–0.1123	3.0236	8.8887
a^*	3	2B	*Xwmc445.2*	*Xgwm111*	–0.0853	2.0059	5.2591
b^*	1	3A	*Xbarc321*	*Xswes107*	0.3971	2.2533	5.1782
b^*	1	6B	*Xbarc247*	*Xbarc1129*	0.4829	2.2686	5.4404
b^*	3	6A	*Xcfe179.1*	*Xswes170.2*	–0.2958	2.0131	4.5464
b^*	3	6D	*Xswes861.1*	*Xgwm681*	–0.6921	2.1663	5.0229
b^*	3	7A	*Xgwm60*	*Xbarc070*	–0.4238	3.8771	9.4069
馒头芯色泽 InsideColour							
L^*	2	3A	*Xbarc356*	*Xwmc489.2*	0.4697	2.0912	6.0903
L^*	3	4A	*Xbarc362*	*Xbarc078*	–0.5641	2.6807	6.4456
rL^*	3	6D	*Xbarc054*	*Xgwm55*	–0.5638	2.5950	6.4391
L^*	3	7D	*Xswes100*	*Xbarc244*	0.643	2.1571	7.6086
a^*	2	6A	*Xgwm82*	*Xwmc553*	0.1397	2.2192	5.2298
a^*	2	6D	*Xswes861.1*	*Xgwm681*	2.1266	11.4843	28.9737
a^*	2	7B1	*Xwmc396*	*Xgwm333*	–0.1749	3.0987	7.3677
a^*	3	1B	*Xgwm218*	*Xgwm582*	–0.0983	2.5034	6.6931
a^*	3	2B	*Xwmc445.2*	*Xgwm111*	–0.1093	3.7458	8.5806
a^*	3	3D	*Xbarc323*	*Xbarc071*	0.0965	2.8059	6.5740
a^*	3	6D	*Xbarc054*	*Xgwm55*	0.0895	2.4490	5.5400
a^*	3	7D	*Xwmc14*	*Xwmc42*	0.0938	2.2495	5.0927
b^*	1	1B	*Xcfd21*	*Xcwem9*	0.3900	4.4845	11.1449
b^*	2	1B	*Xcwem6.1*	*Xwmc128*	0.2898	3.1515	8.3607
rb^*	3	1B	*Xwmc406*	*Xbarc156*	0.2489	2.7869	5.4702
b^*	3	2D	*Xwmc112*	*Xcfd53*	0.5489	12.5355	26.1864
b^*	3	3A	*Xwmc264*	*Xcfa2193*	–0.3231	4.5832	9.2048
b^*	3	6D	*Xgwm133.2*	*Xswes861.1*	0.2802	2.9039	5.2032
b^*	3	7D	*Xswes100*	*Xbarc244*	–0.3668	4.0124	11.2281
b^*	3	7D	*Xwmc630.1*	*Xgdm67*	–0.3774	5.6375	11.8396

注：环境：1，2008，泰安;2，2007，泰安；3：2007，宿州

Note: Enviroment：1，2008，in Taian；2，2007，in Taian；3，2007，in Suzhou

3 对上位性位点位于 1B-3D-1，1B-3D-2 和 2A-3A 染色体上，解释了 1.81%~2.58% 的表型变异(表 5-86，图 5-32)。*Qsa1B*/*Qsa3D-2* 和 *Qsa2A*/*Qsa3A* 的等位基因来源于豫麦 57。3 个位点均与环境互作，解释 14.53%的表型变异。

3)表皮色差 b*值的 QTL 分析

检测到馒头表皮色差 b*值的 5 个加性 QTL(*Qsb3A*、*Qsb6B*、*Qsb6A*、*Qsb6D* 和 *Qsb7A*)，单个 QTL 解释表皮色差 b*值变异的 4.5464%~9.4069%，*Qsb7A* 的遗传效应值最大，解释 9.4069%的表型变异，*Qsb6A*、*Qsb6D* 和 *Qsb7A* 的增效等位基因均来源于'豫麦 57'，分别解释 4.5464%、5.0229%和 9.4069%的表型变异，其余 2 个位点的增效等位基因来源于'花培 3 号'。没有检测到控制表皮色差 b*的上位 QTL 位点。

4)馒头芯色差 L*值的 QTL 分析

馒头芯色差 L*值的 4 个加性 QTL 位点，位于 3A、4A、6D 和 7D 染色体，解释内色差 L*值变异的 6.0903%~7.6086%。2 个加性效应位点 *QiL4A* 和 *QiL6D* 的增效等位基因均来源于父本'豫麦 57'，另外两个位点 *qGY5D* 和 *QiL7D* 的增效等位基因均来源于母本'花培 3 号'。没有检测到馒头芯色差 L*值的上位效应。

5)馒头芯色差 a 值的 QTL 分析

馒头芯色差 a*值的 8 个加性 QTL(*Qia6A*、*Qia6D*、*Qia7B1*、*Qia1B*、*Qia2B*、*Qia3D* 和 *Qia7*)解释 a*值变异的 5.0927%~28.9737%。*Qia6D* 的遗传效应值最大，解释表型变异的 28.9737%。*Qia7B1*、*Qia1B* 和 *Qia2B* 加性效应位点的增效等位基因均来源于父本'豫麦 57'，另外 5 个位点的增效等位基因均来源于母本'花培 3 号'。馒头芯色差 a*值的 8 个位点的总贡献率达 74.0516%。

6)馒头芯色差 b*值的 QTL 分析

馒头芯色差 b*值的 8 个加性 QTL(*Qib1B*、*Qib2D*、*Qib3A*、*Qib6D* 和 *Qib7D*)，解释内色差 b*值变异的 5.2032%~26.186%。*Qib2D* 位点的遗传效应值最大，解释 26.186%的表型变异。位于 *Qib7D* 和 *Qib3A* 上的 3 个加性效应位点的增效等位基因均来源于父本'豫麦 57'，另外 3 条染色体上的 5 个位点的增效等位基因均来源于母本'花培 3 号'。馒头芯色差 b*值的 8 个位点的总贡献率达 88.6379%。

表 5-86　三个环境下馒头色泽性状的上位性效应及上位性与环境互作效应

Table5-85　Estimated epistasis (AA) and epistasis×environment interactions of QTLs for steamed bread's textural properties based on averaged pHenotypic data from 3 environments

性状 Trait	QTL	标记区间 Flanking marker	位置 Site/cM	QTL	标记区间 Flanking marker	位置 Site /cM	上位效应[a] (AA)	贡献率 H^2(AA) /%	上位-环境互作 (AAE1)	互作贡献率 H^2 (AAE1)/%
表皮色差 a* Surface Colour a**	*Qsa1B-1*	*XWMC31-XWMC626*	33	*Qsc3D-1*	*XCFD34-XBARC376*	3.0			–0.1708**	3.58
	Qsa1B-2	*XGWM218-XGWM582*	39.7	*Qsc3D-2*	*XGDM8-XWMC492*	36.4	–0.15	2.58	–0.1906**	2.70
	Qsa2A	*XWMC455-XGWM515*	88.1	*Qsc3A*	*XBARC310-XBARC321*	0.0	–0.15*	1.81	–0.3403**	5.47

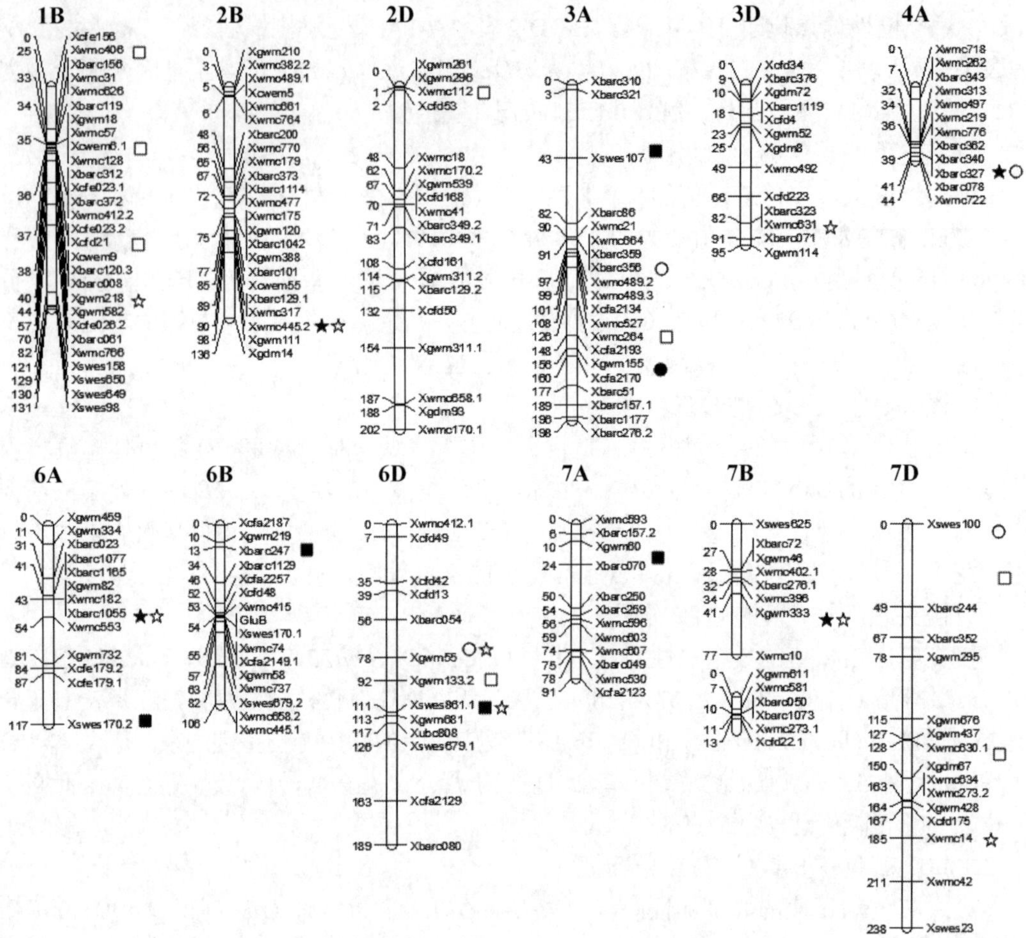

图 5-32　馒头色泽性状的加性 QTL 位点在染色体上的位置

Figure 5-32　A genetic linkage map of wheat showing mapping QTLs with additive effects for CNSB color.

●，★，■分别代表皮色差 L^*，a^*，b^*值，●，★，■indicate surface colour L^*，a^*，b^*；

○，☆，□分别代表馒头芯色差 L^*，a^*，b^*值，○，☆，□indicate inside colour L^*，a^*，b^*

（五）馒头品质性状 QTL 研究进展及其与前人研究结果的比较分析

1. 馒头品质 QTL 研究进展

Fan 等（2009）检测出控制馒头质构参数的 8 个 QTL，解释表型变异的 9.88%~64.87%，8 个 QTL 定位在 A、B、D 染色体组上（表 5-87）。Li 等（2009）检测出控制面粉吸水率的 10 个 QTL，解释的表型变异为 3.1%~38.7%，分布在 A、B、D 染色体组上。

关于馒头比容的研究仅见于 Fan 等（2009）的研究，其检测到的影响馒头比容的位点在 6B *Xgwm193-Xgwm608b*。这与我们的研究结果不同，究其原因，应该是不同群体和种植条件及不同 QTL 分析方法的缘故。

迄今未查阅到前人有关馒头色泽 QTL 的相关实验文献。

2. 本研究结果与前人研究结果的比较分析

前人报道在染色体 2B 上检测到对蛋白质含量、水合作用、揉混性状、面包体积和馒头黏着性的 QTL(Campbell et al.，2001；Fan et al.，2009)。本研究在染色体 2B 上分别检测出 2 个控制馒头质构参数的 QTL 位点簇，其中 1 个位点簇在标记 *Xgwm111/Xgdm14-6D* 之间，这个位点簇有 6 个 QTL，分别控制馒头咀嚼性、胶黏性和硬度；在标记 *Xgwm210/Xwmc382.2* 之间的位点簇也有 3 个 QTL，控制着黏附性、黏聚性和回复性。由此可知，2B 染色体对小麦馒头蒸煮品质有较大影响。

表 5-87 小麦馒头品质的 QTL 部分结果汇总

Table 5-87 Summary of QTL results of wheat steamed bread quality

性状 Trait	QTL	标记区间 Flanking marker	贡献率 (PVE)/%	作图群体 Mapping population	参考文献 Reference
馒头体积 Volume	*QVol.sdau-6B*	*Xgwm193-Xgwm608b*	11.73	RIL	Fan et al. (2009)
比容 Specific volume	*QSv.sdau-6B*	*Xgwm193-Xgwm608b*	11.19	RIL	Fan et al. (2009)
表观 Appearance	*QApp.sdau-2D*	*Xgwm29b-Xgwm132a*	40.34	RIL	Fan et al. (2009)
色泽 Color	*QCol.sdau-5D*	*Xswes342b-Xsrap6b*	9.88	RIL	Fan et al. (2009)
弹性 Elasticity	*QEla.sdau-7B*	*Xgwm333-Xgwm297*	11.13	RIL	Fan et al. (2009)
黏性 Stickiness	*QSti.sdau-2B*	*Xsrap1a-Xgwm120*	32.46	RIL	Fan et al. (2009)
气味 Smell	*QSme.sdau-4A*	*Xwmc308-Xsrap7c*	64.87	RIL	Fan et al. (2009)
评分 Total score	*QTs.sdau-5B*	*Xgwm261a-Xgwm234*	29.80	RIL	Fan et al. (2009)

本试验检测到控制馒头色差性状的 30 个加性效应和 3 对上位效应。30 个加性效应位点位于 11 条染色体 3A、4A、6A、7A、1B、2B、7B1、2D、3D、6D 和 7D 上。影响馒头芯色差 a^*和 b^*的 Qia6D 和 Qib2D 分别解释了 28.9737% 和 26.1864%的表型变异，均为主效 QTL，可用于分子标记辅助育种。影响表皮色差 a^*的 3 对上位性位点位于 1B 和 2A 染色体上，在 3 个环境中没有找到控制其他色差性状的上位位点。

本试验共检测到 3 年控制馒头比容性状的 5 个加性效应和 14 对上位效应。5 个加性效应位点的遗传贡献率较大(5.11%~9.75%)且遗传效应方向相同，增效等位基因均来源于父本'豫麦 57'。在环境 1 和环境 3 中都检测到 *Qsv-1B* 上位性位点，分别解释了 13.88% 和 4.83%的表型变异，说明该位点对馒头的比容影响较大。

参考文献

陈锋, 李根英, 耿洪伟, 等. 2005. 小麦籽粒硬度及其分子遗传基础研究回顾与展望. 中国农业科学, 38(6): 1088-1094.

董洪平, 孙耀中, 王健, 等. 1993. 小麦籽粒蛋白质和氨基酸含量的遗传模型. 华北农学报, 8 (增刊): 11-15.

何照范，张迪清. 1998. 保健食品化学及其检测技术. 北京：中国轻工业出版社.

胡瑞波，田纪春. 2006. 小麦主要品质性状与面粉色泽的关系. 麦类作物学报, (3): 96-101.

康志钰. 2003. 手工拉面评分指标与面筋数量和质量的关系. 麦类作物学报, 23(2): 3-6.

李文福，刘宾，彭涛，等. 2012. 利用 DH 和 IF2 两个群体进行小麦粒重、粒型和硬度的 QTL 分析, 中国农业科学, 45(17): 3453-3462.

任军胜，陈洁，王春. 2007. 影响面条质构测定因素的研究. 食品科技, 5: 228-231.

任玉玲. 2004. 油菜籽氨基酸性状的遗传效应分析. 杭州：浙江大学硕士学位论文.

石春海，朱 军，杨肖娥，等. 1999. 籼型杂交稻稻米赖氨酸性状的基因型×环境互作效应分析. 中国农业科学, 32(1): 8-14.

唐建卫，殷贵鸿，王丽娜，等. 2011. 小麦湿面筋含量和面筋指数遗传分析. 作物学报, 37(9): 1701-1706.

唐绍清. 2007. 稻米蒸煮和营养品质性状的 QTL 定位. 杭州：浙江大学博士学位论文.

王瑞霞，张秀英，伍玲，等. 2009. 不同生态环境下冬小麦籽粒大小相关性状的 QTL 分析. 中国农业科学, 42(2): 398-407.

王绍中，李春喜，罗艳蕊，等. 2001. 基因型和地域分布对小麦籽粒氨基酸含量影响的研究. 西北植物学报, 21(3): 437-445.

王恕. 1998. 吹泡示功仪测定小麦品质浅析. 郑州粮食学院学报, 04: 82-86.

魏益民. 2002. 谷物品质与食品品质. 西安：陕西人民出版社.

吴云鹏，张业伦，肖永贵，等. 2008. 小麦重要品质性状的 QTL 定位. 中国农业科学, 41(2): 331-339.

肖灿仙. 2003. 吹泡仪在控制饼干专用粉的小麦及面粉品质特性中的应用. 粮食与油脂, (B08): 20-21.

徐绍英，闫新甫，许梓荣，等. 1996. 二棱大麦籽粒非必需氨基酸含量的遗传分析. 浙江农业大学学报, 22 (6): 567-573.

闫新甫，徐绍英，李卫芬，等. 1997. 二棱大麦七种必需氨基酸含量的种子和母体遗传效应分析. 中国农业科学, 30(2): 34-41.

严俊，张玲玲，王兴梅，等. 2011. 四倍体小麦产量相关性状 QTL 的定位与分析. 山东农业大学学报：自然科学版, 42(2): 163-171.

张怀刚. 1994. 青海高原春小麦的籽粒品质特点，青海高原春小麦生理生态. 北京：科学出版社: 159-184.

张立平，阎俊，夏先春，等. 2006. 普通小麦籽粒黄色素含量的 QTL 分析. 作物学报, 31(1): 41-45.

张起昌，邵立刚，王岩，等. 2006. 利用吹泡稠度仪对春小麦种质主要品质性状的分析与评价. 黑龙江农业科学, (5): 74-77.

赵永亮. 2005. 小麦微营养素相关基因的 QTLs 作图及克隆. 中国农业科学院博士学位论文.

郑希，吴建国，楼向阳，等. 2008. 不同环境条件下稻米组氨酸和精氨酸的胚乳和母体植株 QTL 分析. 作物学报, 34(3): 369-375.

郑元明. 1989. 小麦籽粒蛋白质和氨基酸含量的遗传及其与硝酸还原酶活性的关系. 西南农业大学学报, 11(4): 360-364.

朱睦元. 1983. 小麦籽粒蛋白质含量及其品质的遗传分析. 遗传学报, 10(5): 352-361.

2008. 中国小麦品种黄色素含量基因等位变异分子检测及其分布规律研究. 中国农业科学. 41(10): 2923-2930.

APPels R, Gras P, Clarke B C, et al. 2001. Molecular genetic studies on processing traits of wheat flour. Euphytica, 19: 49-54.

Avivi L. 1978. High grain protein content in wild tetraploid wheat *Triticum dicoccoides* Korn//Proc. 5th Int. Wheat Genet Symp, New Delhi, 1: 372-380.

Baxtera G, Blancharda C, Zhao J. 2004. Effects of prolamin on the textural and pasting properties of rice flour and starch. Journal of Cereal Science, 40: 205-211.

Blanco A, DeGiovanni C, Laddomada B, et al. 1996. Quantitative trait loci influencing grain protein content in tetraploid wheats. Plant Breed, 115: 310-316.

Blanco A, Simeone R, Gadaleta A. 2006. Detection of QTLs for grain protein content in durum wheat. Theoretical & Applied Genetics, 112: 1195-1204.

Campbell B T, Baenziger P S, Gill K S, et al. 2003. Identification of QTLs and environmental interactions associated with agronomic traits on chromosome 3A of wheat. Crop Science, 43: 1493-1505.

Campbell K G, Bergman C J, Gualberto D G, et al. 1999. Quantitative trait loci associated with kernel traits in a soft × hard wheat cross. Crop Science, 39: 1184-1195.

Campbell K G, Finney L, Bergman C J, et al. 2001. Quantitative trait loci associated with milling and baking quality in a soft 9 hard wheat cross. Crop Sci, 41: 1275-1285.

Cao G, Zhu J, He C, et al. 2001. Impact of epistasis and QTL× environment interaction on the developmental behavior of plant height in rice (*Oryza sativa* L.). Theoretical and Applied Genetics, 103 (1): 153-160.

Charmet G, Robert N, Branlard G, et al. 2005. Genetic analysis of dry matter and nitrogen accumulation and protein composition in wheat kernels. Theoretical and Applied Genetics, 111 (3): 540-550.

Crawford A C, Shaw K, Stefanova K, et al. A molecular toolbox for xanthophyll genes in wheat. http: //ses. library. usyd. edu. au/bitstream.

D'egidio M G, Mariani B M, Nardi S, et al. 1990. Chemical and technological variables and their relationships: a predictive equation for pasta cooking quality. Cereal Chemistry, 67 (3): 275-281.

Demeke T, Morris C F, Campbell K G, et al. 2001. Wheat polyphenol oxidase. Crop Science, 41 (6): 1750-1757.

Edwards R H, Berrios J D J, Mossman A P, et al. 1998. Texture of Jet Cooked, High Amylose Corn Starch-Sucrose Gels. Lebensmittel-Wissenschaft Und-Technologie, 31, 432-438.

Elangovan M, Rai R, Oak M, et al. 2008. Revealing the genetic relationship of dough mechanical properties with loaf volume using QTL analysis of mixograph traits in wheat. Journal of Cereal Science, 47: 587-598.

Elouafi I, Nachit M M, Martin L M. 2001. Identification of a microsatellite on chromosome 7B showing a strong linkage with yellow pigment in durum wheat (*Triticum turgidum* L. var. *durum*). Hereditas, 135: 255-261.

Epstein J, Morris C F, Huber K C. 2002. Instrumental texture of white salted noodles prepared from recombinant inbred lines of wheat differing in the three granule bound starch synthase waxy genes. Journal of Cereal Science, 35: 51-63.

Fan Y D, Sun H Y, Zhao J L, et al. 2009. QTL mapping for quality traits of northern-style hand-made Chinese steamed bread. J Cereal Sci, 49: 225-229.

Finney K F, Barmore M A. 1948. Loaf volume and protein content of hard winter and spring wheats.Cereal Chemistry, 25 (5): 291-312.

Francki M, Carter M, Ryan K, et al. 2004. Comparative organization of wheat homoeologous group 3S and 7L using wheat-rice synteny and identification of potential markers for genes controlling xanthophyll content in wheat. Funct Integr Genomics, 4 (2): 118-130.

Grama A, Gerechter-Amitai Z K, Blum A, et al. 1984. Breeding bread wheat cultivars for high protein content by transfer of protein genes from Triticum dicoccoides. Cereal Grain Protein Improvement,. Vienna: Int Atomic Energy Agency, 145-153.

Gras P W, Anderssen R S, Keentok M, et al. 2001. Gluten protein functionality in wheat flour processing: a review. Crop and Pasture Science, 52 (12): 1311-1323.

Groos C, Bervas E, Charmet G. 2004. Genetic analysis of grain protein content, grain hardness and dough rheology in a hard×hard bread wheat progeny. J Cereal Sci, 40: 93-100.

Groos C, Robert N, Bervas E, et al. 2003. Genetic analysis of grain protein-content, grain yield and thousand-kernel weight in bread wheat. Theoretical and Applied Genetics, 106: 1032-1040.

He X Y, He Z H, Zhang L P, et al. 2007. Allelic variation of polyphenol oxidase (PPO) genes located on chromosomes 2A and 2D and development of functional markers for the PPO genes in common wheat. Theoretical and Applied Genetics, 115 (1): 47-58.

Huang X Q, Cloutier S, Lycar L, et al. 2006. Molecular detection of QTL for agronomic and quality traits in a doubled haploid population derived from two Canadian wheats (*Triticum aestivum* L.). Theor Appl Genet, 113: 753-766.

Huang X Q, Kempf H, Ganal M W, et al. 2004. Advanced backcross QTL analysis in progenies derived from a cross between a German elite winter wheat variety and a synthetic wheat (*Triticum aestivum* L.). Theoretical and Applied Genetics, 109: 933-943.

Johnson V A. 1973. Genetic advances in wheat protein quality and composition, Proc. 4th Intern. Wheat Genet. Symp. Columbia.

Kealy T. 2006. Application of liquid and solid rheological technologies to the textural characterisation of semi-solid foods. Food Research International, 39: 265-276.

Knežević D, Šurlan-Momirović G, Ćirić D. 1993. Allelic variation at Glu-1 loci in some Yugoslav wheat cultivars. Euphytica, 69:

89-94.

Knott D R. 1984. The genetic nature of mutations of a gene for yellow pigment linked to Lr19 in ‘Agatha’ wheat. Can J Genet Cytol, 26: 392-393.

Kuchel H, Langridge P, Mosionek L, et al. 2006. The genetic control of milling yield, dough rheology and baking quality of wheat. Theoretical and Applied Genetics, 112: 1487-1495.

Kulwal P, Kumar N, Kumar A, et al. 2005. Gene networks in hexaploid wheat: interacting quantitative trait loci for grain protein content. Funct Integr Genomics, 5: 254-259.

Kunert A, Naz A A, Dedeck O, et al. 2007. AB-QTL analysis in winter wheat: I. Synthetic hexaploid wheat（*T. turgidum* ssp. *dicoccoides*×*T. tauschii*）as a source of favourable alleles for milling and baking quality traits. Theor Appl Genet, 115: 683-695.

Lau M H, Tang J, Paulson A T. 2000. Texture profile and turbidity of gellan/gelatin mixed gels. Food Research International, 33: 665-671.

Law C N, Young C F, Brown J W S, et al. 1978. The study of grain protein control in wheat using whole chromosome substitution lines//Seed Protein Improvement by Nuclear Techniques. Vienna: International Atomic Energy Agency, 483-502.

Li S, Jia J, Wei X, et al. 2007. A intervarietal genetic map and QTL analysis for yield traits in wheat. Molecular Breeding, 20(2): 167-178.

Li Y, Song Y, Zhou R, et al. 2009. Detection of QTLs for bread-making quality in wheat using a recombinant inbred line population. Plant Breeding, 128: 235-243.

Ma W, Daggard G, Sutherland M, et al. 1999. Molecular markers for quality attributes in wheat. In: Williamson P, et al. Proceedings of the 9th assembly of the wheat breeding society of Australia, Vol. 1. Toowoomba: 115-117.

MacRitchie F. 1999. Wheat proteins: characterization and role in flour functionality. Cereal Foods World, 44(4): 188-193.

Marais G F. 1992. Gamma irradiation induced deletions in an alien chromosome segment of the wheat ‘Indis’ and their use in gene mapping. Genome, 35: 225-229.

Marchylo B A, Dexter J E, Clarke F R, et al. 2001. Relationships among bread-making quality, gluten strength, physical dough properties, and pasta cooking quality for some Canadian durum wheat genotypes. Canadian Journal of Plant Science, 81(4): 611-620.

Mares D J, Campbell A W. 2001. Mapping components of f lour and noodle colour in Australian wheat. Aus J Agric Res, 52: 1297-1309.

Mccartney C A, Somers D J, Lukow O, et al. 2006. QTL analysis of quality in traits in the spring wheat wheat cross RL4452×AC Domain. Plant Breeding, 125: 565-575.

Morris C F, Rose S P. 1996. Quality requirements of cereal users. Wheat. In: Henry R J, Kettlewell P S. Cereal Grain Quality. London: Chapman and Hall.

Nagao S. 1996. Processing technology of noodle products in Japan. In: Kruger J E, et al. Pasta and Noodle Technology. Am. Assoc. Cereal Chemistry. St. Paul, MN.

Nelson J C, Andreescu C, Breseghello F, et al. 2006. Quantitative trait locus analysis of wheat quality traits. Euphytica, 149: 145-159.

Otegbayo B, Aina J, Abbey L, et al. 2007. Texture profile analysis applied to pounded yam. Journal of Texture Studies, 38, 355-372.

Panthee D R, Pantalone V R, Sams C E, et al. 2006a. Quantitative trait loci controlling sulfur containing amino acids, methionine and cysteine, in soybean seeds. Theor Appl Genet, 112: 546-553.

Panthee D R, Pantalone V R, Saxton A M, et al. 2006b. Genomic regions associated with amino acid composition in soybean. Molecular Breeding, 17: 79-89.

Parker G D, Chalmers K J, Rathjen A J, et al. 1998. Mapping loci associatedwith flour colour inwheat（*Triticum aestivum* L.）. Theor Appl Genet, 97: 238-245.

Patil R M, Oak M D, Tamhankar S A, et al. 2008. Mapping and validation of a major QTL for yellow pigment content on 7AL in durum wheat (*Triticum turgidum* L. ssp. *durum*). Mol Breeding, 21 (4): 485-496.

Perretant M R, Cadalen T, Charmet G, et al. 2000. QTL analysis of bread-making quality in wheat using a doubled haploid population. Theor Appl Genet, 100: 1167-1175.

Pozniak C J, Knox R E, Clarke F R, et al. 2007. Identification of QTL and association of a phytoene synthase gene with endosperm colour in durum wheat. Theoretical and Applied Genetics, 114: 525-537.

Prasad M, Varshney R K, Kumar A, et al. 1999. A microsatellite marker associated with a QTL for grain protein content on chromosome arm 2DL of bread wheat. Theor Appl Genet, 99: 341-345.

Rasul G, Humphreys D G, Brû lé-Babel A, et al. 2009. Mapping QTLs for pre-harvest sprouting traits in the spring wheat cross 'RL4452/AC Domain'. Euphytica, 168: 363-378.

Rousset M, Brabant P, Kota R S, et al. 2001. Use of recombinant substitution lines for gene mapping and QTL analysis of bread making quality in wheat. Euphytica, 119: 81-87.

Sax K. 1923. The association of size differences with seed-coat pattern and pigmentation in phaseolus vulgaris. Genetics, 8: 552-560.

Snape J W, Quarrie S A, Laurie D A. 1995. Comparative QTL mapping and its application in cereal breeding. Proceedings// FAO/IAEA International Symposium on the Use of Induced Mutations and Molecular Techniques for Crop Improvement, 39-49.

Sourdille P, Perretant M R, Charmet G, et al. 1996. Linkage between RFLP markers and genes affecting kernel hardness in wheat. Theoretical and Applied Genetics, 93: 580-586.

Su Z Q, Hao C Y, Wang L F, et al. 2011. Identification and development of a functional marker of TaGW2 associated with grain weight in bread wheat (*Triticum aestivum* L.). Theoretical and Applied Genetics, 122: 211-223.

Sun H Y, Lu J H, Fan Y D, et al. 2008. Quantitative trait loci (QTLs) for quality traits related to protein and starch in wheat. Progress in Natural Science, 18: 825-831.

Tsilo T J, Simsek S, Ohm J B, et al. 2011. Quantitative trait loci influencing endosperm texture, dough-mixing strength, and bread-making properties of the hard red spring wheat breeding lines. Genome, 54: 460-470.

Wang D L, Zhu J, Li Z K, et al. 1999. Mapping QTLs with epistatic effects and QTL×environment interactions by mixed linear model approaches. Theor Appl Genet, 99: 1255-1264.

Wang L Q, Zhong M, Li X H, et al. 2008. The QTL controlling amino acid content in grains of rice (*Oryza sativa*) are co-localized with the regions involved in the amino acid metabolism pathway. Mol Breeding, 21: 127-137.

Wieser H, Kieffer R. 2001. Correlations of the amount of gluten protein types to the technological properties of wheat flours determined on a micro-scale. Journal of Cereal Science, 34 (1): 19-27.

Witkowski E, Waga J, Witkowska K, et al. 2008. Association between frost tolerance and the alleles of high molecular weight glutenin subunits present in Polish winter wheats. Euphytica, 159: 377-384.

Yang J, Hu C C, Ye X Z, et al. 2005. QTLNetwork 2. 0. Institute of Bioinformatics, Zhejiang University, Hangzhou, China (http: //ibi. zju. edu. cn/software/qtlnetwork).

Zaidul I S M, Karim A A, Manan D M A, et al. 2002. Study of rheological profile analysis related to texture for mixtures of sago-wheat gel. International Journal of Food Properties, 5: 585-598.

Zanetti S, Keller M, Winzeler M, et al. 1999. QTL for quality parameters for breadmaking quality in a segregating wheat by spelt population. In: Scarascia M G T, et al. Genetics and Breeding for Crop Quality and Resistance Dordrecht, Netherlands: Kluwer Academic Publishers: 357-360.

Zhang Y L, Wu Y P, Xiao Y G, et al. 2009. QTL mapping for milling, gluten quality, and flour pasting properties in a recombinant inbred line population derived from a Chinese soft×hard wheat cross. Crop&Pasture Sci, 60: 587-597.

Zhang Y, He Z H, Guo Y Y, et al. 2004. Effect of environment and genotype on bread-making quality of spring-sown spring wheat cultivars in China. Euphytica, 139: 75-83.

Zhang Y, Zhang Y, He Z H, et al. 2005. Milling quality and protein properties of autumn-sown Chinese wheats evaluated through multi-location trials. Euphytica, 143: 209-222.

Zhao J L, Chen M S, Ma Y M, et al. 2009a. QTL mapping for quality traits of chinese dry noodle. Agricultural Sciences in China, 8(4): 394-400.

Zhao L, Liu B, Zhang K P, et al. 2009b. Detection of QTLs with additive effects, epistatic effects, and QTL× environment interactions for zeleny sedimentation value using a doubled haploid population in cultivated wheat. Agricultural Science in China, 8: 1039-1045.

第六章　小麦主要生理和形态性状的遗传解析

小麦的生理和形态性状与产量息息相关。从生理角度考虑，产量潜力是通过单位面积光合作用产生的同化物质，并将这些同化产物最大程度地转运到收获器官中的综合表现。最终产量的形成是"源"、"库"、"流"三者综合协调的结果，即光合产物的积累速率及向籽粒分配能力、分配持续期及茎叶鞘等储藏的同化产物转运能力之间的协调。光合产物的生产和运输与地上部株型、叶型和地下部根系都有直接关系，因此，对于小麦生理性状的遗传改良，应该从根系和地上部植株形态、植株解剖特性开始，然后考虑与光合特性有关的冠层结构、光截获能力、光合能力、碳水化合物储藏及其转运能力(由"源"到"库"的"流"运能力)。所以本章将小麦生理和形态性状联系起来进行讨论。

由于小麦的生理性状大多数属于数量性状，受数量性状多基因控制，遗传基础复杂，且易受环境条件的影响，因此，生理性状的遗传解析多是从QTL定位开始，进行基因数目、基因效应和互作效应的探讨。例如，小麦根系方面侧重于非生物胁迫下的QTL分析；光合特性方面侧重于光系统能量转换、叶绿素、荧光参数、光合速率、气孔导度、旗叶衰老等性状的QTL研究，此外还有植株株型及解剖特性的QTL分析等。尽管目前生理性状的QTL分析取得了较好进展，但比起产量性状来，由于多年多点的生理性状的表型测定更加困难，生理性状的QTL及其互作效应机理更加复杂，所以目前获得的QTL结果在小麦遗传改良中直接应用的实例较少。因此，对生理性状的遗传解析还需要更深入的研究，以期获得可用于改良小麦生理性状的分子标记，加快小麦生理性状的遗传改良，提高小麦的产量和品质。

第一节　小麦光合特性相关性状的QTL定位

光合作用与作物的产量存在着密切的联系。农业生产的目的就是根据各种农业技术措施，提高作物光合作用，积累更多的有机物，增加产量。所以，光合作用是提高作物产量的基础，选育作物高光效品种是提高作物产量的重要途径。在水稻(Nagata et al.，2002)、大豆、高粱(Ritter et al.，2008)、玉米(Hund et al.，2005；Leipner et al.，2008；Pelleschi et al.，2006)、棉花和向日葵等作物中都进行了与光合性状有关的QTL研究，而小麦的同类研究进展则相对缓慢。近年来，随着分子标记技术和与光合有关的测量技术的发展，已有小麦光合作用性状的QTL分析工作，但由于光合性状与环境的互作影响较大，加上光合机理的复杂性和测定方法的局限性，精确的光合性能的表型测定，特别是群体光合性能的精确测定还有较大困难。迄今为止，有关光合性状的QTL研究主要集中在幼苗期叶绿素含量、干物质积累、单叶光合速率、气孔导度、蒸腾速率、胞间CO_2浓度和单叶荧光参数等几个方面，大田群体的光合特性的QTL分析相对研究较少。因此，本研究利用DH群体进行了小麦光合生理相关性状的QTL分析，以期获得紧密连锁的分子标记，用于高光效育种的分子标记辅助选择。

一、田间小麦光合特性 QTL 定位

(一) 供试材料和测定方法

1. 供试材料

‘豫麦 57’（父本）×‘花培 3 号’（母本）F_1 培育的双单倍体群体 168 个家系。

2. 大田试验种植与处理

DH 群体及其亲本于 2005~2006 年度种植在山东农业大学试验农场(中国泰安，36°57′N，116°36′E)，2006~2007 年度种植在山东农业大学试验农场和安徽宿州市农科所，完全随机区组设计，2 次重复。2005 年 3 行区种植，行长 2m，行距 0.25m。2006 年 4 行区种植，行长 2m，行距 0.25m。田间管理按当地小麦产量比较试验进行。试验地土壤为棕壤，20cm 土壤层可利用的氮磷钾含量分别为 40.2mg/kg、51.3mg/kg 和 70.8mg/kg。种植前，施用 500kg/hm^2 土杂肥(其中的氮含量很少，大约为 0.05%~0.1%)、300kg/hm^2 磷酸二铵、225kg/hm^2 的氯化钾、15kg/hm^2 的硫酸锌作为底肥。基本苗 2 250 000 株/hm^2。生育期内浇灌 4 次水：越冬水(2006 年 12 月 1 日)、拔节水(2007 年 4 月 3 日)、开花期(2007 年 5 月 4 日)和灌浆期(2007 年 5 月 15 日)。拔节期和开花期分别追施 300kg/hm^2 和 75kg/hm^2 的尿素[2007(+N)]。2007~2008 年度 5 行区种植，行长 2m，行距 0.25m。设两个环境，环境 I[2008(+N)]与 2006~2007 年度的基肥，追肥和灌溉完全相同；环境 II[2008(-N)]与 2006~2007 年度的基肥和灌溉完全相同，但是不施加追肥。田间管理按当地小麦产量比较试验进行。

3. 测定方法

1) 大田小麦灌浆期叶绿素含量的测定

灌浆期(5 月 12 日前后)，每个家系和两亲本各取 5 个旗叶叶片，锡箔纸包裹后立即放入液氮中，于−80℃超低温冰箱中保存，供测定叶绿素含量。取叶片的中部，剪碎混匀后称取 0.2g，放置于 20ml 的刻度试管内，准确加入 80%丙酮 10ml，4℃黑暗条件下放置 24h，期间间隔振荡，提取叶片中的叶绿素(待叶片组织发白)，用 UV-4802(上海尤尼柯公司)分光光度计分别测定 662nm 和 645nm 处的 OD 值，计算叶绿素 a、b 的含量(Porra et al.，1989)。

2) 大田小麦叶绿素荧光参数的测定

拔节期、开花期和灌浆期，每个家系和两个亲本选择最上面的完全展开叶 5 片，把暗适应夹夹到叶片相同位置，暗适应 20min，利用 H-PEA(Hansatech，英国)测定叶片快速叶绿素荧光诱导动力学曲线(OJIP 曲线)，OJIP 曲线由 3000μmol/(m^2·s)的脉冲光诱导，荧光信号记录是从 10μs 开始至 1s 结束，记录的初始速率为每秒 105 个数据。OJIP 荧光诱导曲线各参数的意义及计算公式如下：

F_o，初始荧光，是光系统Ⅱ反应中心处于完全开放时的荧光产量；

F_m，最大荧光，是暗适应的光合机构全部的光系统Ⅱ反应中心处于完全关闭时的荧光产量。

F_v，可变荧光，$F_v=F_m-F_o$，最大可变荧光，反应 QA 的还原情况；

F_v/F_m，光系统Ⅱ最大光化学效率，反应光系统Ⅱ反应中心最大光能转换效率。

3）大田小麦拔节期和开花期 F_v/F_m 的测定

每个家系和两个亲本分别在拔节期和开花期选择最上面的完全展开叶 5 片，测定方法同 2）。

（二）光合特性 QTL 定位和效应分析

1. 叶绿素含量的 QTL 分析

1）叶绿素含量的变异

两亲本及 DH 群体在 3 个环境中的叶绿素含量见表 6-1。父本‘豫麦 57’的叶绿素 a 和叶绿素 b 均为高值亲本，与母本‘花培 3 号’有明显差异。DH 群体各株系旗叶叶绿素 a 和叶绿素 b 变异幅度大，呈现连续分布，并存在明显的双向超亲分离现象（图 6-1，图 6-2），表明为多基因控制的数量性状，适合进行 QTL 定位分析。叶绿素 a 和 b 含量为高度正相关，相关系数是 0.823**。

表 6-1　叶绿素含量（mg/g FW）的变异

Table 6-1　Phenotypic data of leaf chlorophyll content

性状 Trait	亲本 Parents		DH 群体 DH population					
	花培 3 号 Huapei 3	豫麦 57 Yumai 57	平均值 Mean	最大值 Maximum	最小值 Minimum	标准差 (SD)	偏度 Skewness	峰度 Kurtosis
叶绿素 a 含量 Chlorophyll a content /（mg/g FW）								
宿州，2006 Suzhou，2006	25.42	31.01	27.94	32.16	21.44	2.24	–0.55	0.41
泰安，2006 Taian，2006	24.33	32.56	25.20	34.84	17.42	2.79	0.20	0.36
泰安，2005 Taian，2005	22.69	27.51	23.86	28.17	18.76	2.03	–0.05	–0.44
叶绿素 b 含量 Chlorophyll b content /（mg/g FW）								
宿州，2006 Suzhou，2006	9.59	10.24	10.21	11.76	7.84	0.82	–0.54	0.46
泰安，2006 Taian，2006	7.98	10.96	9.22	12.74	6.37	1.02	0.18	0.35
泰安，2005 Taian，2005	7.24	10.43	8.95	11.73	4.67	1.23	–0.27	0.65

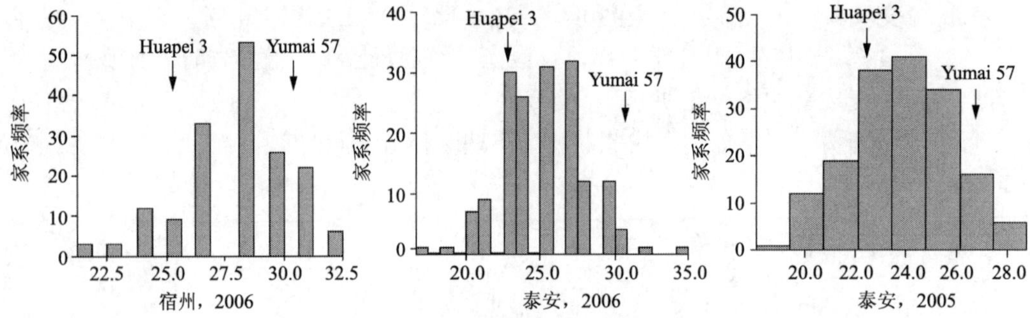

图 6-1　叶绿素 a 含量的变异分布

Fig. 6-1　Frequency distribution of chlorophyll a content

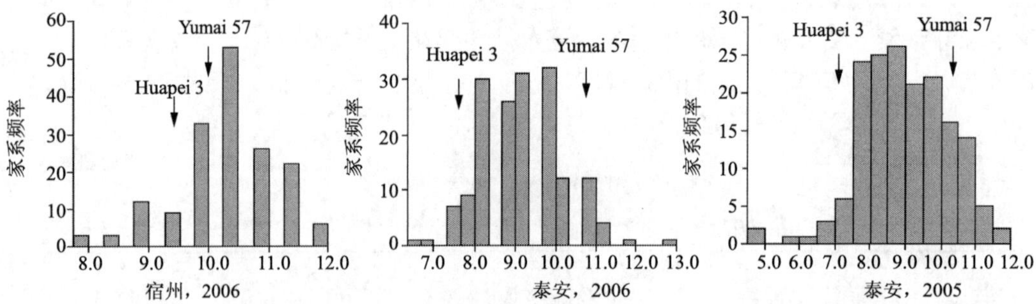

图 6-2　绿素 b 含量的变异分布

Fig. 6-2　Frequency distribution of chlorophyll a content

2) 叶绿素含量的 QTL 定位及效应分析

检测到控制叶绿素含量的 8 个加性 QTL 和 3 对上位性效应位点（表 6-2，表 6-3），其中 4 个加性效应和 1 对上位效应具有环境互作效应。

(1) 叶绿素 a 含量的 QTL 定位及效应分析。控制叶绿素 a 含量的 4 个加性 QTL 分别位于 1B、4A、5D 和 7A 染色体，单个 QTL 可解释叶绿素 a 含量变异的 0.84%～12.95%。其中 *qChla5D* 位点对叶绿素含量的遗传贡献率最大，解释 12.95%的表型变异，其增效等位基因来源于‘豫麦 57’。*qChla5D* 位点具有环境互作效应，解释 21.27%的表型变异。

控制叶绿素 a 含量的 3 对上位 QTL 位于染色体 2A-2B 和 2A-3B (2)，*qChla2Ab*/*qChla3B* 位点具有环境互作效应，解释 1.62%的表型变异。

(2) 叶绿素 b 含量的 QTL 定位及效应分析。控制叶绿素 b 含量的 4 个加性 QTL 分别位于 2D、4A、5A 和 5D 染色体，解释叶绿素 b 含量变异的 1.37%～23.29%。其中 *qChlb5D* 位点对叶绿素 b 含量的遗传贡献率最大，解释 23.29%的表型变异，其增效等位基因来源于‘豫麦 57’。3 个加性效应位点 *qChlb2D*、*qChlb4A* 和 *qChlb5A* 具有环境互作效应，共解释 5.81%的表型变异。

本研究没有检测到控制叶绿素 b 含量的上位效应位点。

表 6-2　叶绿素含量的加性效应及加性与环境互作效应

Table 6-2　Estimated additive (A) and additive × environment (AE) interactions of QTL for chlorophyll content

性状 Trait	QTL	标记区间 Flanking marker	位置 Position /cM	加性效应(A)	贡献率[d] (H^2)/%	加性×环境 1 (A×E1) 效应 (AE1)	加性×环境 1 (A×E1) 贡献率 (H^2)/%	加性×环境 2 (A×E2) 效应 (AE2)	加性×环境 2 (A×E2) 贡献率 (H^2)/%	加性×环境 3 (A×E3) 效应 (AE3)	加性×环境 3 (A×E3) 贡献率 (H^2)/%
叶绿素 a Chlorophyll a	*qChla1B*	*Xbarc120.3-Xbarc008*	38.6	0.34	1.89						
	qChla4A	*Xwmc718-Xwmc262*	3.0	–0.53	4.41						
	qChla5D	*Xwmc215-Xgdm63*	74.3	–0.90	12.95			–0.78	9.87	0.88	12.40
	qChla7A	*Xwmc607-Xbarc049*	74.6	0.23	0.84						
叶绿素 b Chlorophyll b	*qChlb2D*	*Xcfd53-Xwmc18*	2.8	–0.14	1.70					–0.18	2.94
	qChlb4A	*Xwmc718-Xwmc262*	0.0	–0.26	6.15					–0.12	1.32
	qChlb5A	*Xcfe026.1-Xcwem32.2*	7.0	0.12	1.37					0.13	1.55
	qChlb5D	*Xwmc215-Xgdm63*	73.3	–0.51	23.29						

环境 1：宿州，2006；环境 2：泰安，2006；环境 3：泰安，2005

E1：Suzhou，2006；E2：Taian，2006；E3：Taian，2005

表 6-3　叶绿素含量的上位效应及上位与环境互作效应

Table 6-3　Estimated epistasis (AA) and epistasis × environment (AAE) interactions of QTL for chlorophyll content.

性状 Trait	QTL	标记区间 Flanking marker	位置 Position/cM	QTL	标记区间 Flanking marker	位置 Position/cM	上位效应 (AA)	贡献率 (H^2)/%	上位×环境(AA×E) 效应 (AAE)	上位×环境(AA×E) 贡献率 (H^2)/%
叶绿素 a Chlorophyll a	*qChla2Aa*	*Xbarc296-Xcfa2263*	69.0	*qChla2B*	*Xbarc373-Xwmc477*	77.6	0.57	3.97		
	qChla2Ab	*Xbarc264-Xgwm448*	75.1	*qChla3B*	*Xcfe009-Xwmc3*	51.8			–0.32	1.62
	qChla2Ac	*Xwmc455-Xgwm515*	104.9	*qChla3B*	*Xcfe009-Xwmc3*	51.8	–0.34	1.86		

2. 叶绿素荧光参数的 QTL 分析

1) 叶绿素荧光参数的表型数据变异

‘花培 3 号’和‘豫麦 57’的叶绿素荧光参数都表现出明显的差异(表 6-4)。‘花培 3 号’的 PSII 最大光化学效率(F_v/F_m)在所有的环境中都高于‘豫麦 57’。2008(-N)缺氮环境中，两个亲本的 PSII 最大光化学效率(F_v/F_m)比 2007(+N)和 2008(+N)的参数值低。2007(+N)和 2008(+N)两个环境中，Chla/b 不一致。在缺氮环境和正常环境中 F_o 没有表现出明显的差别。DH 群体各株系的所有参数都表现出连续分布，符合正态分布，超亲遗传现象明显。

表 6-4 大田 DH 群体叶绿素含量和叶绿素荧光参数的变异

Table 6-4 Phenotypic performance of chlorophyll content and chlorophyll a fluorescence of DH population in field test

处理 Treatments	性状 Trait	亲本 Parents		DH 群体 DH population						
		豫麦 57 Ym57	花培 3 号 Hp3	均值 Mean	最大值 Maximum	最小值 Minimum	标准差 (SD)	偏度 Skewness	峰度 Kurtosis	变异系数 (CV)/%
2007(+N) 大田(+N)	Chla	27.51	22.69	27.94	32.16	21.44	2.24	–0.55	0.41	0.08
	Chlb	10.43	7.24	10.21	11.76	7.84	0.82	–0.54	0.46	0.08
	Chla/b	2.64	3.13	2.73	2.76	2.71	0.01	0.50	0.77	0.01
	F_o	500	508	520	592	451	25.50	–0.14	0.36	0.05
	F_m	3103	2846	2809	3355	2124	233.00	–0.01	–0.23	0.08
	F_v	2603	2338	2286	2823	1587	229	–0.15	–0.13	0.10
	F_v/F_m	0.82	0.83	0.82	0.84	0.75	0.02	–0.90	1.22	0.25
2008(+N) 大田(+N)	Chla	31.06	24.99	29.65	34.32	22.88	2.38	–0.43	0.36	0.08
	Chlb	10.98	9.06	8.54	13	5.46	1.26	0.36	0.43	0.15
	Chla/b	2.83	2.76	3.55	4.87	2.42	0.50	0.19	–0.50	0.14
2008(–N) 大田(–N)	F_o	452	473	454	502	402	17.34	–0.12	0.52	0.04
	F_m	2458	2894	2710	3235	2378	161.20	0.16	–0.12	0.06
	F_v	2006	2421	2257	2747	1921	152.70	0.12	–0.16	0.07
	F_v/F_m	0.816	0.837	0.83	0.849	0.801	0.01	–0.82	0.95	0.01
	F_o	452	448	453	503	315	44.10	–0.88	–0.55	0.01
	F_m	2382	2565	2552	3175	1761	296.30	–0.26	–0.49	3.47
	F_v	1930	2117	2007.3	2698	1414	263.10	–0.14	–0.44	0.13
	F_v/F_m	0.81	0.825	0.83	0.85	0.78	0.01	–0.58	0.57	0.01

注：Chla：叶绿素 a; Chlb：叶绿素 b, Chla/b：叶绿素 a/b; F_o：初始荧光; F_m：最大荧光; F_v：可变荧光; F_v/F_m：光系统 II 最大光化学效率

2) 叶绿素荧光参数 QTL 定位及效应分析

总共检测到 14 个控制叶绿素和荧光参数的加性效应 QTL 和 5 对上位性效应 QTL，分布在染色体 2A、3A、4A、5A、6A、1B、3B、4B、7B、2D、3D、5B、5D 和 6D 上(表 6-5，图 6-3)。

控制 Chla、Chlb 和 Chla/b 的 5 个加性效应位点位于染色体 4A、2D 和 5D 上。其中 2 个主效 *QTL-qChla5D* 和 *qChlb5D*，位于分子标记 Xwmc215 的周围，分别解释表型变异率的 16.12%和 28.49%。另外 3 个加性 QTL 分别是 *qChla4A*、*qChlb2D* 和 *qChla/b5D*，分别解释了表型变异率的 8.24%、11.59%和 4.34%。

控制初始荧光 F_o 的 2 个加性 QTL 位于染色体 2A 和 5D 上，解释表型变异的 20.62%。其中 *qFo2A* 和 *qFo5D* 的增效基因分别来自‘花培 3 号’和‘豫麦 57’，解释的表型变异

率分别为 9.54%和 11.08%。

控制最大荧光 F_m 的 2 个加性 QTL 分别是 *qFm3B* 和 *qFm4B*，增效基因都来自‘豫麦 57’，解释的表型变异率分别为 7.86%和 7.38%。

控制可变荧光 F_v 的 2 个加性效应位点 *qFv3B* 和 *qFv4B*，解释 10.46%的表型变异。染色体位置与控制 F_m 的两个位点相同，但是增效基因来自‘花培 3 号’。

控制 PSII 最大光化学效率 F_v/F_m 的 3 个加性效应位点 *qFv/Fm5A*、*qFv/Fm6A* 和 *qFv/Fm6D*，解释 16.16%的表型变异，增效基因都来自‘花培 3 号’。

检测到 5 对控制基础荧光、PSII 最大光化学效率和叶绿素 a/b 比值的上位效应位点，位于 1B-7B、2D-3A 和 3D-5B（表 6-6，图 6-3），分别解释表型变异的 12.1%、4.63%和 3.54%。

表 6-5　大田 DH 群体叶绿素含量以及叶绿素荧光参数 QTL 的加性效应

Table 6-5　Estimated additives (A) QTLs for wheat chlorophyll content and chlorophyll fluorescence of DH population in field test

性状 Traits	QTL	标记区间 Flanking markers	位置 Site/cM	加性效应 (A)	贡献率(A), H^2/%
叶绿素 a (Chla)	*qChla4A*	*Xwmc718-Xwmc262*	1.0	–0.70	8.24
	qChla5D	*Xwmc215-Xbarc345*	74.4	–0.97	16.12
					24.36
叶绿素 b (Chlb)	*qChlb2D*	*Xcfd53-Xwmc18*	1.7	–0.44	11.59
	qChlb5D	*Xbarc320-Xwmc215*	67.3	–0.69	28.49
					40.08
叶绿素 a/b (Chla/b)	*qChla/b5D*	*Xbarc320-Xwmc215*	66.3	0.08	4.34
初始荧光(F_o)	*qFo2A*	*Xwmc455-Xgmw515*	102.7	–9.00	11.08
	qFo5D	*Xwmc215-Xbarc345*	82.4	8.31	9.54
					20.62
最大荧光(F_m)	*qFm3B*	*Xgwm389-Xgwm533*	15.6	–59.17	6.25
	qFm4B	*Xwmc47-Xwmc413*	4.2	48.78	4.25
					10.5
可变荧光(F_v)	*qFv3B*	*Xgmw389-Xgwm533*	15.6	–57.77	6.18
	qFv4B	*Xwmc47-Xwmc413*	4.2	48.06	4.28
					10.46
光系统Ⅱ最大光化学效率(F_v/F_m)	*qFv/Fm5A*	*Xgwm186-Xcfe223*	58.8	0.0035	3.85
	qFv/Fm6A	*Xcfe179.2-Xcfe179.1*	84.1	–0.0031	4.23
	qFv/Fm6D	*Xgwm55-Xgwm133.2*	90.9	0.0047	9.38
					16.16

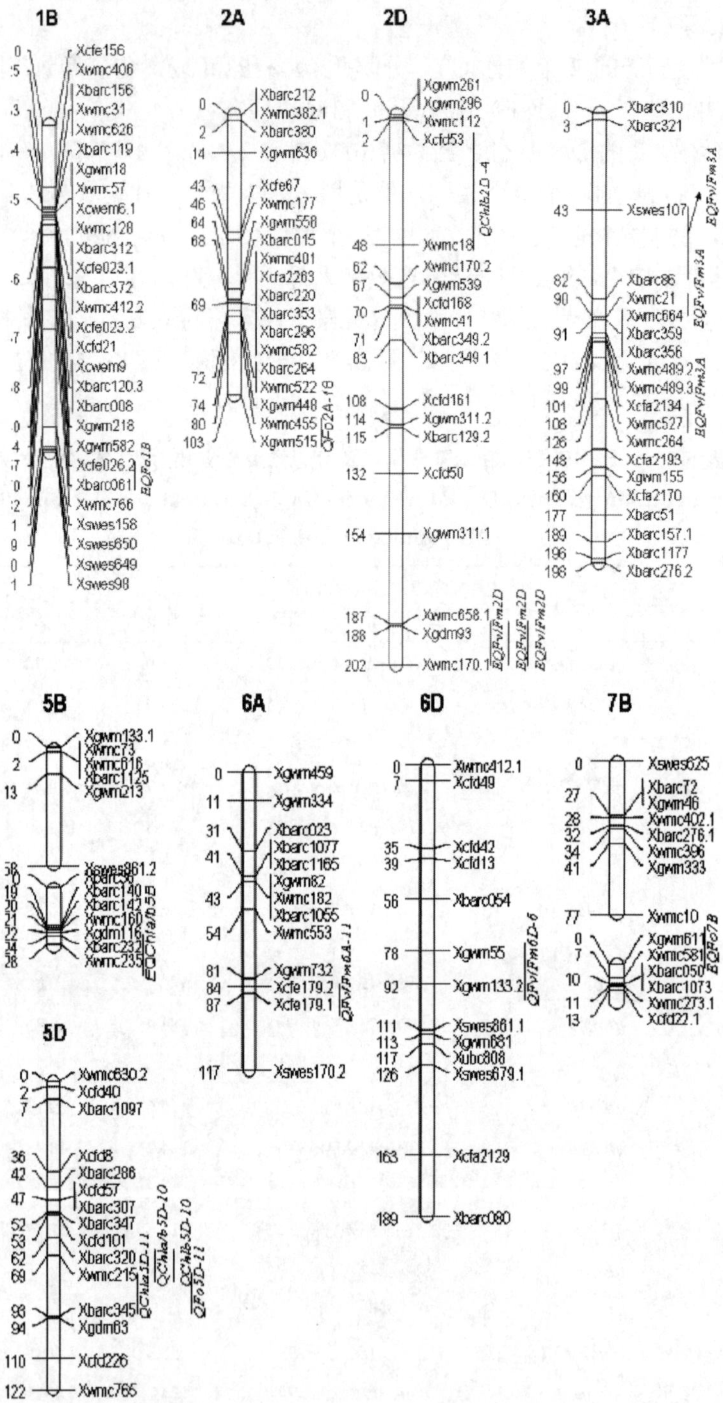

图 6-3　大田小麦 DH 群体（‘花培 3 号’×‘豫麦 57’）叶绿素含量以及叶绿素荧光参数加性效应和上位性位点在染色体上的分布

Fig. 6-3　The position of additive QTLs and epistatic QTLs conferring chlorophyll content and chlorophyll fluorescence of DH population in field test

表 6-6 大田小麦 DH 群体叶绿素含量以及叶绿素荧光参数的上位性效应

Table 6-6 Estimated digenic epistatic (AA) effects of QTLs for wheat chlorophyll fluorescence of DH population in field test

性状 Trait	QTL	标记区间 Flanking markers	位置 Site/cM	QTL	标记区间 Flanking markers	位置 Site/cM	上位性效应 (AA)	贡献率 (AA) H^2/%
初始荧光(F_o)	*qFo1B*	*Xcfe026.2-Xbarc061*	68.3	*qFo7B*	*Xgwm611-Xwmc581*	5.0	9.36	12.10
光系统Ⅱ最大光化学效率(F_v/F_m)	*qFv/Fm2D*	*Xgdm93-Xwmc170.1*	201.8	*qFv/Fm3A*	*Xcfa2134-Xwmc527*	107.0	—	0.16
	qFv/Fm2D	*Xgdm93-Xwmc170.1*	201.8	*qFv/Fm3A*	*Xwmc21-Xwmc664*	90.3	–0.02	1.44
	qFv/Fm2D	*Xgdm93-Xwmc170.1*	201.8	*qFv/Fm3A*	*Xswes107-Xbarc86*	43.1	0.03	3.03
								4.63
叶绿素 a/b (Chla/b)	*qChla/b3D*	*Xbarc1119-Xcfd4*	17.8	*qChla/b5B*	*Xbarc232-Xwmc235*	25.7	–0.01	3.54

二、人工气候室苗期光合特性 QTL 定位

(一)人工气候室苗期试验的材料种植和测定方法

1. 材料种植

实验于 2007 年 9 月至 10 月(环境 I)、2008 年 2 月至 4 月(环境 II)在山东农业大学网室及人工气候室内进行。将 168 个株系和亲本分别种植于直径 10cm、高 8cm 的培养钵中，土质均匀肥沃，每盆 5 棵，每个家系和亲本种植 3 盆。环境 I 播种日期 2007 年 9 月 5 日，环境Ⅱ播种日期 2008 年 2 月 28 日。生育期内采用常规盆栽措施进行管理，一周变换一次培养钵的位置，使各家系和两个亲本所处的生长环境不会出现很大的差异。1 个月后全部移入人工气候室(ACC-1，杭州)，适应 7 天后选择最上部的两片完全展开叶，用于各项光合参数的测定。人工气候室的温度控制在昼/夜温 24℃/18℃，光量子通量密度控制在 400μmol/(m^2·s)，光周期为 12h/12h，相对湿度控制在 60%。为了避免昼夜节律对参数测定的影响，预先进行了预备实验，将小麦移入人工气候室后，第 5、7、9 天进行了一天内多点的光合与荧光参数的测定，7 天后叶片的光合及荧光参数一天内基本稳定。

2. 测定方法

1) 苗期小麦叶片气体交换参数的测定

供试材料在人工气候室适应 7 天后，用 CIRAS-2 便携式光合作用测定系统(PP Systems，英国)测定 DH 群体及其父母本的净光合速率(P_n)、气孔导度(G_s)、细胞间隙 CO_2 浓度(C_i)等参数。系统控制 CO_2 浓度为 380μmol/mol，LED 红白光源控制光照强度在 1000μmol/(m^2·s)。

2) 苗期小麦叶绿素荧光参数的测定

气体交换参数测定结束后，把适应夹夹到叶片相同位置暗适应 20min，利用 H-PEA(Hansatech，英国)测定叶片快速叶绿素荧光诱导动力学曲线(OJIP 曲线)，测定方法见本节大田小麦叶绿素荧光参数的测定。

3) 苗期小麦叶绿体色素含量的测定

供试材料在测定完光合与荧光参数后，每个家系和两亲本的取样同本节大田小麦叶

绿体色素含量的测定，用UV-4802（上海尤尼柯公司）分光光度计分别测定662nm、645nm、470nm 处的 OD 值，计算叶绿素 a、b 和类胡萝卜素的含量。

（二）苗期光合特性 QTL 定位和效应分析

利用基于混合线性模型的 QTLNetwork2.0 软件，在 $P<0.005$ 时，检测到控制光合作用及其相关性状的 17 个加性效应 QTL 和 20 对上位效应 QTL，其中所有加性效应和 16 对上位性效应具有环境互作效应（表 6-7，表 6-8，图 6-4）。

表 6-7 小麦 DH 群体苗期光合作用及其相关性状在两个环境中的加性效应 QTL

Table 6-7 Additive effects of QTLs for photosynthesis and related physiological traits at seedling stage of wheat in two environments

性状 Trait	QTL	标记区间 Flanking marker	位置 Site/cM	加性效应（A）	H^2/%	AE1	H^2(AE1)/%	AE2	H^2(AE2)/%
Chla	*QCa5B-5*	*Xgwm213-Xswes861.2*	68.1	0.05	1.2	–0.03	0.6	0.20	0.6
	QCa5D-10	*Xbarc320-Xwmc215*	66.3	0.18	18.2	–0.15	12.5	0.17	12.3
Chlb	*QCb5B-5*	*Xgwm213-Xswes861.2*	68.1	0.02	1.8	–0.01	0.2	0.05	0.2
	QCb*5D-10*	*Xbarc320-Xwmc215*	66.3	0.04	10.4	–0.05	14.1	0.09	13.9
Carotinoids	*QCx5D-10*	*Xbarc320-Xwmc215*	66.3	0.04	27.3	–0.02	6.3	0.06	6.1
P_n	*QPn4D-11*	*Xcfe254-Be293342*	194.5	–0.52	2.5	0.20	0.4	–0.50	0.4
	QPn5D-11	*Xwmc215-Xbarc345*	79.4	0.89	7.2	–0.59	3.2	0.65	3.1
T_r	*QTr4D-11*	*Xfe254-Be293342*	194.5	–0.12	3.8	0.05	0.6	–0.30	0.6
G_s	*QGs4D-11*	*Xcfe254-Be293342*	194.5	–13.24	4.2	12.12	3.5	–12.38	3.5
	QGs5D-13	*Xgdw63-Xcfd226*	93.6	10.55	2.6	–5.81	0.8	6.74	0.8
C_i	*QCi5B-5*	*Xgwm213-Xswes861.2*	68.1	5.70	1.2	27.70	28.9	–25.10	27.7
	QCi5D-9	*Xcfd101-Xbarc320*	58.6	–2.71	0.3	—	—	–2.05	0.2
C_i/C_r	*QCi/Cr4A-3*	*Xbarc343-Xwmc313*	16.3	0.01	0.6	–0.02	4.9	0.09	4.6
	QCi/Cr5B-5	*Xgwm213-Xswes861.2*	68.1	0.01	1.4	0.03	6.9	–0.04	7.0
	QCi/Cr5D-9	*Xcfd101-Xbarc320*	58.6	–0.02	5.1	0.02	2.8	–0.07	2.6
F_m	*QFm1A-1*	*Xgwm259-Xcwem32.1*	4.0	–140.90	1.4	–114.00	0.9	138.00	0.9
	QFm1A-17	*Xwmc120-Xgwm498*	64.5	126.44	1.2	53.60	0.2	–55.80	0.2

A：加性效应；H^2：贡献率；E1：环境 I（2007 年 9 至 10 月）；E2：环境 II（2008 年 2 至 4 月）。P_n：净光合速率；*Tr*：蒸腾速率；G_s：气孔导度；C_i：胞间 CO_2 浓度；C_i/C_r：胞间与胞外 CO_2 浓度之比；F_o：初始荧光；F_m：最大荧光；F_v：可变荧光；F_v/F_m：最大光化学效率；Chl a：叶绿素 a 含量；Chl b：叶绿素 b 含量；Car：类胡萝卜素含量。“—”表示无数据

A: additive effect; H^2: contribution rate; E1: environment I (from September to October, 2007); E2: environment II (from February to April, 2008). P_n: net photosynthetic rate; *Tr*: transpiration rate; G_s: stomatal conductance; C_i: intercellular CO_2 concentration; C_i/C_r: gas conductance; F_o: initial fluorescence; F_m: maximum yield of fluorescence in darkness; F_v: variable fluorescence; F_v/F_m: maximal photochemical efficiency of PSII; Chl a: Chl a content; Chl b: Chl b content; Car: Carotinoid content. “—” : data were not taken

表 6-8 小麦 DH 群体苗期光合作用及其相关性状在两个环境中的上位性效应

Table 6-8 Epistatic effects of QTLs for photosynthesis and related physiological traits at seedling stage of wheat in two environments

性状 Trait	QTL	标记区间 Flanking marker	位置 Site /cM	QTL	标记区间 Flanking marker	位置 Site /cM	AA	H^2(AA) /%	AAE1	H^2(AAE1) /%	AAE2	H^2(AAE2) /%
Chl a	*QCa3B-14*	*Xwmc505-Xcfe282*	52.6	*QCa5D-7*	*Xbarc307-Xbarc347*	48.6	0.04	0.9	–0.06	2.0	0.09	2.1
Chl b	*QCb3B-14*	*Xwmc505-Xcfe282*	52.6	*QCb5D-7*	*Xbarc307-Xbarc347*	46.6	0.01	0.2	–0.02	2.8	0.05	2.1
Car	*QCx1B-15*	*Xcfe023.2-Xcfd21*	37.3	*QCx4D-5*	*Xcfa2173-Xcfe188*	153.8	0.01	2.0	—	—	—	—
	QCx1B-21	*Xgwm582-Xcfe026.2*	44.6	*QCx4D-5*	*Xcfa2173-Xcfe188*	153.8	0.01	0.8	—	—	—	—
P_n	*QPn1B-24*	*Xwmc766-Xswes158*	92.9	*QPn3A-12*	*Xwmc527-Xwmc264*	120.8	0.49	2.2	–0.21	0.4	0.40	0.4
	QPn1B-27	*Xswes649-Xswes98*	130.1	*QPn3A-11*	*Xcfa2134-Xwmc527*	107.0	0.42	1.6	–0.16	0.2	0.24	0.2
	QPn1B-27	*Xswes649-Xswes98*	130.1	*QPn3D-6*	*Xgwm52-Xgdm8*	24.0	0.35	1.1	–0.47	2.0	0.50	2.0
	QPn1D-4	*Xwmc429-Xcfd19*	33.2	*QPn5B-1*	*Xgwm133.1-Xwmc73*	1.0	0.59	3.2	–0.86	6.7	1.04	8.5
T_r	*QTr3A-18*	*Xbarc157.1-Xbarc1177*	192.8	*QTr4A-10*	*Xbarc327-Xbarc078*	40.8	–0.10	2.6	0.11	3.0	–0.25	2.8
	QTr3B-1	*Xbarc102-Xgwm389*	6.0	*QTr6D-6*	*Xgwm55-Xgwm133.2*	77.9	0.13	4.2	–0.10	2.7	0.18	4.2
	QTr3B-3	*Xgwm533-Xbarc251*	23.0	*QTr6D-7*	*Xgwm133.2-Xswes861.1*	109.0	–0.07	1.2	0.11	3.0	–0.19	2.8
G_s	*QGs1A-11*	*Xwmc278-Xbarc120.1*	56.3	*QGs2B-18*	*Xcwem55-Xbarc129.1*	86.0	13.07	4.1	–5.55	0.7	4.99	0.6
	QGs1D-4	*Xwmc429-Xcfd19*	31.2	*QGs5B-2*	*Xwmc73-Xwmc616*	1.6	5.82	0.8	–5.99	0.9	0.62	5.1
	QGs2D-13	*Xgwm311.2-Xbarc129.2*	115.3	*QGs7D-12*	*Xcfd175-Xwmc14*	172.5	16.32	6.3	18.59	8.2	18.83	8.4
	QGs4B-3	*Xwmc413-Xcfd39.2*	7.7	*QGs5B-2*	*Xwmc73-Xwmc616*	1.6	–9.74	2.3	—	—	—	—
	QGs4B-5	*Xcfd22.2-Xwmc657*	13.2	*QGs5B-5*	*Xgwm213-Xswes861.2*	68.1	–9.92	2.3	12.56	3.8	–12.27	3.6
F_m	*QFm1B-1*	*Xcfe156-Xwmc406*	0.0	*QFm2B-17*	*Xbarc101-Xcwem55*	77.4	120.10	1.0	61.24	0.3	–65.20	0.3
	QFm3B-21	*Xwmc307-Xgwm566*	63.0	*QFm7B-7*	*Xgwm333-Xwmc10*	68.2	118.80	1.0	45.80	0.2	–49.90	0.2
	QFm1B-9	*Xcwem6.1-Xwmc128*	34.9	*QFm1B-21*	*Xgwm582-Xcfe026.2*	47.6	168.00	2.0	—	—	—	—
	QFm5B-6	*Xbarc232-Xwmc235*	27.7	*QFm5D-10*	*Xbarc320-Xwmc215*	65.3	122.6	1.1	38.40	0.1	–39.40	0.1

AA：上位性效应；H^2：贡献率；E1：环境 I(2007 年 9 至 10 月)；E2：环境 II(2008 年 2 至 4 月)。其他符号缩写同表 6-7。"—"表示无数据

AA：epistatic effect. Other abbreviations as in Table 6.7. "—"：data were not taken

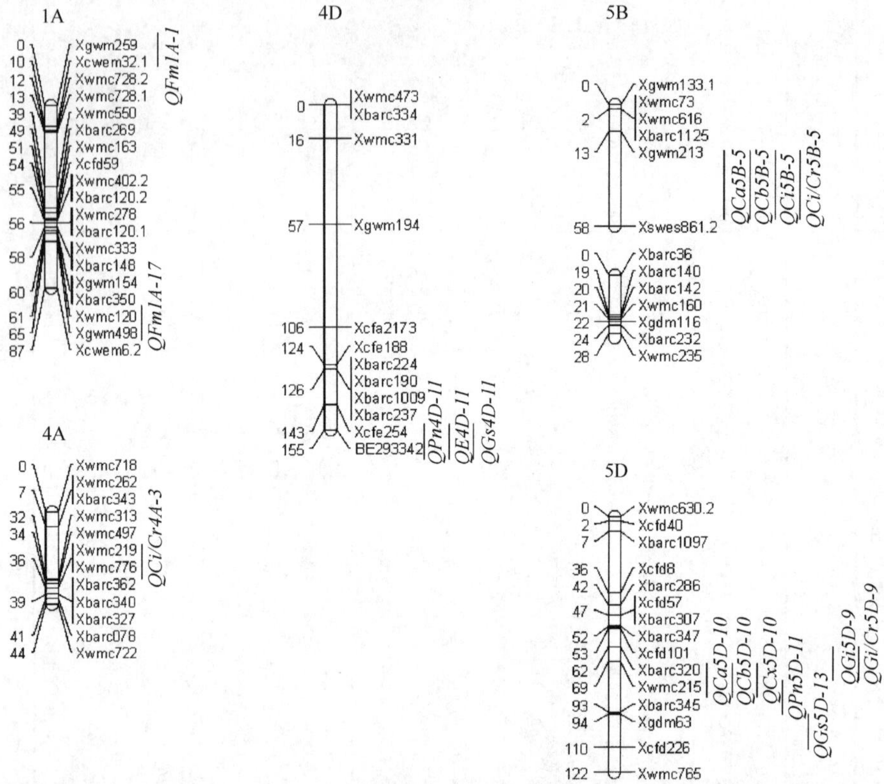

图 6-4　小麦 DH 群体（‘花培 3 号’×‘豫麦 57’）苗期光合作用及其相关性状的加性效应 QTL 位点在染色体上的位置

Fig. 6-4　Chromosome positions of additive QTLs for photosynthesis and related traits in 168 double haploid lines derived from the cross of Huapei 3×Yumai 57 at seedling stage of wheat

检测到控制净光合速率的 2 个加性效应 QTL *QPn4D-11* 和 *QPn5D-11*，分别位于 4D 和 5D 上，增效基因分别来自于‘豫麦 57’和‘花培 3 号’，解释的表型变异分别为 2.47% 和 7.15%，都具有环境互作效应。检测到控制净光合速率的 4 对上位效应 QTL，分别位于 1B-3A、1B-3A、1B-3D 和 1D-5B 上，可分别解释 2.17%、1.58%、1.09%和 3.22%的表型变异。

检测到控制蒸腾速率的加性效应位点 *QE4D-11*，解释 3.81%的表型变异，在两个环境中都具有环境互作效应。检测到 3 对上位性 QTL，分别位于 3A-4A、3B-4D 和 3B-6D 上，解释的表型变异率分别为 2.59%、4.17%和 1.18%。3 对上位效应位点都具有环境互作效应，两个环境中解释总的表型变异率分别为 8.66%和 9.75%。

检测到控制气孔导度的 2 个加性效应位点 *QGs4D-11* 和 *QGs5D-13*，分别解释 4.17% 和 2.64%的表型变异率，2 个 QTL 都具有环境互作效应。*QGs4D-11* 在 2 个环境中的表型变异率比较大，分别为 3.48%和 3.45%。检测到控制气孔导度的 5 对上位性效应位点，分别位于染色体 1A-2B、1D-5B、2D-7D、4B-5B 和 4B-5B 上，解释的表形变异率分别为 4.06%、0.81%、6.33%、2.25%和 2.33%。除 *QGs4B-3*/*QGs5B-2* 之外，其他 4 对 QTL 都具有环境互作效应。*QGs2D-13*/*QGs7D-12* 解释的表型变异率最大，在 2 个环境中分别为 8.21%和 8.42%。

检测到控制胞间 CO_2 浓度的 2 个加性效应 QTL 分别位于 5B 和 5D 上，解释的表型变异分别为 1.22%和 0.28%。*QCi5B-5* 具有较大的的环境互作效应，在 2 个环境中分别解释了 28.94%和 27.7%的表型变异率。在环境 I 中亲本型的效应大于重组型效应，在环境 II 中则重组型效应大于亲本型效应。没有检测到胞间 CO_2 浓度的上位性效应。

检测到控制胞间 CO_2 浓度与胞外 CO_2 浓度的比值的 3 个加性效应 QTL *QCi/Cr4A-3*，*QCi/Cr5B-5*，*QCi/Cr5D-9*，分别解释表型变异的 0.58%、1.37%和 5.07%。加性效应与环境互作效应总变异率分别为 14.69%和 14.21%。没有检测到上位性效应位点(见表 6-7、表 6-8、图 6-4)。

检测到控制叶绿素 a 含量 2 个加性效应位点 *QCa5B-5* 和 *QCa5D-10*，分别解释了 1.2%和 18.23%的表型变异。检测到控制叶绿素 a 含量的 1 对上位性效应位点 3B-5D，具有环境互作效应(见表 6-7、表 6-8、图 6-4)。

检测到控制叶绿素 b 含量的 2 个加性效应位点 *QCb5B-5* 和 *QCb5D-10*，分别解释了 1.78%和 10.4%的表型变异率，增效基因都来自‘花培 3 号’，与‘花培 3 号’具有较高的叶绿素 b 含量是一致的。两个 QTL 都具有环境互作效应，*QCb5D-10* 解释的表型变异率较高，在两个环境中分别为 14.12%和 13.9%。检测到控制叶绿素 b 含量的一对上位性效应位点 3B-5D，具有环境互作效应。

检测到控制类胡萝卜素含量的 1 个加性效应位点 *QCx5D-10*，解释了 27.25%的表型变异率，增效基因来自‘花培 3 号’，与‘花培 3 号’具有较高的类胡萝卜素含量相一致。在两个环境中解释的表型变异率分别为 6.3%和 6.12%。检测到 2 对上位性效应的 QTL，都位于染色体 1B-4D 上，解释的类胡萝卜素的表型变异率分别为 2.02%和 0.75%。没有上位性效应和环境互作(见表 6-7、表 6-8、图 6-4)。

检测到控制最大荧光 F_m 的 2 个加性效应位点 *QFm1A-1* 和 *QFm1A-17*，解释的表型变异率分别为 1.43%和 1.15%，都具有环境互作效应，但是表型变异率都很小。检测到控制最大荧光 F_m 的 4 对上位效应位点 1B-2B、3B-7B、1B-1B 和 5B-5D，可解释的表型变异率分别为 1.04%、1.02%、2.04%和 1.08%。除位于 1B 染色体上的 *Xcwem6.1-Xwmc128* 和 *Xgwm582-Xcfe026.2* 外，其他三对上位性效应都具有环境互作效应(见表 6-7、表 6-8、图 6-4)。

三、小麦光合特性 QTL 研究进展与本研究的比较分析

(一) 小麦光合特性 QTL 研究进展

曹卫东等(2004)研究了小麦苗期氮素缺乏和正常情况下，控制小麦叶绿素含量的 16 个 QTL；Yang 等(2007a)研究了小麦在干旱胁迫及正常条件下的叶绿素荧光及相关特性的 QTL，共定位出 18 个加性效应 QTL，其中 11 个是在干旱胁迫环境下检测到的，这些 QTL 定位在染色体 1A、5A、6A、7A、1B、3B、4D 和 7D 上，单个位点可以解释 7.27%~72.72%的表型变异率。控制叶绿素含量的 4 个 QTL 在 1A、5A 和 7A 上；控制初始荧光的 1 个 QTL 在 1B 上；分别在干旱胁迫和正常条件下检测到控制最大荧光的 2 个

QTL，分布在染色体 7A 和 1B 上。2 个与可变荧光有关的 QTL 位于染色体 7A 和 7D 上；干旱胁迫条件下检测到的 4 个控制光系统Ⅱ最大光化学效率的 QTL 分布在染色体 3B、6A、7D 上；但没有在两种环境条件下同时检测到控制叶绿素含量、最大荧光、最小荧光和 F_v/F_o 的上位性 QTL。此外还发现了很多染色体区域与叶绿素荧光动力学参数紧密相连，如在染色体 1B 上检测到多个性状的 QTL。另外，不同环境条件下 QTL 发生了移位现象，表明不同环境条件下 QTL 的表达模式不同。干旱胁迫条件下检测到了更多的 QTL，预示着胁迫环境可以诱导那些在正常环境中沉默基因的表达（Yang et al.，2007b）。曹卫东等（2004）、李世平等（2013）、Czyczyło-Mysza 等（2013）、Vijayalakshmi 等（2010）研究者也利用不同的 RIL 和 DH 群体对小麦和四倍体小麦进行了叶绿素、荧光、光系统参数、类胡萝卜素、旗叶衰老等性状的 QTL 分析。

到目前为止，国内外科技工作者用 RIL 和 DH 等遗传群体，进行了不同生育期和不同环境条件的光合生理性状方面的研究，总共约进行了 11 个光合生理性状 QTL 的定位，获得控制不同性状的 QTL 224 个，其中效应值大于 10%的 QTL 101 个，效应值最高达 49.56%（表 6-9）；其 QTL 位点涉及 21 条染色体，其中 6B 染色体上存在的 QTL 位点最多，达 24 个，其次是 5B（23 个 QTL）和 2D（19 个 QTL）。由此可知，2D、5B 和 6B 染色体对小麦光合生理性状是十分重要的。

表 6-9　小麦光合生理相关性状 QTL 汇总（PVE>10%）

Table 6-9　Summary of QTL of wheat photosynthetic physiology（PVE>10%）

环境 Env	性状 Trait	QTL	标记区间 Flanking marker	贡献率 (PVE)/%	群体 Population	参考文献 Reference
供氮水平 4.0mmol/L	叶绿素含量	*qCHO-2Ba*	*Xfbb62-Xfba272*	10.85	RIL	曹卫东等（2004）
		qCHO-7D	*Xfba8-Xbcd1872*	13.45		
供氮水平 0.4mmol/L	叶绿素含量	*qCHN-6A*	*Xpsr312-Xfbb145*	11.73		
	SOD 活性	*QSod.sdau-2D*	*Xissr859a-Xswes624e*	16.64	RIL	卫宪云等（2007）
	POD 活性	*QPod.sdau-4A*	*Xissr23b-Xwmc308*	49.56		
	最大光子组化效率（F_v/F_m）	QF_v/F_m*.csdh-2A**	*gwm339*	12.00	DH	Czyczyło-Mysza et al.（2013）
		QF_v/F_m*.csdh-6A**	*csb112（Dhn5）*	13.80		
		QF_v/F_m*.csdh-7A.2**	*barc108a*	12.80		
		QF_v/F_m*.csdh-2D.3**	*gwm349*	17.70		
	PSII 光化学整体性能指标（PI）	*QPI.csdh-3A.1**	*cfa2234*	12.80		
		*QPI.csdh-4A**	*gwm30b*	11.20		
		*QPI.csdh-5A**	*psp3003b*	13.30		
		*QPI.csdh-4B.1**	*Rht-B1*	18.40		
		*QPI.csdh-6B.1**	*wPt-2424*	11.40		
		*QPI.csdh-4D**	*wPt-5809*	24.60		
	特征光能吸收率（ABS/CS_m）	*QABS.csdh-1A.1*	*m51p65.5*	10.70		
		*QABS.csdh-1A.2**	*wPt-731617*	10.90		

续表

环境 Env	性状 Trait	QTL	标记区间 Flanking marker	贡献率 (PVE)/%	群体 Population	参考文献 Reference
		*QABS.csdh-2B**	*wPt-8776*	12.20		
		*QABS.csdh-5B.2**	*psp3037*	13.00		
		QABS.csdh-5B.3	*wPt-1548*	10.90		
		*QABS.csdh-6B.1**	*wPt-2424*	14.30		
		*QABS.csdh-6B.3**	*wPt-2564*	13.10		
		QABS.csdh-3D	*wPt-732092*	10.50		
	在光系统 PSII 反应中心截获激发能量的数量（TR_o/CS_m）	QTR_o*.csdh-1A.1**	*wPt-731617*	11.60		
		QTR_o*.csdh-2B**	*m65p64.5*	12.10		
		QTR_o*.csdh-5B.2*	*psp3037*	12.20		
		QTR_o*.csdh-5B.3**	*psr806.2*	16.00		
		QTR_o*.csdh-5B.4**	*wPt-1548*	15.00		
		QTR_o*.csdh-6B.3**	*wPt-2564*	13.10		
	电子传输所用的能量（ET_o/CS_m）	QET_o*.csdh-6A**	*wPt-667844*	10.90		
		QET_o*.csdh-6B.1**	*wPt-2424*	20.50		
		QET_o*.csdh-6B.2**	*wg232.4*	21.70		
		QET_o*.csdh-6B.3**	*wPt-2564*	20.20		
		QET_o*.csdh-4D**	*wPt-5809*	23.80		
		QET_o*.csdh-7D.1**	*wPt-744354*	14.30		
		QET_o*.csdh-7D.2**	*gwm37*	10.00		
	来自 PSII 的耗能量（DI_o/CS_m）	QDI_o*.csdh-5A*	*Vrn-A1*	10.90		
		QDI_o*.csdh-5B.1**	*wPt-5346*	12.30		
		QDI_o*.csdh-5B.2**	*wmc73*	15.00		
		QDI_o*.csdh-5B.3*	*wPt-5737*	10.30		
		QDI_o*.csdh-1D.3**	*wPt-4671*	18.50		
		QDI_o*.csdh-7D.1**	*wPt-744354*	15.10		
	活性反应中心数目（RC/CS_m）	*QRC.csdh-3A**	*cfa2234*	14.40		
		*QRC.csdh-4B**	*Rht-B1*	20.70		
		*QRC.csdh-5B**	*wPt-5346*	15.20		
		*QRC.csdh-7D**	*barc154*	17.60		
	叶绿素 a+b 含量（chla+b）	$Qchl_{a+b}$*.csdh-3B**	*wPt-1682*	11.50		
		$Qchl_{a+b}$*.csdh-2D.1**	*wPt-6574*	22.40		
		$Qchl_{a+b}$*.csdh-2D.2**	*wPt-730613*	16.70		
		$Qchl_{a+b}$*.csdh-2D.3**	*gwm349*	13.00		
	叶绿素仪读数（SPAD）	*QSPAD.csdh-1B.1**	*wPt-2389*	15.00		
		*QSPAD.csdh-1B.2**	*wPt-3451*	11.60		

续表

环境 Env	性状 Trait	QTL	标记区间 Flanking marker	贡献率 (PVE) /%	群体 Population	参考文献 Reference
		*QSPAD.csdh-4B.1**	*Rht-B1*	15.60		
		*QSPAD.csdh-6B.2**	*gwm191*	13.60		
		*QSPAD.csdh-6B.3**	*wPt-2564*	13.50		
		*QSPAD.csdh-2D**	*wPt-6574*	17.40		
	类胡萝卜素 (Car)	*QCar.csdh-3A.1**	*wPt-2478*	11.00		
		*QCar.csdh-3A.2**	*wPt-4569*	14.20		
		QCar.csdh-3D.1	*dupw173*	10.00		
		QCar.csdh-3D.2	*wPt-4569*	32.00		
		*QCar.csdh-4D**	*psr375.1*	12.30		
		*QCar.csdh-6D.1**	*wPt-665675*	13.40		
		*QCar.csdh-6D.3**	*wPt-732626*	13.80		
	单株干重 (DWP)	*QDWP.csdh-5A**	*wPt-668257*	11.30		
		*QDWP.csdh-4B.2**	*psp3030b*	14.70		
		*QDWP.csdh-3D**	*dupw173*	11.60		
	叶绿素含量 (Chl)	*QcChl2.2*	*HVM54*	12.80/ 13.60	RIL	Guo et al. (2008) Barley)
		QcChl4.1	*p71m88-02*	10.20/ 9.60		
	旗叶叶绿素含量	*qFC2.2*		20.20	DH	Xue et al. (2008) (Barley)
	衰老的最大速率	*Qmrso.ksu-5A*	*GTG.AGC-254-CGA.CGCT-485*	12.00	RIL	Vijayalakshmi et al. (2010)
		Qmrso.ksu-6A	*CAG.AGC-101-AGG.CTT-212*	26.00		
		Qmrsh.ksu-2A	*Xgwm356-CGT.TGCG-349*	19.00		
		Qmrsh.ksu-2A	*CGT.TGCG-349-CTCG.ACC-242*	21.00		
	到达衰老最大速率的时间	*Qtmrso.ksu-3B*	*CGT.CTCG-146-GTG.AGCT-206*	18.00		
		Qtmrso.ksu-7B	*Xbarc340- Xgwm43*	12.00		
		QTmrsh.ksu-2A	*Xgwm356-CGT.TGCG-349*	17.00		
		QTmrsh.ksu-6A	*CGT.GTG-343-CGA.CGCT-406*	30.00		
	在衰老程度最大时绿叶所占百分比	*Qpgmso.ksu-4B*	*Xgwm368- Xksum62*	17.00		

续表

环境 Env	性状 Trait	QTL	标记区间 Flanking marker	贡献率 (PVE)/%	群体 Population	参考文献 Reference
	叶绿素荧光	*QFv/Fmh.ksu-7A*	*CGA.CGCT-272-Xbarc121*	11.00		
	开花后4天叶绿素含量	*QChlc.tamu-1B*	*Xbarc128*	22.50		Ali et al. (2013)
	开花后8天叶绿素含量	*QChlc.tamu-1B*	*Xbarc128*	45.30		

(二)本研究结果与前人研究结果的比较分析

本研究在染色体1A上检测到控制最大荧光的QTL与Börner等(2002)检测到的控制同性状的*QRaw.ipk-1A*位置相近；在染色体4A上检测到的控制胞间CO_2浓度和胞外CO_2浓度比值的位点与控制谷物蛋白含量的位点相近(曹卫东等，2004)。检测到的控制叶绿素含量的QTL-*qCHO-5B*、*qCHN-5B*与控制灌浆期千粒重的位点*QTgwg.cgb-5B*位置相近，在相似位点还检测到控制千粒重、产量、谷物蛋白含量的QTL(Groos et al.，2003)。在染色体4D上检测到的*QPn4D-11*、*QE4D-11*、*QGs4D-11*与在相同染色体上检测到控制F_v/F_o的位点位置相近(Yang et al.，2007a)，说明本研究获得的大多数光合性状的QTL与前人同类研究结果有较好的一致性。当然本研究也获得了很多前人没有测定的光合性状的QTL或没有鉴定到的QTL(详见前面论述和表6-9)。

第二节　小麦茎秆显微解剖特性的QTL分析

小麦茎秆结构与小麦抗倒伏性密切相关。小麦茎秆结构主要由表皮、机械组织、基本组织、维管束、髓腔组成。茎秆内的维管组织是小麦植株由根部向穗部输送水分、矿质和有机养分的主要通道，因此，维管束发育的质量和数量，必然影响作物体内养分的吸收和运转。茎秆维管束的发育既受品种影响，又受生长环境影响，比较复杂。在小麦高产育种实践中，茎秆维管束结构与籽粒大小和充实度成为研究的重要问题之一。茎秆维管束结构差可能会导致库大源足而流不畅，影响小麦产量的进一步提高。因此，研究茎秆输导组织的维管束结构，对提高小麦的抗倒伏性和高产具有重要的意义。

一、茎秆基部第二节间显微解剖性状的QTL定位

(一)实验材料和测定方法

1. 试验材料

‘豫麦57’(父本)×‘花培3号’(母本)F_1培育的双单倍体群体168个家系。

2. 田间试验

试验材料分别在山东省泰安市山东农业大学农学试验站(36°9′N，117°9′E)和河南省

济源市农业科学研究所（35°5′N，112°38′E），2008~2009年和2009~2010年两个生长季节种植，共设置9个环境，分别为：2008~2009年河南济源设置正常种植1个环境，山东泰安设置泰安正常种植、泰安旱地种植、泰安水地种植、泰安晚播种植4个栽培环境；2009~2010年河南济源设置正常种植1个环境，山东泰安设置正常种植、泰安旱地种植、泰安水地种植3个环境。

2008年秋的正常、旱地、水地的播种日期是2008年10月6日-8日，晚播种植的播种日期是2008年11月22日。2009年秋正常、旱地、水地的播种日期是2009年10月4~7日。

群体亲本和家系每个材料种植4行，行长2m，行距26.7cm，株距2.2cm，基本苗每亩12万株。

正常种植管理方式，按常规种植管理方式进行，在拔节期和开花期分别追施225kg/hm^{2}和75kg/hm^{2}的尿素，并在越冬前、拔节期和开花期浇水；旱地种植管理方式，与正常种植管理方式相同，在拔节期和开花期分别追施225kg/hm^{2}和75kg/hm^{2}的尿素，但整个生育期不浇水；水地种植管理方式，与正常种植管理方式相同，在越冬前、拔节期和开花期浇水，但在拔节期、开花期不施肥；晚播种植按正常种植管理方式进行，但推迟播种日期。

3. *测定方法*

(1)挂牌：5月初，选取同一天开花的典型主茎穗挂牌标记。

(2)取样：于小麦生长发育的乳熟期，取标记主茎基部第2节间，立即截取中部2cm左右的茎段。

(3)固定保存：截取材料后，立即投入卡诺氏固定液，抽气固定至没有气泡产生为止。固定好以后，换新的固定液，抽气后，冷库低温(0~4℃)冷藏备用。

(4)切片：取固定茎段，用薄剃刀刀片做徒手切片，切片厚度约20μm，小于两层细胞为宜。

(5)镜检：在体视显微镜下，挑选相对较好的切片染色。

(6)染色：挑取较好的切片，先用番红(Safranin O)染色3min，再用清水漂洗1min，然后用固绿(Fast Green)染色15s，再用清水漂洗。

(7)镜检：漂洗干净以后，用滴管滴一滴蒸馏水于载玻片上，放上较好的染好色的切片，在Nikon YS100显微镜下，用低倍镜观察，剔除染色较差的切片。

(8)拍照：加载盖玻片于挑选好的染色切片上，置于奥林巴斯BX51显微镜(Olympus BX51)下，用DP71高分辨率拍照系统拍照。

(9)统计：用游标卡尺测量基部节间茎粗；用Image-pro Plus 6.0图形处理程序设定匹配参数，测量大小维管束数目、壁厚和髓腔直径等茎秆解剖结构相关性状。

(二)茎秆基部第二节间显微解剖结构QTL定位

表型变异分析

共分析了DH群体亲本及家系茎秆基部第二节间中部横切解剖结构的5个性状，分别为大维管束数目、小维管束数目、基部茎粗、壁厚和髓腔直径。2年4个环境中，茎秆基部第二节间解剖结构 5 个性状的表型变异情况见表 6-10。

表 6-10　DH 群体茎秆基部节间解剖结构相关性状的表型变异分析

Table 6-10　Phenotypic values of the anatomical traits in the DH population

环境 Env	性状 Trait	亲本 Parents		DH 群体 DH population					
		花培 3 号 HP3	豫麦 57 YM57	最小值 Minimum	最大值 Maximum	平均值 Mean	标准差 (SD)	偏度 Skewness	峰度 Kurtosis
E1	大维管束(LVB)	44.75	42.5	34.3	47	40.4	2.59	0.2	–0.04
	小维管束(SVB)	21	25	12.3	31.8	20.79	3.94	0.37	–0.07
E2	大维管束(LVB)	41.25	40.25	30	48	39.78	3.03	0.13	0.69
	小维管束(SVB)	22.5	19.25	11.75	33	20.81	3.99	0.38	–0.09
E5	大维管束(LVB)	33	35.75	26	41	32.90	2.94	0.04	–0.10
	小维管束(SVB)	16	25.25	13	26	18.25	2.60	0.17	–0.11
E7	大维管束(LVB)	37	39.57	31	45	37.27	2.59	0.06	0.05
	小维管束(SVB)	18.86	22.29	13	30	20.82	3.57	0.17	–0.38
E1	茎粗(SD)	4.79	5.06	3.52	5.71	4.63	0.39	0.31	0.26
	壁厚(CWT)	0.54	0.57	0.37	0.66	0.5	0.05	0.50	0.22
	髓腔直径(PD)	3.72	3.92	2.71	4.44	3.62	0.35	0.05	–0.29
E2	茎粗(SD)	4.56	4.36	3.52	5	4.12	0.3	0.42	–0.18
	壁厚(CWT)	0.41	0.41	0.34	0.52	0.4	0.03	0.77	0.61
	髓腔直径(PD)	3.75	3.55	2.73	4.16	3.32	0.28	0.35	–0.13
E5	茎粗(SD)	3.68	3.75	2.99	4.26	3.63	0.25	0.12	–0.17
	壁厚(CWT)	0.39	0.41	0.33	0.56	0.43	0.05	0.29	–0.14
	髓腔直径(PD)	2.91	2.92	2.21	3.37	2.77	0.22	0.3	0.22
E6	茎粗(SD)	4.31	4.11	3.36	4.94	4.15	0.27	0.03	0.33
	壁厚(CWT)	0.80	0.63	0.39	1.30	0.63	0.14	1.19	3.26
	髓腔直径(PD)	2.71	2.85	1.82	3.79	2.88	0.38	–0.19	0.2
E7	茎粗(SD)	3.75	4.49	3.39	5.11	4.17	0.31	0.4	0.09
	壁厚(CWT)	0.86	0.67	0.52	1.46	0.83	0.17	0.81	0.78
	髓腔直径(PD)	2.03	3.16	1.18	4	2.51	0.48	0.04	0.01
E8	茎粗(SD)	4.06	4.01	3.26	4.59	3.88	0.28	0.35	–0.32
	壁厚(CWT)	0.66	0.49	0.34	1.02	0.54	0.09	1.30	4.25
	髓腔直径(PD)	2.75	3.04	1.44	3.72	2.79	0.35	–0.26	1.19

E1，2008~2009 年河南济源正常种植；E2~E5，2008~2009 年山东泰安正常、旱地、水地、晚播种植；E6，2009~2010 年河南济源正常种植；E7~E9，2009~2010 年山东泰安正常、旱地、水地种植；下同

E1, Jiyuan, Henan province in 2008~2009 under normal environment; E2~E5, Taian, Shandong province in 2008~2009 under normal, rain-fed, irrigation, late sowing environment, respectively; E6, Jiyuan, Henan province in 2009~2010 under normal environment; E7~E9, Tai'an, Shandong province in 2009~2010 under normal, rain-fed, irrigation environment, respectively. The same as below

该群体在 2008~2009 年河南济源、泰安晚播，以及 2009~2010 年泰安正常种植条件下，母本‘花培 3 号’基部节间的相关解剖性状值均低于父本‘豫麦 57’，但在 2008~2009 年泰安正常种植环境下，母本为高值亲本。DH 群体茎秆内部解剖结构相关性状的变异幅度大，有双向超亲分离现象，数据呈连续分布，属于多基因控制的数量性状，符合正态分布，适合进行 QTL 分析。

由表 6-11 可知，在 2 年、4 个不同的环境条件下，共检测到 5 个控制茎秆基部第二节节间大维管束的 QTL，分别位于 5D、4D 染色体上，其中 2008~2009 河南济源栽培条件下位于 5D 染色体上的 QTL 贡献率最大，解释 13.69%的表型变异。共检测到控制小维管束性状的 7 个 QTL，分别位于 1B、5B、6A、7D 染色体上，其中 2008~2009 河南济源生长季中位于 1B 染色体上的 QTL 贡献率最大，可解释 17.12%的表型变异，该位点的加性效应值也最大，可增加 1.69 个小维管束数目。在所有检测到的 QTL 中，只有位于 7D 染色体上影响小维管束数目的 QTL 来源于‘花培 3 号’，其余检测到的 QTL 增效基因均来自于父本‘豫麦 57’。

位于 5D 染色体上和位于 4D 染色体上控制大维管束的 QTL，位于 6A 染色体上和位于 1B 染色体上控制小维管束的 QTL，在 4 个环境中分别检测到 2 次，分别可解释 10.39%~11.36%，8.25%~8.27%，3.48%~9.28%和 8.54%~17.12%的表型变异；其他检测到的影响维管束数目的位点仅检出一次，重现性较差。

表 6-11　茎秆基部第二节间维管束数目的加性效应 QTL 定位结果

Table 6-11　The additive effects for vascular bundle number of the second basal internode

环境 Env	性状 Trait	染色体 Chromosome	标记区间 Flanking marker	位置 Site/cM	范围 Range	加性效应 (A)	P 值 P-Value	贡献率 (A) H^2/%
E1	大维管束(LVB)	5D-11	*Xwmc215-Xbarc345*	77.3	63.2~84.3	−1.1724	0.0000	13.69
	小维管束(SVB)	1B-6	*Xbarc119-Xgwm18*	33.8	27.7~34.5	−1.6968	0.0000	17.12
		6A-4	*Xbarc1077-Xbarc1165*	41.2	35.5~42.2	−0.8242	0.0019	3.48
E2	大维管束(LVB)	4D-8	*Xbarc190-Xbarc1009*	165.5	156.7~172.4	−0.9156	0.0000	8.27
		5D-10	*Xbarc320-Xwmc215*	66.2	60.5~84.3	−1.1546	0.0000	11.37
	小维管束(SVB)	5B2-1	*Xbarc36-Xbarc140*	14.0	6.0~20.1	−1.5074	0.0000	10.87
E5	大维管束(LVB)	5D-2	*Xcfd40-Xbarc1097*	2.4	0.0~6.4	−0.8399	0.0000	10.39
	小维管束(SVB)	1B-7	*Xgwm18-Xwmc57*	34.5	25.7~34.9	−0.6899	0.0000	8.54
		1B-25	*Xswes158-Xswes650*	126.1	110.4~130.6	−0.7139	0.0001	7.80
		6A-8	*Xbarc1055-Xwmc553*	50.7	43.7~63.2	−0.9192	0.0000	9.28
E6	大维管束(LVB)	4D-10	*Xbarc237-Xcfe254*	169.4	164.3~177.4	−0.8101	0.0001	8.25
	小维管束(SVB)	7D-5	*Xgwm676-Xgwm437*	117.9	104.3~124.9	1.3033	0.0000	10.58

注：E1~E6 同表 6-10

Note: From E1 to E6 as the same as table 6-10

由表 6-12 可知，共检测到 7 个控制茎秆基部第二节间茎粗的 QTL，分别位于 1A、

1B、2D、4B、5D 染色体上，其中以 2008~2009 河南济源的材料检测到的位于 5D 染色体上的 QTL 贡献率最大，解释 15.49%的表型变异，该位点的加性效应值也最大，能增加 0.19mm 的茎粗。在所有检测到的位点中，只有位于 1A 染色体上影响茎粗的 QTL 来源于‘花培 3 号’，其余的位点的增效基因均来自于父本‘豫麦 57’。

表 6-12 DH 群体茎秆基部第二节间茎粗、壁厚、髓腔直径性状的加性效应 QTL 定位结果

Table 6-12 Estimated the additive effect for SD，CWT and PD in the DH population

环境 Env	性状 Trait	染色体 Chromosome	标记区间 Flanking marker	位置 Site/cM	范围 Range	加性效应 (A)	*P* 值 *P*-Value	贡献率(A) H^2/%
E1	茎粗(SD)	1B-6	*Xbarc119-Xgwm18*	33.8	33.0~34.5	–0.1167	0.0000	4.95
		2D-4	*Xcfd53-Xwmc18*	16.6	0.9~29.6	–0.1505	0.0000	8.12
		5D-10	*Xbarc320-Xwmc215*	64.2	58.5~69.2	–0.1910	0.0000	15.49
	壁厚(CWT)	1B-13	*Xbarc372-Xwmc412.2*	36.1	35.2~36.1	–0.0200	0.0000	13.41
	髓腔直径(PD)	2D-4	*Xcfd53-Xwmc18*	18.6	0.9~31.6	–0.1300	0.0000	6.91
		3D-11	*Xwmc631-Xbarc071*	86.0	77.3~93.9	0.0914	0.0002	11.33
		5D-10	*Xbarc320-Xwmc215*	66.2	62.2~76.3	–0.1655	0.0000	20.95
E2	茎粗(SD)	1B-2	*Xwmc406-Xbarc156*	28.7	24.0~33.0	–0.1111	0.0000	11.08
	壁厚(CWT)	1B-12	*Xcfe023.1-Xbarc372*	36.1	36.1~37.0	–0.0104	0.0000	9.65
	髓腔直径(PD)	1B-2	*Xwmc406-Xbarc156*	27.7	9.0~33.0	–0.0711	0.0006	9.48
		2D-3	*Xwmc112-Xcfd53*	0.9	0.0~22.6	–0.0714	0.0002	8.62
E5	茎粗(SD)	1B-9	*Xcwem6.1-Xwmc128*	34.9	33.8~35.2	–0.0852	0.0000	11.37
	壁厚(CWT)	1B-4	*Xwmc31-Xwmc626*	33.0	30.7~34.9	–0.0129	0.0000	6.79
		5B1-5	*Xgwm213-Xswes861.2*	68.1	53.1~68.1	–0.0144	0.0000	8.21
		6A-9	*Xwmc553-Xgwm732*	70.2	59.2~83.4	0.0166	0.0000	9.20
	髓腔直径(PD)	7A-4	*Xbarc070-Xbarc250*	23.5	18.8~36.5	0.0632	0.0001	8.08
E6	茎粗(SD)	1A-5	*Xwmc550-Xbarc269*	44.3	29.4~53.6	0.1109	0.0000	13.47
E7	茎粗(SD)	4B-7	*Xwmc48-Xbarc1096*	18.4	14.7~18.4	–0.0863	0.0002	7.92
	壁厚(CWT)	6A-8	*Xbarc1055-Xwmc553*	46.7	40.5~54.2	0.0152	0.0000	9.62
E8	壁厚(CWT)	3D-10	*Xbarc323-Xwmc631*	82.0	75.3~88.0	–0.0333	0.0000	12.84
	髓腔直径(PD)	2A-17	*Xgwm448-Xwmc455*	74.6	71.7~79.6	0.1035	0.0001	9.71
		4D-1	*Xwmc473-Xbarc334*	0.0	0.0~9.0	0.0881	0.0004	7.99

注：E1~E6 同表 6-10

Note: From E1 to E6 as the same as table 6-10

检测到控制茎秆基部第二节间壁厚性状的 7 个 QTL，分别位于 1B、3D、5B、6A 染色体上，其中以 2008~2009 年河南济源的材料检测到的位于 1B 染色体上的 QTL 贡献率最大，解释 13.41%的表型变异。在所有检测到的控制壁厚性状的 QTL 中，位于 6A 色体上影响壁厚的 QTL 来源于‘花培 3 号’，其余 QTL 的增效基因均来自于父本‘豫麦 57’。

检测到控制茎秆基部第二节间髓腔直径性状的 8 个 QTL，分别位于 1B、2A、2D、3D、4D、5D 染色体上，其中 2008~2009 年河南济源种植条件下位于 5D 染色体上的 QTL 贡献率最大，解释 20.95%的表型变异。在所有检测到的位点中，只有位于 1B、2D 和 5D 染色体上影响髓腔直径的 QTL 来源于父本‘豫麦 57’，其余的 QTL 的增效基因均来自于‘花培 3 号’。

位于 1B 染色体上控制茎粗、壁厚的 QTL，在 2008~2009 年各环境中稳定表达，而在 2009~2010 年各环境条件下未重复检测到。

2009~2010 年所检测到的控制髓腔直径的 QTL，除位于 2D 染色体上的 QTL 在两个环境中能检测到，其余 QTL 在不同环境条件下仅检测到一次。

二、穗下节间显微解剖性状的 QTL 定位

(一) 试验材料和测定方法

1. 试验材料

同本节第一部分“茎秆基部第二节间显微解剖性状的 QTL 定位”中试验材料。

2. 田间试验

于 2006~2007 年和 2007~2008 年 2 个小麦生长期内在山东农业大学试验农场种植亲本‘花培 3 号’和‘豫麦 57’及 168 个 DH 品系，试验地为棕壤，20cm 深，N、P、K 含量分别为 40.2mg/kg、51.3mg/kg、70.8mg/kg。播种之前施 37 500kg/hm^2 有机肥、225kg/hm^2 尿素、300kg/hm^2 磷铵、225kg/hm^2 氯化钾、15kg/hm^2 硫酸锌。两个重复随机区组设计。环境 I 于 2006 年 10 月种植小麦，4 行区种植，行长 2m，行距 0.25m。水肥条件按当地小麦产量比较试验进行田间管理(于越冬前、拔节期、开花期、灌浆期灌溉；拔节期、灌浆期追氮肥两次：225kg/hm^2、75kg/hm^2；小麦生长期降雨量、灌溉量分别为 122.0mm、270.0mm；积温 2605.1℃)。环境 II、III、IV 于 2007 年 10 月种植，小麦生长期降雨量、灌溉量分别为 172.5mm、180.0mm；积温 2362.5℃。环境 II 水肥条件与环境 I 相同；环境 III 未追肥；环境 IV 雨养田。

3. 测定方法

在开花期，每一家系选取同一天开花的 3 个主茎，测量穗下节间长(直尺)，穗下节间 2cm 处直径(游标卡尺)，截取相同位置的 2cm 茎秆，投入固定液(无水乙醇∶冰醋酸=3∶1)中，固定 4~10h，转移到 70%乙醇中，冰箱保存。徒手切片，显微镜下观察茎壁厚，总维管束数，大维管束数(图 6-5)，计数，各性状取平均值，用于数据分析。

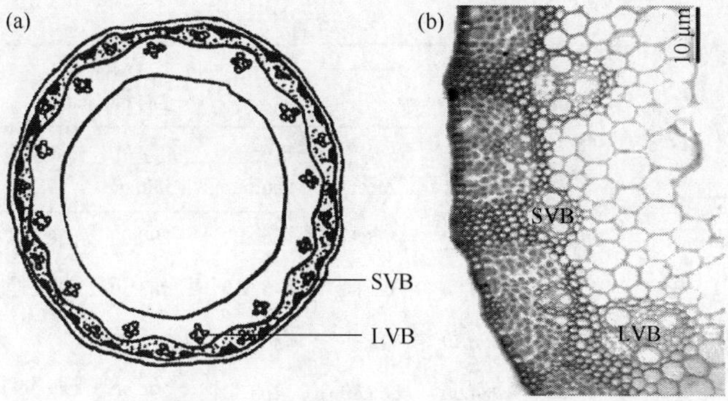

图 6-5　小麦节间的显微结构图解

(a)小麦节间的横切面结构；(b)小麦穗下节间横切面的放大结构(放大 200 倍)。LVB，大维管束；SVB：小维管束

Fig.6-5　The diagram and microscope structure of the internode in wheat

(a) transverse section structure of wheat internode; (b) magnified structure of uppermost internode in wheat (magnified 200)

LVB，largevascular bundles；SVB，smallvascular bundles

(二)穗下节间显微解剖结构 QTL 定位

1. 穗下节间相关性状表型变异分析

‘花培 3 号’为弱春性早熟小麦，而‘豫麦 57’为半冬性中熟品种。于 2006 年、2007 年 10 月在山东泰安山东农业大学农场 4 个环境(环境 I：2007 正常水肥；环境 II：2008 正常水肥；环境 III：2008 未施氮肥；环境 IV：2008 雨养田)种植。父母本在穗下节间长、总维管束数及小维管束数差异较明显，DH 群体各株系的表型值在穗下节长、直径、茎壁厚、茎壁面积、总维管束数、大小维管束数、大小维管束之比等 8 个性状上均表现出典型的数量性状遗传特征(表 6-13，图 6-6)，均呈连续变异。各性状都符合正态分布，适合进行 QTL 定位分析。

表 6-13　父母本及 DH 群体穗下节间维管束相关性状的变异

Table 6-13　Phenotypic performance of vascular bundle system under four environments

性状 Trait	环境 Env	花培 3 号 Hupei3	豫麦 57 Yumai57	DH 群体 DH population					
				平均值 Mean	最大值 Maximum	最小值 Minimum	标准差 (SD)	偏度 Skewness	峰度 Kurtosis
穗下节间长 Uppermost-internode length(UIL)/cm	I	30.17	25.77	24.35	35.15	12.50	5.16	–0.11	–0.60
	II	28.77	25.93	25.28	36.53	13.97	5.28	–0.00	–0.91
	III	26.37	24.87	25.26	38.10	12.30	5.01	–0.14	–0.62
	IV	27.97	25.30	23.96	33.83	12.50	4.88	0.00	–0.76
穗下节间直径 Uppermost-internode diameter(UID)/mm	I	2.73	2.33	2.56	3.28	1.71	0.32	–0.07	–0.37
	II	2.68	2.55	2.55	3.17	2.00	0.21	0.16	0.28
	III	2.40	2.36	2. 42	3.35	1.85	0.25	0.60	0.90
	IV	2.42	2.32	2. 24	3.18	1.67	0.23	0.87	1.81

续表

性状 Trait	环境 Env	花培3号 Hupei3	豫麦57 Yumai57	DH群体 DH population					
				平均值 Mean	最大值 Maximum	最小值 Minimum	标准差（SD）	偏度 Skewness	峰度 Kurtosis
茎壁厚 Culm wall thickness（CWT）/μm	I	390.00	368.30	406.80	560.00	290.00	50.05	0.27	–0.18
	II	377.80	355.80	354.80	438.30	283.30	29.21	–0.00	–0.35
	III	399.20	356.70	412.30	505.00	310.00	37.48	0.20	–0.31
	IV	393.80	384.60	366.80	468.30	296.70	32.78	0.12	–0.15
茎壁面积 Culm wall area（CWA）/mm^2	I	3.36	2.26	2.76	4.26	1.29	0.54	0.25	–0.06
	II	2.74	2.45	2.44	3.36	1.57	0.33	0.15	–0.14
	III	2.50	2.24	2.60	4.17	1.70	0.38	0.55	1.27
	IV	2.50	2.00	2.16	3.45	1.41	0.32	0.71	1.33
总维管束数 The number of total vascular bundles（TVB）	I	56.00	63.00	54.00	76.00	40.00	7.11	0.56	0.33
	II	52.00	64.00	53.00	72.00	41.00	5.40	0.25	–0.04
	III	46.00	61.00	51.00	70.00	38.00	5.69	0.44	0.20
	IV	46.00	60.00	53.00	73.00	38.00	5.74	0.68	0.75
大维管束数 The number of large vascular bundles（LVB）	I	12.00	13.00	14.00	22.00	5.00	3.19	0.24	–0.05
	II	12.00	14.00	13.00	20.00	6.00	2.49	0.35	0.50
	III	11.00	12.00	12.00	18.00	7.00	2.28	0.30	0.08
	IV	11.00	13.00	13.00	20.00	8.00	2.54	0.22	–0.20
小维管束数 The number of small vascular bundles（SVB）	I	44.00	50.00	40.00	59.00	27.00	6.28	0.49	–0.03
	II	40.00	50.00	41.00	59.00	29.00	4.90	0.23	0.28
	III	35.00	49.00	39.00	57.00	26.00	5.50	0.49	0.24
	IV	35.00	47.00	39.00	54.00	29.00	5.01	0.48	0.49
大小维管束之比 The ratio of large and small vascular bundles（L/S）	I	0.27	0.26	0.36	0.67	0.11	0.10	0.50	0.12
	II	0.30	0.28	0.31	0.53	0.16	0.07	0.50	0.19
	III	0.31	0.24	0.31	0.59	0.13	0.08	0.54	0.40
	IV	0.31	0.28	0.34	0.62	0.17	0.08	0.52	0.52

注：环境 I：2007 正常水肥；环境 II：2008 正常水肥；环境 III：2008 未施氮肥；环境 IV：2008 雨养田

Note: Environment I：normal irrigated and topdressed urea in 2007；Environment II：normal irrigated and topdressed urea in 2008；Environment III：normal irrigated but no topdressed urea in 2008；Environment IV：no irrigated but topdressed urea in 2008

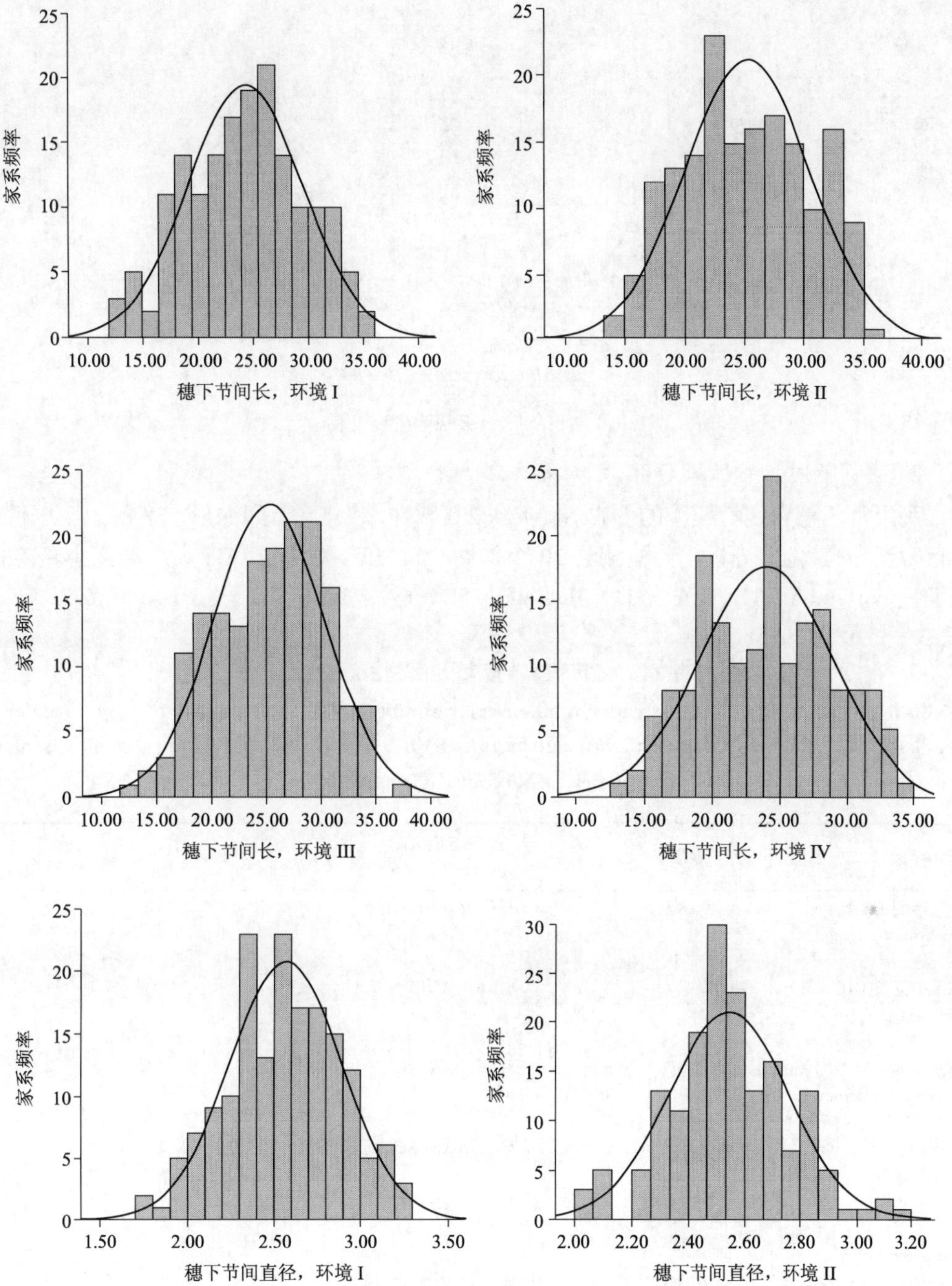

图 6-6　DH 群体穗下节间维管束各性状变异分布（环境及性状同表 6-13）

Fig. 6-6　Distribution of vascular bundle system and correlative traits of uppermost internode in DH population (Environment and traits see Table 6-13)

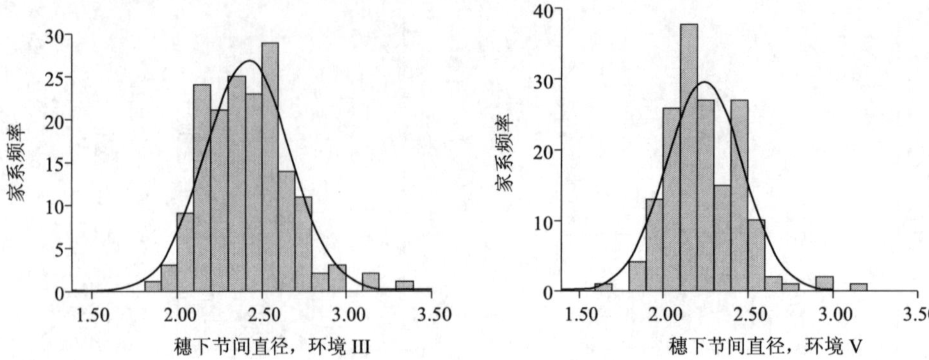

图 6-6 （续）

Fig. 6-6 （Continued）

2. 穗下节间相关性状 QTL 定位及效应估计

利用基于混合线性模型的 QTLNetwork 2.0 软件，对穗下节间的形态解剖的 8 个性状进行数据 QTL 定位分析，共检测到 20 个加性 QTL 和 1 对上位 QTL，分布在小麦的 10 条染色体上：1A、1B、2A、2D、3D、4D、5D、6A、6D 和 7D（表 6-14，图 6-7）。

表 6-14 穗下节间维管束及相关性状加性效应

Table 6-14 Main effect QTL affecting total vascular bundles(TVB)，the number of large vascular bundles(LVB)，the number of small vascular bundles(SVB)，and the ratio of large vs. small vascular bundles(L/S)in four environments

性状 Trait	QTL	环境 Env.	标记区间 Flanking marker	位置 Site/cM	加性效应 （A）	贡献率（A） H^2/%
穗下节间长(UIL)/cm Uppermost-internode Length	*qUIL-4D*	I	*XBARC334-XWMC331*	2.1	2.21	17.19
穗下节间长(UIL)/cm Uppermost-internode Length	*qUIL-7D*		*XGWM676-XGWM437*	120.9	1.84	11.97
穗下节间直径(UID)/mm Uppermost-internode diameter	*qUID-5D*		*XWMC215-XBARC345*	71.4	0.16	22.67
茎壁面积(CWA)/ mm^2 Culm wall area	*qCWA-5D*		*XWMC215-XBARC345*	75.4	0.29	25.61
总维管束数(TVB) The number of total vascular bundles	*qTVB-5D*		*XWMC215-XBARC345*	69.4	2.03	8.11
大维管束数(LVB) The number of large vascular bundles	*qLVB-5D*		*XWMC215-XBARC345*	73.4	1.57	22.95
小维管束数(SVB) The number of small vascular bundles	*qSVB-5D-1*		*XCFD40-XBARC1097*	2.4	–1.79	8.11
大小维管束之比(L/S) The ratio of large and small vascular bundles	*qL/S-5D*		*XWMC215-XBARC345*	77.4	0.04	12.45

续表

性状 Trait	QTL	环境 Env.	标记区间 Flanking marker	位置 Site/cM	加性效应 (A)	贡献率(A) H^2/%
穗下节间长(UIL)/cm Uppermost-internode Length	*qUIL-1B*	II	*XWMC31-XWMC626*	33.0	–1.43	7.08
穗下节间长(UIL)/cm Uppermost-internode Length	*qUIL-4D*		*XBARC334-XWMC331*	5.1	1.66	9.54
穗下节间长(UIL)/cm Uppermost-internode Length	*qUIL-7D*		*XGWM676-XGWM437*	118.9	2.05	14.49
总维管束数(TVB) The number of total vascular bundles	*qTVB-2D-1*		*XCFD53-XWMC18*	1.7	–1.49	7.61
总维管束数(TVB) The number of total vascular bundles	*qTVB-7D*		*XGWM676-XGWM437*	114.9	1.70	9.88
小维管束数(SVB) The number of small vascular bundles	*qSVB-7D*		*XGWM676-XGWM437*	117.9	1.80	13.11
穗下节间长(UIL)/cm Uppermost-internode Length	*qUIL-4D*	III	*XBARC334-XWMC331*	6.1	1.72	10.74
穗下节间长(UIL)/cm Uppermost-internode Length	*qUIL-7D*		*XGWM676-XGWM437*	118.9	2.47	22.04
茎壁厚(CWT)/μm Culm wall thickness	*qCWT-3D*		*XWMC631-XBARC071*	82.1	–10.97	8.52
总维管束数(TVB) The number of total vascular bundles	*qTVB-2D-2*		*XWMC112-XCFD53*	1.0	–1.87	10.49
小维管束数(SVB) The number of small vascular bundles	*qSVB-2D*		*XWMC112-XCFD53*	1.0	–1.52	8.96
小维管束数(SVB) The number of small vascular bundles	*qSVB-6A*		*XBARC1077-XBARC1165*	41.2	–1.42	7.80
小维管束数(SVB) The number of small vascular bundles	*qSVB-7D*		*XGWM676-XGWM437*	119.9	1.73	11.58
穗下节间长(UIL)/cm Uppermost-internode Length	*qUIL-1B*	IV	*XWMC31-XWMC626*	33.0	–1.49	9.00
穗下节间长(UIL)/cm Uppermost-internode Length	*qUIL-7D*		*XGWM676-XGWM437*	118.9	1.87	14.16
总维管束数(TVB) The number of total vascular bundles	*qTVB-1A*		*XWMC333-XBARC148*	57.8	–2.04	12.76
小维管束数(SVB) The number of small vascular bundles	*qSVB-1A*		*XWMC333-XBARC148*	57.8	–1.92	12.05
小维管束数(SVB) The number of small vascular bundles	qSVB-5D-2		XBARC320-XWMC215	66.3	1.7	9.53

续表

性状 Trait	QTL	环境 Env.	标记区间 Flanking marker	位置 Site/cM	加性效应 (A)	贡献率(A) H^2/%
小维管束数(SVB) The number of small vascular bundles	*qSVB-7D*		*XGWM676-XGWM437*	116.9	1.78	10.44
大小维管束之比(L/S) The ratio of large and small vascular bundles	*qL/S-7D*		*XGWM295-XGWM676*	101.3	–0.03	15.17

注：环境 I：2007 正常水肥；环境 II：2008 正常水肥；环境 III：2008 未施氮肥；环境 IV：2008 雨养田

Note: Environment I: normal irrigated and topdressed urea in 2007; Environment II: normal irrigated and topdressed urea in 2008; Environment III: normal irrigated but no topdressed urea in 2008; Environment IV: no irrigated but topdressed urea in 2008

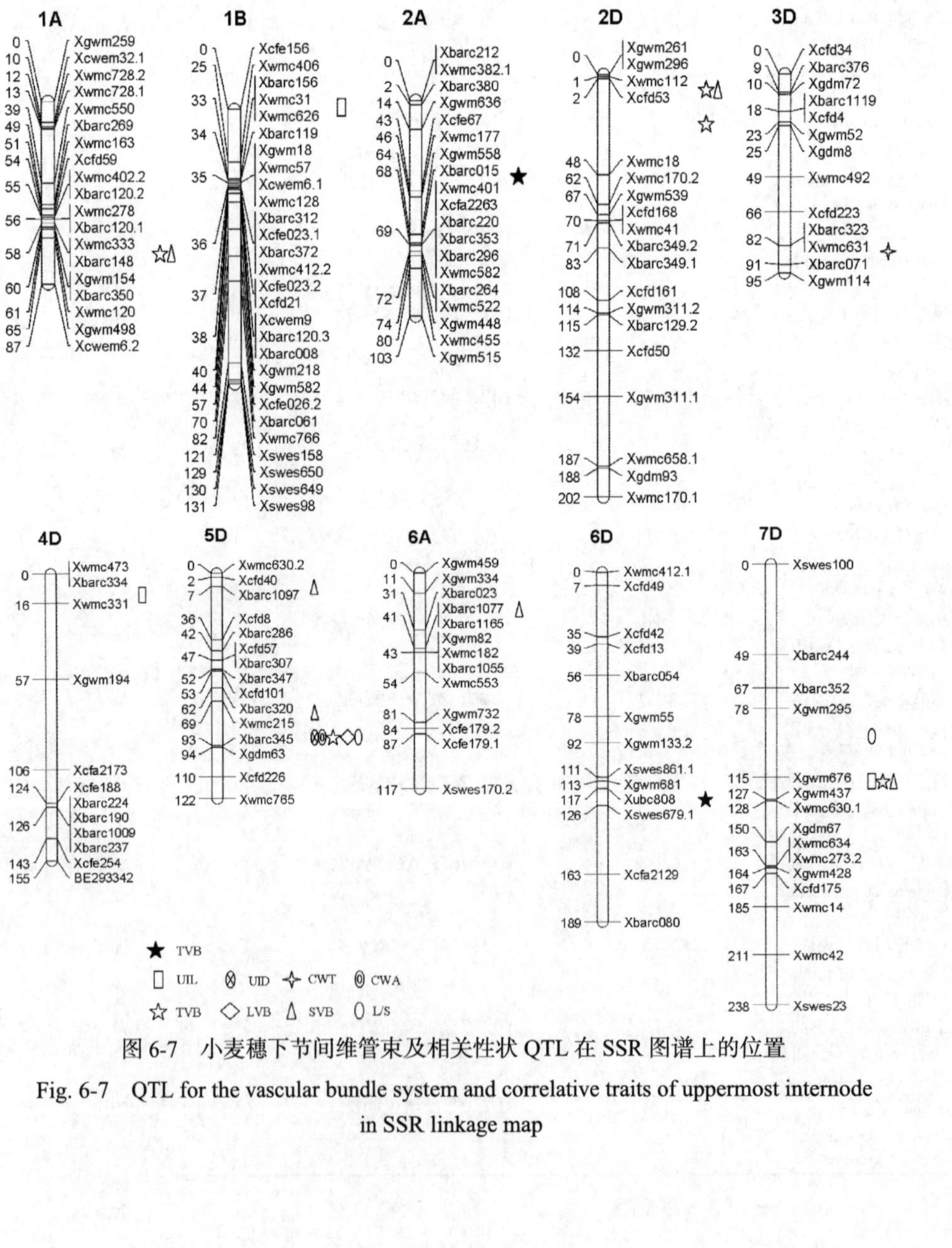

图 6-7　小麦穗下节间维管束及相关性状 QTL 在 SSR 图谱上的位置

Fig. 6-7　QTL for the vascular bundle system and correlative traits of uppermost internode in SSR linkage map

1）穗下节间长度 QTL 分析

控制穗下节长度的 3 个加性效应 QTL 定位于染色体 1B、4D 和 7D（表 6-14，图 6-7）上，在 4 个环境中表现各异，环境 I 检测到 2 个位于染色体 4D 和 7D 的 QTL；环境 II 检测到 3 个位于染色体 1B、4D 和 7D 的 QTL；环境 III 检测到 2 个位于染色体 4D 和 7D 的 QTL；环境 IV 检测到位于染色体 1B 和 7D 的 QTL。4D 和 7B 的增效基因都来自于‘花培 3 号’，贡献率为 9.54%～22.04%；1B 的增效基因来自于‘豫麦 57’，贡献率为 7.08%～9.00%。在环境 III 检测到的位于染色体 7D 的 *XGWM676-XGWM437* 区间的贡献率最大，达 22.04%，且在各环境中稳定表达。

2）穗下节间直径 QTL 分析

只在环境 I 中检测到 1 个位于染色体 5D 的控制穗下节间直径加性效应的 QTL，贡献值较大，为 22.67%，来自于‘花培 3 号’，增加直径 0.16mm。

3）穗下节间茎壁厚 QTL 分析

只在环境 III 中检测到 1 个位于染色体 3D 的控制穗下节间茎壁厚加性效应的 QTL，贡献率较小，来自于‘豫麦 57’，增加茎壁厚 10.97μm。

4）茎壁面积 QTL 分析

只在环境 I 中检测到 1 个位于染色体 5D 的控制茎壁面积加性效应的 QTL，贡献率较大，达到 25.61%，来自于‘花培 3 号’，增加茎壁面积为 0.29mm^2。

5）总维管束数 QTL 分析

共检测到控制总维管束数的 5 个加性 QTL，分别位于染色体 1A、2D（2 个）、5D 和 7D（见表 6-14，图 6-6）。环境 I 中检测到 1 个位于染色体 5D 的 QTL；环境 II 中检测到 2 个分别位于染色体 2D 和 7D 的 QTL；环境 III 中检测到 1 个位于染色体 2D 的 QTL；环境 IV 中检测到 1 个位于染色体 1A 的 QTL。位于染色体 5D 和 7D 的 QTL 来自于母本‘花培 3 号’，位于染色体 1A 和 2D 的 QTL 来自于‘豫麦 57’。其中，在环境 III 和环境 IV 的 QTL 贡献值较大，分别达到 10.49%和 12.76%。

总维管束数的 1 个上位性效应位点（图 6-8），位于染色体 2A 和 6D，解释 10.81%的表型变异，约增加了 2 个总维管束。上位性效应位点不具有加性效应，且表现出环境敏感性，只在环境 III 中表达。

6）大维管束数 QTL 分析

只在环境 I 中检测到位于染色体 5D 的控制大维管束数加性效应的 QTL，效应值较大，达到 22.95%，来自于母本，约增加 2 个大维管束。

7）小维管束数 QTL 分析

共检测到 6 个控制小维管束数的加性 QTL，分别位于染色体 1A、2D、5D（2 个）、6A 和 7D（见表 6-14，图 6-6）。环境 I 中检测到 1 个位于染色体 5D 的 QTL；环境 II 中检测到 1 个位于染色体 7D 的 QTL；环境 III 中检测到位于染色体 2D、6A 和 7D 的 QTL；环境 IV 中检测到位于染色体 1A、5D 和 7D 的 QTL。其中，位于染色体 1A、2D 和 7D 的为主效位点。

8）大小维管束之比 QTL 分析

分别在环境 I 和环境 IV 中检测到 1 个控制大小维管束之比的加性位点，位于染色体

5D 和 7D 染色体上，来自于‘花培 3 号’和‘豫麦 57’，效应值较大，分别为 12.45% 和 15.17%。

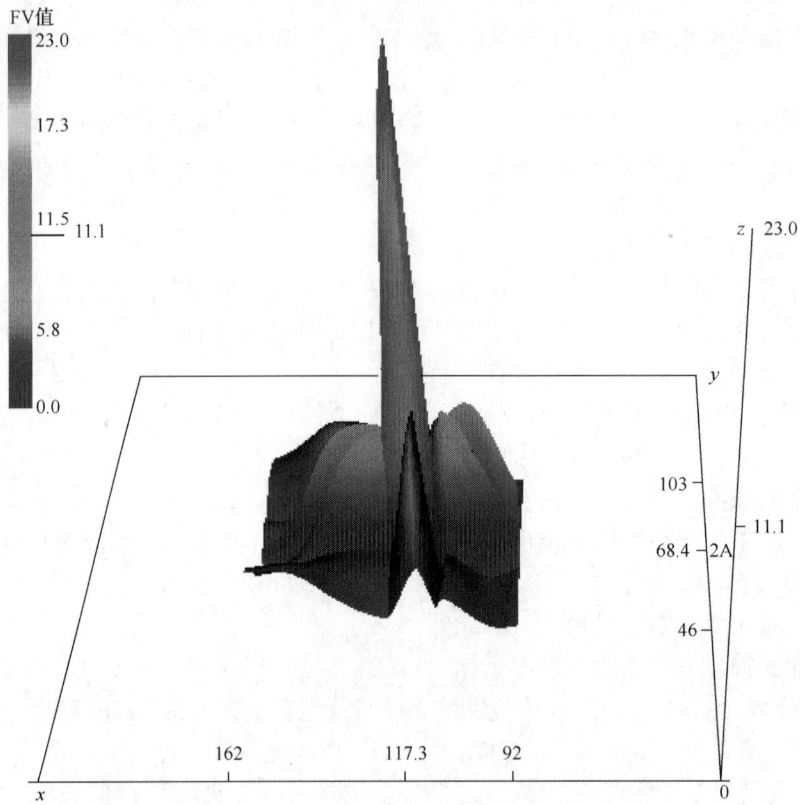

图 6-8 环境 III（未施氮肥）中总维管束数的上位性效应（2A~6D；AA：1.9；H：10.81%）

Fig. 6-8 3D visualization for the test statistics of genome scan for epistatic QTL associated with total vascular bundle under environment III (normal irrigated but no topdressed urea in 2008) between 2A and 6D (F value is taken as height) (AA：1.9；H：10.81%)

总之，通过基部节间和穗下节间解剖特性分析发现，5D 和 7D 染色体上存在控制维管束和茎粗及壁厚的主效 QTL 位点，说明在这些染色体上存在控制该性状的重要的基因或区段，其次 1B、4D、2D 染色体上也存在一些重要的基因。

三、小麦茎秆显微解剖性状 QTL 研究进展与本研究的比较分析

（一）小麦茎秆解剖性状 QTL 研究进展

小麦的茎秆强度与小麦的抗倒伏性状息息相关，因此，对小麦茎秆强度相关性状的 QTL 分析研究对增强小麦的抗倒性具有重要的意义。Marza 等（2006）、Huang 等（2006）和张坤普等（2008）分别利用 DH 群体及 RIL 群体进行了小麦倒伏性的 QTL 定位，共定位了 16 个 QTL，其中 4 个为主效 QTL，效应值最高达 23%，主要位于 1B、1D、2B、4A、4B、4D、5A、6D 和 7D 上。

小麦茎秆显微解剖性状 QTL 研究很少，国外有 Keller 等(1999)、国内有郭会君等(2002)利用不同的 DH 和 RIL 群体对穗下第一节间长度和直径、茎壁厚、茎壁强度及其他节间长度和直径等性状进行了研究，其中涉及的维管束数目、大小维管束数目及其比例的内容很少(表 6-15)。

表 6-15　小麦植株显微解剖性状 QTL 汇总(PVE>10%)

Table 6-15　Summary of QTL of wheat stem microdissection traits(PVE>10%)

性状 Trait	QTL	标记区间 Flanking marker	贡献率 (PVE)/%	群体 Population	参考文献 Reference
茎秆性状 Stem traits		*Xpsr949-Xgwm18*	12.00	RIL	Keller et al.(1999)
		Xpsr958-Xpsr566c	15.00		
		Xpsr933b-Xglk529a	15.00		
		Xpsr598-Xpsr570	21.00		
		Xgwm397-Xglk315	23.00		
		Xpsr918b-Xpsr1201a	31.00		
		Xpsr370-Xpsr580b	20.00		
茎秆强度 Stem strong	*QSs-3A*	*Xwmc527-Xwmc21*	10.61	DH	Hai et al.(2005)
	QSs-3B	*Xgwm108-Xwmc291*	16.60		
髓直径(PD)	*QPd-1A*	*Xgwm135-Xwmc84*	10.72		
	QPd-2D	*Xgwm311-Xgwm301*	18.70		
大维管束(LVB)	5A	*xgwml86-xgwm415*	18.00	DH	郭会君(2002)
	4B	*xgwm368-xgwm276*	38.00		
小维管束(SVB)	2A	*xgwm294-xgwm356*	14.00		
	5B	*xgwm99-xgwml64*	11.00		

(二)本研究结果与前人研究结果的比较分析

本课题组首次对小麦基部第二节间及穗下节间的茎秆显微解剖性状的 QTL 进行了详细研究，共检测到62个QTL，其中效应值大于10%的QTL 31个，效应值最高达25.61%，主要位于 1B、2D、4D、5D 和 7D 染色体上，且存在控制多个性状的 QTL 位点。此外，发现大小维管束数目由不同的基因控制，其中位于 5D 染色体上控制大维管束数目的位点 *Qlvb.sdau-5D* 在多个栽培环境条件下重现性较好，结合张坤普等(2008)对同一群体穗部产量、叶部形态等相关性状的研究结果，发现位于 5D 染色体上控制大维管束数目的 QTL 与控制穗部性状和叶部性状 QTL 在同一位置，呈现 QTL 成簇分布的现象，有利于应用该位点分子标记实施多个优良性状的聚合育种。

在染色体 5D 的 *XBARC320-XWMC215-XBARC345* 区间，聚集了穗下节间直径、茎壁面积、总维管束数、大维管束数、大小维管束之比的多个主效 QTL，与小麦籽粒产量及穗部相关性状(穗粒数、总小穗数、小穗着生密度)主效区间相邻(张坤普等，

2009）。另外，定位于染色体 7D 的 *XGWM676-XGWM437* 区间同时控制穗下节间长、总维管束数和小维管束数，贡献率较大且在 4 个环境中稳定表达，可利用与这些 QTL 紧密连锁的分子标记进行辅助选择(marker assistant selection，MAS)，在育种过程中更有效地进行多性状的聚合育种，可同时对多个相关性状进行遗传改良达到事半功倍的效果。

总之，对茎秆有关性状的 QTL 定位涉及的染色体主要有 1B、2A、2D、3D、4D、5D、6A、7A 和 7D，和前人的研究结果相比，在 D 基因组上找到的 QTL 位点较多，且在 5D 染色体上存在控制重要生理相关性状和重要产量相关性状的 QTL 簇。

第三节　小麦抽穗期的 QTL 定位及效应分析

抽穗期是小麦主要的发育阶段，也是小麦长期适应不同地区和气候环境条件的重要性状表现。适宜的抽穗期和开花期作为重要的育种目标性状，它不仅与生育期关系密切，而且直接或间接影响产量、抗病、抗逆等许多重要的农艺性状。根据对环境信号的反应不同，影响抽穗期基因分为三大类：①春化基因(*Vrn*)：控制冬小麦进行正常的幼穗分化；②光周期基因(*Ppd*)：决定小麦对日照长短的反应；③早熟性基因(*Eps*)：在春化反应和光周期反应都得到满足的情况下，决定小麦到达抽穗期的天数。春化反应基因 *Vrn-A1*、*Vrn-B1*、*Vrn-D1* 分别定位在小麦 5A、5B 和 5D 染色体的长臂上，其中 *Vrn-A1* 的作用最强，表现为春化不敏感性。目前已成功地克隆了 *Vrn-A1* 和 *Vrn-B1* 基因(Yan et al.，2003；2004)。控制光周期基因 *Ppd-A1*、*Ppd-B1*、*Ppd-D1* 分别定位于小麦 2A、2B 和 2D 染色体上，其中效应最强的是 *Ppd-D1*，其次为 *Ppd-B1*，效应最弱的是 *Ppd-A1*，均表现为光周期不敏感型。而早熟性基因(*Eps*)的研究相对较少，用‘中国春’的非整倍体和染色体代换的方法，将 *Eps* 定位在染色体 2B、3A、4A、4B、6B、6D、7B 上。宋彦霞等(2006)以‘旱选 10 号’×‘鲁麦 14’和‘温麦 6 号’×‘山红麦’两个作图群体为材料，在大田及温室条件下，共检测到控制小麦抽穗期的 9 个 QTL 位点，分别位于染色体 2D、3B(2 个)、3D、4A、5B、6B、6D 和 7D 上，对抽穗期的贡献率为 3.97%~22.91%。尽管前人对小麦生育期进行了一些 QTL 分析，但能够真正用于分子标记辅助育种的却不多，因此，本研究利用多个群体进行了生育期的 QTL 分析，以期寻找可靠稳定的分子标记用于分子标记辅助选择育种。

一、小麦抽穗期 QTL 定位

抽穗期为从播种到 50%抽穗的天数；1/3 的穗子抽出旗叶时记为抽穗。

(一)基于‘花培 3 号’×‘豫麦 57’DH 群体的抽穗期 QTL 分析

1. 抽穗期的表型变异

两亲本及 DH 群体在 3 个环境中的抽穗期变异见图 6-9。母本‘花培 3 号’较父本‘豫麦 57’抽穗期较早。DH 群体中抽穗期呈现连续分布，并存在明显的双向超亲分离现象，表明为多基因控制的数量性状，适合进行 QTL 定位分析。

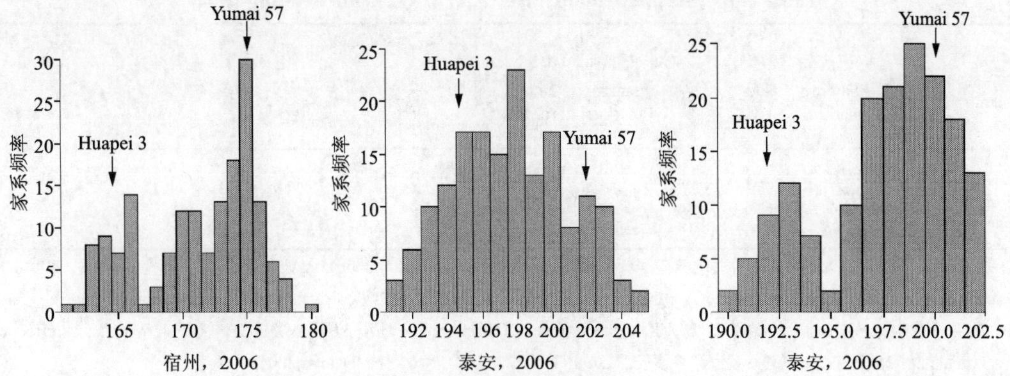

图 6-9　抽穗期变异分布

Fig. 6-9　Frequency distribution of heading date

2. *加性 QTL 以及加性 QTL 与环境的互作*

控制抽穗期的 2 个加性 QTL 位于 1B 和 5D 染色体(表 6-16)，其中位于 5DL 染色体 *Xbarc320-Xwmc215* 区间的 *qHd5D*，具有最大的遗传效应，贡献率为 53.19%；位于 1B 染色体的 *qHd1B* 可解释 3.49%的表型变异。来自于‘花培 3 号’的 *qHd5D* 位点提早抽穗期 2.77 天，来自于‘豫麦 57’的 *qHd1B* 位点延迟抽穗期 0.71 天，这表明控制抽穗期的等位基因分布在两个亲本中，这与 DH 群体中小麦抽穗期的广泛分离及双向超亲现象相对应。加性效应总的贡献率为 56.68%。*qHd5D* 在两个环境中具有互作效应，可分别解释 3.81%和 1.51%的表型变异，加性效应与环境总的互作效应为 5.32%。

表 6-16　抽穗期的加性效应及加性与环境的互作效应

Table 6-16　Estimated additive and additive×enviroment interaction of QTL for heading time

性状 Trait	QTL	标记区间 Flanking marker	位置 Site/cM	加性效应 (A)	贡献率 (A) H^2/%	AE1	AE1 (H^2) /%	AE2	AE2 (H^2) /%	AE3	AE3 (H^2) /%
抽穗期	*QHd1B*	*Xwmc406-Xbarc156*	26.7	0.71	3.49						
Heading time	*QHd5D*	*Xbarc320- Xwmc215*	67.2	–2.77	53.19	–0.74	3.81			0.47	1.51

AE1：环境 1(宿州，2006)的加性效应 additive effect of Env.1(suzhou,2006)；AE1 (H^2)/%：环境 1(宿州，2006)的贡献率(H^2)/% of Env.1(suzhou, 2006)；AE2：环境 2(泰安，2006)的加性效应 additive effect of Env.2(taian, 2006)；AE2 (H^2)/%：环境 2(泰安，2006)的贡献率(H^2)/% of Env.2(taian,2006)；AE3：环境 3(泰安，2005)的加性效应 additive effect of Env.3(taian, 2005); AE3 (H^2)/%：环境 3(泰安，2005)的贡献率(H^2)/% of Env.3(taian, 2005)

3. *上位性 QTL 以及上位性 QTL 与环境的互作*

控制小麦抽穗期的上位 QTL 位于染色体 2B-6D 和 7A-7D(表 6-17)，可分别解释表型变异的 2.45%和 3.44%，上位效应总的贡献率为 5.90%。*qHd2B/qHd6D* 位点在 2 个环境中具有互作效应，可分别解释 0.65%和 0.73%的表型变异，总的效应为 1.38%。

表 6-17 抽穗期的上位效应及上位与环境的互作效应

Table 6-17 Estimated epistasis (AA) of QTL for heading time

性状 Trait	QTL	标记区间 Flanking marker	位置 Site/cM	QTL	标记区间 Flanking marker	位置 Site /cM	上位性效应 (AA)	贡献率 (AA) H^2/%	AAE1	AAE1 (H^2) /%	AAE2	AAE2 (H^2) /%	AAE3	AAE3 (H^2) /%
抽穗期 Heading time	*qHd2B*	*Xbarc129.1-Xgwm111*	98.3	*qHd6D*	*Xgwm133.2-Xgwm681*	91.9	−0.59	2.45	−0.31	0.65	0.33	0.73		
	qHd7A	*Xwmc603-Xwmc596*	62.6	*qHd7D*	*Xgwm295-Xgwm676*	40.3	0.71	3.44						

AAE1：环境 1(宿州，2006)的上位效应 epistasis effect of Env.1(suzhou,2006); AAE1 (H^2)/%：环境 1(宿州，2006)的贡献率(H^2)/% of Env.1(suzhou, 2006); AAE2：环境 2(泰安，2006)的上位效应 epistasis effect of Env.2(taian, 2006); AAE2 (H^2)/%：环境 2(泰安，2006)的贡献率(H^2)/% of Env.2(taian, 2006); AAE3：环境 3(泰安，2005)的上位效应 epistasis effect of Env.3(taian, 2005); AAE3(H^2)/%：环境 3(泰安，2005)的贡献率(H^2)/% of Env.3(taian,2005)

(二)基于'糯麦 1 号'×'藁城 8901'RIL 群体的抽穗期 QTL 分析

1. 抽穗期的表型变异

抽穗期在亲本及 RIL 群体中的表型数据见表 6-18 和图 6-10。结果表明，母本'糯麦 1 号'较父本'藁城 8901'抽穗早。RIL 群体在 3 个环境中均表现连续变异，且偏度系数和峰度系数的绝对值均小于 1.0，基本呈正态分布，表现为数量性状遗传。

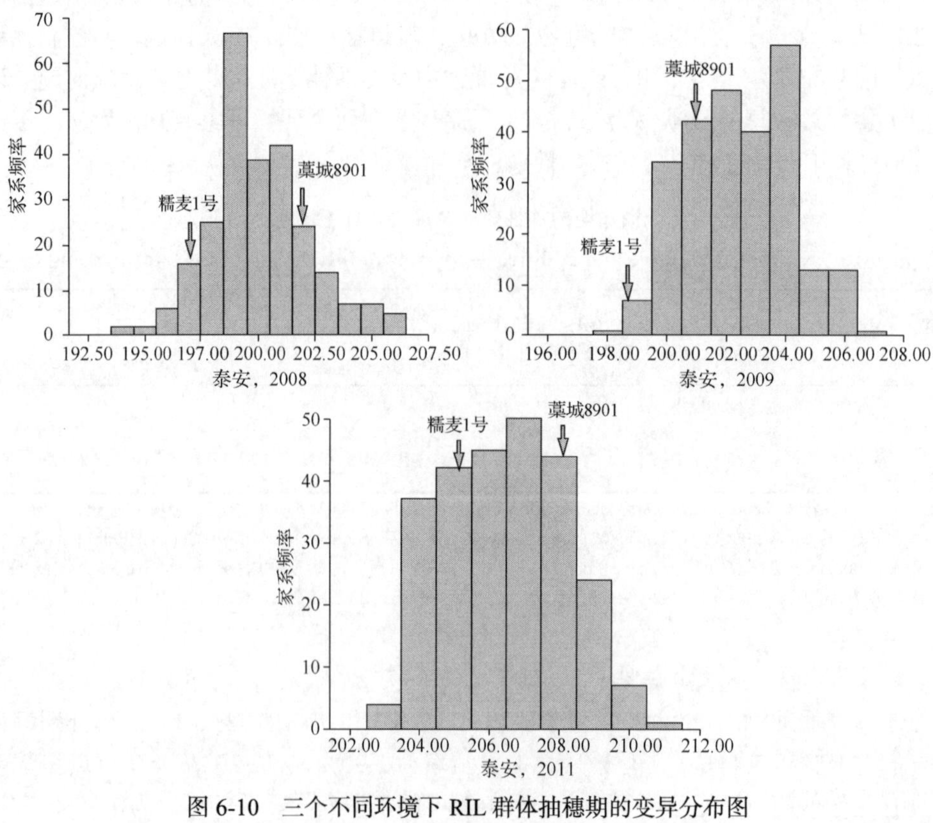

图 6-10 三个不同环境下 RIL 群体抽穗期的变异分布图

Fig. 6-10 The heading time distribution of the RIL population in three different environments

表 6-18　三个不同环境下小麦抽穗期在亲本及 RIL 群体中的表型数据

Table 6-18　Phenotypic values for heading stage of two parents and the RIL population in three environments in wheat

性状 Trait	环境 Environment	亲本 Parents		RIL 群体 RIL population			
		糯麦 1 号 Nuomai 1	藁城 8901 Gaocheng 8901	范围 Range	平均值 Mean±SD	偏度 Skewness	峰度 Kurtosis
抽穗期/d Heading stage	E1	197	201	194~206	200.1±2.22	0.38	0.44
	E2	199	202	197~207	202.4±1.80	0.07	–0.66
	E3	205	208	203~211	206.4±1.73	0.10	–0.80

E1：2008 年泰安点；E2：2009 年泰安点；E3：2011 年泰安点

E1: Taian, 2008; E2: Taian, 2011; E3: Taian, 2011

2. 加性 QTL 以及加性 QTL 与环境的互作

共检测到控制小麦抽穗期的 5 个加性 QTL，分布在 3B、5B、6A、6B 和 7D 染色体上(表 6-19)。*Qhs-6A* 和 *Qhs-6B* 在 3 个不同环境中和混合环境中被重复检测到 4 次，增效等位基因变异来自于父本‘藁城 8901’，分别解释 16.16%~25.64%和 5.75%~9.88%的表型变异，*Qhs-6A* 在单个环境中的贡献率都大于 10%，属于环境间稳定表达的主效 QTL；*Qhs-3B* 在 E1、E3 和平均值 P 中被重复检测到 3 次，增效等位基因变异来自于母本‘糯麦 1 号’，贡献率分别为 5.65%、6.55%和 9.22%；在平均值中，位于 7D 染色体上的位点 *Qhs-7D* 解释 22.67%的表型变异，LOD 值高达 15.49；*Qhs-5B* 只在平均值中被检测到。

表 6-19　不同环境下检测到的控制抽穗期的加性 QTL

Table 6-19　QTL with significant additive effects for heading stage detected in different environments

性状 Trait	环境 Env	QTL	染色体 Chr	位置 Site/cM	区段 Interval markers	加性效应 (A)	解释变异率 (PV)/%
抽穗期 Heading Stage	E1	*Qhs-3B*	3B	58	*wPt-9510—wPt-664393*	0.53	5.65
		Qhs-6A	6A	41	*xgpw-4085—wPt-667562*	–0.89	16.16
		Qhs-6B	6B	17	*xgpw-3241—wPt-0315*	–0.55	5.75
	E2	*Qhs-6A*	6A	39	*xgpw-4085—wPt-667562*	–0.91	25.64
		Qhs-6B	6B	14	*xgpw-3241—wPt-0315*	–0.49	7.19
	E3	*Qhs-3B*	3B	57	*wPt-9510—wPt-664393*	0.44	6.55
		Qhs-6A	6A	44	*xgpw-4085—wPt-667562*	–0.87	25.44
		Qhs-6B	6B	12	*xgpw-3241—wPt-0315*	–0.53	9.22
	PD	*Qhs-3B*	3B	58	*wPt-9510—wPt-664393*	0.40	5.12
		Qhs-5B	5B	112	*wPt-9454—wPt-3457*	–0.38	4.57
		Qhs-6A	6A	43	*xgpw-4085—wPt-667562*	–0.75	18.03
		Qhs-6B	6B	15	*xgpw-3241—wPt-0315*	–0.57	9.88
		Qhs-7D	7D	90	*wPt-730876—wPt-8343*	0.85	22.67

E1：2008 年泰安点；E2：2011 年泰安点；E3：2011 年安徽点；PD：各环境的平均值；加性效应正值表示增效基因来自‘糯麦 1 号’的等位基因，负值说明增效基因来自‘藁城 8901’的等位基因

E1: Taian, 2008; E2: Taian, 2011; E3: Suzhou, 2011; PD: Pool data; Positive values indicate that Nuomai 1 alleles increase corresponding trait value; Negative values indicate that Gaocheng 8901 alleles increase corresponding trait value

(三)基于‘山农 01-35’×‘藁城 9411’RIL 群体的抽穗期 QTL 分析

1. 抽穗期的表型变异

亲本的抽穗期和开花期在 3 个环境下差异较小，而群体中抽穗期和开花期的差异较大，在 E1 环境下群体中抽穗期变异范围为 194～206，开花期变异范围为 204～213。群体中抽穗期和开花期表现连续变异，呈正态分布，峰度和偏度绝对值都小于 1(表 6-20)。

表 6-20　RIL 群体及其亲本抽穗期和开花期在不同环境下的表现

Table 6-20　Phenotypic values for heading time and flowering time of the RIL population and the parents in different environments

性状 Trait	环境 Environment	亲本 Parents		RIL 群体 RIL population			
		山农 01-35	藁城 9411	平均值 Mean±SD	范围 Range	偏度 Skewness	峰度 Kurtosis
抽穗期/d Heading time	E1	202	202	201.52±1.96	194~206	–0.19	0.88
	E2	204	206	204.51±1.66	201~208	–0.04	–0.90
	E3	205	206	205.49±1.80	202~210	0.12	0.04
开花期/d Flowering time	E1	208	209	208.95±1.30	204~213	0.21	1.31
	E2	209	210	210.30±1.33	205~214	–0.20	0.79
	E3	209	210	210.84±1.53	208~216	0.69	0.88

E1：2009，泰安；E2：2010，泰安；E3：2011，泰安

E1: 2009, Taian site; E2: 2010, Taian site; E3: 2011, Taian site

2. 加性 QTL 以及加性 QTL 与环境的互作

如表 6-20 所示，分别利用 E1、E2、E3 环境中抽穗期和开花期的表型值及 3 个环境表型值的平均值共检测到 12 个与抽穗期有关的 QTL 和 4 个与开花期有关的 QTL，分别位于染色体 1A、1B、4B、6A 和 6B 上(表 6-21)。位于 1A、4B 和 6B 染色体上的 QTL 加性效应来自父本‘藁城 9411’，其他 QTL 加性效应均来自于母本‘山农 01-35’。

检测到 4 个控制小麦抽穗期的主效 QTL，分别为 *QHt1A.1-54*(PD)、*QHt1A.2-132*(E2、PD)、*QHt1B.1-87*(E1、PD)和 *QHt1B.2-44*(E2、E3)，解释 10.75%～30.32%的表型变异，其中 *QHt1A.2-132*、*QHt1B.1-87* 和 *QHt1B.2-44* 在单环境和平均环境两种定位方法中检测到，为较稳定的主效 QTL。另外在 E1 环境下检测到的 *QHt1A.2-133* 与 *QHt1A.2-132* 在同一标记区间。

控制小麦开花期的 *QFt1B.1-87*(E2)和 *QFt1B.1-105*(E3)表型贡献率分别为 13.23%和 15.77%，为主效 QTL。*QFt1B.1-87* 与控制抽穗期的 *QHt1B.1-87* 为同一个位点，*QFt6B.3-5* 与 *QHt6B.3-0* 在同一标记区间。

表 6-21　不同环境下的抽穗期和开花期 QTL 定位结果

Table 6-21　Additive QTL for heading time and flowering time in different environments

性状 Trait	环境 Env.	QTL	左侧标记 Left marker	右侧标记 Right marker	加性效应 (A)	LOD	贡献率 (PVE)/%
抽穗期 Heading time	E1	*QHt1A.2-133*	*wPt-672089*	*wPt-730213*	–0.60	5.03	9.32
		QHt1B.1-87	*wPt-5562*	*wPt-8971*	0.86	9.31	17.08
	E2	*QHt1A.2-132*	*wPt-672089*	*wPt-730213*	–0.51	5.52	9.46
		QHt1B.1-86	*wPt-5562*	*wPt-8971*	0.98	17.56	30.32
	E3	*QHt1B.1-104*	*wPt-5363*	*wPt-1363*	0.70	8.45	10.75
		QHt1B.2-44	*wPt-4497*	*CFE026*	0.56	7.45	9.54
		QHt4B.1-60	*xcfd54-4D*	*Xgpw2172*	–0.44	4.28	5.79
		QHt6A.1-61	*wPt-5652*	*CFE041*	0.48	5.67	6.95
	PD	*QHt1A.1-54*	*wPt-6005*	*wPt-730172*	–0.62	4.79	14.40
		QHt1A.2-132	*wPt-672089*	*wPt-730213*	–0.54	6.96	11.07
		QHt1B.1-87	*wPt-5562*	*wPt-8971*	0.90	17.24	26.58
		QHt1B.2-44	*wPt-4497*	*CFE026*	0.50	6.87	9.43
		QHt4B.1-66	*Xgpw2172*	*wPt-1505*	–0.47	4.96	8.09
		QHt6B.1-14	*wPt-0259*	*wPt-2095*	0.41	4.73	6.27
		QHt6B.3-0	*wPt-1325*	*wPt-669607*	–0.43	5.27	6.62
开花期 Flowering time	E2	*QFt1B.1-87*	*wPt-5562*	*wPt-8971*	0.51	6.18	13.23
	E3	*QFt1B.1-105*	*wPt-1781*	*wPt-0974*	0.71	9.35	15.77
		QFt6B.3-5	*wPt-1325*	*wPt-669607*	–0.49	5.11	9.92
	PD	*QFt1B.1-104*	*wPt-5363*	*wPt-1363*	0.36	4.73	6.71

E1：2009，泰安；E2：2010，泰安；E3：2011，泰安。加性效应的正值表示增效等位变异来自‘山农 01-35’，负值表示增效等位变异来自‘藁城 9411’

E1:2009, Taian site; E2: 2010,Taian site; E3: 2011, Taian site.Positive and negative values of additive effect（EstAdd）indicate that alleles are inherited from Shannong 01-35 and Gaocheng9411, respectively

二、小麦生育期 QTL 研究进展与本研究的比较分析

(一) 小麦生育期 QTL 研究进展

小麦抽穗期性状是由多基因控制的数量性状，由于基因型和环境的互作，QTL 在不同环境下表达水平不一致。已有的小麦生育期的 QTL 研究报道很多，每条染色体上都有被检测到的位点，不同试验材料、不同连锁图，不同的地点环境都有很大差异。宋彦霞等(2005，2006)、姚琴等(2010)、许盛宝(2005)、Hanocq 等(2005)利用不同的 DH 和 RIL 群体对小麦的抽穗期进行了 QTL 定位(表 6-22)，共检测到 21 个 QTL 位点，其中 7 个为主效 QTL 位点，效应值最高达 22.91%。总结分析表明，大多数研究者都在 7B、2D、3B 染色体上发现了控制抽穗期的 QTL 位点。

(二)本研究结果与前人研究结果的比较分析

本研究在DH群体中检测到位于5DL染色体*Xbarc320-Xwmc215*区间的*qHd5D*是一个控制小麦抽穗期的主效位点，遗传贡献率为53.19%，该位点与*Vrn-D1*紧密连锁，其等位基因来源于早熟亲本‘花培3号’；另外，与*qHd5D*紧密连锁的*Xwmc215*与该位点的遗传距离是2.1cM，因此，更易应用于小麦标记辅助选择和聚合育种。另一个加性效应位点*qHd1B*位于1BS的*Xwmc406-Xbarc156*区间，可解释3.49%的表型变异，该位点在以前的研究中没有发现，可能是*Ppd-H2*在1B染色体上的等位位点，但需要进一步的研究证明。

表6-22 小麦抽穗期QTL汇总(PVE>10%)

Table 6-22 Summary of QTL of wheat heading date(PVE>10%)

性状 Trait	QTL	标记区间 Flanking marker	贡献率 (PVE)/%	群体 Population	参考文献 Reference
抽穗期 Heading time	*QDH.CAAS-5D*	*Vrn-D1-WMS212*	24.40/49.80	RIL	姚琴等(2010)
	QDH.CAAS-7B.2	*wPt4230- wPt4660*	19.53		
	3B	*WMS299-M539.1*	16.36	DH	宋彦霞(2005)
	5B	*WMS371-WMS335*	22.91		
	6B	*A1142.1-A8166.1*	11.09		
	4B	*WMS265-WMC161*	10.38		
	3B	*A2478.1-WMC505.1*	12.53		
	7D	*WMS295-WMC346*	12.68		
	5B	*WMS371-WMS335*		RIL	Hanocq et al. (2004)
	Ht-2D1	*xgwm261-xgwm349*	20.77	RIL	许盛宝(2005)
	qHd 5D	*Xbarc320-Xwmc215*	53.19	DH	张坤普(2008)

糯麦RIL群体中，控制抽穗期的QTL定位在3B、6A和6B染色体上。其中对抽穗期贡献最大的QTL位于6A染色体上(*Qhs-6A*)，前人研究的结果中没有发现这个QTL，说明6A染色体也是控制抽穗期的一条主要染色体。宋彦霞等(2006)也在3B和6B染色上定位到了控制抽穗期的QTL，与本研究位点位置不同。

‘山农01-35’RIL群体中检测到控制小麦生育期的QTL位于染色体1A、1B、4B、6A和6B上。可稳定表达的*QHt1A.2-132*、*QHt1B.1-87*和*QHt1B.2-44*是新发现的主效QTL，可用于分子标记辅助选择。另外在染色体1B上检测到同时控制抽穗期和开花期的QTL位点，即*QFt1B.1-87*与控制抽穗期的*QHt1B.1-87*为同一个位点，该位点表现一因多效。

第四节 低温下小麦叶片细胞膜透性的QTL定位及效应分析

全球大部分冬小麦种植区时常发生冷害和冻害。我国北方冬麦区气候严寒，冬季冻害和春季的“倒春寒”都会造成较大的产量损失。因此，冷害和冻害是小麦抗逆研究的重点之一。小麦在抗寒的过程中，会发生一些生理生化变化，丙二醛含量、可溶性蛋白含量、细胞膜的透性等生理性状都是抗寒性的鉴定指标。温度过低时会破坏细胞膜的结构，从而导致小麦组织损伤或死亡，因此，细胞膜的耐冷性与小麦的抗寒性密切相关。巨伟等(2012)利用电导法检测受冻小麦叶片的细胞膜透性，该方法是鉴定小麦抗寒性的一个相对可靠的方法。Brube等研究表明(1988)，小麦的抗寒性属于数量性状，由微效多基因控制，易受环境条件的影响；而且控制小麦抗寒性的基因是一种诱发基因，只有在低温及短日照的诱导下才能表现抗寒力。Waldman等(1975)和Limin等(1997)将小麦耐冻基因定位在5A和5D染色体上，并认为含有D组耐冻基因比含有A组耐冻基因的小麦品种的抗寒性强。然而，到目前为止，有关小麦抗寒性生理指标的QTL定位研究还未见报道。因此，本课题利用抗寒性有差异的亲本构建的DH群体为材料，通过测定低温胁迫下小麦叶片的细胞膜透性，进行小麦抗寒性QTL分析，以期寻找与小麦抗寒性紧密连锁的分子标记，用于小麦抗寒性育种，同时为小麦抗寒性基因的挖掘奠定理论基础。

一、低温下小麦叶片细胞膜透性的QTL定位

(一)供试材料

‘花培3号’(抗寒性较弱)×‘豫麦57’(抗寒性较强)杂交F_1经花药培养获得的168个DH系及亲本。

(二)试验设计

2010年10月4日将所有DH系及其亲本分别种植在河北保定(环境1)、沧州(环境2)、邯郸(环境3)。试验地均为小麦育种科研用地，肥力均匀，管理规范。采用随机区组设计田间试验，3次重复，3行区，行长2m，行距25cm，株距10cm。

(三)叶片细胞膜透性测定方法

2010年12月下旬，取每个小区中间行植株的第2叶片(中间叶片)，每行5片，经自来水冲洗后，用去离子水冲洗3次，用滤纸吸干叶片表面的水分，准确称取每一样品0.2g，剪成长约1cm的小块，放入2个试管，分别进行2h的常温(对照)和低温冷冻(−18℃)处理，采用电导法测定细胞膜透性。

将对照组和处理组样品各加入10ml去离子水，抽真空15min，取出后轻轻摇匀，在室温下保持10min，用DDS-11A型电导仪，按沈文云等报道的方法(略加修改)，测处理组样品的电导率(R)和对照组样品电导率(C)。然后将处理组的试管置沸水浴加热 5min

后，冷却到室温，再测电导率(K)。用电解质相对外渗率(A，%)表示膜透性，$A=(R-C)/(K-C)\times100$。

(四)数据处理

利用 SPSS17.0 软件进行表型数据的统计分析。根据已构建的分子遗传图(Zhang et al., 2008)，利用基于混合线性模型的 Icimapping 2.2 软件，用完备区间作图方法(inclusive composite interval mapping，ICIM)对 3 种环境下冬小麦叶片细胞膜透性分别进行 QTL 分析，LOD 阈值为 2.5，Step 值为 1cM。QTL 命名参照 McIntosh 等的方法。

(五)结果与分析

1. 表型变异分析

在 3 种环境下，小麦叶片在低温(−18℃)冷冻 2h，测得 A 值在双亲间存在显著性差异，在 DH 群体中有较大的变幅，变异系数为 17.9%(环境 1)、14.4%(环境 2)和 13.9%(环境 3)，且存在明显的超亲分离。偏度与峰度的绝对值都小于 1.0，符合正态分布(表 6-23)，适合进行 QTL 定位分析。

表 6-23 3 种环境下低温(−18℃)处理叶片膜透性在亲本及 DH 群体中的变异

Table 6-23 Variations of cell membrane permeability of leaf treated by low temperature (−18℃) in parents and DH population in three environments

环境 Environment	亲本 Parents		DH 群体 DH population				
	花培 3 Huapei 3	豫麦 57 Yumai 57	均值±标准差 Mean ± SD	范围 Range	变异系数 CV/%	偏度 Skewness	峰度 Kurtosis
E1	36.22	32.32*	30.11±5.39	15.84~48.92	17.9	0.322	0.855
E2	29.45	20.34*	28.29±4.07	18.04~40.60	14.4	0.106	−0.249
E3	33.73	31.09*	31.34±4.37	20.42~42.48	13.9	0.092	−0.486

E1：保定点；E2：沧州点；E3：邯郸点。*表示亲本间在 $P<0.05$ 水平差异显著(t 测验)

E1: Baoding site; E2: Cangzhou site; E3: Handan site. * Indicates significant difference between parents ($P<0.05$) according to t-test

2. 小麦叶片细胞膜透性 QTL 分析

在 3 个环境中共检测到 21 个控制小麦叶片细胞膜透性的加性 QTL(表 6-24)，分布在小麦 1B(3 个)、2A(2 个)、3A(3 个)、3B(3 个)、5B(5 个)、6A(1 个)、6B(1 个)、6D(1 个)、7B(1 个)和 7D(1 个)染色体上。在环境 1、2 和 3 中分别发现 7、9 和 5 个 QTL，多数位点的增效等位基因来自抗寒性强的亲本‘花培 3 号’(表 6-24)。

位于 5B 染色体上的 QTL 在 3 个环境均能检测到，分别为 *qCMP-5B-1*(环境 1)、*qCMP-5B-2*(环境 2)和 *qCMP-5B-4*(环境 3)，在标记 *Xgwm213-Xswes861.2* 之间，与 *Xswes861.2* 的遗传距离为 0.0cM。这一共同位点在 3 个环境条件下均有较高的表型贡献率，分别为 17.5%、8.1%和 14.0%。

另外，*qCMP-1B-1*、*qCMP-3B-2*、*qCMP-5B-1* 和 *qCMP-5B-4* 四个位点的遗传贡献率

都大于 10%，属主效 QTL，可解释表型变异的 18.4%、17.7%、17.5%和 14.0%，除 *qCMP-3B-2* 外，其他位点的增效基因都来自‘花培 3 号’。其他 17 个加性 QTL 的遗传贡献率小于 10%，属微效基因。

表 6-24 3 种环境下低温(–18℃)处理叶片膜透性的加性 QTL 位置、效应及贡献率

Table 6-24 Position，effect，and phenotypic contribution of additive QTL for cell membrane permeability of leaf treated by low temperature (–18℃) in three environments

环境 Environment	QTL	位置 Site/cM	标记区间 Flanking marker	LOD	加性效应 (A)	贡献率 (PVE)/%
1	*qCMP-2A-1*	42	*Xgwm636-Xcfe67*	2.796	–2.395	7.4
1	*qCMP-2A-2*	102	*Xwmc455-Xgwm515*	2.652	10.113	4.3
1	*qCMP-3A-1*	188	*Xbarc51-Xbarc157.1*	2.691	2.313	6.6
1	*qCMP-3B-1*	90	*Xgwm566-Xcfe009*	2.636	–9.926	4.2
1	*qCMP-5B-1*	58	*Xgwm213-Xswes861.2*	10.046	21.176	17.5
1	*qCMP-6B*	83	*Xswes679.2-Xwmc658.2*	4.036	17.207	7.6
1	*qCMP-7B*	48	*Xgwm333-Xwmc10*	3.484	13.845	7.3
2	*qCMP-1B-1*	23	*Xcfe156-Xwmc406*	8.073	2.846	18.4
2	*qCMP-1B-2*	39	*Xbarc008-Xgwm218*	2.828	–1.67	6.0
2	*qCMP-3A-2*	196	*Xbarc157.1-Xbarc1177*	2.828	–1.583	5.7
2	*qCMP-3B-2*	86	*Xgwm566-Xcfe009*	6.697	–3.450	17.7
2	*qCMP-3B-3*	50	*Xgwm285-Xgwm685*	3.817	2.658	9.8
2	*qCMP-5B-2*	58	*Xgwm213-Xswes861.2*	3.974	–1.966	8.1
2	*qCMP-5B-3*	1	*Xgwm133.1-Xwmc73*	2.580	1.519	5.2
2	*qCMP-6A*	19	*Xgwm334-Xbarc023*	2.726	1.834	7.6
2	*qCMP-6D*	118	*Xubc808-Xswes679.1*	2.651	–3.303	6.5
3	*qCMP-1B-3*	22	*Xcfe156-Xwmc406*	3.420	–1.787	7.9
3	*qCMP-3A-3*	97	*Xbarc356-Xwmc489.2*	2.829	1.681	7.1
3	*qCMP-5B-4*	58	*Xgwm213-Xswes861.2*	6.452	2.477	14.0
3	*qCMP-5B-5*	1	*Xbarc36-Xbarc140*	2.700	–1.663	7.0
3	*qCMP-7D*	211	*Xwmc14-Xwmc42*	3.667	2.892	9.7

注：加性效应正值表示增效等位基因来源于‘花培 3 号’，负值表示增效等位基因来源于‘豫麦 57’

Note: Positive and negative additive effects indicate that the positive alleles are from Huapei 3 and Yumai 57, respectively. PVE: phenotypic variation explained

二、小麦抗寒性 QTL 研究进展与本研究的比较分析

(一)小麦抗寒性 QTL 分析国内外研究进展

尽管早期研究者 Brube 等(1988)、Waldman 等(1975)发现 4D、5A、5D、7A 等染色体上存在与抗寒性有关的基因，但具体位置并不明确。遗传图和 QTL 分析技术开发以后，Båga 等(2007)、Galiba 等(1995)、Vágújfalvi 等(2003)、Sutka 等(2001)、Tóth 等(2003)、

刘艳阳等(2005)等利用 DH 体、RIL 和双体重组系等群体对小麦的抗冻性、低温下的电解质外渗率等性状进行了研究，找到了 24 个位点及其相应的连锁分子标记，19 个为主效 QTL，其中包括一个转录因子、3 个春化基因及 2 个抗冻性基因。前人研究结果表明，2A、5A、5D 染色体上存在抗寒性的重要基因 QTL(表 6-25)。

表 6-25　低温抗寒性状的 QTL 汇总(PVE>10%)

Table 6-25　Summary of QTL of wheat resistance to cold(PVE>10%)

性状 Trait	QTL	标记区间 Flanking marker	贡献率 (PVE)/%	群体 Population	参考文献 Reference
低温抗寒	1D	*E37M60_(72)*；*barc152_(145)*	*P*=0.001	DH	Båga et al.(2009)
	1D	*barc169_122*	*P*=0.0005		
	2A	*gwm296_177*	*P*=0.005		
	5A	*wmc206_224*；*cfd2_326*	*P*=0.0001		
	6D	*cfd76_153*	*P*=0.005		
	5A	*Vrn1*	LOD>3	双体重组系	Galiba et al.(1995)
		Xpsr426,	LOD>3		
		Xwg644	LOD>3		
		Xcdo504	LOD>3		
		Frl	LOD>3		
	5A	*Xbcd508*	49%	RIL	Vágújfalvi et al.(2003)
		CBF3	转录因子		
		Vrn-A1/Xpsr426/Xwg644			Sutka et al.(2001)
		Fr1			
	5D	*Vrn-D1*			
		Fr2			
	5B	*Vrn-B1*			Tóth et al.(2003)
		Fr-B1			
		Xgwm639			
	2A	*Xgwm372-Xgwm249*	10.45/15.61/17.14	DH	刘艳阳(2005)
	4B	*Xwroe48-DuPw043*	16.97		
	2A	*BARC208-Xgwin95*	19.8		

(二)本研究与前人研究结果的比较分析

本研究在低温(–18℃)时检测到控制叶片细胞膜透性的 QTL 共 21 个，其中有 4 个位点的贡献率超过 10%，为主效 QTL，分别位于 1B、3B 和 5B 染色体上。其中 *qCMP-5B-1*(环境 1)和 *qCMP-5B-4*(环境 3)都位于 5B 染色体的 *Xgwm213-Xswes861.2* 区间；在环境 2 中，也发现了一个位点位于该区间，贡献率为 8.1%，与 *Xswes861.2* 标记的遗传距离为 0.0cM。由此，*Xswes861.2* 可用于小麦抗寒性相关的分子标记辅助育种。与前人抗寒性 QTL 主要定位在 1D、2A、2B、5A、6D、7B、4B、5D、5B 染色体上的结果相比，本研究定位的 QTL 除了上述提到的 1B、3B 和 5B 染色体外，还涉及 2A、6B、7B、3A、6A、6D、7D 染色体；综合前人和本研究结果可知，2A、7B、5A、5B、5D 染色体的有关基因 QTL 在小麦的抗寒性方面有重要作用。

第五节 小麦根系性状 QTL 定位及效应分析

根系是作物重要的水分和矿物质吸收器官，其发育状况直接影响作物地上部的生长发育和物质生产，是作物高产稳产的基础(刘桃菊等，2002；Moudal and Kour，2004；Partha et al.，2004)。根系的发育不仅受到根系生长环境和栽培措施的影响，更重要的是受自身遗传基础的控制。Caradus 指出，衡量根系大小的指标中，根重、根体积、根数量、根长、根表面积和根冠比等具有较高的遗传力；衡量根系形态的指标中，根直径、根毛长度、不定根级值、分支级值、根密度和根长密度等也具有较高的遗传力。这些根系指标均表现典型的数量性状遗传(Caradus，1995)。此外，景蕊莲等(1997)研究根系形态性状的遗传力及其与抗旱性的关系，结果表明小麦幼苗的抗旱性与根干重呈显著正相关。

目前，有关小麦根系的研究多集中在非生物胁迫如高温干旱、氮磷钾效率利用、盐胁迫、水分胁迫、重金属胁迫等条件下 QTL 的研究，且多数研究的是小麦苗期的根系。张正斌和徐萍(2002)利用小麦 RIL 群体，发现了控制根数、根直径、根干重、根冠比及根生长速率的 QTL 和互作 QTL；周晓果等(2005)则以小麦‘旱选 10 号’×‘鲁麦 14’构建的 150 个 DH 群体家系为材料，在水分胁迫及非胁迫两种条件下对幼苗根系的单株根数、最大根长、根鲜重、根干重、根茎鲜重比及根茎干重比进行 QTL 定位，并分析 QTL 与环境的互作。Landjeva 等(2010)研究了 D 基因组上对小麦苗期活力的 QTL 分析；Ibrahim 等(2012)研究了干旱条件下小麦苗期根系形态的 QTL 分析。Bai 等(2013)研究了苗期根系的 QTL 及其与株高的关系。由于小麦根系与小麦的最终产量息息相关，而且通过传统的育种方法很难实现小麦根系的改良，所以借助分子标记辅助育种可加快对小麦根系的进一步改良。因此，本研究利用来自 DH 群体的永久 F_2(IF_2)群体进行小麦苗期根系的 QTL 定位，以期找出与小麦根系紧密连锁的分子标记进行分子标记辅助育种。

一、小麦根系性状 QTL 定位

(一)根系试验

取来自 DH 群体的永久 F_2 群体 168 个杂交组合及其亲本各 30 粒饱满完整的种子，以 1% H_2O_2 浸泡 24h，水洗 2~3 次后，置光照培养箱发芽，箱内温度夜间为(12±2)℃，日间为(20±4)℃。用去离子水培养至一叶一心，挑取发育健壮、长势一致的幼苗各 6 株，分别植于穿孔直径为 1cm、厚为 0.5cm 泡沫塑料上，用消毒海绵固定幼苗，在装有 Hoagland 营养液(An et al.，2006)的培养盆(30cm 高)中培养。每升 Hoagland 营养液含 1mmol $Ca(NO_3)_2 \cdot 4H_2O$、0.2mmol KH_2PO_4、0.5mmol $MgSO_4 \cdot 7H_2O$、1.5mmol KCl、1.5mmol $CaCl_2$、1μmol H_3BO_3、50nmol $(NH_4)_6Mo_7O_{24} \cdot 4H_2O$、0.5μmol $CuSO_4 \cdot 5H_2O$、1μmol $ZnSO_4 \cdot 7H_2O$、1μmol $MnSO_4 \cdot H_2O$、0.1mmol Fe^{3+}-EDTA、pH 6.0。设 3 次重复。培养盆外围遍刷黑漆，以保持根系的黑暗生长环境。每 3 天更换一次营养液。

当小麦幼苗长至四叶一心期时，每个重复取生长一致的 3 株幼苗先用蒸馏水冲洗，然后用剪刀把幼苗的茎和根在分节处分开，用 WinRHIZO 根系分析系统分别测定单株的根系总长度、表面积、主根直径、体积、根尖数、最大根长；将新鲜根和茎叶置 105℃烘箱杀青 10min，然后以 80℃烘至衡重，称量茎叶干重、根干重。根冠干重比为根干重和地上部干重的比值。

(二)结果与分析

1. 永久 F_2 群体根系性状表型及其相关性

两亲本的各性状均表现出较大差异，IF_2 群体各性状均表现超亲分离，均值介于双亲之间，除根冠比外，其他 8 个性状偏度和峰度均较小，呈正态分布(表 6-26)。这表明该 IF_2 群体双亲对所考察性状有贡献的等位基因在其后代群体中得到了广泛分离，该群体适于 QTL 分析。

表 6-26　IF_2 群体根系性状表型分析

Table 6-26　Analysis of root traits at seedling stage in the IF_2 population derived from Huapei 3×Yumai 57

根系性状 Root trait	亲本 Parents		IF_2 群体 IF_2 population			
	花培 3 号 Huapei 3	豫麦 57 Yumai 57	均值±标准差 Mean±SD	范围 Range	偏度 Skewness	峰度 Kurtosis
总根长(RTL)/cm	96.12	165.01	151.56±4.47	35.19~365.00	0.65	1.86
根表(RSA)/cm^2	9.48	13.29	12.05±0.33	3.01~26.50	0.38	0.96
平均直径(RAD)/μm	320.23	260.41	250.21±0.00	210.12~290.31	0.17	−0.55
根体积(RV)/mm^3	70.38	90.47	76.13±0.00	20.31~0.15	0.14	0.26
根尖数(RT)	199	302	262.00±7.43	61.00~528.00	0.49	0.37
最大根长(MRL)/cm	16.71	17.48	19.88±0.29	10.35~27.8	−0.36	0.14
茎叶干重(SDW)/mg	19.77	24.60	18.13±0.50	4.50~43.75	0.61	2.80
根干(RDW)/mg	6.70	6.40	6.14±0.15	1.60~11.95	0.09	0.52
根冠比(RDW/SDW)	0.34	0.26	0.34±0.00	0.13~0.82	3.23	22.25

RTL, root total length 总根长; RSA, root surface area 根表; RAD, root average diameter 平均直径; RV, root volume 根体积; RT, root tip number 根尖数; MRL, maximum root length 最大根长; SDW, shoot dry weight 茎叶干重; RDW, root dry weight 根干

除单株主根平均直径外，根系总长度与其他 7 个性状均显著或极显著正相关，其中与表面积相关性最大(r=0.981，P<0.01)，而根直径和根尖数为负相关(r=0.417，P<0.01)，根系总长度与根直径为负相关(r=0.314，P<0.01)，均达到显著水平(表 6-27)。

2. 永久 F_2 群体根系性状的 QTL 定位及效应分析

利用 8 个根系相关性状的表型值共定位了 7 个加性效应 QTL(表 6-28，图 6-11)和 12 对上位性互作 QTL(表 6-29，图 6-12)，包括加性效应(A)、显性效应(B)、加加互作上位性效应(AA)、加显互作上位性效应(AD/DA)和显显互作上位性效应(DD)，这些 QTL 分布在 1A、1D、2A、2B、2D、3A、3B、5D、6D 和 7D 染色体上。

表 6-27　IF_2 群体根系性状间的相关系数

Table 6-27　Coefficients of pairwise correlations of mean values of root traits at seedling stage in the IF_2 population derived from Huapei 3×Yumai 57

性状 Trait	根系总长度 (RTL)	表面积 (RSA)	根直径 (RAD)	根体积 (RV)	根尖数 (RT)	最大根长 (MRL)	茎叶干重 (SDW)	根干重 (RDW)
表面积(RSA)	0.981**							
根直径(RAD)	–0.314**	–0.136						
根体积(RV)	0.916**	0.977**	0.067					
根尖数(RT)	0.831**	0.788**	–0.417**	0.708**				
最大根长(MRL)	0.846**	0.829**	–0.322**	0.773**	0.774**			
茎叶干重(SDW)	0.750**	0.786**	–0.033	0.791**	0.652**	0.683**		
根干重(RDW)	0.870**	0.915**	0.015	0.924**	0.712**	0.768**	0.779**	
根冠比(RDW/SDW)	0.093	0.091	0.032	0.084	0.058	0.012	–0.344*	0.216*

*、**分别表示达 0.05 和 0.01 显著水平。符号缩写同表 6.26

* Significant at 0.05 probability level. ** Significant at 0.01 probability level. Abbreviations as in Table 6.26

表 6-28　IF_2 群体幼苗根系性状 QTL 位置、效应及贡献率

Table 6-28　Intervals，effects and contributions of QTL for root Traits at seedling stage in the IF2 population derived from Huapei 3×Yumai 57

根系性状 Root trait	QTL	标记区间 Flanking marker	位置 Site/cM	加性效应 (A)	贡献率 (H^2)/%	显性效应 Dominance	贡献率 (H^2)/%	基因型效应 Gene action
总根长(RTL)	*QRtl2D*	*XWMC41-XBARC349.2*	69.5	–15.04	4.44	–19.07	8.88	OD
表面积(RSA)	*QSa2D*	*XWMC170.2-XGWM539*	65.4			–2.50	8.18	
直径(RAD)	*QAd2A*	*XBARC380-XGWM636*	1.6	6.67	9.32			
体积(RV)	*QRv7D*	*XGWM295-XGWM676*	107.3	7.00	0.03	–20.00	11.91	OD
最大根长(MRL)	*QMrl6D*	*XWMC412.1-XCFD49*	0.0	–1.32	9.98	1.18	3.01	PD
根干重(RDW)	*QRdw2D*	*XWMC41-XBARC349.2*	69.5	–0.63	3.53	–1.15	11.1	OD
	QRdw7D	*XGWM295-XGWM676*	101.3			–1.35	9.81	

注：加性效应中正值表示来自‘花培 3 号’的等位基因的增效作用；显性效应中，正值表示杂合体比纯合体有更高的表型值；基因型效应中，PD、D 和 OD 分别表示部分显性效应(D/A<1.00)、显性效应(D/A=1.00)和超显性效应(D/A>1.00)。其它符号缩写同表 6.26

Note: For additive effect, a positive value indicates that the allele from Huapei 3. For dominant effect, a positive value indicates that the heterozygote has a higher phenotypic value than the homozygote. In the column of “Gene action”, PD, D, and OD denote partial dominant(D/A<1.00)，dominant(D/A=1.00)，and over-dominant(D/A>1.00)，respectively. Other abbreviations as in Table 6.26

表 6-29 IF_2 群体幼苗根系相关性状的上位效应及贡献率

Table 6-29 Estimated epistasis and contributions of QTL for root traits at seedling stage in the IF_2 population derived from Huapei 3×Yumai 57

性状 Trait	QTL	标记区间 Marker interval	位置 Position /cM	QTL	标记区间 Marker interval	位置 Position /cM	上位效应（AA）	贡献率 (H^2)/%	上位效应（AD）	贡献率 (H^2)/%	上位效应（DA）	贡献率 (H^2)/%	上位效应（DD）	贡献率 (H^2)/%
总根长（RTL）	*QRtl2D*	*XCFD50-XGWM311.1-2A*	141.1	*QRtl5D*	*XBARC307-XBARC347*	50.5	25.75	14.05			−39.91	2.78	76.57	3.40
	QRtl3B	*XCFE282-XGWM144*	53.0	*QRtl5D*	*XBARC1097-XCFD8*	18.4	−41.75	6.38			29.20	0.17	46.98	1.34
表面积（RSA）	*QSa2D*	*XCFD53-XWMC18*	1.6	*QSa7A*	*XBARC070-XBARC250*	30.5					−3.31	17.40		
	QSa2D	*XCFD53-XWMC18*	1.6	*QSa7A*	*XWMC593-XBARC157.2*	0.0							3.86	9.13
体积（RV）	*QRv1A*	*XCFD59-XWMC402.2*	54.0	*QRv2A*	*XGWM558-XBARC015*	65.4			−20.90	0.04				
	QRv1A	*XCFD59-XWMC402.2*	54.0	*QRv2A*	*XGWM448-XWMC455*	73.6							20.30	1.43
	QRv1A	*XBARC148-XGWM154*	58.9	*QRv2A*	*XGWM448-XWMC455*	73.6								
	QRv1A	*XGWM498-XCWEM6.2*	80.8	*QRv2A*	*XGWM448-XWMC455*	73.6	14.30	5.46			10.40	0.20	−10.70	0.83
	QRv1A	*XGWM498-XCWEM6.2*	80.8	*QRv2A*	*XWMC455-XGWM515*	89.1	12.10	2.95						
根尖（RT）	*QRt1D*	*XCFD19-XWMC93*	40.9	*QRt2B*	*XBARC200-XWMC770*	52.7	−7.23	0.20	69.63	7.2	−72.40	7.02		
根干重（RDW）	*QRdw1A*	*XWMC402.2-XBARC120.2*	55.1	*QRdw2A*	*XGWM448-XWMC455*	73.6	0.69	8.49						
	QRdw2A	*XWMC382.1-XBARC380*	1.0	*QRdw3A*	*XWMC527-XWMC264*	115.7	−1.12	8.68	−1.38	3.58			−2.13	3.36

注：上位互作效应值为正，表明亲本型大于重组型；上位互作效应值为负，表明重组型大于亲本型。符号缩写同表 6.26

Note：For the epistatic effect，the positive value means that the parent-type effect is greater than the recombinant-type effect，and the negative value means that the parent-type effect is less than the recombinant-type effect. Abbreviations as in Table 6.26

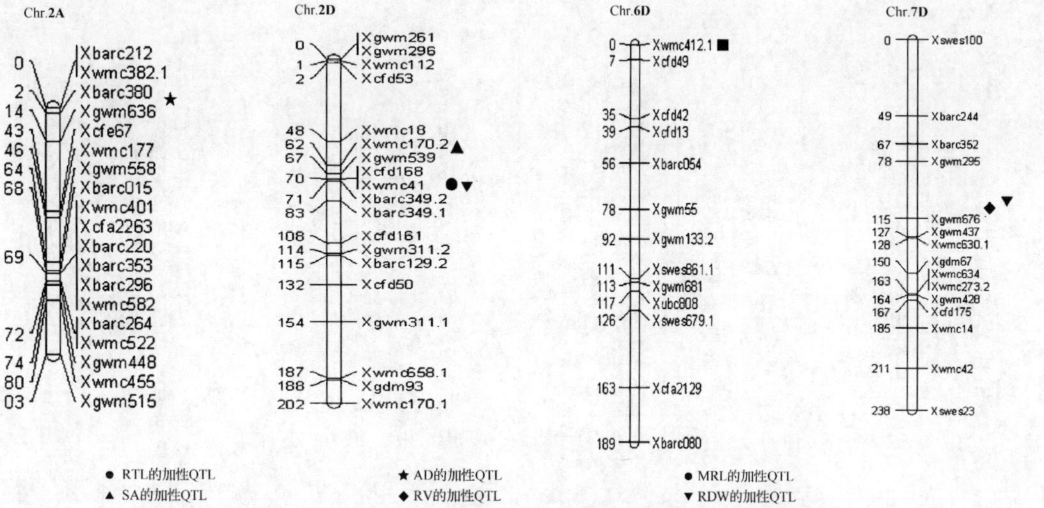

图 6-11　小麦幼苗根系性状加性 QTL 在染色体上的位置

Fig. 6-11　Positions of additive QTL associated with root traits at seedling stage in the IF_2 population derived rom Huapei 3×Yumai 57

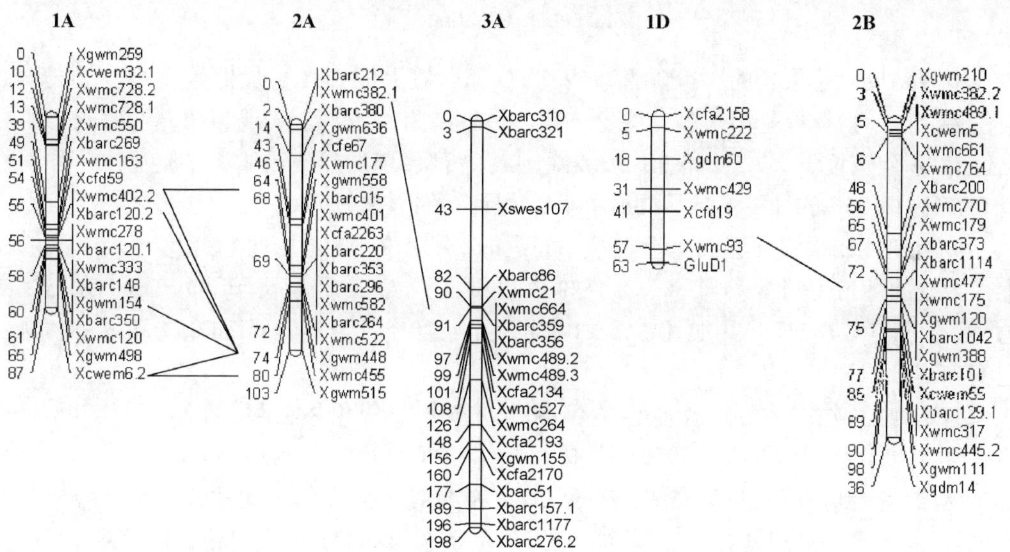

图 6-12　小麦幼苗根系性状上位性 QTL 在染色体上的位置

Fig. 6-12　Positions of epistatic QTL for root traits at seedling stage in the IF2 population derived from uapei 3×Yumai 57

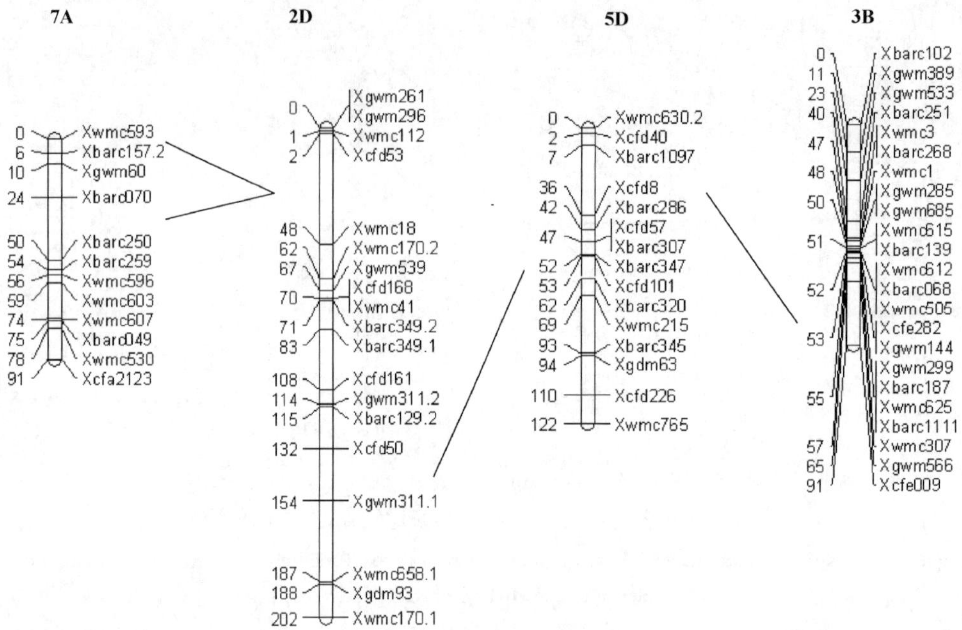

图 6-12 （续）

Fig. 6-12 (Continued)

检测到控制总根长的 1 个加性效应 QTL 和两对上位 QTL。加性效应 QTL 位于 2D 染色体上，增效等位基因来自‘豫麦 57’，贡献率为 4.44%，表现为超显性效应。两对上位 QTL 分别位于 2D-5D 和 3B-5D 染色体上，都表现加加、显加和显显互作，分别解释 0.17%~14.05%的表型变异。同时 *QRtl2D* 具有上位性效应。

检测到控制根表面积的 1 个加性 QTL 和 2 对上位 QTL。加性 QTL 位于 2D 染色体上，为显性效应 QTL，贡献率为 8.18%。，两对上位 QTL 分别位于 2D-5D 和 3B-5D 染色体上，其中 2D-5D 为显加互作，3B-5D 为显显互作，分别解释 14.05%和 6.38%的表型变异。

检测到控制根直径的 1 个加性效应 QTL，位于 2A 染色体上，增效等位基因来自‘花培 3 号’，贡献率为 9.32%。没发现上位性互作 QTL。

检测到控制根体积的 1 个加性效应 QTL 和 5 对上位 QTL。加性效应 QTL 位于 7D 染色体上，增效等位基因来自‘花培 3 号’，贡献率为 0.03%，表现超显性效应。5 对上位 QTL 都位于染色体 1A 和 2A 上，分别显示不同的加加、显加和显显互作效应，分别解释 0.04%~5.46%的表型变异。

检测到控制最大根长的 1 个加性效应 QTL，位于 6D 染色体上，增效等位基因来自于‘豫麦 57’，贡献率为 9.98%，表现部分显性效应。

检测到控制根尖数目的 1 对上位 QTL，位于 1D-2B 染色体上，表现加加、显加和加显互作，分别解释 0.20%、7.20%和 7.02%的表型变异。没检测到加性效应和显性效应 QTL。

检测到控制根干重的 1 个加性效应 QTL、1 个显性效应 QTL 和 2 对上位 QTL。加性效应QTL位于2D染色体上，来自‘豫麦57’增效等位基因，贡献率为3.53%，表现超显性效应；1个显性效应QTL，贡献率为9.81%。2对上位QTL，分别位于染色体1D-2A和2A-3A上，均表现加加互作，分别解释8.49%和8.68%的表型变异。

在检测到的根系有关性状的7个QTL中，一些基因座只具有加性效应，一些基因座只具有显性效应，只有少数基因座同时具有加性、显性效应。同时具有加性、显性效应的基因座中，又以超显性效应为主，在9个性状中，只发现1个同时具有加性、显性效应的基因座是超显性。无论是加性效应，还是显性效应，不同基因座间的效应大小存在差异，作用方向也不一致；而在检测到12对上位性互作QTL中，主要以加加和显显互作为主。

二、小麦根系性状QTL研究进展与本研究的比较分析

(一)小麦根系性状QTL研究进展

小麦根系生长的优劣直接影响小麦对营养物质的获取，进而影响小麦的最终产量。由于小麦根系的生长受环境条件如干旱、水分、N、P、K、重金属、盐等的影响较大，因此，近几年对根系的研究多侧重于非生物胁迫下有关性状的QTL定位。由表6-30可知，武玉清等(2007)、Landjeva等(2010)、杨彩凤(2012)、Xu等(2012)、任永哲等(2012)利用不同的DH和RIL群体研究了在盐胁迫下小麦根系相关性状的QTL，共获得26个QTL，大多数分布在3A、5A、5B和2D染色体上，其中16个为主效QTL，最高效应值达36.06%；Ibrahim等(2012)利用BC2F4-6群体研究了在干旱条件下小麦根系QTL，共定位了32个QTL，其中染色体1D、2A、2D、7D上存在控制多个根系性状的QTL；Liu等(2013)研究了水分胁迫下根系相关性状的QTL，共定位到46个QTL，其中20个为主效QTL，效应值最高达24.31%；An等(2006)在不同N肥条件下，定位了控制根干重的5个QTL，其中4个为主效QTL，效应值最高达19.6%；Bail等(2013)、刘秀林等(2011)、Ren等(2012)、姜朋(2012)利用不同的DH群体和RIL群体研究了小麦苗期根系相关性状的QTL，共定位了69个QTL，其中主效QTL 29个，效应值最高达68%(Ren et al., 2012)，这些在控制多个根系相关性状的QTL主要分布在2A、2B、5D、2D、3B、4D、3A、6A、7D染色体。Sharma等(2011)利用1RS-1BS图谱进行了根系相关性状的定位，共定位了15个QTL，单个QTL效应值最高达56%。

表6-30　小麦根系性状QTL汇总(PVE>10%)

Table 6-30　Summary of QTL of wheat root traits(PVE>10%)

环境 Environment	性状 Trait	QTL	标记区间 Flanking marker	贡献率 (PVE)/%	群体 Population	参考文献 Reference
耐盐	根冠比	*QRsrc.ipk-5D*	*Xgwm1122*	18.60	DIL	Landjeva et al.(2010)
			Xgwm174	18.60		
			Xgwm182	18.60		
			Xgwm3063	18.60		

续表

环境 Environment	性状 Trait	QTL	标记区间 Flanking marker	贡献率 (PVE)/%	群体 Population	参考文献 Reference
			Xgdm99	17.20		
	主根长	*qTL3A*	*Xwmc527-Xwmc264*	17.45	DH	杨彩凤(2012)
		qTL3D-2	*Xgdm72-Xbarc1119*	23.72		
		qTL7D	*Xwmc630.1-Xgdm67*	13.90		
	根鲜重	*qFRW2D-1*	*Xwmc170.2-Xgwm539*	36.06		
		qFRW2D-2	*Xbarc349.2-Xbarc349.1*	19.39		
		qFRW5B	*Xgwm213-Xswes861.2*	10.33		
	根干重	*qDRW5B-4*	*Xgwm213-Xswes861.2*	12.98		
	根长	*QRl-7B*	*Xgwm297-NP43*	14.75	RIL	Xu et al.(2012)
	根干重	*QRdw.sqn-3A*	*Xgwm497.1-Xcfa2193*	10.20	RIL	任永哲等(2012)
	最大根长	*QMrl.sqn-3A*	*Xgwm497.1-Xcfa2193*	25.50		
	相对根干重	*QRdwr.sqn-4A*	*Xbarc78-Xgwm350.1*	12.20		
正常	总根长	5BS	*gwm213.5B4D7B-barc74.5BLT*	11.44	DH	Bai et al.(2013)
	总根表面积	2D	*gwm132-wPt-9997.2DS*	10.10		
		5A	*gwm293b.5ASM-gwm146a.5ASM*	12.89		
	根冠比	4D	*RhtMrkD1.4D-wPt-0431.4B4D/wPt-5809.4B4D*	21.08		
	根长大于 30cm 的根数	*1RS-1BS*	*Sec-1*	34.00	RL	Sharma et al.(2011)
		1RS-1BS	*Xurc-1-Pm8*	26.00		
		1RS-1BS	*Pm8*	57.00		
		1RS-1BS	*Sr31*	47.00		
	最长根长	*1RS-1BS*	*Xurc-8-Gli-1*，*Glu-3*	18.00		
		1RS-1BS	*Xurc-4*	52.00		
	总根长	*1RS-1BS*	*Pm8*	56.00		
		1RS-1BS	*Xurc-2-Pm8*	24.00		
		1RS-1BS	*Sr31*	40.00		
	小于 30cm 根重	*1RS-1BS*	*NOR-Xurc-4*	15.00		
		1RS-1BS	*Pm8-Gli-1*，*Glu-3*	18.00		
	大于 30cm 根重	*1RS-1BS*	*Pm8-Gli-1*，*Glu-3*	31.00		
		1RS-1BS	*NOR-Xurc-4*	11.00		
	总根重	*1RS-1BS*	*NOR-Xurc-4*	14.00		
		1RS-1BS	*Pm8-Gli-1*，*Glu-3*	23.00		
	最大根长	*QMRL.cgb-4A*	*Xgwm610–Xgwm397*	12.37	DH	刘秀林等(2011)
	根数	*QRN.cgb-2B*	*Xgwm429–Xgwm388*	11.90		

续表

环境 Environment	性状 Trait	QTL	标记区间 Flanking marker	贡献率 (PVE)/%	群体 Population	参考文献 Reference
	根角度	*QRA.cgb-3B*	*P3622-400-P2076-147*	12.16		
qTaLRO-B1	最大根长	*qMRL-2B*	*Xgwm210-Xbarc1138.2*	68.00	RIL	Ren et al.(2012)
	主根长	*qPRL-2B1*	*Xgwm210-Xbarc1138.2*	59.00		
	侧根长	*qLRL-6A*	*Xgwm570-Xgwm169.2*	30.50		
	总根长	*qTRL-2B*	*Xgwm210-Xbarc1138.2*	20.30		
	根尖数	*qRN-6A*	*Xgwm570-Xgwm169.2*	24.50		
		qRN-6D	*Xgwm55.3-Xgdm14.6*	10.30		
	根长	*QRl-7A*	*wpt4637-barc121*	12.26	RIL	姜朋(2012)
	根鲜重	*QFrw-4A*	*wpt671707-barc70a*	14.45		
		QFrw-6A	*wpt668031-wpt4229*	11.69		
	根干重	*QDrw-4A.1*	*swes147-swes624c*	10.63		
		QDrw-4A.2	*wpt671707-barc70a*	10.05		
	根系体积	*QV-1A*	*wpt729788-wpt667395*	11.57		
		QV-3A	*wpt1562-wpt2587*	10.21		
	根系平均直径	*QRdm-3B*	*ubc834a-wpt5906*	12.71		
	根尖数	*QRn-1B*	*wpt668027-swes169a*	13.29		
		QRn-3A	*wpt730892-barc314*	11.15		
		QRn-4A	*issr23b-wmc308*	15.40		
	根数	*qRN*	*wmc150a*	11.63	DH	Hamada et al.(2012)
	深根比	*qDRR-2*	*wmc97*	11.49		
	根伸长率	*qER-1*	*cfd266*	12.53		
		qER-2	*wmc405*	14.73		
	根向水性	*qHR-1*	*wmc278*	13.44		
水分胁迫	最大根长	*QMRL.cgb-5D*	*Xgwm205.2-Xgwm68*	12.20	DH	Liu et al.(2013)
		QMRL.cgb-2D	*WMC453.1-WMC18*	12.22		
		QMRL.cgb-5B	*WMC380-Xgwm540*	11.95		
	种子根根数	*QSRN.cgb-3B*	*WMC3-P6934.380*	14.98		
		QSRN.cgb-5A	*P2470.2-Xgwm154*	19.82		
	总根长	*QTRL.cgb-1B*	*P3470.2-P4133.1*	11.43		
		QTRL.cgb-1B	*CWM65-P8222.5*	16.13		
		QTRL.cgb-3B	*WMC231-Xgwm284*	10.43		
		QTRL.cgb-3B	*Xgwm644.2-WMC3*	10.42		
		QTRL.cgb-5D	*Xgwm3-Xgwm43*	10.30		
		QTRL.cgb-7D	*Xgwm44-Xgwm121*	10.69		
		QTRL.cgb-3B	*WMC3-P6934.380*	13.81		

续表

环境 Environment	性状 Trait	QTL	标记区间 Flanking marker	贡献率 (PVE)/%	群体 Population	参考文献 Reference
		QTRL.cgb-3B	*P3622.4-P2076.1*	14.23		
		QTRL.cgb-5B	*P8143.3-P2454.1*	10.90		
	主根面积	*QPRA.cgb-7D*	*Xgwm44-Xgwm121*	11.90		
		QPRA.cgb-5B	*P8143.3-P2454.1*	16.24		
	根表面积	*QRSA.cgb-7D*	*QRSA.cgb-7D*	11.93		
		QRSA.cgb-5B	*QRSA.cgb-5B*	16.22		
	种子根角	*QSRA.cgb-7D*	*Xgwm44-Xgwm121*	10.46		
		QSRA.cgb-2B	*WMC474-Xgwm374*	10.66		
		QSRA.cgb-2B	*WMC179.2-P6901.2*	11.16		
		QSRA.cgb-3B	*WMC3-P6934.3*	24.31		
氮利用效率	根干重		*CWM70-P3474-480*	19.60	DH	An et al. (2006)
			Xgwm539-P4233-175	11.00		
			P8422-170-CWM539.2	10.40		
			EST25-CWM88	11.00		

(二)与前人研究结果的比较分析

本研究检测到影响幼苗根系 8 个性状的 7 个 QTL，其增效等位基因中有 3 个来自‘豫麦 57’，2 个来自‘花培 3 号’，其中 *QRtl2D*、*QRv7D* 和 *QRdw2D* 表现超显性效应，这在一定程度上说明小麦杂交组合配制过程中要选择强优势的父母本，实现优势互补。在定位的 12 对上位性互作 QTL 中，发现某些 QTL 同时与其他 2 个 QTL 互作，例如，*QRtl5D* 和 *QRtl2D*、*QRtl3B* 同时互作，控制总根长；位于 *Xgwm448* 和 *Xwmc455* 之间的 QTL 既与 *QRdw1A* 又与 QRv3A 表现互作，表明上位性对幼苗根系性状遗传可能有重要的作用，但是作用机制相当复杂(Yu et al.，1997；Xing et al.，2002；Li et al.，2001；Mei et al.，2005)，有待深入研究。本研究中定位的控制根系相关性状的加性 QTL 多数位于 2D 和 7D 染色体上，前人的研究结果中也存在这种现象，说明 D 基因组上存在控制小麦根系的重要 QTL/基因。

第六节 小麦叶部形态性状 QTL 定位及效应分析

叶片是小麦主要的光合器官。其中，旗叶是小麦生长后期光合效率最高的器官，对籽粒的形成和产量贡献最大，是籽粒碳水化合物的主要来源，对小麦籽粒产量的贡献率可达 1/3。国内外关于小麦叶片，特别是旗叶性状对光合速率及产量的影响做了大量的研究，但对控制叶片形态的基因位点的研究较少。Keller 等(1999)利用来源于 Forno/spelt Oberkulmer 的 226 个株系的 RIL 群体，鉴定到控制旗叶叶宽的 8 个 QTL，位于 1A、1B、2A、3B、5A、5B 和 6A 染色体，解释 59.5%的表型变异。Lohwasser 等(2004)利用国际小麦作图群体 114 个株系的 RIL 群体，在温室条件下，定位了基部 3 个叶片的叶长和宽的 23 个 QTL，在前人研究基础上，鉴定与叶部形态紧密连锁的分子标记，对从分子水平上提高小麦的光合效率及其产量是十分重要的。

一、基于 DH 群体叶部形态的 QTL 定位

(一) 材料和测定方法

小麦抽穗后 10 天，每个株系取 5 株测量主茎旗叶与茎的夹角，即为旗叶挺直角度；灌浆期(花后 20 天)每个株系取 5 株的主茎，测量上部 3 个叶片(旗叶、倒二叶和倒三叶)的叶长和叶宽，叶面积=(叶长×叶宽)/1.2(Li，1999)。

(二) 叶部形态的 QTL 定位及效应分析

叶部形态包括旗叶挺直角度和上部 3 张叶片的叶长、叶宽、叶面积等相关性状。共检测到控制叶部形态的 31 个加性效应和 22 对上位效应位点(表 6-31，表 6-32)，其中 7 个加性 QTL 具有环境互作效应。

1. 旗叶挺直角度的 QTL 定位及效应分析

控制旗叶挺直角度的 4 个加性 QTL 位于 2B、2D、4D 和 5B 染色体，分别解释旗叶挺直角度变异的 5.15%、2.17%、14.47%和 5.48%(见表 6-31)，其中 *qFLAn4D* 的遗传贡献率最大，解释 14.47%的表型变异。*qFLAn2D* 位点的增效等位基因来源于‘花培 3 号’，其他 3 个加性效应位点的增效等位基因来源于‘豫麦 57’，没有检测到加性与环境的互作效应。

控制旗叶挺直角度的 6 对上位 QTL 位于染色体 1B-6D(2)、2A-5D、2A-3D、4D-7B 和 5B-7D(见表 6-32)，分别解释 0.61%~5.22%的表型变异，没有检测到上位与环境的互作效应。

2. 旗叶长的 QTL 定位及效应分析

控制旗叶长的 3 个加性 QTL 分别位于 3A、5D 和 6D 染色体，分别解释旗叶长变异的 13.82%、6.87%和 5.28%(见表 6-31)，其中，*qFLLe3Aa* 的遗传贡献率最大，解释 13.82%的表型变异。*qFLLe6D* 位点的增效等位基因来源于‘花培 3 号’，其他 2 个加性效应位点的增效等位基因来源于‘豫麦 57’。*qFLLe6D* 位点环境互作，贡献率为 5.99%。

控制旗叶长的 4 对上位 QTL 位于染色体 2B-3D、2D-5A、3A-4B 和 5A-5B(见表 6-32)，分别解释 5.42%、7.43%、5.08%和 5.27%的表型变异，没有检测到上位与环境的互作效应。上位效应总的贡献率是 23.20%。

表 6-31　叶部形态的加性效应及加性与环境互作效应

Table 6-31　Estimated additive (A) and additive × environment (AE) interactions of QTL for leaf morphology

性状 Trait	QTL	标记区间 Flanking marker	位置 Position /cM	加性效应 (A)	贡献率 (H^2)/%	加性×环境 1 (A×E1) 效应 (AE1)	加性×环境 1 (A×E1) 贡献率 (H^2)/%	加性×环境 2 (A×E2) 效应 (AE2)	加性×环境 2 (A×E2) 贡献率 (H^2)/%	加性×环境 3 (A×E3) 效应 (AE3)	加性×环境 3 (A×E3) 贡献率 (H^2)/%
旗叶挺直角度 (FLAN)	*qFLAn2B*	*Xgwm120-Xbarc1042*	75.1	−3.08	5.15						
	qFLAn2D	*Xcfd53-Xwmc18*	1.7	2.00	2.17						
	qFLAn4D	*Xcfe254-BE293342*	192.5	−5.17	14.47						
	qFLAn5Ba	*Xbarc36-Xbarc140*	13.0	−3.18	5.48						
旗叶叶长 (FLL)	*qFLLe3Aa*	*Xbarc86-Xwmc21*	86.5	−0.54	13.82						
	qFLLe5D	*Xbarc320-Xwmc215*	64.3	−0.38	6.87						
	qFLLe6D	*Xcfd42-Xcfd13*	35.0	0.33	5.28			0.31	4.67	−0.17	1.32
旗叶叶宽 (FLW)	*qFLWi3A*	*Xwmc264-Xcfa2193*	141.9	0.11	9.19						
	qFLWi4B	*Xwmc48-Xbarc1096*	18.4	−0.10	7.26						
	qFLWi4D	*Xbarc334-Xwmc331*	2.1	0.10	8.64						
	qFLWi7D	*Xgwm676-Xgwm437*	123.9	0.08	5.45						
旗叶叶面积 (FLAR)	*qFLAr2Aa*	*Xbarc380-Xgwm636*	1.7	−0.95	2.02						
	qFLAr3Aa	*Xswes107-Xbarc86*	71.1	−1.10	2.74						
	qFLAr3Ac	*Xwmc264-Xcfa2193*	141.9	1.82	7.47						
	qFLAr4B	*Xwmc48-Xbarc1096*	18.4	−1.51	5.14						
	qFLAr4D	*Xwmc473-Xbarc334*	0.0	1.48	4.94						
	qFLAr7D	*Xgwm676-Xgwm437*	122.9	0.72	1.17						

续表

性状 Trait	QTL	标记区间 Flanking marker	位置 Position /cM	加性效应(A)	贡献率 (H^2)/%	加性×环境 1(A×E1)		加性×环境 2(A×E2)		加性×环境 3(A×E3)	
						效应 (AE1)	贡献率 (H^2)/%	效应 (AE2)	贡献率 (H^2)/%	效应 (AE3)	贡献率 (H^2)/%
倒二叶长 (SLL)	*qSLLe2A*	*Xwmc401-Xcfa2263*	68.9	0.52	2.66						
	qSLLe2D	*Xgwm261-Xgwm296*	0.0	–1.18	13.74						
	qSLLe5D	*Xwmc215-Xgdm63*	72.4	–1.16	13.28			–0.67	4.37	0.85	7.12
倒二叶宽 (SLW)	*qSLWi5D*	*Xcfd101-Xbarc320*	58.6	–0.06	5.29			–0.04	2.30	0.06	5.83
倒二叶面积 (SLAR)	*qSLAr2D*	*Xcfd53-Xwmc18*	1.7	8.06	2.24						
	qSLAr5D	*Xbarc320-Xwmc215*	66.3	32.69	12.31			–0.84	7.45	–1.98	10.33
倒三叶长 (TLL)	*qTLLe2D*	*Xcfd53-Xwmc18*	13.7	–0.40	3.55					–0.52	5.91
	qTLLe4A	*Xwmc718-Xwmc262*	0.0	–0.48	5.12						
	qTLLe5D	*Xwmc215-Xgdm63*	73.4	–1.00	21.91						
倒三叶宽 (TLW)	*qTLWi2D*	*Xwmc170.2-Xgwm539*	65.5	0.04	3.46						
	qTLWi5D	*Xbarc320-Xwmc215*	66.3	–0.07	8.38			–0.09	15.90	0.08	13.50
倒三叶面积 (TLA)	*qTLAr2D*	*Xwmc170.2-Xgwm539*	65.5	0.62	1.94						
	qTLAr4B	*Xwmc657-Xwmc48*	15.7	0.27		0.80	3.33			–0.80	3.33
	qTLAr5D	*Xbarc320-Xwmc215*	67.3	–1.88	18.0			–1.45	10.69	1.04	5.55

环境 1：宿州，2006；环境 2：泰安，2006；环境 3：泰安，2005

E1：Suzhou，2006；E2：Taian，2006；E3：Taian，2005

表 6-32 叶部形态的上位效应及上位与环境互作效应

Table 6-32 Estimated epistasis (AA) and epistasis × environment (AAE) interactions of QTL for leaf morphology

性状 Trait	QTL	标记区间 Flanking marker	位置 Position /cM	QTL	标记区间 Flanking marker	位置 Position /cM	上位效应 (AA)	贡献率 (H^2)/%	上位×环境1 (AA×E1) 效应 (AAE1)	上位×环境1 (AA×E1) 贡献率 (H^2)/%	上位×环境2 (AA×E2) 效应 (AAE2)	上位×环境2 (AA×E2) 贡献率 (H^2)/%	上位×环境3 (AA×E3) 效应 (AAE3)	上位×环境3 (AA×E3) 贡献率 (H^2)/%
旗叶挺角度 (FLAN)	*qFLAn1Ba*	*Xbac312-Xcfe023.1*	36.1	*qFLAn6D*	*Xgwm55-Xrwm133.2*	77.9	−1.31	0.92						
	qFLAn1Bb	*Xgwm218-Xgwm582*	43.2	*qFLAn6D*	*Xgwm55-Xrwm133.2*	77.9	−1.06	0.61						
	qFLAn2Aa	*Xgwm636-Xcfe67*	40.1	*qFLAn5D*	*Xbac1097-Xcfd8*	14.4	−1.66	1.50						
	qFLAn2Ab	*Xgwm448-Xwmc455*	80.2	*qFLAn3D*	*Xbac1119-Xcfd4*	17.8	2.13	2.45						
	qFLAn4D	*Xcfe254- BE293342*	192.5	*qFLAn7Bb*	*Xbarc276.1-Xwmc396*	33.5	2.26	2.77						
	qFLAn5Bb	*Xbarc232-Xwmc235*	23.7	*qFLAn7D*	*Xgwm428-Xcfd175*	163.7	3.10	5.22						
旗叶长 (FLL)	*qFLLe2B*	*Xwmc317-Xwmc445.2*	89.3	*qFLLe3D*	*Xwmc631-Xbarc071*	90.1	0.34	5.42						
	qFLLe2D	*Xbarc349.2-Xbarc349.1*	76.0	*qFLLe5Ab*	*Xcfe026.1-Xcwem32.2*	2.0	0.40	7.43						
	qFLLe3Ab	*Xbarc1177-Xbarc276.2*	196.3	*qFLLe4B*	*Xwmc125-Xwmc140*	0.0	0.33	5.08						
	qFLLe5Aa	*Xbarc180-Xcwem40*	31.6	*qFLLe5B*	*Xbarc36-Xbarc140*	0.0	0.33	5.27						
旗叶宽 (FLW)	*qFLWi1D*	*Xgdm60-Xwmc429*	17.5	*qFLWi6D*	*Xcfd49-Xcfd42*	7.4	−0.07	3.41						
	qFLWi2Ba	*Xbarc1042-Xgwm388*	75.2	*qFLWi6Ba*	*Xcfd48-Xwmc737*	51.7	−0.05	2.04						
	qFLWi2Bb	*Xcwem55-Xbarc129.1*	85.0	*qFLWi6Bb*	*Xgwm58-Xwmc737*	61.3	−0.04	1.21						
	qFLWi2Bb	*Xcwem55-Xbarc129.1*	85.0	*qFLWi4B*	*Xwmc48-Xbarc1096*	18.4	0.05	2.23						

续表

性状 Trait	QTL	标记区间 Flanking marker	位置 Position /cM	QTL	标记区间 Flanking marker	位置 Position /cM	上位效应（AA）	贡献率 (H^2)/%	上位×环境1（AA×E1）		上位×环境2（AA×E2）		上位×环境3（AA×E3）	
									效应（AAE1）	贡献率 (H^2)/%	效应（AAE2）	贡献率 (H^2)/%	效应（AAE3）	贡献率 (H^2)/%
旗叶面积（FLA）	*qFLAr1B*	*Xgwm18-Xwmc57*	34.5	*qFLAr4A*	*Xbarc078-Xwmc722*	41.0	0.85	1.62						
	qFLAr2Ab	*Xgwm455-Xgwm515*	82.7	*qFLAr7B*	*Xwmc396-Xgwm333*	40.8	1.57	5.51						
	qFLAr2Ab	*Xgwm455-Xgwm515*	102.7	*qFLAr3Ab*	*Xwmc21-Xwmc664*	90.3	0.87	1.71						
	qFLAr5A	*Xcfe223-Xwmc273.3*	103.0	*qFLAr6A*	*Xgwm334-Xbarc023*	12.5	–1.42	4.50						
	qFLAr7Aa	*Xgwm60-Xbarc070*	9.8	*qFLAr7Ab*	*Xgdm67-Xwmc634*	152.5	–1.89	7.98						
倒二叶长（SLL）	*qSLLe6A*	*Xwmc553-Xgwm732*	56.5	*qSLLe6B*	*Xcfa2187-Xgwm219*	0.0	0.83	6.82						
倒二叶宽（SLW）	*qSLWi4B*	*Xwmc657-Xwmc48*	17.7	*qSLWi7D*	*Xwmc42-Xswes23*	211.3	0.04	3.26	0.06	6.87			–0.04	3.07
倒三叶长（TLL）	*qTLLe2A*	*Xbarc264-Xwmc522*	72.2	*qTLLe6A*	*Xgwm459-Xgwm334*	5.0	–0.33	2.39						

环境 1：宿州，2006；环境 2：泰安，2006；环境 3：泰安，2005

E1：Suzhou，2006；E2：Taian，2006；E3：Taian，2005

3. 旗叶宽的 QTL 定位及效应分析

控制旗叶宽的 4 个加性 QTL 位于 3A、4B、4D 和 7D 染色体，分别解释旗叶宽变异的 9.19%、7.26%、8.64%和 5.45%(见表 6-31)，其中 *qFLWi3A* 的遗传贡献率最大，解释 9.19%的表型变异。4 个位点的增效等位基因均来源于‘花培 3 号’。没有检测到加性与环境的互作效应。

控制旗叶宽的 4 对上位 QTL 位于染色体 1D-6D、2B-6B(2)和 2B-4B(见表 6-32)，分别解释 3.41%、2.04%、1.21%和 2.23%的表型变异，没有检测到上位与环境的互作效应。

4. 旗叶面积的 QTL 定位及效应分析

控制旗叶面积的 6 个加性 QTL 位于 2A、3A(2)、4B、4D 和 7D 染色体，分别解释旗叶面积变异的 1.17%～7.47%(见表 6-31)，其中 *qFLAr3Ac* 的遗传贡献率最大，解释 7.47%的表型变异。其中 *qFLAr3Ac*、*qFLAr4D* 和 *qFLAr7D* 的增效等位基因均来源于‘花培 3 号’，其他 3 个位点的增效等位基因均来源于‘豫麦 57’，没有检测到加性与环境的互作效应。

控制旗叶面积的 5 对上位 QTL，位于染色体 1B-4A、2A-7B、2A-3A、5A-6A 和 7A-7A(见表 6-32)，分别解释 1.62%、5.51%、1.71%、4.50%和 7.98%的表型变异，没有检测到上位与环境的互作效应。

5. 倒二叶长的 QTL 定位及效应分析

控制倒二叶长的 3 个加性 QTL 位于 2A、2D 和 5D 染色体，分别解释倒二叶长变异的 2.66%、13.74%和 13.28%(见表 6-31)，其中 *qSLLe2D* 的遗传贡献率最大，解释 13.74%的表型变异。*qSLLe2A* 位点的增效等位基因来源于‘花培 3 号’，其他 2 个加性效应位点的增效等位基因来源于‘豫麦 57’。*qSLLe5D* 位点与环境互作，贡献率为 11.49%。

控制倒二叶长的 1 对上位 QTL 位于染色体 6A-6B(见表 6-32)，解释 6.82%的表型变异，没有检测到上位与环境的互作效应。

6. 倒二叶宽的 QTL 定位及效应分析

控制倒二叶宽的 1 个加性 QTL 位于 5D 染色体，解释倒二叶宽变异的 5.29%(见表 6-31)，其增效等位基因均来源于‘豫麦 57’，并与环境互作，加性效应总的贡献率为 12.42%。

控制倒二叶宽的 1 对上位 QTL 位于染色体 4B-7D(见表 6-32)，解释 3.26%的表型变异，并与环境互作。

7. 倒二叶面积的 QTL 定位及效应分析

控制倒二叶面积的 2 个加性 QTL 位于 2D 和 5D 染色体，分别解释倒二叶面积变异的 2.24%和 12.31%(见表 6-31)，其中 *qSLAr5D* 的遗传贡献率最大，解释 12.31%的表型变异，并与环境互作，互作效应为 17.78%。加性效应总的贡献率为 32.23%。没有检测到控制倒二叶面积的上位效应。

8. 倒三叶长的 QTL 定位及效应分析

控制倒三叶长的 3 个加性 QTL 位于 2D、4A 和 5D 染色体，分别解释倒三叶长变异的 3.55%、5.12%和 21.91%(见表 6-31)，其中 *qTLLe5D* 的遗传贡献率最大，解释 21.91%的表型变异。3 个加性效应位点的增效等位基因均来源于‘豫麦 57’。没有检测到加性与环境的互作效应。

控制倒三叶长的 1 对上位 QTL，位于染色体 2A-6A(见表 6-32)，解释 2.39%的表型变异，没有检测到上位与环境的互作效应。

9. 倒三叶宽的 QTL 定位及效应分析

控制倒三叶宽的 2 个加性 QTL，位于 2D、4B 和 5D 染色体，分别解释倒三叶宽变异的 3.46%和 8.38%(见表 6-31)，*qTLWi2D* 的增效等位基因来源于‘花培 3 号’，而 *qTLWi5D* 的增效等位基因来源于‘豫麦 57’，并与环境互作，互作效应为 29.40%。

没有检测到上位与环境的互作效应。

10. 倒三叶面积的 QTL 定位及效应分析

控制倒三叶面积的 3 个加性 QTL 位于 2D 和 5D 染色体。*qTLAr5D* 的遗传贡献率最大，解释 18.0%的表型变异，其增效等位基因来源于‘花培 3 号’。*qTLAr4B* 和 *qTLAr5D* 位点与环境互作，其互作效应值为 22.92%(见表 6-31)。没有检测到控制倒三叶面积的上位效应。

二、基于“矮孟牛”衍生系自然群体叶部形态的关联分析

(一)材料与测试方法

1. 材料

选用小麦骨干亲本“矮孟牛”姊妹系及其亲本和衍生系 109 份材料，其中矮孟牛 3 个亲本及 7 个姊妹系由国家小麦改良中心泰安分中心提供，其余育成品种(系)由中国农业科学院作物科学研究所国家种质资源库提供。

2. 表型调查

2007~2010 年在山东农业大学农场(山东泰安)连续 4 年种植。采用完全随机区组设计，3 次重复；3 行区，行长 2m，行距 0.25m。按当地小麦产量品种比较试验进行田间管理。小麦灌浆期(花后 20 天)，每个株系取 5 株的主茎旗叶，测量叶长和叶宽，叶面积=叶长×叶宽÷1.2，(Li，1999)。各性状取平均值，用于数据分析。

3. DArT 标记的分析

按 Triticarte Pty. Ltd.(Canberra，Australia；http：//triticarte.com.au/)介绍的步骤，用 CTAB 法提取基因组 DNA。用 0.8%琼脂糖(含 EB 终浓度 0.5μg/ml)电泳检测 DNA 浓度和纯度。

由 Triticarte Pty. Ltd.(Canberra，Australia)进行所有 DNA 样品的分子标记扫描，选择在小麦上开发的 7000 个 DArT 标记。已知图谱包括‘Cranbrook’×‘Halberd’(339 个 DarT)(Akbari et al.，2006)、‘Arina’×‘NK93604’(189 个 DarT)(Semagn et al.，2006)、‘Avocet’×‘Saar’(112 个 DarT)(Lillemo et al.，2008)、‘Colosseo’×‘Lloyd’(392 个 DarT)(Mantovani et al.，2008)、包含 779 个 DarT 标记的图谱(Wenzl et al.，2004)、3B physics map(Paux et al.，2008)，以及由 Triticarte Pty. Ltd.整合在 9 个遗传群体上的信息(http：//www.triticarte.com.au/)。利用 Mapchart 2.1 软件(Voorrips et al.，2002)构建小麦 DArT 标记遗传图。

4. 群体结构分析

在小麦的 21 条染色体长臂和短臂上各选 1 个标记，共 42 个 DArT 标记，用 Structure 2.0 软件(Pritchard et al.，2000)进行群体结构的分析，采用 admixed model，设 K 值为 2~12，参数 iterations 为 100 000，burn-in period 为 100 000。每个 K 值重复运行 5 次。以设定的 K 所对应的最大似然值为目标，来选择合适的 K 值作为亚群数目。

5. 连锁不平衡分析

使用 TASSEL 2.0.1(http：//www.maizegenetics.net)计算已定位 DArT 标记间的连锁不平衡(r^2)，排除稀有等位基因(f<0.10)后进行 1000 次排列计算。分别计算相同染色体位点间和不同染色体不连锁位点间的连锁不平衡。

6. 性状和标记的关联分析

应用 TASSEL 2.1 软件(http：//www.maizegenetics. net/)中的 mixed linear model 进行性状和标记之间的关联分析，采用 Structure 2.0 计算的群体结构数据，由 TASSEL 2.1 计算 Kinship。当标记的 P≤0.001 时认为与性状存在关联。

(二)标记-性状关联分析

1. 叶部表型调查

旗叶长、宽及面积在 4 个环境中的统计见表 6-33。不同个体之间旗叶差异显著，变异丰富，不同环境中差异较小。群体结构解释的表型变异比例平均值分别为 25.43%、9.78%和 25.73%，广义遗传力分别为 76.3%、80.1%和 72.8%。

表 6-33 旗叶长宽及面积的统计及群体结构解释表型变异的比例

Table 6-33 Descriptive statistics an7d percentage of phenotypic variation explained by population structure for flag leaf length，width and area(FLL，FLW，FLAR)

性状 Trait	环境 Environment	最小值 Minimum	最大值 Maximum	平均值 Mean	标准差 (SD)	表型变异解释率[a](R^2)/%	贡献率[b] (H^2)/%
旗叶长(FLL)	E1：泰安，2007	14.83	35.23	21.15	4.06	30.9	76.3
	E2：泰安，2008	10.55	40.55	19.31	4.60	25.1	
	E3：泰安，2009	13.38	29.96	18.82	3.13	22.6	
	E4：泰安，2010	11.58	29.33	18.13	2.70	23.1	
旗叶宽(FLW)	E1：泰安，2007	1.33	2.40	1.72	0.21	10.6	80.1
	E2：泰安，2008	1.00	2.15	1.59	0.21	9.8	
	E3：泰安，2009	1.33	2.24	1.68	0.17	9.5	
	E4：泰安，2010	1.10	1.97	1.52	0.17	8.9	
旗叶面积(FLAR)	E1：泰安，2007	18.07	69.27	30.61	8.47	31.2	72.8
	E2：泰安，2008	11.94	72.65	25.95	8.65	18.9	
	E3：泰安，2009	17.04	47.44	26.41	5.86	25.6	
	E4：泰安，2010	13.32	46.44	22.97	4.87	27.2	

a. 群体结构能解释的表型变异比例；a. Percentage of phenotypic variation explained by population structure

b. 广义遗传力；b. Broad-sense heritability

2. 关联分析

使用混合线性模型分析 DArT 标记与旗叶长、宽和面积之间的关联。关联标记解释的变异比例(R^2)和关联的显著性归纳于表 6-34。在 $P<0.001$ 水平，总共检测到 61 个标记/性状关联(MTA)，涉及 46 个 DArT 标记(定位的标记见图 6-13)，分布在 1B、1D、2A、2B、2D、3A、3B、4A、5B、6A、6B、6D、7A 和 7B 共 14 条染色体，R^2 变异范围是 0.1%~16.4%。

表 6-34　与旗叶显著关联的标记位点及其对表型变异的解释

Table 6-34　The marker loci associated with flag leaf and corresponding explained phenotypic variation

染色体 Chromosome	标记 Marker	位置 Site/cM	表型变异解释率 (R^2)/%		
			旗叶长(FLL)	旗叶宽(FLW)	旗叶面积(FLAR)
1B	*wPt-9605*	—	7.20*　(E2)		
1D	*wPt-665037*	11.7		9.85*　(E1) 12.70*　(E2)	
	wPt-664989	12.1		11.45*　(E1) 14.96**　(E2)	
	wPt-665204	12.1		10.79*　(E1) 13.56**　(E2)	
	wPt-3855	—		10.69*　(E2)	
2A	*wPt-669355*	281.9		10.69*　(E1)	
	wPt-6711	—		9.16*　(E1) 12.59*　(E3)	
	wPt-0568	—		9.50*　(E1)	
2B	*wPt-2106*	22.8		13.38**　(E2)	
	wPt-3109	—	14.49*　(E3)		
2D	*wPt-1554*	7.6		10.19*　(E1)	
	wPt-730744	61.4		11.43*　(E1)	7.47*　(E4)
	wPt-667476	62.3		9.70*　(E1)	10.11*　(E4)
	wPt-668120	62.3		9.90*　(E1)	
	wPt-731134	62.3		9.90*　(E1)	
	wPt-1902	—		9.76*　(E1) 1.03*　(E4)	6.58*　(E4)
	wPt-3692	—		14.10*　(E3)	
	wPt-6704	—		10.67*　(E1)	
3A	*wPt-9422*	49.3		16.40*　(E3)	
	wPt-0398	146.4	8.71*　(E1)		
	tPt-0519	—		9.91*　(E2)	

续表

染色体 Chromosome	标记 Marker	位置 Site/cM	表型变异解释率(R^2)/%		
			旗叶长(FLL)	旗叶宽(FLW)	旗叶面积(FLAR)
3B	*wPt-5836*	71.6	6.49* (E1)		11.54* (E1)
	wPt-10186	—			12.17* (E3)
	wPt-2491	—	1.27** (E1)		
	wPt-6043	—			13.97* (E3)
4A	*wPt-8091*	180.1	9.16* (E2)		
	wPt-2985	—			1.11* (E1)
	wPt-6900	—		14.00* (E3)	
	wPt-6757	—	8.83* (E2)		
5B	*wPt-5737*	69.9		10.06* (E1)	5.84* (E1)
	wPt-3457	92.3	10.66* (E3)	11.86* (E1)	
	wPt-0819	—		6.75* (E4)	
	wPt-1548	—		10.33* (E1)	
6A	*wPt-666988*	39.8	0.90* (E2)		
	wPt-667618	142.4		6.67* (E4)	
	wPt-4270	—	10.19* (E2)		12.63* (E2)
6B	*wPt-3130*	39.6		8.89* (E1) 8.64* (E2)	
	wPt-9990	39.6		8.89* (E1) 8.64* (E2)	
	wPt-0959	57.7		10.14* (E1)	
	wPt-8183	92.5		9.97* (E1)	
	wPt-2424	96.1		8.56* (E1)	
	wPt-0171	172.1	0.20** (E3)		
	wPt-3581	—	0.10** (E4)		
6D	*wPt-664719*	134.9	10.18* (E2)		
7A	*tPt-1755*	—		11.28* (E2)	
7B	*wPt-5737*	56.6		10.06* (E1)	5.84* (E1)

注：位置为“—”的标记为未定位标记。当 P<0.001 时认为性状与标记关联，标*的表型变异解释率(R^2)的 P 值介于 0.0001 与 0.0010 之间，标**的表型变异解释率的 P 值少于 0.0001

Note: Marker position “—” indicates that this marker has no definite genetic distance. Markers with significant marker-trait associations are listed(P<0.001), and the phenotypic variation explained(R^2) is marked with single asterisk(*) or double asterisks(**) denotes the P-value ranging from0.0001 to 0.0010 or smaller than 0.0001, respectively

共检测到旗叶长的 13 个显著标记/性状关联(MTA)，分布于 1B、2B、3A、3B、4A、5B、6A、6B 和 6D 共 9 条染色体上，R^2 变异范围是 0.1%~14.49%。标记 *wPt-3109*(2B)的解释率最高。

共检测到旗叶宽的 38 个显著 MTA，包含分布于 1D、2A、2B、2D、3A、4A、5B、6A、6B、7A 和 7B 染色体上的 31 个标记，R^2 变异范围是 1.03%~16.4%。标记 *wPt-9422*(3A，49.3cM)的解释率最大。多个标记关联可在两个环境下重复检测到，如 *wPt-665037*(1D，11.7cM)、*wPt-664989*(1D，12.1cM)、*wPt-665204*(1D，12.1cM)、*wPt-6711*(2A)、*wPt-1902*(2D)、*wPt-3130*(6B，39.6cM)、*wPt-9990*(6B，39.6cM)对性状的解释率平均值依次为 11.28%、13.21%、12.18%、10.88%、5.45%、8.77%和 7.77%。

共检测到旗叶面积的 10 个显著的 MTA，分布于 2D、3B、4A、5B、6A 和 7B 染色体上，R^2 变异范围是 1.1%~13.97%。标记 *wPt-6043*(3B)对性状的解释率最高。

值得注意的是，有的标记关联多个性状，如 *wPt-3457*(5B，92.3cM)同时与旗叶长和宽关联，*wPt-5836*(3B，71.6cM)和 *wPt-4270*(6A)同时与旗叶长和面积相关联，*wPt-730744*(2D，61.4cM)、*wPt-667476*(2D，62.3cM)、*wPt-1902*(2D)、*wPt-5737*(5B，69.9cM)、*wPt-5737*(7B，56.6cM)同时与旗叶宽和面积相关联。

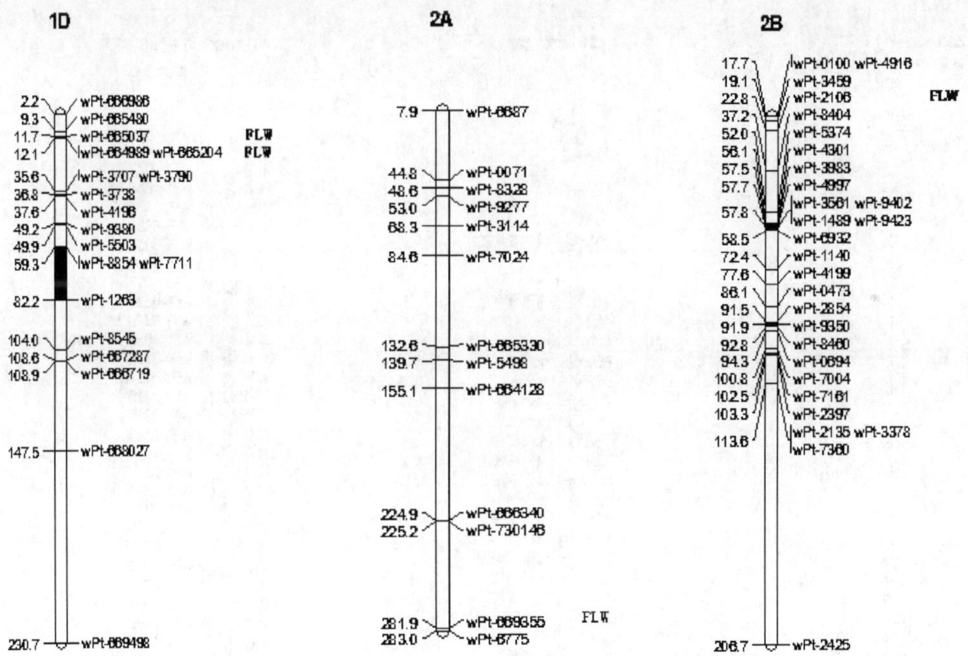

图 6-13　与旗叶性状显著相关的 DArT 标记遗传连锁图(至少三个环境中检测到的关联用粗体表示)

Fig. 6-13　Genetic linkage map for DArT markers significantly associated with flag leaf In bold(markers significantly associated for more than two environments)

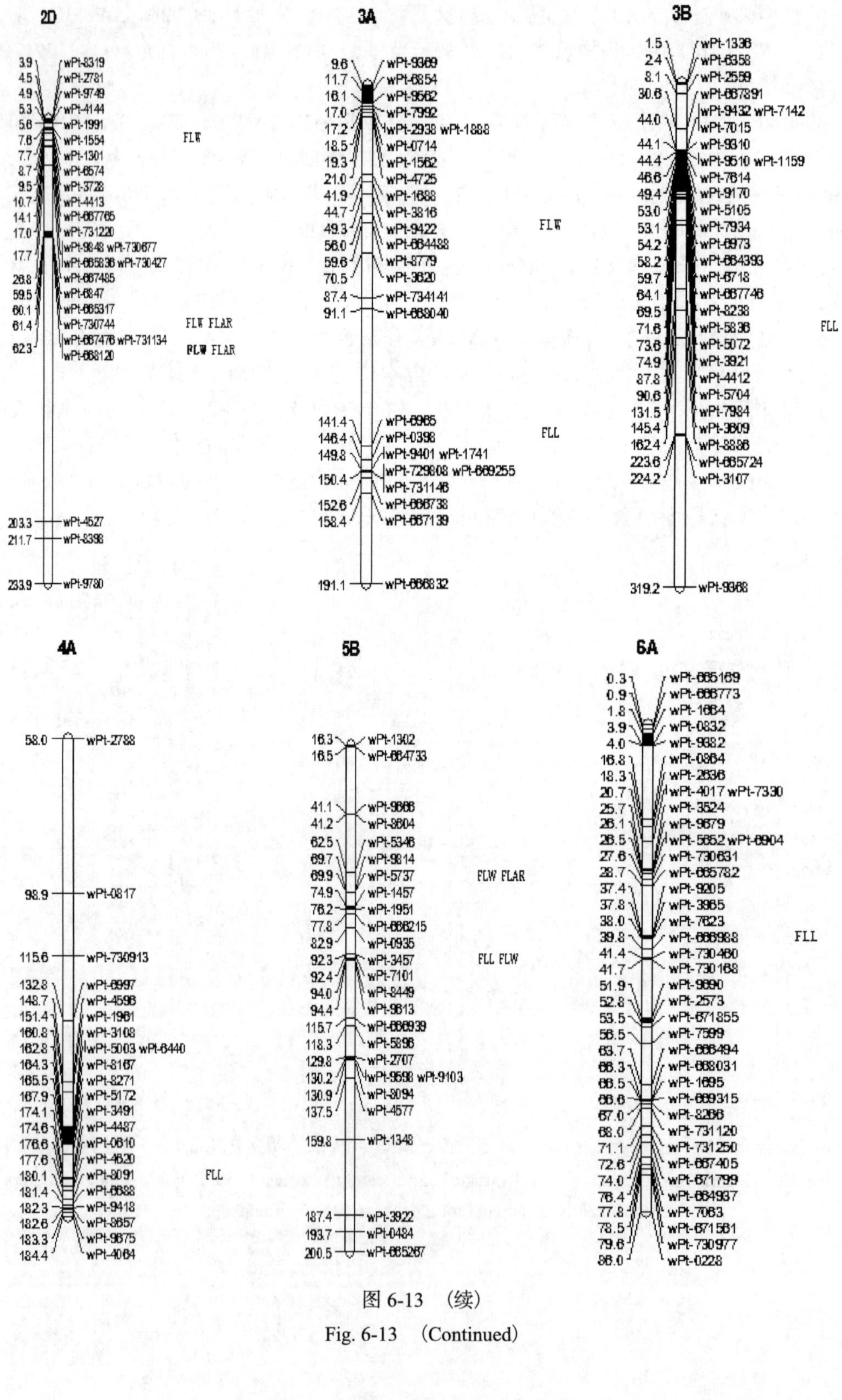

图 6-13 （续）

Fig. 6-13 （Continued）

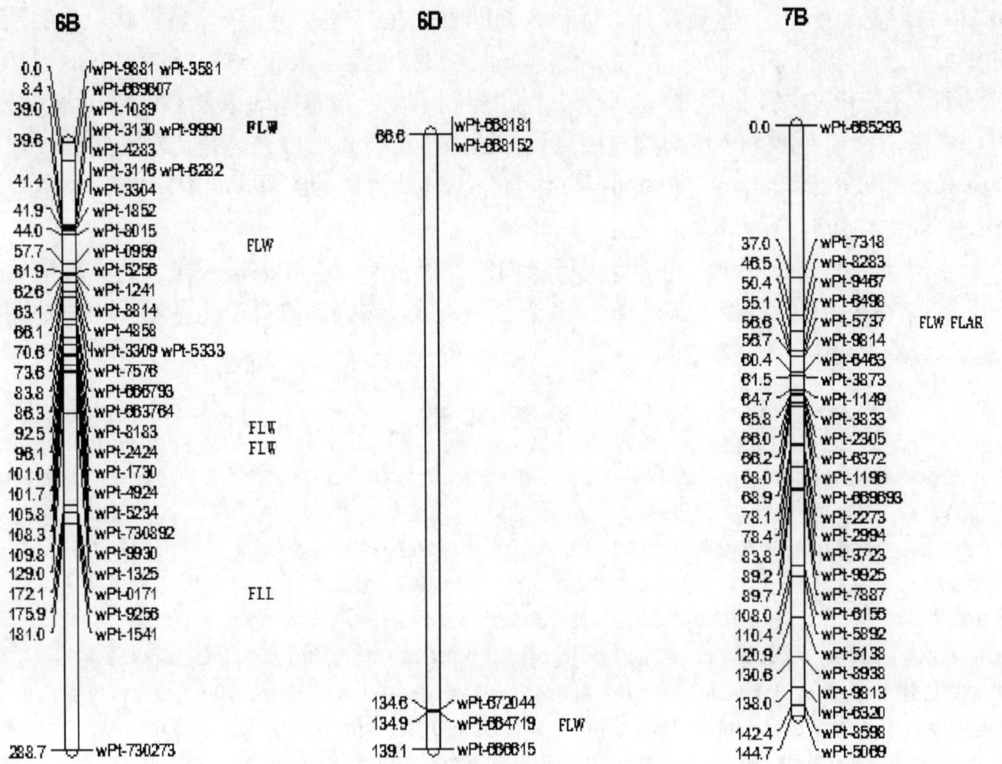

图 6-13 （续）

Fig. 6-13 (Continued)

三、小麦叶部形态 QTL 研究进展与本研究的比较分析

（一）小麦叶部形态 QTL 定位研究进展

关于小麦叶部形态生理特性的 QTL 定位研究较少。Keller 等（1999）利用来源于 Forno/spelt Oberkulmer 的 226 个株系的 RIL 群体，发现 8 个控制旗叶宽的 QTL，位于 1A、1B、2A、3B、5A、5B 和 6A 染色体，解释 59.5%的表型变异。Lohwasser 等（2004）利用国际小麦作图群体 114 个株系的 RIL 群体，在温室条件下，定位了茎基部和第 3 个叶片的叶长和宽的 23 个 QTL。张秋等（2012）利用 RIL 群体在三个环境下定位了旗叶长、旗叶宽、旗叶面积、倒二叶长、倒二叶宽、倒二叶面积、倒三叶长、倒三叶宽、倒三叶面积的 29 个 QTL，其中 9 个为主效 QTL，效应值最高达 13.87%；在染色体 4B 和 4D 上发现控制多个叶部形态性状的 QTL。

（二）本研究结果与前人研究结果的比较分析

本研究利用 DH 群体共定位了控制旗叶挺直角度、旗叶面积等 9 个性状的 31 个加性 QTL 位点，其中 6 个为主效 QTL，效应值最高达 21.91%，主要位于 2D、4D、5D 和 7D 染色体上；本研究利用关联分析检测到的叶部形态 QTL 位点主要位于 2D、4A、4B、4D、

5D 和 7D 等染色体上，且所在分子标记区间同时存在一些控制主要产量性状、品质性状和重要农艺性状的 QTL 位点，存在 QTL 簇。本文部分结果与 Keller 等（1999）和张秋（2012）等的研究有相同之处，说明 D 基因组上存在控制小麦叶部形态的重要 QTL/基因。此外，有些关联的位点在多个环境均能被检测到，这些标记位点可以认为是比较稳定的，如果其对性状的效应也较大，相应的标记可作为分子辅助育种的工具，如 1D 和 6B 染色体上多个标记均与旗叶宽相关联，且解释率较高。

不同品种间旗叶变异广泛，有利于我们定位更多旗叶性状关键区段。例如，染色体 1D、2D 和 6B 上的多个标记均显示与多个参数关联，这些区段有可能是旗叶相关基因的富集区，有待于进一步探究。

参 考 文 献

曹卫东, 贾继增, 金继云. 2004. 不同供氮水平下小麦苗期叶绿素含量的 QTL 及互作研究. 植物营养与肥料学报, 10(5): 473-478.

郭会君. 2002. 小麦茎秆强度及其相关性状的 QTL 分析. 北京: 中国农业科学院硕士学位论文.

姜朋. 2012. 小麦种子萌发相关性状的 QTL 定位. 泰安: 山东农业大学硕士学位论文.

景蕊莲, 胡荣海. 1997. 冬小麦不同基因型幼苗形态性状遗传力和抗旱性的研究. 西北植物学报, 2: 152-157.

巨伟, 杨彩凤, 张树华, 等. 2012. 冬小麦低温处理叶片细胞膜透性的 QTL 定位. 作物学报, 38(07): 1247-1252.

李世平, 昌小平, 王成社, 景蕊莲. 2013. 小麦灌浆期耐热性 QTL 定位分析.中国农业科学, 46(010), 2119-2129.

刘桃菊, 戚昌瀚, 唐建军. 2002. 水稻根系建成与产量及其构成关系的研究. 中国农业科学, 35(11): 1416-1419.

刘秀林, 昌小平, 李润植, 等. 2011. 小麦种子根结构及胚芽鞘长度的 QTL 分析. 作物学报, 37(3): 381-388.

刘艳阳. 2005. 小麦抗寒性鉴定指标的筛选及其 QTL 定位分析. 郑州: 河南农业大学硕士学位论文.

任永哲, 徐艳花, 贵祥卫, 等. 2010. 盐胁迫下调控小麦苗期性状的 QTL 分析. 中国农业科学, 45(14): 2793-2800.

桑云, 赵亮, 张坤普, 等. 2010. 小麦 DH 群体穗下节间直径、茎壁厚及茎壁面积的 QTL 定位. 作物学报, 36(1): 61-67.

宋彦霞, 景蕊莲, 霍纳新, 等. 2006. 普通小麦(*T. aestivum* L.)不同作图群体抽穗期 QTL 分析. 中国农业科学, 39(11): 2186-2193.

宋彦霞. 2005. 小麦抽穗期及其它农艺性状的 QTL 分析. 成都: 四川农业大学博士学位论文.

武玉清, 刘录祥, 郭会君, 等. 2007. 小麦苗期耐盐相关性状的 QTL 分析. 核农学报, 21(6): 545-549.

许盛宝. 2005. 小麦 SSR 标记遗传图构建与株高和抽穗期的 QTL 定位. 乌鲁木齐: 新疆农业大学硕士学位论文.

杨彩凤. 2012. 不同盐浓度胁迫下小麦苗期耐盐性状的 QTL 分析. 保定: 河北农业大学硕士学位论文.

姚琴, 周荣华, 潘昱名, 等. 2010. 小麦品种偃展 1 号与品系早穗 30 重组自交系群体遗传连锁图构建及重要农艺性状的 QTL 分析. 中国农业科学, 43(20): 4130-4139.

张坤普, 徐宪斌, 田纪春. 2009. 小麦籽粒产量及穗部相关性状的 QTL 定位. 作物学报, 35(2): 270-278.

张坤普. 2008. 小麦分子遗传图的构建及部分数量性状基因定位. 泰安: 山东农业大学博士学位论文.

张秋. 2012. 普通小麦遗传图构建及重要农艺性状的 QTL 定位. 泰安: 山东农业大学硕士学位论文.

张正斌, 徐萍. 2002. 小麦基因组研究进展. 遗传, 24(3): 389-394.

周晓果, 景蕊莲, 郝转芳, 等. 2005. 小麦幼苗根系性状的 QTL 分析. 中国农业科学, 38(10): 1951-1957.

Akbari M, Wenzl P, Caig V, et al. 2006. Diversity arrays technology (DArT) for high-throughput profiling of the hexaploid wheat genome. Theor Appl Genet, 113: 1409-1420.

An D, Su J Y, Liu Q Y, et al. 2006. Mapping QTLs for nitrogen uptake in relation to the early growth of wheat (*Triticum aestivum* L.). Plant and Soil, 284: 73-84.

Båga M, Chodaparambil S V, Limin A E, et al. 2007. Identification of quantitative trait loci and associated candidate genes for low-temperature tolerance in cold-hardy winter wheat. Funct Integr Genomics, 7: 53-68.

Bai C H, Liang Yin L, Hawkesford M J. 2013. Identification of QTLs associated with seedling root traits and their correlation with plant height in wheat. Journal of Experimental Botany, 64, 1745-1753.

Börner A, Schumann E, Fürste A, et al. 2002. Mapping of quantitative trait loci determining agronomic important characters in hexaploid wheat (*Triticum aestivum* L.). Theor Appl Genet, 105: 921-936.

Brube-Bable A L, Fowler D B. 1988. Genetic control of cold hardiness and venalization requirement in winter wheat. Crop Sci, 28: 879-884.

Caradus J R. 1995. Genetic control of phosphorus uptake and phosphorus status in plants. In: Genetic Manipulation of Crop Plants to Enhance Integrated Nutrient Management in Cropping System. Patancheru, India: ICRISAT Asia Centre, 55-67.

Czyczylo-Mysza M T, Marcińska I, Skrzypek E, et al. 2013. Quantitative trait loci for leaf chlorophyll fluorescence parameters, chlorophyll and carotenoid contents in relation to biomass and yield in bread wheat and their chromosome deletion bin assignments. Molecular Breeding, 32 (1): 189-210.

Galiba G., Quarrie S A, Sutka J, et al. 1995. RFLP mapping of the vernalization (Vrn1) and frost resistance (Fr1) genes on chromosome 5A of wheat. Theor. Appl. Genet., 1995, 90: 1174-1179.

Groos C, Robert N, Bervas E, et al. 2003. Genetic analysis of grain protein-content, grain yield and thousand-kernel weight in bread wheat. Theor Appl Genet, 106 (6): 1032-1040.

Hanocq E, Niarquin M, Heumez E, et al. 2004. Detection and mapping of QTL for earliness components in a bread wheat recombinant inbred lines population. Theor Appl Genet, 110: 106-115.

Hund A, Frascaroli E, Leipner J, et al. 2005. Cold tolerance of the photosynthetic apparatus: pleiotropic relationship between photosynthetic performance and specific leaf area of maize seedlings. Mol Breed, 16: 321-331.

Ibrahim S E, Schubert A, Pillen K, et al. 2012. QTL analysis of drought tolerance for seedling root morphological traits in an advanced backcross population of spring wheat. International Journal of AgriScience, 2 (7) :619-629.

Keller M, Karutz Ch, Schmid J E, et al. 1999. Quantitative trait loci for lodging resistance in a segregating wheat × spelt population. Theor Appl Genet, 98: 1171-1182.

Landjeva S，Lohwasser U，Börner A. 2010. Genetic mapping within the wheat D genome reveals QTL for germination, seed vigour and longevity, and early seedling growth. Euphytica, 171: 129-143.

Leipner J, Jompuk C, Camp K H, et al. 2008. QTL studies reveal little relevance of chilling-related seedling traits for yield in maize (*Zea mays* L.). Theor Appl Genet, 116: 555-562.

Li Z K, Luo L J, Mei H W, et al. 2001. Overdominance epistatic loci are the primary genetic basis of inbreeding depression and heterosis in rice: I. Biomass and grain yield. Genetics, 158 (4): 1737-1753.

Lillemo M, Asalf B, Singh R P, et al. 2008. The adult plant rust resistance loci Lr34/Yr18 and Lr46/Yr29 are important determinants of partial resistance to powdery mildew in bread wheat line Saar. Theor Appl Genet, 116: 1155-1166.

Limin A E, Danyluk J, Chauvinl L P, et al. 1997. Chromosome mapping of low-temperature induced Wcs120 family genes and regulation of cold-tolerance expression in wheat. Mol Gen Genet, 253: 720-727.

Liu X L, Li R Z, Chang X P, et al. 2013. Mapping QTLs for seedling root traits in a doubled haploid wheat population under different water regimes. Euphytica, 189: 51-66.

Lohwasser U, Röder M S, Börner A. 2004. QTL mapping of vegetative characters in wheat (*Triticum aestivum* L.). Genetic variation for plant breeding. Proceedings of the 17th EUCARPIA General Congress, Tulln, Austria, 8-11 September: 195-198.

Mantovani P, Maccaferri M, Sanguineti M C, et al. 2008. An integrated DArT-SSR linkage map of durum wheat. Mol Breed, 22: 629-648.

Mei H W, Li Z K, Shu Q Y, et al. 2005. Gene actions of QTL affecting several agronomic traits resolved in a recombinant inbred rice population and two backcross population. Theor Appl Genet, 110: 649-659.

Moudal S K, Kour K. 2004. Genetic variability and correlation coefficients of some root characteristics and yield components in bread wheat (*Triticum aestivum* L.) under rainfed condition. Environ Ecol, 22: 646-648.

Nagata K, Shimizu H, Terao T. 2002. Quantitative trait loci for nonstructural carbohydrate accumulation in leaf and culms of rice (*Oryza sativa* L.) and their effects on grain filling. Breeding Sci, 52: 275-283.

Partha D A S, Ali M N, Sarkar H K. Genetical studies on roots in bread wheat. J Interacademicia, 8: 166-168.

Paux E, Sourdille P, Salse J, et al. 2008. A physical map of the 1-Gigabase bread wheat chromosome 3B. Science, 322: 101-104.

Pelleschi S, Leonardi A, Rocher J P, et al. 2006. Analysis of the relationships between growth, photosynthesis and carbohydrate metabolism using quantitative trait loci (QTL) in young maize (*Zea mays* L.) plants subjected to water deprivation. Mol Breeding, 17: 21-39.

Pritchard J K, Stephens M, Donnelly P. 2000. Inference of population structure from multilocus genotype data. Genetics, 155: 945-959.

Ren Y Z, He X, Liu D C, et al. 2012. Major quantitative trait loci for seminal root morphology of wheat seedlings. Mol Breeding, 30: 139-148.

Ritter K B, Jordan D R, Chapman S C, et al. 2008. Identification of QTL for sugar-related traits in a sweet × grain sorghum (*Sorghum bicolor* L. Moench) recombinant inbred population. Mol Breed, 22: 367-384.

Semagn K, Bjornstad H, Skinnes A G, et al. 2006. Distribution of DArT, AFLP and SSR markers in a genetic linkage map of a double haploid hexaploid wheat population. Genome, 49: 545-555.

Sharma S, Xu S Z, Ehdaie B, et al. 2011. Dissection of QTL effects for root traits using a chromosome arm-specific mapping population in bread wheat. Theor Appl Genet, 122 (4): 759-769.

Sutka J. 2001. Genes for frost resistance in wheat. Euphytica, 119 (1-2): 169-177.

Toth B, Galiba G, Feher E, Sutka J, Snape J.W. 2003. Mapping genes affecting flowering time and frost resistance on chromosome 5B of wheat. Theoretical and Applied Genetics, 107 (3), 509-514.

Vágújfalvi A, Galiba G, Cattivelli L, et al. 2003. The cold-regulated transcriptional activator Cbf3 is linked to the frost-tolerance locus Fr-A2 on wheat chromosome 5A. Mol Gen Genomics 269: 60-67.

Voorrips R E. 2002. MapChart, software for the graphical presentation of linkage maps and QTLs. J Hered, 93: 77-78.

Waldman M, Rikin A, Dovrat A, et al. 1975. Horironal regulation of morphogenesis and cold resistance. J Exp Bot, 26: 853-859.

Wenzl P, Carling J, Kudrna D, et al. 2004. Diversity arrays technology (DArT) for whole genome profiling of barley. Proc Natl Acad Sci USA, 101: 9915-9920.

Xing Y Z, Tan Y F, Hua J P, et al. 2002. Characterization of the main effects, epistatic effects and their environmental interactions of QTLs on the genetic basis of yield traits in rice. Theor Appl Genet, 105: 248-257.

Xu Y F, An D G, Liu D C, et al. 2012. Mapping QTLs with epistatic effects and QTL 3 treatment interactions for salt tolerance at seedling stage of wheat. Euphytica, 186: 233-245.

Yan L, Helguera M, Kato K, et al. 2004.Allelic variation at the VRN-1 promoter region in polyploid wheat. Theor Appl Genet, 109 (8): 1677-1686.

Yang D L, Jing R L, Chang X P, et al. 2007a. Identification of quantitative trait loci and environmental interactions for accumulation and remobilization of water-soluble carbohydrates in Wheat (*Triticum aestivum* L.) Stems. Genetics, 176: 571-584.

Yang D L, Jing R L，Chang X P，et al. 2007b. Quantitative trait loci mapping for chlorophyll fluorescence and associated traits in wheat (*Triticum aestivum*). J Integ Plant Biol, 49: 646-654.

Yu S B, Li J X, Xu C G, et al. 1997. Importance of epistasis as the genetic basis of heterosis in an elite rice hybrid. Proc Natl Acad Sci USA, 94: 9226-9231.

Zhang K P, Zhao L, Tian J C, et al. 2008. A Genetic Map Constructed using a doubled haploid population derived from two elite Chinese common Wheat varieties. Journal of integrative plant biology, 50 (8): 941-950.

第七章　小麦主要抗逆性状的遗传解析

逆境亦称环境胁迫，是指那些超过了植物正常生活范围、不利于植物生长发育的各种环境因素。生长在复杂多变自然环境中的大田作物经常会遇到各种各样的环境胁迫，既有生物性胁迫(由其他生物所施加)，主要是病、虫、杂草等逆境；也有非生物性胁迫，主要是水分亏缺、低温、高温、盐碱、环境污染等逆境。植物由于其固生不能运动，要保护自己免受或减弱来自外部环境的侵袭，就必须拥有相适应的生长特性和生理机制来调节应对，如沙漠短生植物可在雨水充足时完成生命周期；再如耐热植物，当高温来临时可识别胁迫信号，并激活信号转导途径，调控基因表达、改变细胞代谢，进而影响整株植物的生理代谢和发育。植物对胁迫的抗性或敏感性除了受环境胁迫的严重性、持续时间、暴露次数及胁迫组合等因素影响外，还由其种类、基因型以及所处的发育阶段决定(王彩香，2011)。

非生物胁迫在自然界普遍存在，如干旱、盐渍、水涝、冻害、热害、病害等不利因素，严重影响小麦的正常生长，经常造成小麦的大幅减产。近十年来，随着分子生物学和分子标记的发展，植物抗逆性状的QTL研究得到了快速发展(毛双林，2010)，如与抗冻相关的QTL定位在了5A、5D和1A上(Sutka and Snape，1989；Witkowski et al.，2008；Poysa et al.，1984)；与耐盐性相关的QTL定位在了5A和5B(Quarrie et al.，2005)染色体上；与芽期和苗期耐盐相关的47个QTL(Ma et al.，2007)定位在小麦的16条染色体上，与抗旱相关的QTL定位在了1B、2B、3B、4A、5A、6B、7A和7B上(Quarrie et al.，1994；Hao et al.，2003；Kirigwi et al.，2007)；耐热QTL定位在了1A、1B、2A、2B、3A、3B、5A、6A、6B和7A上(Yang et al.，2002；Francki et al.，2002；Mason et al.，2011；Vijayalakshmi et al.，2010)；尽管目前抗逆性状的QTL分析取得了较好进展，但比起产量和品质性状，由于抗逆条件的复杂性和多点多年表型鉴定的困难性，使抗逆性状的QTL及其互作效应的研究更加复杂。所以目前除了一些抗病QTL基因外，获得的抗逆QTL结果很难用于小麦的遗传改良，因此，对抗逆性状的遗传解析还需要更深入的研究，以期获得可用于改良小麦抗逆性状的分子标记，加快小麦抗逆性状的遗传改良，从而提高产量和品质。本章主要从抗旱性、抗重金属、抗穗发芽、抗病及耐盐性等5个方面进行分析。

第一节　抗旱性的QTL定位及效应分析

小麦抗旱性是多基因控制的数量性状，其分子机制及遗传机理比较复杂。利用QTL定位可以把复杂的数量性状分解成不同的QTL，即在特定遗传背景和环境条件下，将QTL定位到染色体的特定位置并分析其单个QTL的遗传效应。目前，小麦抗旱性QTL分析主要集中在小麦植株形态指标、生理性状等方面。Landjeva等(2008)在PEG模拟的干旱胁迫及对照条件下进行了小麦水培幼苗的根长、胚芽鞘长、苗高及根长/苗高共 4 个性状 QTL 定位。周晓果等(2005)在干旱胁迫及非胁迫两种条件下进行了小麦水培幼苗的单株根数、最大根长、根鲜重、根干重、根茎鲜重比及根茎干重比等根系性状的 QTL 定位。张正斌(2000)在 1A、6D 染色体上检测到控制水分利用效率的 QTL。Morgan 等(1996)利用 RFLP 标记把小麦渗透调节基因定位在 7A 染色体上，找到了 1 个与渗透调节基因紧密连锁的 RFLP 标记 *Xpsr119*，并用 *Xpsr119* 作为基因标记在育种中选择渗透调节基因。杨凯(1998)利用中国春-Hope 染色体异代换系将控制脯氨酸的位点定位在 5A 和 5D 染色体上；Lebreton 等(1995)在干旱条件下，在染色体 1、2、7 和 10 上定位了 4 个与气孔导度有关的 QTL。施伟(2012)在雨养和灌溉条件下对抗旱生理性状进行了 QTL 分析。

本研究利用 DH 群体及衍生的含 168 个组合的永久 F_2 群体，检测到影响胚芽鞘和胚根长度的 QTL，旨在阐明在正常和模拟水分胁迫条件下，小麦苗期胚芽鞘长度和幼根长度等抗旱性状的分子遗传基础，为小麦抗旱性状的分子标记辅助选择提供参考。

一、抗旱性 QTL 定位

(一)试验材料

小麦双单倍体(double haploid，DH)群体由‘花培 3 号’×‘豫麦 57’的 F_1 经小孢子培养和染色体加倍而成，其父母本和 168 个 DH 系在幼苗特性、株高、成熟期和产量等性状上存在很大差异。

IF_2 群体(永久 F_2 群体)源于小麦双单倍体(DH)，将 DH 群体的 168 个家系分成两组，进行组间随机配对杂交(每个品系仅用 1 次)，通过一轮杂交组配了 84 个杂交组合，经两轮杂交获得了一个包含 168 个杂交组合的群体，每个杂交组合均相当于一个 F_2 株系，可在不同年度组配相同组合，以便在多年份多环境下利用，因此称之为 IF_2 群体。

(二)胚芽鞘及幼根长试验

分别于 2009 年 10 月和 11 月，随机取 DH 群体衍生的 IF_2 群体的 168 个家系的饱满种子置种子发芽盘中，先用 5% H_2O_2 处理 10min，再用自来水冲洗 2~3 次，然后将种子均匀摆在发芽盘上，置 4℃光照培养箱中处理 2 天。种子萌动后，每家系各挑选露白一致的 20 粒种子分别均匀地摆在浸入蒸馏水(正常条件)、10% PEG-6000、20% PEG-6000 和 30% PEG-6000 溶液(*m*/*V*)的发芽纱网盘上。每个处理两次重复。将各处理置光照培养箱中培养 7 天，光强度为 2500μmol/(m^2 · s)，光周期为 12h/12h，温度为 20℃。待胚芽伸出胚芽鞘 1.5cm 时，每个处理选出生长一致的 6~8 株分别测量胚芽鞘长度和胚根长度。

(三)结果与分析

1. 表型分析

在水分胁迫和非水分胁迫处理下，父本‘豫麦 57’比母本‘花培 3 号’有较大的胚芽鞘长和胚根长(表 7-1)。在水分胁迫处理下，随 PEG-6000 浓度的升高，两亲本及 IF_2 群体胚芽鞘长度先是有所增加后又降低，胚根长度呈现增加趋势(表 7-1)，说明胚芽鞘长度与胚根长度与抗旱性有关。群体中偏度值与峰度值的绝对值都小于1.0，符合正态分布(图7-1)，并存在明显的双向超亲分离现象，表明为多基因控制的数量性状。

表7-1 ‘花培3号’×‘豫麦57’及IF_2群体胚芽鞘长、胚根长的表型分析

Table 7-1 Phenotypic performance of coleoptile length and radicle length in the IF_2 population

性状 Trait	处理 Treatment	亲本 Parents		IF_2群体 IF_2 population			
		花培3号 Huapei 3	豫麦57 Yumai 57	均值 Mean	范围 Range	偏度 Skewness	峰度 Kurtosis
胚芽鞘长度(CL)/cm	正常 Normal	2.73 ab	2.85 ab	2.46	1.65~3.74	0.70	2.07
	10% PEG-6000	2.65 b	2.74 b	2.80	2.03~4.12	0.33	0.28
	20% PEG-6000	2.80 a	3.21 a	2.94	1.44~3.98	–0.11	1.09
	30% PEG-6000	2.40 c	2.31 c	2.64	1.49~3.89	0.41	0.13
胚根长度(RL)/cm	正常 Normal	4.11 c	4.43 c	6.64	2.41~9.20	–0.85	0.85
	10% PEG-6000	5.82 b	6.51 b	5.94	4.12~7.57	0.02	–0.27
	20% PEG-6000	5.80 b	6.21 b	5.74	3.32~8.55	0.15	0.34
	30% PEG-6000	7.52 a	9.52 a	6.03	3.21~10.70	0.17	0.58

注：不同字母的表示0.05概率水平差异显著。CL：胚芽鞘长度；RL：胚根长度

Note: Values followed by different letters are significantly different at 0.05 probability level. CL: coleoptile length; RL: radicle length

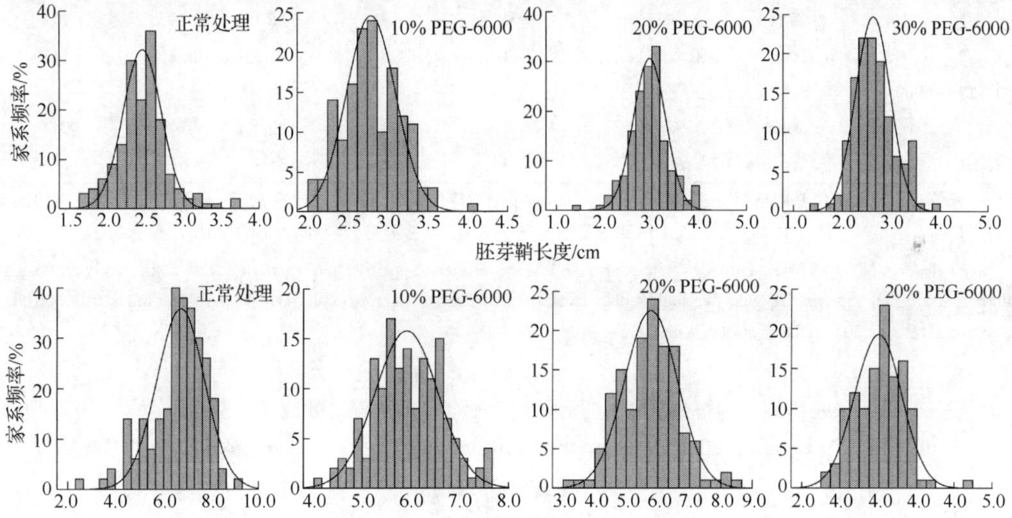

图7-1 IF_2群体168个株系的胚芽鞘长度、胚根长度性状表型分析

Fig. 7-1 Analysis of coleoptile length and radicle length in the IF_2 population

2. QTL分析

在4种不同处理条件下，共检测到控制胚芽鞘长和胚根长度的23个QTL(表7-2，表7-3，图7-2)。其中胚芽鞘性状检测到11个QTL，分布在1A、2A、3D、4B和6D染色体上，其单个QTL贡献率为6.77%~35.37%。幼苗胚根性状共检测到12个加性效应QTL，主要分布在1A、2D、4B、5A1、6A、6D和7D染色体上，其单个QTL贡献率为4.93%~17.99%。

表 7-2　IF_2 群体胚芽鞘长度性状的加性 QTL 位置、效应及贡献率

Table 7-2　Intervals, effects, and contributions of additive QTLs for coleoptile length (CL) in the IF_2 population

QTL	标记区间 Flanking marker	位置 Site/cM	加性效应[a] (A)	显性效应[b] Dominance	贡献率 (H^2)/%	基因型效应[c] Gene action
正常处理 Normal						
QCl3D-a	*Xcfd223-Xbarc323*	69.0	0.13	0.00	7.83	PD
QCl4B	*Xcfd39.2-Xcfd22.2*	13.0	–0.03	–0.40	35.37	OD
QCl6A	*Xwmc553-Xgwm732*	63.0	0.15	–0.12	12.42	PD
10% PEG-6000						
QCl1A	*Xgwm259-Xcwem32.1*	2.0	–0.03	0.19	8.77	OD
QCl2A	*Xgwm448-Xwmc455*	79.0	0.04	0.21	9.40	OD
QCl3D-b	*Xwmc492-Xcfd223*	62.0	0.09	–0.15	8.02	OD
20% PEG-6000						
QCl1A	*Xgwm259-Xcwem32.1*	0.0	0.01	0.21	6.77	OD
QCl2A	*Xgwm448-Xwmc455*	79.0	0.04	0.21	9.40	OD
QCl3D-b	*Xwmc492-Xcfd223*	62.0	0.09	–0.15	8.02	OD
20% PEG-6000						
QCl1A	*Xgwm259-Xcwem32.1*	0.0	0.01	0.21	6.77	OD
QCl3D-a	*Xcfd223-Xbarc323*	69.0	0.19	–0.08	11.74	PD
QCl6D	*Xswes679.1-Xcfa2129*	151.0	–0.20	0.01	10.52	PD
30% PEG-6000						
QCl6D	*Xgwm133.2-Xswes861.1*	99.0	–0.04	–0.23	10.14	OD
QCl6D	*Xswes679.1-Xcfa2129*	139.0	0.22	–0.35	14.61	OD

a. 正值表示增效等位基因来源于‘花培 3 号’，负值表示增效等位基因来源于‘豫麦 57’；b. 正值表示杂合体比纯合体有更高的表型值；c. PD、D 和 OD 分别表示部分显性效应（D/A<1.00）、显性效应（D/A=1.00）和超显性效应（D/A>1.00）

a. Alleles from Huapei 3 and Yumai 57 with positive effect are defined in positive and negative values, respectively. b. Positive values indicate that the heterozygote has higher phenotypic values than the homozygote. c. PD: partial dominant (*D*/*A*<1.00); D: dominant (*D*/*A*=1.00); OD: over-dominant (*D*/*A*>1.00)

表 7-3　IF_2 群体胚根长度性状的加性 QTL 位置、效应及贡献率

Table 7-3　Intervals, effects and contributions of additive QTLs for radicle length (RL) in the IF_2 population

QTL	标记区间 Flanking marker	位置 Site/cM	加性效应[a] (A)	显性效应[b] Dominance	贡献率 (H^2)/%	基因型效应[c] Gene action
正常处理 Normal						
QRl4B	*Xwmc657-Xwmc48*	18.0	–0.04	–0.59	7.79	OD
QRl5A1	*Xgwm186-Xcfe223*	77.0	–0.42	0.22	8.88	PD
10% PEG-6000						
QRl6A	*Xbarc1165-Xgwm82*	42.0	0.03	0.36	6.70	OD
QRl6D	*Xwmc412.1-Xcfd49*	2.0	0.03	–0.30	5.22	OD
QRl6D	*Xgwm55-Xgwm133.2*	85.0	0.07	–0.41	7.25	OD
20% PEG-6000						
QRl1A	*Xwmc728.1-Xwmc550*	25.0	–0.23	0.34	9.69	OD

续表

QTL	标记区间 Flanking marker	位置 Site/cM	加性效应[a] (A)	显性效应[b] Dominance	贡献率 (H^2)/%	基因型效应[c] Gene action
QRl16D	*Xwmc412.1-Xcfd49*	1.0	–0.21	–0.34	4.93	OD
QRl7D	*Xwmc14-Xwmc42*	199.0	–0.22	–0.64	8.68	OD
30% PEG-6000						
QRl1A	*Xwmc550-Xbarc269*	48.0	0.66	–0.01	17.99	PD
QRl1A	*Xbarc350-Xwmc120*	60.0	–0.48	–0.09	9.47	PD
QRl2D	*Xwmc170.2-Xgwm539*	65.0	0.10	0.68	10.57	OD
QRl5A1	*Xswes45-Xbarc180*	6.0	0.01	–0.73	11.97	OD

a. 正值表示增效等位基因来源于‘花培 3 号’，负值表示增效等位基因来源于‘豫麦 57’；b. 正值表示杂合体比纯合体有更高的表型值；c. PD 和 OD 分别表示部分显性效应(*D*/*A*<1.00)和超显性效应(*D*/*A*>1.00)

a. Alleles from Huapei 3 and Yumai 57 with positive effect are defined in positive and negative values, respectively. b. Positive values indicate that the heterozygote has higher phenotypic values than the homozygote. c. PD: partial dominant(*D*/*A*<1.00)；OD: over-dominant(*D*/*A*>1.00)

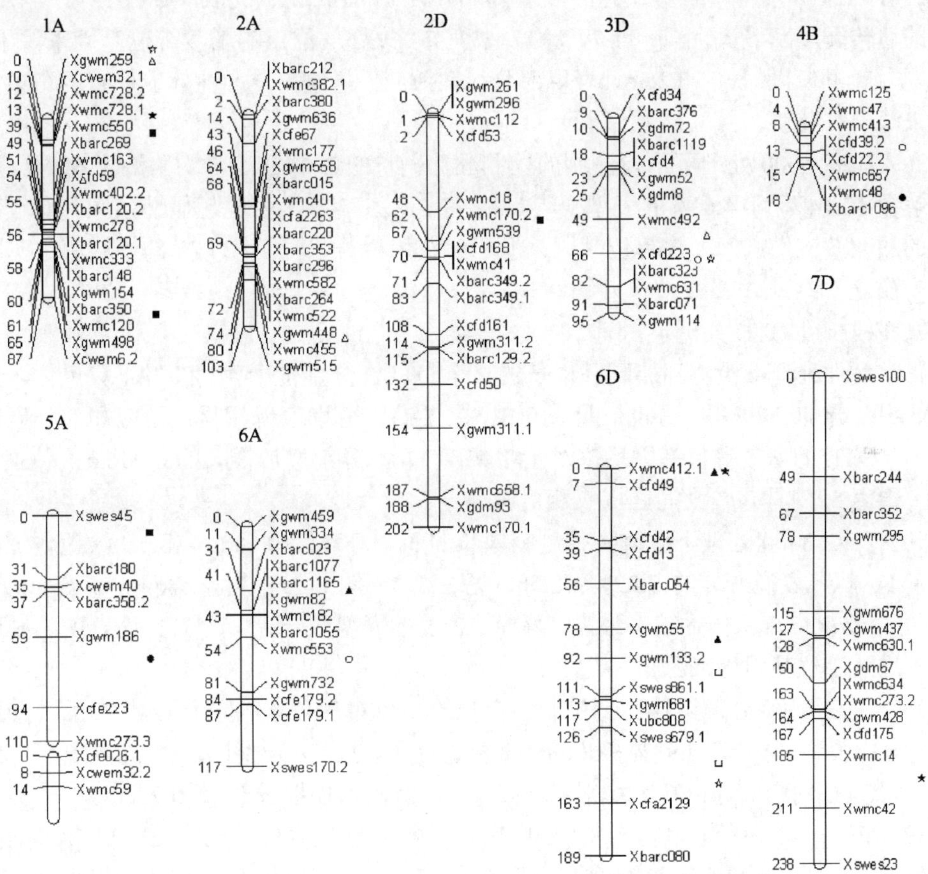

图 7-2　胚芽鞘长、胚根长性状加性 QTL 在染色体上的位置

Fig. 7-2　Positions of additive QTLs associated with coleoptile length (CL) and radicle length (RL)

○，△，☆，□分别表示在正常条件下、10%、20%和 30%PEG-6000 胁迫下胚芽鞘长度的加性 QTL；

●，▲，★，■分别表示在正常条件下、10%、20%和 30%PEG-6000 胁迫下胚根长度的加性 QTL

○，△，☆，□: Addition QTL for coleoptile length under normal condition, 10%,20% and 30%PEG-6000 stress;

●，▲，★，■: Addition QTL for radicle length under normal condition, 10%,20% and 30%PEG-6000 stress

1)胚芽鞘长度QTL分析

正常条件处理下，检测到的控制胚芽鞘长的3个QTL，分别位于3D、4B和6A染色体，可分别解释胚芽鞘长度变异的7.83%、35.37%和12.42%(见表7-2，图7-2)。*QCl4B*位点的遗传贡献率最大，解释35.37%的表型变异，其增效等位基因来源于‘豫麦57’，表现超显性效应。其他2个加性效应位点的增效基因来源于‘花培3号’，均表现部分显性效应。

10% PEG-6000处理下，检测到的控制胚芽鞘长的3个QTL，分别位于1A、2A和3D染色体上，单个QTL分别解释IF_2群体胚芽鞘长度变异的8.77%、9.40%和8.02%(见表7-2，图7-2)，均表现超显性效应。*QCl1A*位点的增效等位基因来源于‘豫麦57’，其他2个加性效应位点的增效等位基因来源于‘花培3号’。

20% PEG-6000处理下，检测到的控制胚芽鞘长的3个QTL，分别位于1A、3D和6D染色体上，分别解释表型变异的6.77%、11.74%和10.52%(见表7-2，图7-2)。*QCl3D*位点的遗传贡献率最大，解释11.74%的表型变异。*QCl6D*位点的增效等位基因来源于‘豫麦57’，增加胚芽鞘长的0.2cm，表现部分显性效应。其他2个加性效应位点的增效等位基因来源于‘花培3号’。

30% PEG-6000处理下，检测到的控制胚芽鞘长的2个QTL，均来源于6D染色体，分别解释10.14%和14.61%的表型变异(见表7-2，图7-2)，表现超显性效应。有较高贡献率的加性效应位点的增效等位基因来源于‘花培3号’，另一QTL的增效等位基因来源于‘豫麦57’。

2)胚根长度QTL分析

正常条件处理下检测到控制胚根长的2个QTL，分别位于4B和5A1染色体，分别解释胚根变异的7.79%和8.88%(见表7-3，图7-2)，分别表现超显性效应和部分显性效应。2个QTL的增效等位基因均来源于‘豫麦57’，分别增加根长的0.04cm和0.42cm，这与‘豫麦57’具有较大的胚根长相对应。

10% PEG-6000处理下检测到控制胚根长的3个QTL，位于6A和6D染色体上，其单个QTL解释表型变异的5.22%~7.25%(见表7-3，图7-2)，位于*Xgwm55-Xgwm133.2*区间的*QRl6D*位点遗传贡献率最大，解释7.25%的表型变异。3个QTL均表现超显性效应，其增效等位基因均来源于‘花培3号’。

20% PEG-6000处理下检测到控制胚根长的3个QTL，分别位于1A、6D和7D染色体上，分别解释9.69%、4.93%和8.68%的表型变异(见表7-3，图7-2)，均表现超显性效应。3个QTL的增效等位基因均来源于‘豫麦57’，增加根长0.21~0.23cm。

30% PEG-6000处理下检测到控制胚根长的4个QTL，位于1A、2D和5A1染色体上，解释表型变异的9.47%~17.99%(见表7-3，图7-2)。位于1A染色体上的两个位点分别解释17.99%和9.47%的表型变异，均表现部分显性效应，其中贡献率为9.47%的位点增效基因来源于‘豫麦57’，其余3个位点均来源于‘花培3号’。

二、抗旱性 QTL 研究进展与本研究的比较分析

(一)小麦抗旱性 QTL 研究进展

目前小麦抗旱性 QTL 研究主要集中在与抗旱有关的形态、生理性状方面,包括根系、水分利用效率、脱落酸、渗透调节、光合速率、蒸腾速率和气孔导度等性状。

根系抗旱性研究方面，主要利用不同水分处理的小麦水培幼苗，进行单株根数、最大根长、根鲜重、根干重、根茎鲜重比及根茎干重比等性状的 QTL 分析。齐照良等(2010)和周晓果(2005)共检测到与根系抗旱性有关的 17 个加性效应 QTL 和 15 对上位性互作 QTL，分布在除 5A、4B、2D、6D 和 7D 以外的所有染色体上，最大贡献率高达 37.30%。Hao 等(2003)在小麦染色体 2B、3B、4A、5A、6B 上共检测到与芽期抗旱性相关的 13 个 QTL，其中，2B 染色体上的 1 个 QTL 贡献率最大，解释表型变异的 30.6%；在染色体 1A、1B、3A、4A 和 7B 上分别找到 1 个与苗期抗旱相关 QTL，其中，贡献率最大 QTL 位于 7B 染色体，解释表型变异的 16.1%。渗透调节方面，Morgan 等(1996)在 7A 染色体上找到了 1 个与渗透调节基因紧密连锁的 RFLP 标记 *Xpsr119*,并将该标记用于辅助育种;赵新华等(2004)在 1A 染色体上检测到一个控制脯氨酸的加性 QTL,距 *Xgwm497* 标记 0.4cM,加性效应值为 2.83,解释性状变异的 10.02%。申海兵(2007)和 Yang 等(2007)研究了干旱下光合速率、蒸腾速率、气孔导度、叶绿素含量及其荧光参数的 QTL 分析，共检测到 83 个加性 QTL 位点，202 个上位性位点，其中 42 个 QTL 的贡献率>10%，最高达 23.50%。

(二)本研究结果与前人研究结果的比较分析

在不同水分胁迫下，本研究共检测到 8 个控制胚芽鞘长加性 QTL，在 4B 和 4D 染色体上发现的控制胚芽鞘长的 QTL，与本课题组利用该群体在 4B 和 4D 染色体定位的控制株高的 QTL 在相近区间(Zhang et al.，2008；王岩等，2009)。Fick 等(1976)、Allan(1989)、Richards 等(1992)和 Rebetzke 等(1999，2004)采用不同的作图群体也证实，在 4B、4D 染色体上确实存在既控制胚芽鞘长又控制株高的 *Rht-B1*、*Rht-D1* 基因。通过基因位置比对发现，两个基因与本研究所定位胚芽鞘长 QTL 的位置接近，位于 4B、4D 染色体上的 QTL 很有可能就是 *Rht-B1*、*Rht-D1* 矮秆基因。Rebetzke 等(1999，2004)在不同温度和不同深度土壤处理下对小麦胚芽鞘长遗传分析，在 2B、2D、4A、5D 和 6B 染色体上还发现有多个控制胚芽鞘长 QTL，本研究中没有在这些染色体上检测到控制胚芽鞘长的 QTL，但在染色体 2A 的 *Xbarc380-Xgwm636* 区间内检测到控制胚芽鞘长的同一个新的 QTL。同时，20%PEG-6000 条件处理下，还在染色体 3A 和 7B1 上检测到控制胚芽鞘长的 2 个 QTL。

在检测到控制根长的 10 个加性 QTL 中，*QRl6A* 在不同的水分胁迫条件下都被检测到，位于 6A 的 *Xgwm82* 和 *Xwmc553* 区间内，对表型变异的贡献率分别为 8.26%(正常)和 9.74%(20% PEG-6000 处理)，与张正斌和徐萍(2002)在 Hoagland 溶液水培条件下，利用小麦重组自交系在 6A 染色体上检测到控制根长的 QTL 的位置相近，可能是在根长

和抗旱性分子标记辅助育种中有用的一个 QTL。在正常条件下，6D 染色体上也检测到 1 个控制根长的 QTL，可解释 10.32%的表型变异，李卓坤等(2010)用同样的 IF_2 群体在 6D 染色体上也检测到 1 个控制根长的 QTL，但区间不同。本研究鉴定到的控制根长的多个 QTL 与周晓果等(2005)和张正斌及徐萍(2002)检测到的小麦根长的 QTL 不同，同时两种不同处理条件下定位出的控制根长 QTL 也不相同，可能是一些不同条件下的应激 QTL 或微效 QTL。

第二节　抗重金属胁迫 QTL 定位及效应分析

随着全球经济的迅速发展、矿产资源的大量开发利用和各种化学产品的广泛使用，大量的有机和无机污染物进入环境，引起环境质量严重恶化，对农业生态系统造成严重污染，尤其是重金属的污染越来越严重。重金属是一类相对密度等于或大于 5.0 的金属元素，主要包括镉(Cd)、汞(Hg)、砷(As)、铅(Pb)、铬(Cr)、铜(Cu)、锌(Zn)、锰(Mn)、银(Ag)、锡(Sn)等约 40 多种金属元素。在环境污染研究中，重金属多指 Hg、Cd、Pb、Cr，以及类金属 As 等生物毒性显著的元素；其次是指有一定毒性的一般元素，如 Zn、Cu、Ni、Co、Sn 等。土壤中重金属污染主要是指 Zn、Cu、Cr、Cd、Pb、Ni、Hg、As 8 种元素超标。我国受重金属污染的耕地面积达 2000 万 hm^2，约占全国耕地总面积的 20%，导致每年有 1000 万 t 粮食的重金属含量超标，而且减产粮食 1000 万 t(陈同斌，1999)。重金属污染是工业化直接或间接的产物，与农残等“立竿见影”的健康杀手相比，它有较长的潜伏期。重金属在土壤中一般不能被生物分解或化学降解，通过渗漏进入地下水或直接被植物吸收进入食物链，对生态环境和人民身体健康造成了极大的威胁，很多疾病如老年痴呆症、帕金森病、肌肉萎缩症等都与重金属污染相关。

重金属胁迫对植物生长发育影响的研究很多，但有关镉(Cd)、铬(Cr)胁迫对小麦影响的 QTL 研究未见报道，本研究利用‘豫麦 57’(父本)和‘花培 3 号’(母本)构建的含有 168 个家系双单倍体群体，进行了镉(Cd)、铬(Cr)胁迫对小麦幼苗和根系生长发育影响的研究，以揭示小麦耐镉(Cd)、铬(Cr)胁迫的遗传分子机理。

一、耐镉(Cd)胁迫 QTL 定位

镉胁迫是重金属主要污染物之一，对植物的毒害不仅表现在生长形态上，也涉及生理代谢。镉对植物的影响是复杂的，一方面，镉是植物非必须营养元素，一般低浓度的镉有促进植物生长的作用；另一方面，镉含量超过一定值就会对植物造成伤害，轻者影响其生长，重者将导致植物死亡(Patra et al.，1994)。镉胁迫对植物的毒害症状，通常会表现为种子萌发和根系发育受到抑制，个体生长缓慢，植株矮小，退绿，根系发黑变短，生育期延迟，生物量下降，植物萎蔫，生长停止等症状，在高浓度镉毒害下甚至会发生植株死亡(Moral et al.，1994)。大量的研究表明，急剧镉胁迫也会导致一些可见的生理症状，包括光合器官出现损伤、叶片失绿萎黄、根系褐化、水分代谢失衡萎蔫、气孔开放受抑制等(di Toppi and Gabbriclli，1999)。由于植物根系与镉元素

最先接触，且多数植物镉元素也主要富集在根部，因此根系往往是最直接、最严重的受害器官之一。

目前有关镉胁迫对作物影响的 QTL 研究，多数是水稻耐镉胁迫的 QTL 分析。有关小麦镉胁迫的 QTL 研究很少，本课题组用‘豫麦 57’（父本）和‘花培 3 号’（母本）培育的含有 168 个家系的 DH 群体及其亲本材料，进行了镉（Cd）胁迫对小麦幼苗和根系生长发育性状的 QTL 分析，以用于耐镉（Cd）胁迫的分子标记辅助育种。

（一）试验材料和方法

1. 试验材料

‘豫麦 57’（父本）和‘花培 3 号’（母本）杂交 F_1 通过花药培养获得的 168 个双单倍体（DH）系。

2. 试验方法

1）幼苗培养

取当年收获的 DH 群体 168 个家系及亲本饱满完整种子，3% H_2O_2 浸泡种子 15min，水洗 2~3 次后，置于 20℃发芽盘诱导萌发，去离子水培养至一叶一心，每一株系挑取 9 株发育健壮、长势一致的幼苗，植于穿孔直径为 3cm、带有 128 个格子的育苗盘上，用消过毒的海绵固定幼苗，在含有一定 Cd^{2+} 浓度的 Hoagland 营养液的培养盆中培养。

Hoagland 营养液：1mmol/L $Ca(NO_3)_2 \cdot 4H_2O$，0.2mmol/L KH_2PO_4，0.5mmol/L $MgSO_4 \cdot 7H_2O$，1.5mmol/L KCl，1.5mmol/L $CaCl_2$，1×10^{-3} mmol/L H_3BO_3，5×10^{-5} mmol/L $(NH_4)_6Mo_7O_{24} \cdot 4H_2O$，$5 \times 10^{-4}$ mmol/L $CuSO_4 \cdot 5H_2O$，1×10^{-3} mmol/L $ZnSO_4 \cdot 7H_2O$，1×10^{-3} mmol/L $MnSO_4 \cdot H_2O$，0.1mmol/L Fe^{3+}-EDTA，营养液 pH 为 6.0。培养盆外围全用黑漆粉刷，以保持根系的黑暗生长环境。

Cd^{2+} 处理：参照黄萍霞（2007）的方法，Cd^{2+} 处理方式分为三组：①0mg/L Cd^{2+}（对照）；②40mg/L Cd^{2+}；③120mg/L Cd^{2+}。加入的 Cd^{2+} 为 $CdCl_2 \cdot 2.5H_2O$。每个处理设 3 次重复。

试验在山东农业大学国家作物生物学重点实验室控温控湿温室进行，日间平均温度 21℃，夜间平均温度 16℃。

2）幼苗和根系性状的表型测定

当幼苗在含有一定 Cd^{2+} 浓度的 Hoagland 营养液中培养 5 天后，进行第一次株高和叶龄的测量。以后每隔 5 天进行一次株高和叶龄的测量记录；培养 3 周后，将小麦植株取出，蒸馏水冲洗，然后进行幼苗和根系性状的表型测定。

（1）幼苗性状测定

茎叶鲜重的测定：将洗净晾干的植株自分节处切开，用千分位电子天平称量茎叶鲜重。

株高测定：用 30cm 直尺量取，自分蘖节处至最长一片叶子的顶端高度为株高，取群体各株系的平均值为不同环境的株高值。

茎叶干重的测定：100℃烘箱杀青 15min，80℃烘干至衡重，然后用千分位电子天平称量。

(2)根系性状测定

单株根系总长、表面积、根平均直径、根体积、根尖数的测定：用加拿大 Regent Instruments Inc. 生产的 WinRHIZO 根系分析系统测定并处理数据。

根鲜重的测定：用千分位电子天平称量。

根干重的测定：100℃烘箱杀青 15min，80℃烘干至衡重，然后用千分位电子天平称量。

(二)结果与分析

1. 表型分析

由表 7-4 可见，Cd^{2+}胁迫下小麦幼苗生长发育明显受到抑制，浓度越高，抑制作用就越大；两亲本各个性状表现出一定的差异，DH 群体在对照和 Cd^{2+}胁迫条件下的各个性状均表现为连续、超亲分布，群体中各性状偏度值与峰度值的绝对值都小于 1.0，符合正态分布，适合对这些性状进行 QTL 定位分析。

2. QTL 分析

利用完备区间作图方法，对 DH 群体的幼苗和根系各性状进行 QTL 定位分析，三种 Cd^{2+}浓度下共检测到与小麦苗期生长发育性状有关的的 43 个 QTL(表 7-5，图 7-3)，分布在 1A、1B、1D、2A、2B、2D、3A、3B、3D、6A、6B、6D、5D、7D 共 14 条染色体上，其单个 QTL 贡献率为 5.81%~70.05%。

1) 0mg/L Cd^{2+}处理下的 QTL 分析

在对照处理(0mg/L Cd^{2+}处理)下检测到控制茎叶鲜重的 2 个 QTL(*qSFW1A*、*qSFW1D*)，位于 1A 和 1D 染色体，分别解释茎叶鲜重变异的 6.21%和 6.39%，两个加性效应位点的增效基因都来源于‘豫麦 57’(表 7-5)。检测到与苗高有关的 1 个 QTL(*qSL6Ab*)位于 6A 染色体，解释苗高变异的 6.79%，来源于‘花培 3 号’，增加苗高 1.02cm。检测到控制根系总长的 5 个 QTL(*qRTL1Ba*、*qRTL1Bb*、*qRTL1Bc*、*qRTL6D*、*qRTL7D*)，分别位于 1B、6D 和 7D 染色体，解释根系总长度变异的 5.81%~25.95%；其中 *qRTL1Bb* 位点的遗传贡献率最大，解释 25.95%的根长变异，其增效等位基因来源于‘豫麦 57’；*qRTL1Ba* 和 *qRTL6D* 位点的增效等位基因来源于‘花培 3 号’，*qRTL1Bb*、*qRTL1Bc* 和 *qRTL7D* 位点来源于‘豫麦 57’。检测到控制根表面积的 3 个 QTL，分别位于 1B 和 7D 染色体上，*qRSA1Ba*、*qRSA1Bb*、*qRSA7D* 分别解释根表面积的 15.89%、30.15%和 11.29%的变异，其中 *qRSA1Bb* 和 *qRSA7D* 位点的增效等位基因都来源于‘豫麦 57’，而 *qRSA1Ba* 位点的增效等位基因来源于‘花培 3 号’。检测到控制根平均直径的 3 个 QTL，分别位于 1B 和 3D 染色体，*qRAD1B*、*qRAD3Da*、*qRAD3Db* 分别解释根平均直径变异的 10.04%、7.49%和 7.17%；*qRAD3Db* 位点的增效等位基因来源于‘豫麦 57’，其他 2 个 QTL 的增效等位基因均来源于‘花培 3 号’。检测到控制根体积的 2 个 QTL，分别位于 3B 和 7D 染色体，其中 *qRV7D* 位点的遗传贡献率最大，解释根体积 15.28%的变异，其增效等位基因来源于‘豫麦 57’，*qRV3B* 加性效应位点的增效等位基因来源于‘花培 3 号’。检测到控制根尖数的 3 个 QTL，分别位于 1B 和 3A 染色体上，单个 QTL 分别解释根尖数

表 7-4　Cd^{2+}胁迫对 DH 群体及两个亲本生长的影响

Table 7-4　The effect of growth in the DH population under Cd^{2+} stresss

处理 Treatment	茎叶鲜重 Fresh weight of Stem and leaf/g	茎叶干重 Dry weight of stem and leaf/g	株高 Plant height /cm	叶龄 Leaf	根系总长 Total length Of root/cm	根表面积 Root area /cm²	根平均直径 Diameter Of root/mm	根体积 Root volume /cm³	根尖数 Apical number	根鲜重 Root fresh weight /g	根干重 Root dry weight /g
0mg/L Cd^{2+} (对照 Control)											
花培 3 号 Huapei3	0.300	0.036	23.87	3.87	232.142	22.547	0.309	0.174	622	0.087	0.0083
豫麦 57 Yumai57	0.219	0.034	24.23	3.87	141.112	11.894	0.269	0.117	511	0.080	0.0083
DH 均值 Mean	0.357	0.420	24.54	3.89	247.708	21.502	0.280	0.149	919	0.108	0.1100
DH 范围 Range	0.193~0.604	0.210~0.620	16.13~35.40	3.00~4.37	124.457~454.606	11.849~33.624	0.220~0.350	0.063~0.231	302~1989	0.059~0.168	0.0070~0.1750
DH 变异系数 Variation coefficient	0.232	0.019	0.159	0.074	0.261	0.214	0.089	0.208	0.334	0.231	0.0180
40mg/L Cd^{2+}											
花培 3 号 Huapei3	0.134	0.029	13.97	3.27	105.108	13.201	0.400	0.132	436	0.060	0.0063
豫麦 57 Yumai57	0.121	0.027	15.15	3.57	91.077	11.069	0.326	0.097	389	0.064	0.0060
DH 群体 均值 Mean	0.186	0.029	15.65	3.44	98.091	13.028	0.428	0.139	555	0.069	0.0078
DH 群体 范围 Range	0.091~0.306	0.0150~0.0420	11.93~22.55	2.83~4.00	36.726~176.418	4.516~20.104	0.337~0.534	0.044~0.217	128~1219	0.030~0.107	0.0033~0.0125
DH 群体 变异系数 Variation coefficient	0.231	0.172	0.134	0.084	0.234	0.215	0.082	0.230	0.341	0.232	0.2560
120mg/L Cd^{2+}											
花培 3 号 Huapei3	0.109	0.023	9.70	2.67	69.637	10.673	0.488	0.130	375	0.048	0.0040
豫麦 57Yumai57	0.101	0.020	10.40	2.90	59.701	7.288	0.389	0.071	202	0.039	0.0023
DH 群体 均值 Mean	0.113	0.0242	12.41	2.89	83.844	11.656	0.447	0.131	505	0.067	0.0067
DH 群体 范围 Range	0.064~0.175	0.0120~0.0360	7.67~18.67	2.30~3.60	34.989~154.873	4.765~19.510	0.349~0.554	0.052~0.229	147~1105	0.021~0.124	0.0017~0.0113
DH 群体 变异系数 Variation coefficient	0.212	0.207	0.149	0.091	0.260	0.243	0.083	0.244	0.368	0.284	0.2990

表 7-5　DH 群体幼苗和根系性状的 QTL 位置、效应及贡献率

Table 7-5　Position，effect，and contribution of seedling and root traits in DH population

性状 Trait	浓度 Treatment /(mg/L)	QTL	标记区间 Flanking marker	位置 Site/cM	加性效应 Additive	贡献率 (PVE)/%
茎叶鲜重 Fresh weight of stem and leaf	0	*qSFW1A*	*Xwmc550-Xbarc269*	77	–0.0210	6.21
		qSFW1D	*Xwmc429-Xcfd19*	32	–0.0214	6.39
	40	*qSFW3B*	*Xgwm566-Xcfe009*	101	0.0164	14.94
	120	*qSFW2A*	*Xwmc455-Xgwm515*	134	0.0066	7.63
		qSFW7D	*Xwmc630.1-Xgdm67*	144	–0.0063	6.92
苗高 Seeding height	0	*qSL6Ab*	*Xbarc1165-Xgwm82*	74	1.0170	6.79
	40	*qSL1D*	*Xcfd19-Xwmc93*	53	–0.5911	7.92
		qSL2B	*Xbarc101-Xgpw3248*	119	–0.5418	6.59
	120	*qSL1A*	*Xgpw3167-Xcwem6.2*	149	–0.4724	6.44
		qSL3B	*Xgwm533-Xbarc251*	39	0.8027	17.83
		qSL6Aa	*Xgpw2265-Xgpw322*	16	0.4528	5.97
叶龄 Leaf	40	*qLA5D*	*Xbarc1097-Xcfd8*	16	–0.1031	12.71
根系总长 Total length of root	0	*qRTL1Ba*	*Xcfd21- Xcwem9*	37	25.9593	15.64
		qRTL1Bb	*Xgwm218-Xgwm582*	40	–33.5079	25.95
		qRTL1Bc	*Xwmc766-Xswes98*	123	–17.6198	7.33
		qRTL6D	*Xcfd13- Xbarc054*	41	15.7022	5.81
		qRTL7D	*Xgdm67- Xwmc634*	162	–20.3780	9.98
根表面积 Root area	0	*qRSA1Ba*	*Xcfd21-Xcwem9*	37	1.8652	15.89
		qRSA1Bb	*Xgwm218-Xgwm582*	40	–2.5736	30.15
		qRSA7D	*Xgdm67-Xwmc634*	162	–1.5441	11.29
	120	*qRSA1A*	*Xgwm498-Xgpw7412*	101	–0.7234	6.57
根平均直径 Root mean diameter	0	*qRAD1B*	*Xgwm218-Xgwm582*	40	0.0081	10.04
		qRAD3Da	*Xgwm52-Xgdm8*	24	0.0069	7.49
		qRAD3Db	*Xwmc631-Xbarc071*	85	–0.0068	7.17
	40	*qRAD3B*	*Xbarc251-Xwmc3*	57	0.0309	70.05
	120	*qRAD6B*	*Xcfa2187-Xgwm219*	4	0.0132	11.52
根体积 Root volume	0	*qRV3B*	*Xgpw1148-Xgpw4075*	73	0.0084	6.59
		qRV7D	*Xgdm67-Xwmc634*	162	–0.0120	15.28
	120	*qRV1A*	*Xgwm498-Xgpw7412*	101	–0.0086	7.09
根尖数 Apical number	0	*qRT1Ba*	*Xcfd21-Xcwem9*	37	160.5598	26.45
		qRT1Bb	*Xgwm218-Xgwm582*	40	–232.1049	55.03
		qRT3A	*Xbarc310-Xbarc321*	0	–74.6941	5.86
根鲜重 Fresh weight of root	0	*qRFW3D*	*Xcfd34-Xbarc376*	0	–0.0062	6.31
		qRFW6B	*Xgwm58-Xwmc737*	56	–0.0182	10.4
	40	*qRDW3Bb*	*Xgwm566-Xcfe009*	113	0.0004	6.34
	120	*qRDW1A*	*Xcwem32.1-Xwmc728.2*	10	–0.0005	7.14
		qRDW3Ba	*Xgwm566-Xcfe009*	109	0.0007	14.69
茎叶干重 Dry weight of stem and leaf	0	*qSDW3D*	*Xgdm72-Xbarc1119*	17	–0.0024	7.58
	40	*qSDW2D*	*Xbarc349.1-Xcfd161*	85	0.0019	10.33
		qSDW3A	*Xbarc276.2-Xgpw1108*	234	–0.0015	7.08
		qSDW3Bb	*Xbarc139-Xwmc612*	63	0.0017	7.89
	120	*qSDW3Ba*	*Xbarc268-Xwmc1*	58	0.0026	28.94
		qSDW6D	*Xswes679.1-Xcfa2129*	151	0.0016	10.57

注：加性效应正值表示增效等位基因来源于‘花培 3 号’，负值表示增效等位基因来源于‘豫麦 57’

Note: Alleles from Huapei 3 and Yumai 57 with positive effect are defined in positive and negative values，respectively

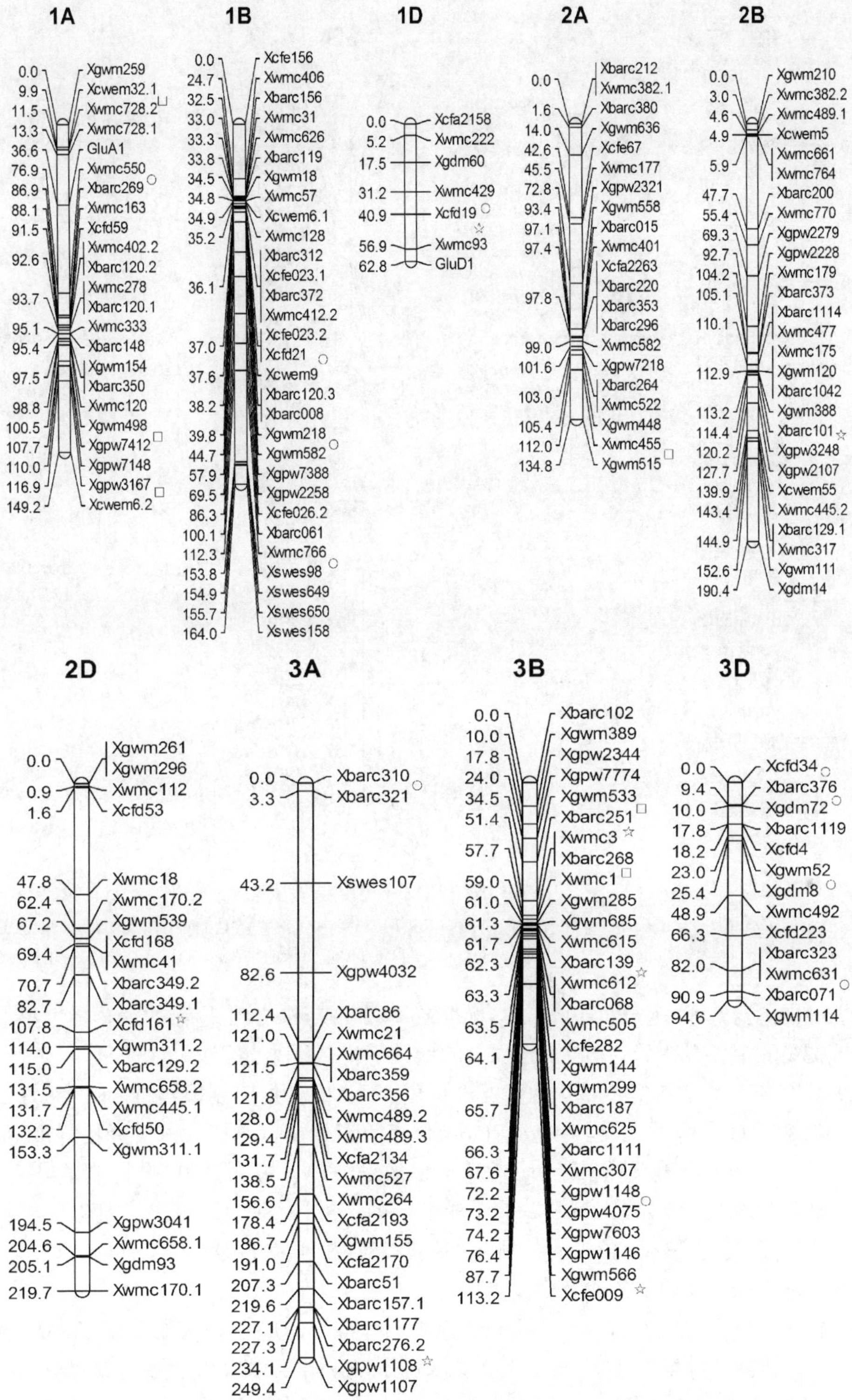

图 7-3 DH 群体幼苗和根系性状加性 QTL 在染色体上的位置

Fig. 7-3 Positions of additive QTL associated with seedling and root traits

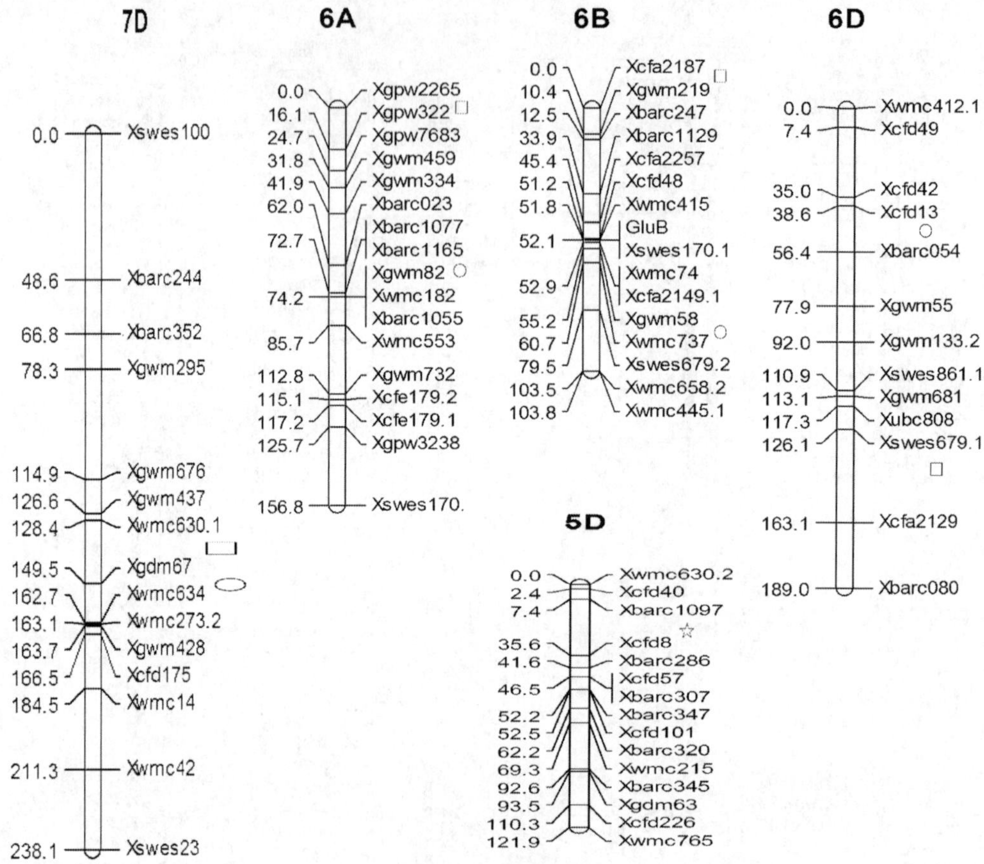

图 7-3 （续）

Fig. 7-3 (Continued)

○ 在0mg/L（对照）Cd^{2+}浓度下检测到的QTL；☆ 在40mg/L Cd^{2+}浓度下检测到的QTL；□ 在120mg/L Cd^{2+}浓度下检测到的QTL；
○ Addition QTL under normal condition; ☆ Addition QTLunder 40mg/L Cd^{2+} stress □ Addition QTLunder 120mg/L Cd^{2+} stress

变异的 5.86%~55.03%；位于染色体 1B 上的 *Xgwm218-Xgwm582* 位点的遗传贡献率最大，解释 55.03%的根尖数变异；*qRT1Ba* 位点的增效等位基因来源于‘花培 3 号’，*qRT3A*、*qRT1Bb* 两个位点的增效等位基因来源于‘豫麦 57’。检测到控制根鲜重的 2 个 QTL，分别位于 6B 和 3D 染色体上，其中 *qRFW6B* 位点的遗传贡献率最大，解释根鲜重变异的 10.4%，2 个位点的增效等位基因均来源于‘豫麦 57’。检测到 1 个控制茎叶干重的 *qSDW3D*，位于 3D 染色体上，解释茎叶干重变异的 7.58%，其增效等位基因均来源于‘豫麦 57’。在对照处理条件下，没有检测到控制叶龄和根干重的 QTL。

2）40mg/L Cd^{2+}处理下的 QTL 分析

在 40mg/L Cd^{2+}处理下，检测到 1 个控制茎叶鲜重的加性效应位点 *qSFW3B*，位于 3B 染色体，解释茎叶鲜重 14.94%的变异，来源于‘花培 3 号’。检测到 *qSL1D* 和 *qSL2B* 2 个控制苗高的加性效应位点，分别解释 7.92%和 6.59%的苗高变异，2 个 QTL 的增效等位基因均来源于‘豫麦 57’。检测到 1 个控制叶龄的加性效应位点 *qLA5D*，位于 5D

染色体，解释叶龄变异的12.71%，其增效等位基因来源于‘豫麦57’。检测到1个控制根平均直径的QTL *qRAD3B*，位于3B染色体上，解释根平均直径变异的70.05%，其增效等位基因均来源于‘花培3号’。检测到1个控制根干重的加性效应位点 *qRDW3Bb*，位于3B染色体上，解释根干重变异的6.34%，其增效等位基因来源于‘花培3号’。检测到3个控制茎叶干重的QTL，分别位于2D、3A和3B染色体，单个QTL解释茎叶干重7.08%~10.33%的变异；其中 *qSDW2D* 位点的遗传贡献率最大，解释茎叶干重10.33%的变异，其增效等位基因来源于‘豫麦57’；*qSDW3Bb* 和 *qSDW3A* 2的增效等位基因来源于‘花培3号’。在40mg/L Cd^{2+}处理下，没有检测到与根系总长、根表面积、根体积、根鲜重、根尖数的QTL。

3) 120mg/L Cd^{2+}处理下的QTL分析

在120mg/L Cd^{2+}处理下，检测到控制茎叶鲜重的2个QTL(*qSFW2A* 和 *qSFW7D*)，分别位于2A和7D染色体上，分别解释茎叶鲜重变异的7.63%和6.92%；*qSFW2A* 位点的增效等位基因来源于‘花培3号’，*qSFW7D* 位点来源于‘豫麦57’。检测到3个控制苗高的加性效应位点，分别位于1A、3B和6A染色体上，单个QTL解释表型变异的5.97%~17.83%，其中位于染色体3B上的 *Xgwm533-Xbarc251* 位点遗传贡献率最大，解释17.83%的苗高变异；*qSL1A* 位点的增效等位基因来源于‘豫麦57’，*qSL3B* 和 *qSL6Aa* 2个位点的增效等位基因来源于‘花培3号’。检测到1个控制根表面积的加性效应位点 *qRSA1A*，位于1A染色体上，解释根表面积变异的6.57%，其增效等位基因来源于‘豫麦57’。检测到1个控制根平均直径的QTL *qRAD6B*，位于6B染色体上，解释11.52%的根平均直径变异，其增效等位基因均来源于‘花培3号’，增加根平均直径的0.013mm。检测到1个控制根体积的加性效应位点，位于1A染色体上，解释根体积变异的7.09%，来源于‘豫麦57’。检测到2个控制根干重的QTL(*qRDW1A* 和 *qRDW3Ba*)，分别位于1A和3B染色体上，分别解释DH群体根干重7.14%和14.69%的变异，*qRDW1A* 位点的增效等位基因来源于‘豫麦57’，而 *qRDW3Ba* 位点的增效等位基因来源于‘花培3号’。检测到2个控制茎叶干重的QTL *qSDW3Ba* 和 *qSDW6D*，位于3B和6D染色体上，分别解释28.94%和10.57%的茎叶干重变异；2个位点的增效等位基因均来源于‘花培3号’。在120mg/L Cd^{2+}处理下，没有检测到与叶龄、根系总长、根鲜重、根尖数有关的QTL。

3. 耐Cd^{2+}胁迫表型性状与耐Cd^{2+} QTL的一致性

Cd^{2+}胁迫对小麦的生长发育和生理生化过程会产生一系列的影响，由表7-4看出，Cd^{2+}处理显著减少了幼苗的茎叶鲜重、苗高、叶龄、根系总长、根表面积、根体积、根尖数、茎叶干重、根干重，而根平均直径则增大，这些表型性状的明显变化都与鉴定出的耐Cd^{2+} QTL有很好的一致性。例如，Cd^{2+}处理对干重影响很大，与对照相比，120mg/L Cd^{2+}胁迫下茎叶干重、根干重分别降低了94.24%、93.91%；而在定位出的耐Cd^{2+} QTL中，与茎叶干重有关的 *qSDW3Ba* 解释28.94%的茎叶干重变异，与根干重有关的 *qRDW3Ba* 解释了14.69%的根干重变异。再如，在40mg/L Cd^{2+}和120mg/L Cd^{2+}处理下，根平均直径却大大变粗，而在两种浓度下都鉴定出了与根平均直径有关的QTL，其中40mg/L Cd^{2+}浓度下鉴定出的 *qRAD3B*，可解释根平均直径变异的70.05%，120mg/L Cd^{2+}

浓度下鉴定出的 *qRAD6B* 可解释根平均直径变异的 11.52%，因此，小麦幼苗的表型性状的变异与相关 QTL 的表达有很好的一致性。

二、耐铬(Cr)胁迫 QTL 定位

铬(Cr)作为工业的“五毒”之一，是一种毒性较大的致畸、致突变剂。其对小麦的危害主要指六价铬，Cr^{6+}在小麦根、茎、叶中大量积累，不仅影响小麦生长发育，造成产量下降，而且进入食物链，危及人类健康。目前我国铬污染问题日趋严重，小麦的产量和品质大幅下降。耐铬胁迫的重要性状的 QTL 定位及其分子标记发掘是培育抗铬小麦新品种的基础工作之一。因此，研究不同浓度铬胁迫下小麦幼苗生长发育的影响及 QTL 定位，可清楚认识铬对小麦的毒害效应，实现对铬污染的预测、评价和防治，并为铬污染环境下小麦高产无公害生产提供参考和依据。

(一)试验材料与方法

1. 试验材料

同本节镉胁迫研究所用实验材料。

2. 试验设计

试验选取 DH 群体 168 个家系及亲本各 30 粒饱满均一种子，经 3%的 H_2O_2 表面消毒 30min，蒸馏水洗净，25℃培养皿滤纸上萌发，去离子水培养至一叶一心，挑取整齐一致的幼苗植于穿孔直径为 3cm、带有 128 穴的育苗盘中，用消过毒的海绵固定幼苗，全营养 Hoagland 营养液条件下培养两天后进行铬胁迫处理，营养液 pH 为 6.0。Cr ($K_2Cr_2O_7$) 处理方式分三组：①0mg/L Cr^{6+} (A 处理，对照)；②40mg/L Cr^{6+} (B 处理)；③120mg/L Cr^{6+} (C 处理)。培养盆外围全用黑漆粉刷，以保持根系的黑暗生长环境。每次试验设 3 次重复。处理 4 周后收获样品，蒸馏水冲洗，用剪刀把幼苗茎、根在分节处分开，测定幼苗性状。

3. 测定方法

测定项目包括：茎叶鲜重、株高、叶龄、茎叶干重、主根长度、根鲜重、根干重。

千分位电子天平称量茎叶鲜重，50cm 直尺量取株高，并记录叶龄。用吸水纸吸干根系表面水分，再用千分位电子天平称量根鲜重。分别将新鲜根和叶 100℃烘箱杀青 15min，80℃烘干至衡重，称量根、叶干重。用 WinRHIZO 根系分析系统分别测定单株的主根长度，并计算出根长抑制率。

$$根长抑制率/\%=\frac{对照样品根长-处理样品根长}{对照样品根长}\times 100$$

4. 数据分析

利用 SPSS17.0 软件对小麦幼苗 DH 群体及其两亲本生长发育相关性状进行统计分析；利用基于混合线性模型的 QTLNetwork 2.0 软件进行 QTL 分析。以单个环境中 3 个重复的平均值作为输入数据，以 P=0.005 为统计检测阈值，即当标记的 P 值小于统计检测阈值时，认为该标记处存在 1 个与性状有关的 QTL。最后将检测到的所有 QTL 以及

它们之间的上位性互作整合到一个全 QTL 模型中，用基于 Gibbs 抽样的 Bayesian 方法估计遗传效应。QTL 的命名按照 http：//www.graingenes.org 的方法进行，即“q+性状名称缩写，研究机构名称缩写，染色体编号”，同一条染色体上影响同一性状的多个 QTL 分别在染色体后用 a、b……表示。

(二)结果与分析

1. 表型分析

选取长势均一正常 168 个 DH 株系及两个亲本分别测定单株的茎叶鲜重、茎叶干重、株高、叶龄、主根长度、根鲜重、根干重 7 个性状(表 7-6)。亲本‘花培 3 号’和‘豫麦 57’之间各个性状均表现出较大差异，DH 群体 168 个株系各性状均表现超亲分离，均值介于双亲之间，除叶龄外，其他 6 个性状偏度和峰度均较小，呈正态分布。这表明该群体双亲对所考察性状有贡献的等位基因在其后代群体中得到了广泛分离，该群体适合用于对这些性状进行 QTL 分析。

表 7-6　不同铬(Cr)处理亲本及 DH 群体发育性状

Table 7-6　Developmental characters of parents and DH lines

性状 Trait	处理 Treatment	亲本 Parents		DH 群体 DH population			
		花培 3 号 Huapei3	豫麦 57 Yumai57	均值±标准差 Mean±SD	范围 Range	偏度 Skewness	峰度 Kurtosis
茎叶鲜重 Fresh weight of stem/g	0mg/L Cr^{6+}	0.238	0.330	0.353±0.100	0.089~0.711	0.350	0.390
	40mg/L Cr^{6+}	0.075	0.071	0.068±0.017	0.030~0.117	0.248	–0.221
	120mg/L Cr^{6+}	0.045	0.048	0.04168±0.008604	0.023~0.064	0.074	–0.224
株高 Plant height /cm	0mg/L Cr^{6+}	23.510	28.750	24.632±3.362	11.10~31.63	–0.553	0.731
	40mg/L Cr^{6+}	13.630	15.130	13.639±2.16	7.70~19.67	0.058	–0.213
	120mg/L Cr^{6+}	11.000	13.920	12.662±1.9	8.47~18.10	0.348	–0.009
叶龄 Leaf /个	0mg/L Cr^{6+}	3.340	3.950	3.741±0.386	2.67~5.00	–0.409	–0.053
	40mg/L Cr^{6+}	2.020	2.160	2.063±0.146	1.67~3.00	2.380	10.790
	120mg/L Cr^{6+}	2.040	2.130	1.982±0.147	1.30~2.33	–2.396	8.878
茎叶干重 Dry weight of stem /g	0mg/L Cr^{6+}	0.058	0.077	0.063±0.013	0.015~0.104	–0.318	0.909
	40mg/L Cr^{6+}	0.023	0.024	0.021±0.004	0.010~0.032	–0.147	–0.149
	120mg/L Cr^{6+}	0.019	0.210	0.019±0.003	0.009~0.026	–0.189	–0.028
主根长度 Main root length /cm	0mg/L Cr^{6+}	19.95	28.270	22.093±3.007	8.70~29.77	–0.712	0.787
	40mg/L Cr^{6+}	13.67	15.500	13.707±1.868	7.35~19.80	–0.197	0.888
	120mg/L Cr^{6+}	11.77	15.530	12.886±1.460	8.20~15.90	–0.380	0.308
根鲜重 Root fresh weight /g	0mg/L Cr^{6+}	0.228	0.306	0.253685±0.0724494	0.048~0.500	0.218	0.604
	40mg/L Cr^{6+}	0.081	0.095	0.06997±0.020595	0.01~0.144	0.238	0.831
	120mg/L Cr^{6+}	0.052	0.086	0.05021±0.013608	0.018~0.085	0.355	–0.166
根干重 Root dry weight/g	0mg/L Cr^{6+}	0.025	0.028	0.023±0.005	0.004~0.0391	–0.095	0.941
	40mg/L Cr^{6+}	0.011	0.011	0.009±0.002	0.003~0.014	–0.131	0.307
	120mg/L Cr^{6+}	0.008	0.012	0.008±0.001	0.004~0.013	–0.066	0.249

2. 不同铬(Cr)处理小麦幼苗DH群体各性状的QTL定位及效应分析

利用基于混合线性模型的QTL Network2.0软件，在$P<0.005$时，对小麦DH群体幼苗生长发育7个性状的QTL进行检测，定位了24个加性效应QTL和5对上位性效应QTL(表7-7，表7-8)，包括：控制小麦茎叶鲜重的7个加性效应QTL，控制小麦株高的5个加性效应QTL，控制小麦叶龄的4个加性效应QTL，控制小麦主根长度的6个加性效应QTL，控制小麦根鲜重的2个加性效应QTL，控制小麦茎叶鲜重的3对上位性效应QTL，控制小麦株高的1对上位性效应QTL，控制小麦根鲜重的1对上位性效应QTL。其中14个加性效应位点具有环境互作效应，2对上位性效应位点具有环境互作效应。控制小麦茎叶鲜重的加性效应位点和上位效应位点最多，分别有7个和3对，且7个加性效应位点均与环境1有互作效应，2对上位性效应位点分别与环境2和环境3有互作效应。

1)不同铬(Cr)处理茎叶鲜重的QTL分析

不同铬(Cr)处理下控制小麦茎叶鲜重的7个加性效应QTL(*qSFW1A*、*qSFW1B*、*qSFW2D*、*qSFW5A.2*、*qSFW6A*、*qSFW7B.2*)分别位于1A、1B、2D、3B、5A.2、6A和7B.2染色体(见表7-7)，分别解释茎叶鲜重变异的4.5%、2.0%、5.8%、11.8%、19.2%、10.1%和145.%，加性效应的总贡献率为67.9%。位于5A.2染色体上的*qSFW5A.2*，具有最大的遗传效应，贡献率为19.2%，在各环境中稳定表达。位于1A、6A和7B.2染色体上的*qSFW1A*、*qSFW6A*和*qSFW7B.2*来源于‘豫麦57’，其他位点的增效等位基因来源于‘花培3号’。7个加性QTL与环境1(0mg/L Cr^{6+}胁迫)均有互作效应，位于3B染色体上的*qSFW3B*、位于6A染色体上的*qSFW6A*和位于7B.2染色体上的*qSFW7B.2*与环境2(40mg/L Cr^{6+}胁迫)有互作效应，同时位于6A染色体上的*qSFW6A*还与环境3(120mg/L Cr^{6+}胁迫)有互作效应，贡献率为0.55%。

不同铬(Cr)处理下控制小麦茎叶鲜重的上位性效应QTL有3对(见表7-8)：*qSFW1A*/*qSFW2D*、*qSFW1A*/*qSFW6A*和*qSFW4D*/*qSFW6A*，分别位于染色体1A-2D、1A-6A和4D-6A，可解释2.0%~5.0%的表型变异，位于1A-6A染色体上的上位互作效应值为正，其他两对具有负向效应。发现有2对控制小麦茎叶鲜重的上位性效应QTL与环境互作，其中*qSFW1A*/*qSFW6A*与环境2和环境3的互作效应分别为0.004和–0.005，贡献率为4.0%和2.0%；*qSFW4D*/*qSFW6A*与环境2和环境3的互作效应分别为0.006和–0.006，贡献率为3.0%和2.77%。没有发现与环境1互作的QTL。

2)不同铬(Cr)处理下株高的QTL分析

检测到5个控制小麦株高的加性效应QTL(*qSL2A*、*qSL3B*、*qSL4B*、*qSL6A*和*qSL7D*)，分别位于染色体2A、3B、4B、6A和7D(见表7-7)，分别解释小麦株高变异的13.3%、19.8%、24.5%、20.4%和0.7%，总贡献率为7.7%。其中位于染色体4B上的*qSL4B*具有最大的遗传效应，贡献率为24.5%，各环境中都稳定表达。位于染色体7D上的*qSL7D*遗传效应最小，贡献率仅为0.7%。位于染色体3B和6A染色体上的*qSL3B*和*qSL6A*增效等位基因来源于‘花培3号’，剩余3个位点的增效等位基因来源于‘豫麦57’。没有检测到加性效应与环境的互作。

表 7-7 在 3 个环境中小麦 DH 群体幼苗发育性状的加性 QTL 及加性与环境互作效应

Table 7-7 Estimated additive (A) and additive × environment (AE) interactions of QTLs for developmental characters of wheat seedling in DH lines based on the averaged phenotypic data from 3 environments

性状 Trait	QTL	标记区间 Flanking marker	位置 Site/cM	范围 Range	加性 Additive		加性×环境 1(AE1)		加性×环境 2(AE2)		加性×环境 3(AE3)	
					效应 (A)	贡献率 (H^2)/%	效应 (AE1)	贡献率 (H^2)/%	效应 (AE2)	贡献率 (H^2)/%	效应 (AE3)	贡献率 (H^2)/%
茎叶鲜重 (SFW)	*qSFW1A*	**XGPW3167*-**XCWEM6.2*	148.9	140.9~148.9	–0.006	4.5	–0.012	15.5				
	qSFW1B	**XWMC128*-**XBARC312*	35.2	33.0~36.1	0.007	2.0	0.009	0.6				
	qSFW2D	**XBARC129.2*-**XWMC658.2*	118.0	114.0~124.0	0.007	5.8	0.012	9.7				
	qSFW3B	**XBARC102*-**XGWM389*	1.0	0.0~7.0	0.009	11.8	0.016	22.5	–0.009	7.9		
	qSFW5A.2	**XWMC59*-**XGPW2109*	30.7	24.7~31.7	0.011	19.2	0.016	21.1				
	qSFW6A	**XGPW2265*-**XGPW322*	0.0	0.0~5.0	–0.011	10.1	–0.018	15.4	0.008	2.5	0.01	5.5
	qSFW7B.2	**XGPW2224*-**XGPW3256*	31.5	22.5~38.5	–0.012	14.5	–0.022	25.7	0.013	9.2		
株高(SL)	*qSL2A*	**XBARC380*-**XGWM636*	1.6	0.0~5.6	–0.251	13.3						
	qSL3B	**XGWM533*-**XBARC251*	48.5	40.5~56.4	0.495	19.8						
	qSL4B	**XBARC1096*-**XGPW3206*	25.3	19.3~29.3	–0.485	24.5						
	qSL6A	**XGWM82*-**XWMC182*	74.2	72.7~74.2	0.40	20.4						
	qSL7D	**XGDM67*-**XWMC634*	156.5	151.5~162.5	–0.298	0.7						
叶龄(LA)	*qLA2A*	**XWMC455*-**XGWM515*	112	108.4~118.0	–0.028	8.3	–0.06	22.8				
	qLA3D	**XWMC492*-**XCFD223*	55.9	39.4~63.9	0.038	7.7						
	qLA5B.2	**XBARC232*-**XWMC235*	33.7	31.7~33.7	0.044	15.3	0.038	6.3				
	qLA6A	**XGWM82*-**XWMC182*	74.2	72.7~74.2	–0.045	17.4	–0.037	13.5				

续表

性状 Trait	QTL	标记区间 Flanking marker	位置 Site/cM	范围 Range	加性 Additive		加性×环境 1（AE1）		加性×环境 2（AE2）		加性×环境 3（AE3）	
					效应（A）	贡献率（H^2）/%	效应（AE1）	贡献率（H^2）/%	效应（AE2）	贡献率（H^2）/%	效应（AE3）	贡献率（H^2）/%
根长（RL）	*qRL4B*	**XBARC1096-*XGPW3206*	27.3	21.3~29.3	0.304	27.7						
	qRL5A	**XBARC358.2-*XGWM186*	56.3	49.3~63.3	−0.325	5.1						
	qRL6A	**XGWM459-*XGWM334*	31.8	29.7~37.8	−0.241	27.2						
	qRL6A	**XGWM82-*XWMC182*	74.2	72.7~74.2	−0.604	63.1	−0.310	12.2				
	qRL7B.2	**XCFD22.1-*XGPW3226*	14.3	9.5~19.3	−0.214	0.7	−0.373	9.9				
	qRL7D	**XGWM676-*XGWM437*	122.9	115.9~140.4	−0.405	2.43						
根鲜重（RFW）	*qRFW5A.2*	**XWMC59-*XGPW2109*	31.7	26.7~31.7	0.004	6.7	0.009	13.9				
	qRFW6A	**XBARC1055-*XWMC553*	74.2	72.7~79.2	−0.008	16.1	−0.01	15.2				

注：环境 1、环境 2 和环境 3 分别表示 0mg，L-1Cr^{6+}胁迫和 12mg，L-1Cr^{6+}胁迫

Note: Environment1, 2 and 3 indicate 0mg. L-1Cr^{6+}, 40mg. L-1Cr^{6+} and 120mg. L-1Cr^{6+} stress, respectively

表 7-8 在 3 个环境中小麦 DH 群体幼苗发育性状的上位 QTL 及上位与环境互作效应

Table 7-8 Estimated epistasis（AA） and epistasis×environment interactions of QTLs for developmental characters of wheat seedling in DH lines based on the averaged phenotypic data from 3 environment

性状 Trait	QTL	标记区间 Flanking marker	位置 Site /cM	QTL	标记区间 Flanking marker	位置 Site /cm	上位效应（AA）	贡献率 (H^2)/%
茎叶鲜重（SFW）	*qSFW1A*	**XGPW3167-*XCWEM6.2*	148.9	*qSFW2D*	**XBARC129.2-*XWMC658.2*	118	–0.008	2.2
	qSFW1A	**XGPW3167-*XCWEM6.2*	148.9	*qSFW6A*	**XGPW2265-*XGPW322*	0	0.005	5.0
	qSFW4D	**XGPW7258-*XGPW1144*	57.3	*qSFW6A*	**XGPW2265-*XGPW322*	0	–0.006	2.0
株高（SL）	*qSL2A*	**XBARC380-*XGWM636*	1.6	*qSL7D*	**XGDM67-*XWMC634*	156.5	0.389	13.0
根鲜重（RFW）	*qRFW3A*	**XGWM155-*XCFA2170*	190.7	*qRFW6A*	**XBARC1055-*XWMC553*	74.2	0.004	10.6

注：上位互作效应值为正，表明亲本型大于重组型；上位互作效应值为负，表明重组型大于亲本型

Note: Positive value represent parent type effect is bigger than recombinant type effect, negative value represents recombinant type effect is bigger than parent type effect

检测到控制小麦株高的 1 对上位性效应 QTL(*qSL2A*/*qSL7D*)，位于染色体 2A-7D 上(表 7-8)，上位效应具有正向效应，值为 0.389，解释 13.0%的表型变异。没有检测到上位效应与环境的互作效应。

3) 不同铬(Cr)处理下叶龄的 QTL 分析

检测到 4 个控制小麦叶龄的加性效应 QTL(*qLA2A*、*qLA3D*、*qLA5B.2* 和 *qLA6A*)，位于染色体 2A、3D、5B.2 和 6A 上(见表 7-7)，分别解释小麦叶龄变异的 8.3%、7.7%、15.3%和 17.4%，总贡献率为 48.7%。其中位于染色体 6A 上的 *qLA6A* 具有最大的遗传效应，贡献率为 17.4%，在各环境中稳定表达，位于染色体 3D 上的 *qLA3D* 遗传效应最小，贡献率仅为 7.7%。位于染色体 2A 和 6A 上的 *qLA2A* 和 *qLA6A* 增效等位基因来源于 '豫麦 57'，而位于染色体 3D 和 5B.2 染色体上的 *qLA3D* 和 *qLA5B.2* 增效等位基因来源于'花培 3 号'。没有检测到控制小麦叶龄的上位性效应 QTL。

4) 不同铬(Cr)处理下主根长度的 QTL 分析

检测到 6 个控制小麦主根长度的加性效应 QTL[*qRL4B*、*qRL5A*、*qRL6A* (**XGWM459-*XGWM334*)、*qRL6A*(**XGWM82-*XWMC182*)、*qRL7B.2* 和 *qRL7D*](见表 7-7)，分别位于染色体 4B、5A、6A(**XGWM459-*XGWM334*)、6A(**XGWM82-*XWMC182*)、7B.2 和 7D 上，解释 0.70%~63.1%的表型变异，总贡献率为 148.1%。其中位于染色体 6A(**XGWM82-*XWMC182*)上的 *qRL6A*(**XGWM82-*XWMC182*)具有最大的遗传效应，贡献率为 63.1%，在各环境中稳定表达。位于染色体 4B 上的 *qRL4B* 增效等位基因来源于 '花培 3 号'，贡献率为 2.77%，其他位点的增效等位基因均来源于 '豫麦 57'。检测到两个位点的加性效应与环境 1 存在着互作效应，分别是位于染色体 6A(**XGWM82-*XWMC182*)和 7B.2 上的 qRL6A(**XGWM82-*XWMC182*)与 *qRL7B.2*，分别解释小麦主根长度变异的 1.22%和 0.99%，没有检测到加性效应与环境 2 和环境 3 的互作效应。同时也没有检测到控制小麦主根长度的上位性效应 QTL。

5) 不同铬(Cr)处理下根鲜重的 QTL 分析

检测到控制小麦根鲜重的 2 个加性效应 QTL(见表 7-7)，分别是位于染色体 5A.2 和 6A 上的 *qRFW5A.2* 和 *qRFW6A*，解释小麦根鲜重变异的 6.7%和 16.1%，总贡献率为 22.8%。其中位于染色体 6A 上的 *qRFW6A* 具有最大的遗传效应，该位点的增效等位基因来源于 '豫麦 57'，贡献率为 16.1%，在各环境中稳定表达，增效等位基因来源于 '花培 3 号'。没有检测到加性效应与环境的互作。两个位点的加性效应均与环境 1 互作，分别解释的表型变异的 13.9%和 15.2%。

检测到控制小麦根鲜重的 1 对上位性效应 QTL(见表 7-8)，*qRFW3A*/*qRFW6A* 位于染色体 3A-6A 上，上位效应具有正向效应，解释 10.6%的表型变异。没有检测到上位效应与环境的互作效应。

三、小麦抗重金属 QTL 研究进展与本研究的比较分析

(一) 作物抗重金属 QTL 研究进展

目前，耐重金属污染方面的研究多数是水稻耐胁迫的 QTL 定位。陈志德等(2010)

对水稻苗期耐Cd^{2+}胁迫进行QTL分析，2年共定位了9个与幼苗耐Cd^{2+}胁迫相关的QTL，表型贡献率为7.23%~18.02%，其中2个QTL的表型贡献率超过15.0%，2个QTL的表型贡献率为10.0%~15.0%。沈希宏等(2008)利用‘协青早B’×‘中恢9308’构建的一个重组自交系RIL群体，对水稻籽粒中Cd等5种微量元素含量进行QTL定位分析，检测到控制糙米Cd^{2+}含量的3个QTL，分别位于5号、7号和11号染色体；Ishikawa等(2002)检测到位于3号、6号、8号染色体上控制糙米中Cd^{2+}含量的3个QTL。Xue(2009)等也做了类似的研究，共检测到22个与苗高、根长、根干重、茎叶干重与叶绿素相关的QTL，其中在镉胁迫下检测到了12个QTL，表型贡献率最高的为35.26%，其余集中为8.11%~17.75%。但小麦耐胁迫的相关QTL研究很少。

(二)本研究结果与前人研究结果的比较分析

本研究是在3种Cd^{2+}或Cr^{6+}处理下(类似于3个Cd污染环境或3个Cr污染环境)分别开展QTL定位分析，根据研究结果可将鉴定到的QTL分为三类：第一类为在3种处理下都检测到的QTL，并且有一致的遗传效应，这类QTL可视为耐Cd^{2+}的QTL，值得进一步研究和在育种中应用；第二类为仅在对照组检测到的QTL，但40mg/L Cd^{2+}和120mg/L Cd^{2+}处理下都没有检测到，说明这些QTL对Cd^{2+}胁迫敏感，是不耐Cd^{2+}的QTL；第三类为只在40mg/L Cd^{2+}或120mg/L Cd^{2+}处理下检测到的QTL，可以认为是耐Cd^{2+}胁迫特有的基因，对小麦Cd^{2+}胁迫的研究有重要的利用价值。

但本研究未检测到在3种处理下均表达的QTL，即第一类QTL不存在，Xue(2009)在对水稻苗期耐Cd^{2+}胁迫的QTL定位研究中，同样没有检测到在无Cd^{2+}处理和Cd^{2+}处理下相同的QTL，这说明Cd^{2+}胁迫会抑制一些QTL的表达，也会诱导新的QTL表达，从而影响小麦的生长发育。在对照条件下检测到的22个QTL，都没有在40mg/L Cd^{2+}或120mg/L Cd^{2+}处理下检测到，根据上述分析符合第二类QTL，这些QTL对Cd^{2+}胁迫敏感，是不耐Cd^{2+}的QTL，但其中的许多QTL对幼苗、幼根发育的效应值很大，例如，与根系总长有关的*qRTL1Bb*可解释根长变异的25.95%，与根表面积有关的*qRSA1Bb*可解释根表面积变异的30.15%，与根尖数有关的*qRT1Ba*和*qRT1Bb*可分别解释根尖数变异的26.45%和55.03%，说明这些QTL对正常情况下幼苗、幼根生长发育影响很大，可用于小麦大根系品种的分子标记辅助选择。第三类QTL，即只在Cd^{2+}处理下检测到的21个QTL，是耐Cd^{2+}胁迫特有的基因，有重要的研究价值。其中在3B染色体上共定位出了7个耐Cd^{2+} QTL，说明在3B染色体上可能存在着耐Cd^{2+}基因，其中与根平均直径相关的*qRAD3B*和与茎叶干重有关的*qSDW3Ba*，其效应值分别达到了70.05%和28.94%，这两个QTL贡献率较高，有重要的研究价值。特别是决定根平均直径的*qRAD3B*，效应值特别大，而且幼根变粗是Cd^{2+}胁迫最明显的典型性状，今后可构建次生群体，进行该QTL基因的精细定位。而Cr^{6+}胁迫下则是三种环境下数据同时分析的，没有进行单个环境的分析，但检测出的位点有的也存在与环境的互作现象。

本研究检测到的QTL在染色体上有集中分布的特点，不仅在同一染色体上有多个基因，而且存在控制不同性状的多个QTL集中分布在同一条染色体上一个特定的区段。例如，对照条件下，在染色体1B上的*Xcfd21-Xcwem9*区间，检测到控制根系总长、根表面积和根尖数的 QTL，在染色体 1B 上的 *Xgwm218-Xgwm582* 区间，检测到控制根系总长、根表面积、根平均直径和根尖数的 QTL，在染色体 7D 上的 *Xgdm67-Xwmc634* 区间，检测到控制根系总长、根表面积和根体积的 QTL；40mg/L Cd^{2+}处理下，在染色体 3B 上的 *Xgwm566-Xcfe009* 区间，检测到控制茎叶鲜重和根干重的 QTL；120mg/L Cd^{2+}处理下，在染色体 1A 上的 *Xgwm498-Xgpw7412* 区间，检测到控制根表面积和根体积的 QTL。而在 Cr^{6+}胁迫下，在 6A 染色体 *XGWM82-XWMC182* 标记区间上检测到同时控制株高、叶龄和主根长度 3 个性状的加性效应和加性效应与环境互作位点，在 7D 染色体 *XGDM67-XWMC634* 标记区间上检测到控制小麦株高的 QTL，同时在其相邻标记区间 *XGWM676-XGWM437* 上还检测到控制主根长度的 QTL；在 2A 染色体 *XBARC380-XGWM636* 标记区间上检测到控制小麦株高的 QTL，同时在该染色体 *XWMC455-XGWM515* 标记区间上还检测到控制小麦叶龄的 QTL。这些聚集位点在一定程度上反映了小麦耐 Cd^{2+}和 Cr^{6+}胁迫的性状之间既有相互促进又有相互制约的数量遗传关系，同时也表明这些 QTL 可能源于一因多效或者基因的紧密连锁。如果要准确区分这两种遗传效应，必须把这些 QTL 通过回交转育成单个 QTL 的近等基因系，将复合 QTL 剖分为单个孟德尔遗传因子，对其精细定位。在育种中，利用与这些 QTL 紧密连锁的分子标记进行辅助选择，可同时对多个相关性状进行遗传改良达到事半功倍的效果。

第三节　小麦抗穗发芽 QTL 定位及效应分析

由于小麦种子休眠期较短，小麦在收获前处于潮湿环境下较易发生穗发芽(PHS)。穗发芽的发生引起小麦种子内部一系列生理变化，不仅影响小麦的产量水平，而且严重降低小麦的营养品质和加工品质。此外，即便发生轻度水平的穗发芽，也会大大减少种子的储藏寿命，降低其来年的种用价值，给农业生产带来巨大损失。

穗发芽的危害程度除了取决于麦熟期间的降水量和温度外，品种本身的穗发芽抗性是一个重要因素。品种本身的穗发芽抗性受多基因控制，且基因间的相互作用也比较复杂，不仅存在单个基因的加性效应，还存在不同基因位点间的互作以及基因型与环境的互作。分子标记辅助选择育种是研究小麦穗发芽抗性、选育小麦抗穗发芽品种的一种有效途径，但前提是要找到与穗发芽抗性紧密连锁的 QTL 位点及与穗发芽相关的互作位点，需要在自然或人工创造的环境条件下进行与穗发芽相关的 QTL 定位。田间穗发芽抗性鉴定容易受年份间自然降雨条件的限制，因此人工创造条件进行穗发芽抗性鉴定具有重要意义。本实验以‘花培 3 号’×‘豫麦 57’的双单倍体(doubled haploid，DH)群体为材料，在 3 种不同的环境条件下种植，借鉴前人的研究经验，蜡熟期在人工制造的简易塑料周转箱内进行整穗发芽试验，了解不同环境条件下种植的 DH 群体的整穗发芽抗性水平，并进行整穗发芽 QTL 定位，旨在筛选抗性较强的家系用于育种实践，同时找出与整穗发芽相关的 QTL 位点，为实施分子标记辅助选择提供较可靠的理论依据。

一、抗穗发芽 QTL 定位

(一)试验材料

以综合性状优良的白粒小麦品种‘豫麦 57’和高产、多抗的白粒小麦‘花培 3 号’及其构建的 DH 群体(168 个家系)为试验材料。

(二)穗发芽的测定方法

2008 年种植于山东农业大学试验田，随机区组设计。DH 群体及其父母本按标号顺序种植，每家系 4 行区，行长 2.5m，行距 0.25m。田间种植在 3 种肥水条件下进行，种植前 3 个处理的土壤条件一致，统一施底肥。环境 1，整个生育期共灌溉 4 次：越冬水+拔节水+开花水+灌浆水，拔节期和灌溉前期各追肥一次；环境 2，灌溉及底肥同环境 1，整个生育期不追肥；环境 3，底肥和追肥同环境 1，整个生育期不灌溉。

以家系为单位，调查开花期并挂牌记录。花后 35 天左右(蜡熟期)结合外观取穗(麦颖基本变黄，颖壳上有少许绿色)。每家系取 8 穗(留 7~8cm 的穗下节)用于整穗发芽试验。以家系为单位将取回的穗捆成束，并立即将样品浸没于无菌水中 4~6h，使麦穗充分吸水。将麦穗取出后竖直插于事先准备好的泡沫板上，束间保持适当距离，以保证良好的通风，最后将插满穗的泡沫板置于塑料周转箱内，于室温条件下(24℃左右)进行整穗发芽试验。发芽实验开始后 24h 内，每隔 1～2h 喷一次无菌水，以后每天喷 3～5 次水。发芽 7 天后，统计发芽种子数和不发芽种子数，用于计算整穗发芽率。

(三)数据处理

利用 Microsoft Excel 对整穗发芽的表现型进行统计分析。利用基于混合线性模型的 QTL Network 2.0 软件进行 QTL 分析。按 McIntosh 等的方法命名 QTL。

(四)结果与分析

1. DH 群体的整穗发芽分析

用发芽 7 天后的发芽率来表示整穗发芽的抗性水平(表 7-9)。3 种环境条件下，双亲均具相对较高的发芽率，母本‘花培 3 号’的整穗发芽率高于父本‘豫麦 57’，DH 群体的整穗发芽率的均值相差不大，但在群体内部，整穗发芽率的变幅较大，表现为 6%~98%(环境 1)、10%~98%(环境 2)、7%~98%(环境 3)。

三种环境条件下，DH 群体的整穗发芽率趋势基本一致，表现相对稳定(图 7-4)。但不同整穗发芽率范围内，不同家系的表现具一定波动性，且存在明显的双向超亲分离现象。从 DH 群体各株系分析，整穗发芽率在 70%以上的家系占的比例比较大，表现出倾母遗传效应，与前人的研究结果相似。图 7-5 所示为 3 种环境条件下部分家系及父母本在发芽 7 天后的表现。

表 7-9　DH 群体的整穗发芽分析

Table 7-9　Analysis of pre-havrest sprouting in the DH population derived from Huapei 3×Yumai 57

环境 Environment	亲本 Parents		DH 群体 DH population			
	花培 3 号 Huapei3/%	豫麦 57 Yumai57/%	均值 Mean/%	最小值 Minimum/%	最大值 Maximum/%	标准差 (SD)
环境 1 Env.1	75	56	71	6	98	0.18
环境 2 Env.2	81	59	70	10	98	0.19
环境 3 Env.3	79	61	74	7	98	0.19

2. 整穗发芽的 QTL 定位及效应分析

1) 加性 QTL 的定位及分析

环境 1 条件下共检测到 3 个与整穗发芽相关的 QTL 位点(*qPhs2B.2*、*qPhs5D.1*、*qPhs4A*)，分别位于 2B、5D、4A 染色体上(表 7-10，图 7-6)。3 个 QTL 的加性效应值分别为–0.075、0.050、–0.043，分别解释表形变异的 9.45%、7.74%、6.09%，总共可解释表型变异的 23.28%。

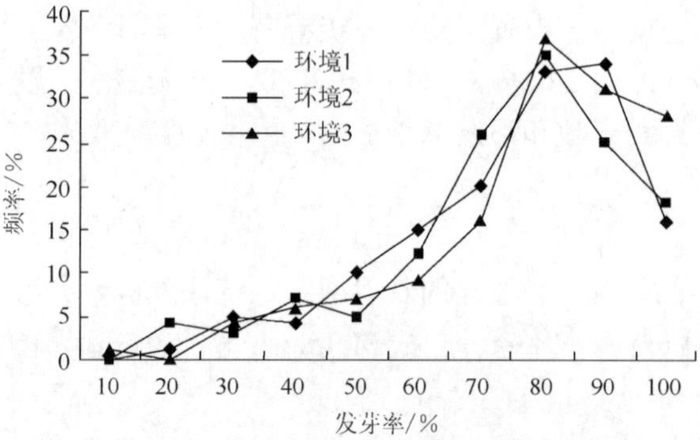

图 7-4　整穗发芽频率分布图

Fig. 7-4　The frequency distribution chart of pre-harvest sprouting derived from Huapei 3×Yumai 57

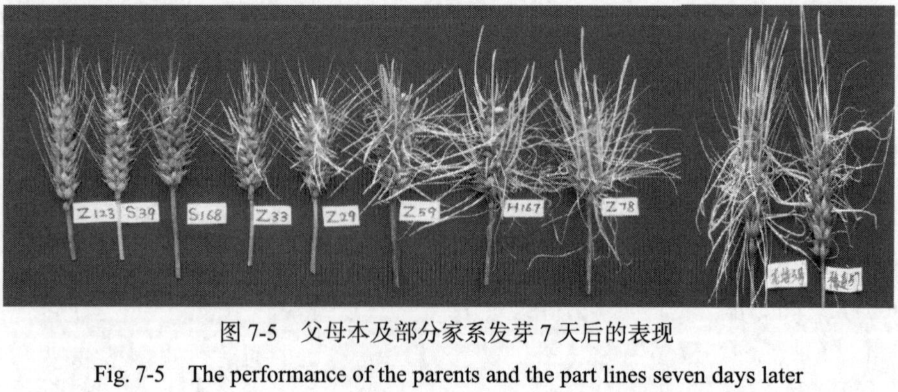

图 7-5　父母本及部分家系发芽 7 天后的表现

Fig. 7-5　The performance of the parents and the part lines seven days later

表 7-10　小麦整穗发芽 QTL 位置、效应及贡献率

Table 7-10　Intervals，effects and contributions of QTLs for pre-harvest sprouting in the DH population derived from Huapei 3×Yumai 57

环境 Environment	QTL	标记区间 Flanking marker	位置 Site/cM	加性效应 (A)	贡献率 (H^2)/%
环境 1 Env.1	*qPhs2B.2*	*XBARC373-XBARC1114*	68.1	–0.075**	9.45
	qPhs5D.1	*XCFD40-XBARC1097*	4.4	0.050**	7.74
	qPhs4A	*XWMC-313-XWMC497*	32.5	–0.043**	6.09
环境 2 Env.2	*qPhs1B*	*XWMC766-XSWES158*	95.4	0.021**	7.62
	qPhs2B.1	*XCWEM55-XBARC129.1*	87.6	0.016**	8.88
	qPhs5D.1	*XCFD40-XBARC1097*	2.4	0.047**	5.33
环境 3 Env.3	*qPhs5D.1*	*XCFD40-XBARC1097*	2.4	0.052**	5.70
	qPhs5D.2	*XWMC215-XBARC345*	69.3	–0.039**	5.85

** 表示在 5%水平达极显著

** Significance at level of 5%

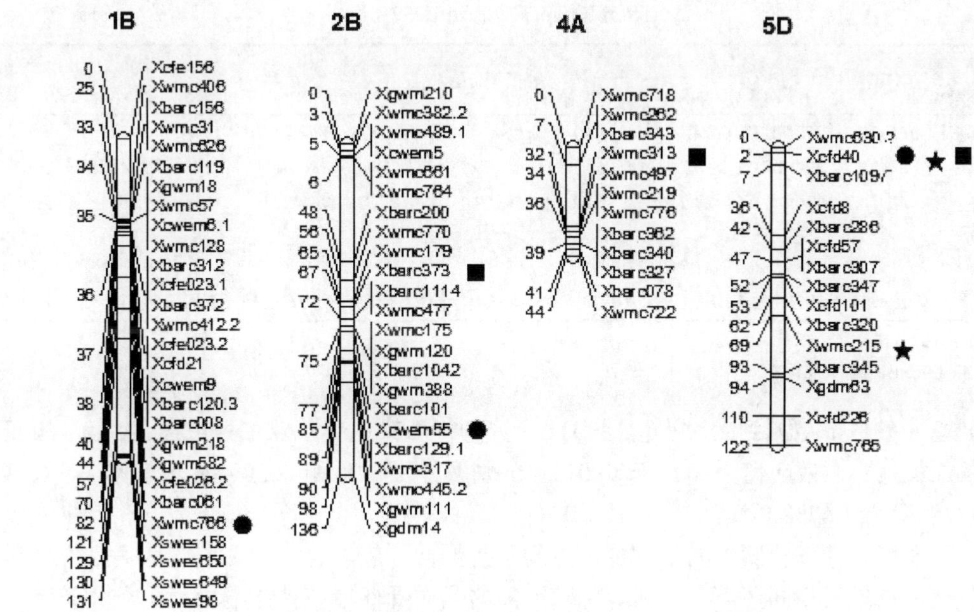

图 7-6　整穗发芽加性 QTL 在染色体上的位置

Fig. 7-6　Positions of additive QTLs associated with pre-harvest sprouting

■ 环境1检测的QTL；● 环境2检测的QTL；★ 环境3检测的QTL
QTL of Env.1；QTL of Env.2；QTL of Env.3

环境 2 条件下共检测到 3 个与整穗发芽相关的 QTL 位点，*qPhs1B*、*qPhs2B.1*、*qPhs5D.1* 分别位于 1B、2B、5D 染色体上。3 个 QTL 的加性效应值分别为 0.021、0.016、0.047，分别解释表形变异的 7.62%、8.88%、5.33%，共解释表型变异的 21.83%。

环境 3 条件下共检测到 2 个与整穗发芽相关的 QTL 位点，*qPhs5D.1*、*qPhs5D.2* 均位于 5D 染色体上这两个 QTL 的加性效应值分别为 0.052、–0.039，分别解释表形变异的 5.70%、5.85%。

在所有检测到的 QTL 位点中，只有 *qPhs5D.1* 位点在 3 个环境中均能检测到，且加性效应值均为正值。剩余位点只能在单独一个环境中检测到，加性效应为正值或负值，表明控制整穗发芽的等位基因来源于两个亲本，进而导致 DH 群体超亲分离个体与父母本表现型的差异。

2) 上位性 QTL 的分析

环境 1 条件下检测到 2 对上位性 QTL（表 7-11），分别位于染色体 2B-4A 和 2B-5D 上，加加互作的效应值分别为–0.014、0.048，分别解释 1.31%和 6.70%的表型变异，上位性总贡献率为 8.01%。

环境 2 条件下检测到 1 对上位性 QTL，位于染色体 1A-5B 上，加加互作的效应值为 0.067，解释 9.50%的表型变异。

表 7-11　小麦整穗发芽的上位性位点

Table 7-11　Estimated epistasis associated with pre-harvest sprouting in the DH population derived from Huapei 3×Yumai57

环境 Environment	QTL	标记区间 Flanking marker	位置 Site/cM	QTL	标记区间 Flanking marker	位置 Site/cM	上位效应 (AA)	贡献率 (H^2)/%
环境 1 Env.1	*qPhs2B.3*	*XBARC373-XBARC1114*	68.1	*qPh4A*	*XWMC313-XWMC497*	32.5	–0.014**	1.31
	qPhs2B.3	*XBARC373-XBARC1114*	68.1	*qPhs5D.1*	*XCFD40-XBARC1097*	2.4	0.048**	6.70
环境 2 Env.2	*qPhs1A.2*	*XBARC120.1-XWMC333*	57.2	*qPhs5B*	*XBARC232-XWMC235*	24.7	0.067**	9.50
环境 3 Env.3	*qPhs1A.1*	*XCWEM32.1-XWMC527*	9.9	*qPhs3D*	*XGDM8-XWMC492*	25.4	–0.064**	13.37
	qPhs2A	*XWMC382.1-XBARC380*	1.0	*qPhs3A*	*XCFA2134-XWMC527*	104.9	0.015**	8.30

**表示在 5%水平达极显著

** Significance at level of 5%

环境 3 条件下检测到 2 对上位性 QTL，分别位于染色体 1A-3D 和 2A-3A 上，均表现出的加加互作，效应值为–0.064、0.015，分别解释 13.37%和 8.30%的表型变异，上位性总贡献率为 21.67%。

3 种环境条件下检测到的上位性位点均不具加性效应，且不同环境条件下，检测到的上位性位点均不相同，可见，非等位基因间的互作受环境条件影响较大，在分子标记辅助选择中不容忽略。

二、小麦抗穗发芽 QTL 研究进展与本研究的比较分析

(一) 小麦抗穗发芽 QTL 研究进展

穗发芽是与产量和品质密切相关的农艺性状。前人如 Kulwal 等 (2004)、Mohan 等 (2009)、Fofana 等 (2009)、Imtiaz 等 (2008)、Rasul 等 (2009)、Flintham 等 (2002)、Sun 等 (2008) 对抗穗发芽、发芽指数、降落值等穗发芽相关性状进行了 QTL 分析，已定位穗发芽抗性相关性状的 QTL 多达 90 个，其中贡献率大于 10%的 28 个，最高达 52.7%（表

7-12)。这些 QTL 位点被定位到除 1D 染色体外的其他染色上，其中以 3A、3B、3D 和 4A 染色体与其关系最为密切。

表 7-12　小麦穗发芽相关性状的 QTL 汇总(PVE>10%)

Table 7-12　Sumary of QTL results of wheat prehavest resistance(PVE>10%)

性状 Trait	QTL	标记区间 Flanking marker	贡献率 (PVE)/%	群体 Mapping population	参考文献 Reference
抗穗发芽 Pre-harvest risistance	*QPhs.ccsu-3B.4*	*Xfbb283-XATPase.2*	19.84	RIL	Kulwal et al. (2004)
	QPhs.ccsu-3B.5	*Xgwm108-Xfbb378*	10.69		
	QPhs.ccsu-2A.5	*Xgwm1045-Xgdm296*	13.90	RIL	Mohan et al. (2009)
	QPhs.ccsu-3A.1	*Xwmc153-Xgwm155*	15.99		
	QPhs.ccsu-3B.4	*Xfbb283-XATPase.2*	19.84	RIL	Kulwal et al. (2004)
	QPhs.ccsu-3B.5	*Xgwm108-Xfbb378*	10.69		
	QPhs.ccsu-2A.5	*Xgwm1045-Xgdm296*	13.90	RIL	Mohan et al. (2009)
	QPhs.ccsu-3A.1	*Xwmc153-Xgwm155*	15.99		
发芽指数 Germination index (GI)	*QGi.crc-3B*	*Xbarc77-Xwmc307*	27.00	DH	
	QGi.crc-3D	*Xwmc552-Xwmc533*	17.00		
7 天发芽指数 (GI-7)	*QPhs.dpivic-3D.1*	*Xcfd211-XRGC*	BC1F7		Imtiaz et al. (2008)
	QPhs.dpivic-3D.2	*Xgdm8-Xgwm52*			
14 天发芽指数 (GI-14)	*QPhs.dpivic-3D.1*	*XRGC-Xwms1200*	—	BC1F7	
	QPhs.dpivic-4A.2	*Xwms937-Xwms894*	—		
萌发指数(GI)	*QGI-4B*	*Xwmc349*	52.70	DH	Rasul et al. (2009)
可见发芽种子数 Visible germinated seeds (VI)	*QPhs.dpivic-3D.1*	*XRGC-Xwms1200*	12.00	BC1F7	Imtiaz et al. (2008)
	QPhs.dpivic-4A.2	*Xwms937-Xwms894*	24.00	BC1F7	Imtiaz et al. (2008)
	QPhs.dpivic-3D.1	*Xwms1200-Xgwm3*		BC1F7	Imtiaz et al. (2008)
发芽指数(SI)	*QSI-3A*	*Xwmc264*		DH	Rasul et al. (2009)
	QSI-3D	*Xgwm191–Xbarc71*			
	QSi.crc-3B	*Xbarc77–Xwmc307*	21.00	DH	Fofana et al. (2009)
	QSi.crc-3D	*Xwmc552–Xwmc533*	11.00		
	QSi.crc-5D	*Xgwm469–Xcfd10*	44.00		
抗发芽损伤 Anti- sprouting damage	*1BS*	*Xpsp3000*		RIL	Flintham et al. (2002)
	1AS	*Xbcd1434*		RIL	Anderson et al. (1993)
降落值 Falling number	*QFN-4A.1*	*Xwmc48*	13.70	DH	Rasul et al. (2009)
	QFN-4B	*Xwmc349*	14.90	DH	Rasul et al. (2009)
	QFn.sdau-6B	*Xgwm132b-Xwmc487*	17.90	RIL	Sun et al. (2008)
	QFn.crc-3B	*Xbarc77-Xwmc307*	33.00	DH	Fofana et al. (2009)

(二) 本研究结果与前人研究结果的比较分析

本研究中在 1B、2B、4A 和 5D 染色体上发现了抗穗发芽的加性 QTL，同时发现了上位性 QTL 位点，与前人有关穗发芽定位的结果相比都在 2B 和 5D 上定位了 QTL，说明 2B 和 5D 染色体上存在与穗发芽有关的重要区段或基因。另外，在 3B、3D、4A、6A 和 6B 上也发现了 QTL 位点，特别是在 4A 和 3D 上的 QTL 位点与种子的萌发特性有很大关系，而 4A 和 6B 上的 QTL 与降落值密切相关，从分子水平上说明穗发芽与种子的萌发特性和面粉的降落值之间的关系。

另外，本研究在 3 种种植条件下检测到了不同的上位性位点，而这些位点本身不具备加性效应，与其他 QTL 位点互作时才影响穗发芽的表现。

第四节　小麦抗病性 QTL 定位及效应分析

我国在 20 世纪 50 年代早期就开始了针对小麦条锈病的抗病育种。近年来，除条锈病外，许多原来的次要病害逐渐成为限制小麦生产的主要病害，如白粉病、赤霉病、纹枯病和全蚀病等。由于小麦大多数病害的病原菌生理小种具有复杂多变等特点，常常导致品种抗性频繁丧失，因此，小麦病害的防治任务十分艰巨。除了利用现有抗病基因进行常规育种外，挖掘新抗病基因和在同一品种中聚合多种抗病基因是重要的育种策略。另外，随着分子标记的广泛应用和发展，越来越多的抗病基因获得了分子标记，为分子标记辅助选择(MAS)、加快目标基因的聚合育种提供了便利。

尽管已获得一些主要抗病性的 QTL 及其分子标记，但在实际生产中应用却很少。因此，本课题主要进行了小麦白粉病成株抗性和赤霉病的 QTL 分析，以期获得紧密连锁的分子标记，用于小麦白粉病成株抗性和赤霉病的分子标记辅助育种。

一、小麦白粉病成株抗性的 QTL 分析

(一) 试验材料

以综合性状优良的白粒小麦品种‘豫麦 57’和高产、多抗的白粒小麦‘花培 3 号’及其构建的 DH 群体(168 个家系)为试验材料。

(二) 白粉病成株抗性的调查

田间自然发病情况下，在小麦乳熟期(花后 14 天)观察小麦顶部 2 个叶片白粉病菌孢子数来鉴定小麦白粉病成株抗性的严重度，按照 GB/T 19557.2—2004 9 级标准进行记载。

(三) 结果与分析

1. 表型分析

两亲本及 DH 群体在 3 个环境中的白粉病成株抗性的变异见图 7-7。两亲本存在差

异，‘豫麦 57’具有较好的白粉病成株抗性，发病指数为 3，而‘花培 3 号’的发病指数为 7。DH 群体中白粉病成株抗性指数(见图 7-7)呈现连续分布，并存在明显的双向超亲分离现象，表明为多基因控制的数量性状，适合进行 QTL 定位分析。

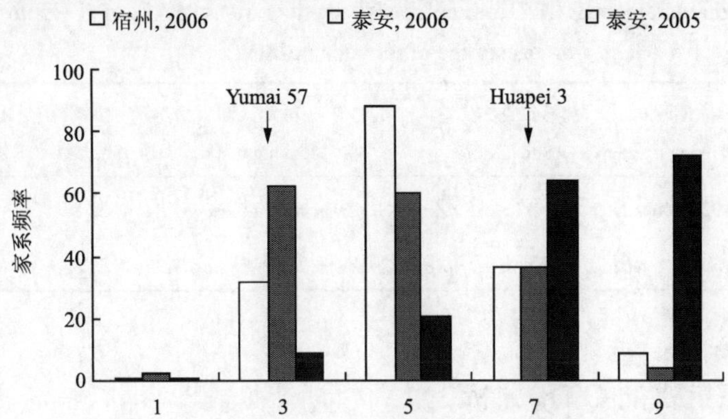

图 7-7　白粉病成株抗性指数分布

Fig. 7-7　Frequency distribution of disease index of adult-plant to powdery mildew

2. 白粉病成株抗性的 QTL 定位及效应分析

白粉病成株抗性的 2 个加性 QTL 位于 4D 和 5D 染色体(表 7-13)，其中位于 4D 染色体的 *qApr4D*，具有最大的遗传效应，贡献率为 20.0%，在各环境中稳定表达；位于 5D 染色体的 *qApr5D* 解释 1.3%的表型变异，并且具有环境互作效应。两个位点的白粉病成株抗性等位基因均来源于亲本‘豫麦 57’，这与其具有较好的白粉病成株抗性相一致。

表 7-13　白粉病成株抗性的加性效应及加性与环境互作效应

Table 7-13　Estimated additive (A) and additive × environment (AE) interactions of QTLs for adult-plant resistance of powder mildew

性状 Trait	QTL	标记区间 Flanking marker	位置 Site/cM	加性 Additive		加性×环境 1 AE1		加性×环境 2 AE2		加性×环境 3 AE3	
				效应 (A)	贡献率 (H^2) /%	效应 AE1	贡献率 (H^2) /%	效应 (AE2)	贡献率 (H^2) /%	效应 (AE3)	贡献率 (H^2) /%
白粉病成株抗性 adult-plant resistance of powder mildew	*qApr4D*	*Xgwm194-Xcfa2173*	106.0	0.82	20.0						
	qApr5D	*Xwmc215-Xgdm63*	69.3	0.20	1.3	−0.34	3.4			0.40	4.7

环境 1：宿州，2006；环境 2：泰安，2006；环境 3：泰安，2005

E1: Suzhou, 2006; E2: Taian, 2006; E3: Taian, 2005. APR: adult-plant resistance

白粉病成株抗性的 2 对上位效应位点位于 1B-3A(2)染色体(表 7-14)，可分别解释 3.6%和 1.3%的表型变异，没有检测到上位效应与环境的互作效应。

表 7-14　白粉病成株抗性的上位效应及上位与环境互作效应

Table 7-14　Estimated epistasis (AA) and epistasis × environment (AAE) of QTLs for adult-plant resistance of powder mildew

性状 Trait	QTL	标记区间 Flanking marker	位置 Site /cM	QTL	标记区间 Flanking marker	位置 Site/cM	上位效应 (AA)	贡献率 (H^2) /%
APR	*qApr1Ba*	*Xcfe023.2-Xcfd21*	37.3	*qApr3A*	*Xwmc489.2-Xwmc489.3*	59.8	−0.35	3.6
	qApr1Bb	*Xgwm582-Xcfe026.2*	51.6	*qApr3A*	*Xwmc489.2-Xwmc489.3*	59.8	−0.21	1.3

二、小麦赤霉病抗性的 QTL 分析

(一)试验材料

供试材料为普通小麦品种‘山农 01-35’(39-1/核生 2 号)和‘藁城 9411’(77546/临漳麦)为亲本进行杂交，通过一粒传法获得的包含 182 个家系的 $RILF_8$ 群体。

(二)赤霉病抗性调查

采用喷雾接种法接种，孢子液为南京农业大学提供的强致病力菌株 F609、F301、F15、7136 混合悬浮液，孢子悬浮液浓度为每毫升 5000 个。在小麦扬花期，每个家系选 20 个穗子均匀喷洒孢子液，使麦穗上形成雾珠或保持湿润，接种后 3 天内每天早、中、晚喷清水保湿，保证孢子萌发，接种后 21 天调查穗子发病情况并统计病小穗率。病小穗率=(发病小穗数/总小穗数)×100%

(三)结果与分析

1. 表型分析

3 个环境 RIL 群体赤霉病成株的病穗率变幅分别为 10.5%~61.3%、8.5%~56.2%和 9.6%~54.3%，平均值分别为 38.9%、29.6%、27.8%，群体病穗率接近正态分布。两亲本差异比较大，‘山农 01-35’具有较好的抗赤霉病性，群体病穗率年度间变幅分别为 17.8%~38.5%，而‘藁城 9411’的群体病穗率年度间变幅为 20.1%~71.2%，呈连续分布，存在明显的超亲分离。对 3 年试验的平均值进行分析，群体中各株系的病情指数呈近正态分布(图 7-8)，群体的平均数为 33.9%，介于‘山农 01-35’(21.6%)和‘藁城 9411’(62.3%)之间，略偏于抗性亲本。

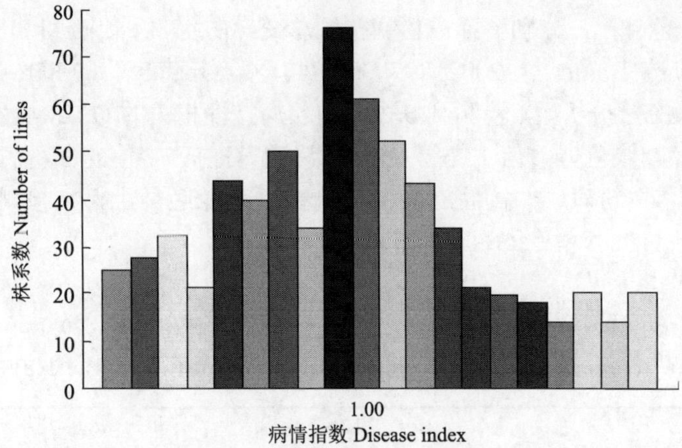

图 7-8　赤霉病成株抗性指数分布

Fig. 7-8　Frequency distribution of disease index of adult-plant to gibberellic disease

2. 赤霉病抗性的 QTL 定位及效应分析

赤霉病抗性的 2 个加性 QTL 位于 4B 和 5A 染色体(表 7-15)，位于 4B 染色体的 *Qfhi.nau-4B*，贡献率为 10.31%，在各环境中稳定表达；位于 5A 染色体的 *Qfhi.nau-5A* 解释 11.51%的表型变异。两个位点都具有环境互作效应，两个位点的赤霉病成株抗性等位基因均来源于亲本‘山农 01-35’，这与其具有较好的赤霉病成株抗性相一致。

表 7-15　赤霉病成株抗性的加性效应及加性与环境互作效应

Table 7-15　Estimated additive (A) and additive × environment (AE) interactions of QTLs for adult-plant resistance of gibberellic disease

性状 Trait	QTL	标记区间 Flanking marker	位置 Site/cM	加性 Additive		加性×环境 1 A×E1		加性×环境 2 A×E2		加性×环境 3 A×E3	
				效应 (A)	贡献率 (H^2)/%	效应 (AE1)	贡献率(H^2)/%	效应 (AE2)	贡献率(H^2)/%	效应 (AE3)	贡献率(H^2)/%
赤霉病成株抗 APRG	*Qfhi.nau-4B*	*Xgwm149-Xwmc349*	1.0	0.060	10.31	0.057	16.12	0.061	16.43	0.064	17.54
	Qfhi.nau-5A	*Xwmc96-Xwmc446*	2.0	0.070	11.51	0.067	17.22	0.072	17.63	0.075	19.84

环境 1：宿州，2006；环境 2：泰安，2006；环境 3：泰安，2005

E1：Suzhou，2006；E2：Taian，2006；E3：Taian

三、小麦抗病 QTL 研究进展及与本研究的比较分析

(一) 小麦抗病 QTL 研究进展

目前已有 60 多个小麦抗白粉病基因被定位到 47 个位点(*Pm1~Pm47*)，分布在除 3A、4D 以外的各条染色体上。其中，*Pm38* 和 *Pm39* 为白粉病成株抗性基因，其余抗性基因均为病原菌生理小种专化性的主效基因；由于生理小种的不断变异，大部分已丧失抗性(兰彩霞，2010)。关于白粉病成株抗性，Liu 等(2001)研究小麦品种分子标记辅助选择的慢白粉病抗性，鉴定出 3 个 QTL——*QPm.vt-1B*、*QPm.vt-2A* 和 *QPm.vt-2B* 分别位于

1B、2A 和 2B 染色体上，分别解释白粉病抗性总变异的 17%、29%和 11%，遗传方式表现为基因加性效应。Börner 等(2002)对‘W7984’×‘Opata85’的 RIL 群体进行多年多点的抗病鉴定和 QTL 分析时，检测到 6 个与白粉病抗性相关的 QTL，分别位于 2D、3B、4B、5D、6A 和 7D 染色体。何中虎等(2011)综述了目前已定位的白粉病成株抗性 QTL/基因(表 7-16)，将白粉病成株抗性定位在了小麦 21 条染色体上，共检测到 80 个 QTL，其中 49 个为主效 QTL，单个 QTL 的贡献率最高达 63%。

表 7-16　小麦抗病性 QTL 汇总(PVE>10%)(何中虎等，2011)

Table 7-16　Summary of QTLs for plant resistance to disease in wheat(PVE>10%)

性状 Trait	基因位点 QTL	供体亲本 Donor	标记区间 Flanking marker	贡献率 (PVE)/%	参考文献 Reference
条锈病	*QYr.jirc-1B*	Fukuho-komugi	*Xwmc320*	10.4	Suenaga et al. (2003)
	QPst.jic-1B	Guardian	*Xgwm818*	18.0~22.0	Melichar et al. (2008)
	QYr.cimmyt-1BL	Pavon 76	*Xgwm259*	33.0~33.9	William et al. (2006)
	QYrtm.pau-2A	T.monococcum	*Xwmc407-Xwmc170*	14.0~27.0	Chhuneja et al. (2008)
	QTL 2AS	PAU14087/Kris	*Xwmc407-Xgwm071*	27.0	Christiansen et al. (2006)
	QYR2	Camp Remy	*Xgwm356-Xgwm382*	10.7~15.4	Boukhatem et al. (2002)
	QYr.inra-2AL	Camp Remy	*Xgwm282a-Xgwm359*	20.0~40.0	Mallard et al. (2005)
	QTL 2AL	Deben/Kris/Soloist	*Xwmc198a-Xwmc170*	40.0~41.0	Christiansen et al. (2006)
	QYR3	Opata 85	*Xcdo405-Xbcd152*	30.7	Boukhatem et al. (2002)
	QYr.inra-2BS	Camp Remy	*Xgpv3032-Xcfd50*	22.0~70.0	Mallard et al. (2005)
	QYr.sgi-2B.1	Kariega	*Xgwm148-s12m60A*	17.0~46.0	Ramburan et al. (2004)
	QYrlu.cau-2BS.1	Luke or Aquileja	*Xwmc154-Xgwm148*	36.6	Guo et al. (2008)
	QYR1	Camp Remy	*Xgwm47-Xgwm501*	45.8~46.0	Boukhatem et al. (2002)
	QYr.inra-2BL	Camp Remy	*Xbarc101-Xgwm120*	42.0~61.0	Mallard et al. (2005)
	QTL 2BL	Deben	*Xwmc149-Xwmc317*	21.0	Christiansen et al. (2006)
	QYraq.cau-2BL	Luke or Aquileja	*Xwmc175-Xwmc332*	61.5	Guo et al. (2008)
	QYr.inra-2DS	Camp Remy	*Xgwm102-Xgwm539*	24.0~69.0	Mallard et al. (2005)
	QYr.jirc-2DL	Fukuho-komugi	*Xgwm349*	10.1~11.4	Suenaga et al. (2003)
	QYr.cimmyt-3BS	Opata 85	*Xfba190-XksuG53*	16.0~28.0	Singh et al. (2000)
	QYrex.wgp-3BL	Express	*Xgwm299-Xwgp66*	22.1~27.4	Lin et al. (2009)
	QYr.cimmyt-3D	Opata 85	*Xfba241-Xfba91*	14.0	Singh et al. (2000)
	QYR6	Opata 85	*Xcdo407-XksuA6*	11.7	Boukhatem et al. (2002)
	QPst.jic-4B	Guardian	*Xwmc652-Xwmc692*	8.0~12.0	Melichar et al. (2008)
	QYr.cimmyt-4BL	Avocet S	*Xgwm495*	7.4~12.7	William et al. (2006)
	QYr.cimmyt-4DS	Synthetic	*Xbcd265-Xmwg634*	9.0~31.0	Singh et al. (2000)
	QYR5	Opata 85	*Xfbb209-Xabg391*	15.0	Boukhatem et al. (2002)
	QYrtm.pau-5A	T.boeoticum PAU5088	*Xbarc151-Xcfd12*	24.0	Chhuneja et al. (2008)
	QYr.caas-5AL	Pingyuan 50	*Xwmc410-Xbarc261*	5.0~19.9	Lan et al. (2010)

续表

性状 Trait	基因位点 QTL	供体亲本 Donor	标记区间 Flanking marker	贡献率 (PVE)/%	参考文献 Reference
	QYr.inra-5BL.1	Camp Remy	*Xgwm639a-Xgwm639c*	18.0~26.0	Mallard et al.（2005）
	QYr.inra-5BL.2	Camp Remy	*Xgwm234-XDuPW115a*	29.0~34.0	Mallard et al.（2005）
	QYr.jirc-5BL	Oligoculm	*Xwmc415*	2.4~16.1	Suenaga et al.（2003）
	QYrex.wgp-6AS	Express	*Xgwm344-Xwgp56*	24.5~30.9	Lin et al.（2009）
	QYrst.wgp-6BS.1	Stephens	*Xbarc101-Xbarc136*	32.0~45.0	Santra et al.（2008）
	QYrst.wgp-6BS.2	Stephens	*Xgwm132-Xgdm113*	25.0~43.0	Santra et al.（2008）
	QTL 6BL	Soloist/Kris	*Xwmc397-Xwmc105b*	25.0~29.0	Christiansen et al.（2006）
	QYr.cimmyt-6BL	Pavon76	*XPstAGGMseCGA1*	10.1~17.6	William et al.（2006）
	QYR7	W-7984	*Xbcd1510-XksuD27*	13.1	Boukhatem et al.（2002）
	QYr.nsw-7B	Tiritea	*Xgwm611*	26.0	Imtiaz et al.（2004）
	Yr39	Alpowa	*Xwgp36-Xwgp45*	59.1~64.2	Lin et al.（2007）
	YrCK	Cook	*M59/P41-215-M49/P33-280*	18.0~30.0	Navabi et al.（2005）
	QYr.jirc-7DS	Fukuho-komugi	*Xgwm295*	10.7~23.7	Suenaga et al.（2003）
	QYr.sgi-7D	Kariega	*Xgwm295-Ltn*	9.0~29.0	Ramburan et al.（2004）
	QYr.nsw-7DS	Otane	*Xgwm44*	13.0	Imtiaz et al.（2004）
	QYr.caas-7DS	Libellula and Strampelli	*csLV34-Xgwm295*	14.6~39.1	Lu et al.（2009）
	QYr.cimmyt-7D	Opata 85	*Xbcd1438-Xwg834*	12.0~36.0	Singh et al.（2000）
	QYR4	Opata 85	*XWg834-Xbcd1438*	13.9	Boukhatem et al.（2002）
白粉病	*QPm.osu-1A*	2174	*Pm3a*	63.0	Chen et al.（2009）
	QPm.caas-1AS	Fukuho-komugi	*Xgdm33-Xpsp2999*	19.9~26.6	Liang et al.（2006）
	QPm.crag-1A	RE714	*Xcdo572-Xbad442*	39.3~43.0	Mingeot et al.（2002）
	QPm.sfr-1B	Forno	*CD9b-Xpsr593a*	11.6	Keller et al.（1999）
	QPm.vt-1BL	Massey	*Xgwm259-Xbarc80*	15.0~17.0	Tucker et al.（2007）
	QPm.vt-1B	USG3209	*WG241*	17.0	Liu et al.（2001）
	Yr29/Lr46/Pm39	Saar	*Xwmc719-Xhbe248*	7.3~35.9	Lillemo et al.（2008）
	QPm.osu-1B	2174	*Xwmc134*	14.0	Chen et al.（2009）
	QPm.inra-1D.1	RE9001	*Xgwm106*	12.6	Bougot et al.（2006）
	QPm.crag-2A	RE714	*Pm4b-gbxG303*	22.7~33.6	Mingeot et al.（2002）
	QPm.vt-2AL	Massey	*Xgwm304-Xgwm312*	29.0	Liu et al.（2001）
	QPm.vt-2A	USG3209	*Xgwm304-Xgwm294*	26.0~29.0	Tucker et al.（2007）
	QPm.crag-2B	Festin	*Xgwm148-gbxG553*	23.6~71.5	Mingeot et al.（2002）
	QPm.caas-2BS	Lumai 21	*Xbarc98-Xbarc1147*	10.6~20.6	Lan et al.（2010）
	QPm.vt-2B	Massey	*WG338-Xgwm526*	11.0	Liu et al.（2001）
	QPm.inra-2B	RE9001	*Xrtp114R-Xcfd267*	10.3~36.3	Bougot et al.（2006）

续表

性状 Trait	基因位点 QTL	供体亲本 Donor	标记区间 Flanking marker	贡献率 (PVE)/%	参考文献 Reference
	QPm.vt-2BL	USG3209	*Xgwm501-Xgwm191*	11.0~15.0	Tucker et al. (2007)
	QPm.caas-2BL	Lumai 21	*Xbarc1139-Xgwm47*	5.2~10.1	Lan et al. (2010)
	QPm.inra-2D-a	RE9001	*Xgwm102*	19.0	Bougot et al. (2006)
	QPm.inra-2D-b	RE9001	*Xcfd2e*	16.5	Bougot et al. (2006)
	QPm.sfr-2D	Oberkulmer	*Xpsr932-Xpsr331*	10	Keller et al. (1999)
	QPm.caas-2DL	Lumai 21	*Xwmc18-Xcfd233*	5.7~11.6	Lan et al. (2010)
	QPm.sfr-3A	Forno	*Xpsr598-Xpsr570*	10.4	Keller et al. (1999)
	QPm.crag-3A	Festin	*Xpsr598-Xgwm5*	21.4~25.9	Mingeot et al. (2002)
	QPm.nuls-3AS	Saar	*Xstm844tcac-Xbarc310*	8.1~20.7	Lillemo et al. (2008)
	QPm.inra-3B	Courtot	*Xgwm389*	22.7	Bougot et al. (2006)
	QPm.osu-3B	2174	*Xwmc533*	10.0	Chen et al. (2009)
	QPm.sfr-3D	Oberkulmer	*Xpsr1196a-Lrk10-6*	15.7	Keller et al. (1999)
	QPm.inra-3D	RE9001	*Xcfd152，Xgwm707*	9.3~15.2	Bougot et al. (2006)
	QPm.sfr-4A.1	Forno	*Xgwm111c-Xpsr934*	14.7	Keller et al. (1999)
	QPm.sfr-4A.2	Forno	*Xmwg710b-Xglk128*	14.3	Keller et al. (1999)
	QPm.ttu-4A	Triticum militinae	*Xgwm232-Xgwm160*	35.0~54.0	Jakobson et al. (2006)
	QPm.crag-4A	RE714	*XgbxG036-XgbxG542*	22.3	Mingeot et al. (2002)
	QPm.osu-4A	2174	*Xwms160*	12.0	Chen et al. (2009)
	QPm.nuls-4BL	Avocet	*XwPt1505-Xgwm149*	21.0~40.2	Lillemo et al. (2008)
	QPm.sfr-4D	Forno	*Xglk302b-Xpsr1101*	14.4	Keller et al. (1999)
	QPm.caas-4DL	Bainong 64	*Xbarc200-Xwmc33*	15.2~22.7	Lan et al. (2009)
	QPm.sfr-5A.1	Oberkulmer	*Xpsr644a-Xpsr945*	22.9	Keller et al. (1999)
	QPm.sfr-5A.2	Oberkulmer	*Xpsr1194-Xpsr918b*	16.6	Keller et al. (1999)
	QPm.sfr-5A.3	Oberkulmer	*Xpsr911-Xpsr120a*	10.5	Keller et al. (1999)
	QPm.nuls-5A	Saar	*Xgwm617b-Xwmc327*	4.2~15.2	Lillemo et al. (2008)
	QPm.sfr-5B	Oberkulmer	*Xpsr580b-Xpsr143*	12.6	Keller et al. (1999)
	QPm.inra-5B.2	Courtot	*Xgwm790b*	11.1	Bougot et al. (2006)
	QPm.crag-5D.1	RE714	*Xgwm639a-Xgwm174*	30.2~38.9	Mingeot et al. (2002)
	QPm.crag-5D.2	RE714	*Xcfd8B9-Xcfd4A6*	24.0~37.8	Mingeot et al. (2002)
	QpmVpn.inra-5D	Courtot	*Xcfd8*	11.0	Bougot et al. (2006)
	QPm.inra-5D.1	RE714	*Xcfd26*	28.1~37.7	Chantret et al. (2001)
	QPm.inra-5D.2	RE714	*XgbxG083*	37.7	Chantret et al. (2001)
	QPm.inra-6A	RE714	*MIRE (Xgwm427)*	8.8~13.4	Chantret et al. (2001)
	QPm.crag-6A	RE714	*MIRE*	19.8~53.9	Mingeot et al. (2002)
	QPm.caas-6BS	Bainong 64	*Xbarc79-Xgwm518*	10.3~16.0	Lan et al. (2009)
	QPm.sfr-7B.1	Forno	*Xpsr593c-Xpsr129*	11.3	Keller et al. (1999)

续表

性状 Trait	基因位点 QTL	供体亲本 Donor	标记区间 Flanking marker	贡献率 (PVE)/%	参考文献 Reference
	QPm.sfr-7B.2	Forno	*Xglk750-Xmwg710*	31.8	Keller et al.（1999）
	QPm.crag-7B	RE714	*XpdaC01-XgbxR035*	22.8~33.5	Mingeot et al.（2002）
	QPm.caas-7DS	Fukuho-komugi	*Ltn-Xgwm295.1*	12.0	Liang et al.（2006）
	Yr18/Lr34/Pm38	Saar	*Xgwm1220-Xswm10*	19.0~56.5	Lillemo et al.（2008）
	QPm.inra-7D.1	Courtot	*Xgpw1106*	10.6	Bougot et al.（2006）

国际上已命名了 51 个抗条锈病主效基因，涉及 48 个位点(*Yr1~Yr48*)，除 *Yr11~Yr14* 外均被定位于特定的染色体上(伍玲，2011)。其中，*Yr3* 位点有 *Yr3a*、*Yr3b* 和 *Yr3c* 三个复等位基因，*Yr4* 位点有 *Yr4a* 和 *Yr4b* 两个复等位基因，*Yr11*、*Yr12*、*Yr13*、*Yr14*、*Yr16*、*Yr18*、*Yr29*、*Yr30*、*Yr36*、*Yr39*、*Yr46* 和 *Yr48* 为成株抗性基因，其他 39 个为苗期抗性基因(伍玲，2011)。还有 72 个条锈病成株抗性 QTL 被定位在除 1A、1D、3D 和 7A 染色体外的其余各个染色体上(兰彩霞，2010)。

已正式命名的小麦抗叶锈病基因有 68 个，其中大多数为小种特异的主效抗叶锈病基因(刘子记等，2013)，已报道 39 个分子标记与抗叶锈病基因连锁或共分离(孙一等，2011)。

近年来，在我国特别是黄淮麦区小麦纹枯病趋向严重，已上升为我国小麦主要病害之一，但关于抗纹枯病的遗传研究报道较少。张小村等(2005)利用 2 个利用重组自交系群体 RIL-8 和 RIL-SES，对抗纹枯病性 QTL 进行分析，检测到 1 个 SSR 标记(*Xgwm526*)与纹枯病抗性具有关联性，与纹枯病抗病基因 *Ses1* 的遗传距离为 27.9cM。

小麦赤霉病主要发生在温暖潮湿和半潮湿地区，在我国以长江中下游冬麦区和东北春麦区发病较重，近年来随着全球气候变暖、灌溉条件的改善及耕作制度的变化，有进一步蔓延到黄淮麦区的趋势。目前，除 7D 染色体外的其他所有的染色体上都检测到抗赤霉病 QTL(Buerstmayr et al.，2009)，其中位于 3B、5A 和 6B 染色体上的 QTL 在‘苏麦 3 号’、‘望水白’、‘Wuhan’、‘Nyubai’、‘Frontana’、‘CM82036’和‘DH181’中被检测到，并且效应较大，是小麦抗赤霉病的主效 QTL。到目前为止，世界上还没有发现对赤霉病完全免疫的小麦品种。

(二)本研究结果与前人研究结果的比较分析

本研究定位了白粉病成株抗性的 2 个加性 QTL 和 2 对上位性 QTL 位点，其中位于 4D 染色体上的 *qApr4D* 位点贡献率达 20%，为主效 QTL 位点。这些位点涉及的染色体主要是 4D、5D、1B 和 3A。前人在这些染色体上也定位了 QTL 位点，且多数为主效 QTL 位点。

赤霉病定位的 2 个加性 QTL 位于 4B 和 5A 染色体，其中位于 4B 染色体的 *Qfhi.nau-4B*，贡献率为 10.31%，位于 5A 染色体的 *Qfhi.nau-5A* 可解释 11.51%的表型变异，两个位点都具有环境互作效应。目前对抗赤霉素的 QTL 定位研究主要集中在抗扩展性和抗侵染性等类型，所定位的 QTL 主要在 3B、6B 和 5A 染色体。本课题组除了发现 5A 染色体的 *Qfhi.nau-5A* 外，还发现位于 4B 染色体的 *Qfhi.nau-4B*，3 个试验环境的分析结果分别解释 16.12%、16.43%和 17.54%的表型变异，与田大刚等的研究基本一致。

第五节 小麦耐盐性的 QTL 定位及效应分析

盐渍土是影响农作物产量的一个主要限制因素。随着人口的不断增长和人们对粮食需求的不断增加，粮食安全问题越来越突出。除了采取一些盐渍土改良措施(如灌溉压碱)之外，对植物的抗盐性进行研究、培育耐盐性作物新品种是作物有效利用盐渍化土壤的一条根本途径。小麦耐盐性是多基因控制的数量性状，其分子机制及遗传机理比较复杂。耐盐指标的选择一直是进行耐盐鉴定的一个重要问题，前人对小麦耐盐性研究主要集中在小麦植株耐盐形态指标、生理生化指标等方面。近十几年来，随着生物技术的快速发展，小麦耐盐的遗传基础，特别是基因/QTL 定位的研究成为热点。任永哲等(2012)以‘小偃 54’×‘京 411’重组自交系群体为材料，在盐胁迫条件下检测到调控小麦苗期最大根长、根系干重、地上部干重和总干重及其相对性状的 QTL 位点，共检测到调控小麦苗期 4 个性状的 25 个 QTL 位点，分布在 2D、3A、4A、4B、5B、5D、6B、7A 和 7B 共 11 条染色体上，贡献率在 4.4%~25.5%。在小麦耐盐的生理生化指标的 QTL 定位研究方面，Dubeovsky(1996)以与植物耐盐性密切相关的 K^+/Na^+分离比为参数，利用 RFLP 分子标记将控制 K^+/Na^+分离比的 *Knal* 基因定位在小麦 4DL 染色体上。Munnus 等(2002)利用 3 个 F_2 群体，对控制 Na^+吸收性状的 QTL 进行定位，结果仅在一个 F_2 群体的 2A 染色体的长臂上定位了一个控制 Na^+吸收性状的 QTL。Morgan(1991)利用‘中国春’与‘埃及红’的代换系把渗透调节基因定位在 7A 染色体上，认为小麦的渗透调节与一个隐性基因有关，1996 年进一步用 RFLP 将渗透调节基因定位在 7A 染色体的短臂上。杨凯等(2001)将控制小麦苗期叶片脯氨酸含量的基因定位在 5A 和 5D 染色体上。刘旭等(2001)应用 SSR 标记检测到了一个与 *WMS67* 和 *WMSZ13* 标记紧密连锁的耐盐主效基因，定位在 5BL 染色体上。翁跃进等(2002)用耐盐性强的小麦农家品种‘茶淀红’与盐敏感品种‘农大 85021’杂交得到的 F_2 群体，获得了与耐盐性连锁的 RAPD 标记‘OPZ09-590’。单雷等(2006)利用 SSR-BSA 的方法获得了与耐盐品种‘山融 3 号’耐盐性状连锁的 SSR 标记 *Xgwm304*，将该基因定位在 5A 染色体短臂上。

上述研究利用不同群体对小麦不同耐盐性状进行了基因定位，但利用 DH 群体同时进行小麦幼苗和根系加性 QTL 及上位性效应分析的研究尚未见报道。本研究利用‘豫麦 57’(父本)和‘花培 3 号’(母本)培育的双单倍体群体(168 个家系)及其亲本为材料，在不同浓度的盐胁迫条件下鉴定调控小麦幼苗和根系性状的 QTL，旨在发掘调控小麦耐盐性的基因位点，为小麦分子标记辅助选择耐盐性状提供连锁标记。

一、小麦耐盐性的 QTL 定位

(一)试验材料

亲本‘豫麦 57’(父本)和‘花培 3 号’(母本)培育的双单倍体群体 168 个家系及其亲本。

(二)试验方法

1. 幼苗培养

精选 DH 群体 168 个家系的无病虫害饱满种子 100 粒置种子发芽盘中，先用 3% H_2O_2 消毒 20min，用蒸馏水充分洗净，然后将种子均匀摆在铺有 2 层滤纸的培养皿上，加入适量的蒸馏水，加盖，置于室温(20±2)℃的发芽室，进行催芽处理。待胚轴伸长 1cm 时，挑选长势一致的幼苗置于 5cm×5cm 84 穴的育苗盘中，将育苗盘置于配好盐分浓度的培养盆中。试验分 3 个处理，NaCl 浓度分别为 0mmol/L（正常）、50mmol/L、100mmol/L。培养盆外围全用黑漆粉刷，以保持根系的黑暗生长环境。

2. 幼苗性状测定

处理 25 天后，每个重复选出生长一致的 6 株幼苗分别测量苗高、根系总长、根表面积、苗干重和根干重。其中，根系总长、根表面积用 WinRHIZO 根系分析系统测定。

3. 数据处理

利用 SPSS17.0 统计分析软件对小麦苗期不同盐胁迫下各个性状的表型数据进行正态性检验。结合小麦遗传图，利用软件 Icimapping3.2 的完备区间作图法对 3 个处理条件下的苗高、根系总长、根表面积、苗干重和根干重分别进行 QTL 分析。QTL 命名参照 MeCoueh 等的方法。例如，*QSH2B-1* 中，Q 代表 QTL，SH 代表小麦苗高，2B 指该 QTL 定位在 2B 染色体上，–1 指同一性状在同一染色体上的第一个 QTL 位点。

(三)结果与分析

1. 亲本及 DH 群体苗期性状的表型分析

小麦双亲在不同浓度盐胁迫条件下的苗高、根系总长、根表面积、苗干重和根干重差异较大，DH 群体在不同浓度盐胁迫条件下的苗高、根系总长、根表面积、苗干重和根干重变异范围较大(表 7-17，图 7-9)。正常处理的苗高、苗干重和 50mmol/L NaCl 处理间的差异均没有达到极显著水平，正常处理和 100mmol/L NaCl 处理间的差异均达到极显著水平；根系总长、根表面积和根干重在三种处理下差异均达到极显著水平。不同浓度盐胁迫条件下苗高、根系总长、根表面积、苗干重和根干重的偏度值和峰度值的绝对值均小于 1.0，表现出数量性状的遗传特点，所有性状均呈连续变异，表明所研究的性状均为多基因控制的数量性状。

表 7-17 亲本及 DH 群体苗期的苗高、根系总长、根表面积、苗干重和根干重表型分析

Table 7-17 Phenotypic performance of seedling height, root length, root surface area, dry seedling weight and dry root weight in the DH population

性状 Trait	处理 Treatment	亲本 Parents		DH 群体 DH population			
		花培 3 号 Huapei 3	豫麦 57 Yumai 57	均值 Mean	范围 Range	偏度 Skewness	峰度 Kurtosis
苗高 (SH)/cm	0mmol/L NaCl	19.7600	17.3600	18.07A	11.30~26.87	0.162	–0.303
	50mmol/L NaCl	20.6300	19.8000	18.18A	11.47~28.20	0.154	–0.129
	100mmol/L NaCl	7.3000	14.4000	13.45B	7.30~19.37	–0.569	0.755
根系总长 (RL)/cm	0mmol/L NaCl	251.4800	326.1600	275.86A	101.03~561.47	0.257	0.524
	50mmol/L NaCl	224.1400	139.9100	146.30B	46.02~323.82	0.653	0.582
	100mmol/L NaCl	16.8800	61.7500	64.34C	16.88~139.20	0.439	0.192
根表面积 (RSA)/cm^2	0mmol/L NaCl	26.5800	26.8700	25.77A	9.56~45.18	–0.038	0.077
	50mmol/L NaCl	22.8300	14.4400	15.70B	6.19~38.03	0.012	0.408
	100mmol/L NaCl	2.4300	8.3200	8.36C	2.43~17.14	0.454	0.408
苗干重 (DSW)/mg	0mmol/L NaCl	0.0230	0.0200	0.0237A	0.0133~0.0300	–0.081	–0.237
	50mmol/L NaCl	0.0300	0.0267	0.0235A	0.0133~0.0333	–0.093	–0.308
	100mmol/L NaCl	0.0040	0.0167	0.0212B	0.0040~0.0300	–0.422	0.027
根干重 (DRW)/mg	0mmol/L NaCl	0.0077	0.0087	0.0091A	0.0034~0.0151	0.144	0.078
	50mmol/L NaCl	0.0103	0.0082	0.0072B	0.0037~0.0104	–0.103	–0.439
	100mmol/L NaCl	0.0027	0.0040	0.0048C	0.0020~0.0098	0.579	0.333

SH：苗高；RL：根系总长；RSA：根表面积；DSW：苗干重；DRW：根干重；大写字母表示 1%水平显著

SH: seedling height; RL: Root length; RSA: root surface area; DSW: dry seedling weight; DRW: dry root weight; capital letters means significant at 1% level

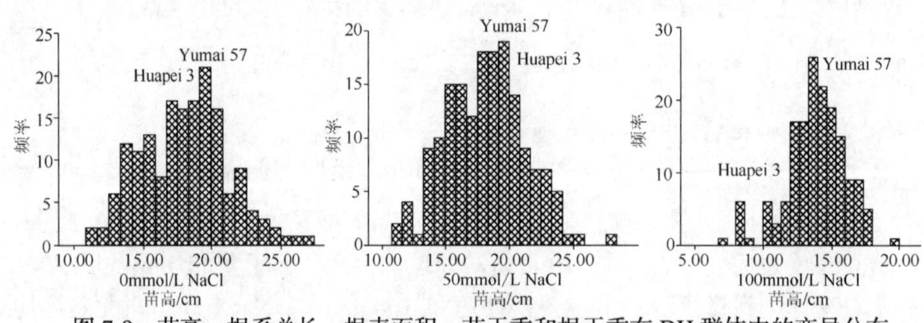

图 7-9 苗高、根系总长、根表面积、苗干重和根干重在 DH 群体中的变异分布

Fig. 7-9 Distribution of seedling height, root length, root surface area, dry seedling weight and dry root weight in the DH population

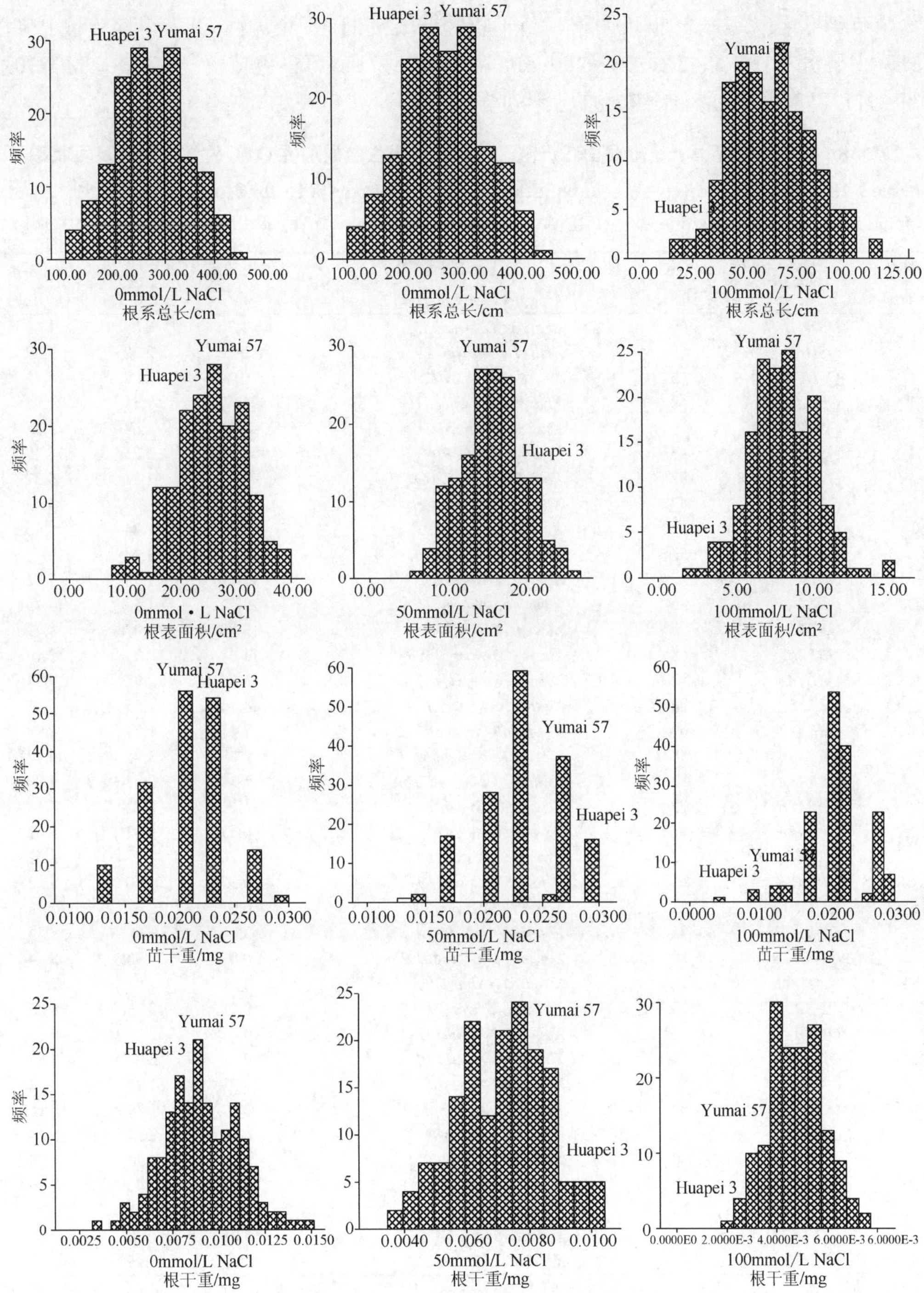

图 7-9 （续）

Fig. 7-9 （Continued）

2. DH 群体苗期耐盐性的 QTL 分析

0mmol/L（对照）、50mmol/L 和 100mmol/L NaCl 浓度三种处理下，共检测到控制小

麦幼苗苗高、根系总长、根表面积、苗干重和根干重的 38 个加性 QTL 和 41 对上位性 QTL，主要分布在 1A、2A、2B、2D、4B、4D、5D 和 6D 等染色体上(表 7-18，图 7-10)，单个 QTL 可解释 3.38%~22.96%的遗传变异。

表 7-18　苗高、根系总长、根表面积、苗干重和根干重性状的加性 QTL 位置、效应及贡献率

Table 7-18　Positions, effects and contribution rates of additive QTLs for seedling height (SH), root length (RL), root surfurance area (RSA), dry seedling weight (DSW) and dry root weight (DRW)

性状 Trait	QTL	位置 Site/cM	标记区间 Flanking marker	加性效应 (A)	LOD	贡献率 (H^2)/%
SH[a]	*QSH4D*	0	*Xbarc334-Xwmc331*	–1.32	8.04	17.9
	QSH6B	0	*Xcfa2187-Xgwm219*	0.74	2.52	5.22
	QSH7B	3	*Xswes625-Xbarc72*	–0.74	2.28	5.43
SH[b]	*QSH4D*	0	*Xbarc334-Xwmc331*	–1.47	9.51	22.96
	QSH7B	0	*Xswes625-Xbarc72*	–0.58	1.64	3.38
SH[c]	*QSH2A*	43	*Xcfe67-Xwmc177*	0.54	2.26	6.39
	QSH2D	102	*Xbarc349.1-Xcfd161*	–0.51	1.51	5.37
	QSH3B	47	*Xbarc268- Xwmc1*	–0.48	1.57	4.49
RL[a]	*QRL2D*	54	*Xwmc18-Xwmc170.2*	–17.94	1.94	5.66
	QRL5B	58	*Xgwm213-Xswes861.2*	25.31	3.94	10.36
	QRL5B2	25	*Xbarc232-Xwmc235*	17.23	1.98	5.22
RL[b]	*QRL2A*	86	*Xwmc455-Xgwm515*	11.72	1.57	6.13
	QRL2B	5	*Xcwem5-Xwmc661*	–13.80	3.07	8.49
	QRL2B	68	*Xbarc373-Xbarc1114*	11.01	2.13	5.40
RL[c]	*QRL4A*	2	*Xwmc718-Xwmc262*	–6.38	2.95	9.37
	QRL5B2	22	*Xgdm116-Xbarc232*	–4.14	1.55	4.03
RSA[a]	*QRSA2D*	69	*Xgwm539-Xcfd168*	–1.41	1.87	4.88
	QRSA5B	58	*Xgwm213-Xswes861.2*	2.08	3.78	9.97
RSA[b]	*QRSA1A*	12	*Xwmc728.2-Xwmc728.1*	1.19	2.25	5.99
	QRSA2B	5	*Xcwem5-Xwmc661*	–1.25	2.72	7.48
RSA[c]	*QRSA2A*	17	*Xgwm636-Xcfe67*	0.53	1.62	5.21
	QRSA4A	2	*Xwmc718-Xwmc262*	–0.56	1.77	5.92
	QRSA6B	1	*Xcfa2187-Xgwm219*	–0.55	1.70	5.22
DSW[a]	*QDSW1A*	71	*Xgwm498-Xcwem6.2*	0.01	2.21	7.78
	QDSW2D	95	*Xbarc349.1-Xcfd161*	–0.01	1.89	8.54
	QDSW5B	58	*Xgwm213-Xswes861.2*	0.01	1.98	5.34
DSW[b]	*QDSW2B*	17	*Xwmc764-Xbarc200*	–0.01	1.93	7.37
	QDSW2D	110	*Xcfd161-Xgwm311.2*	–0.01	2.73	8.03
	QDSW4D	3	*Xbarc334-Xwmc331*	–0.01	2.75	9.10
DSW[c]	*QDSW1A*	61	*Xbarc350-Xwmc120*	0.01	2.84	7.87
	QDSW1B	130	*Xswes649-Xswes98*	–0.01	1.77	4.53
DRW[a]	*QDRW2D*	67	*Xwmc170.2-Xgwm539*	–0.10	1.89	5.16
	QDRW5D	58	*Xgwm213-Xswes861.2*	0.10	2.34	6.29
	QDRW6D	0	*Xwmc412.1-Xcfd49*	–0.10	2.24	5.95
DRW[b]	*QDRW2A*	52	*Xwmc177-Xgwm558*	0.01	2.40	8.35
	QDRW4B	18	*Xwmc657-Xwmc48*	–0.01	4.01	10.94
DRW[c]	*QDRW2A*	29	*Xgwm636-Xcfe67*	0.01	1.78	7.66
	QDRW6B	49	*Xcfa2257-Xcfd48*	0.02	2.15	12.07

SH：苗高；RL：根系总长；RSA：根表面积；DSW：苗干重；DRW：根干重；a：0mmol/L NaCl 处理；b：50mmol/L NaCl 处理；c：100mmol/L NaCl 处理；A：加性效应，A 值为正值表示增效等位基因来源于‘花培 3 号’，A 值为负值表示增效等位基因来源于‘豫麦 57’

SH: seedling height; RL: Root length; RSA: root surface area; DSW: dry seedling weight; DRW: dry root weight; a: 0mmol/L NaCl treatment; b: 50mmol/L NaCl treatment; c: 100mmol/L NaCl treatment; A: Additive effect, the positive value indicates that the corresponding QTL are from Huapei 3, and the negative value indicates that the corresponding QTL are from Yumai 57

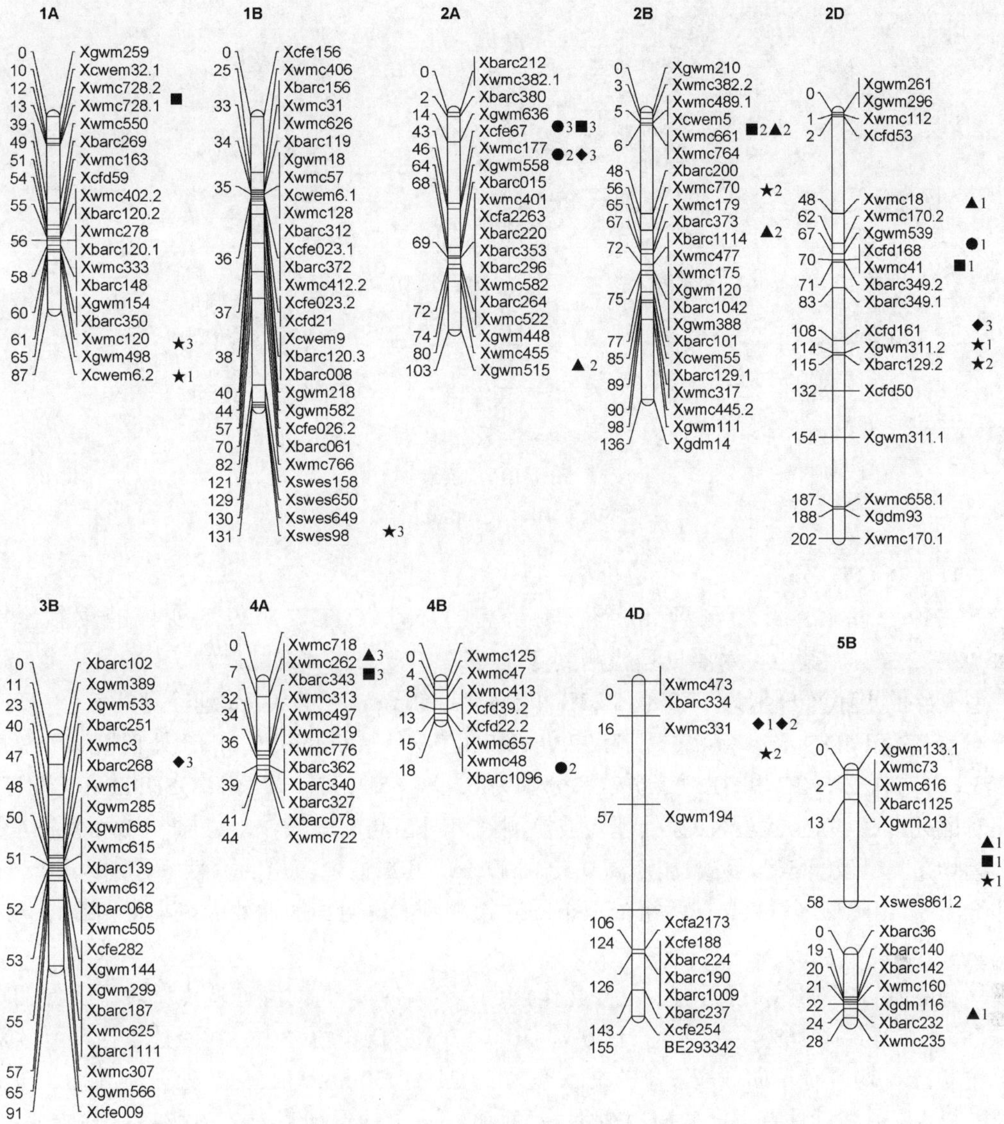

图 7-10　苗高、根系总长、根表面积、苗干重、根干重性状加性 QTL 在染色体上的位置

Fig. 7-10　Positions of QTLs associated with seedling height, root length, root surface area; fresh root weight, dry stem weight and dry root weight

◆1、◆2 和◆3 分别代表 0 mmol/L、50mmol/L 和 100mmol/L NaCl 环境的苗高 QTL；indicate the QTL for seedling height under 0 mmol/L, 50mmol/L and 100mmol/L NaCl stress；▲1、▲2 和▲3 分别代表 0 mmol/L NaCl、50mmol/L 和 100mmol/L NaCl 环境的根系总长 QTL；indicate the QTL for for root length under 0 mmol/L, 50mmol/L and 100mmol/L NaCl stress；■1、■2 和■3 分别代表 0 mmol/L、50mmol/L 和 100mmol/L NaCl 环境的根表面积 QTL；indicate the QTL for for root surface area under 0 mmol/L，50mmol/L and 100mmol/L NaCl stress；★1、★2 和★3 分别代表 0 mmol/L、50mmol/L 和 100mmol/L NaCl 环境的苗干重 QTL，indicate the QTL for dry seedling weight under 0 mmol/L, 50mmol/L and 100mmol/L NaCl stress；●1、●2 和●3：分别代表 0 mmol/L、50mmol/L 和 100mmol/L NaCl 环境的根干重 QTLQTL indicate the QTL for dry root weight under 0 mmol/L NaCl, 50mmol/L and 100mmol/L NaCl stress；srespectively

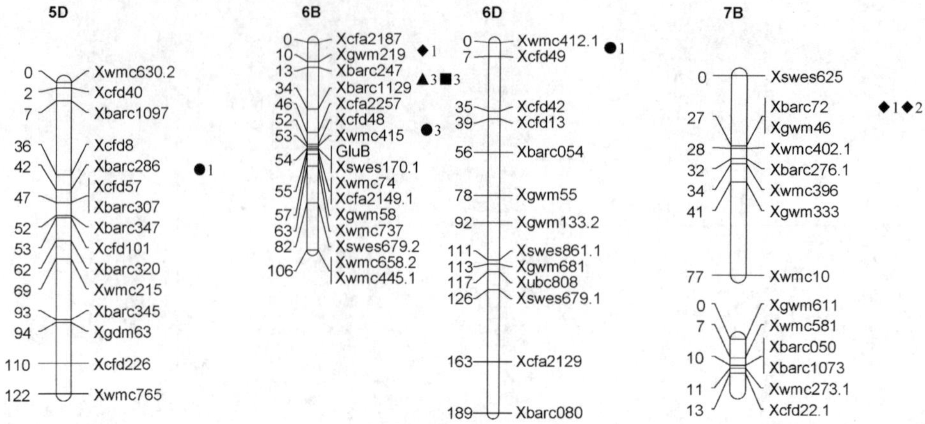

图 7-10　(续)

Fig. 7-10　(Continued)

1) 苗高 QTL 分析

三种处理下，共检测到 8 个影响苗高的加性 QTL，对表型变异的贡献率为 3.38%~22.96%。其中，对照处理检测到 3 个 QTL，分布在 4D、6B 和 7B 染色体上，对表型变异的贡献率分别为 17.9%、5.22%和 5.43%; 50mmol/L NaCl 处理检测到 2 个 QTL，分布在 7B 和 4D 上，贡献率分别为 22.96%和 3.38%；100mmol/L NaCl 处理检测到 3 个 QTL，分布在 2A、2D 和 3B 上，贡献率分别为 6.39%、5.37%和 4.49%; QSH4D 和 QSH7B 在对照处理和 50mmol/L NaCl 处理均被检测到，对苗高的增效作用方向一致，增效等位基因均来自‘豫麦 57’，可增加苗高 0.58~1.47cm，其加性效应总的贡献率分别为 40.86%和 8.81%。由于 2 个 QTL 在两个处理下同时检测到，说明其加性效应在小麦苗高遗传中起重要作用。

检测到 10 对影响苗高的上位性互作位点(表 7-19)，每对互作位点对表型变异的贡献率为 7.52%~16.26%，主要分布在 6A、7D、1D 和 2D 染色体上。对照处理检测到 3 对上位 QTL，均具有正向效应，总的贡献率为 37.21%；50mmol/L NaCl 处理检测到 3 对上位 QTL，其中 2 对具有正向效应，1 对具有负向效应，总的贡献率为 25.68%; 在 100mmol/L NaCl 处理检测到 4 对上位 QTL，其中 3 对具有正向效应，1 对具有负向效应，总的贡献率为 42.85%。以上结果说明，不同浓度盐胁迫下小麦苗高遗传除受加性 QTL 影响外，其上位性效应也起重要作用。

2) 根系总长 QTL 分析

三种处理下，共检测到 8 个影响根系总长的加性 QTL，对表型变异的贡献率为 4.03%~10.36%。其中，对照处理检测到 3 个 QTL，分布在 2D、5B 和 5B2 染色体上，对表型变异的贡献率分别为 5.66%、10.36%和 5.22%; 50mmol/L NaCl 处理检测到 3 个 QTL，分布在 2A 和 2B 上，贡献率分别为 5.40%、6.13%和 8.49%；100mmol/L NaCl 处理检测到 2 个 QTL，分布在 4A 和 5B2 上，贡献率为 9.37%和 4.03%。

影响根系总长的上位互作位点共有 9 对(表 7-19)，每对互作位点对表型贡献率为12.29%~20.24%，主要分布在 5A、4A 和 3D 等染色体上。对照处理检测到 3 对上位 QTL，2 对具有正向效应，1 对具有负向效应，总的贡献率为 47.64%；50mmol/L NaCl 处理检测到 3 对上位 QTL，其中 2 对具有正向效应，1 对具有负向效应，总的贡献率为 49.65%；100mmol/L NaCl 处理检测到 3 对上位 QTL，其中 2 对具有正向效应，1 对具有负向效应，总的贡献率为 48.87%。以上结果说明，不同浓度盐胁迫下小麦根系总长遗传除受加性 QTL 影响外，其上位性效应也起重要作用。

3) 根表面积 QTL 分析

三种处理下，共检测到 7 个控制根表面积的加性 QTL，对表型变异的贡献率为4.88%~9.97%。其中，对照处理检测到 2 个 QTL，分布在 2D、5B 染色体上，分别解释4.88%和 9.97%的表型变异；50mmol/L NaCl 处理检测到 2 个 QTL，分布在 1A 和 2B 染色体，分别解释 5.99%和 7.48%的表型变异；100mmol/L NaCl 处理检测到 3 个 QTL，分布在 2A、4A 和 6B 染色体，分别解释 5.21%、5.92%和 5.22%的表型变异。

影响根表面积的上位互作位点共有 9 对(表 7-19)，每对互作位点对表型贡献率为7.84%~21.83%。对照处理检测到 3 对上位互作位点，2 对具有正向效应，1 对具有负向效应，总的贡献率为 38.65%；50mmol/L NaCl 处理检测到 3 对互作 QTL，其中 2 对具有正向效应，1 对具有负向效应，总的贡献率为 63.81%；100mmol/L NaCl 处理检测到 3 对互作 QTL，其中 2 对具有正向效应，1 对具有负向效应，总的贡献率为 54.78%。以上结果说明，不同浓度盐胁迫下小麦根表面积遗传除受加性 QTL 影响外，其上位性效应也起重要作用。

4) 苗干重 QTL 分析

三种处理下，共检测到 8 个影响苗干重的加性 QTL，对表型变异的贡献率为4.53%~9.10%。其中，对照处理检测到 3 个 QTL，分布在 1A、2D 和 5B 染色体上，对表型变异的贡献率分别为 7.78%、8.54%和 5.34%；50mmol/L NaCl 处理检测到 3 个 QTL，分布在 2B、2D 和 4D 染色体上，对表型变异的贡献率为 7.37%、8.03%和 9.10%；100mmol/L NaCl 处理检测到 2 个 QTL，分布在 1A 和 1B 染色体上，贡献率分别为 7.87%和 4.53%。三种处理检测到的 QTL 位点的增效等位基因均来自两亲本，说明双亲均含有调控小麦苗干重的增效基因。

影响苗干重的上位互作位点共有 7 对(表 7-19)，每对互作位点对表型变异的贡献率为 10.54%~14.10%。对照处理检测到 2 对上位 QTL，1 对具有正向效应，1 对具有负向效应，总的贡献率为 25.91%；50mmol/L NaCl 处理检测到 2 对上位 QTL，其中 1 对具有正向效应，1 对具有负向效应，总的贡献率为 22.13%；100mmol/L NaCl 处理检测到 3 对上位 QTL，其中 2 对具有正向效应，1 对具有负向效应，总的贡献率为 39.73%。以上结果说明，不同浓度盐胁迫下小麦苗干重遗传除受加性 QTL 影响外，其上位性效应也起重要作用。

表 7-19 小麦苗期苗高、根系总长、根表面积、苗干重和根干重性状的上位性效应

Table 7-19 Epistatic effects of QTLs for seedling height (SH), root length (RL), root surface area (RSA), dry stem weight (DSW) and dry root weight (DRW)

性状 Traits	QTL	标记区间 Flanking marker	位置 Positions	QTL	标记区间 Flanking marker	位置 Positions	AA	LOD	贡献率 (H^2)/%
SH[a]	*qSH1A*	*Xcwem32.1-Xwmc728.2*	10	*QSH6A*	*Xbarc023-Xbarc1077*	40	0.88	3.51	7.52
	QSH1B	*Xwmc766-Xswes158*	85	*QSH7D*	*Xwmc14-Xwmc42*	190	1.29	4.52	13.43
SH[b]	*QSH1B*	*Xbarc061-Xwmc766*	80	*QSH7D*	*Xwmc14-Xwmc42*	190	1.42	5.13	16.26
	QSH1D	*Xwmc429-Xcfd19*	40	*QSH6A*	*Xwmc553-Xgwm732*	65	1.01	3.28	9.87
	QSH5D	*Xbarc1097-Xcfd8*	10	*QSH7D*	*Xwmc14-Xwmc42*	185	0.95	3.73	7.62
	QSH6A	*Xbarc023-Xbarc1077*	40	*QSH7A*	*Xgwm60-Xbarc070*	15	–0.87	3.45	8.19
SH[c]	*QSH1D*	*Xcfa2158-Xwmc222*	5	*QSH2D*	*Xcfd161-Xgwm311.2*	110	–0.69	3.91	10.55
	QSH2D	*Xbarc349.2-Xbarc349.1*	80	*QSH3B*	*Xgwm285-Xgwm685*	50	–0.85	3.54	12.20
	QSH3D	*Xgdm72-Xbarc1119*	10	*QSH7D*	*Xgwm295-Xgwm676*	80	0.67	3.33	8.85
	QSH5D	*Xbarc1097-Xcfd8*	35	*QSH6A*	*Xcfe179.1-Xswes170.2*	90	–0.73	3.52	11.25
RL[a]	*QCL5D*	*Xcfd53-Xwmc18*	25	*QCL5D*	*Xwmc331-Xgwm194*	30	–31.76	3.03	18.56
	QCL5D	*Xwmc527-Xwmc264*	120	*QCL5D*	*Xswes100-Xbarc244*	15	33.31	3.42	16.59
	QCL5D	*Xbarc1125-Xgwm213*	5	*QCL5D*	*Xwmc553-Xgwm732*	70	–26.45	3.85	12.49
RL[b]	*QCL2B*	*Xbarc1042-Xgwm388*	75	*QCL4A*	*Xbarc343-Xwmc313*	15	–17.17	4.04	14.34
	QCL2B	*Xbarc101-Xcwem55*	80	*QCL4D*	*Xgwm194-Xcfa2173*	75	21.37	3.31	20.07
	QCL5D	*Xwmc215-Xbarc345*	75	*QCL6D*	*Xubc808-Xswes679.1*	125	–26.18	3.96	15.24
RL[c]	*QCL1B*	*Xswes649-Xswes98*	130	*QCL7D*	*Xgwm295-Xgwm676*	95	8.24	3.42	14.65
	QCL3A	*Xcfa2170-Xbarc51*	170	*QCL3D*	*Xcfd223-Xbarc323*	70	–7.15	3.20	13.98
	QCL4A	*Xbarc343-Xwmc313*	10	*QCL5D*	*Xbarc1097-Xcfd8*	30	–1.33	5.16	20.24
RS[a]	*QRS1A*	*Xgwm259-Xcwem32.1*	0	*QRS7D*	*Xwmc14-Xwmc42*	205	–2.67	4.57	11.51
	QRS3A	*Xwmc527-Xwmc264*	125	*QRS7D*	*Xswes100-Xbarc244*	35	2.98	6.93	19.30
	QRS3B	*Xgwm566-Xcfe009*	70	*QRS5B2*	*Xbarc36-Xbarc140*	0	1.79	3.73	7.84

续表

性状 Trait	QTL	标记区间 Flanking marker	位置 Positions	QTL	标记区间 Flanking marker	位置 Positions	AA	LOD	贡献率 (H^2)/%
RS[b]	*QRS5A*	*Xswes45-Xbarc180*	15	*QRS6D*	*Xubc808-Xswes679.1*	120	5.03	3.73	20.71
	QRS5B	*Xgwm213-Xswes861.2*	30	*QRS6D*	*Xubc808-Xswes679.1*	120	5.46	4.81	21.83
	QRS6D	*Xubc808-Xswes679.1*	120	*QRS7D*	*Xswes100-Xbarc244*	25	–5.08	3.77	21.27
RS[c]	*QRS1B*	*Xgwm218-Xgwm582*	40	*QRS5A*	*Xbarc358.2-Xgwm186*	50	0.93	3.80	15.46
	QRS4A	*Xbarc343-Xwmc313*	10	*QRS5D*	*Xbarc1097-Xcfd8*	30	–1.05	5.07	20.19
	QRS5D	*Xwmc630.2-Xcfd40*	0	*QRS7D*	*Xswes100-Xbarc244*	10	–1.03	3.86	19.13
DSW[a]	*QDSW1B*	*Xbarc061-Xwmc766*	75	*QDSW7B*	*Xswes625-Xbarc72*	5	–0.01	3.70	13.90
	QDSW3A	*Xwmc527-Xwmc264*	125	*QDSW7D*	*Xbarc244-Xbarc352*	50	0.01	4.13	12.01
DSW[b]	*QDSW1A*	*Xgwm259-Xcwem32.1*	5	*QDSW5A*	*Xcfe223-Xwmc273.3*	95	0.01	3.49	10.54
	QDSW2B	*Xgwm111-Xgdm14-6D*	100	*QDSW6D*	*Xswes679.1-Xcfa2129*	130	–0.01	3.22	11.59
DSW[c]	*QDSW1A*	*Xwmc728.1-Xwmc550*	25	*QDSW3B*	*Xgwm285-Xgwm685*	50	0.01	3.04	13.12
	QDSW2D	*Xgwm311.1-Xwmc658.1*	160	*QDSW5D*	*Xbarc320-Xwmc215*	65	0.01	3.54	12.51
	QDSW5D	*Xbarc1097-Xcfd8*	30	*QDSW6A*	*Xcfe179.1-Xswes170.2*	90	–0.01	3.84	14.10
DRW[a]	*QDRW2A*	*Xwmc177-Xgwm558*	55	*QDRW5A*	*Xgwm186-Xcfe223*	80	0.01	3.34	19.42
	QDRW3A	*Xbarc157.1-Xbarc1177*	195	*QDRW5A*	*Xswes45-Xbarc180*	20	0.01	5.30	19.83
	QDRW3B	*Xgwm566-Xcfe009*	90	*QDRW6D*	*Xcfa2129-Xbarc080*	175	–0.01	3.69	13.95
DRW[b]	*QDR2A*	*Xwmc455-Xgwm515*	85	*QDRW5D*	*Xcfd40-Xbarc1097*	5	–0.01	3.84	12.27
	QDRW5A	*Xgwm186-Xcfe223*	85	*QDRW6D*	*Xwmc412.1-Xcfd49*	0	0.01	4.44	13.51
DRW[c]	*QDRW4A*	*Xbarc343-Xwmc313*	10	*QDRW5D*	*Xbarc1097-Xcfd8*	25	–0.01	3.25	13.31

SH：苗高；RL：根系总长；RSA：根表面积；DSW：苗干重；DRW：根干重；a. 0mmol/L NaCl 处理；b. 50mmol/L NaCl 处理；c. 100mmol/L NaCl 处理；AA：上位效应值，AA 值为正，表明亲本型大于重组型；AA 值为负，表明重组型大于亲本型

SH: seedling height; RL: Root length; RSA: root surface area; DSW: dry seedling weight; DRW: dry root weight; a: 0mmol/L NaCl treatment; b: 50mmol/L NaCl treatment; c: 100mmol/L NaCl treatment; AA: Epistatic effect, the positive AA value indicates that effect of the parent-type is greater than that of the recombinant-type, and the negative AA value indicates that effect of the parent-type is less than that of the recombinant-type

5）根干重 QTL 分析

三种处理下，共检测到 7 个控制根干重的加性 QTL，对表型变异的贡献率为 5.16%~12.07%。其中，对照处理检测到 3 个 QTL，分布在 2D、5D 和 6D 染色体上，分别解释 5.16%、6.29%和 5.95%的表型变异；50mmol/L NaCl 处理检测到 2 个 QTL，分布在 2A 和 4B 染色体上，分别解释 8.35%、10.94%的表型变异；100mmol/L NaCl 处理检测到 2 个 QTL，分布在 2A 和 6B 染色体上，分别解释 7.66%和 12.07%的表型变异。三种处理检测到的 QTL 位点的增效等位基因均来自两亲本，说明双亲均含有调控小麦根干重的增效基因。

影响根干重的上位互作位点共有 6 对（表 7-19），每对互作位点对表型贡献率为 12.27%~19.83%。对照处理检测到 3 对上位互作位点，2 对具有正向效应，1 对具有负向效应，总的贡献率为 53.20%；50mmol/L NaCl 处理检测到 2 对互作 QTL，其中 1 对具有正向效应，1 对具有负向效应，总的贡献率为 25.78%；在 100mmol/L NaCl 处理下检测到 1 对互作 QTL，具有负向效应，贡献率为 13.31%。以上结果说明，不同浓度盐胁迫下小麦根干重遗传除受加性 QTL 影响外，上位性也起重要作用。

二、小麦耐盐性的 QTL 研究进展与本研究的比较分析

（一）三种不同盐浓度下小麦幼苗耐盐性状 QTL 及其效应值的比较

对照处理与 50mmol/L NaCl 处理间小麦幼苗苗高和苗干重差异均没有达到极显著水平，而与 100mmol/L NaCl 处理间的差异均达到极显著水平；根系总长、根表面积和根干重在三种处理下差异均达到极显著水平，说明 100mmol/L NaCl 处理对苗高和苗干重构成了盐胁迫，50mmol/L NaCl 处理和 100mmol/L NaCl 处理对根系总长、根表面积和根干重均构成盐胁迫。

三种不同盐浓度下，检测到控制苗高的 8 个 QTL 中，非盐胁迫下（对照处理和 50mmol/L NaCl 处理）检测到 5 个 QTL，位于 4D、6B 和 7B 染色体上，其中 *QSH4D* 和 *QSH7B* 在非盐胁迫的两种处理下稳定表达，*QSH4D* 在两个环境的贡献率分别为 17.9%和 22.96%，为主效 QTL，*QSH7B* 在两个环境中的贡献率分别为 5.43%和 3.38%；盐胁迫下（100mmol/L NaCl 处理）检测到 3 个新表达的 QTL，分别位于 2A、2D 和 3B 染色体上，可能与耐盐适应性有关。

三种不同盐浓度下，检测到控制根系总长的 8 个 QTL 中，非盐胁迫下（对照处理）检测到 3 个 QTL，分别位于 2D、5B 和 5B2 染色体上，*QRL5B* 的贡献率为 10.36%，为主效 QTL；盐胁迫下（50mmol/L NaCl 处理和 100mmol/L NaCl 处理）检测到 5 个 QTL，位于 2A、2B、4A 和 5B2 染色体上，其中，*QRL5B2* 在盐胁迫和非盐胁迫下均稳定表达，贡献率分别为 5.22%和 4.03%，其余 4 个为盐胁迫下新表达的 QTL。

三种不同盐浓度下，检测到控制根表面积的 7 个 QTL 中，非盐胁迫下（对照处理）检测到 2 个 QTL，分别位于 2D 和 5B 染色体上；盐胁迫下（50mmol/L NaCl 处理和 100mmol/L NaCl 处理）检测到 5 个新表达的 QTL，分别位于 1A、2A、2B、4A 和 6B 染色体上。

三种不同盐浓度下，检测到控制苗干重的8个QTL中，非盐胁迫下(对照和50mmol/L NaCl处理)检测到6个QTL，位于1A、2B、2D、4D和7B染色体上，其中*QDSW2D*在非盐胁迫的两种处理下稳定表达，贡献率分别为8.54%和8.03%；盐胁迫下(100mmol/L NaCl处理)检测到2个QTL，分别位于1A和1B染色体上，其中，*QDSW1A*在盐胁迫和非盐胁迫下稳定表达，贡献率分别为7.78%和7.87%，*QDSW1B*为盐胁迫下新表达的QTL。

三种不同盐浓度下，检测到控制根干重的7个QTL中，非盐胁迫下(对照处理)检测到3个QTL，分别位于2D、5D和6D染色体上；盐胁迫下(50mmol/L NaCl处理和100mmol/L NaCl处理)检测到4个新表达的QTL，位于2A、4B和6B染色体上，其中，*QDRW2A*在盐胁迫的两种处理下稳定表达，贡献率分别为8.35%和7.66%。

从QTL在非盐胁迫和盐胁迫条件下的不同表达分析，认为只有在非盐胁迫和盐胁迫两种环境下均表达的QTL如*QRL5B2*和*QDSW1A*对耐盐性有贡献，而只在盐胁迫下表达的QTL可能与耐盐适应性反应有关，未必对耐盐性有实质性贡献。

(二)本研究结果与前人研究结果的比较分析

本研究定位的小麦幼苗耐盐性状的QTL，有些位于与前人研究结果相同或相似的位置。例如，位于5B染色体上的*QRL5B*对根系总长的遗传贡献率为10.36%，为主效QTL，并在相同的位置检测到控制根表面积和苗干重的QTL，史娟等(1999)、刘旭等(2001)、武玉清等(2007)也分别在5B染色体相同或相近的位置定位了小麦耐盐主效基因。位于4D和7B染色体上控制苗高的两个QTL在本研究的两个环境中均被检测到，其中位于4D染色体上的QTL在两个环境里的遗传贡献率分别为17.9%和22.96%，为主效QTL位点，前人没有该QTL的报道。本研究还得到了一些QTL比较集中的区域，如在染色体2A上的*Xgwm636-Xgwm558*区间，检测到控制苗高、根表面积和根干重的QTL；在染色体2D上的*Xwmc18-Xgwm311.2*区间，检测到控制苗高、根长、根表面积、茎秆重的QTL，其他研究中未见此类报道。

第六节　小麦苗期抗钾胁迫QTL定位及效应分析

钾是作物生长发育必需的营养元素。研究表明钾胁迫对植物生长发育和产量有重大影响(Rengel and Damon，2008)。在一些地方耕地土壤里，钾极度缺乏不能满足植物的正常生长。在目前广泛集约化的农业体系中，施用K肥是改良作物的有效方法(Fageria et al.，2011)。钾肥的高投入和低利用率一方面造成成本浪费，另一方面也带来环境污染方面的问题。耐低钾小麦品种具有吸钾能力强和钾素利用效率高的特点，耐低钾小麦品种的筛选和培育被认为是现今缓解钾肥短缺和提高小麦产量的一条重要途径(Baligar et al.，2001)。

本研究利用一个小麦DH群体，在两种K浓度环境下(正常、K胁迫)对小麦苗期根和茎的生理参数指标进行测定。本研究目的旨在明确：①K胁迫下苗期相关形态特征和生理指标性状之间的相关关系；②鉴定控制K胁迫的加性QTL位点；③阐明小麦苗期K、

Na、Ca 和 Mg 等营养元素协同吸收的遗传机制。本实验结果对小麦耐低钾分子标记辅助育种提供理论帮助。

一、苗期抗钾胁迫 QTL 定位的材料和试验方法

(一)材料与试验设计

1. 材料种植

试验材料为 168 个家系组成的 DH 群体，亲本为小麦品种‘花培 3 号’和‘豫麦 57’。

2. 试验设计

选取 DH 群体及亲本各 1500 粒饱满均一种子，经 10%的 H_2O_2 表面消毒 5min，蒸馏水冲洗 3 次后，在蒸馏水中浸泡 24h。将发芽情况一致的种子转移到铺有滤纸的培养皿中上，在 20℃的光照培养箱中培养 5 天。每个材料选取 180 株(2 个处理，每个处理 30 株，3 次重复)生长势一致的幼苗去除胚乳。之后将每个家系的 30 株幼苗转移到塑料容器中，用橡皮筋将盖子固定好，不同家系间的距离为 3cm×3cm，每个容器装有 25L 的营养液，通过装置不停的通气并维持温度在 15~30℃。营养液每 5 天更换一次，保证其 pH 在 6.0 左右。营养液根据 Hoagland 的方法进行了改进。每个试验所用的营养液包括两种 K 浓度的处理：一是正常 K 浓度(N)处理(2mmol/L)；另一种是低 K 浓度(L)处理，K 浓度(0.01mmol/L)。完全随机设计，3 次重复。

(二)实验法和性状测量

1. 根系指标测定

经过 4 周的培养后，得到 DH 群体家系和亲本的幼苗。选取 9 株(3 次重复)材料用蒸馏水冲洗根部，并分出主根和侧根。用 800-dpi 分辨率图像扫描测量以下根系参数：长度(TRL)、表面积(TRS)、体积(TRV)、直径(RAD)，并利用 WinRHIZO 软件进行后续分析。然后将根系和茎叶在 105℃下烘干 30min，并在 80℃下烘至完全干燥(大约 48h)。用电子天平测量根干重(RDW)和茎叶干重(SDW)。将根系和茎叶用 H_2SO_4 和 H_2O_2 进行溶解，利用 Analyst 800 分光光度计对植株中的 K^+、Na^+、Ca^{2+}和 Mg^{2+}浓度进行测量。

2. 生理指标测定

选取每个家系和亲本的叶片(约 0.5g)放入研钵中，加入 5ml 0.05mol/L 的冰磷酸盐缓冲剂(pH 7.8)后研磨至粉末。于 4℃ 10 000g 条件下离心 20min，取上清液用于酶(SOD 和 POD)和丙二醛(MDA)的测定。SOD 活性根据 Li 和 Mei(1989)的方法用 UV-240 UV/V 分光光度计测量。POD 活性的测定采用 Zhang(1992)的方法。MDA 含量的测定采用 Zhao 等(1994)的方法。根系生理活性的测定采用 Bai 等(1994)的方法。

3. 数据和 QTL 分析

利用基于混合线性模型的 IciMapping v2.2(Wang et al.，2009)软件进行 QTL 分析。

二、苗期抗钾胁迫的 QTL 定位及效应分析

(一)表型性状及相关分析

表型性状的变异

DH 群体及其亲本在不同钾浓度处理下的与苗期生长相关表型数据汇总于表 7-20。DH 群体的两个亲本‘花培 3 号’和‘豫麦 57’，在不同的处理下的大多数性状表现出显著的差异。DH 群体在大多数性状上表现出较大的变异幅度，在所有的 20 个性状中变异系数均大于 15%。DH 群体的所有测量性状的平均值均表现 N 处理(正常 K 浓度)高于 L 处理(低 K 浓度)。所有性状均表现出连续变异，并在两个方向上产生超亲分离，表明这些性状都是由多基因控制，符合 QTL 作图的需要。

表 7-20　DH 群体及其亲本与幼苗生长相关性状在 N 处理和 L 处理条件下的表现

Table 7-20　Phenotypic performance for traits related to seedling growth in a doubled-haploid (DH) population and its parents under N and L treatments

性状 Trait	处理 Treatment	亲本 Parents 花培 3 号 Huapei 3	亲本 Parents 豫麦 57 Yumai 57	DH 群体 DH population 平均值 Mean	DH 群体 DH population 最小值 Minimum	DH 群体 DH population 最大值 Maximum	DH 群体 DH population 标准差 (SD)	DH 群体 DH population 变异系数 (CV)/%
形态性状 Morphological traits								
根系直径 Rootaverage diam (RAD) /mm	N	0.28±0.02	0.22±0.01*	0.34	0.23	0.55	0.07	21.38
	L	0.25±0.01	0.22±0.02*	0.26	0.17	0.41	0.05	21.26
总根长 Total root length (TRL)/cm	N	577.24±13.22	504.44±13.33*	477.60	160.83	1152.72	202.16	42.33
	L	546.56±16.44	304.94±6.61*	351.14	110.25	727.03	154.67	44.05
总根系表面积 Total root surfacearea (TRS)/cm^2	N	42.30±4.02	41.19±2.04	42.42	18.13	70.07	11.45	26.99
	L	35.07±0.61	31.68±0.52*	31.79	11.19	56.73	10.04	31.59
总根系体积 Total root volume (TRV) /cm^3	N	0.22±0.007	0.13±0.007*	0.21	0.09	0.44	0.07	35.02
	L	0.20±0.009	0.13±0.010*	0.17	0.04	0.34	0.07	39.6
茎叶干重 Shoot dry matter (SDW)/mg	N	76.83±4.92	75.43±3.16*	80.35	50.90	125.37	16.38	20.38
	L	56.57±0.50	45.40±1.25*	57.69	30.57	87.73	12.87	22.31
根干重 Root dry matter (RDW)/mg	N	27.98±1.44	27.84±3.91*	24.31	10.20	44.88	7.21	29.64
	L	18.34±0.34	16.90±0.47	20.42	10.03	35.87	5.81	28.45
根冠比 (RDW/SDW)	N	0.31±0.044	0.24±0.022*	0.31	0.12	0.51	0.08	24.97
	L	0.36±0.009	0.40±0.010*	0.35	0.22	0.56	0.06	17.92
生理性状 Physiological traits								
根系活力 Root active (RA) /(μgTTF/g FW/h)	N	217.73±10.16	238.88±3.99	260.75	103.09	357.67	61.51	23.59
	L	93.29±1.02	80.62±0.44*	188.14	38.02	311.99	69.81	37.11

续表

性状 Trait	处理 Treatment	亲本 Parents		DH 群体 DH population				
		花培 3 号 Huapei 3	豫麦 57 Yumai 57	平均值 Mean	最小值 Minimum	最大值 Maximum	标准差 (SD)	变异系数 (CV)/%
过氧化物酶 Peroxidase (POD) OD_{470} /(g · min FW)	N	95.88±1.44	105.98±1.99*	99.19	42.41	164.31	30.82	31.07
	L	142.40±6.98	119.74±10.78*	109.29	48.01	204.5	34.72	31.77
超氧化物歧化酶 Superoxi dedismutase (SOD) /(μ mol/g FW)	N	27.87±3.90	35.14±3.16*	31.85	7.77	48.83	9.03	28.34
	L	53.83±1.66	45.36±3.72*	39.13	12.40	60.00	8.90	22.75
丙二醛 Malondialdehyde (MDA) /(μmol/g FW)	N	1.56±0. 39	1.50±0.32*	1.52	0.44	3.2	0.65	42.34
	L	2.05±0.24	1.66±0. 25*	2.29	0.65	5.15	0.94	41.19
叶绿素含量 Chlorophy11 oncentration (CHL)/(mg/g)	N	2.23±0.002	1.97±0.007*	1.78	1.00	2.58	0.32	18.26
	L	1.75±0.026	1.47±0.032*	1.51	0.83	2.20	0.30	19.59
K^+ Na^+ Ca^{2+} Mg^{2+} 浓度 K^+ Na^+ Ca^{2+} Mg^{2+} concentration								
茎叶 K^+浓度 Shoot K^+ concentration (KCS)/(mg/g)	N	34.27±0.08	29.19±0.08*	40.22	10.35	70.56	16.47	40.95
	L	11.45±0.18	9.75±0.17*	13.43	3.47	24.21	5.50	40.92
根系 K^+浓度 Root K^+ concentration (KCR)/(mg/g)	N	38.19±0.61	33.98±0.62*	32.99	10.42	65.93	14.3	43.33
	L	25.36±0.61	15.38±0.43*	17.71	5.07	40.42	9.35	52.76
茎叶 Na^+浓度 Shoot Na^+ concentration (NCS)/(mg/g)	N	2.98±0.11	5.52±0.16*	4.09	1.17	8.28	0.88	16.89
	L	4.47±0.18	5.47±0.10*	5.19	2.19	8.55	1.43	35.02
根系 Na^+浓度 Root Na^+ concentration (NCR)/(mg/g)	N	1.78±0.07	1.24±0.09*	1.33	0.61	2.30	0.28	20.70
	L	1.88±0.08	2.13±0.10*	1.81	1.20	2.92	0.33	18.49
茎叶 Ca^{2+}浓度 Shoot Ca^{2+} concentration (CCS)/(mg/g)	N	4.36±0.91	2.58±0.32	4.85	1.44	10.48	2.12	43.76
	L	5.32±0.18	3.11±0.11*	5.60	1.62	10.85	2.61	46.51
根系 Ca^{2+}浓度 Root Ca^{2+} concentration (CCR)/(mg/g)	N	3.47±0.05	2.06±0.10*	2.90	0.24	6.17	1.33	46.05
	L	3.97±0.06	2.80±0.10*	3.27	0.71	6.99	1.55	47.36
茎叶 Mg^{2+}浓度 Shoot Mg^{2+} concentration (MCS)/(mg/g)	N	1.35±0.04	2.49±0.13	3.53	1.51	7.86	1.42	40.33
	L	2.04±0.08	4.18±0.07*	3.92	1.57	8.96	1.78	45.52
根系 Mg^{2+}浓度 Root Mg^{2+} concentration (MCR)/(mg/g)	N	3.18±0.14	2.28±0.13*	2.57	0.60	5.29	0.88	34.23
	L	3.48±0.06	5.08±0.05*	4.15	1.16	7.76	1.54	37.15

*显著性差异为 $P\leqslant0.05$；The parents were significantly different at $P\leqslant0.05$

注：N 代表正常 K^+浓度(2 mmol/L)。Note: N indicate nomal K^+ concentration；L 代表低 K^+浓度(K 浓度 0.01 mmol/L)，L indicate low K^+ concentration

不同 K 浓度处理下的所有性状均进行了相关性分析。大多数性状均表现出在 $P\leqslant0.05$ 水平上相关。L 处理中的 Na^+ 浓度与其他性状表现出明显的负相关。另外，有 84 个相关系数在 $P\leqslant0.05$ 水平上不显著相关。

(二)抗钾胁迫的 QTL 定位

1. 根系相关指标抗钾胁迫的 QTL 定位

共定位到 20 个根系相关性状的抗钾胁迫的 65 个 QTL，分布于除 2B、5A 和 7B 的 18 条染色体上(表 7-21，图 7-11)。在 2 个 K 浓度处理下的单个 QTL 可以解释 5.35%~39.64% 的表型变异。单个 QTL 的最大 LOD 值为 13.76。

表 7-21　N 处理和 L 处理条件下苗期相关性状 QTL 的加性效应

Table 7-21　Detected QTLs with additive effects at the seedling stage under N and L treatments

性状 Trait	QTL	区间 Flanking marker	LOD		加性效应(A)		效应值(PVE)/%	
			N	L	N	L	N	L
表型性状 Morphological traits								
根平均直径	*QRAD-3B*	*Xgpw7774-Xgwm533*	3.15		–0.023		7.36	
(RAD)	*QRAD-5B*	*Xbarc232- Xwmc235*		3.18		0.022		7.52
	QRAD-7B.1	*Xwmc273.1-Xcfd22.1*		13.53		0.082		39.64
	QRAD-7B.2	*Xgwm611- Xwmc581*	4.62		–0.071		9.58	
根总长	*QTRL-1D*	*Xcfa2158- Xwmc222*		3.04		–14.65		5.94
(TRL)	*QTRL-3B*	*Xgwm566- Xcfe009*		4.01		10.96		10.77
	QTRL-5B.1	*Xbarc1125-Xgwm213*		3.01		6.25		6.85
	QTRL-5B.2	*Xbarc232- Xwmc235*	5.24		22.11		10.66	
	QTRL-6B	*Xcfa2149.1- Xgwm58*	4.21		27.19		11.63	
根总表面积	*QTRS-1D*	*Xgdm60- Xwmc429*		3.02		3.18		6.78
(TRS)	*QTRS-5B*	*Xbarc1125-Xgwm213*	3.32	3.12	3.11	3.47	7.38	7.68
	QTRS-6D	*Xswes679.1-Xcfa2129*	3.09		–2.04		6.72	
总根体积	*QTRV-1A*	*GluA1- Xwmc550*	8.11		0.048		24.61	
(TRV)	*QTRV-1B*	*Xgwm582- Xgpw7388*	4.56		0.027		9.86	
	QTRV-2A	*Xcfa2263- Xbarc264*	4.54		0.026		9.65	
	QTRV-4B	*Xcfd22.2- Xwmc657*		3.54		–0.22		7.93
	QTRV-5B	*Xbarc232- Xwmc235*		4.33		0.25		9.47
茎总干重	*QSDW-1B*	*Xwmc406- Xbarc156*	13.76		9.12		31.55	
(SDW)	*QSDW-3B*	*Xgpw7774- Xgwm533*	4.60		–8.34		9.68	
	QSDW-3D	*Xcfd34- Xbarc376*		3.37		4.23		8.14
	QSDW-6A	*Xgwm334- Xbarc023*	3.63	3.83	5.22	4.11	10.85	10.29
根总干重	*QRDW-1A.1*	*Xbarc120.2-Xwmc278*	4.30		–1.01		10.1	
(RDW)	*QRDW-1A.2*	*Xbarc148- Xgwm154*		8.40		3.11		20.61
	QRDW-3A	*Xswes107- Xgpw4032*	3.13	4.32	2.02	2.17	8.21	10.01
	QRDW-5B	*Xbarc1125-Xgwm213*		3.68		1.88		6.48
RDW/SDW	*QRSDW-1A*	*Xgpw3167-Xcwem6.2*	3.51		–0.023		8.06	
(RSDW)	*QRSDW-1B*	*Xwmc406- Xbarc156*		4.15		0.031		10.86
	QRSDW-1D	*Xcfa2158- Xwmc222*		3.19		–0.015		6.40
	QRSDW-6A	*Xgpw2265- Xgpw322*		3.15		–0.018		7.47

续表

性状 Trait	QTL	区间 Flanking marker	LOD		加性效应(A)		效应值(PVE)/%	
			N	L	N	L	N	L
生理性状 Physiological traits								
根活力	*QRA-1B*	*Xwmc406- Xbarc156*	3.80	3.83	20.08	20.14	10.09	10.21
(RA)	*QRA-3A*	*Xbarc157.1-Xbarc1177*	3.14		–3.26		5.95	
	QRA-4B	*Xcfd22.2- Xwmc657*		3.77		–19.17		7.85
过氧化物酶	*QPOD-1B*	*Xwmc406- Xbarc156*	9.06		16.29		21.1	
(POD)	*QPOD-4D*	*BE293342- Xgpw7258*	4.92	3.51	–11.29	–7.74	10.55	5.54
超氧化物歧	*QSOD-3A*	*Xgpw1108- Xgpw1107*	3.01		2.55		6.72	
化酶(SOD)	*QSOD-7B*	*Xcfd22.1- Xgpw3226*	3.28		3.01		8.82	
	QSOD-7D	*Xgwm676- Xgwm437*		3.68		2.33		5.17
丙二醛	*QMDA-1D*	*Xcfa2158- Xwmc222*	4.64	3.94	–0.34	–0.31	11.27	10.25
(MDA)	*QMDA-3A*	*Xwmc264- Xcfa2193*	3.51		–0.23		8.38	
	QMDA-4D	*Xcfa2173- Xcfe188*		3.56		–0.14		6.48
	QMDA-6D	*Xwmc412.1- Xcfd49*		3.99		0.21		7.74
叶绿素含量(CHL)	*QMDA-6D*	*Xwmc412.1- Xcfd49*	3.66		0.09		6.93	
K^+ Na^+ Ca^{2+} Mg^{2+}浓度 K^+ Na^+ Ca^{2+} Mg^{2+} concentration								
茎K^+浓度	*QKCS-4A*	*Xwmc219- Xwmc776*		3.37		3.24		8.56
(KCS)	*QKCS-5B*	*Xgdm116-Xbarc232*	4.66		2.11		9.75	
	QKCS-7B	*Xgwm611- Xwmc581*		3.79		–3.21		6.91
根K^+浓度	*QKCR-4A.1*	*Xwmc718- Xwmc262*	3.69	3.24	5.39	1.81	10.51	8.51
(KCR)	*QKCR-4A.2*	*Xbarc327- Xbarc078*	3.68		0.24		6.35	
	QKCR-7B	*Xgwm611- Xwmc581*	3.43		–2.43		7.94	
茎Na^+浓度	*QNCS-3B*	*Xgpw7774- Xgwm533*	7.68		–0.74		20.36	
(NCS)	*QNCS-5D*	*Xcfd226- Xwmc765*		3.89		0.25		9.88
	QNCS-6A	*Xbarc023- Xbarc1077*	3.22		–0.12		7.21	
	QNCR-1A	*GluA1- Xwmc550*	3.93		–0.43		8.88	
根Na^{2+}浓	*QNCR-1D*	*Xcfa2158- Xwmc222*		4.38		–0.23		12.08
度(NCR)	*QNCR-6A*	*Xgwm334- Xbarc023*	3.18		0.32		5.35	
茎Ca^{2+}浓度	*QCCS-1A*	*GluA1- Xwmc550*		6.32		–0.76		8.51
(CCS)	*QCCS-1D*	*Xwmc429- Xcfd19*		4.83		–0.68		7.93
	QCCS-6D	*Xswes861.1- Xgwm681*		8.94		0.41		23.15
根Ca^{2+}浓度	*QCCR-1A*	*Xbarc350- Xwmc120*		5.21		–0.37		10.23
(CCR)	*QCCR-4A*	*Xbarc327- Xbarc078*		3.08		–0.23		7.06
	QCCR-5D	*Xcfd226- Xwmc765*		6.04		0.33		14.65
茎Mg^{2+}浓	*QMCS-2D*	*Xgwm539- Xcfd168*		7.58		0.27		7.05
度(MCS)	*QMCS-4A*	*Xbarc327- Xbarc078*	3.98		–0.22		6.76	
	QMCS-6B	*Xcfa2257- Xcfd48*		3.36		0.58		16.48
根Mg^{2+}浓	*QMCR-6D*	*Xgwm133.2-Xswes861.1*	3.68		0.44		11.83	
度(MCR)	*QMCR-7B*	*Xgwm611- Xwmc581*	3.71	3.79	–0.39	–0.40	6.68	6.86

注：N代表正常K^+浓度(2 mmol/L)；L代表低K^+浓度(K^+浓度 0.01 mmol/L)

Note: N indicate nomal K^+ concentration；L indicate low K^+ concentration

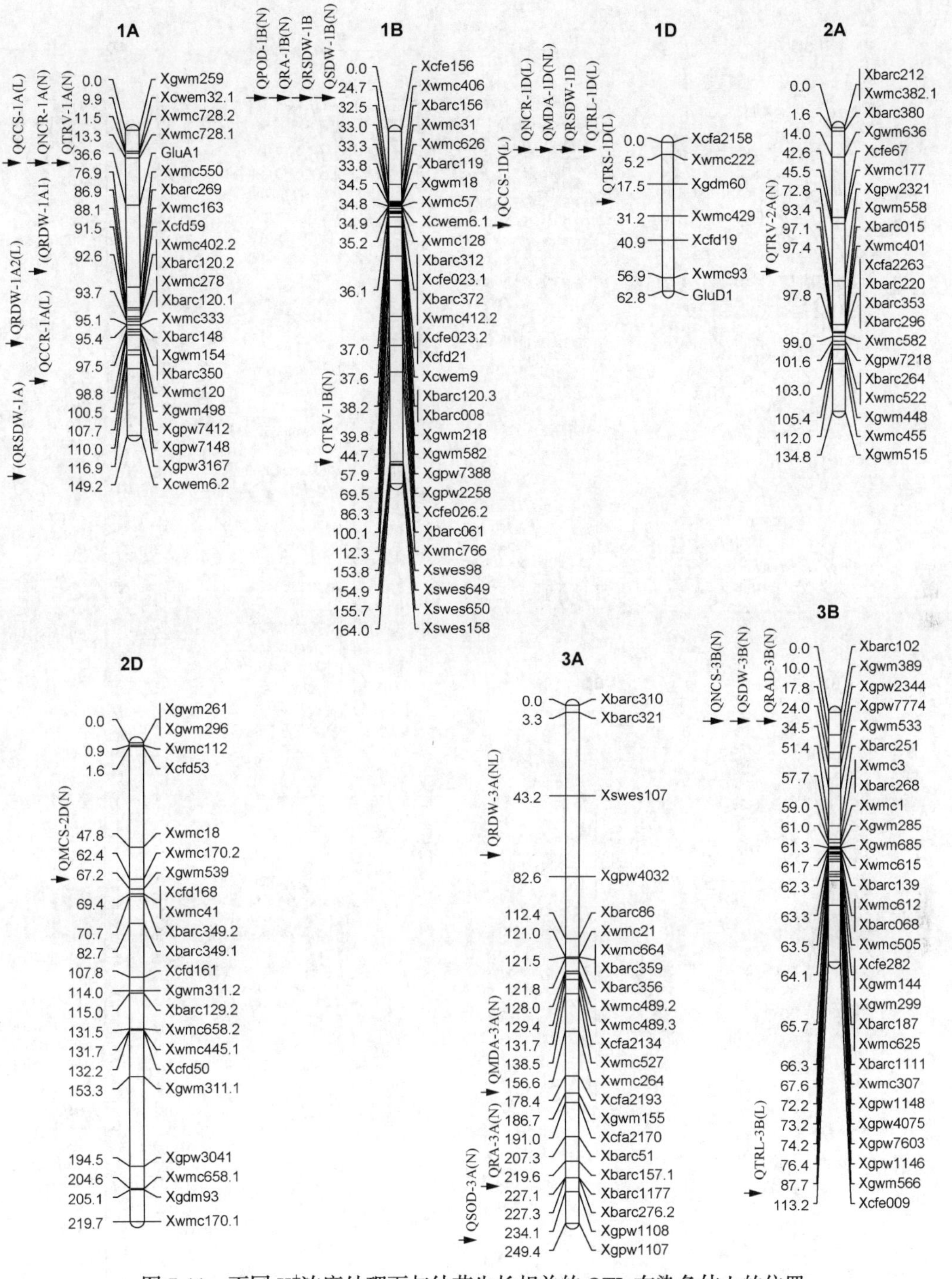

图 7-11　不同 K^+浓度处理下与幼苗生长相关的 QTL 在染色体上的位置

Fig. 7-11　Location of QTLs for traits related to seedling growth under differ K^+ concentration treatments

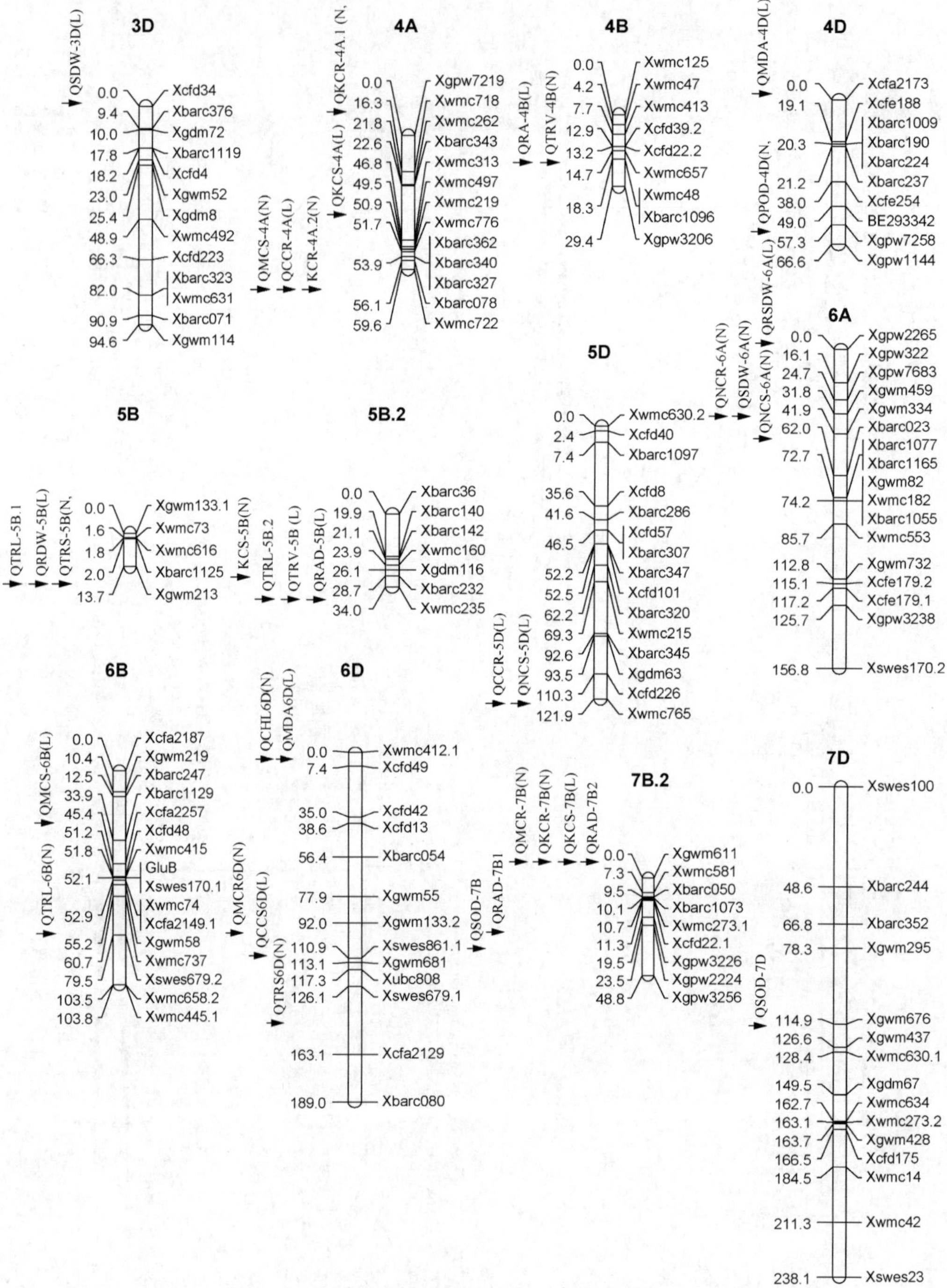

图 7-11　(续)

Fig. 7-11　(Continued)

检测到控制根系直径(RAD)的 29 个 QTL，分别定位到 3B、5B 和 7B 染色体上，解释 7.36%~39.64%的表型变异。主效 QTL *QRAD-7B.1* 的增效基因来源于亲本‘花培 3 号’。

检测到控制根系长度(TRL)的 5 个 QTL，分别定位于 1A、1D、5B 和 6B 染色体上，解释 5.94%~11.63%的表型变异。主效 QTL *QTRL-3B*、*QTRL-6B* 和 *QTRL-5B.2* 的增效基因来源于亲本‘花培 3 号’。

检测到 3 个控制根系表面积(TRS)的 QTL，分别位于 1D、5B 和 6D 染色体上，解释 6.72%~7.68%的表型变异。QTRS-5B 在低钾和正常钾浓度下均可以检测到，增效基因来源于亲本‘花培 3 号’。

检测到 5 个控制根系体积(TRV)的 QTL，分别位于 1A、1B、2A、4B 和 5B 染色体上，解释 9.47%~24.61%的表型变异。主效 QTL QTRV-1A 的增效基因来源于亲本‘花培 3 号’。

检测到 4 个控制茎叶干重(SDW)的 QTL，位于 1B、3B、3D 和 6A 染色体上，解释 8.14%~31.55%的表型变异。主效 QTL *QSDW-1B* 和 *QSDW-6A* 的增效基因均来源于亲本‘花培 3 号’，且 QSDW-6A 在 2 种 K 浓度下均可以检测到。

检测到 4 个控制根干重(RDW)的 QTL，分别位于 1A、3A 和 5B 染色体上，解释 6.48%~20.61%的表型变异，主效 QTL *QRDW-1A.1*、*QRDW-1A.2* 和 *QRDW-3A* 的增效基因均来源于亲本‘花培 3 号’，*QRDW-3A* 可以在 2 种 K 浓度下检测到。

检测到 4 个控制根冠比(RSDW)的 QTL，分别位于 1A、1B、1D 和 6A 染色体上，可以解释 6.40%~10.86%的表型变异。主效 QTL *QRSDW-1B* 的增效基因来源于亲本‘花培 3 号’。

2. 生理性状耐钾胁迫的 QTL 定位

共检测到 13 个生理性状抗钾胁迫的 QTL(表 7-21，图 7-11)。

3 个控制根活力(RA)的 QTL 分别位于 1B、3A 和 4B 染色体上，解释 5.92%~10.21%的表型变异。2 个主效 QTL 在 2 个处理下检测到，增效基因来源于‘花培 3 号’。

2 个控制过氧化物酶(POD)的 QTL 分别定位于 1B 和 4D 染色体上，解释 5.54%~21.10%的表型变异，2 个主效 QTL(*QPOD-1B*、*QPOD-4D*)的增效基因来源于不同的亲本，且 *QPOD-4D* 可以在 2 种处理中检测到。

3 个控制超氧化物歧化酶(SOD)的 QTL 分别定位于 3A、7B 和 7D 染色体上，解释 6.72%~8.82%的表型变异。

4 个控制丙二醛(MDA)的 QTL 分别定位于 1D、3A、4D 和 6D 染色体上，解释 6.48%~11.27%的表型变异。其中 2 个 QTL 的增效基因来源于‘花培 3 号’，且可以在 2 各处理中检测到。检测到 1 个控制叶绿素含量(CHL)的 QTL，定位于 6D 染色体上，增效基因来源于‘花培 3 号’。

3. 茎叶 K^+、Na^+、Ca^{2+}和 Mg^{2+}浓度的 QTL 定位

共检测到 23 个控制 K^+、Na^+、Ca^{2+}和 Mg^{2+}浓度的 QTL(见表 7-21，图 7-11)。

3 个控制茎叶 K^+浓度(KCS)的 QTL 分别定位于 4B、5B 和 7B 染色体上，解释 6.91%~9.75%的表型变异。

3 个控制根系 K^+浓度(KCR)的 QTL 分别定位于 4A 和 7B 染色体上，解释 6.35%~10.51%的表型变异。主效 QTL *QKCR-4A.1* 在 2 个处理下检测到，增效基因来源于‘花培 3 号’。

3 个控制茎叶 Na^+浓度(NCS)的 QTL 分别定位于 3B、5D 和 6A 染色体上，解释

7.21%~20.36%的表型变异。主效 QTL *QNCS-3B* 的增效基因来源于亲本‘花培 3 号’。

3 个控制根系 Na^+浓度（NCR）的 QTL 分别定位于 1A、1D 和 6A.染色体上，解释 5.35%~12.08%的表型变异。主效 QTL *QNCR-1D* 的增效基因来源于亲本‘花培 3 号’。

3 个控制茎叶 Ca^{2+}浓度（CCS）的 QTL 分别定位于 1A、1D 和 6D 染色体上，解释 7.93%~23.15%的表型变异。主效 QTL *QCCS-6D* 的增效基因来源于‘花培 3 号’。

3 个控制根系 Ca^{2+}浓度（CCR）的 QTL 分别定位于 1A、4A 和 5D 染色体上，解释 7.06%~14.65%的表型变异。2 个主效 QTL *QCCR-1A* 和 *QCCR-5D* 的增效基因来源于不同的亲本。

3 个控制茎叶 Mg^{2+}浓度（MCS）的 QTL 分别定位于 2D、4A 和 6B 染色体上，解释 6.76%~16.48%的表型变异。主效 QTL QMCS-6B 的增效基因来源于‘花培 3 号’。

2 个控制根系 Mg^{2+}浓度（MCR）的 QTL，位于 6D 和 7B 染色体上，解释 6.68%~11.83% 的表型变异。主效 QTL *QMCR-6D* 的增效基因来源于‘花培 3 号’。

三、小麦抗钾胁迫的 QTL 定位进展与本研究的比较分析

（一）小麦耐钾胁迫的 QTL 定位研究进展

许多研究表明，钾胁迫是个复杂的数量性状，与环境有很强的互作效应（Harada and Leigh，2006；Kanter et al.，2010）。QTL 定位对揭示钾胁迫的遗传位点提供有效方法。

过去的十几年里，前人对水稻（Wu et al.，1998）、拟南芥（Ghandilyan et al.，2009）、甘蓝（White et al. 2010）进行了耐钾胁迫的 QTL 定位研究，发现有许多 QTL 同时参与了钾胁迫的机制。但是，目前在小麦上仅有一篇关于钾胁迫的相关研究，该研究利用由亲本‘川 35050’和‘山农 483’杂交获得的重组自交系（RIL），检测到 380 个控制植株形态特征及茎叶中 N、P、K 含量的 QTL 位点（Guo et al.，2012）。而钾胁迫对小麦幼苗生长性状（如根系的结构）、生理生化指标（如细胞保护酶活性和初始离子浓度）的影响，前人几乎没有涉及。

（二）前人相关研究与本研究的比较分析

以前对于小麦苗期钾胁迫 QTL 的研究集中在钾含量和钾利用率上（Guo et al.，2012）。对于钾胁迫下根部形态特征，保护酶和离子（Na^+、Ca^{2+}和 Mg^{2+}）含量的 QTL 分析还没有相关报道。本研究检测到控制 20 个小麦苗期相关性状的 65 个 QTL 位点，分布在小麦 2B、5A 和 7B 染色体之外的其他 18 条染色体上。在 1D 染色体 *Xcfa2158-Xwmc222* 标记之间，定位到控制性状 MDA、TRL、RSDW 和 NCR 的 QTL 位点，在 7B 染色体上 *Xgwm611-Xwmc581* 标记之间定位到控制 KCS、KCR、MCR、MCR 和 RAD 的 QTL 位点。这两个 QTI 位点簇和前人研究结果位于相似的位置。本研究定位的其他 QTL 位点为新定位的 QTL 位点。本研究检测到的控制钾含量和钾吸收效率的 QTL 位点与 Guo 等定位的 QTL 位点相一致（Guo et al.，2012）。综上所述，这两个位点有可能和控制其他胁迫的位点属于一因多效的位点。位点 *GluA1-Xwmc550* 的发现和小麦苗期耐盐性状相关。本研

究还发现，标记 *Xwmc406-Xbarc156* 区间存在小麦耐寒相关的 QTL 位点。研究表明，在小麦育种过程中，通过分子标记辅助选择，可以将控制不同抗性的 QTL 聚合到一起。

在钾胁迫下，其他的阳离子能代替钾素的作用(White and Karley，2010)。钾的机制对于小麦正常生长和研究很重要，特别是对于 K、Na、Ca 和 Mg 等离子的协同吸收。本研究中，K、Mg、Ca 和 Na 离子含量性状在两种处理下均呈正相关。研究结果证明了 K、Mg、Ca、Na 的协同吸收，QTL 定位存在同样的现象。当一个 QTL 在根和茎 K、Mg、Ca 和 Na 含量 8 个性状中至少检测到 2 次时，即认为是一个控制 K、Mg 等不同离子协同吸收的一因多效基因位点。本研究结果在基因水平上进一步证明，K、Mg、Ca 和 Na 等离子存在协同吸收机制。

参 考 文 献

陈同斌. 1993. 重金属对土壤的污染. 金属世界, 3: 10-11.

程凯. 2012. 小麦苗期抗旱性的 QTL 分析和综合评价. 泰安: 山东农业大学硕士论文.

何中虎, 兰彩霞, 陈新民, 等. 2011. 小麦条锈病和白粉病成株抗性研究进展与展望.中国农业科学, 44(11): 2193-2215.

兰彩霞. 2010. 普通小麦条锈病和白粉病成株抗性 QTL 定位. 北京: 中国农业科学院博士学位论文.

李卓坤, 彭涛, 张卫东, 等. 2010. 利用“永久 F_2”群体进行小麦幼苗根系性状 QTL 分析. 作物学报, 36(3): 442-448.

刘旭, 史娟, 张学勇, 等. 2001. 小麦耐盐种质的筛选鉴定和耐盐基因的标记. 植物学报, 43(9): 948-954.

刘子记, 梁永, 朱婕, 等. 2013. 小麦抗叶锈病基因 *Lr9* 的分子标记及其检测. 麦类作物学报, 33: 236-242.

刘子记, 朱婕华, 华为, 等. 2011. 小麦抗白粉病基因 *Pm42* 的 EST 连锁图构建和比较基因组学分析. 作物学报, 37(9): 1569-1576.

毛双林. 2010. 小麦重要性状 QTL 元分析及光合功能与耐湿性 QTL 定位. 成都: 四川农业大学博士学位论文.

齐照良, 朱昊, 李斯深. 2010. 小麦 RIL 群体苗期抗旱性综合评价. 山东农业科学, 9: 5-9.

任永哲, 徐艳花, 贵祥卫, 等. 2012. 盐胁迫下调控小麦苗期性状的 QTL 分析. 中国农业科学, 45(14): 2793-2800.

单雷, 赵双宜, 陈芳, 等. 2006. 小麦体细胞杂种山融 3 号耐盐相关 SSR 标记的筛选和初步定位. 中国农业科学, 9(2): 225-230.

申海兵. 2007. 小麦抗旱相关性状的 QTL, 新疆农业大学硕士学位论文.

沈希宏, 曹立勇, 邵国胜, 等. 2008. 水稻籽粒中 Cd 等 5 种微量元素含量的 QTL 定位. 分子植物育种, 6(6)：1061-1067.

施伟. 2012. 小麦回交导入系抗旱相关生理性状数量位点遗传剖析. 北京: 中国农业科学院硕士学位论文.

史娟. 1999. 小麦耐盐种质的鉴定和耐盐基因的 SSR 标记定位研究. 北京: 中国农业科学院.

孙一, 胡亚亚, 杨文香, 等. 2011. 六个小麦品系的抗叶锈性评价. 麦类作物学报, 31: 762-768.

王彩香. 2011. 小麦抗逆相关基因 *TaABC1* 和 *TaSAP1/2* 的分离及功能分析. 北京: 中国农业科学院博士学位论文.

伍玲. 2011. 小麦条锈病成株抗性 QTL 定位和分子标记检测. 成都: 四川农业大学博士学位论文.

武玉清, 刘录祥, 郭会君, 等. 2007. 小麦苗期耐盐相关性状的 QTL 分析. 核农学报, 21(6): 545-549.

杨凯, 昌小平, 胡荣海. 2011. 干旱胁迫下小麦脯氨酸积累相关基因的染色体定位. 作物学报, 27(3): 363-366.

张小村, 李斯深, 赵新华, 等. 2005. 小麦纹枯病抗性的 QTL 分析和抗病基因的分子标记. 植物遗传资源学报, 6: 276-279.

张正斌, 山仑, 徐旗. 2000. 控制小麦种、属旗叶水分利用效率的染色体背景分析. 遗传学报, 27(3): 240-246.

张正斌, 徐萍. 2002. 小麦 QTLs 研究进展. 世界科技研究与发展, 24(1): 52-58.

赵新华, 张小村, 李斯深, 等. 2005. 小麦抗旱相关生理性状的 QTL 分析. 西北植物学报, 25(4): 696-699.

周晓果, 景蕊莲, 郝转芳, 等. 2005. 小麦幼苗根系性状的 QTL 分析. 中国农业科学, 38(10): 1951-1957.

Allan R E. 1989. Agronomic comparisons between Rht1 and Rht2 semidwarf genes in winter wheat. Crop Sci, 29(5): 1103-1108.

Bai B Z, Jin J Z, Huang L P, et al. 1994. Improvement of TTC method determining root activity in corn. Maize Sciences, 12: 44-47.

Baligar V C, Fageria N K, He Z L. 2001. Nutrient use efficiency in plants. Comm Soil Science and Plant Analysis, 32: 921-950.

Börner A, Schumann E, Furste A, et al. 2002. Mapping of quantitative trait loci determining agronomic important characters in hexaploid wheat (*Triticum aestivum* L.). Theor Appl Genet, 105: 921-936.

Buerstmayr H, Ban T, Anderson J. 2009. QTL mapping and marker-assisted selection for Fusarium head blight resistance in wheat: a review. Plant Breeding, 128: 1-26

di Toppi S L, Gabbrielli R. 1999. Response to Cadmium in higher plants. Environ EXP Bot, 41: 105-130.

Dubcovsky J, Maria G S, Epstein E, et al. 1996. Mapping of the K^+/Na^+ discrimination locus Knal in wheat. Theor Appl Genet, 92: 448-454.

Fageria N K, Baligar V C, Jones C A. 2011. Growth and mineral nutrition of field crops. Boca Raton, FL, USA: CRC Press.

Fick G N, Qualset C O. 1976. Seedling emergence, coleoptile length, and plant height relationships in crosses of dwarf and standard-height wheats. Euphytica, 25 (1): 679-684.

Flintham J, Adlam R, Bassoi M, et al. 2002. Gale M. Mapping genes for resistance to sprouting damage in wheat. Euphytica, 126: 39-45.

Francki M G, Berzonsky W A, Ohm H W, et al. 2002. Physical location of a HSP70 gene homologue on the centromere of chromosome 1B of wheat (*Triticum aestivum* L.). Theor Appl Genet, 104: 184-191.

Guo Y, Kong F M, Xu Y F, et al. 2012. QTL mapping for seedling traits in wheat grown under varying concentrations of N, P and K nutrients. Theor Appl Genet, 124: 851-865.

Hao Z F, Jing R L, Jia J Z et al. 2003. QTL mapping for drought tolerance at stages of germination and seedling in wheat (*Triticum aestivum* L.) using a DH population. Agricultural Science in China, 2 (9): 943-949.

Harada H, Leigh R A. 2006. Genetic mapping of natural variation in potassium concentrations in shoots of *Arabidopsis thaliana*. J Exp Bot, 57:953-960.

Imtiaz M, Ogbonnaya F C, Oman J, et al. 2008. Characterization of QTL controlling genetic variation for pre-harvest sprouting in synthetic backcross derived wheat lines. Genetics, 178: 1725-1736.

Ishikawa S, Ae N, Yano M. 2005. Chromosomal regions with quantitative trait loci controlling cadmium concentration in brown rice (*Oryza sativa* L.). New Phytol, 168 (2): 345-350.

Kanter U, Hauser A, Michalke B, et al. 2010. Caesium and strontium accumulation in shoots of *Arabidopsis thaliana*: genetic and physiological aspects. J Exp Bot, 61: 3995-4009.

Keller M, Keller B, Schachermayr G, et al. Quantitative trait loci for resistance against powdery mildew in a segregating wheat × spelt population. Theor Appl Genet, 98 (6-7): 903-912.

Kirigwi F M,Van Ginkel M, Brown-guedira G, et al. 2007. Markers associated with a QTL for grain yield in wheat under drought. Molecular Breeding, 20: 401-413.

Kulwal P L, Singh R, Balyan H S, et al. 2004. Genetic basis of pre-harvest sprouting tolerance using single-locus and two-locus QTL analyses in bread wheat. Functional & Integrative Genomics, 4 (2): 94-101.

Landjeva S, Neumann K, Lohwasser U, et al. 2008. Molecular mapping of genomic regions associated with wheat seedling growth under osmotic stress. Biol Plantarum, 52 (2): 259-266.

Lebreton C, Lazić-Jančić V, Steed A, et al. 1995. Identification of QTL for drought responses in maize and their use in testing causal relationships between traits. Journal of Experimental Botany, 46 (7): 853-865.

Li B L, Mei H S. 1989. Relationship between oat leaf senescence and activated oxygen metabolism. Acta Phytophysiol Sin, 15: 6-12.

Liang S S, Suenaga K, He Z H, et al. 2006. Quantitative trait loci mapping for adult-plant resistance to powdery mildew in bread wheat. Phytopathology, 96 (7): 784-789.

Liu J, Liu D, Tao W, et al. 2001a. Molecular marker-facilitated pyramiding of different genes for powdery mildew resistance in wheat. Plant Breeding, 119: 21-24.

Liu S X, Griffey C A, Maroof M A S. 2001b. Identification of molecular markers associated with adult plant resistance to powdery mildew in common wheat cultivar Massey. Crop Science, 41: 1268-1275.

Ma L Q, Zhou E F, Huo N K,et al. 2007. Genetic analysis of salt tolerance in a recombinant inbred population of wheat(*Triticum aestivum* L.). Euphytica, 153: 109-117.

Mason R E, Mondal S, Beecher F W, et al. 2011. Genetic loci linking improved heat tolerance in wheat(*Triticum aestivum* L.) to lower leaf and spike temperatures under controlled conditions. Euphytica, 180: 181-194.

Melichar J P E, Berry S, Newell C, et al. 2008. QTL identification and microphenotype characterisation of the developmentally regulated yellow rust resistance in the UK wheat cultivar Guardian. Theor Appl Genet, 117(3): 391-399.

Mingeot D, Chantret N, Baret P V, et al. 2002. Mapping QTL involved in adult plant resistance to powdery mildew in the winter wheat line RE714 in two susceptible genetic backgrounds. Plant Breeding, 121(2): 133-140.

Mohan A, Kulwal P, Singh R, et al. 2009. Genome-wide QTL analysis for pre-harvest sprouting tolerance in bread wheat. Euphytica, 168: 319-329.

Moral R, Gomez I, Pedreno J N, et al. 1994. Effect of cadmium on nutrient distribution, yield and growth of tomato grown in soilless culture. Journal of Plant Nutrition, 17(6): 953-962.

Morgan J M, Tan M K. 1996. Chromosomal location of a wheat osmotic regulation gene using RFLP. Aust J Plant Physiol, 23: 803-806.

Morgan J B, Savell J W, Hale D S, et al. 1991. National beef tenderness survey. Journal of Animal Science, 69: 3274-3283.

Munnus R, Husain S, Rivelli R A. 2002. Avenues for increasing salt tolerance of crops and the role of physiologically based selection traits. Plant and Soil, 247: 93-105.

Patra J, Lenka M, Panda B B. 1994. Tolerance and co-tolerance of the grass Chloris barlata Sw. to tercury, cadmium and zinc. New Phytol, 128: 165-171.

Poysa V W. 1984. The genetic control of low temperature, iceencasement and flooding tolerance by chromosome 5A, 5B and 5D in wheat. Cereal Res. Commun, 12: 135-141.

Quarrie S A, Gulli M, Calestani C, et al. 1994. Location of a gene regulation drough-induced abscisic acid production on the long arm of chromosome 5A of wheat. Theor Appl Genet, 89: 794-800.

Ramburan V P, Pretorius Z A, Louw J H, et al. 2004. A genetic analysis of adult plant resistance to stripe rust in the wheat cultivar Kariega. Theor Appl Genet, 108(7): 1426-1433.

Rasul G, Humphreys D G, Brû lé-Babel A, et al. 2009. Mapping QTLs for pre-harvest sprouting traits in the spring wheat cross 'RL4452/AC Domain'. Euphytica, 168: 363-378.

Rebetzke G J, Botwright T L, Moore C S, et al. 2004. Genotypic variation in specific leaf area for genetic improvement of early vigour in wheat. Field Crops Research, 88(2): 179-189.

Rengel Z, Damon P M. 2008. Crops and genotypes differ in efficiency of potassium uptake and use. Physiol Plant, 133: 624-636.

Richards R A. 1992. The effect of dwarfing genes in spring wheat in dry environments. II. Growth, water use and water-use efficiency. Crop and Pasture Science, 43(3): 529-539.

Roy J K, Prasad M, Varshney R K, et al. 1999. Gupta. Identification of a microsatellite on chromosomes 6B and a STS on 7D of breadwheat showing an association with preharvest sprouting tolerance. Theor Appl Genet, 99: 336-340.

Sun H Y, Lu J H, Fan Y D, et al. 2008. Quantitative trait loci(QTLs) for quality traits related to protein and starch in wheat. Progress in Natural Science, 18: 825-831.

Sutka J, Sanpe J W. 1989. Location of a gene for frostreistance on chromosome 5A of wheat. Euphytca, 42: 41-44.

Vijayalakshmi K, Fritz A K, Paulsen G M, et al. 2010. Modeling and mapping QTL for senescence-related traits in winter wheat under high temperature. Molecular Breeding, 26: 163-175.

Wang J K, 2009. Inclusive composite interval mapping of quantitative trait genes. Acta Agron Sin, 35: 239-245.

White P J, Karley A J. 2010. Potassium. In: Hell R, Mendel R R. Plant Cell Monographs 17, Cell Biology of Metals and Nutrients. Berlin. Springer: 199-224.

Witkowski E, Waga J, Witkowska K, et al. 2008. Association between frost tolerance and the alleles of high molecular weight glutenin subunits present in polish winter wheat. Euphytica, 159: 377-384.

Wu P, Ni J J, Luo A C. 1998. QTLs underlying rice tolerance to low-potassium stress in rice seedlings. Crop Sci, 38: 1458-1462.

Xue D W, Chen M C, Zhang G P. 2009. Mapping of QTLs associated with cadmium tolerance and accumulation during seedling stage in rice. Euphytica, 165: 587-596.

Yang D L, Jing R L, Chang X P. 2007. Quantitative trait loci mapping for chlorophyll fluorescence and associated traits in wheat (*Triticum aestivum*). Plant Biol, 49 (5), 646-654.

Yang J, Sears R G, Gill B S, et al. 2002. Quantitative and molecular characterization of heat tolerance in hexaploid wheat. Euphytica, 126: 275-282.

Zanetti S, Winzeler M, Keller M, et al. 2000. Genetic analysis of pre-harvest sprouting in a wheat × spelt cross. Crop Sci, 40: 1406-1417.

Zhang K, Tian J, Zhao L, et al. 2008. Mapping QTLs with epistatic effects and QTL× environment interactions for plant height using a doubled haploid population in cultivated wheat. Journal of Genetics and Genomics, 35 (2): 119-127.

Zhang X Z. 1992. Crop physiology research method. Beijing, China Agricultural Press: 131-207.

Zhao S J, Xu C C, Zou Q, et al. 2009. Improvements of method for measurement of malondialdehyde in plant tissues. Plant Physiology Communications, 30: 207-211.

第八章　条件 QTL 分析及其在作物育种和栽培中的应用

前几章进行的产量、品质、生理及抗逆性状的 QTL 定位，采用都是作物生长发育终点或成熟期的性状(如株高和粒重等)的表型数据(Paterson et al.，1988；Zhang et al.，2009；Zhao et al.，2009)。然而，众所周知，作物一生不断进行着植株从矮到高、籽粒由小变大的形态建成过程，连续发生对干旱、低(高)温、水肥等环境条件的应答或农艺措施的调控，也普遍存在产量构成因素(穗数、粒数和粒重)间或相关物质间的负(或正)相关关系，这些现象或关系当然也是相关基因/QTL 的动态表达的结果。但是，要探讨作物不同生长发育阶段哪些基因/QTL 发挥了作用、农艺栽培措施(例如施肥后叶片变绿)如何影响基因/QTL 的表达、作物性状间正(负)相关性的遗传关系如何等问题，显然，以前面基于生长终端表型值定位的传统 QTL(causative QTL；又称非条件 QTL，unconditional QTL)是无法解答的(Zhao et al.，2006；Zhu et al.，1992)。于是，1996 年 Zhu 等提出了“条件 QTL”的概念和分析方法(详见第二章第四节)，虽然非条件 QTL 和条件 QTL 都是分子遗传图结合表型数据进行的数量性状基因表达的遗传分析，但两者最大区别是：非条件 QTL 用的是作物生长发育终端(或阶段终端)的表型数据，获得的是数量性状基因综合表达的累加效应，不能充分反映生长发育过程中 QTL/基因的真实作用方式，也不能精确、完整地定位在某个阶段或某个条件下影响植株生长的众多 QTL；而条件 QTL 是根据作物生长过程中不同阶段、环境等给定条件下性状的净增加值进行数量性状基因分析。总之，条件 QTL 可以解析传统 QTL 定位所获得的累积遗传信息，对传统 QTL 定位分析进行补充，丰富 QTL 定位的内容，扩大 QTL 定位的应用范围(Wu et al.，1996；Zeng at al.，1994)。条件 QTL 分析方法提出后，立即引起了科学界的高度关注。Zhao 等(2006)用含有 282 个株系的 DH 群体，进行油菜籽含油量和蛋白质含量的遗传关系分析，鉴定出 8 个的 QTL，分别属于控制含油量或蛋白质含量的基因/QTL，其中 2 个 QTL(12 和 14-1)特别令人感兴趣，因为这两个 QTL/基因在增加油分含量提高的同时不降低蛋白质含量。

本研究室在大量进行传统 QTL 定位的基础上，刘宾(2010)、朱占玲(2011)、田宾(2011)等进行了小麦生长阶段和产量品质性状间的条件 QTL 研究，取得了利用条件 QTL 分析方法解析小麦复杂性状间基因关系良好结果。

第一节　小麦籽粒蛋白质积累动态的条件 QTL 分析

前人利用分子标记定位了多个影响小麦籽粒蛋白质含量的基因/QTL，但获得的籽粒蛋白质含量的 QTL 都是成熟期的累加效应，因而无法掌握籽粒不同发育期蛋白质合成的 QTL 动态表达。本研究以‘花培 3 号’×‘豫麦 57’的双单倍体(doubled haploid，DH)群体为材料，研究了籽粒灌浆期小麦籽粒蛋白质含量的累积动态，并对影响蛋白质动态积累的 QTL 进行定位和效应分析，阐明了控制蛋白质 QTL 的时空表达方式，揭示籽粒蛋白质合成的分子遗传机理。

一、籽粒蛋白质积累动态的条件 QTL 定位结果

(一) 供试材料

亲本‘豫麦 57’(父本) 和‘花培 3 号’(母本) 培育的双单倍体群体 168 个家系。

(二) 田间试验

2007 年和 2008 年种植于山东农业大学教学实习农场同一地块(36°57′N，116°36′E)。共设 6 个环境。环境 1(2007 年)、环境 4(2008 年)为正常肥水管理条件，即于越冬期、拔节期、开花期、灌浆期各浇一次水，拔节期、开花期分别追施 225kg/hm^2 和 112.5kg/hm^2 尿素；环境 2(2007 年)、环境 5(2008 年)为只浇水不施肥管理，即于越冬期、拔节期、开花期、灌浆期各浇 1 次水，无追肥；环境 3(2007 年)、环境 6(2008 年)为只施肥不浇水管理(雨养田农业)，即只于拔节期、开花期分别追施 225kg/hm^2 和 112.5kg/hm^2 尿素。随机区组设计，小区面积 2.5m^2(2.5m×1.0m)，4 行区，2 个重复，播期分别为 2007 年 10 月 4 日和 2008 年 10 月 6 日，基本苗每公顷 225 万株。

以株系为单位，于开花期选择同一天开花的主茎穗挂牌标记作为取样穗，花后 12 天第一次取样，以后每隔 5 天取一次样。取穗后，105℃杀青，脱粒，80℃烘干至恒重，用凯氏定氮法测定全氮含量，全氮含量乘以 5.7 即为蛋白质含量。

(三) 数据统计及 QTL 定位

方差分析使用 SPSS17.0 软件。运用条件变量分析方法(Zhu et al.，1995)和条件 QTL 的复合区间作图法(朱军，1999)进行动态 QTL 分析，软件 QTL Network2.0 和 QGAstation (Zhu et al.，1995)用于定位加性 QTL 位点。QTL 命名参考 McIntosh 等(McCouch et al.，1997)的方法。

(四) 结果与分析

1. 不同时期的籽粒蛋白质含量

不同环境条件下，亲本及 DH 群体的籽粒蛋白质含量在灌浆过程中的变化动态一致，呈出“高-低-高”的趋势(表 8-1)，籽粒蛋白质含量表达低值的时间均为花后 22 天左右。花后 12 天父本‘豫麦 57’的籽粒蛋白质含量明显高于母本‘花培 3 号’，但由于其灌浆前期下降快，灌浆后期回升缓慢，花后 32 天测得的籽粒蛋白质含量母本‘花培 3 号’高于父本‘豫麦 57’。各测定时期，DH 群体内各株系籽粒蛋白质含量的表型变幅较大，存在明显的双向超亲分离现象。群体的分离符合正态分布。

表 8-1 不同环境条件下小麦亲本及 DH 群体的籽粒蛋白质含量的表型值(单位：%)

Table 8-1 Phenotypic value of DH population and parents for GPC in different environments(Unit：%)

环境 Environment	测定时期 Period	亲本 Parents		DH 群体 DH population					
		花培 3 号 HP 3	豫麦 57 YM 57	平均值 Mean	最大值 Maximum	最小值 Minimum	标准差 (SD)	偏度 Skewness	峰度 Kurtosis
环境 1 E1	花后 12d 12d after anthesis	11.29	13.86	12.52	15.02	10.43	0.96	0.34	–0.10
	花后 17d 17d after anthesis	10.44	10.23	11.41	14.39	9.58	0.95	0.73	1.10
	花后 22d 22d after anthesis	10.22	9.48	10.90	14.22	9.00	0.83	0.67	1.10
	花后 27d 27d after anthesis	12.04	11.25	12.55	16.38	9.33	1.24	0.68	0.81
	花后 32d 32d after anthesis	13.07	12.89	13.86	17.49	10.63	1.30	0.29	0.29
环境 2 E 2	花后 12d 12d after anthesis	11.70	12.58	12.32	15.28	10.13	1.18	0.42	0.44
	花后 17d 17d after anthesis	10.01	11.35	10.93	13.90	9.08	0.86	0.51	0.73
	花后 22d 22d after anthesis	9.56	9.11	9.97	13.49	8.45	0.83	0.75	0.63
	花后 27d 27d after anthesis	11.36	10.88	11.40	15.32	9.30	1.10	1.00	1.20
	花后 32d 32d after anthesis	12.47	11.59	12.61	16.51	10.32	1.24	0.77	0.47
环境 3 E 3	花后 12d 12d after anthesis	10.91	13.45	13.06	16.2	10.03	1.14	0.12	–0.70
	花后 17d 17d after anthesis	10.72	10.19	11.44	14.33	9.24	0.96	0.19	–0.30
	花后 22d 22d after anthesis	9.54	9.67	10.62	13.56	8.53	0.94	0.47	0.39
	花后 27d 27d after anthesis	10.91	10.87	11.94	16.17	9.56	1.23	0.72	0.37
	花后 32d 32d after anthesis	12.67	11.53	13.18	16.27	10.43	1.36	0.56	0.21
环境 4 E 4	花后 12d 12d after anthesis	11.77	12.40	12.98	16.16	10.72	0.95	0.38	0.48
	花后 17d 17d after anthesis	11.49	11.26	11.94	15.64	9.90	0.93	0.70	0.29
	花后 22d 22d after anthesis	10.96	10.98	10.86	13.24	8.49	0.92	0.01	0.16
	花后 27d 27d after anthesis	11.31	11.02	11.82	15.84	9.43	0.99	0.81	0.69
	花后 32d 32d after anthesis	12.59	11.98	12.89	16.52	10.02	1.26	0.70	0.58
环境 5 E 5	花后 12d 12d after anthesis	11.88	14.32	12.77	16.23	10.42	1.24	0.69	0.01
	花后 17d 17d after anthesis	10.37	10.70	10.96	14.24	9.47	0.82	1.01	0.02

续表

环境 Environment	测定时期 Period	亲本 Parents		DH 群体 DH population					
		花培 3 号 HP 3	豫麦 57 YM 57	平均值 Mean	最大值 Maximum	最小值 Minimum	标准差 (SD)	偏度 Skewness	峰度 Kurtosis
环境 5 E 5	花后 22d 22d after anthesis	9.96	9.94	9.96	12.98	8.26	0.73	0.72	0.71
	花后 27d 27d after anthesis	10.48	10.46	10.83	14.31	9.19	0.82	0.90	0.15
	花后 32d 32d after anthesis	12.73	11.45	11.86	16.73	10.02	1.14	0.28	0.94
环境 6 E 6	花后 12d 12d after anthesis	12.40	13.24	12.90	16.62	10.61	1.09	0.70	0.83
	花后 17d 17d after anthesis	11.31	12.25	11.59	14.13	9.72	0.84	0.44	0.19
	花后 22d 22d after anthesis	9.96	10.39	10.49	13.17	8.74	0.75	0.54	0.89
	花后 27d 27d after anthesis	10.85	11.15	11.34	14.42	9.38	0.83	0.53	0.58
	花后 32d 32d after anthesis	11.63	11.45	12.35	16.38	10.30	1.21	0.65	0.43

2. 籽粒蛋白质含量发育动态的 QTL

1) 发育动态的非条件 QTL

在籽粒灌浆的 5 个取样期显著影响蛋白质含量的非条件 QTL 总共有 9 个(表 8-2)，分别位于 1D、2B、3A、4A、4B、5A、5D 和 7D 染色体上。其中 *Gpc3A* 在籽粒灌浆的 5 个时期都能检测到，其加性效应值始终为负值，增效基因来自父本‘豫麦 57’，但其在各时期加性效应值和贡献率的大小不同，加性效应值的变化介于 –0.45~–0.21，贡献率最高的时期在花后 32 天，为 14.79%，贡献率最低的时期在花后 22 天，仅为 7.71%。*QGpc1D* 在籽粒灌浆的 3 个时期可以检测到，*QGpc4A-1* 和 *QGpc4A-2* 可分别在籽粒灌浆的 2 个时期检测到，其余的非条件 QTL 只能在某一特定时期检测到。各个时期检测到的非条件 QTL 的数目也不同，花后 12 天和花后 27 天分别检测到 4 个非条件 QTL，其余 3 个时期分别检测到 3 个 QTL，各测定时期检测到的显著影响籽粒蛋白质含量的非条件 QTL 数目比最终时期(花后 32 天)检测到的要多，且加性效应值和贡献率也有较大的差异，可见，控制籽粒蛋白质含量的基因/QTL 在不同发育时期的有不同的表达。

表 8-2　各测定时期籽粒蛋白质含量数量性状基因座位(QTL)的加性效应

Table 8-2　Additive effects of QTLs for GPC in different measurements

QTL	标记区间 Marker interval	加性效应 (A)	花后 12 天 12d after anthesis	花后 17 天 17d after anthesis	花后 22 天 22d after anthesis	花后 27 天 27d after anthesis	花后 32 天 32d after anthesis
QGpc1D	*XGDM60-XWMC429*	a(t)			0.15^{**}	0.21^{**}	0.29^{**}
		a(t|t–1)					0.10^{**}

续表

QTL	标记区间 Marker interval	加性效应 (A)	花后 12 天 12d after anthesis	花后 17 天 17d after anthesis	花后 22 天 22d after anthesis	花后 27 天 27d after anthesis	花后 32 天 32d after anthesis
QGpc2B	*XBARC373-XBARC1114*	a(t)	-0.20^{**}				
		a(t|t–1)	-0.20^{**}				
QGpc3A	*XBARC86-XWMC21*	a(t)	-0.26^{**}	-0.21^{**}	-0.27^{**}	0.36^{**}	-0.45^{**}
		a(t|t–1)	-0.26^{**}		-0.08^{**}		
QGpc4A-1	*XWMC776-XBARC362*	a(t)	0.14^{**}	0.25^{**}			
		a(t|t–1)	0.14^{**}				
QGpc4A-2	*XWMC497-XWMC219*	a(t)				0.33^{**}	0.20^{**}
		a(t|t–1)					
QGpc4B	*XWMC657-XWMC48*	a(t)				-0.35^{**}	
		a(t|t–1)				-0.25^{**}	
QGpc4D	*XWMC331-XGWM194*	a(t)					
		a(t|t–1)				-0.10^{**}	
QGpc5A	*XBARC358.2-XGWM186*	a(t)		0.20^{**}			
		a(t|t–1)					
QGpc5B	*XBARC1125-XGWM213*	a(t)					
		a(t|t–1)					0.11^{**}
QGpc5D-1	*XBARC1097-XCFD8*	a(t)	-0.24^{**}				
		a(t|t–1)	-0.24^{**}				
QGpc5D-2	*XBARC320-XWMC215*	a(t)					
		a(t|t–1)		-0.20^{**}			
QGpc7A	*XWMC593-XBARC157.2*	a(t)					
		a(t|t–1)					0.19^{**}
QGpc7D	*XGDM67-XWMC634*	a(t)			-0.13^{**}		
		a(t|t–1)					
各测定时期 QTL 解释表型变异的贡献率 QTLs contribution rate for phenotypic variation/%		$R^2(t)$	22.82	21.95	13.49	29.95	24.34
		$R^2(t\|t-1)$	19.80	7.71	3.94	11.53	10.77
	总和 Total		42.62	29.66	17.43	41.48	35.11

**表示 0.1 %显著水平；a(t)表示 t 时刻的加性效应值；a(t| t–1)表示(t–1)至 t 时段内的条件加性效应值；$R^2(t)$和 $R^2(t|t-1)$分别表示各测定时期非条件 QTL 和条件 QTL 解释表型变异的贡献率

**Significant at the 0.1% level; a(t) is the cumulative additive effects at time t; a(t|t–1) is the conditional additive effects from time(t–1) to t; $R^2(t)$ and $R^2(t|t-1)$ indicate the contribution rate for phenotypic variation explained by unconditional QTL detected and conditional QTL detected, respectively

2) 发育动态的条件 QTL

给定(*t*–1)时刻的 *t* 时刻条件遗传效应，能揭示(*t*–1)至 *t* 时段内新的基因表达，根据不同时段内的籽粒蛋白质含量的净增长量在籽粒灌浆的 5 个取样期共定位了 10 个条件 QTL(见表 8-2，图 8-1)，分别位于 1D、2B、3A、4A、4B、4D、5B、5D 和 7A 染色体上。其中，*QGpc3A* 和 *QGpc1D* 在 2 个时期检测到，其余 QTL 只能在单独一个时期检测到，没有条件 QTL 在籽粒灌浆的 5 个时期持续表达。

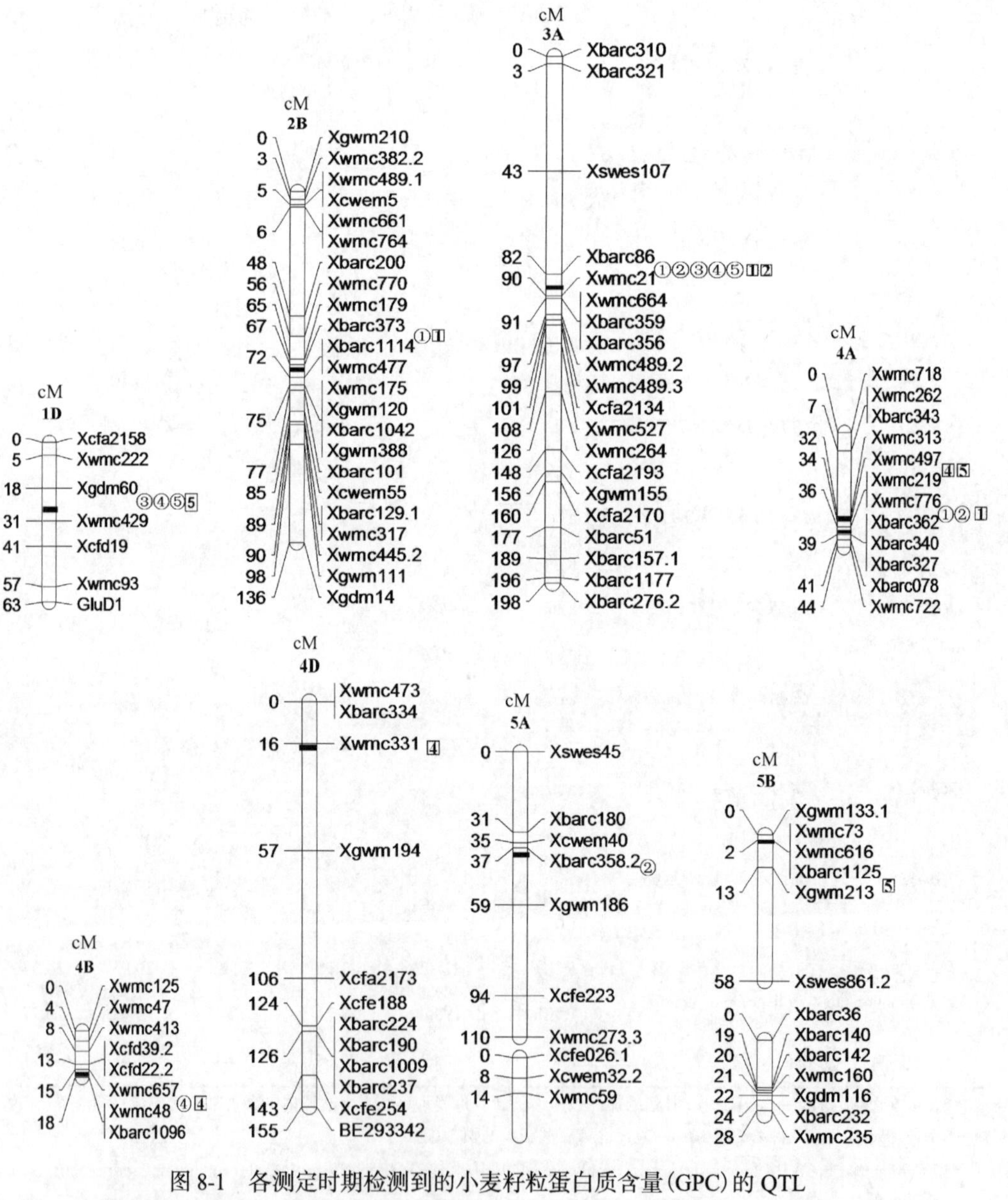

图 8-1 各测定时期检测到的小麦籽粒蛋白质含量(GPC)的 QTL

Fig. 8-1 Dynamic identification of QTLs controlling GPC at different periods

①②③④⑤⑥分别表示不同测定时期的非条件 QTL; Unconditional QTL detected in different periods;

12345分别表示不同测定时期的条件 QTL; Conditional QTL detected in different periods

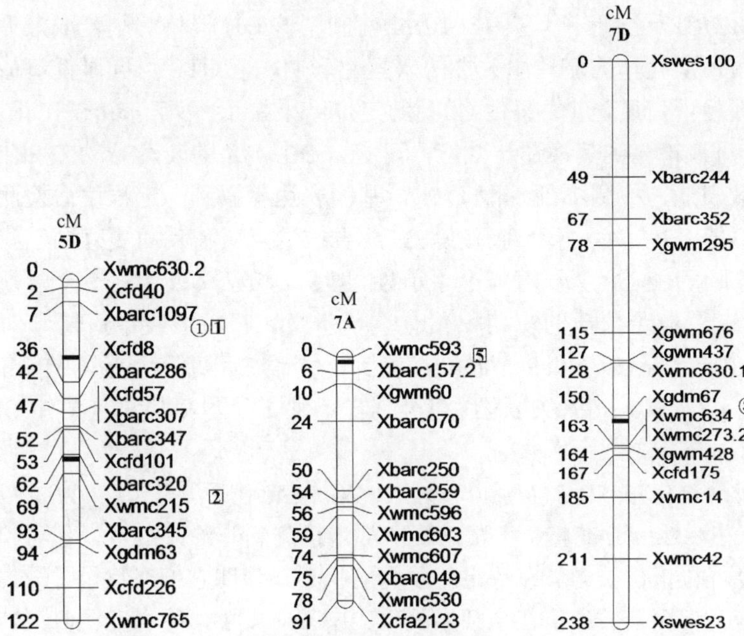

图 8-1　(续)

Fig. 8-1　(Continued)

综合分析各时期检测到的条件 QTL 和非条件 QTL，可以看出，花后 12 天，控制籽粒蛋白质合成的基因表达活跃，检测到的 4 个 QTL 有较高的表达量，非条件 QTL 和条件 QTL 总共能解释表型变异贡献率的 42.62%。随着灌浆的进行，最初表达的 *QGpc5D-1* 和 *QGpc2B* 在花后 17 天时已经检测不到。此时，在 5A 染色体上检测到了 1 个新表达的非条件 QTL，并且在 5D 染色体检测到 1 个新表达的条件 QTL，解释净表型变异的 7.71%。花后 22 天，籽粒蛋白质含量出现“低谷”，在前 2 个时期持续表达 *QGpc4A-1* 已检测不到表达量，非条件 QTL 定位结果显示，仍有位于 1D 和 7D 染色体上的新基因表达，但是它们的效应值和贡献率都比较低，2 个位点总共可解释表型变异的 5.79%，条件 QTL 定位只检测到 *QGpc3A* 的表达，仅能解释表型变异的 3.94%。花后 27 天，同时可检测到新表达的 2 个非条件 QTL 和 2 条件 QTL，分别位于 4A、4B、4D 染色体上，总共解释表型变异贡献率的 30.13%，说明籽粒形成后期新的 QTL 的表达对籽粒蛋白质的合成起重要作用。花后 32 天，没有检测到新表达的非条件 QTL，但检测到位于 7A 和 5B 上的 2 个新的条件 QTL，加性效应值均为正值，增效基因来自‘花培 3 号’，此期非条件 QTL 和条件 QTL 总共能解释表型变异贡献率的 35.11%，籽粒蛋白质含量回升到最高值。各测定时期检测到的影响籽粒蛋白质含量的非条件 QTL 和条件 QTL 不完全一致，可解释表型变异的贡献率也随着籽粒蛋白质的积累而动态变化，控制籽粒蛋白质含量的基因的表达具有明显的时空性。

二、研究结果与前人同类研究的比较分析

本研究发现的在籽粒灌浆的 5 个时期都表达的非条件 QTL(*QGpc3A*)位于分子标记

XBARC86 和 *XWMC21* 之间。赵亮等（2010）先前利用该 DH 群体对小麦成熟期籽粒蛋白质含量和面粉蛋白质含量的遗传相关性的研究也表明，该 QTL 可同时控制成熟期籽粒蛋白质含量和面粉蛋白质含量。条件 QTL 的定位结果显示，*QGpc3A* 仅在花后 12 天和花后 22 天 2 个时期检测到其净遗传效应，可见，*QGpc3A* 的表达是动态变化的，在大多数时段内微效表达，检测不到条件 QTL，基因表达积累到一定程度后检测到非条件 QTL，但这并不能否认 *QGpc3A* 对籽粒蛋白质合成的意义，反而更有助于我们深入理解其表达动态。除 *QGpc3A* 外，籽粒灌浆前期，*QGpc4A-1* 可连续在 2 个时期被检测到非条件 QTL，对籽粒蛋白质的前期积累有重要意义，籽粒灌浆中后期，*QGpc1D* 和 *QGpc4A-2* 可分别连续在 3 个和 2 个时期检测到，对灌浆后期籽粒蛋白质的合成具有重要意义，其中，*QGpc4A-1* 和 *QGpc1D* 可分别在单独 1 个时期检测到条件 QTL，表达同 *QGpc3A* 类似。

本研究还发现，*QGpc5D-2*（花后 17 天）、*QGpc4D*（花后 27 天）、*QGpc5B*（花后 32 天）和 *QGpc7A*（花后 32 天）在整个灌浆过程中都未检测到非条件 QTL，但可检测到条件 QTL，影响小麦籽粒蛋白质含量在特定时段内的积累，说明它们在特定时段内的表达全部为净遗传效应，但由于效应值在全部累积效应中相对太小，所以在 t 时刻非条件检测不到。可见，条件 QTL 能检测到更多的微效基因，可进一步验证控制籽粒蛋白质发育的基因在特定时段内的选择性表达，使 QTL 分析更精确，与 Yan 等（1998）、孙德生等（2006）和刘丽等（2008）的研究结果一致。

此外，大量研究表明，灌浆中期淀粉的合成速率快于蛋白质的合成速率是引起的蛋白质含量“低谷”出现的主要原因。籽粒形成的中间阶段蛋白质百分含量低，并不一定是蛋白质的合成量少。本研究在“低谷”期定位的条件和非条件 QTL 总共可解释表型变异的贡献率较小，可能存在基因的表达效应被掩盖，对此，分析可能有以下几种原因：①选择用来定位的性状为籽粒蛋白质含量，如果以此期的蛋白质产量（即蛋白质含量×籽粒重量）定位可能会得到不同的结果，对此，有待作进一步的研究；②此期处于灌浆盛期，淀粉和蛋白质的合成竞争同一底物，淀粉合成能力强，控制蛋白质合成的部分基因可能受淀粉的影响而被掩盖，以至于检测不到；③除加性效应外，研究还发现，该期检测到的上位性效应对该期籽粒蛋白质的合成也具一定的贡献率。

第二节　小麦籽粒淀粉积累动态的条件 QTL 分析

有关小麦籽粒中淀粉的积累动态，前人进行了大量研究（闫素辉等，2007；王芳等，2004），但控制淀粉合成的 QTL/基因研究较少。而且前人为数不多的淀粉 QTL 分析都是以成熟的种子为材料，获得的遗传效应是籽粒整个发育过程中多个 QTL 综合表达的累加效应，无法解析籽粒不同发育阶段与淀粉合成有关的 QTL 动态表达。到目前为止，结合条件和非条件 QTL 分析方法进行小麦籽粒淀粉 QTL/基因动态表达的研究没有报道。因此，本研究基于构建的 DH 群体分子遗传连锁图，结合 2 年 6 个环境下小麦籽粒淀粉含量的累积动态，进行了籽粒形成期控制淀粉合成 QTL/基因的动态表达分析，为从分子水平上探讨淀粉合成 QTL/基因的时空表达情况，阐明小麦籽粒淀粉合成的分子遗传机理，改善小麦品质、提高产量提供参考。

一、小麦籽粒淀粉积累动态的条件 QTL 定位结果

(一)供试材料

亲本‘豫麦 57’(父本)和‘花培 3 号’(母本)培育的双单倍体群体 168 个家系。

(二)田间试验

材料种植于山东农业大学农学试验站(36°57′N，116°36′E)。试验于 2008 年和 2009 年在 6 个环境下进行，2008 年试验设 3 个环境处理(E1~E3)、2009 年 3 个环境处理(E4~E6)。环境处理和田间管理措施同本章第一节蛋白质含量积累动态的条件 QTL 分析的田间试验。

(三)取样与测定方法

以 DH 系为单位，于开花期选择同一天开花的主茎穗挂牌标记作为取样穗，花后 12 天第一次取样，每个 DH 系取 25 穗，以后每隔 5 天取一次样，共取 5 次(即花后 12 天、17 天、22 天、27 天、32 天)，鲜样品先在 105℃下杀青 30min，80℃烘干至恒重。将各期样品手工脱粒，用 PERTEN 3100 旋风磨磨制全粉，用 WZZ-2B 旋光仪按 GB5006—85 方法测定籽粒粗淀粉含量。

(四)数据统计与 QTL 定位

方差分析使用 SPSS13.0 软件(SPSS，Chicago，USA)，条件 QTL 定位运用条件变量分析方法(Zhu et al.，1995)和条件 QTL 的复合区间作图法，利用 QTL Network2.0(Yang et al.，2005)及 QGAstation 软件(Zhu et al.，1995)分析 QTL 的加性效应及上位性效应。QTL 命名参考 McCouch 等(1997)的方法，以淀粉参数的英文缩写加上对应的染色体序号作为其 QTL 名称，如果在一条染色体上同时定位出相同参数 2 个以上的 QTL，则在染色体序号后加阿拉伯数字以示区别，如 *QGsc5D-1*、*QGsc5D-2* 等。

(五)结果与分析

1. 籽粒淀粉含量积累动态的表型分析

不同环境下两亲本和 DH 群体的籽粒淀粉含量平均值在 5 个时期间都有差异，其变化规律随着灌浆时间的推移淀粉含量逐渐升高(表 8-3)。灌浆过程中父母本的籽粒淀粉含量的变化不同，花后 12 天，环境 2、3、4、5 中母本‘花培 3 号’淀粉含量高于父本‘豫麦 57’，其他环境和时期父本的淀粉含量均高于母本‘花培 3 号’。DH 群体内各株系籽粒淀粉含量的表型变异非常明显，最终测定时期淀粉含量最高的可达 74.69%，最低的只有 43.57%，存在明显的双向超亲分离现象(表 8-3)。群体分离的连续性符合正态分布，大部分偏度值与峰度值的绝对值都小于 1.0，表现出典型的数量性状遗传特点，符合 QTL 作图需要(Cao et al.，2001)。

表 8-3 不同环境条件下小麦亲本及 DH 群体的籽粒淀粉含量的表型值(单位：%)

Table 8-3 Phenotypic values of DH population and parents for GSC in different environments(Unit：%)

环境 Environment	测定时期 Period	亲本 Parents			DH 群体 DH population				
		花培 3 号 HP3	豫麦 57 YM57	平均值 Mean	最大值 Maximum	最小值 Minimum	标准差 (SD)	偏度 Skewness	峰度 Kurtosis
环境 1 E 1	S1	11.96	12.19	15.84	25.00	9.03	2.75	0.64	0.78
	S2	27.58	36.17	34.97	48.03	24.58	4.41	0.31	0.13
	S3	46.65	51.22	45.56	53.56	35.26	3.83	–0.15	–0.41
	S4	48.64	58.41	51.23	61.45	40.21	4.01	0.13	–0.02
	S5	56.74	60.54	56.89	66.55	48.18	4.16	0.28	–0.46
环境 2 E 2	S1	12.99	11.44	17.80	29.39	9.20	2.97	0.43	1.08
	S2	24.78	33.82	33.52	46.44	24.09	3.63	0.53	1.31
	S3	29.88	37.78	42.02	48.98	29.43	3.29	–0.43	0.39
	S4	39.74	48.86	51.31	62.44	39.57	4.32	–0.08	0.45
	S5	54.06	55.08	51.68	64.96	41.24	3.88	–0.04	–0.09
环境 3 E 3	S1	16.37	12.87	16.27	26.38	8.02	3.11	0.32	0.35
	S2	27.24	35.86	33.06	40.05	25.25	2.93	0.06	–0.21
	S3	30.99	43.12	42.76	51.54	32.73	3.46	–0.27	0.35
	S4	43.92	50.69	48.87	58.72	38.03	3.19	–0.08	0.83
	S5	51.24	59.50	52.40	66.97	42.69	3.32	0.44	2.59
环境 4 E 4	S1	18.92	18.44	20.51	35.17	4.91	3.97	–0.06	2.05
	S2	27.61	37.43	34.31	45.29	26.64	2.93	0.15	1.01
	S3	39.07	47.98	44.32	53.14	33.37	3.17	–0.41	0.88
	S4	49.53	51.83	49.41	59.11	39.59	3.60	0.09	–0.08
	S5	53.04	59.25	54.19	62.08	44.58	3.38	–0.04	0.18
环境 5 E 5	S1	28.20	27.73	20.26	31.15	9.39	4.03	0.34	–0.07
	S2	38.73	46.15	36.44	44.40	24.28	3.03	–0.05	1.20
	S3	49.57	52.26	46.18	52.83	32.43	3.23	–0.33	1.07
	S4	51.47	57.71	51.39	63.02	39.86	3.53	–0.09	0.97
	S5	55.09	61.31	55.91	67.19	46.07	3.89	–0.01	–0.11
环境 6 E 6	S1	18.34	29.61	19.75	30.70	7.50	4.20	0.10	0.25
	S2	37.75	39.27	34.19	41.39	25.55	2.26	–0.28	1.30
	S3	46.04	46.48	44.09	51.52	36.90	2.87	0.18	0.03
	S4	51.85	54.53	50.46	60.40	41.53	3.68	0.19	–0.23
	S5	54.23	56.37	54.63	74.69	43.57	3.93	0.69	0.067

S1：花后 12 天，S2：花后 17 天，S3：花后 22 天，S4：花后 27 天，S5：花后 32 天。下同

S1:12d after flowering, S2:17d after flowering, S3:22d after flowering, S4:27d after flowering, S5:32d after flowering. The same as below

2. 籽粒淀粉含量积累动态的 QTL 分析

1) 非条件 QTL 分析

各测定时期定位的非条件 QTL 是从初始时刻到 t 时刻的累积效应(Qu et al.，2008)，6 个环境下不同时期共检测到 7 个影响淀粉含量的非条件 QTL(表 8-4，图 8-2)，分别定位于 2A、3A、3B、4A、5D 染色体上。在影响淀粉含量的非条件 QTL 中，*QGsc2A*、*QGsc3A*、*QGsc3B* 分别在 1 个时期检测到，贡献率较小。*QGsc4A* 在 5 个时期均检测到，贡献率分别为 3.52%、9.67%、18.20%、19.20%、15.81%，在淀粉积累过程中的作用最大，其增效等位基因来源于‘豫麦 57’。5D 染色体上检测到 3 个 QTL，分别在花后 12 天、花后 17 天、花后 27 天 3 个时期表达。各个时期测到的非条件 QTL 数目不同，花后 12 天检测到 3 个 QTL，总共解释 13.57%的表型变异，花后 17 天、22 天、27 天和 32 天均检测到 2 个位点，其表型变异的贡献率分别为 16.57%、21.96%、22.53%、22.90%，说明在籽粒灌浆不同阶段，其影响淀粉合成的 QTL 一直在动态表达。

表 8-4　各测定时期淀粉含量非条件 QTL 的加性效应

Table 8-4　Additive effects of QTLs detected by unconditional mapping for GSC at different growing stages

QTL	标记区间 Marker interval	S1		S2		S3		S4		S5	
		A	H^2/%	A	H^2/%	A	H^2/%	A	H^2/%	A	H^2/%
QGsc2A	*Xgwm558-Xbarc015*									–0.761	7.09
QGsc3A	*Xbarc157.1-Xbarc1177*					0.867	3.76				
QGsc3B	*Xwmc1-Xgwm285*	1.174	4.09								
QGsc4A	*Xwmc262-Xbarc343*	–1.059	3.52	–1.603	9.67	–1.230	18.20	–1.207	19.20	–1.204	15.81
QGsc5D-1	*Xbarc320-Xwmc215*	–0.598	5.96								
QGsc5D-2	*Xbarc1097-Xcfd8*			–0.523	6.90						
QGsc5D-3	*Xcfd226-Xwmc765*							–1.055	3.33		

A：加性效应，正值表示增加籽粒淀粉含量的等位变异来自‘花培 3 号’，负值表示增加籽粒淀粉含量的等位变异来自‘豫麦 57’；H^2：加性 QTL 所能解释的表型变异率。下同

A: Additive effects, positive value indicates that allele from Huapei 3 enhances the GSC, negative value indicates that allele from Yumai 57 enhances GSC; H^2: Percentage of phenotypic variation explained by QTL with additive effect. The same as below

2) 条件 QTL 分析

根据不同时期的籽粒中淀粉含量的净增长量数据，运用条件变量分析方法(Zhu et al.，1995)和条件 QTL 的复合区间作图法(朱军，1999)，定位了显著影响不同时期淀粉含量的条件 QTL，共检测到影响淀粉含量的 4 个条件 QTL(表 8-4，图 8-2)。花后 12 天(S1|S0)共检测到 3 个条件 QTL，位点 *QGsc3B*、*QGsc4A*、*QGsc5D-1* 的贡献率分别为 4.09%、3.52%、5.96%。花后 12~17 天(S2|S1)期间，前一阶段检测到的 *QGsc3B* 和 *QGsc5D-1* 不再表达，而 *QGsc4A* 则继续表达，其贡献率为 14.20%，对淀粉含量的积累起重要作用。花后 17~22 天(S3|S2)检测到 1 个条件 QTL *QGsc6A*，贡献率为 3.11%，与前两个时期相比，该 QTL 是灌浆中期新表达的基因。*QGsc4A* 在花后 27~32 天(S5|S4)期间继续表达，贡献率为 4.08%。花后 22~27 天(S4|S3)期间没有检测到条件 QTL。

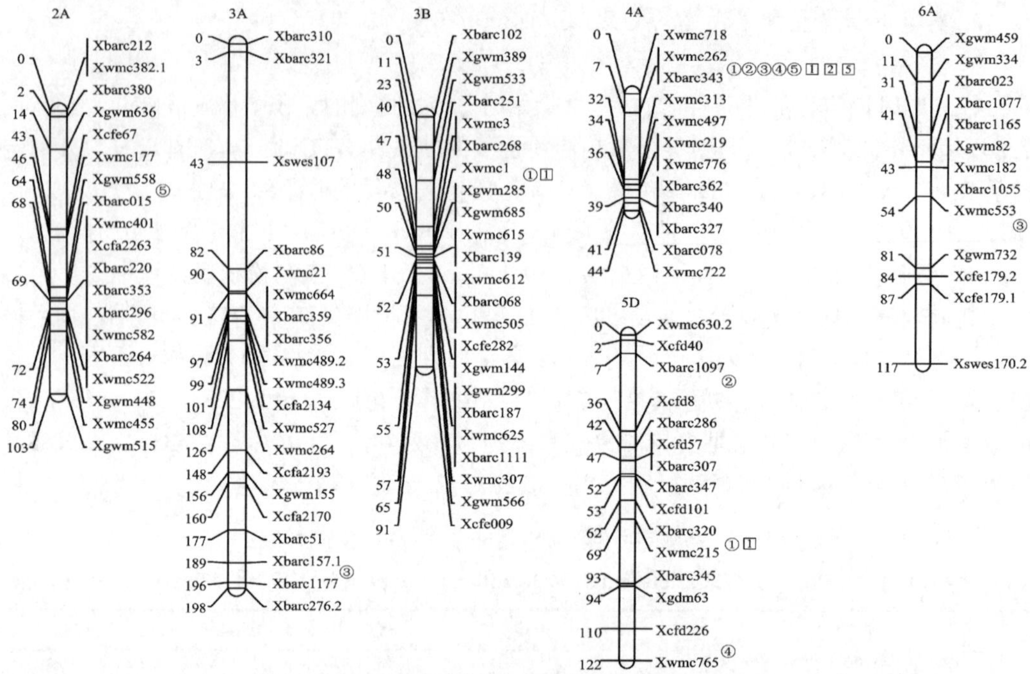

图 8-2　各测定时期检测到的小麦籽粒淀粉含量(GSC)的 QTL

Fig. 8-2　The dynamic identification of QTLs controlling GSC in different periods

①②③④⑤分别表示不同测定时期的非条件 QTL；1 2 3 4 5: 分别表示不同测定时期的条件 QTL

①②③④⑤:Unconditional QTL detected in different periods, 1 2 3 4 5: Conditional QTL detected in different periods

本研究同时进行了淀粉积累发育动态的非条件 QTL 和条件 QTL 分析，共检测到控制淀粉增长的 8 个 QTL，其中 4 个条件 QTL 和 7 个非条件 QTL(有 3 个 QTL 既是条件 QTL 又是非条件 QTL)。从各时期检测到的条件和非条件位点和数量可以看出(表 8-5)，花后 12 天左右，控制淀粉积累的基因就已经表达，控制淀粉积累的基因位于 3B、4A、5D 染色体，此阶段条件 QTL 共解释 13.57%的表型变异。随着灌浆的进行，最初表达的 *QGsc4A* 在花后 17 天继续表达，且效应值较大，条件 QTL 和非条件 QTL 分别解释 14.20%、9.67%的表型变异。此时，在 5D 染色体上检测到了 1 个新表达的非条件位点，其加性效应能解释 6.90%的表型变异。花后 22 天，非条件分析检测到 2 个位点，条件分析检测到 1 个位点，分别位于 3A、4A、6A 染色体上，非条件位点 *QGsc4A* 解释表型变异的 18.20%。花后 27 天没有检测到条件 QTL，但在 4A 和 5D 染色体上检测到的 2 个非条件位点，共解释表型变异的 22.53%。花后 32d 灌浆后期，4A 染色体上的非条件 QTL 继续表达，遗传贡献率 15.81%，为主效基因位点；2A 染色体上也检测到 1 个新的非条件 QTL(*QGsc2A*)，其贡献率 7.09%；花后 32 天 QTL 的净表型值变异较小，条件 QTL 仅能解释 4.08%的表型变异。由于上一时期较高的基因表达量对下一时期的影响，随着灌浆的进行，测得的淀粉含量逐渐增加。不同时期所测条件和非条件 QTL 的加性效应多数为负值，表明父本‘豫麦 57’的等位基因在 DH 群体淀粉含量的积累中起主要作用。

表 8-5 各测定时期淀粉含量条件 QTL 的加性效应

Table 8-5 Additive effects of QTLs detected by conditional mapping for GSC at different growing stages

QTL	标记区间 Marker interval	S1|S0		S2|S1		S3|S2		S4|S3		S5|S4	
		A	H^2/%	A	H^2/%	A	H^2/%	A	H^2/%	A	H^2/%
QGsc3B	*Xwmc1-Xgwm285*	1.174	4.09								
QGsc4A	*Xwmc262-Xbarc343*	−1.059	3.52	−0.794	14.20					−0.719	4.08
QGsc5D-1	*Xbarc320-Xwmc215*	−0.598	5.96								
QGsc6A	*Xwmc553-Xgwm732*					−0.634	3.11				

S0：开花期至 S1 时刻的遗传效应，S1|S0：S1 排除 S0 时刻的遗传效应，以下类推

S0: The additive effects of the time interval from initial time of flowering to S1. S1|S0: the time interval from the initial time of flowering to stage S1, and so on

二、研究结果与前人同类研究的比较分析

淀粉含量是由微效多基因控制的数量性状(Quarrie et al.，2005；Huang et al.，2006)。关于控制淀粉合成的基因，目前比较清楚的是 Waxy 蛋白(GBSS)基因，位于 7AS、4AL 和 7DS 这 3 条染色体上，分别控制 Wx-A1、Wx-B1 和 Wx-D1 3 个蛋白亚基组成。其基因表达的数目和类型可引起直、支链淀粉含量的变化，从而引起籽粒淀粉含量的变化(Rahman et al.，2000)，一般在灌浆前期以支链淀粉合成为主，灌浆后期以直链淀粉合成为主。Araki 等(2000)利用重组自交系群体研究了直链淀粉含量的 QTL，将其定位在 *Wx-B1* 附近，即 4A 染色体，另外一个微效 QTL 被定位在 1B 染色体的短臂 *Xbcdl738* 和 *Xcdo387* 标记之间。本研究在 4A 染色体上检测到的 *QGsc4A*，在整个生育期频繁表达，遗传贡献率较大，尤其是在条件定位时，花后 12 天、12~17 天和 27~32 天都检测到，该 QTL 位于 *Xwmc262-Xbarc343* 区段，与孙宪印(2009)在 4A 染色体区段检测到的控制籽粒淀粉含量的 QTL 在相同区段(*Xwmc262-Xwmc419*)。从 *QGsc4A* 在籽粒灌浆期间出现的频率和对淀粉合成的作用分析，也可能与同样位于 4A 染色体上的糯蛋白基因 *Wx-Bl* 相同或紧密联锁，这些 QTL/基因在籽粒灌浆期对淀粉的合成起着共同作用。

有关淀粉积累的 QTL 分析，前人也有许多报道。方先文等(2003)报道，总淀粉含量同时受加性和非加性基因控制。Udall 等(1999)利用小麦 RIL 群体的 78 个株系进行面粉黏度的 QTL 分析，涉及 2B、1A、2A、2D、3B 等染色体；McCartney 等(2006)发现面粉总淀粉含量的 QTL 位于 1A 和 1D 染色体上。孙宪印(2009)利用 RIL 群体共检测到 5 个籽粒淀粉含量的 QTL，分布在 1B、2B、4A 和 4B 染色体上。本研究在小麦籽粒灌浆过程的 5 个阶段，共检测到 7 个非条件 QTL 和 4 个条件 QTL，分别分布在 2A、3A、3B、4A、5D 染色体上，多个控制淀粉合成的 QTL 与前人检测结果位于相同染色体上。其中 *QGsc4A* 在整个灌浆过程都表达，5 个时期的表型变异贡献率分别为 13.57%、16.57%、21.96%、22.53%、22.90%。在条件 QTL 分析中，*QGsc4A* 同样在花后 1 天、17 天和 32 天均能检测到，总贡献率为 21.80%，对籽粒淀粉积累的净增长量起主要作用。

此外，在各测定时期检测到的影响淀粉含量的非条件 QTL 位点与进行条件检测的 QTL 结果不完全一致，控制淀粉积累基因的表达具有明显的时空性，其表达净效应在其

生长过程中是动态变化的。*QGsc2A*、*QGsc3A*、*QGsc5D-2*、*QGsc5D-3* 位点没有在给定条件下检测到，可能是由于这些 QTL 在某时间段内净效应值较小，没有达到显著水平，但基因效应累加到一定程度后只测到了非条件 QTL。*QGsc6A* 没能在非条件下被检测到，而在花后 17~22 天的条件下被检测到，说明小麦籽粒淀粉的积累在特定时段内的表达全部为净遗传效应，可能是在花后 17 天以前一个弱的负表达(未能被测出)抵消了部分花后 17~22 天的正表达，致使在花后 17~22 天期内 QTL 的累积效应较小而未能被测出，所以在 *t* 时刻非条件检测不到。可见，条件 QTL 可以检测非条件定位研究不能检测到的 QTL，两者结合会检测到更多的 QTL 及微效基因，可进一步验证控制籽粒淀粉发育的基因在特定时段内的选择性表达，使 QTL 分析更精确。实际上，*t* 时刻的非条件 QTL 效应基本上是 *t*-1 时刻非条件 QTL 效应与 *t*-1→*t* 时间段内条件 QTL 效应的代数和(见表 8-4，表 8-5)，条件 QTL 和非条件 QTL 可以同时提供 QTL 的“静态”和“动态”两个方面的信息，既了解 QTL 表达的最终结果，又明确 QTL 表达的具体时间及其数量(Zhao et al.，2008)。

本研究检测到的 4 个条件 QTL，作用于小麦籽粒淀粉发育的不同时期，但没有 1 个 QTL 能在 5 个时期都表达，说明籽粒发育的不同阶段有不同的 QTL 表达，即控制籽粒淀粉积累的基因表达具有时空性，这与发育遗传学研究结果相一致(李卫华等，2006)。在非条件 QTL 分析中，*QGsc4A* 在 5 个取样时期都表达，说明尽管 *QGsc4A* 在各个时期的遗传效应大小不同，但在整个籽粒形成期都对淀粉的合成起到重要作用。*QGsc4A* 仅在花后 12 天、17 天、32 天 3 个时期检测到其净遗传效应，说明 *QGsc4A* 在这 3 个阶段连续表达。但由于前人没有进行控制淀粉含量的条件 QTL 分析，位于 4A 染色体上的 *QGsc4A* 的重要性仍需进一步研究。

第三节　蛋白质和淀粉互为条件的 QTL 分析

蛋白质和淀粉与小麦的品质密切相关，是影响小麦品质的两个重要因素。国内外对小麦蛋白质和淀粉与加工品质关系的研究很多。近十年，有关蛋白质和淀粉含量 QTL 定位的研究开始出现，但都是籽粒蛋白质含量和淀粉含量分别进行的传统 QTL 分析(非条件 QTL)。至今没有蛋白质含量与淀粉含量互为条件的 QTL 定位的报道。因此，基于籽粒蛋白质含量与淀粉含量呈显著的负相关关系，本研究期望通过对二者互为条件的 QTL 分析，发现控制蛋白质含量但不影响淀粉含量或控制淀粉含量但不影响蛋白质含量的主效 QTL 位点，在 QTL 水平上研究小麦蛋白质含量与淀粉含量的关系，剖析二者互相影响的遗传机理，结合分子标记辅助育种方法，聚合协调淀粉的蛋白会呈矛盾的有利的 QTL，培育产量、品质同步提高的小麦新品种。

一、蛋白质和淀粉互为条件的 QTL 定位结果

(一) 供试材料

供试材料为三个遗传群体，包括一个双单倍体(doubled haploid，DH)系和两个重组自交系(recombinant inbred line，RIL)群体。

DH 群体材料见本章第一节；RIL1 群体材料详见第三章第二节；RIL2 群体材料详见第三章第二节内容。

(二)田间试验

DH 群体及其亲本于 2008 年 10 月至 2012 年 6 月连续 4 个生长季种植于山东农业大学农学试验站(116°36′E，36°57′N)，2011~2012 年度种植于河南省济源市农业科学研究所(112°36′E，35°05′N)。两个 RIL 群体及各自亲本于 2009 年 10 月至 2012 年连续三个生长季种植于山东农业大学农学试验站，2010~2011 年度种植于安徽宿州市紫芦湖农场(116°58′E，33°38′N)，2011~2012 年度种植于河南省济源市农业科学研究所。

泰安点试验地为棕壤，宿州点试验地为黑姜沙土，济源试验点为轻壤土。各试验点均采取随机区组设计，按当地正常栽培方法进行田间管理，生长期内均没有发生严重病虫害和倒伏。成熟时各株系按小区收获。

(三)籽粒蛋白质和淀粉含量的测定

籽粒蛋白质和淀粉含量的测定都采用 DA7200 连续光谱近红外分析法。取大小均匀的籽粒，装入样品杯中，用直边的工具如尺子等刮去多余部分，使样品加满并保持平整的平面，然后对样品进行扫描分析。每份样品测量两次，取两次测量的平均值作为测量结果(田纪春，2006)。

抽取 100 份样品籽粒，采用凯氏定氮法测定籽粒蛋白质含量，采用旋光法测定籽粒淀粉含量，并与用近红外分析法测定的结果进行相关性分析，结果显示近红外分析法与另两种方法测得的结果均呈极显著的正相关，说明近红外分析法可以用于这两个性状的测定(表 8-6)。

表 8-6　近红外分析法与化学试验方法相关性分析

Tabel 8-6　Coefficients of pairwise correlations of the mean values between Near infrared analysis method and Chemical test method

试验方法 Test method	籽粒蛋白含量(GPC)		试验方法 Test method	籽粒淀粉含量(GSC)	
	近红外分析法 Near infrared analysis method	凯氏定氮法 Kjeldahl method		近红外分析法 Near infrared analysis method	旋光法 Polarimetry
近红外分析法 Near infrared analysis method			近红外分析法 Near infrared analysis method		
凯氏定氮法 Kjeldahl method	0.925**		旋光法 polarimetry	0.954**	

** $P<0.01$ 水平显著

** Significance at level of $P<0.01$

(三)结果与分析

1. 籽粒蛋白质含量和淀粉含量表型分析

三个群体以及各自亲本的籽粒蛋白质含量和淀粉含量见表 8-7 和表 8-8。DH 群体，母本‘花培 3’号籽粒蛋白质含量高于父本‘豫麦 57’，而籽粒淀粉含量低于‘豫麦 57’；

RIL1 群体，母本‘糯麦 1 号’的籽粒蛋白质含量和淀粉含量均高于父本‘藁城 8901’；RIL2 群体，母本‘山农 01-35’籽粒蛋白质含量高于父本‘藁城 9411’，而籽粒淀粉含量略低于父本。在各群体中，两个性状在 4 个环境中均表现双向超亲分离，表明控制相关性状的优势等位基因随机分布于双亲的染色体上，是由多基因控制的数量性状。

表 8-7　三群体及其亲本籽粒蛋白质含量在不同环境下的表现

Tabel 8-7　Phenotypic values for grain protein content of the three population and the parents in different nvironments

群体 Population	环境 Environment	亲本 Parents		平均值 Mean	标准差 (SD)	最小值 Minimum	最大值 Maximum	偏度 Skewness	峰度 Kurtosis
DH 群体 DH population		花培 3 号 Huapei 3	豫麦 57 Yumai 57						
	E1	13.88	14.25	14.81	1.08	12.72	18.62	0.753	0.940
	E3	14.26	15.35	14.82	1.07	12.63	18.62	0.623	0.922
	E4	13.06	13.68	14.04	0.93	11.71	17.28	0.731	1.218
RIL1 群体 RIL1 population		糯麦 1 号 Nuomai 1	藁城 8901 Gaocheng 8901						
	E1	17.45	15.65	15.64	1.18	11.84	19.89	0.613	1.023
	E2	16.53	14.92	15.00	0.99	11.58	17.88	–0.177	1.125
	E3	17.56	16.11	16.10	0.95	13.44	20.03	0.467	1.049
	E4	14.95	14.18	15.04	0.97	10.45	17.70	–0.320	1.537
RIL2 群体 RIL2 population		山农 01-35 Shannong 01-35	藁城 9411 Gaocheng 9411						
	E1	16.36	14.84	16.09	1.34	11.17	18.91	–0.260	0.612
	E2	15.78	14.11	15.02	0.99	12.49	17.69	–0.034	–0.141
	E3	15.46	14.40	15.07	1.06	12.80	18.02	0.277	–0.395
	E4	15.55	14.39	15.07	0.93	12.52	17.84	0.203	–0.155

E1：2010~2011，泰安；E2：2010~2011，宿州；E3：2011~2012，泰安；E4：2011~2012，济源

E1: 2010~2011, Taian; E2: 2010~2011, Suzhou; E3: 2011~2012, Taian; E4: 2011~2012, Jiyuan

表 8-8　三群体及其亲本籽粒淀粉含量在不同环境下的表现

Tabe 8-8　Phenotypic values for grain starch content of the three population and the parents in different nvironments

群体 Population	环境 Environment	亲本 Parents		平均值 Mean	标准差 (SD)	最小值 Minimum	最大值 Maximum	偏度 Skewness	峰度 Kurtosis
DH 群体 DH population		花培 3 号 Huapei 3	豫麦 57 Yumai 57						
	E1	80.5	79.96	79.56	0.81	77.11	81.56	–0.622	0.273
	E3	80.0	79.56	79.71	0.93	76.94	82.16	–0.440	0.676
	E4	80.82	80.51	80.03	0.80	76.93	81.78	–1.065	1.879

续表

群体 Population	环境 Environment	亲本 Parents		平均值 Mean	标准差 (SD)	最小值 Minimum	最大值 Maximum	偏度 Skewness	峰度 Kurtosis
RIL1 群体 RIL1 population		糯麦 1 号 Nuomai 1	藁城 8901 Gaocheng 8901						
	E1	78.24	76.88	77.04	1.02	73.94	79.77	−0.112	−0.064
	E2	78.80	76.50	77.00	0.90	74.66	79.36	0.129	−0.228
	E3	78.53	77.67	78.31	0.86	75.65	80.44	−0.151	−0.105
	E4	80.82	78.12	78.94	0.80	76.82	80.91	−0.037	−0.307
RIL2 群体 RIL1 population		山农 01-35 Shannong 01-35	藁城 9411 Gaocheng 9411						
	E1	78.22	78.87	78.35	0.86	76.36	80.28	−0.272	−0.637
	E2	78.72	78.73	79.10	0.76	77.16	80.91	−0.008	−0.214
	E3	78.73	78.42	78.56	0.74	76.78	80.36	0.014	−0.578
	E4	78.86	79.29	78.92	0.76	76.70	81.08	−0.207	0.266

E1：2010~2011，泰安；E2：2010~2011，宿州；E3：2011~2012，泰安；E4：2011~2012，济源

E1: 2010~2011, Taian; E2: 2010~2011, Suzhou; E3: 2011~2012, Taian; E4: 2011~2012, Jiyuan

2. 籽粒蛋白质含量和淀粉含量的相关性分析

对三个群体不同环境下籽粒蛋白质和淀粉含量进行相关性分析(图 8-3)，各环境均达到极显著水平。结果表明，籽粒蛋白质含量和淀粉含量之间呈极显著的负相关。

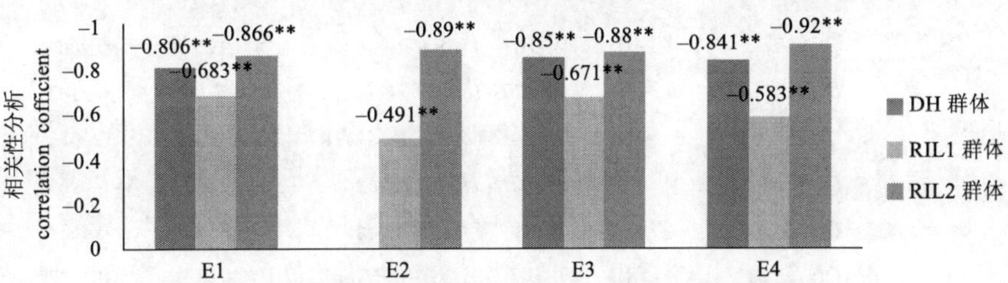

图 8-3　小麦籽粒蛋白质含量与淀粉含量相关性分析

Fig. 8-3　Coefficients of parrwise correlations of the mean values between GPC and GSC

** $P < 0.01$ 水平显著。** Significance at level of $P < 0.01$

3. 籽粒蛋白质含量和淀粉含量的条件 QTL 定位

1) 籽粒蛋白质含量和淀粉含量的 QTL 加性效应

三个群体的籽粒蛋白质含量和淀粉含量的加性 QTL 及其效应列于表 8-9。共检测到影响籽粒蛋白质含量的 13 个非条件的加性 QTL 位点，分别位于 2A、3A、7A、1B、2B、3B、4B、5B、2D、1D 和 5D 等 11 条染色体上，其中主效 QTL(贡献率大于 10%) 1 个；13 个条件的加性 QTL 位点，分别位于 3A、5A、7A、1B、3B、4B、5B、1D、2D 和 5D 等 10 条染色体上。检测到影响籽粒淀粉含量的 7 个非条件的加性 QTL 位点，分别位于 4A、1B、2B、5B、7B、1D 和 7D1 等 7 条染色体上，其中有 2 个主效的 QTL；9 个条

件的加性 QTL 位点，分别位于 1A、3A、4A、7A、1B、7B、1D、3D 和 7D 等 9 条染色体上，其中有 2 个主效的 QTL。各位点均未检测到明显的环境效应。

表 8-9　籽粒蛋白质和淀粉含量非条件及条件 QTL 的加性效应

Tabel 8-9　Additive effects of QTLs detected by unconditional mapping and conditional mapping for GPC and GSC

群体 Population	性状 Trait	QTL	染色体 Chromosome	标记区间 Flanking marker	位置 Site/cM	加性效应 (A)	贡献率 (H^2)/%
DH 群体	非条件 Unconditional						
DH population	GPC	*QGPC2A-12*	2A	*XBARC353-XBARC296*	69.6	0.3491	10.51
		QGPC6D-3	6D	*XCFD42-XCFD13*	35.0	0.1505	1.95
	GSC	*QGSC3A-4*	3A	*XBARC86-XWMC21*	86.5	0.3177	11.36
	条件 Conditional						
	GPC|GSC	*QGPC2A-12*	2A	*XBARC353-XBARC296*	69.6	0.3322	9.52
		QGPC5D-12	5D	*XBARC345-XGDM63*	92.7	–0.1357	1.59
		QGPC6D-3	6D	*XCFD42-XCFD13*	35.0	0.1511	1.97
RIL1 群体	非条件 Unconditional						
RIL1 population	GPC	*QGPC1B-5*	1B	*WPT-4515-WPT-3465*	108.2	0.1284	1.37
		QGPC1D-15	1D	*WPT-666414-WPT-3738*	186.7	–0.2936	7.18
		QGPC2A-1	2A	*WPT-0408-WPT-2838*	0.0	0.1573	2.06
		QGPC2B-7	2B	*WPT-0694-WPT-0473*	32.8	0.5176	0.84
		QGPC3B-1	3B	*XGPW-7148-WPT-1940*	0.0	0.1378	1.58
	GSC	*QGSC1B-5*	1B	*WPT-4515-WPT-3465*	125.2	–0.2464	5.88
		QGSC1D-1	1D	*CFG-183-WPT-729773*	0.0	0.2143	4.45
		QGSC4A-9	4A	*WPT-664948-WPT-0105*	102.5	0.1387	1.86
		QGSC5B-8	5B	*WPT-3457-WPT-6105*	121.0	–0.0965	0.90
		QGSC7B-15	7B	*WPT-5463-WPT-669158*	159.8	0.4634	20.79
		QGSC7D-2	7D	*WPT-731416-WPT-667560*	1.0	–0.1132	1.24
	条件 Conditional						
	GPC|GSC	*QGPC1D-1*	1D	*CFG-183-WPT-729773*	13.0	0.2715	8.78
		QGPC1D-15	1D	*WPT-666414-WPT-3738*	180.7	–0.1887	4.24
		QGPC3B-4	3B	*WPT-6047-WPT-1625*	33.0	0.1043	1.30
		QGPC4A-13	4A	*WPT-7280-WPT-671707*	106.3	0.1713	3.50
		QGPC7A-6	7A	*WPT-5590-WPT-2780*	132.5	0.1095	1.43
	GSC|GPC	*QGSC1A-31*	1A	*WPT-4916-WPT-731357*	237.2	0.1431	2.87
		QGSC1D-1	1D	*CFG-183-WPT-729773*	4.0	0.2882	11.62
		QGSC4A-9	4A	*WPT-664948-WPT-0105*	99.5	0.2202	6.78
		QGSC7A-4	7A	*WPT-6872-WPT-0744*	107.4	0.1103	1.70
		QGSC7B-15	7B	*WPT-5463-WPT-669158*	151.8	0.3888	21.15
		QGSC7D-2	7D	*WPT-731416-WPT-667560*	1.0	–0.1301	2.37

续表

群体 Population	性状 Trait	QTL	染色体 Chromosome	标记区间 Flanking marker	位置 Site/cM	加性效应 (A)	贡献率 (H^2)/%
RIL2 群体 RIL2 population	非条件 Unconditional						
	GPC	*QGPC2D-23*	2D	*WPT-4413-WPT-667294*	102.7	0.1916	1.70
		QGPC2D-31	2D	*WPT-2644-WPT-664520*	183.4	0.1821	4.17
		QGPC4B-7	4B	*WPT-7569-WPT-3908*	95.1	0.4432	7.86
		QGPC5B-19	5B	*WPT-3503-CFE186*	117.3	0.2773	8.98
		QGPC5B-38	5B	*WPT-664746-WPT-1370*	158.9	–0.1558	0.89
		QGPC7A-14	7A	*WPT-3883-WPT-7785*	188.4	0.2008	1.63
	条件 Conditional						
	GPC|GSC	*QGPC1D-13*	1D	*WPT-6963-WPT-667287*	98.9	–0.2022	3.39
		QGPC2D-23	2D	*WPT-4413-WPT-667294*	103.7	0.2486	2.45
		QGPC2D-31	2D	*WPT-2644-WPT-664520*	183.4	0.1279	4.28
		QGPC4B-7	4B	*WPT-7569-WPT-3908*	96.1	0.3049	6.09
		QGPC5B-19	5B	*WPT-3503-CFE186*	117.3	0.2250	5.85
	GSC|GPC	*QGSC1B-9*	1B	*XGPW2067-CFE063*	67.5	–1.0463	0.68
		QGSC3A-36	3A	*WPT-729826-WPT-666853*	214.3	1.1123	1.14
		QGSC3D-4	3D	*WPT-5313-XGPW7646*	52.3	–1.6288	0.44

GPC：籽粒蛋白质含量 grain protein content；GSC：籽粒淀粉含量 grain starch content；

GPC|GSC：扣除籽粒淀粉含量影响的籽粒蛋白质含量 rain protein content per grain starch content；

GSC|GPC：扣除籽粒蛋白质含量影响的籽粒淀粉含量 rain starch content per grain protein content

(1)籽粒蛋白质含量的 QTL 加性效应

DH 群体：定位到籽粒蛋白质含量的非条件加性 QTL 两个(表 8-9)，分别位于 2A 和 6D 染色体上，解释籽粒蛋白质含量变异率的 10.51%和 1.95%，其中位于 2A 染色体上的 *QGPC2A12* 为主效的 QTL。2 个加性效应位点的增效等位基因均来源于母本‘花培 3 号’。在排除籽粒淀粉含量影响的情况下，共定位到影响籽粒蛋白质含量的条件 QTL 位点 3 个，分别位于 2A、5D 和 6D 染色体上，贡献率为 1.95%、9.52%和 1.97%。其中位于 2A 染色体上的 *QGPC2A-12* 来源于父本‘豫麦 57’，且该位点为在非条件下未检测到的位点，说明该位点受到籽粒淀粉的抑制或掩盖。而 *QGPC5D-12* 和 *QGPC6D-3* 均由母本‘花培 3 号’贡献，这与非条件下检测到的结果一致，且加性效应值基本不变，说明这两个 QTL 位点在对籽粒蛋白质含量的影响是相对独立的，基本不受籽粒淀粉含量的影响。

RIL1 群体：定位到影响籽粒蛋白质含量的 5 个非条件加性效应位点，分别位于 2A、1B、2B、3B 和 1D 等 5 条染色体上，其中 *QGPC1D-15* 具有最大的遗传贡献率，可解释表型变异的 7.18%，且该位点由‘藁城 8901’贡献。其余 4 个位点的等位基因均来自母本‘糯麦 1 号’。在给定淀粉的情况下，共检测到 5 个条件的加性 QTL，其中 *QGPC1D-1* 的贡献率最大，可解释表型变异的 8.78%。非条件下定位的 *QGPC1B-5*、*QGPC2A-1* 和

QGPC2B-7 未检测到，说明这 3 个位点是通过影响淀粉含量而影响蛋白质含量的；另外，检测到了 *QGPC1D-1*、*QGPC4D-13* 和 *QGPC7A-6* 这 3 个新的位点，说明这 3 个位点受到了淀粉的掩盖，当去除淀粉效应后，这 3 个位点才能检测到。

RIL2 群体：共检测到 6 个影响籽粒蛋白含量的非条件加性效应位点，分别位于 2D、4B、5B 和 7A 染色体上，*QGPC4B-7* 和 *QGPC5B-19* 是贡献率较高的 2 个位点，分别解释 7.86%和 8.98%的遗传变异。除 *QGPC3A-38* 外，其他 5 个加性效应位点的增效等位基因均来自母本'山农 01-35'。在排除籽粒淀粉含量影响的情况下，共检测到位于 1D、2D、4B 和 5B 等 4 条染色体上的 5 个条件加性 QTL 位点，其中位于 1D 染色体上的 *QGPC1D-13* 为新检测到的位点，*QGPC7A-14* 和 *QGPC7A-14* 未检测到。在重复检测到的 4 个位点中，*QGPC2D-23* 和 *QGPC4B-7* 的效应值明显下降，而 *QGPC2D-31* 和 *QGPC5B-19* 的效应值却有所增加，说明这几个位点在不同程度上受到淀粉的影响，在去除淀粉后，这几个位点才能检测到。

(2) 籽粒淀粉含量的 QTL 的加性效应

DH 群体：在非条件下检测到 1 个位于 3A 染色体上的主效加性 QTL *QGSC3A-4*，可解释籽粒蛋白含量变异率的 11.36%。但在去除蛋白质含量影响的情况下，并未检测到该位点，说明该位点是通过影响蛋白质含量而影响淀粉含量的。

RIL1 群体：共检测到 6 个非条件的影响籽粒淀粉含量的加性 QTL，分别位于 1B、1D、2A、5B 和 7D1 等 5 条染色体上，其中 *QGSC7B-15* 的贡献率最大，可解释籽粒淀粉含量变异的 20.79%。其中 *QGSC1D-1*、*QGSC4A-9* 和 *QGSC7B-15* 这 3 个 QTL 的加性效应等位基因均由母本'糯麦 1 号'贡献，而另外 3 个 QTL 的加性效应则来自于父本'藁城 8901'。

在给定蛋白质含量的条件下，共检测到影响籽粒淀粉含量的 6 个条件加性 QTL 位点，分别位于 1A、1D、4A、7A、7B 和 7D 等 6 条染色体上，其中主效的 QTL 位点有 2 个，*QGSC1D-1* 和 *QGSC7B-15* 分别可解释籽粒淀粉含量变异的 11.62%和 21.51%。*QGSC1B-5* 和 *QGPC5B-8* 只在非条件的情况下检测到，说明这两个位点是通过影响蛋白质含量来影响淀粉含量的。*QGSC1A-31* 和 *QGSC7A-4* 为在扣除蛋白质含量影响的情况下检测到的新位点，说明这两个位点受到了淀粉的掩盖。有 4 个 QTL 在非条件和条件下都检测到，但只有位于 7D 染色体上 *QGSC7D-2* 的加性效应值基本不变，说明该位点对籽粒淀粉含量的影响是相对独立的，基本不受籽粒蛋白质含量的影响。而另外 3 个 QTL 的效应值变化较大，在一定程度上受到籽粒蛋白质含量的影响。

RIL2 群体：只在给定籽粒淀粉含量的情况下检测到影响籽粒淀粉含量的 3 个条件加性 QTL，分别位于 1B、3A 和 3D 染色体上，可解释的遗传变异率分别为 0.68%、1.14% 和 0.44%，说明这三个位点的遗传效应较低，在非条件定位时被蛋白质掩盖，在扣除蛋白含量的影响后才被检测到。

2) 籽粒蛋白质含量和淀粉含量的 QTL 上位效应

三个群体的籽粒蛋白质含量和淀粉含量的 QTL 的上位效应如表 8-10 所示，共检测到影响籽粒蛋白质含量的非条件上位性 QTL 位点 10 对，其中主效的 QTL 有 1 对。各 QTL 分别位于染色体 1B-2D、1D-2D、3B-4D、1B-6A1、1A-4A、5A-7A、5B-7A 和 6D-7A

上，可解释籽粒蛋白变异的 0.9%~13.49%。检测到条件的上位性 QTL 位点 8 对，其中主效的 QTL 有 1 对。各 QTL 分别位于染色体 2A-2D、1D-2D、3B-4D、1A1-6B、1D-3B 和 3D-1D 上，可解释籽粒蛋白变异的 1.06%~15.78%。共定位到 4 对影响籽粒淀粉含量的 QTL 上位效应位点，分别位于染色体 2A-2A、2B-6A、2D-3B 和 6B-7B 上；定位到 9 对条件的 QTL 上位效应，分别位于染色体 1A-1D、1A-4A、3B-6A、4B-6A、6A-7D、1B-3A、1B-3D 和 3A-3D 上，可解释淀粉含量变异的 0.17%~6.8%。

(1) DH 群体：共定位到影响籽粒蛋白质含量的非条件上位效应 QTL 4 对，分别位于 1B-2D、1D-2D、3B-4D 等染色体上，其中 *QGPC3B-6/QGPC4D-3* 有最大的遗传贡献率，可解释籽粒蛋白质含量变异的 13.49%。除 *QGPC1D-2/QGPC2D-17* 外，其他 3 对上位性 QTL 位点对籽粒蛋白质含量均为正效应。在籽粒淀粉含量一定的情况下，共定位到影响籽粒蛋白质含量的 3 对上位效应的条件 QTL，分别位于 2A-2D、1D-2D 和 3B-4D 等染色体上，分别可解释籽粒蛋白质含量 4.94%、4.89%和 12.27%的遗传变异。其中 *QGPC3B-6/QGPC4D-3* 和 *QGPC1D-2/QGPC2D-17* 在非条件和条件的情况下均可检测到，且效应值基本不变，说明这两对上位性 QTL 位点基本不受籽粒淀粉含量的影响，为相对独立的上位性 QTL。而 *QGPC1B-6/QGPC2D-6* 和 *QGPC1B-18/QGPC2D-6* 在给定淀粉含量的情况下不能检测到，说明这两个位点是通过籽粒淀粉含量影响蛋白质含量的。另外，在给定淀粉含量的情况下，还检测到了 1 对新的 QTL 位点 *QGPC2A-18/QGPC2D-6*，说明该位点的遗传力较低，被淀粉含量掩盖。

(2) RIL1 群体：定位到 2 对影响籽粒蛋白含量的非条件上位性 QTL，都位于 1B-6A 染色体上，分别可解释籽粒蛋白质含量变异的 7.94%和 2.68%。其中 *QGPC1B-3/QGPC6A1-15* 的效应值为负，而 *QGPC1B-3/QGPC6A1-22* 效应值为正。在排除籽粒淀粉含量影响的情况下定位到 5 对上位性条件 QTL，染色体 1A-6B 上 2 对、1D-3B 上 2 对、3D-1D 上 1 对。这 5 对位点均是在非条件下未检测到的，说明这些位点受到了淀粉的掩盖，在除去淀粉影响后才得以体现。其中，*QGPC1D-1/QGPC3B-34* 有最大的遗传贡献率，可解释的表型变异为 15.78%，为主效的 QTL 位点。

共检测到控制籽粒淀粉含量的非条件上位性 QTL 4 对，分别位于 2A-2A、2B-6A、2D-3B 和 6B-7B 等染色体上，分别可解释籽粒淀粉含量变异的 1.58%、2.62%、2.43%和 2.03%，除 *QGSC2B-10/QGSC6A2-8* 外，其余 3 对 QTL 的加性效应值均为负。在排除籽粒蛋白含量影响的情况下检测到 6 对条件的上位性 QTL，分别位于 1A-1D、1A-4A、3B-6A、4B-6A 和 6A-7B 上，可解释的表型变异率分别为 1.33%、6.8%、1.12%、0.17%、2.01%和 1.86%。各位点在非条件下都未检测到。

(3) RIL2 群体：定位到 4 对影响籽粒蛋白质含量的上位性非条件 QTL，分别位于染色体 1A-4A、5A-7A、5B-7B 和 6D-7A 上，贡献率分别为 1.06%、4.58%、3.53%和 3.47%。*QGPC1A-1/QGPC4A-16* 的加性效应值为正，另外 3 对 QTL 的加性效应值为负(表 8-10)。

在籽粒蛋白质含量固定的情况下，定位到影响籽粒淀粉含量的上位性 QTL 共 3 对，分别位于染色体 1B-3A、1B-3D 和 3A-3D 上，可解释表型变异的 0.9%~4%。在非条件下，未检测到影响籽粒淀粉含量的 QTL 位点。

表 8-10　籽粒蛋白质和淀粉含量非条件及条件 QTL 的上位效应

Tabel 8-10　Estimated epistasis of QTLs detected by unconditional mapping and conditional mapping for GPC and GSC

群体 Population	性状 Trait	QTL	标记区间 Flanking marker	QTL	标记区间 Flanking marker	加性效应 (AA)	贡献率 H^2(AA)/%
DH 群体	非条件 Unconditional						
DH population	GPC	*QGPC1B-6*	*XBARC119-XGWM18*	*QGPC2D-6*	*XWMC170.2-XGWM539*	0.1598	2.20
		QGPC1B-18	*XBARC120.3-XBARC008*	*QGPC2D-6*	*XWMC170.2-XGWM539*	0.1148	1.14
		QGPC1D-2	*XWMC222-XGDM60*	*QGPC2D-17*	*XWMC658.1-XGDM93*	–0.2422	5.06
		QGPC3B-6	*XBARC268-XWMC1*	*QGPC4D-3*	*XWMC331-XGWM194*	0.3956	13.49
	条件 Conditional						
	GPC|GSC	*QGPC2A-18*	*XBARC120.3-XBARC008*	*QGPC2D-6*	*XWMC170.2-XGWM539*	0.2394	4.94
		QGPC1D-2	*XWMC222-XGDM60*	*QGPC2D-16*	*XGWM311.1-XWMC658.1*	–0.2381	4.89
		QGPC3B-6	*XBARC268-XWMC1*	*QGPC4D-3*	*XWMC331-XGWM194*	0.3777	12.27
RIL1 群体	非条件 Unconditional						
RIL1 population	GPC	*QGPC1B-3*	*WPT-0605-WPT-1954*	*QGPC6A1-15*	*WPT-6904-WPT-671855*	–0.3086	7.94
		QGPC1B-3	*WPT-0605-WPT-1954*	*QGPC6A1-22*	*WPT-667405-WPT-666208*	0.1794	2.68
	GSC	*QGSC2A-3*	*WPT-668181-WPT-1853*	*QGSC2A-16*	*WPT-3896-WPT-2644*	–0.1277	1.58
		QGSC2B-10	*WPT-7004-WPT-9336*	*QGSC6A2-18*	*WPT-730772-XGPW-312*	0.1646	2.62
		QGSC2D-8	*WPT-8330-WPT-7901*	*QGSC3B-3*	*WPT-7502-WPT-6047*	–0.1585	2.43
		QGSC6B-6	*WPT-3060-WPT-664174*	*QGSC7B-4*	*WPT-5343-WPT-3533*	–0.1448	2.03
	条件 Conditional						
	GPC|GSC	*QGPC1A1-16*	*WPT-667634-WPT-6654*	*QGPC6B-34*	*WPT-730273-WPT-6329*	–0.1103	1.45
		QGPC1A1-18	*WPT-2872-WPT-665784*	*QGPC6B-35*	*WPT-6329-XGPW-1149*	0.1035	1.28
		QGPC1D-1	*CFG-183-WPT-729773*	*QGPC3B-34*	*WPT-730213-WPT-1311*	–0.3639	15.78
		QGPC1D-4	*WPT-2315-WPT-3743*	*QGPC3B-34*	*WPT-730213-WPT-1311*	0.2152	5.52
		QGPC3D-3	*XGWM-3-WPT-671773*	*QGPC1D-1*	*WPT-3334-WPT-1903*	0.1459	2.54
	GSC|GPC	*QGSC1A1-17*	*WPT-6654-WPT-2872*	*QGSC1D-2*	*WPT-729773-WPT-730589*	0.0974	1.33
		QGSC1A2-32	*WPT-731357-WPT-666885*	*QGSC4A-9*	*WPT-664948-WPT-0105*	0.2204	6.80
		QGSC3B-13	*WPT-9510-WPT-664393*	*QGSC6A1-14*	*WPT-5652-WPT-6904*	0.0895	1.12
		QGSC3B-13	*WPT-9510-WPT-664393*	*QGSC6A1-5*	*WPT-666988-WPT-7475*	0.0349	0.17
		QGSC4B-2	*WPT-8292-WPT-0391*	*QGSC6A2-8*	*WPT-731120-WPT-1642*	–0.1198	2.01
		QGSC6A2-4	*WPT-3247-WPT-668031*	*QGSC7D1-19*	*WPT-0695-WPT-664384*	0.1153	1.86
RIL2 群体	非条件 Conditional						
RIL2 population	GPC	*QGPC1A-1*	*XGPW8036-XGPW2180*	*QGPC4A-16*	*WPT-669526-WPT-668307*	0.1389	1.06
		QGPC5A-3	*WPT-8226-XGPW3217*	*QGPC7A-3*	*WPT-4553-WPT-6768*	–0.2844	4.58
		QGPC5B-13	*WPT-4936-XGPW4067*	*QGPC7A-27*	*WPT-9207-WPT-2780*	–0.2230	3.53
		QGPC6D-6	*WPT-3127-XCFD49*	*QGPC7A-11*	*WPT-7299-WPT-1974*	–0.3169	3.47
	条件 Conditional						
	GSC|GPC	*QGSC1B-9*	*XGPW2067-CFE063*	*QGSC3A-36*	*WPT-729826-WPT-666853*	0.9494	4.00
		QGSC1B-9	*XGPW2067-CFE063*	*QGSC3D-4*	*WPT-5313-XGPW7646*	–0.6637	0.90
		QGSC3A-36	*WPT-729826-WPT-666853*	*QGSC3D-4*	*WPT-5313-XGPW7646*	1.3582	3.74

GPC：籽粒蛋白质含量 grain protein content；GSC：籽粒淀粉含量 grain starch content；

GPC|GSC：扣除籽粒淀粉含量影响的籽粒蛋白质含量 rain protein content per grain starch content；

GSC|GPC：扣除籽粒蛋白质含量影响的籽粒淀粉含量 rain starch content per grain protein content

二、研究结果与前人同类研究的比较分析

与以往的大多数研究不同，本研究在非条件定位的基础上进行了条件 QTL 分析。结果在给定籽粒蛋白质含量影响的情况下，定位到的位点与原来在非条件下定位到的位点并不完全一致。RIL1 群体中，位于 1D、4A、7B 和 7D 染色体上的位点 *QGSC1D-1*、*QGSC4A-9*、*QGSC7B-15*、*QGSC7D-2* 在非条件和条件的情况下都被检测到，但加性效应都有略微的增加或减少，说明这 4 个位点在一定程度上会受到籽粒蛋白质含量的影响。其中 *QGSC7D-2* 的加性效应值在条件的非条件定位中几乎不变，在多个环境间稳定表达，说明这个影响淀粉含的 QTL 不受籽粒蛋白质含量的影响，可用来进行高淀粉高蛋白新品种的分子标记辅助选择。例如，当我们想要增加籽粒淀粉含量而不影响籽粒淀粉含量时，可以考虑通过在染色体中插入该 QTL 来实现。在三个群体中非条件下定位到的 *QGSC3A-4*、*QGSC1B-5 和 QGSC5B-8* 在给定条件下并未检测到，可能是该 QTL 的表达效应较小，存在基因的表达效应覆盖现象(赵俊晔等，2005；倪静等，2010)。在给定蛋白质含量的情况下还监测到了影响籽粒淀粉含量的新位点，分别位于 1A、7A、1B、3A 和 3D 染色体上，可解释的遗传变异为 0.44%~2.87%。可见，条件 QTL 可以检测非条件定位研究不能检测到的 QTL，两者结合会检测到更多的 QTL 及微效基因，使 QTL 分析更精确。同时也可以确定一些不受其他相关性状影响而稳定表达的基因，从而为分子标记辅助育种和聚合育种提供依据。

第四节　小麦株高发育动态 QTL 定位

株高是影响小麦(*Triticum aestivum* L.)高产的重要因素，植株过高的品种在高肥水条件下容易发生倒伏，导致产量下降；植株过矮易使叶片拥挤，中下部通风透光不良，导致光合效率及产量降低。株高是由微效多基因控制的数量性状，自生长锥开始伸长至株高达到固定值，其过程一直进行着与株高有关的数量性状基因的动态表达。解析株高发育过程中有关基因/QTL 表达的效应，比仅用发育终点的株高进行 QTL 分析可以获得更多遗传信息，对调控株高(特别是小麦基部节间的伸长)、防止小麦倒伏都有重要的意义。

本研究以小麦 DH 群体为材料，进行株高发育动态的 QTL 分析，主要解决以下两个问题：①在茎秆生长过程中，有多少影响株高的非条件 QTL 和条件 QTL；②株高形成的各个时期，其决定株高的基因/QTL 是否一致，其效应大小如何，即影响株高的基因/QTL 表达是否有一定时空性，旨在小麦育种中为聚合和利用控制株高的有利基因/QTL 提供参考。

一、株高发育动态 QTL 的定位结果

(一) 试验材料

同第一节试验材料。

(二) 试验设计

田间试验均在山东农业大学农学试验站(36°57′N，116°36′E)同一块土地安排，土壤

为棕壤，0~20cm 耕层土壤速效氮、速效磷、速效钾含量分别为 40.2mg/kg、51.3mg/kg 和 70.8mg/kg。底肥有机肥为 37 500kg/hm^2，尿素 225kg/hm^2，过磷酸钙 225kg/hm^2，氯化钾 225kg/hm^2，硫酸锌 15kg/hm^2。试验于 2008 年和 2009 年在 6 个环境下进行，2008 年试验设 3 个环境处理(1~3)、2009 年 3 个环境处理(4~6)，具体处理见表 8-11。

表 8-11　试验设计

Table 8-11　Experimental design

年份 Year	环境 Environment	冬季 Winter	拔节期 Jointing stage	开花期 Flowering period	灌浆期 Filling period
2008	环境 1 E1	灌溉 Irrigate	灌溉、追施 225kg/hm^2 尿素 Irrigate, topdressed 225kg/hm^2 urea	灌溉、追施 75kg/hm^2 尿素 Irrigate, topdressed 75kg/hm^2 urea	灌溉 Irrigate
	环境 2 E2	灌溉 Irrigate	灌溉 Irrigate	灌溉 Irrigate	灌溉 Irrigate
	环境 3 E3		追施 225kg/hm^2 尿素 Topdressed 225kg/hm^2 urea	追施 75kg/hm^2 尿素 Topdressed 75kg/hm^2 urea	
2009	环境 4 E4	灌溉 Irrigate	灌溉、追施 225kg/hm^2 尿素 Irrigate, topdressed 225kg/hm^2 urea	灌溉、追施 75kg/hm^2 尿素 Irrigate, topdressed 75kg/hm^2 urea	灌溉 Irrigate
	环境 5 E5	灌溉 Irrigate	灌溉 Irrigate	灌溉 Irrigate	灌溉 Irrigate
	环境 6 E6		追施 225kg/hm^2 尿素 Topdressed 225kg/hm^2 urea	追施 75kg/hm^2 尿素 Topdressed 75kg/hm^2 urea	

环境 1：2008 年正常水肥处理；环境 2：2008 年不追施氮肥处理；环境 3：2008 年雨养农业处理；环境 4：2009 年正常水肥处理；环境 5：2009 年不追施氮肥处理；环境 6：2009 年雨养农业处理(环境设置详见材料与方法部分)。下同

E1: Natural irrigation and N fertilization in 2008; E2: Natural irrigation but no N fertilization in 2008; E3: No natural irrigation but N fertilization in 2008; E4: Natural irrigation and N fertilization in 2009; E5: Natural irrigation but no N fertilization in 2009; E6: No natural irrigation but N fertilization in 2009 (the detailed explanation of four environments see 'Materials and Methods'). The same as below

2 年试验田均为随机区组设计，小区面积 2.5m^2(2.5m×1.0m)，4 行区，2 个重复，播种期分别为 2007 年 10 月 4 日和 2008 年 10 月 6 日，基本苗每公顷均为 225 万株。自拔节期开始，每隔 7 天从每小区 2、3 行中部随机选取 10 株，测定主茎自分蘖节至幼穗顶部的高度。取各小区株高的平均数为 DH 系的株高。

(三)数据统计分析以及 QTL 定位

方差分析使用 SPSS13.0 软件(SPSS，Chicago，USA)。条件 QTL 定位运用条件变量分析方法(Zhu et al.，1995)和条件 QTL 的复合区间作图法(朱军，1999)，利用 QTL Network2.0 (Yang et al.，2005)及 QGAstation (Zhu et al.，1995)软件分析 QTL 的加性效应和上位性效应。以株高的英文缩写 Ph 加上对应的染色体序号作为小麦株高的 QTL 名称，如果在一条染色体上出现 2 个或者 2 个以上的位点，则在染色体序号后面以连字符再添加序号，例如，*Qph3A-2* 表示 3A 染色体上定位出的第二个控制小麦株高的 QTL。

(四)结果与分析

1. 株高的表现型分析

从表 8-12 可以看出，DH 群体各株系的各取样期株高表型变异非常明显，存在显著的

超亲现象。2008 年 4 月 23 日(拔节后期)调查的环境 2 的株高，最大值为 84.5cm，最小值为 9cm，平均值为 43.54cm。群体分离的连续性符合正态分布，偏度值与峰值的绝对值除 2008 年 4 月 7 日环境 1 等于 1.0 外，其余均小于 1.0，表现出典型的数量性状的遗传特点，符合 QTL 作图需要。

表 8-12　不同试验环境下小麦亲本及 DH 群体的株高(cm)分布

Table 8-12　Distribution of plant height (cm) in parents and DH populations of wheat among different experiments

调查日期 Measuring date	环境 Environment	亲本 Parents		DH 群体 DH population					
		花培 3 号 HP3	豫麦 57 YM57	平均值 Mean	标准差 (SD)	最小值 Minimum	最大值 Maximum	偏度 Skewness	峰度 Kurtosis
3 月 29 日 March 29	环境 1 E1	9.5	9.0	6.01	2.77	1.23	13.31	0.30	–0.39
	环境 2 E2	8.0	3.5	6.41	3.06	1.17	14.33	0.41	–0.44
	环境 3 E3	8.2	7.8	6.39	2.78	1.37	14.53	0.42	–0.45
	环境 4 E4	10.0	9.5	6.18	2.23	1.73	12.73	0.50	0.02
	环境 5 E5	7.2	4.9	7.38	2.47	2.40	12.37	0.10	–0.68
	环境 6 E6	9.3	9.0	7.51	2.40	3.20	14.70	0.53	0.03
4 月 7 日 April 7	环境 1 E1	19.0	13.0	16.22	7.49	3.50	41.00	1.00	1.00
	环境 2 E2	21.0	17.0	15.28	6.60	4.00	34.00	0.66	0.02
	环境 3 E3	18.0	13.0	16.19	7.29	5.00	37.00	0.80	0.01
	环境 4 E4	16.3	18.5	14.22	3.89	6.80	27.13	0.61	0.75
	环境 5 E5	15.7	13.2	15.14	3.85	4.70	24.83	–0.10	–0.18
	环境 6 E6	16.5	18.9	15.93	4.08	6.70	29.80	0.20	0.00
4 月 15 日 April 15	环境 1 E1	29.0	24.0	27.98	12.25	8.00	62.00	0.47	–0.48
	环境 2 E2	35.5	22.0	26.24	11.48	1.00	56.00	0.43	–0.51
	环境 3 E3	30.0	25.0	30.36	11.78	11.00	57.50	0.38	–0.80
	环境 4 E4	37.2	48.2	32.83	8.82	14.50	52.40	0.13	–0.61
	环境 5 E5	35.5	27.5	35.25	8.54	15.67	55.53	0.19	–0.59
	环境 6 E6	39.7	42.0	37.25	8.27	20.70	55.87	0.03	–0.64
4 月 23 日 April 23	环境 1 E1	54.0	43.0	43.43	17.07	9.00	84.50	0.13	–0.81
	环境 2 E2	55.0	49.0	43.92	15.60	14.00	76.00	0.26	–0.88
	环境 3 E3	54.0	49.0	48.82	14.29	22.00	79.00	0.19	–0.81
	环境 4 E4	51.0	53.8	51.33	11.43	24.00	77.83	–0.09	–0.73
	环境 5 E5	55.8	54.8	53.48	11.74	31.73	81.07	0.10	–0.75
	环境 6 E6	56.9	71.4	51.88	10.76	30.47	77.20	–0.06	–0.77
5 月 1 日 May 1	环境 1 E1	67.0	60.0	59.98	16.27	23.00	91.00	0.04	–0.88
	环境 2 E2	67.0	67.0	60.12	15.72	28.00	92.00	0.04	–0.85
	环境 3 E3	65.0	61.0	61.86	15.05	33.00	96.00	–0.11	–0.81

续表

调查日期 Measuring date	环境 Environment	亲本 Parents		DH 群体 DH population					
		花培 3 号 HP3	豫麦 57 YM57	平均值 Mean	标准差 (SD)	最小值 Minimum	最大值 Maximum	偏度 Skewness	峰度 Kurtosis
5 月 1 日 May 1	环境 4 E4	68.0	61.0	60.11	13.90	28.55	94.30	0.10	–0.63
	环境 5 E5	68.0	68.0	61.50	14.07	29.2	89.7	–0.04	–0.85
	环境 6 E6	60.0	56.0	56.64	13.13	30.33	91.73	–0.05	–0.65
5 月 8 日 May 8	环境 1 E1	71.0	71.0	65.64	15.98	32.00	103.00	–0.17	–0.91
	环境 2 E2	71.0	71.0	67.22	15.60	36.00	107.00	–0.15	–0.66
	环境 3 E3	65.0	68.0	65.12	14.55	37.00	104.00	–0.10	–0.65
	环境 4 E4	63.8	73.9	67.15	13.02	37.55	94.30	–0.18	–0.66
	环境 5 E5	67.2	72.4	69.52	13.96	40.00	99.70	–0.19	–0.81
	环境 6 E6	68.3	69.2	61.27	12.60	34.90	92.23	–0.15	–0.58

2. 株高发育动态的 QTL 分析

1) 株高发育动态的非条件 QTL 分析

各测定时期定位的非条件 QTL 是从初始时刻到 *t* 时刻的累积效应(Qu et al.，2008)。根据各个时期测定的株高数据，分别在 11 条染色体上定位了 18 个株高非条件 QTL(见表 8-13，图 8-4)，分布在第 1B、2A、2D、3A、4B、4D、5A、5B、5D、7B 和 7D 染色体上。影响株高的非条件 QTL 中，*Qph4B*、*Qph5D-1*、*Qph4D-1* 分别在 5 个、4 个、3 个时期检测到，且贡献率较大。*Qph1B-3*、*Qph3A-1*、*Qph4D-2*、*Qph7B* 分别在 2 个时期检测到，贡献率较小。其他 10 个 QTL 只在 1 个测定时期出现，说明影响株高变异的 QTL 有很大差异，*Qph5D-1* 在株高形成过程中的作用最大，*Qph4D-1* 次之，第三位是 *Qph4B*。由上述结果可看出，没有任何一个 QTL 可以在株高增长的全程中都检测到，说明株高形成过程中，不同阶段有不同的 QTL/基因位点表达。

表 8-13 各测定时期株高非条件数量性状基因座位的效应

Table 8-13 Analysis of unconditional quantitative trait loci effects on plant height at different growing stages

调查时期 Measuring date	位点 QTL	加性效应 (A)	贡献率 (H^2)/%	调查时期 Measuring date	位点 QTL	加性效应 (A)	贡献率 (H^2)/%
3 月 29 日 March 29	*Qph1B-1*	–0.564**	5.54	4 月 15 日 April 15	*Qph1B-3*	–1.627**	2.31
	Qph5D-1	1.123**	21.97		*Qph2A*	–1.416**	1.75
4 月 7 日 April 7	*Qph1B-2*	–1.053**	3.26		*Qph4B*	–2.047**	3.65
	Qph4B	–0.572**	0.96		*Qph4D-2*	2.990**	7.81
	Qph4D-2	1.505**	6.65		*Qph5A-1*	–1.825**	2.91
	Qph5B-2	–0.847**	2.09		*Qph5D-1*	3.830**	12.80
	Qph5D-1	2.413**	17.09		*Qph7D-3*	–0.959**	0.80
	Qph7D-2	0.620**	1.13				

续表

调查时期 Measuring date	位点 QTL	加性效应 （A）	贡献率 (H^2)/%	调查时期 Measuring date	位点 QTL	加性效应 （A）	贡献率 (H^2)/%
4 月 23 日 April 23	*Qph1B-3*	–3.019**	3.90		*Qph5B-1*	3.603**	4.69
	Qph4B	–2.646**	3.00		*Qph7D-1*	4.057**	5.95
	Qph4D-1	4.682**	9.38	5 月 8 日 May 8	*Qph2D*	1.915**	1.67
	Qph5D-1	3.318**	4.71		*Qph3A-1*	2.302**	2.41
	Qph7B	2.868**	3.52		*Qph4B*	–2.228**	2.26
5 月 1 日 May 1	*Qph3A-1*	4.120**	6.13		*Qph4D-1*	5.15**	12.08
	Qph4B	–5.116**	9.46		*Qph5B-2*	2.426**	2.68
	Qph4D-1	5.829**	12.28		*Qph7B*	3.000**	4.10

** 表示 0.001 显著水平，H^2 表示加性效应的遗传变异贡献率。下同

** Significance at level of $P < 0.001$,　H^2 indicates the contribution explained by putative additive QTL. The same as below

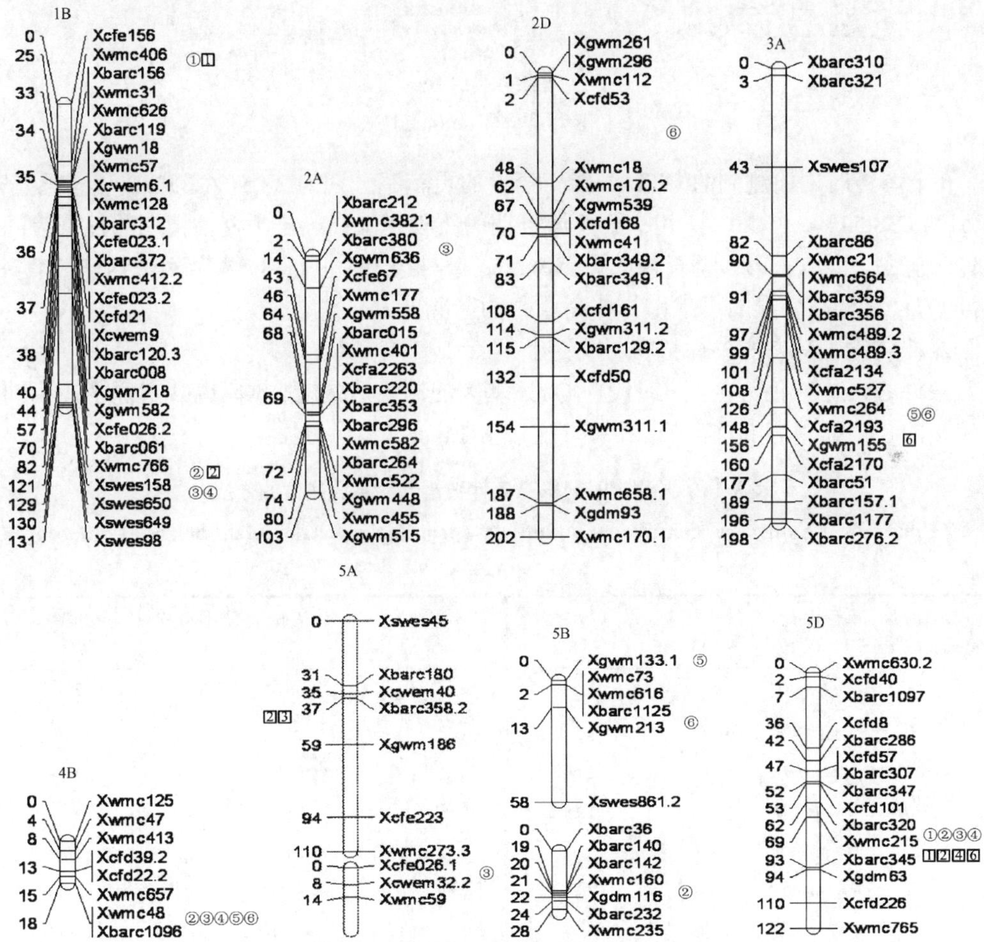

图 8-4　各测定时期小麦株高的 QTL 定位动态图

Fig. 8-4　The dynamic identification of QTL controlling wheat plant height at different times

①②③④⑤⑥分别表示不同测定时期的非条件 QTL Unconditional QTL detected in different periods

12345分别表示不同测定时期的条件 QTL Conditional QTL detected in different periods

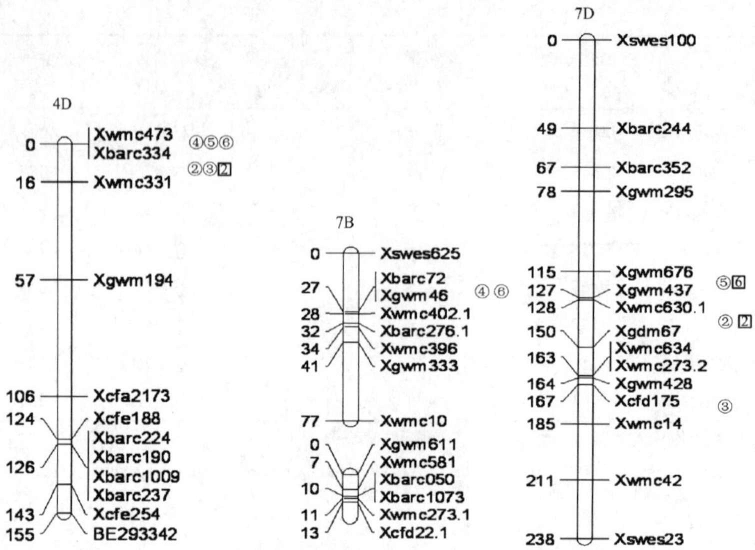

图 8-4 （续）

Fig. 8-4 (Continued)

6 个调查时期检测到的 QTL 对株高变异的贡献率分别为 27.51%、31.18%、31.93%、24.51%、38.51%、25.20%，其中第 5 调查期的贡献率最高，与小麦抽穗期的穗下节间快速伸长有关。第 2、第 3 调查期的贡献率次之，与拔节后基部 3、4 节间快速伸长有关。各期 QTL 对株高变异的贡献率与株高增高的情况基本一致。

2）株高生长动态的条件 QTL 分析

条件 QTL 能揭示 *t*-1 至 *t* 时段内 QTL/基因的净表达效应。本研究共定位了在不同时期表达的 8 个显著影响株高的条件 QTL（表 8-14）。

表 8-14　各测定时期株高条件数量性状基因座位的效应

Table 8-14　Analysis of conditional quantitative trait loci effects on plant height at different growing stages

调查时期 Measuring date	位点 QTL	加性效应 (A)	贡献率 (H^2) /%	调查时期 Measuring date	位点 QTL	加性效应 (A)	贡献率 (H^2) /%
3 月 29 日 March 29	*Qph1B-1*	–0.564**	5.54	4 月 15 日 April 15	*Qph4B*	–0.870**	2.81
	Qph5D-1	1.123**	21.97				
4 月 7 日 April 7	*Qph1B-2*	–0.700**	1.64	4 月 23 日 April 23	*Qph5D-2*	–1.932**	4.61
	Qph2B	–0.594**	1.18				
	Qph4B	–0.529**	0.94	5 月 8 日 May 8	*Qph3A-2*	1.562**	2.81
	Qph4D-2	1.456**	7.11		*Qph5D-2*	–4.202**	20.30
	Qph5D-1	1.598**	8.57		*Qph7D-1*	2.097**	5.05
	Qph7D-2	0.440**	0.65				

3 月 29 日第一次调查共检测到 2 个条件 QTL——*Qph1B-1* 和 *Qph5D-1*，对株高增长

的贡献率分别为 5.54%和 21.97%，该效应是拔节以前影响株高有关 QTL/基因表达的累积效应。3 月 29 日~4 月 7 日期间检测到 6 个条件 QTL，分别是 *Qph1B-2*、*Qph2B*、*Qph4B*、*Qph4D-2*、*Qph5D-1* 和 *Qph7D-2*，其贡献率分别为 1.64%、1.18%、0.94%、7.11%、8.57%和 0.65%，与 3 月 29 日检测的情况相比 *Qph1B-1* 不再表达，而 *Qph5D-1* 在 3 月 29 日的基础上继续对株高的增长起重要作用；并且此阶段出现了 5 个新的 QTL/基因，分别定位在 2B、4B、4D、5D 和 7D 染色体上，其中 *Qph4D-2* 的贡献率最大，这与 3 月 29 日~4 月 7 日即小麦拔节期间株高迅速增长一致。

4 月 7 日~4 月 15 日期间只检测到 1 个 QTL，*Qph4B* 贡献率为 2.81%，该 QTL 在拔节前已出现，是在前期表达的基础上继续对株高的增长起作用的基因。4 月 15 日~4 月 23 日期间检测到 1 个 QTL，*Qph5D-2* 贡献率为 4.61%，该 QTL 在前期未出现是影响茎伸长的新的 QTL/基因。5 月 1 日~5 月 8 日检测到 3 个条件 QTL——*Qph3A-2*、*Qph5D-2* 和 *Qph7D-1*，贡献率分别为 2.81%、20.3%和 5.05%，其中 *Qph5D-2* 为在 4 月 15 日~4 月 23 日阶段表达的基础上继续表达的基因，且效应值较大。*Qph3A-2* 和 *Qph7D-1* 为新检测到的 QTL。各阶段检测结果综合分析发现，*Qph4B*、*Qph5D-1* 和 *Qph5D-2* 在 2 个阶段表达，其总贡献率分别为 3.75%、30.54%和 24.91%。

二、研究结果与前人同类研究的比较分析

本研究共检测到影响株高发育的 10 个条件 QTL 和 18 个非条件 QTL。5 月 8 日检测到的 6 个显著影响株高的非条件 QTL 中(此时所有的群体材料都已达到开花期，株高不再增长)，*Qph2D* 位于标记 *Xgwm261* 附近，与McCartney等(2005)在春小麦中定位的 *QHT.CRC-2D* 区间基本一致，可能为 *Rht8* 基因。

在 4B 染色体检测到的 *Qph4B*，在整个生育期频繁表达，遗传贡献率较大，遗传效应方向相同，该 QTL 位于 *Xwmc48-Xbarc1096* 区段，与 Zhang 等(2008)发现的影响株高的一个主效 QTL 定位在相同的区间。因此 *Qph4B* 可能为 *Rht1* 基因，与 Börner 等(2002)、Cadalen 等(2004)和 Huang 等(2003)研究结果一致。在 4D 染色体上发现的控制株高的 *Qph4D-2* 与 Zhang 等(2008)定位的株高 QTL 都在 *Xbarc334-Xwmc331* 区间。Cadalen 等(2004)、Huang 等(2003)、Sourdille 等(1998)和王竹林等(2008)也证实，位于 4D 染色体的相邻区间确实存在一个控制株高的 *Rht-D1b* 基因，可能为矮秆基因 *Rht2*。

Qph5D-1 为在 4 个株高发育时期都能检测到的 QTL，遗传贡献率较大且遗传效应方向相同，是控制株高的主要 QTL，该 QTL 位于 5D 染色体 *Xbarc320-Xwmc215* 区段。Zhang 等的研究表明该位点是控制抽穗期的基因，同时春化基因也定位在这个区段。已知冬小麦必须通过一定低温阶段的春化作用后茎生长锥才能伸长，在春化反应和光周期反应都得到满足的情况下，小麦才能正常抽穗，这与 Hoogendoorn 报道的小麦抽穗期受多基因协调控制的结果一致；邢永忠等(2001)发现控制株高和抽穗期的基因关系紧密、结果一致。

在小麦株高发育过程，4 月 7 日~23 日(拔节至抽穗期)检测到 7 个条件 QTL，其中有 2 个条件 QTL 在 2 个时期表达，而在 5 月 1 日~5 月 8 日株高发育末期(抽穗至开花期)，

只测到 3 个显著的条件 QTL，说明控制株高增长的基因在 4 月 7~23 日这一段时期内表达较为活跃。本研究检测的 10 个条件 QTL，作用于小麦株高发育的不同时期，但没有 1 个 QTL 能在 6 个时期都表达，说明控制小麦株高的基因表达具有时空性，这与发育遗传学一致。因此，只利用最终表型数据定位的 QTL 不能真实反映所有基因的数目和作用方式，而利用条件 QTL 分析方法可以检测到在特定时期表达的 QTL，能更准确地找到控制株高的 QTL 及其作用时期。

第五节　小麦穗干重和千粒重发育动态的 QTL 分析

提高单产、增加总产是保证我国乃至全世界粮食安全供应的主要途径之一。国内外许多研究均表明，小麦单产的提高主要来自收获指数的提高(周淼平等，2006)。穗重大小现已成为小麦品种改良计划中的一个重要方面，小麦的穗粒重在构成因素上可剖析为每穗小穗数、每小穗粒数和千粒重。近几年，前人对小麦穗部性状和千粒重进行了较多的 QTL 分析，然而对小麦穗干重和千粒重发育动态的条件 QTL 分析未见报道。因此，本研究开展小麦穗干重和千粒重发育动态的条件 QTL 分析，以期解析小麦穗不同发育时期，穗重和粒重不断增加与 QTL 动态表达的遗传关系。

一、穗干重和千粒重发育动态 QTL 分析结果

(一) 供试材料

供试材料为三个遗传群体，包括一个双单倍体(doubled haploid，DH)系和两个重组自交系(recombinant inbred line，RIL)群体。

DH 群体材料见本章第一节；RIL1 群体材料详见第三章第二节内容；RIL2 群体材料详见第三章第二节内容。

(二) 试验设计

供试材料于 2011 年分别在山东济南(山东省农业科学院研究所实验基地)、河南济源(山东省农业科学院研究所实验基地)和山东泰安(山东农业大学教学基地)3 个地点种植。各试验地点均为随机区组设计。种植方式分别为：济南为 6 行区，行长 4m，行距 25cm；济源为 3 行区，行长 2.6m，行距 20cm；泰安为 6 行区，行长 2.3m，行距 25cm。各地均按当地正常栽培方法进行田间管理，在生长期内都没有发生严重病虫害和倒伏。

2012 年 4 月中旬开始调查记录抽穗期、开花期。整个小区有 50%单株主穗抽出 1/3 旗叶时记为抽穗，抽穗期为从播种抽穗的天数。整个小区有 50%单株主穗开花时记为开花，挂牌标记，开花期为从播种到开花的天数。

2012 年 5 月开花后 15 天进行第一次取样，25 天进行第二次取样，最后一次为成熟期取样(每次取大小均一的 20 个穗子)。开花 15 天、25 天取样后将穗子 105℃杀青 1h，80℃烘干至恒重保存，成熟期取样后自然晾干，与前两次取样统一在室内平衡 24h 后称重。

将 20 个穗子称重后取平均值，获得单穗干重；将穗子脱粒后称取千粒重。

(三) 数据处理

利用 Excel2007 对所得原始数据进行初步处理，利用 SPSS Statistics 对各性状调查值进行方差分析和频率分析。

利用基于混合线性模型(Wang et al., 1999)的 QTL Network2.0 软件(Yang and Zhu, 2005)对干穗重、千粒重、抽穗期和开花期相关性状进行 QTL 分析。利用 QGAStation 对干穗重和千粒重进行数据处理，利用 QTL Network2.0 软件对干穗重和千粒重进行条件 QTL 分析。

QTL 命名方法是以 Q 加各性状的英文缩写再加上对应的染色体序号和染色体上的位置。例如，*Qfd5D-10* 表示位于染色体 5D 上第 10 个标记与第 11 个标记之间控制千粒重的 QTL。

(四) 结果与分析

1. 穗干重发育动态的 QTL 分析

1) 穗干重的表型分析

由不同环境条件下小麦亲本、DH 群体在不同发育时期穗干重的表型值(表 8-15)可以看出，DH 群体在各个时期中，各株系的表型变异较明显，在不同环境和不同时期中均存在超亲现象。亲本在 3 个不同环境中的表型值有所差异，在 3 个不同时期，两亲本在环境 2 中的表型值均小于在其他两个环境中的表型值。群体各株系的表型值同亲本的表型值存在同样的变化趋势，各时期中，在环境 2 中的表型值均小于在其他两个环境中的表型值。

表 8-15　不同环境条件下小麦亲本、DH 群体在不同发育时期穗干重的表型值

Table1 8-15　Phenotypic value of grain weight per panicle at different growing stages for parents, DH population in different environments

调查时期 Measuring date	环境 Environment	亲本 Parents		DH 群体 DH population					
		花培 3 号 HP3/g	豫麦 57 YM57/g	平均值 Mean/g	标准差 (SD)	最小值 Minimum/g	最大值 Maximum/g	偏度 Skewness	峰度 Kurtosis
DAA15	E1	1.605	1.500	1.543	0.280	0.950	2.620	0.655	1.187
	E2	1.332	0.935	1.055	0.217	0.750	1.720	–0.334	2.752
	E3	2.010	1.525	1.566	0.302	0.930	2.360	0.310	–0.178
DAA25	E1	2.565	2.715	2.254	0.379	1.400	3.400	0.114	–0.394
	E2	1.920	1.645	1.617	0.282	0.980	2.480	0.495	0.184
	E3	2.690	2.313	2.076	0.380	1.150	3.150	0.207	–0.003
MT	E1	3.090	3.010	2.627	0.567	1.500	3.990	–0.174	–0.232
	E2	2.690	2.313	2.113	0.359	1.350	3.590	0.482	1.125
	E3	2.990	2.690	2.34	0.427	1.280	3.700	0.337	0.469

E1：济南；E2：济源；E3：泰安；DAA15：开花后 15 天；DAA25：开花后 25 天；MT：成熟期

E1: JiNan; E2: JiYuan; E3:TaiAn; DA15:Data after anthesis 15; DAA25:Data after anthesis 25; MT:Mature time

群体中穗干重的表型值分离的连续性符合正态分布，偏度值和峰度值除开花后 15 天环境 1 和环境 2 及成熟期环境 2 中的峰度值的绝对值大于 1 外，其他都小于 1，表现出典型数量性状的遗传特点。

由不同环境条件下小麦亲本、RIL1 群体在不同发育时期穗干重的表型值(表 8-16)，可以看出，RIL1 群体各时期，亲本的表型值均有较大差异，各个时期环境中亲本‘藁城 9411’的穗干重均小于亲本‘山农 01-35’。亲本及后代群体在环境 2 中的表型值均小于在其他两个环境中的表型值，各环境之间也存在明显差异。后代群体的表型值存在显著双向超亲现象。

表 8-16　不同环境条件下小麦亲本、RIL1 群体在不同发育时期穗干重的表型值

Table 8-16　Phenotypic value of grain weight per panicle at different growing stages for parents, RIL1 population in different environments

调查时期 Measuring date	环境 Environment	亲本 Parents		RIL1 群体 RIL1 population					
		山农 01-35/g	藁城 9411/g	平均值 Mean/g	标准差 (SD)	最小值 Minimum/g	最大值 Maximum/g	偏度 Skewness	峰度 Kurtosis
DAA15	E1	1.755	1.430	1.447	0.273	0.790	2.290	0.044	–0.368
	E2	1.570	1.275	1.275	0.318	0.640	2.070	0.122	–0.870
	E3	1.857	1.550	1.739	0.435	0.130	2.550	–0.350	0.611
DAA25	E1	2.528	1.920	2.274	0.462	1.080	3.530	0.084	–0.323
	E2	2.375	1.791	2.001	0.528	1.110	3.170	0.306	–1.024
	E3	3.159	2.181	2.327	0.579	1.130	3.160	0.077	–0.653
MT	E1	3.160	2.822	2.816	0.571	1.190	4.030	–0.150	–0.557
	E2	3.000	2.545	2.501	0.598	1.150	3.870	–0.273	0.232
	E3	3.169	2.605	2.595	0.650	1.200	4.080	0.096	–0.652

E1：济南；E2：济源；E3：泰安；DAA15：开花后 15 天；DAA25：开花后 25 天；MT：成熟期

E1: Jinan; E2: Jiyuan; E3:Taian; DA15:Data after anthesis 15; DAA25:Data after anthesis 25; MT:Mature time

由不同环境条件下小麦亲本、RIL2 群体在不同发育时期穗干重的表型值(表 8-17)，可以看出，RIL2 群体中，母本‘糯麦 1 号’及后代群体在环境 2 中各个不同时期穗干重均小于在其他两个环境中的表型值，父本‘藁城 8901’在环境 2 中的表型值小于在环境 1 中的表型值，大于在环境 3 中的表型值。在 3 个不同环境下的不同时期中，群体的穗干重值表现连续变异且出现显著双向超亲现象，这意味着穗干重为多基因控制的复杂的数量性状。

表 8-17　不同环境条件下小麦亲本、RIL2 群体在不同发育时期穗干重的表型值

Table 8-17　Phenotypic value of grain weight per panicle at different growing stages for parents, RIL2 population in different environments

调查时期 Measuring date	环境 Environment	亲本 Parents		RIL2 群体 RIL2 population					
		糯麦 1 号/g	藁城 8901/g	平均值 Mean/g	标准差 (SD)	最小值 Minimum/g	最大值 Maximum/g	偏度 Skewness	峰度 Kurtosis
DAA15	E1	0.905	1.270	1.222	0.185	0.740	1.950	0.489	0.859
	E2	1.035	0.985	0.922	0.190	0.490	1.630	0.511	0.506
	E3	1.105	0.945	1.290	0.248	0.650	2.010	0.112	–0.008

续表

调查时期 Measuring date	环境 Environment	亲本 Parents		RIL2 群体 RIL2 population					
		糯麦 1 号/g	藁城 8901/g	平均值 Mean/g	标准差 (SD)	最小值 Minimum/g	最大值 Maximum/g	偏度 Skewness	峰度 Kurtosis
DAA25	E1	1.570	1.720	1.893	0.317	0.160	2.940	–0.346	3.175
	E2	1.490	1.575	1.421	0.266	0.690	2.440	0.293	0.874
	E3	1.842	1.505	1.776	0.353	1.010	3.100	0.260	0.118
MT	E1	1.99	2.095	2.247	0.376	1.230	3.280	0.243	0.383
	E2	1.731	2.967	1.872	0.316	1.130	3.170	0.552	1.075
	E3	1.900	2.506	1.904	0.507	0.850	4.460	1.024	2.978

E1：济南；E2：济源；E3：泰安；DAA15：开花后 15 天；DAA25：开花后 25 天；MT：成熟期

E1: Jinan; E2: Jiyuan; E3:Taian; DA15:Data after anthesis 15; DAA25:Data after anthesis 25; MT:Mature time

2) 穗干重发育动态的 QTL 分析

(1) 穗干重发育动态的非条件 QTL 分析

各测定时期定位的穗干重的非条件 QTL 是从初始时刻到各测定时期穗干重的累积效应。利用 QTL Network2.0 在 3 个环境下对 3 个不同群体的穗干重表行数据进行综合定位，共检测到位于 2B、4B、1B、6A2、1A1、3B、4A1、2D 和 5D10 条染色体上的 18 个非条件加性效应位点(表 8-18)。

利用 DH 群体，3 个时期中共检测到位于 5D、1B 和 2D 染色体上的 3 个影响穗干重的 QTL，分别解释表型变异的 6.41%、4.73%和 4.62%；3 个位点中只有位于 1B 染色体上的 *Qgwp1B-11* 的加性性状值的等位基因来源于父本‘豫麦 57’。

利用 RIL1 群体，共检测到 5 个非条件 QTL，其中 *Qgwp4B-7* 在 3 个时期中均检测的到，其加性效应值逐渐增大，遗传贡献率在成熟期达到最大，其遗传贡献率分别为 10.5%、11.98%和 15.83%，为控制穗干重的主效 QTL，其加性性状值的等位基因来源于母本‘山农 01-35’；*Qgwp2B-4* 和 *Qgwp6B-4* 只在开花后 15 天出现，遗传贡献率分别为 6.94%和 5.85%。

表 8-18　个群体各测定时期穗干重非条件数量性状基因座位的效应

Table 8-18　Analysis of unconditional quantitative trait loci effects on grain weight per panicle at different growing stages for three populations

群体 Population	调查时期 Measuring data	QTL	染色体 Chromosome	标记区间 Flanking marker	加性效应 (A)	贡献率 (H^2) /%
DH	DAA15	*Qgwp5D-11*	5D	*XWMC215-XBARC345*	0.0685	6.41
	DAA25	*Qgwp1B-11*	1B	*XBARC312-XCFE023.1*	–0.0762	4.73
	MT	*Qgwp2D-7*	2D	*XGWM539-XCFD168*	0.0983	4.62
RIL1	DAA15	*Qgwp2B-4*	2B	*WPT-6706-WPT-5242*	0.0999	6.94
		Qgwp4B-7	4B	*WPT-7569-WPT-3908*	0.1228	10.50
		Qgwp6B-4	6B	*WPT-3733-WPT-8721*	–0.0917	5.85
	DAA25	*Qgwp4B-7*	4B	*WPT-7569-WPT-3908*	0.1812	11.98

续表

群体 Population	调查时期 Measuring data	QTL	染色体 Chromosome	标记区间 Flanking marker	加性效应 (A)	贡献率 (H^2)/%
	MT	*Qgwp4B-7*	4B	*WPT-7569-WPT-3908*	0.2543	15.83
RIL2	DAA15	*Qgwp1B-4*	1B	*WPT-1954-WPT-4515*	–0.0343	2.60
		Qgwp2B-2	2B	*WPT-6576-WPT-4199*	0.0452	4.50
		Qgwp6A2-18	6A2	*WPT-730772-XGPW-312*	–0.0379	3.17
	DAA25	*Qgwp1A1-16*	1A1	*WPT-667634-WPT-6654*	–0.0690	4.61
		Qgwp3B-11	3B	*WPT-0544-WPT-9432*	0.0559	3.02
		Qgwp4A-1	4A	*WPT-7524-WPT-2788*	0.0811	6.37
	MT	*Qgwp1A1-11*	1A1	*WPT-731190-WPT-8347*	–0.0654	2.27
		Qgwp1B-4	1B	*WPT-1954-WPT-4515*	–0.1126	6.72
		Qgwp2D-10	2D	*WPT-6687-WPT-731336*	–0.0696	2.57
		Qgwp4A-1	4A	*WPT-7524-WPT-2788*	0.0896	4.26

A：加性效应值正值和负值表示增加性状值的等位基因来自父本和母本；H^2：加性 QTL 所能解释的表型变异率；DAA15：开花后；MT：表示成熟期；—表示无位点

A: Positive and negative values of additive effect (EstAdd) indicate that alleles to increasere traits inherited from male parent and female parent, respectively; H^2: Herability of additive effect; DAA15:Data after anthesis 15 DAA25:Data after anthesis 25 MT:Mature time; — No QTL

利用RIL2群体，在3个时期中共检测10个控制穗干重的非条件QTL，其中*Qgwp1B-4*在开花后15天和成熟期可检测到，贡献率分别为2.60%和6.72%；*Qgwp4A-1*在开花后25天和成熟期出现，分别解释表型变异的6.37%和4.26%；开花后检测到的*Qgwp1A1-16*和成熟期检测到的*Qgwp1A1-11*共同位于1A1染色体上并紧密联锁；其他4个位点只能在单个时期内检测到。

DH群体成熟期检测到的*Qgwp2D-7*和RIL2群体成熟期检测到的*Qgwp2D-10*共同位于2D染色体上；开花后15天时RIL1群体中检测到的*Qgwp2B-4*和RIL2群体中检测到的*Qgwp2B-2*共同位于2B染色体上。从上述分析可以看出，影响穗干重的QTL差异很大，只有在RIL2群体中检测到的*Qgwp4B-7*在穗干重增加的全程中都检测得到，说明穗干重增加的过程中，不同的阶段有不同的QTL/基因位点表达。

(2)穗干重发育动态的条件QTL分析

各测定时期定位的非条件QTL的加性效应是从发育初始时刻到t时刻的累积加性效应，而并不是$(t\text{-}1)$至t时段内的基因表达效应。给定$(t\text{-}1)$时刻的表型值的t时刻条件遗传效应，能揭示$(t\text{-}1)$至t时段内新的基因表达。

本研究共定位了控制穗干重的8个条件QTL(表8-19)，其中只有RIL1群体在开花后25天到成熟期检测到的*Qgwp6A-32*为新出现的位点，可以解释表型变异的4.80%，其增效基因来源于母本‘山农01-35’。其他7个位点均为开花后15天检测到QTL，其总的遗传贡献率为39.97%，这些位点的效应值为开花后15天影响穗干重增加的QTL/基因表达的累积效应。

表 8-19　3 个群体各测定时期穗干重条件数量性状基因座位的效应

Table 8-19　Analysis of conditional quantitative trait loci effects on grain weight per panicle at different growing stages for three populations

群体 Population	调查时期 Measuring data	QTL	染色体 Chromosome	标记区间 Flanking marker	加性效应 (A)	贡献率 (H^2)/%
DH	DAA15	*Qgwp5D-11*	5D	*XWMC215-XBARC345*	0.0685	6.41
	DAA25/DAA15	—	—	—	—	—
	MT/DAA25	—	—	—	—	—
RIL1	DAA15	*Qgwp2B-4*	2B	*WPT-6706-WPT-5242*	0.0999	6.94
		Qgwp4B-7	4B	*WPT-7569-WPT-3908*	0.1228	10.50
		Qgwp6B-4	6B	*WPT-3733-WPT-8721*	–0.0917	5.85
	DAA25/DAA15	—	—	—	—	—
	MT/DAA25	*Qgwp6A-32*	6A	*WPT-7063-XGPW8068*	0.0852	4.80
RIL2	DAA15	*Qgwp1B-4*	1B	*WPT-1954-WPT-4515*	–0.0343	2.60
		Qgwp2B-2	2B	*WPT-6576-WPT-4199*	0.0452	4.50
		Qgwp6A2-18	6A2	*WPT-730772-XGPW-312*	–0.0379	3.17
	DAA25/DAA15	—	—	—	—	—
	MT/DAA25	—	—	—	—	—

A：加性效应值正值和负值表示增加性状值的等位基因来自父本和母本；H^2：加性 QTL 所能解释的表型变异率；DAA15：开花后；MT：表示成熟期；—表示无位点

A: Positive and negative values of additive effect (EstAdd) indicate that alleles to increasere traits inherited from male parent and female parent, respectively; H^2: Herability of additive effect; DAA15:Data after anthesis 15 DAA25:Data after anthesis 25 MT:Mature time; — No QTL

2. 千粒重发育动态的非条件 QTL 分析

1) 千粒重表型值分析

不同环境条件下 3 个群体小麦亲本及群体后代在不同发育时期千粒重的表型值(表 8-20~表 8-22)反映了 3 个不同的测定时期的 DH 群体、RIL1 群体和 RIL2 群体及其亲本千粒重的表型值变异情况。从表中可知 3 个群体的亲本间各时期的千粒重均有一定差异。

由不同环境条件下小麦亲本、DH 群体在不同发育时期千粒重的表型值(表 8-20)可以看出，DH 群体在 3 个时期中，亲本‘花培 3 号’的千粒重始终大于‘豫麦 57’，群体后代存在显著双向超亲现象。

表 8-20　不同环境条件下小麦亲本、DH 群体在不同发育时期千粒重的表型值

Table 8-20　Phenotypic value of grain weight at different growing stages for parents, DH population in different environments

调查时期 Measuring date	环境 Environment	亲本 Parents		DH 群体 DH population					
		花培号 HP3/g	豫麦 57 YM57	平均值 Mean/g	标准差 (SD)	最小值 Minimum/g	最大值 Maximum/g	偏度 Skewness	峰度 Kurtosis
DAA15	E1	13.510	12.75	16.542	3.614	7.800	36.760	1.639	6.139
	E2	20.645	14.625	16.023	3.709	7.510	25.410	0.286	–0.490
	E3	25.730	24.000	20.975	4.949	11.420	33.220	0.247	–0.700

续表

调查时期 Measuring date	环境 Environment	亲本 Parents		DH 群体 DH population					
		花培号 HP3/g	豫麦 57 YM57	平均值 Mean/g	标准差 (SD)	最小值 Minimum/g	最大值 Maximum/g	偏度 Skewness	峰度 Kurtosis
DAA25	E1	40.900	32.500	37.233	4.058	27.000	50.810	0.151	0.240
	E2	41.035	35.790	37.760	5.450	9.440	51.540	–0.764	3.398
	E3	39.495	36.918	39.656	5.063	27.490	50.050	–0.082	–0.774
MT	E1	48.600	39.300	42.781	7.018	22.200	78.800	0.559	3.435
	E2	53.506	48.88	50.989	4.193	40.440	59.600	–0.158	–0.714
	E3	42.495	38.305	43.387	5.950	29.120	54.210	–0.315	–0.634

E1：济南；E2：济源；E3：泰安；DAA15：开花后 15 天；DAA25：开花后 25 天；MT：成熟期

E1: Jinan; E2: Jiyuan; E3:Taian; DA15:Data after anthesis 15; DAA25:Data after anthesis 25; MT:Mature time

RIL1 群体各个时期中亲本‘山农 01-35’的千粒重均大于‘藁城 9411’；后代群体在环境 2 中的表型值均大于在环境 1 中的表型值，并且各环境之间的表型值存在明显差异；后代群体在 3 个时期 3 个环境中均存在双向超亲现象(表 8-21)。

表 8-21　不同环境条件下小麦亲本、RIL1 群体在不同发育时期千粒重的表型值

Table 8-21　Phenotypic value of grain weight at different growing stages for parents, RIL1 population in different environments

调查时期 Measuring date	环境 Environment	亲本 Parents		RIL1 群体 RIL1 population					
		山农 01-35/g	藁城 9411/g	平均值 Mean/g	标准差 (SD)	最小值 Minimum/g	最大值 Maximum/g	偏度 Skewness	峰度 Kurtosis
DAA15	E1	17.400	13.600	15.661	2.388	9.870	25.400	0.824	1.728
	E2	22.040	14.310	16.315	3.823	7.190	23.390	–0.223	–0.383
	E3	35.985	21.395	24.425	4.340	9.840	35.090	–0.537	0.273
DAA25	E1	39.910	34.630	37.387	3.953	25.280	46.100	–0.587	0.803
	E2	50.310	33.190	37.800	5.091	11.880	59.970	–0.376	4.571
	E3	57.298	35.945	40.784	4.884	23.830	52.610	–0.555	0.748
MT	E1	63.650	43.400	44.45	6.255	25.000	64.000	–0.154	0.593
	E2	67.310	44.33	51.834	4.979	26.760	62.450	–0.975	3.501
	E3	64.821	36.536	46.252	5.775	28.420	63.030	–0.011	0.048

E1：济南；E2：济源；E3：泰安；DAA15：开花后 15 天；DAA25：开花后 25 天；MT：成熟期

E1: Jinan; E2: Jiyuan; E3:Taian; DA15:Data after anthesis 15; DAA25:Data after anthesis 25; MT:Mature time

RIL2 群体中只有在环境 2 中开花后 15 天时，亲本‘藁城 8901’的千粒重略大于‘糯麦 1 号’，其他地点和时期中均是‘糯麦 1 号’的千粒重大于‘藁城 8901’，这可能与‘藁城 9411’在环境 2 中开花至开花后 15 天这段时间积内的灌浆速度略大于‘糯麦 1 号’有关。从 3 个群体各时期千粒重的平均值来看，各群体同亲本的变化规律一致。群体后代的最大值与最小值差异明显，并且群体各株系在 3 个时期中均呈现出双向超亲现象，基本符合正态分布，符合 QTL 作图需要(表 8-22)。

表 8-22　不同环境条件下小麦亲本、RIL2 群体在不同发育时期千粒重的表型值

Table 8-22　Phenotypic value of grain weight at different growing stages for parents, RIL2 population in different environments

调查时期 Measuring date	环境 Environment	亲本 Parents		RIL2 群体 RIL2 population					
		糯麦 1 号/g	藁城 8901/g	平均值 Mean/g	标准差 (SD)	最小值 Minimum/g	最大值 Maximum/g	偏度 Skewness	峰度 Kurtosis
DAA15	E1	13.340	13.445	12.830	2.003	6.080	19.780	–0.344	0.862
	E2	15.120	15.89	13.465	2.889	6.080	21.370	0.114	–0.182
	E3	20.435	13.625	19.440	3.493	11.000	30.780	0.316	0.223
DAA25	E1	32.825	28.090	30.733	3.553	20.290	48.710	0.788	3.780
	E2	36.725	27.900	31.313	4.584	18.690	50.890	0.224	1.787
	E3	35.530	28.710	33.383	4.801	19.840	59.780	0.684	3.803
MT	E1	38.400	29.800	36.003	5.664	22.500	67.500	1.214	5.273
	E2	42.846	38.494	40.967	4.391	27.230	66.060	0.629	3.995
	E3	35.552	30.408	37.339	5.083	24.940	69.400	1.857	8.813

E1：济南；E2：济源；E3：泰安；DAA15：开花后 15 天；DAA25：开花后 25 天；MT：成熟期

E1: Jinan; E2: Jiyuan; E3:Taian; DA15:Data after anthesis 15; DAA25:Data after anthesis 25; MT:Mature time

2) 千粒重发育动态的 QTL 分析

3 个群体各测定时期千粒重非条件数量性状基因座位的效应(表 8-23，表 8-24)可知各测定时期千粒重的数量性状位点。

表 8-23　3 个群体各测定时期千粒重非条件数量性状基因座位的效应

Table 8-23　Analysis of unconditional quantitative trait loci effects on 1000-grain weight at different growing stages for three populations

群体 Populations	调查时期 Measuring data	QTL	染色体 Chromosome	标记区间 Flanking marker	加性效应 (A)	贡献率 (H^2)/%
DH	DAA15	*Qtgw5D-10*	5D	*XBARC320-XWMC215*	0.1855	1.50
		Qtgw6A-5	6A	*XBARC1165-XGWM82*	0.8342	4.04
	DAA25	*Qtgw3A-3*	3A	*XSWES107-XBARC86*	–1.1931	5.70
		Qtgw6A-5	6A	*XBARC1165-XGWM82*	0.9826	3.86
		Qtgw7D-5	7D	*XGWM676-XGWM437*	1.2475	6.23
	MT	*Qtgw2D-7*	2D	*XGWM539-XCFD168*	1.1916	4.21
		Qtgw3A-13	3A	*XWMC264-XCFA2193*	0.8722	2.25
		Qtgw6A-8	6A	*XBARC1055-XWMC553*	1.4106	5.90
		Qtgw6D-5	6D	*XBARC054-XGWM55*	–0.7810	1.81
RIL1	DAA15	*Qtgw1B-15*	1B	*WPT-5562-WPT-8971*	–0.6450	3.66
	DAA25	*Qtgw3B-25*	3B	*WPT-4209-WPT-1191*	1.0673	5.24
	MT	*Qtgw6A-29*	6A	*CFE043-TAGW2-CAPS*	1.9044	9.04
		Qtgw6B3-2	6B3	*WPT-669607-XGPW1005*	1.2193	3.71

续表

群体 Populations	调查时期 Measuring data	QTL	染色体 Chromosome	标记区间 Flanking marker	加性效应（A）	贡献率（H^2）/%
RIL2	DAA15	*Qtgw2D-8*	2D	*WPT-8330-WPT-7901*	–0.7356	6.48
	DAA25	*Qtgw1B-4*	1B	*WPT-1954-WPT-4515*	–1.4401	9.55
		Qtgw2D-8	2D	*WPT-8330-WPT-7901*	–1.1262	5.84
		Qtgw4A-1	4A	*WPT-7524-WPT-2788*	1.0976	5.55
		Qtgw7B-5	7B	*WPT-3533-WPT-3833*	–1.0074	4.68
	MT	*Qtgw1B-4*	1B	*WPT-1954-WPT-4515*	–1.8187	11.26
		Qtgw2D-8	2D	*WPT-8330-WPT-7901*	–1.2068	4.96
		Qtgw3B-2	3B	*WPT-1940-WPT-7502*	1.1033	4.14
		Qtgw4A-1	4A	*WPT-7524-WPT-2788*	1.2423	5.25

A：加性效应值正值和负值表示增加性状值的等位基因来自父本和母本；H^2：加性 QTL 所能解释的表型变异率；DAA15：开花后；MT：表示成熟期；—表示无位点

A: Positive and negative values of additive effect (EstAdd) indicate that alleles to increasere traits inherited from male parent and female parent, respectively; H^2: Herability of additive effect; DAA15:Data after anthesis 15 DAA25:Data after anthesis 25 MT:Mature time; — No QTL

表 8-24　3 个群体各测定时期千粒重条件数量性状基因座位的效应

Table 8-24　Analysis of conditional quantitative trait loci effects on 1000-grain weight at different growing stages for three populations

群体 Population	调查时期 Measuring data	QTL	染色体 Chromosome	标记区间 Flanking marker	加性效应（A）	贡献率（H^2）/%
DH	DAA15	*Qtgw5D-10*	5D	*XBARC320-XWMC215*	0.1855	1.50
		Qtgw6A-5	6A	*XBARC1165-XGWM82*	0.8342	4.04
	DAA25/DAA15	*Qtgw2D-4*	2D	*XCFD53-XWMC18*	0.9695	5.93
		Qtgw5B-4	5B	*XBARC1125-XGWM213*	0.7025	3.11
	MT/DAA25	*Qtgw2D-11*	2D	*XBARC349.1-XCFD161*	1.8620	8.23
RIL1	DAA15	*Qtgw1B-15*	1B	*WPT-5562-WPT-8971*	–0.6450	3.66
	DAA25/DAA15	—	—	—	—	—
	MT/DAA25	*Qtgw2D-29*	2D	*XGPW4085-WPT-2360*	–1.2503	6.76
RIL2	DAA15	*Qtgw2D-8*	2D	*WPT-8330-WPT-7901*	–0.7356	6.48
	DAA25/DAA15	*Qtgw2D-11*	2D	*WPT-731336-WPT-667765*	–0.5046	2.24
		Qtgw3B-1	3B	*XGPW-7148-WPT-1940*	0.9875	8.60
	MT/DAA25	—	—	—	—	—

A：加性效应值正值和负值表示增加性状值的等位基因来自父本和母本；H^2：加性 QTL 所能解释的表型变异率；DAA15：开花后；MT：表示成熟期；—表示无位点

A: Positive and negative values of additive effect (EstAdd) indicate that alleles to increasere traits inherited from male parent and female parent, respectively; H^2: Herability of additive effect; DAA15:Data after anthesis 15 DAA25:Data after anthesis 25 MT:Mature time; — No QTL

（1）千粒重发育动态的非条件 QTL 分析

3 个群体中共同检测到控制千粒重 22 个非条件的 QTL。其中只有 RIL2 群体中检测到的 *Qtgw2D-8* 在 3 个测定时期内均稳定表达，遗传贡献率为 6.48%、5.46%和 4.96%，其他位点均为只在一个时期内或者是在两个时期内表达(见表8-23)。

DH群体中没有位点可以在千粒重积累的整个过程中都检测到非条件QTL，只有*Qtgw6A-5*这一位点能在开花后15天和开花后25天检测到非条件QTL，其他位点均只能在某一特定时期检测到非条件QTL；在各个时期检测到的非条件QTL数目也不同，3个时期分别检测到2个、3个和4个QTL；开花后15天和25天检测到*Qtgw6A-5*和在成熟期检测到的*Qtgw6A-8*共同位于6A染色体上，其增效基因均来自‘花培3号’；开花后25天检测到的*Qtgw3A-3*和开花期检测到的*Qtgw3A-13*共同位于3A染色体上，其增效基因分别来自‘花培3号’和‘豫麦57’，遗传贡献率分别为5.70%和5.90%；在DH群体中，控制千粒重增加的基因主要位于3A和6A染色体上，在这两条染色体上检测到的位点共解释千粒重增加的16.05%。

RIL1群体中，3个时期分别检测到控制千粒重的1个、1个和2个QTL，共检测到4个非条件QTL；这些非条件QTL总计解释表型变异的21.65%，其中成熟期检测到的位于6A染色体上的*Qtgw6A-29*遗传贡献率最大为9.04%。RIL2群体中共检测到9个控制千粒重的非条件QTL，只有*Qtgw2D-8*在千粒重增加的整个过程中都能检测到非条件QTL，在3个测定时期内均稳定表达，遗传贡献率为6.48%、5.46%和4.96%；*Qtgw1B-4*和*Qtgw4A-1*这两个位点能在开花后25天和成熟期检测到非条件QTL；其他位点均为只能在一时期检测到非条件QTL。

RIL2群体中控制千粒重增加的QTL/基因主要位于2D、1B和4A染色体上，2D和1B染色体上的增效基因来源于‘藁城8901’，染色体4A上的增效基因来源于‘糯麦1号’。

DH群体中开花后15天、开花后25天和成熟期检测到的*Qtgw6A-5*和*Qtgw6A-8*与RIL1群体中成熟期检测到的*Qtgw6A-29*都位于6A染色体上；DH群体成熟期检测到的*Qtgw2D-7*和RIL2群体3个时期都能检测到控制千粒重的*Qtgw2D-8*均位于2D染色体上；RIL1群体开花后25天检测到的*Qtgw3B-25*和RIL2群体成熟期检测到的*Qtgw3B-2*共同位于3B染色体上。非条件QTL定位分析表明，在各测定时期检测到的影响千粒重的非条件QTL数目较多。各测定时期的非条件QTL数目和加性效应值的差异揭示了控制粒重的基因(QTL)在不同发育时期的表达是不同的。

(2)千粒重发育动态的条件QTL分析

运用QGAstation软件对千粒重各时期的数据进行处理后，运用QTL Network2.0软件对不同时期千粒重的条件QTL进行了定位。

利用DH群体共检测到控制千粒重积累的5个条件QTL，并且都在某个特定时段内表达；开花后15天检测到的*Qtgw5D-10*和*Qtgw6A-5*在进行非条件QTL定位时也检测到，贡献率分别为1.5%和4.04%；随着灌浆的进行，最初表达的基因在开花后15~25天这一时间段不再表达，此时在2D染色体和5B染色体上测到2个新表达的条件QTL位点(*Qtgw2D-4*和*Qtgw5B-4*)，分别解释表型变异的5.93%和3.11%；在开花后25天至成熟期这一时间段出现1个新表达的条件QTL位点(*Qtgw2D-11*)，遗传贡献率为8.23%；在DH群体3个时期中检测到的8个QTL，加性效应较低，总共能解释遗传变异的22.81%；DH群体中所测得的条件QTL的加性效应值均为正，表明来自‘花培3号’的基因使千粒重的表现型值增大。

RIL1 群体中只有 2 个位点检测到控制千粒重的条件 QTL，开花后 15 天第一次调查检测到 1 个条件 QTL——*Qtgw1B-15*，遗传贡献率为 3.66%，该效应是开花前 15 天影响千粒重有关 QTL/基因表达的累积效应；开花后 25 天至成熟期检测到 1 个新表达的条件 QTL 位点，遗传贡献率为 6.76%，其增效基因来自‘藁城 9411’。

RIL2 群体中有 3 个位点检测到控制千粒重积累的条件 QTL，除开花后 15 天检测到的 *Qtgw2D-8* 外，在开花后 15~25 天时段内检测到 2 个新表达的条件 QTL 位点——*Qtgw2D-11* 和 *Qtgw3B-1*，其遗传贡献率分别为 2.24%和 8.60%。

从各时期测到的条件和非条件 QTL 位点和数量（见表 8-23，表 8-24）可以看出，在籽粒灌浆初期，即开花后 15 天左右，控制千粒重的基因已经表达。在 3 个群体中，在不同时段内检测到的条件 QTL 与非条件 QTL 均没有相同位点。DH 群体中开花后 15~25 天检测到的条件 QTL 位点（*TGW2D-4*）、开花后 25 天至成熟期检测到的条件 QTL 位点（*TGW2D-11*）与成熟期检测到的 *TGW2D-7* 位于同一条染色体 2D 上。RIL2 群体中成熟期检测到的非条件 QTL 位点 *TGW3B-2* 和开花后 15~25 天检测到的条件 QTL 位点 *TGW3B-1* 位于同一个染色体上紧密连锁，贡献率分别为 4.14%和 8.60%。3 个群体中共同检测到位于 2D 染色体上的条件 QTL。

二、研究结果与前人同类研究的比较分析

本研究利用 3 个遗传群体同时对穗干重进行了发育动态的非条件和条件 QTL 分析，共定位到 16 个 QTL，其中 18 个非条件 QTL、8 个条件 QTL（有些为重复检测到的 QTL）。*Qgwp4B-7* 在 RIL1 群体 3 个不同时期都有效应，*Qgwp4A-1* 在 RIL2 群体开花后 25 天和成熟期都能检测到，DH 群体中没有发现类似的位点。在 3 个群体中检测到的 8 个条件 QTL，没有一个条件 QTL 能在测定的 3 个时期都有效应，说明可能没有一个控制穗干重的基因能在小麦穗子生长发育的整个阶段都有表达，这与发育遗传学理论是相一致的（李卫华等，2006）。

本研究利用 3 个遗传群体进行千粒重发育动态非条件和条件 QTL 定位，共定位到位于 1B、3B、6A、6A3、2D、1B、7B、4A、5D、7D 和 6D 染色体上的 22 个非条件 QTL，定位到位于 1B、2D、3B、5D、6A 和 5B 染色体上的 10 个条件 QTL，这与前人研究结果一致（Huang et al.，2004；Tsilo et al.，2010；Groos et al.，2003；Campbell et al.，2003）。在 3 个群体中检测到的 10 个控制千粒重的条件 QTL 中，没有一个条件 QTL 在小麦发育的 3 个时期都有效应，说明没有一个控制千粒重的基因在小麦籽粒发育的所有阶段都表达。

3 个群体在开花后 15 天第一次检测到的条件 QTL 效应为开花前 15 天与千粒重有关 QTL/基因的累积效应。在本研究中也发现一些条件 QTL 不能被非条件 QTL 定位的方法检测到，例如，RIL1 群体中在开花后 25 天至成熟期检测到的条件 QTL——*Qtgw2D-29*；RIL2 群体中在开花后 15~25 天检测到的条件 QTL——*Qtgw2D-11* 和 *Qtgw3B-1*；DH 群体中在开花后 15~25 天检测到的条件 QTL——*Qtgw2D-4* 和 *Qtgw5B-4*，在开花后 25 天至成熟期检测到的条件 QTL——*Qtgw2D-11*，说明以上 QTL 在 *t*-1~*t* 时段内全部为净遗传效应，但由于效应值在全部累积过程中相对较小，所以在非条件中未检测到。可见，在特定时期定位的条件 QTL 能进一步验证控制千粒重发育基因的选择性表达，与 Yan 等研究结果一致。

第六节 基于粒长和粒宽的千粒重的条件 QTL 分析

千粒重、穗粒数和单位面积穗数是小麦产量构成三要素，提高小麦粒重是提高小麦产量的重要途径之一。粒长和粒宽是影响籽粒大小和粒重的重要因素。尽管前人进行了控制小麦粒重相关性状(千粒重、粒长和粒宽)的 QTL 定位，但都是分别进行的单个性状的传统的 QTL(非条件 QTL)分析，从 QTL 水平上解析三者之间的关系却没有报道。因此，本研究在分别给定粒长和粒宽条件下进行千粒重的条件 QTL 分析，从 QTL 水平上解析小麦粒重与粒长、粒宽之间的关系，剖析粒长、粒宽对粒重影响的遗传机理，对于小麦产量的提高具有重要意义。

一、千粒重的条件 QTL 分析结果

(一)供试材料

同第五节供试材料。

(二)田间试验

2011~2012 年度在山东农业大学试验站，山东省农业科学院(山东济南，36°42′N，117°04′E)和济源市农业科学研究所(河南济源，35°05′N，112°36′E)种植 DH 群体、RIL1 和 RIL2 群体及其亲本。各试验点均采取随机区组设计。在泰安点，6 行区种植，小区行长 2.3m，行距 0.25m，2 次重复。在济南点，6 行区种植，小区行长 4m，行距 0.25m，2 次重复。在济源点，3 行区种植，小区行长 2.6m，行距 0.20m，2 次重复。以上各点均按当地正常栽培方法进行田间管理，生长期内没有发生严重病虫害和倒伏。

各小区收获的种子晒干后，用 SKCS 4100 单粒谷物特性测定仪测定籽粒的千粒重和粒宽，每个重复内的各家系均取 15 粒种子用游标卡尺测定粒长，取平均值用于数据分析。

(三)数据统计及 QTL 定位

用 SPSS 13.0 软件对各环境下的千粒重、粒宽和粒长进行正态分析和相关分析。利用 QGA Station 1.0 软件(http://ibi.zju.edu.cn/software/qga/)进行给定条件下的数据标准化，利用基于混合线性模型的 QTL Network 2.0(http://ibi.zju.edu.cn/software/qtlnetwork/)软件进行非条件和条件 QTL 定位。按照 QTL+性状+染色体+QTL 个数命名，其中 QTL 以大写“*Q*”开始，性状以英文缩写表示，如果同一染色体上存在多个不同位点的 QTL，则在染色体后面添加连字符和数字。例如，*Qtkw6A-2* 表示 6A 染色体上定位到的第二个控制小麦千粒重的 QTL。

(四)结果与分析

1. 三群体千粒重、粒宽、粒长的表型分析和相关分析

从表 8-25 可以看出，‘花培 3 号’的千粒重和粒长均高于‘豫麦 57’，为高值亲本，

‘豫麦 57’为低值亲本。‘花培 3 号’的粒宽除在环境 E1 中低于‘豫麦 57’外，其余两环境均高于‘豫麦 57’。DH 群体在千粒重、粒宽和粒长方面，变异幅度较大，有双向超亲分离现象，表明为多基因控制的数量性状。

表 8-25　DH 群体及其亲本千粒重、粒宽和粒长在各环境下的表现

Table 8-25　Phenotypice values for TKW, KW and KL of DH population and two parents in all environments

性状 Trait	环境 Environment	亲本 Parents		DH 群体 DH population			
		花培 3 号 Huapei 3	豫麦 57 Yumai 57	平均值±标准差 Mean ± SD	范围 Range	偏度 Skewness	峰度 Kurtosis
千粒重 (TKW)/g	E1	39.80	37.50	43.67 ± 5.81	28.10-54.60	–0.31	–0.66
	E2	53.80	49.10	50.93 ± 4.09	41.10-59.50	–0.12	–0.75
	E3	44.43	39.70	41.91 ± 5.38	29.83-54.50	–0.07	–0.82
粒宽 (KW)/mm	E1	2.90	3.00	3.07 ± 0.23	2.60-3.70	0.08	–0.53
	E2	3.40	3.30	3.25 ± 0.17	2.90-3.60	0.11	–0.65
	E3	3.73	3.58	3.66 ± 0.22	3.11-4.33	0.35	0.30
粒长 (KL)/mm	E1	6.35	5.57	6.22 ± 0.27	5.58-7.06	0.24	0.04
	E2	6.41	5.68	6.35 ± 0.27	5.61-7.22	0.40	0.21
	E3	6.64	6.07	6.48 ± 0.34	5.72-7.66	0.39	0.46

E1：2011~2012，泰安；E2：2011~2012，济源；E3：2011~2012，济南

E1: 2011~2012, Taian; E2: 2011~2012, Jiyuan; E3: 2011~2012, Jinan

从表 8-26 可以看出，RIL1 群体中，‘山农 01-35’的千粒重、粒宽和粒长在各环境中均高于‘藁城 9411’，为高值亲本，‘藁城 9411’为低值亲本。RIL1 群体各家系变异幅度较大，有明显的超亲分离现象，表明为多基因控制的数量性状。RIL2 群体中，‘藁城 8901’的千粒重和粒宽在各环境中均高于‘糯麦 1 号’，而‘藁城 8901’的粒长却低于‘糯麦 1 号’。RIL2 群体各家系变异幅度较大，有双向超亲分离现象，表明为多基因控制的数量性状。

从图 8-5 中可以看出，在 DH 群体中，千粒重与粒宽以及千粒重与粒长在各环境中均呈极显著的正相关。粒宽与粒长相关性复杂，在环境 E1 和 E3 中两者呈正相关，并且在 E3 中达到极显著水平。而在环境 E2 中，粒宽与粒长却呈负相关。在 RIL1 群体和 RIL2 群体中，各环境下的千粒重、粒宽和粒长之间均呈极显著的正相关。另外，在三个遗传群体中，均以千粒重与粒宽的相关系数为最高，千粒重与粒长的相关系数次之。说明相对于粒长而言，粒宽对千粒重的影响更大。

2. 小麦粒重非条件和条件 QTL 加性效应分析

1) DH 群体

DH 群体共定位到 4 个控制千粒重的非条件加性 QTL，分别位于 2B、2D、3A 和 6A，增效等位基因均来源于母本‘花培 3 号’，这与‘花培 3 号’有较高的千粒重一致。

Qtkw3A-1 和 *Qtkw6A-1* 在给定粒宽的条件下没有检测到，而在非条件检测到，表明这两个 QTL 的效应是通过粒宽的变异影响千粒重。排除粒宽的影响后，*Qtkw2B* 和 *Qtkw2D-1* 仍被检测到，但加性效应值减小，表明粒宽对这两个控制粒重的 QTL 的效应具有部分贡献。

表 8-26　RIL1 和 RIL2 群体及其亲本的千粒重、粒宽和粒长在各环境下的表现

Tabel 8-26　Phenotypic values for TKW, KW and KL of two RIL populations and four parents in all environments

性状 Trait	环境 Environment	亲本 Parents				RIL1 群体 RIL1 population				RIL2 群体 Nuomai population			
		山农 01-35 Shannong 01-35	藁城 9411 Gaocheng 9411	藁城 8901 Gaocheng 8901	糯麦 1 号 Nuomai 1	平均值±标准差 Mean ± SD	范围 Range	偏度 Skewness	峰度 Kurtosis	平均值±标准差 Mean ± SD	范围 Range	偏度 Skewness	峰度 Kurtosis
千粒重 (TKW)/g	E1	65.20	38.10	36.10	31.60	46.48 ± 5.54	28.90~61.70	−0.09	−0.06	37.50 ± 4.14	25.50~52.30	0.36	0.44
	E2	67.00	44.20	42.70	39.30	51.74 ± 4.78	27.60~61.90	−1.01	3.56	41.10 ± 3.96	28.50~51.70	−0.07	0.32
	E3	62.30	41.80	37.00	31.65	43.88 ± 5.04	30.50~60.93	0.27	0.19	34.20 ± 4.19	22.25~51.83	0.59	2.09
	E4			45.20	39.50					42.92 ± 3.97	32.10~53.50	0.11	−0.19
粒宽 (KW)/mm	E1	3.60	2.90	3.00	2.70	3.17 ± 0.19	2.60~3.80	0.09	0.25	2.94 ± 0.15	2.50~3.40	0.08	0.24
	E2	3.60	3.10	3.10	2.90	3.29 ± 0.17	2.50~3.70	−0.67	1.94	3.04 ± 0.14	2.60~3.40	−0.31	0.05
	E3	3.92	3.30	3.44	2.98	3.59 ± 0.21	2.97~4.23	0.27	0.71	3.33 ± 0.19	2.87~4.07	0.39	0.78
	E4			3.20	2.90					3.12 ± 0.14	2.70~3.50	−0.10	−0.06
粒长 (KL)/mm	E1	7.26	6.10	5.18	5.73	6.37 ± 0.25	5.78~6.88	−0.07	−0.51	5.64 ± 0.28	4.86~6.45	0.03	0.12
	E2	7.73	6.07	5.84	5.98	6.60 ± 0.28	5.99~7.31	0.30	−0.42	5.84 ± 0.27	5.08~6.50	−0.12	−0.15
	E3	7.65	6.44	5.71	5.96	6.67 ± 0.35	5.93~7.76	0.64	0.47	5.88 ± 0.40	4.92~7.84	0.74	2.56
	E4			5.67	5.84					5.84 ± 0.27	5.02~6.53	−0.21	−0.01

E1：2011~2012，泰安；E2：2011~2012，济源；E3：2011~2012，济南；E4：2010~2011，泰安

E1: s2011~2012, Taian; E2: 2011~2012, Jiyuan; E3: 2011~2012, Jinan; E4: 2010~2011, Taian

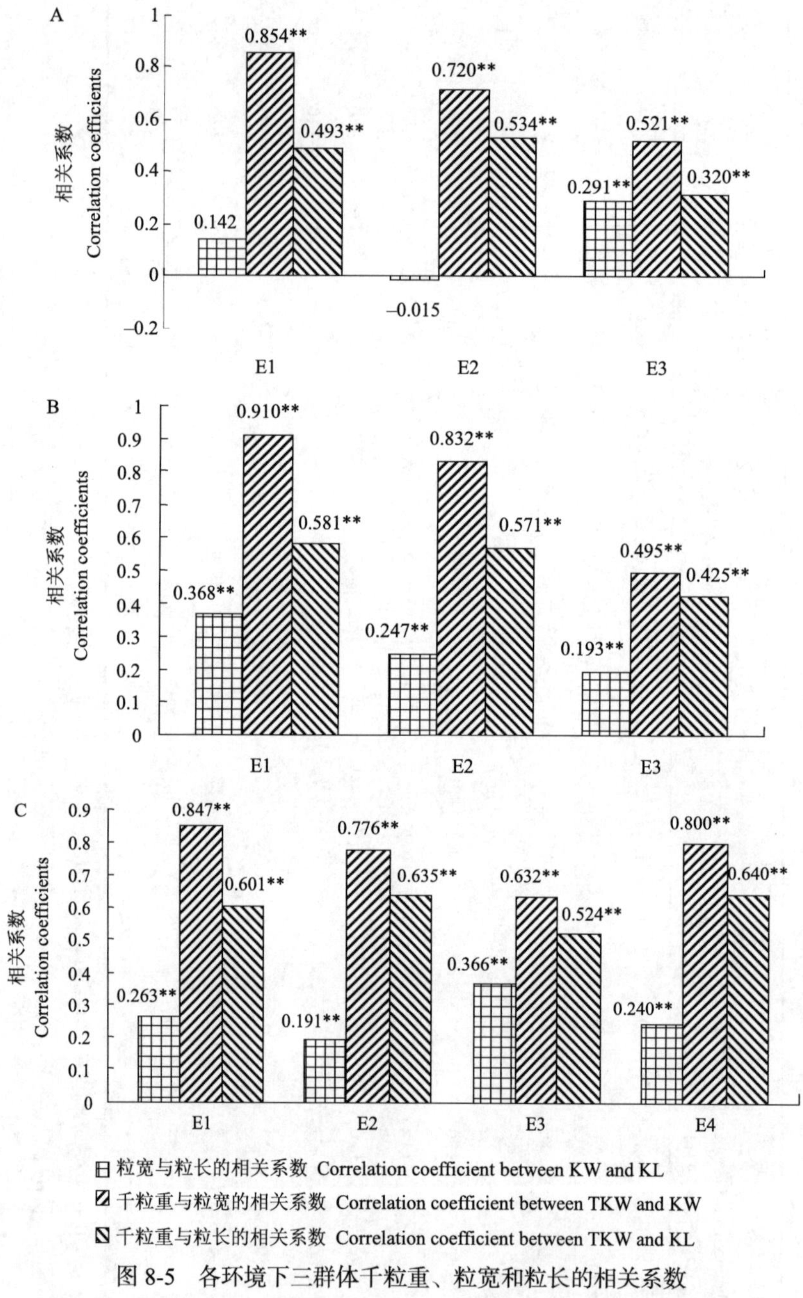

图 8-5　各环境下三群体千粒重、粒宽和粒长的相关系数

Fig. 8-5　Correlation coefficients of TKW, KW and KL in three populations

A. DH 群体的相关系数；B. RIL1 群体的相关系数；C. RIL2 群体的相关系数

** P<0.01 的显著水平；E1：2011~2012，泰安；E2：2011~2012，济源；E3：2011~2012，济南；E4：2010~2011，泰安

A. Correlation coefficients of DH population; B. Correlation coefficients of RIL1 population; C. Correlation coefficients of RIL2 population

** P<0.01; E1: 2011~2012, Taian; E2: 2011~2012, Jiyuan; E3: 2011~2012, Jinan; E4: 2010~2011, Taian

在给定粒长的条件下，在 1B、2D、3A、4D、5B 和 6A 上共检测到 6 个条件 QTL，

其中 *Qtkw3A-1* 和 *Qtkw6A-2* 为主效 QTL 位点，贡献率分别为 10.11%和 10.62%。*Qtw2D-1* 和 *Qtw3A-1* 是通过粒长增加影响粒重的 2 个 QTL。其他 4 个条件 QTL 是排除粒长效应掩盖后新检测到的 QTL（表 8-27）。

表 8-27 小麦千粒重非条件和条件 QTL 的加性效应

Table 8-27 Unconditional and conditional additive QTL for TKW

群体 Population	QTL	标记区间 Flanking marker	千粒重 (TKW)/g		千粒重/粒宽 (TKW|KW)/g		千粒重/粒长 (TKW|KL)/g	
			加性效应 [a] (A)	H^2/% [b]	加性效应 (A)	H^2/%	加性效应 (A)	H^2/%
DH 群体 DH population	*Qtkw1B*	*Xbarc061-Xwmc766*					0.71	2.11
	Qtkw2B	*Xbarc373-Xbarc1114*	0.88	2.76	0.40	1.54		
	Qtkw2D-1	*Xgwm539-Xcfd168*	1.47	7.81	0.66	4.21	1.15	5.62
	Qtkw3A-1	*Xwmc264-Xcfa2193*	0.99	3.52			1.54	10.11
	Qtkw4D-1	*Xwmc473-Xbarc334*					1.06	4.74
	Qtkw4D-2	*Xbarc1009-Xbarc237*			–0.73	5.19		
	Qtkw5B.2-1	*Xbarc142-Xwmc160*					–1.00	4.23
	Qtkw6A-1	*Xgwm82-Xwmc182*	1.16	4.82				
	Qtkw6A-2	*Xbarc1055-Xwmc553*					1.58	10.62
RIL1 群体 RIL1 population	*Qtkw1A.1-1*	*wPt-667814-wPt-5167*			0.43	2.04		
	Qtkw1B.1-1	*wPt-2751-wPt-3456*	1.44	6.83				
	Qtkw2D-1	*wPt-6343-wPt-667485*			0.60	3.91		
	Qtkw4B.1-1	*Xcfd54-4D-Xgpw2172*	1.01	3.41				
	Qtkw4B.1-2	*wPt-7569-wPt-3908*					1.22	7.21
	Qtkw5B.1-1	*wPt-666939-wPt-4628*	1.28	5.44				
	Qtkw6A.1	*CFE043-TaGW2-CAPS*	1.71	9.64				
	Qtkw6B.3	*wPt-669607-Xgpw1005*					1.18	6.82
	Qtkw7B-1	*wPt-1266-wPt-0276*	–1.43	6.78				
RIL2 群体 RIL2 population	*Qtkw1A.1*	*wPt-665250-wPt-731190*	–0.71	2.58			–0.70	3.87
	Qtkw1A.2-1	*wPt-4709-wPt-8644*					0.56	2.42
	Qtkw1B	*wPt-1954-wPt-4515*					–1.36	14.12
	Qtkw1D-1	*CFG183-wPt-729773*			0.78	8.36		
	Qtkw2A-1	*wPt-5498-wPt-664128*	–0.52	1.35			–0.45	1.56
	Qtkw2B-1	*wPt-0473-wPt-1068*	–0.67	2.31				
	Qtkw2B-2	*wPt-7350-wPt-0047*			–0.52	3.74		
	Qtkw2D-1	*wPt-8330-wPt-7901*	–0.92	4.33				
	Qtkw2D-2	*wPt-6687-wPt-731336*			–0.77	8.25		
	Qtkw3A	*wPt-6422-wPt-9422*					–0.49	1.85
	Qtkw3B-1	*Xgpw7148-wPt-1940*					0.65	3.28
	Qtkw3B-2	*wPt-1940-wPt-7502*	0.71	2.58				

续表

群体 Population	QTL	标记区间 Flanking marker	千粒重 (TKW)/g		千粒重/粒宽 (TKW|KW)/g		千粒重/粒长 (TKW|KL)/g	
			加性效应[a] (A)	H^2/%[b]	加性效应 (A)	H^2/%	加性效应 (A)	H^2/%
RIL2 群体 RIL2 population	*Qtkw4A-1*	*wPt-7524-wPt-2788*	1.17	6.94				
	Qtkw5A-1	*wPt-3334-wPt-1903*			–0.32	1.42		
	Qtkw6A.3-1	*wPt-664792-wPt-730772*			–0.37	1.85		
	Qtkw6A.3-2	*wPt-730772-Xgpw312*					0.90	6.23
	Qtkw7A	*wPt-731311-wPt-Wx-A1*	–0.66	2.22			–0.62	2.93
	Qtkw7B-1	*wPt-3873-wPt-9467*	–0.96	4.71				

a. 加性效应值正值和负值表示增加性状值的等位基因来自父本和母本；b. 加性 QTL 所能解释的表型变异率

a. Positive and negative values of additive effect (EstAdd) indicate that alleles to increasere traits inherited from male parent and female parent, respectively; b. Herability of additive effect

2) RIL1 群体

RIL1 群体共检测到 5 个控制千粒重的非条件 QTL，单个 QTL 解释表型变异的 3.41%~9.64%。除位于 7B 上的 *Qtkw7B-1* 增效等位基因来自父本‘藁城 9411’外，其余位点的增效等位基因均来自母本‘山农 01-35’，这与‘山农 01-35’具有较高的千粒重相一致。

给定粒宽的条件下，在 1A、2D 上共定位到 2 个控制粒重的条件 QTL (*Qtkw1A.1-1*、*Qtkw2D-1*)，贡献率分别为 2.04%和 3.91%，是排除粒重效应掩盖后新检测到的影响粒重的 QTL。

在给定粒长的条件下，定位到 2 个条件 QTL (*Qtkw4B.1-2*、*Qtkw6B.3*)，位于 4B 和 6B 上，解释了表型变异的 7.21%和 6.82%，这两个位点为排除粒长后可以检测到的对粒重影响的 QTL (表 8-27)。

3) RIL2 群体

RIL2 群体共检测 8 个控制粒重的非条件 QTL，其中有 6 个 QTL 位点增效等位基因来自父本‘藁城 8901’，分别位于染色体 1A、2A、2B、2D、7A 和 7B 上。而位于 3B 和 4A 上的位点 *Qtkw3B-2* 和 *Qtkw4A-1*，贡献率分别为 2.58%和 6.94%。增加粒重的等位基因大多来自‘藁城 8901’，这与‘藁城 8901’具有较高的千粒重相一致。

在给定粒宽的条件下，在 1D、2B、2D、5A 和 6A 上共检测到 5 个条件 QTL，位点 *Qtkw1D-1* 的贡献率最大为 8.36%，增效等位基因来自‘糯麦 1 号’。

在给定粒长的条件下，在 1A、1B、2A、3A、3B、6A 和 7A 上共定位到 8 个控制粒重的条件 QTL，位于 1B 染色体上的位点 *Qtkw1B*，具有最大的贡献率 (为 14.12%)，是一个主效 QTL 位点。条件 QTL 位点 *Qtkw1A.1*、*Qtkw2A-1* 和 *Qtkw7A* 的加性效应值均与非条件定位结果的效应值相近，说明这 3 个位点的粒重基因效应不受粒长的影响 (表 8-27)。

3. 小麦粒重非条件和条件上位性效应分析

1) DH 群体

非条件定位共检测到 4 对影响粒重的上位性 QTL。其中，位于染色体 3A-5B 的上位性 QTL(*Qtkw3A-2*/*Qtkw5B.1*)贡献率最高(为 11.95%)，为亲本型上位效应，大于重组型上位效应；位于染色体 7A-7D 的上位性 QTL(*Qtkw7A*/*Qtkw7D-2*)贡献率次之(为 10.30%)，为重组型上位效应，大于亲本型上位效应。除位点 *Qtkw6A-1* 既有加性效应又有上位性效应外，其余各位点均只有上位性效应。

在给定粒宽的条件下，检测到 2 对影响粒重的条件上位性 QTL。这 2 对上位效应都是排除粒宽的影响后，新检测到的上位性位点说明这 2 对上位效应完全受到粒宽的抑制。而 4 对控制粒重的非条件上位性 QTL，在给定粒宽的条件下均未被检测到，说明这 4 对上位性效应完全由粒宽贡献。

在给定粒长的条件下，检测到 4 对影响粒重的条件上位性 QTL，分别位于染色体 1A-1A、3A-6D、3A-5B 和 7A-7D。值得注意的是，位于 1A-1A 的条件上位性 QTL 属于同一连锁群内的上位性互作效应。位于 7A-7D 的条件上位性 QTL(*Xbarc157.2-Xgwm60* 与 *Xgdm67-Xwmc634*)在非条件定位中也被检测到，但上位效应值和贡献率均降低，说明这对上位性效应部分受到粒长的影响，并且这对上位效应在粒宽的非条件定位中也被检测到，说明这对上位性 QTL 具有多效性。而上位性 QTL(*Qtkw1A-1*/*Qtkw1A-2*、*Qtkw3A-3*/*Qtkw6D* 和 *Qtkw3A-4*/ *Qtkw5B.2-2*)均是在给定粒长的条件下，新检测到的上位效应，说明这 3 对上位性 QTL 完全受到粒宽的抑制(表 8-28)。非条件和条件定位检测到的上位性效应总贡献率为 54.32%。

2) RIL1 群体

非条件定位共检测到 3 对影响粒重的上位性 QTL，分别位于染色体 1A-7B、1B-5B、1B-3B。除位于 1B-5B 的上位性 QTL 为亲本型上位效应大于重组型上位效应外，其余 2 对上位性 QTL 为重组型上位效应大于亲本型上位效应。

在给定粒宽的条件下，定位到 2 对新的影响粒重的条件上位性 QTL(*Qtkw3B.1-2*/*Qtkw4A*、*Qtkw5D*/*Qtkw7A*)，这 2 对上位效应均受到粒宽的抑制。在给定粒长的条件下，定位到 2 对影响粒重的条件上位性 QTL，都位于 2D-7B，且位置相近，总贡献率为 16.19%，上位性效应方向相反(见表 8-28)。

而控制粒重的 3 对非条件上位效应位点在扣除粒宽和粒长的影响后，均未被检测到，说明这 3 对非条件上位效应完全由粒宽或粒长贡献。非条件和条件定位到的上位效应共同解释了 41.54%的粒重变异。

3) RIL2 群体

非条件定位共检测到 6 对影响粒重的上位性 QTL，1 对上位性位点可解释表型变异的 1.26%~7.60%。除 *Qtkw3A* 既有加性效应又有上位性效应外，其余位点只有上位性效应。

在给定粒宽的条件下，检测到 2 对影响粒重的条件上位性 QTL，均为亲本型上位效应大于重组型上位效应，贡献率分别为 8.07%、3.19%。这 2 对上位效应完全受到粒宽的抑制。

表 8-28 小麦千粒重非条件和条件 QTL 的上位效应

Table 8-28 Unconditional and conditional epistatic QTL for TKW

性状 Trait	群体 Population	QTL	区间 Marker interval	QTL	区间 Marker interval	AA[a]	H^2/%	总贡献率 Total contribution/%
千粒重 (KW)/g	DH 群体 DH population	*Qtkw2A*	*Xwmc455-Xgwm515*	*Qtkw6A-1*	*Xgwm82-Xwmc182*	0.75	2.01	28.24
		Qtkw3A-2	*Xswes107-Xbarc86*	*Qtkw5B.1*	*Xgwm133.1-Xwmc73*	1.82	11.95	
		Qtkw4D-3	*Xwmc331-Xgwm194*	*Qtkw7D-1*	*Xgwm437-Xwmc630.1*	−1.05	3.98	
		Qtkw7A	*Xbarc157.2-Xgwm60*	*Qtkw7D-2*	*Xgdm67-Xwmc634*	−1.69	10.30	
	RIL1 群体 RIL1 population	*Qtkw1A.1-2*	*wPt-5167-wPt-8016*	*Qtkw7B-2*	*Xgpw8040-wPt-5892*	−1.05	3.64	11.42
		Qtkw1B.1-2	*Xgpw2067-CFE063*	*Qtkw5B.1-2*	*wPt-4936-Xgpw4067*	1.22	4.93	
		Qtkw1B.1-3	*wPt-8971-wPt-2052*	*Qtkw3B.1-1*	*wPt-8096-wPt-3107*	−0.93	2.85	
	RIL2 群体 RIL2 population	*Qtkw2A-2*	*wPt-8328-wPt-2185*	*Qtkw6A.1-1*	*wPt-3091-wPt-0959*	−1.02	5.25	27.54
		Qtkw3A	*wPt-6422-wPt-9422*	*Qtkw7D.1-1*	*wPt-667098-wPt-664056*	1.00	5.05	
		Qtkw3B-3	*wPt-7502-wPt-6047*	*Qtkw5A-2*	*wPt-3069-wPt-3462*	−1.22	7.60	
		Qtkw3B-4	*wPt-6216-wPt-9579*	*Qtkw5B-1*	*wPt-5175-wPt-6348*	0.85	3.63	
		Qtkw4D	*wPt-666601-CFG71*	*Qtkw6B-1*	*wPt-2991-wPt-730892*	0.50	1.26	
		Qtkw7B-2	*wPt-4038-wPt-0194*	*Qtkw7D.1-2*	*wPt-2592-wPt-665461*	−0.97	4.75	
千粒重/粒宽 (TKW|KW)/g	DH 群体 DH population	*Qtkw2D-2*	*Xbarc129.2-Xcfd50*	*Qtkw5D*	*Xbarc347-Xcfd101*	0.71	4.89	12.69
		Qtkw4B	*Xwmc47-Xwmc413*	*Qtkw6B*	*Xbarc1129-Xcfa2257*	0.89	7.80	
	RIL1 群体 RIL1 population	*Qtkw3B.1-2*	*wPt-5704-wPt-667891*	*Qtkw4A*	*wPt-0538-wPt-4620*	−0.90	8.92	13.93
		Qtkw5D	*CFE291-wPt-0419*	*Qtkw7A*	*wPt-0008-wPt-664558*	−0.68	5.01	
	RIL2 群体 RIL2 population	*Qtkw3B-5*	*wPt-730213-wPt-1311*	*Qtkw4B*	*wPt-3908-wPt-3164*	0.76	8.07	11.26
		Qtkw4A-2	*wPt-731137-wPt-7939*	*Qtkw5B-2*	*wPt-666268-wPt-664746*	0.48	3.19	

续表

性状 Trait	群体 Population	QTL	区间 Marker interval	QTL	区间 Marker interval	AA[a]	H^2/%	总贡献率 Total contribution/%
千粒重/粒长 (TKW|KL)/g	DH 群体 DH population	*Qtkw1A-1*	*Xwmc728.1-Xwmc550*	*Qtkw1A-2*	*Xgwm498-Xcwem6.2*	−0.92	3.59	13.39
		Qtkw3A-3	*Xcfa2170-Xbarc51*	*Qtkw6D*	*Xubc808-Xswes679.1*	0.94	3.72	
		Qtkw3A-4	*Xbarc1177-Xbarc276.2*	*Qtkw5B.2-2*	*Xbarc232-Xwmc235*	0.74	2.34	
		Qtkw7A	*Xbarc157.2-Xgwm60*	*Qtkw7D-2*	*Xgdm67-Xwmc634*	−0.94	3.74	
	RIL1 群体 RIL1 population	*Qtkw2D-2*	*wPt-666987-wPt-0330*	*Qtkw7B-3*	*wPt-4230-wPt-6498*	1.05	5.38	16.19
		Qtkw2D-3	*Xgpw4085-wPt-2360*	*Qtkw7B-4*	*wPt-6498-wPt-7934*	−1.49	10.81	
	RIL2 群体 RIL2 population	*Qtkw1A.2-2*	*wPt-7215-wPt-664593*	*Qtkw7B-3*	*wPt-665293-wPt-4038*	−0.41	1.32	12.40
		Qtkw1A.2-3	*wPt-4916-wPt-731357*	*Qtkw6A.1-2*	*wPt-6904-wPt-671855*	−1.01	7.87	
		Qtkw1D-2	*wPt-9380-wPt-665814*	*Qtkw3B-6*	*wPt-7526-wPt-5072*	−0.30	0.70	
		Qtkw1D-3	*wPt-3738-wPt-665480*	*Qtkw3B-6*	*wPt-7526-wPt-5072*	−0.43	1.41	
		Qtkw2A-3	*wPt-2185-wPt-7187*	*Qtkw6B-2*	*wPt-3581-wPt-3060*	0.38	1.10	

a. 上位性效应，正值表示亲本型上位效应大于重组型上位效应，负值表示重组型上位效应大于亲本型上位效应

a. Epistatic effects, positive value indicates parent type effect is bigger than recombinant type effect, negative value indicates the opposite

在给定粒长的条件下，检测到 5 对影响粒重的条件上位性 QTL，贡献率为 0.70%~7.87%。重要的是在染色体 1D-3B 存在 2 对上位性互作 QTL 位点，且效应方向相同(见表 8-28)。非条件和条件定位检测到的上位效应共解释了 51.2%的表型变异。

二、本研究结果与前人研究结果的比较分析

千粒重是影响小麦高产的重要因素之一，很多学者已用不同群体对影响该性状的 QTL 进行了定位，发现控制千粒重的 QTL 几乎分布于小麦的 21 条染色体上(姚琴等，2010；Sun et al.，2009；Ramya et al.，2010；王瑞霞等，2009；Li et al.，2007；廖祥政等，2008；Ma et al.，2012；Wang et al.，2009；Kumar et al.，2006；Groos et al.，2003；Dholakia et al.，2003；Huang et al.，2003；McCartney et al.，2005；Breseghello et al.，2007)。

本研究以 1 个 DH 群体和 2 个 RIL 群体为材料，共定位到 36 个影响小麦千粒重的非条件和条件加性 QTL，分布在 1A、1B、1D、2A、2B、2D、3A、3B、4A、4B、4D、5A、5B、6A、6B、7A、7B 上。在 1B 上 3 个群体同时检测到了影响粒重的非条件或条件加性 QTL，共 3 个位点，其中以 RIL2 群体中检测到的位点 *Qtkw1B* 的贡献率最大(为 14.12%)，是一个主效的位点。同时，王瑞霞等(2009)、McIntyre 等(2010)、Wang 等(2009)、Zanetti 等(2001)和 Huang 等(2004)在 1B 上也定位到粒重相关的 QTL。

三群体在 2D 上均检测了影响粒重的非条件或条件加性 QTL。其中以来自 DH 群体的非条件 QTL 位点 *Qtkw2D-1* 贡献率最高，为 7.81%，标记区间为 *Xgwm539-Xcfd168*，前人研究(Ramya et al.，2010；Huang et al.，2003；Breseghello et al.，2007)也均在该标记区间的相同或相近区段检测到控制粒重的 QTL。另外，Verma 等(2004)在标记 *Xgwm539* 附近检测到控制旗叶衰老和产量的 QTL；Yang 等(2007)在该标记区间附近的标记 WMC41 周围检测到控制花期茎秆可溶性糖含量、成熟期千粒重的 QTL 位点，说明 2D 染色体的这一区域(*Xgwm539-Xcfd168*)可能存在一因多效位点或者控制多性状的“QTL 簇”，这些位点可能通过调控旗叶的衰老进程，从而延长了叶片功能期，提高了小麦的光合能力，进而调节了光合产物(可溶性糖)的积累，从而影响了粒重和产量。这与隋娜等(2009)在超高产小麦生育后期旗叶生理特性的研究中所得结论一致。

而对于 DH 群体的另一染色体区段 *Xgwm261-Xwmc112*，张坤普等(2009)在该区段内检测到控制穗粒数和小穗着生密度的 QTL，Narasimhamoorthy 等(2006)也在该区段内检测到控制抽穗期、容重和产量的 QTL，Huang 等(2006)在 *Xwmc112* 附近检测到控制容重、千粒重和成熟期的 QTL，Kumar 等(2007)在该区间附近检测到控制产量、收获指数、穗长、每穗小穗数和穗粒数的 QTL，同时矮秆基因 *Rht8* 和光周期不敏感基因 *Ppd-D1* 也被定位在该区段附近(Korzun et al.，1998；Pestsova and Röder，2002)。上述分析表明，2D 染色体上携带有多个控制小麦农艺性状和产量相关性状的 QTL/基因，这些 QTL/基因对小麦的生长和发育具有广泛的调控功能，而它们之间的关系还有待进一步的研究。

此外，三个群体在 6A 染色体上也同时检测到了影响粒重的非条件或条件加性 QTL。总之，三个具有不同遗传背景的群体(DH 群体、RIL1 群体和 RIL2 群体)均在染色体 1B、

2D、6A 上检测到影响粒重的加性 QTL 位点，表明 1B、2D、6A 可能在粒重遗传中具有重要意义。

第七节 基于 7 个品质性状的沉淀值的条件 QTL 分析

沉淀值是评价小麦综合品质的重要指标之一，反映的是小麦面筋蛋白的质和量。Kunert 等(2007)利用 2 个 BC_2F_3 群体定位到 4 个控制沉淀值的 QTL 位点；Sun 等(2008)利用 RIL 群体定位到 3 个 QTL 位点；Zhao 等(2009)利用 DH 群体鉴定到 4 个控制沉淀值的加性 QTL 和 4 对上位性 QTL 位点。Patil 等(2009)定位了一个 QTL 位点 *QSv.macs-1B.1*，该位点在 5 个环境下都检测到，且该 QTL 与揉混参数的峰值时间、峰值面积有关。尽管面筋强度和蛋白质含量是决定沉淀值的重要因素，但面粉的其他成分如淀粉、脂肪等也影响沉淀值的高低。前人的研究都属于单独对沉淀值的非条件 QTL 定位，不能反映面粉组分之间的互作对沉淀值的影响。因此，本研究利用 DH 群体研究了蛋白质、淀粉、脂肪、降落值、湿面筋含量、干面筋含量及面筋指数对沉淀值的遗传影响。通过条件和非条件 QTL 的对比，从单个 QTL 水平上解析沉淀值与其他 7 个品质性状之间的关系，以期寻找能够提高沉淀值而不影响其他品质性状的 QTL/基因。

一、沉淀值的条件 QTL 分析结果

(一) 试验材料

同第一节试验材料。

(二) 试验设计

2005(E1)年和 2006(E2)年都设在山东省泰安市山东农业大学试验站；2006(E3)年设在安徽省宿州市农科院。三个环境下详细的试验设计方案见 Zhao 等(2010)。

沉淀值测定用 AACC 56-61A 方法；面粉蛋白质含量测定用近红外测定(AACC 39-25，2004)；粗淀粉含量的测定用国标 GB 5006~85 法测定；粗脂肪用 Foss Tector Soxtec Avanti 2055 半自动脂肪仪 AACC 30-10)测定；降落值用 FN1500 型降落值仪测定(GB/T10361)；干、湿面筋含量和面筋指数用 Perten 2200 型面筋仪测定(AACC38-11)。

(三) 数据处理

用 SPSS 13.0 软件(SPSS，Chicago，USA)对各环境下的沉淀值及其相关品质性状进行正态分析和相关分析。利用 QGA Station 1.0 软件(http://ibi.zju.edu.cn/software/qga/)进行给定条件下的数据标准化，利用基于混合线性模型的 QTL Network 2.0(http://ibi.zju.edu.cn/software/qtlnetwork/)软件进行非条件和条件 QTL 定位。QTL 命名参考国际 QTL 命名方法(McIntosh et al.，1994)。

(四)结果与分析

1. 沉淀值及其相关品质性状的表型分析

亲本‘豫麦 57’的沉淀值、淀粉含量、脂肪含量、降落值和面筋指数高于‘花培 3 号’。所有品质性状表现较强的超亲分离现象，表明两亲本对这些性状都有贡献(表 8-29)。偏度和峰度的绝对值都小于 1，表明这些性状在 DH 群体中接近正态分布。

表 8-29 亲本及 DH 群体的表型分析

Table 8-29 Phenotypic values of two parents and the DH population averaged across three environments

性状 Trait[a]	亲本 Parents		DH 群体 DH population (n=168)					
	花培 3 号 Huapei3	豫麦 57 Yumai57	最小值 Minimum	最大值 Maximum	均值 Mean	标准差 (SD)	偏度 Skewness	峰度 Kurtosis
沉淀值(SD)/ml	22.83	33.17	16.75	53.00	30.000	6.75	0.53	–0.08
蛋白质含量 Protein/%	10.89	10.39	9.76	13.16	11.270	0.64	0.42	0.06
淀粉含量 Starch/%	80.88	82.05	75.82	82.31	79.530	1.39	–0.45	–0.23
脂肪含量 Fat/%	1.13	1.16	0.82	1.36	1.099	0.09	0.03	0.32
降落值(FN)/s	303.30	417.30	192.00	555.67	78.180	392.60	–0.08	–0.37
湿面筋含量(GC)/%	37.90	30.40	27.30	46.70	36.710	2.93	–0.02	0.25
干面筋含量(DC)/%	12.58	10.00	12.50	40.20	24.030	4.61	0.49	0.30
面筋指数(GI)	47.50	83.60	37.00	100.00	65.340	10.74	0.22	–0.04

a. 沉淀值 SD，Sedimentation volume(ml)；蛋白质含量 Protein，Protein content(%)；淀粉含量 Starch，starch content(%)；脂肪含量 Fat，Fat content(%)；降落值 FN，Falling number(s)；湿面筋含量 GC，Wet gluten content(%)；干面筋含量 DC，Dry gluten content(%)；面筋指数 GI，Gluten index；最小值 Min.，minimum，最大值 Max.，maximum；标准差 S.D.，standard deviation

相关分析(表 8-30)表明沉淀值与其他 5 个品质性状呈现显著相关，与蛋白质含量、脂肪含量、降落值、面筋含量和干面筋含量呈正相关关系，而与淀粉含量和面筋指数呈负相关关系。蛋白质含量与淀粉含量呈现显著的负相关关系。

表 8-30 沉淀值及 7 个品质性状的相关分析

Table 8-30 Correlation analyses between SD and the other seven quality traits using the average data of three environments

性状 Trait	相关性 Correlations						
	蛋白质含量 Protein	淀粉含量 Starch	脂肪含量 Fat	降落值 (FN)	湿面筋含量 (GC)	干面筋含量 (DC)	面筋指数 (G I)
淀粉含量 Starch	–0.810**						
脂肪含量 Fat	–0.032	0.038					
降落值(FN)	–0.080	0.043	0.141				
湿面筋含量(GC)	0.905**	–0.728**	0.053	–0.132			

续表

性状 Trait	相关性 Correlations						
	蛋白质含量 Protein	淀粉含量 Starch	脂肪含量 Fat	降落值 (FN)	湿面筋含量 (GC)	干面筋含量 (DC)	面筋指数 (G I)
干面筋含量(DC)	0.570**	–0.479**	0.067	–0.147	0.575**		
面筋质素(GI)	0.217**	–0.195*	0.074	–0.103	0.181*	0.897**	
沉淀值(SD)	0.378**	–0.408**	0.170*	0.295**	0.252**	0.047	–0.065

FN、GC、DC、GI 和 SD 缩写同表 8-29；* 和 ** 分别表示相关性达显著和极显著相关

FN, GC, DC, GI and SD and are as shown in Table8-29; * and ** Correlations are significant at the 0.05 and 0.01 level, respectively

2. 沉淀值的条件和非条件加性效应分析

共检测到控制沉淀值的条件和非条件 QTL10 个，位于 1B(2)、1D(1)、2B(2)、3A(1)、4B(1)、5A(1)和 5D(2)染色体上(表 8-31，图 8-6)。非条件下，检测到控制沉淀值的 QTL 6 个，共解释表型变异的 55.42%。其中，*QSD.sdau-1B.1*、*QSD.sdau-1B.2* 和 *QSD.sdau-1D* 为 3 个主效 QTL 位点，其贡献率分别为 16.98%、18.4%和 10.82%。在给定蛋白质含量、淀粉含量、脂肪含量、降落值、湿面筋含量、干面筋含量和面筋指数的条件下，检测到控制沉淀值的条件 QTL 分别为 4(位于 1B、1D 和 5D)、4(位于 1B、1D 和 5D)、7(位于 1B、1D、2B、3A、5A 和 5D)、6(位于 1B、1D、2B、4B、5A 和 5D)、4(位于 1B、1D 和 5D)、6(1B、1D、2B、3A 和 5D)和 4(1B、1D 和 5D)。

表 8-31　沉淀值的非条件和条件 QTL 加性效应分析

Table 8-31　Unconditional and conditional QTLs with significant additive effects for SD

性状 Trait	QTL	标记区间 Flanking marker	位置 Site/cM	加性效应值 [a] (A)	贡献率 H^2(A)/%
	非条件 QTL Unconditional QTL				
沉淀值 (SD)	*QSD.sdau-1B.1*	*XBARC312-XCFE023.1*	36.1	–1.29	16.98
	QSD.sdau-1B.2	*XGWM582-XGPW7388*	49.7	–1.93	18.40
	QSD.sduu-1D	*XWMC93-GLUD1*	61.9	–1.92	10.82
	QSD.sduu-3A.2	*XWMC21-XWMC664*	121.0	–0.68	3.88
	QSD.sduu-5A	*XBARC358.2-XGWM186*	47.3	1.35	2.03
	QSD.sduu-5D.1	*XCFD101-XBARC320*	59.5	–1.45	3.31
	总数 Total				55.42
	条件 QTL Conditional QTL				
SD|protein	*QSD.sdau-1B.1*	*XBARC312-XCFE023.1*	36.1	–1.36	18.00
	QSD.sdau-1B.2	*XGWM582-XGPW7388*	50.7	–1.38	20.38
	QSD.sduu-1D	*XWMC93-GLUD1*	61.9	–2.32	16.66
	QSD.sduu-5D.1	*XCFD101-XBARC320*	56.5	–0.60	0.54
	总数 Total				55.58

续表

性状 Trait	QTL	标记区间 Flanking marker	位置 Site/cM	加性效应值[a] (A)	贡献率 H^2(A)/%
SD|starch	*QSD.sdau-1B.1*	*XBARC312-XCFE023.1*	36.1	–1.48	16.62
	QSD.sdau-1B.2	*XGWM582-XGPW7388*	50.7	–1.55	17.81
	QSD.sduu-1D	*XWMC93-GLUD1*	61.9	–2.06	13.22
	QSD.sduu-5D.1	*XCFD101-XBARC320*	59.5	–0.73	1.02
	总数 Total				48.67
SD|fat	*QSD.sdau-1B.1*	*XBARC312-XCFE023.1*	36.1	–1.67	19.38
	QSD.sdau-1B.2	*XGWM582-XGPW7388*	49.7	–1.58	20.55
	QSD.sduu-1D	*XWMC93-GLUD1*	61.9	–2.06	13.13
	QSD.sduu-2B.2	*XBARC373-XBARC1114*	108.1	0.55	1.91
	QSD.sduu-3A.2	*XWMC21-XWMC664*	121.0	–0.88	4.66
	QSD.sduu-5A	*XBARC358.2-XGWM186*	47.3	1.15	2.13
	QSD.sduu-5D.1	*XCFD101-XBARC320*	59.5	–1.61	3.79
	总数 Total				65.55
SD|FN	*QSD.sdau-1B.1*	*XWMC412.2-XCFE023.2*	36.1	–2.66	18.12
	QSD.sduu-1D	*XWMC93-GLUD1*	61.9	–2.19	13.08
	QSD.sduu-2B.1	*XGPW2228-XWMC179*	94.7	0.72	1.30
	QSD.sduu-4B	*XWMC125-XWMC47*	1.0	–1.23	4.70
	QSD.sduu-5A	*XBARC358.2-XGWM186*	50.3	0.79	1.80
	QSD.sduu-5D.2	*XBARC320-XWMC215*	64.2	–1.14	1.61
	总数 Total				40.61
SD|GC	*QSD.sdau-1B.1*	*XBARC312-XCFE023.1*	36.1	–1.36	19.63
	QSD.sdau-1B.2	*XGWM582-XGPW7388*	50.7	–1.80	22.04
	QSD.sduu-1D	*XWMC93-GLUD1*	61.9	–2.28	17.29
	QSD.sduu-5D.2	*XBARC320-XWMC215*	65.2	–1.63	1.50
	总数 Total				60.46
SD|DC	*QSD.sdau-1B.1*	*XBARC312-XCFE023.1*	36.1	–1.39	18.02
	QSD.sdau-1B.2	*XGWM582-XGPW7388*	49.7	–1.80	20.09
	QSD.sduu-1D	*XWMC93-GLUD1*	61.9	–2.02	13.08
	QSD.sduu-2B.2	*XBARC373-XBARC1114*	109.1	0.79	1.29
	QSD.sduu-3A.2	*XWMC21-XWMC664*	121.0	–1.05	3.99
	QSD.sduu-5D.1	*XCFD101-XBARC320*	59.5	–1.50	3.12
	总数 Total				59.59
SD|GI	*QSD.sdau-1B.1*	*XBARC312-XCFE023.1*	36.1	–1.41	15.59
	QSD.sdau-1B.2	*XGWM582-XGPW7388*	50.7	–2.19	17.43
	QSD.sduu-1D	*XWMC93-GLUD1*	61.9	–1.63	11.29
	QSD.sduu-5D.1	*XCFD101-XBARC320*	59.5	–1.92	4.58
	总数 Total				48.89

a. 加性效应值正值和负值表示增加性状值的等位基因来自父本和母本； SD、FN、GC、DC 和 GI 缩写同表 8-29；SD|protein、SD|starch、SD|fat、SD|FN、SD|GC、SD|DC 和 SD|GI 分别表示给定蛋白质含量、淀粉含量、脂肪含量、降落值、湿面筋含量、干面筋含量和面筋指数条件下的沉淀值的 QTL 分析

a. Positive and negative values of additive effect (EstAdd) indicate that alleles to increasere traits inherited from male parent and female parent , respectively; SD, FN, GC, DC and GI are as shown in Table1; SD|protein, SD|starch, SD|fat, SD|FN, SD|GC, SD|DC and SD|GI indicates SD conditioned on protein, starch, fat, FN, GC, DC and GI respectively

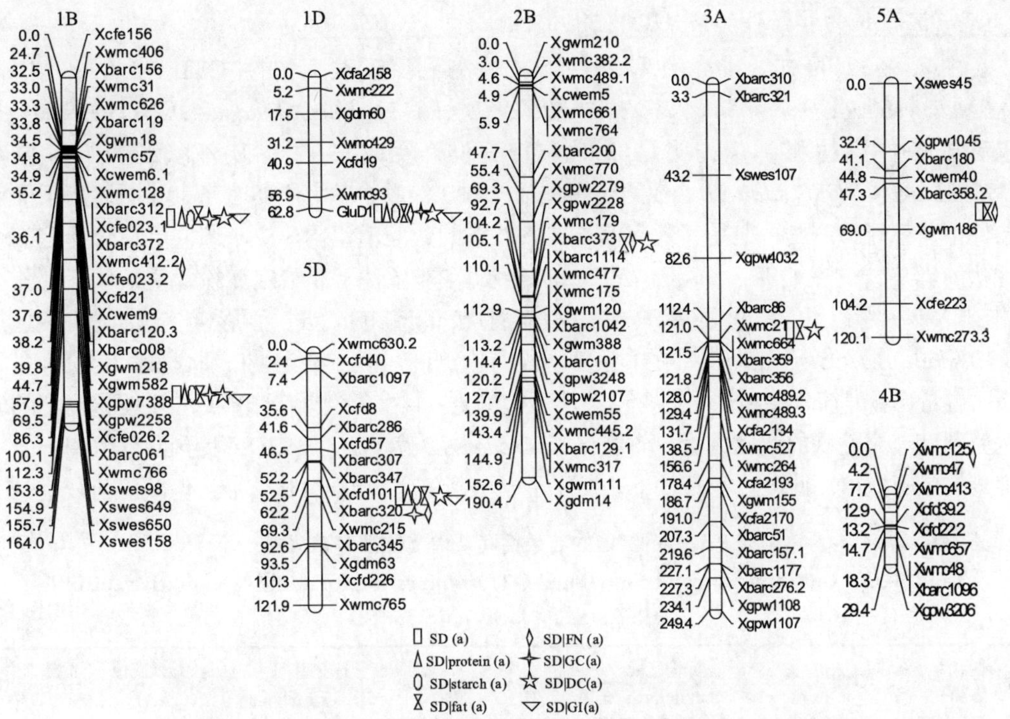

图 8-6　沉淀值非条件和条件主效 QTL 位点在遗传图上的分布

Fig. 8-6　The significant additive QTLs for SD mapped in the DH population based on unconditional and conditional composite interval mapping

a：加性效应；SD：沉淀值；FN：降落值；GC：湿面筋含量；DC：干面筋含量；GI：面筋指数；SD|protein、SD|starch、SD|fat、SD|FN、SD|GC、SD|DC 和 SD|GI 分别表示给定蛋白质含量、淀粉含量、脂肪含量、降落值、湿面筋含量、干面筋含量和面筋指数条件下的沉淀值的 QTL 分析

a: additive effects; SD: Sedimentation volume; FN: Falling number; GC: wet Gluten content; DC: Dry gluten content; GI: Gluten index; SD|protein, SD|starch, SD|fat, SD|FN, SD|GC, SD|DC and SD|GI indicates SD conditioned on protein, starch, fat, FN, GC, DC and GI, respectively

通过沉淀值的条件和非条件 QTL 比较分析(见表 8-31，图 8-6)，发现 *QSD.sdau-1B.1* 和 *QSD.sdau-1D* 位点在条件和非条件下都检测到，且效应值非常接近，可知这两个位点是不受其他 7 个品质性状影响的控制沉淀值的重要 QTL。*QSD.sdau-1B.2* 位点除了在降落值条件下，其余条件和非条件下都检测到，说明该位点是通过降落值的变化而影响沉淀值的。*QSD.sdau-5D.1* 位点是通过降落值和湿面筋含量的变化影响沉淀值。而位点 *QSD.sdau-5A* 仅在给定脂肪含量和降落值条件下才检测到，位点 *QSD.sdau-3A.2* 仅在给定脂肪含量和干面筋含量条件下检测到，说明这两个位点的表达是与其他 5 个性状的变化有关的。相反，位点 *QSD.sdau-2B.2* 在非条件下没有检测到，但在给定脂肪含量和干面筋含量下检测到，说明该位点的表达受到这两个性状的掩盖。同样，*QSD.sdau-2B.1* 和 *QSD.sdau-4B* 为排除降落值效应后才能检测到的更多的影响沉淀值的 QTL。

给定 7 个品质性状下的沉淀值的条件 QTL 共分别解释表型变异的 55.58%、48.67%、65.55%、40.61%、60.46%、59.59%和 48.89%，与非条件下沉淀值的 QTL 共可解释表型变异的 55.42%相差不大。其中检测到 3 个主效 QTL 位点，即 *QSD.sdau-1B.1*、*QSD.sdau-1B.2* 和 *QSD.sdau-1D*。此外，检测到 QTL 位点与环境的互作，但不显著。

3. 沉淀值的非条件和条件 QTL 上位性分析

由表 8-32 可知，非条件和条件下共检测到 15 对上位性 QTL 位点。其中，*QSD.sdau-1B.1*/*QSD.sdau-5A*、*QSD.sdau-2B.2*/*QSD.sdau-3A.1* 和 *QSD.sdau-5D.2*/ *QSD.sdau-6B*，仅在非条件下检测到，说明这 3 对 QTL 位点受这 7 个品质性状的影响。位点 *QSD.sdau-1B.1*/*QSD.sdau-1B.2* 在给定蛋白质含量、淀粉含量、脂肪含量、湿面筋和干面筋条件下，都能检测到，但是其效应值与非条件下的效应值不同，说明该位点部分受这 5 个性状的影响。位点 *QSD.sdau-5D.1*/*QSD.sdau-7B* 在非条件下和给定淀粉含量条件下都能检测到，说明该位点主要受其他 6 个性状的影响，进而影响沉淀值。位点 *QSD.sdau-1B.1*/*QSD.sdau-1B.2* 在非条件下没有检测到，但在给定蛋白质含量、淀粉含量、脂肪含量、湿面筋含量和干面筋含量条件下检测到，且上位性效应值接近，说明该位点的表达受到这 5 个性状的效应掩盖。而位点 *QSD.sdau-1B.1*/*QSD.sdau-5D.4* 受到降落值和湿面筋含量的效应掩盖。此外，在条件下，发现了一些新的上位性 QTL 位点，但效应值较小。

表 8-32 沉淀值的非条件和条件上位性 QTL 分析

Table 8-32 Unconditional and conditional QTLs with estimated additive×additive epistatic effects (aa) of locus pairs for SD

性状 Trait	QTL	标记区间 Flanking marker	QTL	标记区间 Flanking marker	上位效应值 (AA)	贡献率 H^2(AA)/%
	非条件 QTL Unconditional QTL					
SD	*QSD.sdau-1B.1*	*XBARC312-XCFE023.1*	*QSD.sdau-1B.2*	*XGWM582-XGPW7388*	–1.90[a]	1.49
	QSD.sdau-1B.1	*XBARC312-XCFE023.1*	*QSD.sduu-5A*	*XBARC358.2-XGWM186*	–0.66	0.09
	QSD.sdau-1B.2	*XGWM582-XGPW7388*	*QSD.sdau-2B.2*	*XBARC373-XBARC1114*	1.22[b]	0.84
	QSD.sdau-2B.2	*XBARC373-XBARC1114*	*QSD.sduu-3A.1*	*XBARC310-XBARC321*	0.93	0.80
	QSD.sduu-5D.1	*XCFD101-XBARC320*	*QSD.sduu-7B*	*XGPW2260-XBARC72*	–1.27	1.05
	QSD.sduu-5D.2	*XBARC345-XGDM63*	*QSD.sduu-6B*	*XCFD48-XWMC415*	1.16	1.07
	总数 Total[e]					5.34
	条件 QTL Conditional QTL					
SD|protein	*QSD.sdau-1B.1*	*XBARC312-XCFE023.1*	*QSD.sdau-1B.2*	*XGWM582-XGPW7388*	–1.64	2.19
	QSD.sdau-1B.2	*XGWM582-XGPW7388*	*QSD.sdau-2D*	*XWMC658.1-XGDM93*	1.50	4.09
	QSD.sduu-5D.3	*XWMC215-XBARC345*	*QSD.sduu-7B*	*XGPW2260-XBARC72*	–1.28	2.99
						9.27
SD|starch	*QSD.sdau-1B.1*	*XBARC312-XCFE023.1*	*QSD.sdau-1B.2*	*XGWM582-XGPW7388*	–1.52	2.16
	QSD.sduu-3A.3	*XGWM155-XCFA2170*	*QSD.sdau-4A*	*XBARC343-XWMC313*	1.15	3.08
	QSD.sduu-5D.1	*XCFD101-XBARC320*	*QSD.sduu-7B*	*XGPW2260-XBARC72*	–0.94	1.58
						6.82
SD|fat	*QSD.sdau-1B.1*	*XBARC312-XCFE023.1*	*QSD.sdau-1B.2*	*XGWM582-XGPW7388*	–1.7236	1.34
	QSD.sdau-1B.2	*XGWM582-XGPW7388*	*QSD.sduu-2B.2*	*XBARC373-XBARC1114*	1.0742	1.02
						2.36

续表

性状 Trait	QTL	标记区间 Flanking marker	QTL	标记区间 Flanking marker	上位效应值 (AA)	贡献率 H^2(AA)/%
SD|FN	*QSD.sdau-1B.1*	*XWMC412.2-XCFE023.2*	*QSD.sduu-5D.4*	*XBARC320-XWMC215*	0.84	0.92
	QSD.sduu-1D	*XWMC93-GLUD1*	*QSD.sduu-4B*	*XWMC125-XWMC47*	−0.81	0.80
	QSD.sduu-2D	*XCFD53-XWMC18*	*QSD.sduu-3D*	*XBARC071-XGWM114*	−1.37	2.02
						3.74
SD|GC	*QSD.sdau-1B.1*	*XBARC312-XCFE023.1*	*QSD.sdau-1B.2*	*XGWM582-XGPW7388*	−1.59	1.46
	QSD.sdau-1B.1	*XBARC312-XCFE023.1*	*QSD.sduu-5D.4*	*XBARC320-XWMC215*	0.69	0.91
						2.37
SD|DC	*QSD.sdau-1B.1*	*XBARC312-XCFE023.1*	*QSD.sdau-1B.2*	*XGWM582-XGPW7388*	−1.93	1.49
	QSD.sdau-1B.2	*XGWM582-XGPW7388*	*QSD.sduu-2B.2*	*XBARC373-XBARC1114*	0.83	0.77
	QSD.sdau-2A.2	*XGPW7218-XBARC264*	*QSD.sduu-3A.4*	*XCFA2134-XWMC527*	−1.50	4.25
						6.51
SD|GI	*QSD.sdau-2A.1*	*XBARC380-XGWM636*	*QSD.sdau-4B*	*XWMC657-XWMC48*	−1.17	2.14
	QSD.sduu-2B.3	*XWMC477-XWMC175*	*QSD.sduu-3A*	*XBARC310-XBARC321*	1.29	3.17
	总数 Total[e]					5.31

a.负值表示重组等位基因组合能增加表型值；b.正值表示亲本等位基因组合；SD, FN, SD|protein, SD|fat, SD|FN, SD|GC, SD|DC 和 SD|GI 同表 8-31；e. 所有上位性 QTL 解释表型变异的总的贡献率

a. A negative value that recombinant allele combinations increase phenotypic values; b. a positive value of the epistatic effect indicates that parental allele combinations, SD, FN, SD|protein, SD|fat, SD|FN, SD|GC, SD|DC and SD|GI are as shown in Table8-31; e. Total phenotypic variance explained by the epistatic effects of the mapped QTL

二、研究结果与前人研究同类的比较分析

本研究中，无论是非条件还是条件 QTL，在 1B 染色体上发现 2 个加性效应位点，且在编码谷蛋白位点附件，可知该染色体对沉淀值来说十分重要。该结果与前人非条件下的研究结果(Patil et al.，2009；Li et al.，2012a)相似。对沉淀值而言，其他重要的染色体主要是 1D 和 5D。在非条件 QTL 下，在 1D 染色体上靠近 *Glu-D1* 附近定位了 2 个 QTLs(*QZsv.sdau-1D.1* 和 *QZsv.sdau-1D.*2)，与 Sun 等(2008)和 Li 等(2009；2012a)研究结果一致。沉淀值的加性效应比上位性效应重要，其中在非条件和条件下检测出的 3 个控制沉淀值的主效 QTL 位点，可用于分子标记辅助育种。

第八节　两种供氮水平下小麦冠层性状的条件和非条件 QTL 分析

由于小麦冠层性状在不同的氮处理水平下，表现出较大的遗传变异，因此在不同的施氮水平下解析冠层性状有关基因表达的效应，比仅用非 QTL 分析可以获得更多遗传信息，对调控冠层性状、提高氮素利用率都有重要的意义。前人对小麦冠层 QTL 方面的研究多局限于一个施氮水平下的非条件 QTL 定位，没有小麦氮素高效利用的条件 QTL 分

析的报道。因此，本研究进行了正常和低氮条件下 5 个冠层相关性状（株高、穗长、穗下节间长度、旗叶长、旗叶宽）的条件 QTL 和非条件 QTL 分析，以期在 QTL/基因表达水平上为小麦氮高效利用和小麦合理冠层的构建提供理论依据。

一、不同氮素水平下小麦冠层性状的条件 QTL 定位结果

（一）供试材料

同本章第一节供试材料。

（二）田间试验

2009 年种植于山东农业大学农学试验站（S1，36.57′N，116.36′E）和烟台莱阳（S2，36.58′N，120.42′E），2010 年种植于山东农业大学同一实验田（S3）。泰安点土壤表层 0~20cm 的有机质、碱解氮、速效磷和速效钾含量分别为：17.58g/kg、23.46mg/kg、45.08mg/kg 和 153.5mg/kg；莱阳点有机质、碱解氮、速效磷和速效钾含量分别为：15.09g/kg、13.3mg/kg、68.6mg/kg 和 162.3mg/kg。实验设正常供氮 240kg/hm^2（HN）和低氮 120kg/hm^2（LN）两个处理，于冬前、返青期、拔节期、挑旗期各浇 1 次水。随机区组设计，行长 1.0m，株行距 2.2cm×0.26m，每个环境两次重复，生长期内没有发生倒伏和其他严重病虫害。在开花期至成熟期每个株系取中间的 1 行，选整齐一致的 5 个单株调查影响小麦冠层的 5 个性状，每个性状均以 5 株平均值作为该株系性状值，以重复间的平均值为性状值进行 QTL 分析。

（三）数据处理

利用 SPSS 16.0 软件对小麦冠层的表型数据进行统计分析。利用 323 个标记构建的遗传图，采用完备区间作图方法（inclusive composite interval mapping，ICIM）（Wang et al.，2009）及 QGAstation（Zhu et al.，1995）进行 QTL 分析，LOD 阈值为 2.5，Step 值为 1cM。参考 McIntosh 等（1997）的方法命名 QTL。

（四）结果与分析

1. 冠层性状表型分析

从表 8-33 可以看出，泰安点各冠层性状整体表现与莱阳点相差不大，这与两点的土壤肥力较为相近有关。高氮水平下，冠层各性状明显优于低氮处理，特别是株高的差别较大。亲本‘花培 3 号’和‘豫麦 57’在两种氮水平下的差异都较大，表明两亲本对氮素胁迫非常敏感。DH 群体各株系在两个环境、两种氮处理条件下均存在较大的变异范围。泰安点两年的冠层性状表现有一定差别，表明其受环境影响较大。DH 群体各株系的冠层表型变异非常明显，存在显著的超亲现象。群体分离的连续性符合正态分布，偏度值与峰值的绝对值中，除峰值大于 1.0 外，其余均小于 1.0，表现出典型的数量性状的遗传特点，符合 QTL 作图需要。

表 8-33　不同实验环境下小麦亲本及 DH 群体的冠层性状分布

Table 8-33　Distribution of canopy traits in parents and DH populations of wheat among different experiments

处理 Treatment	性状 Trait	亲本 Parents		DH 群体 DH population					
		花培 3 号 HP 3	豫麦 57 YM 57	平均值 Mean	最大值 Maximum	最小值 Minimum	标准差 (SD)	偏度 Skewness	峰度 Kurtosis
环境 1 E 1	株高 (PH)	65.75	66.25	61.83	92.00	34.00	11.86	–0.31	–0.55
	穗长 (SL)	10.40	8.80	8.58	11.60	6.00	1.06	0.10	–0.52
	穗下节间长度 (ILBS)	27.10	26.00	24.90	36.00	13.65	5.20	–0.20	–0.89
	旗叶长 (FLL)	16.65	15.65	17.49	24.50	12.20	2.73	0.16	–0.59
	旗叶宽 (FLW)	1.95	1.70	1.77	2.50	1.30	0.20	0.22	0.60
环境 2 E 2	株高 (PH)	67.40	70.65	62.34	93.25	38.00	12.35	–0.00	–0.61
	穗长 (SL)	8.85	9.65	8.59	4.35	11.60	1.14	0.12	0.76
	穗下节间长度 (ILBS)	27.20	27.65	24.71	35.20	13.25	5.29	–0.06	–0.87
	旗叶长 (FLL)	19.60	17.65	17.35	28.10	10.05	3.33	0.62	0.41
	旗叶宽 (FLW)	2.10	1.80	1.75	2.35	1.08	0.20	–0.26	0.80
环境 3 E 3	株高 (PH)	58.75	35.00	57.22	89.50	31.00	12.44	0.01	–0.75
	穗长 (SL)	9.75	9.00	9.65	13.35	6.70	1.26	0.16	–0.10
	穗下节间长度 (ILBS)	21.50	14.50	23.69	38.10	13.00	5.65	0.26	–0.50
	旗叶长 (FLL)	18.65	20.35	19.76	29.05	13.05	2.80	0.43	0.97
	旗叶宽 (FLW)	1.90	1.80	1.82	2.40	1.35	0.22	0.03	–0.29
环境 4 E 4	株高 (PH)	61.25	58.50	58.93	89.50	34.50	13.12	0.04	–0.99
	穗长 (SL)	10.55	8.30	9.71	12.20	6.60	1.15	–0.01	–0.27
	穗下节间长度 (ILBS)	24.15	24.60	24.31	36.60	11.85	5.50	–0.02	–0.86
	旗叶长 (FLL)	21.60	22.05	20.74	26.75	13.25	2.39	–0.06	0.25
	旗叶宽 (FLW)	2.05	2.00	1.92	2.40	1.50	0.21	–0.24	–0.74

续表

处理 Treatment	性状 Trait	亲本 Parents		DH 群体 DH population					
		花培 3 号 HP 3	豫麦 57 YM 57	平均值 Mean	最大值 Maximum	最小值 Minimum	标准差 (SD)	偏度 Skewness	峰度 Kurtosis
环境 5 E 5	株高 (PH)	61.60	58.86	58.11	86.90	34.70	12.27	–0.07	–0.85
	穗长 (SL)	8.34	7.90	7.94	12.62	6.08	0.93	0.68	2.84
	穗下节间长度 (ILBS)	21.68	22.62	22.45	35.92	11.82	5.04	0.07	–0.72
	旗叶长 (FLL)	18.68	19.63	17.43	21.46	12.63	1.86	–0.13	–0.47
	旗叶宽 (FLW)	1.81	1.56	1.58	2.09	1.13	0.15	0.26	0.47
环境 6 E 6	株高 (PH)	65.70	69.50	63.59	102.14	38.26	14.16	–0.03	–0.80
	穗长 (SL)	8.68	8.24	8.44	10.82	4.76	0.98	–0.27	0.47
	穗下节间长度 (ILBS)	27.94	29.98	25.17	35.26	14.70	5.06	–0.30	–0.88
	旗叶长 (FLL)	16.57	19.33	17.20	23.97	11.90	1.90	–0.06	0.41
	旗叶宽 (FLW)	1.60	1.40	1.52	1.90	1.17	0.14	0.16	0.24

2. 两种氮处理条件下小麦冠层性状的 QTL 分析

1) 两种氮处理条件下小麦冠层性状的非条件 QTL 分析

共检测到 5 个冠层性状的 82 个 QTL，其中 S1 点 2 种氮处理水平下检测到 27 个 QTL，S2 种氮处理水平下检测到 26 个 QTL，S3 点共检测到 29 个 QTL，单个 QTL 解释的表型变异介于 3.90 %~19.89%(表 8-34)。

表 8-34 小麦冠层性状非条件 QTL 的效应

Table 8-34 Analysis of unconditional quantitative trait loci effects on canopy at different growing experiments

QTL	标记区间 Flanking marker	加性效应 (A)	LOD	贡献率 (H^2)/%	QTL	标记区间 Flanking marker	加性效应 (A)	LOD	贡献率 (H^2)/%
S1-LN					*QIlbs7D*	*Xgwm676-Xgwm437*	1.80	5.65	11.77
QPh2A	*Xbarc380-Xgwm636*	–2.71	2.84	5.49	*QFll1B-1*	*Xcfe156-Xwmc406*	–0.90	3.31	11.52
QPh4D	*Xwmc473-Xwmc331*	3.72	4.98	10.30	*QFll1B-2*	*Xcwem9-Xbarc008*	0.93	4.25	11.37
QSl2D-1	*Xgwm261-Xwmc112*	0.39	7.81	13.32	*QFlw7D-1*	*Xgwm295-Xgwm676*	0.07	3.52	13.10
QSl6B	*Xcfa2187-Xgwm219*	0.25	3.03	5.17	S1-HN				
QIlbs3A	*Xwmc264-Xcfa2193*	1.29	3.23	6.35	*QPh1B*	*Xwmc766-Xswes158*	–2.67	2.75	4.90
QIlbs4B	*Xwmc657-Xwmc48*	–1.17	2.98	5.24	*QPh2D*	*Xcfd53-Xwmc18*	2.74	2.80	5.11
QIlbs4D	*Xwmc473-Xwmc331*	1.58	4.73	9.56	*QPh3A*	*Xwmc264-Xcfa2193*	3.33	3.59	7.58

续表

QTL	标记区间 Flanking marker	加性效应 (A)	LOD	贡献率 (H^2)/%	QTL	标记区间 Flanking marker	加性效应 (A)	LOD	贡献率 (H^2)/%
QPh7B-1	*Xswes625-Xbarc72*	3.22	2.78	6.14	*QFll1B-2*	*Xcwem9-Xbarc008*	0.59	3.06	6.12
QSl2D-2	*Xwmc112-Xcfd53*	0.46	9.51	16.07	*QFll4D*	*Xcfe254-BE293342*	–0.60	3.45	6.78
QSl4D	*Xcfa2173-Xcfe188*	–0.28	3.23	6.32	*QFll6A-1*	*Xcfe179.2-Xcfe179.1*	0.65	4.02	8.06
QSl5D-1	*Xcfd40-Xbarc1097*	0.30	4.37	7.16	*QFlw1A-1*	*Xwmc278-Xwmc333*	–0.06	3.79	8.15
QIlbs1B-2	*Xcwem9-Xbarc008*	–1.40	3.30	6.32	*QFlw5B-2*	*Xbarc142-Xwmc160*	–0.05	2.73	5.74
QIlbs4B	*Xwmc657-Xwmc48*	–1.27	3.00	5.69	S3-LN				
QIlbs4D	*Xwmc473-Xwmc331*	2.16	7.00	16.46	*QPh4D*	*Xwmc473-Xwmc331*	4.82	6.73	15.92
QIlbs5D	*Xcfd40-Xbarc1097*	1.32	3.10	6.07	*QPh7B-1*	*Xswes625-Xbarc72*	3.82	3.84	9.54
QPh4B	*Xwmc657-Xwmc48*	–2.70	3.07	4.98	*QSl2A-1*	*Xgwm558-Xbarc015*	–0.20	2.54	4.46
QPh4D	*Xwmc473-Xwmc331*	3.76	5.80	9.65	*QSl2D-2*	*Xwmc112-Xcfd53*	0.36	8.10	15.23
QSl2D-2	*Xwmc112-Xcfd53*	0.51	9.62	19.89	*QSl6B*	*Xcfa2187-Xgwm219*	0.26	3.97	6.99
QSl6B	*Xcfa2187-Xgwm219*	0.32	3.99	7.52	*QIlbs1B-1*	*Xwmc766-Xswes158*	–1.30	4.43	6.90
QIlbs1B-1	*Xwmc766-Xswes158*	–1.38	2.80	7.21	*QIlbs4D*	*Xwmc473-Xwmc331*	2.05	10.41	17.05
QIlbs4B	*Xwmc657-Xwmc48*	–1.95	7.84	14.34	*QIlbs7D*	*Xgwm676-Xgwm437*	1.46	5.43	8.27
QIlbs4D	*Xwmc473-Xwmc331*	2.11	8.33	16.68	*QFll4D*	*Xwmc473-Xwmc331*	0.54	3.74	8.77
QIlbs7D	*Xgwm676-Xgwm437*	1.66	4.95	9.95	*QFll7D*	*Xgwm676-Xgwm437*	0.50	3.36	7.04
QFll3A-1	*Xcfa2170-Xbarc51*	0.82	2.63	6.66	*QFlw4D*	*Xwmc473-Xwmc331*	–0.04	2.74	7.35
QFll4A	*Xwmc718-Xwmc262*	–0.89	2.53	7.65	*QFlw7D-2*	*Xgwm676-Xgwm437*	0.04	3.27	7.49
QFlw4B	*Xwmc657-Xwmc48*	0.05	2.58	5.42	S3-HN				
QFlw5B-1	*Xgdm116-Xbarc232*	–0.07	5.35	10.52	*QPh2A*	*Xbarc380-Xgwm636*	–8.49	2.62	4.24
QFlw7A	*Xbarc157.2-Xgwm60*	0.06	3.07	8.32	*QPh3A*	*Xwmc264-Xcfa2193*	4.18	4.17	8.99
S2-LN					*QPh4B*	*Xwmc657-Xwmc48*	–3.16	3.17	5.16
QPh2D	*Xcfd53-Xwmc18*	3.21	2.64	6.74	*QPh4D*	*Xwmc473-Xwmc331*	5.21	7.27	13.98
QPh3A	*Xwmc264-Xcfa2193*	3.66	3.22	8.76	*QPh7B-1*	*Xswes625-Xbarc72*	3.62	3.75	6.36
QPh7B-1	*Xswes625-Xbarc72*	2.89	2.68	5.14	*QSl2D-2*	*Xwmc112-Xcfd53*	0.27	5.03	7.55
QSl2A-1	*Xgwm558-Xbarc015*	–0.31	3.78	6.24	*QSl5D-2*	*Xcfd226-Xwmc765*	–0.19	2.65	3.90
QSl2D-1	*Xgwm261-Xwmc112*	0.47	8.35	14.42	*QSl6B*	*Xcfa2187-Xgwm219*	0.24	3.89	5.63
QSl6B	*Xcfa2187-Xgwm219*	0.34	4.35	7.10	*QIlbs3A*	*Xwmc264-Xcfa2193*	1.29	2.97	6.60
QIlbs1B-2	*Xcwem9-Xbarc008*	–1.41	2.65	5.85	*QIlbs4B*	*Xwmc657-Xwmc48*	–1.14	2.77	5.18
QIlbs4D	*Xwmc473-Xwmc331*	1.93	4.99	11.78	*QIlbs4D*	*Xwmc473-Xwmc331*	1.94	6.88	15.08
QFll1B-1	*Xcfe156-Xwmc406*	–1.14	6.31	17.97	*QIlbs5D*	*Xcfd40-Xbarc1097*	1.13	2.57	5.05
QFll4B-1	*Xwmc125-Xwmc47*	0.78	3.52	8.34	*QIlbs7D*	*Xgwm676-Xgwm437*	1.60	4.50	9.59
QFlw1D	*Xwmc93-GluD1*	–0.06	3.40	9.58	*QFll3A-3*	*Xwmc264-Xcfa2193*	–0.65	4.03	11.90
S2-HN					*QFll4B-3*	*Xwmc413-Xcfd39.2*	0.51	3.26	7.36
QPh3A	*Xwmc264-Xcfa2193*	3.55	3.29	7.84	*QFlw3B*	*Xgwm566-Xcfe009*	0.04	2.59	6.47
QPh4D	*Xwmc473-Xwmc331*	3.75	4.89	8.72	*QFlw4D*	*Xwmc473-Xwmc331*	–0.04	2.98	8.17

S1 点 LN 条件下，共检测到 5 个冠层性状的 11 个 QTL（见表 8-34），其中检测到控制株高的 2 个 QTL，分别解释株高变异的 5.49%和 10.30%；控制穗长的 4 个 QTL，分

别位于 2D 和 7D 染色体，解释表型变异的 13.32%和 5.17%，其增效等位基因均来源于‘花培 3 号’；控制穗下节间长度的 4 个 QTL 中，其中 *QIlbs7D* 具有较大的遗传效应，解释穗下节间长度表型变异的 11.77%，另外还检测到控制旗叶长的 2 个 QTL 和旗叶宽 1 个 QTL。在 HN 条件下，共检测到 5 个冠层性状的 16 个 QTL，其中影响株高的 5 个 QTL 中，3 个增效等位基因来源于‘花培 3 号’，其他 2 个增效等位基因来源于‘豫麦 57’。在检测到穗下节间长度的 4 个 QTL 中，*QIlbs4D* 具有最大的遗传效应，解释穗下节间长度表型变异的 16.68%，使穗下节间长度增加 2.11cm，由来自‘花培 3 号’的位点起增效作用；影响旗叶宽的 3 个 QTL 中，*QFlw4B* 和 *QFlw7A* 分别解释旗叶宽表型变异的 5.42%和 8.32%，均由‘花培 3 号’的位点起增效作用；而穗长和旗叶长各检测到 2 个 QTL。

S2 点在 LN 条件下，共检测 5 个冠层性状的 11 个 QTL(见表 8-34)，其中检测到控制株高的 3 个 QTL，分别位于 2D、3A 和 7B 染色体，分别解释穗长表型变异的 6.74%、8.76%和 5.14%，增效作用均来自‘花培 3 号’。检测到影响穗长的 3 个 QTL，其中 *QSl2D-1* 解释穗粗变异的 14.42%，增效作用来自‘花培 3 号’；检测到穗下节间长度的 2 个 QTL，分别解释穗下节间长度表型变异的 5.85%和 11.78%；检测到旗叶长的 2 个 QTL，分别位于 1B 和 4B 染色体上，可分别解释表型变异的 17.97%和 8.34%，加性效应位点的增效等位基因来源于‘豫麦 57’，另一 QTL 的增效等位基因来源于‘花培 3 号’；此外检测到控制旗叶宽 1 个 QTL，解释表型性状变异的 9.58%。在 HN 条件下，5 个冠层性状共检测到 15 个 QTL，其中检测到控制株高的 3 个 QTL，解释株高变异的 6.14%~8.72%；检测到控制穗长的 3 个 QTL，其中 *QSl2D-2* 解释表型变异的 16.07%，增效作用来自‘花培 3 号’；检测到控制穗下节间长度的 4 个 QTL，分别位于 1B、4B、4D 和 5D 染色体，其中 *QIlbs4D* 解释穗下节间长度表型变异的 16.46%，增效作用来自‘花培 3 号’；在检测到的位于 1B、4D 和 6A 染色体旗叶长的 3 个 QTL 中，除 *QFll4D* 外，其余的 2 个增效等位基因均来源于‘花培 3 号’；此外还检测到控制旗叶宽的 2 个 QTL。

S3 点 LN 条件下，5 个小麦冠层性状共检测到 12 个 QTL(见表 8-34)，其中检测到控制株高的 2 个 QTL，分别解释株高变异的 15.92%、9.54%，增效作用均来自‘花培 3 号’；检测到穗长的 3 个 QTL，其中 *QSl2D-2* 具有较大的遗传效应，解释穗长表型变异的 15.23%，增效等位基因来源于‘花培 3 号’；检测到穗下节间长度的 3 个 QTL，解释穗下节间长度变异的 6.90%~17.05%；检测到旗叶长的 2 个 QTL，分别位于 4D 和 7D 染色体上，解释 8.77%和 7.04%的表型变异；检测到旗叶宽的 2 个 QTL，分别位于 4D 和 7D 染色体上，分别解释其表型变异的 7.35%和 7.49%。HN 条件下，5 个冠层性状共检测到 17 个 QTL，控制株高的 5 个 QTL，解释株高表型变异的 4.24%~13.98%，其中 *QPh4D* 遗传贡献率最大；检测到穗长的 3 个 QTL，其中 *QSl2D-2* 解释表型变异的 7.55%，增效作用来自‘花培 3 号’；检测到穗下节间长度的 5 个 QTL，分别位于 3A、4B、4D、5D 和 7D 染色体，解释表型变异的 5.05%~15.08%，*QIlbs4B* 位点的增效等位基因来源于‘豫麦 57’，其他 4 个加性效应位点的增效等位基因来源于‘花培 3 号’。另外，检测到各 2 个控制旗叶长和旗叶宽的 QTL。

2) 小麦冠层性状的条件 QTL 分析

本实验以 LN 为给定条件(即排除 LN 遗传效应后)，共检测到 HN 条件下与冠层有关性状的 23 个条件 QTL，其中 S1 点共检测到 7 个条件 QTL，S2 检测到 10 个条件 QTL，S3 点检测到 6 个 QTL（表 8-35，图 8-7）。

表 8-35　小麦冠层性状条件 QTL 的效应

Table 8-35　Analysis of conditional quantitative trait loci effects on canopy at different growing experiments

QTL	标记区间 Flanking marker	加性效应 (A)	LOD	贡献率 (H^2)/%	QTL 类型
S1 (HN/LN)					
QPh1B	*Xwmc766-Xswes158*	–2.26	3.59	7.84	hn
QPh5D	*Xcfd226-Xwmc765*	–2.47	4.12	9.37	hn/ln
QPh7B-2	*Xbarc276.1-Xwmc396*	2.09	2.60	6.32	hn/ln
QSl5B-1	*Xgdm116-Xbarc232*	0.24	2.62	6.53	hn/ln
Qilbs1B-1	*Xwmc766-Xswes158*	–0.72	2.61	6.61	hn
QFll4A	*Xwmc718-Xwmc262*	–0.73	2.71	7.25	hn/ln
QFlw7A	*Xbarc157.2-Xgwm60*	0.06	2.68	11.76	hn
S2 (HN/LN)					
QPh6A	*Xbarc1077-Xgwm82*	1.62	2.64	6.58	hn/ln
QSl2A-3	*Xwmc455-Xgwm515*	–0.19	2.76	5.90	hn/ln
QSl2D-2	*Xwmc112-Xcfd53*	0.20	3.05	6.28	hn
QSl4A	*Xwmc718-Xwmc262*	–0.22	3.49	7.11	hn/ln
Qilbs2D	*Xbarc129.2-Xcfd50*	–0.86	3.76	9.84	hn/ln
QFll1B-2	*Xcwem9-Xbarc008*	0.53	2.62	5.61	hn
QFll4D	*Xcfe254-BE293342*	–0.60	3.08	7.90	hn
QFll6A-1	*Xcfe179.2-Xcfe179.1*	0.51	2.60	5.62	hn
QFlw1A-2	*Xbarc148-Xbarc350*	–0.043	3.14	7.00	hn/ln
QFlw7D-1	*Xgwm295-Xgwm676*	0.05	3.42	8.93	hn/ln
S3 (HN/LN)					
QPh4B	*Xwmc657-Xwmc48*	–1.54	2.54	7.02	hn
QSl3B	*Xgwm566-Xcfe009*	–0.18	2.62	6.41	hn/ln
QSl5D-2	*Xcfd226-Xwmc765*	–0.19	2.85	7.25	hn
Qilbs2D	*Xwmc112-Xcfd53*	0.60	2.52	6.27	hn/ln
QFll3A-3	*Xwmc264-Xcfa2193*	–0.53	2.86	8.41	hn
QFlw2A	*Xgwm636-Xcfe67*	–0.036	2.77	9.32	hn/ln

注：hn 表示条件和非条件同时检测到的 QTL; hn/ln 表示排除 LN 遗传效应后检测到的条件 QTL

Note: hn indicates QTLs detected by unconditional and conditional QTL Simultaneously; hn/ln indicates conditional QTLs elimination of LN

S1 点检测到 3 个株高的条件 QTL，穗长、穗下节间长度、旗叶长和旗叶宽各检测到 1 个条件 QTL。其中 *QPh1B*、*QIlbs1B-1* 和 *QFlw7A* 在 HN 非条件下检测中出现，*QPh1B*、*QFlw7A* 贡献率有很大变化，说明两位点在 HN 和 LN 条件下均表达，但效应发生变化；*QIlbs1B-1* 贡献率在条件和非条件 QTL 检测中变化不大，说明该位点为施氮诱导表达的基因，与 LN 无关。其余 4 个位点为新检测到的 QTL，说明这 4 个 QTL 效应小，只有排除 LN 遗传效应后才能检测到。HN 条件下检测到的 18 个非条件 QTL 中只有 3 个 QTL 在条件 QTL 检测出来，说明剩余 15 个 QTL 为 LN 条件下表达的基因，与 HN 无关。

S2 点分别检测到 1、3、1、3、2 个控制株高、穗长、穗下节间长度、旗叶长、旗叶宽的条件 QTL。在非条件下和条件下检测到 *QSl2D-2*、*QFll1B-2*、*QFll6A-1* 和 *QFll4D* 等 4 个 QTL，其中 *QSl2D-2*、*QFll4D*、*QFll6A-1* 贡献率有很大变化，表明上述位点在 HN 和 LN 条件下均表达，但效应发生变化；*QFll1B-2* 贡献率变化不大，说明该位点为施氮诱导表达的基因，与 LN 无关。其余 6 个 QTL 效应小，只有在排除 LN 影响后才能检测到。未被条件 QTL 检出的 15 个非条件 QTL 为 LN 条件下表达的基因，与 HN 无关。

S3 点检测到 1 个株高的条件 QTL，此 QTL 也在 HN 非条件 QTL 检测中出现。另外，*QSl5D-2* 和 *QFll3A-3* 这两个条件 QTL 也在 HN 非条件 QTL 中被检出，*QPh4B*、*QSl5D-2*、*QFll3A-3* 贡献率发生较大变化，说明上述三个 QTL 在 HN 和 LN 条件下均表达，只是效应发生变化。*QIlbs2D*、*QFlw2A*、*QSl3B* 为新检测到的 QTL，说明此 QTL 效应较小。未被条件 QTL 检出的 15 个非条件 QTL 无净遗传效应，为对氮素敏感的基因。

二、研究结果与前人同类研究的比较分析

两年实验中共检测到影响冠层性状的 23 个条件 QTL 和 82 个非条件 QTL。其中 *Qph2D* 与 McCartney 等(2005)定位的区间相邻，相当于 *Rht8* 基因。4D 染色体检测到的 *QPh4D*，遗传贡献率较大，该 QTL 位于 *Xwmc473-Xwmc331* 区段，与 Cadalen 等(2004)、Huang 等(2003)、Jose 等(2011)的研究一致。*QIlbs7D* 为在三点实验中均能检测到控制穗下节间长度的 QTL，该 QTL 位于 7D 染色体 *Xgwm676-Xgwm437* 区段，桑云在相同位置定位了一个穗下节间长度的 *QIlbs7D*，贡献率达到 22.04%，且在各环境中稳定表达(桑云等，2009)。控制旗叶长的 *QFll3A-3* 位点与赵冬梅(2006)的结果相近。7A 染色体上检测到的 *QFlw7A* 与 Mason 等(2010)定位的 QTL 在相邻区间。*QPh7B-2* 与赵新华等(2005)关于 SOD 活性的 QTL 定位都在 *Xgwm 333* 标记附近，表明 *QPh7B-2* 在影响株高的同时，也可能调控 SOD 活性。徐书果等(2006)在 *Xgwm558* 附近检测到控制小麦硝酸还原酶活性的 QTL，该位点在抽穗-开花和开花-灌浆时段内均表达。本实验在 *Xgwm558* 附近发现控制穗长的 QTL 位点 QSl2A-1，该位点在 S2、S3 点均被检测到。同时，徐书果等(2006)在 5D 染色体上有关硝酸还原酶活性的的定位结果也与实验中检测到的 *QSl5D-1*、*QIlbs5D* 位点相接近。此外，也发现了不同环境下相对稳定的主效 QTL 位点 *QPh4D*、*QPh3A*、*QSl6B*、*QSl2D-2*、*QIlbs4D* 和 *QIlbs4B*，表明这些位点不受环境(氮素)影响，利用该 QTL 有可能在高、低氮水平下同时改善小麦冠层特性。而在低氮条件下检测到的 QTL 位点，可能与小麦耐低氮的遗传机制相关，有利于提高小麦耐低氮特性。

第九节　小麦穗数、穗粒数和粒重相互关系的条件 QTL 分析

小麦产量主要由单位面积穗数、每穗粒数和粒重(一般用千粒重表示)，即常说的产量“三要素”构成。每一个要素的增加，都可显著提高产量。三者之间的关系及其协调一直是国内外小麦育种和栽培学家关注的重要问题。前人在不同遗传背景及环境下分别

进行了穗粒数、穗数和千粒重的非条件QTL分析，用的是累加效应分析方法(accumulated effect analysis)，不能从单个QTL水平上进行两个(或多个)紧密相关性状之间的遗传基础和相互关系研究。而相关性状间的条件QTL分析，可以从单个QTL/基因水平上阐明两性状间是正(负)相关的遗传基础，尤其重要的是可以鉴定出增加某一性状而不降低另一性状的重要QTL/基因，对打破许多数量性状间负相关的矛盾有非常重要的意义。

本研究在传统QTL分析的基础上，结合多年、多点、多环境下的表型值，运用传统QTL定位和条件QTL分析方法，从单个QTL/基因水平上，阐明普通小麦产量构成“三要素”之间互为极显著负相关的遗传基础。

一、穗数、穗粒数和千粒重的条件QTL分析结果

(一)供试材料

同第五节供试材料。

(二)田间试验

试验材料于2010~2011年种植在山东农业大学农学试验站(36°57′ N，116°36′ E；E1)，于2011~2012年分别种植在山东省农业科学院试验基地(36°71′ N,117°09′ E；E2)、山东农业大学农学试验站(E3)和河南省济源市农业科学研究所(112°36′ E，35°05′ N；E4)，于2012~2013年种植在山东省农业科学院试验基地(E5)。试验采用完全随机区组设计，2010年泰安3行区种植，行长2m，行距0.26m；2011年泰安2行区种植，行长2.7m，行距0.20m；济源3行区种植，行长2.6m，行距0.26m；2011年和2012年济南4行区种植，行长3m，行距0.25m。不同年份不同环境种植的材料，基本苗都是12万/亩。

泰安、济南和济源3个环境在气候、土壤和光照上都有差异，济南2011年和2012年的温度、降雨量都有明显的差异；相对泰安和济南来说，济源的土壤较肥沃。

将各株系每个小区的籽粒混收，计算单位面积的产量，同时测量籽粒的千粒重。收获前，每个株系随机选择10个单株，测量穗粒数。测量2行3m的穗数，折算单位面积的穗数。

(三)数据分析

用SPSS 19.0软件(SPSS，Chicago，USA)对各环境下的每平方米穗数、穗粒数和千粒重进行正态分析和相关分析。利用QGA Station 1.0软件(http://ibi.zju.edu.cn/software/qga/)进行给定条件下的数据标准化，利用基于完备区间作图法的IciMapping 3.2软件进行非条件和条件QTL定位。按照QTL+性状+群体类型+染色体+QTL个数命名，其中QTL以大写“*Q*”开始，性状以英文缩写表示，如果同一染色体上存在多个不同位点的QTL，则在染色体后面添加连字符和数字。例如，*QTKW-DH-6A-2.4*表示6A染色体上定位到的第2个控制小麦千粒重的QTL，且在4个环境下都检测到该位点。

(四)结果与分析

1. 产量三要素表型及相关分析

表8-36为亲本及DH群体的单位面积穗数、每穗粒数和千粒重等3个相关性状的表

型数据，‘豫麦 57’的穗数和穗粒数均显著高于‘花培 3 号’，而‘花培 3 号’的千粒重高于‘豫麦 57’，偏度和峰度的绝对值均小于 1，DH 群体 3 个性状上变异幅度大，呈现连续分布，并存在明显的双向超亲分离现象，表明为多基因控制的数量性状，适合进行 QTL 定位分析。

表 8-36　小麦籽粒相关性状在亲本及 DH 群体中的 5 个环境下表型数据平均值的数据

Table 8-36　Phenotypic values of parental lines and the DH population in the mean across five environments

性状 Trait	亲本 Parents		DH 群体 DH population (*n*=168)					
	花培 3 号 Huapei 3	豫麦 57 Yumai 75	均值 Mean	标准差 (SD)	最小值 Minimum	最大值 Maximum	偏度 Skewness	峰度 Kurtosis
穗数 (SN)	534.8	722.0	632.3	89.78	432.4	930.0	0.485	0.114
穗粒数 (KNPS)	40.7	44.2	40.0	3.68	30.7	51.9	0.613	0.883
千粒重 (TKW)	44.2	40.8	44.2	4.543	33.2	52.1	–0.215	–0.773

注：穗数 (SN), spike number per m^2；穗粒数 (KNPS), kernel number per spike；千粒重 (TKW), thousand-kernel weight (g)

表 8-37 为穗粒数、穗数和千粒重在 5 个环境中平均数值的相关性。三个性状间呈现显著的负相关性。千粒重和穗数负相关性最高，相关系数为–0.402**；其次是穗粒数，相关系数是–0.264**。穗粒数和穗数为负相关，但相关不显著，相关系数是–0.120。千粒重分别排除单位面积穗数和穗粒数的遗传效应后，其条件方差与千粒重的直接方差相比变小。同样，穗粒数分别排除单位面积穗数和千粒重，单位面积穗数分别排除穗粒数和千粒重的遗传效应后，其条件方差也相对变小。

表 8-37　产量三要素间的相关分析及穗粒数、穗数和千粒重相互给定条件与非条件表型方差

Table 8-37　Correlations between three yield effectors and phenotypic variances of three traits and three traits conditioned on each other

性状 Trait	表型相关系数 Phenotypic correlation	方差 Variance	
		直接方差 Direct	条件方差 Conditioned on
千粒重 (TKW)	—	20.639	
穗数 (SN)	–0.402**		17.299
穗粒数 (KNPS)	–0.264**		19.204
穗粒数 (KNPS)	—	13.545	
穗数 (SN)	–0.120**		13.350
千粒重 (TKW)	–0.264**		12.603
穗数 (SN)	—	8062.014	
穗粒数 (KNPS)	–0.120**		7946.502
千粒重 (TKW)	–0.402**		6757.185

缩写同表 8-36。** $P \leqslant 0.01$

For abbreviation, see Table 8-36

2. 产量三要素间的条件 QTL 分析

本研究共检测到单位面积穗数、穗粒数和千粒重非条件和条件 QTL 92 个，其中 33 个非条件 QTL，59 个条件 QTL，每个性状平均 8-12 个 QTL，这些 QTL 解释贡献率的变异为 4.48%~34.07%，除了染色体 3B、3D、5A 和 7D 外，共覆盖了其他 17 条染色体(表 8-38，图 8-7)。

表 8-38　穗数、穗粒数和千粒重的非条件和条件 QTL 分析

Table 8-38　Unconditional and conditional QTL for spike number per m^2, kernel number per spike and thousand-kernel weight

性状 Trait	QTL	标记区间 Flanking marker	环境 Environment	位置 Site/cM	加性效应 (A)	贡献率 (PVE)/%
穗数 (SN)	*QSN-DH-1D*	*Xcfd19-Xwmc93*	E3	45	37.91	9.78
	QSN-DH-2A	*Xbarc380-Xgwm636*	E3	2	–28.52	5.72
	QSN-DH-2B	*Xgwm111-Xgdm14*	P	136	–25.67	5.65
	QSN-DH-2D	*Xwmc170.2-Xgwm539*	E5	67	–22.1602	9.1046
	QSN-DH-3A	*Xbarc86-Xwmc21*	E5	90	17.6854	5.7555
	QSN-DH-5D	*Xbarc320-Xwmc215*	E3	67	–51.91	18.62
	QSN-DH-6A-1.3	*Xbarc1055-Xwmc553*	E2/E5/P	47/43/45	–70.23/–21.89–37.81	12.83/8.95/12.23
	QSN-DH-6A-2.1	*Xbarc1165-Xgwm82*	E4	42	–46.27	8.75
	QSN-DH-6B	*Xgwm58-Xwmc737*	E2	58	147.55	10.26
	QSN-DH-6D	*Xcfa2129-Xbarc080*	P	165	33.18	8.67
穗数/千粒重 (SN/TKW)	*QSN|TKW-DH-1B*	*Xwmc406-Xbarc156*	E2	32	49.47	6.85
	QSN|TKW-DH-1D	*Xwmc429-Xcfd19*	E3	39	31.12	6.72
	QSN|TKW-DH-3A	*Xbarc356-Xwmc489.2*	E5	97	18.0447	7.4719
	QSN|TKW-DH-5B	*Xgwm213-Xswes861.2*	E3	58	–32.45	7.04
	QSN|TKW-DH-5D	*Xbarc320-Xwmc215*	E3	67	–43.50	13.47
	QSN|TKW-DH-6B	*Xgwm58-Xwmc737*	E2	58	136.67	10.12
	QSN|TKW-DH-6D	*Xswes679.1-Xcfa2129*	E5	145	27.6811	13.77
	QSN|TKW-DH-7A	*Xwmc530-Xcfa2123*	E3	79	–34.46	8.57
穗数/穗粒数 (SN/KNPS)	*QSN|KNPS-DH-1D*	*Xwmc429-Xcfd19*	E3	38	40.74	11.40
	QSN|KNPS-DH-2B	*Xgwm111-Xgdm14*	P	136	–26.07	5.87
	QSN|KNPS-DH-2D	*Xwmc170.2-Xgwm539*	E5	67	–22.0542	8.977
	QSN|KNPS-DH-3A	*Xbarc86-Xwmc21*	E5	90	17.7265	5.7565
	QSN|KNPS-DH-4A	*Xwmc262-Xbarc343*	E1	7	–21.32	9.27
	QSN|KNPS-DH-5D	*Xbarc320-Xwmc215*	E3	65	–49.89	17.77
	QSN|KNPS-DH-6A-1.3	*Xbarc1055-Xwmc553*	E2/E5/P	47/43/45	–64.55/–21.95/–39.54	11.03/8.93/13.49
	QSN|KNPS-DH-6A-2.1	*Xbarc1165-Xgwm82*	E4	42	–44.86	8.25
	QSN|KNPS-DH-6D	*Xcfa2129-Xbarc080*	P	165	32.23	8.25

续表

性状 Trait	QTL	标记区间 Flanking marker	环境 Environment	位置 Site/cM	加性效应（A）	贡献率（PVE）/%
穗粒数（KNPS）	*QKNPS-DH-1A*	*Xwmc163-Xcfd59*	E5	51	0.8668	8.6017
	QKNPS-DH-2A	*Xwmc522-Xgwm448*	P	73	1.84	16.81
	QKNPS-DH-2B-1.1	*Xbarc101-Xcwem55*	E2	77	–2.08	6.57
	QKNPS-DH-2B-2.1	*Xwmc179-Xbarc373*	E4	67	–1.56	11.39
	QKNPS-DH-2D-1.1	*Xcfd53-Xwmc18*	E5	3	0.7192	6.2349
	QKNPS-DH-2D-1.2	*Xbarc349.2-Xbarc349.1*	E3	73	2.57	11.24
	QKNPS-DH-3A-1.2	*Xbarc356-Xwmc489.2*	E2/P	96/97	–2.10/–1.21	6.88/7.17
	QKNPS-DH-6A	*Xcfe179.1-Xswes170.2*	E5	117	–0.744	6.6691
	QKNPS-DH-6B	*Xgwm58-Xwmc737*	P	58	–2.82	8.27
	QKNPS-DH-7B-1.1	*Xgwm46-Xwmc402.1*	E3	28	–2.95	14.65
	QKNPS-DH-7B-2.1	*Xbarc276.1-Xwmc396*	E3	33	4.53	34.07
穗粒数/穗数（KNPS/SN）	*QKNPS|SN-DH-1A*	*Xwmc163-Xcfd59*	E5	51	0.8524	8.2709
	QKNPS|SN-DH-2A	*Xwmc522-Xgwm448*	P	73	1.75	15.36
	QKNPS|SN-DH-2B-1.1	*Xbarc101-Xcwem55*	E2	77	–2.19	7.39
	QKNPS|SN-DH-2B-2.1	*Xwmc179-Xbarc373*	E4	67	–1.58	11.49
	QKNPS|SN-DH-2D-1.1	*Xcfd53-Xwmc18*	E5	2	0.7178	6.1847
	QKNPS|SN-DH-2D-1.2	*Xbarc349.2-Xbarc349.1*	E3	73	2.92	14.22
	QKNPS|SN-DH-3A	*Xbarc356-Xwmc489.2*	P	97	–1.14	6.47
	QKNPS|SN-DH-4D	*Xgwm194-Xcfa2173*	E4	57	–1.19	6.45
	QKNPS|SN-DH-6A	*Xcfe179.1-Xswes170.2*	E5	117	–0.7368	6.5292
	QKNPS|SN-DH-6B-1.2	*Xgwm58-Xwmc737*	E3/P	58	–4.79/–2.78	8.85/8.11
	QKNPS|SN-DH-7B	*Xbarc276.1-Xwmc396*	E3	33	2.15	7.66
穗粒数/千粒重（KNPS/TKW）	*QKNPS|TKW-DH-1A-1.1*	*Xwmc163-Xcfd59*	E5	51	0.8604	8.469
	QKNPS|TKW-DH-1A-1.2	*Xgwm498-Xcwem6.2*	P	68	1.06	6.11
	QKNPS|TKW-DH-2B	*Xwmc179-Xbarc373*	E4	67	–1.28	8.09
	QKNPS|TKW-DH-2D-1.1	*Xcfd53-Xwmc18*	E5	2	0.6941	5.8139
	QKNPS|TKW-DH-2D-2.2	*Xbarc349.2-Xbarc349.1*	E3/P	72/72	2.98/1.46	14.91/11.62
	QKNPS|TKW-DH-3A-1.1	*Xwmc489.2-Xwmc489.3*	P	98	–1.12	6.74
	QKNPS|TKW-DH-3A-2.1	*Xbarc356-Xwmc489.2*	E2	96	–2.13	8.05
	QKNPS|TKW-DH-4A	*Xwmc219-Xwmc776*	P	36	–0.98	5.19
	QKNPS|TKW-DH-4D	*Xcfe254-BE293342*	P	155	–0.94	4.80
	QKNPS|TKW-DH-6A	*Xcfe179.1-Xswes170.2*	E5	117	–0.7749	7.2611
	QKNPS|TKW-DH-6B-1.2	*Xgwm58-Xwmc737*	E3/P	58	–4.64/–2.87	8.28/8.29
	QKNPS|TKW-DH-7B	*Xbarc276.1-Xwmc396*	E3	33	2.38	9.39

续表

性状 Trait	QTL	标记区间 Flanking marker	环境 Environment	位置 Site/cM	加性效应（A）	贡献率（PVE）/%
千粒重（TKW）	*QTKW-DH-2B-1.2*	*Xwmc179-Xbarc373*	E2/P	67	1.41/2.00	6.90/17.68
	QTKW-DH-2B-2.1	*Xwmc317-Xwmc445.2*	P	89	–1.24	6.84
	QTKW-DH-2D-1.5	*Xwmc170.2-Xgwm539*	E1	67	1.70/1.83/1.68/1.37/1.3	10.29/11.38/8.22/10.57/7.76
	QTKW-DH-3A-1.1	*Xwmc264-Xcfa2193*	E2	137	1.59	8.72
	QTKW-DH-3A-2.1	*Xcfa2170-Xbarc51*	P	176	1.36	8.15
	QTKW-DH-4A-1.2	*Xwmc718-Xwmc262*	E4/E5	6	1.18/0.97	7.84/4.67
	QTKW-DH-4B	*Xwmc413-Xcfd39.2*	E5	8	1.0025	5.0769
	QTKW-DH-5B	*Xgwm213-Xswes861.2*	E5	58	–1.2227	6.9216
	QTKW-DH-5B2	*Xbarc36-Xbarc140*	E1/E5	12/15	–1.53/–1.56	8.58/12.35
	QTKW-DH-6A-1.2	*Xbarc1165-Xgwm82*	E1/E2	42	1.58/1.56	9.09/8.35
	QTKW-DH-6A-2.4	*Xbarc1055-Xwmc553*	E3/E4/E5/P	45/43/45/45	2.26/1.05/1.53/1.85	14.90/6.18/11.76/15.02
	QTKW-DH-7B	*Xgwm333-Xwmc10*	E5	76	–0.9674	4.4775
千粒重/穗粒数（TKW/KNPS）	*QTKW|KNPS-DH-1A*	*Xcfd59-Xwmc402.2*	E4	54	0.97	5.63
	QTKW|KNPS-DH-2D-1.5	*Xwmc170.2-Xgwm539*	E1/E2/E3/E4/P	67	1.80/1.61/1.91/1.67/1.75	12.72/10.18/11.38/16.70/14.70
	QTKW|KNPS-DH-3A-1.2	*Xwmc264-Xcfa2193*	E2/P	143/147	1.52/1.07	9.30/5.63
	QTKW|KNPS-DH-4A-1.2	*Xwmc718-Xwmc262*	E4/E5	6	1.05/0.98	6.70/4.84
	QTKW|KNPS-DH-4B	*Xwmc413-Xcfd39.2*	E5	8	1.0083	5.1627
	QTKW|KNPS-DH-5B	*Xgwm213-Xswes861.2*	E5	58	–1.2048	6.7543
	QTKW|KNPS-DH-5B2-1.2	*Xbarc36-Xbarc140*	E1/E5	11/14	–1.82/–1.56	13.06/12.32
	QTKW|KNPS-DH-6A-1.3	*Xbarc1055-Xwmc553*	E3/E5/P	43/45/43	1.81/1.51/1.52	10.59/11.43/11.15
	QTKW|KNPS-DH-6A-2.1	*Xbarc1165-Xgwm82*	E2	42	1.48	8.75
	QTKW|KNPS-DH-7B	*Xgwm333-Xwmc10*	E5	76	–0.9767	4.5857
千粒重/穗数（TKW/SN）	*QTKW|SN-DH-1B*	*Xbarc061-Xwmc766*	E2	82	1.57	9.55
	QTKW|SN-DH-2D-1.4	*Xwmc170.2-Xgwm539*	E1/E3/E4/P	67	1.83/1.73/1.53/1.58	14.17/9.48/13.89/12.31
	QTKW|SN-DH-3A-1.2	*Xwmc264-Xcfa2193*	E2/P	130/135	1.65/1.25	10.57/7.82
	QTKW|SN-DH-4A-1.2	*Xwmc718-Xwmc262*	E2/E4	4/6	1.62/1.15	10.11/8.08
	QTKW|SN-DH-4D-1.1	*Xbarc334-Xwmc331*	E1	0	1.44	8.80
	QTKW|SN-DH-4D-2.1	*Xgwm194-Xcfa2173*	E2	57	–1.17	5.30
	QTKW|SN-DH-6A	*Xbarc1055-Xwmc553*	E3	43	1.72	9.69
	QTKW|SN-DH-6D	*Xcfd13-Xbarc054*	E2	54	–2.22	19.25
	QTKW|SN-DH-7B	*Xgwm333-Xwmc10*	E5	76	–1.2162	8.7742

缩写同表 8-36；For abbreviation as same as Table 8-36;

E1~E5 分别代表 5 个环境的实验； means the five environments tested;

P 代表 5 个环境试验的平均值；means the average values of the five environments

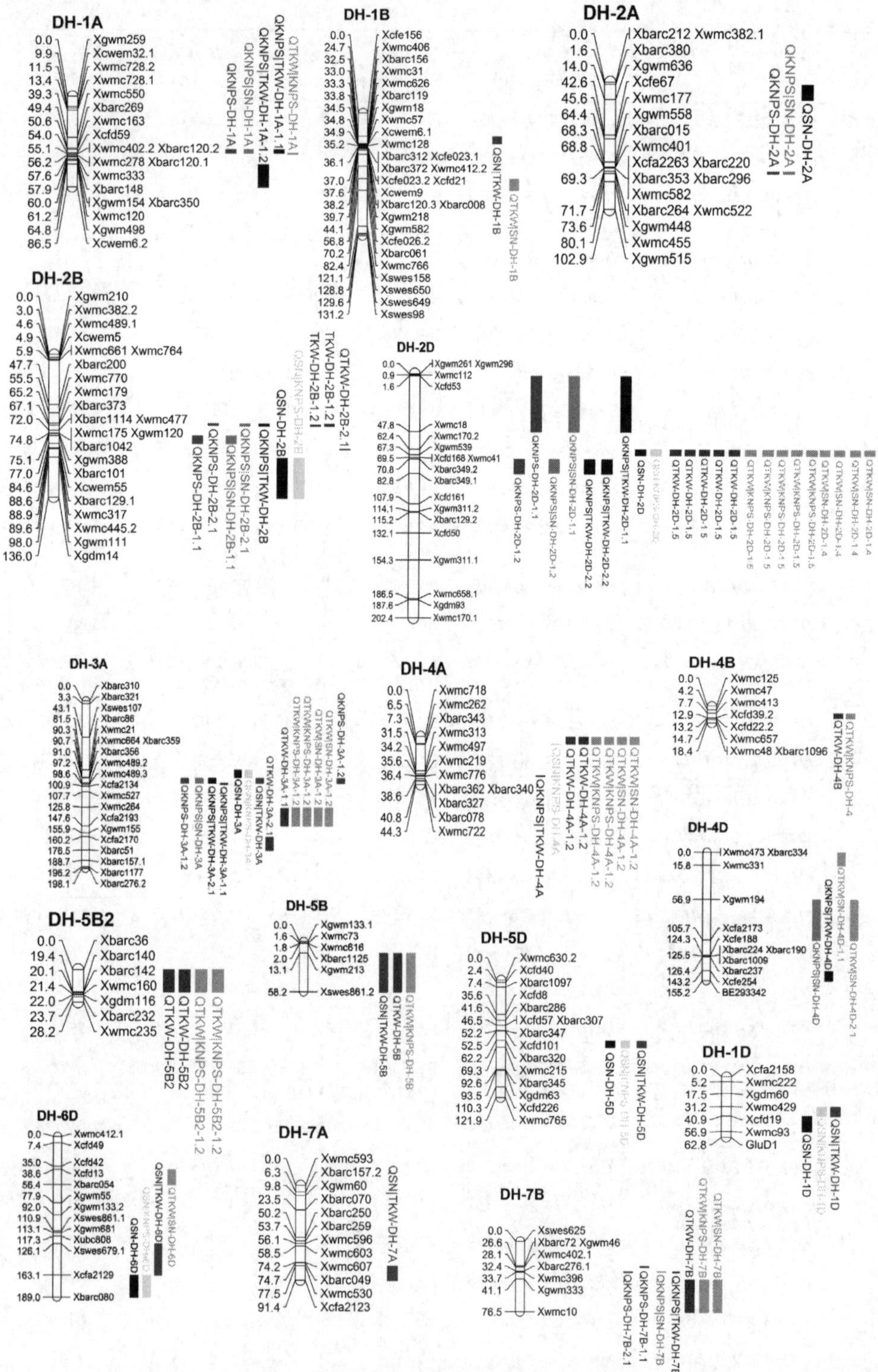

图 8-7　产量三要素的非条件和条件 QTL 在遗传图上的分布

Fig. 8-7　Genome location of conditional and unconditional quantitative trait loci (QTL) for spike number per m² and kernel number per spike and thousand-kernel

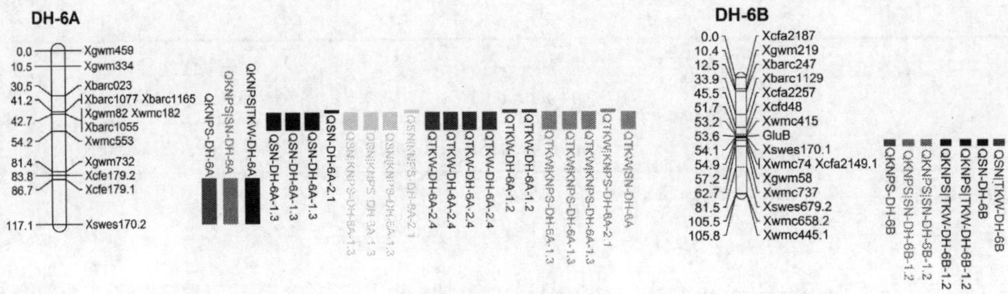

图 8-7 （续）

Fig. 8-7 (Continued)

1) 穗数的条件 QTL 分析

穗数的非条件分析中共检测到控制穗数的 10 个 QTL(见表 8-38，表 8-39)。当以给定千粒重为条件时，有 8 个 QTL 没有被检测到，这 8 个 QTL 为通过影响千粒重的变化而影响穗数的 QTL；2 个 QTL 在非条件和条件分析中都能检测到，且效应值变化稍大，在非条件分析中 2 个 QTL 的效应值的绝对值分别为 51.91 和 147.55，给定条件后变为 43.50 和 136.67，此 QTL 为部分通过影响千粒重的变化而影响穗数的 QTL；条件 QTL 分析中，有 6 个加性 QTL 在非条件中没有被检测到，该 QTL 为排除千粒重对穗数的影响后，可以检测影响穗数的 QTL。

表 8-39 穗数与千粒重和穗粒数性状的条件与非条件 QTL 比较分析

Table 8-39 QTL with significant additive effects for SN and for SN when conditioned on TKW and KNPS

QTL	标记区间 Flanking marker	非条件 QTL Unconditional QTL		条件 QTL Condtional QTL effect					
		Additive effect	Env.	SN/TKW	±%	Env.	SN/KNPS	±%	Env.
QSN|TKW-DH-1B	*Xwmc406-Xbarc156*			49.47		E2			
QSN-DH-1D	*Xcfd19-Xwmc93*	37.91	E3						
QSN|TKW-DH-1D	*Xwmc429-Xcfd19*			31.12		E3	40.74		E3
QSN-DH-2A	*Xbarc380-Xgwm636*	–28.52	E3						
QSN-DH-2B	*Xgwm111-Xgdm14*	–25.67	P				–26.07		P
QSN-DH-2D	*Xwmc170.2-Xgwm539*	–22.16	E5				–22.05		E5
QSN-DH-3A	*Xbarc86-Xwmc21*	17.69	E5				17.73		E5
QSN|TKW-DH-3A	*Xbarc356-Xwmc489.2*			18.04		E5			
QSN|KNPS-DH-4A	*Xwmc262-Xbarc343*						–21.32		E1
QSN|TKW-DH-5B	*Xgwm213-Xswes861.2*			–32.45		E3			
QSN-DH-5D	*Xbarc320-Xwmc215*	–51.91	E3	–43.50	16.20	E3	–49.89	3.89	E3
QSN-DH-6A-1.3	*Xbarc1055-Xwmc553*	–70.23	E2				–64.55		E2
		–21.89	E5				–21.95		E5
		–37.81	P				–39.54		P

续表

QTL	标记区间 Flanking marker	非条件 QTL Unconditional QTL Additive effect		条件 QTL Condtional QTL effect					
			Env.	SN/TKW	±%	Env.	SN/KNPS	±%	Env.
QSN-DH-6A-2.1	*Xbarc1165-Xgwm82*	–46.27	E4				–44.86		E4
QSN-DH-6B	*Xgwm58-Xwmc737*	147.55	E2	136.67		E2			
	Xcfa2129-Xbarc080	33.18	P				32.23		P
QSN|TKW-DH-6D	*Xswes679.1-Xcfa2129*			27.68		E5			
QSN|TKW-DH-7A	*Xwmc530-Xcfa2123*			–34.46		E3			
表型变异总贡献率 Variance totel explained/%		116.32		88.52			108.99		

当以给定穗粒数为条件时，被检测到的 10 个非条件 QTL 中，3 个 QTL 没有被检测到，这 3 个 QTL 为通过影响穗粒数的变化而影响穗数的 QTL；检测到 9 个控制穗数的条件 QTL，其中 7 个 QTL 同时在非条件中被检测到，2 个没有被检测到。在非条件和条件中同时都能检测到 7 个 QTL，其中 3 个 QTL 效应值变化稍大，结果表明这些基因可能为部分通过影响穗粒数的变化而影响穗数的基因；另外 4 个 QTL 的效应值变化不大，在非条件下效应值的绝对值分别为 25.67、22.16 和 17.69，给定条件后变为 26.07、22.05 和 17.73，结果表明这些基因在提高单位面积穗数时对穗粒数影响较小，即这些 QTL 同时能提高穗数和穗粒数。在小麦育种中这些基因会引起育种者的兴趣，提高穗数的数量，同时不会减少穗粒数；还有 1 个 QTL 在 3 个实验中同时能检测到，在其中 1 个试验中，效应值变化较小，其他 2 个试验中变化稍大，结果表明此 QTL 为部分通过影响穗粒数的变化而影响穗数的 QTL。

条件 QTL 分析中，有 2 个加性 QTL 在非条件中没有被检测到，该 QTL 为排除穗粒数对穗数的影响后，可以检测的影响穗数的 QTL。

有 1 个非条件的 QTL，能在穗数分别给定穗粒数和千粒重的条件下都能检测到，给定条件后效应值是降低的，与非条件分析中的效应值比较其变化的百分数分别为 16.20% 和 3.98%，结果表明该基因首先对穗粒数作用大些，相对来说对千粒重的作用较小。

还有 1 个条件的 QTL，能在穗数分别给定穗粒数和千粒重的条件下同时检测到，而在非条件中不能检测到，结果表明此基因为排除穗粒数和千粒重的影响后，可以检测到的影响穗数的基因。

2) 穗粒数的条件 QTL 分析

由表 8-38 和表 8-40 可知，在非条件分析中，共检测到 11 个控制穗粒数的 QTL，当以给定千粒重为条件时，共检测到 12 个条件 QTL，其中 8 个 QTL 同时在非条件中被检测到，4 个没有被检测到。当给定条件后，被检测到的 10 个非条件 QTL 中，4 个 QTL 没有被检测到，这 4 个 QTL 为通过影响千粒重的变化，而影响穗粒数的 QTL。

表 8-40 穗粒数与千粒重和穗数性状的条件与非条件 QTL 比较分析

Table 8-40 QTL with significant additive effects for KNPS and for KNPS when conditioned on TKW and SN

QTL	标记区间 Flanking marker	非条件 QTL Unconditional QTL		条件 QTL Condtional QTL effect					
		Additive effect	Env.	KNPS/TKW	±%	Env.	KNPS/SN	±%	Env.
QKNPS-DH-1A-1.1	*Xwmc163-Xcfd59*	0.87	E5	0.86	1.14	E5	0.85	2.29	E5
QKNPS -DH-1A-2.1	*Xgwm498-Xcwem6.2*			1.06		P			
QKNPS-DH-2A	*Xwmc522-Xgwm448*	1.84	P				1.75	4.89	P
QKNPS-DH-2B-1.1	*Xbarc101-Xcwem55*	–2.08	E2				–2.19	5.28	E2
QKNPS-DH-2B-2.1	*Xwmc179-Xbarc373*	–1.56	E4	–1.28	17.94	E4	–1.58	1.28	E4
QKNPS-DH-2D-1.1	*Xcfd53-Xwmc18*	0.72	E5	0.69	4.16	E5	0.72	0	E5
QKNPS-DH-2D-1.2	*Xbarc349.2-Xbarc349.1*	2.57	E3	2.98	15.95	E3	2.92	13.61	E3
				1.46		P			
QKNPS -DH-3A-1.1	*Xwmc489.2-Xwmc489.3*			1.12		P			
QKNPS-DH-3A-2.2	*Xbarc356-Xwmc489.2*	–2.10	E2	–2.13		E2			
		–1.21	P				–1.14		P
QKNPS -DH-4A	*Xwmc219-Xwmc776*			–0.98		P			
QKNPS -DH-4D-1.1	*Xgwm194-Xcfa2173*						–1.19		E4
QKNPS -DH-4D-2.1	*Xcfe254-BE293342*			–0.94		P			
QKNPS-DH-6A	*Xcfe179.1-Xswes170.2*	–0.74	E5	–0.77	4.05	E5	–0.74	0	E5
QKNPS-DH-6B	*Xgwm58-Xwmc737*	–2.82	P	–2.87	1.77	P	–2.78	1.41	P
				–4.64		E3	–4.79		E3
QKNPS-DH-7B-1.1	*Xgwm46-Xwmc402.1*	–2.95	E3						
QKNPS-DH-7B-2.1	*Xbarc276.1-Xwmc396*	4.53	E3	2.38	47.46	E3	2.15	52.53	E3
表型变异的总贡献率 Variance totel explained/%		138.56		123.01			113.43		

在非条件和条件中同时都能检测到的 8 个 QTL 中，其中 4 个 QTL 效应值变化稍大，在非条件分析中 4 个 QTL 的效应值的绝对值分别为 1.56、2.57 和 4.53，给定条件后变为 1.28、2.98 和 2.38，结果表明这些基因可能为部分通过影响千粒重的变化而影响穗粒数的基因；另外 5 个 QTL 的效应值变化不大，非条件分析中 5 个 QTL 的效应值的绝对值分别为 0.87、0.72、2.10、0.74 和 2.82，给定条件后的效应值变为 0.86、0.69、2.13、0.77 和 2.87，结果表明这些基因对千粒重影响较小，同时能提高穗粒数。在小麦育种中这样的基因会引起育种者的兴趣，提高穗粒数，同时对千粒重影响不大。

条件 QTL 分析中，有 4 个加性 QTL 在非条件中没有被检测到，这些 QTL 为排除千粒重对穗粒数的影响后，可以检测的影响穗粒数的 QTL。

在 11 个控制穗粒数的非条件 QTL 中，给定穗数条件后，有 1 个 QTL 在非条件下没有被检测到，结果表明该 QTL 为通过影响穗数的变化而影响穗粒数的 QTL。

当穗粒数给定穗数的条件后，共检测到 10 个 QTL，这 10 个 QTL 同时在非条件中被检测到，其中 4 个 QTL 效应值变化稍大，非条件分析中 4 个 QTL 的效应值的绝对值分别为 1.84、2.08、2.57 和 4.53，给定条件后变为 1.75、2.19、2.92 和 2.15，结果表明这些基因可能为部分通过影响穗数的变化而影响穗粒数的基因；另外 6 个 QTL 的效应值变化不大，非条件分析中 6 个 QTL 的效应值的绝对值分别为 0.87、1.56、0.72、1.21、0.74 和 2.82，给定条件后的效应值变为 0.85、1.58、0.72、1.14、0.74 和 2.78，结果表明这些基因对穗数影响较小，同时能提高穗粒数。在小麦育种中这样的基因会引起育种者的兴趣，能提高穗粒数，同时对穗数影响较小。

穗粒数在非条件下和分别给定千粒重和穗数的条件下，都能检测到 7 个 QTL，其中 4 个 QTL，给定条件后效应值变化不大，结果表明这些基因对千粒重和穗数影响较小，同时能提高穗粒数的数量；另外 3 个 QTL 的效应值变化较大，在非条件分析中效应值的绝对值分别为 1.56、2.57 和 4.53，当分别给定千粒重和穗数条件后的效应值的绝对值分别为 1.28、2.98、2.38 和 1.58、2.92、2.15，与非条件的效应值比较其变化的百分数分别为 17.94%、15.95%、47.46%和 1.28%、13.61%、52.53%，结果表明第一个 QTL 对千粒重影响稍大些，对穗数基本没有影响；第二个 QTL 对千粒重影响稍大些，相对来说对穗数影响较小；第三个 QTL 对穗数影响稍微大些，相对来说对千粒重影响较小。

还有 1 个条件的 QTL，能在穗粒数分别给定千粒重和穗数的条件下同时检测到，而非条件中不能检测到，结果表明此基因为排除千粒重和穗数的影响后，可以检测到的影响穗粒数的基因。

3) 千粒重的条件 QTL

由表 8-38 和表 8-41 可知，在非条件分析中共检测 12 个 QTL，当千粒重给定穗粒数的条件后，共检测到 10 个条件 QTL，其中 9 个 QTL 同时在非条件中被检测到，1 个没有被检测到。给定条件后，被检测到的 12 个非条件的 QTL 中，4 个 QTL 没有被检测到，这 4 个 QTL 为通过影响穗粒数的变化而影响千粒重的 QTL。

表 8-41　千粒重与穗粒数和穗数性状的条件与非条件 QTL 比较分析

Table 8-41　QTL with significant additive effects for TKW and for TKW when conditioned on KNPS and SN

QTL	标记区间 Flanking marker	非条件 QTL Unconditional QTL Additive effect	Env.	条件 QTL Condtional QTL effect TKW/KNPS	±%	Env.	TKW/SN	±%	Env.
QTKW|KNPS-DH-1A	*Xcfd59-Xwmc402.2*			0.97		E4			
QTKW|SN-DH-1B	*Xbarc061-Xwmc766*						1.57		E2
QTKW-DH-2B-1.2	*Xwmc179-Xbarc373*	1.41	E2						
		2.00	P						
QTKW-DH-2B-2.1	*Xwmc317-Xwmc445.2*	–1.24	P						
QTKW-DH-2D-1.5	*Xwmc170.2-Xgwm539*	1.70	E1	1.80	5.88	E1	1.83	7.64	E1
		1.83	E2	1.61		E2			

续表

QTL	标记区间 Flanking marker	非条件 QTL Unconditional QTL Additive effect		条件 QTL Condtional QTL effect					
			Env.	TKW/KNPS	±%	Env.	TKW/SN	±%	Env.
		1.68	E3	1.91	13.69	E3	1.73	2.97	E3
		1.37	E4	1.67	21.89	E4	1.53	11.67	E4
		1.33	P	1.75	31.57	P	1.58	18.79	P
QTKW-DH-3A-1.1	*Xwmc264-Xcfa2193*	1.59	E2	1.52	4.40	E2	1.65	3.77	E2
				1.07		P	1.25		P
QTKW-DH-3A-2.1	*Xcfa2170-Xbarc51*	1.36	P						
QTKW-DH-4A	*Xwmc718-Xwmc262*						1.62		E2
		1.18	E4	1.05	11.01	E4	1.15	2.54	E4
		0.97	E5	0.98		E5			
QTKW-DH-4B	*Xwmc413-Xcfd39.2*	1.00	E5	1.01		E5			
QTKW|SN-DH-4D-1.1	*Xbarc334-Xwmc331*						1.44		E1
QTKW|SN-DH-4D-2.1	*Xgwm194-Xcfa2173*						–1.17		E2
QTKW-DH-5B	*Xgwm213-Xswes861.2*	–1.22	E5	–1.20		E5			
QTKW-DH-5B2	*Xbarc36-Xbarc140*	–1.53	E1	–1.82		E1			
		–1.56	E5	–1.56		E5			
QTKW-DH-6A-1.2	*Xbarc1165-Xgwm82*	1.58	E1						
		1.56	E2	1.48		E2			
QTKW-DH-6A-2.4	*Xbarc1055-Xwmc553*	2.26	E3	1.81	19.91	E3	1.72	23.89	E3
		1.05	E4						
		1.53	E5	1.51		E5			
		1.85	P	1.52		P			
QTKW|SN-DH-6D	*Xcfd13-Xbarc054*						–2.22		E2
QTKW-DH-7B	*Xgwm333-Xwmc10*	–0.97	E5	–0.98	1.03	E5	–1.22	25.77	E5
表型变异的总贡献率 Variance totel explained/%		211.73		175.95			147.79		

在非条件和条件中同时都能检测到的 9 个 QTL 中，其中 4 个 QTL 效应值变化稍大，结果表明这些基因可能为部分通过影响穗粒数的变化而影响千粒重的；另外 4 个 QTL 的效应值变化不大，非条件分析中 QTL 的效应值的绝对值分别为 1.59、1.00、1.22 和 0.97，当给定条件后的效应值的绝对值分别为 1.52、1.01、1.20 和 0.98，结果表明这些基因对穗粒数影响较小，同时能提高千粒重。在小麦育种中这样的基因会引起育种者的兴趣，提高千粒重，同时对穗粒数没有影响。

条件 QTL 分析中，有 1 个加性 QTL 在非条件中没有被检测到，该 QTL 为排除穗粒数对千粒重的影响后可以检测的影响千粒重的 QTL。

当千粒重给定穗数的条件后，共检测到 9 个条件 QTL，其中 5 个 QTL 同时在非条件中被检测到，4 个 QTL 在非条件下没有被检测到，这 4 个 QTL 为通过影响穗数的变化，而影响千粒重的 QTL。

5 个 QTL 同时在非条件和条件中被检测到，其中 3 个 QTL 效应值变化稍大，结果表明这些基因可能为部分通过影响穗数的变化而影响千粒重的基因；另外 2 个 QTL 的效应值变化不大，非条件分析中 QTL 的效应值的绝对值分别为 1.59 和 1.18，当给定条件后的效应值的绝对值分别为 1.65 和 1.15，结果表明这些基因对穗数影响较小，同时能提高千粒重。在小麦育种中这样的基因会引起育种者的兴趣，提高千粒重，同时对穗数影响较小。

千粒重在非条件分析中和分别给定穗粒数和穗数的条件下，都能检测到 4 个 QTL，这 4 个 QTL 的效应值变化较大，非条件分析中的效应值分别为 1.70、1.18、2.26 和 0.97，当分别给定穗粒数和穗数后的效应值分别为 1.80、1.05、1.81、0.98 和 1.83、1.15、1.72、2.15、1.22，与非条件下的效应值比较其变化的百分数分别为 5.88%、11.01%、19.91%、1.03%和 7.64%、2.54%、23.89%、25.77%，结果表明第一和第三个 QTL 对穗数影响稍大些，对穗粒数影响很小；第二个 QTL 对穗粒数影响稍大些，相对来说对穗数影响较小；第四个 QTL 对穗粒数影响极小，基本没有影响，相对来说对穗数影响较大。

二、研究结果与前人同类研究的比较分析

本研究用单位面积穗数、穗粒数和千粒重相互给定条件的条件 QTL 分析方法，共检测到 11 个 QTL 对三要素中的某一个要素或是两个因素有促进作用，对其他要素没有降低作用。其中 3 个 QTL（*QSN-DH-2B*、*QSN-DH-3A-1.1* 和 *QSN -DH-6D-1.1*）在提高单位面积穗数的同时并不降低穗粒数，是解决穗数和穗粒数负相关矛盾的重要基因；1 个（*QKNPS-DH-2B-2.1*）QTL 在提高穗粒数的同时，并不导致单位面积穗数的降低，是解决穗粒数和单位面积穗数负相关矛盾的重要 QTL/基因；4 个 QTL（*QKNPS-DH-1A-1.1*、*QKNPS-DH-2D-1.1*、*QKNPS-DH-6A* 和 *QKNPS-DH-6B*）在提高穗粒数的同时并不导致千粒重和穗数的降低，是可以协调穗粒数、千粒重和亩穗数共同提高的基因位点；3 个 QTL（*QTKW-DH-4B*、*QTKW-DH-5B* 和 *QTKW-DH-7B*）在提高千粒重的同时，并不导致穗粒数降低，是解决千粒重和穗粒数负相关矛盾的重要基因/QTL。以上这些 QTL，能提高小麦产量或是三要素中某一要素或是两个要素，同时不导致其他因素的降低，这样的 QTL 在小麦育种中会引起育种者的兴趣，可以通过此方法打破产量构成“三要素”间负相关的矛盾，为通过分子标记和分子设计育种方法，聚合高产性状的有利基因提供理论基础，对培育产量构成“三要素”协调、籽粒产量大幅度提高的小麦新品种具有重要意义。

前人利用多种遗传群体对小麦单位面积穗数、穗粒数和千粒重分别进行 QTL 分析（即非条件 QTL 定位），分别获得了许多单独控制单位面积穗数、穗粒数和千粒重的多个 QTL。但前人有关小麦产量三要素间的条件 QTL 分析未见报道。

第十节　小麦产量与产量构成因素的条件 QTL 分析

高产历来是小麦育种的主要目标。众说周知，小麦产量构由单位面积穗数、穗粒数和千粒重（即产量“三要素”）构成。产量的高低直接与“三要素”中任一要素的变化有关。因此，小麦产量与单位面积穗数、穗粒数和千粒重的关系前人进行了大量研究（Slafer，1996；Yu，2004；Holdenc，1998；Kronstad，1996）。近十年来，国内外学者在不同遗

传背景及环境条件下对小麦产量和构成因素单独进行了 QTL 分析(Marza et al.，2006；Li et al.，2007； Cuthbert et al.，2008；Golabadi et al.，2011)，但很少从分子水平上解析产量与产量三要素之间的基因互作关系。因此，本研究利用单位面积产量的非条件 QTL 和条件 QTL 比较分析，试图从单个 QTL/基因水平上，阐明小麦产量与构成“三要素”间一般呈正相关的遗传基础；鉴定到增加产量的有利 QTL/基因，对打破小麦产量限制的屏障，对培育单位面积产量大幅度提高的小麦新品种具有重要意义。

一、产量与产量构成因素的条件 QTL 分析结果

(一)供试材料

同本章第五节材料

(二)田间试验

试验年份、地点及种植管理方案同本章第九节。

产量和产量构成因素测定：收获前，每个株系(小区)选择中间 2 行数取穗数，按面积折单位面积的穗数；随机取 10 个单株主茎穗，测量穗粒数。成熟时每个小区籽粒混收，折算单位面积的产量，同时测量籽粒的千粒重(随机数 2 个 1000 粒称重，取平均值)。

(三)分子遗传连锁图

本文采用的遗传图包含 323 个位点(包括 284 个 SSR、37 个 EST-SSR、1 个 ISSR 和 1 个 HMW 标记)，图谱全长 2485.7cM，平均两个标记间的遗传距离是 7.67cM，形成 24 个连锁群，被定位在小麦的 21 条染色体上(Zhao et al.，2010)。

(四)数据分析和 QTL 定位

条件 QTL 的分析参照 Zhu(1995)提出的基于混合线性模型的数量性状分析方法进行分析，首先计算小区产量(yield, Y)对给定条件性状(given conditional trait, GCT)即产量三要素的(yield components, YC)的条件表型值 y(Y|YC)，利用 QGAStation 1.0 (http://ibi.zju.edu.cn/software/qga/index.htm)软件计算条件表型值 y(Y|YC)，Y|YC 表示从复杂性状中排除给定条件性状变异后的剩余变异。应用完备区间作图(IciMapping)(Li et al.，2007)软件 QTL IciMapping v3.3(http://www. isbreeding.net/)对表型值进行非条件和条件 QTL 分析。将 LOD 值低于 2.5 的 QTL 忽略掉，以增加 QTL 检测的准确性与可靠性。

数据分析和 QTL 命名方法同本章第九节。

(五)结果与分析

1. 产量与产量构成因素的表型分析

单位面积产量、单位面积穗数、每穗粒数和千粒重等 4 个相关性状在亲本及 DH 群体中的表型数据见表 8-42。由表型数据得出，单位面积产量及单位面积穗数、每穗粒数和千粒重等 4 个相关性状在亲本及 DH 群体中变异幅度大，呈现连续分布，并存在明显

的双向超亲分离现象，表明为多基因控制的数量性状。

表 8-42　小麦穗数、穗粒数、千粒重和产量性状在亲本及 DH 群体中的表型分析

Table 8-42　Phenotypic values of two parents and the DH population for spike number per m^2, kernel number per spike, thousand-kernel weight and yield traits

性状 Trait	亲本 Parents		DH 群体 DH population			
	花培 3 号 Huapei 3	豫麦 57 Yumai57	平均值 Mean	标准差 SD	最小值 Min.	最大值 Max.
产量(Y)	629.09	700.55	601.59	75.1	399.51	783.23
穗数(SN)	534.831	722.018	632.39	89.789	432.4	930.09
穗粒数(KNPS)	40.689	44.182	40.01	3.68	30.71	51.9
千粒重(TKW)	44.231	40.771	44.165	4.54	33.28	52.16

Y：单位面积产量；SN：单位面积穗数；KNPS：每穗粒数；TKW：千粒重

Y:　yield per m^2; SN: spike number per m^2; KNPS: kernel number per spike; TKW: thousand-kernel weight

2. 产量与产量构成因素的非条件及条件 QTL 分析

共检测到产量的非条件和条件 QTL 28 个(表 8-43)。其中有 7 个控制单位面积产量的非条件 QTL，分别定位于 2D(2)、3A、4D、5D 和 6D(2)染色体上；21 个分别给定穗数、穗粒数和千粒重的条件下的控制单位面积产量的条件 QTL，分别定位于 2A、2D、3A、4D、6D 和 7B 等染色体上。

1)产量性状的非条件 QTL 分析

检测到 7 个控制单位面积产量的非条件 QTL，分别定位于 2D(2)、3A、4D、5D 和 6D(2)染色体上，可解释 7.59%~15.77%的表型变异，总的贡献率为 66.65%；其中 *QY-DH-4D* 和 *QY-DH-6D-2.1* 为主效 QTL，可分别解释的表型变异为 15.77%和 10.16%(表 8-43)。

2)产量性状的条件 QTL 分析

(1)排除穗数效应后单位面积产量的条件 QTL 分析

在给定穗数的条件下(即排除穗数效应后，下同)，共检测到调控产量的 6 个条件 QTL(*QY-DH-2A*、*QY-DH-2D-1.1*、*QY-DH-3A*、*QY-DH-4D*、*QY-DH-6D-2.1* 和 *QY-DH-7B-1.2*)其中 4 个 QTL(*QY-DH-2D-1.1*、*QY-DH-3A*、*QY-DH-4D* 和 *QY-DH-6D-2.1*)在非条件和条件分析中都能检测到，且效应值变化较大，非条件分析中其效应值的绝对值分别为 24.09、19.05、45.29 和 36.88，排除穗数后的效应值分别为 21.36、18.49、47.34 和 40.96，说明这些 QTL/基因为部分通过影响穗数的变化而影响产量；另外 2 个条件 QTL(*QY-DH-2A* 和 *QY-DH-7B-1.1*)在非条件分析中没有检测到，说明这两个位点的表达被穗数所掩盖，在排除穗数后，才可检测到(表 8-43)。

(2)排除穗粒数效应后单位面积产量的条件 QTL 分析

在给定穗粒数的条件下，共检测到影响产量的 6 个条件 QTL(*QY-DH-2D-1.1*、*QY-DH-3A*、*QY-DH-4D*、*QY-DH-5D-2.1*、*QY-DH-6D-2.1* 和 *QY-DH-7B-1.1*)，其中 4 个 QTL 在非条件和条件分析中都能检测到，有 2 个 QTL(*QY-DH-4D* 和 *QY-DH-6D-2.1*)效应值变化稍大，非条件分析中其效应值的绝对值分别为 45.29 和 36.88，排除穗粒数后的效应值分别为 49.97 和 42.47，表明这些 QTL/基因为部分通过影响穗粒数的变化进而影响产量。其余 2 个 QTL(*QY-DH-2D-1.1* 和 *QY-DH-3A*)的效应值变化较小，在非条件分析中其效应值的绝对值分别为 24.09 和 19.05，排除穗粒数后的效应值分别为 24.34 和 18.94，说明这些基因/QTL 具有调控产量的作用。而 *QY-DH-5D-2.1* 和 *QY-DH-7B-1.1* 这 2 个条件 QTL 在非条件下没有检测到，说明这两个位点被穗粒数所掩盖，在去除穗粒数的影响后，这些位点才得以表达(表 8-43)。

(3) 排除千粒重效应后单位面积产量的条件 QTL 分析

产量在给定千粒重的条件下，共检测到调控产量的 9 个条件 QTL(*QY-DH-2D-4.1*、*QY-DH-2D-1.1*、*QY-DH-2D-3.1*、*QY-DH-4B*、*QY-DH-4D*、*QY-DH-5A2*、*QY-DH-5D*、*QY-DH-6B* 和 *QY-DH-7B-2.1*)，其中 2 个 QTL(*QY-DH-2D-1.1* 和 *QY-DH-4D*)在非条件和条件分析中都能检测到，且效应值变化稍大，非条件分析中其效应值的绝对值分别为 24.09 和 45.29，排除千粒重后的效应值分别为 20.16 和 49.61，表明这些 QTL/基因为部分通过影响千粒重的变化而影响产量；另外有 7 个条件 QTL(*QY-DH-2D-3.1*、*QY-DH-2D-4.1*、*QY-DH-4B*、*QY-DH-5A2*、*QY-DH-5D-2. 1*、*QY-DH-6B* 和 *QY-DH-7B-2.1*)在非条件分析中没有检测到，这些 QTL 为排除千粒重对单位面积产量的影响后，才可检测到的影响产量的 QTL(表 8-43)。

此外，有 3 个非条件的 QTL(*QY-DH-2D-2.1*、*QY-DH-5D-1.1* 和 *QY-DH-6D-1.1*)在条件分析中没有检测到，可能为其他因素导致的影响单位面积产量的 QTL。

表 8-43　产量和穗数、穗粒数、千粒重的非条件和条件 QTL 分析结果

Table 8-43　Unconditional and conditional QTL with significant additive effects for spike number per m², kernel number per spike, thousand-kernel weight and yield

性状 [a] Trait	QTL	侧翼标记 Flanking markers	环境 [b] Env.	位置 Position	LOD	解释变异率 (PVE)/%	加性效应值 Additive effect
产量 Y	Unconditional QTL 非条件 QTL						
	QY-DH-2D-1.1	*Xwmc112-Xcfd53*	P	1	2.83	7.59	24.09
	QY-DH-2D-2.1	*Xwmc658.1-Xgdm93*	E1	187	3.32	8.73	–22.76
	QY-DH-3A	*Xwmc264-Xcfa2193*	E5	147	3.08	8.41	19.05
	QY-DH-4D	*Xwmc331-Xgwm194*	E4	27	3.38	15.77	45.29
	QY-DH-5D-1.1	*Xbarc320-Xwmc215*	E1	69	3.00	7.84	–21.99
	QY-DH-6D-1.1	*Xcfd13-Xbarc054*	E4	44	2.63	8.15	–32.65
	QY-DH-6D-2.1	*Xbarc054-Xgwm55*	E4	68	2.82	10.16	–36.88
	Conditional QTL 条件 QTL						
产量|穗数	*QY-DH-2A*	*Xgwm636-Xcfe67*	E1	40	2.89	11.14	–18.27
Y|SN	*QY-DH-2D-1.1*	*Xwmc112-Xcfd53*	P	1	2.53	6.35	21.36
	QY-DH-3A	*Xwmc264-Xcfa2193*	E5	147	2.95	8.06	18.49
	QY-DH-4D	*Xwmc331-Xgwm194*	E4	24	4.61	17.56	47.34
	QY-DH-6D-2.1	*Xbarc054-Xgwm55*	E4	71	3.96	12.68	–40.96
	QY-DH-7B-1.2	*Xgwm333-Xwmc10*	E4/P	70/76	2.72/2.51	7.95/6.30	–32.51/–21.36

续表

性状[a] Trait	QTL	侧翼标记 Flanking markers	环境[b] Env.	位置 Position	LOD	解释变异率(PVE)/%	加性效应值 Additive effect
产量|穗粒数	*QY-DH-2D-1.1*	*Xwmc112-Xcfd53*	P	1	2.9	7.8	24.34
Y|KNPS	*QY-DH-3A*	*Xwmc264-Xcfa2193*	E5	147	3.17	8.67	18.94
	QY-DH-4D	*Xwmc331-Xgwm194*	E4	26	4.65	19.2	49.97
	QY-DH-5D-2.1	*Xwmc215-Xbarc345*	E3	70	2.59	8.49	–48.68
	QY-DH-6D-2.1	*Xbarc054-Xgwm55*	E4	71	4.14	13.37	–42.47
	QY-DH-7B-1.1	*Xgwm333-Xwmc10*	E4	69	2.79	8.46	–33.88
产量|千粒重	*QY-DH-2D-4.1*	*Xgwm311.1-Xwmc658.1*	E1	180	2.84	11.54	–24.88
Y|TKW	*QY-DH-2D-1.1*	*Xwmc112-Xcfd53*	P	1	2.51	5.91	20.16
	QY-DH-2D-3.1	*Xcfd50-Xgwm311.*	P	133	3.04	7.5	–24.8
	QY-DH-4B	*Xwmc657-Xwmc48*	P	16	3.69	8.95	24.63
	QY-DH-4D	*Xwmc331-Xgwm194*	E4/P	28/27	4.37/2.60	20.29/9.81	49.61/25.77
	QY-DH-5A2	*Xcfe026.1-Xcwem32.2*	E5	0	2.67	7.12	–14.33
	QY-DH-5D	*Xwmc215-Xbarc345*	E3	70	2.56	8.38	–47.64
	QY-DH-6B	*Xgwm219-Xbarc247*	E1	12	3.05	9.98	28.37
	QY-DH-7B-2.1	*Xwmc402.1-Xbarc276.1*	E4	32	2.72	7.43	–31.01

a. 产量|穗数：产量排除穗数的影响；产量|穗粒数：产量排除穗粒数的影响；产量|千粒重：产量排除千粒重的影响。Y|SN, Y|KNPS and Y|TKW indicate Y conditioned on spike number per m^2, kernel number per spike and thousand-kernel weight, respectively

b. E1: 2011，泰安 Taian; E2: 2012 年济南 Jinan; E3: 2012，泰安 Taian; E4: 2012，济源 Jiyuan; E5: 2013 济南 Jinan; *P* 值表示 5 个环境的平均值 *P* means the average values of the five environments

二、研究结果与前人同类研究的比较分析

小麦单位面积产量主要有单位面积穗数、每穗粒数及千粒重共同决定，产量与三要素之间一般存在着正相关关系。由此可知，控制单位面积产量及其三要素的基因也不会孤立存在，也必然存在着“一因多效”或“多因一效”的互作关系。尽管前人利用多种遗传群体对小麦单位面积产量及其三要素分别进行 QTL 分析(即非条件 QTL 定位)，获得了许多控制单位面积产量及其三要素的 QTL(Marza et al.，2006；Hai et al.，2008；Zhang et al.，2009；Ramya et al.，2010；Patil et al.，2013)，但是由于非条件 QTL 分析用的累加效应分析方法(accumulated effect analysis)，获得的是某个 QTL 表达的累积遗传效应(accumulated effect of a QTL)，不能从单个 QTL 水平上进行两个(或多个)紧密相关性状之间的遗传基础和相互关系研究。而条件 QTL 效应分析方法(Zhu，1995；Wu et al.，1997)，是基于净增长效应分析法(net-effect)，弥补了非条件 QTL 的缺陷，条件 QTL 是在给定条件(即排除某一因素的遗传效应)下的净遗传效应进行的 QTL 分析，可解析两个关系密切且又相互独立的性状间的遗传关系，小麦的单位面积产量与单位面积穗数、每穗粒数和千粒重就是关系密切且又相互独立的性状，一般与单位面积产量呈正相关关系。产量与构成因素间的基因关系的阐明对提高小麦高产至关重要。

本研究中通过对非条件和条件 QTL 的对比分析，7 个控制单位面积产量的非条件

QTL 中，至少受 2 个产量构成要素的影响，没有检测到独立于单位面积穗数和千粒重的非条件 QTL。2 个 QTL(*QY-DH-2D-1.1* 和 *QY-DH-3A*)导致的产量的增加，是部分通过穗数和千粒重的影响，与穗粒数无关。获得了 11 个新的微效 QTL(*QY-DH-5D-2.1*、*QY-DH-7B-1.1*、*QY-DH-2A*、*QY-DH-7B-1.1*、*QY-DH-2D-3.1*、*QY-DH-2D-4.1*、*QY-DH-4B*、*QY-DH-5A2*、*QY-DH-5D-2. 1*、*QY-DH-6B* 和 *QY-DH-7B-2.1*)，在非条件分析中检测不到，排除给定的条件后能检测到，表明条件 QTL 分析方法能检测到更多的微效 QTL，更能从 QTL 水平上反应出产量与三要素的遗传关系。

第十一节 条件 QTL 分析在分子育种和分子栽培中的作用

一、条件 QTL 在分子育种中的应用

条件 QTL 分析可将作物终端产量的累加效应，分解为不同生育时间、不同农艺措施、不同物质代谢间的基因效应，不仅丰富了分子设计育种第一步骤 QTL 定位的内容，而且是 QTL 遗传效应(功能)分析的主要工作，更是基于 QTL 功能和互作效应进行品种分子设计的必要前提。结合条件 QTL 定位的概念和研究内容，初步提出条件 QTL 分析在分子育种中三个方面的应用：其一，利用作物生长发育不同时段，某性状(如小麦籽粒重)表型增加的遗传效应值，探明该性状发育过程中(如籽粒的半仁期、满仁期、乳熟期和蜡熟期)各个阶段与该性状有关的 QTL 或基因，特别是利用传统 QTL 方法不能检测到的遗传效应值较大的 QTL 或基因，在分子设计育种中，将各阶段对该性状起重要作用的 QTL 或基因进行聚合，为培育超级作物新品种提供对某性状有突破性改良的分子育种元件；其二，根据作物在不同浇水、施肥及其他农艺措施下的某性状的效应值，检测肥水高效 QTL 或基因或耐逆境胁迫的主效 QTL 或基因，在育种过程中利用其特异标记聚合这些 QTL 或基因，培育高效利用自然资源的作物新品种；其三，利用产量构成三要素与产量关系的表型值或籽粒蛋白质含量、淀粉含量彼增此消的表型值，找出在给定条件(淀粉|蛋白质)下增加蛋白质含量而不降低淀粉含量的 QTL 或基因，或在产量|产量组分条件下均能起增产作用的 QTL/基因，克服用常规方法不能解决的产量构成因素间或产量与品质间存在的负相关矛盾，培育产量、品质有突破性改良的超级作物新品种。

二、条件 QTL 在分子栽培中的应用

同作物育种学一样，作物栽培学对提高作物产量也做出了很大贡献。早在 20 世纪 50 年代，陈永康就创造了通过施肥调控水稻叶绿素含量，根据叶绿素含量判断水稻营养生长状况的“三黑”、“三黄”理论(Ling et al.，2003)。刘应祥提出了通过水肥调控株型、叶型，判断小麦长势是否合理的表型指标，将水肥不足条件下的短小、直立的叶片比喻为“马耳朵”，将水肥适中条件下的正常叶片比喻为“驴耳朵”，而将肥水过多、生长过旺的下披叶片比喻为“猪耳朵”(Liu et al.，1981)。余松烈等创造的“小麦精播半精播高产栽培技术”、于振文等创造的“小麦氮肥后移、抗衰老超高产栽培技

术”(2002)，都对作物产量的显著提高起到了很大作用。但是由于学科定界和实验技术的限制，人们总是将栽培学中的“农艺措施—性状改变—获得高产”看成是自然而然的必然结果，而很少考虑到农艺措施对作物性状的影响都是调控了这些性状的相关基因。正是这些性状的 QTL(数量性状基因位点)的综合表达，才使水稻幼苗出现“黄”、“绿”、“黑”(浓绿)的变化，才使小麦叶片呈现“马耳朵”、“驴耳朵”和“猪耳朵”形态差异，从而影响到作物群体结构和籽粒产量。近年来随着作物生理生态学、遗传育种和分子生物学对栽培学科的渗透和嫁接，林文雄等用数量性状的加-显性发育遗传模型分析了水稻地上部干物质不同发育阶段的遗传特性，发现在发育前期、中期和后期干物质分别受不同效应的控制，提出了进行作物分子栽培的观点(林文雄等，2003)。

作物分子栽培是一个新名词，综合多学科的内容，我们认为“作物分子栽培”应定义为“将作物品种的 QTL 或基因信息与栽培专家的田间管理经验结合起来，根据作物生产目的和相关基因的表达水平指导肥水等农艺措施的施用，最大限度地发挥品种高产优质遗传潜力的栽培技术体系”。因此，“作物分子栽培学”是作物栽培学、作物遗传育种学和分子生物学等学科的渗透结合。作物分子栽培必须借助遗传育种和分子生物学的技术和方法，但必须由栽培工作者完成。主要内容包括：①将作物的 RIL、NIL 和 DH 等遗传群体用作栽培试验材料，利用栽培学丰富的栽培经验和良好的栽培设施，结合育种家构建的分子遗传图，进行不同生态环境、不同生长发育阶段和不同农艺措施下的条件 QTL 研究；②针对不同的品种类型及特定品种含有的水高效、肥高效、耐胁迫和高产、优质有利 QTL 或基因，研究其在不同农艺措施下的表达水平与高产、优质的关系；③按照良种良法配套原则，实施最能发挥主要产量、品质性状主效 QTL 或基因功能的栽培措施，建立“品种→农艺措施(良法)→有利等位基因表达→高产、优质”新的栽培研究技术体系，实现作物的高产、优质、节本和环境友好。

条件 QTL 研究存在的问题及应用前景

条件 QTL 虽然能解析和分解作物一生累加的基因效应，鉴定在给定条件下表达的新基因，但和传统 QTL 定位方法一样，也存在着定位精度不高及与实际应用脱节的问题。其今后的研究方向，一是建立次生群体，对主效 QTL 位点进行精细定位，以便克隆在关键生育期对某性状起关键作用的主效 QTL 或基因或水、肥高效利用的 QTL 或基因；二是开展 QTL 表达谱(即 e-QTL)的研究，从基因表达谱方面深入进行条件 QTL 的研究，并阐明导致性状变异遗传途径中的主要调节因子(Kliebenstein et al.，2009；Jordan et al.，2007)。

小麦、玉米等主要农作物一般都含有数万个基因。作物的产量高低和品质优劣，实际上都是众多基因不断表达、沉默和相互应答的结果。因此，传统的 QTL 定位虽然是数量性状基因解析的基础，但基于终端表型值的 QTL 定位，不仅鉴定的数量 QTL 少，而且不能鉴定生长发育过程中已结束表达的基因，所以基于最终表型值定位的 QTL 分子标记辅助选择需进一步研究(Jiang et al.，2008)。以发育动态、环境应答和因果关系为主要内容的条件 QTL 或基因研究，可将多个数量性状产生的综合遗传效应进行分解和解析，是传统 QTL 定位的深入研究和发展。特别是条件 QTL 的精细定位和 e-QTL 的进一步开展，不仅为方兴未艾的分子育种和分子设计育种提供更好的育种元件，而且为刚刚提出的分子栽培提供了理论支撑，是遗传育种与耕作栽培两大学科有机结合的纽带和桥梁，对聚合有利等位基因、培育超级作物新品种和通过栽培措施充分发挥品种遗传潜力，实现作物产量、品质的跨越性提高有非常重要的意义。

参 考 文 献

陈佳慧, 兰进好, 王晖, 等. 2011. 小麦籽粒形态及千粒重性状的 QTL 初步定位. 麦类作物学报, 31(6): 1001-1006.

陈新民. 2000. 糯小麦(waxywheat)研究进展. 麦类作物学报, 20(3): 82-85.

丁安明, 崔法, 李君, 等. 2011. 小麦单株产量与株高的 QTL 分析. 中国农业科学, 44(14): 2857-2867.

方先文, 姜东, 戴廷波, 等. 2003. 小麦籽粒总淀粉及支链淀粉含量的遗传分析. 作物学报, 29(6): 925-929.

何慈信, 朱军, 严菊强, 等. 2000. 水稻穗干物质重发育动态的 QTL 定位. 中国农业科学, 33(1): 24-32.

黄宜新. 2003. 浅析影响馒头品质的主要因素. 西部粮油科技, (5): 13-17.

李俊周, 刘艳阳, 何宁, 等. 2005. 小麦 DH 群体数量性状的遗传分析. 麦类作物学报, 3: 1009-1041.

李卫华, 尤明山, 刘伟, 等. 2006. 小麦 GMP 含量发育动态的 QTL 定位. 作物学报, 32(7): 995-1000.

李文福. 2012. 利用 DH 和 IF2 两群体进行小麦主要农艺和品质性状的 QTL 分析. 泰安: 山东农业大学硕士学位论文.

李学军, 李立群, 王辉, 等. 2009. 小麦粒长和粒宽的 QTL 定位分析. 西北农林科技大学学报(自然科学版). 37(3): 95-100.

廖祥政, 王瑾, 周荣华, 等. 2008. 发掘人工合成小麦中千粒重 QTL 的有利等位基因. 作物学报, 34(11): 1877-1884.

林文雄, 梁康迳, 郭玉春, 等. 2003. 水稻高产形成的分子生态学基础及其应用研究. 应用生态学报, 14(12): 2316-2320.

刘宾, 赵亮, 张坤普, 等. 2010. 小麦株高发育动态 QTL 定位. 中国农业科学, 43(22): 4562-4570.

刘宾. 2011. 小麦产量性状的条件和非条件 QTL 分析. 泰安: 山东农业大学博士毕业论文.

刘冬成, 高睦枪, 关荣霞, 等. 2002. 小麦株高性状的 QTL 分析. 遗传学报, 29(8): 706-711.

刘建军, 何中虎. 2002. 小麦品质性状与干白面条品质参数关系的研究. 作物学报, 28(6): 738-742.

刘丽, 李卫华, 刘伟, 等. 2008. 小麦谷蛋白膨胀指数发育动态的 QTL 分析. 中国农业科学, 41(11): 3838-3844.

刘宗华. 2007. 氮胁迫与非胁迫条件下玉米不同时期株高的动态 QTL 定位. 作物学报, 33(5): 782-789.

倪静, 徐智斌, 王涛. 2010. 糯小麦灌浆期籽粒糖类、淀粉及蛋白质的动态研究. 麦类作物学报, 30(3): 509-514.

任宪忠, 汪春, 雷溥, 等. 2005. 小麦籽粒形状参数分形特性研究及应用. 农业机械学报, 36(10): 85-88.

桑云, 赵亮, 张坤普, 等. 2010. 小麦 DH 群体穗下节间直径、茎壁厚及茎壁面积的 QTL 定位. 作物学报, 36(1): 61-67.

隋娜, 李萌, 韩伟, 等. 2009. 超高产小麦生育后期旗叶生理特性的研究. 麦类作物学报, 29(6): 1039-1042.

孙德生, 李文滨, 张忠臣, 等. 2006. 大豆株高 QTL 发育动态分析. 作物学报, 32(4): 509-514.

孙宪印. 2009. 不同环境下小麦籽粒形态性状及微营养物质含量的 QTL 分析. 泰安: 山东农业大学博士学位论文.

田宾, 刘宾, 朱占玲, 等. 2011. 小麦籽粒淀粉积累动态的条件和非条件 QTL 定位. 中国农业科学, 44(22): 4551-4559.

田纪春. 2006. 谷物品质测试理论与方法. 北京: 科学出版社: 21-25.

王芳, 王宪泽. 2004. 小麦籽粒淀粉合成动态及其相关酶活性的研究. 麦类作物学报, 24(2): 57-60.

王晖, 兰进好, 田纪春. 2012. 不同发育时期小麦粒重性状 QTL 的动态分析. 植物遗传资源学报, 3(6): 1055-1060.

王俊. 2009. 小麦光温敏型 DH 群体品质性状的 QTL 分析. 呼和浩特: 内蒙古农业大学硕士学位论文.

王丽辉, 张立平, 赵昌平, 等. 2008. 小麦挑旗期和抽穗期的 QTL 分析. 分子植物育种, 6(4): 689-694.

王瑞霞, 张秀英, 伍玲, 等. 2009. 不同生态环境下冬小麦籽粒大小相关性状的 QTL 分析. 中国农业科学, 42(2): 398-407.

王宪泽, 李菡, 郭恒俊, 等. 1998. 小麦加工品质性状与馒头质量性状的相关性. 中国粮油学报, 13(6): 6-8.

王竹林, 王辉, 孙道杰, 等. 2008. 小麦株高的 QTL 分析. 西北农林科技大学学报(自然科学版), 36(12): 60-63.

吴为人, 李维明, 卢浩然. 1996. 基于最小二乘估计的数量性状基因座的复合区间定位法. 福建农业大学学报, 25: 394-399.

吴为人, 李维明, 卢浩然. 1997. 数量性状基因座的动态定位策略. 生物数学学报, 12(5): 490-498.

邢永忠, 徐才国, 华金平, 等. 2001. 水稻株高和抽穗期基因的定位和分离. 植物学报, 43(7): 721-726.

邢永忠, 徐才国. 2011. 作物数量性状基因研究进展. 遗传, 23(5): 498-502.

徐书果. 2006. 小麦不同发育阶段硝酸还原酶和谷氨酰胺合成酶活性的遗传分析. 河南农业大学硕士论文.

闫素辉, 王振林, 戴忠民, 等. 2007. 两个直链淀粉含量不同的小麦品种籽粒淀粉合成酶活性与淀粉积累特征的比较. 作物学报, 33(1): 84-89.

杨绍华. 2011. 植物 QTL 研制进展. 中国农学进展, 27(03): 226-231.

杨松杰, 张晓科, 何中虎, 等. 2006. 用 STS 标记检测矮秆基因 *Rht-B1b* 和 *Rht-D1b* 在中国小麦中的分布. 中国农业科学, 39(8): 1680-1687.

杨文利. 2002. 小麦株高与产量性状分子标记的研究. 保定: 河北农业大学硕士学位论文.

姚琴, 周荣华, 潘昱名, 等. 2010. 小麦品种偃展 1 号与品系早穗 30 重组自交系群体遗传连锁图构建及重要农艺性状的 QTL 分析. 中国农业科学, 43(20): 4130-4139.

于振文, 田奇卓, 潘庆民, 等. 2002. 黄淮麦区冬小麦超高产栽培的理论与实践. 作物学报, 8(5): 577-585.

张春庆, 李晴祺, 尹承佾. 1996. 高分子量和中分子量蛋白质谱带与普通小麦馒头加工体积的关系. 山东农业大学学报, 27(4): 393-400.

张坤普, 徐宪斌, 田纪春. 2009. 小麦籽粒产量及穗部相关性状的 QTL 定位. 作物学报, 35(2): 270-278.

张坤普. 2008. 麦分子遗传图的构建及数量性状基因定位. 泰安: 山东农业大学博士学位论文.

张元培. 1998. 展望新世纪的优质小麦品种研究与开发(二). 粮食与饲料工业, (8): 1-3.

章元明. 2006. 作物 QTL 定位方法研究进展. 科学通报, 51(19): 2223-2231.

赵冬梅. 2006. 小麦产量相关性状的分子遗传分析及抗赤霉病侵染 QTL 的分子标记开发.南京农业大学博士论文.

赵俊晔, 于振文, 孙慧敏, 等. 2004. 不同小麦品种籽粒淀粉组分及相关酶活性的差异. 作物学报, 30(6): 525-530.

赵新华, 张小村, 李斯深, 等. 2005. 小麦抗旱相关生理性状的 QTL 分析. 西北植物学报, 04: 696-699.

周淼平, 任丽娟, 张旭, 等. 2006. 小麦产量性状的 QTL 分析. 麦类作物学报, 26(4): 35-40.

朱军. 1999. 运用混合线性模型定位复杂数量性状基因的方法. 浙江大学学报(工学版), 33(3): 327-335.

朱占玲, 刘宾, 田宾, 等. 2011. 小麦籽粒蛋白质含量的动态 QTL 定位. 中国农业科学, 44(15): 3078-3085.

Araki E, Miura H, Sawada S. 2000. Differential effects of the null alleles at the three Wx loci on the starch-pasting properties of wheat. Theor Appl Genet, 100(7): 1113-1120.

Blanco A, Bellomo M, Lotti C, et al. 1998. Genetic mapping of sedimentation volume across environments using recombinant inbred lines of durum wheat. Plant Breeding, 117, 413-417.

Blanco A, Pasqualone A, Troccoli A. 2002. Detection of grain protein content QTLs across environments in tetraploid wheats. Plant Molecular Biology, 48: 615-623.

Blanco A, Simeone R, Gadaleta A. 2006. Detection of QTLs for grain protein content in durum wheat. Theor Appl Genet, 113: 563-565.

Börner A, Schumann E, Fürste A, et al. 2002. Mapping of quantitative trait loci determining agronomic important characters in hexaploid wheat (*Triticum aestivum* L.). Theoretical and applied genetics, 105: 921-936.

Breseghello F, Sorrells M E. 2007. QTL analysis of kernel size and shape in two hexaploid wheat mapping populations. Field Crops Research, 101: 172-179.

Cadalen T, Sourdille P, Charmet G, et al. 1998. Molecular markers linked to genes affecting plant height in wheat using a double haploid population. Theor Appl Genet, 96: 933-940.

Campbell B T, Baenziger P S, Gill K S, et al. 2003. Identification of QTL and environmental interactions associated with agronomic traits on chromosome 3A of wheat. Crop Sci, 43: 1493-1505.

Campbell K G, Bergman C J, Gualberto D G, et al. 1999. Quantitative trait loci associated with kernel traits in a soft× hard wheat cross. Crop Sci, 39: 1184-1195.

Cao G, Zhu J, He C, et al. 2001. Impact of epistasis and QTL ×environment interaction on the developmental behavior of plant height in rice (*Oryza sativa* L.). Theor Appl Genet, 103: 153-160.

Cui F, Ding A M, Li J, et al. 2011. Wheat kernel dimensions: how do they contribute to kernel weigh at an individual QTL level. Journal of Genetics, 90(3): 409-425.

Cui F, Li J, Ding A M, et al. 2011. Conditional QTL mapping for plant height with respect to the length of the spike and internode in two mapping populations of wheat. Theor Appl Genet, 122, 1517-1536.

D'Ovidio R, Masci S. 2004. The low-molecular-weight glutenin subunits of wheat gluten. Journal of Cereal Science, 39: 321-339.

Dexter J E, Matsuo R R. 1980. Relationship between durum wheat protein properties and pasta dough rheology and spaghetti cooking quality. Journal of Agricultural and Food Chemistry, 26, 899-905.

Dholakia B B, Ammiraju J S S, Singh H, et al. 2003. Molecular marker analysis of kernel size and shape in bread wheat. Plant Breeding, 122: 392-395.

Dick J W, Quick J S. 1983. A modified screening test for rapid estimation of gluten strength in early-generation durum wheat breeding lines. Cereal Chemistry, 60, 315-318.

Doi K, Izawa T, Fuse T, et al. 2004. Ehd1, a B2 type response regula ator in rice, confers short 2 day promotion of flowering and controls FT2 like gene expression in dependently of Hd1. Genes&Devel opment, 18: 926-936.

Ellis M H, Rebetzke G J, Chandler P, et al. 2004. The effect of different height reducing genes on the early growth of wheat. Functional Plant Biology, 31: 583-589.

Groos C, Robert N, Bervas E, et al. 2003. Genetic analysis of grain protein-content, grain yield and thousand-kernel weight in bread wheat. Theor Appl Genet, 106: 1032-1040.

Guo L B, Xing Y Z, Mei H W, et al. 2005. Dissection of component QTL expression in yield formation in rice. Plant Breeding, 124: 127-132.

Hai L, Guo H J, Wagner C, et al. 2008. Genomic regions for yield and yield parameters in Chinese winter wheat (*Triticum aestivum* L.) genotypes tested under varying environments correspond to QTL in widely different wheat materials. Plant Science, 175: 226-232.

He Z H, Yang J, Zhang Y, et al. 2004. Pan bread and dry white Chinese noodle quality in Chinese winter wheats. Euphytica, 139, 257-267.

Huang X Q, Cloutier S, Lycar L, et al. 2006. Molecular detection of QTL for agronomic and quality traits in a doubled haploid population derived from two Canadian wheats (*Triticum aestivum* L.). Theor Appl Genet, 113: 753-766.

Huang X Q, Coster H, Ganal M W, et al. 2003 . Advanced backcross QTL analysis for the identification of quantitative trait loci alleles from wild relatives of wheat (*Triticum aestivum* L.). Theor Appl Genet, 106: 1379-1389.

Huang X Q, Kempf H, Ganal M W, et al. 2004. Advanced backcross QTL analysis in progenies derived from across between a German elite winter wheat variety and a synthetic wheat (*Triticum aestivum* L.). Theor Appl Genet, 109: 933-943.

Jiang H, Jiang L, Guo L B, et al. 2008. Conditional and unconditional mapping of quantitative trait loci underlying plant height and tiller number in rice (*Oryza sativa* L.) grown at two nitrogen levels. Prog Nat Sci, 181: 539-1547.

Johnson W C, Gepts P. 2004. The role of epistasis in controlling seed yield and other agronomic traits in an Andean×Mesoamerican cross of common bean (*Phaseolus vulgrais* L.). Euphytica, 125: 69-79.

Jordan M C, Somers D J, Banks T W. 2007. Identifying regions of the wheat genome controlling seed development by mapping expression quantitative trait loci. Plant Biotechnology Journal, 5 (3): 442-453.

José L D D L, Ricardo E, Nadia G, et al. 2011. Quantitative trait loci associated with salinity tolerance in field grown bread wheat. Euphytica, 181: 371-383.

Kliebenstein D. 2009. Quantitative genomics: analyzing intraspecific variation using global gene expression polymorphisms or eQTLs. Annu Rev Plant Biol, 60: 93-114.

Kuchel H, Landridge P, Mosinek L, et al. 2006 The genetic control of milling yield, dough rhe-ology and baking quality of wheat. Theor Appl Genet, 112: 1487-1495.

Kuchel H, Williams K, Langridge P, et al. 2007. Genetic dissection of grain yield in bread wheat. II. QTL-by-environment inter action. Theor Appl Genet, 115: 1015-1027.

Kumar N, Kulwal P L, Balyan H S, et al. 2007. QTL mapping for yield and yield contributing traits in two mapping populations of bread wheat. Molecular Breeding, 19: 163-177.

Kunert A, Naz A A, Oliver D, et al. 2007. AB-QTL analysis in winter wheat: I. Synthetic hexaploid wheat (*T. turgidum* ssp.

dicoccoides × *T. tauschii*) as a source of favourable alleles for milling and baking quality traits. Theor Appl Genet, 115, 683-695.

Lafferty, Lelley T. 2001. Introduction of high molecular weight glutenin subunits 5+10 for theimprovement of the bread-making quality of hexaploid triticale. Plant Breeding, 20: 33-37.

Lander E S, Botstein D. 1989. Mapping Mendelian factors underlying quantitative traits using RFLP linkage maps. Genetics, 121: 185-199.

Law C N, Young C F, Brown J W S. 1978. The study of protein control in wheat using whole chromosome subsititution lines. Panel Proceedings Series, 2: 483-402.

Li J, Cui F, Ding A M, et al. 2012a. QTL detection of seven quality traits in wheat using two related recombinant inbred line populations. Euphytica, 183: 207-226.

Li S S, Jia J Z, Wei X Y, et al. 2007. A intervarietal genetic map and QTL analysis for yield traits in wheat. Molecular Breeding, 20: 167-178.

Li W, Liu B, Peng T, et al. 2012b. Detection of QTL for kernel weight, grain size, and grain hardness in wheat using DH and immortalized F_2 population. Scientia Agricultura Sinica, 45 (17), 3453-3462.

Li Y, Song Y, Zhou R, et al. 2009. Detection of QTLs for bread-making quality in wheat using a recombinant inbred line population. Plant Breeding, 128: 235-243.

Li Y, Zhou R, Wang J, et al. 2009. Novel and favorable QTL allele clusters for end-use quality revealed by introgression lines derived from synthetic wheat. Molecular Breeding, 29: 627-643.

Lin Z J, Misdelly D M, Moss H J. 1990. Suitability of various austrilian wheat for chinese- style steamed bread. Journal of the Science of Food and Agriculture, (53): 203-213.

Lineback D R, Rasper V F. 1988. Wheat carbohydrates. In: Pomeranz. Wheat Chemistry and Technology. MN, U. S. A: American Association of Cereal Chemists, St Paul, 277-332.

Ling Q H. 2003. Crop Culture Science with Chinese characteristic cannot be replaced. Chin Agric Sci Bull, 9 (4): 1-6 (in Chinese).

Liu B, Zhao L, Zhang K P, et al. 2010. Genetic dissection of plant height at different growth stages in common wheat. Scientia Agricultura Sinica, 43: 4562-4570.

Liu D C, Gao M Q, Guan R X, et al. 2002. Mapping quantitative trait loci for plant height in wheat (*Triticum aestivum* L.) using a $F_{2:3}$ population. Acta Genet Sinic, 29: 706-711.

Liu G F, Yang J, Xu H M, et al. 2008 Genetic analysis of grain yield conditioned on its component traits in rice (*Oryza sativa* L.). Australian Journal of Agricultural Research, 59, 180-195.

Liu J J, He Z H, Zhao L Z D, et al. 2003. Wheat quality traits and quality parameters of cooked dry white Chinese nondles. Euphytica, 131: 147-154.

Liu J, Eck J V, Cong B, et al. 2002. A new class of regulatory genes underlying the cause of pear shaped tomato fruit. PNAS, 2002, 99 (20): 13302-13306.

Luo L J, Li Z K, Mei H W, et al. 2001. Overdominant epistatic loci are the primary genetic basis of inbreeding depression and heterosis in rice: II. Grain yield components. Genetics, 158: 1755-1771.

Ma J, Zhang C Y, Yan G J, et al. 2012. Identification of QTLs conferring agronomic and quality traits in hexaploid wheat. Journal of Integrative Agriculture, 11 (9): 1399-1408.

Ma X Q, Tang J H, Teng W T, et al. 2007. Epistatic interaction is an important genetic basis of grain yield and its components in maize. Molecular Breeding, 20: 41-51.

Ma Z, Zhao D, Zhang C, et al. 2007. Molecular genetic analysis of fives pike-related traits in wheat using RIL and immortalized F_2 populations. Mol Gen Genomics, 277: 31-42.

Manelius R, Zhu Q, Avall A K, et al. 1997. The modeof action on granular wheat starch by bacterial alpha amylase. Starch/Staerke, 49 (4): 142-147.

Marza F, Bai G H, Carver B F, et al. 2006. Quantitative trait locus for yield and related traits in the wheat population Ning7840 ×

Clark. Theor Appl Genet, 112: 688-698.

Mc Cartney C A, Somers D J, Humphreys D G, et al. 2005. Mapping quantitative trait loci controlling agronomic traits in the spring wheat cross RL4452 × 'AC Domain'. Genome, 48: 870-883.

Mc Cartney C A, Somers D J, Lukow O, et al. 2006. QTL analysis of quality traits in the spring wheat cross RL4452×'AC Domain'. Plant Breeding, 125: 565-575.

McCouch S R, Cho Y G, Yano M, et al. 1997. Report on QTL nomenclature. Rice Genetics Newsletter, 14: 11-13.

McIntosh R A, Hart G E, Gale M D. 1994. Catalogue of gene symbols for wheat. Wheat Inf Serv, 79, 47-56.

McIntyre C L, Mathews K L, Rattey A, et al. 2010. Molecular detection of genomic regions associated with grain yield and yield-related components in an elite bread wheat cross evaluated under irrigated and rainfed conditions. Theor Appl Genet, 120: 527-541.

Mesdag J. 1964. Variations in the protein content of wheat and its influence on the sedimentation value and the baking quality. Euphytica, 13, 250-261.

Minton M S, Mack R N. 2010. Naturalization of plant populations: the role of cultivation and population size and density. Oecologia, 164(2): 399-409.

Morgan W R, Furneaux R H, Larsen N G. 1995. Solid state NMR studies on the structure of starch granules. Carbohydrate Research, 276(2): 387-399.

Morita N, Maeda T, Miyazaki M, et al. 2002. Dough and baking properties of high-anylose and waxy wheat flours. Cereal Chem, 79(4): 491-495.

Morris C F, Jeffers H C, Engle D A. 2000. Effect of processing, formulae and measurement variables on alkaline noodle color-toward an optimized laboratory system. Cereal Chemistry, 77: 77-85.

Morris C F, Shackley B J, King G E, Kidwell K K. 1997. Genotypic and Environmental Variation for Flour Swelling Volume in Wheat 1.Cereal Chemistry, 74(1), 16-21.

Narasimhamoorthy B, Gill B S, Fritz A K, et al. 2006. Advanced backcross QTL analysis of a hard winter wheat × synthetic wheat population. Theor Appl Genet, 112: 787-796.

Özberk İ, Kılıç H, Atlı A, et al. 2006. Selection of wheat based on economic returns per unit area. Euphytica, 152(2): 235-245.

Ozturk S, Kahraman K, Tiftik B, et al. 2008. Predicting the cookie quality of flours by using Mixolab. European Food Research and Technology, 227, 1549-1554.

Paterson A H, Lander E S, Hewitt J D, et al. 1988. Resolution of quantitative traits into Mendelian factors by using a complete linkage map of restriction fragment length polymorphisms. Nature, 335: 721-726.

Patil R M, Oak M D, Tamhankar S A, et al. 2009. Molecular mapping of QTLs for gluten strength as measured by sedimentation volume and mxiograph in durum wheat (*Triticum turgidum* L. ssp. *durum*). Journal of Cereal Science, 49, 378-386.

Peterson C J, Graybosch R A, Shelton D R, at al. 1998. Baking quality of hard winter wheat: response of cultivars to environment in the Great Plains. Euphytica, 100, 157-162.

Prasad M V, Arshney R K, Kumar A. 1999. A microsatellite marker associated with a QTL for grain protein content on chromosome arm 2DL of bread wheat. Theor Appl Genet, 99: 341-345.

Prasad M, Kumar N. 2003. QTL analysis for grain protein content using SSR markers and validation studies using NILs in bread wheat. Theor Appl Genet, 106: 659-667.

Quarrie S A, Steed A, Calestani C, et al. 2005. A high-density genetic map of hexaploid wheat (*Triticum aestivum* L.) from the cross Chinese Spring×SQ1 and its use to compare QTLs for grain yield across a range of environments. Theor Appl Genet, 110: 865-880.

Rahman S, Kosar-Hashemi B, Samuel M S, et al. 1995. The major proteins of wheat endosperm starch granules. Australian Journal of Plant Physiology, 22: 793-803.

Rahman S, Li Z, Batey I, et al. 2000. Genetic alteration of starch functionality in wheat. Journal of Cereal Science, 31(1): 91-110.

Röder M S, Korzun V, Wendehake K, et al. 1998. A microsatellite map of wheat. Genetics, 149: 2007-2023.

Silvela L, Ayuso M G, Gil-Delgado L G, et al. 1993. Genetic and environmental contributions to bread-wheat flour quality using the SDS sedimentation test as an index. Theor Appl Genet, 86, 889-894.

Singh H, Prasad M, Varsheny R K, et al. 2001. STMS markers for grain protein content and their validation using near-isogentic lines in bread wheat. Plant Breeding, 120 (4) : 273-278.

Sourdille P, Charmet G, Trottet M, et al. 1998. Linkage between RFLP molecular markers and the dwarfing genes Rht-B1 and Rht-D1 in wheat. Hereditas, 128: 41-46.

Stein A, Ira S, Sears R G. et al. 1992. Heterogeneity of the 'Wichita' wheat monosomic set for grain quality and agronomic traits. Crop Science, 32: 581-584.

Su Z Q, Hao C Y, Wang L F, et al 2011. Identification and development of a functional marker of TaGW2 associated with grain weight in bread wheat (*Triticum aestivum* L.) . Theor Appl Genet, 122: 211-223.

Sun H Y, Lu J H, FanY D, et al. 2008. Quantitative trait loci (QTLs) for quality traits related to protein and starch in wheat. Progress in Natural Science, 18: 825-831.

Sun X Y, Wu K, Zhao Y, et al. 2009. QTL analysis of kernel shape and weight using recombinant inbred lines in wheat. Euphytica, 165: 615-624.

Tang H, Watanabe K, Mitsunaga T. 2002. Structure and functionality of large, medium and small granule starches in normal and waxy barley endosperms. Carbohydrate Polymers, 49: 217-224.

Tsilo T J, Hareland G A, Simsek S, et al. 2010. Genome mapping of kernel characteristics in hard red spring wheat breeding lines. Theor Appl Genet, 121: 717-730.

Udall J A, Souza E, Anderson J. 1999. Qunatitative trait loci for flour viscosity in winter wheat. Crop Science, 39: 238-242.

Varshney R K, Prasad M, Roy J K, et al. 2000. Identification of eight chromosomes and a microsatellite marker on 1AS associated with QTL for grain weight in bread wheat. Theor Appl Genet, 100: 1290-1294.

Verma V, Foulkes M J, Worland A J, et al. 2004. Mapping quantitative trait loci for flag leaf senescence as a yield determinant in winter wheat under optimal and drought-stressed environments. Euphytica, 135: 255-263.

Wang D L, Zhu J, Li Z K, et al. 1999. Mapping QTLs with epistatic effects and QTL×environment interactions by mixed linear model approaches. Theor Appl Genet, 99: 1255-1264.

Wang J S, Liu W H, Wang H, et al. 2011. QTL mapping of yield-related traits in the wheat germplasm 3228. Euphytica, 177: 277-292.

Wang R X, Hai L, Zhang X Y, et al. 2009. QTL mapping for grain filling rate and yield-related traits in RILs of the Chinese winter wheat population Heshangmai × Yu8679. Theor Appl Genet, 118: 313-325.

Wang Z, Wu X, Ren Q, et al. 2010. QTL mapping for developmental behavior of plant height in wheat (*Triticum aestivum* L.) . Euphytica, 174, 447-458.

Waniska R D, Graybosch R A, Adams J L. 2002. Effect of partial waxy wheat on processing and quality of wheat flour torillas. Cereal Chemistry, 79 (2) : 210-214.

Weegels P L, Marseille J P, Bosveld P, et al. 1994. Large-scale separation of gliadins and their bread-making quality. Journal of Cereal Science, 20: 253-264.

Wu W R, Li W M, Lu H R. 1996. Composite interval mapping of quantitative trait loci based on least squares estimation. J Fujian Agric Univ, 25 (4) : 394-399.

Yan J Q, Zhu J, He C X, et al. 1998. Moleculai dissection of developmental behavior of plant height in rice (*Oryza sativa* L.) . Genetics, 150: 1257-1265.

Yang D L, Jing R L, Chang X P, et al. 2007. Identification of quantitative trait loci and environmental interactions for accumulation and remobilization of water-soluble carbohydrates in wheat (*Triticum aestivum* L.) stems. Genetics, 176: 571-584.

Yang J, Zhu J. 2005. Methods for predicting superior genotypes under multiple environments based on QTL effects. Theor Appl Genet, 110, 1268-1274.

Ye Z, Wang J, Liu Q, et al. 2009. Genetic relationships among panicle characteristics of rice (*Oryza sativa* L.) using unconditional and conditional QTL analyses. Journal of Plant Biology, 52: 259-267.

Zanetti S, Winzeler M, Feuillet C, et al. 2001. Genetic analysis of bread-making quality in wheat and spelt. Plant Breeding, 120: 13-19.

Zeng Z B. 1994. Precision mapping of quantitative trait loci. Genetics, 136: 1457-1468.

Zhang K P, Chen G F, Zhao L, et al. 2009. Molecular genetic analysis of flour color using a doubled haploid population in bread wheat (*Triticum aestivum* L.). Euphytica, 2009, 165: 471-484.

Zhang K P, Tian J C, Zhao L, et al. 2008. Mapping QTLs with epistatic effects and QTL×environment interactions for plant height using a doubled haploid population in cultivated wheat. Journal of Genetics and Genomics, 35: 119-127.

Zhang P P, He Z H, Zhang Y, et al. 2007. Pan breadand Chinese white salted noodle qualities of Chinsese winterwheat cultivars and their relationship with gluten protein fractions. Cereal Chemistry, 84 (4): 370-378.

Zhao F M, Liu G F, Zhu H T, et al. 2008. Unconditional and conditional QTL mapping for tiller numbers at various stages with single segment substitution lines in rice (*Oryza sativa* L.). Scientia Agricultura Sinica, 7 (3): 257-265.

Zhao J Y, Becker H C, Zhang D Q, et al 2006. Conditional QTL mapping of oil content in rapeseed with respect to protein content and traits related to plant development and grain yield. Theor Appl Genet, 113, 33-38.

Zhao L, Liu B, Zhang K P, et al. 2009. Detection of QTLs with additive effects, epistatic effects, and QTL×environment interactions for zeleny sedimentation value using a doubled haploid population in cultivated wheat. Agricultural Science in China, 8, 1039-1045.

Zhao L, Zhang K P, Liu B, et al. 2010. A comparison of grain protein content QTLs and flour protein content QTLs across environments in cultivated wheat. Euphytica, 174, 325-335.

Zhu J. 1992. Mixed model approaches for estimating genetic variances and covariances. J Biomathmatics, 7: 1-11.

Zhu J. 1995. Analysis of conditional genetic effects and variance components in developmental genetics. Genetics, 141: 1633-1639.

Zou F, Gelfond J A L, Airey D C, et al. 2005. Quantitative trait locus analysis using recombinant inbred intercrosses: theoretical and empirical considerations. Genetics, 170: 1299-1311.

第九章　分子标记辅助育种

作物新品种选育是随着人类文明史发展而一直进行的科学创新(表 9-1)。从距今约 1 万年前开始的随即采集活动到传统农业的大规模生产，世世代代的祖先为我们留下了丰富多彩的各类农家品种，这些农家品种是各国种质库中占有很高比例的育种材料，也是我们进行新品种创造的珍贵资源。1886 年前后孟德尔开始的豌豆杂交实验是现代育种的标志性事件，自此至今的 130 多年里，育种家通过作物种质或近缘种间有性杂交，培育了数目众多的作物新品种，为快速增长的人口提供了粮食安全，对经济迅速发展、社会进步做出了巨大贡献。但常规育种主要采用表型选择方法，在很大程度上依赖于经验和机遇，由此导致的选择盲目性和不可预见性是作物育种效率低、单产徘徊不前的主要原因。1986 年第一张作物(番茄)分子遗传图的问世，开始了分子育种的新时代。特别是近十年来，随着作物基因组学和功能基因组学方面的重大理论和技术突破，以转基因育种和分子标记辅助育种为主要内容的分子育种方法已取得了重要进展。在此基础上，2003 年比利时科学家 Peleman 和 van der Voort 又提出了以多基因聚合为主要内容的分子设计育种技术体系(breeding by design)。

表 9-1　作物育种的阶段及技术特点

Table 9-1　The stage and technical characteristics of crop breeding

育种阶段	育种技术	开始年代	标志性事件
农民育种	在大田中选择	10 000 年前	第一次人为选种
常规育种	在小区中选择 在盘子中选择	130 年前(1886 年)	孟德尔豌豆杂交
细胞工程育种	在培养基中选择	1934 年	番茄根尖无性繁殖系
分子育种	在凝胶中选择 在芯片中选择	25 年前(1986 年)	PCR 图谱
分子设计育种	在基因数据中选择 在计算机上选择	10 年前(2003 年)	Breeding by Design 论文发表

在日新月异的生物技术育种新途径和新方法中，具有检测、跟踪和聚合基因/QTL 的分子标记辅助选择(MAS)方法是目前与常规育种结合最密切的育种技术，也是分子设计育种的基础和必要手段。但是，由于小麦基因组特别巨大(1.8×10^{10}bp)、重复序列多及大多数重要性状为多基因控制的数量性状，小麦的分子标记辅助选择育种在技术方面还需完善提高，其高效化和规模化的问题亟待解决，与传统育种技术的有机结合以培育突破性小麦新品种(superior variety)的目标更是任重道远。因此，本章在前几章主要品质性状的遗传解析和基因/QTL 效应分析基础上，首先简述小麦分子标记辅助育种的概念、研究进展和技术方法，然后重点介绍在产量、品质、生理和抗逆性状的分子标记辅助选择的工作进展。

第一节　分子标记辅助育种的概念及其研究进展

一、分子标记辅助育种的概念和特点

分子标记辅助育种是一种利用与目标基因紧密连锁的分子标记，在杂交后代中鉴别和跟踪不同个体的基因型，显著提高选择准确性和育种效率的育种方法。因为分子标记育种必须与常规育种的田间选育相结合，所以又称为分子标记辅助选择（marker-assisted selection，MAS）。

近十几年迅速发展起来的生物技术和生物信息技术使分子标记育种已接近实用阶段，比起先前的表型标记和生理生化标记来，分子标记有以下突出特点：①标记类型多、数量大，几乎没有数量限制；②不受环境、发育阶段和复杂基因相互作用的影响；③可用于基因的显性或隐性效应分析；④可方便地评价、分析和阐明基因的作用。

二、分子标记辅助育种的重要性

由分子标记育种的概念和特点所知，分子标记育种是在育种群体里对个体基因型的直接选择，在育种手段和方法上给作物育种带来了一场革命，这是吸引众多的作物遗传育种家致力于该方面研究的主要原因。归纳起来，分子标记辅助育种的主要作用有：①对育种材料特别是骨干亲本优异性状的遗传基础进行分子鉴定。通过分子鉴定了解骨干亲本含有的特异基因，分析这些基因传递与性状表达的关系，为配制易出品种的优势组合奠定基础。②对表型测量在技术上难度很大或费用很高的质量性状进行分子标记检测，以节约时间，降低成本。例如，黄淮麦区小麦锈病、白粉病、赤霉病等主要病害，虽然都受寡基因控制，但由于致病生理小种多、变异快，大田控制费工费时，且不易准确鉴定。而分子标记辅助选择不仅效率高，且可同时进行多个抗病基因/QTL 的鉴定。③对表现型只能在生长发育后期才能调查的性状进行分子标记辅助选择。例如，小麦的单株成穗数、穗粒数和落黄性等产量性状；籽粒硬度、面团稳定时间和面包体积等品质性状都必须在小麦接近成熟或收获后才能测定，而对这些性状的基因/QTL 检测在苗期就可进行。④对某些隐性或遗传力低的性状进行分子标记辅助选择，例如，品种单位面积的成穗数对产量结构来说非常重要，但遗传力较低，用分子标记辅助方法在 F_1 和 F_2 代就可对高成穗数进行选择，在早期保留尽量多的高分蘖成穗率株系，以便在后代选育出高成穗率品种。⑤对控制同一数量性状的多个位点进行分子标记检测。多基因控制的数量性状由于表型和基因型之间缺乏明确的对应关系，单个基因的分子标记（尽管是功能标记）或 QTL（尽管为效应值很高的主效 QTL）都很难在育种中有实际应用，但某个性状多个基因位点的有利基因的共同标记或聚合，对分子标记辅助选择还是比较可行的。⑥对生产上主推的优良品种进行优异基因的鉴定分析。生产上推广面积很大的主推品种一般都有优良的农艺性状，其该类品种的遗传基础如何？是哪些基因的作用或聚合作用导致了优良的表型性状？用分子标记进行多位点（或多基因）检测鉴定，不仅对该类品种成功选育进行总结，而且对该类品种作为优异基因供体培育更高产品种提供参考。

总之，传统的常规育种是通过田间表现型进行基因型的选择，其盲目性和随机性不可避免。因此，育种家为了选育综合性状优良的个体，往往都是大量配置组合(较大的课题组一般每年配置1000个以上)，海量种植选择世代群体(每个课题组一般需要几公顷土地)，尽量多的选留株系(担心好材料丢失，组合或株系都存在难取舍的问题)，所以导致工作量大，育种效率低。据统计，大多数常规育种组选育出品种的组合与杂交组合的比率只有千分之一，形成品种的株系与各代选择株系的比例只有百万分之一，大大浪费了人力物力。而分子标记育种，利用目标基因可追踪的特点可直接对基因型进行选择，在组合配置、F_1 选留及其后代种植规模上，都会根据目标基因/QTL 的有无或聚合情况预先设计和具体实施。因此，分子标记辅助育种可大大提高育种效率，加快育种进程，一般可节省50%左右的人力物力，缩短1~2年的育种年限。

三、小麦分子标记辅助育种研究进展

分子标记在育种中的重要作用和技术优势，使其在近十几年内发展迅速，澳大利亚、美国、加拿大、墨西哥(国际玉米小麦改良中心)、阿根廷、英国、法国、土耳其、中国和印度等国家都开展了小麦标记辅助育种工作，在各方面都取得了重要进展。

早在1996年，澳大利亚就开始了“国家小麦分子标记项目”(NWMMP)，并于2001年结合大麦作物，发展成“澳大利亚冬季作物分子标记项目”(AWCMMP)。这些项目涉及20种不同的性状(包括抗病性、抗虫性和品质性状)，其中利用标记辅助选择筛选到一个控制蒸腾效率的QTL(Finkel，2009)；利用MAS反向选择了不受欢迎的面粉黄度基因(Parker et al.，1998；Eagles et al.，2001；Landjeva et al.，2007)；利用MAS筛选出来一系列抗锈基因(*Lr9*、*Lr19/Sr25*、*Lr24/Sr24*、*Lr34/Yr18*、*Lr46/Yr29*、*Lr47*、*Sr26*、*Sr32*、*Sr33* 和 *Sr36*)，用以品种改良和资源发展。在澳大利亚南部，一个辅助选择的成功例子就是，利用MAS结合DH技术将有利的抗锈病和品质性状由小麦品种“Annuello”转入到一个农艺性状优良但易感病的品系“Stylet”中，在5年内就育成了一个由“Stylet”衍生出的有商业价值的品系，如果利用常规育种大约需要12年时间才会育成(Kuchel et al.，2008)。这个例子充分证明了，利用分子标记筛选可减少开支和时间。同时，在 BC_1F_1 群体中选择，可大大加快遗传进度。

在美国，一个题为“将基因组学带入小麦育种田”、涉及12个小麦遗传和育种团队的项目于2001年启动，并组织了一个小麦分子标记辅助选择团队(http://maswheat.ucdavis.edu)。这个项目持续4年时间(2001~2005年)，后来发展成了题为“小麦协同农业工程”的“应用小麦基因组学”。“将基因组学带入小麦育种田”的目标是利用MABC将27个不同的抗病虫基因，以及20个控制面包和意大利面食的优良品质基因转入约180个适合在美国大面积种植的品系中。这需要涉及3000个以上的MAS回交，从而产生大约240个回交衍生系，以及45个MAS衍生品系(Sorrells，2007)。目前，通过MAS已育成了一批有商业价值的品种。加州大学戴维斯分校通过利用MAS育成了第一个品种‘Patwin’(硬白春麦)，被成功导入抗条锈基因 *Yr17* 和抗叶锈基因 *Lr37*(Hospital，2009)。另一个通过MAS育成的品种‘Lassik’(硬红春麦)，被成功导入了 *Glu-A11*、*Glu-D15+10*、*GPC-B1/Yr36* 和 *Lr37/Yr17/Sr38* 基因，分别控制面筋筋力、高籽粒蛋白含量和抗锈病(http://www.plantsciences. ucdavis.edu/plantbreeding/main/history.htm)。同样，携带基因 *H25* 的软白春麦品种‘Cataldo’、携带 *Gpc-B1* 基因和抗条锈基因 *Yr36* 的品种‘Farnum’

(WA7975)、携带抗叶锈基因 *Lr19* 和抗秆锈基因 *Sr25* 的硬粒小麦品种‘UC1113-Lr19-Sr25’也都是通过标记辅助选择育成的。

在国际玉米小麦改良中心(CIMMYT)，与 25 个分别控制抗虫性蛋白质质量和农艺性状的基因连锁的标记正应用于小麦标记辅助选择育种，以改良小麦品种(William et al., 2007)。最新消息，至少 20 个携带 *Rht*、*Ppd*、*Vrn*，以及抗一系列病菌基因的标记正在被 CIMMYT 用来测试杂交，以转移/聚合基因。2009 年，大约有 25 000~30 000 个植株被测试，产生了 75 000 个数据点。一个重要的育种程序也包括通过聚合几个主要基因(如 *Sr25+Sr26*；*Sr25+ 1A1R*；Yann Manes，Susanne Dreisigacker and Matthew Reynolds，私人通讯)培育秆锈病抗性。

在加拿大，启动了一个“将分子标记技术结合到传统育种程序”(William et al., 2007)的重要项目(4000 万加拿大元)，发现了与一些重要农艺性状，如抗病性(锈病、黑穗病、腥黑穗、赤霉病)、抗虫性(小麦吸浆虫)、磨粉和烘焙品质(面团筋力)、淀粉特性，以及穗发芽连锁的分子标记。随后，这些标记被用来转移优良性状以培育新品种。其中有些基因通过 MAS 进行跟踪，包括：*Fhb1*，*Fhb2*(赤霉病)，*Lr34/Yr18*(叶锈病)，*Sr30*，*Sr24/Lr24*(秆锈病)，*Bt10*(腥黑穗)，*GPC-B1*(籽粒蛋白含量)，*Sm-1*(小麦吸浆虫)，Utd1(散黑穗病；Harpinder Randhawa，Agriculture and Agri-Food Canada，私人通讯)。利用 MAS 已经育成了两个小麦品种：携带高蛋白含量基因 *GPC-B1* 的新品种‘Lillian’；具有开花期抗蚊基因 *Sm1* 的新品种‘Goodeve’。

在欧盟地区，针对欧盟发展有机和低投入农业等的需求，开展了分子标记辅助育种相关的研究，如欧盟第五、六、七框架计划分别资助了包括小麦等若干粮食作物在内的分子标记及其辅助育种项目，在利用 MAS 技术开发具有较高营养利用效率的作物品种、改善作物品质、调节开花期以提高育种效率方面取得了重要进展。一个较大的团队每年大约有 100 000 个以上的标记试验(PierreDevaux，Florimond Desprez，France and Jean-Pierre Martinant，Limagrain，France)，可见分子标记辅助选择已成为品种选育的重要手段。

我国的分子标记辅助育种开展较晚，但近十几年进展迅速。“十五”到“十二五”期间，我国“863”计划、“973”计划、国家科技攻关项目、科技支撑计划、国家自然科学基金等科技计划，都支持了多项目涉及分子标记辅助选择育种的研究工作，如“863”重点项目“植物分子与细胞高效育种技术与品种创制”、973 项目“小麦高产优质品种设计和选育的应用基础研究”和“小麦基因组育种”等专项。在开展小麦体细胞杂种优质基因分子标记辅助育种研究时，获得了小麦的优质高分子质量谷蛋白新亚基 *1Bx13* 基因的分子标记，并用于体细胞杂种株系及其杂交和回交后代的标记辅助育种，获得了优质、高产、抗病的新品系。中国农科院作物所构建了中国小麦核心种质库，利用分子标记对亲本进行分类。由中国科学院主持、山东农业大学等单位参加的““973”项目小麦高产优质品种设计和选育的应用基础研究”，在我国小麦分子育种方面取得了标记性进展。项目组在遗传图的构建和主要产量、品质性状的 QTL/基因定位的基础上，利用多种生物技术和新方法进行了新的分子标记开发。5 年来，一共开发出 33 个新的分子标记，涉及小麦的产量、株型、抗病性、品质等性状，其中大部分标记在新品种和育种元件培育中获得了应用。在分子标记辅助选择应用中，本项目还评价了 101 个(含开发的 33 个)小麦抗病、品质和发育性状的分子标记用于提高分子标记辅助选择(MAS)的有效性，为科学地利用分子标记提供依据。

从实用性上来看，被评价的101个标记可分为3类。①可用于MAS的标记51个，占供试标记的50.5%，如*Pm21D*/*Pm21E*、*WE173F*/*WE173R*等。这些标记稳定、有效，可直接用于MAS育种。②可作为MAS参考的标记28个，占供试标记的27.7%，如*Xcfd81-5DF*/*Xcfd81-5DR*、*Pm4a/bF*/*Pm4a/bR*等。对于这类标记可用不同遗传背景的亲本与对照品种杂交，观察不同遗传背景下携带标记多态性的后代表现型，从而进一步验证标记的有效性。③不能用于MAS的标记22个，占供试标记的21.8%，如*Whs3501F*/*Whs350R*、*Whs3501F*/*Whs350S*等，需要继续寻找与目标基因更加紧密连锁的标记。在评价和应用分子标记有效性基础上，创制和完善了“选择含有优异等位基因/QTL的育种元件配制组合，将基因/QTL聚合程度和杂种优势强弱作为F_1和F_2保留依据，在F_3~F_5系谱选择中进行基因/QTL跟踪的分子标记辅助选择育种技术体系。利用该技术体系结合常规育种方法选育出通过国家、省市级审定的新品种31个，其中国审小麦新品种‘山农20’在抗病方面聚合了6个抗白粉病基因(*Pm12*、*Pm24*、*Pm30*、*Pm31*、*Pm35*和*Pm36*)、6个抗条锈病基因(*Yr5*、*Yr9*、*Yr15*、*Yr24*、*Yr26*和*YrTp1*)、2个抗叶锈病基因(*Lr21*和*Lr26*)和1个抗纹枯病基因(*Ses1*)；在产量和品质方面含有春化基因(*vrn-A1*、*vrn-D1*、*vrn-B3*)、抗穗发芽基因(*Vp1B3c*)、矮秆基因(*Rht8*)，以及对根系长度、分蘖数和穗粒数有正向效应的*qTaLRO-B1*、*QMtw5D-1*和*QGNs2B-2*等主效QTL位点。所以‘山农20’在国家区试抗病性鉴定表现出白粉病、条锈病免疫等良好的抗病特性，2012年第一年种植就经受住多种病害大发生的考验，创造出实打亩产767.8kg的山东省高产创建第一名的记录，实现了基础研究成果直接为品种选育服务的目标。

农艺性状和产量性状的分子标记辅助育种是当前小麦遗传改良研究的热点，无论是从分子标记辅助的科研项目，还是从发表的相关论文和专利上来看，数量都呈现上升的趋势，研究论文从2000年的98篇增加到2009年的267篇，年均增长率约为11.3%；而截至2011年1月，有关分子标记辅助育种的相关专利达3020件。Liu等(2012)总结，到2012年已克隆了30多个品质、农艺和抗病性状的基因，开发了97个在育种可利用的功能分子标记(表9-2)，这些分子标记结合常规育种可选育出一批高产优质小麦新品种。

表9-2 小麦育种可利用的功能分子标记(Liu et al. 2012)

Table 9-2 Functional molecular markers used in wheat breeding

性状 Trait	位点数 Locus number	标记数 Marker number	等位基因变异数 Allele number
品质性状 Quality trait	18	58	72
农艺性状 Agronomic trait	11	25	21
抗病性状 Disease resistance	2	14	9
总计 Total	31	97	102

第二节　分子标记辅助选择育种的技术路线

一、分子标记辅助选择育种的目标性状

理论上讲，常规育种中必须选择的产量、品质、抗病、株型和生理等性状，都可作为分子标记辅助选择的目标性状，这些性状可分为质量性状和数量性状两大类。

(一)质量性状

质量性状是由单基因或一个主效基因和少数微效基因共同控制的性状。质量性状的表现型与基因型之间通常存在着清晰区分的对应关系。因此，对典型的质量性状(如小麦的叶耳色)，可以用常规方法选择，而不需借助分子标记。但对表型测量比较困难和复杂的性状(如小麦的白粉病)或作物生长后期才能调查的性状(小麦株高)，就可以实施分子标记辅助选择，以便在实验室内考种时或田间播种前早期选择。

质量性状可用相应的标记对目标基因进行直接选择，通常称为前景选择(foreground selection)。对目标基因选择的可靠性主要取决于目标基因与标记间连锁的紧密程度，连锁越紧密，分子标记的正确率越高。对目标基因的分子标记选择可用一个标记(单侧标记)或目标基因两侧相邻的两个标记跟踪选择，分别称为单标选择或双标记选择，同样情况下，双标记选择的正确率远远大于单标记选择。

在育种过程中，特别是在对小麦骨干亲本或主推品种进行遗传基础鉴定时，除对一些主要目标基因选择外，还常常对除目标基因外的基因组其他部分进行选择。对基因组中除了目标基因之外的遗传背景的选择称为背景选择(background selection)。背景选择的对象几乎包括了整个基因组，因此涉及一个全基因组选择的问题。近二十年来，通过分子连锁图的构建，对各个个体覆盖全基因组的所有标记的基因型都已知时，就可以推测各个标记座位上等位基因来自于哪个亲本，由此可以推测出该植株中所有染色体的组成。近几年开发的 DArT 标记和 SNP 检测(详见第三章)，则摆脱了必须用杂交衍生的遗传群体的限制，可在自然群体间对单个品种(系)进行遗传背景的全面分析鉴定，由此开发的分子标记将对分子标记辅助育种带来实质性的促进。

(二)数量性状

小麦单位面积产量、单位面积成穗数、穗粒数及千粒重等产量性状，面包、面条、馒头等加工品质性状都是由多基因控制的，这类由多个基因控制的性状称为数量性状。数量性状的主要遗传特点是表现型与基因型之间缺乏清晰的对应关系，且易受环境的影响。小麦数量性状在田间条件下的选择准确度差，因此，人们更希望用分子标记辅助选择来提高这类性状的选择效率，特别是实现某性状的多个基因/QTL 聚合，培育单个性状突出的育种材料，或用分子标记辅助选择的方法，实现多个优良性状优势等位基因聚合，培育超级小麦新品种(superior variety)。

然而，小麦数量性状的分子标记辅助选择并不像质量性状的辅助选择那样简单，目前，

数量性状分子标记辅助选择存在的主要问题有：①由于数量性状是多基因控制的，单个基因 /QTL 标记(尽管有些为功能标记)并不能对该类性状进行有效的鉴别和区分。例如，Su 等(2011)参考水稻的粒重(GWZ)基因在小麦中克隆了一个同源基因 *TaGWZ-6A*，并开发了理想的共显性 CAPS 标记，其产生的 167bp 和 218bp 两种 DNA 片段，分别对应高粒重(*Hap-6A-A*)和低粒重(*Hap-6A-G*)两种等位基因变异。韩利明利用 *TaGWZ-6A* 位点的这两个标记，分析了 21 个国家的小麦品种 745 份，肯定了 *TaGWZ-6A* 为千粒重辅助选择的有效位点。但本课题组用此位点的两个单倍型标记进行千粒重辅助选择时则发现，两个单倍型标记与高、低粒重的对应关系与前面 2 人报道相反，即 *Hap-6A-G* 对应高粒重而 *Hap-6A-A* 对应低粒重，而且用一个含有 134 个家系的 RIL 群体进行了标记鉴定，33 个家系含有 167bp 片段，千粒重范围 39.91~65.12g，101 个家系含有 218bp 片段，千粒重范围 40.1~73.40g，尽管两组家系的粒重平均值分别为 52.70g 和 60.79g，仍达到极显著水平，说明在统计学上这个位点确实可用于粒重的分子标记选择。但在株系选育中，含有小粒重标记的株系千粒重最高也可达 65.12g，而含有大粒重标记的株系千粒重最低只有 40.12g，这说明小麦的千粒重确实是一个多基因/QTL 控制的性状，仅用一个位点的分子标记选择不可能像质量性状那样把高、低粒重的株系明显区分。②尽管到目前为止大约构建了几十个小麦分子遗传图，但还没有哪个图谱能把全部 QTL/基因精确定位出来。因此，还无法对某个数量性状进行全面的分子标记辅助检测。③同一数量性状的多个 QTL/基因之间，还存在着普遍的上位效应，不同数量性状间也可能存在着复杂的遗传关系，这些都给数量性状的分子标记带来很大难度。

数量性状的分子标记辅助育种尽管目前还存在着很多问题，但由于数量性状特别重要，其常规育种选择的盲目性更应该加强该方面的研究和应用。针对分子标记育种效率低的问题，Bernacchi 等实施了高代回交同时进行 QTL 分析的 AB-QTL 策略；Li 等提出了在 BC_2 或 BC_3 代进行高强度选择后构建导入系，同时开展 QTL 研究和高效分子标记辅助育种工作；Podic 等提出了 MAYG 策略，认为在 QTL 定位过程中，应充分考虑育种群体的具体情况，Heffner(2009)、Cavanagh(2013) 等提出了全基因组选择技术(genome-wide comparative diversity)，从 SNP 水平上全面开发更多的性状标记，用全基因组标记来准确估计育种值，从而提高育种效率，加快育种进程，解决多基因控制的低遗传力性状改良问题。

在小麦品种培育过程中，各世代需要选择的性状很多，这些性状都可以利用分子标记辅助选择的方法，以提高选择准确度。目前质量性状的分子标记已有成功的例子，数量性状的选择尽管还有些困难，但这些性状更需要分子标记辅助选择。就像“综合性状”是一个生产上大面积品种的基本条件一样，在育种过程中能实际应用也是分子标记辅助育种的基本条件，不宜过份区别选择的是质量性状还是数量性状。近十几年，本课题组在遗传群体构建和 QTL 定位等有关分子标记辅助选择研究基础上，紧密结合大田常规育种的实际要求，开展小麦分子标记辅助选择的工作，现将已开展的分子标记辅助选择的主要工作及其技术路线简介如下。

二、含有 QTL 优异等位基因的分子育种元件的创制及其应用

2003 年比利时科学家 Peleman 和 van der Voort 提出了分子设计育种(breeding by design)的技术体系，其主要内容包括三部分：定位相关农艺性状的 QTL，评价这些位点

的等位性变异，开展分子设计育种。其品种设计的育种元件主要是指基于 QTL 功能分析创造的 QTL 渗入系和近等基因系。但育种元件的确切概念和怎样开展品种设计，Peleman 等并没讲清楚。在完成“973”课题(编号 2009CB118301，高产小麦的分子改良及超高产小麦育种元件创制)过程中，我们首先明确了品种设计育种元件的三个标准：①遗传基础清晰，含有某个(些)性状的主效基因/QTL；②有可用的分子标记跟踪这些基因/QTL 的传递和聚合；③在育种中对性状的改良有显著的作用。按照小麦分子育种元件的三条标准，我们借助十几年开展 QTL 分析的结果，运用 Icimapping 软件创造了一批主要性状的分子育种元件，其主要技术路线包括以下 4 个步骤。

(一)明确 QTL 加性效应正负值的含意

(1)在用 Icimapping 软件进行前，首先需要确定作图群体 2 个亲本的代号，常用 P1 和 P2 表示。例如，以亲本‘花培 3 号’×‘豫麦 57’衍生的小麦 DH 群体，即把‘花培 3 号’记作 P1，‘豫麦 57’记作 P2。

(2)每个 QTL 的加性效应(A^a)的正负号都是针对 P1 的，当加性效应为正值时，说明该 QTL 的加性效应来自于 P1，即 P1 对性状起正向作用；当加性效应为负时，说明该 QTL 的加性效应来自于 P2，即 P2 对性状起正向作用，而 P1 的效应为负方向。

(二)判断 QTL 有利基因的来源

确定每个 QTL 上有利等位基因的来源是把作图结果应用于分子育种元件创制的前提(Wang，2007)。QTL 作图中常用 1、2 和 0 记载群体所有个体的 QTL 的基因型：1 表示同亲本 P1 的标记型，2 表示同亲本 P2 的标记型，0 表示杂合型的标记型(DH 群体无杂合型)。

以亲本‘花培 3 号’和‘豫麦 57’衍生的小麦 DH 群体进行小麦籽粒硬度的 QTL 分析为例，亲本‘花培 3 号’和‘豫麦 57’的平均籽粒硬度指数分别为 54.97 和 25.81，QTL 作图时分别用 1 表示‘花培 3 号’的标记型，2 表示‘豫麦 57’的标记型。当某个 QTL(例如 *Qhd1Bb*)加性效应值(A 值)为正时(表 9-3)，说明‘花培 3 号’携带的等位基因起到增加硬度的作用，‘豫麦 57’携带的等位基因则起到降低硬度的作用；反之，如果某个 QTL(例如 *Qhd1Ba*)加性效应值为负值时，说明‘豫麦 57’携带的等位基因则起到增加硬度的作用。

表 9-3　基于 DH 群体的籽粒硬度的 QTL 定位结果

Table 9-3　Putative QTL for three traits detected in DH population of Huapei 3 × Yumai 57

性状 Trait	QTL	标记区间 Flanking marker	位置 Site/cM	加性效应 [a] (A)	贡献率 [b] (H^2)/%
硬度 HD	*Qhd1Ba*	*XGWM582-XGPW7388*	50.7	−7.5933	7.51
	Qhd1Bb	*XWMC766-XSWES98*	129.3	4.4118	0.33
	Qhd4B	*XWMC48-XBARC1096*	18.3	−4.4475	6.43
	Qhd5A	*XBARC358.2-XGWM186*	47.3	4.0207	4.34
	Qhd6A	*XGWM459-XGWM334*	38.8	3.4650	2.36

a. 加性效应，正值表示增加性状值的等位基因来自‘花培 3 号’，负值表示增加性状值的等位基因来自‘豫麦 57’；b 加性 QTL 所能解释的表型变异率

a. Additive effects; positive additive effects indicate that the Huapei 3 allele increases the value of the trait, negative additive effects indicate that the Yumai 57 allele increases the value of the trait; b Percentage of phenotypic variation explained by QTL with additive effect

5 个被检测到的控制籽粒硬度的 QTL 中有 2 个为负的加性效应，说明这 2 个 QTL 增加籽粒硬度的等位基因来源于亲本‘豫麦 57’，其他 3 个 QTL 上增加籽粒硬度的等位基因来源于‘花培 3 号’。育种中高籽粒硬度一般来说是理想性状，因此在利用籽粒硬度 QTL 作图结果开展单标记或区间标记辅助选择时，*Qhd1Ba*、*Qhd4B* 应该选择‘豫麦 57’的标记类型，其他 QTL 应该选择亲本‘花培 3 号’的标记类型，这样才能选择到所有增加籽粒硬度的等位基因。

(三)育种元件的创制

当利用 ICIMAPPING 进行 QTL 定位完成后，如何进行聚合了所有优异 QTL 的极端个体(育种元件)的选择？

以亲本‘花培 3 号’和‘豫麦 57’衍生的小麦 DH 群体的株高性状为例进行说明。

(1)首先运行 ICIMAPPING 软件进行 QTL 定位，定位结果从.qic 文件得知(表 9-4)

在 DH 群体中，QTL 位点有 2 种可能的基因型，分别用 QQ、qq 表示，QQ 表示来自于亲本 1(P1)的基因型，qq 表示来自于亲本 2(P2)的基因型。由表 9-4 可知，定位出 3 个 QTL，*QPH2* 来源于亲本 1，*QPH1*、*QPH3* 来源于亲本 2，所以聚合了优势等位基因的极端个体的 QTL/基因型应该为 qq QQ qq。

表 9-4 QTL 分析结果(从.qic 文件可知)

Table 9-4 QTL mapping results of grain hardness based on DH population

QTL	染色体 Chromosome	位置 Site/cM	左端标记 Left marker	右端标记 Right marker	LOD	贡献率 (PVE)/%	加性效应 (A)
QPH1	7	138	*Xwmc264*	*Xcfa2193*	3.0638	8.9647	4.7687
QPH2	11	18	*Xwmc657*	*Xwmc48*	3.2882	7.2647	–4.2824
QPH3	12	0	*Xbarc334*	*Xwmc331*	4.7481	10.4666	5.1535

(2)DH 群体所有个体的 QTL 基因型在.gtp 文件中列出(表 9-5 只列出前 20 个家系)。参考 QTL 分析结果(表 9-4，从.qic 文件可知)知道优势极端个体的基因型后，从*.gtp 后缀文档中如株高.gtp 直接找出含有所有优势位点的个体，该个体即为优势极端个体。所以这个 EstValue 较高、聚合了优势基因(基因型应该为 qq QQ qq)的个体(家系)就是我们需要的育种元件。

(四)获得育种元件的分子标记及其应用

育种元件创制好后，首先通过以下几个步骤获得该育种元件的有效标记：

(1)在*.qic 文件中可以得到 QTL 的位置，以及两端 marker。

(2)在原始文件中(*.qtl)有 marker 位点的位置情况，根据 QTL 左右 marker 的距离，可以确定用哪种方法对群体检测。如果 QTL 靠近一端 marker，可以用该 marker 进行该 QTL 的分子检测。如果 QTL 在两个 marker 中间位置，则用两个 marker 对 QTL 进行检测。

(3)应用举例(以亲本‘花培 3 号’和‘豫麦 57’衍生的小麦 DH 群体的抽穗期为例)：

表 9-5 DH 群体所有家系(本表只列出前 20 个家系的部分 QTL 基因型)**的 QTL 基因型**(.gtp 文件)

Table 9-5 QTL genotypes of all individuals in DH population from ".gtp" document

家系	观测值	预测值	第一个位点 QQ 的概率 P(QQ)_01	第一个位点 qq 概率 P(qq)_01	基因型	第二个位点 QQ 的概率 P(QQ)_02	第二个位点 qq 的概率 P(qq)_02	基因型	第三个位点 QQ 的概率 P(QQ)_02	第三个位点 qq 的概率 P(qq)_02	基因型
1	73.00	3.90	1.00	0.00	QQ	0.00	1.00	qq	0.00	1.00	qq
2	68.00	−4.67	0.61	0.39	QQ	1.00	0.00	QQ	0.00	1.00	qq
3	83.00	5.64	1.00	0.00	QQ	1.00	0.00	QQ	1.00	0.00	QQ
4	95.00	14.20	1.00	0.00	QQ	0.00	1.00	qq	1.00	0.00	QQ
5	65.00	−4.67	0.57	0.43	QQ	1.00	0.00	QQ	0.00	1.00	qq
6	85.00	3.90	0.54	0.46	QQ	0.00	1.00	qq	0.00	1.00	qq
7	78.00	−5.64	0.00	1.00	qq	0.07	0.93	qq	0.00	1.00	qq
8	65.00	−5.64	0.00	1.00	qq	0.00	1.00	qq	0.00	1.00	qq
9	53.00	−14.20	0.25	0.75	qq	1.00	0.00	QQ	0.00	1.00	qq
10	45.00	−14.20	0.00	1.00	qq	1.00	0.00	QQ	0.00	1.00	qq
11	60.00	−14.20	0.00	1.00	qq	1.00	0.00	QQ	0.00	1.00	qq
12	95.00	4.67	0.00	1.00	qq	0.05	0.95	qq	1.00	0.00	QQ
13	79.00	3.90	0.64	0.36	QQ	0.09	0.91	qq	0.00	1.00	qq
14	60.00	−5.64	0.40	0.60	qq	0.18	0.82	qq	0.00	1.00	qq
15	85.00	5.64	1.00	0.00	QQ	1.00	0.00	QQ	1.00	0.00	QQ
16	86.00	3.90	0.55	0.45	QQ	0.00	1.00	qq	0.00	1.00	qq
17	60.00	−14.20	0.33	0.67	qq	1.00	0.00	QQ	0.00	1.00	qq
18	66.00	−14.20	0.00	1.00	qq	1.00	0.00	QQ	0.00	1.00	qq
19	50.00	−4.67	1.00	0.00	QQ	1.00	0.00	QQ	0.00	1.00	qq
0	45.00	−4.67	1.00	0.00	QQ	1.00	0.00	QQ	0.00	1.00	qq

①通过定位结果找出控制抽穗期 *QDH1* 的所在位置，以及两端的 marker。*QDH1* 位置为第 5 连锁群 97cM 处，两端 marker 分别为 *Xwmc445.2*、*Xgwm111*。

②通过查找遗传图中 QTL 两端 marker 的位置，得到 *Xwmc445.2* 在 89.6cM 处、*Xgwm111* 在 98cM 处，可以确定 *QHD1*(97cM)的位置比较靠近 *Xgwm111*(98cM)，即 *Xgwm111* 的引物为 *QDH1* 的分子标记(图 9-1)。

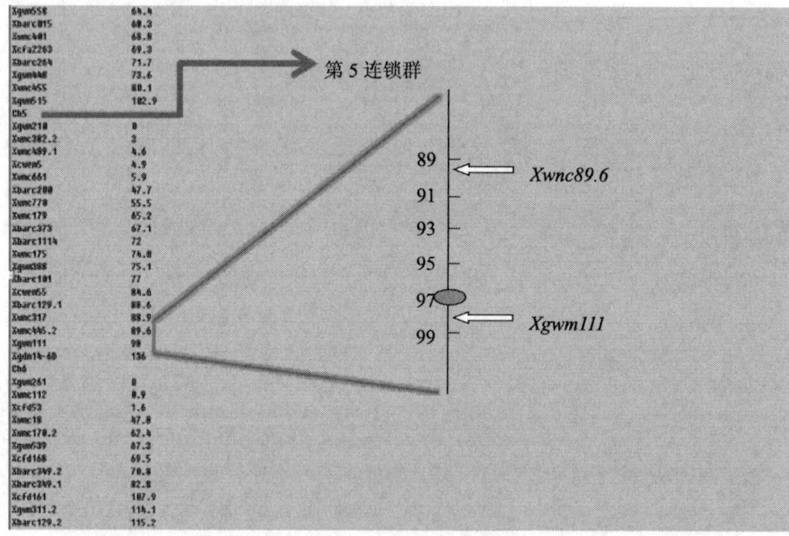

图 9-1　QTL(*QHD1*)在染色体的位置和两标记间的示意图

Fig. 9-1　The position of *QHD1* on chromosome with flanking markers

③选择含有利基因较多的育种元件(家系)作为亲本与其他材料进行杂交，用 *Xgwm111* 的引物在后代群体进行 *QHD1* 的辅助选择，确定各株系是否含有该 QTL，用于分子标记辅助育种。

三、常规育种全程、多位点分子标记辅助选择技术路线

小麦常规育种的程序一般包括：亲本选择和配置杂交组合、F_1 杂优鉴定和选留、F_2~F_5 各世代中株系选择、品系出圃、依次参加课题组的新品系比较试验等主要步骤。在常规育种中完成这些步骤一般需要 6 年时间，加上参加省(或国家)预试 1 年、区试 2 年和生产试验 1 年，从配制组合到品种审定推广至少需要 10 年左右的时间。在这个漫长的过程中，为了增加选育好品种的机遇，育种家不得不每年都大量配制组合，海量种植选择世代群体，每年又难取舍过多组合和当选单株，致使育种群体和种植面积像滚雪球一样越来越大。正是由于组合配制的随机性和系谱选择过程中的不准确性，选出品种的组合与配制组合的比例一般不到千分之一，发展成品种的株系与各代选留选株系的比例一般只有百万分之一，所以有人把常规育种称为“运气加艺术”的过程。分子标记辅助选择技术的运用主要是增加配制组合和株系选择的准确性，减少了群体种植面积，节约大量人力、物力，与常规育种结合的分子标记辅助选择技术路线(图 9-2)要点如下。

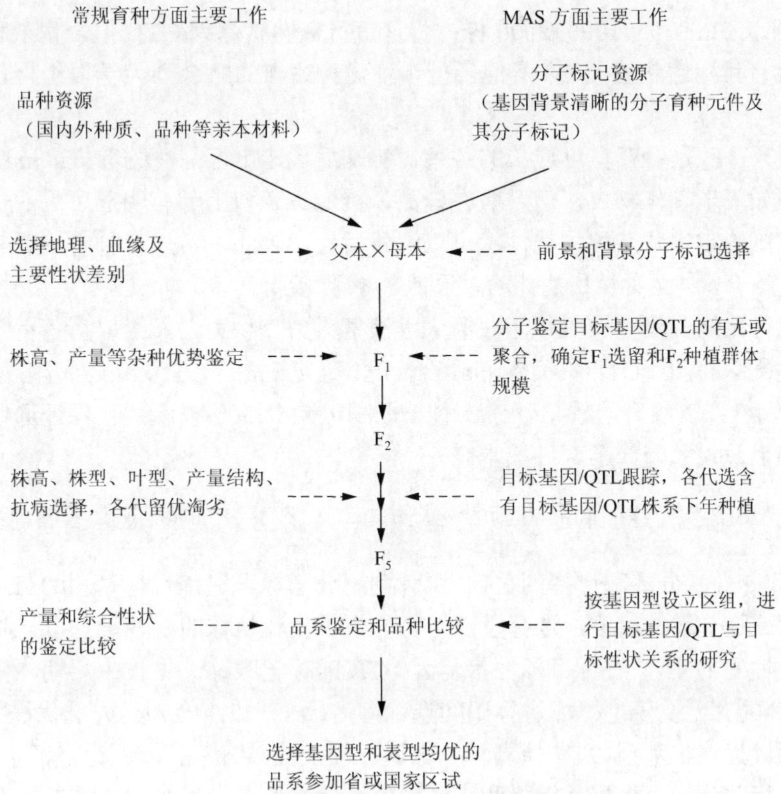

图 9-2　常规育种和 MAS 结合的技术路线简图

Fig. 9-2　The technical route of combining conventional breeding and MAS

(一)依据基因/QTL 有无和重组预测——选择亲本和配制组合

在坚持常规亲本选择必须考虑血缘、地理和性状差异的基础上，根据育种目标(包括高产、抗逆、优质)确定一批遗传背景清晰的育种元件(即亲本材料，因遗传背景清晰称为育种元件，下同)，按照目标基因/QTL 有无选择配制组合的父本和母本，根据重组交换的基因/QTL 的数目和分离规则，确定杂交穗子的数目。

实施效果：以基因型差异和目标基因/QTL 有无作为亲本选择标准，并根据拟重组基因/QTL 的数目，确定杂交组合配制和杂交穗子的数量，达到了减少组合数量、提高组合质量，同时又为后代基因/QTL 的检测和株系选择奠定基础的良好效果。

(二)依据目标基因/QTL 有无和聚合情况——选留 F_1 组合和确定 F_2 种植规模

在 F_1 分蘖期或拔节前后提取叶片 DNA，进行目标基因/QTL 的检测，根据目标基因/QTL 有无或聚合情况，结合生长后期产量结构的杂种优势表现，确定 F_1 组合的淘汰或选留及种植规模。

具体做法是：毫不犹豫地淘汰没有目标性状基因/QTL 且表型无明显杂种优势的组合；将含有目标性状基因/QTL 且表型有显著杂种优势的组合列为重点组合，F_2 代种植

30~60 行(行长 3m)，约 1000~2000 株；将含有目标性状基因/QTL 但表型杂种优势不突出，或不含有目标性状基因/QTL 但表型杂种优势突出的组合列为一般组合，只种 3~5 行，约 100~150 株。

实施效果：F_1是否存在可遗传的杂种优势是后代选出好品种的前提。虽然小麦的 F_1 杂种优势不如玉米等作物大，但一般在株高、抗逆等表型上都有明显可见的优势。由于表型选择很难确定哪些杂种优势性状可以遗传后代，因此，常规育种者一般都是尽量多的保留杂交组合，甚至种植所有组合，致使 F_2代种植组合多、面积大。后代分离频率低、变异差的组合比例一般在 50%以上，既大大浪费人力、物力，又给以后各世代的种植造成累赘。根据目标基因/QTL 的有无和聚合情况，确定 F_1组合选留和 F_2种植规模的方法，一般可减少 1/3~1/2 组合的种植，F_2的种植面积可减少 50%以上，在保证选留和选择准确性的基础上，大大降低了育种成本。

(三)依据目标基因/QTL 的追踪和表型鉴定——在分离世代株系选择中选优淘劣

F_2~F_5代是性状分离和选择的关键世代，利用分子标记追踪目标基因/QTL 的方法是：于冬前分蘖或拔节或抽穗期，选择重点组合的生长健壮植株的主茎穗(蘖)挂牌标记，提取挂牌茎叶片的 DNA，进行目标性状基因/QTL 的标记跟踪，生长中后期，依据目标性状基因/QTL 的有无及表型好坏进行田间选优淘劣。对一般组合则是先选优株挂牌，后对优选株进行目标性状基因/QTL 检测。单株(系)收获后详细考种，进行目标基因/QTL 和相应性状的相关分析，根据基因型和表现型的综合结果，最后决定单株或株系的选留及下代种植群体的大小。

实施效果：常规育种者在担心漏选优良株系的心理下，F_2~F_5往往大量选留单株，造成种植群体越来越大，用地多、工作量大，选株精准性差、效率低。在各代生长早、中期就鉴定目标基因/QTL 是否存在，在确定含有目标基因/QTL 的前提下，再选择理想的表现型，或在当选择理想株系中再进行目标基因/QTL 的验证；优良基因型和理想的表现型结合，大大提高了选择的准确性，世代之间根据目标基因/QTL 的追踪情况，确定下年种植群体的大小，大大减少了育种用地和人力物力投入。近几年育种实践证明分子标记辅助育种方法，F_2~F_5 的种植面积比同样规模的常规育种节约育种用地 50%以上，而且大大提高了育种效率。

(四)鉴定、品比世代——验证目标基因/QTL 的作用

F_5代田间整齐度达标的株系，即可以出圃品系参加课题的新品系鉴定和新品系比较试验。根据某品系所含有的目标基因/QTL 的类型及其效应，将其分别归于产量鉴定、品质鉴定、旱地鉴定和抗病鉴定区组。在继续用分子标记跟踪目标基因/QTL 的同时，重点进行这些目标基因/QTL 存在对目标性状影响的研究。选择株型优良、产量高、抗逆强的品系参加省或国家区域试验，进入品种审定程序。

实施效果：传统育种的系谱选择，一般至 F_5代或 F_6代出圃，依次参加课题组的鉴定区和品比区试验。在未实行分子标记辅助选择前，一个课题组一般将所有出圃品系放

在同一条件下进行产量鉴定，这个过程虽然也对抗病和品质的表型性状进行评价，但选留的指标主要是小区产量，这样可能会淘汰某些产量不突出，但抗性突出、稳产性好的品系，造成育种过程中的很大浪费。鉴定、品比阶段的分子标记辅助选择，在基因型分组的基础上，严格进行产量和综合性状的鉴定，更易选育出符合品种设计目标的突破性小麦新品种。同时在育种品种水平上，有利于总结目标基因/QTL与表型性状表达的关系，创造新的育种理论和方法，提高我国小麦育种的整体水平。

四、借助 MAS 实施基因/QTL 转移的技术路线

通过有限回交，将某些育种材料（地方品种、国外品种、远缘种质）中的有利基因，转移到现代的高产小麦新品种，是扩大现代小麦的遗传基础、选育出更高产优质小麦品种的有效方法。以 QTL 定位为主要内容的连锁分析和使用 Dart 标记和 SNP 方法进行的关联分析，已获得大量有利基因/QTL 及其分子标记，为借助 MAS 方法实施基因转移提供了良好条件。近几年，在 QTL 定位和获得含有目标基因/QTL 的大量育种元件的基础上，我们构建了以国内外核心种质为供体亲本的大量渗透系群体。许多群体都有性状突出的优异变异，从中选育的 BC_2F_5 代品系已经作为新品系出圃，正在参加课题组的鉴定和品比试验。

借助 MAS 实施基因/QTL 转移的主要步骤是：

(1) 根据培育品种的目标，选择实施转移的基因/QTL（1 个或几个）及供体亲本和受体亲本。其供体亲本一定含有已知目标基因/QTL，并有用于目标基因/QTL 追踪的分子标记，即保证在各世代都可对目标基因/QTL 进行前景选择。其受体亲本一定是当前生产上大面积推广的优良品种，最好也是通过分子标记鉴定已知其遗传基础的品种，以便对其主要性状的基因/QTL 进行背景选择。

(2) 一般进行 2~3 代回交，建立起一套（数百个）BC_2 或 BC_3 渗入系，即供体亲本的染色体理论上占 12.5%~6.25%。

(3) 杂交和回交早代主要进行前景选择，每代都以含有目标基因/QTL 植株作为回交的母本，以保证目标基因/QTL 的连续转移。

(4) BC_2F_2 代及以后的自交群体，主要进行背景选择，即保证轮回亲本中重要农艺性状的保持及减轻连锁累赘。

(5) 在实施 MAS 的同时，各选择世代都不要忽视个体表现型的选择，育种家在田间心里要装着目标基因/QTL 的作用，眼里则是植株特性、产量结构和抗逆性等表型性状，这样才能选育出理想的超级小麦新品种（图 9-3）。

实施效果：多年来传统的常规育种也常采用有限回交方法培育新品种，但亲本的选择只是考虑亲缘的远近，后代的选择也只是通过表现型来选择基因型。由于选择的盲目性，最后选出的品系可能已丢失目标基因；或有目标基因，但由于连锁累赘，最终不能成为生产上可利用的品种，借助 MAS 实施基因/QTL 的转移，始终可保证目标基因/QTL 的传递和存在。有条件的单位加上轮回亲本的背景选择，可大大加快品种选育过程，选育出符合育种目标的新品种。

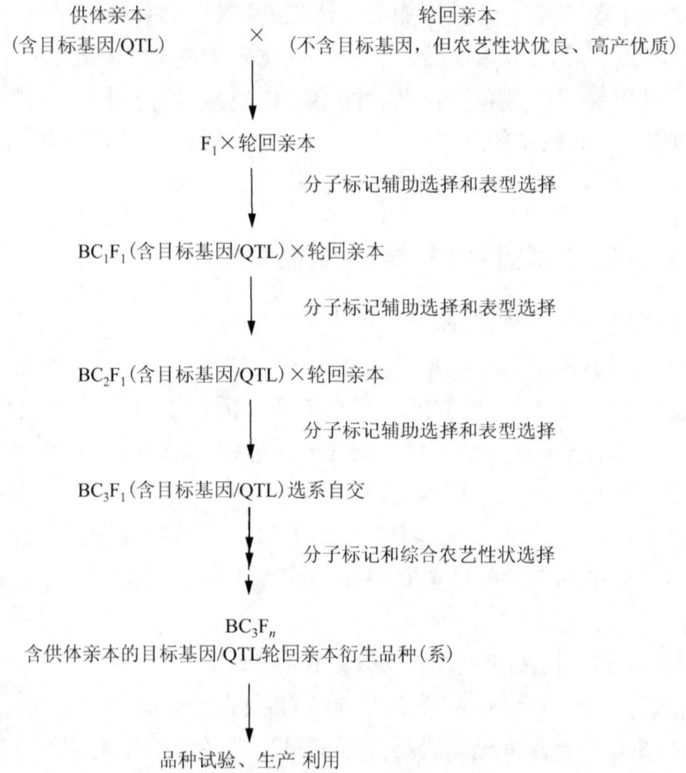

图 9-3　借助 MAS 实施基因/QTL 转移的技术路线

Fig. 9-3　The transferring route sketch of gene/QTL by MAS

五、借助 MAS 实施的基因/QTL 聚合育种的技术路线

基因/QTL 的聚合育种（breeding by gene/QTL pyramiding）是指将分散在不同种质中的有利基因聚合到一个品种中的过程。以基因-性状的连锁分析方法和关联分析方法，为借助 MAS 实施基因/QTL 聚合育种提供了很好的技术支撑。

借助 MAS 实施基因/QTL 聚合育种的主要步骤：

（1）根据育种目标，在已进行 QTL 分析的 RIL 群体、DH 群体中，或已经过 Dart 标记或 SNP 检测分析的自然群体中，筛选出彼此间在几个目标性状上表现最大程度遗传互补的品种（系）。

（2）根据 QTL 定位和 SNP 检测结果，确定要聚合的目标基因/QTL 及其用于跟踪的分子标记。

（3）将中选亲本相互杂交产生单交 F_1，单交 F_1 间复交，或单交 F_1 再用第三个亲本杂交产生顶交 F_1，复交 F_1 自交产生数目较大的 F_2 分离群体。

（4）在单交和复交的后代中，用目标基因/QTL 的分子标记，大规模开展分子检测的辅助选择。

(5) 在分子标记检测的同时，连续多代选择目标性状聚合的优良品种(系)，直至育成新品种。其技术路线简图如下(图 9-4)。

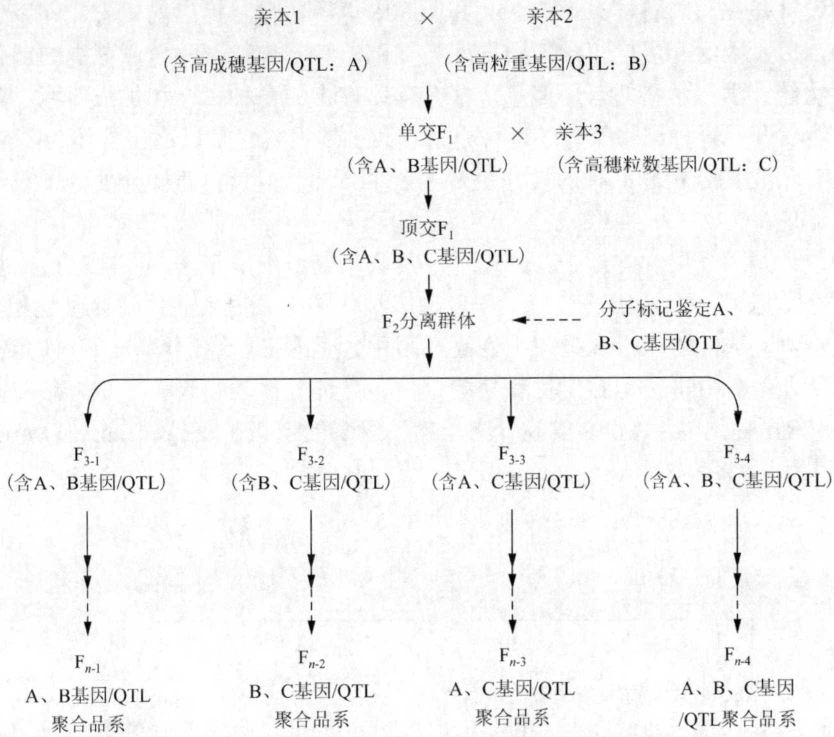

图 9-4 借助 MAS 实施基因/QTL 聚合的技术路线简图

Fig. 9-4 The pyramiding route sketch of gene/QTL by MAS

实施效果：多品种复交或三品种顶交的方法在常规育种中也常用。但由于亲本多，后代稳定时间长，且由于基因/QTL 聚合的程度不同，仅根据表型选择很难选出目标基因/QTL 有效组合的株系。借助 MAS 实施的基因/QTL 聚合技术，由于已知亲本含有的目标基因/QTL 及其标记，通过分子标记跟踪，则可容易地鉴定目标基因/QTL 的聚合情况，选育出不同基因聚合型的理想品种。例如常规育种一直用分别为高成穗、高粒重和高穗粒数的 3 个品种(系)杂交，至今没选育出产量三要素的 3 个高值聚合在一起的品种(系)。另外，有些基因虽然聚合了，但表型很难鉴定。例如，小麦的白粉病或条锈病有许多生理小种，多个生理小种的聚合对小麦的垂直抗性有重要作用，借助 MAS 方法，则可选育出多个生理小种基因/QTL 聚合、田间抗病表现为免疫或高抗的优良品种。

值得注意的是，虽然目标性状的有利等位基因来源于两个或多个遗传互补的亲本，没有供体和受体之分，但其亲本之一，特别是第三个亲本最好是农艺性状优良的品种(系)，这样在基因聚合的同时，实现优良品种不断改良和提升。

六、借助 MAS 实施品种设计的技术路线

高产、优质、广适、多抗是育种家选育优良品种的最终目标，这样一个近乎完美的

品种，是多个优异表型性状的聚合体。近几年随着基因组学和功能基因组学研究的重大理论和技术突破，品种分子设计(breeding by design)已成为未来作物遗传改良的主流技术。品种设计是比利时科学家 Peleman 和 vander Voort 最早提出的概念，即以生物信息学为平台，以基因组和蛋白组学的数据库为基础，综合作物育种学流程中的遗传、生理生化和生物统计学等学科的有用信息，根据具体作物的育种目标和生长环境，先设计最佳方案，然后开展育种试验的分子育种方法，其主要内容包括以遗传群体为基础的 QTL 定位、QTL 的功能分析和品种的设计组合等三个方面。但具体怎样开展分子设计育种并没有详细论述。

品种设计是最高层次的分子育种技术，其概念提出十多年来，在国家重点基础研究“973”项目的支持下，我国的科技工作者在多种作物上开展了品种设计研究和实践。本课题组在刚刚完成的“973”课题“小麦高产品种分子改良和超高产分子育种元件创制”支持下，从遗传图构建、QTL 定位和功能分析、育种元件创制等多方面为品种设计的实施奠定了基础。提出借助 MAS 实施“三层次”组装的超级小麦品种(supear variety)分子设计的技术体系(图 9-5)。

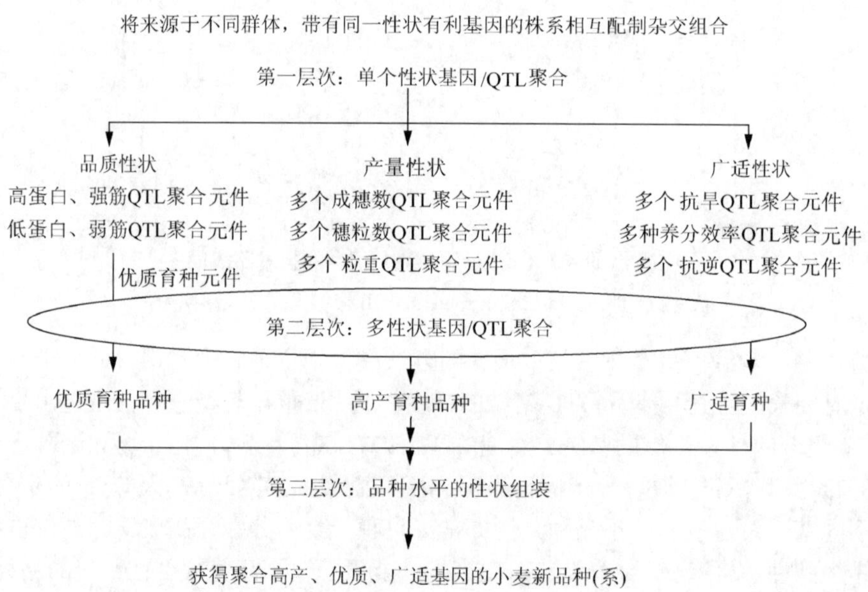

图 9-5　品种定向组装技术路线

Fig. 9-5　The technical route of varieties directed assembly

(一)第一层次：单个性状的多个有利基因/QTL 的组装

小麦的主要产量、品质性状都是多个基因控制的数量基因性状。本层次组装就是把控制单个性状(如穗粒数)的多个基因/QTL 聚合于一个品种，创造单个性状突出的育种元件，如小麦高穗粒数(含多个决定穗粒数的 QTL，每穗 70~80 粒)的育种元件；强筋小麦(在 *glud1* 的 3 个位点上均为优质亚基)育种元件等。具体组装方法同借助 MAS 实施的基因/QTL 聚合育种的技术路线。

(二)第二层次：多性状有利基因/QTL的组装

就是把已聚合多个基因/QTL的各个有关联的单个性状再通过有性杂交聚合于一个品种(系)，创造常说的"高产品种"或"优质品种"或"广适抗逆品种"，例如，我们常说的小麦产量三结构，即单位面积穗数、每穗粒数和千粒重就是与产量有关联的3个单个性状，用单个性状突出的材料作亲本把产量三结构的大多数有利基因聚合于一个品种，就可培育出通过MAS的"高产品种(育种元件)"；同样，优质小麦的品质指标也有籽粒蛋白质含量和面粉筋力(强筋或弱筋)等关联性状，用高籽粒蛋白质与强筋小麦杂交，结合MAS，同样也可培育出高蛋白、强筋性状聚合的"优质品种(育种元件)"。再如，小麦的白粉病、条锈病、纹枯病等都是与抗病性有关的各个性状，用已经聚合多个抗白粉病生理小种基因的抗白粉病品种与聚合多个抗叶锈病生理小种基因的抗叶锈病品种杂交，同样可通过MAS方法，把两种抗病生理小种的基因聚合于一个品种，培育出"广适抗逆品种(育种元件)"。

(三)第三层次：品种层面的多个有利基因/QTL的组装

品种层面的组装就是把第二层次产生的"高产品种"或"优质品种"或"广适抗逆品种"中的多个有利基因/QTL再组装为一个"高产优质多抗品种"。这是"品种设计"提出的理想超级小麦品种(superior variety)的目标。当然，理想的superior variety是一类品种，不同的品种累积的有利基因/QTL的类别和数目都会不同，即品种的高产、优质和多抗性状也会不断改进，产量水平也会不断提高。这需要熟悉更多的基因/QTL的功能和相互作用，利用更多的育种元进行更多的阶梯杂交组装和MAS。

实施效果：生产上利用的品种，也有"高产品种"、"强筋品种"、"抗旱品种"等分类，但随着生产水平和育种水平的提高，人们已对品种的要求越来越全面，如果一个品种尽管产量水平较高，但若品质较差或有些年份病害大发生，也不会成为生产上大面积推广品种。因此，借助MAS实施"三层次"组装，培育聚合"高产、优质、多抗"综合性状的理想超级小麦品种(superior variety)十分必要。过去常规育种也有多品种依次阶梯杂交，培育多个优良性状聚合的小麦新品种的尝试。但由于不清楚各个优质性状基因/QTL的数目、作用及其相互作用机理，特别是不能从基因型上对这些性状进行选择，所以杂交后代稳定时间长，效果差。现在提出的分子设计育种，则是在充分了解小麦主要性状的基因作用及其相互作用机理的基础上，首先在计算机上模拟实施，考虑的性状和因素更多、更周全，因而所选用的亲本组合、育种途径更有效，特别是至始至终都可以用MAS检测跟踪，可以培育出在高产、优质、多抗和稳产广适的各种性状聚合一体的近乎完美的小麦新品种。

第三节　主要产量性状的分子标记及其应用

小麦的单位面积产量、产量构成因素及其相关性状都属于数量性状，受许多主效和微效多基因控制，表现为连续变异，受环境的影响较大(Asins et al.，2002；Huang et al.，

2003）。国内外许多研究者用不同研究群体和分子标记技术对产量及其相关性状进行了QTL分析。尽管当前定位到一些产量性状的主效QTL位点，但发掘出的与产量性状紧密连锁的分子标记屈指可数，在分子标记辅助选择中能实际应用的标记更少。因此，进一步发掘和应用产量性状的分子标记，促进传统育种方法和分子辅助选择技术相结合势在必行。本课题组在总结前人经验的基础上，结合本课题组定位到的产量性状主效QTL，对分子标记在产量改良方面的应用进行了一些尝试，希望能为我国高产小麦分子标记辅助育种、分子聚合育种提供参考。

一、主要产量性状的分子标记

（一）通过QTL定位获得的产量性状分子标记

本课题组利用2个RIL群体、2个自然群体、1个DH群体，以及在DH群体基础上创建的IF_2群体，进行小麦的产量相关性状的QTL分析，共找到72个调控产量性状的主效QTL位点（贡献率＞10%），贡献率变异范围10%~69.5%（表9-6）。其中，控制籽粒产量的主效QTL有2个，位于2D和5D染色体；控制穗部性状的主效QTL有64个，分布于除1D、3D、5A、6D和7D以外的其余16条染色体；控制籽粒性状的主效QTL有6个，位于1B、4B、4D和6A染色体上。

表9-6　通过QTL定位检测到的有关产量性状主效QTL（贡献率大于10%）

Table 9-6　Table 1 Summary of major QTL of wheat yield traits detected by our research（PVE>10%）

性状 Trait	QTL	标记区间 Flanking marker	引物序列 Primer sequence（5′→3′）	贡献率 (PVE)/%
籽粒产量 Grain yield	*qGY2Da*	*Xcfd53*	CCCTATTTCCCCCATGTCTT	14.07
			AAGGAGGGCACATATCGTTG	
		Xwmc18	CTGGGGCTTGGATCACGTCATT	
			AGCCATGGACATGGTGTCCTTC	
	qGY5D	*Xwmc215*	CATGCATGGTTGCAAGCAAAAG	10.32
			CATCCCGGTGCAACATCTGAAA	
		Xgdm63	GCCCCCTATTCCATAGGAAT	
			CCTTTTGATGGTGCATAGGA	
穗长 Spike length	*QSl1B.1-100*	*wPt-3753*	http://www.triticarte.com.au/	39.52
		wPt-1139	http://www.triticarte.com.au/	
	QSl1B.1-104	*wPt-5363*	http://www.triticarte.com.au/	40.43
		wPt-1363	http://www.triticarte.com.au/	
	QSl1B.1-113	*wPt-2751*	http://www.triticarte.com.au/	29.49
		wPt-3465	http://www.triticarte.com.au/	
	QSl2A-192	*xgwm294*	GGATTGGAGTTAAGAGAGAACCG	16.1
			GCAGAGTGATCAATGCCAGA	
		xgwm614	GATCACATGCATGCGTCATG	
			TTTTACCGTTCCGGCCTT	

续表

性状 Trait	QTL	标记区间 Flanking marker	引物序列 Primer sequence (5′→3′)	贡献率 (PVE)/%
穗长 Spike length	*qSl2D*	*Xcfd53*	CCCTATTTCCCCCATGTCTT	15.63
			AAGGAGGGCACATATCGTTG	
		Xwmc18	CTGGGGCTTGGATCACGTCATT	
			AGCCATGGACATGGTGTCCTTC	
	QSl3A-78	*Xgpw7080*	ATGCCAACCAGACATCACAG	14.36
			CAAAACCTACAGCTCCCTCG	
		Xgpw1005	CTCGGCGTAGTAGTGCATGA	
			TCGAGTAGCCTATCGCTAACC	
	QSl6B.3-10	*wPt-669607*	http://www.triticarte.com.au/	15.15
		Xgpw1005	CTCGGCGTAGTAGTGCATGA	
			TCGAGTAGCCTATCGCTAACC	
	QSl6B.3-6	*wPt-1325*	http://www.triticarte.com.au/	12.29
		wPt-669607	http://www.triticarte.com.au/	
	QSl6B.2	*wPt-666615*	http://www.triticarte.com.au/	20.55
		wPt-669607	http://www.triticarte.com.au/	
	QSl6B.3	*wPt-669607*	http://www.triticarte.com.au/	11.51
		wPt-730273	http://www.triticarte.com.au/	
	QSl6B.4	*wPt-730273*	http://www.triticarte.com.au/	13.59
		wPt-6329	http://www.triticarte.com.au/	
	Qsl-6B.5	*wPt-6329*	http://www.triticarte.com.au/	18.77
		xgpw-1149	CATGTCAAAGCACCAGCAGA	
			CTTTGGCGCTGAAGTAAAGG	
总小穗数 Spikelets per spike	*qSps5D*	*Xwmc215*	CATGCATGGTTGCAAGCAAAAG	13.83
			CATCCCGGTGCAACATCTGAAA	
	qSps5D	*Xgdm63*	GCCCCCTATTCCATAGGAAT	13.83
			CCTTTTGATGGTGCATAGGA	
	QSnps2B-94	*CFE052*	TGTCGTAGAAGGGCTCCG	21.87
			AAACCCTACCTCCTAGCTCCC	
		wPt-5374	http://www.triticarte.com.au/	
	QSnps5B.2-83	*wPt-7665*	http://www.triticarte.com.au/	17.79
		wPt-3569	http://www.triticarte.com.au/	
可育小穗数 Fertile spikelets per spike	*QFsn4B.1-97*	*wPt-7569*	http://www.triticarte.com.au/	13.2
		wPt-3908	http://www.triticarte.com.au/	
	QFsn4B.2-30	*wPt-8756*	http://www.triticarte.com.au/	11.33
		CFE149	CTGATTACGCGAGCCCAG	
			CGCAGAAAGGGCAGTAAGAC	
	qFsn5D	*Xbarc320*	CGTCTTCATCAAATCCGAACTG	10.22
			AAAATCTATGCGCAGGAGAAAC	
		Xwmc215	CATGCATGGTTGCAAGCAAAAG	
			CATCCCGGTGCAACATCTGAAA	
	QFsn6A.1-14	*wPt-3091*	http://www.triticarte.com.au/	21.14
		wPt-731153	http://www.triticarte.com.au/	

续表

性状 Trait	QTL	标记区间 Flanking marker	引物序列 Primer sequence (5′→3′)	贡献率 (PVE) /%
可育小穗数 Fertile spikelets per spike	*QFsn6A.1-22*	*wPt-0959*	http://www.triticarte.com.au/	30.02
		wPt-730631	http://www.triticarte.com.au/	
	Qsfs-6A.3	*wPt-729920*	http://www.triticarte.com.au/	11.35
		wPt-664792	http://www.triticarte.com.au/	
小穗着生密度 Compactness	*Qsc-1B.1*	*wPt-3563*	http://www.triticarte.com.au/	13.66
		wPt-8226	http://www.triticarte.com.au/	
	QSc1B.1-8	*wPt-731490*	http://www.triticarte.com.au/	13.05
		wPt-4555	http://www.triticarte.com.au/	
	QSc2A-203	*xgwm294*	GGATTGGAGTTAAGAGAGAACCG	11.27
			GCAGAGTGATCAATGCCAGA	
		xgwm614	GATCACATGCATGCGTCATG	
			TTTTACCGTTCCGGCCTT	
	QSc2D-18	*wPt-6343*	http://www.triticarte.com.au/	69.5
		wPt-667485	http://www.triticarte.com.au/	
	qSc2D	*Xgwm261*	CTCCCTGTACGCCTAAGGC	11.41
			CTCGCGCTACTAGCCATTG	
		Xgwm296	AATTCAACCTACCAATCTCTG	
			GCCTAATAAACTGAAAACGAG	
	qSc5D	*Xwmc215*	CATGCATGGTTGCAAGCAAAAG	12.26
			CATCCCGGTGCAACATCTGAAA	
		Xgdm63	GCCCCCTATTCCATAGGAAT	
			CCTTTTGATGGTGCATAGGA	
	Qsc-6B.2	*wPt-730273*	http://www.triticarte.com.au/	18.12
		wPt-6329	http://www.triticarte.com.au/	
	Qsc-6B.3	*wPt-6329*	http://www.triticarte.com.au/	11.78
		xgpw1149	CATGTCAAAGCACCAGCAGA	
			CTTTGGCGCTGAAGTAAAGG	
	QSc7B-165	*wPt-3723*	http://www.triticarte.com.au/	14.28
		wPt-1266	http://www.triticarte.com.au/	
穗粒数 Grains per spike	*QGns1A-1*	*Xbarc350*	GCACCGCACAAGATTACA	31.25
			GCCCAAGGAGAGATTATTAGTT	
		Xwmc120	GGAGATGAGAAGGGGGTCAGGA	
			CCAGGAGACCAGGTTGCAGAAG	
	QGns1A-5	*Xgwm498*	GGTGGTATGGACTATGGACACT	15.68
			TTTGCATGGAGGCACATACT	
		Xcwem6.2	CCTGCTCTGCCATTACTTGG	
			TGCACCTCCATCTCCTTCTT	
	QKnps1B.1-104	*wPt-5363*	http://www.triticarte.com.au/	38.44
		wPt-1363	http://www.triticarte.com.au/	

续表

性状 Trait	QTL	标记区间 Flanking marker	引物序列 Primer sequence (5′→3′)	贡献率 (PVE)/%
穗粒数 Grains per spike	*QKnps1B.1-81*	*wPt-665375*	http://www.triticarte.com.au/	44.1
		wPt-0260	http://www.triticarte.com.au/	
	QGns2B-1	*Xwmc175*	GCTCAGTCAAACCGCTACTTCT	11.67
			CACTACTCCAATCTATCGCCGT	
		Xgwm388	CTACAATTCGAAGGAGAGGGG	
			CACCGCGTCAACTACTTAAGC	
	QGns2B-2	*Xbarc101*	GCTCCTCTCACGATCACGCAAAG	46.75
			GCGAGTCGATCACACTATGAGCCAATG	
		Xcwem55	CCAAAACCCTGACCTGACC	
			GGAACGTCCTTGAAGACGAG	
	QGns2D	*Xcfd161*	GTAAGGCATCTTCGCGTCTC	11.58
			CCATGATAGATTTGGACGGG	
		Xgwm311.2	TCACGTGGAAGACGCTCC	
			CTACGTGCACCACCATTTTG	
	qSgn2D	*Xgwm261*	CTCCCTGTACGCCTAAGGC	12.24
			CTCGCGCTACTAGCCATTG	
		Xgwm296	AATTCAACCTACCAATCTCTG	
			GCCTAATAAACTGAAAACGAG	
	Qgps-2D.1	*wPt-8319*	http://www.triticarte.com.au/	11.65
		wPt-731130	http://www.triticarte.com.au/	
	QGns3B	*Xwmc3*	ATTCAAGTCTCTGCAGACCACC	10.69
			CCCTGAGCAGCTTCACAGATTAC	
		Xwmc1	ACTGGGTGTTTGCTCGTTGA	
			CAATGCTTAAGCGCTCTGTG	
	Qgps-3B.1	*wPt-664393*	http://www.triticarte.com.au/	18.21
		wPt-1191	http://www.triticarte.com.au/	
	Qgps-3B.2	*wPt-6216*	http://www.triticarte.com.au/	32.75
		wPt-9579	http://www.triticarte.com.au/	
	QKnps4D-12	*Xgpw311*	CACTAGACGTTTGGCTTGCT	15.48
			GACCTTCCCAACCCGTAGAC	
		Xgpw342	AGAGCCATGAGTTGGTCGC	
			CACAATCGTCCCTTCATCCT	
	qSgn5D	*Xwmc215*	CATGCATGGTTGCAAGCAAAAG	11.67
			CATCCCGGTGCAACATCTGAAA	
		Xgdm63	GCCCCCTATTCCATAGGAAT	
			CCTTTTGATGGTGCATAGGA	
	QGns6A	*Xbarc1055*	GCCAGACGCACAGGGACAAGATACACTA	17.58
			GCCGTACCCTGGTTATTGTTG	
		Xwmc553	CGGAGCATGCAGCTAGTAA	
			CGCCTGCAGAATTCAACAC	

续表

性状 Trait	QTL	标记区间 Flanking marker	引物序列 Primer sequence (5′→3′)	贡献率 (PVE) /%
	QGns6A-1	*Xbarc023*	GCGTGAAATAGTGCAAGCCAGAGAT	12.29
			GCGCTAACACCTCGGCAAGACAA	
		Xbarc1077	CAGCGCAAGTACAAAGCATTCCAATA	
			CAAGGGTTCAACGGCGACAA	
	Qgps-6A.1	*wPt-3468*	http://www.triticarte.com.au/	10.87
		wPt-9679	http://www.triticarte.com.au/	
	Qgps-6A.2	*wPt-0228*	http://www.triticarte.com.au/	27.84
		wPt-730977	http://www.triticarte.com.au/	
	QGns7B₁	*Xwmc396*	TGCACTGTTTTACCTTCACGGA	10.77
			CAAAGCAAGAACCAGAGCCACT	
		Xgwm333	GCCCGGTCATGTAAAACG	
			TTTCAGTTTGCGTTAAGCTTTG	
穗粒重 Kernel weight per spike	*QGws1B-1*	*Xwmc31*	GTTCACACGGTGATGACTCCCA	35.74
			CTGTTGCTTGCTCTGCACCCTT	
		Xwmc626	AGCCCATAAACATCCAACACGG	
			AGGTGGGCTTGGTTACGCTCTC	
	QGws1B-2	*Xwmc128*	CGGACAGCTACTGCTCTCCTTA	58.58
			CTGTTGCTTGCTCTGCACCCTT	
		Xbarc312	GGTGTCCGTGCGCGCCAGAAAAT	
			GCACGGAACTGTTGGGTCTAGCC	
	QGws2B	*Xgwm388*	CTACAATTCGAAGGAGAGGGG	18.23
			CACCGCGTCAACTACTTAAGC	
	QGws2B	*Xbarc101*	GCTCCTCTCACGATCACGCAAAG	18.23
			GCGAGTCGATCACACTATGAGCCAATG	
	QKwps2D-40	*wPt-667485*	http://www.triticarte.com.au/	10.47
		wPt-1068	http://www.triticarte.com.au/	
	QKwps4B.1-99	*wPt-7569*	http://www.triticarte.com.au/	16
		wPt-3908	http://www.triticarte.com.au/	
	QKwps4D-11	*Xgpw311*	CACTAGACGTTTGGCTTGCT	15.8
			GACCTTCCCAACCCGTAGAC	
		Xgpw342	AGAGCCATGAGTTGGTCGC	
			CACAATCGTCCCTTCATCCT	
	QGws7B₁	*Xwmc396*	TGCACTGTTTTACCTTCACGGA	27.86
			CAAAGCAAGAACCAGAGCCACT	
		Xgwm333	GCCCGGTCATGTAAAACG	
			TTTCAGTTTGCGTTAAGCTTTG	
粒径 Grain diameter	*QGd1B.1-29*	*wPt-9925*	http://www.triticarte.com.au/	10.23
		Xgpw2281	TCATCATGGTATGAGCGTGG	
			ACAAGCATTCCAATTTTGCC	

续表

性状 Trait	QTL	标记区间 Flanking marker	引物序列 Primer sequence (5′→3′)	贡献率 (PVE)/%
	QGd4B.1-99	*wPt-7569*	http://www.triticarte.com.au/	12.16
		wPt-3908	http://www.triticarte.com.au/	
	QGd4D-9	*Xgpw311*	CACTAGACGTTTGGCTTGCT	10.75
			GACCTTCCCAACCCGTAGAC	
		Xgpw342	AGAGCCATGAGTTGGTCGC	
			CACAATCGTCCCTTCATCCT	
	qGd6A	*Xbarc1055*	GCCAGACGCACAGGGACAAGATACACTA	13.8
			GCCGTACCCTGGTTATTGTTG	
		Xwmc553	CGGAGCATGCAGCTAGTAA	
			CGCCTGCAGAATTCAACAC	
千粒重 Thousand grain weight	*qTgw6Ab*	*Xbarc1055*	GCCAGACGCACAGGGACAAGATACACTA	14.64
			GCCGTACCCTGGTTATTGTTG	
		Xwmc553	CGGAGCATGCAGCTAGTAA	
			CGCCTGCAGAATTCAACAC	
粒重 Grain weight	*QGw6A.1-134*	*CFE043*	AGAAAGGGGTGTCGATGATG	15.41
			AGCAGACGATGTGGTACGC	
		TaGw2-CAPS	GTTACCTCTGGTTTGGGTGTCGTG	
			ACCTCTCGAAAATCTTCCCAATTA	

穗部性状方面，检测到 16 个控制穗长的主效 QTL，3 个控制总小穗数的主效 QTL，7 个控制可育小穗数的主效 QTL，12 个控制小穗着生密度的主效 QTL，19 个控制穗粒数的主效 QTL，7 个控制穗粒重的主效 QTL；籽粒性状方面，定位到 4 个控制粒径的主效 QTL，2 个控制千粒重和粒重的主效 QTL。由表 9-6 可知，控制穗部性状的主效 QTL 多数定位于 1B、2D、6A 和 6B 染色体上，控制籽粒性状的主效 QTL 多数位于 6A 染色体上，其中，在 6B 染色体上检测到多个控制穗长和小穗着生密度的主效 QTL，在 6A 染色体上检测到多个控制可育小穗数、穗粒数和粒重相关的主效 QTL，推测在这两条染色体上存在控制这些性状的基因簇。除 DArT 标记外，所有两侧 SSR 标记的引物序列及其扩增反应条件可在 http://wheat.pw.usda.gov/GG2/index.shtml 网站中查询到，而 DArT 标记可在 http://www.triticarte.com.au/网站上查到。

(二)目前国内外应用较好的产量性状分子标记

近几年，随着生物技术的快速发展，在多种作物中已鉴定克隆了一些产量性状的基因，而小麦的相关研究仅集中在产量性状的 QTL 分析方面，产量性状的基因克隆较少。Miura 等(1992)发现 5BL 染色体上的 *Nel* 基因不仅控制产量，而且具有控制每穗小穗数和穗数的效应。Xiao 等(2011)发现在小麦 1BL/1RS 易位系的 1R 短臂上不仅携带有抗条锈、叶锈和白粉病基因，而且携带提高粒重的基因，可以通过 1BL/1RS 易位系的分子标记进行粒重的辅助选择。Suenaga 等(2005)利用小麦/玉米诱导产生的 DH 群体研究发现，1A 染色体短臂上携带有一个调控每株穗数的位点，解释表型变异 62.9%，位于颖毛基因附近，与 SSR 引物 *Xpsp2999* 紧密连锁。Varshney 等(2000)在 1AS 发现一个控制粒重的主效基因位点 *QGw1.ccsu-1A*，解释表型变异 25%，与 SSR 引物 *Xwmc333* 紧密连锁。

随着水稻基因组测序工作的完成，相继克隆了一些影响水稻籽粒形态和重量的基因，如 *CWI*、*GS3*、*GW2*、*GIF1* 和 *SW5* 等(Fan et al.，2006；Song et al.，2007；Wang et al.，2008；Shomura et al.，2008)。禾谷类基因组不同物种间的比较作图研究发现，水稻与小麦的基因组之间，大多数位点上基因具有共线性(Sorrells et al.，2003)。根据共线性原理，Jiang 等(2011)同源克隆了小麦蔗糖合成酶基因——*Sus2*，对其研究发现该基因的两种单倍型(*Hap-H* 和 *Hap-L*)与小麦千粒重显著相关，其中 *Hap-H* 单倍型影响较高的千粒重，并针对两种单倍型开发出标记 *Sus2-SNP-185/589H2* 和 *Sus2-SNP-227/589L2*。

Ma 等(2011)利用水稻糖代谢相关的细胞壁转化酶基因 *CWI*，克隆了普通小麦 2A 染色体上细胞壁转化酶基因 *TaCwi-A1* 的全长编码序列，基因全长 3676bp，含有 7 个外显子和 6 个内含子，以及一个 1767bp 的开放读码框。针对 *TaCwi-A1* 位点的等位变异 *TaCwi-A1a* 和 *TaCwi-A1b* 开发了共显性标记 *CWI21* 和 *CWI22*。通过对 2 组中国冬小麦主栽品种和 2 组中国农家品种的检测，发现 *CWI21* 所扩增的 404bp 条带与低千粒重相关，而 *CWI22* 扩增的 402bp 条带与高千粒重相关。

TaGW2-6A 是 Su 等(2011)从小麦中克隆的一个水稻 *GW2* 的同源基因，定位于 6A 染色体上，并根据大粒和小粒 *TaGW2-6A* 启动子区的序列差异，开发了以 *Taq* I 限制性内切核酸酶为工具的 CAPS 标记，该标记能产生大小为 167bp 和 218bp 的两种片段，分别对应高、低粒宽和粒重等位变异 *Hap-6A-A* 和 *Hap-6A-G*。表 9-7 是文献报道的应用较好的主要产量性状分子标记及其序列。

表 9-7 目前应用较好的主要产量性状分子标记及其序列

Table 9-7 Molecular markers and their sequence of wheat yield traits better used in the current application

性状 Trait	基因/QTL Gene/QTL	引物名称 Marker name	引物序列 Primer sequence (5′→3′)	文献来源 Reference
单株成穗数 Pike number per plant	*QGw1.ccsu-1A*	*Xpsp2999*	TCCCGCCATGAGTCAATC	Suenaga et al. (2005)
			TTGGGAGACACATTGGCC	
粒重 Grain weight		*Xwmc333*	TCAAGCATAGGTGGCTTCGG	Varshney et al. (2000)
			ACAGCAGCCTTCAAGCGTTC	
	TaSus2-2B	*Sus2-SNP-185*	TAAGCGATGAATTATGGC	Jiang et al. (2011)
		Sus2-SNP-589H2	GGTGTCCTTGAGCTTCTGG	
		Sus2-SNP-227	CTATAGTATGAGCTGGATCAATGGC	
		Sus2-SNP-589L2	GGTGTCCTTGAGCTTCTGA	
	TaCwi-A1	*CWI21*	GTGGTGATGAGTTCATGGTTAAG	Ma et al. (2011)
			AGAAGCCCAACATTAAATCAAC	
		CWI22	GGTGATGAGTTCATGGTTAAT	
			AGAAGCCCAACATTAAATCAAC	
	TaGW2	*Hap-6A-P1*	CGTTACCTCTGGTTTGGGTGTCGTG	Su et al. (2011)
			CACCTCTCGAAAATCTTCCCAATTA	
		Hap-6A-P2	GAGAAAGGGCTGGTGCTATGGA	
			GTAACGCTTGATAAACATAGGTAAT	

二、主要产量性状分子标记的应用

小麦的基因克隆和分子标记开发及应用都远远落后于水稻，已在小麦上开发的分子标记也主要体现在抗病、品质等方面，而产量性状的分子标记相对比较少，在分子标记辅助育种中的应用也较稀少。现将本课题组和国内外学者开展的产量性状分子标记辅助育种的工作进行总结。

（一）穗粒数的分子标记及其应用

穗粒数是决定单位面积产量的重要因素，也是高产育种的重要指标之一。国内外许多研究表明，在小麦品种产量构成因素的遗传改良中，随着穗粒数增加，小麦产量会大幅度提高。穗粒数是多基因控制的数量性状，现已研究清楚 1B、1D、2B、2D、3B、4A、4B、4D、5A、5B、6A、6B、6D 和 7D 染色体都对小麦穗粒数有较大的贡献（周淼平，2006），因此通过分子标记进行穗粒数选择，是培育多粒高产品种或资源的有效方法。本课题组选用控制穗粒数的 *QGns1A-1* 基因分子标记，进行了连续 3 代的选择，获得了良好的选择效果。

1. 供试材料

组合配制根据亲本目标基因/QTL 的有无原则，选用本实验室 QTL 定位获得的具有穗粒数优异等位基因的‘DH9411’为供体亲本，该材料含有控制穗粒数的 *QGns2B-2* 主效 QTL（解释表型变异的 46.75%）（表 9-8），可利用 *Xbarc101*、*Xcwem55* SSR 标记跟踪和检测。受体亲本‘山农 01-35’是本实验室利用‘39-1’和‘核生 2 号’创制的大粒核心种质，常年千粒重达 60g 以上。

表 9-8　穗粒数 QGns2B-2 位点的分子标记引物序列

Table 9-8　Molecular marker sequences of QGns2B-2

引物名称 Marker name	染色体 Chromo-some	F (5′→3′)	R (5′→3′)	退火温度 Annealing temperature /℃
Xbarc101	2B	GCTCCTCTCACGATCACGCAAAG	GCGAGTCGATCACACTATGAGCCAATG	64
Xcwem55		CCAAAACCCTGACCTGACC	GGAACGTCCTTGAAGACGAG	50

2009 年夏组配杂交组合，秋播种植 F_1，2010 年种植 1200 个 F_2 单株，2011 年种植 1200 个 F_3 单株。各世代每行 30 粒种穗行，5cm 点播，F_2、F_3 都是 40 行区，正常肥水管理，生长期间未发生倒伏和其他严重的病虫害，组合衍生株系成熟后收获，分别测定供试单穗穗粒数。

2. 试验方法

（1）穗粒数表型测定：每年收获前，每行随机选 10 个挂牌标记的主茎穗（已测 DNA），考查穗粒数，求 10 个穗的粒数平均值作为株系的穗粒数。

（2）DNA 提取：每个种植季节，待幼苗长到三叶期时每行材料挂牌标记主茎蘖 10~20

个。冬前或春季(拔节前)取挂牌主茎蘖上的幼叶，按照改良的 CTAB 法提取 DNA 备用。

(3) SSR 标记检测：引物 *Xbarc101*、*Xcwem55* 由上海生工生物工程有限公司合成。*Taq* Ⅰ限制性内切核酸酶购自大连宝生物工程有限公司。PCR 反应体系 20μl，每个反应包括 40ng DNA、PCR 缓冲液、1.5mmol/L $MgCl_2$、250nmol/L 引物、2.0mmol/L dNTP 和 1U *Taq* 酶。PCR 反应参数：94℃ 5min；94℃ 30s，60℃ 30s，72℃ 1min，40 个循环；72℃ 4min；4℃保存。扩增产物经 6%聚丙烯酰胺凝胶电泳，银染显色成像。

3. 实验结果

利用引物 *Xbarc101* 和 *Xcwem55* 检测了 F_2 群体的 600 个单株，PCR 扩增产物中，有 127 个单株扩增出片段大小分别为 123bp 和 360bp 两条带，说明这些单株含有 *QGns2B-2* 主效 QTL；473 个株系未扩增出 123bp 和 360bp 条带，说明这些单株不含有 *QGns2B-2* 主效 QTL。

田间标记取样穗粒数调查中，含有 *QGns2B-2* 主效 QTL 的 127 个单株穗粒数平均 42 粒，未扩增出 123bp 和 360bp 条带的 473 个单株穗粒数平均 38.2 粒，统计达显著差异水平。*QGns2B-2* 差异与穗粒数表型基本相符合，说明 *QGns2B-2* 的分子标记可用于穗粒数的辅助选择。

(二) 小麦粒重基因分子标记 *Hap-6A-G/-A* 的功能验证

水稻中影响粒重的 *Sus2* 基因、*CWI* 基因和 *GW2* 基因都已在小麦中克隆并开发了相关分子标记，在中国小麦分子辅助育种中得到应用。本课题以 3 个粒重差别很大的遗传群体(1 个 BC_2F_4 群体、1 个 RIL 群体和 1 个自然群体)为材料鉴定了小麦粒重基因 *TaGW2-6A* 的功能，验证了该基因两种等位变异 *Hap-6A-A/G* 与小麦粒重、粒宽和粒长的关系。

1. 供试材料

BC_2F_4 群体的杂交组合为‘鲁麦 14’×‘山农 01-35’，以‘山农 01-35’为轮回亲本，回交 2 次后自交 3 次获得，共 134 个家系，测量结果显示父、母本的千粒重分别为 43.00g 和 60.28g，群体内家系的粒重范围为：39.91~73.40g，群体的平均千粒重为 58.80g，变异系数为 0.1609。

RIL1 群体的杂交组合为‘山农 01-35’×‘藁城 9411’，从 F_2 代开始，通过单粒传法传至 F_8 代，获得了含 182 个家系的 RIL 群体，测量得到父、母本的千粒重分别为 36.57g 和 60.02g，群体内家系的粒重范围为：27.28~65.97g，平均千粒重为 45.12g，变异系数为 0.1279。

自然群体包含 163 个品种和 87 个高代品系，共 250 个品种(系)，其中山东省内 105 个，其他省份 145 个，测量所得千粒重范围为：23.44~61.15g，平均千粒重为 45.81g，变异系数为 0.1537。三个群体中，BC_2F_4 群体的粒重变异最大，其次是自然群体，RIL1 群体变异最小。

2. 试验方法

采用改良的 CTAB 法提取各群体各家系基因组 DNA 以进行分子标记检测，引物 *Hap-6A-P1/P2* 的反应体系和循环程序参照韩利明等(2011)的方法，略有改动(表 9-9)，然后选择 12 个 *Hap-6A-A* 型的低粒重家系(8 个来自 RIL1 群体，4 个来自 BC_2F_4 群体)、10 个 *Hap-6A-G* 的高粒重家系(6 个来自 RIL1 群体，4 个来自 BC_2F_4 群体)进行 RNA 的提取和 cDNA 的分离，以及 *TaGW2-6A* 的荧光定量 PCR，试验重复 3 次，用以确定 *TaGW2-6A* 的表达量。

表 9-9　*Hap-6A-G* 和 *Hap-6A-A* 分子标记的引物序列、扩增片段及其相关信息

Table 9-9　Primer sequences, expected polymerase chain reaction (PCR) band sizes and related information for the mocular markers of *Hap-6A-A* and *Hap-6A-G*

等位变异 Allele	引物 Primer	序列 Sequence	片段大小/bp Fragment size	退火温度/℃ Annealing temperature	参考文献 Reference
Hap-6A-G	*Hap-6A-P1*	GTTACCTCTGGTTTGGGTGTCGTG	949	54	Su et al. (2011)
		ACCTCTCGAAAATCTTCCCAATTA			
Hap-6A-A	*Hap-6A-P2*	AGAAAGGGCTGGTGCTATGGA	418	57	
		TAACGCTTGATAAACATAGGTAAT			

3.主要实验结果

(1)用标记 *Hap-6A-P1/P2* 检测三个群体，在低粒重家系(如‘鲁麦 14’)中出现了一条 167bp 的小片段，而高粒重家系(如‘山农 01-35’)中出现了一条 218bp 的大片段(图 9-6)。

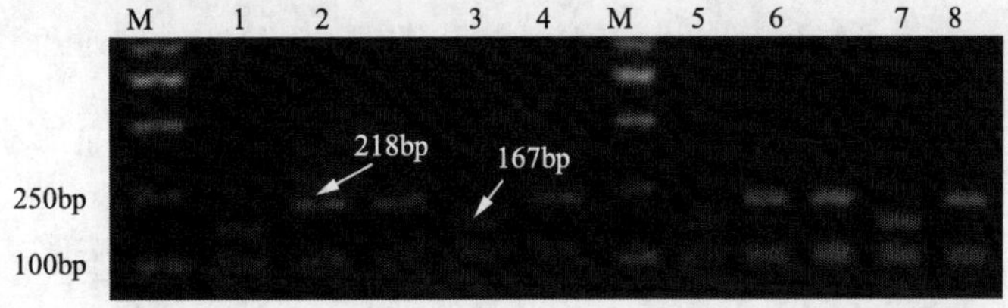

图 9-6　CAPS 标记 *Hap-6A-P1/P2* 在亲本鲁麦 14、山农 01-35 和藁城 9411 中的多态性

Fig. 9-6　Polymorphism of the CAPS marker *Hap-6A-P1/P2* in Lumai 14、Shannong 01-35 and Gaocheng 9411

M: marker; 1,5:鲁麦 14; 2,4,6,8: 山农 01-35; 3,7: 藁城 9411

M: marker; 1,5: Lumai 14; 2,4,6,8: Shannong 01-35; 3,7: Gaocheng 9411

(2)将 BC_2F_4 群体两亲本‘鲁麦 14’和‘山农 01-35’的第二轮 PCR 产物测序并进行序列比对，发现低粒重亲本鲁麦 14 的扩增产物中包含三个限制性内切核酸酶 *Taq* I 的酶切位点(该酶的识别序列为 TCGA)，酶切后产生 167bp 的小片段，因此低粒重亲本‘鲁麦 14’为 *Hap-6A-A* 型等位变异，而高粒重亲本‘山农 01-35’的扩增产物在第 3 个酶切位点的第 4 个碱基处发生了单碱基变化(A→G)，限制性内切核酸酶 *Taq* I 不识别 TCGG 序列，从而导致第 3 个酶切位点缺失，仅存在 2 个酶切位点，故酶切产生了 218bp 的大片段，因此高粒重亲本‘山农 01-35’为 *Hap-6A-G* 型等位变异(图 9-7)。

(3)低粒重亲本(‘藁城 9411’和‘鲁麦 14’)*TaGW2-6A* 的表达量高于高粒重亲本(‘山农 01-35’)。*Hap-6A-A* 型低粒重家系中 *TaGW2-6A* 的表达量显著高于 *Hap-6A-G* 型高粒重家系的表达量。*Hap-6A-A* 和 *Hap-6A-G* 两种单倍型家系的 *TaGW2-6A* 表达量间差异显著(P=0.05)，这表明 *TaGW2-6A* 的表达量与粒重、粒宽和粒长呈负相关。这与 Su 等(2011)的结果一致。

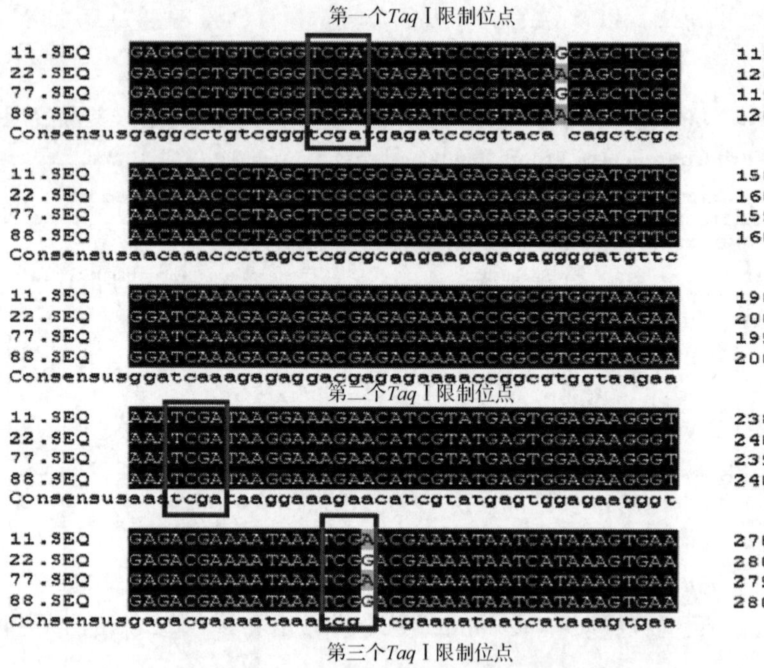

图 9-7　‘鲁麦 14’和‘山农 01-35’第二轮扩增产物的序列比对

Fig. 9-7　Sequene alignment of second round PCR products

11，77：鲁麦 14；22，88：山农 01-35

11，77：Lumai 14；22，88：Shannong 01-35

4. 与前人研究的差异及其原因

本课题的研究结果与前人有三点不同：其一，Su 等(2011)用 265 个编入中国微核心种质的品种进行 *TaGW2-6A* 单体型与籽粒形状的相关分析，发现含有 *Hap-6A-A* 的品种 2002 年和 2006 年的平均千粒重分别为 38.08g 和 38.15g，而含有 *Hap-6A-G* 的品种两年的平均千粒重分别为 34.60g 和 35.41g，两种等位变异品种的平均千粒重在两年间均达到差异极显著。单独用其中的 114 个现代品种进行研究，也有相似的规律，但是单独用其中的 151 个农家品种进行分析时，差异不显著。由此得出具有 *Hap-6A-A* 单体型的材料比含有 *Hap-6A-G* 单体型的材料具有较高的粒重和粒宽。而我们的实验结果是，低粒重亲本‘鲁麦 14’和‘藁城 9411’为 *Hap-6A-A* 型变异(酶切出 167bp 的小片段)，而高粒重亲本‘山农 01-35’为 *Hap-6A-G* 型变异(酶切出 218bp 的大片段)(见图 9-6)。此外，*Hap-6A-A* 型等位变异的家系或品种(系)比 *Hap-6A-G* 型等位变异的家系或品种(系)具有较低的平均粒重、粒宽和粒长，且达到差异极显著水平。其二，目前有关 *TaGW2* 两种等位变异 *Hap-6A-A/G* 的研究者 Su 等(2011)认为等位变异 *Hap-6A-A* 是影响小麦粒重、粒宽的优异等位基因，可用于 *TaGW2* 两种变异类型在不同地域品种中的分布研究，也可用于提高粒重和产量的分子标记辅助选择。而本研究认为 *Hap-6A-G* 才是影响小麦粒重和粒宽的优异等位基因，在育种中的作用更大。其三，关于 *Hap-6A-A/G* 影响粒重、粒宽的原因，Su 等(2011)认为大粒基因型中的 3 个 *Taq*I 酶切位点(识别序列为 TCGA)对应的第二轮 PCR 产物酶切后产生 167bp 的小片段，而小粒品种中只有 2 个酶切位点对应的酶切产物为 218bp 的大片段。本研究对第二轮

PCR 产物进行测序后发现，小粒亲本‘鲁麦 14’的 PCR 产物中有 3 个 *Taq* I 酶切位点，因此酶切后产生 167bp 的小片段，而大粒亲本‘山农 01-35’的 PCR 产物中第 3 个酶切位点的第 4 个碱基处发生了单碱基变异(A→G)，*Taq*I 内切酶不识别 TCGG 序列，从而导致第 3 个酶切位点缺失，仅存在两个酶切位点，产生了 218bp 的大片段(图 9-8)。

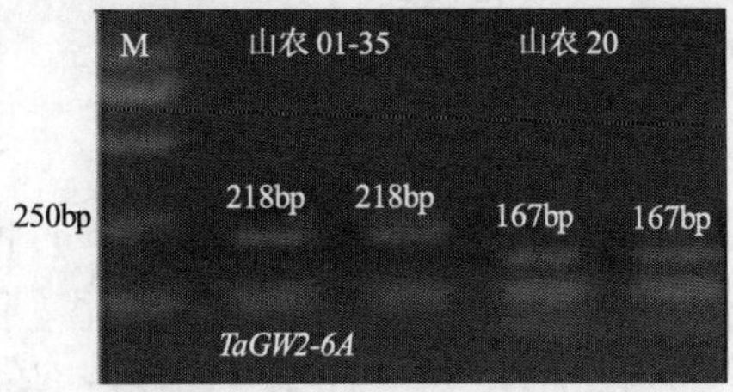

图 9-8 *TaGW2-6A* 基因的分子标记在‘山农 20’和‘山农 01-35’中的扩增结果

Fig. 9-8 Banding patterns amplified by specific markers for *TaGW2-6A* genes in Shannong 20 and Shannong 01-35

(三)利用大粒基因标记 Hap-6A-P1/P2 进行粒重的分子辅助选择

Su 等(2011)认为 *TaGW2-6A* 基因的两种等位变异 *Hap-6A-A/G* 的分子标记可用于提高粒重和产量的分子标记辅助选择。在本节“小麦粒重基因分子标记 *Hap-6A-G/-A* 的功能验证”中我们已证明 *Hap-6A-G* 是影响小麦粒重和粒宽的优异等位基因，在育种中对粒重的提高有较大的的作用。因此，本研究利用含有小麦粒重和粒宽的优异等位基因(*Hap-6A-G*)的育种元件‘山农 01-35’，与高成穗率、中粒重的‘山农 20’的杂交组合后代，进行小麦粒重的辅助育种选择取得了较为理想的结果。

1. 亲本材料

TaGW2 的基因供体亲本为‘山农 01-35’，是本实验室利用‘39-1’和‘核生 2 号’创制的大粒核心种质。千粒重常年稳定在 60~65g，含有 *QGW6A-29*、*TaGW2* 等大粒基因/QTL，标记 Hap-6A-P1/P2 能很好地区分 *TaGW2-6A* 位点的两种等位变异 *Hap-6A-A* 和 *Hap-6A-G*，可作为千粒重辅助选择的有效位点。受体‘山农 20’是目前生产上主推的成穗率高，稳产性好、中等粒重(常年千粒重 42g 左右)的高产品种。

2. 分子标记选择群体

为两亲本有性杂交的 F_2∶F_3 群体。该组合 2008 年杂交，2010 年大田种植 F_1，2011 年大田种植 1200 个 F_2 单株，2012 年春随机选取 600 株用于粒重的分子标记辅助选择。

3. 研究结果

随机标记的 600 个 F_2 个单株中，经 *Taq* I 限制性内切核酸酶酶切后，PCR 扩增产物，可扩增出大小为 167bp 和 218bp 的两种片段(图 9-8)，分别对应高、低粒重等位变异 *Hap-6A-A* 和 *Hap-6A-G*。在 600 个 F_2 单株群体中，425 株系检测含有 218bp 大片段，154 个单株检测含有 167bp 小片段，21 个株系两条带均存在(可能由于 *Taq* I 限制性内切核酸酶没切开或种子杂合)。出现大、小片段株系比率约为 2.64∶1.0，表明这个控制粒重的基因为显性基因。在分子标记的 600 个 F_2 单株的平均粒重为 45.12g，千粒重范围 27.28~65.97g，，变异系数为 0.1279。粒重大于 45g 的有 458 个单株，占总株系数的 76.33%，穗粒数小于 45g 的有 142 个单株，占总株系数的 23.67%。可以看出高粒重的分离比例和分子标记检测频率基本一致。值得注意的是粒重分子标记结合田间性状选择，选育出成穗数和穗粒数同‘山农 20’，但粒重大大提高(54g 以上)的一些优异株系。由此得出利用标记 Hap-6A-P1/P2 能很好地区分 *TaGW2-6A* 位点的两种等位变异 *Hap-6A-A* 和 *Hap-6A-G*，可以有效地进行千粒重的分子标记辅助选择。

(四)穗长基因的应用及分子标记辅助选择

影响产量性状的因素较多，除了产量三要素外，穗长也是育种目标的重要性状之一。已有研究表明穗长属于数量性状，但具有较高的遗传力。许多学者对穗长进行了遗传定位，发现控制穗长性状的 QTL 在小麦染色体组中广泛存在，且牵涉的染色体较多；其中利用单体材料分析发现六倍体小麦 4A、5A、6A、7A、1B、3B、4B、5B、6B、7D 染色体明显影响穗长；1B、2D、5A、7A、3D 和 6D 染色体具有增长穗长的功效；在巨穗小麦中 3A、5A、2B、1D、6D 染色体上有控制穗长的基因，其中 2B 染色体功效较大；在普通六倍体小麦中 1A、1B、4A、7A 染色体上有影响穗长的主效基因。但是，目前用于实际分子育种的穗长分子标记却很少。因此，研究有关穗长的 QTL/基因，利用分子标记技术提高穗长，进而提高穗粒数，最终提高产量获得高产小麦新品种，在实际育种工作中具有重要的意义。

1. 穗长主效 QTL 及其紧密连锁的标记选择

如前所述，本课题用‘豫麦 57’(父本)和‘花培 3 号’(母本)培育的具有 168 个家系的双单倍体群体进行的穗长 QTL 分析表明，共定位到 34 个穗长的 QTL 位点，其中 13 个为主效 QTL 位点，位于 2D 染色上，其贡献率变异范围为 11.55%~23.45%。

在 3 个分子标记区间(*XGWM296-XWMC112-XCFD53-XWMC18*)，分别定位到 2 个、6 个和 5 个主效 QTL 位点。其中 *QSl2D-1*(*XGWM296-XWMC112*)和 *QSl2D-3*(*XWMC112-XCFD53*)为主效 QTL，分别解释表型变异的 15.85%和 23.45%。在 12 个环境下共同定位出的 *QSl2D-1* 在染色体上的位置是 0.9cM，与标记 *XWMC112* 在相同的位置；而在 6 个环境下定位的 *QSl2D-3* 在染色体上的位置距离标记 *XCFD53* 较近；因此，根据 QTL 位点在染色体上的位置，标记 *XWMC112* 和 *XCFD53* 是穗长紧密连锁的标记(表 9-10)。

表 9-10 四个穗长的分子标记及其序列

Table 9-10 Four markers sequences of wheat ear length

引物名称 Marker name		序列 Sequence
XGWM296	F	AATTCAACCTACCAATCTCTG
	R	GCCTAATAAACTGAAAACGAG
XWMC112	F	TGAGTTGTGGGGTCTTGTTTGG
	R	TGAAGGAGGGCACATATCGTTG
XCFD53	F	CCCTATTTCCCCCATGTCTT
	R	AAGGAGGGCACATATCGTTG
XWMC18	F	CTGGGGCTTGGATCACGTCATT
	R	AGCCATGGACATGGTGTCCTTC

2. 分子标记选择群体和结果

选择群体为长穗偃麦草与普通小麦回交的 BC_3F_2 群体。

2013 年春随机选取 300 株用于穗长的分子标记辅助选择。如图 9-9 所示，在 4、5、6 泳道的材料中，用标记 *XCFD53* 可扩增出 245bp 片段，而在编号 1、2、3 泳道的中短穗系中没有扩增出该片段；同样，用标记 *XWMC112* 在 4、5、6 泳道的材料中扩增出 233bp 片段，而在编号 1、2、3 泳道的材料中没有扩增出该片段，说明 4、5、6 泳道中的材料为长穗株系，1、2、3 泳道中的材料为中短穗株系。结合表型调查，发现穗长的表性调查和分子标记辅助选择的结果比较一致，说明标记 *XWMC112* 和 *XCFD53* 可用于小麦穗长的分子标记辅助选择。

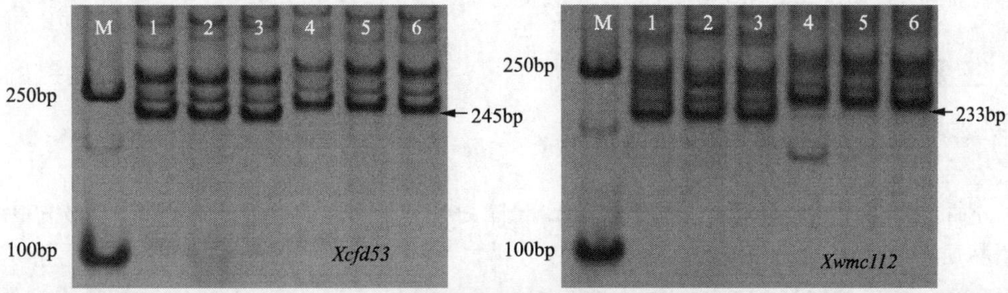

图 9-9　SSR 标记 *Xcfd53* 和 *Xwmc112* 在长穗偃麦草与普通小麦回交的 BC_3F_2 群体中的扩增结果

Fig.9-9　The amplification results in BC_3F_2 population derived from Elytriga and common wheat using SSR markers *Xcfd53* and *Xwmc112*

1、2、3 泳道属于中短穗株系，1、2、3 lane belong to short- spike lines;

4、5、6 泳道属于长穗株系, 4、5、6 lane belong to long- spike lines

(五)其他产量性状分子标记的应用

在育种实践中，本课题组利用通过 QTL 定位得到的一些主效 QTL 分子标记，进行了单株产量、分蘖数、穗粒重等性状的分子标记辅助选择。

利用控制单株产量的 *qGY2Da* 主效 QTL(效应值 14.07%)的 *Xcfd53* 分子标记(CCCTATTTCCCCCATGTCTT；CCCTATTTCCCCCATGTCTT)在早代选出了一些分蘖成穗率高、单株产量好的株系。

利用控制小穗着生密度的 *QSc2D-18* 主效 QTL(效应值 69.5%)的分子标记 *wPt-6343*，利用控制可育小穗数的 *QFsn6A.1-22* 主效 QTL(效应值 30.02%)的分子标记 *wPt-0959*，分别或联合进行了小穗着生密度和可育小穗数的分子标记辅助育种，选出了一批小穗密度大、不育小穗数少的多花多粒株系。

另外，课题组还进行了冬前最大分蘖、分蘖成穗率和穗重的分子标记辅助选择，这些研究有的选择效率较高，有的选择效率效果不好，有的基本无法应用。总之，小麦的产量性状的分子标记辅助选择已取得了一定进展，但由于产量性状都是数量性状，加上真正用于直接选择的功能标记不多，产量性状的分子标记辅助选择，特别是与常规育种株系选育紧密结合的分子标记辅助选择还需进一步的研究和实践。

第四节　主要品质性状的分子标记及其应用

随着经济发展和人们生活水平的提高，人们对小麦品质的要求越来越高，在市场的拉动下，小麦品质改良被列为重要育种目标。尽管近20年来我国在小麦品质育种上已取得了许多重要进展，但由于采用的常规育种技术效率较低，短时间内选出高产优质的品种有较大困难。分子标记辅助选择等新技术为将来更有效地开展小麦品质育种提供了一条快捷、前景广阔的道路。本节结合本课题组的研究结果综述国内外主要品质性状分子标记辅助育种的研究现状，并梳理出能够较好的应用于辅助育种的品质性状分子标记，为小麦品质性状的分子标记辅助育种提供支撑。

一、主要品质性状的分子标记

(一)通过QTL定位获得的品质性状分子标记

本课题组以DH群体为主和2个RIL群体为辅，进行了主要籽粒品质、面粉品质、面团品质和加工品质等92个性状的QTL分析，其中氨基酸、面团吹泡参数、面条TPA质构参数、面条拉伸质构参数、馒头质构参数等相关性状的QTL分析在国内都是首次进行的。通过92个品质相关性状的QTL分析，共鉴定到56个调控品质性状的主效QTL位点(贡献率＞10%)，其解释性状变异范围为10.1%~51.97%。其中，籽粒品质方面，检测到控制籽粒蛋白质含量的1个主效QTL，控制千粒重、粒长和粒径各有1个主效QTL；面粉品质方面，检测到控制面粉蛋白质量的1个主效QTL，控制谷氨酸和丝氨酸各有1个主效QTL，控制湿面筋含量有1个主效QTL，控制面筋指数的2个主效QTL，控制面粉白度、多酚氧化酶、a值的主效QTL各有1个，控制沉淀值的主效QTL有1个，控制峰值黏度的主效QTL有1个，控制低谷黏度的主效QTL有3个，控制稀懈值的主效QTL有2个，控制最终黏度的QTL有2个，控制反弹值的主效QTL有3个，控制糊化温度和糊化时间的主效QTL各有1个，控制降落值和粗淀粉含量的主效QTL各有1个；面团品质方面，控制粉质仪参数吸水率、面团稳定时间、断裂时间的主效QTL各有1个，控制公差指数的主效QTL有2个，控制面团揉混参数峰值时间、峰值高度、曲线下面积的主效QTL各有1个，控制面团吹泡参数的面团延展性、面团膨胀系数和弹性指数的主效QTL各有1个，控制吹泡参数面团强度的主效QTL有2个；加工品质方面，控制面条评分参数黏弹性和品尝评分的主效QTL各有1个，控制面条TPA参数咀嚼性的主效QTL有2个，控制馒头质构参数硬度的主效QTL有3个，控制馒头质构黏着性的主效QTL有4个，控制馒头质构黏聚性的主效QTL有1个，控制馒头质构回复性的主效QTL有2个。

多数控制品质性状的主效QTL定位于1D染色体上(表9-11)，且在标记*Xwmc93-GluD1*和*Glu-D1-wPt-3743*区段之间，已知该区段是与品质性状相关的重要区段，存在控制品质性状的基因簇；此外，1B、3A和6A染色体上也存在与某些品质性状相关的QTL/基因。除DArT标记外，所有两侧标记的引物序列及其扩增反应条件可在http://wheat. pw.usda.gov/GG2/index.shtml网站中查询到，而DArT标记可在http://www.

triticarte.com.au/网站上查到。这些品质性状的分子标记在育种中可用于分子标记辅助选择和聚合育种。

表 9-11 本课题组检测到的品质性状主效 QTL(PVE>10%)

Table 9-11 Summary of major QTL of wheat quality traits detected by our research(PVE>10%)

性状 Trait	QTL	标记区间 Flanking marker	引物序列(5′→3′) Sequence of marker	贡献率 (PVE)/%
面粉蛋白质含量 Flour protein content	*QFpc3A*	*Xbarc86*	GCGCTTGCTTTATTAGTAGGTAT	15.11
			TCCCACGATAGTATTTGATGTT	
		Xwmc21	CGCTGCCGTGTAACTCAAAATC	
			AGTTAATTGGGCGCTCCAAGAA	
谷氨酸 Glu	*QGlu3A*	*Xbarc86*	同位点 *QFpc3A*	10.1
		Xwmc21	同位点 *QFpc3A*	
丝氨酸 Serine	*QSer3A*	*Xbarc86*	同位点 *QFpc3A*	12.4
		Xwmc21	同位点 *QFpc3A*	
湿面筋含量 Wet gluten content	*qGlu 3A*	*Xbarc86*	同位点 *QFpc3A*	10.25
		Xwmc21	同位点 *QFpc3A*	
面筋指数 Gluten index	*qGlu in2D*	*Xgwm261*	CTCCCTGTACGCCTAAGGC	11.07
			CTCGCGCTACTAGCCATTG	
		Xgwm296	AATTCAACCTACCAATCTCTG	
			GCCTAATAAACTGAAAACGAG	
	qGlu in5D	*Xwmc215*	CATGCATGGTTGCAAGCAAAAG	10.11
			CATCCCGGTGCAACATCTGAAA	
		Xgdm63	GCCCCCTATTCCATAGGAAT	
			CCTTTTGATGGTGCATAGGA	
a^* 值 a^* value	*qa1B*	*Xbarc372*	CGCTTGCCTAATGATGAAAACTAAT	25.64
			CGCAAGGGCATGAAGAAAGGTAGAT	
		Xwmc412.2	GATCCCCTCCAAAAGTAGCATCT	
			CTTCAACTGCCTGCACACAAC	
多酚氧化酶 Polyphenol oxidase	*qPpo2D*	*Xcfd53*	CCCTATTTCCCCCATGTCTT	15.64
			AAGGAGGGCACATATCGTTG	
		Xwmc18	CTGGGGCTTGGATCACGTCATT	
			AGCCATGGACATGGTGTCCTTC	
面粉白度 Flour whiteness	*Qfwh-1D*	*Xcfd183*	ACTTGCACTTGCTATACTTACGAA	43.08(51.97)
			GTGTGTCGGTGTGTGGAAAG	
		wPt-729773	http://www.triticarte.com.au/	
沉淀值 Sedimentation volume	*Qzsv-1B*	*Xwmc412.2*	GATCCCCTCCAAAAGTAGCATCT	14.39
			CTTCAACTGCCTGCACACAAC	
		Xcfe023.2	TGCGTCACCACCTTCTACC	
			GAAGACTAACCAGAGCAGGCA	

续表

性状 Trait	QTL	标记区间 Flanking marker	引物序列（5′→3′） Sequence of marker	贡献率 (PVE)/%
低谷黏度 Trough viscosity	*QTrv-7D.1*	*Wx-D1*	CGAGCGGCTACTCAAGAGC	14.04(11.49)
			GGCGGTCATCTGTCATTTCC	
		wPt-664368	http://www.triticarte.com.au/	
稀懈值 Breakdown	*QBd-2D.1*	*wPt-6687*	http://www.triticarte.com.au/	30.02(36.33)
		wPt-731336	http://www.triticarte.com.au/	
	QBd-4A	*Xwmc718*	GGTCGGTGTTGATGCACTTG	21.34
			TCGGGGTGTCTTAGTCCTGG	
		Xwmc262	GCTTTAACAAAGATCCAAGTGGC	
			GTAAACATCCAAACAAAGTCGAACG	
最终黏度 Final viscosity	*QFv-6A*	*Xbarc1055*	GCCAGACGCACAGGGACAAGATACACTA	11.56
			GCCGTACCCTGGTTATTGTTG	
		Xwmc553	CGGAGCATGCAGCTAGTAA	
			CGCCTGCAGAATTCAACAC	
	QFv-7D	*Wx-D1*	同位点 *QTrv-7D.1*	17.45(16.1)
		wPt-664368		
反弹值 Setback	*QSb-4A*	*Xwmc262*	GCTTTAACAAAGATCCAAGTGGC	15.52
			GTAAACATCCAAACAAAGTCGAACG	
		Xbarc343	GGCCTAATTACAAGTCCAAAAG	
			GCTCAAAGTAAAGTTCACGAATAT	
	QSd-4A	*Wx-B1*	AACCAGCAGCGCTTCAGCCT	17.68(22.44)
			TTGAGCTGCGCGAAGTCGTC	
		wPt-0105	http://www.triticarte.com.au/	
	QSd-7D	*Wx-D1*	同位点 *QTrv-7D.1*	15.04(25.87)
		wPt-664368		
糊化时间 Pasting time	*QPt-7D.2*	*Wx-D1*	同位点 *QTrv-7D.1*	14.46(13)
		wPt-664368		
降落值 Falling number	*Qfn-6A*	*Xbarc1055*	同位点 *QFv-6A*	10.65
		Xwmc553		
吸水率 Water absorption	*QFwa-4B*	*Xwmc48*	GAGGGTTCTGAAATGTTTTGCC	12.36
			ACGTGCTAGGGAGGTATCTTGC	
		Xbarc1096	GCGTTCGCATATACGTCGTATACAT	
			GGTGGTGAAGAGGCATGCCCAACAAA	
面团稳定时间 Dough stability time	*QDst-1D*	*Xwmc93*	ACAACTTGCTGCAAAGTTGACG	26.56
			CCAACTGAGCTGAGCAACGAAT	
		GluD1		
公差指数 Tolerance index	*QMti-1B*	*Xbarc312*	GGTGTCCGTGCGCGCCAGAAAAT	15.66
			GCACGGAACTGTTGGGTCTAGCC	

续表

性状 Trait	QTL	标记区间 Flanking marker	引物序列（5′→3′） Sequence of marker	贡献率 （PVE）/%
公差指数 Tolerance index		*Xcfe023.1*	TGCGTCACCACCTTCTACC GAAGACTAACCAGAGCAGGCA	
	QMti-1D	*Xwmc93* *GluD1*	同位点 *QDst-1D*	14.52
断裂时间 Breakdown time	*QBdt-1D*	*Xwmc93* *GluD1*	同位点 *QDst-1D*	19.63
峰值时间 Midline peak time	*QMPT-1D.2*	*Glu-D1*		34.1（22.91/35.08）
		wPt-3743	http://www.triticarte.com.au/	
峰值高度 Midline peak value	*QMPV-1D.1*	*cfd-183*	同位点 *Qfwh-1D*	15.59（10.39/10.98）
		wPt-729773		
曲线下面积 MPI Midline peak integral	*QMPI-1D.2*	*Glu-D1*	同位点 *QMPT-1D.2*	32.83（20.43/27.22）
		wPt-3743		
面团的延展性 Dough extensibility	*QDext1B*	*Xbarc061*	TGCATACATTGATTCATAACTCTCT TCTTCGAGCGTTATGATTGAT	13.82
		Xwmc766	AGATGGAGGGGATATGTTGTCAC TCGTCCCTGCTCATGCTG	
膨胀系数 Expansion	*QSin1B*	*Xbarc061* *Xwmc766*	同位点 *QDext1B*	11.66
面团强度 Dough strength	*QDstren1B*	*Xwmc626*	AGCCCATAAACATCCAACACGG AGGTGGGCTTGGTTACGCTCTC	14.13
		Xbarc119	CACCCGATGATGAAAAT GATGGCACAAGAAATGAT	
	QDstren1D	*Xwmc93* *GluD1*	同位点 *QDst-1D*	17.74
弹性指数 Elasticity index	*QEin1D*	*Xwmc93* *GluD1*	同位点 *QDst-1D*	28.28
面条 TPA 参数咀嚼性 Chewiness of noodle	*Qche-1B*	*Xwmc412.2* *Xcfe023.2*	同位点 *Qzsv-1B*	11.61
	Qche-1D	*Xwmc93* *GluD1*	同位点 *QDst-1D*	10.28
馒头质构硬度 Hardness of steamed bread	*Qha6B*	*Xcfd48*	ATGGTTGATGGTGGGTGTTT ATGTATCGATGAAGGGCCAA	18.085
		Xwmc415	AATTCGATACCTCTCACTCACG TCAACTGCTACAACCTAGACCC	
	Qha7B2	*Xwmc581*	CATGTTGCCATCAAACTCGC GCTATTGACATGCAACTATGGACCT	35.1694
		Xbarc050	GCGTAGGGAGTCACAAATTAGTATAGGT TGCGCCTTCCCTTTCTTGACTCT	

续表

性状 Trait	QTL	标记区间 Flanking marker	引物序列(5′→3′) Sequence of marker	贡献率 (PVE)/%
馒头质构硬度 Hardness of steamed bread	*Qha7B2*	*Xwmc273.1*	AGTTATGTATTCTCTCGAGCCTG	19.1932
			GGTAACCACTAGAGTATGTCCTT	
		Xcfd22.1	GGTTGCAAACCGTCTTGTTT	
			AGTCGAGTTGCGACCAAAGT	
馒头质构黏着性 Adhesiveness of steamed bread	*Qad6B*	*Xwmc74*	AACGGCATTGAGCTCACCTTGG	13.3475
			TGCGTGAAGGCAGCTCAATCGG	
		Xgwm58	TCTGATCCCGTGAGTGTAACA	
			GAAAAAAATTGCATATGAGCCC	
	Qad4A	*Xbarc078*	CTCCCCGGTCAAGTTTAATCTCT	29.349
			GCGACATGGGAATTTCAGAAGTGCCTAA	
		Xwmc722	GCTTTTCGATGGGATGGTGC	
			TTTGTCCACTGCCTTCTGCC	
	Qad1B	*Xcfe026.2*	ATGACCCTAGAAGGCGGTG	26.0446
			ATGCTCAAGCCGAGGAAGTA	
		Xbarc061	TGCATACATTGATTCATAACTCTCT	
			TCTTCGAGCGTTATGATTGAT	
	Qad2A	*Xbarc264*	CCCTGCTCCATCCTCTGTTG	18.0936
			GGGGTACAAACATAGTCTCTTAGCA	
		Xgwm448	AAACCATATTGGGAGGAAAGG	
			CACATGGCATCACATTTGTG	
馒头质构黏聚性 Cohesiveness of steamed bread	*Qco3B*	*Xwmc307*	GTTTGAAGACCAAGCTCCTCCT	19.0557
			ACCATAACCTCTCAAGAACCCA	
		Xgwm566	TCTGTCTACCCATGGGATTTG	
			CTGGCTTCGAGGTAAGCAAC	
馒头质构回复性 Resilience of steamed bread	*Qre2B*	*Xgwm210*	TGCATCAAGAATAGTGTGGAAG	11.8366
			TGAGAGGAAGGCTCACACCT	
		Xwmc382.2	CATGAATGGAGGCACTGAAACA	
			CCTTCCGGTCGACGCAAC	
	Qre3B	*Xwmc307* *Xgwm566*	同位点 *Qco3B*	19.9542

(二)目前国内外应用较好的品质性状分子标记

除本课题组通过 QTL 定位方法鉴定的可用 MAS 的分子标记外，国内外其他科学工作者也鉴定了品质性状的 QTL 并进行了相关性状的分子标记开发和应用工作。澳大利亚科工组织植物产业部开发的品质性状的分子标记主要有茎秆水溶性碳水化合物(WSC)、β-醇溶蛋白、*GluA3* 等位基因 *a-g*、*Glu-1Bx7OE*、面粉颜色 *Psy-A1* 和 ε-环化酶等(袁建霞等，2012；澳大利亚科工组织小麦标记 http://www.csiro.au/science/wheatmarkers.html.)，其中，β-醇溶蛋白和 *GluA3* 等位基因 *a-g* 的分子标记来源于基因的 SNP 标记，*Glu-1Bx7OE* 的标记为共显性标记，面粉颜色 *Psy-A1* 和 ε-环化酶的分子标记为基于 SNP 开发的 CAPS 标记。利用 MAS 方法，澳大利亚阿德雷德大学反向选择了不受欢迎的面粉黄度(Parker et al.，1998；Eagles et al.，2001；Landjeva et al.，2007)。此外，目前开发且利用比较好的品质性状的分子标记多集中在籽粒蛋白质含量基因 *Gpc-B1*、籽粒硬度基因 *Pina/Pinb/Pinc*，以及面粉色泽有关的黄色素、多酚氧化酶、淀粉品质有关的颗粒结合型淀粉酶基因、高分子质量谷蛋白亚基基因、低分子质量谷蛋白亚基基因、醇溶蛋白亚基基因等方面(Liu et al.，2012)；共开发出 63 个应用比较好的分子标记，且多集中 1A、1B、1D、2A、2D、4A、4B、5D、6B、7A、7B 和 7D 染色体上。表 9-12 是文献报道的应用较好的主要品质性状分子标记及其序列。

表 9-12 应用较好的主要品质性状分子标记及其序列

Table 9-12 Molecular markers and their sequence of wheat quality traits better used in the current application

性状 Trait	位点 Locus	标记 Marker	引物序列 Primer sequence (5′→3′)	等位基因 Allele	参考文献 Reference
多酚氧化酶活性 Polyphenol oxidase activity	*Ppo-A1*	*PPO18*	AACTGCTGGCTCTTCTTCCCA AAGAAGTTGCCCATGTCCGC	*Ppo-A1a* *Ppo-A1b*	Sun et al. (2005)
		PPO33	CCAGATACACAACTGCTGGC TGATCTTGAGGTTCTCGTCG	*Ppo-A1a* *Ppo-A1b*	He et al. (2007)
	Ppo-D1	*PPO16*	TGCTGACCGACCTTGACTCC CTCGTCACCGTCACCCGTAT	*Ppo-D1a*	He et al. (2007)
		PPO29	TGAAGCTGCCGGTCATCTAC AAGTTGCCCATGTCCTCGCC	*Ppo-D1b*	
		PPO-19	AACTGCTGGCTCTTCTTCCCA AAGAAGTTGCCCATGTCCGC		
脂氧酶活性 Lipoxygenase activity	*TaLox-B1*	*LOX16*	CCATGACCTGATCCTTCCCTT GCGCGGATAGGGGTGGT	*TaLox-B1a*	Geng et al. (2012)
		LOX18	ACGATGTGAGTTGTGACTTGTGA GCGCGGATAGGGGTGC	*TaLox-B1b*	
黄色素含量 Yellow pigment content	*Psy-A1*	*YP7A*	GGACCTTGCTGATGACCGAG TGACGGTCTGAAGTGAGAATGA	*PsyA1a* *PsyA1b*	He et al. (2008)
		YP7A-2	GCCAGCCCTTCAAGGACATG CAGATGTCGCCACACTGCCA	*PsyA1a* *PsyA1b* *PsyA1c*	He et al. (2009a)
	Psy-B1	*YP7B-1*	GCCACAACTTGAATGTGAAAC ACTTCTTCCATTTGAACCCC	*Psy-B1a* *Psy-B1b*	He et al. (2009a)
		YP7B-2	GCCACCCACTGATTACCACTA CCAAGGTGAGGGTCTTCAAC	*Psy-B1c*	
		YP7B-3	GAGTAAGCCACCCACTGATT TCGCTGAGGAATGTACTGAC	*Psy-B1d*	
		YP7B-4	AGGTACCAGCCAGCCCATA CTCGTCAAAGTTCGTGTACC	*Psy-B1e*	
	Psy1-D1	*YP7D-1*	TCCGACACCATCACCAAGTTCC CGTTGTAGGTTTGTGGGAGT	*Psy1-D1a* *Psy1-D1g*	Wang et al. (2009a)
		YP7D-2	ACTCCCACAAACCTACAACG ACGCTCATCAACCCCACG	*Psy1-D1a* *Psy1-D1g*	

续表

性状 Trait	位点 Locus	标记 Marker	引物序列 Primer sequence (5′→3′)	等位基因 Allele	参考文献 Reference
黄色素含量 Yellow pigment content	*TaZds-A1*	*YP2A-1*	CCCTAAGGAAGCCGAGCAAAT GTGAGAGTACTAATGTTATGACCG	*TaZds-A1a* *TaZds-A1b*	Dong et al. (2012)
	TaZds-D1	*YP2D-1*	GTGGGATCCTGTTGCTTATGC GTAGATTATCCAAGCCAACTGCC	*TaZds-D1a* *TaZds-D1b*	Zhang et al. (2011)
面包和面条加工品质 Bread and noodle-making quality	*Glu-A1*	*UMN19*	CGAGACAATATGAGCAGCAAG CTGCCATGGAGAAGTTGGA	*Ax2** *Ax1* *Ax-null*	Liu et al. (2008b)
		*Ax2**	ATGACTAAGCGGTTGGTTCTT ACCTTGCTCCCCTTGTCTTT	*Ax2**	Ma et al. (2003)
		Ax1	GTGTGAGCGCGAGCTCCAGGAA CGGAGAAGTTGGGTAGTACCCTGC		
	Glu-B1	*bx7-f/r*	CACTGAGATGGCTAAGCGCC GCCTTGGACGGCACCACAGG	*Bx-6*	Schwarz et al. (2004)
		*	ACGTGTCCAAGCTTTGGTTC GATTGGTGGGTGGATACAGG	*Bx7*^{OE}	Ragupathy et al. (2008)
		*	CCACTTCCAAGGTGGGACTA TGCCAACACAAAAGAAGCTG	*Bx7*^{OE}	
		Bx	CGCAACAGCCAGGACAATT AGAGTTCTATCACTGCCTGGT	*nonBx17* *Bx17*	Ma et al. (2003)
		ZSBy8F5/R5	TTAGCGCTAAGTGCCGTCT TTGTCCTATTTGCTGCCCTT	*By8* *nonBy8*	Lei et al. (2006)
		ZSBy9aF1/R3	TTCTCTGCATCAGTCAGGA AGAGAAGCTGTGTAATGCC	*By9* *nonBy9*	
		ZSBy9F7/R6	TACCCAGCTTCTCAGCAG TTGTCCCGACTGTTGTGG	*By9*	
		ZSBy9F2/R2	GCAGTACCCAGCTTCTCAA CCTTGTCTTGTTTGTTGCC	*By16* *By null* *Bx20*	
		Bxl4-1	GCCCATTACGTGGCTTTAGCAGACC GCTCGAGCTCGCGCTTCCGG		
		Bxl4-2	TAAGCGCCTGGTCCTCTTTGCG CTTGTTGTGCTTGTCCTGAT		
	Glu-D1	*UMN25*	GGGACAATACGAGCAGCAAA CTTGTTCCGGTTGTTGCCA	*Dx2* *Dx5*	Liu et al. (2008b)
		Dx5	CGTCCCTATAAAAGCCTAGC AGTATGAAACCTGCTGCGGAC	*Dx5*	Ma et al. (2003)
		*	GCCTAGCAACCTTCACAATC GAAACCTGCTGCGGACAAG	*Dx5*	D′Ovidio and Anderson (1994)
		UMN26	CGCAAGACAATATGAGCAAACT TTGCCTTTGTCCTGTGTGC	*Dy10* *Dy12*	Liu et al. (2008b)
		P3/P4	GTTGGCCGGTCGGCTGCCATG TGGAGAAGTTGGATAGTACC	*Dy10* *Dy12*	Smith et al. (1994)

续表

性状 Trait	位点 Locus	标记 Marker	引物序列 Primer sequence (5′→3′)	等位基因 Allele	参考文献 Reference
面包和面条加工品质 Bread and noodle-making quality		5+10	TTTGGGGAATACCTGCACTACTAAAAAGGT AAAAGGTATTACCCAAGTGTAACTTGTCCG AATTGTCCTGGCTGCAGCTGCGA	*Glu-D1d* *nonGlu-D1d*	Ishikawa and Nakamura (2007)
	Glu-A3	*gluA3a*	AAACAGAATTATTAAAGCCGG GGTTGTTGTTGTTGCAGCA	*Glu-A3a*	Wang et al. (2010)
		gluA3b	TTCAGATGCAGCCAAACAA GCTGTGCTTGGATGATACTCTA	*Glu-A3b*	
		gluA3d	TTCAGATGCAGCCAAACAA TGGGGTTGGGAGACACATA	*Glu-A3d*	
		gluA3e	AAACAGAATTATTAAAGCCGG GGCACAGACGAGGAAGGTT	*Glu-A3e*	
		gluA3f	AAACAGAATTATTAAAGCCGG GCTGCTGCTGCTGTGTAAA	*Glu-A3f*	
		gluA3g	AAACAGAATTATTAAAGCCGG AAACAACGGTGATCCAACTAA	*Glu-A3g*	
		gluA3ac	AAACAGAATTATTAAAGCCGG GTGGCTGTTGTGAAAACGA	*Glu-A3a* *Glu-A3c*	
	Glu-B3	*gluB3a*	CACAAGCATCAAAACCAAGA TGGCACACTAGTGGTGGTC	*Glu-B3a*	Wang et al. (2009b)
		gluB3b	ATCAGGTGTAAAAGTGATAG TGCTACATCGACATATCCA	*Glu-B3b*	
		gluB3c	CAAATGTTGCAGCAGAGA CATATCCATCGACTAAACAAA	*Glu-B3c*	
		gluB3d	CACCATGAAGACCTTCCTCA GTTGTTGCAGTAGAACTGGA	*Glu-B3d*	
		gluB3e	GACCTTCCTCATCTTCGCA GCAAGACTTTGTGGCATT	*Glu-B3e*	
		gluB3g	CCAAGAAATACTAGTTAACACTAGTC GTTGGGGTTGGGAAACA	*Glu-B3g*	
		gluB3h	CCACCACAACAAACATTAA GTGGTGGTTCTATACAACGA	*Glu-B3h*	
		gluB3i	TATAGCTAGTGCAACCTACCAT TGGTTGTTGCGGTATAATTT	*Glu-B3i*	
		gluB3bef	GCATCAACAACAAATAGTACTAGAA GGCGGGTCACACATGACA	*Glu-B3b* *Glu-B3e* *Glu-B3f*	
		gluB3fg	TATAGCTAGTGCAACCTACCAT CAACTACTCTGCCACAACG	*Glu-B3f* *Glu-B3g*	
籽粒硬度 Grain hardness	*Pin-a*	*Pina-N2*	TCAACATTCGTGCATCATCA CTTCATTCGTCAGAGTTCCAT	*Pina-D1r*	Chen et al. (2012)
	Pin-b	*	ATGAAGACCTTATTCCTCCTA CTCATGCTCACAGCCGCC	*Pinb-D1a*	Giroux and Morris (1997)
		*	ATGAAGACCTTATTCCTCCTA CTCATGCTCACAGCCGCT	*Pinb-D1b*	
	Pina		CATCTATTCATCTCCACCTGC GTGACAGTTTATTAGCTAGTC		

续表

性状 Trait	位点 Locus	标记 Marker	引物序列 Primer sequence (5′→3′)	等位基因 Allele	参考文献 Reference
籽粒硬度 Grain hardness	*Pinb-D1c*		GAGCCTCAACCCATCTATTCATC CAAGGGTGATTTTATTCATAG		
	Pina-D1b		AATACCACATGGTTCTAGATACT GCAATACAAAGGACCTCTAGATT		
	Pinb-D1b		ATGAAGGCCCTCTTCCTCA CTCATGCTCACAGCCGCT		
	Pinb-D1b2		ATCAAGGCCCTCTTCCTCA CTCATGCTCACAGCCGCC		
淀粉品质 Starch property	*Wx-B1*	*	CTGGCCTGCTACCTCAAGAGCAACT CTGACGTCCATGCCGTTGACGA	*Wx-B1a*	Nakamura et al. (2002)
		Wild type	CTGGCCTGCTACCTCAAGAGCAACT GGTTGCGGTTGGGGTCGATGAC	*Wx-B1*	Saito et al. (2009)
		Null	CGTAGTAAGGTGCAAAAAAGTGCCACG ACAGCCTTATTGTACCAAGACCCATGTGTG	*Null Wx-B1*	
	wx-A1		CCAAAGCAAAGCAGGAAACC TACCTCGGAGATGACGCTGG		
	wx-D1		CGAGCGGCTACTCAAGAGC GGCGGTCATCTGTCATTTCC		
籽粒高蛋白质含量 high grain protein conten	*Gpc-B1*	*Xuhw89*	TCTCCAAGAGGGGAGAGACA TTCCTCTACCCATGAATCTAGCA		Distelfeld et al. (2006)
		Xucw108	AGCCAGGGATAGAGGAGGAA AGCTGTGAGCTGGTGTCCTT		Uauy et al. (2006)

二、主要品质性状分子标记的应用

据不完全统计，目前已克隆出农作物 61 个品质性状基因(黎裕等，2010)，许多功能标记已成功应用于分子标记辅助育种(Liu et al.，2012)。目前有关小麦品质性状分标记的应用主要是提高蛋白质含量、改善籽粒硬度、提高面筋强度、改良面粉白度、色泽和改善淀粉品质等方面。相对于产量性状，小麦品质性状的 MAS 应用得较好。下面简要介绍小麦品质性状分子标记的应用进展。

(一)黄色素的分子标记及应用

面粉及其制品的色泽是衡量小麦品质的一项重要指标。黄色素含量是影响面制品色泽的主要因素。黄色素含量受多个基因位点的调控，虽然环境对黄色素含量有一定影响，但基因型是影响黄色素含量的主要因素，品种间黄色素含量可相差 10 倍，改良潜力很大。因此，通过育种降低黄色素含量是提高面条和馒头等面食白度的重要途径。

胡凤灵等(2011)利用位于 7AL 染色体上与黄色素含量相关的八氢番茄红素合酶(phytoene synthase，PSY)基因 *Psy-A1* 的标记 YP7A、YP7A-2 和 7BL 染色体上基因 *Psy-B1* 的标记 *YP7B-1*、*YP7B-2*、*YP7B-3*、*YP7B-4*，对 221 份冬小麦品种(系)进行黄色素含量和多酚氧化酶活性基因的等位变异检测，结果证明这些特异性功能标记，重复性好，准确率高，可应用于小麦品质改良的分子标记辅助选择。

本课题组在近几年的面粉色泽改良过程中，也利用位于 7AL 和 7BL 染色体上与黄色素含量相关的八氢番茄红素合酶(PSY)基因 *Psy-A1* 的 *YP7A-1*、*YP7A-2* 标记，基因 *Psy-B1* 的 *YP7B-1*、*YP7B-2* 标记(表 9-13)，对本课题组 F_5 代 486 份小麦品系进行黄色素含量等位变异检测。在所检测的高代小麦品系中，含低黄色素含量等位基因 *Psy-A1b* 的材料 108 份，频率为 31.3%；含低黄色素含量等位基因 *Psy-B1b* 的材料 187 份，频率为 47.9%；含高黄色素含量等位基因 *Psy-B1c* 的材料 56 份，频率为 14.0%；含 *Psy-B1d* 等位基因的材料 4 份，频率为 1.8%；未携带八氢番茄红素合酶(PSY)基因 *Psy-A1* 和 *Psy-B1* 材料的有 135 份，频率为 55.2%。486 份材料中，黄色素含量符合中国面条和馒头加工品质要求的品种仅 32 份，并且选育了高黄色素含量(为平均值的 4.5 倍)、面粉呈金黄色的两个小麦新品系。本研究表明，黄色素基因标记可有效地应用于小麦面粉色泽改良的分子标记辅助选择。

表 9-13　八氢番茄红素合酶(PSY)基因的分子标记及引物序列

Table 9-13　Molecular markers and their sequences of PSY gene

标记名称 Marker	染色体 Chromosome	前序列 Forward sequence	后序列 Reverse sequence
YP7A-1	7AL	GGACCTTGCTGATGACCGAG	TGACGGTCTGAAGTGAGAATGA
YP7A-2	7AL	GCCAGCCCTTCAAGGACATG	CAGATGTCGCCACACTGCCA
YP7B-1	7BL	GCCACAACTTGAATGTGAAAC	ACTTCTTCCATTTGAACCCC
YP7B-2	7BL	GCCACCCACTGATTACCACTA	CCAAGGTGAGGGTCTTCAAC

(二)谷蛋白亚基的分子标记及应用

HMW-GS 和 LMW-GS 与小麦的加工品质密切相关，HMW-GS 亚基的数目和不同位点上等位基因的变异对小麦品质都具有重要影响。HMW-GS 组成已成为小麦品质育种中亲本选配的重要依据。本课题组将 HMW-GS 的分子标记辅助选择与常规育种程序结合起来，建立了 HMW-GS 标记辅助选育强筋小麦新品种的技术体系，大大提高了小麦品质性状的改良效率。首先，根据 HMW-GS 或 LMW-GS 基因的组合情况选择父本和母本，并配制组合。然后依据 HMW-GS 或 LMW-GS 的聚合情况，选留 F_1 组合和确定 F_2 种植规模。在 F_2~F_4 的分离世代株系选择中先选择具有优良农艺和产量性状的株系，再用多个 HMW-GS 或 LMW-GS 基因的分子标记选择品质性状。例如，在即将出圃的 F_3~F_4 株系群内，我们利用 A、B、D 染色体上 2^*、7+8、5+10 等 HMW-GS 基因的多个分子标记，进行优质亚基组合的筛选和品质预测。特别是通过分子标记进行优质 HMW-GS 和优质 LMW-GS 基因聚合的高产株系的选育，对当选高产品系再进行面团和加工品质分析。育种实践证明，利用 HMW-GS 和 LMW-GS 基因标记辅助选择是培育高产优质小麦新品质行之有效的方法。

中国农业科学院国家小麦改良中心开发了多个 HMW-GS 和 LMW-GS 谷蛋白亚基的分子标记，引导全国小麦品质育种工作者在利用分子标记改良品质工作中取得了很大成绩。陈新民等(2012)以面包小麦品种‘豫麦 34’为优质供体，与高产品种‘轮选 987’

杂交，并结合高分子质量麦谷蛋白亚基(HMW-GS) 7+8 和 5+10 的分子标记鉴定，回交两次，育成 12 个同时含有 7+8 和 5+10 亚基的‘BC2F5’品系，并以这 12 个品系为材料，研究了对‘轮选 987’品质和产量的改良效果。结果表明，通过分子标记辅助选择可以实现产量与面包品质的同步改良。

胡云等(2008)利用 HMW-GS 5+10 亚基基因的分子标记对复合杂交组合 X-2003/1638740 的 F_2 进行分子标记辅助选择，选出了 29 株含有该亚基组合的株系。

孙学永等(2006)利用 7 对低分子质量麦谷蛋白 Glu-A3 位点等位基因的特异引物标记，对 200 份中国小麦微核心种质的 Glu-A3 位点的分布状况进行 PCR 分析，结果表明：中国微核心种质中以 c、a、d 三个等位亚基的品种数目为多，对面筋强度作用较大的 b、d 亚基的数目较少，得出了调整 LMW-GS 亚基组成是改良我国小麦品质的重要途径的结论。

李式昭等(2012)利用 HMW-GS、LMW-GS 和 Wx 亚基基因等相关分子标记对从澳白麦群体中分离出的 36 个穗系进行了分子鉴定，共发现 13 个对面条品质有正向效应的基因，其中非 1B/1R 易位类型和 HMW-GS 基因 *Bx7* 频率达 100%，HMW-GS 基因 *By8*、LMW-GS 基因 *Glu-A3b* 和 *Glu-B3b* 分别占供试材料的 88.9%、88.9%和 83.3%，淀粉品质相关 Wx-B1 蛋白亚基缺失类型占 86.1%。

张立平等(2003)利用低分子质量(LMW)麦谷蛋白 Glu B3 的 STS PCR 标记、醇溶蛋白 Gli B1 的 SSR 标记和黑麦碱 SEC 1b 的 STS PCR 标记的复合 PCR，对 10 个普通小麦品种、中优 950 7/CA963 2 的 91 个 DH 系和 28 个 F_2 个体植株，进行了 1BL/1RS 易位系的检测，结果表明该复合标记可以检测出早代 1BL/1RS 的纯合和杂合植株。

张勇等(2012)以‘豫麦 34’、‘藁城 8901’和‘中优 9507’为优质亲本，以‘轮选 987’、‘石 4185’和‘周麦 16’为农艺回交亲本，采用 5+10 亚基和 1B/1R 易位分子标记结合田间农艺性状选择，育成 4 个 BC_2F_4 群体共 125 个高代品系。验证了通过有限回交，育种早代在室内采用 5+10 优质亚基和 1B/1R 易位分子标记辅助选择，结合田间农艺性状选择，可以加速培育优质新品种。

张晓科等利用分子标记辅助选择得到了携带优质 HMW-GS1、14+15、5+10 的聚合体。加州大学戴维斯分校通过 MAS 将控制面筋筋力的 Glu-A11、Glu-D15+10 导入育成品种‘Lassik’(硬红春麦)中；CIMMTY 将面团强度 Glu1BX 及膨胀体积 GBSS-null 应用到品种进行选育；欧盟地区也进行了控制高分子质量谷蛋白亚基基因的 MAS 研究。

(三) 籽粒蛋白质含量和硬度基因的分子标记及应用

Distelfeld 和 Fahima(2007)利用籽粒高蛋白质含量基因 *Gpc-B1* 两侧的标记 *Xucw108* 和 *Xuhw89* 培育出了一个高蛋白且抗条锈病的硬红冬小麦品种‘Farnum’(‘WA7975’)；Brevis 和 Dubcovsky(2008)利用同样的标记在美国培育了一个硬粒小麦品种 Westmore。通过分子标记辅助选择方法，美国将 20 个控制面包和意大利面食的优良品质基因转入约 180 个适合在美国大面积种植的品系中，其中控制籽粒硬度的基因 *PinB-D1b* 和控制籽粒蛋白含量的基因 *Gpc-B1* 已被转入小麦品种‘Express’；加州大学戴维斯分校通过 MAS 将 GPC-B1 基因导入‘Lassik’品种（硬红春麦），提高了该品种的籽粒蛋白含量；CIMMTY 将籽粒硬度基因的分子标记应用到品种的选育；加拿大利用 MAS 已经育成了携带高蛋白含量基因 *Gpc-Bl* 的新品种‘Lillian’；欧盟地区也进行了控制籽粒硬度基因的 MAS 研究。

胡云（2008）以携带有高蛋白基因 *Gpc-Bl* 的 4 份小麦品系（A- GPC、R-GPC、PF638741 和 P1638740）为父本，以不具有此基因的小麦品种‘贵农 775’、‘贵农 21’、‘X-2003’等 20 个材料为母本，配置杂交组合，然后在杂交后代中用两侧标记对高蛋白基因 *Gpc-Bl* 进行分析，结合测定蛋白质含量，筛选出了籽粒高蛋白含量的材料。李式昭等（2012）利用籽粒硬度基因的分子标记，对从澳白麦群体中分离出的 36 个穗系进行了分子鉴定，发现含有籽粒硬度等位基因 *Pinb-D1a* 的类型占 97.2%。

（四）多酚氧化酶基因的分子标记及应用

中国农业科学院作物科学研究所国家小麦改良中心何中虎课题组开发了多酚氧化酶基因的分子标记，并根据已开发的分子标记建立多种 PCR 反应体系。其中胡凤灵等（2011）利用位于 2AL 染色体上的多酚氧化酶（polyphenol oxidase，PPO）基因 *Ppo-A1* 的标记 PPO18，对 221 份冬小麦品种（系）进行黄色素含量和多酚氧化酶活性基因的等位变异检测，结果证明这些特异性功能标记重复性好、准确率高，可有效地应用于小麦品质改良的分子标记辅助选择；高凤梅等（2013）利用 PPO18 和 YP7A 分子标记（见表 9-12，表 9-13）对 169 份黑龙江春小麦品种进行分子检测，结果发现 *Ppo-A1b* 的频率为 33.1%，*Psy-A1b* 的频率为 33.7%，进一步验证了标记的有效应和实用性。

李式昭等（2012）利用多酚氧化酶（PPO）活性、黄色素含量基因等分子标记，对从澳白麦群体中分离出的 36 个穗系进行了分子鉴定，发现低 PPO 活性等位基因 *Ppo-D1a* 和低黄色素含量等位基因 *Psy-B1b* 类型分别占 86.1%和 80.6%。

Sun 等（2005）和 He 等（2007）研究证实了 PPO18 和 PPO33（*Ppo-A1*）、PPO16 和 PPO29（*Ppo-D1*）标记（见表 9-12）与评价 PPO 活性和等位基因变异之间的关联性是可靠的，并用这些标记检测了 311 份中国小麦品种和高代品系、57 份印度小麦品种和 273 份 CIMMTY 小麦材料（Xiao et al.，2008；Liang et al.，2010）。澳大利亚利也用多酚氧化酶基因的分子标记改善了面粉的色泽。

（五）高产优质小麦新品种‘山农 20’的主要品质性状分子检测

‘山农 20’是山东农业大学培育的国家黄淮南片（2010）和黄淮北片（2011）均通过国家审定的小麦新品种，具有高产、广适、多抗等突出特点。2012 年山东省农业厅组织的小麦高产创建中，实打验收平均亩产 767.8kg，灾害年份创山东省小麦单产最高水平，获山东省“小麦高产创建第一名”和“山东省省粮王大赛总冠军”。本课题组选取了小麦高分子质量谷蛋白亚基（HMW-GS）组成、小麦籽粒 Wx 蛋白、小麦籽粒黄色素含量、小麦籽粒多酚氧化酶活性和小麦籽粒硬度等基因的特异引物对‘山农 20’进行了品质基因的分子鉴定分析。

（1）‘山农 20’在 *Glu-B1* 位点上的亚基组成为 Bx7+By8，在 *Glu-D1* 位点上亚基组成为 Dx5+Dy10(图 9-10)。结合蛋白质电泳结果，证明该品种含有 7+8 和 5+10 两种优质亚基组合，具有优良的加工品质。

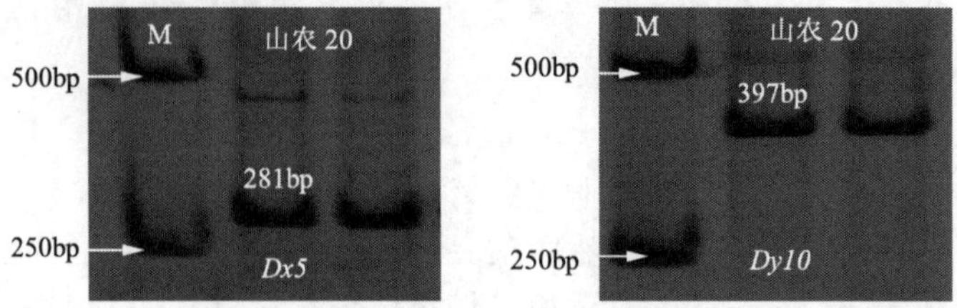

图 9-10　‘山农 20’在 *Glu-D1* 位点 *HMW-GS* 基因的分子鉴定结果

Fig. 9-10　Molecular results of *Glu-D1* in Shannong 20

(2)‘山农 20’在 3 个 Wx 位点(图 9-11)，即 *Wx-A1*、*Wx-B1* 和 *Wx-D1* 的基因型为 *Wx-A1a*、*Wx-B1a* 和 *Wx-D1a*，均为非缺失型。

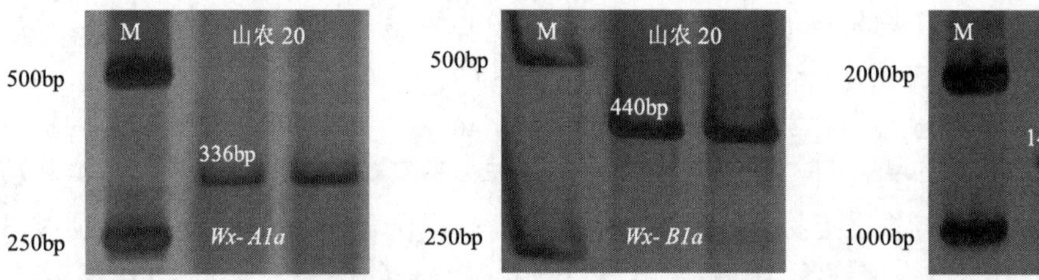

图 9-11　‘山农 20’在 *Wx-A1*、*Wx-B1* 和 *Wx-D1* 位点 *Wx* 基因的分子鉴定结果

Fig. 9-11　Molecular results of *Wx-A1*、*Wx-B1* and *Wx-D1* in Shannong20

(3) YP7A、YP7B 功能型基因标记的检测结果显示‘山农 20’在 7AL、7B 染色体上的 *PSY* 等位基因型为 *Psy-Ala*/*Psy-Bla*，表现为黄色素含量较高。

(4) 利用标记 PPO18、PPO29 对‘山农 20’的 PPO 活性基因进行检测(图 9-12)，结果显示该品种含有 2 个低 PPO 活性基因 *Ppo-D1a* 和 *Ppo-A1b*，表现为较强的抗褐变效果。

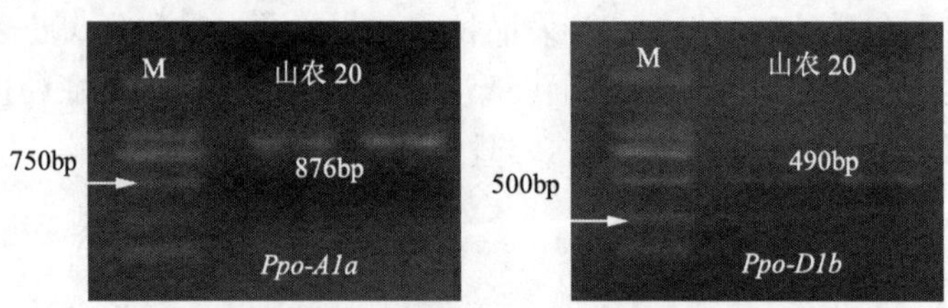

图 9-12　‘山农 20’在 *Ppo-A1* 和 *Ppo-D1* 位点 *PPO* 活性基因的分子鉴定结果

Fig. 9-12　Molecular results of *Ppo-A1* and *Ppo-D1* in Shannong 20

(5) 利用 *Pina* 和 *Pinb* 基因的特异性标记对‘山农 20’进行检测(图 9-13)，显示该品种基因型为 *Pina-D1a*/*Pinb-D1b*，表明‘山农 20’为硬质麦，具有良好的磨粉和加工品质。

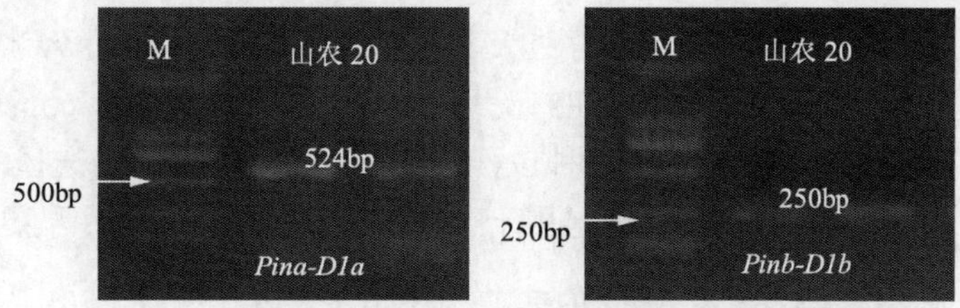

图 9-13　'山农 20' *Pina* 和 *Pinb* 基因的分子鉴定结果

Fig. 9-13　Molecular results of *Pina* and *Pinb* in Shannong 20

第五节　主要生理性状的分子标记及其应用

相对于农艺和产量性状，前人对生理性状的 QTL 定位和分子标记应用研究较少，但由于生理性状对作物生长发育起着重要作用，最近十年内生理性状的 QTL 分析逐渐增多，生理性状的 QTL 定位和分子标记应用多集中在株型结构、光合特性、发育生理和根系生理方面。目前，尽管获得了一些生理性状的 QTL 及其两侧标记，但除了光周期和春化基因及矮秆基因外，真正具有实用价值的分子标记很少。因此，需要更深入地开展生理性状的 QTL 定位和分子标记，尤其需要加强生理性状方面的分子标记辅助育种工作。

一、主要生理性状的分子标记

(一)通过 QTL 定位获得的生理性状分子标记

本课题以 DH 群体为主、2 个 RIL 群体为辅，进行了主要生理相关性状的 QTL 分析，其中叶片光合效率、气孔导度和叶绿素荧光现象等光合生理特性，株型、叶片角度和茎秆维管束等优良的形态性状的 QTL 分析都是国内首次进行的。通过生理性状的 QTL 分析，共鉴定到 60 个调控生理性状的主效 QTL 位点(贡献率＞10%)，其贡献率变异范围 10.32%~55.45%。其中，植株形态和发育生理方面，控制分蘖的主效 QTL 有 2 个；控制总根长、株高、穗下节间长度、穗下节直径的主效 QTL 各 1 个；控制基部第二节间茎粗的主效 QTL 有 4 个，控制茎壁厚、茎壁面积、拔节期茎干物质重的主效 QTL 各有 1 个，控制抽穗期的主效 QTL 有 3 个，控制旗叶挺直角度、旗叶长、倒三叶长和倒三叶面积的主效 QTL 各 1 个，控制倒二叶长的主效 QTL 有 2 个，控制穗下节长度的主效 QTL 有 2 个；光合生理方面，控制叶绿素 a 含量的主效 QTL 3 个，控制叶绿素 b 的主效 QTL 4 个，控制总叶绿素含量、类胡萝卜素和初始荧光的主效 QTL 各有 1 个；植株解剖结构方面，控制基部第二节间的大维管束数目和小维管束数目的主效 QTL 有 3 个，控制基部第二节间茎壁厚和髓腔直径的主效 QTL 各 1 个，控制穗下节茎壁面积、穗下节大维管束数目、穗下节小维管束数目及穗下节大小维管束数目比的主效 QTL 各 1 个，控制穗下节总维管束数目的主效 QTL 有 2 个；检测到低温下控制叶片细胞膜透性的主效 QTL 3 个。

由表 9-14 可知，大多数生理性状的主效 QTL 被定位于 5D 染色体上，且在标记 *Xbarc320-Xwmc215-Xbarc345* 区段上可知该区段是与生理性状相关的重要区段，存在控制这些性状的基因簇；此外，1B、2D、7D 染色体上也存在与某些生理性状相关的 QTL/基因。

除 DArT 标记外，所有两侧标记的引物序列及其扩增反应条件可在http://wheat.pw. usda.gov/GG2/index.shtml 网站中查询到，而 DArT 标记可在 http://www.triticarte. com.au/网站上查到。这些生理性状的分子标记大多数可在育种过程中用于对应性状的辅助选择，其中贡献率最高位点的两侧标记 *Xbarc320-Xwmc215* 已用于抽穗期基因的精细定位和早熟品系的筛选。

表 9-14 本课题组检测到的有关生理性状主效 QTL（PVE > 10%）

Table 9-14 Summary of major QTL of wheat physiological traits detected by our research（PVE > 10%）

性状 Trait	QTL	标记区间 Flanking marker	引物序列（5′→3′） Sequence of markers	贡献率 （PVE）/%
分蘖 Tiller	*QMtw5D-1*	*Xwmc215*	CATGCATGGTTGCAAGCAAAAG CATCCCGGTGCAACATCTGAAA	23.19
		Xbarc345	CGCCAGACTGCTAGGATAATACTTT GCG GCTAGTGCTCCCTCATAAT	
	QEth6D	*Xswes679.1*	CGCAACCACGACCCACTT TGATATGCCCTCGCCACC	16.28
		Xcfa2129	GTTGCACGACCTACAAAGCA ATCGCTCACTCACTATCGGG	
株高 Plant height	*Qph5D-1*	*Xbarc320*	CGTCTTCATCAAATCCGAACTG AAAATCTATGCGCAGGAGAAAC	21.97
		Xwmc215	CATGCATGGTTGCAAGCAAAAG CATCCCGGTGCAACATCTGAAA	
叶绿素含量 Chlorophyll content	*QCa5D-10*	*Xbarc320*	CGTCTTCATCAAATCCGAACTG AAAATCTATGCGCAGGAGAAAC	18.2
		Xwmc215	CATGCATGGTTGCAAGCAAAAG CATCCCGGTGCAACATCTGAAA	
抽穗期 Heading date	*qHd5D*	*Xbarc320-Xwmc215*	同株高和叶绿素含量 QTL 引物序列	53.19/38.73/ 50.47/26.49/55.45
	Qhs-7D	*wPt-730876—wPt-8343*	http://www.triticarte.com.au/	22.67
	QHt1B.1-86	*wPt-5562—wPt-8971*	http://www.triticarte.com.au/	30.32
倒三叶长 Third leaf length	*qTLLe5D*	*Xwmc215*	CATGCATGGTTGCAAGCAAAAG CATCCCGGTGCAACATCTGAAA	21.91
		Xgdm63	GCCCCCTATTCCATAGGAAT CCTTTTGATGGTGCATAGGA	
倒三叶面积 Third leaf area	*qTLAr5D*	*Xbarc320-Xwmc215*	同株高和叶绿素含量引物序列	18.0
叶绿素 a Chlorophyll a content	*qChla5D*	*XWMC215–XBARC345*	同分蘖 *QMtw5D-1* 引物序列	16.2
	QCa5D-10	*Xbarc320-Xwmc215*	同株高和叶绿素含量 QTL 引物序列	18.23
叶绿素 b Chlorophyll b content	*qChlb5D*	*Xwmc215-Xgdm63*	同倒三叶叶长 *qTLLe5D* 引物序列	23.29
	qChlb5D	*Xbarc320-Xwmc215*	同株高和叶绿素含量 QTL 引物序列	28.49
类胡萝卜素 Carotenoids	*QCx5D-10*	*Xbarc320-Xwmc215*	同株高和叶绿素含量 QTL 引物序列	27.25
基部第二节茎粗 The second stem diameter	*5D-10*	*Xbarc320-Xwmc215*	同株高和叶绿素含量 QTL 引物序列	15.49

续表

性状 Trait	QTL	标记区间 Flanking marker	引物序列(5′→3′) Sequence of markers	贡献率 (PVE)/%
基部第二节小维管束数目 The number of vascular bundles of the second stem	*1B-6*	*Xbarc119*	CACCCGATGATGAAAAT	17.12
			GATGGCACAAGAAATGAT	
		Xgwm18	GGTTGCTGAAGAACCTTATTTAGG	
			TGGCGCCATGATTGCATTATCTTC	
基部第二节髓腔直径 The second stem canal diameter	*5D-10*	*Xbarc320-Xwmc215*	同株高和叶绿素含量 QTL 引物序列	20.95
穗下节长度 Peduncle length	*qUIL-4D*	*XBARC334*	ATCCGCGTGTCA AACTTCTTCC	17.19
			GGGCTGGCTGGGCTA AATG	
		XWMC331	CCTGTTGCATACTTGACCTTTTT	
			GGAGTTCAATCTTTCATCACCAT	
	qUIL-7D	*XGWM676*	CAAGAGCAGAGA AGTACTGT	22.04/14.16
			CAGTTCTGACAA AGTCAA AA	
		XGWM437	GATCAAGACTTTTGTATCTCTC'	
			GATGTCCAACAGTTAGCTTA	
穗下节直径 Peduncle diameter	*qUID-5D*	*XWMC215-XBARC345*	同分蘖 QMtw5D-1 引物序列	22.67
穗下节茎壁面积 Stem area of peduncle	*qCWA-5D*	*XWMC215-XBARC345*	同分蘖 QMtw5D-1 引物序列	25.61
穗下节大维管束数目 The number of large vascular bundles	*qLVB-5D*	*XWMC215-XBARC345*	同分蘖 QMtw5D-1 引物序列	22.95
穗下节大小维管束比 L/S	*qL/S-7D*	*XGWM295*	CCATAAGTGTTTGCGTTTATTCC	15.17
			AATGCACTATTTTTATAGCTTTGT	
		XGWM676	CAA GAG CAG AGA AGT ACT GT	
			CAG TTC TGA CAA AGT CAA AA	
叶片细胞膜透性(−18℃) Leaf cell membrane permeability	*Qcmp-5B-1*	*Xgwm213*	CTAGCTTAGCACTGTCGCCC	17.5/14
			TGCCTGGCTCGTTCTATCTC	
		Xswes861.2	GTTCCCTCCCAAGCCCTAA	
			CGTAAAGCCGCTCCACCT	
	qCMP-1B-1	*Xcfe156*	TGTGCGCCATCTGCTACTC	18.4
			CTCCTAGATCCCGCGTCTC	
		Xwmc406	TATGAGGGTCGGATCAATACAA	
			CGAGTTTACTGCAAACAAATGG	
	qCMP-3B-2	*Xgwm566*	CTGGCTTCGAGGTAAGCAAC	17.7
			TCTGTCTACCCATGGGATTTG	
		Xcfe009	TTCCTTCCAGTATCGTTGGC	
			AGGACTGCGGGTTGATTTC	

(二)目前国内外应用较好的生理性状分子标记

除本课题组通过 QTL 定位鉴定到的 MAS 的分子标记外，国内外其他科学工作者也鉴定和开发了很多生理性状的 QTL 及其分子标记。澳大利亚科工组织植物产业部正在开发茎秆水溶性碳水化合物(WSC)、蒸腾效率(TE)、气冠温度、籽粒重量和大小、根特性、矮化性状等生理性状的分子标记(袁建霞等，2012；http://www.csiro.au/science/wheatmarkers.html.)，其中，矮秆基因 *Rht-B1b/Rht-D1b* 的分子标记、矮化病基因的 SNP 标记(来源于基因和启动子的 SNP 标记)、阻止分蘖基因(*tin*)的 SSR 标记 *gwm136*(与该基因共显性)、耐盐性基因 *Nax1* 的 SSR 标记 gwm312(共显性)和 Nax2 的 SSR 标记 *csLinkNax2*(共显性)等已用于分子标记辅助育种。此外，Hanocq 等(2007)分析了控制早熟性状的重要基因区段，在 2 号和 5 号染色体上获得了 *Ppd* 和 *Vrn* 基因及其功能标记，在 4A 和 4B 上发现了控制抽穗期的基因及其功能标记。日本主要开展了水稻的生理性状的分子标记开发工作，如抽穗期基因 *Hd1*、*Hd6*、*Hd5*、*Lhd4*、*Ehd1*，矮性遗传基因 *Sd1*，抽穗期耐冷性基因 *Ctb1*、*qCT7*、*qFRT6* 的分子标记也开始应用于育种(袁建霞等，2012)。

国内生理性状的 QTL 研究多集中在光合特性方面，如叶绿素含量、光合速率、叶绿素荧光参数等，其位点涉及多条染色体，其中在 5B 染色体上检测到的有关生理性状的主效 QTL 最多(25 个)，其次是 2D 染色体(19 个 QTL)、4B 和 3B 染色体(各 16 个 QTL)、2A 和 7D 染色体(各 14 个 QTL)、2B 染色体(13 个 QTL)、5A 染色体(14 个 QTL)、3A 和 6B 染色体(各 11 个 QTL)、5D 和 6A 染色体(各 10 个 QTL)，剩余染色体上的 QTL 都小于 10 个，最少的 1D 染色体仅 2 个 QTL。因此，在 5B 和 2D 染色体上存在控制生理相关性状的重要 QTL/基因区段，而且第 2 同源群对生理相关性状来说比较重要。但是有关生理性状的分子标记应用，主要以春化基因、光周期基因和矮秆基因为主，其次是与抗穗发芽、磷高效、叶绿素含量、氮高效、分蘖、根系、抽穗期等性状有关的分子标记。表 9-15 是文献报道的应用较好的主要生理性状分子标记及其序列。

表 9-15 应用较好的主要生理性状分子标记及其序列

Table 9-15 Molecular markers and their sequence of wheat physiological traits better used in the current application

性状 Trait	基因/QTL Gene/QTL	标记名称 Marker	引物序列 Primer sequence (5′→3′)	文献来源 Reference
春化 Vernalization	*Vrn-A1*	*Vrn-A1a1/Vrn-A1b1*	GAAAGGAAAAATTCTGCTCG	Yan et al. (2004)
			GCAGGAAATCGAAATCGAAG	
		Vrn-A1c1	AGCCTCCACGGTTTGAAAGTAA	Fu et al.（2005)
			AAGTAAGACAACACGAATGTGAGA	
		vrn-A1	GCACTCCTAACCCACTAACC	Fu et al.（2005)
			TCATCCATCATCAAGGCAAA	
	Vrn-B1	*Vrn-B1*	CAAGTGGAACGGTTAGGACA	Fu et al.（2005)
			CTCATGCCAAAAATTGAAGATGA	
		vrn-B1	CTCATGCCAAAAATTGAAGATGA	Fu et al.（2005)
			CAAATGAAAAGGAATGAGAGCA	
	Vrn-D1	*Vrn-D1*	GTTGTCTGCCTCATCAAATCC	Fu et al.（2005)
			GGTCACTGGTGGTCTGTGC	

续表

性状 Trait	基因/QTL Gene/QTL	标记名称 Marker	引物序列 Primer sequence (5′→3′)	文献来源 Reference
春化 Vernalization	*Vrn-D1*	*vrn-D1*	GTTGTCTGCCTCATCAAATCC AAATGAAAAGGAACGAGAGCG	Fu et al.（2005）
	Vrn-B4	*Vrn-B4*	CATAATGCCAAGCCGGTGAGTAC ATGTCTGCCAATTAGCTAGC	Yan et al.（2006）
		vrn-B4	ATGCTTTCGCTTGCCATCC CTATCCCTACCGGCCATTAG	Yan et al.（2006）
光周期 Photoperiod	*Ppd-D1*	*Ppd-D1a*	ACGCCTCCCACTACACTG CACTGGTGGTAGCTGAGATT	Beales et al.（2007）
		Ppd-D1b	ACGCCTCCCACTACACTG TGTTGGTTCAAACAGAGAGC	
	Ppd-d1		ATTTTAAGGCGCAGAGCTCATGGACAA AGAGAGCAGACGAAATCGGCTTTTGAA	陈亮等(2011)
	Ppd-B1		CGTCTGCTCTGTTCCTGCC GAATCAGCTGTCTAAATAGTAC	郭志爱等(2009)
抗穗发芽 Pre-harvest		*Vp1B3*(STS)	TGCTCCTTTCCCAATTGG ACCCTCCTGCAGCTCATTG	Yang et al.(2007)
		Xgwm155(QTL)	CAATCATTTCCCCCTCCC AATCATTGGAAATCCATATGCC	Kulwal et al.（2005）
		MST101(STS)	CCACCATGAAGACCTTCCTC ACCTTGCATGGGTTTAGCTG	Roy et al.（1999）
		WMC104(STMS)	TCTCCCTCATTAGAGAGTTGTCCA ATGCAAGTTTAGAGCAACACCA	Roy et al.（1999）
矮秆 Dwarf	*Rht1*(*Rht-B1b*)(STS)		TCTCCTCCCTCCCCACCCCAAC CATCCCCATGGCCATCTCGAGCTA	Ellis et al.（2002）
	Rht2(*Rht-D1b*)(STS)		CGCGCAATTATTGGCCAGAGATAG CCCCATGGCCATCTCGAGCTGCTA	Ellis et al.（2002）
	Rht4(SSR)		CGAGAAGTCTACATATCGAGGG CAACAATGACAACAGAAGGGTG	
	Rht5(SSR)		GGAGAGGACCTGCTAAAATCGAAGACA GCGTTTACGGATCAGTGTTGGAGA	
	Rht8(SSR)		CTCCCTGTACGCCTAAGGC CTCGCGCTACTAGCCATTG	Korzun et al.（1998）
	Rht9(SSR)		TGAGGAAAATGTCTCTATAGCATCC CGCATAAACACCTTCGCTCTTCCACTC	
	Rht12(SSR)		GGACTTGAAAGGAAGCTTGTGA CATGGATGGCATGCAGTGT	
	Rht13(SSR)		ATGGCATAATTTGGTGAAATTG TGTTTCAAGCCCAACTTCTATT	

续表

性状 Trait	基因/QTL Gene/QTL	标记名称 Marker	引物序列 Primer sequence (5′→3′)	文献来源 Reference
磷高效 Phosphorus efficiency	*TaPHR1*	*Kpn*	GGTACCTTAACTATCATGCACCCTTCG	张景涛等(2011)
		BamH	GGATCCATGAGGAGGTGTGATCTGAGAC	
叶绿素 Chlorophyll content	*QCa5D-10*	*Xbarc320*	CGTCTTCATCAAATCCGAACTG	梁燕等(2010)
			AAAATCTATGCGCAGGAGAAAC	
		Xwmc215	CATGCATGGTTGCAAGCAAAAG	
			CATCCCGGTGCAACATCTGAAA	
	TaCKOX4	*Txl9*	AGGTTGGTGTGCTGCTGTCTC	潘艳秋等(2012)
		TX20	CTCCGCTCAAATGTCTCCCAC	
氮高效 Nitrogen efficiency	*Chrl6*	*Xgwml90*	GTGCCACGTGGTACCTTTG	陈磊(2006)
			GTGCTTGCTGAGCTATGAGTC	
		Xgdm063	GCCCCCTATTCCATAGGAAT	陈磊(2006)
			CCTTTTGATGGTGCATAGGA	
	Chr20	*Xgwm191*	5′ AGACTGTTGTTTGCGGGC 3′	陈磊(2006)
			5′ TAGCACGACAGTTGTATGCATG 3′	
		DUPW217	CGAATTACACTTCCTTCTTCCG	陈磊(2006)
			CGAGCGTGTCTAACAAGTGC	
根系 Root	*qTaLRO-B1*	*Xgwm210*	TGAGAGGAAGGCTCACACCT	Ren et al.(2012)
			TGCATCAAGAATAGTGTGGAAG	
		XBARC1138.2	GCGATGTCATGCTCACCAATGTGT	Ren et al.(2012)
			GCGTGCTCCACTCAGAGACTATCATAAA	
分蘖 Tiller	*QMtw5D-1*	*Xwmc215*	CATGCATGGTTGCAAGCAAAAG	Li et al.(2010)
			CATCCCGGTGCAACATCTGAAA	
		XBARC345	CGCCAGACTGCTAGGATAATACTTT	Li et al.(2010)
			GCGGCTAGTGCTCCCTCATAAT	
	QEth6D	*Xswes679.1*	CGCAACCACGACCCACTT	Li et al.(2010)
			TGATATGCCCTCGCCACC	
		Xcfa2129	GTTGCACGACCTACAAAGCA	Li et al.(2010)
			ATCGCTCACTCACTATCGGG	
抽穗期 Heading date	*qHd5D*	*Xbarc320*	CGTCTTCATCAAATCCGAACTG	Zhang et al.(2008)
			AAAATCTATGCGCAGGAGAAAC	
		Xwmc215	CATGCATGGTTGCAAGCAAAAG	Zhang et al.(2008)
			CATCCCGGTGCAACATCTGAAA	

二、主要生理性状分子标记的应用

据不完全统计，目前，我国共克隆农作物性状相关的基因 364 个(黎裕等，2010)，其中抗病虫基因 47 个，抗非生物胁迫基因 101 个，品质相关基因 61 个，产量相关基因 11 个，育性相关基因 18 个，与生理发育有关的基因 126 个；在所有农作物中，水稻的研究走在前列，如控制水稻产量的基因 *GS3*、*Ghd7*、*GW2* 和 *GW8*，穗形态基因 *DEP1*、*DEP2*，籽粒灌浆充实度基因 *GIF1*、*PHD1*，水稻株型基因 *MOC1*、*IPA1*、*LAZY1*、*TAC1* 和 *PROG1*，抽穗期基因 *RID1*，茎秆强度基因 *FC1*，广亲和基因 *S5* 和 *Sa*，白叶枯病抗性基因 *Xa3/Xa26*、*Xa13*，褐飞虱抗性基因 *Bph14*，抗盐的主效 QTL/基因 *SKC1*，抗旱关键基因 *SDIR1*、*SNAC1* 和 *OsSKIPa*，磷营养高效基因 *OsPFT1*、*OsPHR2* 等(薛勇彪等，2013)。近年来，我国在分子标记育种技术、多基因聚合育种技术和全基因组选择技术方面均有一些重要进展。在大规模开发实用分子标记的基础上，通过分子标记育种与传统育种技术相结合，已选育出一批优质抗病虫水稻等作物的新材料和新品种，其中主要涉及的抗病基因有 *Xa4*、*Xa21*、*Xa23*、*R-sb2t*、*Pil*、*Pi-1*、*Pi-2*、*Pi-25*、*Pi-33*、*R-sbzt*；涉及的其他性状基因有 *Wx* 基因、育性基因 *Rf5* 和抽穗期基因等(Wei et al.，2009；Wang et al.，2009)。小麦的基因克隆和分子标记开发及应用都远远落后于水稻，而且小麦的分子标记主要体现在抗病、品质等方面，生理性状的分子标记相对比较少，下面对生理性状分子标记应用工作做简单介绍。

1. 春化基因分子标记的研究和应用

中国农业科学院周阳等利用春化基因的分子标记对黄淮冬麦区小麦冬、春性改良及其分子标记辅助选择技术进行了研究(张晶等，2010)，发现‘石麦 12’与冬性品种‘石家庄 8 号’杂交后代 $F_{2:3}$ 株系中的春性、冬春性株系分离比例符合 1∶2∶1，表明石麦 12 具有一个显性春化基因。利用 *Vrn-D1* 的基因特异性标记对上述 $F_{2:3}$ 株系进行冬、春性鉴定的结果与表型鉴定结果一致，说明该分子标记可用于小麦冬、春性改良中对 *Vrn-D1* 的辅助选择，为在高海拔、长日照地区夏播小麦冬、春性鉴定提供了一个快速、简便方法。2012 年，Zhang 等也在春化基因 *VRN-D1* 位点发现一个新等位变异 *Vrn-D1b*，并证明该等位变异与半冬性幼苗生长习性有关；基于 *VRN-D1* 基因启动子区域的单核苷酸多态性(SNP)设计的分子标记可用于新等位基因 *Vrn-D1b* 的快速检测。*Vrn-D1b* 同已报道的 *VRN-A1*、*VRN-B1*、*VRN-D1* 和 *VRN-B3* 基因位点上不同等位变异的分子标记一起，可有效地用于小麦冬、春性遗传改良中的分子标记辅助选择。

本课题组利用 *Vrn-D1* 功能标记对 660 个小麦高代稳定品系进行了分子检测(图 9-14)，含春化显性基因 *Vrn-D1* 的材料共有 85 份，含隐性基因 *vrn-D1* 的材料共有 543 份，其所占比例较大，已知本课题育成的高代材料中冬性品系相对较多，为选育冬性品种提供了充足的资源。

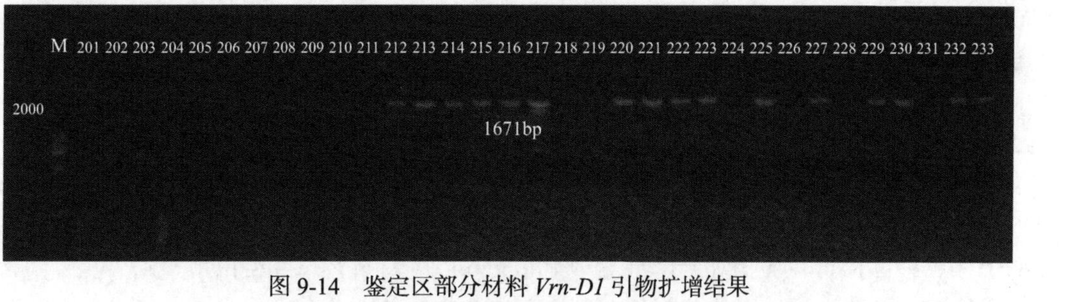

图 9-14　鉴定区部分材料 *Vrn-D1* 引物扩增结果

Fig. 9-14　The results of PCR amplified with two markers of *Vrn-D1*

上图是 Intr/D/F 和 Intrl/D/R3 扩增片段；下图是 Intr/D/F 和 Intrl/D/R4 扩增片段

the upper is the PCR fragments amplified with the marker Intr/D/F and Intrl/D/R3; the under is the PCR fragments amplified with the marker Intr/D/F and Intrl/D/R4

图 9-14　(续)

Fig. 9-14　(Continued)

利用春化功能标记对新育成的双国审小麦品种‘山农 20’进行了分子检测，结果发现该品种的春化基因型为 *vrn-A1*、*vrn-D1*、*vrn-B3*，不含有 *Vrn-B1* 基因，因此‘山农 20’对春化高度不敏感，适应性强。该品种已通过黄淮麦区南、北两大片的“双国审”，可在山东、河北、河南、江苏、安徽、陕西、山西 7 省适宜地区推广。

杨芳萍等(2008)利用小麦春化基因 *Vrn-A1*、*Vrn-B1*、*Vrn-D1* 和 *Vrn-B3* 对来自 23 个国家的 755 份品种进行检测，发现春化基因显性等位变异 *Vrn-A1*、*Vrn-B1* 和 *Vrn-D1* 主要分布在意大利、印度、日本、加拿大、墨西哥、智利、阿根廷和澳大利亚，以及中国春麦区和长江中上游冬麦区，上述地区的小麦一般为春性类型，春化位点均为隐性等位变异，而 *vrn-A1+vrn-D1+Vrn-B1* 的品种主要分布在中国北方、美国中部和南部、德国、法国、挪威、乌克兰、俄罗斯、伊朗、土耳其、匈牙利、保加利亚、罗马尼亚和塞尔维亚，这些地区的小麦多为冬性类型。

春化基因分子标记的有关研究结果已在育种中得到实际应用，国际玉米小麦改良中心(CIMMTY)在利用分子标记辅助育种时，至少将 *Vrn* 与其他约 20 个基因的标记结合起来用于测试杂交组合，并利用春化基因(*Vrn1*、*2*、*3*)的分子标记来进行跟踪相应的位点，以实现春化基因与其他基因的聚合(Gupta et al.，2010)。

2. *光周期基因分子标记的应用*

光周期基因对小麦生长表现出多效性。非敏感光周期基因在热干燥环境条件下占主导地位，主要由 *Ppd-D1*、*Ppd-B1* 和 *Ppd-A1* 控制。欧洲学者研究表明，光周期非敏感基因 *Ppd-D1* 对小麦适应性育种贡献很大，其多效性也比较突出。例如，其在欧洲南部可以促进产量增加，在北部趋于减产，而在中部则表现为中性。*Ppd-D1* 主要是促进花原基形成，并在不同光照条件下都提早开花，提早的天数随季节变化而变化，一般在 3~5 天。*Ppd-B1* 相对于 *Ppd-D1*，非敏感性较弱，但和 *Ppd-D1* 一样可以加速二棱期的出现，并使以后小穗在短日照条件下完成生长。

黄琼瑞(2010)利用 2 对 STS 标记对 260 份材料和 49 份高代品系的光周期基因 *Ppd-D1* 位点进行鉴定分析，结果表明绝大部分国内推广的品种均为光周期不敏感型，对光照环境具有广泛适应性，光周期敏感型品种主要来自引种材料，仅 3 份出现在国内品种中，且均出现在冬麦区中，其生长习性分别为冬性和偏冬性。

欧洲在非敏感光周期基因研究和应用方面处于领先地位。意大利的育种家最早将非敏感光周期基因 *Ppd-D1a* 转入欧洲小麦品种，并以此培育了一大批的光周期非敏感品种。

在欧洲南部和中部温暖干燥的环境中，引入 *Ppd-D1a* 基因明显提高了小麦的平均产量，在欧洲南部产量提高了 35%，中部产量提高了 15%(Worland，1996)。

杨芳萍等(2011)利用光周期位点 *Ppd-D1* 标记对 23 个国家的 755 份品种进行检测，发现光周期迟钝型 *Ppd-D1a* 的分布频率为 55.2%。光周期敏感等位变异 *Ppd-D1b* 主要分布在纬度较高的地区，即美国各麦区，以及德国、挪威、匈牙利、中国东北地区、加拿大、智利和阿根廷，来自其余麦区的品种均携带光周期迟钝等位变异 *Ppd-D1a*；携带 *Ppd-D1a* 的品种在河南安阳大部分能够成熟，而携带 *Ppd-D1b* 的品种在河南安阳基本不能成熟。

曹霞等(2010)利用光周期基因 *Ppd-D1* 位点分子标记对来自新疆小麦 185 份品种进行了检测，发现 80.0%的品种(系)携带光不敏感显性等位变异 *Ppd-D1a*；其中在春性和冬性小麦品种(系)中，*Ppd-D1a* 出现的频率分别为 83.5%和 77.0%。新疆小麦品种(系)中，存在 11 种春化和光周期基因显性等位变异的组合。

墨西哥国际小麦玉米改良中心(CIMMTY)在小麦育种中，利用 *Ppd* 和其他基因结合，跟踪、转移和聚合了多个基因，开展卓有成效的基因聚合育种工作(Gupta et al.，2010)。

3. 矮秆基因分子标记的应用

Ellis 等(2002)利用 DH 群体将 *Rht-B1b* 和 *Rht-D1b* 分别定位在 4B 和 4D 染色体上，并开发了相应的分子标记用于辅助育种。慕美财等(2005)利用小麦 *Rht-B1b* 和 *Rht-D1b* 矮秆基因的 4 对特异分子标记对山东省 150 个小麦品种进行了分子鉴定，其中 20.67%含有 *Rht-B1b* 基因，54.00%含有 *Rht-D1b* 基因，二者合计为 74.67%；同时含有 *Rht-B1b* 和 *Rht-D1b* 矮秆基因的仅占 3.33%，表明山东小麦矮化育种中 *Rht-D1b* 基因的利用远高于 *Rht-B1b* 的利用。

杨松杰(2007)以 4 份引自墨西哥国际小麦玉米改良中心(CIMMYT)的人工合成六倍体小麦‘Syn768’、‘Syn769’、‘Syn780’、‘Syn786’，5 份中国四川省成都平原栽培小麦品种以及它们之间杂交后再回交产生的 117 份后代衍生群体系(其中‘川麦 38’、‘川麦 42’、‘川麦 43’和‘川麦 47’为审定品种)为材料，利用矮秆基因 *Rht8* 的特异分子标记进行了分析，发现 *Rht8* 基因型总的分布频率为 77.78%。以‘Syn768’为亲本育成的后代衍生系中，*Rht8* 基因型频率最高，为 96.70%；以‘Syn769’为亲本育成的优良高代系和‘川麦 38’、‘川麦 42’与‘川麦 43’育成品种中，*Rht8* 基因型频率最低，为 71.64%；以‘Syn780’为亲本育成的后代衍生群体中，*Rht8* 基因型频率为 73.68%，分离比率约为 3∶1；以‘Syn786’为亲本育成的材料只有‘川麦 47’，该品种不含有 *Rht8* 基因，表明 *Rht8* 基因在人工合成六倍体小麦中的分离规律与在普通栽培小麦中的分离规律基本相似。

王晓伟(2008)选用 254 份黄淮麦区小麦品种(系)，利用 *BFMR1*、*DFMR2* 和微卫星 *Xgwm261* 标记检测了矮秆基因 *Rht-B1b*、*Rht-D1b* 和 *Rht8* 的分布，发现含有 *Rht-B1b*、*Rht-D1b* 和 *Rht8* 基因的材料分别有 84 份、171 份和 178 份，分别占总数的 33.07%、67.3%和 70.1%，共同含有 *Rht-B1b* 和 *Rht-D1b* 基因的占 16.1%，平均株高为 73.7cm，*Rht-B1b* 和 *Rht-D1b* 基因具有累加效应，两个基因同时存在时株高降低幅度更大。共同含 *Rht-D1b* 和 *Rht8* 基因的占 46.9%，共同含 *Rht-B1b* 和 *Rht8* 基因的占 20.9%，同时含有 *Rht-B1b*、

Rht-D1b 和 *Rht8* 基因的品种占 9.8%，均不含这三个矮秆基因的品种只占 3.5%，说明黄淮麦区小麦品种(系)中绝大部分品种均含有不同种类的矮秆基因。通过分子检测和系谱分析，*Rht-B1b* 基因来自于‘郑引 4 号’；*Rht-D1b* 基因来源于‘农林 10 号’、‘水源 86’、‘辉县红’；*Rht8* 基因则来自高加索、玛拉和阿夫。检测结果与系谱分析基本相一致，在系谱关系明确的情况下，微卫星 *WMS261* 及基于 PCR 的两个 STS 标记可以分别用于对品种(系)*Rht8*、*Rht-B1b* 和 *Rht-D1b* 基因型的鉴定以及育种世代该基因型的筛选。唐娜等(2012)利用小麦矮秆基因 *Rht-B1b*、*Rht-D1b* 等 4 对特异性分子标记以及微卫星 *Xgwm261* 标记对我国小麦主栽品种中矮秆基因 *Rht-B1b*、*Rht-D1b* 和 *Rht8* 的分布情况进行了分子标记鉴定，其中 58 份含有 *Rht-B1b* 基因，占 45.0%; 24 份含有 *Rht-D1b* 基因，占 18.6%; 73 份含有 *Rht8* 基因，占 56.6%; 35 份品种含有 *Rht-B1b* 和 *Rht8* 2 个矮秆基因; 16 份品种含有 *Rht-D1b* 和 *Rht8* 基因。矮秆基因 *Rht-B1b* 和 *Rht8* 在黄淮冬麦区的分布频率较高，分别为 55.4%和 71.1%，*Rht-D1b* 基因在西南冬麦区的分布频率较高，为 37.5%; 矮秆基因 *Rht8* 在不同的麦区都有广泛的分布，在不同的生态区具有广泛的适应性。

CIMMTY 利用含有矮秆基因(*Rht 1*、*Rht 2*、*Rht 8*)的材料与含有春化基因、光周期基因的材料杂交，并利用这些基因的分子标记跟踪检测，实现了多基因的聚合育种(Gupta et al.，2010)。

4. 抗穗发芽基因分子标记的应用

Yang 等(2007)开发了抗穗发芽的 *Vp1B3* 分子标记，并将其定位于 3BL 上，利用 89 个白粒小麦品种(品系)对标记的有效性进行了分析。杨燕等(2008)利用 *Vp-1B* 分子标记分析了欧洲 490 份材料，发现了 4 对等位基因变异，其出现的频率 *Vp-1Ba*(54%)＞*Vp-1Bc*(21%)＞*Vp-1Bd*(20%)＞*Vp-1Ba* + *c*(4%)＞*Vp-1Bb*(1%)。

本课题组利用穗发芽 *VplB3* 功能标记对本课题组 660 个小麦高代稳定品系及其亲本进行了分子检测(图 9-15)，其中品比区有 44 个品系抗穗发芽，鉴定区有 369 个品系抗穗发芽，分别占品比区和鉴定区参试品系的 21.2%和 18.5%。

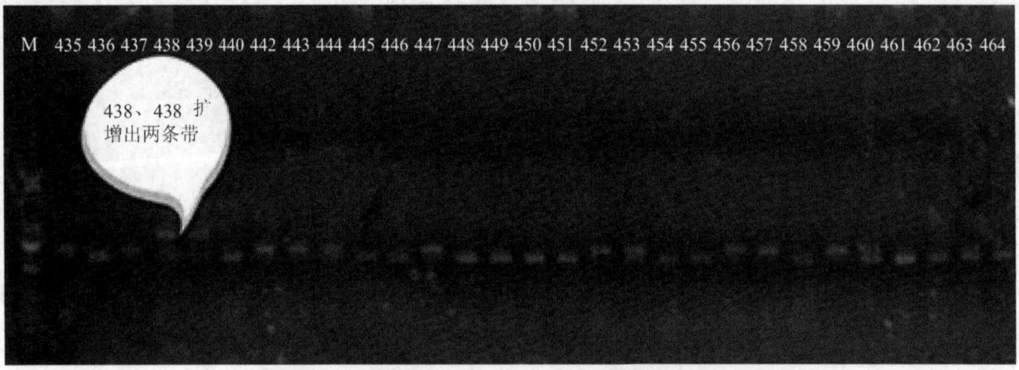

图 9-15　鉴定区部分材料的 *Vp1B3* 扩增结果

Fig. 9-15　The PCR fragments amplified with the marker *Vp1B3* of appraisal areas

M: Trans2K Plus DNA Marker

同时课题组利用表 9-15 中抗穗发芽标记对‘山农 20’进行了分子检测，发现该品种携带 *Vp1B3* 抗穗发芽基因，表现为抗穗发芽。

5. 其他生理性状分子标记的应用

本课题还利用控制叶绿素基因/QTL 的 *TaCKOX4* 标记、分蘖 *QMtw5D-1* 和 *QEth6D* 基因/QTL 两侧连锁标记，根系 *qTaLRO-B1*、*qRN-6A*、*qRtl2D* 和 *QRl6A* 基因/QTL 两侧连锁标记对新育成的双国审小麦品种‘山农 20’进行了分子检测，结果发现冬前最大分蘖 *QMtw5D-1* 两侧标记在该品种中扩增出特异带，说明‘山农 20’可能含有 *QMtw5D-1* 位点，该位点可以解释冬前最大分蘖数 23.19%的表型变异，对分蘖数有较大的正向效应；大根系主效 *qTaLRO-B1* 位点可解释 68.0 %的最大根长表型变异和 59.0%的主根长表型变异，在多个环境下检测到‘山农 20’品种中含有该 QTL 的特异带，说明该品种中含有位于 2B 染色体上的该主效位点，也说明‘山农 20’为大根系品种，从分子水平上对该品种的部分生理性状如抗冻性、抗倒伏及高产稳产等进行了很好的解释。

尽管有关小麦生理性状的分子标记辅助选择应用比较少，但随着对小麦生理相关性状的重视及其 QTL 的广泛研究，会鉴定和开发出越来越多的生理性状的基因及分子标记，从而加速小麦生理性状的分子标记辅助育种进程。相信在不久的将来，通过分子标记辅助育种可大大提高和调控小麦的根系、光合生理、生育期和株型等生理性状，从而提高小麦的适应性和产量。

第六节　主要抗逆性状的分子标记及其应用

小麦抗逆性如抗旱、耐盐、耐涝、抗病等性状大多都是数量性状，受多基因控制，而且基因的表达受环境条件影响较大。因此，借助分子标记辅助选择的方法，在早期世代对表现优良的基因型进行鉴定，或通过分子标记辅助选择(marker assisted selection，MAS)的回交手段，把来源于抗逆亲本中的抗逆基因快速转移到当前推广品种中，对培育抗逆高产优质品种或者具有特殊利用价值的亲本具有十分重要的意义。分子标记辅助选择可以应用于已知的所有育种方法，如杂交、回交、复交、加倍单倍体育种、轮回选择等，能够大大加速育种的进程，提高选择的效率。目前，国内外对抗逆性分子标记的应用主要是检测品种中的基因分布和种质资源筛选(慕美财等，2005；杨松杰等，2006；郎淑平等，2008)，真正通过分子标记辅助选择育成的小麦品种不多。

一、主要抗逆性状的分子标记

要实现小麦的抗逆性分子标记辅助育种，基因定位和有效的分子标记开发是首要任务。随着分子标记辅助育种的发展，小麦抗逆分子标记不断开发和利用。国内外研究者先后将抗冻基因定位在 5A、5D 和 1A 染色体(Sutka and Snape，1989；Witkowski et al.，2008)；将与耐盐有关的基因/QTL 定位在 5A、5B 等染色体(Quarrie et al.，2005)；将抗旱基因定位在 1B、2B、3B、4A、5A、6B、7A 和 7B 等 8 条染色体(Hao et al.，2003；Kirigwi，2007)；将耐热有关的基因/QTL 定位在 1A、2A、2B、3A、3B、5A、6A、6B 和 7A 染色体(Yang，2002；Franeki，2002；Vijayalakshmi et al.，2010)。迄今，正式命名的小麦条锈病抗性基因有 48 个，分布于 43 个染色体位点；已经报道的 82 个白粉病成株抗性基因/QTL，分布于小麦基因组的 21 条染色体上。孙果忠(2011)利用 4 对赤霉病分子标记(*Xbarcl33-3BF/R*、*Xgwm533-3B.lF/R*、*Xgwm493-3BF/ R*、*XSTS3B1 F/R*)检测小麦材料的赤霉病抗性(*QFhs.nchu-3BS*)，结果证实了以上 4 个标记的有效性。

尽管目前抗逆性状的 QTL 分析取得了较好进展，但由于遗传背景差异、连锁标记距离较大等原因，真正在育种上应用的例子较少。现把本课题组和国内外报道的抗逆性状的基因/QTL 及其分子标记进行简单总结。

(一)通过 QTL 定位获得的抗逆性状分子标记

本课题以 DH 群体为材料，进行了主要抗逆性状的 QTL 分析，分别定位到抗旱相关性状、白粉病成株抗性、重金属胁迫和穗发芽相关基因的主效 QTL 位点 27 个(表 9-16)。

1. 抗旱相关性状胚芽长和根长主效 QTL 位点

在正常和干旱两种处理条件下，共检测到控制胚芽鞘长和根长的 18 个加性 QTL 和 18 对上位性 QTL，主要分布染色体 2A、2B、2D、4B、4D、6A、6A 和 7D 上。其中正常条件下检测到效应值大于 10%的影响胚芽鞘长的 2 个主效 QTL，分布在 4B、4D 染色体上；干旱胁迫下检测到影响胚芽鞘长的 2 个主效 QTL，都分布在 6D 染色体上。

2. 重金属镉胁迫主效 QTL 位点

利用 DH 群体，在三种 Cd^{2+}浓度下共检测到与小麦苗期生长发育性状有关的 19 个主效 QTL，分布在 1B、2D、3B、5D、6B、6D、7D 共 7 条染色体上，其中 *qRAD3B* 解释根平均直径变异的 70.05%。

3. 白粉病成株抗性主效 QTL 位点

利用 DH 群体，检测到白粉病成株抗性的 1 个主效 QTL，位于 4D 染色体，解释白粉病成株抗性变异的 20%。

4. 穗发芽主效 QTL 位点

检测到遗传效应值大于 5%的控制穗发芽的 4 个 QTL，分别位于 1B、2B、4A、5D 染色体。

(二)目前国内外报道的主要抗逆分子标记

目前，共检测到控制白粉病生理小种 Pm1-Pm43 的 82 个基因/QTL，分布于小麦基因组的 21 条染色体上，其中 *Pm38* 和 *Pm39* 为成株抗性基因(McIntosh，2010；Lillemo，2008)，其余均为具有小种专化性的主效基因。单个 QTL 的贡献率值最大 70%，超过 60%的有 4 个，分别位于 2BL、2BS、2DS 和 7DL。

已报道控制条锈病成株抗性的数量性状遗传位点有 72 个，控制 2 种病害的基因簇(≥5 个 QTL)有 8 个，其中位于 7DS 的 *Yr18/Lr34/Pm38* 和 1BS 的 *Yr29/Lr46/Pm39* 的基因/QTL 对条锈病、叶锈病和白粉病均表现成株抗性，位于 4DL 的 *Yr46/Lr67* 基因/QTL 对白粉病也表现成株抗性。目前已克隆了 *Yr18/Lr34/Pm38* 和 *Yr36* 的基因。公认的兼抗多种病害成株抗性的基因簇分别位于 1BL 和 7DS 染色体上。

表 9-16 课题组定位的有关抗逆性状的主效 QTL 位点

Table 9-16 Main effect QTLs for resistance reported in our lab

	QTL	标记区间 Interval	左侧标记序列 Left marker	右侧标记序列 Right marker	贡献率 (PV)/%
干旱胁迫主效 QTL 位点					
胚芽鞘长	*QCl4B*	*Xwmc657-Xwmc48*	CGGGCTGCGGGGGTAT CGGTTGGGTCATTTGTCTCA	GAGGGTTCTGAAATGTTTTGCC AACGTGCTAGGGAGGTATCTTGC	16.31
	QCl4D	*Xwmc473-Xwmc331*	TCTGTTGCGCGAAACAGAATAG CCCATTGGACAACACTTTCACC	CCTGTTGCATACTTGACCTTTTT GGAGTTCAATCTTTCATCACCAT	11.38
根长	*QRl6D*	*Xgwm681-Xubc808*	GCCGAATTGGATTTCCG TTCAGTCTTGGCTTGGCTTT		10.32
	QRl6D	*Xgwm681-Xubc808*			10.32
镉胁迫主效 QTL 位点					
叶鲜重	*qSFW3B*	*Xgwm566-Xcfe009*	TCTGTCTACCCATGGGATTTG CTGGCTTCGAGGTAAGCAAC	TTCCTTCCAGTATCGTTGGC AGGACTGCGGGTTGATTTC	14.94
苗高	*qSL3B*	*Xgwm533-Xbarc251*	AAGGCGAATCAAACGGAATA GTTGCTTTAGGGGAAAAGCC	CAATTACGCCAAAAACAAGTGC GTTTGTTTCGTG ATGTTAAGTTCCA	17.83
叶龄	*qLA5D*	*Xbarc1097-Xcfd8*	CTGCCGATCCATGCACAC TCGGCGGCTCCAATCTA	ACCACCGTCATGTCACTGAG GTGAAGACGACAAGACGCAA	12.71
根系总长	*qRTL1Ba*	*Xcfd21-Xcwem9*	CCTCCATGTAGGCGGAAATA TGTGTCCCATTCACTAACCG	CACCATCACCGAGATCCAA GGAGCTCCTCCACCTTGTC	15.64
	qRTL1Bb	*Xgwm218-Xgwm582*	CGGCAAACGGATATCGAC AACAGTAACTCTCGCCATAGCC	AAGCACTACGAAAATATGAC TCTTAAGGGGTGTTATCATA	25.95
根表面积	*qRSA1Ba*	*Xcfd21-Xcwem9*	CCTCCATGTAGGCGGAAATA TGTGTCCCATTCACTAACCG	CACCATCACCGAGATCCAA GGAGCTCCTCCACCTTGTC	15.89
	qRSA1Bb	*Xgwm218-Xgwm582*	CGGCAAACGGATATCGAC AACAGTAACTCTCGCCATAGCC	AAGCACTACGAAAATATGAC TCTTAAGGGGTGTTATCATA	30.15
	qRSA7D	*Xgdm67-Xwmc634*	AAGCAAGGCACGTAAAGAGC CTCGAAGCGAACACAAAACA	AGCGAGGAGGATGCATCTTATT GACATACACATGATGGACACGG	11.29
根平均直径	*qRAD1B*	*Xgwm218- Xgwm582*	CGGCAAACGGATATCGAC AACAGTAACTCTCGCCATAGCC	AAGCACTACGAAAATATGAC TCTTAAGGGGTGTTATCATA	10.04
	qRAD3B	*Xbarc251-Xwmc3*	CAATTACGCCAAAAACAA GTG C GTTTGTTTCGTGATGTTA AGT TCC A	ATTCAAGTCTCTGCAGACCACC CCCTGAGCAGCTTCACAGATTAC	70.05

续表

	QTL	标记区间 Interval	左侧标记序列 Left marker	右侧标记序列 Right marker	贡献率（PV）/%
根平均直径	*qRAD6B*	*Xcfa2187-Xgwm219*	TAGCAAAGGGTGCATGTGAG GCATGTTACGTCGCTGTTGT	GATGAGCGACACCTAGCCTC GGGGTCCGAGTCCACAAC	11.52
	qRV7D	*Xgdm67-Xwmc634*	AAGCAAGGCACGTAAAGAGC CTCGAAGCGAACACAAAACA	AGCGAGGAGGATGCATCTTATT GACATACACATGATGGACACGG	15.28
根尖数	*qRT1Ba*	*Xcfd21-Xcwem9*	CCTCCATGTAGGCGGAAATA TGTGTCCCATTCACTAACCG	CACCATCACCGAGATCCAA GGAGCTCCTCCACCTTGTC	26.45
	qRT1Bb	*Xgwm218-Xgwm582*	CGGCAAACGGATATCGAC AACAGTAACTCTCGCCATAGCC	AAGCACTACGAAAATATGAC TCTTAAGGGGTGTTATCATA	55.03
根鲜重	*qRFW6B*	*Xgwm58-Xwmc737*	TCTGATCCCGTGAGTGTAACA GAAAAAAATTGCATATGAGCCC	CGACTAGGACTAGACGACTCTAACGG GTCGATCACCAGAGGCATTG	10.4
根干重	*qRDW3Ba*	*Xgwm566-Xcfe009*	TCTGTCTACCCATGGGATTTG CTGGCTTCGAGGTAAGCAAC	TTCCTTCCAGTATCGTTGGC AGGACTGCGGGTTGATTTC	14.69
茎叶干重	*qSDW2D*	*Xbarc349.1-Xcfd161*	CGAATAGCCGCTGCACAA G TATGCATGCCTTTCTTTA CAA T	GTAAGGCATCTTCGCGTCTC CCATGATAGATTTGGACGGG	10.33
	qSDW3Ba	*Xbarc268-Xwmc1*	GCGATTCCTTTGTTCCTT CCC CAT AC GCAGCATGTCTAGCCAAC TTG TCG TG	ACTGGGTGTTGCTCGTTGA CAATGCTTAAGCGCTCTGTG	28.94
	qSDW6D	*Xswes679.1-Xcfa2129*	CGCAACCACGACCCACTT TGATATGCCCTCGCCACC	GTTGCACGACCTACAAAGCA ATCGCTCACTCACTATCGGG	10.57
穗发芽 QTL 位点					
	qPhs2B.2	*XBARC373-XBARC1114*	CGCATAAGCTAAACCAGTCGCAAAG GCGTAGCCCTGTCATGCATAACCT	GCGGGATAAAGCACGAAAAATAAT GCGTGCCGCTAGAGTTTAGTCAA	9.45
	qPhs5D.1	*XCFD40-XBARC1097*	GCGACAAGTAATTCAGAACGG CGCTTCGGTAAAGTTTTTGC	CTG CCG ATC CAT GCA CAC TCG GCG GCT CCA ATC TA	7.74
	qPhs4A	*XWMC-313-XWMC497*	GCAGTCTAATTATCTGCTGGCG GGGTCCTTGTCTACTCATGTCT	CCCGTGGTTTTCTTTCCTTCT AACGACAGGGATGAAAAGCAA	6.09
	qPhs1B	*XWMC766-XSWES158*	AGATGGAGGGGATATGTTGTCAC TCGTCCCTGCTCATGCTG	GGAAGCAGAGCACCACCCA GGACGGAGGAGCCGAGAAT	7.62
抗白粉病主效 QTL 位点					
	pr4D	*Xgwm194-Xcfa2173*	GATCTGCTCTACTCTCCTCC CGACGCAGAACTTAAACAAG	GACATACTCCGGCGTTGAAT TTCCCAGGACATCCTTCTTG	20.0

迄今，正式命名的小麦条锈病抗性基因有 48 个，分布于 43 个染色体位点，暂时命名的条锈病抗性基因有 33 个基因(McIntosh，2010)，其中 *Yr11*、*Yr12*、*Yr13*、*Yr14*、*Yr16*、*Yr18*、*Yr29*、*Yr30*、*Yr36*、*Yr39* 和 *Yr46* 为成株抗性基因(Liang，2006；Liu，2001；Lin，2007)。含有条锈病成株抗性 QTL 的基因簇有 4 个，分别位于 2AS、2DS、5BL 和 6BL 染色体上；含有白粉病成株抗性 QTL 的基因簇有 8 个，大多集中在小麦 A 基因组，B 和 D 基因组相对较少，分别位于 1AS、1AL、2AS、2AL、3AS、4AL、5AS 和 5BS 上，单个 QTL 对性状的贡献率值最大为 71.5%，贡献率超过 50%的 QTL 有 5 个，分别位于 1AS、2BS、4AL、6AL、7DS(何中虎等，2011)。

表 9-17 目前国内外报道的主要抗逆分子标记

Table 9-17 Reported QTLs related resistance

性状 Trait	基因/QTL Gene/QTL	位置 Site/cM	引物序列 Primer sequence (5′→3′)	参考文献 Reference
抗白粉病	*Pm2*	5DS	TATCCCCAATCCCCTCTTTC	Qiu et al. (2006)
	Pm4a、*4b*		GTCAATTGTGGCTTGTCCCT	
			GCTTTCCATGCTATATTTTCTCA	陈松柏等(2002)
	Pm4a	2AL	ATTTCCCCAGTATGTCCGTTTCT	
			TCCAGTGACCCCATCTGCTCATAC	Ma et al. (2004)
	Pm4b	2AL	GTGGTGTATCAAATGTCATCATACTGC	
			TCCAGTGACCCCATCTGCTCATAC	董建力(2007)
	Pm6	2BL	GTGGTGTATCAAATGTCATCATACTGC	
			ATTTGGATGAGGCAAAGGTG	Ji et al. (2008)
			TCTGCTGGTCCTCTGATGTG	
			GCTCCGAAGCAAGAGAAGAA	
			TCTGCTGGTCCTCTGATGTG	
	Pm8	IBL/1	AGCAACCAAACACACCCATC	Mohler et al. (2001)
		RS	ATACTACGAACACACACCCC	
	Pml2	6BS-6	AAGAATAGAATAAGGGTACACGGC	Song et al. (2007)
		SS.6S	ATTTGTGATTGTAGCCACGG	
		L	TAGAGCAATCCAACTCACGG	
			AAGGGACTGACCCATCAGC	
	Pml3	3B.3D	CGCCAGCCAATTATCTCCATGA	Cenci et al. (1999)
			AGCCATGCGCGGTGTCATGTGAA	
	Pml6/Pm30	5BS	GGGCCAACACTGGAACAC	Chen et al. 2005
			GCAGAAGCTTGTTGGTAGGC	
			TATCCCCAATCCCCTCTTTC	王军(2004)
			GTCAATTGTGGCTTGTCCCT	
	Pml7	lBL/1	AGCAACCAAACACACCCATC	Mohler et al. (2001)
		RS	ATACTACGAACACACACCCC	
	Pm2}	6VS/6	CACTCTCCTCCACTAACAGAGG	Liufy (1999)
		AL	GTTTGTTCACGTTGAATGAATT	

续表

性状 Trait	基因/QTL Gene/QTL	位置 Site/cM	引物序列 Primer sequence (5′→3′)	参考文献 Reference
抗白粉病	*Pm24*	1DS	CCTCTTCCTCCCTCACTTAGC	Huang et al. (2000)
			TGCTAACTGGCCTTTGCC	
抗条锈病	*Yr2*		AAAGAATACTTTAATGAA	Chen (2003)
			CAAACTTATCAGCjATTAC	
	Yrl5	1BS	GCGGGAATCATGCATAGGAAAACAGAA	Peng (2000)
			GCGGGGGCGAAACATACACATAAAAACA	
	YrGA	6VS	CTATGGAGTATCAATACGACTCCT	葛昌斌 (2008)
			CCTCGTTGTCAGCCTCTATG	
	Yr26	1BS	GGGACAAGGGGAGTTGAAGC	Wang (2008)
			GAGAGTTCCAAGCAGAACAC	
抗叶锈病、抗秆锈病				
	Lr10	1AS	GTGTAATGCATGCAGGTTCC	Che and Kowski (2003)
			AGGTGTGAGTGAGTTATGTT	
	Lr21	1DL	CGCTTTTACCGAGATTGGTC	TalbertTf (1994)
			TCTGGTATCTCACGAAGCCTT	
	Lrl9-Sr25	7EL	CATCCTTGGGGACCTC	Prins et al. (2001)
			CCAGCTCGCATACATCCA	杨文香 (2003)；陈云芳 (2008)
	Lr24-Sr24	3DL	CTTCGGACAGGAGGGTATGA	
			GGACAGCTGTAAACGGGTTC	Schachermayr sf.
			TCTAGTCTGTACATGGGGGC	(1995)
			TGGCACATGAACTCCATACG	
	Lr28	4AL	CCCGGCATAAGTCTATGGTT	Naik (1998)
			CAATGAATGAGATACGTGAA	
	Lr34/YrI8/Pm38	7DS	GTTGGTTAAGACTGGTGATGG	Lagudah et al. (2006)；杨文雄 (2008)；Bossolini et al. (2006)
			TGCTTGCTATTGCTGAATAGT	
			GCCTACTTTGACGGCATATGG	
			CCATCTTGACATACTTTGGCCTTCC	
	Lr35-Sr39	2B	GAAGTTAAAGAGGTCTTGAC	
			TTTTGAGAATCAGTCATCAC	Seyfarth et al. (1999)；Gold (1999)；魏新燕等 (2004)
			AGAGAGAGTAGAAGAGCTGC	
			AGAGAGAGAGCATCCACC	
	Lr26~Sr3I-Yr9	1B/1R	CTCTGTGGATAGTTACTTGATCGA	Mago et al. (2002)
			CCTAGAACATGCATGGCTGTTACA	
			CACCCCCTTGGTAGCACA	高文娜 (2003)

续表

性状 Trait	基因/QTL Gene/QTL	位置 Site/cM	引物序列 Primer sequence (5'→3')	参考文献 Reference
抗叶锈病、抗秆锈病			AGCCAGTATCCTCCACCTCCT	
			AAGCACTACGAAAATATGAC	翁东旭等(2005)
			TCTTAAGGGGTGTTATCATA	
	Lr47	7AS	GCTGATGACCCTGACCGGT	Helguera et al. (2000)
			GGGCAGGCGTTTATTCCAG	
	Sr2	2DS	AAGGCGAATCAAACGGAATA	Spielmeyer (2003)
			GTTGCTTTAGGGGAAAAGCC	
	Sr26	6AL	AATCGTCCACATTGGCTTCT	Mago et al. (2005)
			CGCAACAAAATCATGCACTA	
抗赤霉病	*QFhs.ndsu-3BS*	3BS	AGCGCTCGAAAAGTCAG	Cuthbert et al. (2006)
			GGCAGGTCCAACTCCAG	
			AAGGCGAATCAAACGGAATA	Zhang et al. (2004)
			GTTGCTTTAGGGGAAAAGCC	
			TTCCCATAACTAAAACCGCG	郎淑平等(2008)
			GGAACATCATTTCTGGACTTTG	
			AGACGTTGGACAATGGGTTC	Liu (2003)
			TATCTATGCGGGCTTTCGAC	
	QFhs.ndsu-SBS	5BS	CGTACTCCACTCCACACGG	Jia et al. (2005)
			CGGTCCAAGTGCTACCTTTC	
抗纹枯病	*CHR10*	7D	TTCTAAAATGTTTGAAACGCTC	蔡士宾等(2006)
			GCATTTCGATATGTTGAAGTAA	
			AGTTATGTATTCTCTCGAGCCTG	
			GGTAACCACTAGAGTATGTCCTT	
	CHR11	7D	GCGAAATGTGATGGGGTTTATCTA	
			GCGATTTGATTTAACTTTAGCAGTGAG	
抗黄矮病	*Bdv2*	7x	ACGAATTCCCAGCTAAACGCCCTC	Zhang (2004)
			TCATTGTTGATCTTGCATGGTCGTAG	
抗梭条斑	*Wsm1*	4DS-4	GTAGCAGGGGAAGCTGAAGA	Talbert et al. (1996)
抗蚜虫病	*Dn2*	7D	CTGCTGGGACGAAGCGTTTGAC	Myburg et al. (1998)
			CTGCTGGGACCCGATGAATTGT	
			CTCACGTTGGGAGCCATTGACG	
抗穗发芽	*QPhs.ocs.3A-1*	3AS	GGGCGGCGCATGTGCACCTA GCGTGGAAGCGACTAAATCAACT	张海萍(2007)
			ACGTCATCGAGCCCTTCTAT AGA GACACGGTTGCTACAAAGA	
	VP1B3	3BL	TGCTCCTTTCCCAATTGG ACCCTCCTGCAGCTCATTG	Yang et al. (2007)

续表

性状 Trait	基因/QTL Gene/QTL	位置 Site/cM	引物序列 Primer sequence (5′→3′)	参考文献 Reference
抗旱	*F1A-1*	1A	ACAAACCAAATCCCACTCCCACAA GCGCATCAGAACACTGTACTGGTAG	鞠丽萍等(2013)
	F1A-2		AGTAAGTCCCCACTCACCAC GCAAACGTATAACCATCAAAAC	
	F1A-3		TCCCTGACTTTTTTTTTTGAACCCT CATCCTCCATTGCCCGTAGT	
	FerA1-intr1 Fer A1-intr1		CAACGAGCAGCAGGAATCAAGTGAG GAAATCATAGAAACAGA	

注：根据孙果忠等(2011)、鞠丽萍等(2013)整理

Note: According to Sun GZ 2011 and Han LP 2013

二、主要抗逆性状的分子标记及其应用

随着作物产量、品质的提高和改善，人们对作物抗逆性的要求越来越高，只有抗逆性好的品种，才能在不同的年份和地点实现高产稳产和优质。因此，人们对作物的抗逆生理研究及抗逆育种越来越重视。抗逆性包括作物对旱害、冻害、病虫害和盐害等多方面的适应和抵抗能力，是一个受不同类型基因控制的非常复杂的问题。虽然某种病害可能受寡基因控制，但众多的生理小种的频繁变异使抗病育种变得非常复杂。旱害、冻害和盐害的抗逆性受多基因控制，其遗传机理研究和防控制工作更加复杂。本节主要总结了小麦锈病、赤霉病和白粉病的分子标记辅助选择工作，然后综述了其他抗逆性状的有关研究，旨在为主要抗逆性状的分子标记辅助育种提供参考。

(一)抗锈病的分子标记应用

1. 抗锈病的分子标记应用概述

小麦条锈病分子标记近年来得到快速发展，据不完全统计，已获得了 *Yr7*、*Yr9*、*Yr36* 等多个抗条锈基因的不同分子标记。邵映田等(2001)利用 F_2 群体获得了 *Yr10* 的 AFLP 标记，并转化成 SCAR 标记，经后代遗传连锁分析表明，该标记与抗条锈基因 *Yr10* 的连锁距离为 0.5cM，能准确、快速地检测小麦中抗条锈基因 *Yr10*。陈晓红等(2004)利用近等基因系，通过 RAPD 标记方法获得了与抗条锈基因 *Yr5* 紧密连锁的 RAPD 标记。Spielmeyer 等(2005)利用 SSR 标记技术得到与 *Yr18* 小麦抗条锈基因的 SSR 标记，该标记与 *Yr18* 紧密连锁。

Yr26 对多数条锈病菌小种表现高抗，孙果忠等(2011)利用 23 个品种进行验证性研究，发现 *Wel73F/Wel73R* 标记可检测 *Yr26* 基因，用于分子标记辅助育种。同时，经验证 *J9/1F/J9/2R*、*24-16F/24-16R2* 标记可用于 *Lr24-Sr24* 分子标记辅助育种。

根据报道，同时含有条锈病和白粉病成株抗性的 QTL 簇有 22 个，除 1D、6D 和 7A 染色体外，其余各个染色体均含有 1~2 个兼抗 2 种病害的成株抗性基因簇，含有 5(包括 5)个以上 QTL 的基因簇有 8 个，分别位于小麦 1BL、2BS、2BL、3BS、4BL、5DL、6BS 和 7DS 染色体上，约占总 QTL 的 34%。其中位于 7DS 的 *Yr18/Lr34/Pm38* 和 1BS 上的

Yr29/Lr46/Pm39 对条锈病、叶锈病和白粉病均表现成株抗性，位于4DL的 *Yr46/Lr67* 位点也对白粉病表现成株抗性。目前已克隆的抗病基因主要有 *Yr18/Lr34/Pm38* 和 *Yr36* 的基因。

2. 抗叶锈病基因 *Lr10* 基因的分子检测

小麦叶锈病是小麦的主要病害之一，其造成的产量损失严重时可达到50%。生产上，人们历来重视抗锈病品种的选择，大面积推广的品种大多数都高抗当时的主要生理小种。*Lr10* 基因位于小麦1A染色体短臂上，对小麦叶锈病和其他未知病害具抗性。*Lr10* 基因与另一抗病基因同源序列 *RGA2* 紧密连锁，该位点存在H1和H2两种古单倍型。H1古单倍型含有完整的 *Lr10* 基因及与其紧密连锁的 *RGA2* 基因；H2型仅含有 *RGA2* 的部分序列，缺失了 *RGA2* 基因的5′端部分序列及全部的 *Lr10* 基因序列。群体遗传学研究表明这两种古单倍型原存在于一粒小麦（*Triticum urartu*）和野生二粒小麦（*T. dicoccoides*）中。在小麦进化和选育过程中，该基因已成功转入普通小麦且对叶锈病菌株（AvrLr10）89-201 CBTB（TX）表现出抗性。为评价 *Lr10* 基因位点在中国小麦中的遗传多样性及其可能经历的瓶颈效应，本课题组选用247份中国小麦品种（系），检测分析了 *Lr10* 基因位点的古单倍型及其等位基因的遗传变异，阐明了以下3个问题：① *Lr10* 基因位点的两种古单倍型（H1和H2）在中国小麦品种（系）中的比例及其瓶颈效应；② *Lr10* 基因位点在中国小麦品种（系）中的等位变异及其遗传多样性；③ *Lr10* 基因位点多样性的机制。上述结果可为不同抗病基因资源的保护及在育种上的利用提供参考。

1）材料与方法

（1）植物材料

实验材料为国家小麦改良中心泰安分中心提供的247份小麦品种（系），其中小麦品种为189份，包括山东103份、河北31份、河南22份、陕西10份、江苏7份、山西5份、北京4份、安徽2份、宁夏2份，以及西藏、新疆和云南各1份；国家小麦改良中心泰安分中心新育成的小麦高代品系58份。所有实验材料均于2011~2012年种植于山东农业大学试验站，每个材料种植3行，行长3m，行宽0.26m，四周各种1m保护行，生育期间肥水按高产田管理，未进行防病处理，未发生倒伏。

（2）*Lr10* 基因位点相关片段的PCR扩增

小麦品种（系）幼苗的总DNA提取采用Doyle的方法。H1和H2两种单倍型的检测用引物control和rga1Pro（表9-18），其中引物control用于扩增H1和H2两种单倍型的共同序列，引物rga1Pro特异性扩增 *Lr10* 基因的5′非编码区及部分5′编码区，只在H1型个体中有扩增产物（图9-16）。H1的亚型采用3对引物进行检测：ThLr10_T/P、ThLr10_E/H和ThLr10_G/J。H2的亚型采用4对引物进行检测：A、B、C和B_3k。9对引物在Lr10基因位点的位置和序列分别列于图9-16和表9-18。引物由上海生工生物技术服务有限公司合成。

PCR反应在T-gradient Thermal Cycler（Bio-metra）上完成，PCR扩增体系和程序参照以前的报道。扩增产物经1%~2%的溴化乙锭染色的琼脂糖电泳，电泳结果采用Bioshine GelX 1650（上海欧翔科学仪器有限公司出产）凝胶成像系统观察、照相、读带。

表 9-18　特异性扩增 Lr10 基因的引物序列

Table 9-18　Primers used for Lr10

引物 Primer	上游引物 Forward sequence	下游引物 Reverse sequence	参考文献 Reference
对照 control	ACACATGTTCCATCCAACGG	CTGGATATCCTCGTGAGCAT	Isidore et al. (2005)
H1 的特异引物 Specific primers to the H1 ancient haplotype			
rga1Pro	TTGATTTTGGGCCACTCTTC	GAATAGGCGTGATGGAGCAT	Scherrer et al. (2002)
ThLr10_T/P	CTGAGTGAGCATGAGCAAC	TGGAATTGAGACAGTACAC	Feuillet et al. (2003)
ThLr10_E/H	AGCCCTAATATGGCAACC	TGTAGAACCGTGCCTTAC	Feuillet et al. (2003)
ThLr10_G/J	GCTCTTCTAACGGGGATC	CATCTCTTGAAAGCTCC	Feuillet et al. (2003)
H2 的特异引物 Specific primers to the H2 ancient haplotype			
A	AGCTGCAACCTTCCTCCAAT	GCTTATAGATTCGCCTCCCAA	Isidore et al. (2005)
C	AAGCTCAAACGTTTGTTGCGG	GCTAAAAGGTTGATGTCGGAC	Isidore et al. (2005)
B	ACAAGACCCCAGGATAGAGG	GTGCGTCATTGAGTTCCAGA	Isidore et al. (2005)
B_3k	GTCTCCAAGGCCACATTGAA	GTGCGTCATTGAGTTCCAGA	Isidore et al. (2005)

(3) 数据分析

Lr10 位点基因型按照 PCR 扩增片段的有或无进行命名。例如，若两对引物 control 和 rga1Pro 都有 PCR 产物，则其古单倍型的类型为 H1；若仅引物 control 有 PCR 产物，引物 rga1Pro 无扩增产物，则其古单倍型的类型为 H2。检测 H1 单倍型亚型时，将 PCR 扩增结果在古单倍型 H1 的特异引物中没有差异基因型统一命名为 H1-1；将 H1 和 H2 古单倍型的特异引物都有 PCR 产物的基因型统一命名为 H1-2，该基因型为古单倍型 H1 和 H2 的重组类型。用 H2 特异性引物检测 H2 单倍型亚型时，将 control、A、B、C 和 B_3k5 对引物都有 PCR 产物的基因型命名为 H2-1；将仅 control、A、B 和 C4 对引物有 PCR 产物的基因型命名为 H2-2；将仅引物 control 有 PCR 产物，而另 4 对引物 A、B、C 和 B_3k 都无 PCR 产物的基因型命名为 H2-3；将仅 control、B、C 和 B_3k 4 对引物有 PCR 产物的基因型命名为 H2-4；将仅 control、B 和 C3 对引物有 PCR 产物的基因型命名为 H2-5；将仅引物 control 和 A 有 PCR 产物的基因型命名为 H2-6；将仅引物 control、A、和 B_3k 有 PCR 产物的基因型命名为 H2-7。基因型的相关信息列于表 9-19。采用软件 SAS 9.0 统计古单倍型及其亚型的发生频率以及基因型和其育成单位的相关性，设置显著性水平 P＜0.05。

表 9-19　按 PCR 产物命名的基因型

Table 9-19　Genotypes classified by different amplicons produced by different primers

引物 Primer	基因型 Genotype										
	H1-1	H1-2	H1-2	H1-2	H2-1	H2-2	H2-3	H2-4	H2-5	H2-6	H2-7
control	+	+	+	+	+	+	+	+	+	+	+
rga1Pro	+	+	+	+	–	–	–	–	–	–	–
ThLr10_T/P	+	+	+	+	–	–	–	–	–	–	–
ThLr10_E/H	+	+	+	+	–	–	–	–	–	–	–

续表

引物 Primer	基因型 Genotype										
	H1-1	H1-2	H1-2	H1-2	H2-1	H2-2	H2-3	H2-4	H2-5	H2-6	H2-7
ThLr10_G/J	+	+	+	+	–	–	–	–	–	–	–
A	–	+	–	–	+	+	–	–	–	+	+
B	–	–	–	+	+	+	–	+	+	–	–
C	–	–	–	+	+	+	–	+	+	–	–
B_3k	–	–	+	–	+	–	–	+	–	–	+

注 1：“+”表示可以扩增出预期片段；“–”表示未扩增出预期片段

Note1：“+” PCR Products were corresponding DNA fragments; “-” no corresponding DNA fragments appeared

注 2：若 H1 和 H2 古单倍型的特异引物都有 PCR 产物，则其基因型统一命名为 H1-2，该基因型为 H1 和 H2 的重组类型

Note2: If there were PCR products corresponding specific primers for both H1 and H2, then the genotype was named as H1-2, which was recombinant type ancient haplotype H1 and H2

2）结果与分析

（1）中国小麦品种（系）中 *Lr10* 基因型的多样性

小麦品种或品系中均检测到 H1 和 H2 两种古单倍型，说明中国小麦中存在 *Lr*10 基因的两种古单倍型（见图 9-16），但两种古单倍型的发生频率有显著差异（见表 9-19）。在 189 份小麦品种中，有 180 份材料的古单倍型为 H2，占供试品种的 95.24%，仅有 9 份材料含有 H1 单倍型，占供试品种的 4.76%（见表 9-19）；在 58 份小麦品系中，有 56 份材料的古单倍型为 H2，占供试品系的 96.55%，仅有 2 份材料含有 H1 单倍型，占供试品系的 3.45%。

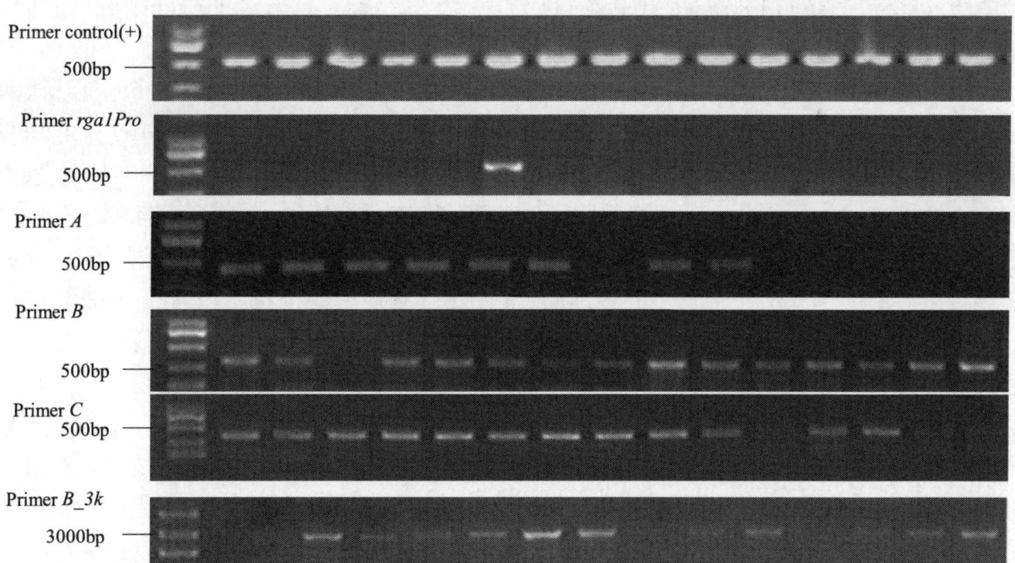

图 9-16　*Lr10* 基因位点的引物在小麦品种（系）的扩增图谱（分子标记为 Trans2K plus，图的左边分别是引物名称和片段大小）

Fig. 9-16　PCR products amplified by different primers designed from locus *Lr10*（DNA marker is Trans2K plus; capitals in the left side are primer names and fragment lengths, respectively）

供试小麦品种和品系中均检测到不同的单倍型亚型。供试小麦品种中共检测到 9 种亚型，分别是 H1-1、H1-2、H2-1、H2-2、H2-3、H2-4、H2-5、H2-6 和 H2-7；新育成的小麦品系中只检测到 5 种单倍型亚型，分别是 H1-2、H2-1、H2-2、H2-4 和 H2-5。9 种亚型中，前人已报道的有 H1-1、H2-1、H2-2 和 H2-3 共 4 种基因型；另外的 5 种基因型 H1-2、H2-4、H2-5、H2-6 和 H2-7(见表 9-19)为本研究新发现。供试小麦品种中，基因型 H2-1 的发生频率最高，基因型 H2-3 和 H2-6 的发生频率最低，基因型的发生频率按由低到高的顺序依次为 H2-3=H2-6(0.53%，1/189)＜H1-2= H2-4 = H2-7(1.06%，2/189)＜H2-5(2.12%，4/189)＜H1-1(3.70%，7/189)＜H2-2(20.63%，39/189)＜H2-1(69.31%，131/189)。供试小麦品系中，基因型 H2-1 的发生频率最高，基因型 H2-3 和 H2-6 的发生频率最低，基因型 H1-1、H2-3、H2-6 和 H2-7 没有发生频率，基因型的发生频率按由低到高的顺序依次为 H1-2(3.45%，2/58)＜H2-5(2.12%，4/189)＜H2-2(18.97%，11/58)＜H2-5(24.14%，14/58)＜H2-4(25.86%，15/58)＜H2-1(27.59%，16/58)(表 9-19)。用所有供试小麦品种(系)进行统计，同样是基因型 H2-1 在所检测材料中发生频率最高，其次是 H2-2；基因型 H2-3 和 H2-6 的发生频率最低(见表 9-19)。

(2) Lr10 基因型遗传多样性与品种育成地的相关性

选用样品数较多的山东、河北、河南和陕西材料进行了 Lr10 位点基因型与品种育成地的相关性分析。基因型 H2-1 和 H2-2 广泛分布于 4 个省份，没有地理分布特征；基因型 H2-3 和 H2-4 仅分布在山东；基因型 H2-5 在山东和陕西的小麦品种中都有分布；基因型 H2-7 仅分布在河南的小麦品种中；基因型 H2-6 不分布在这 4 个省份，仅分布在江苏的小麦品种中。总之，基因型 H2-1 和 H2-2 与其育成地没有相关性($P>0.05$)，其他基因型与其育成地存在相关性($P<0.05$)。

3) 讨论

Lr10 基因是小麦中 4 个已测序抗叶锈病基因之一，全长为 4756bp，与其他抗叶锈病基因序列的相似度低(http://www.ncbi.nlm.nih.gov/genbank/)。该基因编码 1169 个氨基酸长度的 CC-NBS-LRR 类型蛋白质，在蛋白 CC 结构域的 N 端经历了多样性选择(diversifying selection)。另一抗病基因同源序列 *RGA2* 与 *Lr10* 基因紧密连锁，是 *Lr10* 基因表现出抗性必需的调控基因。国内学者亦鉴定出含 *Lr10* 基因的种质资源，陈万权和王剑雄采用基因推导法在来自世界各地的 76 个小麦种质资源中鉴定出 4 个材料含 *Lr10* 基因；丁艳红等采用 STS 分子标记在 28 个小麦微核心种质中鉴定出 2 个材料含 *Lr10* 基因。本文在 189 份小麦品种中仅鉴定出 9 个品种同时含有 *Lr10* 基因和 *RGA2* 基因，其中 2 个品种含有 *Lr10* 基因和缺失的 *RGA2* 基因(见表 9-19)；在 58 份小麦品系中没有鉴定出同时含有完整 *Lr10* 基因和 *RGA2* 基因的材料，仅有 2 个品系同时含有 *Lr10* 基因和缺失的 *RGA2* 基因(见表 9-19)。上述研究结果表明 *Lr10* 基因经历了强烈的瓶颈效应，推测导致这种结果的原因有两个：其一，当前流行的叶锈病菌已对 *Lr10* 基因产生抗性，因而小麦抗病育种工作者已不选育含有此基因的材料，国内的已有研究倾向于该种解释；其二，*Lr10* 基因可能对某些稀有致病小种或未知种有抗性，但对当前流行的叶锈病菌没有效果，且该基因的表达对产量或其他农艺性状有负面效应，最终导致其他育种工作者也不选育含有此基因的材料，国外的已有研究倾向于该种解释。

本文认为这两种解释都有其合理性，同时也认为国内外学者采用研究方法的不同也可能导致上述解释的差异。

Lr10 基因位点的基因型分析表明，小麦品种中发生频率最高的是 H2-1 基因型，其次是 H2-2 基因型，说明该位点的基因型也经历了明显的瓶颈效应，也说明 H2-1 基因型可能是世界性的优势基因型，但导致 H2-1 基因型占优势的原因还需进一步探究。另外，*Lr10* 基因位点的瓶颈效应说明需要保护那些基因型发生频率低的材料，如含 H1-1 基因型的材料，这类材料含有较完整的 *Lr10* 基因和 *RGA2* 基因。

(二)抗赤霉病的分子标记应用

1. 抗赤霉病的分子标记应用概述

赤霉病是小麦生产上的一种重要病害，广泛分布于全世界温暖湿润麦区。在大流行年份小麦减产 30%~60%，中流行年份减产 5%~15%。该病不仅影响小麦的产量，降低小麦的品质，而且麦粒中含有的毒素人畜禽误食后会引起中毒症状，危害极大。近年来，由于稻-麦、玉米-小麦轮作和免耕技术的普遍推广及全球气候的变化，赤霉病的发生在我国有北移的趋势，山东、河南和陕西等麦区小麦赤霉病的流行频率有所加快，发生程度逐年加重。依赖化学防治虽然对控制赤霉病的大发生和大流行有一定效果，但不可避免地造成生产成本增加和环境污染，选育种植抗病品种是控制该病的最经济有效的途径，因此，高抗赤霉病小麦新品种的选育势在必行。

迄今为止，已有超过 50 篇关于小麦抗赤霉病 QTL 定位的报道，除 7D 染色体外，其他所有的染色体上都检测到了抗赤霉病 QTL 的存在。其中，位于 3B、5A 和 6B 染色体上的 QTL 存在于‘苏麦 3 号’、‘望水白’、‘wuhan’、‘Nyubai’、‘Frontana’、‘CM82036’、‘DH181’等多个种质中，并且效应较强，是小麦抗赤霉病的主效 QTL。已报道的有关赤霉病的 QTL 中，4BQTL 和 5AQTL 的效应较大，分别可以解释 17.5%和 27.0%的表型变异。目前，世界上还没有对赤霉病完全免疫的小麦品种。

小麦抗赤霉病的表现为数量性状，受环境影响大，涉及的基因众多，在不同材料中检测到 QTL 的数量和位置都有差别，目前只有 3B、6B 和 5A 染色体上的 QTL 在多个不同的抗源和环境中都能检测到，且效应较强，其中与抗扩展相关的 6B QTL 已精确定位(Cuthbert et al.，2007)，

孙果忠(2011)利用抗赤霉病主效 QTL(*QFhs.nchu-3BS*)的 4 对分子标记(*Xbarcl33-3BF/R*、*Xgwm533-3B.l F/R*、*Xgwm493-3BF/R*、*XSTS3B1 F/R*)进行抗赤霉病的分子检测，基因型和表型结果相符，说明这 4 个标记可用于抗赤霉病的分子标记辅助选择(图 9-17)。

郎淑平等(2008)以抗赤霉病小麦品种‘苏麦 3 号’和优质面包小麦‘安农 94212’、‘扬麦 158’等配置杂交组合，利用覆盖‘苏麦 3 号’抗赤霉病主效 QTL(*Qfhs. ndsu23BS*)的 4 个 SSR 标记(*Xgwm389*、*Xgwm493*、*Xgwm533*、*Xbarc87*)和优质高分子质量麦谷蛋白亚基 5+10 特异分子标记在杂交 F_3 代进行标记辅助选择，F_4 代选育到纯合的含有 *Qfhs. ndsu23BS* 和 5+10 亚基的 2 个聚合体(J331628 和 J3316210)。经田间赤霉病抗性鉴定，‘J331628’自交后代的 8 个株系赤霉病抗性表现优于‘苏麦 3 号’，‘J3316210’自交后代的 2 个株系赤霉病抗性与‘苏麦 3 号’相当(图 9-18)。

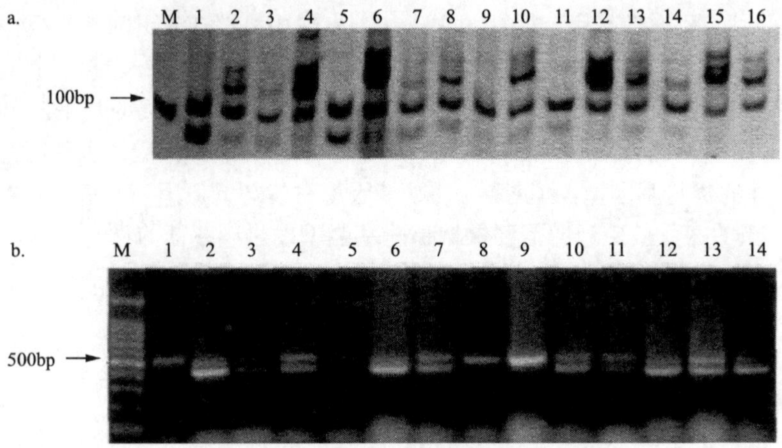

图 9-17　抗病性分子标记实用性检测

Fig. 9-17　Detection of efficence of diesease resistance

a. *Xbarc 133-3BF*/*Xbarc133-3BR* 标记检测 *QFhs.ndsu-3BS* 结果。

M. 50bp marker；1.‘望水白’；2.‘石 7012’；3.‘冀麦 38’；4.‘石新 616’；5.‘石 4185’；6.‘科农 199’；7.‘金禾 9123’；8.‘藁优 2018’；9.‘石麦 18’；10.‘冀 5265’；11.‘沧 6002’；12.‘藁城 8901’；13.‘邯 4564’；14.‘师栾 02-1’；15.‘邯 6172’；16.‘石麦 15’

b. M. 100bp marker；1.‘望水白’；2.‘石 7012’；3.‘冀麦 38’；4.‘石新 616’；5.‘石 4185’；6.‘科农 199’；7.‘金禾 9123’；8.‘藁优 2018’；9.‘石麦 18’；10.‘邢麦 6 号’；11.‘石家庄 8 号’；12.(沧 6002)；13.‘藁城 8901’；14.‘邯 4564’

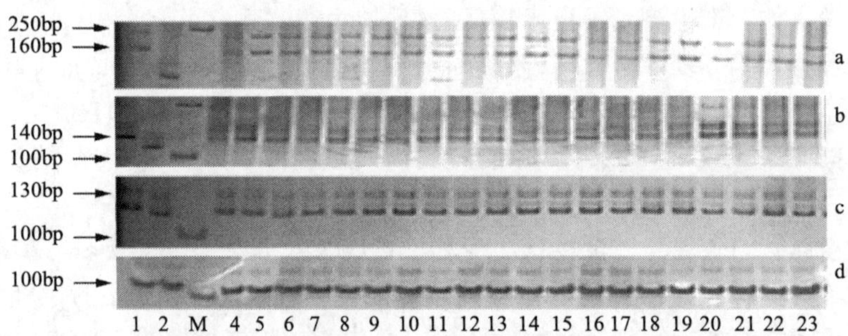

图 9-18　品质基因和抗病性基因聚合育种检测

Fig. 9-18　Detection of pyramiding of quality and dieseases resistance

a.‘Xgwm493’；b.‘Xgwm533’；c.‘Xgwm389’；d.‘Xbarc87’

1.‘苏麦 3 号’；2.‘绵阳 85-45’；M. DL2000；4~13.‘J3316-8’单株后代；14~23.‘J3316-8’单株后代

Wilde (2007) 通过分子标记辅助选择结合表型选择将 CM-82036 中的 *QFhi-5AS* 和 *QFhi-3Bs* 抗赤霉病 QTL 转育到 2 个德国春小麦中，证明 2 个位点都能显著降低赤霉病严重度。Garvin 和 Dill-Macky (2005) 将‘苏麦 3 号’的 *Qfhi-5AS* 导入到 3 个遗传背景中，田间抗性鉴定结果表明 5AQTL 能够显著降低赤霉病的病情严重度。Miedaner 等 (2006) 将 CM-52036 中的 *QFhi-5AS* 等抗赤霉病 QTL 转育到综合性状优良的欧州春小麦品种中，3B 和 5A 的效应最高，使病情严重度降低 55%。

任丽娟等 (2010) 对抗病品种望水白 (♀) 和感病品种 (♂) 杂交获得的重组自交系的每

个家系的基因型和每个家系的赤霉抗性表型数据进行 QTL 和遗传连锁分析，获得与‘望水白’赤霉抗性主效 QTL 紧密连锁的分子标记 *Xgwm161*、*BARC147* 和 *Xgwm493*。通过检测‘望水白’及其衍生品种(系)的 DNA 中是否有分子标记，可预测其赤霉抗性水平，从而可加快抗赤霉病小麦的选择进度(专利号 ZL201010286874.X)。

2. 抗赤霉病的分子标记应用举例

抗侵染与抗扩展是小麦对赤霉病抗性的两种主要表现类型，本课题利用小麦赤霉病抗侵染与抗扩展的主效 QTL 紧密连锁的分子标记 *BARC147* 和 *BARC180*，在 F_1、F_2、F_3 群体里进行了赤霉病抗性的分子标记辅助选择，证明了利用分子标记对赤霉病抗性选择的可行性。

1) 试验材料

赤霉病抗性供体材料：‘优 2S004’为山东农业大学培育的国审小麦品种‘山农优麦 2 号’的近等基因系，由南京农业大学转育而成，为高抗赤霉病材料，在 5A 染色体上含有抗赤霉病侵染的主效 QTL 位点，在 3B 染色体上含有抗赤霉病抗扩展的主效 QTL 位点。

赤霉病抗性受体材料：‘山农 20’为课题组培育的高产国审品种，农艺性状好，产量高，但赤霉病田间表现为高发性，其在 5A 与 3B 染色体上无抗赤霉病侵染与扩展的主效 QTL 位点。

选择群体：2009 年配制“优 2S004/山农 20”杂交组合，2010 年群体 F_1，2011 年群体 F_2，2012 年群体 F_3，材料均种在山东农业大学实验农场。群体 F_1 混合收获后；2010 年秋 10cm 人工点播；2011 年夏按单株收获，2011 年秋按株行 10cm 人工点播，每单株种植 2 行，2012 年按单株收获；2012 年秋按株行均匀撒播。田间管理按正常管理进行。

2) 试验方法

(1) DNA 提取：参照 Saghai-Maroof 的 CTAB 法，从叶片中提取 DNA，提纯后经 HOefer TKO 100 荧光定量仪定量。

(2) SSR 标记检测：SSR 引物 BARC180 与 BARC147 根据南京农业大学提供的引物序列合成(表 9-20)。PCR 反应体积 20μl，每个反应包括 40~80ng DNA、PCR 缓冲液、1.5mmol/L $MgCl_2$、250nmol/L 引物、2.0mmol/L dNTP 和 1U *Taq* 酶。PCR 反应参数：94℃ 5min；94℃ 30s，60℃ 30s，72℃ 1min，40 个循环；72℃ 4min；4℃保存。扩增产物经 6%聚丙烯酰胺凝胶电泳，银染显色成像。

表 9-20　抗赤霉病主效 QTL 位点分子标记引物序列

Table 9-20　Sequences of markers for main effect QTLs for Fusarium head blight resistance

引物名称 Marker name	效应 Effect	染色体 Chromosome	F (5′→3′)	R (5′→3′)	退火温度/℃ Annealing temperature
BARC147	抗侵染 Resist-infect	3B	CGCCATTTATTCATGTTCCTCAT	CGCTTCACATGCAATCCGTTGAT	52
BARC180	抗扩展 Resist-extend	5A	GCGATGCTTGTTTGTTACTTCTC	CGATGGAACTTCTTTTTGCTCTA	52

(3) 赤霉病抗性田间鉴定

赤霉病抗性鉴定采用喷雾接种法与单花滴注接种法。喷雾法进行赤霉病抗侵染鉴定，单花滴注法进行赤霉病抗扩展鉴定。喷雾法与单花滴注的接种菌液均采用 F609、F15、F301 及 7136 的强致病力菌株的混合菌液。

喷雾接种法，接种的孢子悬浮液浓度为 5000 个/ml，在小麦扬花期，向小麦穗部均匀喷洒孢子液，使麦穗上形成雾珠或保持湿润，每个株系接种 20 个穗子。在接种后的 3 天内每天早、中、晚喷水保湿，保证孢子萌发，接种后 21 天调查发病情况并统计病小穗率。

单一菌株接种前将禾谷镰刀菌分生孢子悬浮液浓度调整为 5000 个/ml，选取刚开花的穗子，于中部小花滴加 10μl 孢子悬浮液，温室喷水保湿 3 天。每个家系接种长势较为一致的 20 个穗子，接种后 21 天调查发病情况并统计病小穗率。

病小穗率=(发病小穗数/总小穗数)×100%

'优 2S004'/'山农 20' F_3 群体于 2012 年在山东农业大学实验田内进行赤霉病抗性鉴定，2009 年 F_1 进行喷雾接种法进行田间鉴定；2011 年和 2012 年分别用喷雾接种法和单花滴注接种法进行田间鉴定。

3) 实验结果

(1) F_1 群体分子鉴定结果及其抗病表现

随机选择群体 F_1 苗期 100 个单蘖进行分子标记检测，检测结果发现，96 个样品含有赤霉病抗侵染和赤霉病抗扩展的两个 QTL，其田间抗性鉴定和分子标记检测结果基本一致。

(2) F_2 群体分子鉴定结果及其抗病表现

利用 *BARC180* 和 *BARC147* 标记分别对 F_2 群体进行分子标记检测，从中筛选出具有 2 个赤霉病抗性位点的单株 633 个，具有抗侵染与抗扩展单位点的单株分别为 205 个和 217 个。

(3) F_3 群体分子鉴定结果及其抗病表现

利用 *BARC180* 标记对 F_3 群体中 633 个株系进行分子标记筛选，从中筛选出具有单个赤霉病抗侵染 QTL 的株系 86 个(图 9-19)，同时对具有赤霉病抗侵染 QTL 的这 86 个株系进行田间赤霉病抗性鉴定，具有抗侵染 QTL 位点的株系的抗性水平为 6.72~10.6，即对赤霉病表现抗病(表 9-21)，与分子标记结果基本一致。

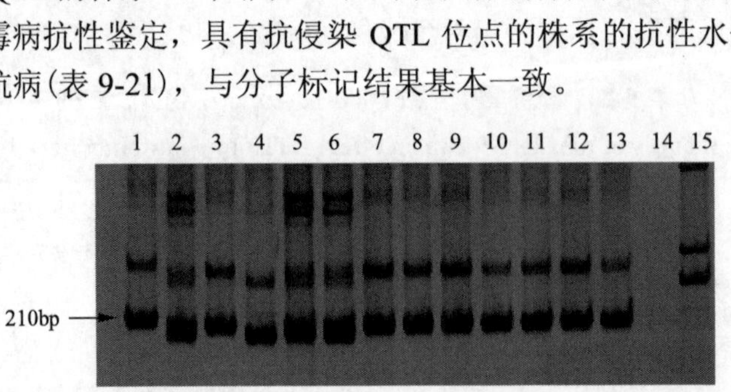

图 9-19　'优 2S004'/'山农 20' F_3 群体 *BARC180* 扩增结

Fig. 9-19　PCR of SSR maker *BARC180* in You2S004/Shannong20 F_3

表 9-21　'优 2S004'×'山农 20' F_3 群体具有抗侵染 QTL 后代赤霉病抗性鉴定结果

Table 9-21　FHB resistance evaluation data in progeny of You2S004/Shannong20 F_3

接种方法 Inoculation method	病小穗率/% Disease spikelet rate					
	最大值 Maximum	最小值 Minimum	平均值 Mean	中值 Median	优 2S004	山农 20
单花滴注接种法 Single floret injection	10.60	6.72	10.22	9.45	8.76	54.10

利用 *BARC147* 标记对 F3 群体中 633 个株系进行分子标记筛选，从中筛选出具有单个赤霉病抗扩展 QTL 的株系 78 个(图 9-20)，同时对具有赤霉病抗扩展 QTL 位点的这 78 个株系进行赤霉病抗性鉴定(表 9-22)，具有抗扩展 QTL 位点的株系的抗性水平为 7.96~12.44，即对赤霉病表现抗病，与分子标记结果基本一致。

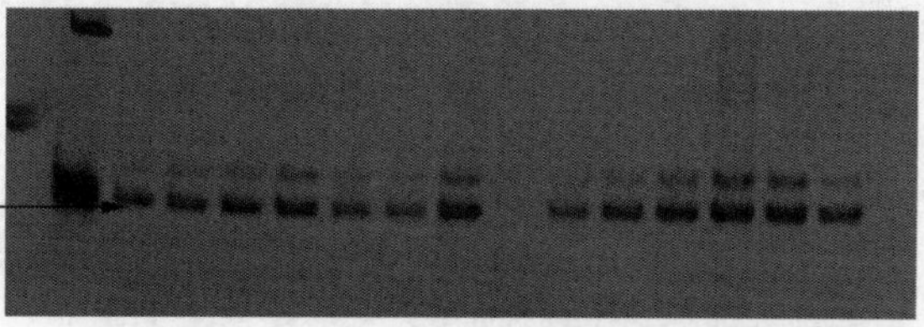

图 9-20　'优 2S004'/'山农 20' F_3 群体 *BARC147* 扩增结果

Fig. 9-20　PCR of SSR maker *BARC147* in You2S004/Shannong20 F_3

表 9-22　'优 2S004'/'山农 20' F_3 群体具有抗扩展 QTL 位点后代赤霉病抗性鉴定结果

Table 9-22　FHB resistance evaluation data in progeny of You2S004/Shannong20 F_3

接种方法 Inoculation method	病小穗率/% Disease spikelet rate					
	最大值 Maximum	最小值 Minimum	平均值 Mean	中值 Median	优 2S004	山农 20
单花滴注接种法 Single floret injection	12.44	7.96	11.22	10.68	8.76	54.10

利用 *BARC180* 和 *BARC147* 标记对 F_3 群体中 633 个株系进行分子标记筛选(图 9-21)，从中筛选出具有赤霉病抗侵染与抗扩展 QTL 两个位点的株系 212 个，同时对这 212 个株

图 9-21　群体 F_3 不同株系田间鉴定结果

Fig. 9-21　F_3 phenotypic characters of FHB resistance in the field

图 9-21 （续）

Fig. 9-21 (Continued)

系进行赤霉病抗性鉴定(表 9-23)，其抗性水平为 6.85~9.21，即对赤霉病表现抗病，与分子标记结果基本一致，不同的接种方法导致出现的赤霉病穗率有差异(表 9-24)。

表 9-23 ‘优 2S004’/‘山农 20’ F_3 群体具有抗侵染与抗扩展 QTL 后代赤霉病抗性鉴定结果

Table 9-23 FHB resistance evaluation data in progeny of You2S004/Shannong20 F_3

接种方法 Inoculation method	病小穗率/% Disease spikelet rate					
	最大值 Maximum	最小值 Minimum	平均值 Mean	中值 Median	优 2S004	山农 20
单花滴注接种法 Single floret injection	9.21	6.85	9.11	9.18	8.76	54.10

表 9-24 ‘优 2S004’/‘山农 20’ F_3 群体后代不同接种法赤霉病抗性鉴定结果

Table 9-24 FHB resistance evaluation data in progeny of You2S004/Shannong20 F_3

接种方法 Inoculation method	病小穗率/% Disease spikelet rate					
	最大值 Maximum	最小值 Minimum	平均值 Mean	中值 Median	优 2S004	山农 20
单花滴注接种法 Single floret injection	67.34	5.67	31.89	28.34	8.76	54.10
喷雾接种法 Spray inoculation	66.89	6.77	25.78	24.21	7.43	60.98

(三)抗白粉病的分子标记及应用

小麦的白粉病大多数受寡基因或主效 QTL 控制，因此抗白粉病分子标记应用较多。孙果忠(2011)利用 3 对抗白粉病分子标记 *Whs3501F/Whs350R*、*Whs3501FAVhs350S. Xcfd81-5DF/Xcfd81-5DR* 进行分子标记辅助选择实践(引物序列见表 9-17)，发现 Xcfd81-*5DF/Xcfd81-5DR* 标记可用于抗白粉病的分子标记辅助育种。利用 *Pm4F/Pm4R*、*ClF/RlR*、*Pm4a/bF/Pm4a/bR*、*Pm4bF/Pm4bR* 共 4 对分子标记检测 *Pm4* 基因，发现 *Pm4F/Pm4R* 标记无法用于分子标记辅助选择；而 *C1F/R1R* 与 *Pm4bF/Pm4bR* 可用于 *Pm4* 的分子鉴定；研究还发现 *BCD135-1F/BCD135-1R*、*BCD135-2F/BCD135-2R* 标记共同用于 *Pm6* 基因分子标记辅助育种。*CAU196F/CAU196R* 可用于 *Pm21* 基因分子标记辅助选择。

王心宇等(2001)利用与 *Pm2*、*Pm4a*、*Pm8*、*Pm21* 紧密连锁或共分离的 RFLP 标

记和 PCR 标记(SCAR 标记)，对含有这些基因的优良品系间配制的杂交 F_4 群体进行分子标记辅助选择，结合田间抗性鉴定筛选到 14 株含有 *Pm4a+Pm21* 标记、16 株含有 *Pm2+Pm4a* 标记、6 株含有 *Pm8+Pm21* 标记，田间抗性表现和分子鉴定结果基本一致。

高安礼等(2005)利用与 *Pm2* 基因连锁的 STS 标记(Whs350-1:5′-AGCTGTTTGGGTACAAGGTG-3′和 Whs350-Res: 5′-GCCATCGTTTTCTACTAG-3′)、与 *Pm4a* 基因共分离的 STS 标记(R1: 5′-GTGGTGTATCAAATGTCATCAGTACTAC-3′和 C1: 5′-TCCAGTGACCCCATCTGCTCATAC-3′)，以及与 *Pm21* 基因紧密连锁的 SCAR 标记(RD: 5′-CACCTCCTCCACTAACAGAGG-3′和 RE：5′-GTTTGTTCACGTTGAATGAATTC-3′)。对含有 *Pm2*、*Pm4a* 和 *Pm21* 的小麦品系复合杂交后代经 3 轮分子标记选择，得到了一批聚合有 *Pm2+Pm4a+Pm21* 三个基因的抗病植株，以及若干株 *Pm2+Pm21*、*Pm4a+Pm21* 和 *Pm2+Pm4a* 两个基因聚合的植株，并对中选植株进行了抗病性人工接种鉴定。结果显示含有 *Pm21* 的聚合体与 *Pm21* 基因单独存在时抗性相当，均对白粉病免疫，聚合体 *Pm2+Pm4a* 的抗性好于 *Pm2* 或 *Pm4a* 单独存在时的抗性。

朱振东(2005)利用与 3 个抗小麦白粉病基因(*PmPS5A*、*PmPS5B*、*PmY39*)连锁的微卫星标记对分别由‘波斯小麦 PS5’和‘小伞山羊草 Y39’衍生的 72 个小麦抗病品系进行了抗白粉病基因鉴定。在 24 个由‘波斯小麦 PS5’和‘小伞山羊草 Y39’合成的双二倍体 Am9 衍生的品系中，有 2 个品系含有 *PmPS5A* 的标记，有 19 个品系含有 *PmPS5B* 的标记，有 7 个品系含有 *PmY39* 的标记，还有 4 个品系含有 Pm*PS5B+PmY39* 基因的标记。在 48 个由‘波斯小麦 PS5’分别和 5 个不同粗山羊草合成双二倍体衍生的品系中，有 25 个品系含有 *PmPS5A* 的标记，3 个品系含有 *PmPS5B* 的标记。

黄大辉(2004)利用黄矮病抗性基因 *Bdv2* 特异的 SCAR 标记 *SCW-37*，白粉病抗性基因 *Pm13* 和 *Pm21* 的特异标记，对 54 株杂交回交后代进行扩增，检测选择到 *Pm13+Pm21+Bdv2* 聚合的抗病优质材料 1 株；*Pm21+Bdv2* 基因聚合株 11 株。

(四)抗纹枯病的分子标记应用

目前已经定位到小麦对纹枯病的抗性基因位点 30 多个，A、B、D 染色体组都有分布，除 4A、4B、4D、5B、5D、6D 外其他染色体都有主效 QTL，QTL 在 2D 染色体上的频率最高，其中单个 QTL 对表型的贡献值最高达 48.97%。

孙果忠(2011)等利用 2 对标记 *Xwmc94F/Xwmc94R*、*Xwmc273.2F/Xwmc273.2R* 检测抗纹枯病 QTL-*CHR10*；利用 *Xbarcl72F/Xbarcl72R* 检测抗纹枯病 QTL-*CHR11* 发现，进行 *CHR10*、*CHR11* 两个 QTL 聚合时，以上 3 个标记均可用于抗纹枯病分子标记育种辅助选择(图 9-22)。

任丽娟等(2007)定位了小麦纹枯病抗性的 QTL(专利 ZL200710019279.8)，4 个分子标记 *gwm608*、*gwm88*、*wmc727*、*gwm410.2* 进行 PCR 扩增后，凝胶电泳获得的大小分别为 180bp、130bp、200bp 和 300bp 的片段。该分子标记可以用于小麦品种‘CI12633’及其衍生品系的基因型检测，以判断该品种或品系是否具有小麦纹枯病抗性。

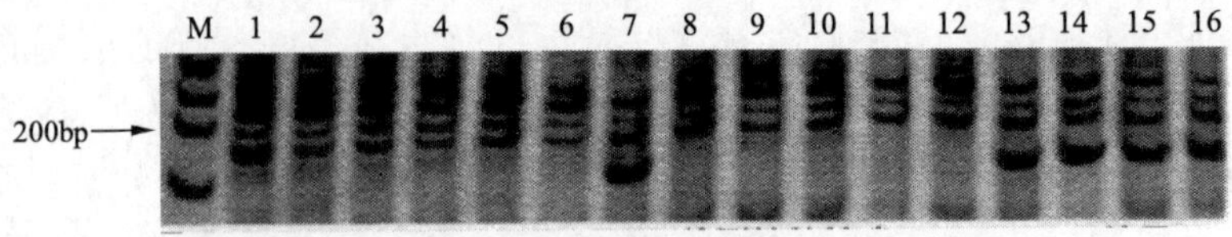

图 9-22　纹枯病分子标记实用性检测(孙果忠，2011)

Fig. 9-22　Detection of efficence of banded sclerotial blight resistance markers

Xwmc273.2F/Xwmc273.2R 检测抗纹枯病 QTL-*CHR10* 结果

M. 500bp marker, 1.‘ARZ’；2.‘02-192’；3.‘Navtiv14’；4.‘03-885’；5.‘石 7012’；6.‘冀麦 38’；7.‘石新 616’；8.‘科农 199’；9.‘金禾 9123’；10.‘藁优 2018’；11.‘石麦 18’；12.‘冀 5265’；13.‘沧 6002’；14.‘藁城 8901’；15.‘邯 4564’；16.‘邯 6172’

(五)抗旱、抗盐的分子标记及应用

1. 抗旱的分子标记及应用

小麦抗旱性状的 QTL 研究，目前国内外主要开展了根系、水分利用效率、脱落酸含量、渗透调节、蒸腾速率和气孔导度等与抗旱相关的形态、生理性状方面的分析，真正用于小麦分子标记辅助选择的基因/QTL 相对较少。

Agrama 和 Moussa(1996)利用玉米 SD34(抗旱)×SD35(不抗旱)的 F_3 家系，在干旱条件下，用 RFLP 标记定位了 5 个玉米抗旱相关的 QTL，这 5 个 QTL 解释干旱条件下产量性状表型变异的 50%。Shen 等(2001)利用水稻 IR64/Azucenza 的 DH 系获得了分别位于 1、2、7、9 号染色体上控制最大根长、深根重、总根重的 4 个 QTL，并在回交育种中选用与其紧密连锁的分子标记，进行目标性状的前景选择及受体基因组的背景选择，经过 3 代回交和 2 代自交，筛选到 29 个具有 Azucenza 根部性状 IR64 遗传背景的近等基因系。温室及大田检测表明，这些近等基因系在深根重、总根重等性状上明显优于对照 IR64，说明基于根系 QTL 的 MAS 是有效的。Kristin 等(1997)利用随机扩增多态性 DNA RAPD 对大豆进行分子标记辅助选择，发现严重干旱条件下，不如在中等干旱条件下选择有效。在 Sierra/Ler-ZRB 群体中，用于分子标记辅助选择的 5 个 RAPD 标记，在干旱条件下，选择效率为 11%，在没有干旱胁迫时，选择效率为 8%。在 Sierra/AC1028 群体中，分子标记辅助选择的效率是传统选择方法的 3 倍。

鞠丽萍等(2013)依据 2 个强抗旱性和 2 个弱抗旱性小麦品种 1A 染色体上铁结合蛋白基因(*TaFer-A1*)序列的差异，开发了与抗旱有关的 *TaFer-A1* 基因的分子标记，用 150 份萌发期抗旱性不同的小麦品种(系)对标记的有效性进行验证，结果有 73 份为 *TaFer-A1a* 等位变异类型，平均相对发芽率为 70.1%；77 份为 *TaFer-A1b* 等位变异类型，平均相对发芽率为 55.1%。*TaFer-A1a* 等位变异类型品种(系)的平均相对发芽率极显著高于 *TaFer-A1b* 等位变异类型的($P<0.01$)，说明该共显性标记 *TaFerA1-intrl* 可用于小麦抗旱性的鉴定和筛选，也表明 *TaFer-A1* 基因与小麦抗旱性有关(引物序列见表 9-20)。

2. 耐盐的分子标记及应用

目前报道的控制耐盐性状的 QTL 主要分布在 3BL、3D、4D、5AS、5B、5D、7D 染色体上。其中报道频率最高的是 4D 染色体。控制盐胁迫下苗高、主根长、茎鲜重、根鲜重、茎干重和根干重的 61 个 QTL，分布在小麦的 1B、2A、2D、3A、3B、3D、4B、

4D、5A、5B、6A、6B、6D、7A、7B 和 7D 染色体上，其中 15 个 QTL 遗传贡献率较大(超过 10%)，单个 QTL 可解释表型变异的 10.33%~36.06%。

王彩香(2007)通过筛选小麦品种‘旱选 10 号’幼苗水分胁迫诱导表达的 cDNA 文库，获得抗旱相关候选基因 EST，并克隆了小麦 *ABC1* 基因。*TABC1L* 基因对盐、低温、渗透胁迫和 ABA 处理均表现为上调表达，基于 SNP 分析所开发的 CAPS 标记和 AS-PCR 标记，将该基因定位于小麦的第 3 同源染色体群。

武玉清等(2007)将耐盐性达一级的品种‘德抗 961’(DK961)与高产品种‘太空 6 号’(TK6)进行杂交，以杂交获得的 186 个 F_2 单株、160 个 $F_{2:3}$ 家系为试验材料，采用单一标记法在 5A、5B、5D、3B 和 4D 上检测到抗旱性显著或极显著位点。小麦的抗旱、抗盐与光合作用、水分蒸腾、水分利用效率等生理现象密切相关，控制抗旱相关性状的 QTL 之间存在互作，单独的一个 QTL 对小麦的抗旱性贡献是有限的，加之小麦是一个异源六倍体作物，染色体的同源性及多倍性加大了研究工作的难度，成为限制小麦抗旱分子标记和基因定位的主要障碍。

参 考 文 献

蔡士宾, 任丽娟, 颜伟, 等. 2006. 小麦抗纹枯病种质创新及 QTL 定位的初步研究. 中国农业科学, 39(5): 928-934.

曹霞, 王亮, 冯毅, 等. 2010. 新疆小麦品种春化和光周期主要基因的组成分析. 麦类作物学报, 30(4): 601-606.

陈晓红, 牛永春, 胡宝忠. 2004. 用变性 PAGE-银染法鉴定小麦抗条锈基因 Yr5 的 RAPD 标记. 遗传学报, 31(3): 270-274.

陈新民, 张艳, 夏先春, 等. 2012. 高分子量麦谷蛋白亚基分子标记在小麦品种改良中的应用. 麦类作物学报, 05: 960-966.

董建力, 张增艳, 王敬东, 等. 2007. 3 种小麦抗白粉病基聚合体的 STS 和 SCAR 标记. 西北农业学报, 16(3): 64-67.

高安礼, 何华纲, 陈全战, 等. 2005. 分子标记辅助选择小麦抗白粉病基因 Pm2、Pm4a 和 Pm21 的聚合体. 作物学报, 11: 16-21.

高凤梅, 邵立刚, 王岩, 等. 2013. 黑龙江省春小麦主要品质性状和慢锈抗病基因的分子标记检测. 麦类作物学报, 02: 243-248.

韩利明, 杨芳萍, 夏先春, 等. 2011. 株高、粒重及抗病相关基因在不同国家小麦品种中的分布. 麦类作物学报, 31(5): 824-831.

何中虎, 兰彩霞, 陈新民, 等. 2011. 小麦条锈病和白粉病成株抗性研究进展与展望. 中国农业科学, 11: 2193-2215.

胡凤灵, 何中虎, 葛建贵, 等. 2011. 小麦品种黄色素含量和多酚氧化酶活性基因的分子标记检测. 麦类作物学报, 01: 47-53.

胡云, 徐如宏, 程剑平. 2008. 野生二粒小麦高分子量谷蛋白亚基组成的研究. 安徽农业科学, 01: 83-85.

黄大辉. 2004. 小麦抗病分子标记辅助育种技术研究. 南宁: 广西大学硕士学位论文.

黄琼瑞. 2010. 小麦春化及光周期基因分子检测. 合肥: 安徽农业大学硕士学位论文.

鞠丽萍, 张帆, 蒋雷, 等. 2013. 小麦 TaFer-A1 基因抗旱相关分子标记的开发, 麦类作物学报, 33(5)：901-906.

郎淑平, 王海燕, 胥红研, 等. 2008. 小麦抗赤霉病、优质高分子量麦谷蛋白亚基聚合体的分子标记辅助选育. 麦类作物学报, 28(3): 415-418.

黎裕, 王建康, 邱丽娟, 等. 2010. 中国作物分子育种现状与发展前景. 作物学报, 36(9): 1425-1430.

李式昭, 伍玲, 郑建敏, 等. 2012. 优质面条商品小麦澳白麦相关品质基因的分子标记鉴定. 中国农业科学, 18: 3677-3687.

慕美财, 刘勇, 郭小丽, 等. 2005. 山东小麦品种中矮秆 Rht-B1b 和 Rht-D1b 基因分布的分子鉴定. 分子植物育种, 3(4): 473-478.

邵映田, 朱立煌. 2001. 小麦抗条锈病基因 Yr10 的 AFLP 标记. 科学通报, 46(8): 669-672.

孙果忠. 2012. 小麦重要基因的分子标记实用性评价. 材料, 25: 28.

孙学永, 马传喜, 司红起, 等. 2006. 中国小麦微核心种质低分子量麦谷蛋白 Glu-A3 位点等位基因的 PCR 检测. 分子植物育种, 04: 477-482.

唐娜, 李博, 闵红, 等. 2012. 分子标记检测矮秆基因 Rht-B1b、Rht-D1b 和 Rht8 在我国小麦中的分布. 中国农业大学学报, 17(4): 21-26.

王彩香. 2007. 小麦抗旱相关基因 TaABC1L 的克隆, 表达分析及 SNP 标记开发和定位. 太原: 山西大学硕士学位论文.

王晓伟. 2008. 黄淮麦区部分小麦种质资源中矮秆基因的分布及周 88114 矮秆基因的遗传分析. 郑州: 河南农业大学硕士学位论文.

王心宇, 陈佩度, 张守忠. 2001. 小麦白粉病抗性基因的聚合及其分子标记辅助选择, 遗传学报, 28(7): 640-646.

武玉清, 刘录祥, 郭会君, 等. 2007. 小麦苗期耐盐相关性状的 QTL 分析. 核农学报, 2007, 06: 545-549.

薛勇彪, 段子渊, 种康, 等. 2013. 面向未来的新一代生物育种技术——分子模块设计育种. 中国科学院院刊, 28(3) 308-314.

杨芳萍, 韩利明, 阎俊, 等. 2011, 春化和光周期基因等位变异在 23 个国家小麦品种中的分布. 作物学报, 37(11): 1917-1925.

杨芳萍. 2008. 中国小麦品种光周期和品质基因分子鉴定. 兰州: 甘肃农业大学博士学位论文.

杨文雄, 杨芳萍, 梁丹, 等. 2008. 中国小麦育成品种和农家种中慢锈基因 Lr34/Yr18 的分子检测. 作物学报, 34(7): 1109-1113.

杨燕, 张春利, 陈新民, 等. 2011. 红粒春小麦穗发芽抗性鉴定及相关分子标记的有效性验证. 麦类作物学报, 31(1): 54-59.

袁建霞, 董瑜, 张博, 等. 2012. 作物分子标记辅助育种发展态势分析, 科学观察, 2: 1-37.

张晶, 王山荭, 吴锁伟, 等. 2010. 黄淮冬麦区小麦冬、春性改良及分子标记辅助选择技术初探. 作物学报, 36(3): 385-390.

张立平, 何中虎, 陆美琴, 等. 2003. 用 Glu-B3、Gli-B1 和 SEC-1b 复合引物 PCR 检测普通小麦 1BL/1RS 易位系. 中国农业科学, 12: 1566-1570.

张勇, 申小勇, 张文祥, 等. 2012. 高分子量谷蛋白 5+10 亚基和 1B/1R 易位分子标记辅助选择在小麦品质育种中的应用. 作物学报, 10: 1743-1751.

张正斌, 山仑, 徐旗. 2000. 控制小麦种、属旗叶水分利用效率的染色体背景分析. 遗传学报, 27(3): 240-246.

张正斌, 山仑, 张建华, 等. 2002. 作物抗旱节水相关基因的标记和克隆及转基因研究进展. 西北植物学报, 22(6): 1537-1544.

张正斌, 山仑. 1997. 小麦旗叶水分利用效率比较研究. 科学通报, 42(17): 1876-1883.

张正斌, 山仑. 1998. 作物抗旱生理性状遗传研究进展. 科学通报, 43(17): 1812-1817.

赵新华, 张小村, 李斯深, 等. 2005. 小麦抗旱相关生理性状 QTL 分析. 西北植物学报, 25(4): 696-699.

朱振东, 周荣华, 贾继增. 2005. 小麦品系抗小麦白粉病基因分子标记鉴定, 作物学报, (8): 977-982.

Agrama H A S, Moussa M E. 1996. Mapping QTLs in breeding for drought tolerance in maize (*Zea mays* L.). Euphytica, 91: 89-97.

Asins M J. 2002. Present and future of quantitative trait locus analysis in plant breeding. Plant Breeding, 121(4): 281-291.

Austin R B, Bingham J, Blackwell R D, et al. 1980. Genetic improvements in winter wheat yields since 1900 and associated physiological changes. The Journal of Agricultural Science, 94(03): 675-689.

Bossolini E, Krattinger S G, Keller B. 2006. Development of simple sequence repeat markers specific for the Lr34 resistance region of wheat using sequence information from rice and Aegilops tauschii. Theor Appl Genet, 113: 1049-1062.

Brevis J C, Dubcovsky J. 2008. Effect of the Gpc-B1 region from *Triticum turgidum* ssp. dicoccoides on grain yield, thousand grain weight and protein yield. p. 1-3. In: Appels R, Eastwood R, Lagudah E, et al. Proceedings of 11th International Wheat Genet Symposium, Brisbane Australia, August 24-29, Sydney University Press http: //hdl. handle. net/2123/3179

Chen F, Zhang F Y, Xia X C. 2012. Distribution of puroindoline alleles in bread wheat cultivars of the Yellow and Huai valley of China and discovery of a novel puroindoline a allele without PINA protein. Mol Breed, doi: 10. 1007/s11032-011-9553-2.

Chen X M, Luo Y H, Xia X C, et al. 2005. Chromosomal location of powdery mildew resistance gene Pml6 in wheat using SSR marker analysis. Plant Breeding, 124: 225-228.

Chen X, Soria M A, Yan G, et al. 2003. Development of sequence tagged site and cleaved amplified polymorphic sequence markers for wheat stripe rust resistance gene Yr5. Crop Sci, 43: 2058-2064.

D'Ovidio R, Anderson O D. 1994. PCR analysis to distinguish between alleles of a member of a multigene family correlated with wheat bread-making quality. Theor Appl Genet, 88: 759-763.

Distelfeld A, Uauy C, Fahima T, et al. 2006. Physical map of the wheat high-grain protein content gene Gpc-B1 and development of a high-throughput molecular marker. New Phytol, 169: 753-763.

Dong C H, Ma Z Y, Xia X C, et al. 2012. Allelic variation at the TaZds-A1 locus on wheat chromosome 2A and development of a functional marker in common wheat. Journal of Integrative Agriculture, 11 (7) : 1067-1074.

Fan C, Xing Y, Mao H, et al. 2006. GS3, a major QTL for grain length and weight and minor QTL for grain width and thickness in rice, encodes a putative transmembrane protein. Theor Appl Genet, 112 (6) : 1164-1171.

Finkel E. 2009. Richard Richards Profile: making every drop count in the buildup to a blue revolution. Science, 323: 1004-1005.

Fu D, Szücs P, Yan L, et al. 2005. Large deletions within the VRN-1 first intron are associated with spring growth habit in barley and wheat. Molecular Genetics and Genomics, 273: 54-65.

Garvin D F, Dill-Maeky R. 2005. Evaluation of wheat lines near-isogenic for diverse Fusarium head blight resistance QTLs [abstract]. National Fusarium Head Blight Forum Proceedings: 29.

Geng H W, He Z H, Zhang L P, et al. 2012. Cloning the lipoxygenase gene on chromosome 4BS and development of functional markers in common wheat. Crop Sci, 52. doi: 10. 2135/cropsci2011. 07. 0365.

Gupta P K, Langridge P, Mir R R. 2010. Marker-assisted wheat breeding: present status and future Possibilities. Mol Breeding, 26: 145-161.

Hanocq E, Laperche A, Jaminon O, et al. 2007. Most significant genome regions involved in the control of earliness traits in bread wheat, as revealed by QTL meta-analysis. Theor Appl Genet, 114: 569-584.

He X Y, He Z H, Zhang L P, et al. 2007. Allelic variation of polyphenol oxidase (PPO) genes located on chromosomes 2A and 2D and development of functional markers for the PPO genes in common wheat. Theor Appl Genet, 115: 47-58.

He X Y, Zhang Y L, He Z H, et al. 2008. Characterization of phytoene synthase 1 gene (Psy1) located on common wheat chromosome 7A and development of a functional marker. Theor Appl Genet, 116: 213-221.

Heffner E L, Sorrells M E, Jannink J L. 2009. Genomic selection for crop improvement. Crop Sci, 49: 1-12.

Huang X Q, Cöster H, Ganal M W. 2003. Adanced backcross QTL analysis for the identification of quantitative trait loci alleles from wild relatives of wheat (*Triticum aestivum* L.) . Theor Appl Genet, 106 (8) : 1379-1389.

Huang X Q, Hsam S L K, Zeller F J, et al. 2000. Molecular mapping of the wheat powdery mildew resistance gene Pm24 and marker validation for molecular breeding. Theor Appl Genet, 101: 407-414.

Ji J H, Qin B, Wang H Y, et al. 2008. STS markers for powdery mildew resistance gene Pm6 in wheat. Euphytica, 163: 159-165.

Jia G F, Chen P D, Qin G J, et al. 2005. QTLs for Fusarium head blight response in a wheat DH population of Wangshuibai/Alondra's*. Euphytica, 146: 183-191.

Jiang Q Y, Hou J, Hao C Y, et al. 2011. The wheat (*T. aestivum*) sucrose synthase 2 gene (TaSus2) active in endosperm development is associated with yield traits. Funct Integr Genomics, 11: 49-61.

Jing R L, CHang X P, Jia J Z, et al. 2002. Detection of allelic variation in Chinese wheat (*Triticum aestivum* L.) germplasm with drought tolerance using SSR markers. Agricultural Sciences in China, 1 (10) : 1083-1088.

Kristin A, Schneider, Mary E B, et al. 1997. Marker assisted selection to improve drought resistance in common Bean. Crop Sci, 37: 51~60.

Kulwal P L, Kumar N, Gaur A, et al. 2005. Mapping of a major QTL for pre-harvest sprouting tolerance on chromosome 3A in bread wheat. Theor Appl Genet, 111: 1052-1059.

Lagudah E S, McFadden H, Singh R P, et al. 2006. Molecular genetic characterization of the Lr34/Yrl8 slow rusting resistance gene region in wheat. Theor Appl Genet, 114: 21-30.

Lan C X, Liang S S, Wang Z L, et al. 2009. Quantitative trait loci mapping for adult-plant resistance against powdery mildew in Chinese wheat cultivar Bainong 64. Phytopathology, 99: 1121-1126.

Landjeva S, Korzum V, Borner A. 2007. Molecular markers: actual and potential contributions to wheat genome characterization and breeding. Euphytica, 156: 271-296.

Lei Z S, Gale K R, He Z H, et al. 2006. Y-type gene specific markers for enhanced discrimination of high-molecular weight glutenin alleles at the Glu-B1 locus in hexaploid wheat. J Cereal Sci, 43: 94-101.

Li Z K, Fu Y F, Gao Y M, et al. 2005. Genome-wide introgression lines and their use in genetic and molecular dissection of complex phenotypes in rice (*Oryza sativa* L.). Plant Mol Biol, 59: 33-52.

Li Z K, Peng T, Xie Q G, et al. 2010. Mapping of QTL for tiller number at different stages of growth in wheat using double haploid and immortalized F_2 populations. Genet, 89: 409-415.

Liang S S, Suenaga K, He Z H, et al. 2006. Quantitative trait loci mapping for adult-plant resistance to powdery mildew in bread wheat. Phytopathology, 96: 784-789.

Liu S X, Chao S M, Anderson J A. 2008. l New DNA markers for high molecular weight glutenin subunits in wheat. Theor Appl Genet, 118: 177-183.

Liu S X, Griffey C A, Saghai-Maroof M A. 2001. Identification of molecular markers associated with adult plant resistance to powdery mildew in common wheat cultivar Massey. Crop Science, 41: 1268-1275.

Liu S, Anderson J A. 2003. Marker assisted evaluation of Fusarium head blight resistant wheat germplasm. Crop Sci, 43: 760-766.

Liu Y, He Z, Rudi A, et al. 2012. Functional markers in wheat: current status and future prospects. Theor Appl Genet, 125: 1-10.

Liu Z Y, Sun Q X, Ni Z F, et al. 1999. Development of SCAR markers linked to the Pm21 gene conferring resistance to powdery mildew in common wheat. Plant Breeding, 118: 215-219.

Ma D Y, Yan J, He Z H, et al. 2011. Characterization of a cell wall invertase gene TaCwi-A1 on common wheat chromosome 2A and development of functional markers. Mol Breed, 29: 43-52

Ma W, Zhang W, Gale K R. 2003. Multiplex-PCR typing of high molecular weight glutenin alleles in wheat. Euphytica, 134: 51-60.

Ma Z Q, Wei J B, Cheng S H. 2004. PCR-based markers for the powdery mildew resistance gene Pm4a in wheat. Theor Appl Genet, 109: 140-145.

Mago R, Speilmeyer W, Lawrence G J, et al. 2002. Identification and mapping of molecular markers linked to rust resistance genes located on chromosome IRS of rye using wheat rye translocation lines. Theor Appl Genet, 104: 1317-1324.

McIntosh R A, Dubcovsky J, Rogers W J, et al. 2010. Catalogue of gene symbols for wheat: 2010 (suppl). http: //www. wheat. pw. usda. gov/GG2/pubs. shtml.

Mclauchlan A, Ogbonnaya F C, Hollingsworth B, et al. 2001. Development of PCR-based DNA markers for each homoeo-allele of granule-bound starch synthase and their application in wheat breeding programs. Aust J Agric Res, 52: 1409-1416.

Miedaner T, Wilde F, Steiner B, et al. 2006. Staeking quantitative trait loci (QTL) for Fusarium head blight resistance from non-adapted sources in an European elite spring wheat back ground and assessing their effects deoxynivalenol (DON) content and disease severity. Theor Appl Genet, 112: 562-569.

Myburg A A, Cawood M, Wingfield B D, et al. 1998. Development of RAPD and SCAR markers linked to the Russian wheat aphid resistance gene Dn2 in wheat. Theor Appl Genet, 96: 1162-1169.

Naik S, Gill K S, Prakasa R V S, et al. 1998. Identification of a STS marker linked to the Aegilops speltoides-derived leaf rust resistance gene Lr28 in wheat. Theor Appl Genet, 97: 535-540.

Nakamura T, Vrinten P, Saito M, et al. 2002. Rapid classification of partial waxy wheat using PCR-based markers. Genome, 45: 1150-1156.

Nelson J C, Van Deynze A E, Autrique E, et al. 1995. Molecular mapping of wheat homologous group 2. Genome, 38: 517-524.

Parker G D, Chalmers K J, Rathjen A J, et al. 1998. Mapping loci associated with flour color in wheat (*Triticumaestivum* L.). Theor Appl Genet, 97: 238-245.

Peng J H, Fahima T, Roeder M S, et al. 2000. High-density molecular map of chromosome region harboring stripe-rust resistance genes YrH52 and Yrl5 derived from wild emmer wheat-Triticum dicoccoides. Genetica, 109 (3): 199-210.

Qiu Y C, Sun X L, Zhou R H, et al. 2006. Identification of microsatellite markers linked to powdery mildew resistance gene Pm2 in wheat. Cereal Research Communications, 34: 1267-1273.

Quarrie S A, Steed A, Calestani C, et al. 2005. A high-density genetic map of hexaploid wheat(*Triticum aestivum* L.)from the cross Chinese Spring XSQ1 and its use to compare QTLS for grain yield across a range of environments. Theor APPL Genet, 110:

965-990.

Saito M, Vrinten P, Ishikawa G, et al. 2009. A novel codominant marker for selection of the null Wx-B1 allele in wheat breeding programs. Mol Breed, 23: 209-217.

Schachermayr G, Messmer M M, Feuillet C, et al. 1995. Identification of molecular markers linked to the Agropyron elongatum-derived leaf rust resistance gene Lr24 in wheat. Theor Appl Genet, 90: 982-990.

Schwarz G, Felsenstein F G, Wenzel G. 2004. Development and validation of a PCR-based marker assay for negative selection of the HMW glutenin allele Glu-B1-1d(Bx-6) in wheat. Theor Appl Genet, 109: 1064-1069.

Shen L, Courtois B, McNally K L, et al. 2001. Evaluation of near-isogenic lines of rice introgressed with QTLs for root depth through marker-aided selection, Theor Appl Genet, 103: 75-83.

Smith R L, Schweder M E, Barnett R D. 1994. Identification of glutenin alleles in wheat and triticale using PCR-generated DNA markers. Crop Sci, 34: 1373-1378.

Song W, Xie H, Liu Q, et al. 2007. Molecular identification of Pm12-carrying introgression lines in wheat using genomic and EST-SSR markers. Euphytica, 158: 95-102.

Sorrells M E, Rota M L, KandianisC E B, et al. 2003. Comparative DNA sequence analysis of wheat and rice genomes. Genome Res, 13(8): 1818-1827.

Spielmeyer W, McIntosh R A, Kolmer J, et al. 2005. Powdery mildew resistance and Lr34/Yr18 genes for durable resistance to leaf and st ripe rust cosegregate at a locus on t he short arm of chromosome 7D of wheat. Theor Appl Genet, 111: 731-735.

Spielmeyer W, Sharp P J, Lagudah E S. 2003. Identification and validation of markers linked to broad spectrum stem rust resistance gene Sr2 in wheat(*Triticum aestivum* L.). Crop Sci, 43: 333-336.

Su Z Q, Hao C Y, Wang L F, et al. 2011. Identification and development of a functional marker of TaGW2 associated with grain weight in bread wheat(*Triticum aestivum* L.). Theor Appl Genet, 122(1): 211-223.

Suenaga K, Khairallah M, William H M. et al. 2005. A new intervarietal linkage map and its application for quantitative trait locus analysis of "gigas" features in bread wheat. Genome, 48(1): 65-75.

Sun D J, He Z H, Xia X C, et al. . A novel STS marker for polyphenol oxidase activity in bread wheat. Mol Breed, 16: 209-218.

Talbert L E, Blake N K, Chee P W, et al. 1994. Evaluation of "sequence-tagged-site" PCR products as molecular markers in wheat. Theor Appl Genet, 87(7): 789-794.

Uauy C, Distelfeld A, Fahima T, et al. 2006. A NAC gene regulating senescence improves grain protein, zinc, and iron content in wheat. Science, 314: 1298-1301.

Varshney R K, Prasad M, Roy J K, et al. 2000 Identification of eight chromosomes and a microsatellite marker on 1AS associated with QTL for grain weight in bread wheat. Theor Appl Genet, 100(8): 1290-1294.

Vijayalakshmi K, Fritz A K, Paulsen G M, et al. 2010. Modeling and mapping QTL for senescence-related traits in winter wheat under high temperature. Mol Breeding, 26: 163-175.

Wang C L, Zhang Y D, Zhu Z, et al. 2009. Development of a new japonica rice variety Nanjing 46 with good eating quality by marker assisted selection. Mol Plant Breed, 7: 1070-1076.

Wang C M, Zhang Y P, Han D J, et al. 2008. SSR and STS markers for wheat stripe rust resistance gene Yr26. Euphytica, 159: 359-366.

Wang J W, He X Y, He Z H, et al. 2009. Cloning and phylogenetic analysis of phytoene synthase 1(Psy1) genes in common wheat and related species. Hereditas, 146: 208-256.

Wang J, Chapman S C, Bonnett D G, et al. 2009. Simultaneous selection of major and minor genes: use of QTL to increase selection efficiency of coleoptile length of wheat(*Triticum aestivum* L.). Theor Appl Genet, 119: 65-74.

Wang L H, Li G Y, Pen˜a R J, et al. 2010. Development of STS markers and establishment of multiplex PCR for Glu-A3 alleles in common wheat(*Triticum aestivum* L.). J Cereal Sci, 51: 305-312.

Wang L H, Zhao X L, He Z H, et al. 2009. Characterization of low-molecular-weight glutenin subunit Glu-B3 genes and development of STS markers in common wheat(*Triticum aestivum* L.). Theor Appl Genet, 118: 525-539.

Wei X J, Liu L L, Xu J F, et al. 2009. Breeding strategies for optimum heading date using genotypic information in rice. Mol Breed, 25: 287-298.

Wilde F, Korzun V, Ebmeyer E, et al. 2007. Comparison of Phenotype and marker-based seleetion for Fusarium head blight resistance and DON content in spring wheat. Molecular Breeding, 19: 357-370.

William H M, Trethowan R, Crosby-Galvan EM. 2007. Wheat breeding assisted by markers: CIMMYT's experience. Euphytica, 157: 307-319.

Worland A J. 1996. The influence of flowering time genes on environmental adaptability in European wheats. Euphytica, 89: 49-57.

Xiao Y, Qian Z, Wu K, et al. 2011. Genetic gain in grain yield, associated agronomic and physiological traits of winter wheat in Shandong province, China, 1969 to 2006. Crop Sci, Submitted.

Yan L, Fu D, Li C, et al. 2006. The wheat and barley vernalization gene VRN3 is an orthologue of FT. Proceedings of the National Academy of Sciences of the USA, 103: 19581-19586.

Yan L, Helguera M, Kato K, et al. 2004. Allelic variation at the VRN-1 promoter region in polyploid wheat. Theor Appl Genet, 109: 1677-1686.

Yang Y, Zhao X L, Xia L Q, et al. 2007. Development and validation of a Viviparous-1 STS marker for pre-harvest sprouting resistance in Chinese wheats. Theor Appl Genet, 115: 971-980.

Zhang C Y, Dong C H, He X Y, at al. 2011. Allelic variation at the TaZds-D1 locus on wheat chromosome 2DL and their association with yellow pigment content. Crop Sci, 51: 1580-1590.

Zhang J, Wang Y, Wu S, et al. 2012. A single nucleotide polymorphism at the Vrn-D1 promoter region in common wheat is associated with vernalization response. Theor Appl Genet, 125(8): 1697-1704.

Zhang K, Tian J, Zhao L, et al. 2008. Mapping QTLs with epistatic effects and QTL x environment interactions for plant height using a doubled haploid population in cultivated wheat. Genet Genomics, 35: 119-127.

Zhang X, Zhou M, Ren L J, et al. 2004. Molecular characterization of Fusarium head blight resistance from wheat variety Wangshuibai. Euphytica, 139: 59-64.

索　引

D

H

I

J

K

L

M

N

O

P

Q

R

S

Y

Z

后　记

经过一年多的工作，这本书终于交稿了，此时此刻我心里充满了感恩感谢之情，首先感恩于党和国家的科技政策，作为一个历经几十年社会风雨变化的科技工作者，深知没有党的改革开放政策，科技工作者不可能静下心来从事科学研究；没有国家“973”项目、国家自然科学基金项目和山东省科技厅良种工程等重点项目资助，我们的团队不可能完成小麦遗传图构建、QTL分析和新品种创新这样连续系统的研究工作。其次，感谢国内外同行的大力支持帮助，美国堪萨斯州立大学的Walker教授3次来我们实验室合作研究，美国加州大学戴维斯分校的罗明成教授协助进行了SNP全基因组扫描；江苏里下河农科院的程顺和院士、山东农科院的赵振东院士都对我们的科研工作给予了很大支持；中国科学院遗传发育所的王道文、张爱民等“973”项目首席专家，中国农业科学院的贾继增、何中虎、王健康、夏先春等著名专家，中国农业大学孙其信教授、四川农业大学郑有良教授、首都师范大学晏月明教授、河北农业大学的杨学举教授等都给予多方面的支持帮助。更令我感动的是国家科学最高奖获得者李振声院士为本书题词，著名小麦遗传育种和种质创新专家刘旭院士为本书写序，这是对我们工作的最大鼓励和鞭策。在此一并向所有关心支持和帮助我们的先生们和专家教授们表示崇高敬意和衷心感谢！

本书主要内容是本团队所有成员辛勤劳动的结果。除出国学习和留校工作的部分博士外，张坤谱博士(现在中国农科院遗传发育所工作)，姜小苓博士(现在河南科技学院工作)，陈广凤博士(现在德州学院工作)，张晗博士、刘宾博士(现在山东省农业科学研究院工作)，还有已在广东、河北、江苏、云南、甘肃等省市工作的十几位硕士们，既是研究成果的贡献者，又是本书相关内容的编写者，在此向他(她)们表示诚挚的感谢。尽管我们尽其全力想把本书写好，但分子生物学技术日新月异，我们掌握的知识及研究水平都十分有限，错误缺点也会存在。将我们的阶段性研究成果总结出来，一是实现科学知识共有共享，二是敬请国内外同行指正帮助。相信有李振声先生、余松烈先生老一辈专家的鼓励和指导，有全国同行的鼎力支持和帮助，我国的小麦遗传育种研究和新品种培育工作一定会再创辉煌！

田纪春

2014年8月1日

于泰安